173.
Cge.

MÉQUIGNON-MARVIS PÈRE ET FILS, LIBRAIRES-ÉDITEURS,

Rue du Jardinet, N° 13.

ENCYCLOPÉDIE
D'ÉDUCATION,

OU

EXPOSITION ABRÉGÉE,

ET PAR ORDRE DE MATIÈRES,

DES SCIENCES, DES ARTS ET DES MÉTIERS,

destinée

**AUX JEÛNES GENS DE L'UN ET DE L'AUTRE SEXE,
ET A TOUTES LES PERSONNES QUI DÉSIRENT ACQUÉRIR UNE IDÉE SOMMAIRE DES SCIENCES
ET DE LA LIAISON QUI EXISTE ENTRE ELLES;**

RÉDIGÉE

PAR UNE RÉUNION DE SAVANTS ET DE PRATICIENS;

SOUS LA DIRECTION DE MESSIEURS

A. PERCHERON ET F. MALEPEYRE AÎNÉ.

6 vol. in-8, et au moins 400 planches,

Paraissant tous les samedis par livraison d'une feuille et de deux planches.

Prospectus-Specimen.

Il ne suffit pas pour donner à ses enfants une bonne éducation, de leur faire apprendre, avec leur langue maternelle, une ou deux langues savantes, les éléments de l'art de parler et d'écrire, les règles de la saine critique, les principes du goût et quelques autres connaissances plus ou moins effleurées dans le cours des études, il faut encore les préparer à remplir leur rôle d'hommes, en les initiant de bonne heure aux diverses connaissances sur lesquelles repose l'état social où chacun de nous doit prendre sa place. Ainsi pensaient Bossuet et Fénélon, l'un chargé d'élever le dauphin, fils de Louis XIV, l'autre le duc de Bourgogne. non contents d'enseigner à leurs élèves les lettres humaines, la géographie, l'histoire, la logique qui fait bien penser, la morale qui fait bien vouloir, la religion et la philosophie; ces deux illustres instituteurs joignaient à tous ces éléments d'instruction des notions exactes sur les sciences, sur les arts libéraux qui règlent les métiers et sont la pensée qui dirige les bras. Ce n'est pas tout : ces deux rivaux de génie et de vertu voulurent encore donner à leurs disciples quelque teinture des lois romaines en leur faisant voir, par exemple, ce que c'est que le droit, la condition des personnes, la division des choses, la nature des divers contrats, la puissance des magistrats, l'autorité des jugements et les autres principes de la vie civile. Si Bossuet et Fénélon ne trouvaient l'éducation complète qu'avec cet ensemble de connaissances dont un certain nombre semblera peu utile à *des princes appelés au gouvernement des hommes*, on peut juger de quelle importance sont ces mêmes connaissances pour chaque enfant qui doit y trouver des moyens d'existence, de fortune et de considération pour lui et pour les siens. Un exemple pris dans ce qui se passe chaque jour autour de nous montrera la nécessité de fournir à l'Université elle-même de nouveaux moyens de perfectionner l'éducation d'ailleurs libérale qu'elle donne à la jeunesse.

Le travail seul entretient la société ; c'est pour vivre elle-même que sa volonté impose la loi du travail à chacun de ses membres qu'elle destine à la servir dans les diverses professions. L'un doit être architecte, un autre peintre ou sculpteur, celui-ci constructeur de machines ou manufacturier, celui-là géomètre ou astronome, cet autre avocat ou juge ; enfin, pour tout dire en peu de mots, chacun est tenu d'adopter un état : du choix judicieux de cet état, approprié à nos facultés intellectuelles ou physiques, dépendent le malheur ou le bonheur de notre vie. Eh bien ! telle est cependant le genre d'éducation le plus généralement adopté parmi nous, que ce choix est presque toujours livré aux caprices du hasard, parce que rien ne nous prépare à connaitre et à révéler notre vocation. Pendant les plus précieuses années de notre existence, la société civile, ses ressorts, ses travaux, ses créations ; enfin tout ce qui fait vivre l'homme, féconde le pays et conserve le peuple qui l'habite, nous sont presque entièrement inconnus. Cependant, au sortir de nos études, on nous apprend qu'il faut choisir un état, ou bien on nous le fait embrasser sans avoir eu aucun moyen de connaitre notre aptitude, nos facultés spéciales, nos penchants et notre goût. Dans cette importante délibération, le père et l'enfant marchent presque également en aveugles, et jouent tout une destinée. De là tant de carrières manquées, de familles malheureuses, et de facultés perdues, parce qu'elles n'ont pas été employées à leur véritable destination.

Une grande partie de ces malheurs pourraient être évités par l'habitude de donner aux enfants, en même temps que les autres leçons qu'ils reçoivent de leurs maîtres, ce qu'on pourrait appeler *l'instruction par les yeux*. Si, par exemple, on les conduisait à de certains jours dans les divers ateliers de l'industrie, si on leur faisait voir tour à tour des fabrications diverses, des imprimeries, si on les aidait à comprendre le jeu des différentes machines, leur esprit recevrait des impressions et des idées nouvelles, leur intelligence serait excitée, leur vocation avertie, et par suite leur penchant se déclarerait. Presque tous les hommes célèbres dans les arts ont reçu par les yeux ce coup d'électricité qui a tiré d'eux l'étincelle du talent. C'est la vue répétée d'une horloge qui éveilla, presque dans l'enfance, le génie de Vaucanson pour la mécanique ; ce sont quelques enluminures de Cimabué qui firent du jeune pâtre Giotto un peintre célèbre. Malheureusement, si l'idée de mettre les élèves en présence des choses elles-mêmes, de les familiariser avec elles et de leur suggérer ainsi des réflexions qui soient l'ouvrage de leur précoce intelligence, est facilement praticable dans l'enseignement particulier, elle rencontrerait plus d'un obstacle dans l'enseignement public. Pour parer aux inconvénients que pourrait y trouver la méthode proposée, il faut augmenter la bibliothèque des jeunes gens et joindre à leurs livres habituels des recueils qui, sans les fatiguer, leur donnent à l'avance des notions qu'ils n'ont pas et qui leur deviendraient nécessaires le jour même de leur entrée dans le monde. Ces recueils doivent être accompagnés de planches qui, expliquées dans le texte, offriront les avantages de l'instruction par les yeux dont nous parlions tout-à-l'heure, et formeront un cours d'instruction où la théorie servira de prélude à la pratique ; et ce n'est pas peu de chose que l'élève en mécanique, par exemple, connaisse et comprenne la machine qu'il doit mettre en mouvement, ou reproduire en la perfectionnant. Qu'on juge avec quel avantage le jeune homme, après avoir puisé, presque sans y penser, tant de notions précieuses dans notre recueil, ira visiter les musées de la guerre et de la marine, le conservatoire des arts et métiers, le musée du Louvre et l'école des beaux arts.

Pénétré de la nécessité d'ajouter un complément à notre éducation publique ou particulière, d'étendre les connaissances usuelles et de mettre à la portée de tout le monde les sciences dont les progrès et les applications répandent tant de lumières et de bienfaits, nous avons résolu, sous les auspices d'une réunion d'hommes distingués par la libéralité de leurs principes, par la connaissance de la théorie et de la pratique dans les sciences et dans les arts, par un zèle ardent pour le bien général, de publier l'Encyclopédie d'éducation que nous annonçons aujourd'hui. Celles qu'on a données jusqu'à ce jour ont le défaut d'offrir la forme du dictionnaire, qui détruit toute espèce de suite dans l'enseignement, trouble l'esprit par la diversité des sujets traités dans des articles qui se succèdent sans se répondre, et donne lieu à des répétitions qui grossissent l'ouvrage sans ajouter à l'instruction du lecteur. Ces Encyclopédies comprennent d'ailleurs un grand nombre de volumes, depuis quarante jusqu'à cent; un seul de ces mêmes ouvrages doit être composé de huit volumes, mais il ne contient presque pas de figures, et coûtera néanmoins plus de 120 fr. Le nôtre, rigoureusement borné à six volumes grand in-8°, enrichis de quatre cent planches, coûtera beaucoup moins. Nous avons adopté la forme méthodique comme plus propre à l'enseignement, mais nous ne négligerons pas les avantages de la forme contraire. En conséquence nous joindrons à notre recueil une table par ordre alphabétique, qui prendra place en tête de l'un des volumes dont se composera l'atlas.

Cet ouvrage, où les connaissances pratiques occuperont une grande place, sans exclure les théories qui doivent les précéder, a pour but de seconder la marche évidemment progressive de l'Université, celle des colléges qui relèvent de son autorité; il s'adresse aux diverses institutions qui rivalisent de zèle entr'elles pour faire que l'éducation réponde aux besoins de la société; il doit fournir aux professeurs, aux maîtres et aux pères de famille ces documents dont ils pourront se servir à propos pour varier leur enseignement par des choses nouvelles et inattendues. L'ouvrage est principalement consacré à la jeunesse des deux sexes; aussi sera-t-il rédigé dans l'esprit et avec la circonspection nécessaires aux livres destinés pour cet âge; mais on y parlera toujours à l'homme le langage de la raison, de manière à ce que sa lecture ne puisse qu'être avantageuse aux personnes du monde qui désirent avoir une teinture des connaissances humaines.

PREMIÈRE LISTE DES COLLABORATEURS.

BERARD (✳), capitaine de corvette.

BIBERON, aide-naturaliste au Muséum d'Histoire naturelle.

CHASSALON, ingén. hydrographe du dépôt de la Marine.

CAHEN, directeur de l'École Israélite, traducteur de la Bible.

CERISY (✳ O.) (Lefébure de), ingénieur de la marine, amiral-bey égyptien.

CHEVALIER (Charles), ingénieur-opticien.

COCTEAU (Th.), docteur en médecine.

DIDIEZ, professeur au Conservatoire des Arts et Métiers.

DORBIGNY (Ch.), aide-naturaliste au Muséum d'Histoire naturelle.

DUPONCHEL (An.) (✳), docteur en médecine.

GERVAIS, naturaliste.

GUERIN (Ed.), naturaliste, auteur de l'Iconographie du règne animal.

HERPIN, membre du Conseil de la Société d'Encouragement, de la Société royale et centrale d'Agriculture.

JANVIER (✳), lieutenant de vaisseau.

JEAUFFET (A.), professeur de philosophie.

JUCHEREAU-SAINT-DENIS (✳ C.) (le général baron), commandant en chef l'état-major de l'expédition d'Afrique.

KENNER, préparateur au Muséum d'Histoire naturelle.

LEVEILLÉ, docteur en médecine.

MAGENDIE (✳), membre de l'Institut, professeur de médecine au Collége de France.

MALEPEYRE (L.), avocat à la Cour royale.

MASSON-FOUR, professeur de chimie et de sciences agricoles.

MORIN DE SAINTE COLOMBE, membre du Conseil des Sociétés d'Encouragement, d'Agriculture et d'Horticulture.

ODOLANT-DESNOS, membre de plusieurs Sociétés savantes.

PAULIN-DESORMEAUX, auteur de divers ouvrages sur les Arts et Métiers.

PAYEN (✳), chimiste manufacturier, professeur à l'École Centrale des Arts et Manufactures.

PONGERVILLE (de), membre de l'Académie Française.

RICHOUX (✳ ✳), capitaine au Corps des ingénieurs-géographes, professeur de géodésie à l'Ecole de Saint-Cyr.

SALM (la princesse Constance de).

SELLIGUE, ingénieur civil.

TISSOT (✳), professeur de littérature au Collége de France.

Pour que cet important ouvrage puisse demeurer un livre de bibliothèque, les éditeurs ont choisi un papier vélin grand cavalier qui aura l'avantage de donner, par de belles marges, toute la grâce possible au texte. Malgré ce luxe de papier, chaque feuille d'impression n'en contiendra pas moins un sixième de texte de plus que toutes les publications du même genre. L'ouvrage complet se composera de six volumes in-8, représentant environ trente volumes in-8 ordinaires, et au moins quatre cents planches soigneusement gravées sur acier; chaque volume formera trente-cinq à quarante feuilles qui pourront se subdiviser en demi-volume présentant chacun une partie bien distincte, qu'on vendra séparément à volonté. Si, pour le bien de l'entreprise, quelques feuilles au-delà de deux cent quarante étaient reconnues nécessaires, les souscripteurs à l'ouvrage complet les recevraient gratis. Le papier, le caractère et la justification de l'ouvrage, sont en tout conformes au présent Prospectus.

Conditions de la Souscription.

L'Encyclopédie d'Éducation, comprenant les Sciences, les Arts et les Métiers, sera publiée au plus en 240 Livraisons. Chacune contiendra une feuille ou seize pages à deux colonnes pareilles au texte du présent prospectus, et deux planches. Il en paraîtra régulièrement une ou plusieurs tous les samedis, à dater du 17 juin 1837.

Le prix de chaque Livraison est de 40 centimes.

On fera porter les Livraisons à domicile aux personnes qui, en souscrivant, paieront d'avance 25 Livraisons 10 fr.

Les Souscripteurs des départements et de l'étranger doivent s'adresser aux principaux Libraires de leurs villes.

ON SOUSCRIT,

A PARIS, CHEZ MÉQUIGNON-MARVIS PÈRE ET FILS,

Libraires-Éditeurs,

RUE DU JARDINET, Nº 13;

POSTEL, rue de la Monnaie, n. 22;

MARTINON, rue du Coq-Saint-Honoré, n. 4;

DESCHAMPS, passage Vivienne;

FERIER, passage Bourg-l'Abbé, n. 18;

ET DANS LES DÉPARTEMENTS ET A L'ÉTRANGER,

CHEZ LES PRINCIPAUX LIBRAIRES.

PARIS. — IMPRIMERIE DE TERZUOLO,
Rue de Vaugirard, nº 11.

ENCYCLOPÉDIE
D'ÉDUCATION.

IMPRIMERIE DE TERZUOLO,
Rue de Vaugirard, n° 11.

ENCYCLOPÉDIE
D'ÉDUCATION,

ou

EXPOSITION ABRÉGÉE

ET PAR ORDRE DE MATIÈRES

DES SCIENCES, DES ARTS ET DES MÉTIERS,

destinée

AUX JEUNES GENS DE L'UN ET DE L'AUTRE SEXE,
ET A TOUTES LES PERSONNES QUI DÉSIRENT ACQUÉRIR UNE IDÉE SOMMAIRE DES SCIENCES
ET DE LA LIAISON QUI EXISTE ENTRE ELLES;

RÉDIGÉE

PAR UNE RÉUNION DE SAVANTS ET DE PRATICIENS;

SOUS LA DIRECTION DE MESSIEURS

A. PERCHERON ET F. MALEPEYRE AÎNÉ.

TOME PREMIER.

PREMIÈRE PARTIE.
SCIENCES MATHÉMATIQUES ET PHYSIQUES.

PARIS.

MÉQUIGNON-MARVIS PÈRE ET FILS,

LIBRAIRES-ÉDITEURS,
RUE DU JARDINET, N° 13.

—

1837.

Le but que nous nous sommes proposé, dans la publication de l'*Encyclopédie d'Éducation*, a été de donner à la jeunesse et aux gens du monde une idée précise et des notions succinctes de toutes les branches des connaissances humaines. Une des difficultés de notre entreprise a été d'arrêter un plan méthodique en harmonie avec l'esprit de cette publication. Un savant, en tête de l'ancienne Encyclopédie, a donné une classification qui a long-temps servi de base à tous les travaux du même genre, mais sa méthode présente plusieurs défauts qui nous ont empêchés de l'adopter. D'autres auteurs se sont essayés sur le même sujet, sans avoir été plus heureux que lui ; et dans ces derniers temps, M. Ampère, que les sciences viennent de perdre, et que ses connaissances variées mettaient plus à même que personne de faire un pareil travail, ne l'a exécuté qu'en partie. Nous avons puisé à cette dernière source tout ce qui nous a paru conforme à nos idées ; mais la division toute rationnelle que ce savant a suivie dans son plan ne nous a pas permis de le prendre constamment pour guide, et nous avons préféré rassembler par groupes les objets qui nous ont paru avoir entre eux des rapports évidents et bien définis, et en former ainsi de petits traités complets. Toutefois nous avons adopté le principe de toutes les grandes divisions établies par cet illustre savant.

Nous avons donc établi dans notre ouvrage trois coupes distinctes : 1° les sciences *rationnelles*, qui comprennent les sciences mathématiques et toutes leurs applications ; 2° les sciences qui sont considérées comme du domaine de l'*intelligence* et de l'*imagination*, comme l'histoire, la littérature et les beaux-arts ; 3° enfin, toute la *technologie*, ou les arts et métiers, qui participent des sciences positives et des beaux-arts, ou des deux premières divisions.

Voici l'ordre de publication que nous suivrons :

TOME Ier.
Liv. 1er.
Sciences mathématiques (*Arithmétique, Algèbre, Géométrie, Mécanique ; Histoire des sciences mathématiques*).
Sc. physiques (*Astronomie, Physique, etc., Chimie ; Histoire des sciences physiques*).
Liv. 2. . Sc. naturelles (*Minéralogie, Botanique, Zoologie*).

T. II. . .
Liv. 1er.
Sc. mathématiques appliquées (*Géodésie, Nivellement, Perspective, Gnomonique, Métrologie, Ponts et Chaussées*).
Sc. géographiques.
Sc. nautiques (*Marine, Navigation et Constructions*).
Sc. militaires (*Manœuvres, Fortifications, etc.*).
Liv. 2. .
Sc. agricoles.
Sc. médicales.

T. III. . .
Liv. 1er.
Sc. d'éducation (*Gymnastique, Méthodes d'Enseignement, Mimologie*).
Sc. littéraires (*Littérature ancienne et moderne ; Histoire des Institutions littéraires*).
Liv. 2. . Sc. historiques (*Chronologie, Antiquités, Archéologie*).

T. IV. . .
Liv. 1er.
Beaux-arts (*Peinture, Gravure, Sculpture, Architecture, Musique*).
Jeux et divertissements (*Théâtre, Combats, Courses, Chasses, Pêches, etc.*).
Liv. 2. .
Sc. philosophiques.
Sc. religieuses (*Religions et Superstitions*).
Sc. législatives (*Droits Indigènes et Étrangers*).
Sc. administratives (*Économie politique, Police, Finances*).
Sc. commerciales (*Change, Banque, Tenue des Livres*).

T. V. . .
Liv. 1er.
Arts lithologiques (*Forages des puits, Extraction des pierres, marbres et pierres précieuses*).
Arts minéralogiques (*Extraction et Fonte des métaux*).
Arts métallurgiques (*Emploi des métaux*).
Arts phytologiques (*Manipulation des bois*).
Liv. 2. .
Arts dermatologiques (*Manipulation des peaux, cuirs, etc.*).
Arts céramiques (*Verres, Faïences, Porcelaines, Creusets*).
Arts chimiques (*Sels, Acides, Papeteries, Raffineries, etc.*).

T. VI. . .
Liv. 1er.
Arts des mécaniques (*Instruments de physique, Horlogerie, Pompes, Machines à vapeur*).
Arts à métiers (*Filage et tissage des étoffes*).
Liv. 2. .
Arts bibliographiques (*Imprimeries, etc.*).
Arts chéirologiques (*Lutherie, Habits, Chapeaux, Robes, etc.*).
Arts architectoniques (*Tout ce qui tient à la construction des bâtiments*).
Arts économiques (*Meunerie, Boucherie, Cuisine, Économie domestique*).

A. P., F. M.

ENCYCLOPÉDIE D'ÉDUCATION.

LIVRE PREMIER

SCIENCES MATHÉMATIQUES ET PHYSIQUES.

CHAPITRE Iᵉʳ.

SCIENCES MATHÉMATIQUES.

ARTICLE Iᵉʳ. — ARITHMÉTIQUE.

SECT. 1ʳᵉ. — NOTIONS PRÉLIMINAIRES.

1. Lorsque nous avons acquis par expérience l'idée exacte et précise d'un objet, et que nous voulons connaître un autre objet de même nature, nous comparons celui-ci au premier. C'est ainsi, par exemple, que lorsque nous connaissons la longueur du *mètre*, nous évaluons toute autre longueur en la comparant au mètre, en cherchant combien de fois elle contient ce terme de comparaison.

Comparer un objet qu'on veut connaître avec un autre objet de même nature et connu par expérience, c'est ce qu'on appelle *mesurer*.

2. Tout ce qui peut être mesuré se nomme *grandeur* ou *quantité;* ainsi la longueur d'une ligne, la surface d'un corps, son volume, son poids, la capacité d'un vase, la force employée pour mettre un corps en mouvement, la vitesse avec laquelle ce mouvement s'opère, la durée, la chaleur, la lumière, etc., sont des quantités.

3. On donne le nom d'*unité* au terme de comparaison dont on se sert pour évaluer une quantité.

4. Le *nombre*, considéré sous un point de vue simple et abstrait, est le rapport de la quantité à l'unité; il exprime combien de fois la quantité contient l'unité. Par exemple, *quatre, dix, vingt,* etc., sont des nombres *abstraits,* de véritables rapports, qui expriment que la quantité mesurée contient quatre, dix, vingt, etc., fois, l'unité à laquelle cette quantité a été comparée.

Lorsqu'un nombre est accompagné de la désignation de l'objet qui a été pris pour unité, on l'appelle *nombre concret.* Il désigne alors une collection de plusieurs choses de même nature; en effet, on connaît le rapport et celui de ses termes qui est l'unité, et c'est le second terme ou la quantité elle-même, composée d'un certain nombre de fois l'unité, qui s'offre à notre pensée. Dans *cinq arbres* nous ne trouvons pas seulement l'idée de nombre, mais le signe commémoratif de la réunion de cinq objets dont chacun est un arbre.

5. Lorsqu'en mesurant une quantité on trouve qu'elle contient un nombre exact de fois l'unité, le nombre est dit *entier.* Mais il peut arriver que la quantité contienne un certain nombre de fois l'unité, plus un reste plus petit que cette unité. Pour mesurer ce reste, comme pour mesurer toute quantité plus petite que l'unité, il faut partager l'unité en un certain nombre de parties ou *fractions* égales entre elles, et assez petites pour que l'une de ces parties, qu'on nomme alors

unité fractionnaire, puisse être contenue un nombre exact de fois dans le reste à mesurer, ou pour que le nouveau reste qu'on pourrait trouver puisse être négligé.

Toute quantité plus petite que l'unité, qui ne contient qu'une ou plusieurs parties de cette unité, se nomme *fraction ;* et tout nombre relatif à une unité fractionnaire est dit *nombre fractionnaire.*

6. Les nombres peuvent être considérés comme des grandeurs comparables entre elles ; de là résulte que souvent un nombre est pris pour unité dans l'évaluation d'un autre nombre. Dans *quatre cents, cent* désigne une unité numérique collective ; dans *quatre dixièmes, dixième* désigne une unité numérique fractionnaire.

7. Nous nommerons *dénominateur* tout signe, quel qu'il soit, employé pour désigner l'unité à laquelle un nombre se rapporte. Tout dénominateur est *objectif* ou *numérique ;* lorsqu'il est numérique, il peut être *collectif* ou *fractionnaire.* Dans *vingt arbres, arbre* est un dénominateur objectif ; dans *quatre cents, cent* est un dénominateur numérique collectif ; dans *sept dixièmes, dixième* est un dénominateur numérique fractionnaire.

8. Les propriétés et les rapports des quantités font l'objet des sciences qu'on appelle *mathématiques,* et qui prennent différentes dénominations suivant la nature des quantités dont elles traitent et la manière dont elles opèrent sur ces quantités.

9. L'*arithmétique élémentaire,* ou la science des nombres considérée dans ses éléments les plus simples, se compose de deux parties distinctes, l'une *théorique* et l'autre *pratique.*

L'*arithmétique théorique* a pour objet les propriétés des nombres et l'étude des procédés à l'aide desquels on effectue les opérations auxquelles ces nombres peuvent être soumis, opérations qui se réduisent à deux, la *composition* et la *décomposition.*

Il y a composition toutes les fois que deux ou plusieurs nombres étant donnés, on passe à un nombre plus grand, par quelque opération effectuée sur les nombres connus.

Il y a décomposition toutes les fois que, par quelque opération, on passe d'un nombre donné à un nombre plus petit qui n'est qu'une partie du premier.

L'*arithmétique pratique* a pour objet la solution des questions dans lesquelles, connaissant un ou plusieurs nombres et certaines conditions, il s'agit d'en déduire l'expression numérique d'une ou de plusieurs autres quantités.

10. La solution de toute question ou *problème* arithmétique se compose de deux parties distinctes : la première, que nous nommerons *solution rationnelle,* a pour objet de rechercher par le raisonnement, et à l'aide des conditions données, quelles sont les opérations à faire pour trouver les nombres cherchés ; la seconde, que nous nommerons *solution effective,* consiste à effectuer sur les nombres donnés les calculs qui doivent faire connaître les quantités inconnues.

SECT. II. — COMPOSITION DES NOMBRES DÉCIMAUX.

§ 1ᵉʳ. — *Numération.*

11. L'opération la plus simple de l'arithmétique consiste à réunir une unité à une ou plusieurs autres unités, et cette manière de composer les nombres se nomme *numération.*

§ 2. — *Numérations successives.*

12. On peut réunir successivement à une unité, ou à une collection d'unités, autant de nouvelles unités qu'on voudra ; tel est l'objet des *numérations successives.*

13. *Nomenclature parlée.* Pour distinguer les uns des autres tous les nombres qu'on peut former par les numérations successives, on a d'abord désigné les dix premiers nombres par les mots *un, deux, trois, quatre, cinq, six, sept, huit, neuf, dix.* Puis on est convenu qu'une collection de dix unités formerait une unité collective qu'on appellerait *dixaine,* et que les dixaines se compteraient par les mots *dix, vingt, trente, quarante, cinquante, soixante, soixante-dix, quatre-vingts, quatre-vingt-dix.*

De même que dix unités simples font une dixaine, dix dixaines font une nouvelle unité collective qu'on appelle *cent* ou *centaine.* Les centaines se comptent par les mots assignés pour désigner les neuf premiers nombres : *un cent, deux cents,* etc.

Dix centaines font une autre unité collective qu'on appelle *mille,* et les mille se comptent par unités, dixaines et centaines : *un mille, deux mille,* etc. ; *dix mille, vingt mille,* etc. ; *cent mille, deux cent mille,* etc.

Dix centaines de mille ou mille fois mille font un *million*, et les millions, comme les mille, se comptent par unités, dixaines et centaines.

Pareillement, mille millions font un *billion*, mille billions font un *trillion*, mille trillions font un *quatrillion*, etc.; et les billions, les trillions, les quatrillions, etc., se comptent, comme les mille et les millions, par unités, dixaines et centaines.

Les dixaines, les centaines, les mille, les dixaines de mille, etc., sont des unités collectives, telles que chacune d'elles est égale à dix fois celle qui la précède immédiatement; on les nomme, pour cette raison, *unités décimales collectives*.

Pour appliquer la même loi aux nombres fractionnaires, on conçoit l'unité simple comme composée de dix unités fractionnaires appelées *dixièmes*, chaque dixième comme composé de dix parties qui seront des dixièmes de dixième, ou des *centièmes*, et ainsi de suite. Les dixièmes, les centièmes, les millièmes, etc., sont appelés *unités décimales fractionnaires*.

Chacune de ces unités fractionnaires a pour dénominateur numérique l'un des mots dix, cent, mille, dix-mille, etc., auquel on ajoute la terminaison *ième*.

Il est souvent commode, comme on le verra par la suite, de classer et de distinguer les unités numériques décimales en *ordres*, qui seront dits *supérieurs* ou *inférieurs*, suivant que ces unités seront collectives ou fractionnaires, les unités simples formant en quelque sorte le point de départ. Les dixaines, les centaines, les mille, etc., formeront le 1ᵉʳ, le 2ᵉ, le 3ᵉ, etc., ordre supérieur; les dixièmes, les centièmes, les millièmes, etc., formeront le 1ᵉʳ, le 2ᵉ, le 3ᵉ, etc., ordre inférieur.

Les unités numériques décimales ne sont pas les seules en usage. Les quantités plus petites que l'unité n'étant pas toujours susceptibles d'être exprimées exactement en décimales, et, d'un autre côté, comme il est d'autant plus facile de se représenter la valeur d'une unité fractionnaire que celle-ci se rapproche davantage de l'unité-entière, il en résulte qu'on fait fréquemment usage d'unités fractionnaires autres que les dixièmes, les centièmes, etc., quoique celles-ci rendent toujours plus simples les calculs subséquents. Suivant que l'unité fractionnaire est contenue une, deux, trois, quatre,

cinq, six, etc., fois dans l'unité entière, on la nomme *demie*, *tiers*, *quart*, *cinquième*, *sixième*, et ainsi de suite, le dénominateur de l'unité fractionnaire se formant toujours en ajoutant la terminaison *ième* au nombre qui exprime combien de fois l'unité fractionnaire est contenue dans l'unité entière.

On est dans l'usage d'appeler *fractions ordinaires* les fractions dans lesquelles l'unité fractionnaire n'est pas décimale.

On nomme *numérateur* d'une fraction le nombre qui exprime combien de fois cette fraction contient l'unité fractionnaire. Nous ferons usage de ce terme, sans y attacher d'autre idée que celle qui convient au nombre en général. Dans *trois lieues*, comme dans *trois quarts de lieue*, le nombre *trois* joue le même rôle; d'un côté comme de l'autre il exprime que la quantité contient trois fois l'unité, entière ou fractionnaire.

14. *Nomenclature écrite.* Lorsqu'il s'agit d'écrire les nombres, lorsque surtout il s'agit de les combiner ensemble par quelque opération, il est peu commode de les exprimer en toutes lettres. C'est pourquoi on a imaginé une manière d'écrire les nombres, une nomenclature écrite, fondée sur les mêmes principes que la nomenclature parlée, mais rendue beaucoup plus simple à l'aide de certaines conventions.

Remarquons d'abord que dans les nombres décimaux, dix unités d'un certain ordre formant toujours une unité de l'ordre immédiatement supérieur, le nombre d'unités de chaque ordre ne peut jamais surpasser neuf. On a donc inventé d'abord neuf caractères qui puissent remplacer les noms assignés aux neuf premiers nombres. Ces caractères, qu'on appelle *chiffres*, sont

1, 2, 3, 4, 5, 6, 7, 8, 9.

On est convenu ensuite, 1° que les chiffres qui exprimeraient les différentes collections d'unités que renfermerait un nombre décimal, s'écriraient sur une même ligne, de gauche à droite, en commençant par celui des unités de l'ordre le plus élevé, de telle manière que la dénomination des unités représentées par chacun de ces chiffres fût indiquée par le rang qu'occuperait ce chiffre relativement à celui des unités simples;

2° Que chaque chiffre représenterait des unités dix fois plus grandes que celles du chiffre placé immédiatement à sa droite;

3° Que, pour conserver à chaque chiffre

le rang qui lui convient, on remplacerait par le chiffre 0, qu'on nomme *zéro*, toute collection qui pourrait manquer, d'après l'ordre dans lequel doivent se succéder les différentes unités décimales, ordre qu'il faut par conséquent avoir bien présent à l'esprit;

4° Que, dans le cas d'un nombre décimal fractionnaire, on mettrait une virgule entre le chiffre des unités simples et celui des dixièmes; et que, si ce nombre ne renfermait que des unités fractionnaires, la virgule serait précédée d'un zéro.

Le chiffre 0, considéré isolément, n'a aucune valeur; il n'entre dans l'expression d'un nombre que pour fixer le rang des autres chiffres et par suite la dénomination des unités qu'ils représentent, c'est-à-dire qu'il n'a d'autre objet que de concourir à la dénomination des unités représentées par les autres chiffres.

Le rang de chaque chiffre, ainsi que la virgule, doivent être considérés comme de véritables signes dénominateurs.

D'après ce qui a été dit plus haut, les chiffres 1, 2, 3, 4, 5, 6, 7, 8, 9, sont des chiffres *numériques*, et 0 est un chiffre *dénominateur*.

Il nous reste à indiquer la manière d'écrire en chiffres une fraction ordinaire. On écrit d'abord le numérateur, on place au-dessous le nombre qui indique en combien de parties l'unité entière a été divisée pour former l'unité fractionnaire, qui est par conséquent le dénominateur de cette unité, et enfin on sépare le numérateur du dénominateur par un trait tiré de gauche à droite. La fraction *seize vingt-cinquièmes* s'écrit $\frac{16}{25}$.

D'après ce qui précède, lorsqu'on aura l'expression d'un nombre en toutes lettres, il sera toujours aisé de l'écrire en chiffres, et réciproquement.

§ 3. — *Addition.*

15. L'addition a pour objet de réunir deux nombres en un seul, qu'on appelle *somme* ou *total.*

16. On peut toujours ajouter un nombre à un autre par des numérations successives, mais le procédé de l'addition proprement dite est beaucoup plus court. Il est fondé sur l'usage d'une *table d'addition*, qu'on doit savoir de mémoire, et à l'aide de laquelle on effectue l'addition de deux nombres quelconques, en ramenant cette ad-

dition à plusieurs additions partielles, dans chacune desquelles on réunit deux nombres exprimés chacun par un seul chiffre.

Pour former la table d'addition, on écrit d'abord sur une ligne, et de gauche à droite, les nombres 0, 1, 2, ... 9; à chacun de ces nombres on ajoute une unité, et l'on écrit les résultats sur une seconde ligne au-dessous de la première; à chacun des nombres de la seconde ligne on ajoute une nouvelle unité, ce qui revient à ajouter deux unités à chacun des nombres de la première ligne, et l'on écrit les résultats sur une troisième ligne au-dessous de la seconde; on continue ainsi jusqu'à la dixième ligne, dont les nombres correspondent à ceux de la première, augmentés respectivement de 9 unités. Les nombres qui composent cette table sont rangés en lignes qui vont de gauche à droite, et en colonnes qui vont de haut en bas. La somme de deux quelconques des neuf premiers nombres se trouve dans la table, à l'intersection de la colonne et de la ligne qui commencent par les nombres dont il s'agit.

17. Pour indiquer que deux quantités doivent être ajoutées ensemble, on les écrit sur une même ligne en les séparant par le signe +, qui signifie *plus* ; ou bien on les met en colonne, et l'on fait précéder la seconde quantité du signe +.

Pour indiquer que deux quantités sont égales, quoique sous des formes différentes, on sépare ces quantités par le signe =, qui signifie *égale.*

Ainsi, par exemple, pour indiquer qu'au nombre 7 on doit ajouter 5, et que le résultat est 12, on écrit 7+5=12.

18. Divers cas que peut présenter l'addition de deux nombres décimaux entiers ou fractionnaires.

1er CAS. *Addition de deux nombres exprimés chacun par un seul chiffre.* La somme se trouve de mémoire, ou à l'aide de la table.

2e CAS. *Addition d'un nombre d'un seul chiffre avec un nombre entier exprimé par plusieurs chiffres.* Le nombre exprimé par un seul chiffre doit être ajouté au chiffre des unités simples de l'autre nombre, ce qui pourra produire une dixaine, qu'il faudra joindre aux dixaines que renferme déjà ce nombre. On revient ainsi au cas précédent.

3e CAS. *Addition de deux nombres en-*

tiers exprimés l'un et l'autre par plusieurs chiffres. Il est évident que la somme devant renfermer toutes les parties du premier et toutes les parties du second nombre, contiendra les unités de l'un plus les unités de l'autre, les dixaines de l'un plus les dixaines de l'autre, etc. Pour disposer commodément l'opération, on place les deux nombres l'un au-dessous de l'autre, de manière que les chiffres qui représentent les unités de même espèce, et qui doivent être ajoutés ensemble, soient en colonne. On fait ensuite la somme des chiffres de chaque colonne, en commençant par la droite, afin que lorsqu'une colonne produit une unité d'un ordre supérieur à celles de cette colonne, on puisse la retenir pour la joindre à la colonne suivante à gauche. *Exemple :* 43952+8756=52708.

4ᵉ CAS. *Addition de deux nombres terminés par des zéros.* Rappelons-nous d'abord que les zéros placés à la droite d'un nombre n'ont d'autre objet que d'indiquer le rang de chacun des autres chiffres; et de fixer la dénomination des unités collectives représentées par ce nombre. On pourra, dans le cas dont il s'agit, supprimer par la pensée un même nombre de zéros à la droite de chacun des nombres proposés, ajouter les nombres exprimés par les chiffres restants, et fixer ensuite la dénomination des unités collectives auxquelles se rapporte le résultat, en plaçant à la droite de celui-ci autant de zéros qu'on en avait supprimé à la droite de chacun des nombres donnés.

5ᵉ CAS. *Addition de deux nombres décimaux fractionnaires.* Les nombres décimaux fractionnaires étant assujettis aux mêmes lois que les nombres décimaux entiers, l'addition de ces nombres s'effectue par le même procédé, en ayant soin de placer, dans le résultat, la virgule entre le chiffre donné par la colonne des dixièmes et celui donné par la colonne des unités simples. *Exemple,* 48,375+27,65=76,025.

§ 4. — *Additions successives.*

19. Dans les additions successives on réunit d'abord deux quantités, puis au résultat on ajoute une troisième quantité, et ainsi de suite. Si l'on opérait sur des quantités matérielles, on ne pourrait les réunir que successivement et une à une; mais lorsque ces quantités sont exprimées en nombres, et qu'il s'agit d'obtenir l'expression numérique de leur somme, on observe que cette somme doit contenir les unités, les dixaines, les centaines, etc., de chacun des nombres proposés, et l'on abrège les calculs en réunissant de suite et successivement les chiffres qui représentent des collections d'unités de même espèce; à cet effet, on dispose encore les nombres donnés de manière que les chiffres qui se rapportent à des unités de même ordre soient en colonne; on fait la somme des chiffres de chaque colonne, en commençant par celle des moindres unités, afin que si une colonne donne des unités de l'ordre immédiatement supérieur, on puisse les réunir à celles de la colonne suivante.

§ 5. — *Multiplication.*

20. Dans les additions successives on se propose de trouver un nombre égal à la somme de plusieurs autres nombres donnés. Lorsque les nombres dont il s'agit sont égaux entre eux, la somme est égale à l'un de ces nombres répété autant de fois qu'il y en a à réunir; et peut s'obtenir par un procédé plus rapide que celui des additions successives. Ce procédé constitue une nouvelle opération qu'on appelle *multiplication*, et qui a pour objet de répéter un nombre donné autant de fois que le marque un autre nombre.

Le nombre à répéter est dit *multiplicande*, celui qui indique combien de fois on doit le répéter se nomme *multiplicateur*, et l'on donne le nom de *produit* au résultat. Le multiplicande et le multiplicateur, considérés comme concourant ensemble à la formation du produit, sont aussi appelés *facteurs* du produit.

On appelle *double* d'un nombre le produit de ce nombre par 2, *triple* le produit par 3, *quadruple* le produit par 4, *quintuple* le produit par 5, etc., et généralement *multiple* d'un nombre, le résultat qu'on trouve en le répétant un certain nombre de fois. La multiplication est donc la formation des multiples.

21. On indique une multiplication à faire en plaçant le multiplicateur à la suite du multiplicande, et les séparant par un *point*, ou par le signe $\times$, qui signifie *multiplié par*.

22. Le procédé de la multiplication est fondé sur l'usage d'une table, qu'on nomme *table de multiplication*, qui comprend

tous les produits qu'on peut former en multipliant l'un par l'autre deux nombres exprimés chacun par un seul chiffre, et à l'aide de laquelle on effectue la multiplication de deux facteurs quelconques, en décomposant cette multiplication en plusieurs multiplications partielles dont les facteurs ne surpassent pas 9.

Pour former la table de multiplication, on écrit d'abord sur une ligne les neuf premiers nombres, ensuite on ajoute chacun de ces nombres à lui-même, on écrit les résultats sur une nouvelle ligne au-dessous de la première, qui présentera les produits des neufs premiers nombres multipliés respectivement par 2. Pour avoir les produits par 3, comme il faut ajouter chaque multiplicande à lui-même deux fois, on ajoutera chaque nombre de la seconde ligne avec celui qui lui correspond dans la première, et l'on disposera les résultats sur une nouvelle ligne, au-dessous de la première. En ajoutant chaque nombre de la troisième ligne avec celui qui lui correspond dans la première, on aura sur une quatrième ligne les produits par 4 ; et ainsi de suite, jusqu'à ce qu'on ait ajouté la huitième ligne avec la première pour avoir la neuvième, ou les produits par 9. On trouve, au moyen de cette table, le produit de deux nombres exprimés chacun par un seul chiffre, de la même manière qu'on trouve une somme avec la table d'addition.

23. Divers cas que peut présenter la multiplication, lorsque les facteurs sont des nombres décimaux entiers ou fractionnaires.

1er CAS. *Multiplication de deux nombres entiers exprimés chacun par un seul chiffre numérique.* 1° Lorsque les facteurs représentent l'un et l'autre des unités simples, le produit se trouve immédiatement par la table de multiplication, qu'on doit savoir de mémoire.

2°. Lorsque l'un des facteurs représente des unités collectives, le produit représente aussi des unités collectives, et de même ordre que celles du facteur dont il s'agit. C'est ainsi qu'on a $700 \cdot 5 = 3500$, $7 \cdot 50 = 350$.

3°. Lorsque les facteurs représentent l'un et l'autre des unités collectives, le produit représente des unités collectives de l'ordre marqué par la somme des nombres qui indiquent les ordres (n° 13) auxquels appar-tiennent les unités des facteurs. On a, par exemple, $700 \cdot 50 = 35000$; le multiplicande représente des unités du deuxième ordre supérieur, le multiplicateur, des unités du premier ordre supérieur, et le produit, des unités du troisième ordre supérieur.

2° CAS. *Multiplication d'un nombre entier quelconque par un autre nombre entier exprimé par un seul chiffre numérique.* Il faudra multiplier séparément les unités simples, les dixaines, les centaines, etc., du multiplicande par le multiplicateur donné, et faire la somme des produits partiels ainsi trouvés. On réunit ces produits partiels à mesure qu'on les obtient, en ayant soin de commencer par celui qui représente des unités simples, afin de pouvoir retenir les dixaines qu'il peut contenir, pour les joindre au produit partiel des dixaines, et ainsi de suite.

3° CAS. *Multiplication de deux nombres entiers quelconques.* On multipliera le multiplicande séparément par chacun des chiffres du multiplicateur, et l'on fera la somme des produits partiels ainsi trouvés, en observant que chaque produit partiel représente des unités de l'ordre auquel appartient le chiffre multiplicateur.

Nous appellerons produit partiel *simple* le produit d'un chiffre du multiplicande par l'un des chiffres du multiplicateur, et produit partiel *complexe* le produit de tout le multiplicande par un chiffre du multiplicateur.

On peut abréger le procédé de la multiplication, en faisant en sorte de n'avoir pas à écrire les produits partiels complexes. Pour cela, au lieu de former successivement les produits partiels simples qui composent chaque produit partiel complexe, il faudra former d'abord le produit partiel simple qui représente des unités simples, puis la somme des deux produits partiels simples qui représentent des dixaines, puis la somme des produits partiels simples qui représentent des centaines, et ainsi de suite. Lorsque la somme de plusieurs produits partiels représentant des unités de même ordre contiendra une ou plusieurs unités de l'ordre immédiatement supérieur, il faudra retenir ces dernières pour les joindre à la somme suivante, de telle sorte que pour chacune de ces sommes on n'aura qu'un seul chiffre à écrire au produit cherché, à l'exception de la dernière somme, qu'il faudra écrire telle qu'on l'aura trouvée. *Exemple:* 7534.286=2154724.

4ᵉ CAS. *Multiplication de deux nombres terminés par des zéros.* On fera abstraction des zéros qui se trouvent à la droite de chaque facteur; on multipliera l'un par l'autre les nombres exprimés par les chiffres restants, et l'on écrira à la droite du résultat autant de zéros qu'il y en a à la droite du multiplicande et à la droite du multiplicateur.

5ᵉ CAS. *Multiplication de deux nombres décimaux fractionnaires.* On pourra faire mentalement abstraction des virgules dans les facteurs, et opérer comme si les nombres étaient entiers; mais chaque facteur se trouvant alors multiplié par l'unité suivie d'autant de zéros que le facteur a de chiffres fractionnaires, le produit cherché se trouve multiplié par l'unité suivie d'autant de zéros qu'il y a de chiffres fractionnaires dans les deux facteurs; il faudra donc, pour rendre au produit sa vraie valeur, séparer à sa droite, par une virgule, le même nombre de chiffres fractionnaires. *Exemple :* 8,375.4,65=38,94375.

24. Dans toute multiplication on peut changer l'ordre des facteurs, sans altérer la valeur du produit.

§ 6. — *Multiplications successives.*

25. Après avoir multiplié deux nombres l'un par l'autre, on peut avoir à multiplier le résultat par un troisième facteur, puis le nouveau résultat par un quatrième facteur, etc. ; c'est ce qu'on appelle des *multiplications successives.*

§ 7. — *Puissanciation.*

26. Lorsque dans les multiplications successives, les facteurs qu'on doit multiplier successivement les uns par les autres sont égaux entre eux, le produit final est ce qu'on appelle une *puissance* du nombre représenté par chacun des facteurs, et qu'on nomme la *base* ou la *racine* de la puissance. Ainsi, par exemple, 5.5.5, ou 125, est une puissance dont la base est 5.

Les opérations par lesquelles on détermine une puissance d'un nombre constituent la *puissanciation,* qu'on appelle aussi la *formation des puissances.*

27. Les diverses puissances d'un même nombre se distinguent les unes des autres par leurs degrés, le *degré* d'une puissance d'une quantité étant le nombre de fois que cette quantité est prise comme facteur. Par *carré* et *cube* d'un nombre, on entend les puissances du deuxième et du troisième degré de ce nombre.

28. Quand on veut indiquer qu'un nombre doit être élevé à une certaine puissance, on écrit d'abord ce nombre, et l'on indique ensuite par un autre nombre, placé à droite et un peu au-dessus, le degré de la puissance; ce nombre s'appelle l'*exposant* de la puissance. Pour indiquer, par exemple, que 15 doit être élevé à la 4ᵉ puissance, on écrira 15^4.

29. *Carré d'une somme.* Soit proposé d'élever $5 + 4$ au carré, en indiquant seulement la composition de chaque produit partiel à former. On aura $(5+4)^2 = (5+4).5 + (5 + 4).4 = 5^2 + 2.5.4 + 4^2$. Tout autre exemple donnerait évidemment un résultat analogue. D'où il suit que le carré d'une quantité composée de deux parties ou *termes*, contient 1° le carré du 1ᵉʳ terme, 2° le double du produit du 1ᵉʳ terme par le 2ᵉ, 3° le carré du 2ᵉ terme. Si l'on désigne les termes par t et t', l'énoncé précédent peut être formulé comme il suit :
$$(t + t')^2 = t^2 + 2 tt' + t'^2.$$

30. *Cube d'une somme.* Le cube de $5+4$ est $(5+4)^3 = (5+4)^2. (5 + 4) = (5^2 + 2.5.4 + 4^2). (5 + 4) = 5^3 + 3. 5^2. 4 + 3.5.4^2 + 4^3$. Donc, le cube d'une quantité composée de deux termes contient 1° le cube du 1ᵉʳ terme, 2° le triple du produit du carré du 1ᵉʳ terme par le 2ᵉ, 3° le triple du produit du 1ᵉʳ terme par le carré du 2ᵉ, 4° le cube du 2ᵉ terme; résultat qu'on peut écrire comme il suit :
$$(t + t')^3 = t^3 + 3 t^2 t' + 3 tt'^2 + t'^3.$$

31. *Puissance d'un produit.* Proposons-nous de former le cube du produit 4.9 ; ce produit devant être multiplié deux fois successivement par lui-même, et les facteurs du résultat pouvant être pris dans tel ordre qu'on voudra, on aura $(4.9)^3 = 4.9.4.9.4.9 = 4.4.4.9.9.9 = 4^3.9^3$. D'où il suit qu'une puissance d'un produit donné par ses facteurs est égale au produit des puissances de même degré des divers facteurs.

32. *Le produit de deux puissances d'un même nombre* est égal à une nouvelle puissance de ce nombre du degré marqué par la somme des exposants des puissances prises pour facteurs. Si, par exemple, on

avait à multiplier 15^4 par 15^3, il est évident que chaque fois qu'on multipliera par 15 le multiplicande, on augmentera l'exposant de celui-ci d'une unité. Or, multiplier par 15^3, c'est multiplier trois fois successivement par 15, c'est par conséquent augmenter de trois unités l'exposant du multiplicande, ce qui donne $15^4.15^3 = 15^{4+3} = 15^7$.

On trouvera pareillement $15^4.15^3.15^7 = 15^{4+3+7} = 15^{14}$.

§ 8. — *Puissanciations successives.*

33. Après avoir élevé un nombre à une certaine puissance, on peut considérer le résultat comme une nouvelle base, et se proposer de l'élever à une autre puissance ; puis traiter cette puissance comme la première, et ainsi de suite : c'est ce qu'on appelle des *puissanciations successives.*

Nous écrirons $(7^3)^2$ pour indiquer que 7 doit être élevé au cube, puis le résultat au carré. Le résultat final sera une puissance de 7 du degré marqué par le produit des exposants 3 et 2. En effet, on a $(7^3)^2 = 7^3.7^3 = 7^{3+3} = 7^{3.2} = 7^6$.

En général, le résultat de plusieurs puissanciations successives sera une puissance de la base primitive, du degré marqué par le produit des exposants.

SECT. III. — DÉCOMPOSITION DES NOMBRES DÉCIMAUX.

§ 1er. — *Dénumération.*

34. Un nombre étant donné, si nous en ôtons une unité, nous faisons la plus simple des opérations qui servent à décomposer un nombre ; cette opération est l'inverse de la numération, et se nomme *dénumération.*

§ 2. — *Dénumérations successives.*

35. Après avoir ôté une unité d'un nombre donné, si du résultat on ôte une seconde unité, puis une troisième, et ainsi de suite, on effectue des *dénumérations successives.*

§ 3. — *Soustraction.*

36. On peut toujours retrancher un nombre donné d'un autre nombre plus grand, en retranchant successivement les unités dont la somme forme le nombre à retrancher ; mais il est un autre procédé qui conduit plus rapidement au résultat, qui constitue l'opération qu'on nomme *soustraction*, et qui a pour objet la décomposition d'un nombre en deux parties dont l'une est connue.

37. Le résultat d'une soustraction se nomme *reste*, *excès* ou *différence*, suivant le but spécial qu'on se propose en effectuant l'opération.

38. Pour indiquer qu'un nombre doit être retranché d'un autre nombre, on le place à la suite de ce dernier, en le faisant précéder du signe —, qui signifie *moins*.

39. En augmentant ou diminuant d'un certain nombre d'unités le nombre à décomposer, sans changer la partie connue, on augmente ou diminue du même nombre d'unités le résultat qu'on aurait eu si rien n'avait été changé aux nombres proposés.

En augmentant ou diminuant d'un certain nombre d'unités la partie connue, sans changer le nombre à décomposer, on diminue ou augmente du même nombre d'unités le résultat qu'on aurait eu d'abord.

Mais si l'on augmente ou diminue en même temps, et du même nombre d'unités, le nombre à décomposer et la partie connue, on ne change pas le résultat.

40. Divers cas de la soustraction des nombres décimaux.

1er CAS. *Soustraire un nombre entier exprimé par un seul chiffre d'un autre nombre entier qui ne surpasse pas le premier de plus de 9 unités.* On trouve immédiatement le résultat d'une telle soustraction, lorsqu'on sait de mémoire la table d'addition, qui devient ici une table de soustraction.

2e CAS. *Soustraire un nombre entier exprimé par un seul chiffre, d'un autre nombre entier quelconque.* On sera conduit à retrancher le chiffre de la partie connue du chiffre des unités simples du nombre à décomposer, pour avoir le chiffre des unités simples de la partie cherchée.

Il peut arriver que le chiffre de la partie connue soit plus fort que le chiffre des unités simples du nombre à décomposer ; alors, pour rendre possible la soustraction, on augmente ce dernier de 10, et l'on diminue d'une unité le chiffre des dixaines.

3e CAS. *Soustraire un nombre entier quelconque d'un autre nombre entier quelconque.* On peut concevoir le nombre à décomposer comme formé des unités, dixaines, etc., de la partie connue, ajoutées avec les unités, dixaines, etc., que doit avoir la partie inconnue. D'où l'on conclut qu'en retranchant les unités du plus petit des deux nombres donnés des unités du plus grand, on aura les unités du reste cherché ; qu'en retranchant les dixaines du plus petit des dixaines du plus grand, on aura les dixaines du reste ; et ainsi de suite. S'il arrive que quelque chiffre de la partie connue soit plus fort que le chiffre correspondant dans le nombre à décomposer, on augmentera ce dernier de 10, en ayant soin d'ajouter une unité au chiffre qui suit immédiatement dans le nombre à retrancher (n° 39). *Ex.* 357428—180296=177132.

4e cas. Soustraire un nombre entier terminé par des zéros d'un autre nombre entier aussi terminé par des zéros.

On pourra supprimer un même nombre de zéros à la droite de chacun des nombres proposés, opérer ensuite sur les nombres exprimés par les chiffres restants, et enfin fixer la dénomination des unités auxquelles se rapporte le reste ainsi trouvé, en écrivant à la droite de ce dernier autant de zéros qu'on en avait supprimé à la droite de chacun des nombres donnés.

5e cas. Soustraire un nombre décimal fractionnaire d'un autre nombre décimal fractionnaire. Un nombre décimal fractionnaire ne changeant pas de valeur lorsqu'on écrit un ou plusieurs zéros à sa droite, si les nombres proposés n'avaient pas le même nombre de chiffres fractionnaires, on pourrait écrire à la droite de celui qui en a le moins, autant de zéros qu'il est nécessaire pour que ce nombre soit le même de part et d'autre. La soustraction s'effectuera ensuite comme si les nombres étaient entiers, en ayant soin de placer une virgule entre le chiffre des unités simples du reste, et celui des dixièmes.

41. *Rapport par différence.* Lorsque d'un nombre on retranche un autre nombre, le résultat peut être considéré comme un rapport du premier nombre au second, c'est ce qu'on appelle un *rapport par différence*. Les nombres qu'on retranche l'un de l'autre sont les *termes* du rapport. Celui duquel on retranche l'autre est l'*antécédent*, et le nombre retranché est le *conséquent*. Dans l'évaluation du rapport par différence d'un nombre à un autre, le premier sera l'antécédent, et le second le conséquent.

Le rapport par différence de 7 à 4 est 7—4, ou 3. Ce rapport exprime que le conséquent doit être augmenté de 3 unités pour reproduire l'antécédent, et il est dit *positif*.

Le rapport par différence de 4 à 7 est l'inverse du rapport de 7 à 4, il est égal à 4—7=4—4—3=—3. Ce rapport—3, affecté du signe —, exprime que le conséquent doit être diminué de 3 unités pour reproduire l'antécédent, et il est dit *négatif*.

42. *Origine des nombres négatifs.* En général, toute quantité qui, prise isolément, se trouve affectée de la *caractéristique* —, est dite *négative*, et tire son origine de l'évaluation d'un rapport par différence, dans lequel l'antécédent est plus petit que le conséquent.

43. *Calcul des nombres négatifs.* Les nombres négatifs pouvant être soumis aux mêmes opérations que les nombres positifs, il convient d'établir les règles à suivre.

1°. *Addition.* Si au nombre —4 on voulait ajouter 9, on aurait —4+9, ou 9—4 ; et si au nombre 9 on devait ajouter —4, la somme devrait évidemment rester la même; on a donc 9+(—4)=9—4=5. D'où il suit que pour ajouter un nombre négatif il faut opérer comme s'il s'agissait de retrancher un nombre positif numériquement égal au nombre négatif dont il s'agit.

2°. *Multiplication.* Dans toute multiplication le produit se forme du multiplicande de la même manière que le multiplicateur est formé de l'unité simple et positive.

Cela posé, lorsque le multiplicateur est positif, c'est-à-dire formé de l'unité positive ajoutée à elle-même un certain nombre de fois, le produit doit être formé en ajoutant le multiplicande à lui-même le même nombre de fois. On aura, par exemple,

$$(+7) . (+3) = +7+7+7 = +21,$$
$$(-7) . (+3) = -7-7-7 = -21.$$

Ce qui montre que lorsque le multiplicateur est positif, le produit a le même signe que le multiplicande.

Mais lorsque le multiplicateur est négatif, puisque pour le former, en partant de l'unité simple et positive, il faut changer le signe de celle-ci, et l'ajouter ensuite à elle-même un certain nombre de fois, il faudra pareillement, pour former le produit, changer le signe du multiplicande, et, après l'avoir ainsi modifié, l'ajouter à lui-même le même nombre de fois. C'est ainsi qu'on aura, par exemple,

$$(+7).(-3) = -7-7-7 = -21,$$
$$(-7).(-3) = +7+7+7 = +21.$$

D'où l'on voit que lorsque le multiplicateur est négatif, le produit a un signe contraire à celui du multiplicande.

3°. *Soustraction.* Proposons-nous de retrancher du nombre 9 le nombre négatif —4. Le résultat doit être tel qu'en y ajoutant —4 on ait pour somme le nombre 9. Or, on a vu qu'ajouter —4, c'est retrancher 4; d'où il suit que le résultat cherché doit surpasser 9 de 4 unités; on aura donc $9-(-4) = 9+4 = 13$. Ainsi, pour retrancher un nombre négatif il faut changer le signe de ce nombre et en suite l'ajouter.

§ 4. — *Soustractions successives.*

44. Après avoir soustrait un nombre d'un autre nombre, on peut avoir à soustraire du résultat un autre nombre; puis du second résultat, encore un autre nombre, et ainsi de suite : voilà les *soustractions successives.*

Parmi les procédés qu'on peut suivre pour effectuer de telles soustractions, le suivant est le plus expéditif. Ayant placé en colonne le nombre à décomposer et les nombres à retrancher, de telle sorte que les chiffres qui représentent des unités de même ordre se trouvent sur la même colonne, on effectuera les soustractions successives sur chaque colonne séparément, en commençant par la première colonne à droite. Lorsque le résultat d'une colonne se trouvera exprimé par un nombre négatif, on l'augmentera d'autant de dixaines qu'il sera nécessaire pour le rendre positif, et l'on diminuera la colonne suivante d'un nombre égal d'unités.

§ 5. — *Division.*

45. Dans les soustractions successives, lorsque les nombres qui doivent être retranchés successivement sont égaux entre eux, et que le but qu'on se propose est de déterminer combien de fois l'un de ces nombres est contenu dans le nombre à décomposer, le résultat cherché est alors le nombre de soustractions successives qu'il est possible d'effectuer; et il est évident qu'en répétant le nombre retranché autant de fois que le marque le nombre des soustractions successives, on devrait reproduire le nombre à décomposer. Ce dernier peut

donc être considéré comme un produit dont le nombre à retrancher est un facteur, et dont le second facteur est le nombre cherché.

Si l'on avait à partager un nombre donné en un certain nombre de parties égales entre elles, il est évident que la valeur de chacune de ces parties serait l'unité, si le nombre à partager était égal au nombre des parties qu'on doit avoir; que cette valeur serait de 2, 3, etc., unités, si le nombre à partager était double, triple, etc., du nombre des parties; qu'en un mot, la valeur de chaque partie se composera d'autant d'unités que le nombre à partager contient de fois le nombre des parties. D'ailleurs, il est pareillement évident que l'une des parties demandées, répétée autant de fois qu'on doit en avoir, reproduirait le nombre à partager. Donc, il s'agirait encore ici, comme dans le cas précédent, de déterminer l'un des facteurs d'un produit, connaissant ce produit et l'autre facteur.

46. L'opération par laquelle on décompose un nombre en deux facteurs dont l'un est connu, se nomme *division*. Le nombre à décomposer se nomme *dividende*, le facteur connu est le *diviseur*, et l'on donne le nom de *quotient* au résultat.

47. Pour indiquer une division à faire, on écrit le diviseur à la suite du dividende, en les séparant par le signe : , qui signifie *divisé par*; ou bien on place le diviseur au-dessous du dividende, en les séparant par un trait tiré de gauche à droite. Le quotient s'écrit à la suite, en le faisant précéder du signe =.

48. Le quotient exprimant le nombre de fois que le diviseur est contenu dans le dividende, il s'en suit que

1° Si dans une division on rend le dividende un certain nombre de fois plus grand ou plus petit, on aura un quotient qui sera le même nombre de fois plus grand ou plus petit que celui qu'on aurait eu d'abord;

2° Si l'on rend le diviseur un certain nombre de fois plus grand ou plus petit, on aura un quotient qui sera le même nombre de fois plus petit ou plus grand que celui qu'on aurait eu d'abord;

3° On ne change pas le quotient en rendant en même temps le dividende et le diviseur le même nombre de fois plus grands ou plus petits.

49. Divers cas de la division des nombres décimaux entiers ou fractionnaires.

1er cas. *Division d'un nombre entier plus petit que le décuple du diviseur, lorsque celui-ci est exprimé par un seul chiffre.* On trouve immédiatement le quotient lorsqu'on sait de mémoire la table de multiplication, qui devient ici une table de division.

Lorsque le dividende ne contient pas le diviseur un nombre exact de fois, on divise le multiple du diviseur immédiatement inférieur au dividende, et l'on a un quotient qui n'est qu'approximatif. Si du dividende proposé on retranche le produit du diviseur par le quotient trouvé, on a un reste. Pour compléter le quotient, il faut concevoir chaque unité restante comme divisée en autant de parties égales que le marque le diviseur, et joindre au quotient trouvé autant de ces parties qu'il y a d'unités dans le reste; c'est-à-dire que la partie fractionnaire du quotient a pour numérateur le reste de la division, et pour dénominateur le diviseur. *Exemple :* $59 : 8 = 7\frac{3}{8}$.

On peut aussi compléter le quotient par une fraction décimale. Pour cela, on convertit le reste en dixièmes, en mettant un zéro à sa droite, on divise de nouveau par le diviseur, et l'on a les dixièmes du quotient. Si cette nouvelle division donnait encore un reste, on pourrait le convertir en centièmes, diviser le résultat par le diviseur, et le nouveau quotient donnerait le nombre de centièmes que doit avoir le quotient cherché. On continue ainsi jusqu'à ce qu'on parvienne à un quotient exact, ou à un quotient approché à moins d'une unité décimale de tel ordre qu'on veut. *Ex.* $59 : 8 = 7,375$.

2e cas. *Division d'un nombre entier quelconque par un autre nombre entier exprimé par un seul chiffre.* Le quotient multiplié par le diviseur devant reproduire le dividende, il sera aisé de déterminer l'ordre des plus hautes unités du quotient. On trouvera ensuite successivement les divers chiffres du quotient par des divisions partielles qui rentrent dans le premier cas.

3e cas. *Division d'un nombre entier quelconque par un autre nombre entier quelconque.* On prendra sur la gauche du dividende autant de chiffres qu'il en faut pour avoir un nombre qui puisse contenir le diviseur, ce nombre sera le premier dividende partiel; en le divisant par le diviseur, on aura le chiffre des plus hautes unités du quotient. Pour trouver ce chiffre, on cherchera combien de fois le premier chiffre du diviseur est contenu dans le nombre exprimé par le premier, ou les deux premiers chiffres du dividende partiel. Le quotient trouvé pourra être plus fort que le quotient cherché, puisqu'on n'aura pas tenu compte de la valeur des autres chiffres du diviseur. Pour le vérifier, on examinera si le diviseur multiplié par le quotient dont il s'agit, donne un produit qu'on puisse retrancher du dividende partiel; si on le trouve trop fort, on le diminuera d'une unité, et l'on fera une nouvelle vérification. Lorsqu'on aura déterminé le premier chiffre du quotient, on le multipliera par le diviseur, et l'on retranchera le produit du dividende partiel. On convertira le reste en unités de l'ordre immédiatement inférieur à celles qu'il exprime, on ajoutera au résultat le chiffre qui représente des unités de même ordre dans le dividende proposé, et l'on obtiendra ainsi un second dividende partiel qui, étant divisé par le diviseur, donnera le second chiffre du quotient; et ainsi de suite, jusqu'à ce qu'on ait trouvé tous les chiffres du quotient cherché. Si le quotient ne pouvait s'obtenir exactement en nombre entier, on le compléterait, d'après ce qui a été dit au 1er cas, soit par une fraction ordinaire, soit par une fraction décimale. *Exemple :* $390841 : 743 = 526\frac{23}{743}$.

4e cas. *Division des nombres entiers terminés par des zéros.* Dans le cas dont il s'agit, on peut, sans altérer la valeur du quotient cherché, et pour abréger les calculs, supprimer un même nombre de zéros à la droite du dividende et à la droite du diviseur (n° 48).

5e cas. *Division des nombres décimaux fractionnaires.* Si l'on avait à diviser un nombre décimal fractionnaire par un nombre entier, la division s'effectuerait comme celle d'un nombre entier par un nombre entier, en ayant soin de placer la virgule immédiatement après le chiffre que donne au quotient le dividende partiel dont le dernier chiffre est celui des unités simples du dividende.

Lorsque le diviseur est un nombre décimal fractionnaire, on peut le rendre entier en y supprimant la virgule, et en ayant soin de multiplier le dividende par 10 autant de fois successivement qu'il y avait de chiffres fractionnaires au diviseur, pour que la valeur du quotient ne soit pas changée (n° 48). On rentre ainsi dans le cas précédent.

6° CAS. *Division d'une puissance d'un nombre par une autre puissance du même nombre.* 1°. Soit proposé de diviser 8^7 par 8^4. Le diviseur multiplié par le quotient devant reproduire le dividende, il est évident que le quotient doit être composé de facteurs égaux à 8, doit être une puissance de 8, et que l'exposant du dividende doit être la somme des exposants du diviseur et du quotient (n° 32) ; donc, on aura $8^7 : 8^4 = 8^{7-4} = 8^3$. C'est-à-dire que l'exposant du quotient s'obtient en retranchant l'exposant du diviseur de celui du dividende.

2°. Lorsque les exposants sont les mêmes au dividende et au diviseur, la règle précédente donne 0 pour l'exposant du quotient. D'un autre côté, il est évident qu'une quantité divisée par elle-même donne 1 pour quotient. On aura donc, par exemple, $8^7 : 8^7 = 8^0 = 1$. En général, toute quantité affectée de l'exposant 0, a pour valeur l'unité, quelle que soit cette quantité.

3°. Lorsque l'exposant du diviseur est plus fort que l'exposant du dividende, la règle précédente donne au quotient un exposant négatif. Pour interpréter la valeur de ce quotient, on observera que cette valeur ne change pas lorsqu'on divise le dividende et le diviseur par le dividende lui-même; on a donc d'une part $8^7 : 8^9 = 8^{-2}$, d'autre part $8^7 : 8^9 = 1 : 8^2$, et, par conséquent, $8^{-2} = \dfrac{1}{8^2}$. En général toute quantité affectée d'un exposant négatif provient d'une division, et correspond à l'unité divisée par la même puissance, en rendant l'exposant positif.

50. *Rapport par quotient.* Lorsque dans une division le dividende et le diviseur sont deux quantités de même nature, le quotient est un nombre abstrait qui indique combien de fois le dividende contient le diviseur, et fixe l'état relatif de ces quantités. C'est pourquoi on lui donne alors le nom de *rapport par quotient.* Le dividende et le diviseur sont les *termes* du rapport; le premier est l'*antécédent*, le second est le *conséquent.*

Dans l'évaluation du rapport par quotient d'un nombre à un autre, nous diviserons toujours le premier par le second. Nous trouverons ainsi, par exemple, que le rapport de 15 à 5 est 3, et que le rapport de 5 à 15, l'inverse du précédent, est $\frac{1}{3}$.

51. *Divisibilité.* Nous ne pouvons donner ici que les énoncés des principaux théorèmes relatifs à la divisibilité.

I. Lorsque plusieurs nombres sont divisibles exactement par un même diviseur, leur somme est pareillement divisible par ce diviseur.

II. Lorsqu'une quantité composée de deux parties doit être divisible exactement par un diviseur donné, il faut que ce diviseur divise chacune des parties, ou qu'il ne divise ni l'une ni l'autre.

III. Si l'on divise par un même diviseur les facteurs d'un produit, qu'on multiplie successivement les uns par les autres les restes que donnent ces divisions, qu'on divise le résultat par le même diviseur, le reste que donnera cette dernière division doit être égal au reste qu'on trouve en divisant le produit proposé par le même diviseur.

IV. On appelle nombre *premier* ou *simple*, tout nombre qui n'est divisible exactement que par lui-même et par l'unité.

On donne le nom de nombre *composé* à celui qu'on peut considérer comme le produit de deux ou plusieurs autres nombres entiers.

Les nombres dits *premiers-entre-eux* sont tels qu'aucun diviseur entier n'est commun à deux ou plusieurs de ces nombres.

V. Un nombre composé peut diviser exactement le produit de deux ou plusieurs facteurs dont aucun n'est divisible par ce diviseur.

VI. Un nombre premier ne peut diviser un produit que dans le cas où il divise au moins un des facteurs de ce produit.

VII. Si des nombres sont premiers-entre-eux, leurs puissances sont aussi premières-entre-elles.

VIII. Un nombre entier est divisible, 1° par 2, lorsque le chiffre de ses unités simples est l'un des chiffres 0, 2, 4, 6, 8; 2° par 3, lorsque la somme de ses chiffres est un multiple de 3; 3° par 4, lorsque le chiffre des unités simples, augmenté du double de celui des dixaines, donne un multiple de 4; 4° par 5, lorsque le chiffre des unités simples est 0 ou 5; 5° par 6, lorsque la différence entre le chiffre des unités simples et le double de la somme des autres chiffres, est nulle ou un multiple de 6; 6° par 7, lorsqu'en partageant le nombre en tranches de trois chiffres chacune, prenant dans chaque tranche 1 fois le chiffre des moindres unités, 3 fois le second, et 2 fois le troisième, la différence entre la somme des résultats donnés par les tranches de rang impair et celle des résultats donnés par les tranches de rang pair, est nulle ou un multiple de 7; 7° par 8, lorsque le chiffre des unités simples, augmenté du double de celui des dixaines et du quadruple de celui des centaines, donne un multiple de 8; 8° par 9, lorsque la somme de tous les chiffres est un multiple de 9; 9° par 10, lorsqu'il est terminé par un 0; 10° par 11, lorsque la différence entre la somme des chiffres de rang impair et celle des chiffres de rang pair, est nulle ou un multiple de 11; etc., etc.

§ 6. — *Divisions successives.*

52. Après avoir divisé un nombre par un autre, on peut avoir à diviser par un second diviseur le quotient qu'a donné la première division; puis le second quotient, par un troisième diviseur; et ainsi de suite : c'est ce qu'on appelle des *divisions successives.* Par exemple, le nombre 210 divisé successivement par les diviseurs 2, 3, 5, donne pour quotient final 7; c'est ce que nous écrirons de la manière suivante

$$\{ (210 : 2) : 3 \} : 5 = 7.$$

53. Un nombre divisible successivement par des diviseurs donnés est divisible par leur produit, et réciproquement.

54. On peut changer l'ordre des diviseurs successifs sans changer la valeur du quotient final.

55. Un nombre divisible exactement par deux ou plusieurs diviseurs premiers-entre-eux, est divisible successivement par ces diviseurs, et par conséquent divisible par leur produit.

56. *Décomposition d'un nombre en ses facteurs simples.* C'est par des divisions successives qu'on effectue cette décomposition. Les nombres simples étant 2, 3, 5, 7, etc., si le nombre à décomposer est divisible par 2, on le divise par ce diviseur autant de fois successivement qu'il est possible; le nombre se trouve par là décomposé en deux facteurs dont l'un est une certaine puissance de 2, et l'autre le quotient de la dernière division, qui n'est plus divisible par 2. Si ce quotient est divisible par 3, on

le décompose à son tour, et de la même manière, en deux facteurs, dont l'un est une puissance de 3, et l'autre est le dernier quotient, qui n'est plus divisible par 3. On essaie de même successivement les diviseurs simples 5, 7, 11, etc., ce qui conduit à avoir, au lieu du nombre proposé, le produit des divers nombres simples par lesquels on a pu diviser, chacun élevé à une puissance marquée par le nombre de fois que ce nombre simple a pu être pris comme diviseur. *Exemple :* $360 = 2^3 . 3^2 . 5$.

57. *Application de la décomposition en facteurs simples à la recherche du plus petit multiple commun à des nombres donnés.* Proposons-nous, par exemple, de trouver le plus petit multiple commun aux nombres 10, 12, 15. La décomposition en facteurs simples donne $10 = 2.5$, $12 = 2^2.3$, $15 = 3.5$. Le nombre cherché, pour être divisible par chacun des nombres proposés, doit contenir les facteurs simples relatifs à chacun de ces nombres. Il faut donc prendre les facteurs simples différents qu'on a trouvés dans les décompositions ci-dessus, affecter chacun d'eux du plus haut exposant qu'on a trouvé pour ce facteur, et leur produit sera le nombre demandé. Dans l'exemple proposé, ce nombre est $2^2 . 3 . 5 = 60$.

58. *Application de la décomposition en facteurs simples à la recherche du plus grand diviseur commun à des nombres donnés.* Tout diviseur commun à des nombres donnés doit se composer de facteurs simples communs à ces nombres, et le plus grand diviseur commun est le produit de tous les facteurs communs aux nombres dont il s'agit. Soit proposé, par exemple, de trouver le plus grand diviseur commun aux nombres 220, 60, 40. Par la décomposition en facteurs simples, on a $220 = 2^2 . 5 . 11$, $60 = 2^2.3.5$, $40 = 2^3.5$; ce qui montre que 2^2 et 5 sont les seuls facteurs communs aux nombres donnés; leur plus grand diviseur commun sera donc $2^2 . 5 = 20$.

Le plus grand diviseur commun dont il s'agit peut aussi s'obtenir par un autre procédé, qui n'est qu'une espèce de tâtonnement, et qui ne donne immédiatement que le plus grand diviseur commun à deux nombres seulement. Ce procédé consiste à diviser le plus grand des deux nombres par le plus petit, le plus petit par le reste de la première division, le premier reste par le deuxième, et ainsi de suite, jusqu'à ce qu'on trouve un reste qui divise exactement le reste précédent ; ce sera le diviseur cherché.

§ 7. — *Racination.*

59. Nous allons nous proposer maintenant de décomposer un nombre donné en deux ou plusieurs facteurs égaux entre eux. Chacun de ces facteurs se nomme *racine*, et l'opération par laquelle on en détermine la valeur se nomme *extraction* ou *recherche des racines*, ou, en un seul mot, *racination*.

60. Les diverses racines d'un même nombre se distinguent les unes des autres par leurs *degrés*. Une racine est dite du 2ᵉ, du 3ᵉ, etc., degré, suivant qu'elle doit être prise 2, 3, etc., fois comme facteur pour reproduire le nombre dont il s'agit. Les racines du 2ᵉ et du 3ᵉ degré se nomment aussi *racines carrées* et racines *cubiques*.

Le nombre qui indique le degré d'une racine se nomme *l'exposant* de la racine.

61. Pour indiquer une racine à extraire, on se sert du signe $\sqrt{}$ placé à la gauche du nombre dont il s'agit ; l'exposant de la racine se place dans l'ouverture des deux droites qui composent ce signe. Ainsi, pour indiquer que la racine cubique de 8 est 2, on écrit $\sqrt[3]{8} = 2$.

Lorsqu'il s'agit d'une racine carrée, on supprime ordinairement l'exposant.

62. *Racine d'un produit.* Une racine d'un produit est égale au produit des racines de même degré des facteurs constitutifs de ce produit (nᵒ 31). C'est ainsi qu'on a
$$\sqrt{4 . 9 . 25} = \sqrt{4} . \sqrt{9} . \sqrt{25}.$$

63. *Racine d'un quotient.* Une racine d'un quotient est égale au quotient des racines de même degré du dividende et du diviseur. Supposons qu'il s'agisse du quotient que donne 35 divisé par 7, et concevons ce quotient exprimé par $\frac{35}{7}$ on aura $35 = 7 . \frac{35}{7}$, d'où $\sqrt{35} = \sqrt{7} . \sqrt{\frac{35}{7}}$, et par conséquent $\sqrt{\frac{35}{7}} = \frac{\sqrt{35}}{\sqrt{7}}$.

64. *Racine d'un nombre affecté d'un exposant de puissance.* Soit proposé d'extraire la racine cubique de 15^{12}. Le cube de la racine demandée doit être égal à 15^{12}, par conséquent cette racine ne peut contenir d'autres facteurs que ceux qui se trouvent dans le nombre 15, et doit contenir tous ceux-ci ; donc la racine cherchée est une certaine puissance de 15, et cette puissance doit être telle qu'en l'élevant au cube,

c'est-à-dire en multipliant son exposant par 3 (nᵒ 33), on ait pour résultat 15^{12} ; on a donc $\sqrt[3]{15^{12}} = 15^{\frac{12}{3}} = 15^{4}$. D'où il suit que pour extraire une racine d'un nombre affecté d'un exposant, il faut diviser cet exposant par celui de la racine.

Si l'exposant du nombre était égal à celui de la racine, le nombre se trouverait soumis à deux opérations inverses l'une de l'autre, on supprimerait les deux exposants.

Si l'exposant du nombre n'était pas divisible par l'exposant de la racine, en opérant comme il a été dit ci-dessus, on arriverait à un résultat affecté d'un exposant fractionnaire. C'est ainsi qu'on a $\sqrt[7]{15^{5}} = 15^{\frac{5}{7}}$. Telle est l'origine des exposants fractionnaires.

65. On nomme puissances *exactes entières* celles dont les racines peuvent être exprimées exactement en nombres entiers ; et puissances *exactes fractionnaires*, celles dont les racines peuvent être exprimées exactement en nombres fractionnaires.

66. Lorsqu'un nombre entier n'est pas une puissance exacte entière d'un certain degré, la racine de ce degré ne saurait être exprimée exactement en nombre décimal fractionnaire, puisqu'un nombre décimal fractionnaire élevé à telle puissance qu'on voudra ne peut jamais produire un nombre entier.

67. Toute racine qui ne peut être complétement exprimée en nombre entier, ni en nombre fractionnaire, qui n'a aucune commune mesure avec l'unité, mais dont on peut cependant calculer la valeur avec telle approximation qu'on voudra, est dite *incommensurable* ou *irrationnelle*.

68. La décomposition en facteurs simples offre un moyen facile pour reconnaître si un nombre donné est une puissance exacte de tel ou tel degré, et dans ce cas en obtenir la racine du degré dont il s'agit. En effet, tout nombre peut être considéré comme le produit de plusieurs facteurs simples élevés chacun à une certaine puissance ; et, d'après ce qu'on a vu plus haut (nᵒˢ 62, 64), si les exposants dont les facteurs simples sont affectés se trouvent être des multiples de l'exposant de la racine demandée, il est évident que le nombre proposé sera une puissance exacte du degré dont il s'agit, et que la racine s'obtiendra en divisant les exposants des facteurs simples respectivement par l'exposant de la racine cherchée. *Exemple :* $\sqrt{128024064}$ $= \sqrt{2^9 . 3^6 . 7^3} = 2^3 . 3^2 . 7 = 504.$

Il existe d'autres procédés à l'aide desquels on peut calculer, non-seulement les racines des puissances exactes, mais encore les valeurs approchées des racines incommensurables.

69. *Racines carrées.* Lorsqu'on a à calculer la racine carrée d'un nombre décimal donné, entier ou fractionnaire, plus grand ou plus petit que 1, il convient de déterminer d'abord l'ordre des unités de la plus haute espèce que doit avoir cette racine.

Supposons d'abord le nombre donné plus grand que 1. Les nombres 1, 10, 100, etc., ayant pour carrés 1, 100, 10000, etc., suivant que le nombre proposé sera compris entre 1 et 100, entre 100 et 10000, etc., sa racine carrée sera comprise entre 1 et 10, entre 10 et 100, etc., c'est-à-dire que les unités de la plus haute espèce de cette racine seront des unités simples, des dixaines, etc. Il suit de là que si, à partir du chiffre des unités inclusivement, on partage la partie entière du nombre donné en tranches de deux chiffres, observant que la première tranche à gauche peut n'avoir qu'un seul chiffre, autant on aura de tranches, autant on aura de chiffres à la partie entière de la racine carrée. On déterminera ainsi l'ordre des plus hautes unités de cette racine.

Si le nombre donné est plus petit que 1, on observe que les carrés des nombres 1, 0,1, 0,01, etc., étant 1, 0,01, 0,0001, etc., suivant que le nombre proposé sera compris entre 1 et 0,01, entre 0,01 et 0,0001, etc., sa racine carrée sera comprise entre 1 et 0,1, entre 0,1 et 0,01, etc. ; c'est-à-dire que les unités de la plus haute espèce de cette racine seront des dixièmes, des centièmes, etc. D'où il suit que si à partir de la virgule, et en allant de gauche à droite, on partage le nombre en tranches de deux chiffres chacune, le rang de la première tranche dans laquelle il se trouvera au moins un chiffre autre que 0, fixera l'ordre inférieur des plus hautes unités de la racine carrée. Dans le nombre 0,000758, par exemple, il faut aller jusqu'à la seconde tranche 07 pour avoir un chiffre numérique, les plus hautes unités de la racine carrée seront des centièmes ou des unités de 2ᵉ ordre inférieur.

Nous allons exposer maintenant le procédé à suivre pour calculer la racine carrée d'un nombre donné, approchée à moins de telle unité décimale qu'on voudra. Soit proposé de trouver la racine carrée de 23 54 28, 75. Ce nombre ayant trois tranches de deux chiffres à sa partie entière, les unités de la plus haute espèce que contiendra la racine seront des centaines. Concevons que t désigne les centaines de la racine et t' ses dixaines ; le nombre proposé contiendra le carré $t^2 + 2tt' + t'^2$ (n° 29), et si l'on pouvait déterminer quelles sont les parties du nombre proposé qui correspondent à t^2 et à $2tt'$, en prenant la racine carrée de la première on aurait t, et en divisant la seconde par $2t$ on aurait t'. Or, t représentant des centaines, t^2 représentera des dixaines de mille ; c'est donc dans les 23 dixaines de mille du nombre proposé qu'il faut chercher le carré des centaines de la racine ; le chiffre des centaines de la racine sera donc la racine du plus grand carré contenu dans 23, c'est-à-dire 4.

Si des 23 dixaines de mille du nombre proposé, on retranche le carré des 4 centaines trouvées à la racine, ou 16 dixaines de mille, on a un premier *reste partiel* égal à 7 dixaines de mille, qui, jointes aux autres collections d'unités qui se trouvent dans le nombre proposé, forment le 1ᵉʳ *reste total*, dont $2tt' + t'^2$ fait partie. Le produit $2tt'$, ou le double produit des centaines par les dixaines de la racine, représente des mille et se trouve par conséquent dans les 75 mille que contient le 1ᵉʳ reste total. Mais comme dans ce nombre de mille il peut s'en trouver qui n'appartiennent pas au double produit des centaines par les dixaines, en le divisant par le double des centaines trouvées à la racine, on peut avoir pour quotient un chiffre plus fort que ne doit être le chiffre des dixaines de la racine ; c'est pourquoi, avant de l'écrire à la racine, il faut le vérifier, et s'il se trouve trop fort, le diminuer d'une unité, et vérifier de nouveau.

Divisant les 75 mille du 1ᵉʳ reste par le double des centaines de la racine, c'est-à-dire par 8 centaines, on a pour quotient 9 dixaines. Avant d'écrire ces 9 dixaines à la racine, il faut vérifier en examinant si la quantité $2tt' + t'^2$ ou $(2t + t').t'$ peut se retrancher du 1ᵉʳ reste total. Or, $2t$ représente 8 centaines ; si l'on fait t' égal à 9 dixaines, $2t + t'$ représentera 89 dixaines, et, multipliant par 9 dixaines, on aurait pour résultat 801 centaines, nombre qui ne peut être retranché du 1er reste trouvé ; donc le quotient 9 est trop fort. Vérifiant 8 de la même manière, on trouve $(2t+t')$. t' égal à 704 centaines, nombre qui peut être retranché du 1er reste total ; le chiffre des dixaines de la racine est donc 8. Retranchant ces 704 centaines des 754 centaines du 1er reste, on a un 2e reste partiel égal à 50 centaines, qui, jointes aux autres collections d'unités que contient encore le nombre proposé, forment le 2e reste total.

Concevons maintenant que s représente les 48 dixaines trouvées à la racine, et que s' représente le chiffre des unités simples. Le nombre proposé contient le carré $s^2 + 2ss' + s'^2$. Mais ayant d'abord retranché du nombre proposé le carré des centaines de la racine, puis le double produit des centaines par les dixaines, et le carré des dixaines, nous nous trouvons avoir retranché du nombre proposé le carré des 48 dixaines de la racine, actuellement désigné par s^2 ; donc le 2e reste total contient $2ss' + s'^2$, c'est-à-dire le double produit des 48 dixaines par les unités simples et le carré de ces unités. Pour trouver s', on raisonnera comme nous l'avons fait pour avoir t' ; et ainsi de suite.

On peut résumer comme il suit la marche des calculs. Ayant partagé le nombre proposé en tranches de deux chiffres, à partir de la virgule, et en allant de droite à gauche ou de gauche à droite, suivant qu'il s'agit d'un nombre décimal plus grand ou plus petit que 1, on prendra la racine du plus grand carré contenu dans le nombre exprimé par la première tranche numérique à gauche, et l'on aura dans cette racine le chiffre des plus hautes unités de la racine cherchée. On soustraira de cette première tranche le carré du premier chiffre de la racine, et l'on aura un reste que nous nommons 1er reste partiel, pour le distinguer du 1er reste total, qui contient, outre le 1er reste partiel, les autres collections d'unités que peut encore avoir le nombre proposé. A la droite du 1er reste partiel on écrira le chiffre qui dans le nombre proposé représente des unités de l'ordre immédiatement inférieur à celles de ce reste, et l'on divisera le nombre qui en résultera par le double du 1er chiffre de la racine ; le quotient sera le 2e chiffre de la racine, ou un chiffre plus fort. Pour le

vérifier, on écrira le chiffre de ce quotient à la droite du double du 1er chiffre de la racine, on multipliera le nombre ainsi obtenu par le quotient dont il s'agit, et l'on examinera si le produit peut être retranché du 1er reste total. Si la soustraction peut se faire, le quotient trouvé est le 2e chiffre de la racine. Dans le cas contraire, on le diminue d'une unité, et l'on vérifie de nouveau. On retranchera le produit dont il s'agit de la partie du 1er reste total qui représente des unités de même espèce. On trouve ainsi un 2e reste partiel, à la droite duquel on écrit le chiffre qui dans le nombre proposé vient immédiatement après ceux déjà employés ; on divise le nombre qui en résulte par le double de celui qui est exprimé par les deux chiffres trouvés à la racine, et le quotient est le 3e chiffre de la racine, ou un chiffre plus fort. On le vérifie de la même manière qu'on a vérifié le 2e ; et ainsi de suite, jusqu'à ce qu'on soit parvenu au chiffre auquel on veut s'arrêter. Ex : $\sqrt{235428{,}75} = 485{,}21$, à 0,01 près.

70. *Racines cubiques.* Déterminons d'abord l'ordre des plus hautes unités que peut avoir la racine cubique d'un nombre donné. Les cubes des nombres 1, 10, 100, etc., étant 1, 1000, 1000000, etc., suivant que le nombre proposé sera compris entre 1 et 1000, entre 1000 et 1000000, etc., sa racine cubique sera comprise entre 1 et 10, entre 10 et 100, etc., c'est-à-dire que ses plus hautes unités seront des unités simples, des dixaines, etc. D'un autre côté, les cubes des nombres 1, 0,1, 0,01, etc., étant 1, 0,001, 0,000001, etc., suivant que le nombre dont il s'agit sera compris entre 1 et 0,001, entre 0,001 et 0,000001, etc., sa racine cubique sera comprise entre 1 et 0,1, entre 0,1 et 0,01, etc., c'est-à-dire que les plus hautes unités que pourra avoir cette racine seront des dixièmes, des centièmes, etc. Il est aisé de conclure de là que si l'on partage le nombre proposé en tranches de trois chiffres, en partant de la virgule, et en allant de droite à gauche ou de gauche à droite, suivant que le nombre est plus grand ou plus petit que 1, le rang de la tranche dans laquelle se trouve le chiffre des plus hautes unités que contient le nombre dont il s'agit, fera connaître l'ordre supérieur ou inférieur (n° 13) des plus hautes unités de la racine. Si, p. ex.,

il s'agissait des nombres 184645,65 et 0,00007585, on trouverait que les plus hautes unités de leurs racines cubiques sont des dixaines pour le premier de ces nombres, et des centièmes pour le second.

Il nous reste à indiquer la marche à suivre pour déterminer successivement les divers chiffres de la racine cubique d'un nombre donné. Concevons que t désigne le chiffre des plus hautes unités de la racine, et que t' désigne le chiffre des unités de l'ordre immédiatement inférieur; le cube $t^3 + 3\,t^2\,t' + 3\,t\,t'^2 + t'^3$ (n° 30), fera partie du nombre proposé. A l'aide de cette formule, et par des raisonnements analogues à ceux du n° précédent, on arrive au procédé suivant.

Ayant partagé le nombre donné en tranches de trois chiffres, à partir de la virgule, et en allant de droite à gauche ou de gauche à droite, suivant que le nombre proposé est plus grand ou plus petit que 1; à l'aide de la table des cubes des neuf premiers nombres, on prendra la racine du plus grand cube contenu dans le nombre exprimé par la tranche à laquelle appartient le chiffre des plus hautes unités du nombre donné, et cette racine sera le chiffre des plus hautes unités de la racine cherchée.

Pour avoir le second chiffre de la racine, on retranchera le cube du premier chiffre trouvé à la racine, du nombre exprimé par la première tranche, le résultat sera le 1er reste partiel; à la droite de ce reste on écrira le chiffre qui suit immédiatement la première tranche, et l'on divisera le nombre ainsi obtenu par le triple du carré du 1er chiffre trouvé à la racine; le quotient sera le second chiffre de la racine ou un chiffre plus fort; on le vérifiera en élevant au cube le nombre exprimé par le premier chiffre trouvé suivi du chiffre dont il s'agit, et comparant le résultat au nombre exprimé par les deux premières tranches du nombre proposé.

On déterminera de la même manière les autres chiffres de la racine, c'est-à-dire que chaque fois qu'il s'agira d'obtenir un nouveau chiffre à la racine, on portera à la droite du dernier reste partiel trouvé le chiffre qui suit dans le nombre, et l'on divisera le nombre ainsi obtenu par le triple du carré du nombre exprimé par les chiffres déjà trouvés à la racine. Ex. : $\sqrt[3]{184645,65} = 56,74$ à 0,01 près.

§ 8. — Racinations successives.

71. Après avoir extrait une racine d'un nombre, on peut du résultat extraire une nouvelle racine, et ainsi de suite; tel est l'objet des *racinations successives*.

72. On peut arriver au résultat final en extrayant du nombre donné une racine du degré marqué par le produit des exposants des racines à extraire successivement. Si, par exemple, on avait à extraire la racine cubique de la racine carrée; comme la racine cubique demandée doit entrer trois fois comme facteur dans la racine carrée, qui à son tour entre deux fois comme facteur dans le nombre donné, il est évident que ces deux opérations reviendraient à extraire la racine 6e du nombre donné.

Réciproquement, si l'exposant d'une racine à extraire était le produit de deux ou plusieurs facteurs entiers, on pourrait extraire successivement les racines ayant ces facteurs pour exposants.

SECT. IV. — THÉORIE DES LOGARITHMES.

73. On appelle *logarithme* un rapport d'un nombre à un autre, qui fait connaître combien de fois le second nombre entre comme facteur dans le premier, c'est-à-dire le degré de la puissance à laquelle il faut élever le second nombre pour avoir le premier. Par exemple, le logarithme de 125 relativement à la *base* 5 est 3, puisqu'on a $125 = 5^3$; celui de 100 relativement à 10 est 2; on a $100 = 10^2$; celui de 238 relativement à la même base 10 est un nombre fractionnaire compris entre 2 et 3.

Lorsque la base est 10, les logarithmes sont dits *ordinaires*.

74. Concevons que des nombres N, N', etc., soient remplacés par des puissances équivalentes, et prises relativement à une même base B, qu'on ait $N = B^l$, $N' = B^{l'}$, etc.; l, l', etc., seront les logarithmes des nombres N, N', etc., relativement à la base B.

Cela posé, 1°. pour multiplier N par N', on pourra multiplier B^l par $B^{l'}$, et l'on aura (n° 32) $N.N' = B^l.B^{l'} = B^{l+l'}$. Mais $l+l'$ indiquant à quelle puissance il faut élever B pour avoir le produit N.N', c'est le logarithme de ce produit; on a donc *log.*$(N.N') = log.\,N + log.\,N'$, c'est-à-dire que *le logarithme d'un produit est égal à la somme des logarithmes des facteurs de ce produit.*

2°. Pour diviser N par N', on aura (n° 49, 6° cas), $N:N'=B^l:B^{l'}=B^{l-l'}$. Mais $l-l'$ indiquant à quelle puissance il faut élever B pour avoir le quotient, c'est le logarithme du quotient; on a donc $log.\,(N:N')=log.\,N -log.\,N'$, c'est-à-dire qu'on obtient *le logarithme d'un quotient en retranchant le logarithme du diviseur de celui du dividende.*

3°. S'il s'agit d'élever le nombre N à la puissance du degré marqué par p, on a (n° 33) $N^p=(B^l)^p=B^{pl}$. Le produit pl est le logarithme de la puissance N^p; on a donc $log.\,N^p = p\,.\,log.\,N$; d'où il suit que *le logarithme d'une puissance d'un nombre est é al au logarithme de ce nombre, multiplié par l'exposant de la puissance dont il s'agit.*

4° Si l'on voulait extraire une racine du degré r du nombre N, on aurait (n° 64) $\sqrt[r]{N}=\sqrt[r]{B^l}=B^{\frac{l}{r}}$. Le quotient $\frac{l}{r}$ est le logarithme de $\sqrt[r]{N}$; on a donc $log.\,\sqrt[r]{N}=\dfrac{log.\,N}{r}$, c'est-à-dire que *le logarithme d'une racine d'un nombre est égal au logarithme de ce nombre divisé par l'exposant de la racine.*

75. *Logarithmes ordinaires des nombres décimaux.* Les nombres 1, 10, 100, 1000, etc., ont évidemment pour logarithmes ordinaires 0, 1, 2, 3, etc.; pareillement les nombres 1, 0,1, 0,01, 0,001, etc., ont pour logarithmes ordinaires (n° 73, 2°) 0, —1, —2, —3, etc. D'où il suit que les nombres compris entre 1 et 10, entre 10 et 100, entre 100 et 1000, etc., ont leurs logarithmes ordinaires compris entre 0 et 1, entre 1 et 2, entre 2 et 3, etc., c'est-à-dire exprimés par $0+$ *une fraction,* $1+$ *une fr.,* $2+$ *une fr.,* etc.; que les nombres compris entre 1 et 0,1, entre 0,1 et 0,01, entre 0,01 et 0,001, etc., ont leurs logarithmes ordinaires compris entre 0 et —1, entre —1 et —2, entre —2 et —3, etc., c'est-à-dire exprimés par $-1+$ *une fr.,* $-2+$ *une fr.,* $-3+$ *une fr.,* etc.

Ainsi, le logarithme ordinaire d'un nombre décimal entier ou fractionnaire est, en général, composé de deux parties : l'une entière, positive, nulle ou négative; l'autre fractionnaire et toujours positive.

La partie entière d'un logarithme ordinaire se nomme *caractéristique,* parce qu'elle caractérise effectivement le nombre correspondant, en indiquant quelles sont les plus hautes unités qu'il renferme. Elle est positive pour les nombres plus grands que 10, nulle pour les nombres compris entre 1 et 10, négative pour les nombres fractionnaires plus petits que 1. Dans tous les cas, elle contient autant d'unités que le marque l'ordre supérieur ou inférieur des plus hautes unités que contient le nombre correspondant au logarithme dont il s'agit. La caractéristique pourra donc toujours se déterminer à la seule inspection du nombre.

Lorsque la caractéristique est négative, on place le signe — au-dessus, et l'on met un point entre cette caractéristique et la partie fractionnaire du logarithme. Si, par exemple, la caractéristique était —3, et la partie fractionnaire 0,464639, on écrirait $\bar{3}.464639$.

76. Si l'on rend un nombre 10, 100, 1000, etc., fois plus grand ou plus petit, le logarithme de ce nombre augmente ou diminue de 1, 2, 3, etc., unités; d'où il suit que, dans ce cas, la caractéristique du logarithme change, mais que sa partie fractionnaire reste la même. C'est ainsi que le logarithme ordinaire de 2915 étant 3,464639, celui du nombre 0,02915, 100000 fois plus petit que le premier, sera $\bar{2}.464639$.

77. On a calculé des tables de logarithmes à l'aide desquelles on trouve facilement le logarithme d'un nombre donné, et réciproquement. Les tables de CALLET, celles de BONDA et celles de PLAUZOLES sont les plus usitées; elles sont précédées d'instructions qui font connaître leur disposition particulière et la manière de s'en servir. Le lecteur y trouvera les détails que les limites qui nous sont imposées nous obligent d'omettre ici.

78. *Exemple de calcul logarithmique.* Pour indiquer la disposition qu'il convient de donner aux calculs logarithmiques, proposons-nous de calculer la valeur de x d'après la formule

$$x=\frac{435,85\,.\,17,5\,.\,0,476.}{28,945\,.\,0,095.}$$

On trouvera, à l'aide des tables,

$$\begin{aligned}
Log.\ 435,85 &= 2,639337\\
+\,Log.\ 17,5 &= +1,243038\\
+\,Log.\ 0,476 &= +\bar{1}.677607\\
-\,Log.\ 28,945 &= -1,461574\\
-\,Log.\ 0,095 &= -\bar{2}.977724\\
Log.\ x &= \bar{3},120684\\
x &= 1320,333
\end{aligned}$$

79. Au moyen des logarithmes, on réduit à des opérations très-simples la détermination des produits, des quotients, des puissances et des racines. Mais il faut remarquer que les tables ne donnant pour les logarithmes que des valeurs approchées, le calcul logarithmique ne donne pareillement que des résultats approximatifs.

SECT. V. — FRACTIONS ORDINAIRES.

80. La valeur d'une fraction dépend du nombre des unités fractionnaires qu'elle renferme et de la valeur de ces unités. Le numérateur indiquant le nombre des unités dont la fraction se compose, et le dénominateur fixant la valeur de chacune de ces unités, il est facile de déterminer les changements qu'on apporte à la valeur d'une fraction lorsqu'on fait varier l'un de ses termes, c'est-à-dire son numérateur ou son dénominateur.

Les opérations effectuées sur le numérateur produisent sur la fraction l'effet naturel des mêmes opérations, c'est-à-dire qu'en augmentant, en multipliant, en diminuant, en divisant le numérateur, sans changer le dénominateur, on augmente, on multiplie, on diminue, on divise la fraction. En effet, dans chacun de ces cas l'unité fractionnaire reste la même, mais le nombre des unités fractionnaires que contient la fraction proposée se trouvant augmenté, multiplié, diminué ou divisé, il en est de même de la quantité représentée par la fraction.

Au contraire, les opérations effectuées sur le dénominateur produisent sur la fraction l'effet des opérations inverses, c'est-à-dire qu'en augmentant, multipliant, diminuant ou divisant le dénominateur, sans changer le numérateur, on diminue, on divise, on augmente, on multiplie la fraction. Car alors le nombre des unités fractionnaires que contient la fraction reste le même qu'il était d'abord, mais l'unité fractionnaire se trouve diminuée, divisée, augmentée ou multipliée, et il en est de même de la quantité fractionnaire proposée.

81. On ne change pas la valeur d'une fraction lorsqu'on multiplie ou divise ses deux termes par un même nombre; car si, d'un côté, on rend un certain nombre de fois plus grand ou plus petit le nombre des unités fractionnaires que contient la fraction, de l'autre, on rend ces unités le même

nombre de fois plus petites ou plus grandes; d'où il suit que, sous une expression différente, la valeur de la fraction reste la même.

82. Toute fraction est susceptible d'une infinité d'expressions différentes, puisqu'on peut varier à l'infini le nombre par lequel on peut multiplier ses deux termes sans altérer sa valeur.

83. Lorsque les deux termes d'une fraction ne sont pas premiers-entre-eux, on peut simplifier l'expression de cette fraction en divisant ses deux termes par un de leurs diviseurs communs; on la réduit à sa plus simple expression ou à ses moindres termes, en divisant ses deux termes par leur plus grand diviseur commun.

Lorsque les termes d'une fraction sont des nombres premiers-entre-eux, cette fraction est dite *irréductible*.

84. Lorsque deux ou plusieurs fractions numériques ont des dénominateurs différents, on peut toujours les transformer de manière que l'unité fractionnaire devienne la même pour chacune d'elles, c'est-à-dire les réduire au même dénominateur. Pour cela, 1°. si les fractions proposées ont des dénominateurs premiers-entre-eux, il faut multiplier les deux termes de chacune d'elles par le produit des dénominateurs des autres, ce qui donne un dénominateur commun égal au produit des dénominateurs donnés.

2°. Si les dénominateurs des fractions proposées ne sont pas premiers-entre-eux, on peut encore opérer comme dans le cas précédent; mais si l'on veut donner aux fractions toute la simplicité d'expression qu'elles peuvent avoir après la réduction au même dénominateur, il faut chercher le plus petit multiple commun aux dénominateurs des fractions proposées (n° 57), ce sera le dénominateur commun le plus simple qu'on puisse obtenir; et pour réduire à ce dénominateur chacune des fractions données, on multiplie les deux termes de la fraction par le quotient qu'on trouve en divisant le dénominateur commun par le dénominateur de la fraction sur laquelle on opère.

85. Lorsque le numérateur d'une fraction surpasse son dénominateur, cette fraction équivaut à un entier ou à un entier plus une fraction. Le dénominateur indiquant combien de fois l'unité fractionnaire est contenue dans l'unité entière, on trouvera le nombre des unités entières contenues dans la fraction, en divisant le numérateur par le dénominateur. Si la division donne un reste, on en fera le numérateur d'une nouvelle fraction qu'il faudra joindre à l'entier qu'on aura trouvé.

Réciproquement, pour réduire un entier en fraction, il faut le multiplier par le dénominateur de la fraction, et prendre le produit pour numérateur.

86. Une fraction ordinaire peut être considérée comme le quotient d'une division qui aurait pour dividende le numérateur de la fraction, et pour diviseur le dénominateur. Il s'ensuit que pour convertir une fraction ordinaire en fraction décimale, il faudra suivre le procédé indiqué au n° 49, pour obtenir en décimales la fraction qui doit compléter un quotient.

Une fraction ordinaire ne peut être convertie exactement en décimales qu'autant que son dénominateur est une puissance de 2, ou une puissance de 5, ou le produit d'une puissance de 2 par une puissance de 5. Dans tout autre cas, quelque loin qu'on pousse les divisions, on n'obtiendra jamais qu'une valeur approchée à moins d'une unité fractionnaire décimale de l'ordre de celles exprimées par le chiffre du quotient auquel on s'arrête.

Calcul fractionnaire.

87. *Addition.* 1°. Pour ajouter des fractons qui ont le même dénominateur, on fait la somme des numérateurs, et l'on donne à cette somme le dénominateur commun.

2°. Lorsque les fractions ont des dénominateurs différents, on les réduit d'abord au même dénominateur (n° 84), et l'on opère ensuite comme dans le cas précédent.

3°. Si les fractions sont accompagnées d'entiers, on fait séparément la somme des fractions et celle des entiers, en opérant d'abord sur les fractions, afin que si leur somme contient une ou plusieurs unités entières, on puisse les reporter à la somme des entiers.

88. *Multiplication.* 1°. Pour multiplier une fraction par un entier, on divisera le dénominateur de la fraction par l'entier, si cette division peut s'effectuer sans reste; ou bien on multipliera le numérateur de la fraction, sans changer le dénominateur (n° 80).

2°. Si l'on a à multiplier un entier plus une fraction par un entier, on opérera séparément sur la partie fractionnaire et sur la partie entière du multiplicande, en observant que si la fraction du multiplicande multipliée par le multiplicateur donnait une ou plusieurs unités entières, il faudrait les retenir pour les joindre au produit de la partie entière du multiplicande.

3°. Pour multiplier un nombre entier ou fractionnaire par une fraction, il faut multiplier par le numérateur de la fraction prise pour multiplicateur, et diviser par le dénominateur, ces deux opérations successives pouvant d'ailleurs être effectuées dans tel ordre qu'on veut.

89. *Puissanciation.* On élève une fraction à une puissance quelconque en élevant le numérateur et le dénominateur respectivement à la puissance du degré dont il s'agit.

90. *Soustraction.* 1°. Pour retrancher une fraction d'une autre fraction ayant même dénominateur, on retranche le numérateur de la 1re du numérateur de la 2e, et l'on donne au résultat le dénominateur des fractions proposées.

2°. Si les fractions n'ont pas le même dénominateur, on réduit d'abord au même dénominateur (n° 84), et l'on opère ensuite comme au cas précédent.

3°. Lorsque les fractions sont accompagnées d'entiers on opère séparément sur les fractions et sur les entiers. Si la partie fractionnaire du nombre à retrancher surpassait la partie fractionnaire du nombre à décomposer, après avoir réduit au même dénominateur, on augmenterait le numérateur de la plus petite fraction d'autant d'unités que le marque le dénominateur commun, et l'on ajouterait une unité à la partie entière du nombre à retrancher (n° 39).

91. *Division.* 1°. Si l'on a à diviser une fraction par un entier, on divisera le numérateur de la fraction dividende par l'entier, sans changer le dénominateur, si cette division ne donne aucun reste; dans le cas contraire, on multipliera le dénominateur de la fraction, sans altérer le numérateur (n° 80).

2°. Pour diviser un entier plus une fraction par un entier, on divisera d'abord la partie entière du dividende par le diviseur. Si l'on trouve un reste, on le convertira en une fraction de même dénomination que celle du dividende proposé, on fera la somme de ces deux fractions, et l'on divisera cette somme par le diviseur, pour avoir la partie fractionnaire du quotient.

3°. S'il s'agit de diviser un nombre entier

ou fractionnaire par une fraction, il faudra diviser par le numérateur de la fraction prise pour diviseur, et multiplier le résultat par le dénominateur.

92. *Racination.* Pour extraire une racine d'une fraction, il faut prendre la racine du degré dont il s'agit de chacun des termes de cette fraction, et les résultats sont les termes d'une nouvelle fraction qui exprime la racine demandée (n° 63).

SECTION VI. — PROPORTIONS, PROGRESSIONS, ETC.

§ 1. — *Proportions.*

93. On appelle *proportion par différence* ou *équidifférence* l'assemblage de deux rapports par différence égaux entre eux (n° 41). Le rapport par différence de 13 à 8 étant égal à celui de 9 à 4, ces quatre nombres sont les termes d'une proportion par différence qu'on écrit ainsi

$$13 - 8 = 9 - 4.$$

94. Une *proportion par quotient* se compose de deux rapports par quotient égaux entre eux (n° 50). Par exemple, le rapport de 35 à 7 étant égal à celui de 20 à 4, ces quatre nombres sont les termes d'une proportion, qu'on a coutume d'énoncer en disant que 35 *est à* 7 *comme* 20 *est à* 4 ; cette proportion s'écrit

$$35 : 7 = 20 : 4, \text{ ou } \frac{35}{7} = \frac{20}{4}.$$

Le 1er et le 4e terme sont les *extrêmes*, le 2e et le 3e sont les *moyens*.

Nous ne considérerons, dans ce qui va suivre, que la proportion par quotient, et, pour plus de simplicité dans les notations, nous désignerons ses quatre termes par a, b, c, d ; nous supposerons qu'on a

$$(1) \qquad \frac{a}{b} = \frac{c}{d}.$$

95. Dans toute proportion par quotient *le produit des extrêmes est égal au produit des moyens.* En effet, si dans la proportion (1), on multiplie chacun des rapports par le produit des conséquents b et d, il vient $a.d = b.c$.

Réciproquement, lorsqu'on a le produit de deux nombres égal au produit de deux autres nombres, ces quatre nombres sont les termes d'une proportion qui a pour extrêmes les facteurs de l'un des produits, et pour moyens les facteurs du second produit.

96. Il suit du numéro précédent, qu'on peut toujours calculer l'un des termes d'une proportion par quotient lorsque les trois autres termes sont connus. On trouve la valeur de l'un des extrêmes, en divisant le produit des moyens par l'autre extrême ; on a la valeur de l'un des moyens, en divisant le produit des extrêmes par l'autre moyen. Cette opération constitue ce que les anciens arithméticiens ont appelé la *règle de trois.*

97. Il suit encore du n° 95, qu'on peut changer l'ordre des termes d'une proportion sans détruire l'égalité des rapports, pourvu que dans le nouvel ordre établi on ait encore le produit des extrêmes égal au produit des moyens. On pourra donc changer, 1° *l'ordre des termes dans chaque rapport*, 2° *l'ordre des moyens*, 3° *l'ordre des extrêmes.*

98. *On ne détruit pas l'égalité des rapports lorsqu'à chaque antécédent on ajoute ou retranche son conséquent.* Car on ne fait par là qu'augmenter ou diminuer d'une unité chacun des rapports.

99. *La somme des deux termes du premier rapport est à leur différence, comme la somme des deux termes du deuxième rapport est à leur différence.* La proportion $\frac{a}{b} = \frac{c}{d}$ donne (n° préc.) $\frac{a \pm b}{b} = \frac{c \pm d}{d}$; changeant l'ordre des moyens dans celle-ci, il vient $\frac{a \pm b}{c \pm d} = \frac{b}{d}$, d'où $\frac{a+b}{c+d} = \frac{a+b}{c-d}$, et enfin $\frac{a+b}{a-b} = \frac{c+d}{c-d}$.

100. *La somme ou la différence des antécédents est à la somme ou à la différence des conséquents, comme l'antécédent de l'un des rapports est à son conséquent.* La proportion $\frac{a}{b} = \frac{c}{d}$ donne (n° 97) $\frac{a}{c} = \frac{b}{d}$, d'où (n° 98) $\frac{a \pm c}{c} = \frac{b \pm d}{d}$, et enfin (n° 97) $\frac{a \pm c}{b \pm d} = \frac{c}{d} = \frac{a}{b}$.

101. *On ne détruit pas l'égalité de deux rapports lorsqu'on multiplie ou divise par un même nombre, soit les deux termes de l'un des rapports, soit les deux antécédents, soit les deux conséquents;* car, dans le premier cas, le rapport sur lequel on opère ne change pas de valeur (n° 48) ; dans les deux autres cas, les rapports se trouvent tous deux multipliés ou divisés par un même nombre, ce qui ne détruit pas leur égalité.

102. *Les puissances ou les racines de même degré de quatre nombres en proportion sont elles-mêmes en proportion.* En effet, en prenant les puissances ou les racines de même degré des quatre termes, on prend les puissances ou les racines de même degré des deux rapports, ce qui donne deux nouveaux rapports égaux entre eux.

103. *Lorsqu'on a deux proportions différentes, on peut les multiplier ou les diviser terme à terme, et les résultats sont en proportion.* Car il est évident que par là on multiplie ou divise le premier rapport de l'une par le premier rapport de l'autre, et le deuxième rapport de l'une par le deuxième rapport de l'autre, ce qui conduit à deux nouveaux rapports égaux entre eux.

104. *Dans une suite de rapports égaux la somme des antécédents est à la somme des conséquents, comme l'antécédent de l'un de ces rapports est à son conséquent.* Cette proposition est une conséquence de celle énoncée au n° 100.

105. *Quantités proportionnelles.* Désignons par a, b, c, etc., et a', b', c', etc., deux suites de quantités.

1°. Si l'on a $\dfrac{a}{a'} = \dfrac{b}{b'} = \dfrac{c}{c'} =$ etc., les quantités a, b, c, etc., seront *directement proportionnelles* aux quantités a', b', c', etc. ; si b est double, triple, etc., de a', b' est pareillement double, triple, etc., de a', c'est-à-dire que a', b', etc., varient en *raison directe* des quantités a, b, etc.

2°. Si l'on a $a.a' = b.b' = c.c' =$ etc., les quantités a, b, c, etc., seront *inversement proportionnelles* aux quantités a', b', c', etc. Si b est double, triple, etc., de a, b' sera la moitié, le tiers, etc., de a'; c'est-à-dire que les quantités a', b', etc., varient en *raison inverse* des quantités a, b, etc.

106. *Décomposition d'un nombre en parties proportionnelles à des nombres donnés.* Soit proposé de partager un nombre donné en trois parties directement proportionnelles à trois autres nombres donnés. Afin d'indiquer d'une manière générale la marche du calcul, concevons que N désigne le nombre à partager ; que P, P', P'', désignent les parties cherchées ; et qu'enfin p, p', p'', désignent les nombres auxquels les parties cherchées doivent être proportionnelles, et qui seront les *valeurs relatives* de celles-ci. On doit avoir $N = P + P' + P''$, $\dfrac{P}{p} = \dfrac{P'}{p'} = \dfrac{P''}{p''}$. Si, dans cette suite de rapports égaux, on fait la somme des antécédents et celle des conséquents (n° 104), qu'on remplace la première de ces sommes par sa valeur N, et la deuxième par $n = p + p' + p''$, on a $\dfrac{P}{p} = \dfrac{P'}{p'} = \dfrac{P''}{p''} = \dfrac{N}{n}$; d'où il suit que chacune des parties cherchées est à sa valeur relative, comme le nombre à partager est à la somme des valeurs relatives ; ce qui donne (n° 96) $P = \dfrac{N \cdot p}{n}$, etc.

§ 2.—*Progressions.*

107. *Progression par différence.* On appelle ainsi une suite de quantités telles que le rapport par différence de chacune de ces quantités à celle qui précède immédiatement, est constamment le même. Tels sont les nombres 1, 4, 7, 10, etc.; pour indiquer cette progression, on écrit
$$\div 1.4.7.10. \text{ etc.}$$
La progression est dite *croissante* ou *décroissante*, selon que les termes qui la composent vont en augmentant ou en diminuant dans l'ordre de succession qu'on établit. La différence entre deux termes consécutifs se nomme la *raison*. Lorsque la progression est limitée dans les deux sens, le premier et le dernier terme se nomment *extrêmes*, les autres sont les *moyens*.

108. *Relation entre les extrêmes, la raison et le nombre des termes.* Soit la progression $\div a.b.c.d\ldots\ldots\ldots r. s.t$, supposée croissante de gauche à droite ; désignons par δ et n la raison et le nombre des termes. On aura $b = a + \delta$, $c = b + \delta = a + 2\delta$, $d = c + \delta = a + 3\delta$, etc. ; d'où il suit qu'un terme quelconque est égal au petit extrême, plus la raison répétée autant de fois qu'il y a d'unités moins une dans le nombre qui indique le rang du terme dont il s'agit. On aura donc $t = a + \delta(n-1)$, c'est-à-dire que *le grand extrême est égal au petit extrême, plus la raison répétée autant de fois qu'il y a de termes moins un dans la progression.* Au moyen de cette relation, on pourra calculer l'une des quatre quantités a, t, p, n, lorsque les trois autres seront connues.

109. *Somme des termes.* La somme de deux termes pris à égales distances des extrêmes a et t, mais d'ailleurs quelconques, étant toujours égale à la somme des extrêmes, il s'ensuit que la somme s des termes est égale à autant de fois $a+t$ que le marque $\frac{n}{2}$; on a donc $s = (a + t)\frac{n}{2}$.

110. *Progression par quotient.* On appelle ainsi une suite de quantités telles que le rapport par quotient de chacune de ces quantités à celle qui précède immédiatement est constamment égal à un même nombre q. Les nombres $3, 6, 12$, etc., forment une progression par quotient, dont la raison est 2, et qu'on écrit $\div 3 : 6 : 12$: etc.

111. *Relation entre les extrêmes, la raison et le nombre des termes.* Désignons par q et n la raison et le nombre des termes de la progression $\div a : b : c : d..... s : t$, croissante de gauche à droite; on aura $b = aq$, $c = bq = aq^2$, $d = cq = aq^3$, etc.; d'où il suit qu'un terme quelconque est égal au premier terme multiplié par la raison élevée à une puissance du degré marqué par le nombre des termes qui précèdent celui dont il s'agit; on a donc $t = aq^{n-1}$, c'est-à-dire que *le grand extrême est égal au petit extrême multiplié par la raison élevée à une puissance du degré marqué par le nombre des termes moins un.* Au moyen de cette relation, on pourra calculer l'une des quatre quantités a, t, q, n, lorsque les trois autres seront connues.

112. *Somme des termes.* Désignons cette somme par s. On a $b=aq, c=bq, ... t=sq$, et l'addition donne ensuite $b+c+...+t = (a+b+......+s) q$, c'est-à-dire $s-a=(s-t) q$; remplaçant t par sa valeur aq^{n-1}, il vient l'équidifférence $s - a = sq - aq^n$, d'où l'on tire $aq^n - a = sq - s$, ou $a(q^n-1) = s(q-1)$, et enfin $s = \frac{a(q^n-1)}{q-1}$. Donc, pour avoir la somme des termes d'une progression par quotient, il faut élever la raison à la puissance du degré marqué par le nombre des termes, diminuer cette puissance d'une unité, multiplier le résultat par le premier terme, et enfin diviser par la raison diminuée d'une unité.

§ 3. — *Intérêts.*

113. On appelle *intérêt* le bénéfice qu'un capitaliste retire du prêt de son argent ou du matériel qui en représente la valeur.

Le taux de l'intérêt s'exprime de diverses manières. 1°. On peut indiquer combien cent francs rapportent dans le temps pris pour unité. C'est ce que les Anglais appellent le *percentage*, c'est-à-dire *tant pour cent*.

2°. On peut donner l'intérêt de 1 fr. pendant le temps pris pour unité, c'est ce que nous appelons *l'intérêt unitaire;* c'est le centième du percentage; c'est aussi le rapport de l'intérêt d'un capital au capital lui-même.

3°. On peut désigner quel est le capital qui rapporte un franc d'intérêt pendant l'unité de temps, c'est ce que l'on appelle le *denier;* c'est le rapport du capital à l'intérêt qu'il produit.

L'intérêt est *simple* ou *composé.* L'intérêt simple varie proportionnellement au temps écoulé depuis l'époque à laquelle le prêt a eu lieu jusqu'à celle du remboursement, quel que soit ce temps. L'intérêt est composé lorsqu'à la fin de chaque unité de temps l'intérêt que celle-ci a produit s'ajoute au capital, qui, par cet accroissement de valeur, produit pendant l'unité de temps qui suit un intérêt plus fort, qui à son tour s'ajoute au capital; de sorte que la valeur du capital et celle des intérêts pour une unité de temps vont toujours en augmentant.

114. *Relation entre la valeur primitive du capital, la valeur acquise, le taux de l'intérêt et le temps, l'intérêt étant simple.* Désignons par c la valeur primitive du capital, par C la valeur acquise, par i l'intérêt annuel de 1 franc, et par t le temps exprimé en années. Le produit it sera l'intérêt de 1 franc au bout de t années, $1 + it$ sera la valeur acquise par un franc de capital; multipliant cette valeur par c, on aura celle de C, ce qui donne $C = c(1 + it)$. Par cette relation, on pourra calculer l'une des quatre quantités C, c, i, t, connaissant les trois autres.

115. *Relation entre la valeur primitive du capital, la valeur acquise, le taux de l'intérêt et le temps, l'intérêt étant composé.* La valeur acquise par 1 franc de capital au bout d'un an étant $1+i$, la valeur acquise par le capital c au bout d'un an sera $c(1+i)$; en multipliant de nouveau ce résultat par $1 + i$, on aura $c(1 + i)^2$ pour la valeur acquise au bout de deux ans; multipliant encore par $1 + i$, on aura $c(1 + i)^3$ pour la valeur acquise au bout de trois ans, et ainsi de suite. Donc on aura $C = c(1 + i)^t$, relation qui servira à calculer l'une des quantités C, c, i, t, connaissant les trois autres.

116. *Annuités.* On appelle ainsi une suite de paiements égaux effectués d'année en année, ou de semestre en semestre, etc., jusqu'à une certaine époque, et qui par les valeurs qu'ils acquièrent en s'augmentant de leurs intérêts composés jusqu'à cette époque, produisent une somme suffisante pour rembourser un capital emprunté, et qui s'est lui-même augmenté de ses intérêts composés depuis l'époque à laquelle l'emprunt a été fait.

· Soit c un capital emprunté et qui doit être remboursé, ainsi que ses intérêts composés, en payant une somme p à la fin de chaque année, pendant t années, le taux de l'intérêt étant i. Le capital emprunté vaut, à la fin de la dernière année, $c\,(1+i)^t$. Le paiement p, effectué à la fin de la première année, vaut p $(1+i)^{t-1}$ à la fin de la dernière; pareillement le paiement p, effectué à la fin de la deuxième année, vaut $p\,(1+i)^{t-2}$ à la fin de la dernière, etc.; on a donc $c\,(1+i)^t =$ $p\,(1+i)^{t-1} + p\,(1+i)^{t-2} + \ldots + p\,(1+i) + p$; et comme le second membre de cette égalité est la somme des termes d'une progression par quotient dont p est le petit extrême, $1+i$ la raison, et t le nombre des termes, on trouve (n° 112)

$$c\,(1+i)^t = \frac{p\left\{(1+i)^t - 1\right\}}{i}\;.$$

A l'aide de cette relation, on pourra calculer l'une des quatre quantités c, i, t, p, connaissant les trois autres. Cependant il faut remarquer que s'il s'agissait de calculer la valeur de i, l'arithmétique élémentaire ne fournit aucune méthode pour déterminer cette inconnue d'après la relation ci-dessus; cette question est du ressort de de l'algèbre.

§ 4. — *Permutations et combinaisons.*

117. Etant donné un nombre n d'objets quelconques, que nous désignerons par les lettres a, b, c, d, etc., si l'on prend ces objets ou les lettres qui les représentent, 1 à 1, 2 à 2, 3 à 3, etc., de toutes les manières possibles, on aura ce qu'on appelle les *arrangements* ou *permutations* 1 à 1, 2 à 2, 3 à 3, etc., qu'admettent les n lettres données.

Les permutations composées des mêmes lettres prises dans des ordres différents constituent une *combinaison*. Pour que deux combinaisons composées du même nombre de lettres soient différentes, il faut que chacune d'elles contienne au moins une lettre qui n'est pas dans l'autre, quel que soit d'ailleurs l'ordre des lettres. Par exemple, ab et ba sont deux permutations de deux lettres, qui ne constituent qu'une seule combinaison.

118. Désignons par P_1, P_2, P_3, etc., les nombres de permutations 1 à 1, 2 à 2, 3 à 3, etc., dont n lettres sont susceptibles, et proposons-nous de déterminer les valeurs numériques de P_1, P_2, P_3, etc., connaissant n,

1°. Il est d'abord évident qu'on aura $P_1 = n$.

2°. Ayant pris l'une des lettres données, par exemple, la lettre a, si l'on place à sa droite et tour à tour chacune des autres lettres, on formera autant de permutations de deux lettres qu'il y a de lettres restantes, après avoir ôté la lettre a; on aura donc les $n-1$ permutations ab, ac, ad, etc. Pareillement, la lettre b donnera les $n-1$ permutations ba, bc, bd, etc.; et ainsi de suite. Chacune des lettres donnant ainsi $n-1$ permutations, comme il y a n lettres, on aura $P_2 = n\,(n-1)$.

3°. Si l'on prend l'une quelconque des permutations de deux lettres, par exemple, ab, et qu'à la droite de ces deux lettres on place tour à tour chacune des lettres restantes, on formera les $n-2$ permutations de trois lettres abc, abd, abe, etc. Chacune des autres permutations de deux lettres donnant pareillement $n-2$ permutations de trois lettres, on aura

$$P_3 = n\,(n-1)\,(n-2)\,(n-2).$$

4°. L'une quelconque des permutations de trois lettres telle que abc, donnera $n-1$ permutations de quatre lettres, telle que $abcd, abce, abcf$, etc.; d'où il résulte qu'on aura $P_4 = n\,(n-1)\,(n-2)\,(n-3)$.

Il est aisé de reconnaître que le nombre de permutations qu'il s'agit de déterminer sera toujours donné par le produit des nombres $n, n-1, n-2$, etc.; le dernier de ces facteurs étant formé du nombre n diminué d'autant d'unités, moins une, qu'il doit y avoir de lettres dans chaque permutation. Ainsi, s désignant un nombre entier quelconque plus petit que n, le nombre de permutations que donnent n lettres prises s à s, sera donné par

$$P_s = n\,(n-1)\,(n-2)\ldots(n-s+1).$$

Si toutes les lettres devaient entrer dans chaque permutation, alors on aurait à faire $s = n$ dans la formule précédente, et il viendrait $P_n = n (n—1) (n—2) \ldots 3.2.1$.

119. Proposons-nous maintenant de déterminer les nombres de combinaisons 1 à 1, 2 à 2, 3 à 3, etc., dont n lettres sont susceptibles, et désignons ces nombres par C_1, C_2, C_3, etc. Par les formules trouvées ci-dessus, on déterminera, 1° le nombre total des permutations que donnent n lettres prises s à s, 2° le nombre de permutations s à s qu'il est possible de former avec une combinaison de s lettres ; et si l'on divise le nombre total des permutations des n lettres prises s à s, par le nombre de permutations relatives à une même combinaison, on aura

évidemment pour quotient le nombre des combinaisons différentes que donnent n lettres prises s à s. Si l'on suppose s successivement égal aux nombres 1, 2, 3, etc., on aura

$$C_1 \qquad n,$$
$$C_2 = \frac{n (n—1)}{1 . 2},$$
$$C_3 = \frac{n (n—1) (n—2)}{1 . 2 . . 3}$$

Etc.

Il est à remarquer que si s et s sont des nombres tels qu'on ait $s \cdot s' = n$, il en résulte $C_s = C_{s'}$, c'est-à-dire qu'alors le nombre des combinaisons s à s est égal au nombre des combinaisons s' à s'.

N.-J. DIDIEZ.

ARTICLE II. — ALGÈBRE.

1. L'algèbre emploie diverses espèces de signes : 1° des *signes d'opération*, que déjà nous avons fait connaître en arithmétique ; 2° des *signes de relation*, tels que $=$, $>$, $<$, $\neq$, $\not>$, $\not<$, etc., qui signifient *égal, plus grand, plus petit, plus grand ou plus petit, égal ou plus petit, égal ou plus grand*, etc. ; 3° des *signes de quantité*, qui sont des chiffres ou des lettres alphabétiques. Il est important de remarquer que ce n'est point de l'usage de ces signes que l'algèbre tire son caractère essentiel, mais de la nature des opérations qu'elle effectue par leur moyen.

2. Lorsque, d'après l'énoncé d'un problème, une inconnue n'entre qu'avec un même exposant dans la relation qui existe entre cette inconnue et des quantités connues, on peut toujours en déterminer la valeur à l'aide de la composition, de la décomposition et de la théorie des logarithmes, considérées dans les limites que nous leur avons assignées en arithmétique ; le problème est alors du ressort de l'arithmétique élémentaire. Mais lorsque l'inconnue entre dans la relation donnée avec divers exposants (*Arith.*, n° 116), ou bien lorsque plusieurs inconnues se trouvent combinées entre elles et avec des quantités connues, les méthodes de l'arithmétique sont alors insuffisantes ; le problème est algébrique. Il suit de là que c'est la nature même des relations qui existent entre les connues et les inconnues qui fait qu'un problème est du ressort de l'arithmétique ou de l'algèbre.

3. L'algèbre a principalement pour objet la théorie des équations. On peut considérer cette science comme composée de quatre parties distinctes. La *première partie* complète, pour ainsi dire, les opérations relatives à la composition et à la décomposition ; elle en étend les limites et fait connaître des lois générales par lesquelles on peut écrire immédiatement certains résultats, sans effectuer toutes les opérations indiquées. La *deuxième partie* fait connaître les méthodes générales à l'aide desquelles on résout les équations des quatre premiers degrés. La *troisième partie* traite des équations de degrés supérieurs, pour lesquelles on n'a que des méthodes particulières. Enfin, la *quatrième partie* a pour objet le calcul des séries.

4. Nous devons faire connaître plusieurs dénominations dont on fait un fréquent usage en algèbre.

On appelle *coefficient* d'une quantité un nombre placé à la gauche de cette quantité, et qui indique combien de fois elle doit être répétée. Dans $4a$, 4 est le coefficient de a.

Lorsqu'une quantité est composée de deux ou plusieurs autres quantités partielles réunies les unes aux autres par les signes $+$ et $—$, on donne le nom de *terme* à chaque quantité partielle. Les termes sont dits *positifs* ou *négatifs*, suivant qu'ils sont affectés du signe $+$ ou du signe $—$. On appelle *termes semblables* ceux qui sont composés des mêmes éléments, c'est-à-dire que les lettres et les exposants de celles-ci sont les mêmes dans les termes dont il s'agit, quels que soient d'ailleurs les signes et les coefficients numériques dont ces termes peuvent être affectés.

On appelle *réduction* l'opération par laquelle on réduit plusieurs termes semblables en un seul.

Le *degré* d'un terme s'obtient en faisant la somme des exposants qui affectent les lettres qui entrent dans l'expression de ce terme, sans avoir égard au coefficient numérique que peut avoir le terme dont il s'agit.

Une quantité composée de 1, 2, 3, 4..... plusieurs termes, se nomme *monome*, *binome*, *trinome*, *quadrinome*..... *polynome*.

Un polynome est dit *homogène* lorsque tous ses termes sont du même degré.

Ordonner un polynome par rapport à une lettre, c'est écrire successivement les termes de ce polynome de manière que les exposants de la lettre dont il s'agit se succèdent par ordre de grandeur.

SECTION 1ʳᵉ. — OPÉRATIONS FONDAMENTALES.

5. On doit se rappeler ici ce que nous avons dit en arithmétique (n° 43) relativement au calcul des quantités négatives.

6. *Addition et soustraction.* Pour ajouter à un polynome un autre polynome, on place à la suite du premier de ces polynomes tous les termes du second, en les faisant précéder de leurs signes respectifs; on réduit ensuite, s'il y a lieu.

Pour retrancher d'un polynome un autre polynome, on écrit à la suite du premier tous les termes du second, en donnant à ces derniers des signes contraires à ceux qu'ils avaient d'abord; on opère ensuite la réduction.

7. *Multiplication.* 1°. D'après les principes posés en arithmétique, la multiplication des monomes, ainsi que celle des binomes, n'offre aucune difficulté. Nous nous bornerons ici à citer quelques exemples.

$$(\pm a).(+b)=ab, \quad (\pm a).(-b)=\mp ab,$$
$$Na^{\alpha}b^{\beta}c^{\gamma}.N'a^{\alpha'}b^{\beta'}c'^{\gamma'}=NN'a^{\alpha+\alpha'}b^{\beta+\beta'}c^{\gamma+\gamma'},$$
$$(a \pm b).c=ac \pm bc,$$
$$a.(b\pm c)=ab\pm ac,$$
$$(a \pm b).(c \pm d)=ac \pm bc \pm ad + abd,$$
$$(a+b).(c-a)=a^2-b^2.$$

2°. On multiplie un polynome par un monome, en multipliant chaque terme du polynome par le monome, et faisant la somme des produits partiels ainsi trouvés.

3°. Pour multiplier un polynome par un autre polynome, il est convenable d'ordonner les facteurs par rapport à une même lettre, puis on multiplie le polynome multiplicande par chacun des termes du multiplicateur, on écrit en colonne les produits partiels qui contiennent la même puissance de la lettre par rapport à laquelle on a ordonné, et enfin l'on fait la réduction. Si, par exemple, on avait à former le produit

$$(3x^2-5x+4).(x^2+2x-7),$$

on le trouverait égal à

$$
\begin{array}{c|c|c}
3x^4-5 & x^3+ \ 4 & x^2 \\
+6 & -10 & +8 \ | \ x \\
& -21 & +35 \ | \ -28
\end{array}
$$

ou, en opérant la réduction,

$$3x^4+x^3-27x^2+43x-28.$$

4°. Lorsqu'on multiplie successivement des facteurs binomes qui ont le même premier terme, le produit présente une loi qui permet de le former immédiatement, sans effectuer les multiplications successives. Si, par exemple, on multiplie successivement les trois facteurs, $x+a$, $x+b$, $x+c$, on trouve pour produit

$$
\begin{array}{c|c|c}
x^3+a & x^2+ab & x+abc. \\
+b & +ac & \\
+c & +bc &
\end{array}
$$

Nous remarquerons que, 1° en considérant tous les termes affectés de la même puissance de x comme n'en formant qu'un seul, le nombre des termes du produit surpasse d'une unité le nombre des facteurs; 2° ces termes nous présentent toutes les puissances de x, depuis celle qui a pour exposant le nombre des facteurs jusqu'à la puissance o; 3° le coefficient du premier terme est l'unité, celui du deuxième terme est la somme des seconds termes des binomes, celui du troisième terme est la somme des combinaisons 2 à 2 des seconds termes des binomes, enfin le dernier terme est le produit des seconds termes des binomes. Cette loi aura toujours lieu quel que soit le nombre des facteurs.

8. *Puissanciation.* 1°. La puissanciation des monomes s'effectue d'après des prin-

cipes déjà posés en arithmétique. On a, par exemple,

$$(\pm a)^{2n} + a^{2n},$$
$$(\pm a)^{2n+1} = \pm a^{2n+1},$$
$$(Na^\alpha b^\beta c')^n = N^n a^{\alpha n} b^{\beta n} c^{\gamma n}.$$

2°. Proposons-nous de former la puissance $(x+a)^n$, n étant un nombre entier et positif. Cette puissance s'obtiendra en multipliant le binome $x+a$ par lui-même $n-1$ fois successivement ; il s'agit donc de former le produit de n facteurs binomes qui ont le même premier terme x, d'où il suit que la puissance demandée est assujettie à la loi indiquée au numéro précédent. Le premier terme de cette puissance sera x^n ; le deuxième sera x^{n-1} ayant pour coefficient la somme des seconds termes des facteurs binomes, et comme cette somme est ici égale à a répété autant de fois qu'il y a d'unités dans n, ce deuxième terme sera $\frac{n}{1}ax^{n-1}$;

le troisième terme sera x^{n-2} ayant pour coefficient la somme des combinaisons 2 à 2 des seconds termes des binomes, et comme cette somme est ici égale à a^2 répété autant de fois qu'il y a de combinaisons possibles, c'est-à-dire un nombre de fois marqué par $\frac{n(n-1)}{1.2}$ (*Arith.*, n° 119), ce troisième terme est $\frac{n(n-1)}{1.2}a^2 x^{n-2}$; et ainsi de suite jusqu'au dernier terme, qui sera le produit des seconds termes des binomes, c'est-à-dire a^n. On aura donc $(x+a)^n = x^n + \frac{n}{1}ax^{n-1} + \frac{n(n-1)}{1.2}a^2 x^{n-2} + \ldots\ldots + a^n$. Les termes de cette puissance se déduisent successivement les uns des autres. En effet, si dans l'un quelconque des termes on multiplie le coefficient par l'exposant de x, qu'on divise par le nombre qui indique le rang de de ce terme, qu'on augmente d'une unité l'exposant de a, et qu'on diminue pareillement d'une unité l'exposant de x, on a pour résultat le terme qui suit immédiatement. Nous avons supposé n entier et positif, mais la formule trouvée est vraie quelle que soit la valeur de l'exposant n.

9. *Division*. 1°. Exemple de la division des monomes.

$$(\pm a)(+b) = \pm\frac{a}{b}, \quad (\pm a):(-b) = \mp\frac{a}{b},$$

$$Na^\alpha b^\beta c' : N'a^{\alpha'} b^{\beta'} c'' = \frac{N}{N'} a^{\alpha-\alpha'} b^{\beta-\beta'} c^{\gamma-\gamma'},$$
$$\sqrt[n]{a}:\sqrt[n']{b} = \sqrt[n]{\frac{a}{b}}.$$

2°. Pour diviser un polynome par un autre polynome, il faut d'abord ordonner le dividende et le diviseur par rapport à une même lettre, et concevoir le quotient ordonné aussi par rapport à cette lettre. Le dividende devant être égal au produit du diviseur par le quotient, le produit du premier terme du diviseur par le premier terme du quotient doit être égal au premier terme du dividende ; d'où il suit qu'en divisant le premier terme du dividende par le premier terme du diviseur, on aura le premier terme du quotient. Multipliant ensuite le diviseur par ce premier terme du quotient, et retranchant le produit du dividende, on a un premier reste dont il faudra diviser le premier terme par le premier terme du diviseur, pour avoir le deuxième terme du quotient ; et ainsi de suite. On trouve ainsi, par exemple,
$$(10x^3 - 18ax^2 + 11a^2 x + 3a^3) : (5x + a)$$
$$= 2x^2 - 4ax + 3a^2.$$

10. *Racination.* 1°. D'après ce qui a été dit en arithmétique (n° 68), on a
$$\sqrt[n]{Na^\alpha b^\beta c} = \sqrt[n]{Na^{\frac{\alpha}{n}} b^{\frac{\beta}{n}} c^{\frac{\gamma}{n}}}.$$

3°. Si l'on a à extraire la racine du degré n d'un polynome ; à l'aide de la formule
$$(t+t')^n = t^n + nt^{n-1}t' + \text{etc.},$$
et par des raisonnements analogues à ceux que nous avons employés en arithmétique pour calculer les racines carrées ou cubiques, on trouvera successivement tous les termes de la racine demandée.

SECTION II. — ÉQUATIONS DU PREMIER DEGRÉ.

11. On appelle équation l'assemblage de deux quantités égales. $A+B = C+D$ est une équation dont $A+B$ est le premier membre et $C\ D$ le second membre. Il est évident que si l'on modifie de la même manière chacun des membres d'une équation, les résultats seront encore égaux ; d'où il suit qu'on peut faire passer un terme d'un membre dans l'autre, en ayant soin de changer le signe de ce terme ; car par là on ne fait qu'augmenter ou diminuer chacun des membres, d'une quantité représentée par le terme dont il s'agit.

12. Pour résoudre un problème donné, il faut d'abord exprimer par une ou plusieurs équations les relations que l'énoncé du problème établit entre les quantités connues et celles qui sont inconnues ; c'est ce qu'on appelle mettre le problème en équation. Il reste ensuite à résoudre l'équation ou les équations trouvées.

Proposons-nous, par exemple, le problème suivant. Un homme achète une maison qu'il vend ensuite 1000 francs de plus qu'il ne l'a achetée, et à ce marché il fait un bénéfice égal au dixième du prix auquel il revend la maison ; on demande à quel prix il l'avait achetée. Soit x le prix d'achat, $x+1000$ sera le prix de vente, et $\dfrac{x+1000}{10}$ représentera le bénéfice ; on aura donc

$$x + 1000 = x + \frac{x+1000}{10}.$$ Telle sera l'équation à résoudre pour avoir le prix demandé.

13. Une équation est du premier degré lorsque chacune des inconnues qu'elle renferme n'a d'autre exposant que l'unité, et n'est pas susceptible d'être multipliée par elle-même ou par une autre inconnue, lorsqu'on fait disparaître les dénominateurs, si l'équation dont il s'agit a des termes fractionnaires.

14. *Equation à une inconnue.* Toute équation du premier degré à une seule inconnue peut être mise sous la forme $ax = b$, d'où l'on tire $x = \dfrac{b}{a}$, x désignant l'inconnue. Pour ramener à cette forme une équation donnée, on fait d'abord disparaître les dénominateurs, s'il y en a, en multipliant tous les termes de l'équation par le plus petit multiple commun à tous les dénominateurs ; on réunit ensuite dans le premier membre tous les termes affectés de l'inconnue, et dans le deuxième membre tous les termes connus. C'est ainsi que l'équation $x - 17 = \dfrac{3}{4}\,x - \dfrac{2}{3}\,x + 5$ donne d'abord $12x - 204 = 9x - 8x + 60$, en multipliant tous ses termes par 12 ; puis enfin $11x = 264$, d'où $x = \dfrac{264}{11} = 24$.

15. *Equations à deux inconnues.* Si l'on n'avait qu'une seule équation et deux inconnues, on ne pourrait déterminer ces inconnues que l'une par l'autre ; on pourrait fixer arbitrairement la valeur de l'une d'elles et déterminer la valeur correspondante pour l'autre ; le problème serait *indéterminé*, c'est-à-dire qu'il aurait un nombre infini de solutions différentes. Lorsqu'un problème renferme deux inconnues, il faut donc, pour qu'il soit déterminé, qu'il donne lieu à deux équations distinctes.

Deux équations du premier degré à deux inconnues peuvent être mises sous la forme.

$$ax + by = c,$$
$$a'x + b'y = c',$$

x et y désignant les inconnues, et a, b, c, a', b', c' des nombre entiers.

On appelle *élimination* l'opération par laquelle on déduit de ces deux équations une troisième équation ne contenant plus qu'une inconnue, et pouvant par conséquent servir à déterminer cette dernière. Pour éliminer x, on peut rendre les coefficients de cette inconnue les mêmes dans les deux équations, en multipliant la première par a', et la deuxième par a ; retranchant ensuite l'un de l'autre les résultats trouvés, on a $(ab' - ba')\,y = ac' - ca'$; d'où l'on tire

$$y = \frac{ac' - ca'}{ab' - ba'}.$$

On aurait pu substituer dans la seconde équation la valeur de x déduite de la première équation, ce qui aurait conduit à une équation ne contenant qu'une seule inconnue y, et d'où l'on aurait tiré la même valeur que ci-dessus.

Eliminant pareillement y, on trouve

$$x = \frac{cb' - bc'}{ab' - ba'}.$$

Ces valeurs de x et y ont un même dénominateur égal à la différence entre le produit du coefficient de x dans la première équation par le coefficient de y dans la deuxième, et le produit du coefficient de y dans la première par le coefficient de x dans la deuxième. On passe du dénominateur au numérateur de la valeur de l'une des inconnues, en y remplaçant les coefficients de cette inconnue par les termes connus qui leur correspondent. Par exemple, les équations $4\,x + 11\,y = 63$, $7\,x + 8\,y = 54$ donneront

$$x = \frac{63 \cdot 8 - 11 \cdot 54}{4 \cdot 8 - 11 \cdot 7} = 2.$$

$$y = \frac{4 \cdot 54 - 63 \cdot 7}{4 \cdot 8 - 11 \cdot 7} = 5.$$

16. Les valeurs de x et y données par deux équations du premier degré à deux inconnues, pourraient être *négatives*, ou *infinies*, ou de la forme $\frac{o}{o}$. Les valeurs négatives annoncent quelque *contradiction* dans les équations et par conséquent dans le problème qui les a fournies ; les valeurs infinies se présentent sous la forme $\frac{h}{o}$, et dénotent *l'incompatibilité* des équations proposées ; les valeurs $\frac{o}{o}$ annoncent *l'indétermination*.

17. *Équations ayant plus de deux inconnues.* Pour résoudre ces équations, on pourra suivre la méthode générale suivante. Soit n le nombre des inconnues et par conséquent le nombre des équations. On pourra prendre la valeur de l'une des inconnues dans l'une des équations proposées, et substituer la valeur trouvée dans les équations qui contiennent cette inconnue ; on arrivera ainsi à un système de $n-1$, équations contenant $n-1$ inconnues. En réitérant cette opération, on réduira successivement le nombre des équations à $n-2$, $n-3$, etc., jusqu'à ce qu'on arrive à une équation ne contenant plus qu'une inconnue, dont on déterminera la valeur. On arrivera ensuite, par des substitutions convenables, à la détermination des autres inconnues.

La composition même de ces sortes d'équations, et surtout l'habitude de ce genre de calcul, fournissent des méthodes, indiquent des combinaisons qui facilitent la détermination des inconnues.

SECT. III. — ÉQUATIONS DU DEUXIÈME DEGRÉ.

18. Une équation est du deuxième degré lorsque la plus haute puissance de l'inconnue qu'elle renferme est du deuxième degré, ou lorsqu'une inconnue s'y trouve multipliée par une autre inconnue.

19. Toute équation du deuxième degré à une inconnue peut être mise sous la forme

$$(1) \qquad Ax^2 + Bx + C = o,$$

A étant un nombre entier et positif, B et C des nombres entiers positifs ou négatifs, s'ils ne sont pas nuls. Lorsque l'équation dont il s'agit n'est pas donnée sous cette forme, pour l'y ramener on fait disparaître les diviseurs que pourrait contenir l'équation, on passe tous les termes dans le premier membre, on réunit d'une part tous les termes en x^2, de l'autre tous ceux qui contiennent x, et enfin tous les termes connus.

20. Pour résoudre l'équation (1), il faut passer C dans le deuxième membre, multiplier tous les termes par A, ajouter ensuite à chaque membre $\frac{B^2}{4}$, et il vient

$$A^2 x^2 + ABx + \frac{B^2}{4} = \frac{B^2 - 4AC}{4};$$

observant que le premier membre de cette dernière équation est le carré de $Ax + \frac{B}{2}$, prenant la racine carrée de chaque membre, en ayant soin de donner le double signe $\pm$ à celle du deuxième membre, on en tire

$$(2) \qquad x = \frac{B \pm \sqrt{B^2 - 4AC}}{2A} .$$

21. Nous voyons, par le double signe $\pm$, que l'équation proposée admet deux *racines*, c'est-à-dire deux valeurs de x. La somme de ces racines est $-\frac{B}{A}$, leur produit est $\frac{C}{A}$.

22. Lorsque $B^2 - 4AC$ est positif, la racine carrée de cette quantité pouvant s'obtenir exactement ou au moins par approximation, les racines de l'équation sont dites *réelles ;* elles sont *rationnelles* ou *irrationnelles* (*Arith.*, 67), selon que $B^2 - 4AC$ est ou n'est pas un carré exact. Lorsque $B^2 - 4AC$ est négatif, les racines de l'équation sont dites *imaginaires*, et indiquent une *impossibilité* dans l'équation proposée.

23. On aura les racines d'une équation particulière du deuxième degré à une inconnue, en mettant dans la formule (2), au lieu de A, B, C, leurs valeurs numériques. C'est ainsi que l'équation $8x^2 + 2x - 15 = 0$ donne

$$x = \frac{-2 \pm \sqrt{2^2 + 4.8.15}}{2.8};$$

et si l'on effectue les calculs indiqués, il vient $x = 1,25$ et $x = -1,5$.

24. Si l'on divise l'équation (1) par $x - a$, on a pour quotient $Ax + Aa + B$, ou $A\left(x + a + \frac{B}{A}\right)$, et pour reste $Aa^2 + Ba + C$. Ce reste devient nul, si a est l'une des racines de l'équation ; et comme $-a - \frac{B}{A}$ représente alors la seconde racine, que nous pouvons désigner par b, il s'ensuit que l'é-

quation (1) peut être mise sous la forme
$$\mathrm{A}\,(x-a)(x-b) = o.$$

25. L'élimination d'une inconnue entre deux équations du deuxième degré à deux inconnues conduit, en général, à une équation du quatrième degré. Cependant, lorsque l'une des inconnues ne se trouve qu'au premier degré dans l'une des équations proposées, celles-ci peuvent être résolues par ce qui précède.   J.-N. DIDIEZ.

ART. III. — GÉOMÉTRIE.

1. Un espace ne peut être limité de toutes parts que par la présence d'un corps solide, soit que le corps occupe cet espace lui-même, soit qu'il occupe l'espace environnant. Dans le premier cas, l'espace dont il s'agit est ce qu'on appelle l'*étendue* ou le *volume* du corps ; dans le second cas, on le nomme *capacité*.

2. La *longueur*, la *largeur* et la *hauteur* d'un volume ou d'une capacité sont appelées *dimensions*.

3. Les limites d'un corps, formées par les particules extérieures et visibles de ce corps, qui séparent l'espace qu'il occupe de l'espace environnant, constituent sa *surface*. Les surfaces ont deux dimensions, longueur et largeur.

4. Parmi les surfaces, il en est qui nous présentent des parties distinctes les unes des autres, et qui ont aussi leurs limites qu'on appelle *lignes*. Les lignes n'ont qu'une seule dimension, la longueur.

5. Enfin, les lignes ont elles-mêmes des limites ou extrémités qu'on appelle *points*. Le point n'a par conséquent aucune dimension.

6. La plus simple de toutes les lignes est la ligne *droite*. Elle est telle qu'en prenant sur cette ligne deux points partout où l'on veut, la portion de la ligne comprise entre ces deux points représente leur plus courte distance. Ces deux points pourraient être les extrémités de la ligne que l'on considère, ce qui a fait dire que la ligne droite est la plus courte de toutes celles qu'on peut mener d'un point à un autre.

La direction d'une ligne droite est évidemment déterminée par une portion quelconque de cette droite. Cette portion, ce segment, pouvant être donné par ses extrémités, qui sont deux points, il en résulte que deux droites ont la même direction et se confondent lorsqu'elles ont deux points communs ; c'est-à-dire qu'une droite est déterminée de position lorsqu'on a deux points par lesquels elle doit passer. Elle est déterminée de grandeur et de position lorsque l'on connaît les deux points qui en sont les extrémités.

Pour désigner la ligne droite menée du point A au point B (*Mathém.*, pl. 1re, fig. 1), nous dirons la droite AB. Il en serait de même si nous voulions désigner une droite indéfinie passant par les points A et B.

On trace une ligne droite sur une feuille de dessin, à l'aide de la *règle* et du *tire-ligne*.

7. Si des droites AB, BC, CD (fig. 2) se réunissent par leurs extrémités, de manière que leurs directions varient de l'une de ces lignes à celle qui la suit immédiatement, ces droites forment ce qu'on appelle une ligne *brisée*. Avec les mêmes éléments, mais en changeant les directions, on peut former une infinité d'espèces de lignes brisées.

8. Si nous concevons que dans une ligne brisée les droites qui la composent diminuent de longueur en même temps qu'elles augmentent en nombre, la ligne brisée tend vers une limite, formée par une ligne telle qu'en prenant sur elle deux points quelconques, la portion de la ligne comprise entre ces points ne représente plus leur plus courte distance ; c'est la ligne *courbe*. Telle est la ligne ABC (fig. 3).

9. On donne le nom de ligne *mixte* à une ligne composée de parties droites et de parties courbes. Telle est la ligne ABCD (fig. 4).

10. La longueur d'une ligne quelconque s'évalue en *mètres*, *décimètres*, *centimètres*, *millimètres*, etc.

11. La plus simple de toutes les surfaces est la surface *plane*, ou le *plan*. Elle est telle qu'on peut y appliquer une ligne droite dans tous les sens, c'est-à-dire que prenant sur cette surface deux points partout où l'on voudra, et menant la ligne droite que ces points déterminent, cette droite est située tout entière sur la surface.

12. Une surface composée de plusieurs portions de surfaces planes qui se réunissent suivant des droites, est dite *polyédrique*.

13. Si nous concevons que dans une surface polyédrique les plans dont elle est composée diminuent en grandeur à mesure qu'ils augmentent en nombre, cette surface polyédrique tend vers une limite formée par une surface sur laquelle nous ne distinguons plus de parties planes; c'est la surface *courbe*.

14. En combinant des surfaces courbes avec des surfaces planes, on forme des surfaces qu'on appelle *mixtes*.

15. Une ligne brisée ou courbe peut avoir tous ses points situés dans un même plan; l'idée que nous avons alors de cette ligne se trouve, en quelque sorte, liée à celle du plan qui la contient tout entière; c'est pourquoi la ligne brisée ou courbe qui présente ce caractère est dite *plane*.

Les lignes brisées ou courbes sont dites *gauches* lorsqu'elles n'ont pas tous leurs points situés dans un même plan.

16. Parmi les courbes planes, il en est une d'un usage très-fréquent, c'est la *courbe circulaire* ou la *circonférence* (fig. 5). Elle a tous ses points A,B,C,D, etc., à égale distance d'un point intérieur O, qu'on appelle *centre*.

La portion de plan limitée par une circonférence se nomme *cercle*.

Toute droite menée du centre à un point quelconque de la circonférence se nomme *rayon*. Tous les rayons d'une même circonférence sont égaux. Toute droite passant par le centre d'une circonférence et terminée de part et d'autre à cette courbe, se nomme *diamètre*. Le diamètre AC est double de chacun des rayons OA et OC. Tous les diamètres qu'on peut mener dans une même circonférence sont égaux; chacun d'eux divise la circonférence, ainsi que le cercle, en deux parties égales, puisqu'en pliant le plan de la circonférence suivant le diamètre AC, la courbe ADC pourrait être appliquée sur la courbe ABC, de manière à se confondre avec cette dernière.

Nous écrirons *circ.*(OA), pour désigner la circonférence dont le rayon est OA. On trace cette courbe à l'aide d'un *compas*, dans lequel une des pointes sèches se trouve remplacée par un *tire-ligne*.

Toute portion de circonférence, telle que ABM, se nomme *arc*. La droite menée entre les extrémités d'un arc est la *corde* de cet arc.

Deux arcs décrits avec le même rayon peuvent toujours être appliqués l'un sur l'autre, de manière que tous les points du plus petit se confondent avec des points du plus grand. Ces arcs sont égaux lorsqu'ils peuvent être superposés de manière que leurs extrémités coïncident.

On donne des noms particuliers à certains arcs ayant avec la circonférence entière des rapports déterminés, et qui servent d'unités dans la mesure des lignes circulaires. Le quart de la circonférence se nomme *quadrant*, le centième du quadrant est le *grade* ou *degré*, le centième du degré est la *minute*, le centième de la minute est la *seconde*. Dans cette division centésimale de la circonférence, un arc contenant 25 degrés 75 minutes et 45 secondes, s'écrit 0^q,257545.

Dans l'ancienne division, le quadrant vaut 90 degrés, le degré 60 minutes, et la minute 60 secondes. Dans cette division, un arc contenant 18 degrés 35 minutes et 46 secondes, s'écrit 18° 35′ 46″.

La mesure d'un arc en degrés, minutes et secondes constitue ce qu'on appelle la *graduation* de cet arc; elle s'obtient à l'aide d'un *cercle gradué*.

On appelle *arcs semblables* des arcs qui contiennent chacun le même nombre de degrés, mais pris sur des circonférences décrites avec des rayons différents.

17. On nomme *lieu géométrique* d'un point une ligne ou une surface sur laquelle le point dont il s'agit doit se trouver. Lorsqu'un point a pour lieux géométriques deux lignes connues, il est à l'intersection, ou à l'une des intersections, de ces lignes.

La ligne droite et la ligne circulaire sont très-fréquemment employées comme lieux géométriques. Ces deux lignes doivent donc être considérées sous deux points de vue : 1° comme pouvant servir de limites à des figures planes; 2° comme pouvant servir à trouver des points déterminés de position par des directions sur lesquelles ils doivent être situés, ou par leurs distances relativement à des points connus. Si, par exemple, un point était donné par ses distances relativement à deux autres points, il aurait pour lieux géométriques deux lignes circulaires décrites des points connus comme centres, avec des rayons respectivement égaux aux distances données, et se trouverait à l'intersection de ces lignes.

18. Tout ce qui a rapport à l'étendue figurée fait l'objet de la *Géométrie*. Cette science nous fait connaître les caractères et les propriétés des lignes et des surfaces, les moyens de les mesurer et de les produire sur des corps ; enfin, elle nous fournit des méthodes pour la définition et la représentation exacte des corps et l'évaluation de leurs volumes.

La *géométrie rationnelle* considère les propriétés générales de l'étendue, indépendamment de toute application aux arts. Ses méthodes sont la *synthèse* et l'*analyse*, procédant à l'aide de signes représentatifs, ou à l'aide de signes conventionnels.

Dans la géométrie rationnelle *élémentaire*, les grandeurs que l'on considère sont représentées sur des feuilles de dessin, telles qu'elles pourraient paraître naturellement à nos yeux. Dans la géométrie rationnelle dite *analytique*, les points, les lignes, les surfaces, sont désignées par des signes conventionnels, par des formules algébriques, qui se prêtent commodément aux méthodes de calcul qui caractérisent cette géométrie.

La géométrie *appliquée* comprend la *stéréographie* et la *stéréotomie*. La stéréographie définit et représente les corps sur des feuilles de dessin. La stéréotomie fournit les méthodes à suivre pour donner aux matières brutes des formes déterminées.

SECT. I. — GÉOMÉTRIE PLANE.

19. Dans la *géométrie plane*, les données, les constructions et les résultats relatifs à une même question, sont situés sur un même plan.

§ 1er. — *Des systèmes qu'on peut former sur un plan avec deux lignes droites ou circulaires.*

I. Angles.

20. Deux lignes droites situées sur un même plan, et qui se rencontrent, ou tendent à se rencontrer, si on les prolongeait, sont dites *concourantes ;* leur point de rencontre s'appelle point de *concours*. Telles sont les droites AB et CD (fig. 6).

21. Lorsque deux droites AB et AC (fig. 7) partent d'un même point A et s'étendent indéfiniment de A en B et de A en C, l'espace compris entre ces droites et qui est illimité du côté opposé à leur point de concours, se nomme *angle*. Ces droites forment les *côtés* de l'angle, leur point de concours en est le *sommet*. Nous désignerons cet angle en écrivant ang. BAC ou ang. CAB, mettant toujours la lettre du sommet dans le milieu. Pour plus de simplicité, on se contente quelquefois d'énoncer ou d'écrire la lettre du sommet, ang. A.

22. Deux angles sont égaux lorsqu'on peut les superposer de manière que les côtés de l'un se confondent avec les côtés de l'autre.

23. Lorsque deux angles superposés ont le même sommet et un côté commun, et que le second côté de l'un diffère du second côté de l'autre, l'un de ces angles n'est qu'une partie de l'autre.

24. Deux angles tels que BAC et BA'C' (fig. 8), tournant leurs ouvertures dans le même sens, ayant des sommets différents et situés sur une ligne droite, avec laquelle deux de leurs côtés se confondent, tandis que les deux autres côtés vont se couper en un certain point ; sont inégaux. En effet, ces angles ont en commun l'espace BA'DC ; ils ne diffèrent que par les espaces CDC' et ADA' ; et comme l'espace CDC', illimité du côté opposé à D, est évidemment plus grand que l'espace ADA' limité de toutes parts, on a ang. BA'C' $>$ ang. BAC.

25. Lorsque deux angles sont égaux, les arcs compris entre leurs côtés respectifs, et décrits des sommets, comme centres, avec le même rayon, sont égaux aussi, et réciproquement.

Soient BAC et B'A'C' (fig. 7) deux angles égaux. Des sommets, comme centres, avec un même rayon, décrivons les arcs BC et B'C'. Si l'on superpose ces angles en faisant d'abord coïncider A'B' avec AB, à cause de l'égalité des angles, le côté A'C' prendra la direction AC, et comme on a A'C' = AC, le point C' tombera sur le point C ; on aura donc (n° 16) arc BC = arc B'C'.

Réciproquement, de l'égalité des arcs, on conclurait l'égalité des angles. Car dans la superposition, après avoir fait coïncider A'B' avec son égal AB, l'arc B'C' se confondrait avec l'arc BC, et comme ils sont supposés égaux, le point C' tomberait sur le point C, A'C' coïnciderait avec AC, ce qui donnerait ang. BAC = ang. B'A'C'.

De là résulte le procédé à suivre pour construire un angle égal à un angle donné.

26. Deux angles quelconques sont entre eux dans le même rapport que les arcs compris entre leurs côtés respectifs, et décrits des sommets comme centres avec le même rayon.

Soient les angles BAC et BAC' (fig. 9), qui sont entre eux comme 5 est à 3, c'est-à-dire qu'on peut concevoir l'angle BAC partagé en cinq angles partiels égaux entre eux, et l'angle BAC' en trois angles partiels pareillement égaux entre eux et aux précédents. Mais si les angles partiels BAm, mAn, etc., sont égaux entre eux, les arcs Bm, mn, etc., qui leur correspondent sont aussi égaux entre eux; l'arc Bm sera donc contenu cinq fois dans BC, et trois fois dans BC'; d'où il suit qu'on aura

$$\frac{\text{ang. BAC}}{\text{ang. BAC}'} = \frac{\text{arc BC}}{\text{arc BC}'}.$$

27. Il suit du numéro précédent que pour avoir le rapport d'un angle à un autre angle pris pour unité, on pourra déterminer le rapport de l'arc correspondant au premier de ces angles à l'arc qui correspond au second. La mesure des angles reviendra à la mesure des arcs.

Dans la mesure des angles, on prend pour unité l'angle correspondant à un arc qui est le quart de la circonférence décrite du sommet de cet angle, comme centre, avec un rayon quelconque; c'est l'angle *droit*. Tel est l'angle BAC (fig. 10).

Les angles, comme les arcs, s'évaluent en *degrés*, *minutes* et *secondes*. Le *degré angulaire* est l'angle correspondant au *degré circulaire* (n° 16).

Tout angle BAD (fig. 10) plus petit que l'angle droit est dit *aigu*, et tout angle BAE plus grand que l'angle droit se nomme angle *obtus*.

28. On appelle *complément* d'un angle ce qu'il faut lui ajouter ou en retrancher, selon qu'il est aigu ou obtus, pour avoir l'angle droit. Dans le premier cas, le complément est dit *positif*; dans le second cas, il est dit *négatif*. On nomme angles *complémentaires* deux angles qui sont compléments l'un de l'autre.

Le *supplément* d'un angle est ce qu'il faut lui ajouter ou en retrancher pour avoir deux angles droits. Deux angles *supplémentaires* sont deux angles qui sont suppléments l'un de l'autre.

29. Lorsque deux angles ont un côté commun, et que le second côté de l'un est le prolongement du second côté de l'autre, ces deux angles sont supplémentaires. Tels sont les angles BOD et DOA (fig. 6), qui ont pour mesures deux arcs dont la somme égale la demi-circonférence.

30. On appelle angles *opposés par le sommet*, deux angles tels que les côtés de l'un sont les prolongements des côtés de l'autre. Les angles BOD et AOC (fig. 6) sont opposés par le sommet; ils sont égaux, puisqu'ils ont l'un et l'autre pour supplément l'angle AOD.

31. L'*inclinaison* mutuelle de deux droites concourantes se mesure par l'angle aigu que ces droites forment entre elles. Cette inclinaison peut varier depuis o jusqu'à l'angle droit, elle est d'autant plus grande qu'elle approche davantage de l'angle droit.

II. Perpendiculaires, obliques, parallèles.

32. Deux droites qui se coupent sur un plan déterminent quatre angles égaux deux à deux, comme opposés par le sommet. Si l'un de ces angles est droit, il en est évidemment de même des trois autres, et les droites sont dites *perpendiculaires* (fig. 11). Si parmi ces quatre angles deux sont aigus et les deux autres obtus, les lignes dont il s'agit sont dites *obliques* (fig. 6).

33. Par le point E (fig. 11), on ne peut mener qu'une seule perpendiculaire à AB, puisque cette perpendiculaire doit nécessairement passer par les milieux des demi-circonférences ACB et ADB. Pareillement, par un point C (fig. 12) pris hors d'une droite AB, on ne peut mener qu'une seule perpendiculaire à cette droite. En effet, si CD est supposé perpendiculaire à AB, toute autre droite CE donnerait (n° 24) ang. AEC $>$ ang. ADC, ang. ADC $=$ ang. BDC $>$ ang. BEC; d'où il suit que CE fait avec AB deux angles adjacents inégaux et n'est pas perpendiculaire.

34. D'un point C (fig. 12) pris hors d'une droite AB donnée de position, concevons qu'on ait mené une perpendiculaire CD et différentes obliques CE, CF, CG, etc., terminées aux points D, E, F, etc., où elles rencontrent la droite donnée AB.

1° Si l'on prolonge la perpendiculaire de D en C', de manière que DC'=DC, et qu'on mène les droites C'E, C'F, etc., ces obliques seront respectivement égales aux obliques CE, CF, etc. Car si l'on conçoit que le plan qui contient toutes ces droites soit plié suivant la droite AB, de manière que la partie supérieure vienne se rabattre sur la partie inférieure, le point C tombera sur le point C', et l'on aura CE = C'E, CF = C'F, etc.

Il suit de là que la perpendiculaire AB menée par le milieu d'une droite donnée CC' est le lieu géométrique de tous les points également distants des deux extrémités de cette droite.

2° La perpendiculaire CD sera plus courte que toute oblique, et mesurera la plus courte distance du point C à la droite AB. En effet, on a CDC' < CEC, et par conséquent CD < CE.

3° Les obliques situées d'un même côté par rapport à la perpendiculaire CD seront d'autant plus longues, feront avec la droite AB des angles d'autant plus petits, et avec la perpendiculaire CD des angles d'autant plus grands, que leurs points de rencontre avec la droite AB seront plus éloignés du pied D de la perpendiculaire CD. Prolongeons CE jusqu'à sa rencontre en I avec C'F. On aura CEC' < CIC' < CFC', on aura pareillement CFC' < CGC', et par suite CEC' < CFC' < CGC' < etc. Prenant la moitié de chacune de ces lignes brisées, il vient CE < CF < CG < etc. On aura ensuite (n°ˢ 23 et 24) ang. DEC > ang. DFC > ang. DGC > etc., ang. DCE < ang. DCF < ang. DCG < etc.

4° Les obliques qui rencontrent la droite AB en des points également éloignés du pied de la perpendiculaire CD, ont la même longueur, et la même inclinaison soit par rapport à la droite AB, soit par rapport à la perpendiculaire CD. Soit DE = DE'; si l'on conçoit que le plan de la figure soit plié suivant la droite CC', pour rabattre la partie de gauche sur la partie de droite, le point E ira tomber sur le point E', et l'on aura CE = CE', ang. DEC = ang. DE'C, ang. DCE = ang. DCE'. Réciproquement, l'une de ces trois égalités étant donnée, on en conclurait DE = DE'.

5° Si deux obliques, telles que CF et CE', non situées du même côté de la perpendiculaire CD, rencontrent la droite AB en des points dont les distances au pied de la perpendiculaire sont inégales, du côté de la plus grande distance se trouveront la plus grande oblique, la plus petite inclinai-son par rapport à AB, la plus grande inclinaison par rapport à CD; et réciproquement. En effet, si l'on prend DE=DE', et qu'on mène CE, on pourra appliquer à l'oblique CE' tout ce qui serait dit par rapport à l'oblique CE.

35. Si par le point C (fig. 12) on mène une droite CK faisant avec CD un angle droit, les droites CK et AB ne pourront se rencontrer à quelque distance qu'on les prolonge l'une et l'autre; puisque si elles se rencontraient il s'ensuivrait que par le point de rencontre on pourrait mener deux droites AB et CK perpendiculaires à CD, ce qui est impossible.

Deux droites, telles que AB et CK, situées sur un même plan, et qui ne peuvent se rencontrer à quelque distance qu'on les prolonge, sont dites *parallèles*.

36. Par un point pris hors d'une droite on ne peut mener qu'une seule parallèle à cette droite. En effet, soit CN faisant avec CD un angle aigu. Quelque petit que soit l'angle KCN, il est évident qu'en l'ajoutant à lui-même un certain nombre de fois, on pourra obtenir l'angle droit KCD ou un angle plus grand; tandis que l'espace compris entre la droite CD et les droites CK et DA prolongées indéfiniment, ajouté à lui-même autant de fois qu'on voudra, ne pourra jamais produire l'angle droit KCD. On a donc l'angle KCN plus grand que la zône KCDA, par conséquent il ne peut être contenu dans cette dernière; et comme ces deux grandeurs ont un côté commun CK, il faudra que CN prolongé suffisamment aille couper la droite AB. On prouverait pareillement que la droite CM prolongée au-delà du point C irait couper la droite AB.

37. Si l'on coupe deux droites parallèles par une troisième droite, celle-ci sera également inclinée sur les deux parallèles.

1° Si la sécante est perpendiculaire à l'une des parallèles, elle le sera pareillement à l'autre (n° préc.).

2° Soit la sécante EF (fig. 13) coupant obliquement les deux parallèles AB et CD. Par le point I, milieu de GH, menons LK perpendiculaire à CD, et par conséquent à AB. Concevons que la figure IHK, sans sortir du plan qui la contient, tourne autour du point I, jusqu'à ce que IH coïncide avec son égal IG; alors IK prendra la direction de IL, à cause de l'égalité des angles HIK et GIL; mais alors HK perpendiculaire à IK devra coïncider avec GL perpendiculaire à IL, et les angles IHK, IGL se trouveront avoir les mêmes côtés ; donc on aura ang. GHD = ang. HGA = ang. EGB.

Il suit de là que parmi les huit angles que forment deux parallèles coupées par une oblique, quatre sont aigus et égaux entre eux ; les quatre autres sont obtus, égaux entre eux et suppléments des angles aigus. Réciproquement, lorsqu'on sait que deux de ces huit angles, pris de manière qu'ils n'aient pas le même sommet, sont égaux ou supplémentaires, on en conclut le parallélisme des deux droites coupées par la troisième.

On appelle les angles tels que EGB et GHD, ou BGH et DHF, etc. , angles *correspondants;* les angles tels que GHD et HGA, angles *alternes-internes;* les angles tels que EGB et CHF, angles *alternes-externes;* les angles tels que BGH et GHD, angles *internes du même côté;* les angles tels que EGB et DHF, angles *externes du même côté.*

38. Si l'on mène entre deux droites parallèles deux autres droites terminées aux points où elles rencontrent les deux premières, et également inclinées sur chacune d'elles, ces deux droites sont égales.

1° Soient EF et E'F' (fig. 14) deux droites perpendiculaires aux parallèles AB et CD. Si par le point M, milieu de FF', on mène MN perpendiculaire aux deux parallèles, qu'on plie le plan de la figure suivant MN , pour rabattre la partie de droite sur la partie de gauche, les deux points E' et F' iront tomber sur les points E et F, ce qui donne EF = E'F'. Deux parallèles sont donc partout à égale distance l'une de l'autre.

2° Considérons les obliques parallèles EG et E'G'. Les points E et E' sont également éloignés de la droite DE , les inclinaisons EGF et E'G'F' sont égales ; donc on a FG = E'G' (n° 34).

3° D'après le même principe , on conclura l'égalité des obliques symétriques EG et EG''.

Réciproquement , connaissant l'égalité des perpendiculaires EF et E'F', ou celle des obliques parallèles EG et E'G', ou celle des obliques symétriques EG et EG'', on en conclut le parallélisme des droites AB et CD.

39. Par un point donné, mener une perpendiculaire à une droite.

1° Soit proposé de mener une droite perpendiculaire à EE' (fig. 12) et passant par le milieu de cette dernière. Des extrémités E, E', comme centres, avec un rayon quelconque , mais plus grand que la moitié de EE', on décrira deux arcs circulaires se coupant aux points c et c', par lesquels doit passer la perpendiculaire demandée. (n° 34).

2° Mener par le point D , pris sur la droite AB, une perpendiculaire à cette dernière. On prendra DE=DE', et l'on déterminera, comme au cas précédent, un second point c ou c' de la perpendiculaire.

3° Par un point C , pris hors d'une droite AB, mener une perpendiculaire à cette droite. Du point C , comme centre, avec un rayon plus grand que la distance de ce point à la droite AB, on décrira un arc circulaire coupant la droite AB en deux points E et E'; puis on déterminera , comme au premier cas, un second point c ou c' de la perpendiculaire.

40. Par un point donné mener une parallèle à une droite. Chacune des propriétés des parallèles fournit un procédé pour effectuer cette construction. Nous citerons les deux suivantes.

1° Soit proposé de mener par le point G (fig. 13) une parallèle à CD. D'un point H de la droite CD, comme centre, avec un rayon égal à HG, on décrira l'arc GD; du point G, comme centre, avec le même rayon, on décrira l'arc HA égal à l'arc GD ; et la droite AG sera la parallèle demandée, puisqu'on aura ang. GHD = ang. HGA.

2° Par un point G' (fig. 14) mener une parallèle à AB. D'un point E' de la droite AB, comme centre, avec E'G' pour rayon , on décrira la demi-circonférence HG'B , on fera ensuite l'arc BG''égal à l'arc HG', et les points G' et G'' détermineront la parallèle, puisque les droites E'G' et E' G'' seront égales et également inclinées sur AB.

41. Par un point donné mener une droite faisant un angle connu avec une autre droite. Soit E (fig. 14) le point par lequel on veut mener une droite faisant avec CD un angle donné. Par un point G' pris arbitrairement sur CD , on mènera G'E' faisant avec CD l'angle donné, puis on mènera par le point E une droite droite EG parallèle à E'G'.

42. Les figures 16 et 17 indiquent comment à l'aide de la *règle* et de l'*équerre*, on peut mener par un point donné une droite per-

pendiculaire ou parallèle à une droite donnée de position. L'équerre prend successivement les positions EDQ , E'D'Q'.

III. Droites symétriques.

43. Deux points sont dits *symétriques* par rapport à un troisième point , qu'on appelle *centre de symétrie*, lorsque ce troisième point est le milieu de la droite qui joint les deux premiers points.

Deux lignes quelconques sont dites *symétriques* relativement à un centre, lorsqu'elles ont tous leurs points situés deux à deux symétriquement par rapport à ce centre. Telles sont les droites AB et A'B' (fig. 15), égales et parallèles, qui ont pour centre de symétrie l'intersection des droites AA' et BB', qui joignent leurs extrémités.

44. Deux points sont dits *symétriques* par rapport à une droite, qu'on appelle *axe de symétrie*, lorsque la droite menée de l'un de ces points à l'autre, est perpendiculaire à la première, et divisée par elle en deux parties égales.

Deux lignes quelconques sont dites *symétriques* relativement à un axe , lorsqu'elles ont tous leurs points situés deux à deux symétriquement par rapport à cet axe. Telles sont les droites EG et E'G'' (fig. 14), qui ont pour axes de symétrie la droite MN.

IV. Droites proportionnelles.

45. Nous rappellerons d'abord que si l'on a la relation

$$\frac{A}{A'} = \frac{B}{B'} = \frac{C}{C'} = \frac{D}{D'} = \text{etc.} ,$$

les quantités désignées par A, B, C, D, etc., sont *directement proportionnelles* aux quantités A', B', C', D', etc. ; que si l'on a

$$A \cdot A' = B \cdot B' = C \cdot C' = \text{etc.} ,$$

les quantités A, B, C, etc., sont *inversement proportionnelles* aux quantités A', B', C', etc. (*Arithm.*)

46. Deux droites situées d'une manière quelconque sur un plan et coupées par des parallèles équidistantes, sont divisées en parties égales. Soient MN et M'N' (fig. 18) deux droites coupées par les parallèles équidistantes AA',BB', CC',DD', EE'. Les droites AB, BC, CD, DE, pourront être considérées comme des obliques également inclinées sur les parallèles ; de plus, les perpendiculaires Ab, Bc, Cd, De; sont égales ; donc on a AB=BC=CD=DE. On aura pareillement A'B'=B'C' = C'D'=D'E'.

Réciproquement, si les points A,B,C,D,E, déterminent sur MN des parties égales , les parallèles menées par ces points seront équidistantes.

47. Deux droites situées d'une manière quelconque sur un plan et coupées par d'autres droites parallèles entre elles, sont divisées en parties proportionnelles. Soient MN et M'N' (fig 19) deux droites coupées par les parallèles AA', BB', CC' ; et supposons que AB soit à BC dans le rapport de 2 à 3. On pourra diviser AB en deux parties égales , et BC en trois parties égales entre elles et aux précédentes. Si par les points de division ou mène des parallèles à AA', elles diviseront A'B' et B'C' en parties égales; on aura donc la proportion

$$\frac{AB}{BC} = \frac{A'B'}{B'C'}$$

Changeant les moyens de place, puis faisant la somme des antécédents et celle des conséquents, on aura

$$\frac{AB}{A'B'} = \frac{BC}{B'C'} = \frac{AC}{A'C'}$$

c'est-à-dire que les segments AB, BC, AC sont proportionnels aux segments A'B', B'C', A'C'.

Si les droites MN et M'N' (fig. 20) concouraient en un point O , ce point pourrait être considéré comme la réunion des points d'intersection situés sur une même parallèle, et se trouverait alors l'extrémité commune de plusieurs des segments proportionnels déterminés sur les concourantes.

De plus, les segments tels que AA' et BB', interceptés sur deux parallèles par les concourantes, sont entre eux comme les distances du point de concours aux points où ces parallèles coupent l'une des concourantes. Car si l'on mène A'D, parallèle à OB, on aura, d'après ce qui précède,

$$\frac{BD \text{ ou } AA'}{BB'} = \frac{OA'}{OB'} = \frac{OA}{OB} .$$

48. Détermination d'une quatrième proportionnelle. Soit proposé de déterminer une droite qui soit à la droite AB (fig. 21) dans le rapport de AC à AD. On tracera les droites indéfinies A'M et A'N faisant entre elles un certain angle ; on portera les termes du rapport connu AC et AD, en A'C' et A'D'; on fera A'B' = AB ; puis menant la droite B'D', et sa parallèle XC', AX' sera la droite demandée, puisqu'on aura

$$\frac{AX'}{A'B'} = \frac{A'C'}{A'D'}$$

49. Division d'une droite en parties proportionnelles à des droites données. Soit AF′ (fig. 22) la droite à diviser. Ayant mené les droites AF et F′A′ parallèles entre elles, on prendra les droites AB, BC, etc., réspectivement égales aux droites données, ainsi que F′E′, E′D′, etc.; puis on mènera les droites AA′, BB′, etc., qui seront parallèles entre elles, et diviseront la droite AF′ en parties proportionnelles à AB, BC, etc.

Si l'on fait AB = BC = etc., la droite AF′ se trouvera divisée en parties égales.

50. Construction des échelles. Lorsqu'une droite (fig. 23) est divisée en parties égales représentant des unités, que nous désignerons par 0..1, 1..2, 2..3, etc., et que cette même droite est ensuite subdivisée en d'autres parties égales représentant des unités fractionnaires, on a un instrument de mesure connu sous le nom d'*échelle*.

Lorsque l'unité principale qu'on emploie est représentée par une droite 0..1 qui a peu de longueur, il pourrait être incommode de marquer sur cette même droite les subdivisions de l'unité, qui sont le plus souvent des dixièmes et des centièmes de cette unité. On donne alors à l'échelle une autre disposition. Supposons qu'il s'agisse d'une échelle donnant les dixièmes d'unité. Prolongeons la droite 0..1 de 0 en *a*, en faisant $0a = 0..1$. Menons *al* perpendiculaire à *ao*; prenons sur *al* dix parties égales et consécutives, par les extrémités desquelles nous mènerons des droites parallèles à la direction *ao*, et nous couperons celles-ci par des perpendiculaires passant par les points 0, 1, 2, etc., de la droite 0..1..2..; enfin menons la transversale 0*l*. On aura le rapport de *b*1 à *bm* égal au rapport de *o*1 à *om*, donc *b*1 représentera un dixième d'unité. Pareillement, on aura $c2 = 0,2$; $d3 = 0,3$; etc.

V. Du système formé d'une ligne droite et d'une ligne circulaire.

51. Lorsqu'une droite et une circonférence sont situées sur un même plan, 1° si la distance CD (fig. 24) du centre de la circonférence à la droite AB est plus grande que le rayon CE, la droite et la circonférence n'ont aucun point commun;

2° Si la distance CE du centre à la droite A′B′ est égale au rayon, la droite et la circonférence ont un seul point commun; elles sont dites *tangentes* l'une à l'autre, et le point commun se nomme point de *contact*. D'où il suit que toute droite menée par l'extrémité d'un rayon perpendiculairement à ce rayon est tangente à la circonférence;

3° Si la distance CF du centre à la droite A″B″ est plus petite que le rayon, la droite coupe la circonférence en deux points G et H, situés symétriquement par rapport au rayon CE perpendiculaire à A″B″. D'où il suit que le rayon mené perpendiculairement à une corde GH, divise cette corde, l'arc soutendu GEH, ainsi que l'angle GCH, chacun en deux parties égales. Réciproquement, toute droite menée par le milieu d'une corde, et perpendiculairement à cette corde, passe par le centre. De là les procédés à suivre pour diviser un arc, ou un angle, en deux parties égales, et pour trouver le centre et le rayon d'une circonférence dont on connaît au moins trois points.

52. La longueur d'une corde approche d'autant plus du diamètre que sa distance au centre est plus petite. La distance CF (fig. 24) étant plus petite que la distance C*f*, comme on a d'ailleurs CG = C*g*, il faudra qu'on ait FG > *fg* (n° 34), et par conséquent GH > *gh*.

53. Dans une même circonférence, les cordes égales sont également éloignées du centre, et réciproquement.

VI. Du système formé de deux lignes circulaires.

54. Lorsque deux circonférences ayant des centres différents C et O (fig. 25) sont décrites sur un même plan, la droite menée par les centres est un axe de symétrie commun aux deux circonférences. Il s'ensuit que si ces dernières se coupent, les points d'intersection, tels que I et I′, seront situés symétriquement par rapport à l'axe CO; et que si les circonférences dont il s'agit ont un point commun situé sur l'axe de symétrie, elles n'en pourront avoir d'autre, et seront *tangentes* l'une à l'autre.

55. Les positions relatives de deux circonférences décrites sur un même plan, dépendent de la relation qui existe entre leurs rayons R, R′ et la distance D de leurs centres.

1° Si l'on a D > R+R′, les circonférences, telles que GAH et IBI′ seront extérieures l'une à l'autre et n'auront aucun point commun,

2° Si l'on a D = R+R′, les circonférences, telles que KBL et IBI', auront un seul point commun B, et seront tangentes extérieurement.

3° Si l'on a $D < R + R'$ et $D > R - R'$, les circonférences, telles que IDI' et IBI', se couperont en deux points.

4° Si l'on a $D = R - R'$, les circonférences, telles que MEN et IEI', se toucheront intérieurement en un seul point E.

5° Si l'on a $D < R - R'$, les circonférences, telles que PFQ et IEI', n'auront aucun point commun, et l'une enveloppera l'autre.

56. Deux circonférences sont entre elles comme leurs rayons, ou comme leurs diamètres. Soient les circonférences concentriques GAH et KBL (fig. 25). Menons les rayons CB et CK, que nous concevrons suffisamment rapprochés l'un de l'autre, pour que les arcs semblables BK et AG se confondent sensiblement avec leurs cordes. La corde AG, divisant les rayons CB et CK en parties proportionnelles, sera parallèle à la corde BK. D'un autre côté, les arcs BK et AG sont contenus le même nombre de fois dans les circonférences dont ils font parties. On aura donc

$$\frac{\text{circ. (CB)}}{\text{circ. (CA)}} = \frac{\text{arc BK}}{\text{arc AG}} = \frac{\text{corde BK}}{\text{corde AG}} = \frac{\text{CA}}{\text{CB}}.$$

La longueur de la circonférence dont le diamètre est 1, ou le rapport de toute circonférence à son diamètre, est 3,141592, à 0,000001 près. Archimède avait trouvé ce rapport égal à $\frac{22}{7}$. En le désignant par π, selon l'usage, la longueur d'une circonférence dont le rayon est R sera donc exprimée par $2\pi R$.

§ II. — *Des systèmes qu'on peut former avec trois lignes droites ou circulaires.*

I. Triangles.

57. On appelle *triangle* un espace, tel que ABC (fig. 26), limité de toutes parts par trois droites qui se réunissent deux à deux par leurs extrémités. Les droites AB, BC, CA sont les *côtés* du triangle, et les points A, B, C en sont les *sommets*. La somme des trois côtés forme le *contour* ou *périmètre*.

58. Diverses espèces de triangles. Connaissant les relations de grandeur qui existent entre les trois angles d'un triangle, on en conclut celles des côtés, et réciproquement.

1° Si l'on a ang. A $>$ ang. B $>$ ang. C (fig. 26, 27, 28), on en conclut BC $>$ AC $>$ AB, et le triangle est dit *scalène*. En effet, deux côtés tels que CB et CA sont, par rapport au troisième, deux obliques qui partent d'un même point, et si l'on a ang. A $>$ ang. B, on aura aussi CB $>$ CA (n° 34).

2° Si l'on a ang. A $=$ ang. B $\neq$ ang. C, on en conclut BC $=$ AC $\neq$ AB (fig. 29), et le triangle est dit *isoscèle*. Le côté AB en est la *base*.

3° Si l'on a ang. A $=$ ang. B $=$ ang. C (fig. 30), on en conclut BC $=$ CA $=$ AB, et le triangle est dit *équilatéral*.

Considérons maintenant la position relative des côtés. Tout triangle dont l'un des angles est droit (fig. 26) est dit *rectangle*. Il peut être isoscèle ou scalène. Le côté BC opposé à l'angle droit se nomme *hypothénuse*.

Tout triangle dont l'un des angles est obtus (fig. 27) est dit *obtusangle*. Il peut être isoscèle ou scalène.

Un triangle, tel que ABC (fig. 28), dont les trois angles sont aigus, est dit *acutangle*. Il peut être équilatéral, isoscèle, ou scalène.

59. La somme des trois angles d'un triangle quelconque est égale à deux angles droits. Considérons le triangle ABC (fig. 27), et par le sommet C menons CE parallèle au côté opposé. Les angles alternes-internes ABC et BCE seront égaux. D'où il suit que la somme des angles du triangle ABC sera égale à la somme des angles ACE et CAB, et par conséquent égale à deux angles droits (n° 37).

Il suit de là que connaissant deux angles d'un triangle, on aura aisément le troisième; que les angles aigus d'un triangle rectangle sont complémentaires; que si l'on prolonge le côté AB de A et D, l'angle extérieur CAD sera égal à la somme des intérieurs opposés ABC et ACB.

60. Deux triangles, tels que ABC et A'B'C' (figure 31), peuvent être superposés et sont égaux, 1° lorsque les trois côtés de l'un sont respectivement égaux aux trois côtés de l'autre; 2° lorsque deux côtés de l'un sont respectivement égaux à deux côtés de l'autre, et que l'angle compris par les côtés dans l'un égale l'angle compris par les côtés égaux dans l'autre; 3° lorsqu'un côté de l'un est égal à un côté de l'autre, et qu'en même temps deux angles de l'un sont respectivement égaux à deux angles de l'autre,

et semblablement situés relativement au côté égal.

Il suit de là qu'un triangle est déterminé et peut être construit, 1° lorsque l'on en connaît les trois côtés, 2° lorsque l'on connaît deux côtés et l'angle qu'ils comprennent, 3° lorsque l'on connaît un côté et deux angles.

61. Deux triangles *équiangles*, c'est-à-dire, tels que les trois angles de l'un sont respectivement égaux aux trois angles de l'autre, ont leurs côtés proprotionnels; et réciproquement. Soient les triangles ABC et A'B'C' (fig. 31 et 32), et supposons les angles A, B, C égaux aux angles A', B', C'. Si l'on fait CA''=C'A', CB''=C'B', et si l'on mène la droite A''B'', le triangle A''B''C sera égal au triangle A'B'C', la droite A''B'' sera parallèle à AB, et l'on aura (n° 46)

$$\frac{AB}{A''B''} = \frac{BC}{B''C} = \frac{CA}{CA''}.$$

Réciproquement, si l'on donnait la proportionnalité des côtés, on en conclurait l'égalité des angles. En effet, faisant encore CA''=C'A', CB''=C'B', et menant A''B'', comme les points A'' et B'' divisent les droites CA et CB en parties proportionnelles, on a A''B'' parallèle à AB, et par conséquent $\frac{CA}{CA''} = \frac{AB}{A''B''}$; on a d'ailleurs $\frac{CA}{C'A'} = \frac{AB}{A'B'}$; ce qui donne A''B''=A'B', et par conséquent le triangle A'B'C' égal au triangle A''B''C'', qui a les mêmes angles que le triangle ABC.

Deux triangles qui ont leurs angles égaux et par conséquent leurs côtés proportionnels sont dits *semblables*.

Les côtés tels que BC et B'C', opposés aux angles égaux A et A', se nomment côtés *homologues*.

62. Nous allons considérer maintenant plusieurs propriétés du triangle rectangle, dont on fait un usage très-fréquent. Nous entendrons ici par *carré d'une ligne*, le carré du nombre qui exprime la longueur de cette ligne. Par la suite, cette expression pourra être prise dans une autre acception, sans rien ôter de la vérité des théorèmes que nous allons établir. Cela posé, le triangle ABC (fig. 33) étant rectangle en C, menons la droite CD perpendiculaire à l'hypothénuse.

1° La perpendiculaire CD divisera l'hypothénuse en deux segments AD et BD,

qui seront les *projections orthogonales* des côtés de l'angle droit sur l'hypothénuse.

2° La perpendiculaire CD partagera le triangle proposé en deux triangles semblables au triangle proposé et par conséquent semblables entre eux. L'angle aigu A étant commun aux deux triangles ABC et ACD, le second angle aigu de l'un sera égal au second angle aigu de l'autre; ces triangles seront donc équiangles et semblables. Il en sera de même des triangles ABC et BCD, qui ont un angle aigu B commun.

3° Chaque côté de l'angle droit du triangle proposé est moyen proportionnel entre l'hypothénuse et sa projection sur l'hypothénuse. En effet, les triangles semblables ABC, ACD, BCD donnent les proportions

$$\frac{AB}{AC} = \frac{AC}{AD}, \quad \frac{AB}{BC} = \frac{BC}{BD};$$

d'où l'on tire

$$AC^2 = AB \cdot AD, \quad BC^2 = AB \cdot BD.$$

4° La somme des carrés des côtés de l'angle droit est égale au carré de l'hypothénuse. Car, d'après les résultats ci dessus, on a $AC^2 + BC^2 = AB \cdot AD + AB \cdot BD = AB . (AD+BD) = AB^2$.

5° Les carrés des côtés de l'angle droit sont entre eux comme les projections de ces côtés sur l'hypothénuse. Les relations précédentes donnent

$$\frac{AC^2}{BC^2} = \frac{AB \cdot AD}{AB \cdot BD} = \frac{AD}{BD}.$$

Si par le point M, pris arbitrairement sur AC ou sur son prolongement, on mène MN parallèle à AB, le rapport de MC à NC sera égal au rapport de AC à BC; donc on aura aussi

$$\frac{MC^2}{NC^2} = \frac{AC^2}{BC^2} = \frac{AD}{BD}.$$

6° La perpendiculaire CD est moyenne proportionnelle entre les deux segments de l'hypothénuse. En effet, les triangles semblables ACD et BCD donnent

$$\frac{AD}{CD} = \frac{CD}{BD}, \quad \text{ou } CD^2 = AD \cdot BD.$$

Il s'ensuit que si d'un point quelconque C pris sur une demi-circonférence ACB, on mène une perpendiculaire CD sur le diamètre AB, cette perpendiculaire est moyenne proportionnelle entre les deux segments dans lesquels elle partage le diamètre. Car si l'on mène les cordes des arcs supplémentaires AC et BC, ainsi que le rayon OC, les triangles OAC et OBC étant isoscèles, on a la somme des angles ACO et BCO égale à la somme des angles OAC et OBC; d'où il suit que chacune de ces sommes vaut un angle droit, et que le triangle ABC est rectangle en C.

63. A l'aide des propriétés du triangle rectangle, exposées dans le n° précédent, on trouve graphiquement les longueurs des droites qui représentent les valeurs de x dans les relations suivantes, dans lesquelles a, b, c représentent des droites déterminées de longueur :

1° $x^2 = a^2 + b^2$, ou $x = \sqrt{a^2 + b^2 + c^2}$;

2° $x^2 = a^2 + b^2 + c^2$, ou $x = \sqrt{a^2 + b^2 + e^2}$;

3° $x^2 = a^2 - b^2$, ou $x = \sqrt{a^2 - b^2}$;

4° $x^2 = a \cdot b$, ou $x = \sqrt{a \cdot b}$;

5° $\dfrac{x^2}{a^2} = \dfrac{b}{c}$;   6° $\dfrac{a}{x} = \dfrac{x}{a-x}$.

64. Dans un triangle quelconque, la somme des carrés des côtés d'un angle aigu ou obtus, est plus grande ou plus petite que le carré du 3ᵉ côté, et la différence est égale au double du produit qu'on obtient en multipliant l'un des côtés de l'angle aigu ou obtus par la projection de l'autre côté sur le premier.

Le triangle ABC (fig. 27), dans lequel l'angle A est aigu, donne $BC^2 = BD^2 + CD^2 = (AB - AD)^2 + AC^2 - AD^2 = AB^2 + AC^2 - 2AB \cdot AD$.

Le triangle ABC (fig. 28), dans lequel l'angle A est obtus, donne $BC^2 = BD^2 + CD^2 = (AB + AD)^2 + AC^2 - AD^2 = AB^2 + AC^2 + 2AB \cdot AD$.

II. Du système formé de deux lignes droites et d'une ligne circulaire

65. Lorsque deux droites et une circonférence sont situées sur un même plan, il peut arriver, 1° que la circonférence coupe les deux droites, 2° qu'elle coupe l'une des droites et touche l'autre, 3° qu'elle touche les deux droites, 4° qu'elle n'ait aucun point commun avec ces droites.

66. Deux droites parallèles coupées par une circonférence, interceptent sur cette dernière des arcs égaux, et réciproquement. Soient AB et CD (fig. 34) deux droites parallèles coupées par la circonférence AEB. Si l'on mène le rayon OE perpendiculaire aux deux parallèles, les arcs AE et CE seront égaux aux arcs BE et DE; on a donc AE — CE = BE — DE, ou AC = BD.

67. Deux droites concourantes étant coupées par une circonférence, déterminer la mesure des angles formés par ces droites, relativement à la circonférence.

1° Lorsque le point de concours des droites est au centre, chacun des angles formés par ces droites a pour mesure l'arc compris entre ses côtés (n° 27).

2° Lorsque le point de concours est situé sur la circonférence (fig. 35), l'angle BID a pour mesure la moitié de l'arc BD, et l'ang. AID, supplément du premier, a pour mesure la moitié de l'arc BID. Car si l'on mène le diamètre AE et les rayons OB et OE, on a (n° 58) ang. DOE = 2 ang. DIE, ang. BOE = 2 ang. BIE, et par conséquent l'angle BID égal à la moitié de l'angle au centre BOD.

Un angle qui a son sommet sur un arc circulaire et dont les côtés passent par les extrémités de cet arc, est dit *inscrit* dans cet arc. Il suit de ce qui précède, que tous les angles inscrits dans un même arc sont égaux, et que tout angle inscrit dans une demi-circonférence est un angle droit.

Si l'on remplace la sécante AB par la tangente A'B', les angles B'ID et A'ID auront pour mesures les moitiés des arcs ID et IBD.

3° Lorsque le point de concours est intérieur à la circonférence (fig. 36), chacun des angles a pour mesure la demi-somme des arcs compris entre ses côtés et leurs prolongements. Si l'on mène AE parallèle à CD, on aura ang. BID = ang. BAE, arc DE = arc AC, et l'angle BID aura pour mesure $\frac{1}{2}$ BE ou $\frac{1}{2}$ (BD + AC).

4° Si le point de concours est extérieur à la circonférence (fig. 37), l'angle BID a pour mesure la demi-différence entre les arcs interceptés par ses côtés. Car si l'on mène AE parallèle à CD, les arcs AC et DE sont égaux, et l'angle BID égal à l'angle BAE a pour mesure $\frac{1}{2}$ BE ou $\frac{1}{2}$ (BD — AC).

68. Lorsque deux droites concourantes sont coupées par une circonférence, le produit des segments déterminés par les points d'intersection sur l'une des concourantes, est égal au produit des segments de l'autre concourante. Menons les droites AD et BC (fig. 36 et 37); les triangles IAD et IBC seront équiangles (num. préc.), et donneront

$$\frac{IA}{IC} = \frac{ID}{IB}, \text{ d'où } IA \cdot IB = IC \cdot ID.$$

Si l'on remplace la sécante ICD par la tangente IC', on aura $IC'^2 = IA \cdot IB$.

69. Les droites concourantes IA′ et IC′ (fig. 37) étant tangentes à une même circonférence, si l'on mène la droite IO et les rayons OA′, OC′, les triangles rectangles IOA′ et IOC′ seront égaux ; d'où il résulte que les points de contact A′ et C′ seront les intersections de la circonférence donnée, par une autre circonférence dont IO est le diamètre.

§ 3. — *Polygones.*

70. Prenons sur un même plan un nombre quelconque de points, tels que A, B, C, etc. (fig. 44), et joignons par des droites le premier de ces points avec le deuxième, le deuxième avec le troisième, et ainsi de suite. Toutes ces droites formeront le contour ou *périmètre* d'une figure qu'on appelle *polygone*.

Chacune des droites qui font partie du contour d'un polygone se nomme *côté*. Les points où les côtés se réunissent deux à deux sont les *sommets*. Les angles que les côtés contigus font entre eux sont les *angles* du polygone.

Le polygone est dit *fermé*, lorsque le contour revient au point de départ. Lorsqu'un polygone n'est pas fermé, les côtés extrêmes doivent être considérés comme prolongés indéfiniment.

Tout point situé sur le périmètre d'un polygone, et qui se trouve l'intersection de deux ou plusieurs côtés non consécutifs, est dit point *multiple*.

Lorsqu'un angle d'un polygone est plus grand que deux angles droits, le sommet de cet angle est dit *rentrant*.

Un polygone qui ne présente aucun sommet rentrant, ni aucun point multiple, est un polygone du *premier genre*. Un polygone qui ne présente aucun point multiple, mais qui a un ou plusieurs sommets rentrants est du *second genre*. Enfin, un polygone qui présente un ou plusieurs points multiples, est du *troisième genre*.

On appelle *diagonale*, dans un polygone, toute droite qui joint deux sommets qui ne sont pas les extrémités d'un même côté.

71. Les polygones prennent différentes dénominations à raison du nombre de leurs côtés. Les triangles sont les polygones les plus simples. Viennent ensuite les *quadrilatères* ou figures de quatre côtés. On en distingue de plusieurs espèces.

1° Le *quadrilatère* proprement dit (fig.

38). Il a pour sommets les quatre points d'intersection de deux droites concourantes coupées par deux autres droites concourantes.

2° Le *trapèze* (fig. 39). Il a pour sommets les points d'intersection de deux droites parallèles coupées par deux droites concourantes. Le trapèze ABCD, dont les quatre angles sont aigus ou obtus, est *obliquangle*. Il est *symétrique*, lorsque les côtés non parallèles ont un axe de symétrie MN. Le trapèze DEBC, dans lequel deux angles sont droits, est *rectangle*.

3° Le *parallélogramme*. Il a pour sommets les intersections de deux droites parallèles coupées par deux autres parallèles. Ses côtés opposés sont égaux et parallèles. L'intersection de ses diagonales est un centre de symétrie (n° 42). Le parallélogramme dont les angles sont aigus ou obtus est dit *obliquangle* (fig. 40) ; il prend le nom de *losange* ou *rhombe* lorsque ses quatre côtés sont égaux (fig. 41). Le parallélogramme dont les angles sont droits est dit *rectangle* (fig. 42), et prend le nom de *carré* lorsque ses quatre côtés sont égaux. Dans le losange et le carré, les diagonales sont perpendiculaires entre elles, et sont des axes de symétrie.

On appelle un polygone, *pentagone*, *hexagone*, *eptagone*, *octogone*, *ennéagone*, *décagone*, *undécagone*, *dodécagone*, *pentédécagone*, *icosagone*, selon qu'il a 5, 6, 7, 8, 9, 10, 11, 12, 15, 20 côtés. Dans les autres cas, on se sert généralement du mot *polygone*, en y joignant la désignation du nombre des côtés.

72. La somme des angles d'un polygone du premier ou du second genre, est égale à autant de fois deux angles droits que ce polygone a de côtés moins deux. C'est ce qu'on peut aisément vérifier, en menant des diagonales, telles que AC, AD, AE (fig. 46), qui décomposent le polygone en triangles qui ont pour sommets les sommets du polygone proposé. La somme des angles de tous les triangles sera la même que celle des angles du polygone ; la somme des angles de chaque triangle vaut deux angles droits, et l'on aura autant de triangles qu'il y a de côtés moins deux dans le polygone.

73. *Polygones égaux.* Deux polygones peuvent être superposés et sont égaux dans les circonstances suivantes :

1° Lorsque ces polygones étant situés sur

un même plan, les sommets de l'un sont respectivement symétriques avec les sommets de l'autre, par rapport à un même centre (fig. 44), ou par rapport à un même axe (fig. 45) ;

2° Lorsque les sommets des polygones peuvent être joints deux à deux par des droites telles que AA' BB', etc. (fig 46), égales et parallèles entre elles ;

3° Lorsque les polygones sont composés d'un même nombre de triangles égaux chacun à chacun et semblablement disposés ;

4° Lorsque, n désignant le nombre des côtés de chaque polygone, on a $n-1$ côtés consécutifs de l'un respectivement égaux à $n-1$ côtés consécutifs de l'autre, et qu'il en est de même des $n-2$ angles que ces côtés font entre eux dans chaque polygone ;

5° Lorsque trois côtés consécutifs de l'un sont égaux à trois côtés consécutifs de l'autre, et que les diagonales qui aboutissent aux sommets des angles formés par ces côtés ont respectivement la même longueur dans les deux polygones ;

6° Lorsque deux côtés contigus de l'un des polygones sont respectivement égaux à deux côtés contigus de l'autre, que l'angle formé par ces côtés dans l'un est égal à l'angle formé par les côtés égaux dans l'autre, et que les diagonales qui aboutissent aux sommets de ces angles ont chacune à chacune, dans les deux polygones, la même longueur et la même inclinaison relativement aux côtés égaux ;

7° Lorsqu'un côté de l'un des polygones est égal à un côté de l'autre, et que les angles que font avec ce côté les côtés contigus et les diagonales qui aboutissent à ses extrémités, sont respectivement les mêmes dans les deux polygones ;

8° Si l'on projette orthogonalement les sommets C, D, E, F (fig. 46) sur AB, qu'on projette pareillement les sommets C', D', E', F' sur A'B'; les polygones seront égaux, si l'on a les droites projetantes Cc, Dd, etc., respectivement égales aux droites projetantes C'c', D'd', etc., et les distances AB, Ac, Ad, Ae, Af égales aux distances A'B', A'c', A'd', A'e', A'f.

74. Un polygone de n côtés est déterminé et peut être construit, lorsque l'on connaît les $2n-3$ éléments, angles ou longueurs, désignés dans l'un des cas d'égalité énoncés au numéro précédent (4°, 5°, 6°, 7°, 8°).

75. *Polygones semblables.* Deux polygones sont semblables lorsque les angles de l'un sont respectivement égaux aux angles de l'autre, que les côtés de l'un sont proportionnels aux côtés de l'autre, et que de plus les angles égaux et les côtés proportionnels sont semblablement placés dans les deux polygones. Tels sont les polygones ABCDEF (fig. 46) et A'B'C'D'E'F' (fig. 47).

Les conditions d'égalité énoncées au n° 71 (4°, 5°, 6°, 7°, 8°) deviendront des conditions de similitude, si l'on y remplace l'égalité absolue des lignes par leur proportionnalité, conservant d'ailleurs les égalités relatives aux angles.

Deux polygones semblables peuvent être décomposés en un même nombre de triangles semblables chacun à chacun, et semblablement disposés. C'est ainsi, par exemple, que les triangles ABC, ACD, ADE, AEF (fig. 46) sont semblables aux triangles A'B'C', A'C'D', A'D'E', A'E'F' (fig. 47).

De la proportionnalité des côtés de deux polygones semblables, il suit que leurs périmètres sont entre eux comme deux côtés homologues.

76. *Polygones réguliers.* Un polygone est dit *équiangle* lorsqu'il a tous ses angles égaux. Il est dit *équilatéral* lorsqu'il a tous ses côtés égaux. Tout polygone, tel que ABCDEF (fig. 48), qui est à la fois équiangle et équilatéral, est un polygone *régulier*.

Tout polygone régulier peut être inscrit dans une circonférence et circonscrit à une autre circonférence ayant même centre que la première. En effet, le point O étant le centre d'une circonférence passant par les trois sommets consécutifs A, B, C, les triangles OAB et OBC seront égaux. Les triangles OBC et OCD auront le côté OC commun, BC = CD, et l'angle OCB, moitié de l'angle BCD, égal à l'angle OCD ; donc ces triangles seront égaux, et l'on aura OD = OB. Il suit de là que la circonférence ABC passera par le sommet D, et l'on prouverait pareillement qu'elle passera par les autres sommets.

Les côtés AB, BC, etc., pouvant être considérés comme des cordes égales, sont également éloignés du centre O ; d'où il suit que la circonférence décrite avec le rayon OI, perpendiculaire à AB, sera tangente à chacun des côtés du polygone régulier. Le rayon OI se nomme *apothème*.

Pour inscrire un polygone régulier dans

une circonférence donnée, il faut diviser cette circonférence en autant de parties égales que le polygone doit avoir de côtés, et mener les cordes des arcs ainsi obtenus. Pour effectuer cette division, on pourra faire usage du demi-cercle gradué, qu'on nomme *rapporteur*.

Le côté de l'hexagone régulier est égal au rayon de la circonférence circonscrite.

§ 4. — *De la mesure des aires.*

77. Pour évaluer une surface limitée de toutes parts, il faut la comparer à une unité déterminée et connue par expérience, et le rapport qu'on trouve est l'expression de l'étendue renfermée entre les limites de cette surface, ou l'*aire* de cette surface. On dit l'*aire d'une surface,* comme on dit la *longueur d'une ligne.*

L'unité dont on se sert pour mesurer l'aire d'une surface est ordinairement un carré, tel que le *mètre carré,* le *décimètre carré,* etc.

78. Deux figures de formes différentes, telles qu'un triangle et un quadrilatère, etc., peuvent contenir chacun le même nombre de fois l'unité de superficie, et avoir par conséquent la même aire ; on les appelle *figures équivalentes.*

79. Lorsqu'on donne le nom de *base* à l'un des côtés d'un parallélogramme, la distance de cette base au côté opposé est la hauteur.

80. Deux parallélogrammes rectangles de même hauteur sont entre eux comme leurs bases. Soient ABCD et AEFD (fig. 49) deux parallélogrammes rectangles ayant même hauteur AD. Supposons les bases AB et AE entre elles comme 7 est à 4. Si l'on divise AB en 7 parties égales, AE en contiendra 4 ; et si par les points de division on mène des perpendiculaires à AB, on aura ABCD = 7. AMND, AEFD = 4. AMND, et par conséquent

$$\frac{ABCD}{AEFD} = \frac{AB}{AE}.$$

81. Deux parallélogrammes quelconques sont entre eux comme les produits qu'on trouve en multipliant dans chacun d'eux la base par la hauteur. Soient les parallélogrammes rectangles ABCD et AEFG (fig. 50). On aura (n° préc.)

$$\frac{ABCD}{AEHD} = \frac{AB}{AE}, \frac{AEHD}{AEFG} = \frac{AD}{AG}.$$

Multipliant ces proprotions l'une par l'autre, et observant que AEHD devient alors facteur commun aux deux termes d'un même rapport, et peut être supprimé, il vient

$$\frac{ABCD}{AEFG} = \frac{AB.AD}{AE.AG}.$$

82. L'aire d'un parallélogramme rectangle est égale au produit de sa base par sa hauteur. Proposons - nous de mesurer l'aire du rectangle ABCD (fig. 51), le carré *abcd* étant l'unité de superficie, et son côté *ab* l'unité de longueur. On aura (n° préc.)

$$\frac{ABCD}{abcd} = \frac{AB.AD}{ab.ad} = \frac{AB}{ab}. \frac{AD}{ab} = n.n',$$

n et n' exprimant les longueurs de la base AB et de la hauteur AD, rapportées à l'unité *ab.* Si l'on avait AB = 4, AD = 5, on aurait ABCD = 20 ; c'est ce que la fig. 51 rend sensible.

Si AD était égal à AB, le rectangle ABCD serait un carré. L'aire d'un carré est donc égale au produit de son côté multiplié par lui-même.

83. Tout parallélogramme obliquangle est équivalent à un parallélogramme rectangle de même base et de même hauteur. Soit ABCD (fig. 52) un parallélogramme obliquangle ayant même base et même hauteur que le parallélogramme rectangle ABC'D'. Les triangles ADD' et BCC' étant égaux, on a ABCD = ABCD' — ADD' = ABCD' — BCC' = ABC'D'.

Il suit de là que : 1° l'aire d'un parallélogramme obliquangle est égale au produit de sa base par sa hauteur ;

2° Les parallélogrammes qui ont des bases égales et des hauteurs égales, sont équivalents ;

3° Les parallélogrammes qui ont des hauteurs égales, sont entre eux comme leurs bases ;

4° Les parallélogrammes qui ont des bases égales, sont entre eux comme leurs hauteurs ;

5° Les parallélogrammes qui ont des bases inégales et des hauteurs inégales, sont entre eux comme les produits qu'on trouve en multipliant dans chacun d'eux la base par la hauteur ;

6° Les parallélogrammes équiangles sont entre eux comme les produits de leurs côtés contigus ;

7° Les parallélogrammes semblables sont

entre eux comme les carrés de leurs côtés homologues.

84. Tout triangle est la moitié d'un parallélogramme de même base et de même hauteur. Les triangles ABD et BCD (fig. 52) étant équilatéraux et par conséquent égaux entre eux, chacun d'eux est la moitié du parallélogramme ABCD.

Il suit de là que : 1° l'aire d'un triangle est égale à la moitié du produit de sa base par sa hauteur ;

2° Les triangles sont proportionnels aux parallélogrammes ayant mêmes bases et mêmes hauteurs que ces triangles. On peut donc appliquer aux triangles les théorèmes énoncés au numéro précédent relativement aux parallélogrammes.

85. L'aire d'un trapèze est égale à la demi-somme des côtés parallèles, multipliée par leur distance, qu'on nomme la hauteur. On a évidemment (fig. 53) trap. ABCD = tr. ABC + tr. ACD = $\frac{1}{2}$ (AB + CD). CE.

86. L'aire d'un quadrilatère quelconque est égale à la moitié du produit de l'une des diagonales par la somme des distances de cette diagonale aux sommets des angles opposés. On a (fig. 54) quad. ABCD = tr. ABD + tr. BCD = $\frac{1}{2}$ BD. (AF+CE).

87. L'aire d'un polygone irrégulier s'obtient en décomposant ce polygone en triangles, calculant séparément l'aire de chaque triangle, et faisant la somme des résultats.

On peut aussi évaluer l'aire d'un polygone en le décomposant en trapèzes et en triangles rectangles. La fig. 55 donne ABCDEF = F'E'EF + E'D'DE + D'C'CD — AFF' — BCC'.

On peut projeter les perpendiculaires CC', DD', EE', FF' sur la direction AB, en faisant passer par les points C, D, E, F des droites projetantes parallèles entre elles, et faisant avec AB des demi-angles droits. Les projections C'c, D'd, etc., sont alors égales aux droites projetées, et toutes les lignes qui doivent être mesurées, comme concourant à la détermination de l'aire demandée, se trouvent situées sur une même direction. C'est ainsi qu'on peut, dans la pratique, mesurer la superficie d'un terrain, sans pénétrer dans l'intérieur de la figure polygonale qu'il présente.

88. L'aire d'un polygone régulier est égale à la moitié du produit de son périmètre par son apothème. En effet, tout polygone régulier (fig. 48) peut être décomposé en triangles isocèles ayant pour bases les côtés du polygone, pour sommet commun le centre O, et pour hauteur l'apothème OI.

89. Le cercle peut être considéré comme un polygone régulier d'un nombre infini de côtés, et dont le contour se confond avec la circonférence du cercle. D'où il suit que l'aire d'un cercle est égale à sa circonférence multipliée par la moitié du rayon. La circonférence dont le rayon est R a pour mesure $2\pi R$ (n° 55), π désignant le rapport de la circonférence au diamètre ; l'aire du cercle sera donc exprimée par $2\pi R \cdot \frac{1}{2} R$, ou πR^2.

Il suit de là que deux cercles sont entre eux comme les carrés de leurs rayons.

Le *secteur circulaire* CADB (fig. 56), compris entre les rayons CA, CB et l'arc ADB, a pour mesure la moitié du produit de l'arc par le rayon.

Le *segment* compris entre l'arc ADB et sa corde, est la différence entre le secteur CADB et le triangle ABC.

90. Soit proposé de mesurer approximativement l'aire d'un trapèze mixtiligne AGG'A' (fig. 57), dans lequel les côtés parallèles AA' et GG' sont perpendiculaires à AG. Divisons la droite AG en un nombre pair de parties égales ; et par les points de division, menons les perpendiculaires BB', CC', etc. Pour plus de simplicité dans les notations, nous désignerons les droites AA', BB', CC', DD', EE', FF', GG' par a, b, c, d, e, f, g, et nous ferons AB = δ. Divisons encore la droite AC en trois parties égales, par les points de division menons les perpendiculaires mm' et nn', et menons enfin les cordes A'm', $m'n'$, n'C'. Chacune des droites Am, mn, nC étant égale à $\frac{2}{3}\delta$, comme on a d'ailleurs $mm'+nn'=2BI$, la somme des trapèzes Amm'A', $mnn'm'$, nCC'n', ou le polygone ACC'$n'm'$A', aura pour mesure $\frac{\delta}{3}(a+4BI+c)$. Mais ce polygone étant plus petit que le trapèze mixtiligne ACC'B'A', nous remplacerons BI par BB' ou b, et nous aurons

$$ACC'B'A' = \frac{\delta}{3}(a+4b+c),$$

avec une approximation d'autant plus grande que δ sera plus petit. On aura pareillement

$$CEE'D'C' = \frac{\delta}{3}(c+4d+c),$$

$$EGG'F'E' = \frac{\delta}{3}(c+4f+g).$$

. Il suit de là que l'aire du trapèze proposé AGG'D'A' sera exprimée par

$$\frac{\delta}{3}(a+4b+2c+4d+2e+4f+g).$$

91. Les aires des polygones semblables sont entre elles comme les carrés des côtés homologues de ces polygones. Soient les polygones semblables ABCDEF (fig. 46) et A'B'C'D'E'F' (fig. 47). Si par le sommet A on mène les diagonales AC, AD, AE, et si par le sommet homologue A', on mène les diagonales A'C', A'D', A'E', les triangles ABC, ACD, ADE, AEF seront respectivement semblables aux triangles A'B'C', A'C'D', A'D'E', A'E'F'. Chaque triangle du premier polygone est à son correspondant comme le carré de l'un des côtés du premier est au carré du côté homologue dans le second (n° 82). Mais les côtés du premier polygone étant proportionnels aux côtés du second, il en sera de même de leurs carrés. Les triangles du premier polygone seront donc proportionnels aux triangles du second ; et par suite, la somme des triangles qui composent le premier polygone, sera à la somme des triangles qui composent le second polygone, comme le triangle ABC est à son correspondant A'B'C', ou comme AB² est à A'B'².

92. Il suit du numéro précédent que si l'on construit des figures semblables ayant pour côtés homologues les côtés d'un triangle rectangle, ces figures auront entre elles les mêmes relations que celles qui existent entre les carrés des côtés du triangle rectangle (n° 61).

SECT. II.—GÉOMÉTRIE A TROIS DIMENSIONS.

93. Dans la *géométrie à trois dimensions,* les points, les lignes et les surfaces que l'on considère, occupent des espaces qui s'étendent suivant les trois dimensions.

§ 1ᵉʳ. — *Des droites et des plans considérés dans l'espace.*

94. Lorsque deux plans se coupent, leur intersection est une ligne droite. En effet, si par deux points pris sur cette intersection on mène une ligne droite, cette droite devra être située tout entière sur chacun des plans (n° 11), et sera par conséquent leur intersection.

Cette intersection prend le nom d'*arête,* lorsque chacun des plans dont il s'agit vient se terminer à cette ligne.

95. Deux plans qui contiennent l'un et l'autre un même système de deux ou plusieurs droites, se confondent et ne forment qu'un seul plan.

Il suit de là qu'un plan est déterminé de position, 1° par deux droites concourantes, 2° par deux droites parallèles, 3° par un point et une droite, 4° par trois points.

96. Un plan peut être engendré, 1° par une droite qui se meut en s'appuyant constamment sur deux droites concourantes, ou sur deux droites parallèles, 2° par une droite qui se meut parallèlement à elle-même, en glissant le long d'une droite, 3° par une droite qui se meut en tournant autour d'un point et s'appuyant sur une autre droite. La droite mobile se nomme *génératrice,* et les droites qui dirigent son mouvement se nomment *directrices.*

97. Lorsqu'une droite est perpendiculaire à deux autres droites tracées sur un plan, par le point où elle perce ce dernier, elle est aussi perpendiculaire à toute autre droite tracée comme on voudra dans le même plan et par le même point. Soit la droite DP (fig. 58) perçant au point P le plan ABC, et perpendiculaire aux droites FG et HI tracées dans ce plan, et soit KL une droite tracée comme on voudra dans le plan ABC et par le point P. Il s'agit de prouver que DP sera perpendiculaire à KL. Pour cela, prenons PF=PH=PG=PI, et menons les droites FH, GI, DF, DH, DG, DI, le point D étant pris arbitrairement sur DP. Les triangles isoscèles PFH et PGI étant égaux, on a ang. PFK=ang. PGL ; et comme on a d'ailleurs ang. FPK=ang. GPL, les triangles PFK et PGL seront égaux, ce qui donne PK=PL, FK=GL. Les triangles rectangles DPF, DPH, DPG, DPI étant égaux, ainsi que les triangles isoscèles DFH et DGI, on a DF=DG, ang.DFK=ang.DGL, et par suite DK=DL. Le triangle DKL est donc isoscèle, et comme DP est mené du sommet D au milieu de la base KL, il s'ensuit que DP est perpendiculaire à KL.

98. Lorsqu'une droite est perpendiculaire à toutes les droites qu'on peut tracer dans un plan, par le point où elle coupe ce dernier, cette droite et ce plan sont dits *perpendiculaires l'un à l'autre.*

Par un point pris sur un plan, ou hors d'un plan, on ne peut mener qu'une seule droite perpendiculaire à ce plan ; et pareillement par un point pris sur une droite, ou hors d'une droite , on ne peut mener qu'un seul plan perpendiculaire à cette droite.

99. Lorsqu'une droite perce un plan sans être perpendiculaire à toutes les droites qu'on peut tracer dans ce plan par le point de rencontre, cette droite et ce plan sont dits *obliques* l'un à l'autre.

100. L'inclinaison d'une droite sur un plan qu'elle rencontre obliquement, se mesure par l'angle que cette droite fait avec sa projection orthogonale sur le plan dont il s'agit. Soit ABC (fig. 59) un plan que la droite DE rencontre obliquement au point D. Concevons la droite EF menée d'un point quelconque E de la droite DE perpendiculairement au plan ABC , et menons dans ce plan la droite DF , qui sera la *projection orthogonale* de DE sur ABC. L'angle EDF sera le plus petit de tous les angles que la droite DE peut faire avec des droites tracées dans le plan ABC et par le point D. Car, soit D F' l'une de ces droites ; si l'on prend DF'=DF, et qu'on mène FF' et EF', on aura EF' oblique à FF' plus grand que la perpendiculaire EF, et les triangles EDF, EDF' donneront ang. EDF $<$ ang. EDF'. L'angle EDF est donc un *minimum*, et peut être pris pour la mesure de l'inclinaison de la droite DE sur le plan ABC.

101. Concevons que d'un point E (fig. 60) pris hors d'un plan ABC, on ait mené une perpendiculaire ED et diverses obliques EF, EG , etc., terminées au point où elles rencontrent le plan ABC.

1° La perpendiculaire ED sera plus courte que toute oblique EF, puisque cette dernière est l'hypothénuse d'un triangle rectangle EDF, dont ED est un côté de l'angle droit.

2° Les obliques, telles que EF et EF', qui rencontrent le plan en des points également éloignés du pied de la perpendiculaire, sont égales, également inclinées sur le plan, également inclinées sur la perpendiculaire ; et réciproquement. Cela résulte de l'égalité des triangles rectangles EDF , EDF'.

3° Les obliques, telles que EF et EG, qui rencontrent le plan en des points inégalement éloignés du pied de la perpendiculaire sont inégales et inégalement inclinées, soit par rapport au plan, soit par rapport à la perpendiculaire; et réciproquement. En effet, si l'on prend D*f*=DF, et qu'on mène l'oblique E*f*, dans le plan EDG, on aura évidemment (n°34)

EF=E*f*$<$EG, ang. EFD=ang. E*f*D$>$ang. EGD , ang. DEF=ang. DE*f* $<$ ang. DEG.

102. Il suit du numéro précédent que si par le centre d'un cercle FF'F'' on mène une droite perpendiculaire au plan de ce cercle , tout point de cette droite, qu'on nomme l'*axe* du cercle, est également éloigné de tous les points de la circonférence. L'axe d'un cercle est donc le lieu géométrique de tous les points de l'espace tels que chacun d'eux est également éloigné des points situés sur la circonférence.

103. Toute droite perpendiculaire à la projection orthogonale d'une autre droite sur un plan, est perpendiculaire à cette dernière. GD (fig. 60) étant la projection de la droite GE, sur le plan ABC, si l'on mène IH perpendiculaire à GD , IH sera aussi perpendiculaire à GE. Faisant GI+GH, et menant les droites DI, DH, EI, EH ; on aura DI=DH, et par suite EI=EH. Le triangle EGI sera donc isocèle; et comme le point G est le milieu de la base IH, EG sera perpendiculaire à IH.

Réciproquement , s'il était donné que IH est pendiculaire à EG, on prouverait par la même construction que IH est aussi perpendiculaire à GD.

104. Un plan perpendiculaire à une droite est aussi perpendiculaire à toute autre droite parallèle à la première. Soit ABC (fig. 60) un plan perpendiculaire à la droite DE, ce plan sera aussi perpendiculaire à toute droite GK parallèle à DE. Les parallèles DE et GK sont dans un même plan, qui coupe le plan ABC suivant DG perpendiculaire à DE et GK. Menons IH perpendiculaire à GD dans le plan ABC, et joignons le point G avec un point quelconque E de la droite DE; IH perpendiculaire à GD le sera aussi à GE (num. préc.) et conséquemment au plan GDE; on aura donc GK perpendiculaire à GD et à GH , et par suite au plan ABC.

Réciproquement, deux droites perpendiculaires à un même plan sont parallèles.

105. Une droite et un plan qui ne peuvent se rencontrer, à quelque distance qu'on les prolonge l'un et l'autre, sont dits *parallèles*.

Une droite EK (fig. 60) et un plan ABC, respectivement perpendiculaires à une même droite DE , sont évidemment parallèles.

106. Tous les points d'une droite parallèle à un plan sont également distants de ce plan.

107. Lorsque deux plans illimités se coupent, ils divisent la totalité de l'espace en quatre parties, auxquelles on donne le nom d'*angles dièdres*. Un angle dièdre est donc l'espace compris entre deux plans distincts, tels que ABC et ABD (fig. 61), qui aboutissent à une même droite AB, et qui d'ailleurs s'étendent indéfiniment. Les plans ABC et ABD sont les *faces* ou *côtés* de l'angle, et la droite AB qui leur est commune en est l'*arête*.

Pour désigner l'angle dièdre formé par les plans ABC et ABD, on écrit ABC $\wedge$ ABD.

108. Ayant mené MN perpendiculaire à AB dans le plan ABC, et MP perpendiculaire à AB dans le plan ABD, si l'on conçoit que le plan ABD, d'abord appliqué sur ABC, tourne autour de AB, pour prendre successivement diverses positions telles que ABD, ABE, ABF, etc., tandis que la perpendiculaire MP prend les positions MP, MQ, MR, etc., il est évident que les angles dièdres que les plans ABD, ABE, ABF, etc., forment avec le plan ABC, sont proportionnels aux angles plans que les droites MP, MQ, MR, etc., forment avec la droite MN.

109. Un angle dièdre est dit *droit, aigu,* ou *obtus*, suivant que l'angle plan formé par les droites menées perpendiculairement à l'arête, et dans les faces de cet angle dièdre, est lui-même droit, aigu, ou obtus.

Deux angles dièdres sont dits *complémentaires* lorsque leur somme ou leur différence est égale à un angle dièdre droit. Ils sont dits *supplémentaires* lorsque leur somme ou leur différence vaut deux angles dièdres droits.

Deux angles dièdres tels que les faces de l'un sont les prolongements des faces de l'autre, au-delà de l'arête, sont dits *opposés par l'arête*. Ces angles sont évidemment égaux.

110. Lorsque deux plans se coupent, si l'un des quatre angles dièdres qu'ils forment entre eux est droit, les trois autres sont pareillement droits, et les plans sont dits *perpendiculaires* l'un à l'autre. Dans tout autre cas, deux plans qui se coupent sont dits *obliques*.

111. Tout plan passant suivant une droite perpendiculaire à un autre plan est lui-même perpendiculaire à ce plan. Soit ABC (fig. 62) un plan mené suivant la droite GH perpendiculaire au plan IKL. Si dans ce

dernier plan on mène GE perpendiculaire à AB, cette droite sera aussi perpendiculaire à GH; mais l'angle plan EGH mesure l'angle dièdre formé par les plans ABL et ABC; donc celui-ci est droit, et les plans sont perpendiculaires.

Réciproquement, lorsque deux plans sont perpendiculaires, toute droite menée dans l'un de ces plans perpendiculairement à l'intersection, est perpendiculaire au second plan.

112. Lorsque deux plans qui se coupent sont respectivement perpendiculaires à un troisième plan, leur intersection est perpendiculaire à ce troisième plan. Soient ABC et DEF (fig. 62) deux plans perpendiculaires au plan IKL. La droite menée par le point G perpendiculairement au plan IKL, doit être située dans chacun des plans ABC et DEF; donc elle est leur intersection.

113. L'intersection de deux plans qui passent suivant deux droites parallèles entre elles, est parallèle à chacune de ces droites. Soient ABF et CDF (fig. 63) deux plans menés suivant les parallèles AB et CD, et qui se coupent suivant la droite EF. Menons un plan IGH perpendiculaire à AB et par conséquent à CD. Les plans ABF et CDF seront perpendiculaires au plan IGH (n°111), et il en sera de même de leur intersection EF. Les droites AB, CD, EF se trouveront perpendiculaires à un même plan; donc elles seront parallèles entre elles.

114. Deux plans perpendiculaires à une même droite ne peuvent se rencontrer et sont dits *parallèles*. Les plans ABC et DEF (fig. 64) étant supposés perpendiculaires à la droite GH, cette droite est perpendiculaire à toutes celles qu'on peut mener dans les plans proposés, par les points G et H. Si d'un point quelconque R du plan DEF, on mène les droites RH et RG, RH sera perpendiculaire à GH, mais RG sera oblique à cette ligne; donc RG ne sera pas dans le plan ABC, et par conséquent aucun point du plan DEF ne sera situé en même temps sur le plan ABC.

115. Les intersections de deux plans parallèles ABC et DEF (fig. 64) par un troisième plan OPQ sont des droites parallèles. Car deux droites situées sur deux plans parallèles ne peuvent se rencontrer, et comme les intersections dont il s'agit sont de plus situées sur un même plan, il faut qu'elles soient parallèles.

116. Deux droites étant situées d'une manière quelconque dans l'espace, si on les coupe par plusieurs plans parallèles entre eux, ces plans diviseront les droites dont il s'agit en parties proportionnelles. Soient AC et A'C' (fig. 65) deux droites coupées par les plans parallèles P, P', P''. Si nous joignons les points A' et C par une droite coupant en b le plan P', les droites AA' et Bb seront parallèles, et il en sera de même des droites CC' et bB'; les segments de la droite A'C seront en même temps proportionnels à ceux de la droite AC, et à ceux de la droite A'C'; d'où il suit que les segments de la droite AC seront proportionnels aux segments correspondants sur la droite A'C'.

117. Lorsque plusieurs plans ASB, BSC, CSD, DSA (fig. 66) concourent en un même point S, et se terminent aux droites SA, SB, SC, SD, suivant lesquelles ils se coupent, ces plans, qui d'ailleurs s'étendent indéfiniment, déterminent entre eux un espace qu'on nomme *angle polyèdre,* angle à plusieurs faces. On nomme *face* chacun des angles plans qui forment l'angle polyèdre. L'ensemble des faces forme la *surface* de l'angle polyèdre. Le point de concours des faces se nomme *sommet,* et les droites qui sont les limites de ces faces sont les *arêtes.*

Les angles polyèdres prennent différentes dénominations, d'après le nombre de leurs faces ; on dit un angle *trièdre, tétraèdre, pentaèdre,* etc., suivant que cet angle a trois, quatre, cinq, etc., faces.

118. *Projections centrales.* Soient O et MNP (fig. 67) un point et un plan donnés de position dans l'espace, et a, b, c, d un système de points situés ou non situés dans un même plan. Si du point O on mène les droites Oa, Ob, Oc, Od, ces droites, prolongées s'il est nécessaire, perceront le plan MNP aux points A, B, C, D, qui seront les *projections centrales* des points a, b, c, d, sur le plan MNP ; le point O est le *centre de projection;* le plan MNP est le *plan de projection;* et les droites Oa, Ob, Oc, Od sont dites *lignes projetantes.*

Menons les droites ab, bc, cd, da, ainsi que les droites AB, BC, CD, DA. Tout point e de la droite ab se projettera évidemment en E sur la droite AB, qui sera la projection de ab. D'où il suit que la projection d'une droite sur un plan, se déter-

mine par les projections des deux extrémités de cette droite. Lorsque cette droite est indéfinie, il en est de même de sa projection, et la direction de cette dernière est déterminée par les projections de deux points quelconques situés sur la droite dont il s'agit. La projection d'une droite sur un plan peut encore être déterminée par l'intersection du plan de projection avec un plan passant par la droite donnée et la ligne projetante de l'un des points de cette droite. Ce plan s'appelle plan *projetant.*

Le polygone ABCD est la projection centrale du polygone $abcd$.

Les projections centrales sont dites *directes* ou *inverses,* suivant que le centre de projection est situé du même côté relativement au plan de projection et au système de points projetés, ou qu'il est situé entre le plan de projection et le système des points projetés.

Lorsqu'on regarde un objet à travers une vitre, ou tout autre corps transparent interposé, la *perspective* de l'objet sur la vitre est une projection centrale, dont le centre est le point de concours des rayons visuels, dans l'œil du spectateur.

Au lieu de projeter un système de points sur un plan, on pourrait projeter ces points sur une surface quelconque, qu'on appellerait alors *surface de projection.*

119. *Projections parallèles.* Dans le cas des projections centrales, si l'on place le centre de projection à des distances de plus en plus grandes, relativement au système de points qu'il s'agit de projeter, les lignes projetantes Oa, Ob, etc. (fig. 67), font entre elles des angles qui deviennent de plus en plus petits. Concevons le centre de projection placé à l'infini, alors les lignes projetantes aA, bB, etc. (fig. 68), deviennent parallèles, et les projections sont dites *parallèles,* c'est-à-dire déterminées par des lignes projetantes parallèles.

Les rayons solaires étant sensiblement parallèles, il s'ensuit que lorsqu'un corps est éclairé par le soleil, les contours des ombres portées par ce corps sur d'autres corps sont des projections parallèles.

120. *Projections orthogonales.* Lorsque les lignes projetantes aA, bB, etc. (fig. 69), sont parallèles entre elles et de plus perpendiculaires au plan de projection, les projections sont dites *orthogonales.*

121. Si d'un point a (fig. 70) de l'espace,

on mène aA perpendiculaire au plan de projection LTH, le pied A de cette perpendiculaire sera la projection orthogonale du point a sur LTH. Cette projection n'est pas suffisante pour fixer la position du point a, puisqu'elle convient également à chacun des points de la perpendiculaire aA prolongée indéfiniment. Mais si l'on donnait aussi la projection a' du même point a sur un second plan LTV, les projections A et a' détermineraient complétement le point a de l'espace, puisqu'il serait à l'intersection des droites menées par les points A et a' perpendiculairement aux deux plans de projection.

Si l'on fait passer un plan aA$\alpha a'$ suivant les lignes projetantes aA et $a a'$, ce plan sera perpendiculaire au plan LTH, comme passant suivant aA (n° 111), et perpendiculaire au plan LTV, comme passant suivant $a a'$; donc ce plan sera perpendiculaire à LT, intersection des plans de projection, et coupera ces derniers suivant des droites αA et $\alpha a'$ perpendiculaires à LT.

Concevons que le plan LTV tourne autour de LT pour se rabattre en LTV', sur le prolongement de LTH. La droite $\alpha a'$ tournera autour de LT sans cesser d'être perpendiculaire à cette dernière; le point a' décrira un arc circulaire pour se rabattre en A', sur le plan LTV'; donc les deux projections A et A' se trouveront alors sur une droite AαA' perpendiculaire à l'intersection des deux plans de projection.

Ordinairement les deux plans de projection sont perpendiculaires entre eux; l'un LTH est *horizontal*, l'autre LTV est *vertical*; ils se coupent suivant une droite LT qu'on nomme *ligne de terre*. Pour désigner le point dont les projections sont A et A', on écrit (A,A').

122. En concevant le plan vertical de projection rabattu, comme il a été dit, sur le plan horizontal, on parvient à définir et représenter sur des feuilles de dessin, qui n'ont que deux dimensions, des corps ou systèmes de corps qui s'étendent suivant les trois dimensions, pourvu que les surfaces qui limitent ces corps soient susceptibles d'une définition rigoureuse.

123. Une droite ab (fig. 70) est entièrement déterminée par ses projections orthogonales sur deux plans, l'un horizontal et l'autre vertical. Elle est alors l'intersection de deux plans projetants, dont l'un est perpendiculaire au plan horizontal, et l'autre perpendiculaire au plan vertical. On écrit (AB,A'B') pour désigner la droite dont la projection horizontale est AB, et dont la projection verticale, rabattue sur le plan horizontal, est A'B'.

124. Lorsque deux droites AB et CD (fig. 71) sont parallèles entre elles et obliques au plan de projection MNP, leurs projections centrales sur ce plan sont concourantes; le point de concours est à l'intersection du plan MNP par une droite OI menée du point O, centre de projection, parallèlement aux droites dont il s'agit. En effet, la droite OI est l'intersection des plans projetants OAB et OCD (n° 113); et comme cette droite coupe le plan de projection au point I, il s'ensuit que les projections ab et cd, prolongées s'il est nécessaire, doivent passer par le point I.

125. Lorsque deux droites ab et cd (fig. 72) sont parallèles, leurs projections orthogonales sur un même plan MNP sont aussi parallèles. Les plans projetants Aab et Ccd sont évidemment parallèles. Il s'ensuit que leurs intersections avec le plan MNP, qui sont les projections AB et CD, sont aussi parallèles.

§ 2. — *Polyèdres.*

126. Nous avons déjà vu (n° 12) qu'on appelle surface *polyédrique* toute surface composée d'un certain nombre de faces planes, qui se réunissent suivant des droites auxquelles on donne le nom d'*arêtes*. On appelle *polyèdre* un volume limité de toutes parts par une surface polyédrique. Les polyèdres prennent différentes dénominations d'après les propriétés de leurs surfaces.

127. On appelle surface *prismatique*, une surface engendrée par une droite EF (fig. 73) qui se meut en s'appuyant constamment sur un contour polygonal ABCD, sans cesser d'être parallèle à sa position primitive. Les arêtes EF, GH, etc., de cette surface sont des parallèles qui s'étendent indéfiniment dans les deux sens. La droite mobile est la *génératrice*, et ABCD est le *contour directeur*.

128. Si l'on coupe une surface prismatique par deux plans parallèles, les sections ABCDE et FGHIK (fig. 74) sont deux polygones égaux. Le volume compris entre ces polygones et la portion de surface prismatique interceptée se nomme *prisme*.

Les polygones ABCDE et FGHIK sont les *bases* du prisme ; les parallélogrammes ABGF, BCHG, etc., et les droites AF, BG, etc., en sont les faces et les arêtes *latérales*. Tout plan tel que ECHK, mené suivant deux arêtes latérales qui n'appartiennent pas à une même face, se nomme plan *diagonal*. La distance des plans des bases est la *hauteur* du prisme.

Un prisme est dit *triangulaire*, *quadrangulaire*, etc., suivant que ses bases sont des triangles, des quadrilatères, etc. Il est *droit* ou *oblique*, suivant que ses arêtes latérales sont perpendiculaires ou obliques aux plans des bases (fig. 77 et 74).

Si l'on conçoit que l'arête AF (fig. 74) se meuve parallèlement à elle-même, l'extrémité A s'appuyant constamment sur le contour de la base inférieure ABCDE, cette arête engendrera successivement les faces latérales du prisme, et son extrémité F décrira le contour de la base supérieure. D'où il suit qu'un prisme est déterminé lorsque l'on connaît sa base ainsi que la direction et la longueur d'une arête latérale. Pour désigner le prisme dont le polygone ABCDE est la base, et dont AF est une arête déterminée de grandeur et de position, nous écrirons (ABCDE, AF).

129. Lorsque les bases d'un prisme quadrangulaire sont des parallélogrammes, ainsi que les faces latérales, on donne à ce prisme le nom de *parallélipipède*. Un parallélipipède est dit *rectangle*, lorsque toutes ses faces sont des parallélogrammes rectangles (fig. 79) ; dans tout autre cas, il est dit *obliquangle* (fig. 78). Le *cube* (fig. 81) est un parallélipipède rectangle dont les six faces sont des carrés. Le *rhomboèdre* (fig. 80) est un parallélipipède obliquangle dont les six faces sont des lozanges ou rhombes.

Dans tout parallélipipède, les faces opposées sont des parallélogrammes égaux et parallèles ; les angles dièdres dont les arêtes sont parallèles et appartiennent à une même face, sont supplémentaires ; les angles dièdres dont les arêtes sont parallèles et n'appartiennent pas à une même face, sont égaux ; les angles trièdres opposés sont symétriques, comme étant formés des mêmes angles plans, mais disposés en ordre inverse.

Dans un parallélipipède quelconque (fig. 78), on peut mener six *plans diago-*naux ADGF, BCHE, etc.; quatre *diagonales* AG, BH, CE, DF ; trois *axes* IK, LM, NP, passant par les centres des faces opposées. Les plans diagonaux, les diagonales et les axes, passent par un même point 0, qui est le *centre de symétrie* de tout le système.

130. Deux prismes sont *égaux* lorsqu'on peut concevoir l'espace figuré et occupé par l'un de ces prismes comme pouvant servir de moule à l'autre. Toutes les conditions desquelles il résultera que si l'on place la base A'B'C'D'E' (fig. 75) sur la base ABCDE (fig. 74), l'arête AF' coïncide avec l'arête AF, seront des conditions d'égalité ; c'est ce qui aura lieu, par exemple, si l'on a ABCDE = A'B'C'D'E', AF = A'F', et l'angle trièdre A égal à l'angle trièdre A'.

Si l'on avait ABCDE = A'B'C'D'E', AF = A'F', et les angles trièdres A et A' symétriques, c'est-à-dire, composés des mêmes angles plans mais disposés en ordre inverse, les prismes seraient *symétriques*; tous les éléments de l'un seraient les mêmes que les éléments de l'autre, mais disposés en ordre inverse.

Lorsque les bases ABCDE et A'B'C'D'E' (fig. 74 et 76) sont semblables, que les arêtes AF et A'F' sont proportionnelles aux arêtes des bases AB et A'B', que les angles trièdres A et A' sont égaux, les prismes sont *directement semblables ;* toutes les faces de l'un se trouvent semblables aux faces correspondantes dans l'autre, toutes les arêtes de l'un sont proportionnelles aux arêtes de l'autre, et tous les angles dièdres ou trièdres de l'un sont égaux aux angles dièdres ou trièdres de l'autre.

Si les bases ABCDE et A'B'C'D'E' étaient semblables, les arêtes AF et A'F' proportionnelles aux arêtes AB et A'B', les angles trièdres A et A' étant symétriques, les prismes seraient *inversement semblables;* les éléments de l'un et les éléments correspondants dans l'autre seraient disposés en ordre inverse.

131. Les volumes de deux parallélipipèdes qui ont même base et même hauteur sont équivalents. Soient (ABCD, AE) et (ABCD, AE') (fig. 82) deux parallélipipèdes quelconques ayant même base inférieure ABCD, et leurs bases supérieures EFGH et E'F'G'H' situées dans un même plan. Les prolongements des arêtes EH et FG couperont les prolongements des arêtes F'E' et G'H' aux points E'', F'', G'', H'', et le

parallélogramme E″F″G″H″ sera la base supérieure d'un troisième parallélipipède (ABCD, AE″) équivalent à chacun des parallélipipèdes proposés. Car, les prismes triangulaires (AEE″, AB) et (DHH″, DC) étant égaux, on a (ABCD, AE) = (ADH″E, AB) — (DHH″, DC) = (ADH″E, AB) — (AEE″, AB) = (ABCD, AE″); on trouve pareillement (ABCD, AE′) = (ABCD, AE″); on a donc (ABCD, AE) = (ABCD, AE′).

132. Le volume d'un parallélipipède obliquangle est équivalent à celui d'un parallélipipède rectangle de même hauteur et de base équivalente. Soit le parallélipipède obliquangle (ABCD, AE′) (fig. 82). Si l'on mène les droites AE, BF, CG, DH perpendiculaires au plan de la base ABCD, et terminées aux points où elles rencontrent le plan de la base supérieure E′F′G′H′, on détermine ainsi le parallélipipède droit (ABCD, AE); menant ensuite Ad et Bc perpendiculaires à AB, le parallélogramme rectangle ABcd sera équivalent au parallélogramme obliquangle ABCD; et, d'après le numéro précédent, on aura (ABCD, AE′) = (ABCD, AE) = (ABcd, AE).

133. Deux parallélipipèdes rectangles qui ont des bases égales, sont entre eux comme leurs hauteurs. Soient (ABCD, AE) et (ABCD, AI) (fig. 83) deux parallélipipèdes rectangles ayant même base ABCD, et supposons que les hauteurs AE et AI soient entre elles comme 5 est à 3. Concevant AE divisé en 5 parties égales, AI contiendra 3 de ces parties. Si par les points de division on mène des plans parallèles à la base, ces plans diviseront le parallélipipède (ABCD, AE) en 5 parallélipipèdes partiels égaux entre eux, et le parallélipipède (ABCD, AI) contiendra 3 de ces parallélipipèdes partiels. Les parallélipipèdes proposés seront donc entre eux comme 5 est à 3, ou comme les hauteurs AE et AI.

134. Deux parallélipipèdes rectangles qui ont des hauteurs égales, sont entre eux comme leurs bases. Soient les parallélipipèdes rectangles (ABCD, AE) et (AIKL, AE) (fig. 84) ayant la même hauteur AE. Le prolongement de la face IKNM de l'un coupant la face DCGH de l'autre suivant TU, on aura, d'après le numéro précédent,

$$\frac{(ABCD, AE)}{(AITD, AE)} = \frac{AB}{AL}, \quad \frac{(AITD, AE)}{(AIKL, AE)} = \frac{AD}{AL}.$$

Multipliant ces proportions terme à terme, et supprimant dans les résultats le facteur (AITD, AE) commun aux deux termes d'un même rapport, il vient

$$\frac{(ABCD, AE)}{(AIKL, AE)} = \frac{AB.AD}{AI.AL} = \frac{ABCD}{AIKL}.$$

135. Deux parallélipipèdes rectangles quelconques sont entre eux comme les produits de leurs bases par leurs hauteurs, ou comme les produits de leurs trois dimensions. Considérons les parallélipipèdes (ABCD, AE) et (AIKL, AP) (fig. 84). D'après les deux numéros précédents, on aura

$$\frac{(ABCD, AE)}{(AIKL, AE)} = \frac{AB.AD}{AI.AL}, \quad \frac{(AIKL.AE)}{(AIKL.AP)} = \frac{AE}{AP}.$$

Multipliant ces deux proportions terme à terme, et supprimant dans les résultats le facteur (AIKL, AE) commun aux deux termes d'un même rapport, on trouve

$$\frac{(ABCD, AE)}{(AIKL, AP)} = \frac{AB \cdot AD \cdot AE}{AI \cdot AL \cdot AP}.$$

136. Les volumes de deux prismes symétriques sont équivalents. Soient les prismes symétriques (ABC, AD) et (A′B′C′, A′D′) (fig. 85). Si par les extrémités des arêtes AD et A′D′ on mène des plans perpendiculaires à ces arêtes, ces plans couperont les autres arêtes, ou leurs prolongements, aux points G, H, I, K, G′, H′, I′, K′, et l'on déterminera ainsi les prismes droits (AGH, AD) et (A′G′H′, A′D′), qui seront égaux, puisqu'ils auront des bases égales et des hauteurs égales. Le volume ABCHG est égal au volume DEFKI, puisque si l'on place le triangle DEF sur son égal ABC, les points I et K se confondent avec les points G et H; le prisme oblique (ABC, AD) est donc équivalent au prisme droit (AGH, AD). On trouve pareillement le prisme oblique (A′B′C′, A′D′) équivalent au prisme droit (A′G′H′, A′D′). Les prismes droits étant égaux, les prismes obliques seront équivalents entre eux.

137. *Surfaces des prismes.* — 1° La surface latérale d'un prisme droit (fig. 77) se compose de parallélogrammes rectangles ABHG, BCIH, etc., qui ont pour bases les côtés de la base du prisme, et pour hauteur commune l'une des arêtes latérales du prisme. D'où il suit que la surface latérale d'un prisme droit a pour mesure le produit du contour de la base par la hauteur du prisme.

2° Si l'on coupe un prisme oblique (fig. 74) par un plan perpendiculaire aux arêtes latérales, on obtient une section polygonale LMNOP, dont les côtés sont perpendiculaires aux arêtes du prisme. La surface latérale du prisme se compose de parallélogrammes obliquangles ABGF, BCHG, etc., qui peuvent être considérés comme ayant pour bases les arêtes du prisme et pour hauteurs les côtés de la section polygonale LMNOP. Il s'ensuit que la surface latérale du prisme a pour mesure le contour de la section LMNOP multiplié par l'une des arêtes latérales.

138. *Volumes des prismes.* — 1° Le volume d'un parallélipipède rectangle a pour mesure le produit de ses trois dimensions, ou le produit de sa base par sa hauteur. En effet, d'après le n° 135, le rapport du parallélipipède rectangle (ABCD, AE) (fig. 79) au cube $(abcd, ae)$ pris pour unité, est exprimé par

$$\frac{AB \cdot AD \cdot AE}{ab \cdot ad \cdot ae} = \frac{AB \cdot AD \cdot AE}{ab \cdot ab \cdot ab} = N \cdot N' \cdot N'',$$

N, N', N'' étant des nombres qui expriment les longueurs des trois dimensions du parallélipipède, rapportées au côté ab du cube pris pour unité. Si l'on avait, par exemple, $N = 4$, $N' = 3$, $N'' = 5$, le volume serait exprimé par $4 \cdot 3 \cdot 5$ ou 60; c'est ce que démontre d'ailleurs la figure citée.

2° Le volume d'un parallélipipède obliquangle est égal au produit de sa base par sa hauteur (n° 132).

3° Le volume d'un prisme triangulaire est égal au produit de sa base par sa hauteur. C'est ce qu'on vérifiera aisément en observant que le prisme triangulaire (ABC, AE) (fig. 78) est la moitié du parallélipipède (ABCD, AE), puisque les prismes symétriques (ABC, AE) et (ACD, AE) sont équivalents (n° 136).

4° Le volume d'un prisme polygonal quelconque est égal au produit de sa base par sa hauteur. Cela résulte de ce que tout prisme polygonal (fig. 74) peut être décomposé en prismes triangulaires, par des plans diagonaux tels que ECHK et EBGK.

139. Les volumes de deux prismes semblables sont entre eux comme les cubes de deux arêtes homologues. Soient FR et F'R' (fig. 74 et 76) les hauteurs de deux prismes semblables; on a (n°^{s} 91 et 130)

$$\frac{ABCDE}{A'B'C'D'E'} = \frac{AB^2}{A'B'^2}, \quad \frac{FR}{F'R'} = \frac{FA}{F'A'} = \frac{AB}{A'B'},$$

et par conséquent

$$\frac{(ABCDE, AE)}{(A'B'C'D'E', A'E')} = \frac{ABCDE \cdot FR}{A'B'C'D'E' \cdot F'R'} = \frac{AB^3}{A'B'^3}.$$

140. On appelle surface *pyramidale*, une surface engendrée par une droite EF (fig. 86) qui se meut en s'appuyant constamment sur un contour polygonal ABCD, sans cesser de passer par un même point O. La droite mobile est la *génératrice*. Le polygone ABCD est le *contour directeur*. Le point O est le *centre* de la surface; il sépare la surface pyramidale en deux parties symétriques auxquelles on donne le nom de *nappes*. Lorsqu'on ne considère qu'une seule nappe, le point O en est le *sommet*.

141. Si l'on coupe l'une des nappes d'une surface pyramidale par un plan, la portion de surface pyramidale comprise entre la section polygonale ABCDE (fig. 87) et le sommet S, détermine un volume auquel on donne le nom de *pyramide*. Le polygone ABCDE est la *base* de la *pyramide*. La distance du sommet à la base est la *hauteur*.

Une pyramide est dite *triangulaire*, *quadrangulaire*, etc., suivant que sa base est un triangle, un quadrilatère, etc. Elle est *régulière* lorsque sa base est un polygone régulier, et que de plus le sommet se trouve sur une perpendiculaire menée par le centre de la base.

Une pyramide est complétement déterminée par sa base et son sommet. Pour désigner la pyramide qui a pour sommet le point S, et pour base le polygone ABCDE, nous écrirons (S, ABCDE).

142. Les conditions d'égalité, de symétrie et de similitude relatives à deux pyramides, sont les mêmes que celles que nous avons exposées au n° 130 relativement à deux prismes.

143. Les volumes de deux pyramides quelconques ayant même hauteur et des bases équivalentes, sont équivalents. Soient (S, ABC) et (S, A'B'C') (fig. 88) deux pyramides qui ont même hauteur et des bases équivalentes. Si l'on suppose les bases situées sur un même plan, les sommets S et S' seront situés sur une parallèle au plan des bases.

Cela posé, nous remarquerons d'abord que si l'on coupe les pyramides par un plan parallèle au plan des bases, les sections DEF et D'E'F' doivent être équivalentes. En effet, on a d'abord (n° 116)

$$\frac{AB}{DE} = \frac{SA}{SD} = \frac{S'A'}{S'D'} = \frac{A'B'}{D'E'};$$

les triangles ABC et DEF étant évidemment

semblables, ainsi que les triangles A'B'C' et D'E'F', on aura donc

$$\frac{tr.\ ABC}{tr.\ DEF} = \frac{AB^2}{DE^2} = \frac{A'B'^2}{D'E'^2} = \frac{tr.\ A'B'C'}{tr.\ D'E'F'};$$

d'où il suit que si les bases ABC et A'B'C' sont équivalentes, il en sera de même des sections DEF et D'E'F'.

Concevons maintenant que les pyramides proposées soient décomposées en tranches infiniment minces, par des plans parallèles au plan des bases. Deux tranches comprises entre deux plans parallèles consécutifs, pourront être assimilées à deux sections telles que DEF et D'E'F', et seront par conséquent équivalentes. D'où il suit que la somme des tranches de la première pyramide sera équivalente à la somme des tranches de la seconde.

144. *Surfaces des pyramides.* La surface latérale d'une pyramide régulière s'obtiendra évidemment en multipliant le contour de la base par la moitié de la distance du sommet à l'un des côtés de cette base. Dans les autres cas, on mesurera séparément les triangles qui composent la surface de la pyramide, et l'on fera la somme des résultats.

145. *Volume des pyramides.* Le volume d'une pyramide quelconque a pour mesure le tiers du produit de sa base par sa hauteur. Considérons d'abord la pyramide triangulaire (S, ABC) (fig. 89), et formons le prisme (ABC,AS). On aura (n° 143)

(S,ABC)=(C,SDE)=(S,CDE)=(S,CDB).

D'où il suit que le prisme (ABC,AS) se compose de trois pyramides équivalentes à la pyramide proposée, et que par conséquent celle-ci est le tiers du prisme qui a même base et même hauteur.

La pyramide polygonale (S,ABCDE) (fig. 87), étant la somme des pyramides triangulaires (S,ABC), (S,ACD), (S,ADE), aura évidemment pour mesure le polygone ABCDE multiplié par le tiers de la hauteur SH.

146. Les volumes de deux pyramides semblables sont entre eux comme les cubes de deux arêtes homologues. On peut appliquer à deux pyramides semblables ce qui a été dit au n° 139 relativement à deux prismes semblables, puisque ces pyramides sont aussi entre elles comme les produits de leurs bases par leurs hauteurs.

147. *Volume d'un tronc de prisme.* Si l'on coupe un prisme quelconque par un plan incliné à la base de ce prisme, le volume compris entre la base et la section est un *tronc* de prisme.

1° Le tronc de prisme triangulaire droit ABCDEF (fig. 90) est la somme des pyramides (E,ABC), (E,ACD),(D,CEF). Mais on a (n° 143) (E,ACD)=(B,ACD)=(D,ABC), (D,CEF) = (A,CEF) = (E,ACF) = (B,ACF) = (F,ABC). D'où il suit que le tronc proposé équivaut à la somme des pyramides (D,ABC), (E,ABC) (F,ABC) ; que par conséquent il a pour mesure

$$ABC \cdot \tfrac{1}{3}\ (AD + BE + CF).$$

2° Le tronc de prisme triangulaire oblique ABCDEF (fig. 91) a pour mesure

$$MNP \cdot \tfrac{1}{3}\ (AD + BE + CF),$$

le triangle MNP étant une section faite dans le prisme par un plan perpendiculaire aux arêtes latérales.

3° Le tronc de parallélipipède droit ABCDEFG (fig. 92) a pour mesure

$$ABCD \cdot \tfrac{1}{4}\ (AE + BF + CG + DH).$$

4° Le tronc de parallélipipède oblique ABCDEFGH (fig. 93) a pour mesure

$$MNPQ \cdot \tfrac{1}{4}\ (AE + BF + CG + DH),$$

le parallélogramme MNPQ étant une section faite dans le parallélipipède par un plan perpendiculaire aux arêtes AE, BF, etc.

Dans les quatre cas ci-dessus, si le plan coupant passait par un ou deux des sommets de la base du prisme, l'arête ou les arêtes latérales correspondantes à ces sommets deviendraient nulles dans les formules, mais celles-ci ne perdraient rien de leur généralité.

5° Pour mesurer le volume d'un tronc de prisme polygonal quelconque, il faudra mesurer séparément les troncs de prismes triangulaires dont il est composé, et faire la somme des résultats trouvés.

148. *Volume d'un tronc de pyramide.* Si l'on coupe une pyramide par un plan parallèle à la base, le volume compris entre la base et la section est un tronc de pyramide à bases parallèles. Il a pour mesure la somme de trois pyramides ayant pour hauteur commune la hauteur du tronc, et pour bases, la base inférieure du tronc, sa base supérieure, et une moyenne proportionnelle entre ces bases.

Soit le tronc de pyramide triangulaire ABCDEF (fig. 94). Il est égal à la somme des pyramides (E,ABC), (C,DEF), (E,ACD). Mais si l'on mène EG parallèle à DA, puis les droites GC et GD, on aura $(E,ACD) =$ $(G,ACD) = (D,ACG)$; et le triangle ACG sera moyen proportionnel entre les triangles ABC et DEF, puisqu'on aura

$$\frac{tr.ABC}{tr.ACG} = \frac{AB}{AG} = \frac{AB}{DE} = \frac{AC}{DF} = \frac{AC.AG}{DF.DE}$$
$$= \frac{tr.ACG}{tr.DEF}.$$

S'il s'agissait d'un tronc de pyramide polygonale quelconque, on obtiendrait encore le même résultat (n° 143).

149. Deux polyèdres quelconques sont *égaux*, *symétriques*, *semblables*, lorsqu'ils sont composés l'un et l'autre d'un même nombre de pyramides égales, symétriques, semblables chacune à chacune, ces pyramides ayant de plus la même position relative dans les deux polyèdres.

150. *Volume d'un polyèdre quelconque.* On peut évaluer le volume d'un polyèdre quelconque en faisant la somme des volumes de plusieurs pyramides ayant pour bases les faces du polyèdre, et pour sommet commun un point pris dans l'intérieur du polyèdre, ou l'un des sommets de ce dernier.

Il sera généralement plus commode d'employer le procédé suivant. Soit ABCDEFGHI (fig. 95) le polyèdre à mesurer. Si des sommets E,F,G,H,I on mène les droites EE′,FF′,GG′,HH′,II′ perpendiculaires au plan de la base ABCD, ces droites seront les arêtes latérales des troncs de prismes droits I′E′F′IEF,I′F′G′IFG,I′G′H′IGH, I′H′E′IHE ; ayant fait la somme des volumes de ces troncs, on en retranchera la somme des volumes des troncs de prismes quadrangulaires ABF′E′EF, BCG′F′FG, CDH′G′GH, DAE′H′EH ; et le résultat sera le volume du polyèdre proposé.

151. Les volumes de deux polyèdres semblables sont entre eux comme les cubes des arêtes homologues (n° 146).

152. On appelle *polyèdre régulier*, un polyèdre dont toutes les faces sont des polygones réguliers égaux entre eux, et dont les angles polyèdres sont pareillement égaux entre eux. Il n'en existe que cinq : le *tétraèdre*, formé par quatre triangles équilatéraux ; l'*hexaèdre*, formé par six carrés ; l'*octaèdre*, formé par huit triangles équilatéraux ; le *dodécaèdre*, formé par douze pentagones réguliers ; l'*icosaèdre*, formé par vingt triangles équilatéraux.

§ 3. — *Surfaces courbes.*

153. Nous ne pouvons qu'indiquer ici d'une manière générale les principales espèces de surfaces courbes, celles dont on fait l'usage le plus fréquent.

1° *Surface réglée développable.* On nomme ainsi une surface courbe engendrée par le mouvement d'une ligne droite, et qui peut être déployée ou développée sur un plan, sans rupture ni duplicature. On distingue, parmi les surfaces développables, la *surface cylindrique*, engendrée par une droite qui se meut en s'appuyant constamment sur un contour curviligne quelconque, sans cesser d'être parallèle à sa position primitive ; la *surface conique*, engendrée par une droite qui se meut en s'appuyant sur un contour curviligne quelconque, sans cesser de passer par un même point qui est le *centre* de la surface, et qui la divise en deux parties qu'on appelle *nappes* ; la *surface courbe ayant une arête de rebroussement*, engendrée par une droite qui se meut en s'appuyant constamment sur une courbe gauche, à laquelle elle est tangente dans toutes ses positions. Dans les surfaces développables, le mouvement de la génératrice est déterminé par deux conditions distinctes.

2° *Surface réglée gauche.* C'est une surface engendrée par une ligne droite qui se meut de telle sorte, que deux positions consécutives de cette génératrice ne sont pas situées dans un même plan ; d'où il suit que la surface n'est pas développable. Telles sont les surfaces engendrées par une droite qui se meut en s'appuyant sur trois directrices quelconques ; celles engendrées par le mouvement d'une droite qui s'appuie sur deux directrices, sans cesser d'être parallèle à un plan directeur, etc. La surface gauche engendrée par une droite qui se meut sur trois directrices rectilignes, se nomme *hyperboloïde*, et présente diverses variétés ; on dit un hyperboloïde *elliptique*, *circulaire*, *parabolique*, suivant les cas. Les *conoïdes* sont des surfaces gauches engendrées par une droite qui se meut parallèlement à un plan, et s'appuyant sur deux directrices, l'une droite et l'autre courbe. Dans les surfaces gauches, le mouvement de la génératrice est déterminé par trois conditions distinctes.

3° *Surface de révolution circulaire.* Elle est engendrée par une ligne droite, brisée, ou courbe, qui se meut en tournant autour d'une droite fixe, qu'on appelle l'*axe* de la surface, et de telle sorte que chaque point de la génératrice décrit une circonférence ayant son centre sur l'axe, et située dans un plan perpendiculaire à cet axe. Les surfaces de révolution prennent différentes dénominations, suivant l'espèce à laquelle appartient la courbe génératrice. C'est une *sphère* lorsque la génératrice est une demi-circonférence tournant autour de son diamètre.

4° *Surface de révolution héliçoïde.* Lorsqu'une droite se meut uniformément autour d'un axe parallèle, pour engendrer une surface cylindrique de révolution, tandis qu'un point se meut uniformément suivant la droite mobile, il résulte du double mouvement auquel ce point se trouve assujetti, qu'il décrit dans l'espace une courbe à laquelle on a donné le nom d'*hélice*. L'espace parcouru par le point mobile sur la génératrice, pendant une révolution entière, est le *pas* de l'hélice.

Cela posé, si l'on conçoit qu'une ligne droite, brisée, ou courbe, tourne autour d'un axe fixe, de telle sorte que chaque point de la génératrice décrive une hélice cylindrique, la surface engendrée dans cette révolution par la ligne mobile est dite *héliçoïde*. Telles sont les surfaces que présentent les escaliers tournants, les filets de vis, etc. Lorsque la génératrice est une droite la surface engendrée se nomme aussi *héliçoïde gauche*, pour la distinguer de l'*héliçoïde développable*, dont l'arête de rebroussement est une hélice.

154. Si l'on coupe une surface cylindrique par deux plans parallèles, le volume compris entre les sections AB et CD (fig. 96 et 97) et la portion de surface cylindrique interceptée, se nomme *cylindre*. Les sections AB et CD sont les *bases* du cylindre, et la distance entre les plans des bases en est la *hauteur*. Lorsque la base AB est un cercle le cylindre est dit *circulaire*; il est *droit* (fig. 96) ou *oblique* (fig. 97), suivant que les éléments rectilignes de la surface cylindrique sont perpendiculaires ou obliques au plan de la base.

155. *Surface et volume d'un cylindre.* On peut considérer un cylindre comme un prisme dont la base polygonale se confond sensiblement avec la base du cylindre. Il s'ensuit que

1° La surface latérale d'un cylindre droit est égale au contour de la base multiplié par la hauteur.

2° La surface latérale d'un cylindre oblique (fig. 97) est égale à la section EF, faite par un plan perpendiculaire aux éléments rectilignes de cette surface, multipliée par l'élément AD.

3° Le volume d'un cylindre quelconque est égal au produit de sa base par sa hauteur.

156. Si l'on coupe l'une des nappes d'une surface conique par un plan quelconque, le volume déterminé par la portion de surface conique comprise entre la section AB (fig. 98 et 99) et le sommet S, est ce que l'on appelle un *cône*. La section AB est la *base*, et la distance du sommet au plan de la base en est la *hauteur*. Lorsque la base AB est un cercle, le cône est dit *circulaire*; il est *droit* (fig. 89) ou *oblique* (fig. 98), suivant que le sommet est situé sur l'axe de la base, ou en dehors de cet axe.

Lorsqu'un triangle rectangle SOA (fig. 99) tourne autour de l'un des côtés de l'angle droit, il engendre un cône circulaire droit.

157. *Surface et volume d'un cône.* On peut considérer un cône comme une pyramide dont la base polygonale se confond sensiblement avec la base du cône. Il s'ensuit que

1° La surface latérale d'un cône droit (fig. 99) a pour mesure la circonférence de la base multipliée par la moitié de la génératrice SA. Si par le point D, milieu de SA, on mène DE perpendiculaire à SA, les triangles semblables SDE et SOA donneront

$$\frac{SD}{SO} = \frac{DE}{OA} = \frac{circ.\,(DE)}{circ.\,(OA)},$$

on aura donc SD.*circ.*(OA)=SO.*circ.*(DE). D'où il suit que la surface d'un cône droit peut s'obtenir aussi en multipliant la hauteur par une circonférence qui a pour rayon la perpendiculaire menée par le milieu de la génératrice et terminée au point où elle rencontre l'axe.

2° Le volume d'un cône quelconque a pour mesure le tiers du produit de sa base par sa hauteur.

158. *Surface et volume d'un tronc de cône.* Si l'on coupe un cône par un plan parallèle à la base, le volume compris entre

la base et la section est ce qu'on appelle un *tronc de cône à bases parallèles*.

1° Proposons-nous de mesurer la surface latérale du tronc de cône droit engendré par le trapèze rectangle OGFA (fig. 100). Ce tronc étant la différence entre les cônes engendrés par les triangles rectangles SOA et SGF, sa surface latérale aura pour mesure $\frac{1}{2}[circ.(OA)+circ.(GF)]\cdot AF=circ.(IK).AF$, IK étant une droite menée du point I, milieu de AF, perpendiculairement à OG. Si l'on mène IL perpendiculaire à FA, et FN perpendiculaire à OA, les triangles semblables IKL et FAN donneront

$$\frac{FA}{FN}=\frac{IL}{IK}=\frac{circ.(IL)}{circ.(IK)};$$

on aura donc $FA\cdot circ.(IK)=FN\cdot circ.(IL)$, c'est-à-dire que la surface d'un tronc de cône droit a aussi pour mesure sa hauteur multipliée par une circonférence qui a pour rayon la perpendiculaire menée par le milieu de la génératrice et terminée au point où elle rencontre l'axe.

2° Le volume d'un tronc de cône à bases parallèles équivaut à la somme de trois cônes ayant pour hauteur commune la hauteur du tronc, et pour bases, la base inférieure du tronc, sa base supérieure, et une moyenne proportionnelle entre ces bases (n° 148).

159. Lorsque la distance du centre d'une sphère à un plan donné de position, est plus grande que le rayon de la sphère, le plan et la sphère ne peuvent avoir aucun point commun. Si cette distance est égale au rayon, le plan touche la sphère en un seul point, et il est dit *tangent*. Enfin, si la distance dont il s'agit est plus petite que le rayon, le plan coupe la surface de la sphère suivant une circonférence dont le rayon augmente à mesure que le plan coupant approche davantage du centre de la sphère. Lorsque le plan coupant passe par le centre il coupe la surface de la sphère suivant une circonférence qui a le même centre que cette surface, et qu'on nomme, pour cette raison, *circonférence concentrique à la sphère*.

160. Par deux points pris arbitrairement sur la surface d'une sphère, on peut toujours faire passer un arc de circonférence concentrique à la sphère.

161. Si l'on prend sur la surface d'une sphère divers points A, B, C, etc.; qu'on joigne le point A avec le point B, le point B avec le point C, et ainsi de suite, par des arcs circulaires concentriques à la sphère; ces arcs détermineront une portion de surface sphérique, à laquelle on donne le nom de *polygone sphérique*. Les polygones sphériques, comme les polygones plans, prennent différentes dénominations, d'après le nombre de leurs côtés et les caractères particuliers qu'ils présentent.

162. Proposons-nous de mesurer la surface de révolution engendrée par un demi-polygone régulier ABCDEFG (fig. 101) tournant autour du diamètre AG, ainsi que le volume limité par cette surface.

1° Les surfaces engendrées par les côtés AB, BC, etc., et que nous désignerons par $surf.(AB)$, $surf.(BC)$, etc., seront des surfaces coniques de révolution; les distances OR, ON, etc., du centre aux divers côtés du polygone, sont égales; on aura donc (n°° 157 et 158)

$$surf.(AB)=circ.(OR)\cdot AH$$
$$surf.(BC)=circ.(OR)\cdot HP$$
$$\text{etc.}$$

Faisant la somme de ces résultats, on trouvera $circ.(OR)\cdot AG$ pour la mesure de la surface engendrée par le contour polygonal ABCDEFG.

2° Joignons les sommets du polygone avec le centre O, ce qui donne les triangles OAB, OBC, etc., et déterminons d'abord le volume engendré par chacun de ces triangles. Considérons, par exemple, le triangle OBC. Prolongeons CB jusqu'en M, puis menons BQ perpendiculaire à CI, NP perpendiculaire à AG. Le volume engendré par le triangle OCM est la somme des cônes circulaires droits engendrés par OCI et MCI, il a pour mesure $\frac{1}{3}\pi\cdot CI^2\cdot OM$ (n° 157); le volume engendré par le triangle OBM a pareillement pour mesure $\frac{1}{3}\pi\cdot BH^2\cdot OM$. La différence entre ces résultats sera la mesure du volume engendré par le triangle OBC, on aura $vol.(OBC)=\frac{1}{3}\pi\cdot OM\cdot(CI^2-BH^2)$. Remplaçant CI^2-BH^2 par $(CI+BH)(CI-BH)$ ou $2NP\cdot CQ$, observant que les triangles semblables OMN et BCQ donnent $OM\cdot CQ=BC\cdot ON$, que les triangles semblables BCQ et ONP donnent ensuite $BC\cdot NP=ON\cdot BQ$, il vient enfin

$$vol.(OBC)=\frac{2}{3}\pi\cdot ON^2\cdot HI.$$

Il suit de là que le volume engendré par le demi-polygone régulier ABCDEFG aura pour mesure $\frac{2}{3}\pi\cdot OR^2\cdot AG$.

163. *Surface et volume de la sphère.* Concevons que les côtés du demi-polygone

régulier ABCDEFG (fig. 101) soient tellement petits que ce demi-polygone se con-
fonde sensiblement avec le demi-cercle
ADG. Alors la surface et le volume engendrés seront la surface et le volume de la
sphère, et si l'on désigne le rayon OA par
R, on aura (numéro précédent)

$$\textit{Surf. sph.} = \textit{circ.}(R) \cdot 2R = 4\pi R^2,$$
$$\textit{vol. sph.} = \tfrac{2}{3}\pi \cdot R^2 \cdot 2R = \tfrac{4}{3}\pi R^3.$$

Le produit $\tfrac{4}{3}\pi R^3$ étant égal à $4\pi R^2 \cdot \tfrac{1}{3}R$,
et $4\pi R^2$ étant l'expression de la surface de
la sphère, il s'ensuit que le volume de la
sphère est égal à sa surface multipliée par
le tiers du rayon.

Il suit encore des formules ci-dessus que
les surfaces de deux sphères sont entre
elles comme les carrés de leurs rayons, et
que leurs volumes sont entre eux comme
les cubes des rayons.

SECT. III. — TRIGONOMÉTRIE.

164. Lorsqu'un triangle est complètement déterminé par trois de ses éléments,
angles ou côtés, on peut toujours, en construisant le triangle, déterminer graphiquement les valeurs absolues des trois éléments
restants. Mais l'imperfection des instruments qu'on doit employer pour construire
un triangle ; les causes d'inexactitude qui
accompagnent toujours l'emploi de ces instruments, quelque parfaits qu'ils soient d'ailleurs ; l'obligation où l'on est très-souvent
de remplacer, dans les opérations graphiques, les longueurs absolues des côtés du
triangle par des valeurs relatives ou proportionnelles ; toutes ces causes réunies
ont fait chercher des méthodes pour résoudre les questions qui ont pour objet la
détermination de quelques éléments d'un
triangle, en n'employant, pour passer des
connues aux inconnues, que le calcul, dont
les résultats sont toujours empreints de
l'exactitude des principes sur lesquels il repose, et qui permet d'atteindre à tel degré
de précision qu'on veut. Ces méthodes font
l'objet de la *trigonométrie ;* elle est dite
rectiligne ou *sphérique,* suivant qu'elle
a pour objet la résolution des triangles rectilignes ou celle des triangles sphériques.

§ 1er. — Des lignes trigonométriques des arcs circulaires.

165. *Définitions et notations des lignes
trigonométriques.* Soit AP (fig. 102) un
arc circulaire quelconque. La perpendicu-

laire PS, menée d'une extrémité de cet arc
sur le diamètre AD qui passe par l'autre
extrémité, est ce qu'on appelle le *sinus* de
cet arc. Le sinus d'un arc est la moitié de
la corde de l'arc double.

La droite AT, menée tangentiellement
par une extrémité de l'arc AP, terminée
d'une part au point de contact et de l'autre
au point où elle rencontre le prolongement
du rayon mené par l'autre extrémité de
l'arc, est la *tangente* de cet arc.

La droite OT, menée du centre par une
extrémité de l'arc AP, et prolongée jusqu'au point où elle rencontre la tangente
menée par l'autre extrémité, est la *sécante*
de cet arc.

Pour abréger, on écrit *sin* A, *tang* A,
séc A, pour désigner le sinus, la tangente,
la sécante, d'un arc représenté par A.

On appelle *cosinus, cotangente, cosécante* d'un arc, le sinus, la tangente, la
sécante de l'arc complémentaire ; et l'on
écrit *cos* A, *cot* A, *coséc* A. L'arc AB étant
un quadrant, si l'on désigne l'arc AP par A,
on aura

$$OS = PM = \sin\,(1^q - A) = \cos A,$$
$$BC = \text{tangente}\,(1^q - A) = \cot A,$$
$$OC = \text{sécante}\,(1^q - A) = \text{coséc}\,A.$$

La partie AS du diamètre AD, comprise
entre l'extrémité A de l'arc AP et le pied du
sinus mené par l'autre extrémité, est le
sinus-verse de l'arc AP. La partie BM du
diamètre BE est pareillement le sinus-verse
de l'arc BP, ou le *cosinus-verse* de l'arc AP.

Le sinus, la tangente, etc., d'un arc sont
ce qu'on appelle les *lignes trigonométriques* de cet arc.

166. *Relations entre les lignes trigonométriques d'un arc négatif et celles d'un
arc positif de même longueur et décrit
avec le même rayon.* Soient AP et Ap
(fig. 102) deux arcs de même longueur,
pris à partir du même point A de la circonférence, mais en sens contraires, et qui
pour cette raison doivent être affectés de
signes contraires ; l'arc AP étant positif,
l'arc Ap sera négatif. Ayant construit les
lignes trigonométriques de ces arcs, d'après
ce qui a été dit au num. précédent, on remarquera que les triangles rectangles OSP
et OSp sont égaux, qu'il en est de même des
triangles OAT et OAT', ainsi que des triangles OBC et OBC'.

Cela posé, les sinus des arcs proposés
sont SP et Sp ; ils ont même longueur, mais

comme ils sont opposés de direction, Sp étant positif, Sp sera négatif. Les tangentes sont AT et AT'; elles ont même longueur, et sont de signes contraires, comme étant opposées de direction. Les sécantes sont OT et OT'; elles ont même longueur et même signe, comme étant appliquées l'une et l'autre sur le rayon mené par l'extrémité P ou p de l'arc correspondant. Le sinus-verse est AS pour les deux arcs. Le cosinus est OS pour les deux arcs. Les cotangentes sont BC et BC', elles sont égales et de signes contraires. Les cosécantes sont OC et OC'; la première est appliquée sur le rayon OP et positive; la seconde, en opposition avec le rayon Op, est négative. Les cosinus-verses sont BM et BM'. Désignant les arcs proposés AP et Ap par A et — A, le rayon par R, et résumant, on a

$$\sin(-A) = -\sin A, \quad \cos(-A) = \cos A,$$
$$\operatorname{tang}(-A) = -\operatorname{tang} A, \quad \cot(-A) = -\cot A,$$
$$\sec(-A) = \sec A, \quad \operatorname{coséc}(-A) = -\operatorname{coséc} A,$$
$$\operatorname{sin-v}(-A) = \operatorname{sin-v} A, \quad \operatorname{cos-v}(-A) = 2R - \operatorname{cos-v} A.$$

167. *Relations entre les lignes trigonométriques de deux arcs supplémentaires.* Désignons l'arc AP (fig. 102) par A; son supplément est PD = AP' = 2^q — A.

Le sinus de 2^q — A est P'S' = PS = sin A.

La tangente de 2^q—A est AT'. Les triangles OAT et OAT' étant égaux, on a AT = AT'; mais ces droites étant opposées de direction, elles seront de signes contraires.

La sécante de 2^q — A est OT = OT'. La sécante OT de l'arc A est appliquée sur le rayon OP passant par l'extrémité de cet arc, tandis que la sécante OT' se trouve placée sur le prolongement du rayon OP', au-delà du centre; cette espèce d'opposition dans la situation des sécantes, est encore indiquée par le changement de signe; OT étant positif, OT' sera négatif.

Le sinus-verse de 2^q—A est AS AD—A = 2R—sin-v A.

Le cosinus de 2^q—A est OS' = OS; mais ces lignes étant opposées de direction, si l'on fait OS positif, il faudra faire OS' négatif.

La cotangente de 2^q — A est BC' = BC. L'opposition de ces lignes leur fait prendre des signes contraires; BC étant positif, BC' sera négatif.

La cosécante de 2^q — A est OC' = OC = coséc A. Ces lignes étant l'une et l'autre appliquées sur le rayon mené par l'extré-mité de l'arc correspondant, seront de même signe.

Le cosinus-verse de 2^q — A est BM = cos-v A.

Résumant, on a

$$\sin(2^q\text{-}A) = \sin A, \quad \cos(2^q\text{-}A) = -\cos A,$$
$$\operatorname{tang}(2^q\text{-}A) = -\operatorname{tang} A, \quad \cot(2^q\text{-}A) = -\cot A,$$
$$\sec(2^q\text{-}A) = -\sec A, \quad \operatorname{coséc}(2^q\text{-}A) = \operatorname{coséc} A,$$
$$\operatorname{sin-v}(2^q\text{-}A) = 2R-\operatorname{sin-v} A, \quad \operatorname{cos-v}(2^q\text{-}A) = \operatorname{cos-v} A.$$

168. *Relations entre le rayon et les lignes trigonométriques d'un même arc.* Désignant comme précédemment l'arc AP par A, et le rayon par A, le triangle rectangle OPS donné

$$OP^2 = PS^2 + OS^2, \text{ ou } R^2 = \operatorname{Sin} A + \cos^2 A,$$

d'où l'on tire

$$\operatorname{Sin} A = \sqrt{R^2 - \cos^2 A}, \quad \cos A = \sqrt{R^2 - \operatorname{Sin}^2 A}.$$

Les triangles semblables OPS, OTA, OCB donnent les proportions

$$\frac{PS}{OB} = \frac{OP}{OC}, \quad \frac{AT}{OB} = \frac{OA}{BC}, \quad \frac{OT}{OP} = \frac{OA}{OS},$$

c'est-à-dire

$$\frac{\sin A}{R} = \frac{R}{\operatorname{coséc} A}, \quad \frac{\operatorname{tang} A}{R} = \frac{R}{\cot A}, \quad \frac{\sec A}{R} = \frac{R}{\cos A}.$$

Le rayon est donc moyen proportionnel entre le sinus et la cosécante, entre la tangente et la cotangente, entre la sécante et le cosinus, de l'arc dont il s'agit; ce qui donne

$$\sin A = \frac{\operatorname{coséc} A}{R^2}, \quad \cos A = \frac{R^2}{\sec A},$$
$$\operatorname{tang} A = \frac{R^2}{\cot A}, \quad \cot A = \frac{R^2}{\operatorname{tang} A},$$
$$\sec A = \frac{R^2}{\cos A}, \quad \operatorname{coséc} A = \frac{R^2}{\sin A}.$$

Comparant le triangle OPS, d'abord au triangle OTA, puis au triangle OCB, on trouve

$$\operatorname{tang} A = \frac{R \sin A}{\cos A}, \quad \cot A = \frac{R \cos A}{\sin A}.$$

Ces dernières formules donnent

$$\sin A = \frac{R \operatorname{tang} A}{\sqrt{R^2 + \operatorname{tang}^2 A}}, \quad \cos A = \frac{R^2}{\sqrt{R^2 + \operatorname{tang}^2 A}}.$$

169. *Relations entre le rayon et les lignes trigonométriques de deux arcs quelconques.* Proposons-nous d'abord de déterminer le sinus et le cosinus de la somme et de la différence de deux arcs, en fonctions des sinus et des cosinus de ces arcs. Soit AB (fig. 103) le premier arc, que nous désignerons par A, et soit BC = BC' le second arc, que nous désignerons par B. La somme de ces arcs sera AC = A+B, et leur différence sera AC' = A—B. Menons les rayons OA, OB, et la corde CC', qui

coupe le rayon OB perpendiculairement en E; menons ensuite BD, CS, C'S', EF perpendiculaires à OA, et enfin EG et C'H parallèles à AO. On a d'abord BD$=$sinA, CE$=$sinB, OD$=$cos A, OE$=$cos B. Les triangles CGE et EHC' étant égaux, on pourra prendre CG pour EH, EG pour C'H et l'on aura

$$\sin (A+B)= CS=EF+CG,$$
$$\sin (A-B)=C'S'=EF-CG,$$
$$\cos(A+B)=OS=OF-EG,$$
$$\cos(A-B)=OS'=OF+EG,$$

Mais les triangles OBD, OEF, CEG sont semblables et donnent

$$EF=\frac{BD\cdot OE}{OB}=\frac{sinAcosB}{R},$$
$$CG=\frac{OD\cdot CE}{OB}=\frac{cosAsinB}{R},$$
$$OF=\frac{OD\cdot CE}{OB}=\frac{cosAcosB}{R},$$
$$EG=\frac{BD\cdot CE}{OB}=\frac{sinAsinB}{R},$$

Si l'on remplace EF, CG, OF, EG par leurs valeurs, il vient

$$\sin(A\pm B)=\frac{sinAcosB \pm cosAsinB}{R},$$
$$\cos(A\pm B)=\frac{cosAcosB \mp sinAsinB}{R}.$$

Ces formules sont vraies quels que soient les arcs A et B.

Si l'on fait B$=$A, on a A$+$B$=$2A, et les formules ci-dessus donnent

$$sin2A=\frac{2sinAcosA}{R},\quad cos2A=\frac{cos^2A-sin^2A}{R}.$$

Remplaçant 2A par A, et A par $\frac{1}{2}$A, il vient

$$sinA=\frac{2sin\frac{1}{2}Acos\frac{1}{2}A}{R},\quad \frac{cosA^2\frac{1}{2}A-sin^2\frac{1}{2}A}{R},$$

d'où l'on tire

$$sin\tfrac{1}{2}A=\tfrac{1}{2}\sqrt{2R(R-cosA)},$$
$$cos\tfrac{1}{2}A=\tfrac{1}{2}\sqrt{2R(R+cosA)}.$$

Si l'on fait la somme et la différence des valeurs de sin(A$+$B) et sin(A$-$B); qu'on fasse ensuite A$+$B$=$A', A$-$B$=$B', et par conséquent A$=\frac{1}{2}$(A'$+$B'), B$=\frac{1}{2}$(A'$-$B') ; qu'enfin on supprime dans les résultats trouvés les accents des lettres A' et B', on trouve

$$sinA+sinB=\frac{2}{R}sin\tfrac{1}{2}(A+B)cos\tfrac{1}{2}(A-B),$$
$$sinA-sinB=\frac{2}{R}cos\tfrac{1}{2}(A+B)sin\tfrac{1}{2}(A-B) ;$$

d'où l'on tire ensuite (numéro préc.)

$$\frac{sinA+sinB}{sinA-sinB}=\frac{tang\frac{1}{2}(A+B)}{tang\frac{1}{2}(A-B)}.$$

Si l'on divise la valeur de sin(A$\pm$B) par celle de cos(A$\pm$B), qu'on divise ensuite les deux termes du quotient par cosAcosB, on trouve

$$tang(A\pm B)=\frac{R^2(tangA \pm tangB)}{R^2 \mp tangAtangB},$$

Les valeurs de sin(A$\pm$B) et cos(A$\pm$B), par les combinaisons dont elles sont susceptibles, donnent lieu à beaucoup d'autres formules utiles, mais que les limites de cet article nous obligent d'omettre ici.

§ II. — *Fonctions trigonométriques angulaires.*

170. On sait (n° 26) que les angles sont entre eux comme les arcs décrits des sommets, comme centres, avec un même rayon, et compris entre les côtés des angles dont il s'agit; que pour avoir la mesure d'un angle quelconque relativement à l'angle droit pris pour unité, il faut déterminer le rapport de l'arc qui correspond au premier angle, au quart de la circonférence décrite avec le même rayon, rapport qu'on exprime le plus souvent en degrés, minutes, secondes, etc. Telle est la *mesure relative* des angles.

Si du sommet de l'angle A (fig. 104), comme centre, avec des rayons quelconques, on décrit entre les côtés de cet angle différents arcs BC, B'C', B''C'', etc., le rapport de chacun de ces arcs au rayon avec lequel il a été décrit est constant pour le même angle, et ne convient qu'à cet angle; on a

$$\frac{BC}{AB}=\frac{B'C'}{AB'}=\frac{B''C''}{AB''}=etc.$$

Ce rapport donne la *mesure absolue* de l'angle dont il s'agit.

Lorsque l'arc est rapporté à une certaine unité linéaire, et que cette unité est prise pour rayon, le nombre qui exprime la longueur de l'arc exprime en même temps le rapport de l'arc au rayon, et par conséquent la mesure absolue de l'angle. Mais il faut bien remarquer que lorsque ce nombre est l'expression de la longueur de l'arc, il se rapporte à une certaine unité linéaire égale au rayon, tandis que ce nombre est abstrait lorsqu'il est la mesure absolue de l'angle.

Des considérations analogues vont nous faire connaître les rapports auxquels on a donné les noms de *sinus*, *tangentes*, etc., des angles.

171. Si l'on mène les droites CS, C'S',

$C''S''$, etc., perpendiculaires à AM, elles seront les sinus des arcs BC, $B'C'$, $B''C''$, etc. Le rapport de chacun de ces sinus au rayon de l'arc auquel il correspond est constant pour un même angle. Ce rapport, exprimé par un nombre abstrait, est le *sinus* de l'angle A ; on a

$$\sin A = \frac{CS}{AC} = \frac{C'S'}{AC'} = \frac{C''S''}{AC''} = \text{etc.}$$

Pareillement, le rapport de la tangente d'un arc quelconque décrit entre les côtés de l'angle, et du sommet comme centre, au rayon de cet arc, est la *tangente* de l'angle A ; on a

$$\tan A = \frac{BT}{AB} = \frac{B'T'}{AB'} = \frac{B''T''}{AB''} = \text{etc.}$$

Le rapport constant de la sécante de l'un des arcs à son rayon, est la *sécante* de l'angle A ; on a

$$\sec A = \frac{AT}{AB} = \frac{AT'}{AB'} = \frac{AT''}{AB''} = \text{etc.}$$

Le *cosinus*, la *cotangente* et la *cosécante* d'un angle, seront pareillement donnés par les rapports du cosinus, de la cotangente et de la cosécante d'un arc compris entre les côtés de cet angle, au rayon de cet arc.

172. Nous désignerons les sinus, tangentes, etc., des angles, sous la dénomination générale de *fonctions trigonométriques angulaires*.

Il est important de bien se pénétrer que les fonctions trigonométriques angulaires sont des rapports exprimés par des nombres abstraits, et qui se comportent comme tels dans les calculs, tandis que les lignes trigonométriques des arcs circulaires sont des longueurs absolues, ou des nombres relatifs à une certaine unité linéaire.

173. Si dans les relations établies précédemment, relativement aux lignes trigonométriques des arcs circulaires, on suppose le rayon égal à l'unité, et si l'on conçoit que $\sin A$, tang. A, etc., représentent dans ce cas les rapports des sinus, tangentes, etc., des arcs au rayon, c'est-à-dire, les sinus, tangentes, etc., des angles, ces relations deviendront celles qui existent entre les fonctions trigonométriques d'un même angle, ou de deux angles différents.

§ 3. — *Tables trigonométriques.*

174. Les tables trigonométriques ont pour objet le problème suivant : Un arc ou un angle étant déterminé de grandeur, trouver son sinus, sa tangente, etc. ; et réciproquement, trouver l'arc ou l'angle correspondant à une ligne ou à une fonction trigonométrique donnée.

Dans les tables en usage, le rayon est supposé égal à l'unité de longueur, d'où il suit que les valeurs numériques des sinus, tangentes, etc., sont relatives aux angles ou aux arcs décrits avec un rayon égal à à l'unité. Lorsqu'il s'agit d'arcs décrits avec des rayons différents de l'unité linéaire, les lignes trigonométriques données par les tables doivent être multipliées par le nombre qui exprime la longueur du rayon, puisque les lignes trigonométriques de même nom et relatives à des arcs décrits avec des rayons différents sont proportionnelles aux rayons.

175. Les sinus, tangentes, etc., des arcs ou des angles sont dits *naturels*, lorsqu'ils sont directement exprimés par leurs rapports au rayon pris pour unité. Mais dans la pratique ce sont presque toujours les logarithmes de ces grandeurs qui entrent dans les calculs ; c'est pourquoi la plupart des tables trigonométriques ne donnent pas les valeurs naturelles des sinus, tangentes, etc., mais bien leurs logarithmes. On dit alors *sinus logarithmique, tangente logarithmique*, etc., ou *logarithme sinus, logarithme-tangente*, etc. ; et, par abréviation, on écrit *log-sin* A, *log-tang* A, etc.

176. Le rayon étant pris pour unité, les sinus et cosinus naturels sont exprimés numériquement par des fractions plus petites que l'unité, et leurs logarithmes ont des caractéristiques négatives (*arith.*, n° 75). Les tangentes sont exprimées par des nombres fractionnaires plus petits ou plus grands que l'unité, suivant que les angles correspondants sont entre o et o^d,5, ou entre o ,5 et 1^d ; c'est le contraire pour les cotangentes.

177. Lorsqu'il s'agira d'un arc ou d'un angle qui n'est point inscrit dans les tables, lorsqu'on aura à considérer des grandeurs intermédiaires à celles que les tables donnent immédiatement, on se rappellera que, d'après les principes posés dans la théorie des logarithmes et qui trouvent ici leur application, si l'on désigne par D la différence entre l'arc ou l'angle trouvé dans les tables et l'arc ou l'angle dont il s'agit, par D' la différence logarithmique donnée par les tables, par D'' la différence entre le lo-

garithme trouvé dans les tables et le logarithme dont il s'agit, on aura
$$D''=D \cdot D', \quad D=D'' : D'.$$

178. Les tables trigonométriques les plus estimées sont celles de CALLET, celles de BORDA, et celles de PLAUZOLES. Elles sont précédées d'instructions qui font connaître leurs dispositions particulières et la manière de s'en servir, et auxquelles nous devons renvoyer le lecteur.

§ 4. — *Résolution des triangles.*

I. Triangles rectangles.

179. *Relation entre les trois côtés d'un triangle rectangle.* Le triangle ABC (fig. 404) étant rectangle en C, si on désigne par a, b, c les côtés BC, AC, AB, on sait qu'on a (n° 61)
$$(1) \qquad c^2=a^2+b^2.$$

180. *Relation entre l'hypothénuse, l'un des côtés de l'angle droit et l'un des angles aigus.* Si du sommet A, comme centre, avec un rayon égal à l'hypothénuse, on décrit l'arc BD, cet arc aura pour sinus le côté BC, et le rapport de BC à AB sera le sinus de l'angle A (n° 171), ou le cosinus de l'angle B; on aura donc
$$(2) \qquad \frac{a}{c}=\sin A=\cos B.$$

On aura pareillement
$$(2) \qquad \frac{b}{c}=\sin B=\cos A.$$

181. *Relation entre les côtés de l'angle droit et l'un des angles aigus.* Ayant décrit avec le rayon AC, le côté CB se trouvera la tangente de l'angle A (n° 171), ou la cotangente de l'angle B; on aura
$$(3) \qquad \frac{a}{b}=\tang A=\cot B.$$

On trouverait pareillement
$$(3) \qquad \frac{b}{a}=\tang B=\cot A.$$

182. A l'aide des trois relations ci-dessus et des tables trigonométriques, lorsqu'un triangle rectangle est déterminé par deux de ses côtés, ou par un côté et l'un des angles aigus, on peut calculer la valeur de chacune des trois quantités qu'il reste à déterminer.

II. Triangles obliquangles.

183. *Différentes manières d'exprimer la relation qui existe entre les trois côtés et chacun des angles d'un triangle obliquangle.* Soit ABC (fig. 406) un triangle obliquangle quelconque. Menons CD perpendiculaire à AB; et désignons par a, b, c les côtés BC, CA, AB.

1° On sait qu'on a (n° 63)
$$a^2=b^2+c^2-2c \cdot AD.$$
Le triangle rectangle ACD donne AD$=b\cos A$, et par la substitution de cette valeur dans la formule précédente, il vient
$$a^2=b^2+c^2-2bc\cos A;$$
d'où l'on tire
$$(1) \qquad \cos A=\frac{b^2+c^2-a^2}{2bc}.$$

2° Substituant cette valeur de $\cos A$ dans la formule (n° 169)
$$\sin\tfrac{1}{2}A=\tfrac{1}{2}\sqrt{2(1-\cos A}),$$
et faisant $a+b+c=2s$, on a d'abord
$$1-\cos A=1-\frac{b^2+c^2-a^2}{2bc}$$
$$=\frac{2bc-b^2-c^2+a^2}{2bc}$$
$$=\frac{a^2-(b-c)^2}{2bc}$$
$$=\frac{(a+b-c)(a-b+c)}{2bc}$$
$$=\frac{2(s-b)(s-c)}{2bc},$$
et par suite
$$(2) \qquad \sin\tfrac{1}{2}A=\sqrt{\frac{(s-b)(s-c)}{bc}}.$$

3° Substituant pareillement la valeur de $\cos A$, dans la formule (n° 169),
$$\cos\tfrac{1}{2}A=\tfrac{1}{2}\sqrt{2(1+\cos A)},$$
on trouve
$$(3) \qquad \cos\tfrac{1}{2}A=\sqrt{\frac{s(s-a)}{bc}}.$$

4° Les valeurs trouvées ci-dessus pour $\sin\tfrac{1}{2}A$ et $\cos\tfrac{1}{2}A$, étant mises dans celle de $\tang\tfrac{1}{2}A$ (n° 168), il vient
$$(4) \quad \tang\tfrac{1}{2}A=\frac{\sin\tfrac{1}{2}A}{\cos\tfrac{1}{2}A}=\sqrt{\frac{(s-b)(s-c)}{s(s-a)}}.$$

La loi des formules (1), (2), (3), (4) est facile à saisir, et il est évident qu'on trouverait pour les angles B et C des formules analogues.

184. *Relations entre deux côtés et les angles qui leur sont opposés.*

1° Si du sommet de l'angle C (fig. 106), on mène CD perpendiculaire à AB, les triangles rectangles CDB et CDA donnent CD$=a\sin B=b\sin A$; on trouverait pareillement $b\sin C=c\sin B$; d'où il suit qu'on a
$$(5) \qquad \frac{a}{\sin A}=\frac{b}{\sin B}=\frac{c}{\sin C},$$
c'est-à-dire que les côtés d'un triangle quel-

conque sont directement proportionnels aux sinus des angles opposés. Cette relation donne

$$a=\frac{b\sin A}{\sin B}=\frac{c\sin A}{\sin C},$$

$$\sin A=\frac{a\sin B}{b}=\frac{a\sin C}{c}.$$

2° La relation (5) donnant $\dfrac{a}{b}=\dfrac{\sin A}{\sin B}$, on en tire

$$\frac{a+b}{a-b}=\frac{\sin A+\sin B}{\sin A-\sin B},$$

et par conséquent (n° 169)

$$(6)\qquad \frac{a+b}{a-b}=\frac{\tang\frac12(A+B)}{\tang\frac12(A-B)}.$$

Cette relation servira à calculer deux angles d'un triangle connaissant le troisième angle et les deux côtés qui le comprennent. En effet, si l'on connaissait, par exemple, les côtés a, b et l'angle compris C, on aurait immédiatement $\frac12(A+B)=1^d-C$; la formule (6) ferait ensuite connaître $\frac12(A-B)$, et l'on aurait enfin

$$A=\tfrac12(A+B)+\tfrac12(A-B)$$
$$B=\tfrac12(A+B)-\tfrac12(A-B).$$

185. A l'aide des relations établies dans les deux numéros précédents, lorsqu'un triangle sera déterminé par ses trois côtés, ou par deux côtés et un angle, ou par un côté et deux angles, on pourra toujours calculer les trois éléments restants.

III. Exemples numériques.

186. Nous continuerons de désigner par a et b les côtés de l'angle droit d'un triangle rectangle, par A et B les angles aigus opposés à ces côtés, et par c l'hypothénuse.

1° *Étant donnés* $a=48^m$, $b=64^m$, *calculer* A, B, c. La formule (3) donne

$$\tang A=\cot B=\frac{a}{b},$$

et par les tables logarithmiques, on a

$$\log.a= \quad 1{,}681241$$
$$-\log.b=-1{,}806180$$
$$\text{L.tang.A}=\text{L.cotB}= \quad \overline{1}{.}875061,$$

d'où, par les tables trigonométriques centésimales,

$$A=0^d{,}-409665\tfrac{35}{71},\ B=0^d{,}590334\tfrac{36}{71}.$$

On aura ensuite par la relation (1),

$$c=\sqrt{a^2+b^2}=\sqrt{48^2+64^2}=80^m.$$

2° *Étant donnés* $a=50^m,75$, $c=76^m,5$, *calculer* A, B, b. La relation (2) donne

$$\sin A=\cos B=\frac{a}{c}.$$

Prenant les logarithmes, il vient

$$\text{Log.}a= \quad 1{,}705436$$
$$-\text{Log.}c=-1{,}883661$$
$$\text{L.sinA}=\text{L.cosB}= \quad \overline{1}{.}821775,$$

ce qui donne, par les tables centésimales,

$$A=0^d{,}461774\tfrac{2}{77},\ B=0^d{,}538225\tfrac{75}{77}.$$

On a ensuite, par la relation (1),

$$b=\sqrt{c^2-a^2}=57^m{,}242.$$

3° *Étant donnés* $a=45^m,65$, $A=0^d,4273$, *calculer* B, b, c. On a d'abord

$$B=1^d-0^d{,}4273=0^d{,}5727.$$

Les relations (2) et (3) donnent ensuite

$$b=\frac{a}{\tang A},\quad c=\frac{a}{\sin A},$$

et par les tables, on a

$$\text{Log. } a = \quad 1{,}659441$$
$$-\text{L.tangA}=-\overline{1}{,}899936$$
$$\text{Log. } b = \quad 1{,}759505$$
$$b = \quad 57^m{,}478$$

$$\text{Log. } a = \quad 1{,}659441$$
$$-\text{L.sinA}=-\overline{1}{.}793740$$
$$\text{Log. } c = \quad 1{,}865701$$
$$c = \quad 73^m{,}400$$

4° *Étant donnés* $c=125^m$, $A=0^d,6235$, *calculer* B, a, b. On a

$$B=1^d-0^d{,}6235=0^d{,}3765.$$

La relation (2) donne

$$a=c\sin A,\quad b=c\cos A,$$

et par les logarithmes, il vient

$$\text{Log. } c = \quad 2{,}096910$$
$$+\text{L.sinA}=+\overline{1}{.}919161$$
$$\text{Log.}a = \quad 2{,}016071$$
$$a = \quad 103^m{,}769$$

$$\text{Log. } c = \quad 2{,}096910$$
$$+\text{L.cosA}=+\overline{1}{.}746267$$
$$\text{Log.}b = \quad 1{,}843177$$
$$b = \quad 69^m{,}691.$$

187. Nous désignerons par a,b,c les trois côtés d'un triangle obliquangle quelconque, et par A,B,C les angles opposés à ces côtés.

1° *Étant donnés* $a=245^m$, $b=206^m$, $c=187^m$, *calculer les angles* A,B.C. Désignant le périmètre du triangle par $2\,s$, on aura $s=319$, et par conséquent

$$s-a=74,\quad s-b=113,\quad s-c=132.$$

La formule (2) donne

$$\sin\tfrac12 A=\sqrt{\frac{(s-b)\,(s-c)}{bc}},$$

Et par le calcul logarithmique, on a

$$\text{Log.}(s-b)= 2,053078$$
$$+\text{Log.}(s-c)=+2,120574$$
$$-\text{Log.}b =-2,313867$$
$$-\text{Log.}c =-2,271842$$

$$\text{L.sin}^2\tfrac{1}{2}A= \overline{1}.587943$$
$$\text{L.sin}\tfrac{1}{2}A = \overline{1}.793971$$
$$A = 0^{\text{d}},855140$$

Par des opérations analogues, on trouvera $B=0^{\text{d}},611102$, $C=0^{\text{d}},533758$.

Les formules (3) et (4) donneraient les mêmes résultats.

2° *Étant donnés* $a=345^{\text{m}}$, $b=237^{\text{m}}$, $C=0^{\text{d}},5225$, *calculer* A, B, *c*. La somme des angles A et B étant le supplément de l'angle C, on a d'abord

$$\tfrac{1}{2}(A+B)=\tfrac{1}{2}(2^{\text{d}}-C)=0^{\text{d}},738750.$$

La formule (6) donne ensuite

$$\tan\tfrac{1}{2}(A-B)=\frac{(a-b)\tan\tfrac{1}{2}(A+B)}{a+b},$$

et par les logarithmes, on a

$$\text{L.tang}\tfrac{1}{2}(A+B)= 0,361439$$
$$+\text{Log.}(a-b)=+2,033424$$
$$-\text{L.tang}\tfrac{1}{2}(a+b)=-2,764923$$

$$\text{L.tang}\tfrac{1}{2}(A-B)= \overline{1}.629940$$
$$\tfrac{1}{2}(A-B)= 0^{\text{d}},256658.$$

Connaissant $\tfrac{1}{2}(A+B)$ et $\tfrac{1}{2}(A-B)$, il vient

$$A=\tfrac{1}{2}(A+B)+\tfrac{1}{2}(A-B)=0^{\text{d}},995408,$$
$$B=\tfrac{1}{2}(A+B)-\tfrac{1}{2}(A-B)=0^{\text{d}},482092.$$

Il reste à calculer le côté *c*. On pourra se servir de la formule (5), qui donne

$$c=\frac{b\sin C}{\sin B};$$

et, par les logarithmes, on a ensuite

$$\text{Log.}b= 2,374748$$
$$+\text{L.sin}C=+\overline{1}.864304$$
$$-\text{L.sin}B=-\overline{1}.836918$$

$$\text{Log.}c= 2,402134$$
$$c= 252^{\text{m}},426$$

Les autres cas de la résolution des triangles obliquangles ne présenteront aucune difficulté.

SECT. IV. — GÉOMÉTRIE ANALYTIQUE.

188. Dans la géométrie élémentaire, les points, les lignes, les surfaces et les volumes, que l'on considère, sont donnés par des corps actuellement présents, ou bien sont déterminés sur des feuilles de dessin par des signes représentatifs; et les opérations à faire, pour passer des données aux résultats demandés, sont graphiques, ou

purement arithmétiques. La géométrie élémentaire emploie d'ailleurs, tantôt la synthèse, en allant du simple au composé, et tantôt l'analyse, en supposant d'abord que la question proposée soit résolue; mais dans l'application de l'une ou de l'autre de ces méthodes, elle procède toujours à l'aide de signes représentatifs.

Dans la géométrie dite *analytique,* les points sont déterminés de position par leurs *coordonnées,* c'est-à-dire, par leurs distances relativement à des droites ou à des plans dont la position est connue; les angles sont donnés par les fonctions trigonométriques qui leur correspondent; les lignes et les surfaces qui peuvent être complétement définies par quelque condition à laquelle chacun de leurs points doit satisfaire, sont déterminées par leurs *équations,* c'est-à-dire, par des relations entre des quantités constantes et les coordonnées variables de leurs divers points. Les opérations par lesquelles on passe des quantités connues à la détermination de celles qui sont inconnues, s'effectuent par le calcul; les opérations graphiques n'interviennent que dans le cas où l'on doit traduire en signes représentatifs les résultats trouvés par le calcul.

La géométrie analytique, considérée sous le point de vue le plus général, suppose, non-seulement la connaissance du calcul algébrique, mais encore celle du calcul différentiel et du calcul intégral. Ces trois branches de la science du calcul ayant été comprises sous la dénomination générale d'*analyse,* leurs applications à la géométrie ont été désignées sous le titre de *géométrie analytique.* Cette dénomination se rapporte plutôt à la nature des opérations qu'on effectue qu'à la forme du raisonnement; on a voulu désigner par là une géométrie purement logistique, procédant d'ailleurs, comme la géométrie élémentaire, quant à l'ordre des idées, tantôt par synthèse et tantôt par analyse, mais toujours à l'aide du calcul et des symboles algébriques.

Afin de bien faire sentir la différence qui existe entre les procédés de la géométrie élémentaire et ceux de la géométrie analytique, nous allons considérer un exemple très-simple. Supposons qu'il s'agisse de déterminer le centre et le rayon d'une circonférence passant par trois points donnés sur un plan.

1° Si l'on joint par des droites le premier point au second et le second au troisième, que par les milieux de ces droites on mène des perpendiculaires, chacune de ces perpendiculaires sera le lieu géométrique des points situés sur le plan à égales distances de deux des trois points donnés (n° 34) ; le point où ces perpendiculaires se couperont se trouvera également éloigné des trois points donnés, et sera le centre de la circonférence demandée.

Si l'on suppose d'abord le problème résolu, les droites qui joignent deux à deux les points donnés sont les cordes des arcs que ces points déterminent sur la circonférence, et l'on sait (n° 51) que toute perpendiculaire menée par le milieu de la corde d'un arc circulaire passe par le centre ; d'où il suit que le centre se trouvera à l'intersection des perpendiculaires menées par les milieux de deux cordes.

Le premier de ces raisonnements est synthétique, le second est analytique ; chacun d'eux conduit à la même solution effective. Cette solution appartient à la géométrie élémentaire procédant par constructions graphiques.

2° On peut considérer les trois points donnés comme les sommets d'un triangle, mesurer les longueurs des côtés, établir la relation qui existe entre les côtés du triangle et le rayon de la circonférence circonscrite, et enfin calculer, d'après cette relation, la longueur du rayon de la circonférence. Ici la géométrie élémentaire procède par calcul arithmétique.

3° On peut déterminer les trois points par leurs coordonnées prises relativement à deux droites, poser l'équation générale de la circonférence, remplacer successivement dans cette équation les coordonnées variables par celles des points donnés ; on obtiendra ainsi quatre équations à l'aide desquelles on déterminera les coordonnées du centre, la longueur du rayon, et l'équation particulière de la circonférence demandée. Ce procédé appartient à la géométrie analytique, et repose sur des théories que nous ferons connaître dans ce qui va suivre.

Nous ne nous occuperons dans cet article que des opérations les plus usuelles de l'application de l'algèbre à la géométrie.

189. Dans l'exposition des théories qui vont suivre, nous appellerons *fonction* d'une ou de plusieurs quantités, toute expression dans laquelle entrent les éléments désignés de la fonction. Par exemple, les expressions $a \pm x$, ax^n, ax, etc., sont des fonctions de x ; les expressions $x \pm y$, $ax + by$, $ax^m y^n$, etc. sont des fonctions de x et y.

Lorsque la forme particulière d'une fonction d'une ou de plusieurs quantités n'est pas déterminée, lorsqu'on veut seulement exprimer un rapport général de dépendance entre une quantité et une ou plusieurs autres quantités, on se sert des lettres F, f, φ, etc. à la droite desquelles on place dans une parenthèse les éléments donnés de la fonction, sans avoir égard à la manière dont ces éléments doivent être combinés entre eux. Ainsi, par exemple, les expressions F (x), $f(x, y)$, $\varphi(x, y, z)$ désigneront, d'une manière générale, des fonctions de x, de x et y, de x, y, z.

§ 1. — *Des coordonnées.*

190. *Coordonnées rectilignes.* Soient XX' et YY' (fig. 107) deux droites quelconques se coupant au point O, et soit A un point situé sur le plan de ces droites. Si l'on mène AB parallèle YY', et AC parallèle à XX', les points B et C pourront être considérés comme des projections du point A sur les droites XX' et YY' ; et il est évident que la position du point A serait déterminée, si l'on connaissait celles des points B et C relativement au point O, puisque le point A devrait se trouver à l'intersection des droites BA et CA respectivement parallèles à OY et OX. La distance du point B au point O est l'*abscisse* du point A ; elle est positive ou négative, suivant qu'elle tombe sur OX ou sur OX'. La distance du point C au point O est l'*ordonnée* du point A ; elle est positive sur OY, et négative sur OY'. L'abscisse OB et l'ordonnée OC sont les *coordonnées* du point A. Les points situés dans l'angle XOY ayant leurs coordonnées positives, les points situés dans l'angle opposé X'OY' auront leurs coordonnées négatives ; ceux de l'angle X'OY auront des abscisses négatives et des ordonnées positives, et ceux de l'angle XOY' auront des abscisses positives et des ordonnées négatives. Les droites XX' et YY' se nomment *axes* des coordonnées, XX' est l'axe des abscisses, et YY' est l'axe des ordonnées ; ces axes sont le plus souvent rectangulaires. Le point O est l'*origine* des coordonnées. Si nous désignons par x et y l'abscisse et l'ordonnée d'un point, nous écrirons (x, y) pour indiquer le point dont il s'agit. Lorsque les coordonnées x et y sont considérées comme pouvant recevoir diverses valeurs particulières, et comme pouvant ainsi se rapporter aux divers points d'un même lieu géométrique, on les nomme coordonnées *variables*.

L'équation d'un lieu géométrique est l'expression de la relation constante qui existe entre les coordonnées variables des divers points qui appartiennent au lieu géométrique dont il s'agit.

191. *Transformation des coordonnées.* Lorsque les coordonnées x et y d'un point ou système de points, ont été prises par rapport à deux axes quelconques, mais donnés de position, et qu'on veut rapporter le point ou le système de points dont il s'agit à deux nouveaux axes déterminés de position relativement aux premiers, il faut remplacer, dans l'équation ou les équations sur lesquelles on opère, les x et les y par leurs valeurs en fonctions des nouvelles coordonnées x', y', et des éléments qui servent à fixer les positions relatives des axes. On arrive ainsi à de nouvelles équations dans lesquelles les coordonnées variables sont x' et y'.

Soient OX et OY (fig. 108) deux axes quelconques, dont les parties positives font entre elles un angle ω; x et y les coordonnées OB et AB du point A ; O'X' et O'Y' deux nouveaux axes, dont les parties positives font avec OX des angles α et β; a et a' les coordonnées OE et O'E de la nouvelle origine ; et enfin x' et y' les coordonnées O'B' et AB' du point A, prises par rapport aux nouveaux axes. Quant aux angles que les parties positives des nouveaux axes font avec la partie positive OY de l'axe des ordonnées primitives, on peut les désigner par $\omega - \alpha$ et $\omega - \beta$. Ces angles deviendront négatifs quand les angles α et β seront plus grands que l'angle ω. Pour évaluer les angles α et β il faudra supposer que les droites O'X' et O'Y', d'abord appliquées sur O'X'' parallèle à OX, aient tourné autour du point O' en se portant vers O'Y'' parallèle à OY, jusqu'à ce qu'elles soient parvenues aux positions qu'elles doivent occuper ; les angles décrits dans ces mouvements seront les angles α et β qui seront compris entre 0 et 4^d. Lorsque ces angles sont plus grands que 2^d, on peut leur substituer les angles négatifs $-\alpha'$, $-\beta'$, que décriraient les droites O'X' et O'Y', d'abord appliquées sur O'X'' parallèle à OX, en tournant autour du point O' et se portant vers O'E, jusqu'à ce qu'elles soient parvenues aux positions qu'elles doivent avoir. Cela posé, on a

$$x = OE + O'C + B'D, \quad y = O'E + B'C + AD.$$

Les triangles O'B'C et B'AD donnent (n° 184)

$$O'C = \frac{O'B' \cdot \sin O'B'C}{\sin O'CB'} = \frac{x' \sin(\omega - \alpha)}{\sin \omega},$$

$$B'D = \frac{AB' \cdot \sin B'AD}{\sin B'DA} = \frac{y' \sin(\omega - \beta)}{\sin \omega},$$

$$B'C = \frac{O'B' \cdot \sin B'O'C}{\sin O'CB'} = \frac{x' \sin \alpha}{\sin \omega},$$

$$AD = \frac{AB' \cdot \sin AB'D}{\sin B'DA} = \frac{y' \sin \beta}{\sin \omega};$$

on aura donc

$$x = a + \frac{x' \sin(\omega - \alpha) + y' \sin(\omega - \beta)}{\sin \omega},$$

$$y = a' + \frac{x' \sin \alpha + y' \sin \beta}{\sin \omega}.$$

Nous allons déduire de ces formules générales celles qui conviennent aux divers cas particuliers qui peuvent se présenter dans la pratique.

1° Si les axes primitifs OX et OY sont obliques, et les nouveaux axes O'X' et O'Y' rectangulaires, les formules n'éprouvent aucune modification.

2° Si les axes primitifs sont rectangulaires, et les nouveaux axes obliques, alors $\sin(\omega - \alpha) = \cos\alpha$, $\sin(\omega - \beta) = \cos\beta$, $\sin\omega = 1$, et l'on a

$$x = a + x' \cos\alpha + y' \cos\beta,$$
$$y = a' + x' \sin\alpha + y' \sin\beta.$$

3° Si les axes sont rectangulaires dans les deux systèmes, alors $\beta - \alpha = 1^d$, et par conséquent $\cos\beta = -\sin\alpha$, $\sin\beta = \cos\alpha$; on a donc

$$x = a + x' \cos\alpha - y' \sin\alpha,$$
$$y = a' + x' \sin\alpha + y' \cos\alpha.$$

4° Si les axes du second système sont respectivement parallèles à ceux du premier, alors $\alpha = 0$, $\beta = \omega$, et l'on a, quelque soit ω,

$$x = a + x', \quad y = a' + y'.$$

Quand les axes ont la même origine dans les deux systèmes, il faut faire $a = 0$ et $a' = 0$ dans les formules précédentes.

On peut déterminer *à priori* les formules relatives aux cas particuliers, au lieu de les déduire du cas général.

192. *Coordonnées polaires.* Un point A

(fig. 109) peut être déterminé de position sur un plan, par sa distance $PA=r$ relativement à un point fixe P, et par l'angle $APR=\alpha$, que fait la droite r avec une autre droite PR donnée de position sur le plan. Une relation constante entre r et α, considérés comme variables, déterminera un lieu géométrique. Le point P se nomme *pôle*, la droite PR est la *direction primitive*, r est le *rayon vecteur* du point A, r et α sont ensemble les *coordonnées polaires* du point A. L'angle α peut être positif ou négatif, sa grandeur peut varier de o à ∞, c'est-à-dire, de o à l'infini. Le rayon vecteur r peut être positif ou négatif, et varie de o à ∞. Lorsque le rayon vecteur est négatif, il se porte au delà du pôle sur le prolongement de la droite qui fait l'angle α avec la direction primitive. Les coordonnées polaires du point A étant l'angle $APR=\alpha$ et $PA=r$, celles d'un point A', situé sur le prolongement de AP au delà du pôle, seront α et $-PA'$, ou $2^d+\alpha$ et PA'.

193. *Transformation des coordonnées rectilignes en coordonnées polaires.* Soient OX et OY (fig. 110) deux axes faisant entre eux un angle ω, OB et BA les coordonnées du point A relativement à ces axes, ang. $APR=\alpha$ et $PA=r$ les coordonnées polaires du même point A. Par le pôle P, menons PX' et PY' respectivement parallèles aux axes OX et OY. Désignons les coordonnées du pôle par a et a', et l'angle RPX' par β. On a

$$x=a+PB', \quad y=a'+AB';$$

Le triangle PAB' donne (n° 184)

$$PB'=\frac{PA.\sin PAB'}{\sin PB'A}=\frac{r\sin(\omega-\alpha-\beta)}{\sin\omega},$$

$$AB'=\frac{PA.\sin APB'}{\sin PB'A}=\frac{r\sin(\alpha+\beta)}{\sin\omega};$$

Substituant ces valeurs, il vient

$$x=a+\frac{r\sin(\omega-\alpha-\beta)}{\sin\omega},$$

$$y=a'+\frac{r\sin(\alpha+\beta)}{\sin\omega}.$$

Si la direction primitive avait une position telle que PR', au-dessous de PX', faisant avec PX' un angle $X'PR'=\beta'$, on aurait $\beta=4^d-\beta'$, ce qui conduirait à remplacer dans les formules ci-dessus β par $-\beta'$.

Si l'angle ω, formé par les axes, était droit, on aurait

$$x=a+r\cos(\alpha+\beta),$$
$$y=a'+r\sin(\alpha+\beta).$$

De plus, le triangle APB' serait rectangle en B', et donnerait

$$r^2=(x-a)^2+(y-a')^2.$$

§ 2. — *De la ligne droite.*

194. Proposons-nous de trouver l'équation d'une droite quelconque AB (fig. 111), c'est-à-dire, la relation qui existe entre l'abscisse et l'ordonnée de chacun des points de cette droite. Désignons par ω l'angle XOY formé par les parties positives des axes, par α l'angle que la droite AB forme avec la partie positive de l'axe des abscisses et au-dessus de cet axe, par c la distance de l'origine au point C où la droite AB coupe l'axe YY'. Menons par l'origine la droite A'B' parallèle à AB, et considérons deux points E et E', pris sur ces droites, ayant pour abscisse commune $OF=x$, et pour ordonnées $EF=y$ et $E'F=y'$. Le triangle OE'F donne (n° 184)

$$\frac{y'}{x}=\frac{\sin FOE'}{\sin OE'F}=\frac{\sin\alpha}{\sin(\omega-\alpha)}=s.$$

On a donc $y'=sx$ pour l'équation de la droite A'B', puisque cette relation convient à tous les points de cette droite. La constante s désigne le rapport des sinus des angles que la droite A'B' fait avec OX et OY; elle sera positive ou négative, suivant que α sera plus petit ou plus grand que ω.

On a ensuite $y=EF=E'F+EE'=y'+c$; ce qui donne, pour l'équation de la droite AB,

$$y=sx+c.$$

La constante c sera positive ou négative, suivant que AB coupera YY' au-dessus ou au-dessous du point O.

D'après les valeurs particulières qui pourront être attribuées à s et c, la droite AB aura, par rapport aux axes, diverses positions indiquées dans le tableau suivant :

1°	$s>o, c>o,$	droite telle que	AB
2°	$s>o, c=o,$	. . . . .	A'B'
3°	$s>o, c<o,$	. . . . .	A"B"
4°	$s<o, c>o,$	. . . . .	ab
5°	$s<o, c=o,$	. . . . .	a'b'
6°	$s<o, c<o,$	. . . . .	a"b"
7°	$s=o, c>o,$	. . . . .	mn
8°	$s=o, c=o,$	. . . . .	XX'
9°	$s=o, c<o,$	. . . . .	m'n'

Si la droite était parallèle à l'axe YY', son équation serait $x=d$, d étant la distance de l'origine au point où la droite coupe l'axe XX'.

Lorsque les axes sont rectangulaires, $\omega=1^d$, on a

$$\frac{\sin\alpha}{\sin(\omega-\alpha)}=\frac{\sin\alpha}{\cos\alpha}=\tang\alpha=t,$$

et l'équation de la droite est $y=tx+c$.

Nous allons examiner maintenant quelques questions relatives à la ligne droite, et dans lesquelles nous supposerons constamment les axes rectangulaires.

195. Étant donnée l'équation d'une droite, déterminer les points où cette droite coupe les axes. L'équation donnée étant de la forme $y=tx+c$, si l'on y fait successivement $x=o$ et $y=o$, on trouve $y=c$ et $x=-\dfrac{c}{t}$ pour les distances de l'origine aux points où la droite coupe l'axe des y et l'axe des x.

196. Étant donnée l'équation d'une droite, déterminer la direction de cette droite, au moyen de l'angle qu'elle fait avec l'axe des abscisses. L'équation donnée étant $y=tx+c$, si l'on désigne par α l'angle que la droite fait avec la partie positive de l'axe des x et au-dessus de cet axe, on a $\tang\alpha=t$; on aura ensuite l'angle α, à l'aide des tables trigonométriques.

197. Trouver l'équation d'une droite passant par un point donné, et faisant avec l'axe des abscisses un angle connu. Soit (a,a') le point donné par ses coordonnées, et soit t la tangente de l'angle donné. L'équation demandée sera $y=tx+c$, c étant inconnu. Comme la droite doit passer par le point (a,a'), on aura $a'=ta+c$; et si l'on retranche cette équation de la première, pour éliminer c, il vient pour l'équation demandée $y-a'=t(x-a)$.

198. Trouver l'équation d'une droite passant par deux points donnés (a,a') et (b,b'). L'équation de la droite sera de la forme $y=tx+c$, t et c étant inconnus. Remplaçant x et y par a et a', b et b', on a les équations $a'=ta+c$, $b'=tb+c$, qui serviront à déterminer t et c. Substituant les valeurs trouvées, il vient pour l'équation demandée

$$y-a'=\frac{a'-b'}{a-b}(x-a).$$

199. Étant données les équations de deux droites, déterminer les coordonnées du point où ces droites se coupent. Soient $y=tx+c$ et $y'=t'x'+c'$ les équations données. Si l'on désigne par a et a' les coordonnées du point demandé, on aura, pour déterminer ces inconnues, les équations $a'=ta+c$ et $a'=t'a+c'$, d'où l'on tire

$$a=\frac{c'-c}{t-t'},\qquad a'=\frac{tc'-ct'}{t-t'}.$$

200. Étant données les équations des deux côtés d'un angle, déterminer la grandeur de cet angle. Soient $y=tx+c$ et $y'=t'x'+c'$ les équations données. Les droites représentées par ces équations font avec la partie positive de l'axe des abscisses des angles α et α', dont les tangentes trigonométriques sont t et t'. Désignons par t'' la tangente de l'angle demandé α'', et supposons $\alpha>\alpha'$. On aura $\alpha''=\alpha-\alpha'$, $\tang\alpha''=\tang(\alpha-\alpha')$, et par conséquent (n° 169).

$$t''=\frac{t-t'}{1+tt'}.$$

Lorsque $t=t'$, on a $t''=o$, $\alpha''=o$; d'où il suit que les droites qui correspondent aux équations données sont parallèles.

Lorsque $1+tt'=o$, on a $t''=\infty$, $\alpha''=1^d$; d'où il suit que les droites sont perpendiculaires.

201. Par un point donné (a,a'), mener une droite parallèle ou perpendiculaire à une droite donnée par l'équation $y=tx+c$. L'équation de la droite demandée sera (n° 197) $y'-a'=t'(x'-a)$, t' étant inconnu.

1° Si la droite demandée doit être parallèle à la droite donnée, il faut qu'on ait $t'=t$, et l'équation cherchée est

$$y'-a'=t(x'-a).$$

2° Si la droite demandée doit être perpendiculaire à la droite donnée, il faut qu'on ait $1+tt'=o$, d'où $t'=-\dfrac{1}{t}$, et l'équation cherchée est alors

$$y'-a'=-\frac{1}{t}(x-a).$$

202. Déterminer la distance de deux points donnés par leurs coordonnées. Soient (a,a') et (b,b') les points donnés, que nous supposerons situés en A et B (fig. 112). Si par le point A on mène AE parallèle à l'axe des x, le triangle ABE sera rectangle en E; on aura d'ailleurs AE=CD=OD—OC=$b-a$, BE=BD—DE=BD—AC=$b'-a'$; faisant AB=δ, il vient (n° 62, 4°)

$$\delta=\sqrt{(b-a)^2+(b'-a')^2}.$$

§ 3. — *Des lignes courbes planes.*

I. **Notions générales.**

203. *Équation.* Toute relation, exprimée par une équation entre des quantités

constantes et deux variables x et y, est la définition analytique d'une courbe plane ; c'est ce qu'on nomme l'équation de cette courbe, qu'on peut représenter d'une manière générale par $f(x, y) = o$ (n° 189). Par l'analyse, on déduit de cette équation toutes les propriétés de la courbe.

204. *Classification*. Les courbes exprimées par des équations algébriques forment divers *ordres*, qui correspondent aux degrés de ces équations. Une équation du $n^{\text{ème}}$ degré par rapport aux coordonnées variables x et y donne une courbe du $n^{\text{ème}}$ ordre.

205. *Construction*. L'équation d'une courbe étant $f(x, y) = o$, on en tire $y = f(x)$. Si, après avoir fait choix d'une unité linéaire, on attribue successivement à x diverses valeurs particulières, on pourra calculer les valeurs correspondantes de y. On obtiendra ainsi, en nombres, les coordonnées d'autant de points qu'on voudra, et à l'aide desquels on pourra construire ou tracer la courbe.

206. *Rectification*. On appelle ainsi l'opération par laquelle on détermine une ligne droite dont la longueur égale celle d'une courbe donnée.

207. *Tangente*. On peut concevoir une courbe comme composée d'éléments infiniment petits. La petitesse de chaque élément empêchera qu'il ne participe de la courbure de cette ligne. Chaque élément appartiendra à une droite indéfinie, qui en deça et au delà de cet élément, s'écartera de la courbe. Cette droite et la courbe sont dites *tangentes* l'une à l'autre. L'élément qui leur est commun se nomme *point de tangence*, *point de contact*, ou *élément de contact*.

La tangente à une courbe peut aussi être considérée comme la limite des différentes positions que peut prendre une sécante menée par le point de contact. Soit AB (fig. 113) une courbe coupée aux points C et D par la sécante SE. Concevons que cette sécante tourne autour du point C, de telle sorte que le second point d'intersection D se rapproche de plus en plus du point C ; il arrivera que les points C et D se réuniront, la sécante aura alors la position TG, et sera tangente.

De là résulte la marche à suivre pour trouver l'équation d'une droite tangente à une courbe, en un point dont les coordonnées sont connues, ainsi que l'équation de cette courbe. Soit $f(x, y) = o$ l'équation de la courbe AB. Désignons par c et c' les coordonnées du point de contact C, par d et d' celles d'un autre point D ; menons CR parallèle à l'axe OX, et faisons $CR = d - c = h$, $DR = d' - c' = k$. Les axes étant supposés rectangulaires, le triangle DCR est rectangle en R, la tangente de l'angle DCR est $\dfrac{k}{h}$, et l'équation de la sécante SE est (n° 198)

$$y' - c' = \frac{k}{h}(x' - c).$$

Cette équation deviendra celle de la tangente TG, si l'on y remplace le rapport $\dfrac{k}{h}$ par la limite à laquelle parvient sa valeur lorsque les points C et D se confondent. Pour obtenir cette limite, on observe que l'équation $f(x, y) = o$ doit être satisfaite, lorsqu'on y remplace x et y par d et d', ou par $c + h$ et $c' + k$; on aura donc l'équation $f(c + h, c' + k) = o$; on en déduira la valeur de $\dfrac{k}{h}$, puis on fera dans cette valeur $h = o$ et $k = o$, et le résultat sera la limite cherchée.

Appliquant ce procédé à l'équation $x^2 + y^2 = r^2$, on trouve $c'y' + cx' = r^2$ pour l'équation de la tangente au point (c, c').

Nous ferons connaître à l'article *Mécanique* la méthode ingénieuse donnée par *Roberval* pour mener une tangente à une courbe quelconque, lorsque l'on connaît la loi du mouvement que devrait avoir un point pour décrire cette courbe.

208. *Asymptote*. On nomme ainsi une ligne qui s'approche d'une courbe infinie, sans jamais la rencontrer. Soient AB et CD (fig. 114) une courbe et une droite qui peuvent être prolongées indéfiniment dans le sens des x positifs, sans se couper. Considérons deux ordonnées $EG = y$ et $FG = y'$ correspondantes à une même abscisse $OG = x$; si la différence $y' - y$, diminuant à mesure que x augmente, devient nulle lorsque x est infini, la droite CD est une asymptote.

On peut considérer l'asymptote comme un cas particulier de la tangente.

209. *Normale*. C'est une droite, telle que NM (fig. 113), qui coupe une courbe AB perpendiculairement à la tangente menée par le point d'intersection.

210. *Intersection de deux courbes.*

Si l'on désigne par i et i' les coordonnées de l'intersection de deux courbes dont les éqnations sont $f(x, y) = o$ et $f(x', y') = o$, ces équations devront être satisfaites lorsqu'on y remplacera x et x' par i, y et y' par i'; on aura donc les équations $f(i, i') = o$ et $f'(i, i') = o$, à l'aide desquelles on pourra calculer les valeurs de i et i'. Si les courbes se coupaient en plusieurs points, on trouverait un nombre correspondant de valeurs pour i et i'.

211. *Tangence de deux courbes.* Deux ou plusieurs courbes, telles que ACB, DCE dCe (fig. 115), qui ont une tangente commune TG, au point C, sont tangentes entre elles. Ces lignes se touchent intérieurement ou extérieurement, suivant que leurs courbures, au point de contact c, sont dans le même sens ou en sens contraire.

212. *Osculation.* Deux courbes peuvent se toucher intérieurement suivant plusieurs éléments consécutifs (n° 207). De là vient que les contacts se distinguent en *ordres*; deux courbes qui se touchent suivant n éléments consécutifs, présentent un contact du $n^{ème}$ ordre. Le nombre des éléments suivant lesquels deux courbes peuvent se toucher est limité, et varie suivant les espèces auxquelles ces courbes appartiennent. Lorsqu'une courbe touche une autre courbe quelconque suivant un nombre d'éléments aussi grand que possible, d'après l'espèce donnée de la première courbe, celle-ci est dite *osculatrice*, et le contact prend alors le nom d'*osculation*. Par exemple, une circonférence étant déterminée par trois points, et conséquemment par deux éléments consécutifs, ne peut avoir, en général, avec une autre courbe quelconque, un contact d'un ordre supérieur au second; elle est alors osculatrice.

Une droite et une courbe, ou deux courbes dont les courbures sont de sens contraires, ne peuvent avoir qu'un contact simple ou du premier ordre.

213. *Courbure.* Concevons que AB et BC (fig. 116) représentent deux éléments infiniment petits et pris consécutivement sur une courbe. Les perpendiculaires aO et bO, menées par les milieux de ces éléments, déterminent le centre O et le rayon OB de la circonférence osculatrice en B, à la courbe sur laquelle se trouvent les éléments AB et BC.

Lorsqu'un point mobile décrit une courbe, il change de direction en passant d'un élément AB à l'élément BC qui suit immédiatement. La déviation du point décrivant, ou la courbure de la courbe, au point B, est mesurée par l'angle GBC, formé par les tangentes consécutives TG et T'G'. Cet angle, ou son égal aOb, est ce qu'on appelle l'*angle de courbure*. Le point O est le *centre de courbure*, et OB le *rayon de courbure*.

Si l'on place l'élément BC en BC', la courbure se trouve augmentée, le centre et le rayon de courbure se placent en O' et O'B. Désignant par C et C' les courbures, au point B, des lignes auxquelles appartiennent les arcs égaux aBb et aBb', il vient

$$\frac{C}{C'} = \frac{\text{ang.}\,aOb}{\text{ang.}\,aO'b'} = \frac{OB'}{OB},$$

c'est-à-dire que les courbures sont en raison inverse des rayons de courbure.

214. *Centre de symétrie.* Une courbe est symétrique par rapport à un point, qu'on appelle *centre de symétrie*, lorsque tous les points de cette courbe sont situés deux à deux symétriquement par rapport à ce centre (n° 43).

Soit O (fig. 117) le centre de symétrie de la courbe ABA'B'. Si l'on prend sur cette courbe deux points quelconques A, B et leurs symétriques A',B', ces quatre points seront les sommets d'un parallélogramme ABA'B'.

Concevons la courbe rapportée à deux axes quelconques XX' et YY' passant par le centre, et menons les ordonnées AN et A'N' de deux points symétriques A et A'. Les triangles OAN et OA'N' étant égaux, on a ON=ON' et AN=A'N'; les points A et A' ont donc des coordonnées égales, mais de signes contraires. Il suit de là que lorsqu'une courbe a un centre de symétrie, et qu'on la rapporte à des axes passant par ce centre, son équation doit être telle qu'en y remplaçant x et y par $-x$ et $-y$, il n'en résulte aucun changement. Telle est l'équation

$$Ay^2 + Bxy + Cx^2 + D = o.$$

215. *Diamètre.* Lorsqu'une courbe a un centre de symétrie, toute droite menée par ce centre et terminée aux points où elle rencontre la courbe se nomme *diamètre*. Lorsqu'il s'agit d'une courbe fermée, tout diamètre AA' (fig. 117) divise cette courbe en deux parties égales.

Si par le milieu d'une corde AB' on mène

un diamètre CC′, ce dernier passe aussi par le milieu de toute autre corde ab' parallèle à la première; et si l'on mène les cordes AB et ab parallèles à CC′, le diamètre DD′ mené par le milieu de l'une passera aussi par le milieu de l'autre. Deux diamètres CC′ et DD′ tels que chacun d'eux divise en deux parties égales toute corde parallèle à l'autre, se nomment *diamètres conjugués*.

Si par l'extrémité C du diamètre CC′, on mène une droite TG parallèle au diamètre conjugué DD′, cette droite sera tangente à la courbe.

Si l'on rapporte une courbe à deux diamètres conjugués pris pour axe de coordonnées, l'équation de cette courbe doit être telle que chaque valeur de x donne pour y deux valeurs égales et de signes contraires, et réciproquement. Telle est l'équation

$$Hy^2 + Kx^2 + L = o$$

216. *Axe de symétrie.* Une courbe est symétrique par rapport à une droite, qu'on appelle *axe de symétrie*, lorsque tous les points de cette courbe sont situés deux à deux symétriquement par rapport à cet axe (n° 44). Un axe de symétrie dans une courbe est en même temps un diamètre, lorsque la courbe dont il s'agit a un centre.

Une même courbe peut avoir plusieurs axes de symétrie. Lorqu'elle est symétrique par rapport à deux axes rectangulaires, tous les points de cette courbe peuvent être groupés quatre à quatre, pour former les sommets d'un parallélogramme rectangle ABA′B′ (fig. 118). Les diagonales AA′ et BB′ de ce parallélogramme sont des diamètres égaux. Les axes de symétrie SS′ et ss' divisent les angles AOB′ et AOB chacun en deux parties égales. Les points S, S′, s, s' sont les *sommets* de la courbe.

D'après ce qui précède, il est aisé de déterminer graphiquement le centre et les axes de symétrie d'une courbe, lorsque celle-ci est donnée.

II. De la circonférence.

217. *Équation de la circonférence rapportée à des axes quelconques.* Soit C (fig. 119) le centre d'une circonférence décrite avec un rayon CD. Désignons par a et a' les coordonnées du centre relativement aux axes obliques OX et OY, par R le rayon, par ω l'angle formé par les parties positives des axes, par x et y les coordonnées d'un point quelconque D de la cir-

conférence. Menons CE parallèle à OX. Quelle que soit la position du point D, le triangle CDE donne (n° 64)

$$CE^2 + DE^2 + 2CE \cdot DE \cdot \cos\omega = CD^2 ;$$

et comme on a $CE = x - a$, $DE = y - a'$, il vient pour l'équation de la circonférence

$$(x-a)^2 + (y-a')^2 + 2(x-a)(y-a')\cos\omega = R^2$$

Lorsque les axes sont rectangulaires, on a $\cos\omega = o$, et l'équation de la circonférence est

$$(x-a)^2 + (y-a')^2 = R^2.$$

Examinons les cas particuliers.

1° Si la circonférence a son centre sur l'axe OX, on a $a' = o$; suivant que les axes sont obliques ou rectangulaires, l'équation de la circonférence est

$$(x-a)^2 + y^2 + 2(x-a)y\cos\omega = R^2,$$
$$(x-a)^2 + y^2 = R^2.$$

2° Si la circonférence a son centre sur l'axe OY, il en résulte $a = o$; et par suite, suivant le cas des axes, l'équation est

$$x^2 + (y-a')^2 + 2x(y-a')\cos\omega = R^2,$$
$$x^2 + (y-a')^2 = R^2.$$

3° Si la circonférence ayant son centre sur l'axe OX, passe par l'origine, il en résulte $a' = o$, $a = R$; et, suivant le cas des axes, on a

$$x^2 - 2Rx + y^2 + 2(x-R)y\cos\omega = o,$$
$$x^2 - 2Rx + y^2 = o.$$

4° Si la circonférence a son centre sur l'axe OY et passe par l'origine, alors $a = o$, $a' = R$; et, suivant le cas des axes, on a

$$y^2 - 2Ry + x^2 + 2x(y-R)\cos\omega = o,$$
$$y^2 - 2Ry + x^2 = o.$$

5° Enfin, si la circonférence a son centre à l'origine, alors $a = o$, $a' = o$, et l'on a

$$x^2 + y^2 + 2xy\cos\omega = R^2,$$
$$x^2 + y^2 = R^2.$$

218. *Équation polaire de la circonférence.* Considérons la circonférence qui a pour centre le point C (fig. 120). L'équation de cette circonférence rapportée aux axes rectangulaires OX et OY, sera (n° précédent)

$$(x-a)^2 + (y-a')^2 = R^2.$$

Prenons le point O pour pôle, et l'axe OX pour direction primitive. Désignons par r le rayon vecteur, et par α l'angle que fait le rayon vecteur avec OX. Pour passer de l'équation ci-dessus à l'équation polaire, il faut remplacer x et y par $r\cos\alpha$ et $r\sin\alpha$ (n°193), et il vient

$$r^2 - 2r(a\cos\alpha + a'\sin\alpha) + a^2 + a'^2 - R^2 = o.$$

Si l'on remplace la droite OX par la

droite OX', qui passe par le centre de la circonférence, alors $a'=o$, et continuant de désigner par a l'abscisse OC du centre, par α l'angle que le rayon vecteur fait avec OX', l'équation polaire devient

$$r^2 - 2ra\cos\alpha + a^2 - R^2 = o.$$

Si l'on prend pour pôle le point B, on a $a = R$, et pour équation polaire

$$r - 2R\cos\alpha = o.$$

Enfin, lorsque le pôle est au centre de la circonférence, on a $r = R$, quel que soit α.

III. Courbes du second ordre.

219. On appelle courbe du *second ordre* toute courbe qui est donnée par une équation du second degré par rapport aux variables x et y. Les courbes du second ordre forment, comme on le verra plus loin, trois genres, l'*ellipse*, la *parabole*, et l'*hyperbole*; et chacun de ces genres a ses espèces et ses variétés. La circonférence n'est qu'un cas particulier de l'ellipse. Nous avons considéré cette courbe séparément, pour donner un exemple de la formation de l'équation d'une courbe, d'après la définition de celle-ci. D'un autre côté, les diverses formes de l'équation de la circonférence sont d'un usage si fréquent dans les applications, qu'il importe d'en faire une étude particulière.

220. L'équation générale et complète du 2e degré à deux variables est de la forme

$$Ay^2 + Bxy + Cx^2 + Dy + Ex + F = o.$$

Résolvant cette équation par rapport à y, et faisant $-\dfrac{B}{2A} = H$, $-\dfrac{D}{2A} = K$, $2BD - 4AE = P$, $D^2 - 4AF = Q$, il vient

$$y = Hx + K \pm \frac{1}{2A}\sqrt{(B^2 - 4AC)x^2 + Px + Q}.$$

Nous simplifierons encore cette expression, en posant

$$\frac{1}{2A}\sqrt{(B^2 - 4AC)x^2 + Px + Q} = y',$$

ce qui donne

$$y = Hx + K \pm y'.$$

Le binome $Hx + K$ est l'ordonnée d'une droite MN (fig. 121), que l'on construit d'abord; $\pm y'$ désigne les ordonnées de la courbe relativement à cette droite, qui sera un diamètre.

L'équation ci-dessus peut donner trois espèces de courbe, suivant qu'on aura $B^2 - 4AC$ négatif, nul, positif.

1er CAS. $B^2 - 4AC = -N^2 < o$. La valeur de y est alors

$$y = Hx + K \pm \frac{1}{2A}\sqrt{-N^2x^2 + Px + Q}.$$
$$= Hx + K \pm \frac{1}{2A}\sqrt{-N(x - x')(x - x'')}$$
$$= Hx + K \pm \frac{N}{2A}\sqrt{(x - x')(x'' - x)},$$

x' et x'' étant les racines de l'équation

$$-N^2x^2 + Px + Q = o.$$

Ces racines peuvent être réelles ou imaginaires, égales ou inégales, positives ou négatives.

1° Si les racines x' et x'' sont réelles et inégales, si l'on a, par exemple, $x' = OA$ et $x'' = OB$, toute valeur de x comprise entre x' et x'' donnera pour y' une valeur réelle et finie; mais toute valeur de x plus petite ou plus grande que ces deux racines donnera y' imaginaire. D'un autre côté, la somme des facteurs $x - x'$ et $x'' - x$ étant constante et égale à $x'' - x'$, l'ordonnée y' atteindra son maximum lorsque ces facteurs seront égaux l'un à l'autre à $\frac{1}{2}(x'' - x')$, ce qui donne $x = \frac{1}{2}(x' + x'') = OE$. On obtient dans ce cas une courbe fermée de toutes parts, inscrite dans le parallélogramme $mnpq$, c'est l'*ellipse*.

2° Si les racines x' et x'' étaient réelles et égales, l'ellipse se trouverait réduite à un point.

3° Si l'on trouvait x' et x'' imaginaires, l'ellipse n'existerait pas.

2e CAS. $B^2 - 4AC = o$. On a dans ce cas

$$y = Hx + K \pm \frac{1}{2A}\sqrt{Px + Q}.$$

Les valeurs de x pourront croître indéfiniment dans un sens, le sens positif ou le sens négatif; la courbe sera ouverte et formée de deux branches qui partent d'un même point du diamètre, pour s'étendre indéfiniment dans le sens des x positifs ou des x négatifs. Cette courbe est une *parabole*.

Examinons l'influence des valeurs de P et Q sur le caractère de la courbe.

1° Si P est positif, la parabole s'étendra indéfiniment dans le sens des x positifs; et suivant que Q sera positif, nul, ou négatif, elle coupera l'axe des y en deux points, le touchera en un seul point, ou n'aura aucun point sur cet axe (fig. 122).

2° Si P est négatif, la parabole s'étend indéfiniment dans le sens des x négatifs; et suivant que Q sera positif, nul, ou négatif, elle coupera l'axe des y en deux points, ou touchera cet axe en un seul point, ou n'aura aucun point sur cet axe (fig. 123).

3° Si P est nul, suivant que Q sera positif, nul, ou négatif, la parabole se transformera en un système de deux droites parallèles au diamètre, ou en une droite qui se confond avec le diamètre, ou enfin n'existera point.

3ᵉ CAS. $B^2 - 4AC = N^2 > o$. On aura pour la valeur de y, dans ce cas,

$$y = Hx + K \pm \frac{1}{2A} \sqrt{N^2 x^2 + Px + Q}$$
$$Hx + K \pm \frac{N}{2A} \sqrt{(x - x')(x - x'')},$$

x' et x'' désignant les racines de l'équation

$$N^2 x^2 + Px + Q = o,$$

lesquelles peuvent être réelles ou imaginaires, égales ou inégales, positives ou négatives.

1° Si les racines x' et x'' sont réelles et inégales, si l'on a, par exemple, $x' = OA$ et $x'' = OB$ (fig. 124), toute valeur de x comprise entre x' et x'' donnera à l'ordonnée y' une valeur imaginaire, et ne correspondra à aucun point de la courbe; mais à partir des limites x' et x'', les abscisses pourront croître indéfiniment dans les deux sens, et à chacune ces abscisses correspondra une valeur réelle pour y', et par conséquent deux points de la courbe. Cette courbe sera donc formée de quatre branches, dont deux partent d'un même point du diamètre MN pour s'étendre indéfiniment dans le sens des x positifs, et dont les deux autres partent d'un autre point du diamètre pour s'étendre indéfiniment dans le sens des x négatifs. On nomme cette courbe *hyperbole.*

2° Lorsque les racines x' et x'' sont réelles et égales, on a

$$y = Hx + K \pm \frac{N}{2A}(x - x');$$

d'où il suit que l'ordonnée y' relative au diamètre, varie proportionnellement à $x - x'$, et que par conséquent l'hyperbole se transforme alors en un système de deux droites qui coupent le diamètre au point dont l'abscisse est x' (fig. 125).

3° Lorsque x' et x'' sont imaginaires, de la forme $\alpha \pm \beta \sqrt{-1}$, on a

$$y = Hx + K \pm \frac{N}{2A} \sqrt{(x - \alpha)^2 + \beta^2},$$

et toute valeur de x, positive ou négative, donne deux valeurs réelles pour y (fig. 126).

Si l'on voulait, dans le cas dont il s'agit, déterminer le lieu et la grandeur du minimum de l'ordonnée y', il faudrait poser

$$N^2 x^2 + Px + Q = z,$$

ce qui donne

$$x = -\frac{P}{2N^2} \pm \frac{1}{2N^2} \sqrt{P^2 + 4N^2 z - 4N^2 Q}.$$

Q est positif, sans quoi x' et x'' ne seraient pas imaginaires. La plus petite valeur que puisse avoir z est donnée par

$$P^2 + 4N^2 z = 4N^2 Q, \quad \text{d'où} \quad z = Q - \frac{P^2}{4N^2};$$

on aura donc, pour déterminer le lieu et la grandeur du minimum cherché,

$$x = -\frac{P}{2N^2}, \quad y' = \frac{1}{2A} \sqrt{Q - \frac{P^2}{4N^2}}.$$

L'hyperbole déterminée par une équation du 2ᵉ degré à deux variables, peut avoir relativement aux axes des positions remarquables et qui dépendent de certaines valeurs particulières des constantes qui entrent dans l'équation générale : lorsque $A = o$, l'hyperbole a une asymptote parallèle à l'axe des y; lorsque $C = o$, elle a une asymptote parallèle à l'axe des x; si l'on a en même temps $A = o$ et $C = o$, la courbe a deux asymptotes respectivement parallèles aux deux axes. Dans les autres cas, les directions des deux asymptotes de l'hyperbole ne sont pas parallèles à celles des axes.

221. *Simplification de l'équation générale des courbes du 2ᵉ ordre.* En choisissant convenablement la direction des axes de coordonnées et la position de l'origine, on peut simplifier l'équation

(1) $Ay^2 + Bxy + Cy^2 + Dy + Ex + F = o.$

1° *Suppression du terme affecté de xy.* Supposons les coordonnées rectangulaires, rapportons la courbe à de nouveaux axes pareillement rectangulaires, désignons par x' et y' les coordonnées relatives aux nouveaux axes, et soit α l'angle que l'axe des x' fait avec l'axe des x. Il faudra poser (n° 191,3°).

$$x = x'\cos\alpha - y'\sin\alpha, \quad y = x'\sin\alpha + y'\cos\alpha,$$

et l'équation (1) deviendra

$$A'y'^2 + B'x'y' + C'x'^2 + D'y' + E'x' + F = o.$$

Pour faire disparaître le terme en $x'y'$, il faudra donner à α une valeur telle qu'on ait $B' = o$, c'est-à-dire,

$$2(A - C)\sin\alpha\cos\alpha + B(\cos^2\alpha - \sin^2\alpha) = o.$$

Divisant cette équation par $\cos^2\alpha$, et faisant $\dfrac{\sin\alpha}{\cos\alpha}=\text{tang}\,\alpha=t$, il vient

$$Bt^2-2(A-C)t-B=o,$$

d'où l'on tire

$$t=\frac{A-C\pm\sqrt{(A-C)^2+B^2}}{B}.$$

On trouve ainsi deux valeurs pour t ou tang α; mais comme le produit de ces valeurs est -1, il s'ensuit (n° 200) que les deux directions qu'on peut donner à l'axe des x' sont perpendiculaires entre elles, et que si l'on s'arrête à la première, la seconde se confond alors avec l'axe des y'.

La valeur de t étant connue, on aura (n° 168)

$$\sin\alpha=\frac{t}{\sqrt{1+t^2}},\quad \cos\alpha=\frac{1}{\sqrt{1+t^2}},$$

et l'on calculera aisément les valeurs des coefficients A′, C′, D′, E′, dans l'équation réduite

$$(2)\qquad A'y'^2+C'x^2+D'y'+E'x'+F=o.$$

Si l'on avait $B=o$ et $A=C$, il en résulterait $t=\dfrac{o}{o}$, dans ce cas, l'équation serait celle d'une circonférence, et l'on pourrait donner à l'axe des x' telle direction qu'on voudra, sans qu'il en résultât de terme en $x'y'$ dans l'équation (2).

Suivant que la courbe déterminée par l'équation (2) sera une ellipse, une parabole, ou une hyperbole, le produit $-4A'C'$ sera négatif, nul, ou positif (n° 220) : d'où il suit que dans le premier cas, A′ et C′ auront le même signe; que dans le second cas, l'un des coefficients A′ et C′ sera nul; que dans le troisième cas, A′ et C′ seront des signes contraires.

2° *Suppression des termes affectés de x' ou y' dans l'équation* (2). Lorsque la courbe a un centre de symétrie, si l'on y transporte l'origine, les termes en x' et y' doivent disparaître (n° 214). Supposons que (c, c') soit le centre de la courbe, et, pour y transporter l'origine des coordonnées, faisons (n° 191).

$$x'=c+x,\quad y'=c'+y,$$

x et y désignant les nouvelles coordonnées. La substitution de ces valeurs dans l'équation (2) donne

$$A'y'^2+C'x^2+D''y+E''x+F'=o.$$

Si le centre existe, on doit avoir $D''=o$ et $E''=o$, c'est-à-dire,

$$2A'c'+D'=o,\quad 2C'c+E'=o.$$

A l'aide de ces équations, on pourra déterminer c et c'; on aura

$$c=\frac{-E'}{2\,C'},\quad c'=\frac{-D'}{2\,A'}.$$

Ces valeurs seront toutes deux finies dans le cas de l'ellipse ou de l'hyperbole; mais il n'en sera plus de même dans le cas de la parabole, puisqu'alors l'un des coefficients A′ et C′ devient nul. D'où il suit que la parabole n'a pas de centre de symétrie.

Il suit de ce qui précède que l'équation d'une ellipse ou d'une hyperbole peut toujours être ramenée à la forme

$$(3)\qquad A'y^2+C'x^2+F'=o.$$

3° *Réduction de l'équation* (2), *dans le cas où la courbe est une parabole*. Nous avons vu que dans le cas dont il s'agit, l'un des coefficients A′ et C′ est nul. Supposons $C'=o$, ce qui réduit l'équation (2) à la forme

$$(4)\qquad A'y'^2+D'y'+E'x'+F=o.$$

En plaçant convenablement l'origine, on peut faire disparaître le terme en y' et le terme indépendant des variables. Désignons par (d,d') la nouvelle origine, par x et y les nouvelles coordonnées, et posons

$$x'=d+x,\quad y'=d'+y.$$

La substitution de ces valeurs dans l'équation (4) donne

$$A'y^2+D''y+E'x+F'=o.$$

D″ et F′ étant des fonctions des indéterminées d et d', on peut faire $D''=o$ et $F'=o$, c'est-à-dire,

$$2A'd'+D'=o,\quad A'd'^2+D'd'+E'd+F=o;$$

ce qui donne

$$d=\frac{D'^2-4A'F}{4A'E'},\quad d'=\frac{-D'}{2A'}.$$

A′ n'est pas nul; il en est de même de E′, puisque, s'il en était autrement, l'équation (4) ne contiendrait qu'une seule variable; il s'ensuit que les valeurs de d et d' ne seront pas infinies.

Il suit de ce qui précède que l'équation générale de la parabole peut toujours être ramenée à la forme

$$(5)\qquad A'y^2+E'x=o.$$

222. *De l'ellipse.* L'équation générale de l'ellipse trouvée au numéro précédent (2°) peut être mise sous la forme

$$(1)\qquad y^2+\frac{C'}{A'}x^2=-\frac{F'}{A'}.$$

A′ et C′ ayant même signe, $\dfrac{C'}{A'}$ est positif, on

peut aire $\dfrac{C'}{A'}=m^2$. Si $-\dfrac{F'}{A'}$ était nul, l'ellipse se trouverait réduite à un point ; s'il était négatif, l'équation ci-dessus serait impossible ; on aura donc $-\dfrac{F'}{A'}$ positif ; et si l'on désigne ce quotient par b^2, il vient

$$(2) \qquad y^2 + m^2 x^2 = b^2.$$

Il résulte de la forme de cette équation que les axes de coordonnées sont en même temps des axes de symétrie.

Pour avoir les points S et S' (fig. 127), où l'ellipse coupe l'axe des x, il faut poser $y=o$, ce qui donne $x=\pm\dfrac{b}{m}=\pm a$. Pareillement, on aura les points s et s', où la courbe coupe l'axe des y, en faisant $x=o$, ce qui donne $y=\pm b$. Les points S, S', s, s' se nomment les *sommets* de l'ellipse.

Les axes $SS'=2a$ et $ss'=2b$ sont le plus grand et le plus petit des diamètres qu'on peut mener dans l'ellipse.

Si dans l'équation (2) on remplace m par sa valeur $\dfrac{b}{a}$, qu'on multiplie ensuite les deux membres par a^2, il vient l'équation

$$(3) \qquad a^2 y^2 + b^2 x^2 = a^2 b^2.$$

C'est ordinairement sous cette dernière forme que l'on considère l'équation de l'ellipse.

Si d'une extrémité s du petit axe ss', comme centre, avec un rayon égal à la moitié du grand axe SS', on décrit un arc circulaire, cet arc coupera le grand axe en deux points F et F', qu'on nomme les *foyers* de l'ellipse.

La distance du centre à l'un des foyers est l'*excentricité*.

Les distances d'un point quelconque de l'ellipse relativement aux foyers sont les *rayons vecteurs* de ce point.

L'excentricité étant désignée par e, les distances des foyers à un point quelconque A, pris sur l'ellipse, et dont l'abscisse est $OM=x$, seront exprimées par

$$FA = a - \frac{ex}{a}, \qquad F'A = a + \frac{ex}{a};$$

d'où il suit que la somme des deux rayons vecteurs relatifs à un même point de l'ellipse, est constamment égale à $2a$ ou au grand axe.

De là résulte un procédé pour construire une ellipse par points, lorsque l'excentricité et le grand axe sont connus. En effet, si du foyer F, comme centre, avec deux rayons dont la somme est égale au grand axe, on décrit deux arcs circulaires ; que du second foyer F', comme centre, avec les mêmes rayons, on décrive deux autres arcs ; ces quatre arcs se couperont aux quatre points A, B, C, D, qui appartiendront évidemment à l'ellipse, puisque la somme des distances de chacun de ces points aux deux foyers sera égale au grand axe. En réitérant cette opération, on trouvera autant de points qu'on voudra.

Si du foyer F', comme centre, avec un rayon égal au grand axe, on décrit une circonférence dd', tout point A de l'ellipse sera également éloigné de l'autre foyer F et de la circonférence dd', qu'on nomme la *directrice* de l'ellipse. Le foyer F est pareillement le centre d'une seconde directrice circulaire. Cette propriété fournit un nouveau procédé pour tracer l'ellipse.

On appelle *paramètre* d'une ellipse la double ordonnée passant par l'un des foyers ; en le désignant par $2p$, et faisant $x^2 = e^2 = a^2 - b^2$ dans l'équation (3) de l'ellipse, on trouve $y = \pm\dfrac{b^2}{a}$, et par conséquent le paramètre $2p = \dfrac{2b^2}{a}$.

Désignant par x' et y' les coordonnées variables d'une droite tangente à l'ellipse, par (c, c') le point de contact, on trouve (n° 207) pour l'équation de la tangente

$$a^2 c' y' + b^2 c x' = a^2 b^2.$$

Les rayons vecteurs menés par le point de contact sont également inclinés sur la tangente. D'où il suit que la tangente TG (fig. 128), menée par le point C, divise en deux parties égales l'angle FCI formé par le rayon vecteur CF et le prolongement de l'autre rayon vecteur F'C.

S'il s'agissait d'avoir les tangentes menées par un point P, donné hors de l'ellipse ; du point P comme centre, avec un rayon égal à la distance de ce point au foyer F, on décrirait un arc circulaire coupant la directrice dd' en I et I'. On mènerait les droites F'I et F'I', dont les intersections avec l'ellipse détermineraient les points de contact C et C'.

Pour avoir les tangentes parallèles à une droite donnée pq, on mènera par le foyer F une droite perpendiculaire à pq et coupant la directrice aux points I et I'' ; les droites F'I et F'I'' donneraient les points de contact C et C''.

223. *De la parabole.* L'équation générale de la parabole trouvée au n° 221 (3°), peut être mise sous la forme

$$y^2 = -\frac{E'}{A'} x, \ \text{ou} \ y^2 = 2px,$$

en faisant $-\dfrac{E'}{A'} = 2p$. La courbe s'étend indéfiniment dans le sens des x positifs ou dans le sens des x négatifs, suivant que $2p$ est positif ou négatif. L'axe des x est ici un axe de symétrie.

La parabole peut être considérée comme un cas particulier de l'ellipse. En effet, si l'on place l'origine des coordonnées de l'ellipse au sommet S' (fig. 127), sans changer la direction des axes, et en faisant $x = x' - a$; si de plus on remplace b^2 par ap, p désignant le demi-paramètre de l'ellipse, l'équation (3) de l'ellipse peut être mise sous la forme

$$y^2 = 2px' - \frac{p}{a} x'^2.$$

Supposons maintenant que l'excentricité de l'ellipse devienne infinie, il en sera de même de a, l'équation ci-dessus se trouvera réduite à $y^2 = 2px'$, et représentera une parabole.

Lorsque l'ellipse se change en une parabole, la directrice circulaire dd' (fig. 127), ayant son centre à l'infini, devient une directrice rectiligne dd' (fig. 129) perpendiculaire à l'axe des x.

La parabole n'a qu'un seul *sommet* S, un seul *foyer* F, un seul *axe de symétrie* SX. Elle a, comme l'ellipse ordinaire, un nombre infini de *diamètres*, chaque point de la courbe pouvant être pris pour l'origine de l'un de ces diamètres; mais ici chaque diamètre AH est une droite parallèle à l'axe, attendu que le centre est à une distance infinie. Toute droite FA menée du foyer à un point quelconque de la parabole est le *rayon vecteur* correspondant à ce point.

Chaque point de la parabole devant être également éloigné de la directrice dd' et du foyer F, il s'ensuit que la distance du foyer à la directrice est égale au demi-paramètre.

Lorsque la directrice et le foyer sont donnés de position, la parabole est déterminée et peut être construite. En effet, si par le foyer on mène la droite KFX perpendiculaire à la directrice dd', cette droite sera l'axe de la parabole, et le point S, milieu de FK, en sera le sommet.

Si l'on mène ensuite une droite quelconque hl perpendiculaire à l'axe, que du foyer F, comme centre, avec un rayon égal à KB, on décrive l'arc circulaire mn, les points A et A' où cet arc coupera la droite hl appartiendront à la parabole, comme étant également éloignés du foyer et de la directrice. En menant d'autres droites telles que hl, on trouvera autant de points qu'on voudra.

Désignant par x' et y' les coordonnées variables d'une droite tangente à la parabole, par (c, c') le point de contact, l'équation de la tangente est (n° 207)

$$c'y' = p(x' + c).$$

La tangente TG (fig. 130) menée par le point A, divise en deux parties égales l'angle FAN formé par le rayon vecteur AF et le prolongement AN du diamètre mené par le point A; elle coupe l'axe en un point T, dont la distance au sommet S est égale à l'abscisse SB du point de contact.

Soit P un point donné hors de la parabole, si de ce point, comme centre, avec un rayon égal à sa distance au foyer, on décrit un arc circulaire coupant la directrice dd' en N et n, que par ces points on mène des droites parallèles à l'axe, les points A et a où elles couperont la parabole seront les points de contact des tangentes menées par le point P.

Si l'on avait à mener une tangente parallèle à une droite donnée pq, on mènerait par le foyer une droite perpendiculaire à pq et coupant la directrice en n, et la droite menée par le point n parallèlement à l'axe couperait la parabole au point de contact.

224. *De l'hyperbole.* L'équation générale de l'hyperbole, trouvée au n° 221 (2°), peut être mise sous la forme

$$(1) \quad y^2 + \frac{C'}{A'} x^2 = -\frac{F'}{A'}.$$

A' et C' sont des signes contraires, le coefficient de x^2 est ici négatif et peut être représenté par $-m^2$. Si $-\dfrac{F'}{A'}$ était nul, l'équation (1) donnerait $y = \pm mx$, et représenterait un système de deux droites. Si $-\dfrac{F'}{A'}$ est négatif, en posant $-\dfrac{F'}{A'} = -b^2$, il vient

$$(2) \quad y^2 - m^2x^2 = -b^2.$$

Le second membre de cette équation pourrait être positif; mais alors on pourrait remplacer y par x et x par y, diviser par m^2, changer les signes des deux membres, et l'on retomberait sur une équation ayant la même forme que l'équation (2).

Les coordonnées étant rectangulaires, et l'équation (2) ne contenant que les carrés des variables x et y, et des quantités connues, il s'ensuit que les axes des coordonnées sont en même temps des axes de symétrie.

Pour avoir les points S et S' (fig. 131), où l'hyperbole coupe l'axe des x, on fera $y=o$ dans l'équation (2), ce qui donne $x=\pm\dfrac{m}{b}$ $=\pm a$. Les points S et S' sont les deux *sommets* de la courbe. L'axe des y n'est pas coupé par l'hyperbole.

Si dans l'équation (2) on remplace m par sa valeur $\dfrac{b}{a}$, qu'on multiplie ensuite les deux membres par a^2, on trouve l'équation

(3) $\qquad a^2y^2-b^2x^2=-a^2b^2$.

C'est ordinairement sous cette dernière forme que l'on considère l'équation de l'hyperbole.

Si du centre o, avec un rayon égal à $\sqrt{a^2+b^2}$, on décrit un arc circulaire, cet arc coupera l'axe des x aux points F et F', qu'on nomme les *foyers* de l'hyperbole.

La distance du centre à l'un des foyers est ce qu'on appelle l'*excentricité* de l'hyperbole.

Les distances d'un point quelconque de l'hyperbole relativement aux foyers sont les *rayons vecteurs* de ce point.

Désignant l'excentricité par e, les distances des foyers F et F' à un point quelconque A, pris sur l'hyperbole, et dont l'abscisse est $OM=x$, seront exprimées par

$$FA=\frac{ex}{a}-a, \quad F'A=\frac{ex}{a}+a;$$

d'où il suit que la différence des rayons vecteurs relatifs à un même point de l'hyperbole est constamment égale à $2a$, c'est-à-dire, à la distance des sommets S et S'.

Cette propriété fournit un procédé pour construire l'hyperbole par points, lorsque la distance des sommets et l'excentricité sont connues. En effet, si du foyer F, comme centre, avec deux rayons dont la différence est égale à la distance des sommets, on décrit deux arcs circulaires; que du second foyer F', comme centre, avec les mêmes rayons, on décrive deux autres

arcs; ces quatre arcs circulaires se couperont aux quatre points A, B, C, D, qui appartiendront évidemment à l'hyperbole, puisque la différence des distances de chacun de ces points aux deux foyers sera égale à la distance des sommets. En réitérant la même opération, on trouvera autant de points qu'on voudra.

Si du foyer F', comme centre, avec un rayon égal à la distance des sommets, on décrit une circonférence dd', tout point A de l'hyperbole ASB sera également éloigné de l'autre foyer F et de la circonférence dd', qu'on nomme *directrice*. Le foyer F est pareillement le centre d'une seconde directrice circulaire, qu'on décrit avec le même rayon. On peut faire usage de cette propriété pour tracer l'hyperbole.

Soient x' et y' les coordonnées variables d'une droite tangente à l'hyperbole, le point de contact étant (c, c'), l'équation de la tangente sera (n° 207)

$$a^2c'y'-b^2cx'=-a^2b^2,$$

Les rayons vecteurs menés par les points de contact sont également inclinés sur la tangente, c'est-à-dire que la tangente menée par le point C (fig. 132) divise l'angle FCF' en deux parties égales.

Étant donné un point P hors de l'hyperbole, si de ce point, comme centre, avec un rayon égal à sa distance au foyer F', on décrit un arc circulaire coupant la directrice dd' en I et I', les droites menées par le foyer F et par les points d'intersection I et I' couperont l'hyperbole aux points C et C', qui seront les points de contact des tangentes menées par le point P.

Pour avoir les tangentes parallèles à une droite donnée pq, on mènera par le foyer F' une droite perpendiculaire à pq, cette perpendiculaire coupera la directrice en deux points; et si par le foyer F et les points d'intersection on mène deux nouvelles droites, celles-ci couperont l'hyperbole en deux points qui seront les points de contact des tangentes demandées.

L'hyperbole a deux asymptotes uu' et vv' (n° 208); leurs directions sont déterminées par les diagonales du parallélogramme rectangle $lkmn$, qui a les mêmes axes de symétrie que l'hyperbole, et dont les côtés lk et km sont égaux à $2\,a$ et $2\,b$.

Lorsqu'on a $a=b$, l'hyperbole est dite *équilatère*, et les asymptotes uu' et vv' sont perpendiculaires entre elles.

225. Les courbes du second ordre sont quelquefois désignées sous le titre de *sections coniques,* parce qu'en effet elles correspondent aux diverses courbes qu'on peut obtenir en coupant une surface conique circulaire droite par un plan.

§ 4. — *Des coordonnées dans l'espace à trois dimensions.*

226. Pour fixer la position d'un point A (fig. 133) dans l'espace à trois dimensions, on conçoit trois axes de coordonnées XX′, YY′, ZZ′, passant par un même point O, qu'on nomme l'*origine,* et déterminant trois plans XOY, YOZ, ZOX; puis on fixe les distances AB, AC, AD du point A aux trois plans coordonnés, en prenant ces distances parallèlement aux axes, qui le plus souvent sont rectangulaires. Les droites AB, AC, AD sont les trois arêtes contiguës d'un parallélipipède ($OxDy,Oz$), et peuvent être remplacées par les droites Ox, Oy', Oz, qui leur sont respectivement égales, et qui seront les *coordonnées* du point A. Les trois plans coordonnés déterminent huit angles trièdres, qui ont pour sommet commun le point O. Les droites OX, OY, OZ étant considérées comme les parties *positives* des axes, leurs prolongements OX′, OY′OZ′ en seront les parties *négatives.* Pour qu'un point soit complétement déterminé par ses coordonnées, il faudra connaître non-seulement les longueurs de celles-ci, mais encore les signes dont elles doivent être affectées, et qui indiqueront celui des huit angles trièdres dans lequel le point est situé.

Les lignes et les surfaces courbes, qui s'étendent suivant les trois dimensions de l'espace, s'expriment analytiquement par des relations entre les coordonnées variables x,y,z de leurs divers points.

N.-J. DIDIEZ.

ARTICLE IV. — MÉCANIQUE.

NOTIONS PRÉLIMINAIRES.

1. Un corps est dans un *repos absolu* lorsqu'il persiste dans la même position, ce corps, ainsi que les parties matérielles qui le composent, continuant d'occuper la même portion de l'espace. Peut-être n'existe-t-il dans l'univers aucune portion de matière jouissant d'un repos absolu; nous concevons néanmoins qu'un corps pourrait présenter cet état. Le *repos relatif* a lieu lorsqu'un corps ne change pas de position relativement à un système de corps dont il fait partie.

Un corps est en *mouvement* lorsque ce corps ou les parties matérielles qui le composent changent de position, pour occuper successivement différentes portions de l'espace. Le mouvement est *absolu* ou *relatif.* Le mouvement absolu se mesure par l'espace total parcouru, et le mouvement relatif d'un corps se mesure par l'espace parcouru relativement à d'autres corps qui sont eux-mêmes en mouvement. Lorsque, par exemple, à la surface de la terre, nous mettons un corps en mouvement par une impulsion quelconque, l'espace que ce corps parcourt par rapport à nous et aux autres corps environnants ne constitue qu'un mouvement relatif, puisque pendant le trajet, le corps dont il s'agit a de plus participé aux divers mouvements dont la terre est constamment animée.

Les idées de repos et de mouvement qui nous sont données par ce qui se passe autour de nous, par les observations que nous pouvons faire, se rapportent au repos et au mouvement relatif.

2. En vertu de cette propriété générale de la matière qu'on nomme *inertie,* un corps inanimé ne peut de lui-même modifier en aucune manière l'état de repos ou de mouvement dans lequel il se trouve. S'il est en repos, il y persiste, et s'il est en mouvement, il continue de se mouvoir suivant la même direction, sans accélérer ni retarder sa marche, jusqu'à ce qu'une cause étrangère vienne modifier l'état de ce corps.

3. Toute cause, tout agent capable de faire passer un corps de l'état de repos à l'état de mouvement, ou de modifier un mouvement déjà imprimé, se nomme *force.* La pesanteur, l'action musculaire des animaux, la dilatation, l'élasticité, le vent, etc., sont des forces de nature différente, mais susceptibles d'être considérées sous un point de vue général, qui les rend, pour ainsi dire, homogènes et comparables entre elles.

Dans les applications, toute force est mouvante ou résistante, suivant qu'elle est favorable ou contraire au mouvement qu'on veut produire, et prend, selon les cas, le nom de *puissance* ou de *résistance*.

4. Pour déterminer l'effet qu'une force tend à produire lorsqu'elle est appliquée à un corps, il faut considérer la position du point d'application, la direction et l'intensité de cette force. La position du point d'application se déterminera, en général, par ses projections sur des plans donnés de position, ou par ses coordonnées relativement à des axes fixes dans l'espace. Les directions suivant lesquelles les forces agissent seront données par les angles qu'elles font avec des droites fixes, ou par leurs projections sur des plans, ou par les équations de ces projections. Quant aux intensités, on les exprimera par des nombres, en les rapportant à une force connue et prise pour unité ; on peut aussi les représenter par des droites qui leur sont proportionnelles, et que l'on porte sur les directions des forces, à partir des points d'application.

5. Toute force agissant sur un corps tend à imprimer au point auquel elle est appliquée un mouvement rectiligne, suivant la direction même de cette force ; mais ce point ne peut se mouvoir sans entraîner dans son mouvement les autres points auxquels il est invariablement fixé. Lorsque la force a une direction convenable, le corps se meut de telle sorte que les différents point matériels dont il est composé décrivent des lignes droites parallèles entre elles ; c'est le caractère du mouvement qu'on appelle de *translation simple*. Lorsque le corps ne peut se mouvoir qu'en tournant autour d'un axe fixe, que la direction de la force ne rencontre pas celle de l'axe, qu'elle agit dans un plan perpendiculaire à cet axe, la force ne peut alors imprimer au corps qu'un mouvement de *rotation*. Elle agit avec d'autant plus d'énergie que sa distance à l'axe est plus grande. On appelle *moment* le produit de l'intensité de la force par sa distance à l'axe de rotation. Si le corps est libre dans l'espace, nous verrons par la suite que l'effet de la force peut être tel qu'elle imprime en même temps au corps un mouvement de translation et un mouvement de rotation.

6. Lorsque plusieurs forces agissent sur un corps, leurs actions se trouvent modifiées les unes par les autres. Si les forces tendent à produire un mouvement de trans-

lation simple, on conçoit aisément qu'une force unique pourrait produire le même effet. Cette force capable de produire le même effet que plusieurs autres forces, et qu'on peut substituer à celles-ci, se nomme leur *résultante ;* et les forces ainsi remplacées par leur résultante prennent, par rapport à celle-ci, le nom de *composantes*. La détermination de la résultante de plusieurs forces données constitue la *composition des forces ;* l'opération inverse, qui a pour objet de substituer à une seule force plusieurs autres forces capables du même effet, se nomme la *décomposition des forces*. Les moments des forces qui tendent à produire un mouvement de rotation peuvent pareillement se réduire à un seul, qu'on nomme *moment résultant*. Enfin, lorsque les forces tendent à produire un double mouvement de translation et de rotation, elles peuvent se réduire en définitive à une résultante et à un moment résultant.

Lorsque la résultante et le moment résultant de plusieurs forces combinées sont nuls, le corps ne peut éprouver aucun mouvement, il y a *équilibre* entre les forces ; et dans ce cas chaque force peut être considérée comme égale et directement opposée à la résultante de toutes les autres.

7. Nous verrons que toutes les questions de mouvement peuvent être ramenées à des questions d'équilibre. Dans la recherche des conditions d'équilibre entre des forces agissant sur un corps, on pourra faire d'abord abstraction du volume et du poids du corps. Lorsque ensuite on voudra tenir compte de ce poids, on le considérera comme une force agissant verticalement sur un point du corps, qu'on nomme *centre de gravité*, et dont les théories qui vont suivre nous apprendront à déterminer la position.

8. La *mécanique* est la science qui traite de l'équilibre et du mouvement des corps, c'est-à-dire qu'elle a pour objet de déterminer l'état d'équilibre ou de mouvement d'un corps, ou système de corps, en ayant égard : 1° au point d'application, à la direction et à l'intensité de chacune des forces qui lui sont appliquées ; 2° à la masse du corps dont il s'agit, c'est-à-dire, à la quantité de matière dont il est composé ; 3° aux influences dues aux milieux résistants dans lesquels le mouvement doit

s'effectuer ; 4° à toutes les autres résistances qui peuvent se présenter, telles que le frottement, la raideur des cordes, etc.

La mécanique, considérée sous le point de vue le plus général, se compose de quatre parties distinctes : 1° la *mécanique rationnelle*, qui a pour objet la théorie générale des forces qui agissent sur des corps quelconques, abstraction faite de la nature particulière de ces forces et de toute application aux arts ; 2° la *composition et la théorie des machines*, dans lesquelles les corps doivent avoir des formes, des dimensions et d'autres qualités déterminées par la nature particulière des agents moteurs, le jeu des machines, l'effet à produire, etc.; 3° les applications de la mécanique rationnelle et de la théorie des machines aux opérations de l'industrie, qui constituent la *mécanique industrielle;* 4° la *mécanique des corps célestes.*

La mécanique rationnelle se divise en plusieurs parties, auxquelles on donne des noms particuliers : la *statique* a pour objet l'équilibre des corps solides, elle établit les relations qui doivent exister entre les forces qui agissent sur un corps pour qu'il y ait équilibre, et lorsque cet équilibre n'a pas lieu, elle détermine la puissance et le moment résultants ; la *dynamique* traite du mouvement des corps solides ; l'*hydrostatique* et l'*hydrodynamique* ont pour objets l'équilibre et le mouvement des fluides. L'hydrodynamique appliquée aux machines qui servent à ménager, conduire ou élever les eaux, ou dans lesquelles l'eau agit comme force motrice, constitue ce qu'on appelle l'*hydraulique.*

9. Lorsque deux forces agissent sur un même corps, suivant la même direction, mais en sens contraires, ces forces doivent être considérées comme des quantités de signes contraires ; l'une étant positive, l'autre sera négative. Il en sera de même de deux moments qui tendent à faire tourner en sens contraires.

10. Nous devons avertir ici que, dans ce qui va suivre, et pour abréger le discours, nous appellerons *somme relative* de deux ou plusieurs quantités, le résultat qu'on trouve en réunissant ces quantités, et tenant compte des signes + et — dont elles peuvent être affectées. Ainsi, par exemple, la *somme relative* des nombres +6,+7,—3,—2

est 8 ; la *somme absolue* des nombres 6, 7, 3, 2, qui sont tous positifs, est 18.

De plus, il est important de remarquer que, dans les énoncés des théorèmes, cette expression de *somme relative* ne sera souvent qu'un simple avertissement sur la possibilité des changements de signes qui pourraient survenir, et dont il faudrait tenir compte. Nous simplifierons ainsi ces énoncés, sans qu'il soit nécessaire de prévenir autrement des modifications dont ils peuvent être susceptibles, à raison des changements de signes que les forces, ou les moments, peuvent présenter dans les cas particuliers. La somme relative de deux quantités se transformera en une différence, lorsque l'une des deux quantités dont il s'agit deviendra négative.

SECT. I. — STATIQUE.

11. Le corps sur lequel agissent des forces données peut être libre dans l'espace, il peut être assujetti à glisser ou rouler sur un plan, ou à tourner autour d'un axe, il peut être flexible; nous examinerons successivement ces divers cas.

§ 1er. — *Des forces qui agissent sur un corps libre.*

I. Des forces qui agissent suivant la même direction.

12. Deux forces F et F′, représentées par les droites AF et AF′ (fig. 1), agissant sur le même point A, suivant la même direction et dans le même sens, ont une résultante égale à leur somme F + F′.

13. Deux forces égales F et F′ (fig. 2), appliquées au même point A, suivant la même direction, mais de sens contraires, se font équilibre.

14. Deux forces inégales F et F′ (fig. 3), agissant sur le même point A, suivant la même direction, mais de sens contraires, ont une résultante f égale à leur différence et agissant dans le sens de la plus grande.

15. Lorsque plusieurs forces agissent sur un même point A (fig. 4), suivant la même direction, les unes dans un sens et les autres en sens contraire, leur résultante est égale à la différence entre la somme des forces qui agissent dans un sens et celle des forces qui agissent en sens contraire.

16. Deux forces égales F et F′ (fig. 5),

agissant aux extrémités d'une droite AB solide et inextensible, suivant la direction de cette droite, mais de sens contraires, se font équilibre. .

17. Lorsqu'une force F agit sur un point matériel A (fig. 6), on peut, sans changer l'effet de cette force, la considérer comme agissant sur un autre point quelconque A′ pris sur la direction de cette force, pourvu que ce nouveau point d'application soit invariablement attaché au premier. En effet, appliquons au point A′ deux forces F′ et F″ égales entre elles et à la force F, agissant suivant la direction de cette dernière, se faisant équilibre, et ne changeant par conséquent rien à l'effet de la force F. La résultante des trois forces F, F′, F″ sera F, si l'on considère F′ et F″ comme se faisant équilibre ; elle sera F′, si l'on considère F et F″ comme se faisant équilibre aux extrémités de la droite AA′.

II. Des forces concourantes.

18. On appelle *forces concourantes* celles dont les directions concourent en un même point.

19. Deux forces concourantes ont pour résultante une force dont la direction et l'intensité sont représentées par la diagonale menée par le point d'application, dans le parallélogramme construit sur les deux droites qui représentent les directions et les intensités des composantes.

Considérons d'abord les forces égales F et F′ (fig. 7), appliquées au point A. Il n'y a aucune raison pour que la résultante fasse avec l'une des composantes un angle plus grand que celui qu'elle fait avec l'autre ; d'où il suit que cette résultante divisera l'angle FAF″ en deux parties égales, et sera donnée de direction par la diagonale AF″ du lozange AFF″F′.

Soient ensuite les deux forces F et F′ (fig. 8), la première étant double de la seconde. On peut remplacer la force F par deux forces égales AB et BF, la première étant appliquée au point A, et la seconde au point B, considéré comme invariablement attaché au point A. Nous remarquerons ensuite que la résultante des forces AB et AF′ est la même que celle des forces BC et F′C, égales et parallèles aux premières, et appliquées au point C, qu'elles poussent suivant leurs directions respec-

tives. La résultante des forces proposées revient donc à celle des trois forces BF, BC, F′C. Mais les forces égales BF et BC ont une résultante agissant suivant BF″, et qu'on peut considérer comme appliquée au point F″, ainsi que la troisième force F′C. Il suit delà que la résultante cherchée doit passer par le point F″, et comme elle doit aussi passer par le point A, elle est déterminée de direction par la diagonale AF″ du parallélogramme construit sur AF et AF′.

Par des raisonnements analogues au précédent, et à l'aide de constructions telles que celles des figures 9 et 10, on démontre que si les forces proposées sont triples, quadruples, etc., l'une de l'autre, ou entre elles dans un rapport exprimé par deux nombres entiers quelconques, leur résultante est toujours déterminée de direction par la diagonale AF″.

Il reste à établir que l'intensité de la résultante est aussi déterminée par la diagonale AF″. Quelle que soit cette résultante, désignons-la par F‴, et concevons qu'elle soit appliquée en sens contraire sur le prolongement de AF″ (fig. 11). Les trois forces F, F′, F‴ se feront équilibre autour du point A, et chacune d'elles sera égale et directement opposée à la résultante des deux autres. Si, par exemple, on prend sur le prolongement de AF′ la droite AB=AF′, cette droite représentera la résultante des forces F et F″. Menant BF‴ parallèle à AF, je dis que la droite AF‴ représentera l'intensité de la force désignée par F‴. En effet, l'égalité des triangles BAF et AF′F″ donne BF parallèle à AF″ ; et toute force AC ou AE, plus petite ou plus grande que AF‴, combinée avec la force AF, donnerait une résultante dont la direction serait en AD ou AG, et qui ne pourrait faire équilibre à la force F. D'un autre côté, les parallèles donnent AF‴=BF=AF″.

20. Les composantes F, F′ et leur résultante F″ sont proportionnelles aux sinus des angles que leurs directions font entre elles, de telle sorte que chacune de ces forces a pour valeur relative le sinus de l'angle formé par les directions des deux autres. Désignons les angles F′AF″, FAF″, FAF′ (fig. 11) par φ, φ' φ''. Les forces F, F′, F″ se trouvent représentées par les côtés AF, FF″, AF″ du triangle AFF″ ; d'où il suit (*trig.*, n° 184) qu'elles sont proportionnelles aux sinus des angles AF″F,

FAF″,AFF″, et par conséquent aux sinus des angles φ, φ', φ''; on a donc

$$\frac{F}{\sin\varphi} = \frac{F'}{\sin\varphi'} = \frac{F''}{\sin\varphi''}.$$

Il suit de là que lorsque trois forces se font équilibre autour d'un point, ces forces sont proportionnelles aux sinus des trois angles que leurs directions font entre elles.

21. Connaissant trois des six quantités F,F′,F″,$\varphi,\varphi',\varphi''$, on pourra, par la trigonométrie, calculer les trois autres, pourvu que l'on connaisse au moins l'une des trois forces.

22. Si l'on projette orthogonalement, sur une droite quelconque AB (fig. 12), les composantes F,F′ et leur résultante F″, la projection de la résultante égale la somme relative des projections des composantes. On a

$$Af''=Af+ff''=Af+Af'.$$

23. Le moment de la résultante F″ relativement à un point quelconque O (fig. 13), pris sur le plan des forces, est égal à la somme relative des moments des composantes F et F′ relativement au même point. Menons Op,Op',Op'' perpendiculairement aux directions des forces; projetons celles-ci en Af,Af'Af'', sur la direction AO; et désignons les angles OAF,OAF′,OAF″ par a,a',a''. On aura (n° 20)

$$F\sin(a''-a)=F'\sin(a'-a'').$$

Remplaçant $\sin(a''-a)$ et $\sin(a'-a'')$ par leurs valeurs en fonctions des sinus et cosinus des angles a,a',a'' (*trig.*, n° 169); substituant aux sinus leurs valeurs en fonctions des perpendiculaires Op,Op',Op'', et déduites des triangles OAp,OAp',OAp''; substituant aux cosinus leurs valeurs en fonctions des projections Af,Af',Af'', et déduites des triangles AFf,AF′f',AF″f''; il vient, après toutes réductions faites,

$$F\cdot Op+F'\cdot Op'=F''\cdot Op''.$$

24. Lorsque les composantes F et F′ sont rectangulaires, les relations à l'aide desquelles on peut calculer trois des six quantités F,F′,F″,$\varphi,\varphi',\varphi''$ se simplifient. En effet, le parallélogramme AFF″F′ (fig. 14) étant alors rectangle, on a

$$F^2+F'^2=F''^2, \quad F=F''\cos\varphi', \quad F'=F''\cos\varphi.$$

25. Proposons-nous maintenant de trouver la résultante d'un nombre quelconque de force F,F′,F″,F‴ (fig. 15) agissant sur un même point A, et dans un même plan. Si l'on mène les droites FB,BC,CR respectivement égales et parallèles aux droites AF′,AF″,AF‴, on formera ainsi un polygone AFBCR, et il suit des théories précédentes que le côté AR de ce polygone représentera la direction et l'intensité de la résultante cherchée.

Pour appliquer le calcul à la résolution de cette question, concevons deux droites AX et AY menées par le point A et perpendiculaires entre elles; désignons par X′ et Y′ les projections de la résultante sur AX et AY, et par a,a',a'',a''' les angles que les composantes F,F′,F″,F‴ font avec AX. X′ sera la somme relative des projections des composantes sur AX, et Y′ sera la somme relative des projections des mêmes composantes sur AY; on aura donc (n° 24)

$$X'=F\cos a+F'\cos a'+F''\cos a''+F'''\cos a''',$$
$$Y'=F\sin a+F'\sin a'+F''\sin a''+F'''\sin a'''.$$

On déterminera ensuite la résultante R et l'angle α que sa direction fait avec AX, par les formules

$$R=\sqrt{X'^2+Y'^2}, \quad \cos\alpha=\frac{X'}{R}.$$

Si les forces proposées se faisaient équilibre, on aurait X′=o et Y′=o.

26. La résultante de trois forces concourantes et non situées dans le même plan, est donnée en grandeur et en direction par la diagonale menée par le point d'application, dans le parallélipipède construit sur les trois composantes prises pour arêtes contiguës. Soient les forces F, F′, F″ appliquées au même point A (fig. 16 et 17). Ayant construit le parallélipipède AFCF′DF″BF‴, la diagonale AF‴ sera la résultante des forces représentées AF″ et AC, et AC est la résultante de F et F′; donc la diagonale AF‴ est la résultante des trois forces proposées.

Lorsque les trois composantes F, F′, F″ sont rectangulaires (fig. 17), on a, entre ces forces, leur résultante F‴, et les angles a, b, c, que leurs directions font avec celle de la résultante, les relations suivantes :

$$F^2+F'^2+F''^2=F'''^2,$$
$$F=F'''\cos a, \quad F'=F'''\cos b, \quad F''=F'''\cos c.$$

27. Étant donné un nombre quelconque de forces concourantes et dirigées comme on voudra, trouver leur résultante. Si l'on veut opérer graphiquement, on pourra représenter les composantes par leurs projections orthogonales AF, AF′, AF″, AF‴ (fig. 18) sur un plan horizontal, et par leurs projections A′f, A′f', A′f'' A′f''

sur un plan vertical; construisant ensuite les projections AFBCR et A′ƒB′C′R′ d'un polygone dont les côtés soient respectivement égaux et parallèles aux composantes données, la résultante cherchée se trouvera déterminée par les projections AR et A′R′.

Si l'on veut procéder par le calcul, il faudra concevoir trois axes rectangulaires AX, AY, AZ (fig. 19); décomposer, à l'aide des formules du numéro précédent, chacune des forces données F′, F″, etc., en trois composantes agissant suivant les directions des axes; et concevoir la résultante cherchée R comme étant aussi décomposée en trois composantes X, Y, Z, agissant suivant les axes. Cela posé, si l'on désigne par x', x'', etc., y', y'', etc., z', z'', etc., les angles que les forces données font avec les axes AX, AY, AZ, et par x, y, z, les angles que la résultante fait avec ces mêmes axes, on aura

$$X = F'\cos x' + F''\cos x'' + \text{etc.},$$
$$Y = F'\cos y' + F''\cos y'' + \text{etc.},$$
$$Z = F'\cos z' + F''\cos z'' + \text{etc.},$$

et par suite

$$R = \sqrt{X^2 + Y^2 + Z^2}, \quad \cos x = \frac{X}{R}, \text{ etc.}$$

Si les forces données se faisaient équilibre, on aurait $X = o$, $Y = o$, $Z = o$.

28. On doit à ROBERVAL une application ingénieuse de la théorie des forces concourantes à la détermination des tangentes aux courbes. Lorsqu'un point décrit une courbe, il est soumis à chaque instant aux actions combinées de deux ou plusieurs forces; et si, d'après la définition de la courbe, ces forces se trouvent déterminées pour chaque position du point décrivant, il suffira de trouver la direction de leur résultante, en un point donné de la courbe, pour avoir la tangente à ce point. Le point décrivant de la courbe ACB (fig. 20) étant sollicité par les forces F et F′, lorsqu'il est parvenu en C, la résultante de ces forces donne la direction de la tangente TG menée par le point C.

III. Des forces parallèles.

29. Deux forces parallèles F et F′ (fig. 21), agissant dans le même sens, aux extrémités d'une droite inflexible AA′, ont une résultante parallèle à leurs directions, égale à leur somme, et qui divise la droite AA′ en deux parties inversement proportionnelles aux composantes.

Appliquons aux points A et A′ les forces ƒ et ƒ′ égales et contraires, mais d'ailleurs quelconques, et qui, se faisant équilibre, ne changeront en rien l'effet des forces F et F′. Les forces F et ƒ auront une résultante φ; F et ƒ′ auront une résultante φ′; et les forces φ et φ′, concourant en O, auront une résultante qui coupera la droite AA′. Remplaçons φ par les forces F et ƒ appliquées au point O, égales et parallèles aux forces F et ƒ appliquées au point A; et traitons de la même manière la force φ′. Les forces ƒ et ƒ′ appliquées au point O se détruiront; il ne restera que les forces F et F′, dont la résultante F″, égale à leur somme et parallèle aux forces proposées, sera la résultante cherchée.

D'un autre côté, les triangles semblables AFφ et OA″A, AF′φ′ et OA″A′ donnent AF·AA″ = OA″·Fφ = OA″·F′φ′ = A′F·A′A″; d'où il suit que les forces F et F′ sont inversement proportionnelles aux segments AA″ et A′A″, et qu'on a

$$\frac{F}{A'A''} = \frac{F'}{AA''} = \frac{F+F'}{A'A''+AA''} = \frac{F''}{AA'};$$

c'est-à-dire que les composantes F, F′ et leur résultante F″, sont proportionnelles aux segments compris entre leurs points d'application A, A′, A″, de telle sorte que chacune de ces forces a pour valeur relative le segment compris entre les points d'application des deux autres.

30. Le moment de la résultante F″ relativement à un point quelconque O (fig. 22), pris dans le plan des forces, est égale à la somme relative des moments des composantes relativement au même point. Les forces F′ et F″ proportionnelles à A′A″ et AA′, seront aussi proportionnelles à aa'' et aa', et l'on aura F″·aa'' = F′·aa'; on a d'ailleurs

$$(F'' - F')·Oa = F'·Oa;$$

ajoutant ces équations, et réduisant, il vient

$$F''·Oa'' = F·Oa + F'·Oa'.$$

Les droites Oa', Oa, Oa'' se nomment *bras de levier* des moments.

31. Le moment de la résultante F″ relativement à une droite MN (fig. 23), qu'on nomme *axe de moments*, est égale à la somme relative des moments des composantes relativement au même axe. Ayant mené les droites Aα, A′α', A″α'', perpendiculaires à MN, et la droite Aa' parallèle à MN, les forces F′ et F″ proportionnelles à AA″ et AA′, seront aussi proportionnelles

à A″*a*″ et A′*a*′ ; on aura donc F‴·A″*a*″=
F′·A*a* ; on a d'ailleurs (F″—F′)·Aα=F·Aα ;
ajoutant ces équations et réduisant , on
trouve

$$F‴·A″\alpha″=F·A\alpha+F″·A′\alpha′.$$

32. Lorsqu'on a un système de trois forces
parallèles F, F′, F″ (fig. 24) qui se font équilibre , chacune de ces forces est égale et directement opposée à la résultante des deux
autres , et l'on peut appliquer à ce système
les théorèmes énoncés aux n°ˢ 29 , 30 , 31.
Connaissant deux de ces trois forces et
leurs points d'application, il sera facile , à
l'aide de ce qui précède, de déterminer
l'intensité , le sens et le point d'application
de la troisième.

33. Deux forces F et F′ (fig. 25) , égales,
parallèles, de sens contraires, appliquées
aux extrémités d'une droite inflexible AA′,
perpendiculaire à leurs directions, n'ont pas
de résultante. Ce système constitue ce qu'on
appelle un *couple*, dont la droite AA′ est le
bras de levier. Son effet est de faire tourner
le bras de levier autour du point milieu O,
comme autour d'un axe. Nous désignerons
par (F,AA′) un couple composé de deux
forces égales à F, et dont le bras de levier
est AA′.

34. Considérons le point O comme un
axe fixe ; doublons la force F′, et appliquons
au point A′ la force F″ égale et contraire à
F′, ce qui revient à introduire deux forces
qui se font équilibre, et qui ne changent
rien à l'effet du couple (F, AA′). Mais les
forces égales F et F″ auront une résultante
appliquée au point O et détruite par la résistance de ce point ; de sorte que la rotation sera l'effet du moment formé de la
force F‴=2F, agissant à l'extrémité du
bras de levier OA′ ; d'où il suit que ce moment est équivalent au couple (F,AA′).
L'effort exercé par ce couple, pour faire
tourner, aura donc pour mesure 2F·½AA′
ou F·AA′, c'est-à-dire , le produit de la
force F par le bras de levier AA′ ; c'est ce
qu'on appelle le *moment* du couple.

35. Deux couples (F,AA′) et (P,BB′)
(fig. 25 et 26) sont équivalents, lorsque les
forces F et P sont en raison inverse des
bras de levier AA′ et BB′, puisqu'alors on
a F·AA′=P·BB′.

36. Un couple peut être transporté parallèlement à lui-même , ou tourné comme
on voudra dans son plan, sans que son effet
soit changé , pourvu que le nouveau bras

de levier soit invariablement attaché au
premier. Car les forces *f*,*f*′,φ,φ′ (fig. 27
et 28) , égales entre elles et à la force F ,
se faisant équilibre, l'effet produit résultera
de l'action du couple (F,AA′) ; mais les
forces F,F′,φ,φ′ se faisant aussi équilibre ,
cet effet peut être considéré comme résul-
tant du couple (*f*,*aa*′) ; d'où il suit que les
couples (F,AA′) et (*f*,*aa*′) produisent le même
effet.

37. Etant donné un couple situé dans
un plan MNR (fig. 29) , on peut le décomposer en deux autres couples situés dans
deux plans MNP et MNQ , qui coupent le
premier suivant une même droite MN. Supposons le couple donné (F,AB) placé de
manière que l'une des forces coïncide
avec MN. Ayant mené les droites BC et BD
parallèles aux plans MNQ et MNP , et construit le parallélogramme ACBD, appliquons
au point C les forces *f* et *f*′ , égales et parallèles à F, et se faisant équilibre ; concevons le couple (F,BC) transporté parallèlement à lui-même, de manière que son bras
de levier soit AD ; nous aurons ainsi les
couples (*f*,AC) et (F,AD) qui produiront
le même effet que le couple proposé.

Réciproquement , deux couples situés
dans deux plans qui se coupent , pourront
toujours être composés en un seul , situé
dans un troisième plan passant par l'intersection des deux premiers.

38. Etant donnée la force F (fig. 25)
appliquée au point A, perpendiculairement
à la droite AA′, appliquons au point A′,
invariablement attaché au point A, les
forces F′ et F″, égales et parallèles à la
force F, opposées l'une à l'autre, et n'alté-
rant point l'effet de la force F. On aura
ainsi un système composé de la force F″
appliquée au point A′ et du couple (F, AA′).
D'où il suit qu'une force F peut, sans changer d'effet, être transportée parallèlement à
elle-même en F″, pourvu que le nouveau
point d'application soit invariablement attaché au premier, et en tenant compte d'un
moment égal et contraire à celui de F″ relativement au premier point d'application.

39. Proposons-nous de trouver la résultante d'un nombre quelconque de forces parallèles F,F′,F″,F‴ (fig. 30). En combinant
successivement F avec F′, leur résultante
avec F″, la résultante de celles-ci avec F‴,
on reconnaîtra aisément que la résultante
cherchée est égale à la somme des compo-

santes. Quant au point d'application C de la résultante, on pourra le déterminer en calculant successivement Am, mn, nC (n° 29).

La position du point C reste la même lorsqu'on change la direction des composantes, pourvu que le parallélisme soit maintenu, et que les intensités et les points d'application restent les mêmes. On nomme ce point *centre* des forces parallèles données.

On peut aussi déterminer le point C par la théorie des moments. Car il suit du n° 31 que le moment de la résultante relativement à un axe, ou à un plan, doit être égal à la somme des moments des composantes relativement au même axe, ou au même plan. Les forces parallèles F,F′,F″,F‴ (fig. 31) étant situées dans un même plan, et les droites OX et OY étant prises pour axes de moment, on déterminera le point C par ses coordonnées Ch et Ck, et l'on aura

$$C h= \frac{F \cdot A r+F' \cdot A's+F'' \cdot A''t+F''' \cdot A'''u}{F+F'+F''+F'''},$$

$$C k= \frac{F \cdot Am+F' \cdot A'n+F'' \cdot A''p+F''' \cdot A'''q}{F+F'+F''+F'''}.$$

Si les forces F,F′,F″,F‴ étaient égales entre elles, on aurait

$$C h= \tfrac{1}{4}(A r +A's+A''t+A'''u),$$
$$C k= \tfrac{1}{4}(Am+A'n+A''p+A'''q).$$

Si les forces parallèles proposées n'étaient pas situées dans un même plan, on prendrait les moments relativement à trois plans rectangulaires.

IV. Des centres de gravité.

40. Tous les corps sont constamment soumis à l'action d'une force qu'on nomme *pesanteur* ou *gravité*, et qui tend à leur imprimer un mouvement dirigé vers le centre de la terre. La gravité agit également sur toutes les molécules d'un même corps. Ces actions étant sensiblement parallèles, ont une résultante, qui est le *poids* du corps. Le point d'application de cette résultante est ce qu'on appelle le *centre de gravité*, dont la position est constante pour un même corps (n° 38).

41. Si l'on suspend un corps par l'un de ses points, il faut, pour l'équilibre, que le centre de gravité se trouve sur la verticale menée par le point de suspension. D'où il suit qu'en prenant successivement divers points de suspension, et fixant pour cha-

cun d'eux la position de la verticale, le point de concours des droites ainsi obtenues sera le centre de gravité du corps dont il s'agit.

Lorsque ce corps peut être décomposé en deux ou plusieurs parties, et qu'on sait déterminer séparément les centres de gravité de celles-ci, on peut trouver le centre de gravité de leur système par des compositions successives de forces parallèles, ou par la théorie des moments.

42. Le centre de gravité d'une droite pesante et homogène AB (fig. 32) est au point G milieu de cette droite.

43. Le centre de gravité d'un système de deux droites AB et BC (fig. 33) divise la droite DE, qui joint leurs centres de gravité, en parties inversement proportionnelles à ces droites. Si les droites proposées avaient un centre de symétrie (fig. 34), ce point serait en même temps leur centre de gravité. Lorsqu'elles ont un axe de symétrie mn (fig. 35), le centre de gravité est situé sur cet axe.

44. Pour avoir le centre de gravité d'un contour polygonal quelconque ABCDEA (fig. 36), on considérera les points a, b, c, d, e, milieux des côtés, comme les points d'application de forces parallèles et proportionnelles à ces côtés; puis, par des compositions successives de forces parallèles, on déterminera les points s, t, u, G, dont le dernier sera le centre de gravité. On peut aussi, par la théorie des moments, déterminer les coordonnées Gu et Gv (fig. 37) du centre de gravité, relativement à deux axes rectangulaires oX et oY.

45. Soit proposé de trouver le centre de gravité d'un arc circulaire ACE (fig. 38). Divisons cet arc en parties égales dont le nombre soit exprimé par une puissance de 2, et menons les cordes AB, BC, etc., qui formeront le contour polygonal inscrit ABCDE. D'après les constructions qu'indique la figure, le centre de gravité de ce contour sera en G sur le rayon OC, qui est ici un axe de symétrie. Les triangles semblables ABu et Omr, AIC et OGr, et la théorie des proportions, donnent

$$\frac{AB}{Om}=\frac{Au}{Or},\quad \frac{AB+BC}{Om}=\frac{AC}{Or}=\frac{AI}{OG},$$

$$\frac{AB+BC+CD+DE}{Om}=\frac{AE}{OG}.$$

On arriverait au même résultat si l'on

donnait un plus grand nombre de côtés au contour polygonal inscrit, qui a pour limite l'arc proposé. D'où il suit que la distance du centre O au centre de gravité de l'arc, est le quatrième terme d'une proportion dont les trois premiers sont la longueur de l'arc, le rayon et la corde.

46. Lorsqu'un contour quelconque a deux axes de symétrie AB et CD (fig. 39), son centre de gravité est à l'intersection de ces axes.

47. Concevons le triangle ABC (fig. 40) divisé en tranches parallèles au côté AB, et ayant assez peu de largeur pour qu'on puisse les considérer comme des droites. Le point D étant le milieu de AB, chaque tranche aura son centre de gravité sur CD ; d'où il suit que la somme des tranches, ou le triangle ABC aura aussi son centre de gravité sur cette droite. Comme ce centre doit pareillement se trouver sur BE, il est au point G, intersection des droites CD et BE. D'un autre côté, on a

$$\frac{DG}{GC}=\frac{DE}{BC}=\frac{AD}{AB}=\frac{1}{2};$$

d'où l'on tire $DG=\frac{1}{2}GC=\frac{1}{3}DC$.

Ayant mené les droites AM, BN, CP, GH, DK (fig. 41) perpendiculaires à une droite quelconque MN dans le plan du triangle, puis DE parallèle à MN, on a

$$IH=DK=\tfrac{1}{2}(AM+BN),$$
$$GI=\tfrac{1}{3}(CP-DK)=\tfrac{1}{3}CP-\tfrac{1}{6}(AM+BN);$$

ce qui donne, pour la distance du centre de gravité du triangle relativement à la droite MN,

$$GH=IH+GI=\tfrac{1}{3}(AM+BN+CP).$$

48. Pour avoir le centre de gravité d'un polygone quelconque ABCDE (fig. 42), on le décomposera en triangles tels que ABC, ACD, ADE, dont on déterminera les centres de gravité t, s, r ; considérant ceux-ci comme les points d'application de forces parallèles et proportionnelles aux aires des triangles, on déterminera le centre de gravité G soit par des compositions successives de forces parallèles, soit en calculant, par la théorie des moments, les coordonnées Gh et Gk (fig. 43).

49. Considérant le trapèze rectangle ABB'A (fig. 44) comme composé des triangles ABB' et AB'A', dont les centres de gravité sont en m et n ; le point G sera le centre de gravité du trapèze. Posant $AA'=a$, $BB'=b$, $AB=2\delta$, on aura $mq=\tfrac{2}{3}\delta$ $ns=$ $\tfrac{4}{3}\delta$, $mp=\tfrac{1}{3}(a+b)$, $nr=\tfrac{1}{3}b$, tr. $AB'A'=a\delta$, tr. $ABB'=b\delta$, et par suite

$$Gh=\frac{2\delta(a+2b)}{3(a+b)}, \quad Gk=\frac{a^2+ab+b^2}{3(a+b)}.$$

50. Proposons de déterminer le centre de gravité du trapèze mixtiligne rectangle AGG'D'A' (fig. 45). Divisons la droite AG en un nombre pair de parties égales, et par les points de divisions B, C, etc., menons les perpendiculaires BB', CC', etc., qui doivent être suffisamment rapprochées les unes des autres pour que chacun des arcs AB', B'C', etc., diffère peu d'une ligne droite ; désignons les droites AA', BB', etc., par a, b, etc., et par δ la distance entre deux de ces droites prises consécutivement. On sait mesurer l'aire du trapèze partiel ACC'B'A' (*géom.* n° 90), composé du trapèze rectiligne ACC'A' et du segment A'B'C' ; assimilant ce segment à un triangle, et désignant par x et x' les distances du centre de gravité du trapèze ACC'B'A' relativement aux droites AA' et AG, on trouve

$$x=\delta\frac{4b+2c}{a+4b+c},$$
$$x'=\frac{(a+b)^2+(b+c)^2+2b-ac}{3(a+4b+c)}.$$

On déterminera pareillement les distances des centres de gravité des trapèzes partiels CEE'D'C' et EGG'F'E', relativement aux droites AA' et AG. Enfin, on calculera par la théorie des moments, les coordonnées du centre de gravité du trapèze AGG'D'A' par rapport à AA' et AG ; et si, pour plus de simplicité, on fait $(a+b)^2+(b+c)^2+(c+d)^2+(d+e)^2+(e+f)^2+(f+g)^2=S$, on trouvera

$$Gh=\delta\frac{4b+4c+12d+8e+20f+6g}{a+4b+2c+4d+2e+4f+g},$$
$$Gk=\frac{S+2(b^2+d^2+f^2)-(ac+ce+eg}{3(a+4b+2c+4d+2e+4f+g}.$$

Dans la valeur de Gh, le numérateur de la fraction se forme du dénominateur, en multipliant les termes de celui-ci par 0, 1, 2, 3, etc.

51. La distance du centre de gravité d'un secteur circulaire OACE (fig. 46) au centre de gravité de l'arc ACE, est égale au tiers de la distance de ce dernier au centre O. Divisons l'arc ACE en parties égales, dont le nombre soit exprimé par une puissance de 2, et substituons le secteur polygonal OABCDE au secteur circulaire proposé. L'arc *ace* étant décrit avec un rayon égal

aux deux tiers de OA, il résulte des constructions qu'indique la figure que les points G et *g* seront les centres de gravité du contour ABCDE et du secteur polygonal OABCDE, et l'on aura

$$\frac{Gg}{OG} = \frac{nx}{On} = \frac{mr}{Or} = \frac{Ao}{oA} = \frac{1}{3}.$$

Cette relation subsistera évidemment si l'on remplace le secteur polygonal par le secteur circulaire.

52. Connaissant le centre de gravité G du secteur OABC (fig. 47), et le centre de gravité G′ du triangle OAC, on aura facilement, par une proportion, le centre de gravité du segment ABC (n° 29).

53. Le centre de gravité d'une pyramide triangulaire est au quart de la distance du centre de gravité de la base au sommet. Concevons la pyramide (S,ABC) (fig. 48) divisée en tranches parallèles à la base ABC, et dont l'épaisseur soit tellement petite qu'on puisse assimiler ces tranches à des triangles. Le point E étant le centre de gravité de la base, la droite SE sera le lieu géométrique des centres de gravité de toutes les tranches ; donc le centre de gravité de la pyramide sera situé sur cette droite. Il sera pareillement situé sur la droite BF, qui joint le sommet B avec le centre de gravité de la face opposée ; d'où il suit qu'il sera en G. On aura ensuite

$$\frac{GE}{GS} = \frac{EF}{BS} = \frac{DE}{DB} = \frac{1}{3},$$

d'où l'on tire $GE = \frac{1}{3}GS = \frac{1}{4}ES$.

54. Le centre de gravité d'une pyramide polygonale quelconque (S,ABCDE) (fig. 49), et par suite celui d'un cône, est situé au quart de la distance du centre de gravité de la base au sommet.

55. Le centre de gravité d'un prisme (ABCDE,AF) (fig. 50), et par suite celui d'un cylindre, est situé au milieu de la droite qui joint les centres de gravité des deux bases.

56. Pour avoir le centre de gravité d'un polyèdre quelconque, on le décompose en pyramides (n° 41).

57. Tout centre de symétrie est en même temps un centre de gravité. Tout plan de symétrie dans un corps contient le centre de gravité de ce corps.

58. Le solide de révolution qu'engendre le trapèze mixtiligne AGG′D′A′ (fig. 51), en tournant autour de l'axe AG, a son centre de gravité sur cet axe. Employant ici les mêmes constructions et les mêmes notations qu'au n° 50, la distance de ce centre de gravité relativement au cercle décrit par AA′, sera exprimée par

$$OA = d\,\frac{4b^2 + 4c^2 + 12d^2 + 8e^2 + 20f^2 + 6g^2}{a^2 + 4b^2 + 2c^2 + 4d^2 + 2e^2 + 4f^2 + g^2}$$

Cette formule se déduit de celle qui, au n° 50, a donné la valeur de G*h*, en y remplaçant les droites *a*,*b*,*c*, etc., par les aires des cercles dont elles sont ici les rayons.

59. Soit AB (fig. 52), la génératrice d'une surface de révolution, et soit *mn* un segment élémentaire de cette ligne. La surface engendrée par cet élément aura pour mesure le produit de *mn* par la circonférence que décrit le point *r*, centre de gravité de cet élément. Si l'on suppose les éléments de AB égaux entre eux, la surface engendrée par cette courbe aura pour mesure la somme de ces éléments multipliée par la circonférence moyenne entre celles que décrivent leurs centres de gravité, c'est-à-dire, la courbe AB multipliée par la circonférence que décrit son centre de gravité.

60. Soit *abcd* un carré élémentaire pris dans la section génératrice d'un solide de révolution. Le volume engendré par cet élément sera la différence entre les volumes engendrés par les rectangles *aefd* et *befc*, et sa mesure sera le produit de cet élément par la circonférence que décrit son centre de gravité. Concevant la section génératrice comme composée d'éléments infiniment petits et égaux à *abcd*, il est aisé de reconnaître qu'on aura le volume du solide de révolution, en multipliant la section génératrice par la circonférence que décrit son centre de gravité.

61. Le centre de gravité de deux sphères égales en poids (fig. 53), est au milieu de la droite qui joint les centres. Celui de deux sphères inégales (fig. 54) divise la droite qui joint les centres en parties inversement proportionnelles aux deux sphères. Celui de trois sphères égales (fig. 55) se confond avec le centre de gravité du triangle qui a pour sommets les centres des trois sphères. Celui de quatre sphères égales (fig. 56) coïncide avec le centre de gravité d'une pyramide triangulaire ayant pour sommets les centres des sphères.

V. Des forces qui agissent suivant des directions quelconques.

62. Soient F′,F″, etc. (fig. 57) des forces situées dans un même plan, appliquées aux points A′,A″, etc., et agissant suivant des directions quelconques. Ayant construit deux axes rectangulaires OX et OY, on pourra transporter les forces données parallèlement à elles-mêmes, pour les appliquer au point O, puis décomposer chacune de ces forces en deux composantes, telles que X′ et Y′, agissant suivant les axes OX et OY, et les deux groupes de composantes ainsi obtenues donneront une résultante appliquée au point O. Mais les forces F′,F″, etc., ainsi transportées parallèlement à elles-mêmes, donnent lieu à des couples qui auront pour bras de levier les distances du point O aux directions de ces forces (n° 38), et qui se composeront en un seul couple résultant. On arrive ainsi à n'avoir plus à considérer qu'une force et un couple, qui se réduiront à une résultante unique, si l'équilibre n'a pas lieu.

On arriverait au même résultat en décomposant d'abord chacune des forces données, en deux composantes appliquées au même point et parallèles aux axes OX et OY, transportant ensuite ces composantes sur les axes, et tenant compte des couples auxquels cette translation donne lieu.

63. Considérons maintenant le cas où les forces données auraient des directions quelconques dans l'espace. Soit F′ (fig. 58), l'une de ces forces. Ayant fait choix de trois axes rectangulaires OX, OY et OZ, on décomposera cette force en trois composantes X′,Y′,Z′, respectivement parallèles à ces axes; on transportera ensuite ces composantes parallèlement à elles-mêmes, pour les appliquer au point O, suivant les directions des axes. Dans cette translation, chaque composante donnera lieu à un couple ayant pour bras de levier la distance de cette composante à l'axe parallèle. La composante Z′, par exemple, donnera un couple ayant pour bras de levier OC, et qu'on décomposera en deux autres couples ayant pour bras de levier Ox et Oy, et agissant dans les plans XOZ et YOZ. Chacune des forces proposées donnera ainsi trois composantes appliquées au point O, et six couples agissant dans les plans des axes et ayant pour bras de levier les coor-

données du point d'application de la force. Toutes les composantes appliquées au point O auront une résultante; tous les couples se réduiront pareillement à un couple résultant; mais, en général, cette résultante et ce couple résultant ne pourront pas se réduire à une résultante unique. Dans le cas d'équilibre, la résultante et le couple résultant sont nuls.

§ 2. *Des forces qui agissent sur un corps qui ne peut se mouvoir qu'en glissant ou roulant sur un plan.*

64. Lorsqu'un point matériel A (fig. 59), situé sur un plan quelconque HO, est soumis à l'action d'une force F; si cette force est perpendiculaire au plan, son action est détruite par la résistance du plan, il y a équilibre. Si la force F est oblique au plan, elle se décompose en deux autres forces F′ et F″; la première étant perpendiculaire au plan, se trouve détruite; mais la seconde agissant dans le plan, produit le mouvement du point A sur ce plan.

65. Soit ABC (fig. 60) un corps touchant le plan HO en un seul point C. Lorsque ce corps est soumis à l'action d'une force F perpendiculaire au plan et dont la direction passe par le point C, il y a évidemment équilibre; mais si la force agit au point A′, suivant une direction qui ne passe plus par le point C, rien ne s'opposant au mouvement du point d'application, l'équilibre n'a plus lieu.

66. Lorsqu'un corps touche un plan horizontal par un seul point, et qu'il n'est soumis à d'autre action que celle de son propre poids, il faut, pour que l'équilibre ait lieu, que le centre de gravité du corps se trouve sur une verticale passant par le point d'appui. Dans le cas d'une sphère homogène, l'équilibre a lieu quel que soit le point de sa surface par lequel elle touche le plan horizontal.

Supposons que le corps ne soit point sphérique, qu'il s'agisse, par exemple, d'un ellipsoïde de révolution. L'équilibre aura lieu lorsque le point d'appui sera pris de telle sorte que le grand axe AB se trouve horizontal (fig. 61), ou vertical (fig. 63). Dans le premier cas, si l'on imprime au corps un léger mouvement de rotation, en faisant décrire au point d'appui un arc très-petit CC′ (fig. 62), alors le poids du corps agit avec un bras de levier Gr

pour ramener le corps a sa position primitive ; cet équilibre est dit *stable*. Dans le second cas, si l'on fait pareillement tourner le corps, en faisant décrire au point d'appui l'arc très-petit AA' (fig. 64), le poids du corps agit pour continuer le mouvement imprimé, et ne ramène plus le corps à sa position primitive ; cet équilibre est dit *instable*. Le point M, centre de courbure de l'arc très-petit qu'on a fait décrire au point d'appui, se nomme *métacentre*. Il est situé au-dessus ou au-dessous du centre de gravité, suivant que l'équilibre est stable ou instable.

67. Lorsqu'un corps est posé sur un plan horizontal qu'il touche en deux points (A, A') et (B, B') (fig. 65), il faut, pour que l'équilibre ait lieu, que la verticale menée par le centre de gravité (G, G') rencontre le plan horizontal en un point G situé sur la droite AB. On obtiendra les pressions exercées en A et B, en décomposant le poids du corps en deux parties inversement proportionnelles à AG et BG (n° 29).

68. Si le corps touche le plan horizontal par trois points (A, A'), (B, B') et (C, C') (fig. 66), l'équilibre ne peut avoir lieu qu'autant que la verticale, menée par le centre de gravité (G, G'), rencontre le plan horizontal dans l'intérieur du triangle ABC. Pour avoir les pressions exercées sur les points d'appui, on décomposera d'abord le poids du corps en deux forces appliquées en A et D ; puis la force appliquée en D, en deux autres forces appliquées en B et C.

69. Si le corps touche le plan horizontal par plus de trois points, l'équilibre aura lieu si la verticale menée par le centre de gravité rencontre le plan horizontal dans l'intérieur du polygone qui a pour sommets ces points d'appui, et construit de manière qu'il n'y ait aucun sommet rentrant.

70. Concevons que AB (fig. 67) représente un plan incliné sur le plan horizontal AC, et menons par le point B, pris arbitrairement sur AB, la verticale BC ; les droites AB, AC, BC, que nous désignerons par l, b, h, sont ce qu'on appelle la *longueur*, la *base* et la *hauteur* du plan incliné. Soit G le centre de gravité d'un corps que l'action de son poids P tend à faire descendre le long du plan incliné. Le poids P, décomposé parallèlement et perpendiculaire à AB, donne les composantes p et q ; la première agit pour faire descen-

dre le corps, et la seconde mesure la pression exercée sur le plan incliné. Si l'on prend GF égal à Gp et parallèle à AB, que par le point F on mène MN perpendiculaire à AB, toute force représentée par une droite partant du point G et terminée à l'un des points de MN, fera équilibre à la composante p. La pression sur le plan incliné varie avec la direction de la force employée pour tenir le corps en équilibre. Désignons par A l'angle BAC égal à l'angle PGq.

1° Si la force employée pour tenir le corps en équilibre agit parallèlement au plan incliné, on a

$$F = P\sin A = \frac{Ph}{l}, \quad q = P\cos A = \frac{Pb}{l}.$$

2° Si la force agit horizontalement, on a

$$F' = P\tan g A = \frac{Ph}{b}, \quad q' = \frac{P}{\cos A} = \frac{Pl}{b}.$$

3° Les angles qGF'' et qGF''' étant supplémentaires, on a

$$F'' = F''' = \frac{P\sin A}{\sin q\mathrm{GF}'''};$$

et les pressions correspondantes sont

$$q'' = \frac{P\sin P\mathrm{GF}''}{\sin q\mathrm{GF}''}, \quad q''' = \frac{P\sin P\mathrm{GF}'''}{\sin q\mathrm{GF}'''}.$$

4° Si la force agissait perpendiculairement à AB, sa valeur serait infinie, si p n'éprouvait pas une résistance due au frottement du corps sur le plan incliné, et qui croît en raison directe de la pression. Il suffira que l'intensité de la force soit telle qu'augmentée de la pression q, il en résulte un frottement équivalent à p.

71. Lorsqu'un corps presse par son poids P sur deux plans inclinés AB et AB' (fig. 68), désignant les pressions par p et p', menant l'horizontale BB' ainsi que les verticales BH et B'H', et faisant ang. BAH$=$A, ang. B'AH'$=$A', AB$=l$, AB'$=l'$, AH$=b$, AH'$=b'$, on aura

$$p = \frac{P\sin A'}{\sin(A+A')} = \frac{Pl}{b+b'}, \quad p' = \frac{P\sin A}{\sin(A+A')} = \frac{Pl'}{b+b'}$$

72. L'équilibre d'un corps sur une surface courbe AB (fig. 69) qu'il touche en C, revient à l'équilibre de ce corps sur le plan DE tangent en C à la surface courbe.

§ 3. *Des forces qui agissent sur un corps qui ne peut se mouvoir qu'en tournant autour d'un axe, ou en glissant le long de cet axe.*

73. Soit BCD (fig. 70) **un corps assu-**

jetti à tourner autour d'un axe perpendiculaire au plan de la figure et représenté par le point A. Supposons que la puissance F et la résistance F′ soient situées dans des plans perpendiculaires à l'axe. Les bras de levier des moments de ces forces étant Ab et Ad, il y aura équilibre si l'on a $F \cdot Ab = F′ \cdot Ad$. S'il y avait plus de deux forces, il faudrait que la somme des moments des forces qui tendent à faire tourner dans un sens, fût égale à la somme des forces qui tendent à faire tourner en sens contraire.

Considérons maintenant une force F (fig. 71) appliquée au point C, et dont la direction est oblique à la section plane CDE perpendiculaire à l'axe AB. On remplacera cette force par les composantes f et φ, la première étant la projection orthogonale de F sur le plan CDE, et la seconde parallèle à l'axe. On décomposera pareillement les autres forces données; et pour qu'il n'y ait pas de mouvement, il faudra que les moments des composantes telles que f se fassent équilibre, et que la résultante des composantes parallèles à l'axe soit nulle.

74. Lorsque l'axe de rotation pose sur deux points d'appui, pour obtenir les pressions exercées sur ces points on transportera parallélement à elles-mêmes les forces qui agissent perpendiculairement à l'axe, pour les appliquer à cet axe ; on décomposera chacune d'elles en deux composantes appliquées aux points d'appui ; et les résultantes des deux groupes de composantes ainsi obtenues donneront les pressions demandées.

§ 4. Des forces qui agissent sur un corps flexible.

75. Lorsque des forces F, F′, etc. (fig. 75), sont appliquées à des points B, C, etc., d'une corde flexible et inextensible, fixée par ses extrémités A et G, cette corde prend une forme polygonale ; c'est ce qu'on appelle un *polygone funiculaire*.

76. Considérons d'abord une corde ABC (fig. 72) fixée par ses extrémités A et C, et soumise à l'action d'une force F agissant à l'extrémité d'une corde nouée en B à la première. Désignant par T et T′ les tensions des cordons AB et BC; par $t, t′, \varphi$, les angles FBC, FBA, ABC ; il faut, pour l'équi-

libre, que les cordons AB, BC, BF soient dans un même plan, et que de plus on ait (n° 20)

$$\frac{T}{\sin t} = \frac{T′}{\sin t′} = \frac{F}{\sin \varphi}.$$

Lorsque $\varphi = 2^d$, on a T infini, quelle que soit la force F. Il suit de là qu'une corde tirée dans le sens de sa longueur par une force finie quelconque, ne peut être tendue en ligne droite, excepté le cas où la position de cette corde serait verticale.

Si le cordon BF (fig. 73), au lieu d'être noué en B, se trouve fixé à un anneau mobile sur la corde ABC, l'équilibre donne alors $T = T′, t = t′$; et désignant l'angle ABC par 2φ, on a $\sin t = \sin \varphi$, et par suite

$$\frac{F}{T} = \frac{\sin 2\varphi}{\sin \varphi} = \frac{2\sin\varphi\cos\varphi}{\sin\varphi} = 2\cos\varphi.$$

Si les angles t et $t′$ ne sont pas égaux, le point B se meut sur l'ellipse MBN, dont les foyers sont A et C.

77. Dans le cas d'une corde AB (fig. 74) sollicitée par des forces appliquées à ses extrémités, l'équilibre n'a lieu qu'autant que les résultantes R et R′ de ces forces sont égales et directement opposées.

78. Soient F, F′, F″, F‴ (fig. 75) des forces appliquées aux sommets du polygone funiculaire ABCDEG. Désignant par T, T′, T″, T‴, T⁗ les tensions des côtés AB, BC, CD, DE, EG ; par $t, t′, t″, t‴$ les angles FBC, F′CD, F″DE, F‴EG ; par $\theta, \theta′, \theta″, \theta‴$ les angles FBA, F′CB, F″DC, F‴ED; par $\varphi, \varphi′, \varphi″, \varphi‴$ les angles ABC, BCD, CDE, DEG ; comme chaque sommet doit être en équilibre, on a les proportions

$$\frac{T}{F} = \frac{\sin t}{\sin \varphi}, \quad \frac{F}{T′} = \frac{\sin \varphi}{\sin \theta}, \quad \frac{T′}{F′} = \frac{\sin t′}{\sin \varphi′}, \quad \frac{F′}{T″} = \frac{\sin \varphi′}{\sin \theta′}, \text{ etc.}$$

Ces proportions, par les combinaisons dont elles sont susceptibles, serviront à trouver en fonctions des angles, le rapport entre les tensions de deux côtés quelconques, ou entre la tension d'un côté et l'une des forces, ou enfin entre deux des forces. Il suit de ces relations que si les angles t et θ, $t′$ et $\theta′$, etc., sont inégaux, les tensions T et T′, T′ et T″, etc., sont pareillement inégales. Quand les côtés extrêmes AB et EG sont dans un même plan, les forces T et T′, qui représentent leurs tensions, ont une résultante R égale et directement opposée à la résultante R′ des forces intermédiaires F, F′, F″, F‴.

79. Si l'on a $t = \theta$, $t′ = \theta′$, $t″ = \theta″$ (fig. 76),

il s'ensuit $T=T'=T''$; et désignant par $2\varphi,2\varphi',2\varphi''$ les angles ABC,BCD,CDE , on trouve alors (n° 76)

$$\frac{F}{\cos\varphi}=\frac{F'}{\cos\varphi'}=\frac{F''}{\cos\varphi''}.$$

Supposant de plus $AB=BC=CD=DE$, décrivant les circonférences ABC,BCD,CDE, qui passent chacune par trois sommets consécutifs, et dont les rayons OB,O'C,O''D seront désignés par R,R',R'' ; le triangle rectangle BCN donne

$$\cos\varphi=\cos CBN=\frac{BN}{BC}=\frac{BC}{2R} ;$$

on aura des valeurs analogues pour $\cos\varphi'$ et $\cos\varphi''$; et par suite il vient

$$F\cdot R=F'\cdot R'=F''\cdot R'' ,$$

c'est-à-dire que les forces F, F', F'' sont alors inversement proportionnelles aux rayons R,R',R''.

80. Il suit du numéro précédent que lorsqu'une corde est tendue sur un contour curviligne , les pressions qu'elle exerce aux divers points de ce contour sont en raison inverse des rayons de courbure correspondants.

81. Lorsque les forces F,F',F'' sont parallèles (fig. 77), les tensions des côtés du polygone sont directement proportionnelles aux sécantes de leurs inclinaisons sur une droite MN perpendiculaire aux directions des forces. Car , désignant par i et i' les inclinaisons ANM et BCM , on a

$$\frac{T}{T'}=\frac{\sin i}{\sin\theta}=\frac{\cos i'}{\cos i}=\frac{\sec i}{\sec i'}.$$

82. Supposons les forces F,F', etc. verticales (fig. 78), et que le polygone ait un côté DE horizontal. Continuant de désigner par T,T',T'',T''' , les tensions des côtés AB,BC,CD,DE ; par I,I',I'' les inclinaisons ANL,BOL,CDL, sur l'horizontale LM; nommant R la résultante ou la somme des forces F,F',F'', appliquée au point N (n° 78) ; on aura les relations

$$R=T\sin i , \quad R=T'''\tan g i.$$

Nous voyons par là que la tangente de l'inclinaison de chaque côté sur l'horizontale L est proportionnelle à la somme des forces verticales appliquées sur le contour, depuis le côté le plus bas jusqu'à celui que l'on considère. D'où il suit que l'inclinaison de chaque côté sur l'horizontale LM, et par conséquent la tension , augmente avec le nombre des sommets compris entre le côté dont il s'agit et le côté horizontal.

83. Les forces peuvent représenter les actions exercées par les poids des côtés ; s'ils sont égaux, chaque force est égale au poids d'un côté.

84. Soit ABCDEH (fig. 79) un polygone funiculaire composé de cinq côtés égaux , dont les points de suspension sont sur une même horizontale AH, et qui n'est soumis qu'à l'action de son propre poids. Ce polygone sera évidemment symétrique relativement à l'axe vertical nG mené par le milieu de AH. Les points m, n, p divisant la droite AH en parties proportionnelles aux forces F,F',F'',F''', si l'on mène HO et pO perpendiculaires à HE et DE , les triangles HpO et Exy seront semblables, et les côtés OH, Op et pH seront proportionnels aux tensions des côtés HE,ED et à la force F'''. Menant les droites On,Om,OA, elles se trouveront perpendiculaires aux côtés CD,BC,AB, et proportionnelles à leurs tensions. De plus , dans le cas dont il s'agit ici, le point O doit être sur l'axe de symétrie.

Réciproquement , si les points A,H,O étaient donnés , ainsi que le nombre et la longueur des côtés du polygone, il serait aisé de construire ce dernier , en plaçant successivement ses côtés perpendiculairement aux droites OA, Om, etc. Or, si l'on prend arbitrairement le point ω sur l'axe de symétrie , qu'on mène les droites ωA et ωm, que l'on construise le demi-polygone Abcg , en menant Ab,bc,cg perpendiculaires à ωA, ωm, ωn ; l'extrémité g tombant à la droite de l'axe nG, c'est un indice que le point ω est trop élevé. On portera og en $\omega\gamma$, et l'on réitérera la même opération. On obtiendra ainsi les points γ,γ', etc., qui détermineront une courbe auxiliaire sur laquelle le point O doit se trouver ; et comme il doit aussi se trouver sur l'axe nG, il sera à l'intersection.

Dans les cas où la symétrie n'a pas lieu, on peut trouver le point O en employant deux courbes auxiliaires, déterminées par la double condition d'amener l'extrémité du dernier côté sur une horizontale et sur une verticale données.

85. On appelle *chaînette* la courbe ABD (fig. 80) formée par un corps flexible, homogène, fixé par ses deux extrémités en A et D, soumis à l'action de son propre poids, considéré dans l'état d'équilibre , et d'ailleurs libre dans l'espace. La verticale MB , menée par le milieu de l'horizontale

AC , est l'axe de symétrie de la chaînette ABC.

On peut considérer la chaînette comme
un polygone funiculaire dont les côtés seraient très-petits. Il s'ensuit que lorsque la
longueur et les points de suspension de
cette courbe sont donnés , on peut la construire ; car on pourra diviser la longueur
donnée en parties égales, et considérer ces
parties comme les côtés d'un polygone funiculaire (n° 84) , qui différera d'autant
moins de la chaînette que ses côtés seront
plus petits. Si l'on désigne par T la tension
en un point quelconque C, par T' la tension
de l'élément horizontal B , par P le poids
de l'arc BC, par i l'inclinaison de l'élément
C sur l'horizon , on aura (n°ˢ 81 et 82)

$$T=T'\sec i, \quad P=T\sin i=T'\tan i.$$

La tension T a deux composantes T' et P,
elle augmente avec P. Si le point auquel
se rapporte cette tension est un point de
suspension fixé à un pilier , T' et P représenteront la poussée horizontale et la pression verticale exercées sur ce pilier.

86. Lorsque deux chaînettes sont semblables (fig. 80 et 81), les tensions en deux
points homologues C et c sont entre elles
dans le rapport des longueurs de ces chaînettes , le poids de l'unité de longueur
étant supposé le même de part et d'autre.

87. Une chaînette ABC (fig. 82) chargée
uniformément par un poids étranger, comme
il arrive dans le cas des ponts suspendus ,
prend la forme d'une parabole. Il est facile
alors de calculer la tension T relative au
point C. En effet , la corde $AC=2c$ étant
supposée horizontale , et la flèche $BD=f$
étant l'axe de symétrie de la parabole , si
l'on prend $BO=BD$, les droites OA et OC
seront tangentes en A et C (géom. 223).
Ayant construit le lozange OMBN, et concevant que OB représente le poids P que supporte la chaînette , on aura

$$T=ON=\frac{OI\cdot OC}{OD}=\frac{P\cdot\sqrt{4f^2+c^2}}{4f}.$$

88. Une corde NBC (fig. 83) posée sur
un contour curviligne ABC , éprouve une
tension due à l'action de son propre poids,
et qu'il s'agit de déterminer. Considérons
le segment élémentaire DE, dont le poids p
se décompose en une force de tension p' et
une force de pression p''. Désignant par q
le poids de l'unité de longueur de corde, on
a $p=q\cdot DE$. Les triangles rectangles et semblables Gpp' et EDH donnent

$$p'=\frac{p\cdot HE}{DE}=\frac{q\cdot DE\cdot de}{DE}=q\cdot de.$$

D'où il suit que la tension produite par la
corde BN sera $q\cdot Bn$,Bn étant la projection
verticale de BN.

SECT. II. — DYNAMIQUE.

§. 1. *Diverses espèces de mouvement d'un
corps libre.*

89. Nous avons vu (n° 8) que la *dynamique* a pour objet tout ce qui est relatif au
mouvement des corps.

90. L'*espace parcouru* par un corps auquel on a imprimé un mouvement de translation a pour mesure la longueur de la
ligne décrite par le centre de gravité.

91. La *vitesse* d'un mobile se mesure
par l'espace parcouru uniformément pendant une unité de temps déterminée. En
divisant l'espace parcouru pendant un certain nombre d'unités de temps , par le
nombre de ces unités, on a la vitesse.

92. Tout mouvement est essentiellement
continu, c'est-à-dire qu'un corps en mouvement ne peut passer d'une position à une
autre, sans passer nécessairement par toutes
les positions intermédiaires du lieu déterminé par la loi du mouvement.

93. Un mouvement ne peut être complétement défini que lorsqu'il a été considéré
sous ses divers points de vue, et que chacun
de ses caractères essentiels se trouve indiqué par une dénomination particulière.
1° Un mouvement est *simple* lorsqu'il y a
seulement translation en ligne droite ; il est
composé lorsqu'il y a combinaison de deux
ou plusieurs mouvements différents. 2° Considéré relativement à sa direction, un mouvement est *rectiligne* ou *curviligne ;* le mouvement curviligne peut être *circulaire, elliptique,* etc. 3° Considéré relativement à la
continuité des positions que le mobile occupe successivement, le mouvement est dit
progressif lorsque le mobile avance toujours
dans le même sens , sans aucun rebroussement; il est *alternatif, oscillatoire, vibra-
toire,* ou de *va et vient,* lorsque le mobile parcourt le même espace alternativement dans
un sens et dans l'autre. 4° Considéré relativement à sa vitesse, le mouvement est *uniforme*
lorsque la vitesse est constante ; dans le cas
contraire , il est dit *varié ;* il est alors *accéléré* ou *retardé,* suivant que la vitesse est
croissante ou décroissante ; il est *périodique*

lorsque la vitesse variable redevient la même après des intervalles de temps égaux entre eux, en sorte que l'espace parcouru pendant chacun de ces intervalles est constamment le même. Nous dirons, par exemple, que le mouvement d'un corps qui tombe librement, par l'action de la pesanteur, est simple, rectiligne, progressif et accéléré; que celui de la terre autour du soleil est composé, elliptique, progressif et périodique.

94. Désignons par E l'espace uniformément parcouru par un mobile, avec une vitesse V, et dans T unités de temps; on aura $E = VT$. Si l'on porte sur AE (fig. 84) autant d'unités linéaires qu'il y a d'unités dans T; et sur AG, perpendiculaire à AE, autant d'unités linéaires qu'il y en a dans V; si l'on prend pour unité de superficie le carré fait sur l'unité linéaire; l'aire du rectangle AEFG et l'espace parcouru E se trouveront exprimés l'un et l'autre par le même nombre; et c'est dans ce sens que nous dirons que le rectangle représente l'espace parcouru, lorsque sa base et sa hauteur représentent le temps et la vitesse.

95. Concevons qu'une première impulsion ait imprimé à un point matériel une vitesse v, représentée par AF (fig. 85); qu'au bout de la première unité de temps, représentée par AB, une seconde impulsion égale à la première vienne doubler la vitesse primitive; qu'au bout de la seconde unité de temps, une troisième impulsion triple la vitesse primitive; et ainsi de suite: les rectangles ABGF, BCIH, etc., représenteront les espaces parcourus pendant la première, la deuxième, etc., unité de temps; l'espace total E parcouru au bout d'un certain temps T, se trouvera représenté par un polygone tel que AENML....; et si l'on désigne par V la vitesse relative à la dernière unité de temps, on aura
$$V = vT, \quad 2E = V(T+1).$$

96. Dans l'hypothèse du n° précédent, à mesure que l'intervalle de temps pris pour unité deviendra de plus en plus petit, les sommets F, H, etc., du polygone se rapprocheront de plus en plus de la droite AN. Si la force motrice renouvelle continuellement son action, conservant toujours la même intensité, cette force est dite *accélératrice constante;* le mouvement est *uniformément accéléré;* les espaces parcourus au bout de 1, 2, 3, etc., unités de temps sont

représentés par les triangles semblables ABG, ACI, etc. (fig. 86), et sont proportionnels aux carrés des temps; les vitesses acquises sont proportionnelles aux temps. Si la force cesse d'agir au bout d'un temps AE, la vitesse acquise EN devient constante, le mouvement devient simplement uniforme, et dans un temps EP=AE le mobile parcourt un espace double de celui parcouru dans le temps AE. Une force accélératrice constante se mesure par la vitesse v imprimée au bout d'une seconde de temps, et désignant par e l'espace parcouru pendant la première seconde, on a $v = 2e$. Désignant par T le temps exprimé en secondes, par V la vitesse acquise au dernier instant, et par E l'espace total parcouru, on a
$$V = vT, \quad 2E = VT = vT^2.$$
A l'aide de ces relations, on peut calculer deux des quatre quantités v, V, T, E, connaissant les deux autres.

97. La *gravité* agit sur les corps comme force accélératrice constante. L'espace qu'un corps parcourt sous l'influence de cette force, pendant la première seconde de sa chute, dans le vide, et pour la latitude de Paris, étant $e = 4^m,9044$; la gravité, qu'on désigne ordinairement par g, sera exprimée par $g = 2e = 9,8088$.

98. La masse M d'un corps s'obtient en divisant le poids P de ce corps par la gravité, on a $M = \dfrac{P}{g}$.

99. Lorsqu'un point matériel doué d'une vitesse uniforme $u = AF$ (fig. 87), vient à être soumis à l'action d'une force accélératrice constante $v = GL$, l'espace parcouru pendant l'action de cette force se trouve représenté par un trapèze AEKF, et l'on a
$$V = u + vT, \quad 2E = 2uT + vT^2.$$
Si l'on remplace la force accélératrice par une force retardatrice, il vient (fig. 88)
$$V = u - vT, \quad 2E = 2uT - vT^2.$$
Dans ce dernier cas, pour avoir le temps écoulé et l'espace parcouru au moment où la vitesse initiale u se trouve complétement détruite, il faut faire $V = o$, puis calculer T et E.

Si la force accélératrice ou retardatrice n'était pas constante, l'espace parcouru se trouverait représenté par un trapèze mixtiligne (fig. 89).

100. Dans le cas d'un mouvement périodique, l'espace parcouru pendant chaque

période de temps est représenté par un trapèze mixtiligne ABGFE (fig. 90). Si l'on construit le parallélogramme rectangle ABNM équivalent à ce trapèze, sa hauteur AM représentera la vitesse *moyenne* entre toutes celles qu'a prises le mobile pendant une période de temps AB.

. 101. L'action qu'une force quelconque exerce sur un corps peut toujours être comparée à la pression ou à la traction qu'exercerait un poids déterminé. De là vient que l'effort de pression ou de traction exercé par une force s'évalue ordinairement en kilogrammes.

102. Lorsqu'une force agit, travaille, en renouvelant continuellement son action, pour vaincre une résistance qui se renouvelle pareillement à chaque instant, on évalue la *quantité d'action* ou *de travail* développée par la force, au bout d'un certain temps, en multipliant la pression constante de la puissance par le chemin que décrit son point d'action, dans la direction de cette force. On prend pour *unité de travail* l'unité de pression, évaluée en poids, parcourant l'unité de longueur. Une pression constante de 1 kilogramme faisant parcourir au point d'application une longueur de 1 mètre, constitue une unité de travail qu'on nomme *kilogramme-mètre*, et qu'on écrit 1^{km}. Lorsqu'elle est jugée trop petite, on prend pour unité de travail une pression de 10,100,1000, etc., kilogrammes, parcourant 1 mètre de longueur.

Dans le cas d'un corps qui tombe librement par l'action de la pesanteur, la pression constante est le poids P du corps, la résistance est l'inertie, et si l'on désigne par E l'espace parcouru, par V la dernière vitesse acquise, la quantité d'action dépensée pour produire la chute sera

$$PE = Mg \cdot \frac{V^2}{2g} = \tfrac{1}{2}MV^2,$$

c'est-à-dire la moitié du produit de la masse par le carré de la vitesse due à la hauteur de chute.

103. Le produit qu'on trouve en multipliant la masse d'un corps par sa vitesse, ou $MV = Q$, est ce qu'on a appelé une *quantité de mouvement ;* et le produit MV^2 a été nommé *force vive*. Il est important de ne pas confondre ces quantités avec celle qu'on appelle quantité d'action ou de travail. La quantité de mouvement n'ex-

prime qu'un effort de pression; car on a

$$Q = MV = \frac{P}{g}V = \frac{V}{g}P,$$

et comme $\frac{V}{g}$ est le rapport abstrait de deux vitesses, Q est une quantité de même nature que le poids P. La force vive $MV^2 = QV$, étant le produit d'une pression par une vitesse, est une quantité analogue à la quantité d'action ; c'est le double de la quantité d'action dépensée pour produire dans la masse M cette force vive (n° précédent).

§ 2. *Mouvement sur un plan incliné.*

104. Considérons d'abord le cas où un corps, par l'action de son propre poids, se meut en glissant ou en roulant sur un plan incliné, dont la longueur AB (fig. 91), la base AC et la hauteur BC seront désignées par l, b, h. Le poids P du corps, décomposé parallèlement et perpendiculairement au plan incliné, donne les composantes p et q. La composante $p = \frac{Ph}{l}$ agit comme force accélératrice constante ; d'où il suit que, si l'on fait abstraction des résistances passives, le mouvement sera uniformément accéléré, les vitesses acquises seront proportionnelles aux temps, et les espaces parcourus proportionnels aux carrés des temps. Si l'on fait IN et In (fig. 92) proportionnels à P et p, ou à l et h, le triangle HMQ représentant l'espace parcouru par le corps tombant librement pendant un temps T = HM, le triangle HMq représentera l'espace qui serait parcouru dans le même temps sur le plan incliné.

105. A l'aide de ce qui précède, et par les propriétés connues des triangles, on vérifiera aisément les propositions suivantes.

1° Si l'on mène CD (fig. 91) perpendiculaire à BA, BD représentera l'espace parcouru par le mobile sur le plan incliné BA, dans le temps qu'il mettrait à parcourir l'espace vertical BC, en tombant librement.

2° Les temps employés à descendre le long des plans diversement inclinés BA, BA′, BA″, mais de même hauteur, sont proportionnels aux longueurs de ces plans.

3° Les vitesses acquises lorsque le mobile parti du point B arrive à l'un des points A, A′, A″, C, etc., sont les mêmes.

106. Lorsqu'un corps, en vertu d'une

impulsion reçue, se meut en montant le long d'un plan incliné, la composante p agit alors comme force retardatrice constante.

107. Dans le mouvement ascensionnel et uniforme d'un corps pesant sur un plan incliné, la force motrice doit vaincre à chaque instant la résistance due à la composante p et au frottement.

108. Lorsqu'un corps descend, par l'action de son poids, en s'appuyant sur un contour curviligne quelconque, les éléments de ce contour peuvent être considérés comme une suite de petits plans inclinés, et la vitesse acquise au dernier instant de la chute est égale à celle que le corps eût acquise en tombant librement d'une hauteur déterminée par la différence entre les hauteurs verticales du point de départ et du point d'arrivée.

§ 3. *Mouvement circulaire.*

109. Soit A (fig. 93) un point matériel situé à l'extrémité de la droite CA supposée inflexible, inextensible et mobile autour du point C, dans le plan de la figure; et concevons qu'on ait imprimé au point A une certaine vitesse dans la direction AB, tangente à circ. (CA). Si le point A était libre, il continuerait son mouvement suivant la tangente AB; mais la rigidité du rayon mobile CA oblige ce point à se mouvoir sur la circonférence. Dans ce mouvement, le rayon CA est soumis à une action qui s'exerce de C en A, qu'on nomme *force centrifuge,* et à une réaction égale et contraire qu'on nomme *force centrale* ou *force centripète.*

110. L'arc circulaire AE, décrit pendant l'unité de temps, mesure la *vitesse tangentielle,* et l'angle au centre correspondant ACE, mesure la *vitesse angulaire.* Désignant par V la vitesse tangentielle, par A la vitesse angulaire, par E la longueur de l'arc décrit pendant T unités de temps, on a (*géom.* n° 170)

$$V = \frac{E}{T}, \quad A = \frac{V}{R} = \frac{E}{TR}.$$

Il suit de là que lorsque deux points matériels se meuvent circulairement, si les vitesses angulaires sont les mêmes, les vitesses tangentielles sont proportionnelles aux rayons; si les vitesses tangentielles sont égales, les vitesses angulaires sont en raison inverse des rayons.

111. Considérons la circonférence comme composée d'éléments rectilignes infiniment petits, AB, BD, DG, etc. (fig. 94). Le mobile, après avoir décrit l'élément AB dans un temps élémentaire t, doit pareillement décrire l'élément BD=AB dans un temps t. Si l'on mène DT et DF parallèles à CB et AB, BT représentera la force tangentielle, et BF la force centrale, égale et contraire à la force centrifuge. Par le lozange ABDF, on a BT=DF=AB=BD; les triangles semblables CBD et DBF donnent BD moyen proportionnel entre BF et BC; d'où il suit que si l'on désigne par E la force centrale ou centrifuge, suivant qu'il s'agira d'un point matériel ou d'une masse M, on aura

$$F = \frac{V^2}{R}, \quad \text{ou} \quad F = \frac{M V^2}{R}.$$

Quand deux points matériels se meuvent circulairement avec une même vitesse angulaire, leurs forces centrifuges sont proportionnelles aux rayons.

112. Soit O (fig. 95) le centre d'une sphère qu'on fait mouvoir dans un canal circulaire, par l'action d'une force qui lui donne une vitesse tangentielle V. Si le canal circulaire est placé horizontalement, la vitesse V et, par conséquent, la force centrifuge sont constantes. Mais il n'en est plus de même si le canal est placé verticalement. Car alors, à chaque position de la sphère mobile, son poids P se décompose en deux composantes p et q; la première augmente ou diminue la vitesse acquise, selon que le mobile descend ou remonte; la seconde diminue ou augmente la pression que la force centrifuge exerce sur la paroi MLN, selon que le mobile se trouve au-dessus ou au-dessous du plan horizontal HL. Désignant par U la vitesse variable de la sphère, par Q la pression variable exercée sur MLN, par R le rayon CO, par g la gravité, et par y l'ordonnée variable O'I, positive ou négative, selon que le centre O se trouve au-dessus ou au-dessous de HO, on aura (n°° 108 et 111)

$$U = V + \sqrt{2g(R-y)}, \quad Q = R\left(\frac{U^2}{g} - y\right).$$

113. Dans le mouvement d'un corps autour d'un axe fixe, pour que les forces centrifuges qui animent les divers points matériels de ce corps n'exercent aucune action tendant à déplacer l'axe de rotation, il faut que ces forces se fassent équilibre, ce qui ne peut avoir lieu qu'autant que l'axe passe

par le centre de gravité du corps tournant.

114. Soit F (fig. 96) une force appliquée à l'extrémité du bras de levier GL = L, et imprimant à un corps un mouvement de rotation autour de l'axe G. Concevons que ce corps soit décomposé en petites masses m, m', m'', etc., dont les distances à l'axe seront désignées par d, d', d'', etc. ; et que l'angle LGm=A mesure la vitesse angulaire. La vitesse tangentielle de m sera mesurée par l'arc mn=A·d ; les quantités de mouvement absorbées par les masses m, m', etc., seront exprimées par les produits Amd, A$m'd'$, etc. ; et la somme de leurs moments devant être égale au moment de la force F, on aura

$$FL = A \ (md^2 + m'd'^2 + m''d''^2 + \text{etc.}).$$

Le multiplicateur de A, ou la somme des masses élémentaires multipliées respectivement par les carrés de leurs distances à l'axe, est ce qu'on appelle le *moment d'inertie*. Si l'on désigne par μ, μ', etc., les rapports des masses partielles m, m', etc., à la masse totale M, le moment d'inertie sera exprimé par

$$M \ (\mu d^2 + \mu'd'^2 + \mu''d''^2 + \text{etc.}) = MK^2,$$

en représentant par K^2 un carré équivalent à $\mu d^2 + \mu'd'^2 +$ etc. La vitesse angulaire et le moment d'inertie sont deux quantités en raison inverse l'une de l'autre.

115. Le moment d'inertie d'un corps qui tourne autour d'un axe varie avec la direction de cet axe ; et pour une même direction, ce moment augmente avec la distance du centre de gravité relativement à l'axe de rotation. La différence entre les moments d'inertie que donnent deux axes parallèles, dont l'un passe par le centre de gravité, est MD^2, D étant la distance de ces axes.

116. *Pendule ordinaire.* Il se compose d'un fil très-léger, fixé par une de ses extrémités, et portant à l'autre extrémité une sphère pesante, d'une grande densité, telle qu'une balle de fer, de plomb ou de platine. A l'état de repos, le fil prend la direction de la verticale passant par le point de suspension. Si l'on écarte un peu le pendule de la verticale, l'action de la pesanteur lui imprime un mouvement oscillatoire, que la résistance de l'air affaiblit continuellement.

117. *Pendule simple.* Concevons un fil SA (fig. 97) inextensible, sans pesanteur, fixé par une extrémité en S, et portant à l'autre extrémité un point matériel pesant ; c'est ce qu'on appelle un pendule simple. Ce pendule étant écarté de la verticale et placé en SB, l'action de la pesanteur imprime au point B un mouvement circulaire accéléré, qui le ramène sur la verticale SA. Lorsqu'il est parvenu en A, sa vitesse est due à la hauteur de chute CA, et, en vertu de cette vitesse acquise, le point mobile continue son mouvement dans un même plan vertical, et décrit l'arc AB' égal à l'arc AB. Il retombe ensuite, reproduit le même mouvement en sens contraire, effectuant ainsi une suite d'allées et de retours alternatifs. La droite SA est la *longueur* du pendule. L'angle ASB se nomme l'*écart*. Le mouvement de B en B', ou de B' en B, est ce qu'on appelle une *oscillation*, dont l'*amplitude* est mesurée par l'angle BSB'.

118. La durée de chaque oscillation ne dépend pas de l'amplitude ; ainsi des pendules simples de même longueur, qui oscillent sur des arcs très-petits et inégaux, sont *isochrones*, c'est-à-dire qu'ils emploient le même temps à faire chaque oscillation. Soient SA et SA' (fig. 98) deux pendules simples de même longueur, et dont les oscillations très-petites ont des amplitudes différentes. Les droites égales BG et BG' mesurant les espaces que parcourraient les points mobiles, pendant un temps élémentaire t, s'ils étaient libres, les projections BI et B'I' mesureront les arcs parcourus pendant le même temps t. Les triangles BGI et BSC, B'G'I' et B'S'C', étant semblables, on a

$$\frac{BI}{BC} = \frac{BG}{BS} = \frac{B'G'}{B'S'} = \frac{B'I'}{B'C'} \cdot$$

Les arcs AB et A'B', étant supposés très-petits, sont proportionnels à leurs sinus AC et A'C' ; on a donc

$$\frac{BI}{B'I'} = \frac{BC}{B'C'} = \frac{BA}{B'A'} = \frac{BA - BI}{B'A' - B'I'} = \frac{AI}{A'I'} \cdot$$

Ce qui montre que les arcs parcourus pendant le temps t sont proportionnels aux arcs à parcourir pour arriver en A et A'. D'où l'on conclut que les points B et B' arriveront en même temps en A et A'.

119. Les temps des oscillations de deux pendules simples de différentes longueurs sont entre eux comme les racines carrées des longueurs respectives des pendules. Soient les pendules SA et sa (fig. 99), et supposons les angles d'écart ASB et asb

égaux entre eux. Posons $SB = L$, $sb = l$, et $\dfrac{L}{l} = \dfrac{n^2}{1}$. Représentons par bg l'espace qu'un point tombant librement parcourrait dans un temps élémentaire θ, et par BG l'espace qui serait pareillement parcouru dans un temps égal à $n\theta$. Projetant BG et bg en BI et bi, on aura

$$\frac{BI}{bi} = \frac{BG}{bg} = \frac{L}{l} = \frac{BC}{bc} = \frac{BA}{ba} = \frac{AI}{ai}.$$

Les arcs BI et bi, parcourus pendant des temps exprimés par $n\theta$ et θ, sont donc proportionnels aux arcs qui restent à parcourir pour arriver en A et a. D'où il suit que les arcs AB et ab seront parcourus dans des temps qui seront entre eux comme n est à 1. Désignant par T et t les temps des oscillations, on aura donc

$$\frac{T}{t} = \frac{n}{1} = \frac{\sqrt{L}}{\sqrt{l}}.$$

120. La gravité change avec la distance au centre de la terre, son intensité est en raison inverse du carré de cette distance, et pour que la durée des oscillations de deux pendules situés à des distances différentes soit la même, il faut que leurs longueurs soient en raison inverse des carrés des distances.

121. Désignant par l la longueur d'un pendule simple, par t le temps d'une oscillation, par g la gravité du lieu où l'on est, et par π le rapport de la circonférence au diamètre, on a la relation

$$t = \pi \sqrt{\frac{l}{g}},$$

qui pourra servir à calculer l'une des quantités t, l, g, connaissant les deux autres.

122. *Pendule composé*. On appelle ainsi un corps pesant (fig. 100), de forme quelconque, mobile sur un axe A qui ne passe pas par le centre de gravité, et que l'action de la gravité fait osciller à la manière du pendule simple. La durée des oscillations dépend de la forme du corps, de ses dimensions, de la position du point de suspension, et de la nature du milieu résistant dans lequel le pendule se meut.

Dans le mouvement oscillatoire d'un pendule composé, les divers points matériels ont des vitesses proportionnelles à leurs distances relativement à l'axe de suspension, à cause de leur liaison. Car si chacun de ces points était libre, il représenterait un pendule simple, et sa vitesse serait d'autant plus grande qu'il serait plus voisin de l'axe. Par la liaison des points, il arrive que la vitesse des uns se trouve diminuée, tandis que celle des autres se trouve augmentée. Dans le passage des uns aux autres, il existe un point C dont la vitesse n'est ni accélérée ni retardée; ce point, qui se meut comme s'il était seul fixé à l'extrémité d'un fil AC sans pesanteur, est ce qu'on appelle le *centre d'oscillation*.

Dans le mouvement d'un pendule composé, on peut, par la pensée, considérer la masse entière du corps comme concentrée au centre d'oscillation.

123. *Pendule compensateur*. Le pendule appliqué aux horloges se compose d'une tige métallique qui porte à sa partie inférieure une lentille très-pesante. Pour éviter les variations de longueur que peuvent amener les changements de température, on emploie un système de plusieurs tiges (fig. 101), les unes en fer, telles que ef, les autres en cuivre, telles que cd, et disposées de telle sorte que l'allongement des unes produit sur la lentille un effet inverse de celui produit par l'allongement des autres.

124. *Pendule conique régulateur*. Il est composé d'un axe vertical tournant AN (fig. 102), portant deux tiges AB et AB′ mobiles autour de leur point de suspension, dans un plan vertical passant par l'axe. Ces tiges portent à leurs extrémités deux boules C et C′, et sont réunies par articulation à deux autres tiges BD et B′D′ qui portent un anneau MM′D′D mobile le long de l'axe. Ce régulateur, en tournant plus ou moins rapidement, occasione, en vertu de la force centrifuge, l'élévation ou l'abaissement de l'anneau, lequel communique son mouvement à un autre mécanisme qui régularise l'action variable du moteur ou de la résistance.

125. *Volant régulateur*. On nomme ainsi une roue pesante (fig. 103) que l'on fait mouvoir avec rapidité, et qui sert à maintenir l'uniformité du mouvement, lorsque la puissance ou la résistance est sujette à éprouver quelques variations momentanées. Le volant conserve le mouvement quand l'action du moteur ou celle de la résistance est intermittente. Il s'oppose à ce que les changements de vitesse se fassent brusquement.

Dans les machines, toutes les parties

mobiles douées d'un mouvement de rotation, remplissent plus ou moins les fonctions de volants, suivant qu'elles ont plus de masse, que cette masse est accumulée à une plus grande distance du centre de mouvement, et enfin que leur mouvement de rotation est plus rapide.

§ 4. *Du choc des corps.*

126. Lorsque deux corps, qui se meuvent avec des vitesses quelconques, viennent à se rencontrer, il y a *choc* ou *percussion*. Le choc est *direct* lorsque les corps se meuvent suivant la droite qui passe par leurs centres de gravité; dans les autres cas il est dit *oblique*.

127. On distingue des corps *durs* et des corps *élastiques* : les corps durs sont ceux qui ne sont pas susceptibles de se déformer par l'action d'un choc ou d'une pression; les corps élastiques éprouvent, dans les chocs, des déformations qui disparaissent ensuite plus ou moins complétement, suivant que leur élasticité est plus ou moins parfaite.

128. *Choc direct des corps durs.* Soient A et B (fig. 104 et 105) deux corps en mouvement, et qui vont se choquer au point C. Après le choc, les corps se meuvent ensemble sans cesser de se toucher. Désignant les masses par M et m, les vitesses par V et v, les quantités de mouvement par MV et mv; la quantité de mouvement qu'aura le système des deux corps, après le choc, sera MV—mv ou MV+mv, selon que les corps se meuvent, avant le choc, en sens contraires ou dans le même sens. La vitesse V' du système, après le choc, sera donc

$$V'=\frac{MV-mv}{M+m}, \text{ ou } V'=\frac{MV+mv}{M+m}.$$

129. *Choc des corps élastiques.* Dans le choc des corps parfaitement élastiques, ces corps se compriment et perdent graduellement leurs vitesses; mais par l'effet de leur élasticité ils reprennent bientôt leurs formes primitives, et les vitesses perdues leur sont restituées en sens contraires.

Lorsque deux corps élastiques, ayant des masses égales, se choquent en allant dans le même sens, ils échangent leurs vitesses dans ce choc, et continuent ensuite leurs mouvements dans le même sens.

Lorsqu'un corps élastique G (fig. 106)

frappe obliquement un plan fixe AB, il se réfléchit de telle sorte que l'angle de réflexion n'GF est égal à l'angle d'incidence nGF.

L'ivoire étant doué d'une grande élasticité, si l'on suspend deux billes d'ivoire a et b (fig. 107) qui se touchent à l'état de repos, qu'on élève la première en a', pour la laisser tomber ensuite sur la bille b; au moment du choc, la bille a perd son mouvement, qu'elle communique à la bille b; celle-ci s'élève en b', pour retomber ensuite sur la première, et le même effet se reproduit.

S'il y a trois billes (fig. 108), celle du milieu transmet à la troisième le mouvement qu'elle reçoit de la première, sans se déplacer.

130. Dans le choc des corps parfaitement élastiques, la somme de leurs forces vives est la même avant et après le choc; mais lorsque les corps ne sont qu'imparfaitement élastiques, il y a toujours perte de force vive. C'est pourquoi il faut, dans les machines, éviter soigneusement les chocs, qui tendent à les disloquer, en même temps qu'ils diminuent l'effet utile.

131. Lorsqu'un corps tournant autour d'un axe éprouve un choc, pour que ce choc ne produise aucune réaction sur l'axe de rotation, il faut qu'il ait lieu suivant une direction passant par le point qu'on nomme *centre d'oscillation*, et qui prend ici le nom de *centre de percussion*.

§ 5. *Frottement.*

132. On doit se représenter les surfaces des corps comme formées d'une infinité d'éminences et de cavités, dont la forme varie avec la nature et l'état des substances. Les corps polis ne sont pas exempts de ces inégalités, seulement elles y sont trop petites pour être sensibles à la vue et au toucher, et les plans les plus unis en apparence se montrent au microscope revêtus d'une multitude d'aspérités, dont nous n'avions pas le sentiment avant de recourir à l'usage de cet instrument, parce que leur ténuité les dérobait à notre vue.

133. Lorsque deux corps sont en contact, les parties saillantes de l'une des surfaces s'engagent dans les cavités de l'autre, et si l'un des corps doit se mouvoir en glissant ou roulant sur l'autre, il éprouve une résistance due à cette espèce d'engrenage, puisque le mouvement ne peut être commencé, ou continué, qu'en rompant ou dégageant les aspérités. Cette résistance s'exerce dans la direction même du mouvement, et se nomme *frottement*.

Dans les machines, le frottement tend à détruire les pièces mobiles; il absorbe toujours une partie plus ou moins grande du travail produit par la force motrice, au détriment de l'effet utile. Le frottement est contraire ou favorable à l'action d'une force, suivant que celle-ci agit comme puissance ou comme résistance.

134. Il ne faut pas confondre le frottement avec l'*adhérence*, qui est une résistance due au contact long-temps prolongé et rendu plus intime par l'interposition de quelque liquide. L'adhérence est indépendante de la pression exercée, agit dans tous les sens, croît proportionnellement aux surfaces juxtaposées, et devient peu sensible lorsque le mouvement est commencé.

135. On distingue deux sortes de frottement, selon que les surfaces glissent ou roulent l'une sur l'autre. Dans le frottement *par glissement* ou de 1re *espèce*, la même portion de surface du corps mobile s'applique successivement sur différentes parties de l'autre surface. Dans le frottement *par roulement* ou de 2e *espèce*, le contact a lieu successivement entre des parties différentes des surfaces des deux corps. Ce dernier frottement est beaucoup moindre que le premier, puisque la rotation contribue au dégagement des aspérités.

136. L'intensité du frottement dépend principalement des causes suivantes : 1° De la nature des matières en contact; 2° de l'état actuel de ces matières; 3° de la pression exercée; 4° de la longueur du temps écoulé depuis que les surfaces sont en contact, s'il s'agit de passer de l'état de repos à celui de mouvement; 5° de la vitesse plus ou moins grande, s'il s'agit de continuer un mouvement déjà imprimé.

Tout ce qui s'oppose à l'engrenage des aspérités des surfaces en contact diminue leur frottement; ainsi l'hétérogénéité des matières, une plus grande dureté, un poli plus parfait, le croisement des fibres ligneuses, l'usé des surfaces après un frottement long-temps réitéré, un enduit interposé, donnent un frottement moins considérable.

Les enduits qui paraissent les plus convenables pour diminuer le frottement des bois sont le suif et le vieux oing; l'huile ne doit être employée que pour les métaux.

137. Les expériences de Coulomb, sur la mesure du frottement, ont donné les résultats suivants.

1° Le frottement des bois glissant à sec sur d'autres bois, augmente sensiblement dans les premiers instants du repos; mais il parvient à son maximum au bout de quelques minutes, et se trouve alors proportionnel à la pression.

2° Lorsque les bois glissent à sec sur d'autres bois avec une vitesse quelconque, le frottement est encore proportionnel à la pression; mais son intensité est beaucoup moindre que celle qu'on éprouve en détachant les surfaces après quelques minutes de repos.

3° Le frottement des métaux glissant sur les métaux sans enduit est également proportionnel à la pression; mais son intensité est la même, soit qu'on veuille détacher les surfaces après un temps quelconque de repos, soit qu'on veuille entretenir une vitesse uniforme quelconque.

4° Dans le cas des surfaces hétérogènes, telles que les bois et les métaux, glissant l'une sur l'autre sans enduit, le frottement n'atteint sa limite qu'après quatre ou cinq jours de repos, et quelquefois davantage. Dans les bois glissant sans enduit sur les bois, et dans les métaux glissant sur les métaux, la vitesse n'influe que très-peu sur le frottement; mais ici le frottement croît très-sensiblement à mesure que la vitesse augmente.

5° Le frottement est, en général, indépendant de l'étendue des surfaces en contact. En effet, sous une même pression, suivant que les points de contact sont plus ou moins nombreux, chacun d'eux est soumis à une pression partielle moins ou plus forte, et il arrive qu'il y a compensation.

138. On a formé des tables qui donnent le rapport du frottement à la pression, dans les divers cas qui se présentent ordinairement dans la pratique. Désignant ce rapport par f, le frottement par F, et la pression par P, on aura $F = fP$.

139. Les valeurs de f, données par le tableau ci-dessous, sont relatives au cas où il n'y a point d'enduit interposé; elles pour-

ront, le plus souvent, être réduites de moitié, à l'aide d'un enduit convenable.

NATURE DES CORPS EN CONTACT.	Rap. du frot. à la pression.	
	Mouvem. initial.	Mouvem. continué.
Chêne sur chêne. . .	0,44	0,11
Chêne sur sapin. . .	0,67	0,16
Sapin sur sapin. . . .	0,56	0,17
Orme sur orme. . . .	0,46	0,10
Fer sur chêne. . . .	0,20	0,08
Fer sur fer.	0,28	0,28
Fer sur cuivre. . . .	0,26	0,24
Fer avec enduit. . . .	0,12	0,12

140. Proposons-nous de déterminer l'intensité et la direction la plus convenable que doit avoir une force F pour faire monter un corps pesant *lkmn* (fig. 110) sur un plan incliné AB, en tenant compte du frottement et de l'adhérence. Désignant par P le poids du corps, par f le rapport du frottement à la pression, par A l'adhérence, et décomposant F et P parallèlement et perpendiculairement au plan incliné, on aura

$$F'=P'+A+f\,(P''-F'').$$

Désignant les angles BAC et FGF' par α et φ, on a $F'=F\cos\varphi$, $F''=F\sin\varphi$, $P'=P\sin\alpha$, $P''=P\cos\alpha$; substituant ces valeurs et dégageant F, il vient

$$F=\frac{A+P\,(\sin\alpha+f\cos\alpha)}{\cos\varphi+f\sin\varphi}.$$

Le minimum de F a lieu lorsque l'angle φ est tel que $\cos\varphi+f\sin\varphi$ soit un maximum, c'est-à-dire, lorsqu'on a $\tan\varphi=f$.

Si l'on suppose $\alpha=o$, la valeur trouvée pour F s'appliquera au cas du mouvement d'un corps sur un plan horizontal (fig. 109).

141. Le frottement d'un *pivot* contre sa *crapaudine* (fig. 111) doit être considéré comme une résistance dont l'action s'exerce à l'extrémité d'un bras de levier égal aux deux tiers du rayon R de la base du pivot; ce qui donne un moment résistant égal à $\frac{2}{3}fPR$, la pression étant désignée par P. L'étendue de la surface frottante a donc ici de l'influence; c'est pourquoi, dans la pratique, on donne au pivot une forme propre à diminuer cette étendue.

142. Examinons maintenant le frottement d'un *tourillon* ABE (fig. 112) sur un support MAN qu'on nomme *palier* ou *boîte*. Soit P la résultante des forces qui agissent sur le tourillon mobile, celui-ci roulera d'abord sur la courbe MAN, jusqu'à ce que le point A de la direction de la force P soit le point de contact, et tournera ensuite sur lui-même. Décomposant la force P suivant les directions de la normale et de la tangente en A à la courbe MAN, et désignant l'angle BAC par α, on a $P'=P\cos\alpha$ et $P''=P\sin\alpha$. La composante P'' doit être égale au frottement F; on a donc $P\sin\alpha=fP\cos\alpha$, et par conséquent $\sin\alpha=f\cos\alpha$. D'un autre côté, on a $1=\cos^2\alpha+\sin^2\alpha=(1+f^2)\cos^2\alpha$, d'où l'on tire

$$\cos\alpha=\frac{1}{\sqrt{1+f^2}}.$$

Substituant cette valeur dans celle du frottement, il vient

$$F=fP\cos\alpha=\frac{fP}{\sqrt{1+f^2}}.$$

Il est à remarquer que ce frottement est indépendant de la longueur du tourillon. Dans le cas d'un tourillon de fer tournant dans une boîte de cuivre, sans enduit, on a $f=o,155$.

On diminue le frottement d'un tourillon C (fig. 113), en le faisant sur deux roulettes A et B mobiles sur leurs axes.

§ 6. *Raideur des cordes.*

143. Lorsqu'une corde soumise à une certaine tension doit être pliée sur un cylindre circulaire et tournant sur son axe, la raideur de cette corde constitue une résistance qui s'ajoute à celle produite par le poids tendant. La mesure de cette résistance se compose de deux termes; l'un dépendant du degré de tension ou de torsion que les fils ont éprouvé lors du commettage, et l'autre sensiblement proportionnel au poids tendant. De plus, chacun de ces termes varie en raison directe d'une certaine puissance du diamètre de la corde, et en raison inverse du rayon du cylindre. D'où il suit que la raideur d'une corde peut être exprimée généralement par la formule

$$R=\frac{d^n}{r}(a+bP).$$

Le diamètre d de la corde, le rayon r du cylindre et le poids tendant P, sont des données qui varient selon les cas; mais a, b, n, sont des quantités déterminées par l'expérience, et constantes pour des cordes de même nature et dans le même état.

D'après les expériences de COULOMB sur

les cordes de chanvre, l'exposant n est égal à 1,7 pour les cordes neuves, à 1,5 pour les cordes usées ou ayant une mèche, à 1 pour les ficelles. Si le diamètre d et le rayon r sont exprimés en centimètres, on a $a=6,95$, $b=0,15$; s'ils sont exprimés en millimètres, on a $a=1,44$, $b=0,03$. R et P sont rapportés à une même unité de poids, d'ailleurs arbitraire.

Quand les cordes sont goudronnées, leur raideur se trouve augmentée d'une quantité constante, indépendante du poids tendant. On fait alors $n=2$.

Dans les cordes dont le contour n'excède pas 40 millimètres, l'humidité augmente plutôt la flexibilité que la raideur; mais les cordes plus grosses ont une raideur sensiblement plus grande lorsqu'elles sont imbibées d'eau, et cet accroissement de raideur est indépendant du poids tendant.

Lorsqu'une corde est alternativement pliée et redressée, la raideur qu'elle présente à chaque nouvelle flexion est moindre que celle qu'elle présente après un repos de cinq ou six minutes. Cela tient à ce que le redressement n'est pas instantané.

SECT. III. — MACHINES.

144. On appelle *machine* un système de corps solides, fixes ou mobiles, combinés de manière à transmettre, suivant des conditions données, l'action d'une puissance sur la résistance qu'elle doit vaincre. A l'aide d'une machine, deux forces inégales peuvent se faire équilibre. Lorsqu'il y a mouvement, la quantité de travail ou d'action développée par la puissance doit toujours excéder celle qui est consommée par la résistance, puisque la puissance a de plus à vaincre les résistances passives inhérentes au jeu de la machine, et qui ont pour cause l'inertie, l'adhérence et le frottement des pièces mobiles, les chocs qui peuvent avoir lieu, la raideur des cordes, et le milieu résistant dans lequel le mouvement s'effectue. Ainsi les machines, bien loin de créer de la force ou du mouvement, ne transmettent jamais intégralement l'action de la puissance à la résistance. L'intensité de la puissance doit être considérée comme composée de deux termes $P+p$, dont l'un est absorbé par les résistances passives. Désignant par E et E′ les espaces parcourus dans un même temps par la puissance et la résistance, par R l'inten-

sité de cette dernière, par S la somme des quantités de travail absorbées par les résistances passives, on aura

$$(P+p)E = RE' + S.$$

Les forces P et R sont toujours en raison inverse des espaces E et E′; ce qui a fait dire que, dans les machines, on perd en temps ou en vitesse ce qu'on gagne en force.

Toute machine se compose d'un certain nombre d'*organes* ou *mécanismes élémentaires*, qui prennent différents noms suivant les fonctions auxquelles ils sont destinés. Chaque mécanisme a sa loi d'équilibre et de mouvement, et se compose, en général, de plusieurs pièces dont les formes et les dimensions varient suivant les circonstances, mais sans cesser de présenter une même disposition générale, qui forme le caractère distinctif du mécanisme dont il s'agit. Les mécanismes élémentaires peuvent être considérés sous un point de vue général, indépendamment des machines dans la composition desquelles ils peuvent entrer, et leur ensemble forme naturellement alors la base de l'étude des machines.

Les limites de cet article nous obligent à nous borner ici à l'examen des machines les plus simples et les plus usuelles.

§ 1ᵉʳ. *Leviers.*

145. On appelle *levier*, en général, un corps solide, de forme quelconque, assujetti à tourner autour d'un axe ou d'un point fixe, et sollicité par des forces qu'on peut supposer réduites à deux, la puissance et la résistance. Pour l'équilibre, il faut que la résultante des deux forces soit détruite par le point d'appui ou par l'axe, et que les moments de ces forces se fassent équilibre.

Les leviers, d'après les formes très-variées qu'ils prennent, suivant les usages auxquels ils sont destinés, se divisent en genres, espèces et variétés.

146. *Levier droit, coudé* ou *courbe.* Il est formé d'une barre ou verge inflexible. Le point d'appui peut avoir diverses positions relativement au point d'application et aux directions des forces : dans le levier dit de la 1ʳᵉ *espèce* (fig. 114 et 115), le point d'appui A est situé entre les points d'application des forces; dans celui de la 2ᵉ *espèce* (fig. 116 et 117), le point d'application de la résistance est situé entre celui

de la puissance F et le point d'appui A ; dans celui de la 3ᵉ *espèce* (fig. 118 et 119), le point d'application de la puissance F est situé entre celui de la résistance et le point d'appui.

Un levier appartenant à l'une de ces trois espèces peut, sans cesser de produire le même effet mécanique, être transformé en un levier de l'une des deux autres espèces. Le levier de 1ʳᵉ espèce BAC (fig. 120), dans lequel la puissance est F et la résistance f, est équivalent au levier de 2ᵉ espèce AC″B, dans lequel la résistance est $f''=f$; il est pareillement équivalent au levier de 3ᵉ espèce ABc″, dans lequel la résistance est

$$f'' = \frac{f'' \cdot AC''}{Ac''}.$$

147. Concevons qu'on dérange un peu l'équilibre du levier BAC (fig. 121), de telle sorte que les points d'application B et C des forces F et F' décrivent les arcs infiniment petits Bb et Cc. Si l'on projette ces arcs sur les directions des forces, les projections Be et Cd seront ce qu'on appelle les *vitesses virtuelles* des forces F et F'. Les triangles rectangles semblables ACC' et Ccd, ABB' et Bbe, et les secteurs semblables ACc et ABb, donnent

$$\frac{AC'}{Cd} = \frac{AC}{Cc} = \frac{AB}{Bb} = \frac{AB'}{Be}, \quad \frac{AC'}{AB'} = \frac{Cd}{Be}.$$

D'où il suit que les forces F et F', inversement proportionnelles à leurs bras de levier AB' et AC', seront aussi inversement proportionnelles à leurs vitesses virtuelles Be et Cd. Ce principe est applicable à l'équilibre d'une machine quelconque.

148. La pince A B (fig. 122), qui sert à soulever des fardeaux, la balance (fig. 123), la romaine (fig. 124), le peson (fig. 125), le gouvernail abc (fig. 127), sont des leviers de la 1ʳᵉ espèce.

149. Soient DAC, RNP et SOE (fig. 126) trois leviers liés entre eux par les tiges articulées BR, CS, PO, et ayant deux points d'appui en A et E. Le poids M posé sur le plateau suspendu en D doit faire équilibre au poids Q posé partout où l'on voudra sur le levier RNP. Le poids Q donne deux composantes agissant suivant les tiges BR et PO, et cette dernière transmet son action à la tige CS. Si l'on suppose les bras de levier AB et AC proportionnels à EO et ES, on aura M·AD=Q·AB ; c'est-à-dire que les poids M et Q sont inversement pro-

portionnels à AD et AB. C'est d'après ce principe qu'est construite la balance à bascule de QUINTENZ, perfectionnée par ROLLÉ.

150. Dans le système des leviers BC, DG, HK, LN, OS (fig. 128), liés entre eux par les tiges articulées CD, GH, KL, NO, et dont les axes sont en A , E , I , M , R, on a

$$\frac{F}{P} = \frac{AC \cdot EG \cdot IK \cdot MN \cdot RS}{AB \cdot ED \cdot IH \cdot ML \cdot RO}.$$

151. Soit ABC (fig. 129) un levier ayant son axe fixe en A, et lié par une tige articulée BD, au cylindre DE mobile dans un guide M fixé au support AH. Ce système constitue un *levier de pression*. Lorsqu'une puissance F agit sur le levier ABC, la tige BD transmet l'action au cylindre qui presse verticalement le plan fixe HI, ou un corps interposé. Pour calculer la pression en E, concevons que les pièces mobiles soient réduites à des droites (fig. 130). Menons AI perpendiculaire à BD, et BH perpendiculaire à AD ; supposons la force F perpendiculaire à AC ; et posons AB=a, BD=b, AH=a', HD=b', AC=c, BH=d, AI=e, AD=h. Désignant par X l'action égale et contraire à la réaction exercée suivant BD, et par X' sa composante verticale, on a

$$X' = X \cdot \frac{b'}{b} = \frac{Fc}{e} \cdot \frac{b'}{b} = \frac{Fcb'}{hd}.$$

Supposons que B soit le centre de gravité du levier ABC et de la tige BD, leur poids p produit suivant BD une action x, dont la composante verticale est

$$x' = x \cdot \frac{b'}{b} = \frac{pd}{e} \cdot \frac{b'}{b} = \frac{pdb'}{hd}.$$

Désignant par P la pression cherchée, on aura

$$P = X' + x' = \frac{b'}{h}\left(\frac{Fc}{d} + p\right).$$

Lorsque $b = a$, il vient

$$b' = a' = \frac{h}{2}, \quad P = \frac{1}{2}\left(\frac{Fc}{d} + p\right).$$

La pression horizontale exercée en D est la somme des composantes X″ et x'' faciles à calculer. La pression en A est la résultante des composantes At et Au. La composante At=Bs, agissant suivant AB, est donnée par le poids p. La composante Au est la résultante de F et de la réaction exercée suivant DB.

152. *Poulie simple.* Elle se compose

d'un rouet circulaire rst (fig. 131), mobile autour d'un essieu axe ou xy, dans une chape $abcd$, qu'on peut suspendre au moyen d'un crochet à émerillon ef. Le contour du rouet présente ordinairement une gorge où se loge la corde sur laquelle agit la puissance. La chape est quelquefois remplacée par une caisse en bois (fig. 132), entourée d'une estrope en corde ou en fer, qui sert à la fixer. Lorsque le rouet est en métal, on le rend plus léger en évidant la partie comprise entre le moyeu et la gorge (fig. 133).

153. La poulie est *fixe* ou *mobile*. Dans la poulie fixe (fig. 134), la puissance et la résistance agissent aux deux extrémités de la corde et sont égales. Chacune de ces forces est à la pression qu'elles exercent sur l'axe, comme le rayon AC du rouet est à la corde de contact AB. Dans la poulie mobile (fig. 135), la corde est fixée par une de ses extrémités, et la résistance est attachée à la chape; la puissance est à la résistance comme le rayon du rouet est à la corde de contact.

154. Dans l'équilibre d'un système de plusieurs poulies mobiles (fig. 136), on a

$$\frac{F}{P}=\frac{ac \cdot a'c' \cdot a''c''}{ab \cdot a'b' \cdot a''b''}.$$

Si les cordes de contact sont des diamètres (f. 137), alors la puissance est à la résistance comme 1 est à la puissance de 2 du degré marqué par le nombre des poulies mobiles.

155. *Poulies mouflées*. On appelle *moufle* un système de poulies assemblées dans une même chape (fig. 138 et 139), ou sur un même essieu (fig. 140 et 141). Dans la marine on nomme *palan* un système de deux moufles, l'un fixe et l'autre mobile, réunis par une même corde qui passe successivement sur toutes les poulies. Cette corde est attachée par une de ses extrémités à la chape de l'un des moufles, et tirée à l'autre extrémité par la puissance, qui agit ainsi sur la résistance fixée à la chape du moufle mobile (fig. 138, 139, 140). Si l'on suppose que les diverses parties de la corde soient sensiblement parallèles, il est évident que la puissance sera à la résistance comme l'unité est au nombre des cordons qui soutiennent le moufle mobile.

156. *Treuil.* C'est un cylindre ayant à ses extrémités deux tourillons st et $s't'$ (fig. 142) mobiles sur deux supports, et

qui ont le même axe de rotation. La puissance F agit tangentiellement à une roue fixée au cylindre; et la résistance P est attachée à l'extrémité d'une corde qui s'enroule sur le treuil, lorsque celui-ci tourne par l'action de la puissance. L'équilibre a lieu lorsque la puissance et la résistance sont inversement proportionnelles aux rayons de la roue et du treuil. Les pressions des tourillons sur leurs supports se calculeront comme il a été dit au n° 74.

157. Dans le système des treuils, O, O', O'' (fig. 143), liés entre eux par les cordes BA' et B'A'', on a

$$\frac{F}{P}=\frac{OB \cdot O'B' \cdot O''B''}{OA \cdot O'A'' \cdot O''A''}.$$

On peut aussi communiquer le mouvement d'un treuil à l'autre, au moyen d'une courroie ou chaîne sans fin (fig. 144).

158. *Treuil à deux parties.* Ce treuil a deux parties cylindriques dont les rayons OB et OC (fig. 145) sont inégaux. Par l'action de la puissance F, la corde se déroule du petit cylindre, pour s'enrouler sur le grand, et soulève ainsi la poulie mobile à laquelle est fixée la résistance P. Désignant par R, r, r' les rayons OA, OB, OC; par E et e les espaces parcourus dans un même temps par la puissance et la résistance; on a

$$\frac{F}{P}=\frac{e}{E}=\frac{r-r'}{2R}.$$

Les deux cylindres inégaux peuvent être disposés parallèlement (fig. 146), et liés entre eux par une courroie $klmn$, ou par un engrenage; le résultat est le même.

159. *Cabestan.* On nomme ainsi un treuil vertical (fig. 149), que l'on fait tourner à l'aide de barres horizontales,

160. *Chèvre.* Elle se compose de deux montants mn et $m'n'$ (fig. 147) réunis par des traverses, d'une poulie p située à la partie supérieure, et d'un treuil t situé à la partie inférieure. Le fardeau à élever est attaché à une corde qui passe sur la poulie et vient s'enrouler sur le treuil.

161. *Grue.* Cette machine est destinée à élever verticalement un fardeau à une certaine hauteur, pour lui imprimer ensuite un mouvement circulaire horizontal. On distingue plusieurs espèces de grues. La grue ordinaire (fig. 148) se compose d'un poinçon fixe abc, maintenu solidement par le système de charpente qui forme la base; et

d'une partie *pqs'smp* mobile sur le pivot *a*, situé à la partie supérieure du poinçon. Le fardeau est attaché à une corde qui passe sur les poulies *p* et *q*, pour s'enrouler sur le treuil *t*, qu'on fait tourner à l'aide d'une roue à chevilles. On appelle *volée* de la grue, la distance *ac* du pivot à la verticale menée par le point de suspension du fardeau. Si l'on fait *ad=ac*, P'=P, il est évident qu'on aura la pression latérale exercée sur le pivot, en multipliant P' par le rapport de *de* à *ac*.

§ 2. *Du Coin.*

162. On appelle *coin* un prisme triangulaire, représenté de profil par le triangle ABC (fig. 150), que l'on introduit par l'arête latérale C entre deux obstacles qu'il s'agit d'écarter. L'arête C est le *tranchant*, les faces AC et BC sont les *côtés*, et la face AB est la tête du coin. La puissance est appliquée perpendiculairement à AB. L'intensité de la puissance F étant représentée par *oc*, les droites *oa ob* représenteront les pressions latérales *p* et *p'*; et par la similitude des triangles, on aura

$$\frac{F}{AB}=\frac{p}{AC}=\frac{p'}{BC}.$$

Lorsque le triangle ABC (fig. 151) est isocèle, les pressions latérales sont égales, et la puissance est à chacune d'elles comme la tête du coin est à l'un des côtés.

163. Le frottement exerce ici une grande influence. Désignant par *a*, *b*, *c* les côtés BC, CA, AB du triangle isocèle (fig. 152); par *d* sa hauteur CD; par F la puissance qui fait mouvoir le coin; par R la résultante des frottements qui ont lieu suivant CA et CB; par *p* et *p'* les pressions latérales; et par *f* le rapport du frottement à la pression, donné par les tables; on trouve

$$R=\frac{2fpd}{b}, \quad F=\frac{p(c+2fd)}{b}.$$

164. Lorsque la puissance F cesse d'agir, les pressions latérales *p* et *p'* (fig.153) tendent à faire sortir le coin du corps dans lequel il est engagé; il n'est alors retenu que par les frottements des côtés. Désignant par R et R' la résultante des frottements et celle des pressions, il faut qu'on ait, pour l'équilibre, R'=R, c'est-à-dire

$$\frac{pc}{b}=\frac{2fpd}{b}, \quad \text{d'où} \quad \frac{d}{c}=2f.$$

165. Tous les outils tranchants, les instruments de forage, les scies, les limes, sont des coins plus ou moins composés. La figure 154 représente une *presse à coin*, dans le cas le plus simple.

§ 3. *De la Vis.*

166. La *vis* est un solide terminé latéralement par une surface de révolution hélicoïde (*Géom.*, n° 153, 4°), dans lequel on distingue le *noyau* et le *filet* (fig. 155 et 156) : le noyau est un cylindre circulaire dont la surface est engendrée par la droite (*a,a',a''*) tournant autour de l'axe (A,A',A''); le filet est un solide de révolution hélicoïde, faisant corps avec le noyau, et engendré par le triangle (*ab,a'b'c'*), ou le carré (*ab,a'b'c'd'*), dont le plan passe constamment par l'axe. Le filet est dit *triangulaire* ou *carré*, suivant qu'il est engendré par un triangle ou un carré. Les hélices engendrées par les divers points du triangle ou du carré générateur ont toutes le même pas, qui devient le *pas* de la vis. Les vis sont à un ou plusieurs filets. La figure 155 représente une vis à filet triangulaire simple; et la figure 156, une vis à double filet carré. La vis se termine à l'un de ses bouts par une partie prismatique, cylindrique ou conique, qu'on nomme la *tête*, et à laquelle s'adapte un *levier-tournevis* (fig. 157). L'*écrou, mnpq*, est un solide présentant une ouverture limitée intérieurement par une surface de révolution hélicoïde, ayant la même génératrice que celle de la vis, et présentant en creux ce que celle-ci présente en relief; de telle sorte que la vis peut se loger et se mouvoir dans l'écrou en tournant sur son axe.

167. La vis et son écrou peuvent être combinés de différentes manières, et présentent des effets différents : 1° lorsque l'écrou est fixe et qu'on tourne la vis, celle-ci avance ou recule dans le sens de sa longueur, suivant qu'on tourne dans un sens ou dans l'autre; 2° lorsque la vis est fixe et qu'on tourne l'écrou, c'est celui-ci qui avance ou recule le long de la vis; 3° lorsque la vis tourne, sans avancer ni reculer dans le sens de sa longueur, et qu'un obstacle empêche l'écrou de tourner, celle-ci est alors contrainte d'avancer ou de reculer le long de la vis.

168. Supposons que le filet d'une vis soit réduit à une simple hélice cylindrique, et qu'on ait développé sur un plan la surface

du cylindre (fig. 158). Dans ce développement, les droites parallèles *mn*, *rs*, *tu* représenteront les diverses révolutions de l'hélice, et pourront être considérées comme autant de plans inclinés, ayant chacun pour hauteur le pas de l'hélice, et pour base une droite égale à la circonférence dont le rayon est Oa. Cela posé, soit α un point matériel que la puissance F, parallèle à *rn*, tend à faire monter sur *rs*, tandis qu'une pression résistante p, parallèle à l'axe, s'oppose au mouvement. Désignant le pas de l'hélice par h, il y aura équilibre si l'on a $F \cdot circ(Oa) = p \cdot h$. La même relation a lieu lorsque l'hélice n'est pas développée et que la puissance F agit tangentiellement au cylindre.

Concevons maintenant qu'il s'agisse d'un écrou s'appuyant par un seul point (a, a') sur un filet de vis, soumis à une pression p parallèle à l'axe, et sollicité à tourner par une puissance F perpendiculaire à la pression et tangente au cylindre de l'hélice sur laquelle se trouve le point (a, a'). La condition d'équilibre sera exprimée par la relation ci-dessus, dans laquelle on pourra remplacer $F \cdot circ(Oa)$ par $f \cdot circ(Ob)$, pourvu que la puissance f et son bras de levier Ob soient tels qu'on ait $F \cdot Oa = f \cdot Ob$. La condition d'équilibre reste la même quel que soit le nombre des points par lesquels l'écrou touche le filet. Ainsi, dans l'équilibre de la vis, la puissance f est à la pression résistante p, comme le pas de la vis est à la circonférence que tend à décrire le point d'application de la puissance.

169. *Boulon à vis.* C'est une cheville de fer, terminée d'un côté par une tête ronde ou carrée, et de l'autre par une vis avec son écrou (fig. 159).

170. *Vis à deux parties.* On nomme ainsi un système de deux vis qui ont le même noyau. Dans le système représenté par la figure 160, les filets des deux vis sont tournés dans le même sens, les pas sont inégaux, l'un des écrous est fixe et l'autre mobile. Pour chaque tour que fait la vis, l'écrou mobile avance ou recule d'une quantité égale à la différence des pas des deux vis.

Dans le système de la fig. 161, les filets des deux vis sont tournés en sens contraires, les pas sont égaux, les écrous sont tous deux mobiles. Pour chaque tour que fait la vis, les écrous s'écartent ou se rapprochent d'une quantité égale à la somme des deux pas.

§ 4. *Des Engrenages.*

171. On appelle *roue*, en général, un tronc de cylindre ou cône fixé sur un *axe* ou *arbre* tournant. Les roues sont pleines ou évidées. Dans les roues évidées, on distingue le *moyeu*, les *rais* ou *rayons*, et la *couronne*. Lorsque la couronne est composée de plusieurs pièces circulaires réunies bout à bout, celles-ci prennent le nom de *jantes*.

172. Une roue est *simple* lorsque son contour extérieur est formé par une surface cylindrique ou conique de révolution, ayant le même axe que la roue.

173. Une roue est dite *dentée* lorsque son contour est garni de saillies ou *dents*, à l'aide desquelles deux roues s'engrènent, de telle sorte que le mouvement de rotation imprimée à l'une se communique nécessairement à l'autre. Dans les roues *cylindriques*, les dents sont disposées perpendiculairement à l'axe ; dans les *roues de champ*, elles sont perpendiculaires au plan de la roue et conséquemment parallèles à l'axe ; dans les *roues coniques* ou *roues d'angles*, elles sont disposées obliquement suivant des directions qui concourent en un même point de l'axe.

174. On appelle *engrenage simple* un système de deux roues dentées qui communiquent entre elles ; l'une reçoit directement l'action du moteur, l'autre est *menée* ou mise en mouvement par la première. Lorsque ces roues sont inégales, la plus petite prend ordinairement le nom de *pignon*. Suivant que le pignon mène la grande roue, ou que celle-ci mène le pignon, l'engrenage diminue ou augmente la vitesse angulaire. Un *engrenage composé* est formé de deux ou plusieurs engrenages simples combinés entre eux et réagissant les uns sur les autres.

175. Nous allons maintenant faire connaître les courbes qui servent à déterminer les formes et les dimensions que les dents de roues doivent avoir, suivant les divers cas.

Soient OA et oA (fig. 162) les rayons de deux circonférences situées dans un même plan et qui se touchent en A. Si l'on conçoit que la circonférence A*bd* roule sur la circonférence ABD, sans glisser sur cette dernière, sans cesser d'être dans le même plan, chaque point de la circonférence mobile décrira une courbe qu'on nomme *épicycloïde*; le point A, par exemple, décrira l'épicycloïde A$\beta\gamma\delta$. La circonférence mobile Abd se nomme la *génératrice* de l'épicycloïde, et la circonférence fixe ABD en est la *base*. Dans la rotation de la génératrice, tout point a situé sur un rayon oA engendre une épicycloïde *accourcie*, et tout point a' situé sur le prolongement d'un rayon oA engendre une épicycloïde *allongée*.

Lorsque la base et la génératrice sont données, il est facile de construire l'épicycloïde engendrée par leur point de contact, et par suite l'épicycloïde accourcie ou allongée décrite par un point situé sur le rayon de contact ou sur son prolongement. Ayant divisé la génératrice Abd en un certain nombre de parties égales Ab, bc, cd, etc. ; on prendra sur la base les arcs AB, BC, etc. égaux en longueur aux arcs Ab, bc, etc. ; on décrira la circonférence $oo'o''$; on mènera par les points B, C, etc., les rayons Oo', Oo'', etc. ; des points o', o'', etc., comme centres, avec le rayon de la génératrice, on décrira des circonférences sur lesquelles on prendra les arcs Bβ, Cγ, etc., égaux aux arcs Ab, Ac, etc. ; et les points β, γ, etc., appartiendront à l'épicycloïde décrite par le point A. Si l'on mène le rayon $o'\beta$, qu'on prenne $o'\beta'=oa$, $o'\beta''=oa'$, les points β'' et β' appartiendront à l'épicycloïde accourcie et à l'épicycloïde allongée décrites par les points a et a'.

Lorsque le point décrivant de l'épicycloïde A$\beta\gamma$ est parvenu en γ, il tend à continuer son mouvement en tournant autour du point C, il décrit un arc infiniment petit qu'on peut assimiler à un arc circulaire ; d'où il suit que la droite TG menée par les points γ et φ sera tangente à l'épicycloïde au point γ. On arrive au même résultat par la méthode de ROBERVAL (n° 28).

La base et la génératrice peuvent se toucher extérieurement ou intérieurement; il peut arriver que le rayon de l'une ou de l'autre devienne infini, ce qui transforme l'une de ces circonférences en ligne droite. De là diverses espèces d'épicycloïdes, qu'on distingue par des dénominations particulières : 1° lorsque la base et la génératrice sont deux circonférences qui se touchent extérieurement, l'épicycloïde est dite *exté-*

rieure (fig. 162) ; 2° lorsqu'elles se touchent intérieurement et que le rayon de la génératrice est plus petit que celui de la base, l'épicycloïde est dite *intérieure* (fig. 163); 3° lorsque la génératrice est circulaire et la base rectiligne, l'épicycloïde se nomme simplement *cycloïde* (fig. 164) ; 4° lorsque la génératrice est rectiligne et la base circulaire, l'épicycloïde prend le nom de *développante de la* 1re *espèce* (fig. 165) ; 5° lorsque la base et la génératrice sont deux circonférences qui se touchent intérieurement, et que le rayon de la génératrice est plus grand que celui de la base, l'épicycloïde est une *développante de la* 2e *espèce*. Chacune de ces cinq espèces d'épicycloïdes peut être *accourcie* ou *allongée*. Nous avons donc ici quinze variétés d'une même courbe.

Dans le cas de l'épicycloïde intérieure, lorsque le rayon de la génératrice est la moitié de celui de la base, l'épicycloïde se confond avec un diamètre de celle-ci. En effet, soit ω (fig. 163) le centre de la génératrice. Lorsque ce centre parvient en ω', l'angle N$'\omega'n$ est le double de l'angle N$'$ON, l'arc N$'$N est égal à l'arc N$'n$; d'où il suit que le point n appartient à l'épicycloïde intérieure décrite par le point N, et que celle-ci se confond avec le diamètre NA.

176. *Engrenage extérieur de deux roues cylindriques*. Soient MaN et M$'$aN$'$ (fig. 168) les circonférences de deux roues cylindriques qui se touchent extérieurement en a, et qui doivent être garnies de saillies et de creux formant deux dentures qui puissent s'engrener ; ces circonférences sont dites *primitives*. Pour que l'engrenage soit complet, il faut que chaque roue puisse mener l'autre, soit dans un sens, soit dans l'autre; chaque dent doit donc être limitée par deux contours symétriques par rapport à une droite menée par le centre de la roue. Les vitesses tangentielles des circonférences primitives devant être les mêmes, les vitesses angulaires seront en raison inverse des rayons primitifs.

Pour exécuter le tracé de l'engrenage, nous diviserons d'abord chacune des circonférences primitives en autant de parties égales qu'elle doit avoir de dents. Chaque arc abc ainsi obtenu est la somme des épaisseurs ab et bc d'une dent et d'un creux. Dans la pratique, pour faciliter le jeu de l'engrenage, on fait ordinairement l'épaisseur de chaque creux un peu plus forte que celle de chaque dent. Décrivons deux circonférences ayant pour diamètres les rayons Oa et $O'a$. Ces circonférences seront les génératrices des épicycloïdes extérieures adx et ahy, qui ont pour bases les circonférences primitives. Si par les milieux des arcs ab et af on mène les droites $O'd$ et Oh, elles couperont les épicycloïdes aux points d et h, qui seront les extrémités des saillies des dents. En construisant les arcs bd et fh symétriques avec les arcs ad et ah, relativement aux droites $O'd$ et Oh, on aura la forme et la grandeur que les saillies adb et ahf doivent avoir sur les deux roues. Les circonférences décrites avec les rayons $O'd$ et Oh passent par les sommets des dents des deux roues, et vont couper en I et I' les circonférences génératrices des épicycloïdes adx et ahy. Les circonférences décrites avec les rayons OI et OI' détermineront la grandeur des *flancs* al et ap, sur lesquels les saillies exercent leur action. Les courbes ldk et phq, qui terminent les creux, sont des épicycloïdes extérieures allongées qui ont pour génératrices les circonférences primitives roulant l'une sur l'autre, et pour point décrivant les points m et n.

Lorsque l'une des roues mène l'autre, chacune de ses dents commence son action au point a, sur la ligne des centres, et doit continuer d'agir jusqu'au moment où la dent suivante se trouve en prise. Il suit de là que le minimum du nombre de dents que doit avoir la roue qui mène l'autre, est déterminé par la condition qu'il y ait toujours au moins deux dents en prise, et dépend des longueurs relatives des rayons primitifs. Supposons que la roue DAE (fig. 167) doive mener la roue ABC. Ayant tracé l'épicycloïde Abx qui doit déterminer la saillie d'une dent, si l'on prend, par hypothèse, le point t pour le sommet de la dent, qu'on décrive la circonférence tt', qu'on mène le rayon $O't'$, il faudrait que l'arc Au' représentât les épaisseurs d'un creux et d'une demi-dent; or, comme l'arc $u'f$=3Au a son extrémité f à la droite du point A, on en conclut que la demi-dent Atu est trop forte, et l'on porte Af en $t'f$. Si l'on prend le point r pour le sommet de la dent, l'arc $s'e$=3As a son extrémité e à la gauche du point A, on en conclut que la demi-dent Ars est trop fai-

ble, et l'on porte Ae en $r'e'$. Les points e', f', et les points analogues, qu'on pourra trouver en tel nombre qu'on voudra, détermineront une courbe $e'b'f'$ qui coupera la génératrice de l'épicycloïde en un point b'. La circonférence $b'b$ qui donnera le point b, et par suite l'arc Ad qui mesurera la plus grande épaisseur qu'on puisse donner aux dents de la roue DAE. On cherchera ensuite combien de fois l'arc Ad est contenu dans la circonférence entière, et la moitié du quotient trouvé fera connaître le minimum du nombre de dents que doit avoir la roue DAE.

Le maximum du nombre des dents est déterminé par la condition que chaque dent ait des dimensions telles qu'elle présente une résistance suffisante aux efforts de pression qu'elle doit supporter.

Lorsque le nombre des dents surpasse le minimum, on supprime le plus souvent les sommets des dents, pour les terminer par des arcs circulaires concentriques à la roue (fig. 169).

Dans la pratique, lorsque les dimensions des dents sont peu considérables, on remplace les arcs épicycloïdaux par des arcs circulaires, tels que st et vu (fig. 169).

177. *Engrenage intérieur de deux roues cylindriques* (fig. 170 et 171). Dans cet engrenage, la courbe adx est une développante de 2e espèce, dont la génératrice est la circonférence MaN roulant sur M'aN'; la courbe ahy est une épicycloïde intérieure, dont la génératrice est la circonférence aI'O' roulant sur MaN; le flanc ap se détermine comme au numéro précédent; la grande roue n'a point de flancs. Le creux adb est déterminé par une épicycloïde intérieure allongée, dont la génératrice est aI'O', et le point décrivant d; le creux phq est déterminé par une développante allongée de 2e espèce, dont MaN est la génératrice, et n le point décrivant.

178. *Engrenage d'une roue et d'une crémaillère* (fig. 172 et 173). Dans ce cas, la courbe adx est une développante de 1re espèce engendrée par MaN roulant sur M'aN'; la courbe ahy est une cycloïde engendrée par aI'O roulant sur MaN; le flanc ap se détermine comme au n° 176; la crémaillère n'a point de flancs; le creux adb est déterminé par une cycloïde allongée, dont M'aN' est la génératrice; le creux phq est déterminé par une développante allongée de 1re espèce, dont la génératrice est MaN.

179. *Engrenage extérieur d'une roue et d'une lanterne* (fig. 174). On appelle *lanterne* un système de cylindres insérés circulairement et à distances égales dans deux plateaux parallèles fixés à un arbre tournant; les cylindres se nomment *fuseaux*, et les plateaux *tourtes* ou *tourteaux*. La courbe *bd* est une épicycloïde extérieur engendrée par *circ.* (*oa*) roulant sur *circ.* (O*a*); et la courbe *cei*, qui détermine les saillies des dents de la roue, est telle que la distance de chacun de ses points à la courbe *bd* est égale au rayon d'un fuseau.

Lorsque les dents de la roue sont formées par des pièces de bois encastrées dans la couronne, elles prennent le nom d'*alluchons*, et la roue se nomme alors *hérisson* (fig. 175).

180. *Engrenage intérieur d'une roue et d'une lanterne* (fig. 176). Le contour des saillies des dents se détermine comme au numéro précédent.

181. *Engrenage d'une roue de champ et d'une lanterne* (fig. 177). Lorsque la roue est en bois et garnie d'alluchons, on lui donne le nom de *rouet*.

182. *Cames.* On nomme ainsi les dents d'une roue destinée à imprimer un mouvement alternatif à la tige verticale d'un pilon, ou à un levier tournant. La courbe *a q* (fig. 178), qui détermine la saillie des dents, est une développante de 1re espèce, engendrée par une droite roulant sur la circonférence dont le rayon est O*a*. Les cames agissent successivement sur le mentonnet *ra*, en le pressant verticalement. Après chaque ascension, le pilon retombe par l'action de son poids.

183. *Engrenage composé.* L'engrenage que représente la figure 179 se compose d'une roue motrice, de deux roues dentées, de deux pignons et d'un treuil. Dans l'équilibre, la puissance F est à la résistance P, comme le produit des rayons des pignons et du treuil est au produit des rayons des roues.

184. *Engrenage d'une vis sans fin et d'une roue dentée* (fig. 180). Lorsque la vis tourne sur elle-même, sans avancer ni reculer dans le sens de sa longueur, le filet imprime un mouvement de rotation à la roue dentée, et par conséquent au treuil sur lequel s'enroule la corde à l'extrémité de laquelle la résistance est attachée. Désignant par F la puissance qui agit sur la manivelle de la vis, par *m* le rayon de la manivelle, par *h* le pas de la vis, par R le rayon de la roue, par *r* celui du treuil, par P la résistance, par π le rapport de la circonférence au diamètre; on a pour équilibre

$$\frac{F}{P} = \frac{hr}{2\pi m R}.$$

185. *Encliquetage* (fig. 181). C'est un mécanisme composé d'une roue R dont les dents sont taillées obliquement et qu'on nomme *roue à rochet*, d'un *cliquet abc*, et d'un ressort *rs*. Il faut distinguer deux cas : 1° Lorsque le cliquet est fixé à une pièce immobile, son effet est d'empêcher la roue de prendre un mouvement contraire à celui que la puissance lui a imprimé; 2° lorsque le cliquet est fixé à une poulie P mobile sur l'arbre qui porte la roue à rochet, si l'arbre tourne de telle sorte que les dents de la roue viennent arc-bouter contre le cliquet, la poulie est forcée de tourner avec l'arbre; mais celui-ci peut tourner en sens contraire sans que la poulie participe à son mouvement.

186. *Excentrique.* On nomme ainsi une espèce de roue fixée sur un arbre tournant, et terminée par un contour dont les points sont à des distances inégales de l'axe de rotation. Ce mécanisme est destiné à communiquer un mouvement alternatif à une tringle ou à un levier (fig. 182 et 183).

187. *Engrenage conique.* Lorsqu'on a deux axes de rotation dont les directions *ac* et *bc* (fig. 184) concourent en un point *c*, ou dont les directions *ac* et *bd* (fig. 135) se croisent obliquement sans avoir de point de concours, la communication du mouvement s'établit au moyen d'un engrenage conique, simple ou double.

188. Dans le cric (fig. 186), dans le treuil (fig. 187), dans la grue (fig. 188), comme dans beaucoup d'autres machines, les engrenages ont surtout pour objet de multiplier l'effort de pression ou de traction que la puissance transmet à la résistance. La figure 189 représente le *frein* et l'*encliquetage* adaptés à la grue du **côté** opposé à celui de l'engrenage.

ARTICLE V. — CALCUL DIFFÉRENTIEL ET CALCUL INTÉGRAL.

Nous avons vu, dans les préliminaires de la géométrie analytique, qu'une quantité est dite *fonction* d'une ou de plusieurs autres quantités, lorsque celles-ci entrent d'une manière quelconque dans l'expression de la première. Il est évident que la valeur d'une fonction varie lorsqu'on fait varier un ou plusieurs des éléments qui la composent.

Dans l'équation $y=ax^3$, y est une fonction de la constante a et de la variable x, et peut recevoir diverses valeurs particulières dépendantes de celles attribuées à x. Si l'on remplace x par $x+h$, il faudra remplacer y par $y+k$, k et h désignant les accroissements simultanés de la fonction y et de la variable x dont elle dépend. On aura donc $y+k=a\,(x+h)^3$, ou, en développant le cube de $x+h$,

$$y+k=ax^3+3ax^2h+3axh^2+ah^3,$$

et par conséquent

$$k=3ax^2h+3axh^2+ah^3,$$

$$\frac{k}{h}=3ax^2+3axh+ah^2.$$

Si l'on conçoit que h reçoive des valeurs de plus en plus petites, celle du rapport $\dfrac{k}{h}$ approchera de plus en plus de $3ax^2$, et n'y atteindra qu'en supposant $h=o$. Le terme $3ax^2$ est donc la *limite* du rapport de l'accroissement de la fonction y à celui de la variable x. Cette limite est une nouvelle fonction *dérivée* de la fonction *primitive* ax^3, et il existe entre ces deux fonctions un rapport de dépendance qui permet de les déterminer l'une par l'autre.

La différence entre la valeur de $y+k$ et celle de y approche d'autant plus de son premier terme $3ax^2h$, que l'accroissement h de la variable est plus petit. Ce terme, cette portion de la différence se nomme la *différentielle* de la fonction y, et se désigne par dy. Désignant pareillement h par dx, l'exemple ci-dessus donne

$$dy=3ax^2dx.$$

En général, toute fonction de la forme $y=f(x)$ donnera $dy=f'(x)dx$. La fonction dérivée $f'(x)$ ou $\dfrac{dy}{dx}$ se nomme *coefficient différentiel*. La différentielle d'une fonction dépendante d'une seule variable est donc le produit du coefficient par la différentielle de la variable. Elle pourra toujours s'obtenir en remplaçant x par $x+dx$, dans la question proposée, développant suivant les puissances de dx, retranchant du résultat la fonction primitive, et négligeant les termes dans lesquels dx se trouve élevé à une puissance dont l'exposant surpasse l'unité. C'est ainsi, par exemple, que $y=ax^n$ donne $dy=nax^{n-1}dx$

Lorsque la fonction proposée dépend de deux ou plusieurs variables, on différentie successivement par rapport à chaque variable, en considérant momentanément les autres variables comme des constantes, et l'on fait la somme des différentielles trouvées.

Le *calcul différentiel* a pour objet la recherche des valeurs et des propriétés des coefficients différentiels, ou fonctions dérivées, de toutes les fonctions qu'on peut proposer.

Le *calcul intégral*, au contraire, a pour but de remonter d'une fonction différentielle à la fonction primitive qui l'a produite ; c'est-à-dire qu'une fonction différentielle étant donnée, il faut trouver une autre fonction indépendante de toute différentielle, et qui soit telle qu'en la différentiant on retrouve la fonction différentielle proposée ; recherche quelquefois difficile et même infructueuse.

Le calcul différentiel et le calcul intégral sont aussi désignés sous la dénomination de *calcul infinitésimal.*

ARTICLE VI. — HISTOIRE DES MATHÉMATIQUES.

1re période. — *Progrès des mathématiques depuis leur origine jusque vers le milieu du* VII° *siècle.*

Arithmétique et Algèbre. Il n'est pas possible de suivre pas à pas, dans la nuit des temps, les progrès de l'arithmétique chez les anciens. On sait seulement que les Égyptiens la transmirent aux autres peuples, que Thalès de Milet et Pythagore de Samos avaient été s'instruire auprès des prêtres de ce pays, et qu'à leur retour dans la Grèce ils propagèrent les connaissances arithmétiques qu'ils avaient acquises, 600 ans environ avant l'ère chrétienne.

Trois siècles s'étaient écoulés depuis cette époque, lorsque Lagus, maître de l'Égypte, fonda l'école d'Alexandrie, où les mathématiques fleurirent avec éclat pendant plus de six siècles. Diophante, l'un des plus célèbres de cette école, et qui vivait vers le commencement du iv° siècle, est l'auteur du plus ancien traité d'algèbre qui nous soit parvenu.

Géométrie. Dans cette longue chaîne de philosophes grecs, qui s'étend depuis Thalès et Pythagore jusqu'à la destruction de l'école d'Alexandrie, il n'y en a presque aucun qui n'ait cultivé la géométrie. Platon s'y rendit très-profond. Euclide dans ses éléments rassembla toutes les propositions découvertes avant lui. Archimède, le plus grand géomètre de l'antiquité, calcula une valeur approchée du rapport de la circonférence au diamètre. Plusieurs de ses écrits ont été conservés. Peu de temps après Archimède, on vit paraître un autre géomètre qui l'a presque égalé, Apollonius Pergœus, que ses contemporains surnommèrent le grand géomètre ; la plupart de ses ouvrages sont perdus, ou ne subsistent que par fragments.

Mécanique. Les anciens avaient beaucoup perfectionné la partie organique des machines, quoiqu'ils fussent peu avancés dans la théorie de l'équilibre et du mouvement. Archimède avait découvert la théorie des centres de gravité, celles du levier, de la poulie, de la vis, etc. Il avait imaginé une multitude de machines composées; mais il négligea de les décrire, et il n'en reste pour ainsi dire, que la renommée.

2° Période. — *Depuis le renouvellement chez les Arabes jusque vers la fin du 15° siècle.*

Vers le milieu du 7° siècle, les Arabes s'appliquèrent à l'étude des sciences et des arts. Ils traduisirent et commentèrent les ouvrages des mathématiciens grecs. Notre système de numération et notre manière d'écrire les nombres nous viennent des Arabes. On ne connaît pas bien exactement leurs progrès dans l'algèbre ; mais on a quelques indices qu'ils étaient parvenus jusqu'à résoudre les équations du troisième degré, et même quelques cas particuliers du quatrième.

La trigonométrie doit aux Arabes la forme simple et commode qu'elle a aujourd'hui. Ils réduisirent la théorie de la résolution des triangles, tant rectilignes que sphériques, à un petit nombre de propositions faciles, et substituèrent les sinus à la place des cordes des arcs doubles qu'on employait auparavant.

Jusqu'à la fin du 15° siècle, les mathématiques proprement dites furent peu cultivées en Europe.

3° Période. — *Depuis la fin du* xv° *siècle jusqu'à l'analyse infinitésimale.*

Arithmétique. En 1614, Neper publia à Édimbourg son importante découverte des logarithmes. Il avait commencé de calculer des tables logarithmiques, lorsqu'il fut enlevé par la mort. Briggs et Vlacq reprirent ce travail et publièrent les tables qui portent leurs noms.

Vers la même époque, Fermat, en France, développa la théorie des nombres premiers.

Algèbre. En Italie, Tartaglia, Scipion Ferreo, Cardan, Louis Ferrari et Bombelli trouvèrent des méthodes générales pour la résolution des équations du troisième et du quatrième degré.

Pendant la période qui nous occupe, Viète et Descartes en France, et Newton en Angleterre, ont été les principaux promoteurs de l'algèbre.

Viète a eu le premier l'heureuse idée d'exprimer par des lettres les connues aussi bien que les inconnues. Il apprit à faire subir diverses transformations aux équations, sans en connaître les racines, et parvint à trouver une méthode d'approximation pour résoudre les équations numériques.

Descartes introduisit l'usage des exposants. Il apprit à tenir compte des racines négatives, et à discerner dans une équation qui ne contient que des racines réelles, le nombre des racines positives et celui des racines négatives, par la combinaison des signes qui précèdent les termes de l'équation. La méthode des indéterminées, entrevue par Viète, fut développées par Descartes.

Newton recula considérablement les bornes de l'algèbre. Il donna une méthode pour décomposer, lorsque la chose est possible, une équation en facteurs commensurables. Il trouva les formules qui servent à déterminer la somme des puissances de mêmes degrés des racines d'une équation. Il apprit à former des suites infinies, pour trouver, d'une manière approchée, les racines des équations de tous les degrés.

Géométrie. Viète est le premier qui ait donné une méthode régulière pour appliquer l'algèbre à la géométrie. Par l'extension que Descartes a donnée à cette méthode, elle est devenue la clef des plus grandes découvertes dans toutes les branches des mathématiques.

Cavalleri, en Italie, publia en 1635 sa géométrie des indivisibles.

Mécanique. En 1592, Galilée composa un petit traité de statique, qu'il réduisit à ce principe unique, qu'il faut la même quantité de force pour élever deux poids différents à des hauteurs qui leur sont inversement proportionnelles.

La théorie générale du mouvement varié, inconnue aux anciens, prit naissance entre les mains de Galilée. Il trouva la loi de l'accélération du mouvement des corps qui tombent par l'action de la pesanteur, ou qui glissent sur des plans inclinés. On lui doit aussi la théorie du pendule.

Huyghens découvrit la théorie des forces centrales, les propriétés du centre d'oscillation, et les lois du choc des corps.

4ᵉ Période.—*Depuis l'invention de l'analyse infinitésimale.*

L'analyse infinitésimale comprend le calcul différentiel et le calcul intégral. Leibnitz publia, en 1684 et 1686, les premiers éléments de cette science, que Newton, de son côté, avait aussi découverte, et qu'il publia en 1687. Huyghens, les frères Bernoulli, Taylor, Sterling, Maclaurin, le marquis de l'Hôpital, Euler, D'Alembert, etc., contribuèrent par leurs découvertes aux rapides progrès de ce nouveau genre d'analyse. Parmi les savants illustres qui, depuis cinquante ans, en ont considérablement reculé les limites et étendu les applications, nous citerons principalement Lagrange, Laplace, Legendre, Monge, et MM. Lacroix, Prony, Biot et Poisson Libri, Cauchy, dont les profondes recherches sont consignées dans les Traités qu'ils ont publiés, et dans une foule de Mémoires académiques.

M. Lacroix a réuni dans un grand Traité les nombreux matériaux relatifs au calcul différentiel et au calcul intégral, qui se trouvaient épars dans les collections académiques.

Depuis l'invention de l'analyse infinitésimale, l'analyse ordinaire ou l'algèbre a continué de s'enrichir de nouvelles découvertes. Les cours de mathématiques qui furent faits en 1794 à l'école normale, par Lagrange et Laplace, donnèrent à ces grands géomètres l'occasion de reprendre, d'étendre et de démontrer avec plus de clarté les théories déjà connues. Plus tard Lagrange composa pour l'école Polytechnique son beau Traité des *fonctions analytiques*. Legendre, dans sa *Théorie des nombres*, et Gauss, dans ses *Recherches arithmétiques*, ont beaucoup ajouté aux diverses théories de l'algèbre.

Depuis l'époque de la création de l'école Polytechnique, la géométrie a fait des progrès immenses. Ce fut pour cette école que l'illustre Monge composa ses Traités de *géométrie descriptive* et de *géométrie analytique*.

La *Théorie des transversales* et la *Géométrie de position*, par Carnot, sont des productions pareillement originales, et dans lesquelles on trouve un très-grand nombre de théorèmes entièrement nouveaux.

M. Ch. Dupin, dans ses *Développements de géométrie*, M. Vallée, dans son *Traité de géométrie descriptive*, et M. Poncelet, dans son *Traité des propriétés projectives des figures*, ont, pour ainsi dire, complété la géométrie de Monge, leur ancien maître.

La mécanique rationnelle doit ses immenses développements à l'analyse infinitésimale. Les Traités publiés par Lagrange, Laplace, Prony et Poisson, assurent à leurs auteurs une gloire impérissable.

N.-J. DIDIEZ.

CHAPITRE II.

SCIENCES PHYSIQUES.

ART. Ier. — ASTRONOMIE.

1. *L'astronomie* est la science qui s'occupe des astres et des divers phénomènes qui s'y rapportent. Son utilité est incontestable pour la navigation, l'agriculture et même l'histoire; mais cette science serait-elle purement spéculative qu'un penchant irrésistible pour pénétrer les secrets de la nature porterait la plupart des esprits à s'en occuper. Malheureux l'homme qui, environné d'un ciel resplendissant de clartés, ne se sentirait jamais ému et aiguillonné par le désir de connaître quelque chose de sa nature et de son essence !

Bien que le mot astronomie soit composé de deux mots grecs qui signifient *astre* et *loi*, l'origine de cette science se perd dans la nuit des temps, et se rattache aux théogonies de tous les anciens peuples. Les Chaldéens, les Égyptiens, les Chinois s'en sont occupés.

Dès le temps de la fondation de Thèbes, ou 3200 ans avant Jésus-Christ, l'astronomie était cultivée en Égypte; mais l'invasion des *Pasteurs* fut fatale à cette science : ils détruisirent et renversèrent tout.

Vers le temps d'Abraham, an 2180, la fameuse *Sémiramis* fit bâtir à Babylone une immense tour d'environ 180 mètres de haut; c'était là que les Chaldéens observaient, au-dessus des vapeurs terrestres, les levers et les couchers des astres.

Callisthène, qui était de l'expédition d'Alexandre, envoya de Babylone à Aristote des observations de 1903 ans, c'est-à-dire de 2230 ans avant Jésus-Christ. Il nous reste des éclipses observées à Babylone an—720. A cette même époque, les Chinois cultivaient l'astronomie comme base des cérémonies, et ils nous ont laissé des observations d'éclipses faites sous l'empereur Yao, vers l'an 2100 avant notre ère.

Les premières observations utiles à l'astronomie sont de Tcheou-Kongt, an 1100.

L'incendie des livres chinois, ordonné an 213 par Chi-Hoangti, fit disparaître les anciennes méthodes de calcul et beaucoup d'observations intéressantes.

Après l'expulsion des Pasteurs en Égypte, les prêtres avaient soigneusement étudié l'astronomie et reconnu les mouvements de *Mercure* et de *Vénus* autour du soleil, ainsi que la vraie longueur de l'année, lorsque le dévastateur Cambyse apparut pour tout détruire et disperser.

Les anciens Phéniciens avaient reconnu qu'il existe dans le ciel une étoile sensiblement immobile, et en tirèrent de grands avantages pour se diriger sur mer; aussi devinrent-ils un peuple opulent et renommé, dont on retrouve des traces sur toute la côte de la Méditerranée.

Dans l'année 280, Ptolémée-Philadelphe fonda la fameuse bibliothèque d'Alexandrie, qui fut brûlée en 641 par le stupide et farouche Omar.

2. L'astronomie a donc éprouvé, comme toutes les choses humaines, des périodes de grandeur et de décadence ; de nos jours elle s'est élevée à une immense hauteur, mais surgisse pendant deux générations quelque dévastateur stupide et puissant, et des siècles de ténèbres couvriront peut-être encore cette science.

3. Avant d'aller plus loin, il est important de bien rappeler que la signification de certaines expressions que l'on emploie souvent en astronomie est la même qu'en géométrie, à laquelle nous renvoyons; cependant nous répéterons ici brièvement quelques définitions, en donnant seulement la figure des trois plus essentielles.

Une *surface* est ce qui termine, ce qui limite un corps; on peut la considérer comme une pellicule infiniment mince qui enveloppe le corps.

Un *plan* est une surface sur laquelle on peut appliquer une droite, une règle dans tous les sens, comme sur une glace, une table de marbre, etc.

Les *figures planes* sont celles que l'on peut tracer sur un plan. Parmi ces figures il faut remarquer le *cercle* ou la *circonférence de cercle*; c'est une ligne dont tous les points sont également éloignés d'un point C nommé le centre, (Astronomie, pl. 1, f. 1.)

Les droites AC, BC, qui partent du centre et se terminent à la circonférence, se nomment *rayons*.

Toute droite passant par le centre et terminée de part et d'autre à la circonférence, se nomme *diamètre*.

La circonférence de tout cercle, grand ou petit, étant divisée en 360 parties égales, chacune de ces parties se nomme *degré*, et s'indique par le signe ° placé à droite et un peu au-dessus du dernier chiffre d'un nombre.

Le degré peut se subdiviser en 60 parties nommées *minutes*, et la minute en 60 parties nommées *secondes*.

Les minutes s'indiquent par un accent ' qui affecte un chiffre, et les secondes par un double accent " : ainsi, 2° 21' 35" s'énonce 2 degrés 21 minutes 35 secondes.

Les mêmes signes placés après une lettre prennent le nom de prime, seconde, tierce, selon qu'il y a un, deux ou trois accents : ainsi o' p'' q''' se prononce o prime p seconde q tierce, etc.

Une portion quelconque de la circonférence se nomme *arc de cercle*.

4. Si l'on plie un fil en deux, et que l'on fixe ses extrémités au même point C, alors, en raidissant ce fil au moyen d'un stylet dont on promènera la pointe sur un plan, on tracera un cercle. Supposons maintenant qu'au lieu de réunir les deux bouts de fil au même point C, on fixe une extrémité en F, et l'autre en F' à égale distance du point C ; alors la pointe du stylet décrira, pl. 1, fig. 2, une courbe nommée *ellipse*.

La droite Aa, passant par le centre C et les points F, F' nommés *foyers*, s'appelle le *grand axe*. La droite BCb, menée par le centre perpendiculairement au grand axe, se nomme le *petit axe*.

5. On nomme *angle*, pl. 1, f. 3, la figure (indéfinie dans un sens) formée par deux droites qui se coupent. Si du point d'intersection C comme centre, on décrit un cercle, l'arc AB intercepté mesurera, par son nombre de degrés, l'écartement des deux droites ou l'angle ACB, qui ne changera pas, quelle que soit la longueur des côtés AC, BC.

Lorsque l'angle ACB, fig. 2, est tel qu'en prolongeant en a la droite AC, l'angle ACB est égal à BCa, on dit que cet *angle*

est *droit*, et que la droite CE est *perpendiculaire* sur AC. Il est aisé de voir qu'un angle droit est mesuré par le quart d'un cercle ou 90°.

Une droite élevée sur un plan sans qu'elle penche plus d'un côté que d'un autre, est dite *perpendiculaire* à ce plan ; et réciproquement le *plan est perpendiculaire à cette droite*. Ainsi le fil à plomb placé sur un vase ou sur un étang est perpendiculaire à la nappe d'eau qui est sous lui.

Deux plans perpendiculaires à la même droite sont dits *parallèles* entr'eux ; ils ne peuvent jamais se rencontrer, quelque prolongés qu'on les suppose.

Deux droites perpendiculaires à une troisième sont dites *parallèles* ; elles ne peuvent pas se rencontrer.

6. Si, dans la figure 1, nous supposons que les points B, b, extrémités d'un diamètre, soient fixés par une pointe, nous pourrons faire tourner le cercle autour du diamètre Bb, et si l'on imagine que tous les points de la circonférence laissent une trace de leur passage dans l'espace, on aura l'enveloppe ou la surface d'un corps rond, d'une boule. Cette surface se nomme *sphère* ; le diamètre Bb est *l'axe de rotation* ou simplement l'*axe* ; les extrémités B, b de l'axe se nomment *pôles*. Tout cercle passant par les pôles se nomme *méridien*. Enfin le point C est le *centre* de la sphère, et une droite quelconque partant de C et terminée à la surface est un *rayon*.

7. Si pendant une belle nuit nous portons des regards attentifs vers le firmament, nous pourrons remarquer que toutes les étoiles semblent se mouvoir, d'Orient en Occident, comme d'une seule pièce ; en sorte que leurs configurations et leurs distances respectives sont invariables.

Les plus brillantes étoiles sont dites de première grandeur, celles qui le sont un peu moins de deuxième grandeur, ensuite de troisième, de quatrième, de cinquième, de sixième ; celles de septième, etc., ne sont visibles que dans les télescopes.

Parmi les étoiles les unes se lèvent et se couchent, tandis que d'autres restent constamment visibles toutes les nuits.

Ces dernières seraient même visibles pendant le jour, si l'éclatante lumière du soleil ne les effaçait. Ainsi une lampe dont l'irradiation frappe nos yeux à la distance d'une demi-lieue pendant la nuit, devient invisible pendant le jour. Cependant si nous affaiblissons la lumière du soleil en descendant dans un *puits profond*, ou bien si nous accroissons la lumière d'une étoile avec un télescope, nous pourrons encore l'apercevoir malgré le soleil.

8. Pour étudier le ciel, et indiquer le lieu où quelque phénomène s'est montré, on l'a divisé en plusieurs compartiments. Les étoiles qu'ils renferment se nomment *constellations ;* elles sont au nombre de 108.

Les dénominations des principales constellations sont des noms d'animaux. Ces noms peuvent nous paraître bizarres, car dans le groupe d'étoiles appelé *grande ourse* ou le *lion ,* par exemple, rien ne ressemble à une ourse ou à un lion, et l'on aurait tout aussi bien pu figurer à leur place un *singe* ou une *souris.* Mais, à l'époque où ces dénominations furent appliquées, elles avaient un *sens* et une signification qui n'est pas parvenue jusqu'à nous.

Les noms des constellations zodiacales sont néanmoins tellement caractéristiques qu'il est difficile de ne pas y reconnaître leur relation avec les phénomènes annuels qui avaient lieu en Égypte.

9. Les noms des constellations zodiacales sont, en allant de l'Ouest à l'Est : *le bélier , le taureau, les gémeaux , le cancer, le lion, la vierge, la balance, le scorpion, le sagittaire , le capricorne, le verseau , les poissons.*

Le *capricorne* commençait l'année chez les Égyptiens, et se rapportait au solstice d'été. C'est le point où le soleil étant le plus élevé, paraissait à pic sur la tête de ce peuple (20 juin — 20 juillet).

La queue de poisson du capricorne se rapporte à l'inondation du Nil, qui commence vers la mi-juillet.

Le *verseau* ou l'*amphore* (20 juillet — 20 août) indique le mois de l'inondation ; elle est complète en août, et la plus grande élévation des eaux a lieu en septembre; c'est le mois des *poissons* (20 août — 20 septembre); ils règnent sur les plaines de l'Égypte.

Le *bélier* (20 septembre — 20 octobre) est le mois des troupeaux; ils peuvent sortir ; les eaux se retirent et laissent de gras pâturages.

Le *taureau* (20 octobre—20 novembre) indique l'époque des labours.

Les *gémeaux* ou les *chevreaux* ou les *amants* désignent pour l'Égypte l'époque de la fécondation et de la germination.

Le *cancer* indique le solstice d'hiver.

Le soleil, après avoir fui vers le Sud, rétrograde et revient vers le Nord (20 décembre — 20 janvier).

Le *lion* (20 janvier — 20 février) est le symbole de la force ; le soleil fait sentir ses feux, et la végétation est dans toute son activité.

La *vierge* et son épi (20 février—20 mars) annonce l'époque des moissons, qui se font en Égypte dans le mois de mars.

La *balance* (20 mars—20 avril) est le signe de l'égalité ; alors tous les peuples de la terre ont leurs jours égaux à leurs nuits.

Le *scorpion* (20 avril—20 mai) désigne le mois empoisonné, l'époque des maladies.

Enfin, le *sagittaire* ferme l'année; il chasse le scorpion avec ses flèches, emblèmes du vent du Nord qui commence à souffler et purifie l'air.

10. Nous donnons ici, pl. 1, f. 4, une carte des principales constellations visibles en *France;* on peut aisément en acquérir la connaissance en trois ou quatre soirées. Il faudra tourner la carte de manière que le nom du mois dans lequel on observe soit placé en haut. (On suppose que les observations ont lieu vers les neuf heures du soir.)

11. Il faut d'abord reconnaître l'étoile nommée *polaire.* A cet effet, plantez, pl. 2, fig. 8, sur un terrain uni et horizontal, c'est-à-dire de niveau, un piquet OP qui soit bien dans la direction du fil à plomb ; à midi précis, remarquez la direction de l'ombre du piquet , elle vous indiquera le Nord ; sur cette direction plantez un second piquet O'P' bien d'aplomb, à 1 mètre du premier, et dont la longueur soit telle que O'P' surpasse OP de 1 mètre juste. Cela fait, lorsque la nuit sera arrivée placez votre œil au point O et visez O'; alors le rayon visuel ira aboutir très-près d'une étoile assez brillante, nommée la *polaire* ou la *tramontane.* Les configurations de la carte achèveront de la faire reconnaître. Elle paraît immobile dans le ciel, et toutes les autres semblent se mouvoir autour d'elle.

Étant tourné vers cette étoile, nous aurons le *Nord* devant nous, l'*Orient* ou l'*Est* à notre droite, l'*Occident* ou l'*Ouest* à notre gauche, et le *Midi* ou le *Sud* derrière nous.

12. Lorsque nous voyons le soleil, la lune, les étoiles paraître à l'Orient, s'avancer vers l'Ouest et disparaître, nous devons en conclure qu'ils continuent leur marche sous la terre, et par conséquent que la terre ne s'étend pas indéfiniment sous nos pieds, à moins de supposer qu'il y a des voûtes et des canaux souterrains par lesquels ces astres peuvent passer. Or, cela est inadmissible, car lorsque le soleil vient de se coucher, si nous nous élevons dans un ballon, nous l'apercevrons encore : ce qui aurait également lieu si nous pouvions nous transporter rapidement vers l'Orient. Ainsi, lorsque le soleil vient de se coucher pour les habitants de Vienne en Autriche, les Parisiens le voient encore pendant près d'une heure ; et lorsqu'il se couche pour Paris, Lisbonne l'aperçoit encore pendant trois quarts d'heure, et la ville de Mexico pendant cinq heures. La terre a donc une face inférieure, elle est donc isolée dans l'espace loin du contact de tout objet externe.

13. Quelle est sa forme ? est-elle ronde, carrée, pyramidale ?

Voici ce que l'observation nous apprend. De quelque part que l'on aperçoive la mer, on la voit toujours terminée par une ligne circulaire bleue, bien tranchée, nommée *horizon sensible*.

Cette ligne s'étend plus ou moins loin, selon que nous sommes plus ou moins élevés. Sur le sommet M du Pic de Ténériffe, pl. 2, f. 18, on peut, par un temps favorable, apercevoir des navires à 30 lieues à la ronde. Si nous descendons, nous voyons toujours un cercle autour de nous, mais les vaisseaux lointains disparaissent peu à peu ; bientôt leur carène est cachée par l'horizon, et nous n'apercevons plus que les mâts lorsque nous sommes descendus au point A ; plus bas encore nous les perdons tout-à-fait de vue.

Dans de vastes plaines, les apparences sont à peu près les mêmes, sauf de légères protubérances que l'on aperçoit à l'horizon.

Or, tout corps qui, sous quelque aspect qu'on l'envisage, présente toujours à peu près des cercles, est nécessairement à peu près une sphère.'

La *terre est donc sensiblement ronde.*

14. Il est aisé de concevoir ensuite pourquoi les corps qui sont sur la surface de la terre s'y maintiennent de la même manière les uns par rapport aux autres. En effet, la terre étant d'une similitude parfaite dans toute sa surface, le corps placé en A (pl. 2, f. 18) tendra à tomber, et sera poussé vers le centre C, de même que le corps placé en B, en D, etc.; et puisqu'un homme se tient debout au point A, il se tiendra également debout aux points B, D...

Cette puissance, cette force qui nous enchaîne sur la terre et y fait retomber tous les corps que nous lançons vers les cieux, se nomme *pesanteur*.

15. Sur la carte du ciel nous n'avons placé ni le soleil, ni la lune, ni d'autres corps brillants appelés *planètes* (pour lesquels nous renvoyons au n° 40), parce que leur mouvement est différent de celui des étoiles et que leurs positions respectives changent à chaque instant.

Les divers phénomènes du lever et du coucher des astres ont été expliqués, pendant long-temps, en considérant les étoiles comme attachées ou fixées sur la partie concave d'une immense sphère appelée ciel, dont la terre occupait le centre. On supposait ensuite que, la terre restant immobile, toute cette sphère avait un mouvement de rotation d'Orient en Occident, qui s'effectuait en 24 heures sidérales autour d'un axe dont l'un des pôles était voisin de l'étoile polaire.

16. Les mouvements du soleil, de la lune, des planètes, s'expliquaient en faisant mouvoir chacun de ces corps dans des cieux intérieurs. Le soleil effectuait le tour de son ciel en un an, et la lune en un mois lunaire (pl. 2, fig. 14). Ce système, qui portait le nom de *Ptolémée*, expliquait bien les apparences générales ; mais dès que les observations ont été plus précises il a été reconnu inadmissible.

17. Vers 1530, *Copernic* proposa le système qui est adopté de nos jours et que l'on peut regarder comme l'une des vérités le mieux établies. Les anciens Égyptiens et Pythagore l'avaient déjà admis. Ce système consiste à regarder le soleil et les étoiles comme immobiles, à faire tourner en 24 heures la terre sur elle-même d'Oc-

cident en Orient, autour d'un diamètre dont les points extrêmes sont nommés *pôles*, pendant que ce diamètre, constamment parallèle à une direction donnée, décrit autour du soleil, et en un *an*, une courbe nommée *écliptique*.

Le pôle le plus rapproché de l'Europe est du côté de l'étoile polaire ; on le nomme *pôle nord* ou *pôle boréal*. L'autre pôle, diamétralement opposé, se nomme *pôle austral* ou *pôle sud*. Le mouvement de rotation de la terre s'accomplissant en un jour se nomme *mouvement diurne*. C'est ce mouvement qui produit la succession des heures, du jour et de la nuit : le diamètre autour duquel il s'effectue se nomme *axe terrestre*. Le mouvement de translation autour du soleil se nomme *mouvement annuel*; il produit les saisons.

La terre se trouve par là assimilée aux *planètes*, qui toutes ont une forme sphérique, un volume considérable, un *mouvement de rotation* autour d'un axe, et un *mouvement de translation* autour du soleil. (Voy. le système solaire, pl. 1, fig. 7.)

18. Un mouvement de la terre inaperçu de ses habitants n'a rien d'étrange : nous ne pouvons en avoir la sensation, parce qu'il est commun à toute la masse, à l'air, aux nuages, et qu'il s'exécute sans cahots et sans secousses. Ainsi, à bord d'un navire bien lesté, entraîné par le courant, rien ne peut nous indiquer s'il est en repos ou en mouvement lorsque nous n'apercevons point d'objets extérieurs. Si nous jetons une balle en l'air, elle retombe dans nos mains ; si nous la lâchons, elle descend à nos pieds ; enfin nous pouvons nous y livrer à toutes nos occupations ordinaires comme sur la terre. Mais si nous montons sur le pont et que nous apercevions des bois, des clochers, des villages fuir et disparaître, alors nous jugeons que nous sommes en mouvement. Eh bien! les étoiles plus ou moins brillantes sont pour nous les bois, les clochers, les villages qui bordent l'océan de l'espace, et la terre est notre esquif.

19. Dans le mouvement de translation de la terre nous nous approchons et nous nous éloignons alternativement de certaines étoiles. Il semblerait donc qu'elles doivent nous paraître tantôt plus grosses, tantôt plus petites, et qu'il doit en être de même de leur distance angulaire. Il est clair, en effet, que si nous mesurons l'angle *cbd*,

formé (pl. 1, fig. 5) par les rayons visuels *b*M, *b*M' (dirigés sur deux objets M, M') lorsque nous sommes placés au point *b*, cet angle sera beaucoup plus petit que l'angle CBD, formé par les rayons visuels BM, BM' et mesuré au point B, plus rapproché du point M. Cependant cette même mesure, effectuée sur deux étoiles E, E', ne donne aucune différence bien appréciable avec nos meilleurs instruments ; il faut donc en conclure que le chemin que nous avons parcouru en nous approchant de l'étoile E est extrêmement peu de chose et presque rien en comparaison de son éloignement. En géométrie on démontre que si l'angle entre les deux étoiles avait varié de deux secondes, nous nous en serions rapprochés de la 100,000^{ème} partie de la distance qui nous en sépare. Eh bien ! c'est tout au plus si l'on constate, dans la mesure angulaire des étoiles, une variation de 1 seconde. Nous pouvons donc toujours nous supposer au centre du monde, et lui appliquer avec une légère variante, la géométrique expression de Pascal : « L'univers est une sphère » dont le centre est partout et la surface » nulle part. »

20. De là résulte cette remarque importante : Si par un lieu quelconque du globe terrestre nous menons un *plan tangent*, c'est-à-dire perpendiculaire au *fil à plomb*, et que, par le centre de la terre, nous concevions un plan parallèle au premier, ces plans intercepteront, dans le ciel, une petite zône ou bande d'une largeur égale au rayon de la terre ; mais à la distance des étoiles, cette largeur sera nulle pour nous. Si donc l'un de ces plans rencontre une étoile, le second plan *paraîtra* la rencontrer également, en sorte qu'ils traceront, dans le ciel, une seule et même circonférence nommée *horizon céleste* ou simplement horizon.

Les deux plans que nous venons de décrire sont nommés horizon sensible et horizon *rationnel* (celui qui passe par le centre de la terre) du lieu de l'observateur ; relativement aux étoiles, on peut prendre l'un pour l'autre.

La direction du fil-à-plomb, autrement dit la *verticale* du lieu, étant prolongée indéfiniment au-dessus de la tête de l'observateur et sous ses pieds, va rencontrer la sphère des cieux en deux points nommés *pôles de l'horizon* ;

Le premier est le *zénith* ; le second, caché par la terre, est le *nadir*. Tout plan passant par le zénith et le nadir, ou contenant le fil-à-plomb, se nomme *un vertical*.

La terre étant sphérique, les définitions données ci-dessus s'y appliquent. Le *méridien terrestre d'un lieu est donc un cercle passant par les pôles de la terre et par ce lieu*.

21. Si, par le centre, nous imaginons un plan perpendiculaire à l'axe de rotation, ce plan coupera la terre suivant un grand cercle nommé *équateur* : tous ses points sont également éloignés des pôles nord et sud, et il partage la terre en deux parties égales nommées *hémisphère nord* ou *boréal*, *hémisphère sud* ou *austral*.

Ce même plan prolongé jusqu'à la sphère imaginaire des étoiles y tracera un immense grand cercle nommé *équateur céleste* ou *ligne équinoxiale*.

L'axe de la terre prolongé jusqu'au firmament y marque deux points nommés *pôles des cieux*.

Le plan d'un méridien terrestre prolongé trace dans le ciel un *méridien céleste* ; mais, à cause du mouvement diurne, cette trace change à chaque instant : aussi, pour indiquer ce changement successif d'aspects, les cercles célestes passant par les pôles se nomment *cercles horaires*. Le *méridien céleste* est donc un cercle horaire vertical ; et sa dénomination vient de ce qu'il est *midi* quand le soleil y arrive chaque jour.

22. La *latitude* d'un lieu est sa distance angulaire mesurée, à partir de l'équateur, sur le méridien de ce lieu ; il faut énoncer en outre si cette latitude est boréale ou australe, c'est-à-dire, dans l'hémisphère nord ou sud. Ainsi on dit de Paris que la latitude est boréale et de 48° 50′ 13″.

Puisque de l'équateur au pôle il y a 90°, il en résulte que, pour avoir la distance d'un lieu au pôle voisin, il faut retrancher sa latitude de 90° ; ainsi, de Paris au pôle nord il y a 41° 9′ 47″.

La *longitude* d'un lieu est la distance angulaire de son méridien à un autre méridien pris pour point de départ. Cette distance angulaire se compte sur l'équateur, et depuis 0° jusqu'à 360° ou bien de 0° à 180°, en énonçant si elle est orientale ou occidentale. Les Français prennent le méridien de l'Observatoire royal de Paris pour départ des longitudes.

Si l'on prend un petit globe pour représenter la terre, on pourra choisir un diamètre quelconque pour axe, alors le grand cercle décrit d'un des pôles comme centre, sera l'équateur ; et il est aisé de voir que tout point dont on connaîtra la latitude et la longitude sera complétement déterminé et pourra être placé sur ce globe.

On pourra de même représenter le ciel ; mais pour établir une distinction entre la *géographie* (description de la terre) et l'*uranographie* (description du ciel) les arcs célestes analogues aux latitudes et aux longitudes se nomment *déclinaison* et *ascension droite*.

La déclinaison se compte à partir de l'équateur céleste ; quant à l'ascension droite elle se compte d'occident en orient et de 0° à 360° ; ou en heures et de 0 h. à 24 heures, en partant du point nommé *équinoxe du printemps*. Ainsi 1 h. est équivalente à 15°, 1 minute de temps à 15′, etc.

23. La fig. 9, pl. 2, servira à mieux faire comprendre la position de ces divers cercles que nous pouvons supposer passer par le centre de la terre, puisqu'elle n'est qu'un point relativement à la sphère étoilée. BZH'AH est un méridien vu par sa *face occidentale* ; EE' est l'équateur céleste, B et A sont les pôles, Z est le zénith du lieu *m*, dont le nadir est *n* et HH' l'horizon. La partie ponctuée de ces divers cercles indique la portion qui est du côté de la face *orientale*.

Pour le spectateur *m* tous ces cercles sont liés entre eux et avec la terre d'une manière invariable ; de sorte que, pendant le mouvement diurne, d'un point quelconque de ces cercles on peut tracer dans le ciel une circonférence nommée *cercle diurne* ou *parallèle*, ou *cercle de déclinaison*, perpendiculaire à l'axe BA.

Un point quelconque *h* de l'horizon décrira donc, dans le sens de la flèche, une petite circonférence *hh'h″h‴*, et une étoile *a*, qui se trouvait d'abord sous l'horizon, va paraître se lever au point *h* et s'élever successivement en *a'*, *h‴*, au-dessus de l'horizon dans le sens apparent du mouvement diurne. Au point *h‴* elle sera à sa plus grande hauteur ; la terre continuant son mouvement, l'étoile semblera se mouvoir en sens inverse et se rapprochera du point *h″* ; parvenue en ce point elle se couchera, c'est-à-dire deviendra invisible, et enfin

24 heures sidérales après s'être montrée au point *h* de l'horizon, elle y reparaîtra de nouveau. Selon que l'arc *hh'''h''* sera plus ou moins grand que l'arc *hh'h''*, l'étoile restera plus ou moins de 12 heures sur l'horizon.

Les points O, O', *intersection* de l'*équateur* et de l'*horizon*, sont les points d'*Orient* et d'*Occident*. L'arc OE'O' étant toujours égal à l'arc OEO', il en résulte que tout astre situé dans l'équateur reste douze heures sur l'horizon et douze heures au-dessous.

L'intersection HH' du méridien avec l'horizon donne les points nord et sud de l'horizon; ils sont à 90° des points d'Orient et d'Occident.

Le cercle HV décrit par le point nord H étant entièrement au-dessus de l'horizon, il en résulte que toutes les étoiles situées dans la calotte sphérique HBV décrite du pôle B avec la latitude du lieu *m*, ne se couchent jamais; tandis que toutes celles situées dans la calotte inférieure IAH' ne se lèvent jamais pour le spectateur *m*.

24. Puisque l'arc BH ajouté à l'arc BZ est égal à 90°, et qu'il en est de même de l'arc EZ, ajouté à l'arc BZ, il en résulte que l'arc EZ ou la *latitude* est égal à l'arc BH, ou à la *Hauteur* du *Pôle* au-dessus de l'horizon.

25. La rotation diurne de la terre étant un mouvement uniforme, une étoile quelconque qui est rencontrée par le plan du méridien est rencontrée de nouveau par ce plan au bout de 24 heures. Il en résulte que l'intervalle de temps écoulé entre les passages de la même étoile par deux méridiens, mesure la *différence de longitude de ces méridiens*.

Réciproquement, l'intervalle de temps écoulé entre le passage de deux étoiles par le même méridien mesure la *différence des ascensions droites de ces étoiles*. Cela explique la double division de l'équateur en degrés et en heures.

Tous les corps célestes sont rencontrés par le méridien une fois au-dessous du pôle en *h'*, une fois au-dessus en *h'''*; ce sont leurs passages *supérieur* et *inférieur*. Lorsqu'ils se trouvent en ces points on dit qu'ils *culminent*.

Les étoiles circumpolaires peuvent être vues dans leur double passage

26. Les astres s'observent ordinairement dans leurs culminations, avec un instrument nommé *lunette de passages* ou *lunette méridienne*. C'est une lunette armée vers son milieu de deux bras à angles droits formant un axe horizontal et perpendiculaire au méridien. Les extrémités de l'axe (fig 10, pl. 2) sont arrondies en pivots cylindriques ou tourillons, de diamètres parfaitement égaux. Ces tourillons posent sur deux coussinets métalliques, dont l'un peut avoir un léger mouvement vertical et sert à mettre l'axe horizontal au moyen d'un niveau à bulle d'air; l'autre peut se mouvoir horizontalement, et sert à amener l'axe optique de la lunette dans le plan du méridien. Tout ce système repose sur des piliers inébranlables. Au foyer de l'oculaire et à angles droits avec l'axe optique de la lunette, on place un *réticule* muni de cinq fils verticaux équidistants, croisés par un fil horizontal. On note l'instant du passage d'une étoile derrière chaque fil. Pour s'assurer que la lunette est bien perpendiculaire à l'axe de rotation, on vise un objet éloigné *m*, ensuite l'on retourne l'axe bout pour bout, en mettant le point *c* à la place du point *d* et réciproquement; visant de nouveau le point de mire, il doit se peindre sur le fil du milieu.

Cet instrument sert principalement à régler l'horloge ou la pendule par l'observation du passage des étoiles au méridien; passage qui se reproduit à chaque 24 heures.

Si au système précédent on ajoute un cercle vertical dont le centre soit sur l'axe des tourillons, et si ce cercle est perpendiculaire à cet axe et solidement fixé dans un mur ou dans les piliers, l'instrument prendra le nom de *mural*.

Le cercle étant bien divisé servira à déterminer les déclinaisons des étoiles et la latitude du lieu, tandis qu'une bonne horloge servira simultanément à obtenir les ascensions droites.

27. L'étoile polaire s'emploie avantageusement, en Europe surtout, à déterminer le plan du méridien, et ensuite la latitude.

En effet, soit (pl. 2, fig. 11) B le pôle du monde, l'étoile polaire semblera décrire, en vertu du mouvement diurne, le tout petit cercle PP'P''P''', et s'écartera alternativement à droite et à gauche du méridien CMB de l'observateur C. En l'observant dans ses plus grandes élongations aux points P', P''', on déterminera deux plans verticaux CEP',

COP''' qui formeront l'angle horizontal OCE ; en divisant cet angle en deux on obtiendra le plan du méridien CMPB.

Lorsque l'étoile percera ce plan aux points P et P'' on mesurera sa hauteur avec le mural, et si p, p'' sont les angles observés, la latitude sera égale à $\frac{1}{2}(p+p'')$. Pour Paris, par exemple, on trouverait $p=47°17'56''$, $p'=50°22'30''$, d'où $\frac{1}{2}(p+p')=$ latitude de Paris $=48°50'13''$. Une tige placée dans le plan du méridien de manière à faire avec l'horizon un angle égal à la latitude, ou bien avec le fil à plomb un angle égal à 90° moins la latitude, est parallèle à l'axe du monde ; c'est ainsi que doit être placé le style de tout *cadran solaire*.

28. Si chaque jour on observe le soleil avec un mural et que l'on place ses positions successives sur un *globe céleste*, on trouvera qu'il semble décrire en un an, et d'Occident en Orient, un cercle incliné à l'équateur de $23°27'40''$. Si donc, à une certaine époque, la position du soleil se trouve dans la direction d'une étoile, il nous paraîtra s'en écarter chaque jour d'environ 1° à l'Est, et enfin, au bout de $365^j 6^h 9'9'',6$ (temps moyen), le soleil reviendra coïncider avec l'étoile. Telle est la période que l'on nomme *année sidérale* ; elle diffère un peu de l'année appelée *tropique* et qui règle les saisons (voir l'article *Chronologie et Calendrier*). Il résulte de là que chaque jour le soleil met moyennement $3'55'',9$ de plus qu'une étoile pour revenir au méridien. Ainsi donc, le *jour civil* ou *jour solaire*, étant divisé comme le *jour sidéral* en 24 parties égales ou heures, les *heures solaires* sont plus longues de $9''$, $825'$ que les *heures sidérales*.

Le jour solaire se compte à partir de minuit, c'est-à-dire à partir de l'instant où le soleil se trouve dans le *méridien inférieur* ; les astronomes comptent ordinairement de 0^h à 24^h. La durée de tous les jours solaires n'étant pas rigoureusement la même, on prend pour terme de comparaison et unité de mesure le *jour moyen* ; c'est une moyenne proportionnelle entre tous les jours solaires de l'année. Le jour moyen se subdivise en heures moyennes, etc.

29. Plus nous nous approchons d'un corps, et plus la portion d'espace qu'il nous masque est considérable ; en d'autres termes, plus l'angle qu'il soutend est grand,

D'après cela, pour savoir si *notre distance au soleil reste toujours la même*, il suffit de mesurer chaque jour son diamètre.

Cette mesure peut s'effectuer en notant la durée employée par le soleil à traverser le fil de la lunette méridienne. On transforme ce temps en degrés à raison de 15° à l'heure, et l'on a par ce moyen le diamètre apparent lorsque l'astre décrit l'équateur. Dans le cas contraire, il faudrait multiplier par le cosinus de sa déclinaison. On peut encore employer une lunette munie d'un cristal de roche qui fait voir *doubles* les objets que l'on regarde à travers : cet instrument se nomme un *micromètre*. En effectuant ces mesures sur le diamètre apparent du soleil, on trouve qu'il s'accroît pour diminuer ensuite et croître de nouveau.

Le *diamètre minimum* est $31'31''$, et le *diamètre maximum* $32'35'',6$.

30. Ces diverses apparences s'expliquent (pl. 2, fig. 12) en supposant que la terre décrit une ellipse nommée *écliptique* dont le soleil S occupe le foyer.

Le point P, où la terre est le plus près du soleil, se nomme *périhélie* ; elle s'y trouve vers le 1er janvier.

Le point A, où la terre est le plus éloignée du soleil, se nomme *aphélie* ; elle s'y trouve vers le 2 juillet. Mais il n'en sera pas toujours de même, et ces dates changent avec les siècles.

Les points A et P se nomment aussi les *apsides*, et le grand axe AP, la *ligne des apsides*.

Les distances de la terre au soleil s'obtiennent encore, et d'une manière plus précise, par des opérations trigonométriques ; soient en effet m, m' (pl. 2, f. 13), deux observateurs placés sur le même méridien, z, z leur zénith et s le soleil qu'ils observent à midi précis en prenant les distances zénithales Zms, $Z'm'S$; on en déduira les angles supplémentaires SmC, $Sm'C$; d'ailleurs les latitudes des stations étant connues, leur différence ou leur somme donnera l'angle mCm' au centre de la terre, et en supposant les rayons $mC=m'C$ connus, le quadrilatère $SmCm'$ sera déterminé. On trouve de cette manière que la distance du soleil au centre de la terre est égale à 23,984 fois le rayon de la terre, ou à 15,268,690 myriamètres : car nous allons voir que le rayon de la terre est égal à 6,366,200 mètres $=636$ myriam. 6300.

L'angle *m*SC, sous lequel un spectateur placé dans le soleil verrait le rayon C*m* de la terre, se nomme *parallaxe*. Lorsque le soleil est en Z' à l'horizon du lieu *m*, cet angle est le plus grand possible et se nomme alors *parallaxe honrizontale*. D'après les observations la parallaxe horizontale est égale à 8',6 lorsque le soleil est dans sa distance moyenne ; à la même époque le rayon du soleil ou son demi-diamètre apparent soutend un angle de 16' $\frac{3}{2}$''=961'' 5. Or les volumes des corps sphériques sont entre eux comme les cubes de leurs rayons (voir la *Géométrie*); on a donc la proportion suivante :

961,5×961,5×961,5 : 8,6×8,6×8,6 : : volume du soleil : vol. de la terre ; d'où vol. du soleil=1,384,472 fois le volume de la terre.

31. Cherchons actuellement les dimensions de notre globe.

Pour le mesurer il n'est pas nécessaire d'en faire le tour : car puisque la terre est sphérique, il suffit de mesurer la longueur d'une partie aliquote de la circonférence , un degré, par exemple; alors 360 fois cette longueur mesureront la circonférence terrestre.

Soient donc deux observateurs sur le même méridien en *mm'*, observant simultanément l'étoile polaire *e* à l'une de ses culminations; la distance zénithale *z'm'e* sera égale à l'angle Z'C*e'* ; de même la distance zénithale Z*me* sera égale à ZC*e* ; la différence de ces angles donnera l'angle au centre *m*C*m'*. On mesurera ensuite la distance *mm'*, et si l'angle *m*C*m'* est de 1° on trouvera *mm'*=111,111 mètres, 1; multipliant ce nombre par 360 il en résultera que la circonférence terrestre contient 40,000,000 mètres, et par conséquent que le rayon de la terre est égal à 6,366,200 mètres. L'unité suivie de 21 zéros donnerait le volume de la terre ou le nombre de mètres cubes qu'elle contient.

32. L'*écliptique* ou la courbe que la terre décrit en un an , en vertu de son mouvement de translation , est contenue dans un plan incliné de 23°28' sur le plan de l'équateur, en sorte que l'axe du monde est incliné sur le plan de l'écliptique de 90° moins 23°28' ou de 66°32'. Il est facile, d'après cela, de se rendre compte de ce qui se passe dans le cours d'une année.

Supposons (pl. 2, fig. 12) que l'ellipse A T''T'''*p* représente la face nord de l'écliptique ; soit T la terre, *b* le pôle nord ou boréal, et *b* le pôle sud ou austral : ce dernier pôle sera en dessous du plan et caché. (Pour mieux saisir ce que nous allons dire, on peut tracer cette ellipse en grand sur le parquet ou sur une table, et avoir une boule sur laquelle on placera les pôles.)

L'axe terrestre étant constamment parallèle à lui-même , le pôle *b* sera toujours dirigé vers le même point du ciel. A l'époque du printemps, au 20 mars, la terre étant placée en T , le soleil paraîtra en un point opposé du ciel ; ce point , désigné par le signe du bélier ♈, se nomme l'*équinoxe du printemps* , parce qu'il se trouvait effectivement dans la constellation du bélier il y a 2500 ans, et que le nom lui est resté. Dans cette position, les rayons du soleil, qui paraîtra dans l'équateur céleste , raseront les pôles *b* , *a* , et, en vertu du mouvement diurne, tous les points de la terre verront successivement le soleil pendant 12 heures, en sorte que les jours seront égaux aux nuits, et de là vient le mot *équinoxe*. Trois mois plus tard , vers le 21 juin , la terre se trouvera en T'; le pôle *b* verra encore le le soleil, qui sera au solstice d'été; ses rayons frapperont ce pôle plus d'aplomb , et la terre tournant sur son axe, le pôle *b* et les régions voisines jusqu'à une distance de 23°28' , c'est-à-dire jusqu'au *cercle polaire arctique* , auront un jour continuel. A mesure que l'on s'éloignera du pôle boréal , la durée du jour décroîtra ; à Paris elle ne sera plus que de 16 heures, à l'équateur de 12 heures , et enfin au pôle austral et dans les parties voisines jusqu'à 23°28' de distance, c'est-à-dire jusqu'au cercle *polaire antarctique*, le soleil restera invisible pendant toute la rotation diurne.

Lorsque le mouvement de translation aura amené la terre en T'' , les deux pôles verront de nouveau le soleil à leur horizon, et les nuits redeviendront égales aux jours. Le soleil correspondra en un point du firmament désigné par le signe ♎ de la balance : ce sera l'équinoxe d'automne, qui a lieu vers le 22 septembre.

Au *solstice d'hiver* , la terre se trouve en T''', et l'on voit aisément que les phénomènes sont l'inverse de ce qu'ils étaient en T'. Le pôle austral *a* sera tourné vers le soleil et aura un jour continuel; les jours diminueront en se rapprochant du pôle *b*:

ils seront de 12 heures à l'équateur, de 8 heures à Paris, et enfin au pôle nord *b*, on aura une nuit continuelle ainsi que dans les régions voisines. On peut remarquer en outre, qu'un spectateur placé en *b* verrait le soleil pendant 6 mois consécutifs, depuis l'équinoxe du printemps jusqu'à l'équinoxe d'automne ; à partir de cette dernière époque, il serait plongé dans les ténèbres jusqu'à l'équinoxe du printemps. La succession de ces phénomènes serait inverse pour le pôle austral.

33. Les choses ne se passeraient pas rigoureusement ainsi au pôle, à cause de la présence de l'atmosphère. Elle a le pouvoir, comme tous les corps transparents, de dévier les rayons lumineux, en sorte qu'un astre quelconque paraît plus élevé qu'il ne l'est réellement. Cet effet se nomme *réfraction*, et élève de 33′ les astres situés à l'horizon. Lors donc que le centre du soleil se couche, ce centre est réellement de 33′ au-dessous de l'horizon. En outre, l'influence de l'atmosphère se fait sentir même après le coucher du soleil, et nous recevons, par *réflexion* sur les molécules aériennes et vaporeuses, une portion de sa lumière. C'est ainsi que se produit le *crépuscule* du soir et du matin : leur durée est d'environ 6 semaines aux pôles, ou 3 mois dans l'année.

34. Le soleil étant plus proche de nous en hiver qu'en été, il semblerait d'abord que son effet calorifique devrait être plus considérable en janvier qu'en juillet ; mais il faut remarquer que, dans nos climats, le soleil reste peu de temps sur notre horizon pendant l'hiver ; en outre, ses rayons frappant le sol d'une manière très-oblique, la même étendue de terrain reçoit un nombre de rayons bien moins considérable, et la perte de chaleur qui en résulte est très-inférieure au gain qui provient de la plus grande proximité du soleil.

35. Si l'on considère toujours le firmament comme une sphère immense dont le soleil occupe le centre, le plan T T′ T″ T‴ (pl. 2, f. 12) de l'écliptique y tracera un grand cercle nommé écliptique céleste. Ce grand cercle se divise à partir du signe du bélier, et de l'Ouest à l'Est, en 12 parties égales nommées signes ; chaque signe comprend donc 30°. Le premier se nomme le *signe du bélier* ; le deuxième le *signe du taureau*, et ainsi de suite, comme pour les constellations (n° 9). On peut voir pl. 1, fig. 8, les caractères de convention qui représentent ces signes. Pour aider la mémoire on a résumé les noms de ces signes en un distique latin que nous donnons ici :

Sunt aries, taurus, gemini, cancer, leo, virgo ;
Libraque, scorpius, arcitenens, caper, amphora, pisces.

36. Un phénomène très-remarquable est celui de la *précession*. On nomme ainsi le mouvement d'Orient en Occident des points équinoxiaux ♈ et ♎. Ces points se déplacent très-lentement dans le plan de l'écliptique, et leur révolution s'achève en 25868 ans. Il résulte de là que l'*équateur céleste* se déplace tout en restant incliné de 23°28′ sur l'*écliptique*. Les pôles du monde décrivent donc, en 25868 ans, un petit cercle autour des pôles correspondants de l'écliptique (voir la carte polaire céleste, pl. 1 f. 4).

L'étoile que l'on nomme aujourd'hui *polaire* ne restera donc pas toujours au pôle, et dans 12000 ans d'ici, ce sera l'étoile α de la lyre, l'une des plus brillantes, qui indiquera le pole nord du monde.

C'est en vertu de la précession que les 30 premiers degrés de l'écliptique appelés *signe du bélier*, ne correspondent plus avec la *constellation du bélier*, et ainsi des autres.

C'est aussi par suite de la précession que la terre, partant de la direction S T″ ♈ et se mouvant d'Occident en Orient (pl. 2 fig. 12), emploie moins de temps pour rattraper le point équinoxial qui s'avance en ♈′ que pour rattraper une étoile fixe. Cette durée de translation de la terre relative à un équinoxe se nomme *année tropique* ; elle règle les saisons, et se compose de 365 jours, 5 heures 48′ 49″ 7.

L'*année tropique* est donc plus courte de 20′ 19″ 9 que l'*année sidérale*.

De la Lune.

37. Si chaque jour l'on fait pour la lune des observations analogues à celles que l'on a faites pour le soleil, on reconnaîtra que sa *révolution sidérale* s'effectue autour de la terre en 27 jours 7 heures 43′ 11″ 5. Ainsi la lune, se trouvant dans la direction d'une étoile, s'en écartera chaque jour d'environ 13° vers l'Est.

Si la terre restait immobile, la lune emploierait le même temps à faire sa *révolution synodique*, c'est-à-dire à partir de la direction L′ S (f. 12) du soleil et à y revenir. Mais la terre, se mouvant dans l'écliptique, se trouvera transportée en *t* au bout de 27 jours 7 heures 43′ 11″ 5; lorsque la lune sera revenue dans la direction *nt* d'une étoile, il lui restera donc encore l'arc *n* L′ à décrire pour se retrouver dans la direction du soleil. L'intervalle de temps dans lequel s'effectue la révolution synodique est moyennement de 29 jours 12 heures 44′ 2″ 9; cet intervalle de temps se nomme aussi *lunaison*. Les diverses *phases* ou apparences de la lune se reproduisent dans le même ordre à chaque lunaison.

38. En observant la lune dans ses culminations de deux points de la terre situés sur le même méridien et fort éloignés l'un de l'autre, on obtiendra, comme pour le soleil (art. 30), la distance du centre de la terre au centre de la lune. Cette distance moyenne est de 60 fois le rayon équatorial de la terre, en sorte que le soleil est 400 fois plus éloigné de nous que la lune. Le diamètre angulaire de la lune, c'est-à-dire l'angle sous lequel nous l'apercevons, étant tantôt plus petit, tantôt plus grand, il en résulte (art. 29) que nous ne sommes pas toujours à la même distance de la lune. Si, pendant une révolution lunaire, nous traçons les positions et les distances correspondantes de la lune à la terre, et que nous joignions toutes les positions successives, nous obtiendrons sensiblement la courbe nommée ellipse, et nous reconnaîtrons que la terre T en occupe un foyer (pl. 2, fig. 12).

Les phases mensuelles de la lune se conçoivent aisément en admettant que la lune est un corps opaque sphérique. Soit pl. 2, f. 15, T la terre, S le soleil. Lors de la *néoménie*, c'est-à-dire lorsque la lune est nouvelle, elle se trouve en N, et la partie éclairée étant toujours du côté du soleil, la partie obscure se trouve alors du côté de la terre et ne peut nous signaler sa présence. Peu à peu la lune s'écarte à l'Est du soleil, alors elle nous apparaît le soir sous la forme d'un croissant, et lorsqu'elle se trouve en P Q à 90° du soleil, la moitié du disque est éclairée; c'est le premier quartier. La partie lumineuse du disque grandit de plus en plus, jusqu'à ce que la lune soit parvenue en PL: alors toute la partie éclairée est tournée de notre côté, et nous disons qu'elle est *pleine*.

Enfin le croissant se forme de nouveau vers le dernier quartier, et l'on est dans le *déclin* DQ; l'échancrure lumineuse se resserre de plus en plus, et enfin la lune disparaît pour reparaître 4 ou 5 jours plus tard.

39. Si l'orbite de la lune était dans le plan de l'écliptique, il est aisé de voir qu'à chaque néoménie, la lune, s'interposant entre la terre et le soleil, nous cacherait cet astre et produirait une éclipse; quinze jours après la terre se trouvant entre la lune et le soleil, il en résulterait aussi une éclipse de lune (pl. 2, fig. 16).

Les choses ne se passent pas ainsi, parce que le plan de l'orbite lunaire est incliné d'environ 5° 9′ sur le plan de l'écliptique, en sorte que lors de la nouvelle ou pleine lune les trois corps que nous considérons se trouvent ordinairement dans la situation de la figure 17, pl. 2, et l'on voit que l'ombre portée par la lune lorsqu'elle se trouve en L passe à côté de la terre; de même l'ombre portée par la terre T passe à côté de la lune lorsque celle-ci est dans son plein. Pour qu'une éclipse de soleil soit *totale* il faut que la lune soit sensiblement sur la ligne TS : alors la lune peut cacher entièrement le soleil; ce phénomène est très-rare: lorsqu'il a lieu, la nuit succède assez brusquement au jour, et les étoiles peuvent se voir à midi. Une couronne pâle et argentée environne le disque invisible de la lune; les animaux sont saisis d'effroi, les oiseaux tombent sur la terre, et les hommes ignorants sont frappés de terreur. Enfin, après une nuit qui n'excède pas 5′, le soleil reparaît dans tout son éclat. Depuis Jésus-Christ il y a eu 21 éclipses totales en Europe. Les éclipses se reproduisent à peu près dans le même ordre tous les 18 ans 11 jours. Cette période, dont les Chaldéens se servaient pour prédire les éclipses, était nommée *saros*.

Vue au télescope, la lune offre de nombreuses montagnes, qui presque toutes affectent la forme conique de nos volcans; on y voit aussi des régions très-étendues et parfaitement unies, comme si elles étaient le produit des alluvions. S'il existe une atmosphère autour de la lune, elle doit être extrêmement raréfiée. Un astronome allemand croit y avoir aperçu des traces de végétation, et une apparence de ville immense à laquelle aboutiraient de grandes routes.

En observant les taches de la lune, on reconnaît qu'elle nous présente toujours la même face, presque comme si elle était fixement attachée à un rayon passant par le centre de la terre. S'il y a des habitants dans la lune, la terre leur offre la magnifique apparence d'un corps lumineux sou-tendant un angle de 2° et équivalant par conséquent à 16 lieues pour l'étendue et l'éclat.

Cet astre, notre plus près voisin, se nomme encore le *satellite de la terre*.

Des Planètes.

40. Les planètes, au nombre de 11, sont des corps analogues à notre terre, opaques, sphériques et circulant autour du soleil, d'Occident en Orient dans des orbites elliptiques. Elles deviennent visibles pendant la nuit en nous réfléchissant les rayons du soleil, en sorte que vues au télescope elles présentent des phases presque semblables à celles de la lune. Leur lumière est tranquille et dépourvue de la scintillation des étoiles ; toutes tournent autour d'un axe restant constamment parallèle à lui-même. Voici leurs dénominations dans l'ordre de leurs distances au soleil : Mercure, Vénus, la Terre ou Cybèle, Mars, Vesta, Junon, Cérès, Pallas, Jupiter, Saturne, Uranus.

Nous avons donné, pl. 2, fig. 19, les signes de convention par lesquels on les représente.

41. Mercure, pl. 1, fig. 7, se voit difficilement, à cause de son voisinage du soleil, qui l'enveloppe de ses rayons ; elle en est éloignée de 5,910,000 myriamètres ; son diamètre est de 515 myriamètres ; elle est environnée d'une épaisse atmosphère, ce qui la garantit peut-être de la grande action calorifique du soleil, autour duquel elle décrit son orbite en 88 jours.

42. Vénus, pl. 1, fig. 7, est cette brillante planète que l'on nomme vulgairement *étoile du berger*, *étoile du soir ou du matin*, parce qu'on l'aperçoit vers le coucher ou le lever du soleil. Elle a la plus grande analogie avec la terre, qu'elle égale presque en grosseur. L'année de ses habitants serait de 225 jours ; sa distance moyenne au soleil est de 11,000,000 myriamètres. Ainsi tantôt elle se trouve à 26 millions de myriamètres de nous, et tantôt à 4 millions seulement ; mais dans cette dernière position, elle nous présente sa partie non éclairée.

Une atmosphère très-dense l'enveloppe.

La Terre ; son diamètre est de 1,273 myriamètres, etc. (voir les art. 30, 31).

43. Mars, pl. 1, fig. 7. On y distingue des phénomènes analogues à ceux que doivent produire les saisons : on voit avec beaucoup de netteté les contours de ce qu'on peut regarder comme des continents et des mers. Le sol, en général, offre une teinte d'ocre : ce qui produit la lumière rougeâtre qu'elle nous réfléchit. Son diamètre est de 660 myriamètres ; sa distance moyenne au soleil est de 23,268,000 myriamètres et la durée de sa révolution sidérale est de 687 jours, presque deux ans.

Le mouvement de rotation de ces 4 planètes est sensiblement le même, en sorte que leur jour est de 24 heures.

44. Jupiter, pl. 1, fig. 7, est la planète la plus magnifique ; son diamètre étant de 14,000 myriamètres, son volume contiendrait 1,300 fois notre terre ; un cortége de 4 lunes ou satellites l'accompagne dans l'orbe qu'il décrit en 4,333 jours (11 ans 318 jours) autour du soleil, dont il est éloigné de 79,442,000 myriamètres. De même que l'ombre de la terre se projette quelquefois sur la lune et l'éclipse, de même Jupiter éclipse périodiquement ses satellites, et nous pouvons être témoins de ces phénomènes, qui sont très-utiles pour déterminer les longitudes des lieux terrestres. Ces éclipses ont servi à découvrir que la lumière ne se transmet pas instantanément d'un lieu à un autre : elle emploie 8′ 13″ 2 pour arriver du soleil jusqu'à nous. La vitesse de la lumière est donc 400,000 fois plus grande que celle d'un boulet de canon : car elle parcourt 31,000 myriamètres par seconde.

45. Saturne, pl. 1, fig. 7, est la planète la plus étonnante et la plus majestueuse ; sept satellites l'accompagnent dans sa révolution autour du soleil, qui s'effectue en 10,760 jours (29 ans et demi) dans un orbe dont le rayon moyen est de 145,648,000 myriamètres, son diamètre étant de 12,714 myriamètres, son volume contiendrait 1000 fois notre terre. Un anneau immensément gigantesque se développe à une hauteur de 3,000 myriamètres, et enveloppe comme d'une ceinture l'équateur de Saturne.

Cet anneau se compose de deux anneaux concentriques distants l'un de l'autre de 288 myriamètres. La surface intérieure du 1ᵉʳ anneau est à 8,000 myriamètres de la surface de la planète et la surface extérieure du dernier anneau est à 7,754 myriamètres.

Ces deux dernières planètes ont un mouvement de rotation qui s'effectue en 10 heures et demie.

46. Telles étaient les planètes connues des anciens; mais, à l'aide du télescope, Herschel, astronome anglais, découvrit, en 1781, un nouveau corps errant auquel on donna le nom d'Uranus. Son diamètre est de 5,633 myriamètres; sa distance au soleil est de 292,896,000 myriamètres; et l'année de ses habitants se compose de 30,689 jours (84 ans 9 jours). Cette planète est accompagnée de 2 satellites au moins, et probablement de 5 ou 6; mais il est très-difficile de les apercevoir.

47. Au commencement de ce siècle, de 1801 à 1808, on a découvert, entre Mars et Jupiter, 4 autres planètes très-petites et invisibles à l'œil nu. Elles sont toutes les 4 presque à la même distance 40,000,000 myriamètres du soleil. Cérès et Pallas ont une atmosphère très-épaisse.

48. La comparaison suivante me semble propre à donner au lecteur une idée générale de notre système solaire.

Choisissons une plaine bien unie, plaçons-y un globe de 1 mètre de diamètre: il représentera le soleil; un grain de moutarde placé à 80 mètres de distance représentera Mercure; Vénus sera représentée par un pois placé à 145 mètres; la terre le sera aussi par un pois placé à 200 mètres; Mars par une forte tête d'épingle placée à 300 mètres; Vesta, Junon, Cérès, Pallas, par de petits grains de sable placés de 475 à 550 mètres; Jupiter par une orange de grandeur ordinaire placée à 1,000 mètres; Saturne par une plus petite orange placée à 1,900 mètres; et enfin Uranus sera représentée par une grosse cerise ou une petite prune placée à une distance de 3,800 mètres du globe qui représente le soleil.

Des Comètes.

49. On nomme ainsi ces astres qui apparaissent de temps à autre avec une queue ou une barbe lumineuse et étendue; quelques-unes cependant présentent seulement l'aspect de masses vaporeuses rondes ou un peu ovales. La partie centrale ou noyau est quelquefois plus lumineuse et semble plus dense que les parties environnantes.

Elles décrivent généralement autour du soleil des ellipses très-allongées et se meuvent rapidement et dans divers sens; la matière qui les compose est extrêmement subtile et ténue, car les étoiles les plus faibles sont vues à travers.

La direction de leur queue est assez souvent à l'opposite du soleil; mais elles peuvent prendre toute espèce de directions. La belle comète de 1811 avait 2 queues s'étendant à 15 millions de myriamètres; celle de 1744 avait 6 queues disposées en éventail.

Quelques comètes ont été tellement brillantes qu'on a pu les voir à midi; telles furent les comètes de 1402, de 1532, et celle qui parut un peu avant l'assassinat de Jules César, que l'on supposa ensuite avoir pronostiqué sa mort. La comète de 1680 est la plus fameuse des temps modernes, et peut-être la plus remarquable de celles qui ont paru; son noyau n'avait que l'éclat d'une étoile du second ordre, mais sa queue occupait 90° dans le ciel, en sorte que lorsque le noyau de la comète passait au méridien, sa queue touchait l'horizon. On croit que sa révolution est de 575 ans.

Le nombre des comètes qui ont paru est très-considérable, et les catalogues en contiennent environ 140; mais il n'y en a guère que 3 ou 4 dont on soit sûr de connaître la marche.

La mieux connue est celle de Halley, dont la révolution s'effectue en 75 ou 76 ans, et qui a reparu en 1835. Ensuite une petite comète dite de Encke (du nom du professeur qui l'a calculée), dont la période est de 3 ans $\frac{1}{4}$, et enfin la comète de l'astronome Biela, dont la révolution est de 6 ans $\frac{3}{4}$. Elle a coupé l'orbite de la terre en 1832, et nous pourrons la revoir en 1838.

50. Jusqu'ici on n'a rien de bien satisfaisant sur la nature et la constitution des comètes; elles doivent éprouver des changements énormes de température. La comète de 1680, l'une de celles qui se sont le plus approchées du soleil (elle en était 166 fois plus près que la terre), a dû éprouver pendant quelques instants, à son périhélie, une chaleur supérieure à 1000 fois la température du fer en fusion.

Parvenue à son aphélie elle a dû être gelée jusqu'au centre. Il serait très-possible néanmoins que le refroidissement dû à la vaporisation de certains fluides et le dégagement de chaleur dû à leur condensation, établissent un changement de température moins considérable.

L'ellipse que la comète de Encke décrit autour du soleil se rapetisse de plus en plus, et si cela continue elle finira par être précipitée sur le soleil.

Les comètes ont généralement fort peu de masse, et elles pourraient passer très-près de la terre sans déranger son mouvement ; mais il pourrait fort bien arriver qu'une portion de leur queue restât engagée dans notre atmosphère et modifiât sa constitution.

Des Aërolithes.

51. Dans l'espace immense qui sépare les planètes les unes des autres, il peut exister des milliards de petits corps que leur exiguité rend invisibles, et dont les mouvements peuvent être fort divers. Lorsqu'ils passent très-près de la terre et pénètrent dans notre atmosphère, dont la hauteur est de 7 à 8 myriamètres, le frottement considérable qui en résulte produit un dégagement énorme de calorique et de lumière, accompagné quelquefois de l'explosion avec fracas de ces corps ; en outre, leur mouvement se trouvant ralenti, l'action de la pesanteur peut les faire tomber sur la terre. Ces corps se nomment aërolithes, pierres tombées du ciel. Depuis quelques années on en a recueilli un grand nombre ; les chimistes les ont analysés, et ils ont reconnu que leur composition est sensiblement la même.

Lorsque leur mouvement de translation est rapide, ils se dégagent de notre atmosphère et continuent leur route. Ce sont probablement de pareils corps qui produisent les étoiles filantes, et dont on voit un si grand nombre pendant une belle nuit.

Les nuits des 12 au 14 novembre paraissent remarquables sous ce rapport, et M. Arago les a signalées à l'attention publique.

Si ces phénomènes ont lieu pendant le jour, la vive lumière du soleil nous les rend invisibles ; cependant en 1813 ou 1814, j'ai vu en plein midi une masse rouge comme du fer brûlant, traverser rapidement l'horizon. La direction la plus habituelle des étoiles filantes semble diamétralement opposée au mouvement de translation de la terre dans son orbite.

Quelques aërolithes peuvent être immenses comme celui qui a été vu en Amérique ; on lui a donné un diamètre de 40 myriamètres, est s'il avait rencontré la terre avec une vitesse relative de 7 myriamètres par seconde, il aurait réduit notre globe en éclats, comme l'ont été peut-être les quatre nouvelles petites planètes.

En mars 1813, dans la Calabre, on vit venir, du côté de l'Est, un nuage rouge qui répandit partout les ténèbres et l'effroi ; on entendit dans l'air un bruit épouvantable et un mugissement semblable à celui de la mer irritée ; on vit des éclairs et des traînées de feu ; il tomba de grosses gouttes d'eau, des pierres, et un sable rouge qui couvrit tout à la ronde.

Lois de Képler. Gravitation universelle.

52. Un homme ayant le sentiment profond de la liaison des faits entre eux, chercha pendant long-temps, et avec persévérance, la loi, la théorie, le lien des divers corps célestes. Cet homme était le fameux Képler, et voici les lois qu'il découvrit :

1° Les orbites des planètes sont des ellipses dont le soleil occupe le foyer commun.

2° Les rayons vecteurs, c'est-à-dire les droites que l'on conçoit joindre le soleil et la planète, décrivent des aires égales dans des temps égaux.

3° Les carrés des temps des révolutions sont entre eux comme les cubes des distances moyennes au soleil.

Le premier principe s'accorde avec ce que nous avons déjà vu. Il serait facile de s'assurer de la vérité du second, en remarquant que chaque jour les planètes décrivent un tout petit arc autour du soleil, et qu'en joignant avec le soleil les extrémités de ce petit arc, on forme un triangle sensiblement rectiligne. Calculant pour chaque jour les aires de ces triangles, on reconnaîtrait que, pour la même planète, on a toujours le même nombre. Il en résulte que toutes les planètes doivent se mouvoir plus rapidement à leur périhélie qu'à leur aphélie.

Pour bien saisir la troisième loi, il faut savoir que l'on nomme *carré d'un nombre* le produit que l'on obtient en multipliant ce nombre par lui-même : ainsi 12×12 donne 144 : donc 144 est le *carré* de 12 ; de même le nombre 9 est le *carré* de 3.

Le *cube d'un nombre* est le produit que l'on obtient en multipliant le *carré* d'un nombre par ce nombre ; ainsi 144×12, ou bien $12 \times 12 \times 12$ donne 1728: donc 1728 est le cube de 12; de même 27 est le *cube* de 3.

Avec ce principe il est facile d'obtenir la distance d'une planète quelconque au soleil, dès qu'on connaît le temps de sa révolution ; car nous connaissons le temps de la révolution de la terre et sa distance au soleil : savoir 15,3 millions de myriamètres.

Veut-on, pour exemple, obtenir la distance de Jupiter au soleil, lorsqu'on sait que sa révolution est de 4333 jours : on cherchera le quatrième terme de la proportion suivante $365 \times 365 : 4333 + 4333$, $:: 15,3 \times 15,3 \times 15,3 : x$, et l'on trouvera $x = 79,6 \times 79,6 \times 79,6$. Ainsi donc, la distance de Jupiter au soleil est de 79,6 millions de myriamètres.

53. L'illustre Newton découvrit, vers la fin du dix-septième siècle, un principe qui résume toutes les lois précédentes et s'applique à tous les phénomènes célestes connus ; le voici :

Tous les corps s'attirent en raison directe de leurs masses et en raison inverse du carré de leurs distances. C'est ce principe qu'on nomme la loi de la gravitation.

(La masse d'un corps est proportionnelle à la quantité de matière qu'il renferme, ou plutôt à son poids. Ainsi, plus un corps est pesant, plus il a de masse.)

Cette seule loi étant admise, on trouve par le calcul que tous les corps célestes doivent effectivement se mouvoir d'une manière conforme aux lois de Képler.

De récentes découvertes faites par Herschel prouvent que cette loi s'applique aux étoiles; en sorte qu'on peut la regarder comme universelle et comme le lien général de toute la matière.

Des Étoiles.

54. Nous avons déjà dit que les étoiles étaient dénommées de première, deuxième, troisième, etc., grandeur, selon leur plus ou moins d'éclat.

Cette différence peut s'expliquer soit en supposant que les étoiles sont réellement plus brillantes, plus grosses les unes que les autres ; soit en supposant que, quoique également lumineuses, les plus faibles sont plus éloignées de nous que les autres : car l'intensité de la lumière s'affaiblit par l'éloignement.

Divers phénomènes prouvent que ces hypothèses sont réelles l'une et l'autre.

La terre décrivant autour du soleil une orbite de plus de 15 millions de myriamètres de rayon, nous fournit une base pour déterminer la distance des étoiles que l'on soupçonne être le plus près de nous. Eh bien ! à la distance de Sirius, la plus brillante de toutes les étoiles, c'est tout au plus si le rayon de l'orbe terrestre sous-tend un angle de 1″. Cette étoile est donc à une distance de nous supérieure à 200,000 fois le rayon de l'orbe terrestre, c'est-à-dire supérieure à 3,000,000,000,000 de myriamètres. La lumière, qui parcourt 31,000 myriamètres par seconde, emploierait donc plus de 3 ans à se transmettre de Sirius à la terre. Cette étoile serait donc tout-à-coup anéantie que, pendant 3 ans encore, nous la verrions briller au firmament : car le rayon lumineux qu'elle lance présentement ne sera perçu que dans 3 ans par notre organe.

Or, il est des étoiles à peine visibles avec les meilleurs télescopes ; si leur faible clarté tient à leur éloignement, elles doivent être 300 fois plus loin de nous que Sirius. Elles s'anéantiraient que, pendant mille ans encore, nous les verrions à la même place.

55. Ce firmament, cette voûte céleste où quelques philosophes suspendaient les étoiles comme autant de petits luminaires, devient ainsi pour nous d'une immensité incalculable.

Le soleil transporté à la distance de Sirius serait beaucoup moins brillant que cette étoile. Sirius et les étoiles sont donc, sans nul doute, de magnifiques et brillants soleils. Autour de ces corps radieux se meuvent des planètes peuplées peut-être d'êtres animés que leur chaleur vivifie.

56. Lorsqu'avec des instruments soigneusement exécutés on étudie le ciel, on reconnaît que rien n'est fixe dans la nature, et vraisemblablement toutes les étoiles se déplacent, mais très-lentement.

Le déplacement est très-sensible pour l'étoile 61 du cygne, qui parcourt annuellement 5″3, dans la même direction ; l'étoile μ de de Cassiopée parcourt 3″,7, etc.

Plusieurs étoiles passent périodiquement d'un grand éclat à un plus faible, et deviennent même invisibles, pour reparaître de nouveau. Voici les plus remarquables:

Noms des étoiles.	Période de leur révolution.			Variation de grandeur.		Auteurs des découvertes.
	jours.	heures.	min.	ième.	ième.	
ε de Persée. . .	2	20	48	2 à	4	Goodricke, 1782.
δ de Céphée . .	5	8	37	3 —	5	*Idem.*
ε de la Lyre. . .	6	9	0	3 —	4	*Idem.*
α d'Hercule. . .	60	6	0	3 —	5	Herschel, 1796.
o de la Baleine. .	334	0	0	2 —	6	Fabricius, 1596.
x du Sagittaire. .	plus. années.			3 —	0	Halley, 1676.

Entre Céphée et Persée il existe une étoile qui redevient visible, à ce qu'on présume, tous les 150 ou 300 ans.

57. Une découverte extrêmement curieuse est celle des étoiles doubles ou triples. On appelle ainsi des étoiles extrêmement voisines l'une de l'autre, non par l'effet optique, mais réellement. On a reconnu ces groupes avec de puissants télescopes : leur nombre est de plus de 3000, et leurs étoiles tournent autour l'une de l'autre ; en sorte que certains mondes sont éclairés par deux ou trois soleils. Mais un spectacle bien ravissant pour les êtres qui habitent ces mondes, c'est que généralement ces deux soleils sont de couleur différente. (Voir la notice de M. Arago, dans l'Annuaire du Bureau des Longitudes, pour 1834.) L'un est quelquefois d'une belle couleur pourpre, et l'autre vert, bleu ou jaune. Voici les étoiles doubles les plus remarquables, et le temps de leur révolution.

η de la Couronne, 43 ans,
ξ de la grande Ourse, 58 ans,
Castor, 253 ans,
σ de la Couronne, 287 ans,
61ème du Cygne, 452 ans,
γ de la Vierge, 629 ans,
γ du Lion, 1200 ans.

Voici les couleurs des étoiles de quelques groupes. La couleur de la plus grosse étoile est mise la première.

γ d'Andromède, orange — vert d'émeraude,
η de Persée, blanche — bleu sombre,
ε d'Orion, blanche — bleuâtre,
δ d'Orion, blanche — pourpre,
α du Lion, blanche — bleue,
α d'Ophiucus, rouge — bleue,
α d'Hercule, rouge — vert,
ε du Cygne, jaune — bleue.

58. Enfin, nous signalerons à l'attention du lecteur les *nébuleuses*, espèces de taches blanchâtres répandues dans le ciel, dont les unes peuvent être aperçues à la simple vue, comme celle de la Ceinture de la constellation d'Andromède, et les autres seulement avec des lunettes ou des télescopes, comme les nébuleuses d'Orion, d'Hercule, d'Antinoüs, etc. Ces nébuleuses, suivant Herschel, qui le premier a attiré sur elles l'attention des astronomes, et qui a pu les observer facilement avec le puissant télescope qu'il avait fait construire, sont des amas de petites étoiles très-rapprochées les unes des autres, et jetant en général une faible lumière ; quelques-unes n'apparaissent, même avec les instruments, que comme des nuages légers. On compte une très-grande quantité de nébuleuses dans le ciel, et les travaux des astronomes modernes ont beaucoup augmenté le nombre de celles qu'on connaissait autrefois. C'est dans la voie lactée qu'on les observe en plus grand nombre, ou plutôt, cette bande blanchâtre qui semble ceindre le ciel n'est qu'un amas de nébuleuses ou de nuages légers qu'on a cherché à classer en groupes afin d'étudier avec plus de facilité les phénomènes qu'elles présentent. Plusieurs savants astronomes pensent que l'observation attentive des *nébuleuses* et des changements qu'elles semblent éprouver avec les siècles pourra conduire un jour à expliquer le phénomène de la formation des systèmes célestes et des corps qui les composent.

CHASSALON,
Ingénieur hydrographe de la marine.

ARTICLE II. — PHYSIQUE.

La physique est une science qui a pour objet l'étude des *propriétés générales des corps, et les actions mutuelles qu'ils exercent à des distances sensibles;* elle diffère de la chimie en ce que dans celle-ci on prend, au contraire, en considération l'action intime et moléculaire des corps les uns sur les autres et les phénomènes qu'ils présentent quand on met leurs molécules ou leurs atomes en contact.

On établit parfois dans la physique quelques distinctions qu'il importe de connaître : on appelle *physique expérimentale* cette partie de la science qui se borne à l'étude des phénomènes physiques matériels, à les constater et les démontrer par l'expérience au moyen d'appareils et d'instruments, et *physique dogmatique, générale* ou *théorique,* celle qui cherche à coordonner ces phénomènes, à en déterminer les lois, à les expliquer par des spéculations théoriques et des vues de l'esprit, ou au moyen du calcul. La *physique mathématique,* qui fait partie de la physique générale, s'efforce de représenter les lois des phénomènes physiques par des formules, et d'en déduire des conséquences. Ces trois branches de la physique servent à s'éclairer l'une l'autre, et sont étudiées et appliquées simultanément par les plus habiles physiciens modernes.

SECTION Ire. — CONSIDÉRATIONS GÉNÉRALES.

Les physiciens ont nommé *espace* ou *espace vide* un lieu dans l'univers où il n'existerait aucune particule matérielle , et *étendue* une portion finie ou limitée de l'espace.

Si l'on suppose l'étendue ou un espace vide et limité quelconque occupé par une substance impénétrable, on se formera une idée de la *matière*, ou plutôt de ses deux propriétés essentielles : l'*étendue* et l'*imperméabilité*.

La matière , suivant l'opinion des physiciens modernes, est séparable non pas indéfiniment , mais seulement jusqu'à un certain degré de petitesse , bien au-dessous toutefois de ce que nos sens peuvent saisir. Les dernières molécules matérielles absolument inséparables ont reçu le nom d'*atomes*.

Une réunion d'atomes est ce qu'on appelle un *corps*, et un corps est en général d'un volume d'autant plus grand ou plus petit qu'il se compose d'un nombre d'atomes plus grand ou moindre.

La physique n'enseigne point encore si les atomes de tous les corps sont de la même nature , s'ils diffèrent par leur forme ou leur grandeur, s'ils ont des apparences différentes, ou enfin s'ils se groupent diversement pour former les corps ; mais aujourd'hui cette science admet que les *molécules* ou *particules* des corps qui tombent sous nos sens, sont des amas ou groupes d'atomes, et que ces molécules sont groupées à leur tour, de diverses manières pour donner aux corps leur structure et leur ensemble.

Les corps qui peuvent être soumis à nos observations sont, ou *solides* comme les pierres, les métaux et les tissus organiques, ou *liquides* comme l'eau, le mercure ou les fluides du corps des animaux, ou enfin *gazeux* comme l'air. Les liquides et les gaz sont désignés souvent sous le nom commun de *fluides*.

On a donné le nom général de *forces* aux causes très-différentes de leur nature qui dans les corps retiennent les atomes pressés les uns sur les autres, ou qui fixent et rapprochent les molécules de ces corps. La physique n'a pas encore déterminé si ces forces s'exercent sur les molécules ou sur les atomes qui les composent, et dans cette incertitude elle les a appelées indifféremment *forces atomistiques* ou *forces, actions, et attractions moléculaires*.

Un corps dont les molécules se déplacent dans l'espace est dit alors en *mouvement ;* celui dont les molécules ne changent pas de place est en *repos*. Ces notions ont été développées dans la mécanique , et c'est là aussi qu'il a été dit qu'on donnait le nom de *forces* ou, mieux, de *puissances*, aux causes ou aux effets qui tendent à imprimer des mouvements aux molécules des corps.

Un atome matériel ne peut par lui-même ni se donner un mouvement, ni altérer celui qu'il a reçu. Les changements qu'il subit ainsi sont uniquement dus à des forces extérieures et particulières, tantôt instantanées, tantôt permanentes, qui règlent les actions suivant les lois immuables de la nature. Cette inaptitude des atomes et des corps matériels à changer par eux-mêmes leur état actuel s'appelle l'*inertie*.

SECTION II. — PROPRIÉTÉS GÉNÉRALES DES CORPS.

Les *propriétés générales* des corps sont celles qui leur sont communes à tous, quel que soit l'état dans lequel ils se présentent, et qu'on distingue des *propriétés particulières*, telles que l'aspect, la forme, la couleur, etc.

Les propriétés générales des corps qu'il importe le plus de connaître sont les suivantes :

1° La *divisibilité*. Tous les corps de la nature sont divisibles en particules dont la ténuité peut être portée à un très-haut degré sans qu'elles cessent d'être encore divisibles, et l'esprit conçoit très-bien encore la divisibilité de la matière après que ses molécules échappent déjà à nos sens armés d'instruments qui amplifient considérablement les diamètres de celle-ci. Il paraît certain que les atomes constitutifs des corps sont incomparablement plus petits que les dernières molécules que nous pouvons saisir avec le sens si délicat de la vue aidé du microscope le plus parfait.

Pour se faire une idée de cette divisibilité des corps il suffit d'annoncer que les globules du sang de l'homme n'ont que $\frac{1}{150}$ de millimètre de diamètre ; que le docteur Wollaston a fait des fils de platine qui n'avaient pas $\frac{1}{1200}$ de millimètre, et que les bulles de savon dont nous apprendrons à mesurer l'épaisseur n'ont ordinairement, auprès de leur sommet, que $\frac{1}{10000}$ de millimètre, et se réduisent à $\frac{1}{100000}$ de millimètre quand elles laissent voir une tache noire quelques instants avant d'éclater.

2° La *porosité*. Tous les corps sont *poreux*, c'est-à-dire qu'ils renferment entre leurs atomes, molécules ou parties, des intervalles qu'on a nommés *pores*. Cette porosité n'est pas la même pour chacun d'eux, et en physique on donne particulièrement l'épithète de *poreux* aux corps qui se laissent pénétrer plus ou moins facilement par les liquides ou les substances gazeuses.

Certains métaux qui semblent si denses, comme l'alliage de cuivre et de zinc appelé *laiton*, se laissent cependant, sous une très-forte pression, pénétrer par les li-

quides. Il en est de même de beaucoup de substances minérales. Le verre paraît au contraire à peu près impénétrable à tous les fluides.

3° La *compressibilité*. Les pierres, les métaux, les liquides, les gaz, etc., sont des corps qui peuvent tous être réduits à un moindre volume apparent par la compression. Ce degré de compressibilité, variable suivant les corps, est très-faible pour les liquides, plus étendu pour les solides, et très-considérable pour l'air et les gaz.

4° L'*élasticité* est la propriété qu'ont les corps de reprendre leur état primitif quand on fait cesser la cause qui faisait changer leur forme ou leur volume. L'air et les gaz, qui jouissent à un degré éminent de cette propriété, sont appelés par cette raison *fluides élastiques*. Tout le monde a observé l'élasticité du caoutchouc, des métaux, des balles à jouer en laine ou autres substances, des bois, etc., et la pierre qui bondit à la surface des eaux nous montre que les liquides eux-mêmes sont élastiques.

5° La *dilatabilité* est la propriété dont jouissent les corps de changer de volume par l'influence de la chaleur, d'augmenter de volume quand on les chauffe, de se contracter quand on les refroidit, et enfin de reprendre exactement leurs dimensions quand on les ramène à la même température que celle où ils étaient primitivement.

Des exemples journaliers et vulgaires nous montrent que tous les corps solides, liquides ou gazeux sont dilatables.

SECTION III. — PESANTEUR.

§ 1er. — *Lois de la pesanteur.*

La *pesanteur* ou *gravité* est une force qui fait tomber les corps, lorsqu'on les abandonne à eux-mêmes, jusqu'à ce qu'ils atteignent la surface de la terre ou quelque autre corps qui les soutienne.

Cette force agit sur presque tous les corps qui se présentent à nos observations, mais on les voit tomber avec des vitesses très-différentes.

La pesanteur agit dans une *ligne verticale à la surface de la terre*, ou, mieux, à la *surface des eaux tranquilles*, c'est-à-dire dans celle que prend naturellement un fil en repos auquel est suspendue une balle de plomb, et qu'on nomme un *fil à plomb*.

La terre étant un corps à peu près sphérique, *les directions de la pesanteur concourent vers son centre* dans tous les points de sa surface.

L'action de la pesanteur ne se manifeste pas seulement par la chute libre des corps, c'est encore à cette force que sont dus les phénomènes de l'écoulement des fleuves vers la mer ou des eaux dans les points les plus bas du sol, l'ascension dans l'eau des corps plus légers que ce liquide, celle des ballons dans les airs, les mouvements des eaux vaporisées, des brouillards, de la fumée, etc.

Les physiciens se sont assurés que, *dans un espace vide tous les corps, quels que soient leur volume, leur poids ou la substance qui les compose, tombent avec une égale vitesse*, ou en d'autres termes que la pesanteur agit sur eux avec la même énergie. Ainsi, à cet égard, une plume, un fétu de paille, se comportent de la même manière qu'une balle de plomb, de fer, d'or ou même de platine, le plus lourd des métaux.

Pour répéter cette expérience on se sert d'un long tube en verre, fermé à l'extrémité inférieure et muni d'un robinet à la supérieure : on y opère le vide par un moyen que nous indiquerons plus bas, et on y fait ensuite passer des fragments de plumes, de papier, de bois, de pierre, de métaux, qui tous arrivent dans le même espace de temps au fond du tube.

Cependant l'observation journalière démontre que dans l'état ordinaire les corps tombent avec des vitesses bien différentes à la surface de la terre ; ainsi le plomb tombe bien plus rapidement que les plumes, et il suffit même de modifier la forme des corps pour apporter des changements dans la vitesse de leur chute, comme on l'observe sur une feuille mince de papier, qui arrive lentement à la surface et dont la chute est bien plus rapide lorsqu'elle est roulée ou pelotonnée. Quelle est la cause de cette différence ? L'expérience démontre que c'est *l'air atmosphérique* entourant la terre qui, par la résistance qu'il oppose à se laisser pénétrer par les autres corps, retarde leur chute ; cette résistance est d'autant plus grande que les corps offrent à l'air plus de prise ou de points de contact.

Mais *quelle est cette vitesse que la pesanteur imprime dans le vide aux corps, dans un temps déterminé ?*

Les physiciens ont imaginé, pour résoudre cette question, des appareils ingénieux parmi lesquels nous citerons le *plan incliné de Galilée*, physicien célèbre auquel on doit la découverte des lois de la chute des corps ou de la pesanteur ; la *machine d'Atwood*, le pendule à secondes, etc. Les résultats auxquels ils sont parvenus avec ces appareils ont permis d'établir les lois du phénomène, et ses lois ont été confirmées par les astronomes, et entre autres par Newton, qui a démontré que celles que nous observons à la surface de la terre s'étendent à tous les astres qui composent notre système solaire, et probablement à tout l'univers.

On a trouvé d'abord que *la pesanteur est une force accélératrice*, c'est-à-dire qu'à chaque instant la vitesse de la chute des corps va croissant.

On a découvert, de plus, que la pesanteur est *une force accélératrice constante* ou que dans un temps donné, une seconde par exemple, l'accélération de vitesse qu'elle imprime à un corps est constante.

Cette accélération de vitesse a été trouvée de 9 mètres 8088 ou 30 pieds 1960, lorsqu'on prend la seconde sexagésimale pour unité de temps.

Ainsi, au bout d'une seconde la vitesse d'un corps tombant librement en vertu de l'action de la pesanteur, et qu'on nomme *vitesse acquise*, sera de $9^m\,8088$; à la fin de la deuxième seconde cette vitesse sera augmentée de $9^m\,8088$, ou, au total, de $19^m\,6176$ ou $(9^m\,8088) \times 2$. A la fin des troisième, quatrième, cinquième secondes, elle sera de $29^m\,4264$; $39^m\,2352$; $49^m\,0440$, etc., ou $(9^m\,8088) \times 3$; $(9^m\,8088) \times 4$; $(9^m\,8088) \times 5$, etc.

On voit donc, en rapprochant les résultats, que *la vitesse qu'un corps qui tombe acquiert en vertu de l'action de la pesanteur est proportionnelle au temps.*

Après avoir déterminé l'accélération constante de vitesse que la pesanteur imprime aux corps dans un temps donné, on a voulu savoir quels sont les *espaces* que les corps parcourent dans le même temps. L'expérience et les lois de la mécanique ont démontré dans ce cas que *l'espace parcouru par un corps était le produit de la moitié de la vitesse acquise par le temps nécessaire pour acquérir cette vitesse.*

Ainsi au bout d'une seconde de temps la vitesse acquise par un corps est $9^m\,8088$;

l'espace qu'il a parcouru pendant ce temps sera donc 4^m 9044 ou $(\frac{9-8088}{2})$.

A la fin de la deuxième seconde de sa chute, la vitesse acquise sera 19^m 6176, et l'espace parcouru $(\frac{19-6176}{2})$ 2, ou mieux $(\frac{9-8088}{2})$ 4.

Au terme de la troisième seconde la vitesse acquise sera 29^m 4264, et l'espace parcouru $(\frac{29-4264}{2})$ 3 ou $(\frac{9-8088}{2})$ 9 = 44^m 1396.

Pour la quatrième seconde on aurait, pour la vitesse acquise, 39^m 2362, et pour l'espace parcouru $(\frac{39-2352}{2})$ 4, ou $(\frac{9-8088}{2})$ 16 = 78^m 4724; et ainsi de suite pour les secondes suivantes.

Or, en examinant les résultats que nous venons de trouver, on voit qu'ils se composent de deux facteurs : le premier ou $(\frac{9-8088}{2})$ est constant pour tous et représente la moitié de la vitesse que la force accélératrice de la pesanteur imprime aux corps dans une seconde de temps ; et le second, qui est 1, 4, 9, 16, etc., pour les première, deuxième, troisième, quatrième, etc. secondes, est variable pour chacune d'elles, et est précisément le carré de ces temps ; d'où il est facile de conclure que *les espaces parcourus par un corps en vertu des lois de la pesanteur sont entre eux comme les carrés des temps mis à les parcourir.*

Si au lieu d'abandonner un corps dans sa chute on le lançait verticalement de bas en haut avec une force supérieure à celle de la pesanteur, celle-ci tendant sans cesse à le ramener à la surface, agirait alors comme *force retardatrice:* ce corps se mouverait donc dans ce cas avec une force uniformément retardée jusqu'au moment où celle-ci étant devenue égale à la force de la pesanteur, il cesserait de monter ; dans l'instant suivant, la pesanteur devenant dominante, il retomberait bientôt en se conformant aux lois que nous avons établies.

Dans ce cas la pesanteur exerce sur le corps qui s'élève une force retardatrice constante, et égale à la force accélératrice qu'elle lui imprimerait s'il tombait librement; il s'ensuit qu'*un corps qui s'élève verticalement doit mettre à monter jusqu'au moment où il s'arrête, le même temps qu'il met à descendre au point dont il est parti,* et qu'il repasse dans tous les points intermédiaires par les mêmes degrés de vitesse, et enfin qu'au moment où il touche la terre il doit avoir la même vitesse que celle qui lui a été imprimée par la force pour le faire monter.

La pesanteur agit sur les moindres particules des corps, et lorsque ceux-ci ne sont pas libres, l'effort qu'elle exerce se fait sentir sur leur ensemble. La force qu'il faut opposer aux effets de la pesanteur pour empêcher les corps de céder à son action, ou plutôt celle qui est nécessaire pour balancer la résultante de toutes les actions partielles qu'elle exerce sur les molécules matérielles qui les composent, constitue ce qu'on appelle le *poids* des corps.

On peut *comparer entre eux les poids* des divers corps et découvrir s'ils sont plus grands ou plus petits, égaux ou inégaux. Les machines au moyen desquelles on établit le plus communément cette comparaison des poids entre eux se nomment des *balances.*

Les balances sont des instruments d'un usage journalier dans les cabinets de physique et les laboratoires de chimie; mais pour qu'elles puissent donner des résultats qui aient toute l'exactitude qu'on doit apporter aujourd'hui dans les expériences et les essais, elles doivent remplir certaines conditions. Décrivons d'abord en peu de mots cet instrument.

Peser un corps, c'est le comparer à un autre ou déterminer combien de fois le poids de ce corps contient une autre espèce de poids connu : par exemple des grammes, décagrammes ou kilogrammes. C'est là l'opération qu'on pratique avec la balance.

La balance se compose essentiellement d'un *fléau* ABC (Physique, pl. 1re) dont les deux branches AB, BC s'appellent les *bras* de la balance, et de deux pièces mobiles D,D suspendues aux extrémités du fléau, que l'on nomme *plateaux* ou *bassins.* Le fléau est soutenu dans son milieu sur un *pied* solide F, et il porte une longue aiguille *i* perpendiculaire dont l'extrémité tombe sur le point *o* d'un petit arc de cercle divisé, lorsque le fléau est parfaitement horizontal. Cette aiguille passe à gauche ou à droite suivant que le fléau se relève lui-même à gauche ou à droite.

Dans une *bonne balance* il faut : 1° que la mobilité soit parfaite, l'instrument très-sensible, ou que le fléau n'éprouve sur les supports que le moindre frottement possible; on y parvient en donnant à la pièce de suspension en acier sur laquelle porte le fléau la forme d'un *couteau,* et en la faisant poser sur un plan bien horizontal d'acier poli ou sur deux pièces d'agate incrustées dans le pied de la balance ; 2° que la distance des points de suspension A, C des bassins, au point de suspension des fléaux, soit bien rigoureusement la même dans toutes les positions que prend l'appareil ; on remplit cette condition en suspendant les bassins, aux extrémités des fléaux, à des couteaux présentant des arêtes en acier très-dures et très-polies ; 3° que le centre de gravité du fléau soit convenablement placé pour que la balance ne soit ni *folle* ni *indifférente*, c'est-à-dire que ses oscillations ne soient ni trop rapides ni trop lentes, mais qu'elle ait la mobilité nécessaire ; les lois de la mécanique exigent, pour obtenir ce résultat, que le centre soit placé au-dessous de l'axe de suspension du fléau ; 4° que le couteau ne fatigue pas le plan sur lequel il repose : ce qu'on obtient au moyen de deux fourchettes GG' qui montent et descendent en tournant une manivelle H, et qui servent à porter le fléau en le soulevant sur son plan de suspension quand on ne fait pas usage de l'instrument.

La balance étant un instrument très-délicat, on la couvre, dans les cabinets et les laboratoires, d'une enveloppe en verre qui la préserve de la poussière, de l'humidité et des vapeurs qui pourraient la détériorer.

Ordinairement, pour *faire une pesée* on place le corps dont on veut connaître le poids dans un des plateaux de la balance ; puis, dans l'autre des poids ou des fractions de poids marqués, jusqu'à ce que le fléau soit bien horizontal, ou au moins jusqu'à ce que l'aiguille *i* fasse des oscillations égales de part et d'autre de son zéro. La somme des poids est le poids du corps.

Cette méthode n'est pas exacte, parce qu'il est excessivement difficile de donner une égalité parfaite à toutes les parties de la balance situées de part et d'autre du centre de suspension ; les physiciens et les chimistes en ont adopté une autre dite *des doubles pesées*, et dans laquelle le corps à peser étant placé dans l'un des plateaux, on lui fait équilibre dans l'autre avec des corps pesants quelconques jusqu'à ce que l'aiguille soit bien verticale et sur son zéro ; alors on enlève le corps et on lui substitue des grammes ou fractions de gramme jusqu'à ce que l'aiguille redevienne verticale. La somme de ces poids exprime précisément le poids du corps, indépendamment de la longueur et de l'inégalité de poids des bras du fléau.

Il y a des artistes qui construisent des balances avec tant de perfection, que, chargés d'un kilogramme, ces instruments trébuchent à un milligramme ou à un millionième du poids qu'ils sont destinés à constater, et que les balances qui ne sont faites que pour peser quelques grammes accusent d'une manière sensible des fractions de milligramme.

Les physiciens admettent généralement que les corps qui ont sous un même volume des poids plus ou moins considérables, renferment aussi une quantité plus ou moins grande de particules matérielles. Cette quantité de matière que renferment les corps a été appelée leur *masse*, et il est facile de voir ainsi que *la masse d'un corps est proportionelle à son poids.*

Les corps qui, sous un même volume, renferment ainsi un nombre plus ou moins considérable de particules matérielles, sont donc plus ou moins denses ; *leur densité étant le rapport de leur poids à leur volume.*

A volume égal, les densités des corps sont proportionnelles à leurs poids. Ex.: on sait qu'un centimètre cube d'eau distillée, prise à la température du maximum de condensation et à 760 millimètres de pression, pèse 1 gramme ; maintenant si 1 centimètre cube de fer fondu, dans les mêmes circonstances, pèse 7 grammes, les nombres 1 et 7, qui sont les poids de l'eau et du fer à volume égal, représenteront aussi leurs densités.

A poids égal, les densités sont en raison inverse des volumes. Un kilogramme d'eau à 0° occupe 1000 centimètres cubes ; un kilogramme de platine, 50 seulement : la densité du platine sera donc égale à 20, celle de l'eau étant l'unité.

Le poids d'un corps est égal à son volume multiplié par sa densité. Ex. : la densité du fer $= 7$, un volume de 1000 centimètres cubes pèsera donc 7000 grammes.

Le volume d'un corps est égal à son poids divisé par sa densité. Une masse de platine pèse 60 kilogrammes ; en divisant ce poids par 20, densité de ce métal, on voit que la masse a un volume de 3 décimètres cubes.

Nous apprendrons plus loin à déterminer la densité des corps.

*La pesanteur n'a pas la même inten-
sité dans tous les points du globe terrestre* où nous pouvons pénétrer. Lorsqu'on
s'élève sur une montagne, c'est-à-dire, lorsqu'on s'éloigne du centre de la terre, *l'intensité de la pesanteur diminue réciproquement au carré de la distance.* Ainsi
lorsque la force accélératrice de la pesanteur est à Paris de 9ᵐ,8088 , ou lorsque les
corps qui y tombent librement parcourent
4ᵐ,9044 dans la 1ʳᵉ seconde de leur chute ,
cette force à une hauteur verticale de 6000ᵐ
n'est plus que de 9ᵐ,7890 , et à cette hauteur les corps, par conséquent, n'y parcourent plus que 4ᵐ,8945 dans la 1ʳᵉ seconde
de leur chute.

Les physiciens ont aussi découvert, de
concert avec les astronomes, que *l'intensité
de la pesanteur n'était pas la même à
toutes les latitudes sur le globe ;* ils ont
constaté qu'elle décroissait sans cesse en allant du pôle à l'équateur, et qu'elle *variait
proportionnellement au carré du sinus
de la latitude.* La force accélératrice de la
pesanteur qui, à la latitude de Paris, est de
9ᵐ,8088, n'est plus que de 9ᵐ,7800 sous l'é-
quateur, et au contraire de 9ᵐ,8112 sous
le cercle polaire.

Les savants ont conclu de cette diminution d'intensité dans la pesanteur en allant
des pôles à l'équateur, que ceux-là devaient
être plus rapprochés du centre de la terre
que ce dernier cercle , et que , par conséquent , la terre devait être aplatie sur ses
pôles et renflée à l'équateur. Cette conclusion a été confirmée par les travaux des
astronomes et par ceux des géomètres , qui
ont appliqué le calcul à la recherche des
lois de la mécanique céleste et des grands
phénomènes qu'on observe dans l'univers.

En physique , on mesure principalement
la force accélératrice de la pesanteur, ainsi
que les variations de son intensité, au moyen
du *pendule à secondes simple* dont nous
avons donné la théorie dans la mécanique.
Ce pendule, dans ses oscillations, étant considéré comme un corps qui tombe par l'action de la pesanteur, on voit que ces oscillations pour un pendule d'une même longueur
et dans un même temps , seront d'autant
plus accélérées que la pesanteur, dans le
lieu où on le fait osciller, aura plus d'intensité, au pôle, par exemple, et seront, au
contraire, d'autant moins accélérées que
cette intensité, comme à l'équateur, sera

moindre. Ce pendule dans un même temps
fera donc un plus grand nombre d'oscillations aux pôles qu'à l'équateur.

Si on prend pour unité de temps la seconde sexagésimale ou la 3,600ᵉ partie de
l'heure d'un jour moyen et qu'on cherche à
établir un pendule qui fasse une oscillation
par seconde ou qui batte avec une régularité parfaite 86,400 de ces oscillations dans
ce jour moyen, on trouvera, en se transportant à diverses latitudes ou en s'élevant à différentes hauteurs, que ce pendule, à l'équateur, où l'intensité moindre de la pesanteur
le ferait osciller moins vite, devra être rac-
courci d'une certaine fraction de sa longueur ; tandis que, transporté au pôle, il
faudrait l'allonger pour ralentir ses oscillations , que la force accélératrice plus considérable de la pesanteur rendrait trop
rapides.

On a trouvé que le pendule simple qui
bat la seconde sexagésimale de temps moyen,
par oscillations très-petites et dans le vide à
l'Observatoire de Paris , ville élevée de
60 mètres au-dessus du niveau de la mer,
était de 993ᵐⁱˡˡⁱᵐ,8267 ou 3ᵖⁱ,059439, ou
440ˡⁱˢ,5593. Cette longueur réduite au niveau de la mer à la même station est
993ᵐⁱˡ,8493. A l'équateur elle est au niveau de la mer de 990ᵐⁱˡ,9260.

Les expériences pour déterminer la longueur du pendule dans les diverses régions
du globe et pour en déduire l'intensité de
la pesanteur dans ces localités sont excessivement délicates ; elles exigent les soins les
plus minutieux pour se garantir des erreurs, ou pour effectuer les calculs nécessaires, et ne peuvent être entreprises avec
succès que par les savants et les physiciens
les plus habiles et les plus exercés.

Les observations de la longueur du pendule à diverses latitudes ont permis de déterminer l'aplatissement de la terre ou la
différence entre le rayon de l'équateur et
celui du pôle ; cette différence a été trouvée
de 20,660 mètres environ , ou à peu près
un 300ᵐᵉ du rayon terrestre moyen, comme
nous le verrons dans l'article *Géodésie.*

On s'est aussi servi des observations du
pendule pour déterminer la densité moyenne
de la terre, qui a été trouvée de 4,39 , mais
que des expériences plus délicates portent
à 5,48, c'est-à-dire à peu près à 5 fois et
demie la densité de l'eau.

C'est la longueur du pendule simple à secondes oscillant dans le vide à Londres, réduit au niveau de la mer, et qu'on a trouvé de 994^{mil},1147, qui a servi de base à la détermination de l'unité de longueur dans l'établissement du nouveau système de poids et mesures de la Grande-Bretagne.

§ 2. De l'*Atmosphère terrestre et du Baromètre.*

La grande masse d'air qui environne la terre a reçu, comme on sait, le nom d'*atmosphère.*

L'atmosphère terrestre ne s'étend pas à une hauteur indéfinie au-dessus de la surface de la terre, mais nous savons qu'elle monte bien au-dessus des plus hautes montagnes, et des expériences optiques tendent aujourd'hui à démontrer qu'elle s'élève à environ 12 ou 15 lieues au-dessus de nos têtes.

L'air qui constitue l'atmosphère est un fluide invisible, transparent, composé de 2 gaz, l'oxigène et l'azote, jouissant des propriétés générales des corps (pag. 130) et soumis comme eux aux lois de la pesanteur.

Pour démontrer que *l'air est pesant* on prend un ballon de verre de 10 litres et on y fait le vide au moyen d'une machine pneumatique; on place alors ce ballon dans le plateau d'une balance et on l'équilibre par des poids placés dans l'autre plateau ; cela fait, on ouvre le robinet dont il est muni et on laisse rentrer l'air ; aussitôt la balance trébuche du côté du ballon, et il faut un poids d'au moins 10 grammes pour rétablir l'équilibre. L'air pèse donc à peu près 1 gramme par litre.

Les molécules de l'air, comme celles de tous les gaz, sont soumises à des *forces qui tendent sans cesse à les éloigner les unes des autres* et qui ne sont balancées que par les obstacles qu'elles rencontrent et qui les arrêtent. Si on supprime ces obstacles, ces molécules s'éloignent aussitôt les unes des autres jusqu'à ce qu'elles soient arrêtées de nouveau par d'autres obstacles.

Les molécules aériennes et les gaz doivent donc faire un effort continuel contre les parois des capacités ou les obstacles qui les retiennent et les empêchent de céder à l'action de ces forces, et y exercer constamment une certaine pression. C'est cette pression de l'air contre les parois des capacités qui la contiennent, que l'on a nommée

sa *tension,* son *élasticité* ou sa *force élastique.*

Dans un vase qui contient des corps liquides de densités différentes, tels que le mercure, l'eau et l'huile, l'expérience démontre que quand ces corps sont en repos et parvenus à un état d'équilibre, ils se superposent les uns aux autres ; le plus pesant ou le mercure gagne le fond, l'eau est au milieu et l'huile surnage.

On observe un phénomène analogue dans *l'air atmosphérique et les gaz ; leurs différentes couches se superposent dans l'ordre de leurs densités.*

L'atmosphère forme en effet autour de notre globe une suite de *couches concentriques,* dans lesquelles la densité va sans cesse en diminuant, suivant une certaine loi, depuis la surface de la terre jusqu'aux limites qu'on lui a assignées plus haut.

Puisque l'air est un corps pesant, toutes les couches qui sont superposées à une autre doivent peser de tout leur poids sur cette dernière. Ainsi la couche qui est à la surface de la terre doit soutenir tout le poids de l'atmosphère. C'est au poids variable que supporte ainsi chaque couche qu'on a donné le nom de *pression atmosphérique.*

La pression atmosphérique et la plus grande densité des couches inférieures de l'air sont faciles à constater. Par exemple, on remplit à moitié d'air, à la surface de la terre, une vessie préparée; on la ferme avec soin et on la porte sur le sommet d'une haute montagne. A mesure qu'on s'élève la vessie se distend par suite de la diminution de la pression de l'air, et elle pourra même crever à une grande hauteur si ses parois ne sont pas assez résistantes ou si on y avait introduit une trop grande quantité d'air en partant. Si on ouvre cette vessie, l'air s'en échappe avec force pour se dilater et se mettre en équilibre de pression à cette hauteur ; enfin, si on emplit cette vessie avec l'air pris sur la montagne, de manière à la gonfler complétement et qu'on la bouche, on la verra s'affaisser de plus en plus à mesure qu'on descendra, et n'avoir peut-être plus au niveau de la plaine la moitié du volume qu'on lui avait donné avant de descendre.

On peut faire une expérience toute semblable en plaçant une vessie qu'on a aplatie, et dont à ficelé le col, sur le plateau d'une machine pneumatique. A mesure qu'on fait le vide sous la cloche de cette machine, la vessie se gonfle par la dilatation de l'air qu'elle contient, et qui se trouve dégagé de la pression atmosphérique ; en laissant rentrer l'air sous la cloche, la vessie s'affaisse et reprend son volume primitif.

La pression atmosphérique s'exerce également dans tous les sens ; l'air ne presse pas seulement de haut en bas, il presse encore de bas en haut, et latéralement, dans toutes les directions. En effet, si dans un tube vertical fermé aux deux extrémités on opère en totalité ou partiellement le vide, et qu'on ouvre tout-à-coup l'extrémité inférieure, l'air extérieur le plus voisin, comprimé par des couches supérieures, s'élance aussitôt avec force de bas en haut dans ce tube, où cette pression a été momentanément supprimée, et y rétablit l'équilibre. De même, lorsque l'air renfermé dans nos appartements et dilaté par la chaleur s'écoule par la cheminée ou par les ouvertures les plus élevées, l'équilibre entre cet air et celui qui est à l'extérieur se rétablit promptement par la pression atmosphérique, qui, en s'exerçant latéralement, introduit ce dernier par les fissures des parties basses des portes et des fenêtres.

Si, au lieu d'ouvrir dans l'air extérieur l'extrémité du tube précédent où nous avons fait le vide, nous plongeons, avant de l'ouvrir, cette extrémité dans l'eau, ce liquide, sur lequel, aussi bien que sur tous les corps placés à la surface de la terre, l'air exerce sa pression, s'élancera aussitôt dans le tube, et *montera jusqu'à une certaine hauteur* qui dépendra du degré d'épuisement qu'on aura opéré dans le tube, et de la pression atmosphérique que supporte la surface du liquide.

Si on parvenait à opérer un vide parfait dans le tube, et que celui-ci fût d'une longueur suffisante, l'eau monterait de cette manière jusqu'à 10ᵐ33 ou 32 pieds environ au-dessus de son niveau, mais jamais au-dessus de cette hauteur.

L'explication de ce phénomène, comme on voit, est simple, et il démontre d'une manière évidente qu'*une colonne d'eau de 10ᵐ33 fait équilibre à la pression atmosphérique* ou à une colonne d'air qui aurait sa base à la surface de la terre et son sommet aux limites de l'atmosphère.

Répétons l'expérience autrement ; prenons un tube AB, fig. 2, de 12 mètres de longueur, fermé à une de ses extrémités ; plongeons-le dans l'eau de façon que ce liquide en remplisse tout l'intérieur ; redressons ensuite l'extrémité bouchée B, fig. 3 ; dès que le tube sera vertical, nous verrons l'eau s'abaisser environ de 2 mètres dans son intérieur, en laissant un espace vide d'air, et s'arrêter au-dessus du niveau du liquide dans lequel le tube est plongé, à une hauteur de 10ᵐ33, où elle se maintient par la pression atmosphérique.

Puisque cette colonne d'eau de 10ᵐ33 ou 32 pieds fait équilibre à la pression atmosphérique, elle nous fournit un bon moyen pour *mesurer l'intensité de cette force* à toutes les époques et dans les différents lieux de la terre, et pour étudier si elle est toujours la même, et reconnaître les circonstances de ses variations.

Mais un appareil de physique qui aurait 12 mètres de longueur ne serait facile ni à manier ni à transporter. Pour remédier à cet inconvénient, les physiciens ont fait une application heureuse de cette loi de l'hydrostatique, que *les colonnes liquides, pour exercer des pressions égales, doivent avoir des hauteurs en raison inverse de leur densité*, ils en ont conclu que le métal liquide appelé mercure, qui pèse 13,59 fois plus que l'eau, devait, avec une colonne 13,59 fois moins considérable que celle de ce liquide, ou le 13,59ᵉ de 10ᵐ35 (32 pieds), c'est-à-dire 760 millimètres (28 pouces), faire également équilibre à la pression atmosphérique.

Cette conclusion se vérifie de la manière siuvante. On prend un tube de verre de 82 à 83 centimètres ou 30 pouces de longueur, fig. 4, fermé par un bout ; on le remplit entièrement de mercure, et après l'avoir bouché avec le doigt, on le retourne verticalement pour en plonger l'extrémité dans une cuvette NN' remplie du même liquide. Aussitôt qu'on enlève le doigt, la colonne intérieure descend de quelques centimètres en laissant un vide au-dessus d'elle, puis s'arrête en s, s', à 760 millimètres (28 pouces) plus ou moins, au-dessus du niveau NN', point où elle fait équilibre à la pression atmosphérique.

L'appareil que nous venons de décrire, et qui sert à la mesure des pressions atmosphériques, s'appelle un *baromètre*, nom tiré de deux mots grecs qui signifient *mesure de la pesanteur.*

Nous savons qu'un centimètre cube d'eau distillée à la température de la glace fondante, pèse un gramme ; ainsi, dans un tube dont la section horizontale intérieure aurait juste un centimètre de surface, une colonne d'eau de 10 mètres 33 contiendrait un poids de 1033 grammes d'eau ou 1 kilog. 033. De même, 1 centimètre cube de mercure à la même température pèse 13 gram. 59, et une colonne de 760 mill. de ce métal pèse également 1033 gram. ou 1 kil. 033. Ainsi, *la masse d'air qui repose sur la terre exerce à la surface de celle-ci, sur chaque centimètre carré de surface, une pression égale à 1 kilogr. 033*, ou de 103 kilogr. 3 par décimètre carré, et de 10330 kilogr. par mètre carré de surface.

On a calculé que chez un homme de taille moyenne, la surface du corps est d'environ 1 mètre et demi carré, et qu'il supporte par conséquent le poids énorme de 15000 kilogr. au moins, par l'effet seul de la pression atmosphérique.

C'est sur la pression que l'atmosphère exerce à la surface des eaux qu'est fondé le jeu des *pompes aspirantes*. Dans ces pompes on fait, au moyen d'un piston et de soupapes, le vide dans un long tuyau vertical bien clos, dont l'extrémité inférieure plonge dans l'eau. Celle-ci, poussée par la pression atmosphérique, monte dans l'espace vide qui lui est offert, jusqu'à une hauteur de 10 mètres 33 ou 32 pieds, mais jamais au-delà : hauteur où, par des dispositions simples, on peut la faire sortir du tuyau et la déverser au dehors.

Le baromètre a reçu différentes formes, tant pour le rendre plus commode, suivant l'usage auquel on le destine, que pour donner à ses indications plus de précision ; mais quelle que soit cette forme, il importe, pour que cet instrument puisse être utile et exact : 1° que *le mercure qu'on emploie à sa construction soit pur* et parfaitement exempt de matières étrangères ; 2° que le mercure, le tube qui le contient, ainsi que le vide qui se forme à la partie supérieure de celui-ci, ne renferment pas les *moindres traces d'air ou d'humidité*, condition qu'on parvient à remplir au moyen de quelques précautions, et en faisant bouillir le mercure dans le tube pour en chasser l'air et les vapeurs avant de le retourner dans la cuvette ; 3° enfin, qu'on puisse *aisément lire ses indications*, c'est-à-dire mesu-

rer la différence verticale de niveau du sommet *ss'* de la colonne de mercure dans le tube, avec la surface *nn'* de ce métal dans la cuvette.

Lorsqu'on fait des observations barométriques qu'on veut rendre comparables entre elles, il faut se rappeler que le mercure se dilate et se contracte par les variations de température, et que cette cause peut rendre la colonne plus haute ou plus basse de quelques millimètres. Il convient donc d'avoir égard à la *température* atmosphérique, ou celle à laquelle se trouve le mercure au moment de l'observation, pour ramener, par le calcul, cette hauteur à ce qu'elle devrait être, si la température du mercure était 0 *degré* ou celle de la glace fondante.

Dans les tubes de baromètre dont le diamètre intérieur est peu considérable, on observe que le mercure est arrondi au sommet de la colonne et qu'il monte d'autant moins haut que ces tubes sont plus étroits. Cette dépression, due à l'action de la *capillarité*, dont nous étudierons plus loin les causes et les effets, nécessite une correction pour ramener la colonne à ce qu'elle devrait être si ce phénomène n'avait pas lieu.

La plupart du temps, dans les observations barométriques et dans les expériences qui se font dans les cabinets, les laboratoires et autres lieux situés à la surface de la terre et placés à une certaine hauteur au-dessus du *niveau des mers*, on ramène par le calcul la colonne barométrique observée et corrigée des effets de la température et de la capillarité, à la hauteur qu'elle aurait eue si on l'eût observée à ce niveau, afin de partir d'une base fixe qui représente le niveau moyen de la terre, et pour rendre les observations comparables.

Il y a deux sortes de baromètre : les *baromètres à siphon* et les *baromètres à cuvette.*

Le *baromètre ordinaire* (fig. 5) est un baromètre à siphon porté sur une monture en bois AB. L'*échelle, a a'*, qui sert à mesurer les hauteurs, est tracée sur le bois, ou mieux, sur une plaque de métal, et le zéro de sa division est fixe et se trouve au niveau *b* de la courte branche. Cette disposition ne présente pas d'exactitude, parce que ce niveau changeant quand le baromètre éprouve des variations, il en résulte des erreurs dans les indications.

Le *baromètre à cadran* (fig. 6) est aussi un baromètre à siphon dans lequel une poulie *a*, mobile autour d'un axe placé au centre du cadran, porte, au moyen d'un fil de soie, deux petits poids inégaux; le plus lourd *b* repose sur la surface du mercure dans la petite branche, et participe à tous ses mouvements d'ascension et de dépression ; le plus léger *c* fait l'office d'un contré-poids, de sorte que la poulie est toujours entraînée suivant ces mouvements, tantôt dans un sens, tantôt dans un autre. L'axe de cette poulie portant une aiguille *d*, celle-ci parcourt les divisions du cadran, où l'on a marqué le *beau temps*, le *temps variable* et la *tempête*, d'après certaines hauteurs du baromètre qui amènent quelquefois ces résultats dans les localités pour lesquelles ces instruments sont construits. Ces baromètres sont plutôt des meubles que des instruments sur les indications desquels on puisse compter pour des observations exactes.

Le *baromètre* de M. Gay-Lussac est aussi un baromètre à siphon, mais exact dans ses indications et facile à transporter en voyage. Ce baromètre, qu'on voit dépouillé de sa monture (fig. 7), est caractérisé par un petit trou capillaire E qui met la surface *n* de la colonne mercurielle dans la courte branche en contact avec l'air extérieur, et empêche le mercure de sortir lorsqu'on renverse le baromètre pour le transporter en voyage, comme on le voit fig. 8, et par le diamètre plus étroit du tube barométrique dans la partie CBF, pour que l'air, lors de ce renversement, ne puisse pas diviser la colonne de mercure et monter dans la partie AN, qui doit en être entièrement exempte, et où sa présence rendrait les indications fautives. On voit, fig. 9, ce baromètre établi sur sa monture et dans la situation propre à faire une observation.

Parmi les baromètres à cuvette nous citerons le *baromètre de Fortin*, qui est représenté figure 10, et qui se distingue en ce que son niveau est fixe. Dans cet instrument la cuvette *a*, qui ressemble à un verre à boire renversé, est trouée au centre pour le passage du tube ; la base est close avec une peau mobile, à l'aide d'une vis V qui fait monter ou descendre le niveau du mercure dans cette cuvette jusqu'à ce qu'il

affleure la pointe très-fine d'une tige d'ivoire *i* qu'on voit à travers le cristal. C'est en amenant le mercure en contact avec cette pointe qu'on commence toutes les observations. La pression atmosphérique s'exerce ici sur le mercure, à travers le fond mobile de cette cuvette. Le tube de verre est protégé par une enveloppe en métal, fendue des deux côtés à sa partie supérieure pour lire les divisions qu'il porte en cet endroit et qui sont comptées de l'extrémité de la tige d'ivoire.

Dans les baromètres qu'on destine à mesurer le poids de l'air avec précision, on ne se contente pas de fractionner à la vue les millimètres de l'échelle, le tube porte un vernier qui subdivise ceux-ci en vingt parties. Un curseur C, ou un anneau mobile par une vis de rappel (fig. 5 et 10), reçoit de petits mouvements le long de la colonne ; ses bords inférieurs déterminent un plan perpendiculaire au tube ; on les amène à affleurer le sommet de la colonne, et l'index va marquer sur l'échelle la graduation correspondante.

La hauteur de la colonne barométrique, ou la pression atmosphérique, change non-seulement dans chaque lieu de la surface de la terre, suivant son élévation au-dessus du niveau des mers, mais en outre, dans une même localité, elle éprouve des *variations* presque continuelles. Ces variations sont *horaires* ou *accidentelles*.

Les observations les plus précises ont démontré que dans tous les climats le baromètre éprouve des oscillations horaires qui décèlent des variations régulières et périodiques dans la pression atmosphérique pendant la durée du jour. A l'équateur, le baromètre est à son *maximum* de hauteur à 9 heures du matin; passé 9 heures il descend jusqu'à 4 heures ou 4 heures et demi de l'après-midi, où il atteint son *minimum* ; il remonte ensuite jusqu'à 11 heures du soir, où il arrive à un second *maximum*, et redescend enfin jusqu'à 4 heures du matin. Ces mouvements d'ascension et de dépression, qui vont jusqu'à 2 millimètres, sont si réguliers, qu'ils peuvent servir à marquer l'heure.

Dans nos climats, ces variations étant moins étendues qu'à l'équateur et n'atteignant guère au delà de 1 millimètre, sont plus difficiles à démêler. On observe aussi qu'elles sont variables avec les saisons. En hiver, le *maximum* est à 9 heures du matin, le *minimum* à 3 heures de l'après-midi, et le second *maximum* à 9 heures du soir. En été le *maximum* a lieu avant 8 heures du matin, le *minimum* à 4 heures du soir, et le second *maximum* à 11 heures. Au printemps et en automne ces variations sont intermédiaires entre celles fixées ci-dessus.

Il existe une heure de la journée où la hauteur barométrique est sensiblement la *hauteur moyenne* du jour. Dans nos climats cette heure est à peu près celle de midi.

En ajoutant les 30 hauteurs moyennes des 30 jours d'un mois et prenant le 30ᵉ de la somme, on a la *hauteur moyenne du mois*; et en traitant de même les moyennes des 12 mois, on a la *hauteur moyenne de l'année* dans le lieu pour lequel on effectue les observations et les calculs.

La hauteur moyenne de l'année varie pour chaque localité ; elle n'est pas non plus, surtout dans les pays méridionaux, la même pour toutes les années. A Paris, on a trouvé pour la hauteur moyenne de 10 années d'observations, 756 millimètres. Cette hauteur a varié, pendant cette époque, entre 730^{mm} 35 et 773^{mm} 38, ou dans une longueur de 43^{mm} 04 de mercure.

Les oscillations que le baromètre éprouve au-dessus et au-dessous de la moyenne de l'année, et qui sont dues aux changements qu'éprouve la pression atmosphérique, par suite de causes variées dont nous parlerons dans la météorologie, portent le nom de *variations accidentelles*. Dans nos climats, ces variations sont très-étendues, et on les a vues s'élever quelquefois jusqu'à 30^{mm} et au delà, tant au-dessus qu'au-dessous de cette moyenne. Entre les tropiques et sous l'équateur, le baromètre, au contraire, est peu sensible aux grandes secousses atmosphériques, et elles sont peu considérables.

Le baromètre, dans ses variations accidentelles, indique un changement actuel de la pression de la colonne d'air ; ce changement, par suite de circonstances variables et très-multipliées, peut apporter des modifications sans nombre et plus ou moins éloignées à l'état ou équilibre atmosphérique qui règne au moment où ces variations ont lieu, ou les laisser dans la même condition.

Chaque variation de 1 millimètre, tant au-dessus qu'au-dessous de la hauteur moyenne du mercure dans nos contrées, ou de 760^{mm} augmente ou diminue la pression de la colonne d'air à la surface de la terre, de 13^{gram} 6, par centimètre carré de surface, ou de 200 kilog. environ pour la surface totale du corps de l'homme.

Lorsqu'on s'élève au-dessus de la surface de la terre, les couches atmosphériques qu'on traverse successivement n'étant plus chargées d'un poids d'air aussi considérable qu'au niveau des mers, ce poids ne fait plus équilibre à une colonne de mercure de la même hauteur qu'à ce niveau : *le baromètre baisse donc à mesure qu'on s'élève dans les hautes régions.* Par exemple, à l'hospice du Sᵗ-Gothard, élevé de 2075 mètres au-dessus de l'Océan, la pression atmosphérique ne fait plus équilibre qu'à une colonne de mercure de 586 millimètres.

Les physiciens et les géomètres ayant calculé avec le plus grand soin, pour les différentes hauteurs au-dessus du niveau des murs, et en ayant égard à toutes les circonstances importantes, les lois de cet abaissement de la colonne mercurielle, on voit que *le baromètre peut servir à mesurer des hauteurs ;* et, en effet, les physiciens, les voyageurs et les astronomes en font un très-fréquent usage pour mesurer la différence de niveau des divers points du globe, tant entre eux qu'au-dessus du niveau de la mer.

§ 3. — *Loi de la pression des corps gazeux.*

L'air atmosphérique, ainsi que nous venons de nous en assurer, est susceptible d'éprouver un changement de volume suivant les pressions auxquelles on le soumet ; mais nous n'avons pas encore déterminé suivant quelle loi ce changement de volume s'opère quand les pressions viennent à changer, ou le rapport qui existe entre le volume de l'air et les pressions qu'il éprouve.

Cette loi est simple et s'énonce ainsi : *Quelle que soit la température, pourvu qu'elle soit constante, si on soumet une même masse d'air sec à des pressions diverses et successives, les volumes qu'il occupe sont toujours réciproques à ces pressions.* On l'a nommée loi de Mariotte, du physicien qui le premier l'a constatée.

La loi de Mariotte est vraie pour *tous les gaz ou mélanges de gaz connus,* soit pour des pressions moindres que celle de l'atmosphère, soit pour des pressions jusqu'à 60 fois supérieures à cette dernière limite à laquelle se sont arrêtées jusqu'ici les expériences.

On peut aisément constater cette loi, en prenant un tube recourbé dont la branche la plus courte est cylindrique et fermée à son extrémité, fig. 11. Dans la longue branche, on verse du mercure en petite quantité, on incline le tube pour faire sortir une partie de l'air de la courte branche ; et aussitôt qu'on est arrivé à mettre le mercure au même niveau dans les branches, l'air renfermé dans l'espace $a b$ de la plus petite se trouve exactement sous la pression atmosphérique. Si on verse dans le long tube assez de mercure pour y former, à partir de ce point, une colonne de 760 millimètres, l'air dans la longueur $a b$ se trouvera soumis à une pression équivalente au double de celle de l'atmosphère, savoir : celle de l'atmosphère plus une colonne de mercure qui exerce la même pression. Dans ce cas on observe que l'air s'est réduit de moitié de son volume et n'occupe plus que l'espace mb. Si à partir de ce point on ajoute de nouveau 760 millimètres de mercure dans le long tube, l'air de ab soumis à une pression égale à 3 atmosphères, se réduira au tiers de son volume, et ainsi de suite au quart, au 5e, si on ajoute une 3e et une 4e colonne de mercure de 760 millimètres en sus de la pression atmosphérique. Les volumes de l'air sont donc en raison inverse des pressions qu'ils supportent.

La densité d'un corps étant en raison inverse de son volume (p. 133), on conclut aisément de la loi de Mariotte, que *les densités des gaz sont proportionnelles aux pressions qu'ils supportent.*

On peut donc, *par la compression, réduire l'air et les gaz à un volume infiniment moindre* que celui qu'ils occupent sous la pression atmosphérique ordinaire ; mais, dans cet état, la force élastique des gaz croissant proportionnellement à la pression, il faut faire, dans les expériences de ce genre, usage d'appareils suffisamment puissants pour résister à cette force ; autrement ceux-ci éclatent, et leurs débris sont lancés au loin comme des projectiles.

C'est d'après ce principe qu'est établi le *fusil à vent.* Dans cet instrument la crosse contient un réservoir dans lequel on comprime l'air au moyen d'une pompe jusqu'à 10 ou 12 atmosphères. Une détente qui presse sur une soupape donne issue à une partie de cet air comprimé, qui en s'échappant trouve devant lui une balle qu'il chasse par le canon avec autant de force que la poudre.

Les gaz ne paraissent pas indéfiniment compressibles sans changer d'état, et les physiciens et les chimistes en ont déjà fait passer plusieurs à l'état liquide, en les soumettant, par des procédés particuliers, à des pressions énormes qui ont monté, pour quelques-uns, jusqu'à plus de 50 atmosphères. Nous citerons entre autres le chlore, qui se condense sous 4 atmosphères ; l'hydrogène sulfuré sous 17, l'acide muriatique sous 20, l'acide carbonique sous 36, et le gaz oxide nitreux sous 51 atmosphères.

On applique aussi dans les arts la loi de la compression des gaz, pour mesurer des pressions exercées par d'autres gaz, ou des vapeurs contenues dans des espaces fermés, comme dans les gazomètres qui renferment le gaz d'éclairage, les chaudières des machines à vapeur, etc. L'appareil dont on se sert dans ce cas s'appelle un *manomètre.* Le plus simple de ces instruments est un tube courbe en U (Physique, pl. 2, fig. 12) fermé à l'extrémité de la branche Ab, et dans lequel on introduit du mercure comme dans un baromètre, à l'exception que l'espace A b de la branche fermée au lieu d'être vide, est rempli d'air qui éprouve la même pression que l'air extérieur, lorsque le niveau du mercure est le même dans les 2 branches. Si on met l'extrémité C de la seconde branche en communication avec l'espace fermé qui contient les gaz ou les vapeurs comprimés, alors ceux-ci presseront sur la surface du mercure dans cette branche et le feront monter dans l'autre. Cette ascension ne pourra avoir lieu sans que l'air renfermé en A b ne perde de son volume en proportion de la pression qu'il éprouve ; et si l'on pose l'instrument sur une planche qui porte une graduation on pourra déterminer si l'air occupe la moitié, le tiers, ou le quart de son volume primitif, cas dans lesquels la pression des gaz ou vapeurs dans l'espace fermé serait égale à 2, à 3 ou à 4 atmosphères.

Lorsque des gaz ou des vapeurs comprimées dans des espaces fermés exercent une pression de 1, 2, 3 ou 4 atmosphères, etc., nous savons que cette pression équivaut à 1 kil, 033, 2 kil, 066, 3 kil, 099, 4 kil, 132, etc., par centimètre carré de surface. Nous pouvons donc *mesurer en atmosphères ou régler la force élastique des vapeurs et des gaz* dans des appareils fermés, en déterminant la pression qu'ils exercent ou doivent exercer sur une certaine surface.

Par exemple, lorsqu'on ne veut pas sur les parois de la chaudière d'une machine à feu que la tension de la vapeur dépasse 4 atmosphères, c'est-à-dire surpasse le poids de l'atmosphère ordinaire, plus 3 autres poids équivalents, on pratique sur ces parois un trou d'un centimètre de surface, je suppose, sur lequel on pose un plan qui s'adapte exactement sur ce trou, et dont le poids, qu'on augmente ou diminue si cela est nécessaire, s'élève juste à 3^{kil}, 099. Dans cet état ce plan résiste à la force élastique de la vapeur, dont la tension ne dépasse pas 4 atmosphères, mais aussitôt que cette tension va au delà, le plan est soulevé et livre passage à la vapeur, dont la tension s'affaiblit par cette fuite et redescend bientôt à 4 atmosphères ou au-dessous; alors le plan se referme et s'oppose au passage ultérieur de la vapeur.

L'appareil dont nous venons de donner une idée se nomme une *soupape de sûreté*. On fait des soupapes de sûreté de bien des formes et dimensions, mais le principe qui règle leur emploi est toujours le même.

La loi de Mariotte se vérifie non-seulement pour l'air ou les gaz comprimés à 1, 2, 3, 4 atmosphères, etc.; mais elle est en outre exacte pour des pressions qui ne s'élèvent qu'à des *fractions de celle de l'atmosphère*.

Pour produire des pressions qui ne s'élèvent qu'à des fractions de celle de l'atmosphère, on conçoit que l'air pénétrant et pressant partout à la surface de la terre, il faut chercher un appareil qui puisse enlever en partie ou même à peu près en totalité, l'air contenu dans des capacités fermées de toutes part, et capable de résister à l'énorme pression qu'elles éprouveront après avoir été vidées d'air.

Les appareils à épuiser l'air ou destinés à faire le vide se nomment des *machines pneumatiques;* celle dont on fait le plus communément usage dans les cabinets de physique est représentée en perspective, fig. 15. Elle se compose de 2 corps de pompe pareils, dont l'un est représenté en coupe verticale, fig. 13. Dans cette dernière figure, A est la cloche où l'on fait le vide, et dont le contour inférieur est bien

dressé et porte sur une platine en métal BB' parfaitement plane. Une légère couche de suif empêche l'air de pénétrer entre les bords de la cloche et de la platine; celle-ci est percée au milieu d'un trou c qui se rend dans un conduit ii qui communique avec le corps de pompe DD', dans lequel se meut très-juste le piston EE', au moyen de la tige F. Quand ce piston, partant du fond du corps de pompe, s'élève, il dilate l'air renfermé dans le conduit et le récipient; quand il s'abaisse il bouche, au moyen du petit bouchon o, le conduit i, et comprime l'air contenu dans le corps de pompe; celui-ci, dont la force élastique s'accroît à mesure qu'il diminue de volume, soulève la soupape légère s du piston, qui s'ouvre de bas en haut et passe sur la surface supérieure de ce piston jusqu'à ce que celui-ci soit arrivé au bas de sa course. Parvenu à ce point et le jeu continuant, le piston remonte en refermant la soupape s, en ouvrant le bouchon o, et en dilatant de nouveau, dans la cloche A, l'air déjà raréfié par les coups de piston antérieurs. L'air passé au-dessus du piston est chassé hors du corps de pompe dans l'atmosphère, par une soupape r, qui s'ouvre quand il monte et se ferme quand il descend.

Il y a deux corps de pompe pareils, fig. 14, dont les tiges à crémaillères GG' engrènent dans un même pignon H mis en mouvement alternatif par un levier KL qu'on fait mouvoir à deux mains. Quand l'un de ces pistons monte, l'autre descend.

Un petit vase ouvert M, fig. 15, rempli de mercure, est surmonté d'un tube gradué O' où le mercure monte par la pression atmosphérique, à mesure que l'air de la cloche avec laquelle il communique se vide d'air. La hauteur du mercure dans ce tube mesure le degré de vide ou la tension que l'air de la cloche conserve encore. On fait aujourd'hui des machines pneumatiques qui réduisent cette tension à un 1/2 millimètre ou à la 1520ᵉ partie de la pression de l'atmosphère.

Une clef N conique ou robinet en métal, fig. 15, sert, au moyen de dispositions simples, à maintenir le vide dans la cloche et à lui rendre l'air quand l'expérience est terminée, et quand on veut enlever cette cloche.

Quelquefois on se sert, pour mesurer le vide, d'une *éprouvette*, fig. 13, renfermée dans une cloche, montée et mastiquée sur la table où est placée la machine, et communiquant avec le conduit *ii*. Cette éprouvette est un tube recourbé, fig. 16, rempli de mercure, dont l'une des branches est fermée et l'autre ouverte. Tant que la force de ressort de l'air intérieur est suffisante pour soutenir une colonne de mercure égale à la différence de niveau AH, la branche A′B reste pleine. Mais si l'air de la cloche devient plus rare, le mercure de cette branche s'abaisse, et l'excès de son niveau sur celui de l'autre branche, indiqué par une double division donnée par la loi de Mariotte, est la mesure de la pression que l'air intérieur soutient encore.

Avec la machine pneumatique on peut faire une foule d'expériences curieuses sur la pression atmosphérique, sur l'évaporation, les vapeurs, le son, la combustion, l'électricité, ainsi que sur la physiologie animale et végétale. Les chimistes en font souvent usage pour obtenir des réactions dans le vide et à l'abri du contact de l'air.

Les machines pneumatiques, au moyen de légères modifications dans les soupapes et les récipients ou cloches, peuvent, au lieu d'épuiser l'air, servir au contraire à le comprimer et à le condenser; dans ce cas on les appelle *machines de compression*. La pompe et le réservoir d'un fusil à vent ne sont autre chose qu'une machine de compression.

SECT. IV. — CHALEUR.

La *chaleur* est la sensation particulière qu'éprouvent les organes du corps humain lorsqu'on est placé à une distance variable de certains corps en état d'ignition, ou qu'on se trouve exposé aux rayons solaires.

Les physiciens supposent que cette sensation est due à un agent impondérable, inconnu et incoercible, qu'ils ont nommé *calorique*, pour le distinguer de la chaleur, qui est un de ses effets.

En physique, on désigne aussi par le mot de chaleur la science qui traite des propriétés et des effets du calorique.

La chaleur n'exerce pas seulement une action particulière sur nos organes, elle agit également sur les *corps non organisés de la nature*. On en voit des exemples dans la fusion des métaux, l'ébullition des liquides, la dilatation des *gaz* par la chaleur, etc.

La sensation de la chaleur, lorsque nous l'éprouvons, n'a pas toujours la même énergie; on sait aussi qu'on peut l'appliquer aux autres corps avec divers degrés d'intensité, et on est dans l'habitude d'exprimer par le mot de *températures* les divers degrés par lesquels elle exerce son action.

Dans les recherches de physique sur les effets et les lois de la chaleur, et dans une foule d'autres expériences, on a sans cesse besoin de mesurer des températures. Les instruments qui servent à opérer les mesures de ce genre se nomment des *thermomètres*. Il importe de bien connaître les principes d'après lesquels ces instruments sont établis, les moyens qu'on met en usage pour les construire, et comment ils servent à comparer des températures.

§ 1er. — *Du Thermomètre et de sa construction.*

Tous les corps que l'on réchauffe, sans changer leur constitution, s'étendent dans tous les sens, de manière à occuper un volume plus considérable que celui qu'ils occupaient d'abord. Cette modification des corps se nomme *dilatation*, et c'est une de leurs propriétés générales que nous avons déjà constatée.

La plupart d'entre eux, après que l'effet de la chaleur a cessé, et si le feu n'a pas altéré leur constitution ou leur nature, se contractent et *reviennent exactement aux mêmes dimensions* qu'ils avaient d'abord, quel que soit le nombre de fois qu'on les expose à ces changements alternatifs.

Tous les corps, par leur dilatation ou contraction sous l'influence de la chaleur, pourraient donc être employés, entre certaines limites, à mesurer des températures ou à faire des thermomètres; mais, parmi eux, les physiciens ont donné la préférence au métal liquide appelé *mercure* ou *vif-argent*, après qu'il a été amené par filtration à travers une peau de chamois, ou par la distillation, à une très-grande pureté, parce qu'il supporte, avant de bouillir et de se réduire en vapeur, une haute température et qu'il ne se solidifie ou ne se congèle qu'à un degré de froid très-intense.

Lorsqu'on a obtenu du mercure bien pur, il faut, pour qu'il puisse servir à mesurer des températures, l'enfermer dans un appareil qui rende ses dilatations et ses contractions sensibles, et qui permette de les observer facilement. Pour cela, on se sert de *tubes de verre* d'un diamètre intérieur très-fin, à l'extrémité inférieure desquels on a soufflé une boule à la lampe d'émailleur. On remplit de mercure la boule et une partie du tube; on ferme l'extrémité supérieure de ce tube avec les précautions convenables; et comme la capacité de la boule est très-considérable relativement au diamètre du tube, on conçoit qu'une très-petite dilatation dans le volume du mercure qu'elle renferme se manifeste dans le tube par un allongement considérable de la colonne fluide, de manière à rendre sensibles de très-petites variations de chaleur.

Lorsqu'on chauffe le thermomètre, le mercure augmente de volume, le thermomètre *monte*, et on dit que *la température s'élève*. Lorsqu'on le refroidit, le mercure diminue de volume, le thermomètre *descend*, et on dit que *la température baisse*.

La *construction des thermomètres* à mercure, pour que leurs indications soient exactes, et afin de les rendre comparables entre eux, exige diverses attentions.

D'abord, il faut que *le tube du thermomètre soit d'un diamètre intérieur égal* dans toute sa longueur, afin que des dilatations égales dans le mercure de la boule soient marquées par des accroissements égaux dans la hauteur de la colonne.

Les physiciens ont plusieurs moyens pour s'assurer de l'égalité du diamètre des tubes dans toute leur longueur, ou pour les *calibrer*, c'est-à-dire marquer sur leur longueur des intervalles successifs de même capacité.

Pour cela on fait passer à l'intérieur de ce tube une petite colonne de mercure *m*, fig. 17, de 1 ou 2 centimètres de longueur, que l'on fait courir dans toute la longueur, au moyen d'une légère pression exercée sur une bouteille de caoutchouc B. Une échelle graduée E sert à déterminer si cette colonne occupe la même longueur dans toute l'étendue du tube, ou si celui-ci est d'un diamètre égal dans toute son étendue, et à le diviser en parties d'égale capacité, si ce diamètre n'était pas partout le même.

Ensuite, on doit *chauffer fortement le tube*, afin d'en chasser complétement l'humidité et de dilater l'air qu'il contient, avant d'y introduire le mercure.

L'introduction du mercure s'exécute en plongeant l'extrémité ouverte du tube échauffé T, fig. 18, dans un bain froid B de ce métal; le refroidissement du tube qui a lieu en peu de temps, diminue l'élasticité de l'air intérieur, et la pression atmosphérique force le liquide d'y monter. Aussitôt qu'il en est arrivé quelques gouttes dans la boule, on retourne l'appareil T, fig. 19, pour chauffer de nouveau celle-ci et faire bouillir le liquide qu'elle contient; les vapeurs de mercure remplissent bientôt toute la capacité de la boule et du tube; l'air en est complètement chassé, et en plongeant vivement une seconde fois l'extrémité T du tube dans le bain de mercure B, on achève de le remplir, sans qu'il y reste à l'intérieur de traces d'air ou d'humidité.

Avant de fermer le thermomètre, il faut *régler sa course*, c'est-à-dire faire sortir ou rentrer du liquide jusqu'à ce que le sommet de la colonne corresponde à peu près à la hauteur moyenne qu'on veut lui donner. Pour *fermer le tube*, on en effile l'extrémité à la lampe; on chauffe la boule sur des charbons pour en faire sortir une petite goutte de liquide, et au moment où cette goutte se déverse à l'extrémité effilée du tube T, fig. 20, on dirige le dard D d'un chalumeau sur cette extrémité : le verre se fond et le tube est fermé.

La *graduation* du thermomètre repose sur ces deux faits : 1° que la glace ou la neige qui se fondent ramènent constamment le mercure au même point dans le tube; 2° que l'eau pure en ébullition présente, pour une même pression atmosphérique, un phénomène analogue, mais pour un autre point du tube.

Ces deux phénomènes, savoir, celui de *la glace fondante* et celui de *l'ébullition de l'eau*, se produisent donc à des températures constantes qui peuvent servir de limites ou point fixes pour graduer les thermomètres. La distance de ces points entre eux varie pour chaque thermomètre, suivant les rapports de capacité de la boule et du tube, ainsi que de la quantité plus ou moins grande de mercure qu'on y introduit.

Si l'on marque l'un et l'autre de ces points sur le tube ou la tige du thermomètre, et qu'on divise l'intervalle en 100 parties égales, on aura un *thermomètre centésimal*. Si on ne divise qu'en 80 parties, on aura un *thermomètre gradué suivant*

Réaumur. Dans tous les cas, chacune de ces divisions se nomme *degré*, et se marque par un petit ° placé en exposant à la droite du chiffre qui exprime la température : ainsi 15° se lit 15 *degrés*.

Ordinairement on marque le 0 de l'échelle au point où le mercure se fixe pendant la fusion de la glace, et le 100° ou le 80° degré à celui où il s'arrête pendant l'ébullition de l'eau. On prolonge généralement la division au-dessous du 0 pour les températures inférieures à ce degré ; les degrés qui sont au-dessous de la glace fondante ou du 0 se distinguent de ceux placés au-dessus par le signe *moins*, et — 10° ou — 20°, signifient *moins dix* ou *moins vingt degrés*. Cette division est quelquefois aussi prolongée au-dessus du 100° degré, et l'ensemble de toutes les divisions forme l'*échelle thermométrique*. Cette échelle est quelquefois gravée au diamant sur le tube lui-même, mais le plus souvent elle est marquée sur une *monture* en bois, en métal, en ivoire, etc.

Les Anglais se servent d'un *thermomètre* dit de *Farenheit*, ainsi appelé du nom du physicien qui l'a inventé, et où le terme de la glace fondante est marqué 32°, et celui de l'eau bouillante 212°. L'intervalle entre ces deux points est donc 180 parties ou degrés.

Outre les thermomètres à mercure, on se sert encore de *thermomètres à alcool* ou *esprit-de-vin*, surtout pour les observations météorologiques, et du *thermomètre à air*, où les dilatations et contractions d'une colonne d'air renfermée dans un tube en verre et limitée par une goutte de mercure, servent à marquer la température.

On voit, fig. 21, deux thermomètres, l'un à mercure M, et l'autre à esprit de vin E, établis sur la monture où sont tracés les degrés de leur échelle.

Les physiciens ont aussi inventé des thermomètres à *maxima* A, et à *minima* B, fig. 22, c'est-à-dire qui indiquent et conservent au moyen d'un petit indice *ii* placé dans le premier cas en dehors du liquide qui remplit le thermomètre, et en dedans dans le second, la température *maximum* ou la plus haute, ou bien *minimum* ou la plus basse, qu'ils ont éprouvée pendant une période de temps quelconque.

Enfin, on a construit des *thermomètres* métalliques, et qui reposent sur l'inégale dilatation de deux ou de plusieurs métaux, dont on fait heureusement usage dans des recherches délicates de physique et de chimie: tel est le *thermomètre métallique de Breguet*, qu'on voit dans la fig. 23, mais dont la description nous entraînerait trop loin.

On peut faire des thermomètres à mercure qui marquent jusqu'à 300 ou 400°; mais pour avoir la mesure de températures plus élevées, on se sert d'autres appareils dont nous parlerons plus bas.

Les physiciens ont observé qu'une diminution ou une augmentation dans la pression barométrique faisait *varier le point d'ébullition de l'eau*, et pouvait causer des erreurs dans la graduation des thermomètres ; pour éviter ces erreurs, les constructeurs français qui établissent des thermomètres, et les observateurs qui les emploient, règlent par le calcul le 100° degré de leurs thermomètres, à la pression de 760 mm de mercure du baromètre métrique, qui est celle qu'on observe à 0° de température, au niveau des mers. Cette correction est nécessaire pour partir d'une base fixe dans la mesure des températures, et pour rendre les différents instruments comparables entre eux.

§ 2. — *De la Dilatation des corps*

Un thermomètre réglé dans sa marche et comparable à lui-même dans ses indications peut servir en premier lieu à reconnaître avec exactitude l'étendue des mouvements que la chaleur fait éprouver aux corps ou leur dilatation.

On donne le nom de *dilatation linéaire* à la dilatation que les corps éprouvent dans une seule de leurs dimensions, et le plus généralement leur longueur; et celui de *dilatation cubique* à leur dilatation en volume ou suivant leurs trois dimensions.

Dans les observations et les calculs on regarde comme suffisamment exacte cette formule, que *la dilatation cubique est triple de la dilatation linéaire*.

I. Pour *déterminer la dilatation des corps solides*, les physiciens en forment une barre d'une longueur connue, exposent successivement cette barre à des températures différentes et également connues, et en mesurent les longueurs à ces diverses températures: les différences entre celles-ci et la longueur primitive font connaître dans quel rapport la dilatation linéaire a lieu ; la dilatation cubique se déduit ensuite de celle-ci par la règle précédente.

Cette opération, qui paraît simple, est cependant difficile à exécuter, et exige, pour être exacte, une foule de précautions très-délicates.

Ordinairement on se sert d'une espèce d'auge rectangulaire dans laquelle on place la barre horizontalement, et qu'on remplit de glace pour avoir la longueur de celle-ci à 0°, puis d'une huile fixe ou d'un autre liquide, qu'on chauffe avec des lampes à esprit-de-vin ou un fourneau, pour avoir des températures de plus en plus élevées.

Les dilatations des corps solides étant généralement très-petites, on cherche à agrandir leurs effets par des dispositions ingénieuses dont la description ne peut trouver place ici.

Parmi les nombreux résultats obtenus tant par la méthode exposée ci-dessus que par d'autres aussi précises, nous nous contenterons de citer ceux donnés pour quatre substances différentes, par MM. Dulong et Petit, entre 0, 100, 200 et 300, et où les dilatations sont exprimées en fractions décimales et en fractions ordinaires.

SUBSTANCES.	INTERVALLE DE TEMPÉRATURE.	DILATATIONS EN FRACTIONS	
		DÉCIMALES.	ORDINAIRES.
Platine.	0 à 100	0,00088420	1/1131
	0 à 300	0,00275482	1 363
Verre.	0 à 100	0,00086133	1/1161
	0 à 200	0.00184502	1/544
	0 à 300	0,00303252	1 329
Fer	0 à 100	0,00118210	1/846
	0 à 300	0,00440528	1/227
Cuivre. . . . , . . .	0 à 100	0,00171820	1/582
	0 à 300	0,00564972	1/177

Ainsi, la longueur d'une barre de fer qui à la température de 0° serait égale à un mètre, deviendrait $1^m,0,00118210$ à la température de 100°, et $1^m,00440528$ à celle de 300°. Et une masse de fer d'un décimètre cube à 0° deviendrait successivement $1^{d\,cub},00354630$ et $1^{d\,cub},01321584$ aux températures de 200 et de 300°.

Les dilatations des corps solides sont à peu près *uniformes entre 0 et 100°*; pour de plus hautes températures elles paraissent devenir *croissantes*.

Cette dilatation des corps solides s'exerce avec *une puissance incroyable* et qui renverse tous les obstacles, quand ces corps ont des dimensions suffisantes. La puissance avec laquelle ils se contractent est égale à celle avec laquelle ils se dilatent, et ces puissances se trouvent souvent mises en jeu dans nos constructions, que la dilatation ou la contraction des matériaux tendent sans cesse à altérer ou à renverser.

La connaissance de la dilatation des corps solides et particulièrement des métaux est extrêmement utile dans une infinité de circonstances qui intéressent les sciences et les arts. Nous citerons les principales.

Toutes les fois que le physicien veut *soumettre à des expériences des liquides ou des gaz*, il se sert, pour les contenir, de vaisseaux de verre ou de métal ; mais le volume de ces vases augmentant ou diminuant par la chaleur, leur capacité varie suivant la loi de la dilatation cubique, en sorte qu'il faut d'abord avoir égard à cet effet et le corriger par le calcul, pour juger isolément de ce qu'a éprouvé le gaz ou le liquide contenu dans l'appareil.

La connaissance de la dilatation des métaux sert à évaluer dans certains cas *les changements de dimension qu'éprouvent les instruments d'astronomie et de géodésie.* C'est ainsi qu'on a corrigé des dilatations dues aux variations de température les règles métalliques qui ont servi dans plusieurs occasions à mesurer des bases terrestres pour établir des triangulations, déterminer la longueur du méridien ou la forme de la terre, et qu'on les a ramenées à la longueur qu'elles auraient eue si toutes les observations eussent été faites à la température de la glace fondante.

Cette connaissance est plus utile encore pour *mesurer la longueur du pendule simple*, et pour *régulariser le mouvement des instruments qui marquent le temps*. On en a trouvé une ingénieuse application dans *le pendule compensateur*, fig. 24, qui se compose de 2 tiges extrêmes en fer *ff* et de 2 tiges moyennes en cuivre *cc*. Par la dilatation des 1ʳᵉˢ, le centre d'oscillation *a* du pendule descend, et au contraire il est relevé par la dilatation des deux dernières ; lorsqu'on connaît les variations linéaires de longueur qu'éprouvent les deux métaux, il suffit de quelques tâtonnements sur la longueur à donner à ces tiges pour produire une compensation exacte ou pour maintenir le pendule à la même longueur, quelle que soit la température de l'air ambiant.

II. La *dilatation des liquides* peut s'obtenir de diverses manières ; la plus simple consiste à se servir d'un tube de verre bien calibré et terminé par une boule dont la capacité soit considérable par rapport à celle du tube. On remplit la boule et une partie du tube avec le liquide qu'on veut étudier ; on place cet appareil dans un bain liquide qu'on porte successivement à diverses températures, et on observe chaque fois les divisions du tube auxquelles la colonne s'arrête : on connaît ainsi exactement le volume que le liquide occupe, et on peut mesurer sa dilatation.

Cette dilatation n'est *qu'apparente* puisqu'il faut pour avoir la *dilatation absolue du liquide* la corriger de celle du vase ou tube dans lequel celui-ci est renfermé.

En exécutant avec les précautions convenables cette opération sur le mercure contenu dans un tube de verre, on a trouvé que la dilatation apparente de ce métal liquide était 0,00015434 ou environ 1/6479ᵉ pour chaque degré du thermomètre centigrade ou de 1/65ᵉ environ de 0 à 100°, et que sa dilatation absolue ou corrigée de la dilatation cubique du verre, qui est 1/38700ᵉ ou 0,00002584 pour chaque degré centigrade, était entre ces limites 1/5550ᵉ ou 0,00018018.

L'alcool rectifié se dilate dans le verre de 0,122536 entre 0° et 100°, mais non pas d'une manière uniforme ; en divisant ce nombre par 100 on a 0,00122536 ou en-

viron 1/813ᵉ pour la dilatation moyenne correspondant à chaque degré.

La dilatation apparente de l'eau est également irrégulière : entre 0 et 100° elle est à peu près de 0,04386.

III. Pour mesurer *la dilatation des substances gazeuses* on les introduit à l'état sec et bien pures, en quantité connue, dans des tubes exactement gradués et terminés par une boule d'un volume considérable comparativement à leur diamètre ; on les y contient sous une pression déterminée, on les expose à des températures diverses et on observe les quantités dont elles se dilatent ou se contractent ; en un mot on en forme un véritable thermomètre à gaz.

Les expériences des plus habiles physiciens modernes, faites avec cet appareil ou d'autres semblables, et avec les précautions indispensables en pareil cas, ont démontré :

1° Que tous les gaz permanents exposés à des températures égales et sous la même pression, se dilatent exactement de la même quantité entre 0° et 100° ;

2° Que l'étendue de leur dilatation commune, depuis la température de la glace fondante jusqu'à celle de 100°, est égale à 0,375 de leur volume primitif à 0°, la pression étant supposée constante ;

3° Qu'entre ces deux limites, la dilatation des gaz est exactement proportionnelle à la dilatation du mercure ; d'où il résulte que pour chaque degré du thermomètre centésimal et sous une même pression, tous les gaz se dilatent d'une quantité égale à 0,00375 du volume qu'ils occupaient à la température de la glace fondante ;

4° Que depuis 0° jusqu'à —36° la dilatation de l'air est encore uniforme et égale à celle entre 0° et 100°. Mais que depuis 100° jusqu'à 360°, la dilatation devient décroissante, c'est-à-dire que pour chaque degré du thermomètre à mercure, l'air prend des accroissements de volume de plus en plus petits.

§ 3.—*Densité et pesanteur spécifique des corps.*

La densité d'un corps, avons-nous dit p. 133, est le rapport de son poids à son volume.

Dans les recherches de physique on a souvent besoin de connaître le *poids des corps sous un volume donné*. Pour y parvenir on mesure comparativement les poids d'un volume égal d'eau distillée et prise à la température du maximum de condensation et de la substance donnée. Ainsi, sachant qu'un décimètre cube d'eau prise à cet état pèse juste un kilogramme, on a pesé, je suppose, un décimètre cube d'argent fondu, et un autre de platine forgé, et on trouve environ 10 kilogrammes pour le poids du 1er, et 20 pour celui du 2e.

Les nombres 10 et 20, qui indiquent combien l'argent et le platine pèsent, à volume égal, plus de fois que l'eau, s'appellent les *pesanteurs spécifiques*, ou plus exactement *les poids spécifiques de ces corps*.

En prenant la *densité de l'eau pour limite des densités*, on voit que les nombres 10 et 20 représentent dans notre système décimal les densités de l'argent et du platine, et que les densités des corps sont dans ce système égales à leur pesanteur spécifique.

I. L'unité que l'on choisit pour mesurer la pesanteur spécifique ou la *densité des gaz* est la densité de l'air atmosphérique après qu'on a déterminé, par des expériences particulières, le poids spécifique de l'air comparé à l'eau.

Pour obtenir la pesanteur spécifique d'un gaz comparé à l'air, on mesure le poids d'un certain volume de ce gaz, et on divise ce poids par celui de l'air atmosphérique. Cette opération se fait dans des ballons de verre munis de robinets, qu'on pèse et jauge exactement, après y avoir fait le vide, puis quand ils sont pleins d'air, et enfin après les avoir remplis du gaz dont on veut connaître la densité.

Je suppose qu'un ballon d'une capacité de 8$^{\text{lit.}}$ 56, quand on y a fait le vide à la température de 0° et sous la pression de 760^{mm} de mercure, pèse 1$^{\text{kil.}}$ 250$^{\text{décigr.}}$ et après la rentrée de l'air, 1$^{\text{kil.}}$ 2611. On en concluera que les 8$^{\text{lit.}}$ 56 d'air pèsent à cette température et sous cette pression 11 grammes environ, ou plus exactement 11$^{\text{gram.}}$ 1203. Si après avoir chassé l'air du ballon on le remplit de gaz hydrogène pur et sec et qu'on le pèse, on trouvera alors qu'il ne pèse plus que 1$^{\text{kil.}}$ 250765, ou que les 8$^{\text{lit.}}$ 56 d'hydrogène pèsent 0$^{\text{gr.}}$ 765364; divisant ce nombre par 11$^{\text{gram.}}$ 1203, nous aurons pour quotient 0,0688, qui est la pesanteur spécifique du gaz hydrogène pur à 0° et 760^{mm} de pression.

Il y a des *gaz plus légers que l'air*, tel est l'hydrogène, qui est le plus léger de tous et dont la densité n'est, comme nous venons de le voir, que la 15e partie de celle de l'air. Il y en a d'autres, au contraire, plus lourds et où elle s'élève jusqu'à 4,4 fois celle de ce dernier fluide : par exemple, le gaz hydriodique. La densité du plus grand nombre des fluides gazeux est intermédiaire entre ces deux limites.

La *pression atmosphérique* et la *température*, lorsqu'elles ne sont pas 0° et 760^{mm}, doivent faire varier la densité des gaz; mais, dans les expériences, on ramène celle-ci à la température 0° du thermomètre au moyen de la loi de la dilatation des gaz, qui nous a appris qu'ils se dilatent tous de 0,00375 de leur volume pour chaque degré du thermomètre centigrade, et à la pression 760^{mm} par la loi de Mariotte (voy. pag. 139).

En comparant la densité de l'air sec pris à 0° et sous la pression 760^{mm} à celle de l'eau distillée prise au maximum de condensation, on a trouvé que la 1re n'était que la 769e environ de la 2e, et qu'un litre d'air à cet état pesait 7$^{\text{gram.}}$ 2991, tandis qu'un litre d'eau pesait 1,000 grammes.

La construction des *ballons* ou *aérostats* repose sur la découverte des fluides aériformes plus légers que l'air, combinée avec cette loi de l'hydrostatique qu'on doit à Archimède: *Qu'un corps plongé dans un fluide y perd une partie de son poids égale au poids du fluide qu'il déplace.* On conçoit, en effet, comment un volume de gaz hydrogène renfermé dans une enveloppe peu pesante et abandonné dans l'atmosphère, sera poussé en haut avec une force égale au poids du volume d'air qu'il déplace, et s'élèvera ainsi jusqu'à ce qu'il arrive dans des couches d'air dont la densité sera égale à la sienne. En donnant un grand volume à l'enveloppe, on peut rendre la force ascensionnelle assez grande pour enlever, outre cette enveloppe, une nacelle et des hommes.

II. L'unité de *densité pour les liquides* est celle de l'eau distillée ; mais avant de faire usage de cette unité il a fallu reconnaître et étudier un phénomène curieux que ce liquide a présenté le premier aux physiciens.

Lorsqu'on élève la température de l'eau à partir de 0° elle se *contracte* d'abord *et se condense au lieu de se dilater*, jusqu'à la température d'environ 4°; ensuite, en la chauffant davantage, elle commence à se dilater comme les autres corps, et dès cet instant cette dilatation est croissante jusqu'à l'ébullition. Vers la température de 4° l'eau éprouve donc un *maximum de condensation* ou de *contraction*, etc. C'est le poids de l'eau comparé à son volume, à cette température, qui sert d'unité pour calculer la densité des autres liquides.

On détermine le *poids spécifique des liquides* en pesant directement deux volumes égaux d'eau et de liquide, en réduisant ces poids à ce qu'ils auraient été si les deux liquides eussent été pesés dans le vide, puis à la température du maximum de condensation, et divisant l'un par l'autre.

Lorsqu'on n'a pas besoin d'une extrême précision, et pour hâter cette opération, on détermine la pesanteur spécifique des liquides au moyen des aréomètres.

Les *aréomètres* sont des instruments dont la construction est basée sur le principe d'Archimède, déja énoncé plus haut, savoir : qu'un corps plongé dans un fluide y perd une partie de son poids égale à celui du fluide qu'il déplace.

Soit un tube en verre (Physique, pl. 3, fig. 25), renflé par le bas *b* et effilé par le haut en un cylindre *a* d'un petit diamètre. Une petite quantité de mercure est renfermée dans la boule B pour que le centre de gravité de l'instrument soit situé plus bas que celui de son volume, et pour qu'il se tienne debout dans les liquides. Un trait fin T, marqué sur le col *aa*, indique le point jusqu'où il s'enfonce dans un fluide extrêmement léger, l'éther par exemple. Si on plonge cet instrument dans un liquide plus lourd que l'autre, dans l'eau, par exemple, il ne s'enfoncera pas jusqu'au trait T, et pour l'y faire enfoncer il faudra ajouter des poids sur le chapeau C ; or, quand on connaît ces poids additionnels et le poids de l'instrument, on peut calculer le rapport de pesanteur spécifique des deux liquides pour la température à laquelle on a opéré.

L'instrument que nous venons de décrire est un *aréomètre à poids variable* ou volume *constant;* mais il y a aussi des *aréomètres à volumes variables* et dont la tige, fig. 26, est un petit tube de verre creux *tt'*, dans lequel on a inséré un rouleau de papier portant à l'encre des divisions qui marquent les densités. Le poids de ces aréomètres étant constant, il en résulte que les *densités des liquides dans lesquels on les plonge sont entre elles en raison inverse des volumes immergés.* C'est d'après ce principe que les constructeurs établissent la graduation de ces instruments.

Il y a, dans le commerce, des aréomètres à volumes variables pour mesurer la densité des liquides plus légers que l'eau : tels sont les *pèse-esprits*, les *pèse-liqueurs* ; d'autres qui sont gradués pour mesurer la densité des acides, des dissolutions salines, et qu'on connaît sous les noms de *pèse-acides, pèse-sels*, etc.

Tout le monde sait que l'unité de poids de nos nouvelles mesures décimales, ou le gramme, est le poids d'un centimètre cube d'eau distillée, considérée dans le vide et à son maximum de condensation.

III. L'eau distillée et à son maximum de densité est aussi l'unité de poids pour trouver la *pesanteur spécifique des corps solides.*

Pour déterminer la densité d'un corps solide on le pèse dans l'air pour avoir son poids apparent, puis dans un volume déterminé d'eau. Son poids apparent, divisé par le poids du volume d'eau qu'il déplace, donne sa densité après avoir fait aux éléments du calcul toutes les corrections relatives à la température des corps employés à la pression barométrique et au volume d'air déplacé par le corps.

On se sert aussi, pour cet objet, d'un aréomètre à volume constant, qu'on nomme tantôt *aréomètre de Fahrenheit, aréomètre de Nicholson* ou *aréomètre-balance de Charles.* La fig. 27, qui représente cet instrument, montre le petit panier en argent V dans lequel on place les fragments *des corps* dont on veut prendre la pesanteur spécifique, le contre-poids L, la tige *t*, le trait de lime *f*, et le chapeau C où l'on place les poids.

Enfin, on fait usage quelquefois, pour le même objet, d'une balance ordinaire, au moyen de laquelle on pèse les corps d'abord dans l'air, puis dans l'eau, en les suspendant au moyen d'un fil très-fin en dessous du plateau qui les contenait dans la première pesée. Le calcul se fait comme précédemment. Cet appareil se nomme une *balance hydrostatique.*

Voici la pesanteur spécifique de quelques corps solides usuels, en prenant la densité de l'eau pour unité.

Platine,	20,722.
Or,	19,258.
Mercure,	13,598.
Plomb fondu,	11,352.

Argent fondu,	10,474.
Cuivre fondu,	8,788.
Laiton,	8,395.
Acier non écroui,	7,816.
Fer en barre,	7,788.
Fer fondu,	7,207.
Zinc fondu,	6,712.
Diamants lourds,	3,531.
— légers,	3,501.
Flintglass anglais,	3,329.
Marbre de Paros,	2,837.
Cristal de roche,	2,653.
Verre de Saint-Gobain,	2,488.
Porcelaine de la Chine,	2,384.
— de Sèvres,	2,146.
Ivoire,	1,917.
Houille compacte,	1,329.
A glace,	0,930.
Bois de hêtre,	0,852.
Bois d'orme,	0,800.
Sapin jaune,	0,657.
Peuplier,	0,383.
Liége,	0,240.

§ 4. — *Vapeurs.*

Les liquides qu'on chauffe jusqu'à leur point d'ébullition dans un vase ouvert, ou même qu'on expose à la température ordinaire au simple contact de l'air, se convertissent peu à peu en vapeurs et se dissipent dans l'atmosphère. On a donné à ce phénomène le nom de *vaporisation*, et on dit alors que les liquides se vaporisent.

Avant d'étudier les lois de la vaporisation des liquides, il convient de connaître les phénomènes que présente la formation des vapeurs dans le vide, puis dans leur mélange avec les gaz.

I. Formation des vapeurs.

A. Pour étudier les effets des *vapeurs dans le vide*, on dispose dans une cuvette DD', fig. 28, trois baromètres ABC, comme nous l'avons enseigné pag. 136. Ces tubes, lorsqu'ils ont été établis avec les précautions indiquées et après que le mercure est parvenu à l'état d'équilibre, marquent la pression de l'atmosphère en laissant au-dessus de la colonne mercurielle un espace vide d'air qu'on a nommé *vide barométrique* ou *de Torricelli*. Maintenant, si au moyen d'une petite *pipette* A, fig. 29, on fait passer une petite quantité d'eau dans le tube B, celle-ci, en vertu de sa légèreté spécifique, monte et arrive bientôt dans le vide ; aussi-

tôt on voit le mercure s'abaisser dans le baromètre B au-dessous du niveau de celui du baromètre A. Si dans le tube C on fait passer de même une petite quantité d'un autre liquide, de l'alcool par exemple, le mercure éprouve aussi une dépression encore plus considérable que celle qu'on a observée dans le tube B.

Cette dépression que le mercure éprouve dans les tubes B et C est due à la vaporisation de l'eau et de l'alcool dans le vide barométrique et à la *force élastique* ou *expansive* ou à la *tension* des vapeurs qui s'y sont formées.

La *force expansive des vapeurs* est indéfinie comme celle des gaz (voy. p. 139), et, comme ceux-ci, elles peuvent prendre, quand on leur offre l'espace nécessaire, des volumes infiniment grands.

La *force élastique* ou la résistance à la pression qu'opposent les gaz est toujours, comme nous l'avons annoncé à l'endroit cité, inversement proportionnelle à l'espace qu'on leur fait occuper ; mais il n'en est pas de même des vapeurs, au moins quand l'espace qu'elles occupent en contient toute la quantité, qui s'y élève naturellement à la température où l'on opère ; et si on *comprime des vapeurs dans un espace qui en est saturé, une partie se condense et repasse à l'état liquide.*

Ainsi, un caractère essentiel des vapeurs c'est que *pour chaque température il ne peut en exister qu'une quantité limitée dans un espace donné ;* en diminuant l'espace, une partie de la vapeur repasse à l'état liquide sans que la force élastique augmente, et de même, en augmentant dans un espace donné et saturé de vapeur la quantité de liquide non vaporisé, on n'augmente pas la tension de la vapeur.

Quand l'espace donné n'est pas saturé de la quantité de vapeurs qui convient à sa température, les vapeurs qu'on comprime suivent alors la loi de Mariotte (pag. 139), et se compriment comme les gaz, jusqu'au moment où l'espace est réduit à celui qui peut en être saturé à cette température.

Pour déterminer la *densité d'une vapeur* on prend une certaine quantité du liquide qui la fournit, on le pèse très-exactement et on le fait passer dans le vide barométrique et vaporiser entièrement par l'élévation de la température ; on observe sa tension ou le volume occupé par cette vapeur et la pression du baromètre, et avec ces éléments on calcule la densité.

C'est de cette manière qu'on a trouvé que la densité de la vapeur d'eau à 0° et sous la pression de 76^{mm}, était 0,6235, celle de l'air étant prise pour unité, et que par conséquent un décimètre cube ou un litre de cette vapeur ne pèse à cette température que 0$^{gram.}$809, tandis que l'air pèse 1$^{gram.}$299, c'est-à-dire que la vapeur d'eau ne pèse environ, à volume égal, sous la même pression et à la même température, que les 5/8 de l'air.

Il y a des vapeurs dont la densité est plus grande que celle de l'air: telles sont celles d'alcool absolu, qui est 1,6133; d'éther sulfurique, 2,5860; d'essence de térébenthine, 5,0130, et d'iode, 8,6111, etc.

Au maximum de tension, les vapeurs de tous les liquides connus augmentent de densité à mesure que la température s'élève. Ainsi à 0° la vapeur d'eau qui fait équilibre à 5^{mm}059 de pression, a une densité qui n'est que la 540/100,000,000^{es} de celle de l'eau liquide; tandis qu'à 100° cette densité est les 58,955/100,000,000^{es} du même liquide, et qu'à 182 degrés cette densité est réduite un peu au-dessous de 5/1000es.

Puisque la densité des vapeurs augmente avec la température, elles doivent, à poids égal, occuper un volume de moins en moins considérable à mesure que celle-ci s'élève: c'est ce qu'on voit en effet dans le tableau suivant, où on donne en litres ou décimètres cubes le volume occupé par la vapeur d'un litre d'eau prise à 0° et 760^{mm} de pression, et vaporisée à différentes températures croissantes.

A 0° un litre ou décimètre cube d'eau réduit en vapeur occupe 182,323 déc. cubes.

100°	1,696
121°	896
135°	619
144,95	476
153,30	389
160. »	328
166,42	286
172,13	254
177,40	228
182	208.

B. Lorqu'on *mélange dans un même espace diverses vapeurs* ou *des vapeurs et des gaz* qui sont sans action chimique, chacun de ces fluides élastiques se répand dans toute l'étendue de cet espace, et la force élastique du mélange est égale à la somme des élasticités que prendrait chacun de ces fluides s'il était seul. Au delà les vapeurs se condensent et repassent à l'état liquide.

La limite au delà de laquelle les vapeurs renfermées dans un espace limité ou clos commencent à se liquéfier s'appelle leur *tension maximum.*

La tension maximum dans un même espace varie et s'élève avec la température de cet espace: ainsi, pour de l'eau renfermée dans le vide barométrique, cette tension, à 10° du thermomètre centigrade, fait équilibre à une colonne de mercure de 9^{mm}475, à 20° de 17^{mm}314; à 30° de 30^{mm}643, etc., c'est-à-dire qu'à ces températures les vapeurs exercent sur un centimètre carré de surface des pressions égales à 13^{gram},23^{gr}5, et 42^{gr}, etc.

Les physiciens ont dressé des *tables de la tension de la vapeur* d'eau depuis — 20°, jusqu'à 182° centigrades. A — 20° cette tension fait encore équilibre à 1^{mm}333 de mercure, à 0° elle est de 5^{mm}059, à 100° de 760^{mm}, ou égale à la pression atmosphérique, et suit à partir de ce point la marche suivante :

degrés centigrades.	millimètres.	atmosphères.
100, »	760	1
121, »	1520	2
135, »	2280	3
144,95	3040	4
153,30	3800	5
160, »	4560	6
166,42	5320	7
172,13	6080	8
177,40	6840	9
182, »	7600	10

La tension de la vapeur des divers liquides n'est pas la même pour un même degré de température. Par exemple, à 20° la force élastique de la vapeur d'eau fait équilibre à une colonne de mercure de 17^{mm}314, et à la même température celle de la vapeur d'éther sulfurique à une colonne de 431^{mm}710. A cette température les 2 vapeurs exercent donc des pressions très-différentes, qui sont de 23^{gram}5 pour l'eau et de 586^{gram}5 pour l'éther, par centimètre carré de surface.

Au point d'ébullition de l'eau ou à 100° du thermomètre centigrade la vapeur d'eau, comme on le voit par le tableau précédent, balance la pression de l'atmosphère. Cette loi est générale, et *tous les liquides à leur point d'ébullition émettent des vapeurs qui font équilibre à la pression atmosphérique.*

Mais nous venons de voir que la tension des vapeurs des divers liquides n'était pas la même pour des températures égales : les *liquides doivent donc bouillir à des températures différentes.* C'est en effet ce qu'on observe, comme nous le verrons plus bas.

La *densité ou pesanteur spécifique des vapeurs* des divers liquides, ou même des corps solides qu'on peut vaporiser, est ordinairement comparée à celle de l'air prise pour unité, comme pour les gaz.

Les liquides bouillent à une température d'autant plus basse que la pression atmosphérique est moindre, et à une température d'autant plus élevée que cette pression est plus considérable. De l'eau mise sous le récipient d'une machine pneumatique bout à 87°5 lorsque la pression est réduite à 380ᵐᵐ, ou moitié de celle de l'atmosphère ; à 66° quand cette pression est de 190ᵐᵐ ; à 20° quand elle est à 17ᵐᵐ3, et même à 0° quand cette pression est descendue à 5ᵐᵐ159.

À mesure qu'on s'élève dans l'atmosphère, la pression devenant moindre, les liquides bouillent à une plus basse température. À l'Observatoire de Paris, élevé de 65 mètres au-dessus de l'Océan, et où la hauteur moyenne du baromètre est de 754ᵐᵐ, l'eau bout à 99°7. Aux bains du Mont - d'Or, en Auvergne, élevés de 1040ᵐ, et où la pression moyenne est de 667ᵐᵐ, l'ébullition a lieu à 96°5 ; et à la métairie d'Antisana, dans les andes du Pérou, élevée de 4100ᵐ, et où la hauteur moyenne du baromètre est de 454ᵐᵐ, l'eau bout à 86°3 seulement.

De même, *lorsqu'on augmente la pression en renfermant les liquides dans des vases bien clos et suffisamment résistants, le point d'ébullition s'élève* et peut être porté bien au delà de 100°. C'est sur cette augmentation dans la pression et sur la haute température qu'on parvient à donner ainsi aux liquides, qu'est fondée la construction des *marmites autoclaves* et du *digesteur de Papin*, dans lesquels on parvient à dissoudre des substances insolubles à 100° et même les os.

Le baromètre dans une même localité éprouvant des *variations continuelles, le point d'ébullition doit varier* à chaque moment. Dans nos climats, au niveau de la mer,

où ces variations extrêmes peuvent aller jusqu'à 30ᵐᵐ, tant au-dessus qu'au-dessous de 760ᵐᵐ ou de la pression moyenne, le point d'ébullition peut varier ainsi de 99° à 101C.

La *cohésion* plus ou moins considérable des liquides paraît élever ou abaisser aussi le point d'ébullition des liquides.

L'eau bout à une température plus basse dans des vases de métal que dans ceux de terre, et dans des vases où elle est en *couche peu épaisse* que dans ceux où la masse liquide est très-profonde.

Lorsque *l'eau n'est pas pure, son point d'ébullition est généralement modifié.* Les sels solubles, par exemple, font monter le point d'ébullition ; le sel marin ordinaire, dans les dissolutions saturées, le porte à 109°, le nitre à 115°, et le sous-carbonate de potasse jusqu'à 140° ; tandis que l'eau mélangée à de l'alcool bout à une température inférieure à 100°.

L'ébullition est d'autant plus rapide que le foyer qui communique au liquide sa chaleur est plus actif, que cette chaleur est transmise au liquide par un *vase meilleur conducteur* et à plus *minces parois*, enfin que la surface exposée à l'action du foyer a plus *d'étendue*.

L'éther sulfurique bout à 37°8, l'alcool à 79°7, l'essence de térébenthine à 157°, l'acide sulfurique à 310°, l'huile de lin à 316°, et le mercure à 350° du thermomètre centigrade.

C'est sur l'élévation du point d'ébullition des liquides renfermés dans des vases clos et résistants, et sur la force élastique de la vapeur à des pressions supérieures à celle de l'atmosphère, que sont basés les principes qui ont conduit à la construction des *machines à vapeur.*

Je suppose, par exemple, que dans un espace vide d'air on porte la température à 20° et qu'on y fasse passer une quantité d'eau et d'éther sulfurique suffisante pour que les vapeurs qui s'y formeront soient à leur maximum de tension à cette température. La pression exercée par les vapeurs d'eau sur les parois de l'espace sera de 23ᵍʳᵃᵐ5 par centimètre carré de surface ; celle de la vapeur d'éther du 586ᵍʳᵃᵐ5, et la force élastique de mélange de 610ᵍʳᵃᵐ par centimètre carré.

II. Évaporation et ébullition.

Reprenons maintenant l'étude des phénomènes de l'évaporation ou de la transformation des liquides en fluides élastiques.

Les liquides se vaporisent par *évaporation* ou par *ébullition*.

A. L'*évaporation* est une formation de vapeurs qui a lieu à la surface des liquides. Les vapeurs, lorsque les liquides sont en contact avec l'air, se dissipent bientôt et sont remplacées par d'autres jusqu'à l'entière vaporisation de ces liquides.

L'évaporation est d'autant plus rapide que l'*air*, par son agitation ou sa température, enlève plus promptement les vapeurs qui se forment.

La rapidité de l'évaporation dépend aussi de la *tension de la vapeur* déjà formée dans l'air. Plus cette tension est considérable et voisine du maximum, plus l'évaporation est lente; au contraire, elle est très-considérable dans un air sec et non saturé pour sa température,

En outre, pour les liquides autres que eau, la rapidité de l'*évaporation est proportionnelle à la tension de leur vapeur*. Ainsi l'éther sulfurique, dont la vapeur à la température de 20° a une tension plus de 20 fois supérieure à celle de la vapeur d'eau, se vaporise avec une telle rapidité qu'il suffit de l'exposer au contact de l'air pour le voir disparaître.

Toutes les circonstances étant les mêmes, la *quantité d'eau qui s'évapore dans un temps donné est proportionnelle à l'étendue de la surface* où l'évaporation a lieu.

La vaporisation des liquides est toujours accompagnée d'un abaissement de *température*. Cet abaissement, lorsque l'évaporation est très-rapide et que les liquides ne peuvent recevoir par échange de la chaleur des corps voisins, est si considérable qu'il suffit pour les congeler. C'est ainsi qu'on congèle de l'eau en plaçant un vase très-plat dans le récipient d'une machine pneumatique où on fait très-rapidement le vide, et qu'on réduit à l'état solide du mercure renfermé dans une boule qu'on entoure de coton et qu'on imbibe de quelque liquide très-volatil, tel que du carbure de soufre, de l'acide sulfureux liquide, etc., et qu'on agite vivement dans l'air pour accélérer l'évaporation.

L'abaissement de température que l'eau éprouve dans les vases rafraîchissants appelés *alcarazas*, n'est également dû qu'à l'eau qui suinte à travers leur substance poreuse, et qui, en s'évaporant à leur surface, enlève une portion du calorique à celle contenue à l'intérieur.

B. Lorsqu'on soumet à un foyer de chaleur d'une intensité suffisante un vase rempli d'eau, celui-ci ne tarde pas à être agité d'un mouvement tumultueux produit par des bulles de vapeur qui se forment sur les parois du vase, s'élèvent dans la masse en vertu de leur légéreté, et viennent éclater à la surface. Ce phénomène a été appelé *ébullition*.

Le degré du thermomètre auquel l'ébullition de l'eau pure dans des vases de verre peu profonds a lieu est toujours fixe au niveau des mers et sous la pression de 760ᵐᵐ. Dans ces circonstances l'eau bout constamment, comme nous l'avons annoncé, à 100° centigrades; mais il n'en est plus de même pour les divers liquides ou lorsque les circonstances que nous venons d'indiquer viennent à varier.

§ 5. — Propagation de la chaleur.

I. Propagation par contact.

Lorsqu'une barre métallique est plongée par un de ses bouts dans un milieu plus chaud que l'air qui l'environne, par exemple, dans le feu d'une forge ou dans un métal en fusion, la chaleur, comme on sait, ne se transmet pas *instantanément* à son autre extrémité.

L'expérience a prouvé que des barres de différentes natures, mais de dimensions égales, plongées ainsi par un bout dans une température constante, *ne propagent pas la chaleur avec la même rapidité*, ou, comme on s'exprime en physique, sont plus ou moins bons *conducteurs* de la chaleur.

A. Parmi les *solides*, les métaux sont de *bons conducteurs*; et parmi eux, l'or et l'argent jouissent de cette propriété au plus haut degré; le cuivre, le zinc, l'étain et le plomb leur sont très-inférieurs. Le verre, la porcelaine, la terre à poterie, *conduisent moins bien* qu'un autre métal. Le charbon et les bois secs sont encore plus *mauvais conducteurs*, et rien ne transmet moins la chaleur, à poids égal, que les substances composées de filaments fins ou de parcelles, comme le cuir, la laine en flocons, la soie en brins, le duvet, le son, la brique pilée, le sable, etc.

B. Les *liquides* sont de faibles conduc-teurs du calorique, et on le démontre aisé-ment en les chauffant à la surface supé-rieure ; il se passe un temps considérable avant qu'on parvienne ainsi à réchauffer sensiblement les couches inférieures.

C. Les *gaz* ont aussi une très-faible con-ductibilité, et la chaleur ne se propage que très-lentement de molécule à molécule dans les couches qui sont en repos. Seule-ment, comme dans les liquides, les *courants ascendants* et les mouvements rapides qui s'y manifestent quand on les chauffe à la partie inférieure, y propagent la cha-leur avec plus de rapidité.

II. Propagation de la chaleur à distance.

Tous les corps de la nature paraissent lancer continuellement de tous les points de leur surface des *rayons de chaleur* ou *rayons calorifiques*, comme ils lancent des rayons lumineux.

Cette propriété n'est pas particulière aux corps lumineux ou portés à la *chaleur rouge* ou *lumineuse :* on la retrouve en-core dans ceux qui sont portés à une tem-pérature élevée, mais inférieure à la cha-leur rouge, et qu'on a nommée *chaleur obscure*, et même dans ceux qui se trou-vent à des températures fort inférieures. La glace, qui nous paraît si froide au con-tact, devient réchauffante, ainsi qu'on l'a constaté , lorsqu'on la met en regard de corps qui sont à une température inférieure à la sienne.

La chaleur, qui émane ainsi des corps à toute température , traverse les espaces vides avec une grande vitesse, *passe* dans certains corps sans s'y arrêter et sans les rendre chauds, et est au contraire *absorbée* par d'autres dont elle élève ou maintient la température.

Ce mode de propagation de la chaleur est ce qu'on appelle le *rayonnement du ca-lorique*, et la chaleur ainsi propagée le *calorique rayonnant.*

C'est par le rayonnement que le calorique du soleil arrive sur la terre, et c'est aussi par rayonnement qu'un foyer de chaleur nous échauffe à travers les couches d'air qui nous séparent de lui.

Le *calorique rayonnant se transforme en calorique ordinaire* lorsqu'il est ab-sorbé par les corps et qu'il se répand par la conductibilité dans toutes les parties de leur masse.

Pour étudier les lois du calorique rayon-nant on se sert principalement d'un instru-ment appelé *thermoscope* ou *thermo-mètre différentiel*. Cet instrument (fig.30) est un tube courbé suivant les trois côtés d'un rectangle, et portant deux boules *bb'* à ses extrémités. Dans l'intérieur de ce tube on a introduit, en le construisant , une pe-tite colonne d'acide sulfurique coloré en rouge. Lorsque l'équilibre de température est établi, cette colonne reste au même point dans le tube , quelle que soit la tem-pérature commune des deux boules, c'est le point 0 de l'échelle ; mais si l'une des deux boules est plus chaude que l'autre, l'excès de force élastique de l'air qu'elle contient met la colonne en mouvement et la force à marcher vers la boule la plus froide. Cet instrument marque donc seule-ment des différences de température.

Dans le thermoscope de Rumford (fig.31), la colonne liquide *i*, qui sert d'index, est très-courte , et lorsque l'équilibre de tem-pérature est établi elle occupe le milieu du tube horizontal où est placé le 0 de l'é-chelle.

Au moyen de ces instruments on a constaté que le pouvoir que possèdent les corps chauds de rayonner ainsi du calorique, ou leur *pouvoir rayonnant* ou *émissif*, n'était pas le même pour chacun d'eux. Par exemple, le noir de fumée possède un pou-voir émissif considérable; l'eau et le carbo-nate de plomb ne lui sont pas inférieurs sous ce rapport; puis viennent la colle de poisson, où il est les 91.100, la gomme-la-que, les 72/100, et les surfaces métalliques, les 12/100 de celui du noir de fumée.

Dans un même corps le pouvoir rayon-nant dépend :

1° De sa *température :* plus elle est éle-vée , plus aussi le pouvoir rayonnant est grand, comme on s'en aperçoit aisément lors-qu'on se place à peu de distance des corps portés à un haut degré de chaleur;

2° A température égale, de *l'état de sa surface*. Quand sa surface est *nette et polie*, il rayonne beaucoup moins de cha-leur que lorsqu'elle est brute et présente des *stries* ou des *aspérités*.

On augmente aussi le pouvoir rayonnant des corps métalliques polis en les humec-tant légèrement de *quelques liquides* , eau huile, vernis, etc., ou en les revêtant de noir de fumée ou d'enveloppes formées de substances végétales, comme la toile, par exemple.

Les rayons calorifiques qui s'échappent continuellement des corps se propagent librement dans l'air jusqu'à ce qu'ils rencontrent d'autres corps qui les arrêtent ; l'expérience a démontré que toutes les substances avaient la propriété *d'absorber*, au moins en partie, cette chaleur rayonnante qui vient les frapper.

Cette propriété d'absorption pour la chaleur rayonnante a été nommée *pouvoir absorbant*. Tous les corps ont un pouvoir absorbant pour la chaleur solaire, car tous s'échauffent aux rayons du soleil; mais ils ont des pouvoirs absorbants différents, puisqu'ils s'échauffent inégalement.

La nature des corps et l'état de leur surface ont une grande influence sur le pouvoir absorbant; en général, les métaux polis ont un pouvoir absorbant très-faible, mais qu'on peut augmenter en noircissant leur surface.

La portion des rayons calorifiques qui tombent sur les corps et qui n'est pas absorbée par eux est réfléchie et renvoyée dans l'espace dans des directions déterminées. Cette propriété de repousser une partie du calorique rayonnant, à laquelle on a donné le nom de *pouvoir réfléchissant* ou *réflecteur*, varie, comme le pouvoir absorbant, suivant *la nature et l'état de la surface* du corps, et est en raison inverse de ce dernier; c'est ce qu'on exprime en disant que *le pouvoir réfléchissant est complément du pouvoir absorbant.*

On vérifie la faculté qu'ont les corps de renvoyer dans des directions déterminées une partie plus ou moins grande des rayons de chaleur qui viennent tomber sur leur surface, et de les réfléchir comme la lumière, au moyen de l'appareil suivant. On place deux miroirs paraboliques M et M' (fig. 32) vis-à-vis l'un de l'autre et à une distance de 15 à 20 pieds. Au *foyer f* du premier on met de l'amadou, et au foyer *f* du second un boulet chauffé au rouge blanc, ou des charbons enflammés dont on active la combustion par un soufflet. Alors en peu d'instants l'amadou s'échauffe et prend feu, non pas par la chaleur directe du boulet, mais par les rayons calorifiques émanés de ce corps chaud par le côté qui re-

garde le miroir M', rayons qui tombent sur ce miroir, se réfléchissent parallèlement à l'axe XX' traversent l'air, et tombent sur le second miroir M, où ils se réfléchissent de nouveau en concourant et se concentrant au foyer *f*.

Puisque tous les corps rayonnent du calorique à toute température, mais avec des intensités inégales selon leur nature, l'état de leur surface et leur température, il s'ensuit qu'ils font constamment entre eux un échange de chaleur. La température d'un corps est *constante* lorsqu'il y a égalité entre le calorique rayonnant qu'il émet et celui qu'il reçoit et absorbe en temps égal; quand le corps se *réchauffe*, c'est qu'il reçoit plus qu'il ne perd ; et quand il se *refroidit*, c'est au contraire parce qu'il perd plus qu'il ne gagne. Tel est le principe de l'*équilibre mobile* des températures, dont l'application, combinée avec les propriétés particulières aux surfaces, explique tous les phénomènes de la distribution du calorique rayonnant.

C'est au refroidissement que les corps placés à la surface de la terre éprouvent pendant une nuit sereine, en rayonnant leur chaleur vers les espaces célestes sans en recevoir en échange de rayons calorifiques, qu'on attribue le dépôt à leur surface des vapeurs aqueuses qui constituent le *serein*, la *rosée*, la *gelée blanche*, etc., ainsi que nous le verrons dans la météorologie.

On a appliqué récemment, avec le plus grand succès, les appareils thermo-électriques et thermo-multiplicateurs dont nous parlerons dans la section qui traitera de l'électro-magnétisme à la science du calorique rayonnant, et cette application a conduit à des découvertes pleines d'intérêt, parmi lesquelles nous citerons les suivantes.

Il y a des corps, tels que l'alun, le sel gemme et le verre, qui, taillés en plaques également épaisses, *également diaphanes*, ne sont pas susceptibles de transmettre la même quantité de chaleur rayonnante.

De deux corps *inégalement diaphanes*, il peut arriver que le plus épais et le moins transparent transmette la plus grande quantité de rayons calorifiques.

La chaleur rayonnante, en traversant une lame diaphane, subit une certaine modification variable avec la nature de la lame, modification qui la rend plus ou moins susceptible d'être ultérieurement transmise par d'autres substances transparentes. Cette propriété de la chaleur est analogue à celle que possède la lumière, et que les physiciens ont appelée *polarisation*.

Les rayons calorifiques obscurs sont aussi, comme la lumière, susceptibles de réfraction.

Les pouvoirs absorbants des surfaces varient considérablement avec l'origine des rayons calorifiques, mais ils se rapprochent de plus en plus des facultés respectives que possèdent ces surfaces, d'émettre des rayons de chaleur étant chauffés à la température de l'eau bouillante, si l'on opère sur des sources de température de moins en moins élevée, et finissent enfin par coïncider exactement avec les nombres qui représentent ces facultés quand la température de la source rayonnante atteint 100°.

Les pouvoirs absorbants sont altérés par la transmission des rayons à travers le verre ou d'autres substances diaphanes ; l'absorption varie suivant la nature du corps interposé.

§ 6. — *Mesure de la chaleur*.

Jusqu'ici l'on n'a considéré que des accroissements ou des diminutions de température; mais il importe en physique de connaître quelles sont les *quantités de chaleur absolues, absorbées ou dégagées*, pour produire ces effets.

I. A poids égal et à température égale, on dit qu'un corps a plus de *capacité pour la chaleur* qu'un autre, lorsqu'il exige une plus grande quantité de chaleur pour éprouver les mêmes variations de température ; s'il en exige le double, sa capacité est double ; s'il en exige le triple, sa capacité est triple, etc. Ainsi, la capacité de l'eau est à peu près 30 fois plus grande que celle du mercure, puisqu'à poids égal et à température égale l'eau prend 30 fois plus de chaleur que le mercure pour s'élever de 1° du thermomètre, et qu'elle en perd 30 fois plus quand elle s'abaisse de 1°.

La quantité de chaleur qu'un corps exige pour éprouver un changement de température donné, 1 degré par exemple, s'appelle la *chaleur spécifique* de ce corps.

La chaleur spécifique de l'*eau distillée* est celle qu'on a adoptée comme unité de mesure dans la comparaison de la capacité des corps. On se sert aussi de celle de l'air pour les substances gazeuses ; ainsi, quand on dit que la capacité du mercure n'est que

de 0,03 , cela signifie qu'il ne faut, pour porter ce métal à une certaine température, que les 3 centièmes de la chaleur qui serait nécessaire pour porter le même poids d'eau à cette même température, ou bien que la chaleur qui éleverait le mercure à une température déterminée, 100° par exemple, ne pourrait élever celle du même poids d'eau que de 0,03 de 100° ou 3°.

On emploie diverses méthodes pour déterminer la capacité des corps pour la chaleur ; nous citerons les deux principales.

Dans la *méthode des mélanges* on prend deux corps : un corps chaud qui se refroidit, et un corps froid qui se réchauffe. L'un de ces corps est ordinairement l'eau froide, dans laquelle on plonge l'autre corps élevé à une certaine température, et de façon que toute sa chaleur soit employée à élever la température de celle-ci. Ces températures ayant été mesurées avec soin, une formule simple donne ensuite la capacité du corps, celle de l'eau étant l'unité, en ayant toutefois égard aux masses, si celles-ci étaient inégales.

Dans l'autre méthode on fait usage d'appareils appelés *calorimètres*, dont nous ferons en quelques mots connaître la construction et l'emploi.

Le *calorimètre de Lavoisier et Laplace*, fig. 33, est un appareil composé de trois vases de tôle C C¹ et C², qu'on introduit les uns dans les autres en remplissant de glace pilée les intervalles qu'ils laissent entre eux. Le vase intérieur C² reçoit le corps dont on veut mesurer la capacité, après qu'on l'a porté à une certaine température, et dès qu'il y est introduit on recouvre l'appareil de ses couvercles. Ce corps, en se refroidissant, fait fondre une certaine quantité de la glace contenue dans le vase C¹, et l'eau qui en résulte et coule par un ajutage muni d'un robinet r, est reçue dans un flacon. La couche de glace du vase C est destinée à arrêter et absorber la chaleur extérieure, et à l'empêcher de pénétrer jusqu'à la seconde C¹; l'eau de la glace qui se fond ainsi s'écoule par le robinet r.

Pour déterminer les capacités des corps avec cet appareil, on les chauffe à la même température et on recueille les quantités d'eau qu'ils fournissent en retombant à la température 0°. S'ils ont le même poids, leurs capacités sont comme les quantités d'eau obtenues, et si leurs poids sont inégaux on tient compte du rapport de ces poids.

Le *calorimètre de Rumford*, fig. 34, se compose d'une caisse de métal mince A, que l'on remplit d'un poids déterminé d'eau distillée, dont un thermomètre *t* indique à chaque instant la température. Un serpentin de métal très-mince s'ouvre au-dessous de la caisse en forme d'entonnoir *e*, et pénètre dans son intérieur, où il fait diverses circonvolutions. Ce calorimètre est surtout destiné à recueillir les quantités de chaleur abandonnées par les substances gazeuses et les produits de la combustion qu'on fait entrer par l'entonnoir, qui parcourent le serpentin, où elles se dépouillent au profit de l'eau de leur excès de chaleur, et sortent enfin à la température de l'eau de la caisse. Des précautions délicates et quelques calculs servent à donner la chaleur spécifique des gaz.

Les physiciens ont donné des tables de la capacité de plusieurs corps solides pour le calorique, et leurs expériences paraissent avoir démontré que ces *capacités ne sont pas constantes* pour tous les degrés de température, mais qu'elles vont en croissant à mesure que la température s'élève. Ainsi le fer exige à poids égal moins de chaleur pour passer de 0° à 10°, que de 100° à 110°, et davantage encore pour passer de 200° à 210°; sa capacité moyenne entre 0° et 100° se trouve exprimée par 0,1098, celle de l'eau étant 1; et elle s'élève à 0,1218, quand on prend la moyenne entre 0 et 300°.

Les *gaz* n'ayant qu'une faible masse sous un grand volume, leurs molécules tendant sans cesse à s'échapper, et les pressions qu'ils supportent étant sans cesse changeantes avec les températures, leurs capacités pour la chaleur sont soumises à d'autres lois plus compliquées que celles qui régissent les autres corps, et que nous ne pouvons faire connaître ici.

Nous citerons seulement, pour exemple, la capacité de l'air atmosphérique qui, celle de l'eau étant 1, n'est à masses égales que 0,2669, et celle du gaz hydrogène comparée à celle de l'air, qui lorsque celle-ci est l'unité est, à volumes égaux, de 0,9033, mais à masses égales de 12,3401.

II. Les *corps ne paraissent pas avoir d'état naturel*, et leur état de solidité ou de fluidité est un état relatif qui dépend uniquement de la température à laquelle ils sont soumis. L'eau nous en offre un exemple vulgaire : à la température ordinaire elle est liquide ; si celle-ci s'abaisse au-dessous de 0°, elle passe à l'état solide, et au contraire, par une augmentation de température, elle se dissipe en vapeur dans l'atmosphère.

Le phénomène qui se manifeste lorsque les corps solides passent par le secours de la chaleur à l'état fluide, se nomme *fusion*, et celui par lequel ils passent, au contraire, de l'état fluide à l'état solide, *solidification* ou *congélation*. Nous savons déjà que le passage à l'état de fluide élastique se nomme *vaporisation*, et le retour des fluides élastiques à l'état liquide, *condensation* ou *liquéfaction*.

Les corps solides présentent de très-grandes différences sous le rapport du degré de chaleur qu'il faut leur appliquer pour les faire passer à l'état liquide : les uns, tels que les corps gras, la cire, etc., sont très-*fusibles*, c'est-à-dire se fondent à des températures peu élevées ; tandis que d'autres résistent à de très-hauts degrés de chaleur et ont été par cette raison appelés *infusibles* ou *réfractaires*.

Les physiciens ont pris soin de déterminer les *points de fusion de différents corps*, et ont consigné leurs résultats dans des tableaux. On voit, par exemple, dans ceux-ci, que le point de fusion du suif est à 33° 33 du thermomètre centigrade; celui de la cire blanchie à 68° ; d'un alliage de 2 de plomb, 3 d'étain, 5 de bismuth à 100°; de l'étain à 210°; du plomb à 260°; de l'argent à 1000°; du cuivre 1090°; de l'or à 1200; des fontes blanches et grises de 1050 à 1200°, des aciers de 1300 à 1400°, et du fer doux de 1500 à 1600°.

Les hautes températures que nous venons d'indiquer pour le point de fusion des métaux ne peuvent être mesurées par le thermomètre à mercure, on se sert pour cet objet d'instruments appelés *pyromètres*.

Le *pyromètre de Wedgewood*, qu'on voit représenté fig. 35 et 36, est fondé sur le *retrait* considérable que l'argile prend avec régularité à mesure que la température s'élève. On forme avec cette substance, au moyen de calibres, fig. 37 et 38, de petits cylindres égaux qu'on fait sécher à 100°, puis qu'on soumet aux températures qu'on veut mesurer ; et on les fait passer ensuite dans une jauge formée par deux règles graduées, en cuivre, et placées de champ sur une planche, et qui vont en se rapprochant à mesure qu'on s'approche de leur extrémité inférieure. Plus la chaleur a été élevée, plus les cylindres C ont pris de retrait et descendent dans la rainure. La graduation des règles est établie de telle manière que 1° du pyromètre de Wedgewood répond à 72° centigrades.

Ce pyromètre étant très-infidèle dans ses indications, les physiciens en ont inventé d'autres fondés sur les lois connues de la dilatation des métaux; mais les *pyromètres métalliques* ont présenté d'autres inconvénients qui ont aussi rendu leurs indications illusoires. Enfin M. Pouillet en a construit un qu'il nomme *pyromètre à air*, et qui consiste principalement en un réservoir de platine d'une seule pièce renfermant de l'air, et qu'on expose aux foyers de chaleur dont on veut mesurer la température. L'air contenu dans le réservoir se dilate et sort en partie, et lorsqu'on a mesuré, au moyen de dispositions ingénieuses, le nombre de centimètres cubes d'air qui sont sortis, on peut par le calcul déterminer la température inconnue du réservoir en platine.

Avec cet instrument on a fait correspondre, sans trop s'éloigner des acceptions reçues dans les arts, une nuance distincte que prennent les corps plongés dans des foyers de chaleur, à chaque centaine de degrés. On a établi ainsi que le rouge naissant correspond à 525°; le rouge sombre à 700°; le cerise naissant à 800°; le cerise à 900°; le cerise clair à 1000°; l'orangé foncé à 1100°; l'orangé clair à 1200; le blanc à 1300°; le blanc éclatant à 1400°, et le blanc éblouissant à 1500 et à 1600°.

Le même auteur a construit aussi un *pyromètre magnétique* qui repose sur les principes de l'électro-magnétisme, et dont nous ne pouvons donner la description, mais qui a offert l'avantage d'être un instrument pratique, d'avoir une grande sensibilité, et de donner avec exactitude la température d'un foyer quelconque.

Lorsque les corps passent de l'état solide à l'état liquide, ils présentent une *fixité de température* qui est remarquable, c'est-à-dire qu'ils restent solides jusqu'à ce qu'ils soient arrivés à une certaine température fixe, qui est toujours la même pour le même corps; c'est alors seulement que la fusion peut commencer.

Un autre phénomène de la fusion, c'est que les corps solides qu'on veut rendre fluides par la chaleur *restent à la même température pendant toute la durée de la fusion*, quelle que soit la quantité de calorique qu'on leur fournisse : d'où il suit qu'ils *absorbent du calorique* pour se fondre.

Nous avons déjà constaté l'invariabilité du point de fusion de la glace au moment où elle se fond, et il est facile de reconnaître que la même condition se présente dans la fusion de tous les autres corps.

Quant à l'autre condition, on la vérifie de la manière suivante : On prend un kilogramme de glace pilée à la température 0°, et un kilogramme d'eau à la température de 75°; on mélange ces deux substances, et après la fusion complète de la glace, on a deux kilogrammes d'eau à 0°. Ainsi la glace n'a pas changé de température, et l'eau chaude à 75° a descendu à 0°; ou bien le kilogramme de glace *a absorbé pour se fondre* tout le calorique qu'a abandonné le kilogramme d'eau en descendant de 75° à 0°.

Le calorique ainsi absorbé par les corps solides, pendant leur fusion, a été appelé *calorique latent* ou de *fluidité;* on le mesure tantôt par la méthode des mélanges, comme nous venons de le voir; tantôt au moyen du calorimètre de Lavoisier et Laplace.

C'est par des méthodes analogues aux précédentes qu'on détermine le calorique que les corps liquides absorbent aussi en se vaporisant, et qu'on a nommé quelquefois *calorique d'élasticité* ou *de vaporisation.* Les expériences de ce genre ont démontré, pour la vapeur d'eau, que le calorique d'élasticité nécessaire pour transformer 100 grammes d'eau en vapeur à 100°, est capable d'élever 560 grammes, ou environ cinq fois et demie son poids d'eau de 0 à 100°. Ainsi de l'eau à 100° absorbe en se vaporisant 560 unités de chaleur, et 660 unités quand elle est à 0°; savoir : 100 pour passer de 0° à 100°, et 560 pour se transformer en vapeur sans changer de température.

Les corps liquides et gazeux, en repassant, les premiers à l'état solide, et les seconds en se condensant ou se liquéfiant, *reproduisent et dégagent de nouveau tout le calorique latent qu'ils avaient absorbé.*

Rien de plus facile à démontrer que ce fait, avec la vapeur d'eau. On prend un matras ou vase à long col, on y verse de l'eau, on le pèse; on le place sur le feu, et on reçoit la vapeur d'eau qui s'en dégage par le col, quand le liquide est en ébullition, dans un autre vase d'eau froide où cette vapeur se condense. Supposons que ce deuxième vase contienne 560 grammes d'eau à la température de 0°, et qu'on y fasse arriver 100 grammes de vapeur d'eau, ce qui est facile à vérifier en pesant le matras. A mesure que la vapeur arrive dans l'eau, son poids augmente et sa température s'élève; enfin, après que son poids a augmenté de 100 grammes, ou que les 100 grammes de vapeur du matras ont été absorbés, l'eau s'est élevée à la température de 100°. Donc, le calorique latent contenu dans 100 grammes de vapeur sous la pression 760ᵐᵐ, est capable d'élever de 0° à 100° la température de 560 grammes d'eau, ou de cinq fois et demie environ son poids.

La *solidification des liquides* s'opère toujours à une température fixe, qui est celle de la fusion, comme on peut s'en assurer en plongeant un thermomètre dans des corps en fusion qu'on fait passer à l'état solide.

Les corps solides qui passent à l'état de fluides élastiques absorbent une quantité énorme de calorique; et un physicien a démontré récemment que la pâte que forme l'éther et l'acide carbonique amené à l'état solide, produisait en se vaporisant un abaissement de température de —78° centigrades.

§ 7. — *Sources de la chaleur.*

La principale source de chaleur à la surface de la terre est celle du *soleil*, qui nous est transmise à travers les espaces célestes par le rayonnement de cet astre.

Après les rayons solaires, les sources les plus abondantes de chaleur sont les *actions chimiques*, dont la plus connue est celle qu'on a désignée sous le nom de *combustion*.

Les physiciens ont cherché à déterminer la quantité de chaleur qui se dégage pendant la combustion de plusieurs substances, et ils se sont servis la plupart du temps, pour cet objet, des calorimètres. C'est au moyen de ces appareils qu'ils ont constaté que 1 gramme d'hydrogène dégageait par la combustion une quantité de chaleur capable d'élever de 23,400° la température d'un gramme d'eau ou de 1° 23,400 gram. d'eau ou de 100° 234 grammes d'eau; que l'huile d'olive pouvait, en brûlant, porter cette température de 1 gramme d'eau à 11,166°;

la cire blanche à 10,500°; l'huile de colza épurée à 9,307°; le suif à 8,369°; le charbon à 7,226°; l'alcool à 42 degrés; Baume à 6,195°, et le bois de chêne à 3,146°.

On connaît aussi des réactions chimiques qui absorbent de la chaleur au lieu d'en dégager, et dont on profite pour faire des *mélanges réfrigérants*, au moyen desquels on peut abaisser la température des corps à plus de 50° au-dessous du 0° du thermomètre.

Les corps organisés et vivants de nature animale ont aussi en eux-mêmes une source de chaleur, qu'on croit due en grande partie à une action chimique produite par le phénomène de la respiration, et qu'on a appelée *chaleur animale*. La température de l'homme et des animaux a été mesurée. Pour l'homme, elle s'est trouvée de 37°. L'état de santé et de maladie, l'âge et le climat, y apportent peu de différence. Celle des mammifères diffère peu de celle de l'homme; elle paraît être un peu supérieure chez les oiseaux, et généralement inférieure chez les amphibies, les poissons et les insectes; chez les mollusques et les crustacés, elle ne dépasse pas la chaleur des milieux ambiants.

Nous venons aussi de voir que les *changements d'état*, c'est-à-dire le passage des corps liquides à l'état solide et des fluides élastiques à l'état liquide, étaient toujours accompagnés d'un dégagement assez considérable de chaleur.

Enfin, la *compression* mécanique des gaz ou de certains corps solides, la *percussion*, le *choc*, le *frottement*, les *vibrations* et l'*électricité*, etc., sont aussi généralement accompagnés d'un dégagement de chaleur.

SECT. V. — MAGNÉTISME.

§ 1ᵉʳ. — *Phénomènes généraux du magnétisme.*

Dès les temps les plus reculés, et déjà même à l'époque où vivait Thalès de Milet, 600 ans avant J.-C., on avait observé qu'on trouvait dans la nature des substances minérales jouissant de la propriété particulière d'attirer le fer.

Ces substances ont été connues dans les temps les plus modernes sous le nom d'*aimant*, et les phénomènes d'attraction qu'elles produisent sous celui de *magné-*

tisme, dérivé de *magnès*, qui est le nom grec de l'aimant.

En étudiant la nature de l'aimant on n'a pas tardé à s'apercevoir que c'était une roche de fer oxidé, ayant la plupart du temps une structure terreuse et une couleur brun-rougeâtre, caractères qui l'ont fait désigner d'abord sous le nom de *pierre d'aimant*. Aujourd'hui on l'appelle *fer oxidé magnétique*, ou *aimant naturel*.

On trouve des aimants naturels de tous les volumes, depuis celui des grains de sable jusqu'à celui de montagnes. La montagne du Taberg, en Suède, dans la province de Smolande, n'est qu'une masse de fer oxidé magnétique.

La force attractive des aimants pour le fer ne dépend pas de leur volume, et il y en a de petite dimension qui exercent cette force avec beaucoup d'énergie, et d'autres qui sous un volume considérable ont, au contraire, peu de puissance. Les premiers sont des aimants *puissants* et les autres des aimants *faibles*.

La force naturelle avec laquelle l'aimant attire le fer a été appelée *force magnétique*. Cette force est attribuée par les physiciens modernes à un fluide particulier répandu dans les intervalles que laissent entre elles les molécules de la matière pondérable, et qu'on nomme *fluide magnétique*.

On a cru long-temps que le fer et les composés où il entre, tels que l'acier, la fonte, la plombagine, et plusieurs minéraux, étaient les seules substances qui pussent prendre le magnétisme ; mais on a reconnu depuis que le *manganèse* et le *cobalt* jouissent aussi de cette propriété. Le chrôme et le nickel ne la manifestent que lorsqu'ils ne sont pas purs.

Si on roule un morceau d'aimant dans de la limaille de fer et qu'ensuite on l'en retire, on remarque que les particules de cette limaille ne s'attachent pas à tous les points de sa surface. Celles-ci s'accumulent principalement en deux parties opposées NS (fig. 39 et 40), où elles se tiennent en aigrettes, houpes ou filets, tandis que sur les sections transversales *lm* qui avoisinent le milieu il ne s'en attache point.

Les parties NS où la limaille de fer s'accumule se nomment les *pôles* de l'aimant, et la ligne *lm* placée vers le milieu de sa longueur, dont les points n'exercent aucune action, *ligne moyenne*.

Si on brise ou coupe un aimant dans le sens de sa ligne moyenne, et qu'on roule chaque portion dans de la limaille, on trouve que chacune d'elles est un aimant particulier qui a ses pôles et sa ligne moyenne. En coupant encore ces dernières par la moitié, et en poussant même la division aussi loin qu'on veut, chaque fragment est un aimant complet avec ses pôles et sa ligne moyenne.

L'attraction de l'aimant sur le fer est une force qui *s'exerce à distance*, comme il est facile de s'en assurer en descendant peu à peu le pôle d'un aimant sur de la limaille : à une certaine distance cette limaille commence à être attirée par l'aimant et à s'élancer vers lui.

Cette *force s'exerce à travers tous les corps* qui ne sont pas du fer, ce dont on s'assure en interposant dans l'expérience précédente des feuilles de papier, du carton, ou autres substances entre l'aimant et la limaille. Celle-ci ne pouvant alors se précipiter sur l'aimant, s'attache à la surface du papier ou du carton interposé aux parties qui correspondent au pôle de l'aimant tourné vers elle. Les mêmes effets ont lieu dans le vide aussi bien que dans l'air ; à travers l'eau, la flamme, etc.

La *force attractive de l'aimant diminue avec la distance*, suivant une loi que nous rechercherons plus tard.

Si on suspend horizontalement un aimant artificiel AB (fig. 41) à un fil de soie, et dans une petite chape de papier C, de manière que cet aimant ait une pleine liberté dans ses mouvements, et qu'à chacun de ses pôles, A et B, on présente le même pôle d'un autre aimant pareil, le pôle A est attiré et le pôle B est repoussé. Si on retourne ce second aimant bout à bout, et qu'on présente son autre pôle aux pôles A et B de l'aimant suspendu, alors on observe un effet inverse : le pôle A est repoussé et le pôle B attiré.

Dans deux aimants les pôles qui agissent de la même manière sont dits *pôles de même nom*, et ceux qui agissent d'une manière différente ou les deux pôles d'un même aimant sont appelés *pôles de noms contraires*, et c'est dans ce sens qu'on énonce le phénomène que nous venons de constater en disant que *les pôles de même nom se repoussent et ceux de même nom s'attirent*.

Pour rendre raison de ce résultat on admet généralement qu'il y a *deux fluides magnétiques:* l'un qui prédomine dans l'un des pôles, et l'autre dans l'autre pôle de l'aimant et dont chacun se repousse et attire l'autre.

Sous l'influence d'un aimant, le fer devient lui-même un aimant. Le fait est facile à vérifier, et il n'y a pour cela qu'à examiner attentivement les houppes ou aigrettes que forme la limaille qui s'attache à un aimant : on observe alors que leurs rayons sont composés de particules ferrugineuses placées les unes sur les autres, et qui n'ont pu adhérer ainsi que parce qu'elles ont acquis chacune deux pôles de nom contraire, et qu'elles se sont attirées réciproquement par ces pôles.

On produit le même phénomène en présentant à un aimant puissant un petit morceau, un fil ou un menu barreau de *fer doux,* qui s'y attache aussitôt, et en approchant de ce dernier un second morceau qui adhère également, puis un troisième qui reste suspendu au second, et ainsi de suite, suivant la force de l'aimant et le poids des morceaux de fer. Tous ceux-ci ne s'attachent les uns aux autres que parce que, sous l'influence de l'aimant ou du barreau qui les précède, ils ont acquis des propriétés magnétiques.

Ils *cessent de jouir de ces propriétés* aussitôt qu'on les soustrait à cette influence et qu'on les éloigne à une certaine distance de l'aimant.

Pour expliquer cet effet, les physiciens admettent que le fer et *tous les corps magnétiques possèdent les deux fluides,* et que dans leur état naturel ces fluides sont neutralisés ou dissimulés l'un par l'autre ; mais que la présence de l'aimant les sépare, attire l'un et repousse l'autre

Un aimant ne perd rien de son énergie, en communiquant ainsi par contact ou par influence, à d'autres corps qu'on en approche, sa force attractive, quel que soit le nombre de fois qu'on répète le contact, ou quelle que soit sa durée.

Si, au lieu de fils ou de barreaux de fer doux, on emploie dans les expériences des *barreaux* ou des *fils d'acier,* ceux-ci sont plus lents à recevoir l'action magnétique. Les morceaux d'acier très-fortement trempé paraissent même d'abord ne recevoir des aimants aucune influence ; mais si on prolonge long-temps le contact, non-seulement cet acier devient magnétique, mais il conserve en outre, pendant un temps indéfini, et après qu'il a été séparé de l'aimant, le magnétisme qu'il a acquis ainsi.

Ces morceaux d'acier peuvent donc devenir des aimants permanents ou *aimants artificiels,* qui ont leur ligne moyenne, leurs pôles, qui se repoussent ou s'attirent comme ceux des aimants naturels.

On peut abréger le temps nécessaire pour développer la force magnétique dans des fils ou des barreaux d'acier, en exerçant plusieurs frictions ou *touches* dans le même sens, comme nous l'expliquerons plus loin.

Si, après avoir aimanté de cette manière un barreau ou un fil d'acier, on le suspend librement à un fil de soie sans torsion, ou si on le fait flotter sur l'eau, en le posant sur une petite planchette de bois ou de liége, il ne se tournera pas indifféremment vers tous les points de l'espace, mais il prendra une direction déterminée qui est à peu près celle Nord et Sud. Dans cet état il formera une *aiguille aimantée* s'il est de petite dimension, ou un *barreau aimanté* si ses dimensions sont plus considérables.

La réunion de plusieurs aiguilles ou de plusieurs barreaux aimantés ayant toutes les pôles de même nom tournés dans le même sens, forme un *faisceau aimanté* ou un *faisceau magnétique.*

On donne souvent aux aiguilles aimantées la forme d'un lozange, et on les pose, au moyen d'une chape en agate C, fig. 42, sur un pivot d'acier très-fin, où elles se meuvent très-librement. Une petite aiguille de ce genre s'appelle une *aiguille d'épreuve,* parce qu'elle sert à faire une foule d'expériences intéressantes sur le magnétisme. Les barreaux se suspendent à des fils de soie, sans torsion, tels qu'on les tire du cocon, et dans des chapes de papier ou autres matières non magnétiques, fig. 41.

Une aiguille aimantée posée sur sa chape, ou un barreau librement suspendu, lorsqu'on les écarte de la *position d'équilibre* qu'ils ont prise naturellement, y reviennent par une suite *d'oscillations* plus ou moins rapides. La *force directrice* qui les ramène dans une position déterminée émane du *globe terrestre,* qui est lui-même magnétique, et qui agit sur l'aiguille ou le barreau comme un vaste aimant.

La ligne moyenne de l'aimant terrestre est située vers l'équateur, et ses pôles dans le voisinage des pôles de rotation de la terre. Cette situation a fourni les dénominations qui ont servi à distinguer les deux fluides magnétiques, et on a appelé *fluide boréal* celui qui domine dans la partie boréale du globe, et *fluide austral* celui qui domine dans l'hémisphère austral.

La *direction que prennent les aiguilles aimantées n'est pas la même dans tous les lieux de la terre.* Cette direction est, dans certains lieux, placée dans le plan du méridien astronomique ou terrestre, et dans d'autres elle s'en écarte à gauche ou à droite de ce méridien.

On donne le nom de *méridien magnétique* au plan vertical passant par le centre de la terre, et suivant lequel l'aiguille aimantée horizontale se dirige dans chaque lieu.

La *déclinaison* est l'angle que la direction de l'aiguille horizontale fait avec le méridien terrestre, ou que le méridien magnétique fait avec ce dernier.

On appelle *boussole de déclinaison* les appareils au moyen desquels on observe la déclinaison de l'aiguille aimantée.

L'extrémité de l'aiguille aimantée qui se dirige du côté du Nord est dite *pôle austral* de l'aiguille de déclinaison, parce que c'est lui qui contient le fluide austral qui est attiré par le fluide boréal de la terre ; et *pôle boréal* celle qui regarde le Sud.

La *déclinaison est occidentale* lorsque le pôle austral de l'aiguille s'écarte à l'Occident du méridien terrestre, et *orientale* lorsqu'il s'en écarte à l'Est. Les lieux où l'aiguille se dirige exactement, Nord et Sud, sont dits *sans déclinaison*.

Soit NS, fig. 43, la direction du méridien terrestre dans un lieu quelconque ; ce lieu sera sans déclinaison si l'aiguille horizontale *ab* se maintient dans cette direction, Nord et Sud ; mais si elle y prend la direction AB, cette direction sera la trace du méridien magnétique, et l'angle ACN la déclinaison dans ce lieu. Dans ce cas, elle sera occidentale. Elle serait orientale si l'aiguille prenait la direction A'B'. A Paris, la déclinaison est occidentale et d'environ 22°.

Si on fabrique une aiguille d'acier bien symétrique et qu'on la suspende par son milieu, ou qu'on la pose très-exactement en équilibre sur son centre de figure, elle

se tiendra parfaitement horizontale ; mais si on l'aimante et qu'on la place comme auparavant sur son centre de figure, elle ne se tiendra plus horizontale, et, dans notre hémisphère, son pôle boréal se relèvera, et son pôle austral A, fig. 44, s'inclinera en formant avec l'horizon SN, dans le plan du méridien magnétique, un angle ACN plus ou moins considérable, qu'on a nommé *inclinaison*.

L'inclinaison à Paris est d'environ 70°.

L'appareil propre à observer l'inclinaison s'appelle *boussole d'inclinaison*.

Si on transporte vers le pôle boréal de la terre un de ces appareils, on observe que l'inclinaison augmente à mesure qu'on s'avance vers le Nord, et on trouve un endroit où l'aiguille aimantée se tient verticale et dans la direction du fil à plomb. Ce point est un des *pôles magnétiques* de la terre, qui, comme nous l'avons dit, ne coïncide pas avec son pôle astronomique ou géographique.

Si, au contraire, on s'avance vers l'équateur, on observe que l'aiguille se relève et que l'inclinaison diminue avec la latitude jusqu'à un certain point où l'aiguille devient horizontale et où l'inclinaison est nulle. — En répétant cette expérience pour les divers méridiens, on trouve qu'il y a vers l'équateur terrestre des points variables, il est vrai, pour chacun de ces méridiens, qui sont *sans inclinaison*, et en joignant tous ces points entre eux on forme autour de la terre une zone ou courbe qu'on a nommée *équateur magnétique*, et qui paraît être inclinée d'environ 12° sur l'équateur terrestre.

Si on transporte la boussole au delà de l'équateur magnétique et vers le pôle Sud de la terre, elle ne se tient plus horizontale ; mais alors ce n'est plus son pôle austral qui s'abaisse, mais son pôle boréal, et cette inclinaison en sens inverse de la précédente augmente comme elle à mesure qu'on s'avance vers le pôle terrestre, dans le voisinage duquel est un autre *pôle magnétique* où l'aiguille se tient verticale comme dans l'hémisphère austral, mais dans une situation opposée.

Les pôles magnétiques ne paraissent pas être uniques dans chaque hémisphère ; on en a déjà reconnu *deux dans le Nord*, et tout fait présumer qu'il y en a un nombre égal dans l'hémisphère austral. Ils ont autour du pôle geographique un *mouvement de révolution* dont les périodes sont variables pour chacun d'eux, suivant les recherches les plus récentes.

§ 2. — *Des Boussoles.*

La propriété directrice de l'aimant est une des plus belles découvertes que les hommes aient faites ; elle leur a permis de s'élancer dans les plus vastes mers, d'aller chercher des terres nouvelles et d'explorer notre globe. Une aiguille aimantée en équilibre sur un pivot a donné aux navigateurs un moyen sûr de reconnaître leur route à travers l'immensité des mers, au sein des nuits les plus obscures, ou lorsque les brumes ou les tempêtes leur dérobent entièrement la vue des cieux.

Les Chinois paraissent, à une époque très-reculée, avoir connu les propriétés de l'aiguille aimantée et en avoir fait l'application à la navigation. En Europe, on croit que cette découverte remonte à l'année 1181 ; mais ordinairement on attribue la première application de ce genre à Flavio Gioja d'Amalfi, au commencement du quatorzième siècle, époque où elle est devenue générale parmi les peuples navigateurs.

La *boussole marine* ou *compas de variation*, qui dirige la route du marin à travers les mers, est une boussole de déclinaison suspendue de manière à se maintenir dans une position horizontale au milieu de l'agitation des mers et des mouvements du navire. La fig. 45 représente la vue perspective de cet instrument, et la figure 46 une coupe verticale par le centre.

bb' est une boîte circulaire munie d'un fond et fermée par un verre v. Au fond de cette boîte et à son centre s'élève un cylindre creux qui porte le pivot P qu'on peut élever ou abaisser au moyen de la vis w. Sur ce pivot porte la chape C de l'aiguille aimantée gg', et à cette aiguille est attachée ou collée une feuille de papier doublée d'une feuille de talc ou de toute autre substance légère et rigide, sur laquelle on a tracé à la circonférence une division en degrés, et sur le reste de son plan 32 parties égales séparées par des rayons qu'on nomme *rumbs* ou *airs de vent.* Cette feuille s'appelle *Rose des Vents;* elle tourne avec l'aiguille et la suit dans tous ses mouvements. Sur les bords de la boîte sont deux pinnules PP' opposées l'une à l'autre ; la pinnule oculaire P porte une fente étroite ; et la pinnule objective P', une large fente au milieu de laquelle est un fil vertical parallèle au fil à plomb. Au-devant de la pinnule P est un miroir M à faces bien parallèles, et incliné de 55°, sur lequel on a enlevé l'étamage, qui se trouve du côté M dans la partie qui correspond à la fente de cette pinnule, pour que l'observateur qui applique son œil à celle-ci puisse apercevoir le fil vertical de la pinnule P'.

L'instrument est porté sur une traverse TT' qui se visse au moyen de la plaque P sur un pied où elle peut tourner librement. Un cercle fixe CC' est placé sur les montants de cette traverse ; un second cercle intérieur cc' repose sur le premier et tourne sur l'axe xx' ; enfin la boîte elle-même est portée par ce cercle mobile et tourne sur lui au moyen de l'axe zz' perpendiculaire à l'axe xx'. La boîte, par ces deux mouvements rectangulaires, est donc ainsi maintenue en équilibre, quelle que soit l'étendue des mouvements en tous sens du navire.

Pour *faire une observation* avec cette boussole on place l'œil en o, et à travers les pinnules on vise à un objet ou à un astre s, fig. 46, élevé de 15° à 20° au-dessus de l'horizon ou à l'horizon même. En même temps que l'œil aperçoit cet objet, il voit en i, par la réflexion sur le miroir, une portion d'une ligne noire verticale tracée sur le bord interne de la boîte et appelée *ligne de foi*, et en i' la division de la rose qui se trouve vis-à-vis la ligne de foi, c'est-à-dire dans un plan vertical qui passerait par l'astre ou l'objet observé, la fente et le fil des pinnules et le pivot de l'instrument.

On observe donc ainsi, par une simple lecture, l'angle que l'aiguille ou le méridien magnétique fait avec l'astre ou l'objet ; et lorsqu'on connaît l'angle du méridien magnétique avec le méridien terrestre dans le lieu où on observe, on peut en déduire le rumb de vent dans lequel le navire se dirige, ou bien, quand on connaît l'azimuth de l'astre observé, c'est-à-dire l'angle de son vertical avec le méridien du lieu, on peut calculer l'angle du méridien magnétique, ou la déclinaison de l'aiguille dans ce lieu au moment de l'observation.

La *boussole de déclinaison* des physiciens est un instrument plus compliqué et susceptible de donner des indications plus précises. Nous l'avons représentée en perspective dans la fig. 47, et en coupe verticale dans la fig. 48.

Dans ces figures, gg' est l'aiguille portée sur la pointe de son pivot dans une chape d'agate travaillée avec le plus grand soin; dd', un cercle divisé sur lequel on lit les divisions correspondant aux extrémités de l'aiguille; bb', le bord de la boîte, qui est fermée par le verre vv', pour éviter les effets de l'agitation de l'air; xy, un axe solide qui fait corps avec le fond de la boîte, et tourne sur son extrémité conique inférieure dans une petite cavité de la vis w, en emportant la boîte et toutes les pièces adhérentes, en même temps que le pied de l'instrument reste fixe, ainsi que le cylindre ll' qui enveloppe l'axe xy, et qui est destiné à porter le cercle ZZ' qu'on appelle *cercle azimuthal*. Deux *verniers* ou *nonius* diamétralement opposés, et dont l'un est représenté en nn', fig. 47, sont fixés sur le bord de la boîte et tournent avec elle en marquant l'angle qu'elle fait à partir d'un point donné du cercle azimuthal. Des vis calantes VV' servent à rendre l'appareil horizontal au moyen du niveau à bulle d'air NN'. Enfin l'instrument porte une lunette LL' pour viser aux objets, et dont l'axe de rotation AA', qu'on peut caler au moyen des petites vis qui terminent le montant M', entraîne dans son mouvement de rotation un vernier ou nonius iUs, fig. 48, qui parcourt l'arc divisé DD', fig. 47, destiné à donner immédiatement la hauteur de l'objet observé au-dessus de l'horizon.

Pour observer la déclinaison avec cet instrument on le dispose bien horizontalement au moyen de son niveau NN' et des vis VV', puis on fait tourner la boîte pour amener dans le plan de la lunette LL' un astre connu; on élève ou on abaisse cette lunette jusqu'à ce que l'astre soit dans son champ, puis on lit sa hauteur au-dessus de l'horizon, sur l'arc gradué DD', la division correspondante du cercle dd' de l'aiguille et celle du cercle *azimuthal* zz', ce qui donne l'angle du méridien magnétique avec le vertical de l'astre au moment de l'observation. Il ne reste plus ensuite qu'à trouver, par le calcul, l'angle du vertical de l'astre avec le méridien du lieu, pour en déduire la déclinaison.

En effet, soit NS, fig. 49, la trace du méridien astronomique du lieu où on observe; AB celle du méridien magnétique; XY celle du vertical de l'astre observé. La boussole donne immédiatement l'angle ACX; le calcul ou les éphémérides l'angle NCX; et en retranchant le premier du second, le reste est l'angle NCA, ou la déclinaison de l'aiguille dans le lieu où on observe.

La *boussole d'inclinaison* est représentée dans la fig. 50. Elle se compose d'une aiguille gg' qui est portée par une barre en cuivre terminée par de petits cylindres en acier poli qui forment son axe de rotation. Cet axe est placé sur un rectangle, bien exactement au centre, et perpendiculairement au limbe d'inclinaison, ou cercle gradué LL'. Celui-ci repose sur une plaque solide PP', laquelle porte aussi les montants qui supportent le rectangle, ainsi qu'une cage en verre CC' et un niveau. L'appareil entier est mobile autour d'un axe vertical XX' passant par le centre du cercle LL'. Un vernier nn', attaché à la plaque PP', parcourt le cercle azimuthal ZZ' pour indiquer à chaque instant les angles décrits par le cercle vertical.

Lorsqu'on veut observer l'inclinaison dans un lieu où l'on connaît déjà la déclinaison de l'aiguille, on amène bien exactement le limbe vertical dans le plan du méridien magnétique, et l'aiguille vient se placer d'elle-même sur la division de ce limbe qui correspond à l'inclinaison dans ce lieu.

La déclinaison de l'aiguille aimantée éprouve, avec le temps, des changements dans la plupart des lieux de la terre, et les lignes sans déclinaison ne paraissent pas fixes à la surface du globe. Par exemple, à Paris la déclinaison, en 1580, était de 11° 30' à l'Est du méridien; et à partir de cette époque elle a diminué jusqu'en 1663, où elle était nulle, c'est-à-dire que l'aiguille se maintenait alors à Paris dans la direction Nord et Sud du méridien terrestre, ou que le méridien magnétique coïncidait avec celui-ci, et enfin que la ligne sans déclinaison passait par cette ville. Mais, à dater de cette époque, la déclinaison a passé à l'Ouest, et a été progressive jusqu'en 1820, où elle était d'environ 22° 30'. Depuis, elle semble éprouver un mouvement rétrograde vers l'Orient.

Dans d'autres localités, le déplacement du méridien magnétique est nul ou à peine sensible. A la Jamaïque et à la Nouvelle-Hollande, par exemple, la déclinaison n'a pas, dit-on, éprouvé de changement, sensible depuis cent quarante ans.

En joignant entre eux tous les points où la déclinaison est nulle, on forme ce qu'on appelle les *lignes sans déclinaison*, qui sont loin de suivre les méridiens géographiques, qui leur sont, au contraire, très-obliques et offrent des inflexions très-irrégulières.

Des observations très-précises ont démontré aussi que *l'inclinaison de l'aiguille aimantée était également variable avec le temps*, quoique beaucoup moins que la déclinaison. L'inclinaison était à Londres, en 1775, de 70° 30′, et en 1805, de 70° 21′; à Paris, elle a été aussi toujours en diminuant; mais d'une manière variable depuis 1671, où elle était de 75°, jusqu'en 1826, où elle était réduite à 68°.

L'aiguille de déclinaison éprouve aussi chaque jour des mouvements périodiques qu'on a nommés *variations diurnes*. A Paris, pendant la nuit, l'aiguille est à peu près stationnaire; au lever du soleil elle se met en mouvement, et son pôle austral ou extrémité Nord marche à l'Ouest; de midi à trois heures elle atteint son maximum de déviation occidentale; puis, par un mouvement contraire, elle revient à l'Orient jusqu'à neuf, dix ou onze heures du soir, où elle s'arrête et devient stationaire le reste de la nuit. Ces variations diurnes sont plus grandes pendant le printemps et l'été, et plus petites pendant l'automne et l'hiver; elles sont en moyenne de 13′ à 15′ pour la première période, et de 8′ à 10′ pour la seconde. Leur amplitude n'est pas la même chaque jour, et varie depuis 5′ jusqu'à 25′.

Les variations diurnes sont en général plus considérables et moins régulières dans le Nord, et vont en diminuant lorsqu'on s'avance vers l'équateur magnétique, où elles sont presque nulles. Au midi de l'équateur elles se reproduisent, mais dans un ordre inverse.

On observe les variations diurnes au moyen de la *boussole de variation*, instrument compliqué dont nous ne pouvons donner ici la description.

On présume que *l'aiguille d'inclinaison est aussi sujette à des variations diurnes*; mais les phénomènes de ce genre qu'elle peut présenter n'ont pas encore été constatés avec une exactitude suffisante.

Enfin l'aiguille aimantée éprouve souvent des *perturbations* ou variations brusques, qui sont dues tantôt aux aurores boréales visibles ou invisibles sur l'horizon du lieu où l'aiguille est placée, aux orages violents, aux tremblements de terre, aux éruptions volcaniques, etc.; tantôt à des causes qu'il n'a pas encore été possible de démêler.

§ 3. — *Différentes manières d'aimanter.*

La manière la plus simple de communiquer le magnétisme à un barreau de fer ou d'acier consiste à en *approcher l'extrémité à quelque distance, ou même jusqu'au contact du pôle austral ou boréal d'un aimant*. Alors le magnétisme naturel du barreau est décomposé : celui de nom contraire est attiré à l'extrémité la plus voisine du pôle de l'aimant, celui de même nom est repoussé, et par suite de cette séparation le barreau acquiert deux pôles de noms contraires, placés à ses extrémités, et séparés par une ligne moyenne où les effets magnétiques sont nuls.

Si le barreau est fort long, il arrive souvent que la séparation de son magnétisme ne s'opère pas aussi régulièrement et qu'il s'y forme des *pôles multiples*. Ainsi, à partir du pôle austral A, fig. 51, d'un barreau d'acier aimanté, on peut trouver d'abord une ligne moyenne à la suite de laquelle est un second pôle *b* contraire au précédent, puis une deuxième ligne moyenne et un troisième pôle *a* de même nom que A, et enfin une troisième ligne moyenne et le pôle boréal B. Les pôles intermédiaires *a* et *b*, qu'on peut rendre sensibles en roulant le barreau dans de la limaille, se nomment *points conséquents*. Il est de la plus haute importance de les éviter ou de les faire disparaître dans la formation des aiguilles de boussole, parce qu'ils en affaiblissent toujours la force directrice.

Une autre méthode, qui a été très-longtemps la seule en usage, consiste à faire glisser à angle droit la lame ou le barreau qu'on veut aimanter sur un des pôles d'un aimant; mais cette méthode, ainsi que la précédente, a le désavantage de donner souvent et facilement des points conséquents, et ne peut aimanter à saturation que des aiguilles d'une très-petite dimension.

On appelle *saturation* ou *point de saturation* la plus grande quantité de magnétisme libre qu'un corps soit susceptible de conserver. On parvient à saturer une aiguille de magnétisme en l'aimantant avec des aimants naturels ou artificiels très-puissants ; sous leur influence l'aiguille prend une quantité de magnétisme supérieure à celle qu'elle peut conserver, et, abandonnée à elle-même, elle en perd peu à peu une partie jusqu'au moment où cette perte s'arrête et où l'aiguille conserve la même intensité pendant des mois et des années.

On reconnaît qu'une aiguille est aimantée à saturation lorsqu'elle n'acquiert pas une intensité plus grande lorsqu'on l'aimante dans le même sens avec un aimant plus puissant que celui qui a servi une première fois à lui communiquer le magnétisme.

Avant de décrire les moyens plus efficaces que les précédents, qu'on emploie pour aimanter les aiguilles ou les barreaux, disons ce qu'on entend par armures ou armatures.

Les *armures* ou *armatures* sont des pièces de fer doux qui sont mises en contact avec les aimants pour les maintenir en activité, ou même accroître avec le temps leur énergie par la décomposition magnétique qu'ils éprouvent par influence.

Pour armer un aimant naturel on le taille en parallélipipède rectangle, et on place sur chacun de ses pôles une armure composée de deux *ailes* LL', fig. 52 et 53, épaisses d'une ligne et d'une largeur égale à celle de l'aimant, et de deux *pieds* PP' dont on détermine l'épaisseur par des essais successifs et suivant la force de l'aimant. Deux liens de cuivre CC' serrent ces armatures sur les extrémités polaires de l'aimant. Une pièce de fer doux XY qu'on appelle le *portant,* qui n'a que le tiers de l'épaisseur de l'aimant et est arrondie sur sa surface de contact pour ne toucher celui-ci que par une seule ligne, reste toujours en prise avec l'aimant, et sert à accrocher les corps qu'on veut lui faire porter.

Les aiguilles mobiles sur leur chape, ou les barreaux oscillants autour du fil de soie qui sert à les suspendre, n'ont pas besoin d'armature.

Les grands *faisceaux fixes* et les *faisceaux glissants* de moindre dimension, dont on se sert pour aimanter, sont armés d'après les mêmes principes. Les premiers se composent de quinze lames aimantées rectangulaires, pareilles, disposées en trois couches de cinq lames chacune, et ayant toutes le pôle de même nom tourné dans le même sens. Les lames de la couche moyenne sont plus longues, et dépassent celles des deux autres de 18 lignes à chaque extrémité ; et chacune de celles-ci est coiffée d'une pièce de fer *ff'*, pl. 5, fig. 54, qui sert d'armature et est retenue par des liens de cuivre CC'. Les seconds ne se composent que de six ou neuf lames, et ont généralement une moindre longueur.

Voici maintenant les deux procédés les plus usités pour aimanter les aiguilles, les lames ou les barreaux.

Procédé de la touche séparée ou *de Duhamel.* Dans ce procédé, qui est le plus avantageux pour aimanter de la manière la plus régulière et la plus complète les aiguilles et les lames dont l'épaisseur ne dépasse pas quatre à cinq millimètres, on dispose bout à bout sur une même ligne et à quelque distance, deux faisceaux puissants FF', fig. 55, qui restent fixes, et on place entre eux, en la soutenant par un bloc de bois L pour qu'elle ne fléchisse pas, l'aiguille à aimanter *ab*, de manière qu'elle empiète plus ou moins, suivant sa longueur, sur l'extrémité de chacun de ces faisceaux. Alors on prend deux faisceaux glissants GG', l'un dans la main droite, l'autre dans la main gauche ; on les pose au milieu de l'aiguille par leurs pôles opposés A''B' et de même nom que les pôles AB des faisceaux fixes, vers lesquels ils doivent marcher; on les incline de 25 à 30° sur l'aiguille, et on les fait *glisser sous cette inclinaison d'un mouvement lent et uniforme, pour qu'ils arrivent en même temps à ses extrémités ; là on les relève, on les rapporte au milieu,* et on répète l'opération jusqu'à ce que l'aiguille ait reçu le nombre de frictions qu'on juge nécessaires à sa saturation.

Procédé de la double touche ou *d'OEpinus.* Ce procédé, qui sert à aimanter à saturation des lames plus épaisses et les gros barreaux, mais qui a l'inconvénient de produire une petite inégalité dans la distribution du magnétisme et quelquefois des points conséquents, consiste à disposer les lames à aimanter entre deux faisceaux fixes comme précédemment, et à poser les faisceaux glissants au milieu de cette lame, mais à une distance de cinq à six millimètres, en interposant un petit cube L, fig. 56, de bois ou de plomb, et en les inclinant sur la lame de 15 à 20° seulement. Dans cette position, *on les promène ensemble du milieu vers une des extrémités, puis de cette extrémité vers l'autre, en parcourant toute la longueur, puis en revenant au milieu, où l'on enlève les faisceaux glissants.* Si l'on veut donner un plus grand nombre de frictions, on répète le mouvement alternatif d'un bout à l'autre, en finissant toujours par le milieu, et en y arrivant de l'extrémité droite si on a commencé les frictions vers la gauche, et réciproquement.

§ 4. — *Mesure des forces magnétiques.*

Nous ne nous sommes encore occupés que de la direction de la force magnétique ; il faut l'étudier actuellement sous le rapport de l'intensité avec laquelle elle agit.

I. Le *globe terrestre,* ainsi que nous l'avons constaté, est un aimant qui agit sur l'aiguille aimantée avec une certaine intensité qu'il s'agit d'estimer, pour déterminer si elle est la même dans tous les points de la terre, et si elle ne change pas avec le temps dans un même point.

Pour parvenir à cette détermination, on part de ce principe qu'on démontre par le calcul, savoir : *Que les forces magnétiques qui sollicitent une aiguille librement suspendue et régulièrement aimantée, lorsqu'on l'écarte légèrement de sa position d'équilibre et qu'on l'abandonne ensuite à elle-même, sont entre elles comme les carrés des nombres d'oscillations exécutées dans le même temps.* On applique ce principe en faisant osciller une aiguille d'inclinaison dans le plan du méridien magnétique, ou une aiguille de déclinaison dans ce même plan, ou dans un plan qui lui est perpendiculaire, et en comptant le nombre des oscillations faites dans un même espace de temps.

Les observations faites jusqu'ici d'après cette méthode démontrent que l'intensité de la terre est la plus petite vers l'équateur magnétique, et qu'elle va en augmentant à mesure qu'on s'en éloigne vers les pôles, où elle est environ une fois et demie plus considérable qu'à l'équateur. On croit aussi qu'elle est soumise à des variations diurnes dont on n'a pas encore constaté régulièrement l'existence et l'étendue. Les observations futures nous apprendront si elle est variable avec le temps dans un même lieu.

II. Pour estimer les forces magnétiques relatives des *aimants naturels ou artificiels*, on a recours aux oscillations et à la balance de torsion.

A. Quand ce sont des aiguilles ou des barreaux, on les suspend à un fil sans torsion, et on les fait osciller dans un même lieu et à la même époque. On compte les oscillations exécutées en un même temps, et on en calcule l'intensité en appliquant le principe, que les forces magnétiques qui les sollicitent sont entre elles comme les carrés des nombres d'oscillations exécutées dans un temps donné.

Si on voulait estimer la force magnétique d'un même corps, mais à différents états d'aimantation, on le ferait osciller dans un premier état, puis on changerait par un moyen quelconque son degré de force sans changer la position de ses pôles, et la règle précédente donnerait le rapport des intensités sous les deux états.

Quand on ne peut pas faire osciller le corps, on le fait agir sur une petite aiguille d'épreuve aimantée ayant une grande *force coercitive* pour le magnétisme, et dont on a constaté d'abord l'état magnétique lorsqu'elle est soumise à l'action seule de la terre. Une formule simple donne ensuite l'intensité du corps dégagé de l'action terrestre.

B. La *balance de torsion* qu'on voit représentée fig. 57 est essentiellement formée d'un fil métallique vertical dont le bout supérieur est attaché à un point fixe, tandis que le bout inférieur porte une aiguille horizontale aimantée. Quand on veut apprécier de très-petites forces magnétiques, on les fait agir sur l'extrémité de cette aiguille, et l'on mesure leur intensité par l'angle dont elles l'écartent de son point de repos ; on les ramène à ce point quand on l'en a écartée, en un mot on balance ces forces par la *torsion* du fil, et par l'effort qu'il fait pour revenir sur lui-même et reprendre sa position d'équilibre.

L'appareil est enfermé dans une cage de verre, pour éviter les effets de l'agitation de l'air, et le fil est aussi enfermé dans un cylindre de verre creux, au haut duquel est un *micromètre* ou cadran divisé *m*, qui peut tourner et sert à mesurer le degré de torsion qu'on donne au fil pour balancer les forces. Enfin, une division circulaire *rr'*, appliquée autour de la cage, mesure la marche de l'aiguille.

Après avoir déterminé, au moyen de cette balance, la force directrice de la terre pour l'aiguille aimantée dont on fait usage, on dispose convenablement l'aimant dont on veut reconnaître la force, soit qu'il agisse par attraction ou par répulsion, et on détermine aisément son intensité, indépendamment de celle de la terre.

Les deux modes de mesurer la force magnétique qui viennent d'être indiqués ont permis de constater plusieurs phénomènes importants.

1° *Les attractions et répulsions magnétiques sont en raison inverse du carré de la distance.* Ainsi à des distances deux, trois, quatre, cinq fois plus considérables, ces attractions ou répulsions sont quatre, neuf, seize ou vingt-cinq fois moins énergiques qu'à l'unité de distance.

2° *L'état de la trempe influe sur la force coercitive de l'acier.* En effet, l'expérience a démontré que la trempe roide ou dure est la plus avantageuse pour les aiguilles ou barreaux dont la longueur est moindre que trente fois leur épaisseur, et l'état de recuit rouge-obscur pour ceux de ces corps dans lesquels la proportion de la longueur à l'épaisseur est plus considérable. L'acier trempé dur étant très-fragile et changeant souvent de forme, il y a toujours de l'avantage à recuire les aiguilles au bleu, qui ne fait perdre que peu de chose en intensité magnétique.

3° *Une élévation de température diminue graduellement le magnétisme des aimants à mesure qu'elle s'élève,* et à la température du rouge blanc et même du rouge cerise, les aimants, l'acier, le fer, le cobalt, perdent le magnétisme libre qu'ils possèdent, et sont en outre, à ces températures, incapables d'en recevoir la moindre trace. Le manganèse perd même son magnétisme à une température de 20 à 25° C.

4° Dans les aimants dont les dimensions transversales sont très-petites par rapport à leur longueur, qui ont une forme régulière dans toute leur étendue, et qui sont régulièrement aimantés et au-dessus de 6 à 8 pouces de longueur, les points d'application des résultantes terrestres, ou centres des forces magnétiques A et B, fig. 58, qu'on appelle aussi quelquefois *pôles* de l'aimant, sont

placés à la même distance des extrémités et à dix-huit lignes de ces extrémités ; pour les aimants plus courts, ces pôles sont à peu près au tiers de la demi-longueur, ou au sixième de la longueur totale à partir des extrémités.

Ce dernier résultat a servi de guide dans la construction des aiguilles de boussoles. Ces aiguilles, qui reposent sur une chape non magnétique, portent un petit contre-poids placé sur un de leurs bras, pour les rendre horizontales. Ce contre-poids change de place ou de grosseur lorsqu'on passe dans des latitudes fort distantes, ou quand le moment des forces horizontales du magnétisme terrestre est très-différent.

Dans une aiguille aimantée, l'*axe magnétique,* c'est-à-dire la ligne qui joint les pôles, ne coïncide pas toujours avec l'axe de figure, quelque soin qu'on ait pris dans sa confection ou dans son aimantation ; et comme la direction d'une aiguille ou d'un aimant est la direction de son axe magnétique, et non son axe de figure, il importe d'écarter cette erreur par un procédé qu'on appelle *méthode du retournement,* et qui consiste à prendre la direction ou la trace d'un des côtés de l'aiguille après qu'elle a été aimantée, librement suspendue, et qu'elle est arrivée au repos ; puis à en retourner les faces sans en retourner les pôles, et à la suspendre et l'abandonner de nouveau. La ligne qui partagera en deux parties égales l'angle que la direction ou la trace du côté de l'aiguille observée fait après le retournement avec la direction précédente, est l'axe magnétique de l'aiguille, ou la ligne sur laquelle se trouvent appliquée la résultante horizontale des forces magnétiques de la terre, et placés les pôles de l'aiguille.

Ces faits étant constatés, la théorie a enseigné que la meilleure construction des aiguilles de boussole était celle dans laquelle le frottement du pivot contre le fond de la chape était le moindre possible, et où la force directrice était la plus grande ; et l'expérience a démontré qu'il y avait de l'avantage à employer des *aiguilles peu épaisses,* et qu'à poids égal, les *aiguilles en flèche* avaient une force directrice plus grande que celles en parallélogrammes, en cylindres, et surtout que celles élargies par le bout, qui sont les plus désavantageuses.

Les mêmes principes sont également applicables aux aiguilles d'inclinaison.

5° Il y a dans la nature une foule de corps,

tels que l'or, l'argent, le bois, le verre, etc., et des substances organiques qui, lorsqu'on en forme de petites aiguilles qu'on suspend à un fil de cocon entre les pôles opposés de deux forts aimants et qu'on les fait osciller, *paraissent sensibles à l'influence de ceux-ci*, mais qui ne peuvent prendre un magnétisme énergique et durable comme le fer et l'acier.

En terminant ce paragraphe, nous ajouterons qu'un grand nombre de corps qui ne sont pas magnétiques comme peuvent le devenir le fer et l'acier, lorsqu'on leur donne la forme de disques et qu'on les fait tourner à distance d'une aiguille aimantée avec une certaine rapidité, exercent sur celle-ci une action qui l'a fait dévier du plan du méridien magnétique, et qui l'en écarte d'autant plus que le mouvement de rotation de ces corps est plus rapide. Les métaux sont, à cet égard, doués d'une énergie beaucoup plus grande que les autres substances ; parmi eux, c'est le cuivre qui montre le plus de puissance ; après lui vient le zinc, puis l'étain, le plomb, l'antimoine, et enfin le bismuth, où cette puissance n'est que la $\frac{2}{100}$ partie de celle du cuivre. D'autres corps, comme le verre, le bois, l'eau, etc., ne produisent pas d'effet sensible. Ces phénomènes curieux laissant encore quelque incertitude sur la cause qui les produit, nous croyons devoir nous borner ici à cette simple mention.

SECT. VI. — ÉLECTRICITÉ.

§ 1ᵉʳ. — *Phénomènes électriques.*

On a remarqué depuis bien des siècles qu'il y a des substances, telles que les tubes de verre, un bâton de soufre ou de résine, un morceau d'ambre ou de succin, qui, lorsqu'on les frotte avec une étoffe de laine ou de soie, acquièrent la propriété d'attirer à elles de quelque distance les corps légers qu'on leur présente. Cette propriété ou la cause de ce phenomène a été appelée *électricité*, du mot grec *électron*, qui signifie *ambre*, parce que c'est dans cette résine qu'elle a été le plus anciennement reconnue.

On ne connaît pas d'une manière positive la nature du principe qui produit ce phénomène, comment il existe dans les corps et comment il s'y développe par le frottement; mais on peut en étudier les lois et en mesurer les effets.

Les instruments dont on se sert pour découvrir de petites quantités d'électricité se nomment des *électroscopes.*

L'*électroscope* le plus simple est le *pendule électrique,* qui consiste en une petite balle de moelle de sureau B, fig. 59, suspendue à l'extrémité d'un fil de soie. En présentant à distance à cette balle un corps *électrisé*, par exemple, un tube de verre frotté, il l'attire à lui ; mais on peut être certain que ce corps ne possède pas une quantité sensible d'électricité quand il ne parvient pas, à une distance peu considérable, à attirer la balle vers lui, et la laisse immobile.

L'*électroscope de Coulomb,* fig. 60, est une véritable balance électrique et un appareil beaucoup plus délicat que le précédent. On le construit avec un simple fil de soie *f,* tel qu'il sort du cocon, de 4 pouces de longueur, et une aiguille *gmg'*, qui est un petit fil de gomme-laque de 12 lignes, terminé à une de ses extrémités par un petit cercle de clinquant très-léger *c*. L'aiguille et le clinquant pèsent environ $\frac{1}{4}$ de grain. A son extrémité supérieure *s* le fil est fixé sur le bout du tube T, où on peut l'enrouler et le dérouler avec le petit treuil *t*, et lui donner tous les degrés de torsion au moyen de la pièce mobile *dd'*. On préserve l'appareil des agitations de l'air en le couvrant d'une cage en verre VV', qui porte un couvercle CC' percé d'un trou O, et sur sa circonférence une échelle DD' divisée en 360°. C'est par l'ouverture O qu'on introduit les corps électrisés qui doivent agir sur l'aiguille.

Au moyen de cet électroscope on peut facilement essayer tous les corps et constater les faits suivants.

Il y a des corps qui, par le frottement, deviennent éminemment électriques : tels sont la gomme-laque, la résine, l'ambre, le soufre, le verre, et la plupart des pierres précieuses ; d'autres qui, malgré un frottement répété et prolongé, donnent rarement des signes d'attraction : comme le charbon, le bois, la terre cuite, etc.; enfin, les métaux, avec quelque soin qu'on les frotte, et quel que soit le nombre des frictions qu'on leur donne, n'acquièrent jamais la moindre attraction électrique.

Les corps qui prennent l'électricité par le frottement ont été appelés *idioélectriques,* et ceux qui n'en prennent pas *anélectriques.*

Tous les corps anélectriques, s'ils ne sont pas susceptibles de prendre de l'électricité par le frottement, jouissent au contraire de la propriété de la *transmettre instantanément par toute leur surface.* C'est ce qu'on peut facilement constater en suspendant horizontalement un tube de métal à un fil de soie ; en cet état, il ne donne aucun signe d'attraction électrique à l'électroscope ; mais si on le touche à une de ses extrémités avec un tube de verre ou un bâton de résine préalablement frottés avec de la laine, l'autre bout manifeste aussitôt une attraction électrique sur l'aiguille de l'électroscope.

Au contraire, tous les corps idioélectriques ne transmettent pas l'électricité, et celle-ci ne *se répand jamais à leur surface,* comme on peut s'en assurer en répétant l'expérience précédente avec un tube de verre, au lieu d'un tube de métal.

Les corps anélectriques, en conséquence de la propriété dont ils jouissent de transmettre l'électricité, sont dits *conducteurs;* et les corps idioélectriques sur les surfaces desquels l'électricité ne se répand jamais, *non-conducteurs* ou *isolants,* parce qu'on s'en sert pour isoler les autres corps de toute communication avec des conducteurs qui pourraient leur enlever l'électricité.

L'*air atmosphérique* est un corps non conducteur : car s'il livrait passage à l'électricité, les corps qui y sont plongés ne pourraient produire de phénomènes électriques durables.

L'*eau* et la *vapeur* sont, au contraire, des corps conducteurs; et si on mouille ou si on enveloppe de vapeur d'eau un corps électrisé, il perd à l'instant toute vertu. Les expériences électriques réussissent bien mieux dans les temps froids et secs que par les jours brumeux et humides.

Le *corps humain* est aussi un bon conducteur, et transmet fort bien l'électricité.

Les plus mauvais conducteurs sont la *gomme-laque,* la *soie,* le *verre* et les *résines ;* on s'en sert principalement pour isoler les corps électrisés. Les métaux au contraire, sont les meilleurs conducteurs, et un fil de métal isolé même de plusieurs lieues de longueur, électrisé à un de ses bouts, s'électrise presque instantanément dans toute son étendue.

Un corps électrisé dont on approche un corps léger *commence par l'attirer, puis*

il le repousse dès qu'il lui a communiqué son électricité : rien de plus facile à constater que ces faits, par la balance ou le pendule électrique.

Si l'on prend deux pendules, l'un électrisé et repoussé par le verre, et l'autre électrisé et également repoussé par la résine, on observe que le verre attire le pendule électrisé par la résine, et que cette dernière attire également le pendule électrisé par le verre.

Il y a donc *deux électricités* différentes dans leur origine et dans leurs effets, et telles, comme les deux magnétismes, que *chacune se repousse et attire l'autre.*

L'électricité qui se développe en frottant le verre a été appelée *électricité vitrée* ou *positive,* et celle qu'on produit avec la résine, *électricité résineuse* ou *négative.*

Les physiciens pensent aujourd'hui que l'électricité est un *fluide* subtil excessivement mobile, répandu dans les intervalles des corps, enveloppant leurs atômes, et qui est double. Ces deux fluides, dans l'état naturel, sont neutralisés l'un par l'autre ; mais si on les sépare par une cause quelconque, l'équilibre est rompu, et le corps est électrisé vitreusement ou résineusement, suivant que c'est l'un ou l'autre fluide qui domine.

La boule du pendule qui a touché un tube de verre ou un bâton de résine électrisé par le frottement, acquiert des propriétés électriques, et attire les menus corps qu'on lui présente. Elle s'est donc électrisée par *communication,* et par conséquent *l'électricité peut se communiquer par contact.*

Les corps non conducteurs ne s'électrisent guère ainsi qu'au *point de contact;* mais les corps métalliques isolés sont, après ce contact, électrisés sur toute leur étendue, et par suite leur électricité pour une même charge est d'autant moins sensible que leur surface est plus grande.

L'électricité se communique aussi à distance, ou sans qu'on approche les corps jusqu'au contact; mais lors de son passage elle présente le phénomène de l'*étincelle électrique,* c'est-à-dire que quand on approche d'un corps électrisé même modérément un autre corps, on voit, quand ils sont arrivés à une certaine distance, briller entre l'espace qui les sépare une vive étincelle accompagnée d'un bruit qui frappe l'air comme un coup de fouet. Cette étincelle, dans son passage, donne une *commotion électrique* plus ou moins vive, selon la charge et la grandeur du corps électrisé, si c'est le doigt ou quelque autre partie du corps humain qu'on approche de ce dernier.

Les corps électrisés par le frottement, par contact, ou à distance, *conservent cette propriété pendant un temps assez considérable si l'air est sec;* mais si on les touche avec le doigt, ou avec une tige, ou une chaîne métallique qu'on tient à la main ou qu'on laisse pendre à terre, alors ils perdent leur vertu électrique, parce qu'ils la partagent avec le corps humain et la masse immense de la terre, qui sont des conducteurs, et avec lesquels ils se trouvent alors en communication. Dans les expériences électriques, on appelle souvent la terre le *réservoir commun* de l'électricité.

§ 2. — *Électricité par influence.*

Un *corps électrisé placé à distance de corps conducteurs, décompose leurs électricités naturelles,* attire le fluide de nom contraire, repousse celui de même nom et les constitue ainsi dans un état électrique particulier.

On appelle *électricité par influence* celle qu'on produit ainsi à distance dans les corps conducteurs.

Pour étudier ce mode de communication de l'électricité on dispose une tige de cuivre TT' recourbée aux extrémités (fig. 61), sur un support S en verre enduit de gomme-laque, et on suspend à chacun de ses bouts un double pendule de sureau. Tant que l'appareil reste dans cet état on n'y observe aucun mouvement; mais si on approche à quelque distance d'une de ses extrémités un corps R électrisé résineusement, les balles de sureau commencent à diverger, comme on le voit dans les parties ponctuées; et on peut s'assurer, au moyen d'un tube de verre ou d'un bâton de résine frottés, que l'électricité vitrée s'est accumulée à l'extrémité T, et l'électricité résineuse à l'extrémité opposée T'.

Si, à la suite de la tige TT', on disposait à distance une autre tige semblable, la 1re, électrisée par influence par le corps R, agirait à son tour sur la 2e tige et en décomposerait les électricités naturelles; cette 2e pourrait agir à son tour de la même manière sur une troisième tige, et ainsi de suite à une grande distance. On aurait donc ainsi une suite de tiges ou cylindres électrisés par influence successive, où le fluide vitré serait accumulé vers les extrémités tournées du côté du corps R, et le fluide résineux aux extrémités opposées.

Lorsque la tige TT' est sous l'influence du corps R et que les balles divergent, si l'on en approche un autre corps P électrisé aussi résineusement, on observe que la divergence des balles augmente. Un corps conducteur déjà chargé d'électricité *éprouve donc encore l'influence d'un autre corps électrisé;* dans le cas mentionné, il se fait sous l'influence de P une nouvelle décomposition des électricités naturelles: le fluide vitré est attiré à l'extrémité T, où il s'ajoute à celui qui existe déjà; et le fluide résineux est repoussé à l'extrémité T', où il s'ajoute également à celui qui s'y est déjà accumulé.

Si le corps P est électrisé vitreusement, la divergence des balles diminue, et elles peuvent, sous son influence, retomber jusqu'au contact et même diverger de nouveau, c'est-à-dire que, sous l'influence de ce corps, les électricités naturelles se sont récomposées en partie ou en totalité. Dans le dernier cas, il s'est même fait une décomposition nouvelle dans laquelle le fluide résineux a été attiré à l'extrémité T et le fluide vitré repoussé à l'extrémité T', comme on peut s'en assurer par les moyens d'épreuve.

Aussitôt qu'on soustrait les corps conducteurs à l'influence des causes qui les constituent dans un état électrique, leurs fluides se recomposent et ils *retombent dans leur état naturel.*

On s'en assure en observant le rapprochement complet des balles dans l'appareil précédent, aussitôt qu'on éloigne brusquement le corps R.

En retirant le corps R peu à peu, le rapprochement des balles ne se fait que graduellement et elles ne se touchent que lorsque l'éloignement est suffisamment grand pour que la tige soit hors de la *sphère d'activité* de ce corps.

On peut aussi opérer la recomposition des fluides dans les corps conducteurs électrisés et isolés, ou, comme on dit, les *décharger,* soit successivement en en tirant de petites étincelles avec un corps isolé, soit subitement et complètement au moyen d'une étincelle totale. Dans ces deux cas, les fluides éprouvent dans toute l'étendue de la masse de ces corps un mouvement de translation très-rapide qui peut produire des effets mécaniques et chimiques énergiques.

Les phénomènes de l'électricité par influence ont permis de construire des électroscopes qui conservent mieux l'électricité qu'on leur donne, et qui sont plus propres que ceux que nous avons déjà décrits à évaluer approximativement les forces électriques.

Ces appareils se composent ordinairement de deux longs *brins de paille*, ou de deux *lames mince d'or battu*, ou de deux *balles de sureau* LL' (fig. 62) suspendues parallèlement, et très-près l'une de l'autre, par des fils de métal dont l'extrémité s'accroche à des anneaux AA' pratiqués dans un *conducteur* ou tige métallique commune T. Le moindre degré d'électricité communiqué à cette tige passe aux fils métalliques, et de là aux pailles ou lames d'or, qui la manifestent aussitôt en s'écartant l'une de l'autre.

Pour éviter les mouvements de l'air et les accidents qui pourraient briser ces appareils délicats, on les renferme dans un flacon ou dans une cloche, en mastiquant la tige T, fig. 63 et 64, avec de la gomme-laque, dans le col du vase, pour rendre l'isolement plus parfait, et en vernissant, pour plus de précaution, la surface extérieure du verre jusqu'à une certaine distance de w'. A l'intérieur, le vase porte deux boules de cuivre ss', fig. 68; ou bien on colle verticalement sur ses parois intérieures deux petites lames d'étain ee', fig. 64, que les pailles, les lames ou les balles viennent toucher dans leur plus grande divergence pour se décharger de leur électricité, et pour les empêcher de venir en contact avec le verre.

Pour reconnaître si un corps est chargé d'électricité, on l'approche graduellement du conducteur de l'électroscope, et on observe s'il y a divergence des pailles, lames ou balles.

Lorsqu'on veut reconnaître l'espèce d'électricité que possède un corps, il faut préalablement donner à l'électroscope une électricité connue. Pour cela on approche un corps électrisé, et en même temps on touche avec le doigt le bouton du conducteur T. Le fluide qui est repoussé passe à travers le corps humain et s'écoule dans le sol; et en retirant d'*abord* le doigt et *ensuite* le corps électrisé, l'électroscope reste chargé du fluide attiré et qui le fait diverger. Dans cet état, tout corps qu'on en approche et qui augmente la divergence est chargé de la même électricité que l'électroscope; mais tout corps qui la diminue n'est pas nécessairement chargé d'électricité contraire.

L'*électrophore de Volta* est un instrument qui repose aussi sur les principes de l'électricité par influence. Il se compose d'un gâteau de résine G, fig. 65, d'un plateau P en cuivre ou en bois revêtu d'étain, et auquel est adapté un manche isolant m. Pour le mettre en activité on bat le gâteau avec une peau de chat, on pose sur lui le plateau par son manche isolant, et avec le doigt on en tire une étincelle; son électricité résineuse s'écoule dans le sol. Ensuite en relevant le plateau on le trouve fortement chargé de l'électricité vitrée. On peut répéter l'expérience plusieurs centaines de fois sans qu'il soit nécessaire de donner au gâteau une nouvelle charge avec la peau de chat. Un électrophore peut tenir lieu, en grande partie, d'une machine électrique.

§ 3. — *Loi des attractions et répulsions électriques. Distribution de l'électricité dans les corps. Machines électriques.*

I. Pour reconnaître suivant quelles lois s'exercent les attractions et les répulsions électriques, on se sert de la *balance de torsion* décrite dans la section qui traite du magnétisme, p. 166, excepté qu'on remplace l'aiguille aimantée par une aiguille de gomme-laque terminée par un disque de clinquant, comme nous l'avons dit à la pag. 168, et qu'on place dans la cage en verre une capsule contenant du muriate de chaux pour absorber l'humidité de l'air.

Les expériences faites avec cet appareil démontrent comme loi fondamentale que *les attractions et répulsions électriques sont en raison composée des quantités de fluide, et en raison inverse du carré des distances.*

Dans ces expériences il faut avoir égard à la *perte* que les corps électrisés éprouvent : 1° par l'*air* qui les enveloppe, et qui contient toujours de la vapeur d'eau en plus ou moins grande abondance. Cette perte, dans les jours secs, n'est souvent par minute que $1/60^e$ de la charge moyenne ;

mais elle s'élève quelquefois à $1/20^e$ dans les temps humides ; 2° par les *supports isolants*, qui n'isolent complétement que les faibles charges électriques. Pour atténuer les pertes qu'ils peuvent faire éprouver ces supports ont besoin d'avoir au moins une longueur de 15 à 20 pouces, d'être enduits d'une couche de gomme-laque et chauffés avant les expériences, pour vaporiser l'humidité qui s'est déposée à leur surface.

L'électricité libre développée dans des corps conducteurs vient toujours se distribuer à leur surface, où elle est retenue et arrêtée par la pression de l'air environnant, et où elle n'occupe qu'une épaisseur infiniment petite. Jamais elle ne réside à l'intérieur de ces corps.

La couche de fluide électrique distribué à la surface des corps électrisés, quoique infiniment petite, peut avoir des *épaisseurs diverses* et comparables entre elles.

Un géomètre célébre, Laplace, a démontré que le fluide électrique a une *force qui est partout proportionnelle à son épaisseur*, et que la *pression* qu'il exerce contre l'air, en chaque point de sa surface, est *proportionnelle au carré de l'épaisseur de la couche qui se trouve en ce point.*

Lorsque l'épaisseur de l'électricité est assez grande et que la pression devient considérable en un point d'un corps, l'électricité fend l'air, et s'écoule en faisant jaillir une étincelle et produisant une détonation.

II. Les lois précédentes et les méthodes expérimentales pour les constater ont permis de reconnaître de quelle manière *l'électricité se distribue à la surface des corps de forme quelconque.* Dans une *sphère*, par exemple, l'épaisseur de la couche électrique est constante et partout égale. Sur un *ellipsoïde de révolution*, fig. 66, l'épaisseur n'est plus la même aux différents points de la surface ; elle est beaucoup plus considérable aux deux pôles PP' qu'à l'équateur E, et proportionnelle en ces points aux rayons OP et OE. Les pressions en ces points sont par conséquent entre elles comme les carrés de ces rayons ; et si l'ellipsoïde est très-allongé, de telle sorte que $OP = 100\,OE$, la pression au point P sera 10,000 fois plus grande qu'au point E.

Ainsi, c'est sur les pôles ou les extrémités allongées d'un corps de cette forme que l'électricité doit vaincre la résistance de l'air, et que le fluide électrique doit s'écouler. Or, une pointe aiguë pouvant toujours être considérée comme le pôle d'un ellipsoïde de révolution très-allongé, le fluide qui s'y accumulera, quelque faible que soit la charge, formera toujours une épaisseur assez grande pour vaincre la résistance de l'air et pour s'échapper : aussi *les pointes ont-elles la propriété de laisser écouler tout le fluide électrique dont elles sont chargées.*

C'est sur cette propriété des pointes que sont basées diverses expériences intéressantes de physique, ainsi que la construction de plusieurs machines électriques et celle des paratonnerres.

III. Nous sommes en état actuellement de comprendre la construction, le jeu et l'emploi des machines dont on se sert pour agrandir les effets des phénomènes électriques, et les produire promptement et avec facilité.

On a donné beaucoup de formes diverses aux *machines électriques ;* mais les fig. 67 et 68 représentent en plan et en perspective celle qu'on trouve le plus communément aujourd'hui dans le cabinet des physiciens.

Cette machine, comme toutes celles du même genre, se compose essentiellement d'un corps frotté, d'un frottoir et d'un conducteur isolé.

Le *corps frotté* est une glace circulaire PP', nommée le *plateau*, qui est portée sur un axe XX', et qu'on met en mouvement au moyen de la manivelle M. Ce plateau est couvert de chaque côté, sur deux quarts opposés, de garnitures en taffetas vernis, pour s'opposer à la déperdition de l'électricité à sa surface, par le contact de l'air.

Le *frottoir* est composé de deux paires de coussins élastiques FF', rembourrés avec du crin, couverts en cuir souple, et pressés par des ressorts rr' et des vis vv' contre la surface du plateau. Ces coussins sont recouverts à leur surface d'un amalgame sec de mercure et de zinc, ou de deuto-sulfure d'étain, pour développer une plus grande quantité d'électricité que ne pourrait le faire le cuir frottant seul contre le verre.

Le *conducteur* est en laiton ; sa forme est celle d'un cylindre ou d'une sphère ; et il est isolé sur des colonnes en verre vernies à la gomme-laque Lll'.

Avant de mettre la machine en activité,

il importe de savoir *quelle espèce d'électricité* on veut recueillir.

Pour *recueillir de l'électricité résineuse,* on dispose l'arc mobile AA' du conducteur horizontalement, de manière qu'il touche les coussins dont il reçoit l'électricité résineuse, et l'on élève verticalement l'arc *aa'* qui communique au sol par la chaîne *hh'*.

Veut-on, au contraire, *recueillir de l'électricité vitrée,* on tourne l'arc AA' verticalement, et l'arc *aa'* horizontalement. Alors la machine étant mise en mouvement, l'électricité vitrée s'accumule sur le globe G.

Il faut avoir l'attention, lorsqu'on veut produire la plus grande accumulation d'électricité sur les conducteurs, ou la tension électrique la plus forte que la machine soit susceptible de donner, *d'essuyer* avec des linges secs le plateau et les supports isolants, et de les *sécher,* surtout dans les temps humides, avec un réchaud.

La *tension électrique* que peuvent recevoir les conducteurs dépend de leur étendue, des qualités électriques du plateau, et de sa vitesse de rotation.

Pour augmenter cette tension avec une même machine, on est dans l'usage, dans les cabinets, de suspendre avec des cordons de soie, au plafond de la chambre, des *conducteurs secondaires* qui communiquent entre eux et avec le conducteur de la machine, au moyen de tiges métalliques. Alors tout le système se couvre d'électricité, qu'on peut décharger d'un seul coup en produisant des étincelles plus ou moins fortes, des lames et même des ruisseaux de feu, suivant la puissance de la machine et l'étendue des conducteurs.

§ 4. — *Électricité dissimulée.*

L'électricité qu'on peut recueillir à la surface des corps par les moyens enseignés jusqu'ici ne s'y manifeste pas toujours par les phénomènes extérieurs de la répulsion de l'étincelle et de la commotion; cette électricité, quoique accumulée souvent dans les corps, se trouve parfois *dissimulée,* et n'y donne des signes de son accumulation et de sa présence que lorsque ceux-ci sont soumis à certaines épreuves.

Les appareils dans lesquels on accumule de l'*électricité dissimulée* se nomment des *condensateurs.*

Le *condensateur à plaque de verre* consiste simplement en deux disques conducteurs RV, fig. 69, séparés par une lame mince de verre L*l.* En mettant en communication l'un de ces conducteurs avec une source d'électricité, et l'autre avec le sol, ce dernier se charge, par influence, d'électricité contraire au premier. Si on rompt les communications et qu'on isole le système, les disques R et V offrent à peine quelque trace d'électricité, et les fluides distincts qui s'y sont accumulés s'y trouvent en équilibre et se dissimulent mutuellement.

Dans cet état, si l'on touche un des disques, R, par exemple, qui est chargé de l'électricité résineuse, avec le doigt ou avec un corps en communication avec le sol, aussitôt une portion du fluide qu'il contient s'écoule dans le réservoir commun, et le disque V manifeste au pendule électrique des signes d'une électricité vitrée dont l'excès n'est plus dissimulé par le fluide résineux qu'on a soutiré au disque R. Le même effet se produirait en touchant le disque V, mais alors ce serait de l'électricité vitrée qui s'écoulerait dans le sol, et le disque R qui donnerait des signes d'électricité résineuse libre au pendule électrique.

Si on veut produire une recomposition subite de deux électricités accumulées sur les disques, mais que l'interposition du corps isolant ou de la lame de verre empêche de se précipiter l'une vers l'autre, on prend par ses manches isolants MM' un *excitateur* métallique à charnière *bcb',* on touche l'un des disques R avec la boule *b,* et l'on approche de l'autre disque V la boule *b';* lorsque celle-ci est à une distance de quelques pouces de ce disque, l'étincelle jaillit avec vivacité, l'appareil est déchargé, et les électricités recomposées.

Dans le *condensateur à taffetas,* un taffetas vernissé rêvet un disque en bois, et sert à le séparer d'un plateau conducteur à manche isolant.

Quand on veut faire des recherches délicates sur l'électricité qui se développe dans les corps par simple contact ou par les actions chimiques, on donne la préférence au *condensateur à lames d'or.* Ce condensateur, pl. 6, fig. 72, est un électroscope à lames d'or (*v.* p. 171), sur le conducteur duquel on adapte deux plateaux métalliques minces et bien dressés, enduits d'un vernis à la gomme-laque. Le plateau inférieur est fixe; le supérieur *cc',* nommé plateau col-

lecteur, est mobile et peut être enlevé par un manche isolant *m*.

Pour rendre sensible dans les corps, avec le condensateur, des électricités d'une très-faible tension, et que ne peuvent accuser les électroscopes les plus mobiles, on les fait communiquer avec le plateau inférieur, en même temps qu'on met le plateau collecteur *cc'* en communication avec le sol ; après quelques instants on rompt d'abord cette dernière communication, puis celle des corps, avec le plateau inférieur ; on enlève le plateau supérieur, et aussitôt on voit diverger les lames d'or.

La *bouteille de Leyde* est un appareil construit d'après les mêmes principes que les condensateurs. C'est un vase de verre, fig. 73, à l'extérieur duquel on colle jusqu'à une certaine hauteur une enveloppe mince de métal, or ou étain, et dont l'intérieur est rempli de pareilles feuilles aussi collées ou simplement disséminées. Une tige métallique *t*, terminée en crochet par un bouton B, passe dans le bouchon et sert à porter l'électricité dans l'intérieur. Tout l'espace entre le goulot GG' et l'armature métallique extérieure AA', est verni avec soin.

La bouteille de Leyde, lorsqu'elle est chargée, possède toujours sur ses deux surfaces intérieure et extérieure des électricités opposées, et est par conséquent très-commode pour se procurer à volonté de l'électricité vitrée ou résineuse.

On la *charge* comme un condensateur, c'est-à-dire qu'on fait communiquer sa face ou armature extérieure avec le sol, en tenant à la main la panse de la bouteille, et en mettant le bouton en communication avec le conducteur d'une machine électrique ; ou bien en la tenant par la tige et en présentant la panse aux conducteurs, suivant l'espèce de fluide qu'on veut obtenir à l'intérieur ou à l'extérieur.

On *décharge* la bouteille de Leyde subitement, en mettant en communication son armature extérieure avec le bouton de la tige intérieure, au moyen des deux mains, d'un corps conducteur quelconque, ou, mieux, d'un excitateur, si on redoute la commotion électrique. Les électricités dissimulées et opposées qui recouvrent les deux faces du verre se précipitent l'une vers l'autre, pour recomposer de l'électricité naturelle, en faisant jaillir une étincelle d'autant plus longue et plus bruyante que la bou-

teille présente plus de surface et que la charge a été considérable.

Lorsqu'on veut accumuler beaucoup d'électricité, on forme les bouteilles de Leyde avec de grandes *jarres* en verre, fig. 74, dont tous les intérieurs ou simplement leurs tiges *tt'* communiquent avec un même conducteur métallique qui détermine, quand on le touche, leur décharge simultanée. Cet appareil s'appelle une *batterie électrique* ; on l'établit ordinairement dans une caisse en bois BB', doublée de plomb, et portée sur un support isolant qu'on peut faire communiquer à volonté avec le sol au moyen d'un conducteur métallique.

Plus une batterie contient de verre armé, plus il faut de temps pour la charger, mais plus elle accumule d'électricité à force répulsive égale.

Les effets qu'on peut produire avec ces grands appareils ont beaucoup d'énergie : c'est ainsi qu'on fait rougir, fondre et disparaître en vapeur un fil de fer de plusieurs pouces de longueur, qu'on volatilise l'étain, qu'on brise ou fait éclater des corps mauvais conducteurs, qu'on foudroie des animaux, etc.

La *lumière électrique*, qui se manifeste la plupart du temps lorsque l'électricité naturelle se recompose, et que l'équilibre se rétablit, dépend en général, sous le rapport de son *éclat*, de la tension sur les conducteurs. Sa *teinte* dominante varie aussi suivant les différents corps que les étincelles traversent ou desquels elles sont tirées. Dans l'air atmosphérique et sous la pression ordinaire, lorsque l'électricité sort d'un métal pour entrer dans un autre, sa lumière est blanche ; elle devient violacée si on présente la main à un conducteur métallique électrisé. Si l'un des corps soumis à l'explosion est une plante humide, de l'eau ou de la glace, la lumière est rouge ; enfin, entre les mêmes conducteurs, sa teinte peut varier depuis le blanc le plus éclatant jusqu'au violet le plus tendre, selon la distance à laquelle l'électricité est transmise, et la résistance du milieu qu'on lui fait traverser.

On peut varier à l'infini les phénomènes produits par la lumière électrique, et faire une foule d'expériences curieuses et agréables.

L'électricité n'est pas uniquement développée par le frottement dans les corps : elle l'est encore par la pression ; elle l'est aussi par la chaleur, comme on l'a découvert dans certains minéraux cristallisés qu'on soumet à une élévation de température, et entre autres la tourmaline; et enfin elle l'est par les actions chimiques, et par le contact, ainsi que nous allons le constater dans le paragraphe qui suit.

§ 5. — *Électricité galvanique ou développée par simple contact.*

Un grand nombre de substances agissent réciproquement sur leurs électricités naturelles quand on les met en contact les unes avec les autres. Lorsqu'on essaie de développer de l'électricité par ce moyen entre deux corps seulement, leurs fluides naturels sont décomposés; le fluide vitré passe sur l'un d'eux, tandis que le fluide résineux est refoulé vers l'autre; et ces deux fluides sont ainsi maintenus en présence, à la surface de jonction des corps, sans pouvoir se recomposer.

Cette force de décomposition électrique, qui s'exerce ainsi entre les substances hétérogènes, a été appelée *force électromotrice.*

Parmi toutes les combinaisons que l'on peut faire entre les substances hétérogènes, il y en a où le développement de l'électricité est plus sensible, et la *force électromotrice plus énergique.* Les métaux hétérogènes mis en contact les uns avec les autres sont dans ce cas, et tous sont *bons électromoteurs,* mais avec des différences marquées entre eux. Dans les expériences qui ont pour objet d'étudier ou de constater les phénomènes que présente la force électromotrice, on donne ordinairement la préférence au cuivre et au zinc, au contact desquels cette force se développe avec le plus d'énergie.

L'ensemble de ces phénomènes, dont la découverte ne remonte pas à 50 ans, a constitué dans la physique une nouvelle branche féconde en résultats du plus grand intérêt, à laquelle on a donné le nom de *galvanisme,* en l'honneur de Galvani, médecin à Bologne, qui, en 1789, les observa avec une grande sagacité, mais qui ne put parvenir à en donner une explication satisfaisante, honneur réservé à Volta, professeur de physique à Pavie.

Pour *constater le phénomène fondamental du développement de l'électricité au contact,* on se sert du condensateur à lames d'or et à plateaux en cuivre. Après s'être assuré que cet appareil garde bien le fluide qu'on lui donne, et après l'avoir remis à son état naturel, on établit avec le doigt mouillé une communication entre son plateau supérieur et le sol, et, en même temps, on touche le plateau inférieur avec une lame de cuivre communiquant pareillement avec le sol. On rompt les communications, on enlève le plateau supérieur, et les lames d'or n'accusent la présence d'aucune trace sensible d'électricité. On replace le plateau, et on répète la même expérience, mais en touchant ce plateau avec une lame de zinc. On l'enlève une seconde fois, et on observe aussitôt une divergence très-sensible dans les lames de l'électroscope.

La force électromotrice se *développe instantanément* au contact des substances hétérogènes, et elle est *toujours prête à agir* quand on établit ce contact.

On peut varier l'expérience ci-dessus de bien des manières différentes; mais, quel que soit le mode employé, on trouve constamment que, dans l'état électrique différent où les deux métaux indiqués se mettent par le contact, c'est *le zinc qui acquiert l'électricité vitrée et le cuivre l'électricité résineuse.*

Il y a des corps où le développement de la *force électromotrice est extrêmement faible* ou même insensible : telles sont l'eau pure et les dissolutions salines, même les liqueurs acides mises en contact entre elles ou avec les métaux.

On nomme *pile voltaïque* ou de *Volta* un instrument dont la physique et la chimie ont obtenu les plus étonnants résultats, et qui est construit avec trois corps différents dont deux sont bons électromoteurs, ordinairement le cuivre et le zinc; et le troisième faiblement électromoteur, non métallique, et bon conducteur de l'électricité.

Le cuivre, qui forme l'*élément positif* de la pile, est soudé au zinc, qui en est l'*élément négatif.* Ces deux éléments, ainsi réunis, composent *une paire* ou *un couple.* Le corps *conducteur* est tantôt une rondelle de drap ou de carton imbibé d'eau pure ou de quelque dissolution acide, alcaline ou saline; tantôt la dissolution elle-même.

Si, après avoir composé un couple comme il vient d'être dit, avec deux plaques circulaires de cuivre et zinc, on pose ce couple sur un corps conducteur et communiquant avec le sol par sa plaque de cuivre, la force électromotrice exerçant alors son action dans le couple, le fluide résineux qu'elle développe passe sur le cuivre et s'écoule dans le sol ; le fluide vitré, au contraire, passe sur le zinc et s'y accumule en un instant, jusqu'à sa tension maximum. En recouvrant la plaque zinc avec une rondelle *humide*, l'électricité libre de cette plaque se répand sur la surface de ce conducteur ; mais comme il faut toujours que le zinc possède l'excès d'électricité vitrée que son contact avec le cuivre exige, il le reprendra au cuivre et celui-ci au sol.

Dans cet état, si on pose un deuxième couple sur la rondelle, l'expérience a démontré que, par suite de l'action électromotrice de ce couple, il s'opère dans tout le système une nouvelle décomposition des électricités, et un second état électrique stable, dans lequel la face zinc du deuxième couple se trouve chargée d'une quantité d'électricité double de celle du zinc et de la rondelle du premier couple.

En plaçant une deuxième rondelle humide et un troisième couple, la face zinc de celui-ci aura acquis une quantité d'électricité triple de celle du zinc du premier couple. Un quatrième couple présentera une quantité quadruple, le dixième une quantité décuple, et ainsi de suite.

En *multipliant ainsi les couples* séparés par des rondelles humides, on peut donc construire une pile où l'électricité accumulée sera très-considérable.

Si on soutire, par le contact du dernier couple, une partie de l'électricité libre qui s'y trouve accumulée, cette partie est immédiatement réparée par les nouvelles décompositions qui s'opèrent dans les couples successifs, et la pile est ainsi une *source inépuisable d'électricité.*

Lorsqu'une pile, montée comme nous l'indiquons précédemment, au lieu de communiquer avec le sol par la face cuivre de son premier couple, est au contraire *isolée,* elle présente dans cette disposition d'autres phénomènes curieux.

Dans ce cas, on observe que *le milieu de la pile est à l'état naturel,* tandis que les deux *moitiés opposées sont chargées de fluides de noms contraires,* dont la quantité augmente proportionnellement au nombre des couples, à partir de ce milieu.

Si à l'extrémité de la pile terminée par la plaque zinc, qu'on appelle *l'extrémité zinc* ou *positive,* le *pôle positif* de la pile, on soude un fil conducteur de platine, et qu'on fasse de même sur la plaque cuivre de l'autre bout, qu'on nomme *l'extrémité cuivre* ou *négative,* le *pôle négatif* de la pile, on voit, lorsqu'on rapproche les deux fils à une petite distance, jaillir entre eux une suite d'étincelles qui forment un courant continu. *La pile est donc une batterie sans cesse en activité, et qui ne se décharge jamais.*

Lorsqu'on place les fils conducteurs en contact immédiat, et lorsqu'on *ferme le circuit* de la pile, il n'y a plus d'étincelles ; mais l'appareil n'en est pas moins en activité, l'électricité y *circule* en un *courant continu* capable de produire les effets les plus énergiques.

Ce courant a une *direction* déterminée dans la pile montée comme nous venons de le dire : il *va toujours du pôle positif au pôle négatif,* en passant par le conducteur qui joint les pôles.

La pile que nous venons de décrire, et qui nous a servi à constater les principaux phénomènes que présente cet instrument, se nomme *pile à colonne,* parce qu'on la monte en forme de petite colonne, en plaçant les couples les uns sur les autres (fig. 75) ; mais on a inventé plusieurs autres formes parmi lesquelles nous mentionnerons les suivantes.

La *pile à auges* (fig. 76) consiste en une caisse de bois BB', revêtue à l'intérieur d'un mastic non conducteur, dans laquelle on dispose de champ et parallèlement des couples cuivre et zinc soudés, rectangulaires, et séparés l'un de l'autre par de petites intervalles qu'on remplit d'eau acidulée, et qui remplace les rondelles humides de la pile à colonne. Plusieurs piles semblables réunies composent une *batterie galvanique.*

Dans la *pile de Wollaston,* qui est aujourd'hui la plus usitée, les couples (fig. 77) sont suspendus à une barre horizontale portée sur les bouts de deux montants lorsque la pile est dans l'inaction. Pour la faire fonctionner on descend cette barre dans deux encoches pratiquées au côté des montants, et on fait plonger les plaques dans des vases de verre *vv'* remplis d'eau acidulée, et disposés en lignes sur un plateau. Les couples, dont deux sont représentés en coupe (fig. 78) et plongés dans leurs vases, se composent d'une plaque rectangulaire de cuivre $c\,c'\,c''\,c'''$ plusieurs fois coudée, et emboîtant une lame de zinc $z\,z'$, dont elle est tenue à distance par de petits morceaux de bois ou de liége $b\,b'$. Cette lame de zinc est soudée, comme on le voit, en z avec la plaque de cuivre du couple précédent. Les couples extrêmes portent les fils de platine qui servent à établir le circuit entre les deux pôles de la pile.

Dans la *pile en hélice*, on roule sur un cylindre en bois deux lames, l'une en zinc et l'autre en cuivre, qui sont séparées par des bouts de lisière en drap, et on en forme des couples d'une très-grande surface qu'on fait plonger en nombre plus ou moins grand dans des seaux remplis d'eau acidulée.

Les *effets physiques* de la pile sont extrêmement curieux et intéressants. Avec une pile d'une certaine force on fait rougir au blanc des fils de platine, on liquéfie des fils de cuivre, de fer et d'acier, on volatilise des feuilles d'étain, d'argent et d'or, etc.

Ses *effets chimiques* ne sont pas moins remarquables : elle décompose l'eau en ses deux éléments gazeux, l'hydrogène et l'oxigène, réduit les oxides et même les alcalis, décompose les acides, les dissolutions, et la plupart des corps liquides ou solides, produit des altérations remarquables dans les matières colorantes, et donne naissance à plusieurs combinaisons gazeuses ou à des composés chimiques singuliers.

Enfin, la pile exerce sur les corps organisés des *effets physiologiques* dont l'art de guérir a cherché à tirer parti. Ainsi une pile entre les pôles de laquelle on établit une communication au travers du corps humain produit des commotions plus ou moins fortes, suivant le nombre des couples dont elle se compose, et qui peuvent, au delà de 40 à 50 couples, être assez violentes pour causer des accidents. Le courant qui s'établit ainsi dans les membres du corps humain continue à les agiter aussi long-temps que le corps est interposé dans le circuit. Ce courant produit aussi des mouvements particuliers dans les vaisseaux du corps humain et les fluides qu'ils contiennent ; et dans les cadavres des indivi-

dus récemment privés de la vie il occasione des mouvements extraordinaires dans toute l'organisation, dont on ne peut être témoin sans une sorte de terreur.

Les phénomènes chimiques et physiologiques de la pile exigent la plupart du temps des piles à *grande tension*, c'est-à-dire composées d'un grand nombre d'éléments ; tandis que les phénomènes physiques s'accomplissent toujours, même avec les piles à *petite tension* ou à un petit nombre d'éléments, lorsque ceux-ci ont une grande surface.

Tous les appareils dont il vient d'être question sont des *piles humides* ou *hydro-électriques*, c'est-à-dire, où les éléments électromoteurs sont immergés ou baignés par un liquide ; mais on construit aussi des *piles sèches*, où les éléments sont encore des substances métalliques, mais où le corps conducteur qu'on interpose est un corps solide, sec, ou très-légèrement humide.

La meilleure disposition pour construire ces piles est celle indiquée par Zamboni. On prend des feuilles de papier un peu fort, et d'un côté on y colle une feuille de zinc ou d'étain laminé et ensuite battu ; sur l'autre côté on étale avec un bouchon du peroxide de manganèse porphyrisé très-fin ; on superpose plusieurs de ces feuilles ; puis, avec un emporte-pièce de 12 à 15 lignes de diamètre, on enlève à chaque coup autant de disques qu'il y a de feuilles ; on pose ces disques les uns sur les autres dans le même ordre et on en fait des piles de 500, 1000 ou 2000 couples qu'on presse vigoureusement et qu'on enduit d'une couche de gomme-laque.

Les piles sèches ont, à nombre égal de couples, une tension infiniment moindre que celles chargées avec l'eau acidulée ; et une pile de Zamboni de 2000 paires ne produit aucune décomposition chimique et ne donne pas de commotion ; seulement, comme elles se conservent pendant très-long-temps en activité sans s'affaiblir sensiblement et sans se détériorer, on s'en sert quelquefois pour faire des appareils de physique amusante, qu'on nomme *mouvements perpétuels*.

SECT. VII. — ÉLECTRO-MAGNÉTISME.

Nous avons étudié dans la section précédente les phénomènes que présente l'électricité en mouvement, et nous avons vu comment on parvient à la faire circuler en rapprochant jusqu'au contact les fils conducteurs en platine qui sont soudés aux extrémités positive et négative d'une pile galvanique isolée.

Maintenant nous allons démontrer que *les fluides électriques, lorsqu'ils sont en mouvement, agissent sur le magnétisme* et réciproquement, et rechercher d'après quelle loi cette action s'exerce.

La découverte de cette propriété remarquable de l'électricité en mouvement ne date que de 1820. Elle est due à M. OErsted, professeur à Copenhague; en peu d'années elle a enrichi la physique d'une foule de faits nouveaux et intéressants qui ont formé dans cette science cette nouvelle branche à laquelle on a donné le nom d'électro-magnétisme. Commençons par exposer comment on constate ces faits au moyen des expériences les plus simples.

I. On monte une pile galvanique, on rapproche au contact les fils conducteurs soudés à ses pôles, et aussitôt l'électricité circule dans l'appareil et les fils sont traversés par un courant. Si, lorsque ce courant est établi, on en approche une aiguille aimantée librement suspendue, on la voit qui s'agite et éprouve une foule d'oscillations singulières.

Pour reconnaître d'après quelle loi ces mouvements se produisent, prenons une aiguille aimantée, librement suspendue AB (fig. 79 et 80), et abandonnons-la à elle-même; elle s'arrêtera après quelques oscillations dans le plan du méridien magnétique. Neutralisons l'action directrice que la terre exerce sur cette aiguille (voy. p. 160) en plaçant horizontalement dans le plan du méridien magnétique et sur le prolongement de l'aiguille, et à une distance convenable, un barreau aimanté, tournant vers elle son pôle répulsif ou de même nom, et faisons passer parallèlement *au-dessus* de l'aiguille les fils conducteurs CC' d'une pile galvanique fermée ou comme on dit un *courant rectiligne* et dirigé de C en C', ou du *Sud au Nord* (voy. pag. 176). Le pôle austral A de l'aiguille est alors dévié à l'*Occident*, et prend à l'*Ouest* une direction A"B", fig. 80.

Enlevons maintenant le fil conducteur et laissons l'aiguille revenir dans le méridien magnétique; puis approchons de nouveau le fil conducteur, mais en le retournant pour que le courant aille de C" en C ou du

Nord au Sud. Alors le pôle austral de l'aiguille est écarté à l'*Orient* et prend à l'*Est* la direction A'B'.

Répétons enfin ces deux expériences, mais en faisant passer le fil conducteur horizontalement *au-dessous* de l'aiguille et dans le plan du méridien magnétique; alors nous observerons des phénomènes inverses; le pôle austral de l'aiguille sera dévié à l'Orient quand le courant ira du Sud au Nord, et à l'Occident quand il marchera du Nord au Sud.

La force qui produit la déviation de l'aiguille aimantée a été appelée *force électro-magnétique*. On a reconnu que c'était une force *directrice* qui tend toujours à tourner l'aiguille perpendiculairement au fil conducteur et à *diriger sa ligne des pôles en croix avec le courant*.

La déviation de l'aiguille aimantée du méridien magnétique ou l'angle mesuré par les arcs AA', AA" augmente ou diminue suivant qu'on approche ou qu'on éloigne le courant de l'aiguille, et on a démontré comme loi fondamentale, que *l'intensité de la force électro-magnétique est en raison inverse de la distance*.

Disposons maintenant près du pôle austral d'une aiguille aimantée placée dans le méridien magnétique AB (fig. 82), un fil conducteur vertical dont on voie la coupe en C. Lorsque le courant d'électricité qui traverse ce fil sera ascendant, l'aiguille sera déviée à l'Ouest et prendra la direction A'B' (fig. 80), et lorsqu'il sera descendant, elle le sera à l'Est et se dirigera suivant A"B". Plaçons le fil vertical en C' près du pôle boréal, et alors lorsque le courant sera ascendant ce pôle sera chassé à l'Est, et l'aiguille prendra la direction A'B', et lorsqu'il sera descendant la direction A"B". Ainsi dans ces deux positions du fil, les courants ascendants concourent à donner à l'aiguille une même direction, et il en est de même des courants descendants.

Actuellement, si on plie le fil conducteur sous la forme d'un rectangle CDEFG (fig.83), qu'on place au centre de ce carré une aiguille aimantée *ab* et qu'on dispose l'appareil dans le méridien magnétique, le courant qui entre en C et qui parcourt la portion CD du fil fera dévier le pôle austral de l'aiguille à l'Ouest, ou en avant et perpendiculairement au plan de la figure; et, descendant par le côté DE, il concourra au même effet, et il en sera de même quand il parcourra les portions EF et FG du fil. Ainsi, sous l'influence de ce *circuit*, l'aiguille tournera avec énergie son pôle austral à l'Est et tendra à se placer perpendiculairement au plan du courant.

Un deuxième circuit de même intensité et allant dans le même sens produirait un effet égal ; il en serait de même d'un troisième, d'un quatrième ou d'un centième, et un fil conducteur qui ferait ainsi cent tours sur lui-même, produirait, lorsqu'il est traversé par un même courant, un effet cent fois plus grand qu'un fil d'un seul tour.

C'est sur ce principe que repose la construction des *appareils multiplicateurs* dont on fait un si fréquent usage dans les expériences électro-magnétiques, pour rendre sensible et constater le développement de l'électricité qui a lieu au contact des corps, dans les combinaisons chimiques ou par l'action des aimants, et pour en déterminer l'espèce.

L'appareil de ce genre le plus généralement employé est le *galvanomètre* ou *multiplicateur* de Schweiger, qui consiste en un fil d'argent ou de cuivre de 25 à 30 mètres de longueur et de quelques dixièmes de millimètre de diamètre, revêtu dans toute son étendue d'un fil de soie enroulé très-serré. Ce fil métallique est envidé sur un petit châssis en bois *mnop* (fig. 84), à l'exception des deux extrémités *fg*, *ig'*, qui forment les deux *fils du multiplicateur*, par l'un desquels entre le courant pour ressortir par l'autre. L'aiguille aimantée *ab* est suspendue à un fil de cocon *s*; et pour diminuer la force directrice de la terre sur elle, on place à l'extérieur du châssis *mnop* une deuxième aiguille aimantée *a'b'* dont les pôles sont opposés à ceux de la première. Tout l'appareil est recouvert d'une cage en verre HH' pour le garantir des agitations de l'air.

Quelquefois on partage le fil multiplicateur en plusieurs paquets dont les extrémités sont dépouillées de soie et réunies en un faisceau terminé par un fil unique, comme on le voit dans la figure. La garniture de soie sur ce fil a pour but d'en isoler les circonvolutions et d'empêcher que l'électricité ne saute de l'une sur l'autre.

Pour faire une expérience avec le multiplicateur, on place le châssis dans le méridien magnétique de manière que les aiguilles aimantées soient dans ce plan ; on

fait circuler le courant, et un index marque sur un cercle gradué la déviation de l'aiguille ou l'intensité du courant qui la produit.

II. L'analogie que les expériences précédentes révèlent entre le magnétisme et l'électricité en mouvement a dû faire chercher aux physiciens si on ne pourrait pas faire produire à l'un de ces deux fluides des effets identiques à ceux qu'on obtient avec l'autre. C'est en effet ce qu'on est parvenu à démontrer pour les phénomènes principaux qu'ils présentent tous deux ; et à cet égard nous citerons les faits suivants ; mais sans donner le détail des expériences qui ont servi à les constater, parce qu'elles sont souvent difficiles et délicates, ni l'explication des appareils qui la plupart du temps ont une forme très-compliquée.

On aimante des aiguilles de fer et d'acier en les plaçant perpendiculairement à la direction d'un courant galvanique. Pour obtenir des effets plus énergiques on enroule le fil conducteur en hélice sur un tube de verre, on place l'aiguille dans ce tube, on fait passer le courant d'une extrémité à l'autre du tube ; en un instant l'aiguille est fortement aimantée.

Par l'électricité ordinaire on aimante aussi les substances magnétiques, soit en la faisant écouler en courant continu par des conducteurs droits ou en hélice, soit en transmettant à ces substances les décharges de batteries galvaniques qui traversent des fils droits ou des hélices à pas plus ou moins serrés.

On parvient à tirer des étincelles électriques des aimants naturels ou artificiels. Ces aimants n'ont pas même besoin pour cela d'être d'une grande force ; mais il convient alors d'accroître leurs effets au moyen d'un fil multiplicateur.

Les aimants exercent une action sur les courants, et sont capables de les mouvoir et de les diriger. On est parvenu à démontrer ce fait en donnant, par des dispositions ingénieuses, une grande mobilité aux courants, pour les rendre sensibles, comme des boussoles, à l'influence soit du magnétisme terrestre, soit des aimants.

C'est au moyen de ces dispositions qu'on a constaté que, *sous l'influence du magnétisme terrestre :*

1° Un conducteur de forme simple, par exemple plié en rectangle ou courbé en cercle, suspendu verticalement et très-mobile, qu'on faisait traverser par un courant électrique, tournait jusqu'à ce que son plan fût perpendiculaire à celui du méridien magnétique;

2° Que si on faisait passer le courant en sens inverse dans ce conducteur il faisait une demi-révolution pour venir se placer dans le même plan que précédemment, mais en sens inverse;

3° Qu'un conducteur de la forme décrite, placé en équilibre et mobile sur un axe horizontal et perpendiculaire au méridien magnétique, ne restait en repos, lorsqu'on y fait circuler un courant, que lorsque son plan est perpendiculaire à la direction de l'aiguille d'inclinaison;

4° Que les *aimants naturels* ou *artificiels* produisent sur les conducteurs mobiles des effets de direction analogues à ceux du magétisme terrestre, c'est-à-dire que ces conducteurs ou courants, après quelques oscillations, se placent dans une direction à angle droit avec la ligne des pôles de l'aimant, lorsqu'on a eu soin de soustraire ces conducteurs à l'influence toujours active de la terre.

Enfin, en recherchant l'action des courants sur les courants, on a observé, lorsqu'on les soustrait à l'influence terrestre, que les *courants parallèles exercent les uns sur les autres des attractions et des répulsions*, et en cherchant la loi qui lie les phénomènes on a trouvé que *deux courants parallèles qui vont dans le même sens s'attirent, et qu'ils se repoussent lorsqu'ils marchent en sens contraire.*

III. Le contact des métaux ne constitue pas le seul moyen connu pour produire des courants électriques, et on a découvert depuis peu que la chaleur, les actions chimiques et moléculaires, produisaient aussi le même phénomène.

Pour démontrer que *la chaleur produit dans les métaux des courants électriques,* on fait usage de l'appareil fig. 85, qui se compose d'un cylindre A de bismuth ou d'antimoine, soudé à la soudure ordinaire entre les branches d'une lame de cuivre L'ML, pliée comme on le voit dans la figure, et dont la branche M est garnie de soie ou d'étoffe pour la tenir à la main.

Dans son état naturel, ce circuit est sans action sur une aiguille aimantée; mais si on chauffe une des soudures, il devient à l'instant, dans tous ses points, capable d'imprimer des mouvements à des aiguilles aimantées. Si c'est la soudure inférieure qui a été approchée d'un corps chaud ou seulement touchée à la main, l'appareil exerce sur l'aiguille les mêmes actions qu'exercerait un courant traversant le circuit dans le sens MLA des flèches inférieures; et si c'est la soudure supérieure, on obtient le même effet, mais en sens inverse, et le courant se dirige alors suivant le sens de la flèche supérieure. En portant les deux soudures à la même température, les effets opposés se détruisent.

Les phénomènes de l'électricité en mouvement qu'on observe dans les métaux par les seules variations de température sont connus sous le nom de *phénomènes thermo-électriques.*

Les physiciens, en répétant l'expérience précédente avec divers métaux, ont observé que, dans le circuit, les uns se montraient constamment positifs par rapport à un certain nombre d'entre eux, et négatifs par rapport à d'autres; et ils ont cherché à les classer en une série en partant du métal le plus positif, et en finissant par celui qui est le plus négatif. Le bismuth et l'antimoine sont les deux termes extrêmes de cette série; les autres métaux sont intermédiaires.

En partant de cette observation, ils ont formé, avec le bismuth et l'antimoine, des couples qui, lorsqu'on applique la chaleur à leurs points de jonction ou de soudure, donnent aussitôt des indices de tension électrique. En multipliant ces couples ils ont monté ainsi des *piles thermo-électriques,* appareils où il n'entre que des métaux, et qui sont propres à accumuler des tensions électriques au moyen des variations de température.

On a donné plusieurs formes diverses aux piles thermo-électriques, et en les unissant à des multiplicateurs, on en a construit des appareils *thermo-multiplicateurs,* dont on s'est servi avec avantage pour mesurer des différences très-peu considérables de température dans les expériences délicates sur la température des eaux à une grande profondeur, sur la chaleur, les actions chimiques, la température des diverses parties du corps de l'homme et des animaux, et la différence de température du sang artériel et du sang veineux dans l'un et chez les autres, la polarisation de la chaleur, etc.

C'est par ce moyen, ou avec des appareils analogues, qu'on a reconnu qu'il se développe de l'électricité dans la combinaison des corps entre eux, et dans toutes les affinités moléculaires; que l'évaporation des liquides, le mélange des gaz, la cristallisation des corps solides et leur dissolution dans les liquides, l'action des végétaux sur l'oxigène de l'air, et une foule d'autres phénomènes physiologiques, donnaient constamment lieu à un dégagement de fluide électrique, dont on est parvenu dans plusieurs cas à mesurer la tension.

Dans les combinaisons chimiques, les deux corps qui sont en présence se mettent dans un état électrique opposé : l'un se constitue dans un état électro-positif, et l'autre dans un état électro-négatif.

La connaissance de ce fait a donné lieu à des applications utiles, parmi lesquelles nous citerons la *conservation du doublage en cuivre des bâtiments et navires*, que l'eau de mer corrode en peu de temps, et qu'on parvient à protéger contre son action en rendant électro-négatif le cuivre, qui, quand il est seul, agit comme le pôle positif d'une pile pour décomposer l'eau, et en le mettant en contact avec des lames de zinc, de fer ou de fonte, métaux qui sont électro-positifs avec lui.

Les travaux les plus modernes des physiciens paraissent avoir démontré qu'il y a *identité entre les électricités, quelle que soit leur origine*. 1° L'*électricité des machines* a une tension très-considérable, puisqu'elle traverse des couches d'air de 20 à 24 pouces; mais son intensité est faible, elle ne décompose qu'un petit nombre de substances, et dévie à peine l'aiguille aimantée. 2° L'*électricité galvanique* d'un petit nombre d'éléments a une tension faible; mais elle produit les phénomènes électro-magnétiques les plus intenses, et décompose le plus énergiquement les corps. 3° La *thermo-électricité* a une tension faible, et, multipliée cinquante fois, elle ne décompose pas les liquides; mais sa quantité est assez considérable, puisqu'elle dévie fortement l'aiguille aimantée. 4° Enfin l'*électricité magnétique* donne de fortes étincelles, et a une faible force de décomposition.

SECT. VIII. — ACTIONS MOLÉCULAIRES.

Nous avons défini (voy. p. 129) ce qu'on nomme en physique forces, actions ou attractions moléculaires; nous nous proposons ici d'étudier deux de ces forces, qui donnent lieu à des phénomènes particuliers.

I. *Capillarité.* Lorsqu'on plonge un tube de verre dans l'eau, on remarque qu'il y a ascension, c'est-à-dire que la colonne liquide qui pénètre dans ce tube *s'élève au-dessus du niveau extérieur* (fig. 86). Si on le plonge dans du mercure, on observe au contraire qu'il y a *dépression*, ou que ce métal *reste dans le tube au-dessous du niveau extérieur*.

La force moléculaire qui agit pour soulever ou déprimer les colonnes liquides a reçu le nom de *capillarité*.

Plus les diamètres intérieurs des tubes sont fins, et plus les différences de niveau sont considérables; c'est ce qu'on exprime par cette formule : que *les longueurs des colonnes soulevées ou déprimées dans les tubes sont en raison inverse du diamètre de ceux-ci*.

On observe des phénomènes de *capillarité* souvent analogues, mais compliqués, en plongeant dans les liquides des tubes de verre placés concentriquement les uns dans les autres, des plans ou des lames verticales parallèles entre elles ou formant divers angles, des tubes prismatiques et coniques à l'intérieur, et même des plans ou solides quelconques, verticaux ou inclinés, près du contact desquels la surface du liquide éprouve une déformation ou courbure plus ou moins sensible.

Il y a *ascension* quand le liquide mouille la surface du corps qui s'y trouve plongé, et *dépression* quand il ne la mouille pas.

La capillarité dépend seulement de la nature des fluides, et non des solides.

Le sommet de la colonne liquide dans un tube capillaire où il y a ascension est *concave* (fig. 88), et il est *convexe* quand il y a dépression (fig. 89).

De même, la *courbure* que prend la surface d'un liquide près du contact des corps plans ou courbes qu'on y plonge, présente sa *concavité* lorsque le liquide peut mouiller leur surface (fig. 86 et 90), et sa *convexité* dans le cas contraire (fig. 87 et 91).

Deux corps plongés dans un liquide et rapprochés jusqu'à ce que les courbures que prend le liquide près de leur surface se croisent, *sont attirés l'un vers l'autre si ces courbures sont dans le même sens, et sont repoussés quand elles sont en sens contraire.*

On constate aisément ces effets, en faisant flotter sur l'eau de petites balles de liége LL' ou de bois qui se mouillent, et des balles CC' de cire qui ne se mouillent pas. La figure 92 indique la combinaison deux à deux de ces balles, et les flèches les mouvements d'attraction ou de répulsion qu'elles éprouvent.

Lorsqu'on pose un disque solide sur la surface d'un liquide qui peut le mouiller, il y adhère, et on ne peut plus le soulever horizontalement sans *éprouver une résistance* plus considérable que si le disque était dans l'air. Si on cherche à vaincre cette résistance on voit, en soulevant le disque, qu'il entraîne jusqu'à une certaine hauteur une colonne liquide.

Quand le liquide ne mouille pas la surface du disque, on n'en éprouve pas moins encore une résistance toujours plus grande que dans l'air.

Les physiciens admettent que ces effets d'adhésion, ainsi que les phénomènes capillaires, sont dus à une *force de cohésion* attractive et particulière entre les molécules liquides, et à une force d'*adhésion* ou autre force attractive qui agit entre les molécules des solides et des liquides.

Ces forces attractives varient avec les divers liquides et suivant leur densité et leur température ; elles décroissent avec une extrême rapidité, et sont nulles à des distances sensibles.

La capillarité produit dans la nature et explique un très-grand nombre de phénomènes curieux : tels sont *l'absorption* que les corps poreux exercent sur les liquides qui peuvent les mouiller, la *filtration* des liquides à travers des papiers, du sable, des charbons ; *l'ascension* de la sève dans les végétaux, les *phénomènes d'absorption* qu'on observe dans le règne végétal et chez les animaux, etc.

II. *Élasticité.* A. Nous avons déjà reconnu que l'élasticité était une propriété générale des corps, et nous avons étudié (p. 140) suivant quelle loi elle s'exerce sur *l'air* et les *substances gazeuses.*

B. Pour s'assurer de l'*élasticité des liquides,* on les soumet comme les gaz à des pressions graduées au moyen d'un appareil qu'on a nommé *piézomètre,* et qui permet de voir la diminution de volume correspondante. Avec cet instrument, on a trouvé que l'eau, pour une pression de l'atmosphère, se comprime seulement des quarante-cinq millionièmes de son volume primitif, et que cette *compressibilité était proportionnelle à la force comprimante jusqu'à soixante-dix atmosphères,* qui a été la limite des expériences.

Il y a des liquides *moins compressibles* encore que l'eau : tel est le mercure, dont la compressibilité est environ de deux à trois millionièmes seulement de son volume primitif pour chaque atmosphère ; il y en a d'autres qui sont *plus compressibles*, comme l'éther sulfurique, où la compressibilité s'élève probablement au delà de 100 millionièmes.

Les liquides, comme les *gaz, reprennent exatement leur volume primitif* aussitôt qu'on fait cesser la compression.

Jusqu'ici on n'est pas parvenu à rendre bien sensible et à mesurer la *chaleur* qui se dégage pendant la pression des liquides.

C. L'*élasticité des solides* peut être constatée, soit en les soumettant à des *pressions,* soit en les *allongeant,* les faisant *fléchir* ou les *tordant.*

1° Les corps solides ont une limite de *compressibilité* ou d'élasticité au delà de laquelle ils ne reprennent plus leurs dimensions primitives après qu'on a fait cesser la compression ; au-dessus de cette limite on admet qu'ils sont parfaitement élastiques, mais les expériences directes ne l'ont pas encore démontré.

On a un exemple frappant de cette élasticité imparfaite des solides, dans les métaux qu'on *écrouit* au marteau ou au balancier, et qui sous le choc diminuent de volume et augmentent de densité.

Un corps solide qu'on soumet à une pression inégale sur tous les points de sa surface, et supérieure à la limite de sa compressibilité, *s'écrase* sous cette pression.

Les divers corps solides opposent des résistances très-différentes à l'écrasement, et on a dressé expérimentalement des tables de ces résistances. Par exemple, un cube de 5 centimètres de côté en basalte d'Auvergne n'est écrasé que par un poids de 51,945 kilogrammes ; en marbre noir de Flandre, de 19,719 kilogrammes ; en marbre blanc statuaire, de 8,176 kilogrammes ; en pierre dure à bâtir, de 3,536 kilogrammes ;

et en pierre tendre, de 575 kilogrammes, etc.

2° Un corps solide travaillé en fils, tiges ou barres, *tiré* dans certaines limites *dans le sens de son axe,* s'allonge et diminue de diamètre, puis revient à ses dimensions primitives quand la traction cesse.

Au delà de ces limites il reste allongé et d'un moindre diamètre que précédemment, et si la traction devient plus considérable, il se rompt tantôt brusquement dans toute sa largeur, tantôt lentement en s'amincissant de plus en plus.

La résistance que les corps opposent à la rupture lorsqu'ils sont tirés dans le sens de leur longueur s'appelle *ténacité.* On a dressé des tables de la ténacité des métaux, et on y trouve que le fil de fer non recuit, de 1 millimètre carré de section, ne rompt que sous un poids de 60 à 68 kilogrammes; le fer en barres, 40 à 45 kilogrammes ; le cuivre rouge laminé, 21 kilogrammes; le plomb laminé, 1,35 kilogrammes, etc.

3° Un corps solide encastré par un de ses bouts ou posé sur deux appuis, et qu'on soumet à la *flexion* dans les limites de son élasticité, reprend exactement sa forme dès que la cause a cessé ; nous aurons occasion, dans l'acoustique, d'étudier les phénomènes que présentent certains corps dans cette circonstance.

4° Enfin, les corps solides tirés en fils très-fins, soumis à la *torsion,* reviennent avec régularité reprendre leur position primitive quand la torsion est exercée dans les limites de leur élasticité; et c'est sur cette propriété qu'on a construit l'instrument délicat que nous avons nommé balance de torsion.

Quand les fils ne sont pas très-fins et que ce sont des barres ou des lames, les phénomènes sont très-compliqués, et il n'y a que l'expérience qui puisse, dans ce cas, faire connaître les résistances que les corps, sous cet état, opposent à la torsion.

SECT. IX. — ACOUSTIQUE.

§ 1ᵉʳ. — *Son, sa production et sa vitesse dans les corps, sa réflexion.*

L'acoustique est une branche de la physique qui a pour objet l'étude des lois suivant lesquelles le *son* se produit dans les corps et se transmet ensuite à nos organes.

I. *Le son est un mouvement ou un ébranlement particulier excité ou produit dans la matière pondérable.* Là où il n'y a pas de matière pondérable, dans le vide, par exemple, il n'y a plus de véhicule du son.

On peut s'assurer aisément de cette vérité en prenant un grand ballon de verre, pl. 7, fig. 93, portant une tubulure munie de robinets, et en y suspendant au centre une clochette avec des fils de chanvre non tordus. En fermant les robinets et en agitant légèrement le ballon, le battant de la clochette vient frapper ses bords, et on entend très-distinctement les sons à travers les parois du verre ; mais si au moyen d'une petite pompe on enlève l'air intérieur du ballon, le son s'affaiblit à mesure qu'on extrait cet air, et lorsque le vide est fait on ne perçoit plus aucun son, avec quelque force qu'on agite la clochette.

On peut répéter et varier de bien des manières cette expérience, avec la machine pneumatique décrite à la page 141.

On acquiert une preuve bien convaincante de cette vérité lorsqu'on monte sur les hautes montagnes ; là l'intensité des sons s'affaiblit de plus en plus par suite de la diminution successive de la densité des couches d'air, à mesure qu'on s'élève.

Les autres *fluides élastiques,* les *liquides* et les *solides,* jouissent également de la propriété de transmettre les sons.

Les corps qui rendent ainsi des sons lorsqu'on les ébranle sont dits *corps sonores.*

II. Pendant tout le temps que les corps sonores rendent des sons, ils *accomplissent des oscillations* qu'on peut rendre sensibles aux yeux de diverses manières. En plaçant, par exemple, de petits chevrons de papiers sur la corde d'un violon qu'on pince ou qu'on frappe, on voit aussitôt ces chevrons se trémousser vivement, et même être jetés à quelque distance par les oscillations de la corde. Ces oscillations sont appelées, en acoustique, *vibrations.*

Les physiciens admettent aujourd'hui que chaque vibration d'un corps sonore excite dans l'air une *ondulation* d'une longueur déterminée qui se propage de proche en proche, suivant des lois que la théorie a déterminées, jusqu'aux organes des sens qui sont destinés à en transmettre les impressions au cerveau.

La série des points de l'air qui sont agités dans une ondulation constitue une onde sonore.

L'oreille distingue aisément plusieurs qualités de sons : ainsi elle sait faire la différence entre les *sons graves* et les *sons aigus*, entre les *sons faibles* et les *sons forts* ou *renflés*, et entre ceux qui sont plus ou moins *éclatants*.

Le rapport de gravité ou d'acuité entre deux sons est ce qu'on appelle le *ton ;* on désigne par le mot *intensité* le degré de la force ou de la faiblesse ; et on nomme *timbre* une certaine qualité physique qu'on n'a pas encore suffisamment caractérisée.

III. *Quel que soit le ton, l'intensité ou le timbre des sons, l'expérience a démontré qu'ils se propagent dans l'air avec la même vitesse.* Cette vitesse du son est de 340 mètres par seconde à la température de 16° centigrades ; ramenée à celle de 10°, elle serait de 337 mèt. ; et de 331 mèt. seulement à 0 de température, pendant le même espace de temps.

IV. Le son, en se propageant dans l'air, est susceptible, comme la lumière, de *se réfléchir* à la surface des divers milieux.

On nomme *écho* la réflexion totale ou partielle que les ondes sonores éprouvent lorsqu'elles rencontrent des obstacles.

Lorsqu'une onde sonore vient frapper une surface plane SS', fig. 94, la réflexion s'accomplit toujours dans une direction telle, que l'angle de réflexion PIR ou l'angle que la direction réfléchie IR fait avec la perpendiculaire PI au point d'incidence I, est égal à l'angle d'incidence DIP, c'est-à-dire à l'angle que la direction de l'onde incidente DI fait avec la perpendiculaire au point I.

Ainsi un observateur placé en quelque point de la ligne RI entendra le son comme s'il était produit en I ou sur le prolongement de RI.

Il n'est pas nécessaire que la surface sur laquelle viennent frapper les ondes sonores soit plane, dure et polie, pour les réfléchir ; elles se réfléchissent encore sur les surfaces ayant toutes les formes possibles, et sur celles où la densité est plus considérable que celles du milieu où elles se propagent.

Lorsqu'un écho renvoie le son au point de départ, c'est que les ondes sonores tom-

bent perpendiculairement sur la surface réfléchissante, qui doit être alors un plan ou une surface concave dont le centre ou foyer est au point de départ.

C'est par le principe de la réflexion des sons qu'on explique la résonnance des lieux voûtés, des grandes cavités de l'intérieur des bâtiments, ainsi que les propriétés singulières des voûtes rondes ou elliptiques pour transmettre le son aux extrémités de leurs diamètres ou à leurs foyers, et qu'on se rend raison de la construction des instruments appelés *porte-voix*, qui servent à transporter la parole à une grande distance, des *cornets acoustiques* qui facilitent la perception des sons éloignés ou les rendent sensibles pour les personnes qui ont l'organe de l'ouïe peu délicat, etc.

La vitesse du son dans les *autres gaz* ou mélanges de gaz n'est pas la même que dans l'air ; les géomètres ont donné dans ce cas une formule pour la calculer.

VI. Dans l'*eau*, la vitesse du son a été trouvée, par expérience, de 1435 mèt. par seconde à 10° de température. On s'en est servi pour en déduire par des formules mathématiques la vitesse du son dans les autres *liquides*.

VII. La vitesse du son dans les *solides* a été obtenue par des méthodes théoriques et expérimentales. Ces dernières ont montré que cette vitesse était de 2266 mèt. par seconde dans le fanon de baleine, 2550 dans l'étain, 3060 dans l'argent, 3624 dans le laiton et le chêne, 4080 dans le cuivre rouge, 5664 dans le verre, le fer et l'acier ; et 6120 dans le bois de sapin.

§ 2. — *Vibrations sonores dans les corps.*

On parvient non-seulement à exciter des vibrations dans l'air par les oscillations des cordes tendues, mais on en produit encore par celles des lames, des tiges, des tubes, des cylindres, des plaques, des membranes, des solides quelconques, en brisant une lame mince d'air contre un bord tranchant, par l'explosion des matières fulminantes, les changements de dimensions ou de volumes produits dans les corps par des alternatives de température, etc. Nous allons étudier les phénomènes que présentent, parmi ces modes divers, ceux qu'on met le plus communément en usage pour produire des vibrations sonores dans l'air.

I. Lorsqu'une corde métallique est tendue

fortement dans le sens de sa longueur, elle prend une direction sensiblement rectiligne; et si dans cet état on l'écarte de cette direction et qu'on l'abandonne, elle tend à y revenir, en faisant de part et d'autre un grand nombre de vibrations que l'œil peut apercevoir, mais qui sont trop rapides pour être comptées.

Si on écoute attentivement le son que cette corde rend dans cet état, puis qu'on diminue sa longueur, le son change aussitôt de ton; et il en sera de même lorsqu'on augmentera sa tension ou qu'on la remplacera par une corde d'un diamètre plus fort ou d'une densité plus considérable.

On admet, et l'expérience le démontre, qu'à mesure que le son *monte* ou devient plus aigu dans une corde ainsi tendue et en mouvement oscillatoire, le nombre de ses vibrations augmente; et qu'il *s'abaisse* ou devient plus grave lorsque le nombre des vibrations diminue. Il y a donc une relation entre le son de la corde, sa longueur, sa tension, sa nature, et la rapidité des vibrations.

On est parvenu, par le secours de l'analyse mathématique, à déterminer cette relation, que l'observation seule eût difficilement permis d'établir; et parmi les résultats qui ont été trouvés pour exprimer les lois des cordes vibrantes, nous citerons seulement les suivants:

1° *Les nombres des vibrations d'une corde sont en raison inverse de sa longueur*, c'est-à-dire qu'une corde qui vibre dans toute sa longueur et dont le nombre des vibrations pendant un certain temps est représenté par 1, fera dans le même temps des nombres de vibrations représentées

Noms des sons:	ut	ré	mi	fa	sol	la	si	ut
Longueur des cordes:	1	$\frac{8}{9}$	$\frac{4}{5}$	$\frac{3}{4}$	$\frac{2}{3}$	$\frac{3}{5}$	$\frac{8}{15}$	$\frac{1}{2}$

Et comme nous venons de voir que le nombre des vibrations d'une corde est en raison inverse de sa longueur, en représentant par 1 le nombre des vibrations de la

Noms des sons:	ut	ré	mi	fa	sol	la	si	ut
Nombre des vibrations:	1	$\frac{9}{8}$	$\frac{5}{4}$	$\frac{4}{3}$	$\frac{3}{2}$	$\frac{5}{3}$	$\frac{15}{8}$	2

Ainsi, quand deux sons sont à *l'octave*, l'intervalle de *ut* à *ut*, par exemple, le nombre des vibrations du plus aigu est double du nombre des vibrations du plus grave; pour la *tierce* ou l'intervalle de *ut* à *mi*, le

par 2, 3, 4, etc., lorsque, sans changer sa tension, on ne fera vibrer que la moitié, le tiers ou le quart de sa longueur.

2° *Les nombres des vibrations d'une corde sont proportionnels aux racines carrées des poids qui les tendent;* c'est-à-dire qu'en représentant par 1 le nombre des vibrations d'une corde qui est tendue par un poids 1, ce nombre de vibrations dans un même temps deviendra 2, 3, 4, etc., quand, sans changer sa longueur, on la tendra par des poids 4, 9, 16, etc.

Pour vérifier ces lois et répéter les expériences que les physiciens ont faites sur les cordes vibrantes on se sert d'un instrument appelé *monocorde* ou *sonomètre*, qui consiste (fig. 95) en une corde à boyau ou en métal, ou les deux réunies, attachées à un crochet C, passant sur les chevalets fixes FF' et sur une poulie mobile M, puis venant s'attacher à un autre crochet C', auquel on suspend un poids P. Un chevalet mobile HH' peut glisser sous la corde sans la toucher, et être arrêté où l'on veut; pour réduire la longueur de la corde, il suffit de la presser avec le doigt sur l'arête T du chevalet. La caisse SS' sert à renforcer le son.

On peut supposer maintenant, la corde étant convenablement tendue pour rendre à vide un son pur, qu'on prend ce son pour point de départ ou pour l'*ut*, et qu'on cherche ensuite à obtenir toutes les notes de la *gamme* en avançant le chevalet. Si dans cette expérience on représente par 1 ou l'unité la longueur de la corde à vide, on trouvera que cette corde donne les autres notes lorsqu'elle a les longueurs suivantes:

corde à vide ou pendant qu'elle donne le son *ut*, on aura pour les autres notes les nombres qui suivent:

plus grave fait 4 vibrations et le plus aigu 5; pour la *quarte* ou intervalle de *ut* à *fa*, le plus grave fait 3 vibrations, et le plus aigu 4; et de même pour tous les autres intervalles musicaux.

Un *dièze* est un intervalle musical qui ne diffère en plus que de 1/24e du son auquel il s'applique. Ainsi lorsqu'un *sol* fait 24 vibrations le *sol dièze* en fait 25. Un *bémol* est, au contraire, un intervalle de 1/25e moindre que le son naturel ; et lorsque le *si* fait 50 vibrations, son *si bémol* n'en fait que 48.

On peut écrire autant d'octaves que l'on voudra au-dessus ou au-dessous de la précédente, il suffit pour cela d'en multiplier tous les nombres par 2, par 4, par 8, etc., pour avoir successivement la 1re, la 2e ou la 3e octave *au-dessus*, et de la multiplier par 4, $\frac{1}{2}$, $\frac{1}{4}$, $\frac{1}{8}$, etc., pour avoir la 1re, la 2e, la 3e, etc., au-dessous.

On appelle *sons harmoniques* ceux qui suivent la série des nombres naturels 1, 2, 3, 4, 5, etc.

Une corde sonore ébranlée à vide ne vibre pas seulement dans toute sa longueur, mais *chacune de ses moitiés, chacun de ses tiers, de ses quarts, etc., vibre séparément,* et produit le son qui convient à sa longueur.

II. On sait qu'on peut produire des sons en insufflant, par divers procédés, de l'air dans des tuyaux disposés convenablement, et que c'est d'après ce principe que sont établis les instruments à vent.

Dans un tuyau, ce n'est pas la matière dont il est composé qui est le corps sonore, mais la *colonne d'air* qui y est renfermée, et à laquelle on communique des vibrations assez rapides pour devenir appréciables.

Pour ébranler l'air dans les tuyaux on souffle de manière à ce qu'une lame mince d'air, mise en mouvement avec rapidité, vienne se briser contre un bord tranchant. Ce qu'on appelle un *sifflet* n'est en général qu'un tuyau cylindrique dans lequel on distingue le *pied* PP' (fig. 96), qui apporte le vent par la *lumière ll'* sur la *bouche bb'*, qui a sa *lèvre inférieure* au bord *b* de la lumière et sa *lèvre supérieure* au *biseau b'*.

Dans les tuyaux d'orgue (fig. 97), le pied est creux et la lumière *ll'* qui apporte le vent n'est qu'une espèce de fente dans la plaque qui ferme la base du pied ; la bouche est plus ou moins ouverte, c'est-à-dire que la lèvre supérieure *b'* est plus ou moins éloignée ; quelquefois elle peut être approchée ou éloignée à volonté.

Ces tuyaux d'orgue sont très-commodes pour répéter toutes les expériences sur le son dans les tuyaux sonores, en leur adaptant, comme dans l'instrument où on les fait entrer, un soufflet qui leur distribue le vent avec régularité, mais avec une force qu'on peut varier à volonté.

Un tuyau de matière rigide et ouvert, ayant partout même diamètre, et dont la longueur est 10 à 12 fois le diamètre auquel on donne le vent, en commençant avec lenteur, rend d'abord un *son fondamental* ou le plus grave qu'il puisse donner ; l'onde sonore qui correspond à ce son fondamental a la même longueur que le tuyau.

En augmentant progressivement la force du vent ou la largeur de la bouche, on parvient à lui faire rendre d'*autres sons secondaires ;* et si le son fondamental ou le nombre de ses vibrations en un temps donné est représenté par 1, les autres suivront la série des nombres naturels 2, 3, 4, etc.; et quelque moyen que l'on essaie, on ne parviendra jamais à lui faire rendre un son entre ceux-là.

La colonne d'air dans le tuyau, pour rendre ces sons, n'a pour le son 2 que la moitié de la longueur du son fondamental ou du tuyau ; pour le son 3 que le tiers, et ainsi de suite.

Lorsque les tuyaux sont *fermés*, la loi est différente. Un courant d'air donné lentement donne le son fondamental, qui peut être représenté par 1 ; un courant un peu plus fort fait sortir le son 3, et en augmentant progressivement la force du vent on fait sortir les sons 5, 7, 9, etc.

Le son fondamental d'un tuyau fermé et le son fondamental d'un tuyau ouvert de même longueur, sont toujours à l'octave ; et si le tuyau fermé donne le son grave ou le son 1, le tuyau ouvert donnera le son aigu ou le son 2. Donc dans un tuyau fermé, l'*onde sonore qui correspond au son fondamental a une longueur double de celle de ce tuyau.*

La direction du vent n'a aucune influence sur les sons que peuvent rendre les tuyaux ronds ou prismatiques ; mais la grandeur et la position de l'embouchure en ont au contraire une grande.

En augmentant la *largeur* de l'embouchure, c'est-à-dire la distance des deux lèvres, le tuyau a plus de disposition à rendre le son fondamental ; tandis qu'en la diminuant on le fait monter à l'octave.

En accroissant sa *longueur*, le son devient plus aigu ; en la diminuant, il devient plus grave.

On modifie aussi les sons que rend un tuyau quand, l'embouchure restant la même, on fait varier l'*emplacement* et la *direction* de celle-ci sur les parois du tuyau.

La longueur des tuyaux ouverts ou fermés détermine le son qu'ils doivent rendre, quand cette longueur est très-grande par rapport à la largeur. Lorsque cette dernière condition n'est pas remplie, la loi des vibrations est beaucoup plus compliquée.

` On a constaté aussi que la nature des parois des tuyaux ou des instruments avait de l'influence sur les vibrations de la masse d'air qu'ils enveloppent.

III. Les corps dans lesquels deux dimensions sont petites relativement à la troisième, comme les lames, les tiges ou les cylindres, qu'on *fixe* solidement par une de leurs extrémités et qu'on écarte de leurs positions, exécutent une série de vibrations qui, si elles sont assez rapides, deviennent sonores.

Pour une même lame à laquelle on donne successivement diverses longueurs vibrantes, les nombres de ces vibrations, qu'on appelle *vibrations transversales*, exécutées dans un même temps, sont en raison inverse des carrés de longueurs. Une lame ayant une longueur vibrante représentée par 1, à laquelle on donnerait ensuite successivement pour longueur les racines carrées des nombres $\frac{8}{9}, \frac{4}{5}, \frac{3}{4}, \frac{2}{3}, \frac{3}{5}, \frac{8}{15}, \frac{1}{2}$ sonnerait une gamme juste.

Quand des verges droites sont soutenues au milieu de leur longueur et libres à leurs extrémités, et qu'on leur imprime, en les frottant, des ébranlements parallèles à leur axe, qu'on nomme alors *vibrations longitudinales*, elles vibrent comme les tuyaux ouverts et *rendent des sons qui suivent la série des nombres* 1, 2, 3, 4, etc.

Les verges de même substance, quelles que soient leur largeur et leur épaisseur, sont toujours à l'unisson pour leur son fondamental quand elles ont même longueur, et que celle-ci est supérieure aux deux autres dimensions.

A égalité de longueur, des verges de substances différentes donnent des sons différents.

` Les corps, pendant leurs vibrations, se partagent en un certain nombre de parties qui exécutent leurs vibrations séparément sans s'empêcher les unes les autres. Ces parties sont séparées par des points qui ne participent pas à leurs mouvements et restent immobiles. Les séries de ces points immobiles forment des lignes qu'on nomme *lignes nodales*.

On s'est assuré que les lignes nodales, dans les vibrations longitudinales, tracent autour des tubes et des cylindres des courbes en *hélice* ou à peu près semblables aux *filets d'une vis*.

Lorsqu'on cherche à tirer des tubes les sons 2, 3, 4, etc., on produit aussi des lignes nodales analogues aux précédentes ; mais alors les hélices présentent un ou plusieurs *renversements* dans leur direction.

On a étudié la forme de ces lignes nodales sur les lames prismatiques et sur les faces de leurs trois dimensions, en les fixant de diverses manières, et en y excitant des vibrations par divers moyens ; on leur a aussi fait exécuter des *vibrations tournantes*, etc. ; mais les résultats donnés par l'expérience ou le calcul sont trop compliqués pour trouver place ici.

IV. On a étudié aussi avec beaucoup de soin les vibrations des corps dont une seule dimension est petite par rapport aux deux autres, comme les plaques, les membranes, etc.

Dans les corps de cette espèce on éprouve beaucoup de difficultés pour reconnaître, classer ou comparer les *sons* qu'ils rendent lorsqu'on fait varier les conditions du problème ; mais on a été plus heureux relativement à la manière dont ils se divisent en masses vibrant isolément, et partagées par des lignes nodales.

On peut aisément, sur ces plaques ou membranes en vibration, rendre sensibles aux yeux les lignes nodales, en versant du sable très-fin et sec sur leur surface : ce sable s'accumule sur les points ou lignes de repos, et permet d'observer leur forme et leurs contours.

A. Ces lignes nodales peuvent varier à l'infini sur une même *plaque ;* mais on est parvenu à les ramener à des systèmes généraux.

Citons, comme exemple, les plaques circulaires, qui peuvent offrir trois systèmes distincts : 1° le *système diamétral*, où les lignes nodales forment deux, quatre, six, ou un plus grand nombre de divisions paires, fig. 98 et 99 ; 2° le *système concentrique*, où toutes les lignes sont des circonférences, fig. 100, 101, 102 ; 3° le *système composé*, où les lignes nodales sont des diamètres plus ou moins courbés et des circonférences plus ou moins altérées dans leurs contours, fig. 103 et 104.

Les plaques carrées, triangulaires, polygonales, elliptiques, ont offert aussi des formes qu'on peut ramener à des types généraux, et qui se produisent avec la même régularité sur le métal, le verre ou le bois, lorsque l'élasticité des plaques de ces substances est la même dans tous les sens.

B. Les *membranes* ont présenté des modes de vibration analogues à ceux des plaques ; mais les figures des lignes nodales dépendent de la tension qu'on donne aux membranes et de l'acuité du son qui les frappe.

V. Les corps dont aucune des dimensions n'est petite par rapport aux autres, c'est-à-dire les masses solides quelconques, entrent aussi bien en vibration que les verges, lames, plaques ou membranes, et se partagent également pendant leurs mouvements en parties vibrantes, séparées les unes des autres par des surfaces nodales plus ou moins irrégulières ; mais les résultats dépendent d'éléments si variables, que cette partie de l'acoustique a été encore peu cultivée.

VI. On peut mettre les liquides en vibrations sonores, soit en ébranlant les corps solides qui les contiennent ou qui y sont plongés, soit directement, par des moyens physiques que nous ne pouvons rapporter ici.

VII. On a mis en usage plusieurs dispositions ou combinaisons savantes, ou inventé des appareils ingénieux pour déterminer le nombre absolu de vibrations qui correspondent à un son donné ; nous n'essaierons pas ici d'en donner la description, mais nous rappellerons quelques-uns des résultats auxquels on est parvenu par leur secours.

On a trouvé que le *diapason*, ou le son qui correspond au *la* dont on se sert pour accorder les différents instruments de musique, faisait, au théâtre de Berlin, 437,32 vibrations en une seconde ; au Grand-Opéra de Paris, 431,34 ; à l'Opéra-Comique, 427,61 ; à l'Opéra-Italien, 424,17 ; que la voix de l'homme fait 190 vibrations par seconde

pour le son le plus grave, et 678 pour le son le plus aigu ; et la voix de femme 572 pour le son le plus grave, et 1606 pour le son le plus aigu, au diapason du Théâtre-Italien de Paris.

Rien n'indique qu'il y ait de limites pour l'oreille, à la perception des sons graves et à celle des sons aigus ; et un physicien a démontré récemment que 14 à 16 vibrations simples par seconde donnaient encore un son perceptible à l'oreille, et qu'on entend encore des sons qui résultent de plus de 40,000 vibrations simples.

§ III. — *Instruments de musique, et organes de la voix et de l'ouïe.*

I. Les *instruments à vent* sont généralement composés de tuyaux droits ou courbes, dans lesquels l'air est mis en vibrations sonores, suivant le sens de leur longueur, par divers procédés.

Nous avons déjà indiqué comment ces vibrations se produisent dans le *sifflet* et les *tuyaux d'orgue*, par le brisement de la lame mince d'air sur le biseau de la lèvre supérieure de ces tuyaux. Dans la *flûte*, qui est un instrument cylindrique percé d'un trou latéral près duquel s'appliquent les lèvres, l'origine du son est toujours la même que dans les tuyaux d'orgue, et a pour principe le brisement sur le biseau de l'embouchure, de la lame d'air qu'y projette la bouche du musicien, qui fait dans ce cas l'office de soufflet.

Il y a d'autres instruments, tels que la *clarinette*, le *basson*, le *hautbois*, l'*accordéon*, qu'on a appelés *instruments à anches*, parce que le courant d'air que produit le soufflet ou la bouche y met en mouvement une lame mince de métal ou de roseau dont les vibrations produisent dans l'air des ondulations sonores. Les orgues contiennent aussi une série de tuyaux ou *jeux* dans lesquels le son est produit par des anches.

L'*anche* des tuyaux d'orgue se compose d'une *languette* L, fig. 105, qui est formée d'une feuille mince de laiton fermant une ouverture rectangulaire appelée *fenêtre*, qu'on a pratiquée dans la rigole R, ou tube de métal prismatique, clos par son bout inférieur et ouvert au bout supérieur. Cette languette, pendant ses battements, rase par ses trois bords libres les parois de la fenêtre, et est fixée solidement par son quatrième bord sur l'une de ces parois, soit avec des vis, soit au moyen d'une soudure. Une *rasette* en fil métallique recourbé appuie sur la largeur de cette languette, et glisse à frottement dans un bouchon, pour allonger ou raccourcir à volonté la longueur de cette lame vibrante.

Cette anche se monte sur un tuyau par le pied duquel on introduit le vent du soufflet. L'air, lorsqu'il est donné avec assez de force, fait éprouver à la languette des mouvements alternatifs de va et vient qui excitent dans ce fluide des sons dont on accroît l'intensité en faisant vibrer l'anche dans un tuyau ouvert, d'une grosseur et d'une longueur convenables.

Dans l'orgue, l'anche ne produit qu'un son fixe ; mais dans les instruments à bouche on produit tous les sons possibles, parce que le musicien peut faire varier la longueur de la partie vibrante de l'anche au moyen de ses lèvres, qui remplissent les fonctions de rasette mobile, ainsi que la force du vent et la longueur du tuyau, par lequel l'air s'échappe au moyen de trous percés à diverses distances, qu'il ouvre et ferme avec les doigts pour le mettre en harmonie avec l'anche.

II. Dans les *instruments à cordes*, la caisse, l'air qu'il contient et les cordes, forment un système vibrant dont chaque partie imprime au son un timbre particulier. C'est la corde qui donne le ton.

III. On conçoit aisément comment, dans les *instruments de percussion*, les vibrations des membranes planes, des lames ou verges métalliques, se communiquent à l'air, et de quelle manière on varie les sons ainsi produits en changeant l'étendue ou la tension de ces membranes, la superficie ou la longueur des plans, lames, ou verges métalliques en vibration.

IV. On verra, dans l'article relatif à la physiologie, la description et le jeu des parties qui composent l'*organe de la voix* chez l'homme ; nous nous contenterons d'annoncer ici que le mécanisme de cette fonction a beaucoup d'analogie avec les appareils qui produisent les sons d'anche.

D'après cette observation, un physicien ingénieux a récemment construit un larynx en caoutchouc, auquel il a fait rendre, dans l'étendue d'une octave, des sons analogues à ceux de la voix humaine. A l'aide de cet appareil, il a démontré que pendant l'exer-cice de l'organe de la voix, l'air contenu dans la bouche ne supporte qu'une pression égale à 3 à 4 centimètres en sus de celle de l'atmosphère, et que cette pression faisait équilibre à une colonne d'eau d'environ 30 centimètres lorsque le poumon est mis en jeu pour faire résonner les instruments à anche.

V. Quant à l'*organe de l'ouïe*, dont nous ferons alors aussi connaître la structure, il nous suffira maintenant de dire que les ondulations sonores rassemblées et recueillies par le *pavillon* de l'oreille, sont conduites à travers le *conduit auditif* sur la *membrane du tympan*, qui, frappée par ces ondes, est mise en vibration, et dont les mouvements mettent en jeu une série de *pièces* délicates qui communiquent les impressions au *nerf acoustique*, lequel les transmet au *cerveau*.   F. MALEPEYRE.

SECT. X. — OPTIQUE.

DÉFINITION ET DIVISION DE L'OPTIQUE.

Le nom de l'optique vient d'un mot grec qui signifie *voir* ; en effet, cette science est celle de la *lumière* et de la *vision*, deux objets inséparables ; tous les phénomènes auxquels l'optique donne lieu sont tellement liés les uns aux autres, qu'il est souvent bien difficile de les séparer ; cependant, pour la clarté de cette matière, assez abstraite par elle-même, nous y établirons trois divisions distinctes : l'*optique physique*, contenant la théorie de la lumière et des phénomènes auxquels elle donne lieu ; l'*optique mathématique*, qui donne la manière de calculer les effets des miroirs et des lentilles ; et enfin l'*optique positive*, ou l'application des deux parties précédentes à l'explication des phénomènes de la vision et à la théorie des instruments d'optique.

§ 1er. — *Optique physique*.

I. Définition et nature de la lumière.

La lumière est une émanation subtile de certains corps qui permet à l'œil de les voir, et en même temps les objets qui les environnent à une certaine distance ; dans certains corps, comme le soleil et les étoiles, elle fait partie de leur nature, tandis que dans d'autres elle ne peut être produite qu'avec une grande intensité de chaleur ; les autres corps ne la donnent jamais. La lumière, partant de son point d'émission, jaillit dans l'éther en lignes droites, mais se courbe quand elle rencontre des milieux hétérogènes. Les parties qui la composent, quelque divisées qu'elles soient , portent le nom de rayons ; la vitesse qu'elle parcourt est de 70,000 lieues par seconde ; elle ne met que sept minutes et demie à venir du soleil jusqu'à nous ; cette vitesse est effrayante puisqu'on sait que cet astre est éloigné de nous de 32,000,000 de lieues. La lumière parcourt donc en un huitième de seconde, la valeur de la circonférence du globe terrestre ; chemin que l'oiseau le plus léger et qui pourrait soutenir sans discontinuer la même rapidité de vol mettrait trois semaines à parcourir.

. Les savants ne sont pas encore d'accord sur la nature même de la lumière ; parmi les opinions émises à ce sujet, deux surtout sont les plus répandues , ce sont celles de Newton et de Descartes ; selon le premier, la lumière est une partie essentielle des corps lumineux , et elle est lancée de ceux-ci dans l'espace , par filets de molécules très-deliés : ce système porte le nom de système d'*émission;* selon le second, la lumière est un fluide répandu dans tout l'espace , recevant des astres, sources de lumière , un mouvement de va et vient pareil à celui du balancier d'une pendule : c'est le système appelé des *ondulations.*

II. Composition de la lumière.

Si l'on ne tient compte que de l'apparence, les rayons de la lumière paraissent simples et blancs; mais il est facile de se convaincre que ces rayons sont composés de différentes couleurs ; Newton reconnut le premier cette composition et l'a démontrée par le procédé suivant.

Supposons une chambre parfaitement close dont EF , pl. 7, fig. 106, soit le volet ; si l'on perce un trou dans ce volet on verra sur-le-champ un rayon du soleil pénétrer en ligne droite dans la chambre ; ce rayon ira quelque part en P former une tache blanche; maintenant si en arrière de l'ouverture on place un prisme ABC, qui reçoive obliquement à CA, le rayon lumineux, en vertu d'une propriété appelée *réfraction,* que nous expliquerons plus tard, ce rayon sera détourné de sa route et sortira entre BA pour aller de là se projeter sur une surface quelconque MN, que l'on peut supposer un écran blanc ; on devrait s'attendre à voir la trace portée sur l'écran donner une tache blanche , tandis qu'il en est tout autrement, et à la place on voit en KL une tache oblongue de différentes couleurs au nombre de sept; cette tache porte le nom de *spectre solaire ;* plus le trou du volet est petit, et plus la distance AB à MN est considérable, plus les couleurs du spectre sont brillantes. En partant du bas L, les couleurs sont rangées dans l'ordre suivant : *rouge, orangé, jaune, vert, bleu, indigo, violet.* On ne voit pas de séparation entre ces couleurs, et il est très-difficile de distinguer les limites de chacune d'elles. Cependant plusieurs auteurs ont essayé de mesurer leur étendue relative ; sans rapporter les différents chiffres qu'ils ont donnés , nous pouvons dire qu'elles sont dans l'ordre de grandeur suivant : violet , bleu, vert, rouge, indigo, jaune, orangé. Toutes les couleurs ne sont pas également brillantes , et la lumière augmente d'intensité à partir du rouge jusqu'au jaune, où elle est la plus vive ; elle décroît ensuite graduellement jusqu'à l'extrémité du violet.

Newton fut amené par cette expérience à conclure que le rayon lumineux est composé de *sept* couleurs diverses ; chacune des teintes simples prit le nom de *lumière homogène ,* tandis que la lumière blanche prit le nom de *lumière hétérogène ;* les couleurs données par le spectre sont les *couleurs primitives,* et celles formées de leurs combinaisons sont les *couleurs secondaires,* parce qu'elles ne sont que des composés des premières.

Pour s'assurer que le spectre est bien réellement la décomposition d'un rayon de lumière, on n'a qu'à percer dans l'écran qui le reçoit, des trous au milieu de chacune des teintes , et recevoir le rayon qui passera au travers sur un second écran , en lui faisant de même traverser un prisme de verre ; on ne verra plus sur le second écran qu'une tache de la couleur de la teinte où le trou a été percé : voilà donc la preuve que chacune des couleurs du spectre en particulier n'est plus décomposable. L'expérience qui précède est fondée sur la *décomposition de la lumière,* mais on en fournit une nouvelle preuve par la *recomposition.* A cet effet, plaçons-nous dans la même disposition où nous étions (pl. 7, fig. 106), et au prisme ABC ajoutons un second prisme renversé *a*BA ; la lumière réfractée d'abord par le premier prisme sera de nouveau réfractée par le second , et au lieu d'aller former un spectre sur l'écran, ira directement former une tache en P, comme s'il n'y avait aucun prisme employé.

Le spectre a plusieurs propriétés physiques : la première réside dans la force de clarté ; on est parvenu à la mesurer, et l'on sait que l'endroit le plus lumineux est à la jonction du jaune et de l'orangé. Si l'on représente cette jonction par 100, la force des autres teintes décroît avec une grande rapidité, et l'extrémité du rouge et du violet représente *zéro*.

On avait pensé long-temps que la force calorique du spectre devait être en raison de la force lumineuse , et le jaune passait pour la couleur donnant le plus de chaleur ; mais d'autres observations prouvèrent que la chaleur augmentait d'intensité de l'extrémité violette à l'extrémité rouge; enfin une dernière observation paraît avoir démontré que la matière du prisme servant à la formation du spectre entrait pour beaucoup dans le résultat, et faisait varier de place la plus grande force calorique.

On s'est assuré ainsi que le spectre a quelques propriétés chimiques, et que certaines de ses couleurs peuvent altérer celle de diverses substances : mais ces expériences ont encore été peu suivies.

L'influence magnétique des rayons du spectre a été étudiée par un grand nombre d'observateurs, et il paraîtrait bien prouvé que les aiguilles exposées à un rayon solaire acquièrent un pôle magnétique, mais plutôt par le contact des couleurs sombres que des couleurs claires ; que, quand leur pôle nord est exposé aux rayons, l'influence magnétique augmente d'intensité, tandis qu'elle diminue quand on y expose le pôle sud.

De nouvelles expériences paraissent remettre en doute toutes ces observations, et la valeur et les propriétés chimiques du spectre ne sont pas encore bien établies.

III. Propriétés de la lumière.

La lumière jouit d'un assez grand nombre de propriétés, qui sont la *réflexion*, la *réfraction*, l'*absorption*, la *dispersion*, l'*inflexion* ou *diffraction*, l'*interférence* et la *polarisation*. Les phénomènes résultant de ces propriétés varient en raison de la forme et de la nature des corps sur lesquels ils s'opèrent, et qui peuvent être de deux genres, les corps opaques et les corps diaphanes.

A. *De la Réflexion.*

La réflexion est le phénomène qui s'opère quand, les rayons lumineux frappant un corps, une partie de la lumière est renvoyée par le corps qui la reçoit. Soit MN (pl. 7, fig. 107) un corps recevant un rayon lumineux A en D. Ce rayon est repoussé dans la direction DB. Si maintenant on trace une ligne ED perpendiculaire au corps MN , on s'aperçoit sans peine que la ligne BD est aussi inclinée que la ligne AD , c'est-à-dire que l'angle BDE est égal à l'angle ADE, ou que deux portions d'arc qui les traverseraient seraient égales. On nomme le rayon AD *rayon incident* et DB *rayon réfléchi;* ADE est l'*angle d'incidence*, et BDE l'*angle de réflexion ;* le plan passant par les deux lignes prend le nom de plan d'*incidence* ou de *réflexion :* on peut donc dire que toutes les fois qu'un rayon lumineux tombe sur un corps l'angle d'incidence est toujours égal à l'angle de réflexion.

Il est rare , attendu la ténuité des rayons lumineux , que le corps réflecteur ne renvoie qu'un rayon à la fois; quand les rayons reçus sont parallèles entre eux, comme dans AD et A'D' (pl. 7 fig., 108) , l'effet est le même que pour un seul rayon : car ils peuvent être considérés comme autant de rayons simples que les mêmes règles gouvernent; et les rayons réfléchis seront aussi parallèles entre eux.

Si les rayons sont divergents (pl. 107, fig. 109) , c'est-à-dire si du point de départ A ils s'écartent jusqu'au moment où ils rencontrent le corps réflecteur , chacun d'eux est réfléchi en BB'B″ sous un angle égal à son angle d'incidence , ce qui est facile à vérifier en élevant à chaque point d'incidence les perpendiculaires EE'E″ ; et si l'on prolonge au-dessous du corps réflecteur les rayons réfléchis , on verra qu'ils se rejoindront en un point également distant de la surface du corps réflecteur que le point de départ A, ce dont on peut s'assurer en tirant une perpendiculaire au corps réflecteur, qui ira de A au point de réunion des rayons prolongés.

Si, au contraire , les rayons sont convergents, AA'A″ (pl. 7, fig. 110), ils tendront à se rapprocher jusqu'au corps réflecteur, en se relevant selon leur angle d'incidence, arriveront en un point R où ils seront réunis ; si les rayons A A'A'' ne rencontraient pas de corps réflecteur ils iraient en se rapprochant toujours se rejoindre en un point qui est également distant que R du corps réflecteur, comme on peut s'en assurer par la règle employée pour les rayons divergents.

Dans tous les cas, la réflexion ne fait que renverser la masse de lumière incidente, et placer le point de divergence ou de convergence de l'autre côté du corps réflecteur.

Lorsque la lumière est réfléchie par la surface des corps transparents elle est blanche ; cependant en diminuant ces corps jusqu'à un certain point, on s'aperçoit qu'au lieu de donner de la lumière blanche on obtient de la lumière colorée ; les bulles de savon que font les enfants peuvent donner un exemple de cette expérience : on sait que lorsqu'elles sont très-gonflées au moment où elles vont se rompre, elles sont ornées des plus vives couleurs de l'arc-en-ciel. Les couleurs ainsi produites sont nommées *couleurs des plaques minces*. Les *plaques épaisses*, les *fibres*, les *surfaces à facettes* donnent également lieu à ces phénomènes, et offrent des dispositions de couleurs très-variées ; mais le détail de ces expériences très-délicates nous conduirait trop loin. On a cherché à expliquer une partie de ces phénomènes, en reconnaissant à la lumière une propension à la *réflexion* et à la *transmission*. Pour expliquer cette propension, on suppose que les molécules lumineuses ont deux pôles, dont l'un se trouve répulsif et l'autre attractif. Quand dans le mouvement de la molécule le pôle répulsif se trouve près d'un corps réflecteur, il est renvoyé ; tandis que si le pôle attractif se présente, il pénètre le corps. Donnons une figure matérielle à cette idée : supposons que la molécule lumineuse ait la forme d'un coin : si le côté aigu rencontre un corps mou il le pénétrera ; tandis que si le côté obtus rencontre un corps dur il sera repoussé ou réfléchi. Pour expliquer le mouvement présumé de cette molécule présentant ainsi alternativement ses deux pôles, on suppose qu'au moment où une particule lumineuse est lancée elle tourne autour d'un axe perpendiculaire à la direction de son mouvement.

B. *De la Réfraction.*

Si la lumière vient à entrer obliquement dans un milieu transparent et à le traverser, son rayon n'arrive pas directement sur un papier qu'on lui oppose, comme il le faisait avant l'interposition du milieu : donc ce milieu exerce une action quelconque sur le rayon lumineux et le dérange de sa ligne directe.

Pour découvrir la cause de ce changement, faisons l'expérience suivante. On prend un vase ABCD (pl. 7, fig. 111) percé sur l'un de ses bords d'un trou H, et l'on placera à quelque distance un flambeau dont la lumière S puisse en passant par le trou H frapper au fond du vase ; on voit que ce rayon forme au fond du vase une tache ronde en *a*, et que le rayon lumineux SHR*a* est en ligne droite ; si ensuite on ajoute dans le vase de l'eau jusqu'à hauteur de EF, le rayon paraît se briser en R, et la tache lumineuse dont on a marqué la place au fond du vase en *a* se trouve alors reportée en *b*. C'est le même effet qui arrive quand on plonge une baguette droite dans l'eau, elle paraît brisée : il s'ensuit donc que tous les objets qui sont sous l'eau ne paraissent pas à leur véritable place pour un observateur placé au-dessus ; si ce vase que nous venons de supposer était un étang, et que nous y vissions un poisson, pour tirer ce poisson à balle il faudrait tenir compte du déplacement produit par la réfraction.

La force qui courbe ou rompt ainsi le rayon lumineux a été nommée *réfraction*, d'un mot latin qui signifie *rompre*, parce qu'en effet il est rompu ou brisé au point R, au moment où il entre dans le liquide ; mais nous devons dire que toutes les substances ne courbent pas les rayons lumineux sous le même angle, ou en d'autres termes, n'ont pas la même *force de réfraction* : lorsque le rayon SHR tombe sur la surface du liquide et est réfracté en R*b*, vers une ligne perpendiculaire tirée en *mn*, l'angle *m* est *l'angle d'incidence* et l'angle *n*R*b* *l'angle de réfraction*, HR est le *rayon d'incidence*, et R*b* le *rayon réfracté* ; d'où il suit que quand le rayon passe d'un milieu rare comme l'air dans un milieu dense comme l'eau, l'angle d'incidence est plus grand que l'angle de réfraction ; tandis que c'est le contraire quand il passe d'un milieu dense dans un milieu d'air, c'est alors l'angle d'incidence qui est plus petit, et l'angle de réfraction plus grand.

Afin de pouvoir mesurer l'angle de réfraction quand on connaît la direction du rayon incident, prenez une plaque carrée ABCD, montée sur un support (fig. 112, pl. 7), au milieu de laquelle on trace un cercle EF que l'on coupe par deux diamètres, parallèles aux côtés AB et AC. Au point B établissez un pivot portant une branche qui puisse tourner autour de R comme centre, et sur cette branche mettez un petit tube cylindrique ; placez la plaque et son support dans un vase en verre rempli d'eau de manière que le liquide arrive jusqu'en EF ; si vous faites mouvoir le petit tube et que vous le placiez en mR perpendiculaire à EF, en faisant passer un rayon de lumière au travers, vous verrez le rayon se diriger en Rn ; de même si vous placez un objet brillant en n, vous le verrez en m : donc un rayon qui entre ou qui sort perpendiculairement d'un milieu réfractaire n'est pas réfracté. Si l'on met actuellement le tube dans la position de HR et qu'on fasse passer un rayon au travers, ce rayon frappant en R, sera réfracté dans la direction de Rb ; si maintenant, avec un compas, l'on mesure la distance qu'il y a du point b au point n de la perpendiculaire mn, et que l'on fasse de cette mesure l'unité d'une échelle décimale, en portant sur cette échelle la distance qu'il y a de H à m, vous voyez que cette distance est à la première comme 1 $\frac{1}{3}$ est à 1, quelle que soit l'inclinaison de l'angle d'incidence. La distance Hm est appelée *sinus d'incidence*, et la distance bn *sinus de réfraction* ; cette règle se formule donc ainsi, pour l'eau : le sinus d'incidence est à l'angle de réfraction comme 1,336 est à 1 ; ce nombre prend alors le nom de *mesure* du *pouvoir* de *réfraction* de l'eau.

Toutes les substances réfractaires ont un angle de réfraction différent, mais se trouvent souvent modifiées par leur plus ou moins grande densité ; nous donnons ici la liste de quelques-unes de ces substances :

Mesure de réfraction.

Spath fluor,	0,3426.
Oxigène,	0,3799.
Air,	0,4528.
Azote,	0,4734.
Quartz,	0,5415.
Verre,	0,5436.
Spath calcaire,	0,6124.
Borax,	0,6716.
Eau de pluie,	0,7847.
Flint glass,	0,7986.
Alcool rectifié,	1,0121.
Diamant,	1,4566.
Soufre,	2,2000.
Phosphore,	2,8857.
Hydrogène,	3,0953.

Dans presque tous les corps, la réfraction s'opère d'une manière *simple*, ainsi que nous venons de le décrire ; mais il en est un certain nombre où le phénomène est plus compliqué : ainsi dans le parallélipipède ABCD, EMNX, pl. 7, fig. 113, soit un rayon incident R tombant en r, il peut être réfracté non-seulement en O, mais en même temps en E, sous un angle de réfraction différent ; l'intervalle entre les deux rayons réfractés est quelquefois très-grand, selon les substances réfractantes. Ce pouvoir a été nommé *double réfraction ;* le corps qui le présente le plus visiblement est le *spath calcaire* ou *spath d'Islande ;* dans plusieurs autres corps il est de même mesurable, mais dans un grand nombre on s'aperçoit de la présence de la double réfraction, par d'autres phénomènes, sans pouvoir la mesurer. L'explication que l'on donne de la double réfraction n'est pas encore bien rigoureuse.

C. De l'Absorption.

L'absorption est une propriété des corps, en vertu de laquelle une partie de la lumière qui les traverse se trouve arrêtée par les molécules de ces corps ; tous n'ont pas la même propriété d'absorption ; elle varie suivant leur couleur et leur densité : ainsi les gaz, les liquides ou les cristaux absorbent la lumière avec une force différente ; ils ont en outre une affinité d'absorption plutôt pour telle ou telle couleur du spectre que pour telle ou telle autre. Pour s'assurer de cette propriété, prenons une lame quelconque transparente, et plaçons en arrière un prisme au travers duquel sera réfracté le rayon ; si la lame n'existait pas, le rayon réfracté, en passant à travers le prisme, irait former un spectre complet, comme nous l'avons vu, pl. 7, fig. 106 ; tandis que l'on s'aperçoit que telle ou telle couleur lui manque, selon la substance au travers de laquelle on a fait passer le rayon.

Supposons, par exemple, que nous fassions passer un rayon au travers d'un verre bleu, le rayon paraîtra bleu à la sortie du verre, parce que le verre a absorbé les couleurs qui manquent à sa sortie, pour former un rayon blanc, et en faisant passer la couleur à travers le prisme on voit effectivement qu'il manque au spectre les teintes verte et orangée. L'absorption décompose donc la lumière, mais d'une autre façon que la réfraction; au reste, les observations faites sur différents corps ont conduit à supposer que le spectre était composé de trois spectres d'égale longueur, *jaune, rouge* et *bleu*, ce qui était déjà admis, quoique sans preuves, par beaucoup de personnes.

Certains corps et surtout les fluides, quand ils sont très-colorés, absorbent les rayons solaires avec une telle force qu'ils peuvent s'échauffer à un degré assez élevé; tandis que les liquides incolores, comme l'eau, placés dans les mêmes dispositions, augmentent peu de température.

D. *De la Dispersion.*

La dispersion tient à différentes causes : d'abord à la réflexion irrégulière produite par le peu d'homogénéité des molécules des corps, et conséquemment par le peu de poli de leurs surfaces; mais la principale raison tient à l'ouverture de l'angle de réfraction et à la nature de la substance traversée : ainsi deux prismes de verre ou de cristal, taillés à angles différents, combinés de manière à donner une réfraction pareille, auront un spectre moyen identique; mais on remarquera que le spectre produit par le cristal sera plus allongé aux deux extrémités que celui produit par le verre, c'est-à-dire aura un *pouvoir dispersif* plus grand.

E. *De l'Infraction ou Diffraction.*

On nomme ainsi les phénomènes qu'éprouve la lumière en passant auprès des bords des corps; pour observer ces effets on fait passer des rayons lumineux, VV, pl. 7, fig. 114 et 115, au travers d'un trou percé dans un volet DD muni d'une lentille LL, et de manière que ces rayons se dirigent vers un écran TT; si au milieu du cône lumineux on place un corps quelconque CE ou MM', l'ombre de ce corps projetée sur l'écran sera toujours entourée de trois franges dont les couleurs varient ainsi :

1re frange, violet-indigo, bleu-pâle, vert, jaune-rouge;

2e frange, bleue-jaune-rouge;

3e frange, bleu-pâle, jaune-pâle, rouge-pâle.

Ces franges ne sont que des décompositions du spectre; mais les lignes qui se rendent du corps interposé à l'écran, où les franges sont visibles, ne sont pas des lignes droites, mais bien des lignes courbes; bien plus, quelques-unes des lignes, au lieu de suivre la ligne du cône que doit former l'ombre du corps interposé, rentrent en dedans de ce cône en GG. Nous nous contenterons d'indiquer ici ces phénomènes, qui constituent ce que l'on nomme *inflexion* ou *diffraction.*

F. *De l'Interférence.*

Il peut arriver que deux rayons lumineux de même couleur primitive viennent frapper un même corps; on croit sans doute que ce corps va être beaucoup plus éclairé; eh bien, il arrive quelquefois tout le contraire : ce phénomène est celui que l'on nomme *interférence.* Si l'on perce dans des corps opaques deux petits trous, et que l'on fasse passer au travers deux rayons lumineux homogènes, en présentant un écran à l'endroit où leurs deux cônes lumineux empiètent un peu l'un sur l'autre, pl. 7, fig. 116, l'endroit où les deux cônes se confondent en AC est plus lumineux que le reste, parce qu'il contient la masse de leur lumière; mais il faut ou que le départ des rayons soit égal pour tous les deux, ou qu'ils soient dans une échelle de graduation régulière, comme par pouce, je suppose; tandis que si la différence d'éloignement procède par demi-mesures, etc., le point AC cesse d'être le plus lumineux, et devient au contraire plus obscur que le reste des deux cônes.

G. *De la Polarisation.*

Un rayon lumineux introduit dans un endroit obscur, forme un cône lumineux dont la section donne un cercle ABCD (pl. 7, fig. 117), auquel nous joignons deux diamètres AB, CD se coupant à angle droit. Si nous recevons ce rayon sur certains corps ayant une double réfraction, nous obtenons deux masses lumineuses dont les côtés différents ont des propriétés différentes, c'est-à-dire que l'une a en AB' ce que l'autre à en C'D'; c'est pourquoi cette lumière est dite polarisée, parce qu'elle a des côtés ou pôles différents ; les plans passant par les lignes AB, CD sont des plans de polarisation ; mais si, par un artifice quelconque, on réunit les deux faisceaux polarisés, on n'obtient plus qu'un faisceau de lumière ordinaire.

La lumière peut être polarisée sans être reçue à travers une substance à double réfraction, comme quand elle frappe la substance qui la reçoit sous un angle de 35° 25' ; c'est même de cette dernière manière que cette propriété fut découverte accidentellement par Malus.

On sent que cette propriété doit modifier dans un grand nombre de cas tous les phénomènes que nous avons décrits plus haut ; ainsi la réflexion, la réfraction simple, les couleurs des plaques minces ou épaisses, des anneaux colorés, etc., éprouvent des modifications très-sensibles en vertu de cette dernière loi.

Nous devons ajouter que l'explication de tous les phénomènes qui précèdent, excepté la composition de la lumière, la réflexion et la réfraction, sont d'un ordre trop élevé, et environnés de trop de difficultés, pour que leur explication détaillée puisse trouver place ici ; nous nous sommes seulement contenté de les indiquer.

§ 2. — *Optique mathématique.*

L'optique mathématique se divise en deux parties : la *catoptrique* et la *dioptrique.*

I. Catoptrique.

Cette partie traite de la direction de la lumière après avoir été reçue sur un corps quelconque, et de la formation des images produites par les rayons en avant de ces corps. Les substances renvoyant les rayons sont de deux sortes : les *spéculum,* ou substances recevant les rayons à leur surface extérieure, comme les miroirs métalliques ; et les substances renvoyant les rayons après avoir été pénétrées en partie, comme les *miroirs* ou glaces ordinaires. Les miroirs ou spéculum sont de trois sortes : *plans,* f. 107, 108 ; concaves, fig. 118 ; ou convexes, pl. 8, fig. 126. Dans les spéculum ou miroirs à courbure, il faut considérer, pl. 8, fig. 19, leur centre de courbure C, leur ouverture limitée par l'angle MCM', leur diamètre représenté par la ligne tirée de M à M' ; et A qui est le centre de figure, et CA l'axe du miroir.

A. *Des Miroirs plans.*

A l'article de la réflexion, nous avons indiqué l'effet des rayons sur les surfaces planes ; il est inutile de le répéter ici, et nous y renvoyons.

B. *Des Miroirs concaves.*

Si un rayon AD, pl. 7, fig. 118, tombe sur une surface concave MN, faisant partie d'un cercle dont GD indique la longueur du rayon, le rayon réfléchi DB formera avec GD un angle BDG égal à l'angle ADG formé par le rayon incident ; ainsi la forme courbe des miroirs ne modifie en rien la règle que l'angle de réflexion d'un rayon est égal à son angle d'incidence.

Réflexion des rayons parallèles. Si au lieu d'un seul rayon, il tombe sur le miroir plusieurs rayons parallèles comme dans la fig. 121, pl. 8, C étant le centre de courbure du miroir VV', il est certain que si l'on tirait une ligne de C en V' elle serait perpendiculaire à un point quelconque du miroir ; le rayon V' formerait avec cette ligne un angle d'incidence dont la ligne V'F limiterait l'angle de réfraction ; il en sera de même de tous les rayons parallèles : tous seront réfléchis en F ; quant au rayon venant de C, il sera réfléchi sans incidence parce qu'il se trouve perpendiculaire à l'axe du miroir ; le point commun où aboutissent tous les rayons prend le nom général de *foyer,* parce que les rayons solaires qui y sont concentrés ont la faculté de brûler les objets qu'on leur présente. Dans le cas des rayons parallèles, le foyer prend le nom de *foyers des rayons* parallèles, et la distance de F au miroir est la *principale distance focale.*

Réflexion des rayons divergents. Si C, fig. 119, est la source de plusieurs rayons venant frapper le miroir MM', dont un point quelconque entre C et F serait le point centre de courbure, on voit que les rayons réfléchis en F sont plus dans la direction des différentes perpendiculaires que l'on tirerait du point centre du miroir, que dans le cas où les rayons tombent sur lui parallèlement ; par conséquent, les rayons réfléchis auront la même disposition et viendront se porter à un foyer plus rapproché du centre de courbure, et la longueur focale sera plus longue ; et si, à force de se rapprocher du point C, il vient à se confondre avec le point centre de courbure, ce foyer se trouvera aussi confondu avec eux. Si maintenant nous considérons le point F comme le point source des rayons, son foyer se trouvera en C en arrière du point de courbure, ces deux points n'ayant fait que changer la place qu'ils occupaient dans la première hypothèse. Cette relation, qui existe entre le point rayonnant et le foyer, et qui permet à l'un de prendre la place de l'autre, leur a fait donner le nom de *foyers conjugués*.

Arrivé à une certaine distance du miroir, le point rayonnant renvoie hors du miroir des rayons réfléchis parallèles; mais si l'on continue de le rapprocher, les rayons deviennent divergents, fig. 122; alors, pour trouver le foyer, on prolonge la perpendiculaire CD en arrière du miroir; on continue les rayons réfléchis en arrière de a M en aMA et aNA, et ils se coupent sur l'axe à un point A qui est le *foyer virtuel*, parce que c'est là seulement que ces rayons tendent à se rencontrer.

Des rayons convergents. Soit *aaaaa*, fig. 123, des rayons dirigés vers un miroir, et ayant leur point de convergence en A en arrière du miroir; il est certain qu'en vertu des lois d'incidence et de réflexion, les rayons réfléchis viendront aboutir en F, mais toujours à une plus grande distance de C que quand les rayons incidents sont parallèles; si les rayons incidents sont très-divergents, fig. 122, il se formera un foyer f, plus près de D que le premier foyer F de l'exemple précédent.

Nous avons reconnu jusqu'à présent que parmi les rayons envoyés, une partie tombait toujours perpendiculairement au milieu du miroir; mais il peut arriver que, quels que soient les rayons incidents, soit parallèles, soit divergents, soit convergents, ils viennent tomber sur le miroir obliquement; ce cas ne change rien au résultat, comme on peut le voir par la figure 124 : MM' est un miroir donc C est le centre de courbure; on voit que l'angle d'incidence varie pour chaque rayon, et que le foyer F se trouve déplacé du centre du miroir, sans pour cela empêcher les rayons de coïncider tous avec lui.

Il arrive souvent que les rayons lumineux tombant obliquement sur une surface, n'ont pas tous leurs rayons réfléchis au même foyer: ces rayons divergeant dans divers sens, s'entrecoupent différentes fois et donnent lieu, en tirant un plan idéal à l'endroit où ils se croisent, à des courbes très-singulières auxquelles on a donné le nom de *caustiques par réflexion* ou de *catacaustiques*. Nous nous contentons d'indiquer ces phènomènes, dont l'explication ne peut trouver place que dans des traités de physique très-étendus.

C. *Des Miroirs convexes.*

Réflexion des rayons parallèles. Si MN, pl. 8, fig. 125, est un miroir convexe dont C suit le centre de courbure, et A' un rayon tombant en M; si l'on tire de C à M une perpendiculaire que l'on prolonge jusqu'en E, la portion de ligne ME sera perpendiculaire à un point de la surface de MN; en prenant au-dessus de la perpendiculaire un angle de réflexion EMB égal à l'angle d'incidence A'MB, on aura la direction exacte du rayon réfléchi; prolongeant ensuite BM jusqu'en F, on rencontre en cet endroit le foyer virtuel, qui, pour la réflexion des rayons parallèles, se trouve à moitié de la distance du centre de courbure à la surface du miroir: c'est la même distance que pour les miroirs convexes; mais ici le foyer se trouve en arrière du miroir.

Réflexion des rayons divergents. Dans ce cas, les rayons divergents de A, fig. 126, venant à tomber en M ou N, sont réfléchis par les mêmes principes que ci-dessus; et en prolongeant de même la ligne de réflexion on arrive à trouver le foyer en F plus près de D que dans l'exemple précédent; et plus le point A sera rapproché de D, plus l'angle d'incidence sera ouvert, et plus le foyer se rapprochera de D; tandis que si le point A s'éloigne, F se rapproche au contraire de C; mais sans jamais pouvoir y *atteindre.*

On voit, par ce qui précède, que dans les miroirs convexes le foyer se trouve toujours en arrière de leur surface, excepté dans le cas des rayons convergents, où ils agissent comme dans les miroirs concaves, sauf l'ouverture des angles d'incidence et de réflexion qui n'est plus la même.

D. *Des images produites par les miroirs.*

Il se forme une représentation des objets que l'on nomme *image*, soit dans l'œil, soit dans l'air, soit sur un corps blanc; mais la plupart du temps ces images sont formées par des miroirs ou des lentilles; cependant nous allons prouver que leur concours n'est pas toujours nécessaire. Supposons un endroit parfaitement obscur dans une des parois duquel on perce un trou très-petit. Soit, pl. 8, fig. 127, cette cloison au milieu de laquelle on a percé un trou A, et F, un écran blanc placé en face ; soit maintenant RB un objet éclairé ; les rayons lumineux jailliront de tous côtés ; ceux partant directement du point G, se trouvant vis-à-vis du trou A, pénétreront directement et iront frapper en *g* sur l'écran ; mais les rayons directs de R ou de B ne peuvent pas pénétrer : il n'y aura donc que des rayons obliques ; ceux-ci ne pouvant avancer qu'en ligne droite, R ira frapper l'écran en *r* et B en *b;* en sorte que l'objet se trouvera renversé. Pour s'assurer de la vérité de cet effet, on peut prendre un objet de trois couleurs, rouge, vert et bleu ; le bleu de R se trouvera en *r* et le vert de B en *b,* tandis que le rouge de G se montrera directement en *g.* On est obligé de faire, pour cette expérience, le trou très-petit, car s'il était grand, les rayons de différents points pourraient se confondre et empêcher la représentation de l'effet ; mais, d'un autre côté, cette petitesse du trou ne laissant passer que peu de lumière, l'image *br* est peu éclairée ; on remédie à cet inconvénient en employant des lentilles.

La position de l'écran par rapport à la cloison grandit ou rapetisse l'image : s'il est éloigné, l'image est grande ; s'il est près, elle est petite ; s'il est à même distance que RB, elle se trouve de même grandeur ; la vue des lignes de la figure indique suffisamment cette propriété.

E. *Miroirs plans.*

Si l'on présente un objet MN, pl. 8, fig. 128, devant un miroir AB, et que nous désignions par E l'endroit où est placé l'œil de l'observateur, de tous les rayons émanés de M et N, MDF et NGH seuls parviendront à l'œil par la réflexion ; mais comme l'écartement des rayons divergents ne leur permet pas de former une image au-devant de l'objet, leur image sera donc virtuelle et se formera en arrière du miroir. Pour trouver sa grandeur, on n'aura qu'à prolonger les rayons réfléchis ED, EF, etc. ; ils se rencontreront en *mn.* Si maintenant on tire de ces deux points des perpendiculaires à AB, on verra qu'elles iront rencontrer MN, et qu'étant parallèles entre elles, elles donnent deux objets de pareille grandeur.

F. *Miroirs convexes.*

La formation des images par les miroirs convexes est la même que par les miroirs plans : l'image est toujours virtuelle, et plus petite que l'objet présenté au miroir, puisqu'elle se trouve toujours limitée entre les deux côtés d'un triangle dont le sommet est le centre de courbure, et la base les deux extrémités de l'objet présenté. La figure 129, pl. 8, en donne une idée suffisante.

G. *Miroirs concaves.*

Si l'on place un objet MN, pl. 8, fig. 130, à quelque distance d'un miroir concave AB, dont C soit le centre de courbure, chaque point de l'objet en vue M lancera un cône de rayon dont la limite du miroir sera la base et M le sommet ; les rayons réfléchis en AB se dirigeront en B*m* et A*n*, d'un autre côté, les rayons du cône N, réfléchis de même, viendront renvoyer leurs rayons réfléchis au point *nm* et déterminer la formation, entre *mn*, de l'image, qui se trouvera renversée, mais très-brillante, parce qu'elle se trouve formée par beaucoup de rayons ; la distance de cette image au miroir se calcule comme dans le cas simple d'une réflexion de rayons divergents, en mesurant la grandeur relative de l'objet présenté au miroir et de la figure. La grandeur de l'image est en raison inverse de la distance de l'objet ; plus ce dernier est près du miroir, et plus l'image est petite ; plus il en est éloigné, et plus elle est grande ; il y a toujours, comme on le voit, une image formée devant le miroir, excepté quand l'objet se trouve entre le centre de courbure et le miroir : alors l'image est reportée derrière le miroir et devient virtuelle.

La forme des miroirs, quand elle ne dépasse pas une certaine courbure, n'altère pas sensiblement la forme des images ; ainsi, fig. 120, un objet concave est réfléchi concave, mais passé certaines limites elles sont complètement défigurées.

II. Dioptrique.

La dioptrique traite de la marche des rayons à travers les corps translucides, et des images qu'ils forment après être sortis de ces substances.

A. *De la Réfraction dans les prismes et les lentilles.*

La réfraction, dont nous avons déjà parlé en traitant des propriétés de la lumière, est la partie essentielle de la dioptrique; nous l'avons considérée comme un fait simple, variable seulement selon les substances; mais il varie encore beaucoup selon la forme des objets traversés; ces objets sont des prismes de verre plan, des sphères et des lentilles, qui sont, avec les miroirs, les parties essentielles de tous les instruments d'optique; voici leur figure et leur description.

Prisme (pl. 8, fig. 132); solide triangulaire, à deux surfaces AB, AC, nommées *surfaces réfractives;* la troisième face, également inclinée par rapport aux deux autres, est la *base* du prisme.

Verre plan (fig. 131, A); est un verre dont les deux côtés sont plans et parallèles.

Lentille sphérique (fig. 134); tous les points de sa surface sont également éloignés du centre.

Lentille double convexe (fig. 131, B); solide formé par deux surfaces convexes dont les centres sont sur les côtés opposés de la lentille; quand les deux surfaces ont une convexité égale la lentille est dite *également convexe;* mais quand un des côtés est plus convexe que l'autre, elle est dite *inégalement convexe.*

Lentille *plan-convexe* (fig. 131, C); elle a une surface convexe et l'autre plane.

Meniscus convergent (131, F); est une lentille dont une surface est convexe et l'autre concave; en prolongeant leurs lignes de concavité et de convexité, elles doivent se rencontrer.

Lentille *double concave* (131, D); est un solide ayant ses deux surfaces concaves; elle peut être *également concave* si elle est autant creusée d'un côté que de l'autre; et *inégalement concave*, si l'un des deux côtés est plus creux que l'autre.

Lentille *plano-concave* (131 E); elle est concave d'un côté et plane de l'autre.

Meniscus divergent (131, G); la courbure concave est plus forte que la courbure convexe; leurs lignes, quelque prolongées qu'elles puissent être, ne peuvent se rencontrer.

La ligne qui passe par le centre de toutes ces lentilles s'appelle leur *axe.* Au milieu de cet axe est un point particulier que l'on a nommé *point optique.*

De ces lentilles, la sphère et les trois premières qui sont à bord tranchant, sont des lentilles convergentes, c'est-à-dire qu'elles augmentent la convergence ou diminuent la divergence des rayons; tandis que celles à bords épais sont toutes divergentes.

Nous avons dit que la réfraction variait selon la forme des objets traversés; mais la formule pour découvrir et mesurer la réfraction est toujours la même, et nous y renvoyons; mais, dans le premier cas, il ne s'agissait que de la réfraction à l'entrée d'un corps; ici nous avons des corps diaphanes à deux surfaces, et il faut tenir compte de la réfraction à la sortie des corps. L'angle sous lequel le rayon sort de l'autre côté du corps, est égal à l'angle de réflexion sous lequel il y entre.

Nous nous contenterons de montrer cet effet par la vue des figures 132, 133, 134 et 135 de la planche 8.

B. De la Formation des Images par les lentilles.

Nous avons déjà vu comment les rayons émanés d'un objet lumineux, passant par une petite ouverture, viennent à former une image, et comment la réflexion des rayons au foyer des miroirs produit le même effet. Les lentilles forment des images en vertu des mêmes lois : ainsi, soit LL (pl. 8, fig. 136), une lentille convexe, et MN un objet placé devant elle; les rayons émanés de M iront aboutir en *m,* et ceux émanés de N iront aboutir en *n;* tandis que ceux frappant en C l'axe de la lentille, la traverseront directement. Si maintenant on joint les points *mn* par une ligne droite, la position de cette ligne donnera et la distance focale de la lentille et la grandeur de l'image représentée, laquelle grandeur sera toujours, à la grandeur de l'objet, comme la distance de l'image à la lentille est à la distance de l'objet. C'est ce qui fait que l'on peut varier à volonté la distance de l'image en arrière de la lentille et en même temps sa grandeur; pour que l'image soit grande, il faut approcher la lentille de l'objet; et pour qu'elle soit petite, il faut l'en éloigner; mais à foyer égal, les lentilles les plus grandes donnent plus de clarté, parce qu'elles reçoivent plus de rayons.

L'image que nous venons de considérer étant renversée, plaçons en arrière de cette image une autre lentille, et l'image devient alors comme un nouvel objet qui se trouve renversé à son tour par la seconde lentille, et par conséquent est vu droit; on voit par là que pour voir un objet droit il faut deux lentilles, et qu'en variant leur nombre on voit ces objets alternativement renversés et droits; on sent que si l'objet sur lequel la lentille est tournée est susceptible d'être renversé lui-même, il ne faut qu'une lentille pour le redresser.

Pour placer convenablement les lentilles, il est nécessaire de pouvoir connaître leur longueur focale; les mathématiques en donnent le moyen, mais il est très-long et difficile à calculer. Le moyen le plus simple est de les présenter au soleil, et à la distance où elles enflamment un corps facilement combustible, là est leur foyer; on mesure cette distance, et l'on peut ensuite les combiner comme on le désire.

C. *De la Propriété de Grossissement des lentilles.*

Pour donner l'explication de la propriété qu'ont les lentilles de faire paraître les objets grossis et rapprochés, il faut d'abord se rendre compte de l'effet que produit à l'œil un objet quelconque placé à différentes distances; supposons un homme placé en VV', pl. 8, fig. 137, et que l'œil de l'observateur soit en O; cette figure sera vue sous l'angle VOV'; mais s'il vient se placer en NN', il sera beaucoup plus grand; enfin, s'il vient se mettre en rr', il pourra paraître d'une taille colossale, puisqu'il pourra paraître plus grand qu'une maison et même qu'une montagne, parce que l'angle rOr', est plus grand que l'angle NON', et à plus forte raison que l'angle VOV'; ainsi donc la grandeur apparente des objets dépend de l'ouverture de l'angle sous lequel on les voit, et les plus petits objets peuvent paraître très-grands quand ils sont rapprochés de l'œil.

Maintenant, si l'objet MN est à cent pas de l'œil, en mettant entre lui et l'observateur une lentille LL d'un foyer approprié, pl. 8, fig. 138, les foyers conjugués étant égaux, l'image nm se reproduira en arrière de la lentille, de même grandeur que l'objet, c'est-à-dire de cinq pieds si l'objet a cinq pieds; mais si l'œil O se place à six pouces en arrière de cette image, celle-ci se trouvera grandie de toute la différence d'ouverture de l'angle de vision; on verra l'objet aussi distinctement que s'il était vu de 100 pieds à 6 pouces, c'est-à-dire dans la proportion de 1 à 200. Si l'on place une lentille d'un foyer plus court, fig. 139, dont le foyer de l'image soit dans la proportion avec le foyer de l'objet, comme 4 est à 1,

l'image sera grossie quatre fois; et deux cents fois qu'elle l'est par le rapprochement de l'œil, cela sera 800 fois. Si, au contraire, fig. 140, le foyer de l'image n'est que le tiers du foyer de l'objet, l'image sera diminuée de trois fois en longueur; mais comme elle est néanmoins augmentée de 200 fois par le rapprochement, sa grandeur réelle reste encore augmentée du tiers de 200, ou 67 fois.

Pour grossir les objets que l'on peut rapprocher de l'œil, il ne s'agit que de faire entrer les rayons dans l'œil, dans une direction parallèle, comme s'ils venaient d'un point éloigné; or, comme les lentilles ont cette propriété, on sent qu'il ne s'agit que d'interposer une lentille entre l'œil et l'objet; et comme la vue moyenne est de six à huit pouces pour voir distinctement les objets, la mesure du grossissement opéré sera égale à cette distance multipliée par le foyer de la lentille : ainsi, si la lentille est d'une ligne de foyer, le grossissement sera de 72 fois.

Le grossissement d'une lentille se calcule par la distance où l'œil peut distinguer l'objet nettement, divisée par la longueur focale de la lentille; cette grandeur peut se compter linéairement ou en superficie, et la différence est énorme, comme on peut le voir par le petit tableau suivant :

Longueur focale.	Grossissement linéaire.	Grossissement superficiel.
5 pouces	1	1
1	5	25
1/10	50	2500
1/100	500	25000

D. *Aberration sphérique.*

Nous avons jusqu'à présent considéré les miroirs et les lentilles comme renvoyant les images qu'ils forment à un foyer unique, pour ne pas compliquer les explications; mais nous devons dire que ce résultat n'est vrai que pour les rayons qui tombent à quelque distance de l'axe; mais ceux qui en sont éloignés ont un autre foyer sur la ligne de l'axe : c'est ce qu'on appelle l'*aberration de sphéricité*; ce défaut tient à ce que les rayons les plus éloignés du centre des lentilles ou des miroirs sont réfléchis ou réfractés sous un angle plus obtus que ceux du centre, et que leur foyer n'atteint pas une égale distance sur la ligne de l'axe de foyer.

a. Aberration sphérique des miroirs.

Si les rayons AM, AN tombent sur un miroir MN, pl. 8, fig. 141, ils ne seront pas réfléchis au même foyer F que ceux qui tombent en *am* près de la ligne AD, mais bien pour les plus éloignés vers *s*, entre F et D, et les rayons intermédiaires seront refléchis de *s* à F; cet intervalle de *s* à F prend le nom d'*aberration sphérique longitudinale*, aberration qui augmente suivant le diamètre du miroir quand la courbure reste la même, et suivant la courbure quand le diamètre reste le même; il résulte donc de là que l'aberration de sphéricité empêche de former une image nette de l'objet; et cela est tellement vrai que si, au moyen d'un diaphragme, on cache une partie notable du miroir ou de la lentille sur son bord externe, on verra en F une partie nette de l'image, parce qu'elle ne sera formée que par les rayons réfléchis près de l'axe; tandis que si, au contraire, on cache le centre par un moyen quelconque, le bord externe suffira pour former en *s* une image nette de l'objet.

b. Aberration des lentilles.

Prenons une lentille plano-convexe LL', pl. 8, fig. 142, et admettons que les rayons RR entrent parallèlement par le côté plan; les rayons R'R', qui sont très-près de l'axe, auront leur foyer en F; mais RL incidents, sur le bord même de la lentille, seront réfléchis en *f*, bien plus près du centre de la lentille; l'intervalle qui sépare *f* de F sera alors l'aberration sphérique longitudinale, comme nous l'avons déja vu pour les miroirs; mais si l'on prolonge les lignes L*f*, L' jusqu'à G et H, et qu'on tire en cet endroit une ligne GH perpendiculaire à F, axe de la lentille, la longueur de cette ligne sera l'*aberration sphérique de la lentille.*

L'aberration varie avec la forme des lentilles. Pour mesurer cette aberration on prend pour point de comparaison leur épaisseur au point de l'axe; les lentilles qui donnent le plus d'aberrations sphériques sont les lentilles plano-convexes, dont le côté plan est tourné vers les rayons parallèles comme celle que nous venons de figurer. L'aberration s'élève jusqu'à quatre fois et demie leur épaisseur; celles, au contraire, qui en donnent le moins, sont les lentilles doubles convexes, dont les rayons de courbure sont comme 1 et 6; l'aberration n'est

qu'une fois et 7/100 de leur épaisseur lorsque le côté 1 est tourné vers les rayons parallèles; les mêmes résultats ont lieu pour les lentilles concaves.

Cette aberration des lentilles a donné lieu à beaucoup de recherches pour parvenir à y remédier; le moyen le plus simple que l'on ait trouvé jusqu'à présent consiste à superposer deux ou plusieurs lentilles et à corriger leurs aberrations l'une par l'autre; il arrive même qu'on peut y parvenir complètement. M. Herschell a prouvé qu'en joignant deux lentilles plano-convexes dont les parties rondes se touchent, et dont les rayons sont 2, 3 et 1, pl. 8, fig. 143, on obtient une aberration qui ne s'élève plus qu'au quart des lentilles de la meilleure forme; mais pour former l'image, il faut tourner vers l'objet la surface plane de la lentille la moins convexe AB; c'est le même côté qu'il faut tourner vers l'œil si l'on se sert de ces lentilles comme microscopes. On peut arriver encore à un meilleur résultat en joignant ensemble une lentille biconvexe et un meniscus: l'aberration se trouve alors presque entièrement détruite, fig. 144.

Ces moyens ont quelques inconvénients, et principalement celui de diminuer la clarté des objets: on a donc dû en chercher d'autres, et l'on a essayé d'employer la taille des verres. Nous avons vu, fig. 142, que l'aberration consiste en ce que les rayons du centre réfractent trop peu les rayons lumineux, tandis que ceux des bords les réfractent trop. Pour que les rayons fussent également réfractés, il faudrait que l'épaisseur de la lentille fût augmentée là où la réfraction est faible, et diminuée là où elle est trop forte; deux courbes sont susceptibles de remplir ces conditions: les ellipses et les hyperboles. Les fig. 145, 146, 147 et 148 de la pl. 8 donneraient donc des lentilles sans aucune aberration; mais les difficultés inhérentes à la construction des lentilles de cette forme sont telles, que jusqu'à présent on a été obligé de renoncer à leur fabrication, et de se contenter, dans la pratique, de lentilles sphériques.

E. *Achromatisme.*

Il est encore une cause qui s'oppose à la formation parfaite des images par les lentilles; cette cause provient de ce que les rayons solaires blancs reçus par une lentille sont réfractés et décomposés en la traversant, et que les différentes couleurs du spectre solaire n'ayant pas la même mesure de réfraction, ils forment en sortant de la lentille des angles plus ou moins ouverts, qui donnent des images diversement colorées sur les bords, selon la distance où on les voit de la lentille : ainsi les images les plus éloignées sont bordées de rouge, et celles les moins éloignées sont bordées de violet, parce que ces deux couleurs sont celles qui ont les réfractions qui diffèrent le plus entre elles. Soit une lentille LL', pl. 8, fig. 149, recevant les rayons solaires RR parallèles à son axe R'r; les rayons rouges du spectre des rayons R auront leur foyer en r, et Cr sera la longueur focale pour les rayons rouges; tandis que les rayons violets dont la mesure de réfraction est plus grande auront leur foyer en v, beaucoup plus près de C; Cv sera leur longueur focale; la distance vr sera l'*aberration chromatique;* mais si l'on prolonge les rayons violets jusqu'à ce qu'ils viennent couper les rayons rouges en ab, le cercle tracé à cet endroit et dont ab serait le diamètre, sera le cercle de la moindre aberration. Il est facile de s'assurer de ce que nous venons de dire, en présentant une surface blanche en r; l'image du soleil y sera bordée de rouge, et en l'avançant toujours elle sera bordée de toutes les couleurs du spectre jusqu'en v, où elle sera bordée de violet. Si maintenant on place derrière cette lentille une autre lentille GG concave, de même substance et de même courbure, les deux lentilles réunies formeront un verre à surfaces parallèles, la lumière sera recomposée; mais alors la lentille n'aura plus aucun pouvoir grossissant; si on fait la courbure de l'une plus forte que celle de l'autre, la lentille redevient grossissante, mais l'angle de réfraction n'étant plus le même, la recomposition complète de la lumière n'a plus lieu et les images sont de nouveau colorées sur les bords : il est donc évident que deux lentilles de même substance ne peuvent donner une image incolore. Mais si l'on prend deux substances ayant une réfraction différente, comme le verre et le cristal, ou comme on les appelle habituellement le crown-glass et le flint-glass, la réfraction de l'une corrige la réfraction de l'autre, et l'on possède une lentille qui ne laisse autour des objets aucune trace de couleur et qui pour cela prend le nom de lentille *achromatique;* cependant, comme la longueur des spectres de ces deux substances n'est pas la même, il resterait encore un spectre intermédiaire; mais on parvient, dans la pratique, à le faire disparaître presque entièrement.

La propriété de l'achromatisme avait été cru long-temps impossible, et même par le grand Newton; mais vers le milieu du siècle dernier elle fut découverte simultanément par deux personnes, l'un desquelles, le fameux Dollon, fit connaître le procédé qu'il employait, et peut en être regardé comme l'inventeur.

§ 3. — *Optique positive.*

I. De l'œil et de la vision.

L'œil, dans sa forme, est un globe dont une partie est saillante sous un plus court rayon de courbure que le reste, pl. 9, fig. 150; il est composé de quatre membranes, et renferme trois humeurs différentes. La membrane générale de l'œil se nomme la *sclérotique;* c'est elle qui forme ce que l'on appelle le blanc de l'œil, DEFF; à sa partie antérieure, où elle est plus saillante que le reste du globe, elle prend le nom de *cornée,* et est regardée quelquefois comme une membrane propre; elle est, dans cet endroit, transparente, d'égale épaisseur partout, et capable de résister à l'action de l'air et aux chocs extérieurs. La troisième membrane est la *choroïde;* elle est appliquée intérieurement sur la première membrane, excepté sur la cornée; mais à l'endroit où celle-ci commence elle s'avance vers le milieu du globe et forme un rond noir, brun ou bleu, de F à G, que l'on a appelé l'*iris,* et laisse au milieu une ouverture qui est la *pupille;* cette partie est susceptible de se dilater et de se contracter selon l'intensité de la lumière; cette membrane est entièrement enduite d'une couleur noire dans laquelle vient se confondre la quatrième membrane, qui n'est qu'une expansion du nerf optique; on l'a nommée *rétine* parce qu'elle ressemble à un réseau. La portion comprise entre la cornée et l'*iris,* G, se nomme la chambre antérieure de l'œil, et sa partie postérieure à l'iris C, la chambre postérieure. Les liqueurs renfermées dans l'œil sont au nombre de trois, toutes trois renfermées dans des membranes particulières : la première est l'*humeur aqueuse;* elle occupe la chambre antérieure; la seconde, renfermée dans une capsule lenticulaire B, joint l'iris immédiatement au-dessous; elle porte le nom de *cristallin;* elle est enchâssée jusqu'à moitié de son épaisseur dans l'humeur *hialoïde:* telle est, à peu près, la disposition des parties qui composent l'œil de l'homme; car les anatomistes ne sont pas, à beaucoup près, d'accord à cet égard.

Quant à l'explication du phénomène de la vision, en général, on considère le cristallin comme une lentille bi-convexe dont l'aberration sphérique se trouve compensée par la plus grande densité de ses couches concentriques, et qui réfléchit les rayons au fond de l'œil, soit sur la rétine, soit sur la choroïde, qui font l'effet d'une chambre obscure; mais alors cette image devrait être renversée : comment donc se fait-il que nous la voyons droite? Cela dépend peut-être de ce que l'on ne tient pas assez compte des autres humeurs, et surtout de l'hialoïde, qui jouit peut-être de quelques propriétés qu'on ne lui a pas encore reconnues. Il faut convenir que malgré les différentes hypothèses des physiciens, l'explication de la vision n'est rien moins que claire, et que ces savants, en voulant tout réduire en calculs, ne font pas assez de cas des fonctions organiques et de l'action nerveuse, qui joue un si grand rôle dans la physiologie et dans l'organisation animale.

Il est deux différences dans l'effet de la vision qui se retrouvent habituellement chez presque tous les hommes, tantôt à un âge, tantôt à un autre : c'est la différence de la longueur de la portée de la vue; l'explication en est très-simple. Les personnes qui ont la vue longue sont appelées *presbytes;* chez elles les objets rapprochés sont confus; pour distinguer facilement l'écriture il faut qu'elles l'éloignent de leurs yeux de deux ou trois pieds; cette infirmité, plus particulière aux vieillards, provient de l'aplatissement de la cornée ou du *cristallin,* qui disperse trop les faisceaux lumineux, qui traversent les humeurs de l'œil; alors, pour y remédier, on se sert de lunettes portant des verres convexes dont la courbure doit être en rapport avec l'aplatissement de la cornée, pour rétablir la convergence à la longueur moyenne. L'autre infirmité, ou la *myopie,* provient d'un effet contraire : les yeux offrant aux rayons des surfaces trop convexes, les font converger trop tôt dans l'œil. Ces sortes de vues sont obligées de rapprocher beaucoup les objets de l'œil pour les voir distinctement; on corrige ce défaut en se servant de verres concaves dont la concavité, calculée sur la trop grande sphéricité de l'œil, rétablit la vue des objets à une distance moyenne.

II. Instruments d'optique.

A. *Instruments simples.*

a. Miroirs plans.

Les instruments d'optique les plus simples sont les miroirs; il est inutile de parler des miroirs plans qui servent à notre toilette et à décorer nos appartements : ils sont trop connus; seulement, nous ferons observer que tous les miroirs composés de verre étamé donnent une double image, l'une sur l'étamage et l'autre sur la surface du verre; aussi pour les miroirs d'instruments d'optique, quand ils ne sont pas destinés à réfléchir seulement la lumière, mais à renvoyer une image, on les fait en métal poli; mais ils ont l'inconvénient de s'oxider : cette observation s'applique aux miroirs de toutes les formes.

b. Du Kaléidoscope.

Les miroirs plans sont la base de quelques instruments que nous allons décrire; le plus simple, qui a eu une si grande vogue il y a quelques années, est le *kaléidoscope,* qui sert encore dans beaucoup de fabriques à composer des dessins de rosaces; il se compose d'un tube, pl. 9, fig. 152, dans lequel deux verres forment un angle, fig. 151, dont le sommet est au point central C; si l'on met un objet quelconque entre les deux verres AB, l'objet se trouve réfléchi en arrière des miroirs, par le miroir A en AD, et par le miroir B en BG; ces images ayant elles-mêmes la propriété de pouvoir être considérées comme des objets positifs, sont de nouveau réfléchies AD en DE' et BG en GF; mais ces secondes images ayant aussi elles-mêmes la propriété des premières, viennent toutes deux se reproduire en une seule image FF'. Pour que le kaléidoscope puisse produire son effet, il faut que les miroirs réflecteurs soient placés sous un certain angle qui ait environ 60 degrés; que l'objet ou les objets qui doivent être réfléchis entre les miroirs soient placés entre eux, et que l'œil de l'observateur soit placé le plus près possible du sommet de l'angle des miroirs.

c. Des Instruments de réflexion.

On désigne par ce nom collectif des instruments qui portent en outre le nom particulier d'octant, de sextant, selon qu'ils sont une huitième ou sixième partie du cercle, et de cercle à réflexion. La base de ces instruments consiste en un cercle BCDE (pl. 9, fig. 153), ou portion de cercle, gradué avec beaucoup de soin, au point centre duquel se meut une règle H mobile, portant un vernier L, souvent un verre convexe, pour lire les divisions, et muni aussi au centre d'un miroir A, dont les surfaces doivent être parfaitement parallèles, perpendiculaire au plan de l'instrument, se mouvant avec la règle, et destiné à réfléchir un objet, tandis que le miroir F, immobile, est dirigé vers un autre objet ; on peut alors déterminer la mesure des angles qui séparent les deux objets sur lesquels on a dirigé le miroir. Cet instrument est souvent accompagné d'une lunette et de verres colorés pour affaiblir l'éclat des rayons solaires ; c'est l'instrument qui est le plus habituellement entre les mains des marins ; il leur sert à mesurer les distances de la lune aux étoiles et la hauteur du soleil, pour déterminer leur position en mer. Au chapitre des sciences nautiques, il sera donné une description plus détaillée de ces instruments, en indiquant la manière de s'en servir.

d. Miroir comburant.

La réflexion des rayons solaires sur un miroir plan ne donne la sensation d'aucune chaleur ; mais si plusieurs miroirs portent cette réflexion en un même point, la chaleur augmente sensiblement ; elle finit même par brûler avec une grande force : tel était le miroir avec lequel Archimède incendiait les vaisseaux des Romains à la portée du trait, c'est-à-dire à environ cent cinquante pieds. Long-temps ce phénomène avait été mis en doute ; mais Buffon le répéta, et, avec un miroir composé de cent vingt-huit morceaux de glace, enflamma une planche de sapin à la distance de cent cinquante pieds ; le foyer des miroirs réunis avait seize pouces de diamètre, et l'inflammation se fit sur toute sa largeur. En multipliant le nombre des miroirs, on peut augmenter la distance où doit s'opérer l'inflammation des matières. Dans les expériences de Buffon on avait remarqué qu'en rapprochant le foyer on augmentait l'intensité de la chaleur, et elle devenait telle qu'une assiette d'argent fut fondue en huit minutes. L'effet du miroir d'Archimède est donc bien constaté ; mais le mécanisme qu'il employait est encore ignoré. Le physicien Robertson en construisit un dont nous donnons la figure (pl. 9, fig. 154 et 155), qui avait l'avantage de pouvoir varier son foyer en tournant une seule manivelle. Tous les miroirs *aa*, disposés en cercles concentriques, sont mobiles sur un axe, et munis au milieu d'un manche perpendiculaire *bbb* ; tous ces manches sont engagés dans les rainures d'un plateau circulaire CD ; ces rainures sont plus inclinées pour les miroirs du bord que pour ceux du milieu ; de sorte qu'en tournant une manivelle E attachée au plateau, on peut incliner plus ou moins tous les miroirs vers un même foyer.

e. Des Prismes.

Ces instruments jouent un grand rôle dans les instruments d'optique (pl. 9, figure 156, ABC). On s'en sert habituellement pour changer la direction des rayons, comme si l'on se servait d'un miroir plan métallique ; mais les prismes offrent un grand avantage : c'est que tous les rayons sont complétement réfléchis, sauf une très-petite quantité perdue par la réflexion et l'absorption ; tandis que dans le meilleur spéculum, il y a toujours au moins la moitié de la lumière de perdue. Un des prismes les plus ingénieux est celui C, confectionné par M. Charles Chevalier ; il est plan d'un côté, convexe de l'autre, et concave du troisième ; nous signalerons son application plus tard.

f. Chambre claire ou camera lucida.

La chambre claire inventée par le docteur Wollaston consiste (fig. 157) en un prisme dont l'angle A est de 90 degrés, et l'angle C de 67 degrés 1/2. Les rayons provenant d'un objet quelconque, après avoir été réfléchis par les deux surfaces DC et CB, viennent en convergeant frapper l'œil de l'observateur en E ; s'il place au-dessous de l'objet une feuille de papier, l'objet lui paraîtra représenté sur cette feuille ; maintenant, s'il place son œil assez près de l'angle B pour voir d'un même coup d'œil la figure à travers le prisme et le papier mis au-dessous, il pourra, en faisant suivre avec la pointe d'un crayon le contour de la figure, obtenir un dessin exactement semblable de l'objet en vue. M. Amici de Modène a cherché à perfectionner cet instrument; le perfectionnement le plus simple consiste en un petit diaphragme qui détermine la place juste où doit se fixer l'œil. On peut, au moyen de lentilles, de verres obcurs, varier les grossissements et les autres propriétés de la *camera lucida;* cet instrument devrait être d'un usage universel pour dessiner l'histoire naturelle et le paysage, ou pour copier ou réduire toute espèce de dessin; mais la difficulté qu'éprouvent quelques personnes à s'en servir empêche qu'il ne soit aussi répandu qu'il le mérite. Nous ne donnons pas de figure de la monture de cet instrument, parce qu'elle varie, suivant le goût ou l'usage auquel on le destine.

g. De la Chambre obscure.

La chambre obscure, ou chambre noire, a été inventée par Baptista Porta. Dans sa composition la plus simple, elle consiste en une lentille présentée à l'objet qu'on veut voir, et qui renvoie les rayons dans une chambre parfaitement close; là les rayons sont reçus soit sur un mur blanchi, soit sur une membrane transparente : l'image est alors renversée; mais si l'on se sert de deux lentilles au lieu d'une, l'image est redressée, et représente alors un tableau fidèle et animé de tout ce qui passe dans le champ de la première lentille; cet appareil ne pouvant servir qu'à une place, il a été promptement modifié. La chambre sans lumière, où se reproduisaient les objets, devient un coffre prismatique où les rayons transmis par la lentille sont réfléchis sur un miroir incliné à 45°, et qui lui-même les renvoie en bas à un transparent blanc. Une autre modification de la chambre noire est celle que nous avons fait figurer pl. 9, fig. 158; elle sert à dessiner le paysage. C'est un coffre dont le fond, porté sur des pieds, fait table pour dessiner; le haut, plus rétréci que le bas, est percé d'une ouverture circulaire renfermant un tube susceptible de s'allonger et de se raccourcir, que l'on garnit d'une lentille méniscus; au-dessus est un miroir incliné à 45 degrés,

renvoyant les objets sur le méniscus et de là sur le papier. Le miroir, au moyen d'un petit mécanisme intérieur, peut se tourner dé n'importe quel côté que l'on veut. M. Charles Chevalier a heureusement remplacé et la lentille et le miroir par un simple prisme méniscus qui ne perd aucune des parties de la lumière qu'il reçoit, comme nous l'avons déjà dit. Dans les chambres obscures portatives, on remplace le coffre par des rideaux qui environnent trois piquets attachés au tube du prisme, et le carton aux dessins peut servir de table.

h. Miroirs convexes et concaves.

Les miroirs convexes sont de peu d'utilité en optique; on s'en sert cependant quelquefois pour donner une image en petit d'un objet, et, sous ce point de vue, on les emploie quelquefois à dessiner le paysage; mais il faut observer que les images voisines des bords sont toujours plus ou moins altérées. Les miroirs concaves forment la partie principale des télescopes réflecteurs, et même ils peuvent seuls en servir : car c'est au moyen d'un miroir de quatre pieds de diamètre et de quarante pieds de foyer qu'Herschel découvrit un des satellites de Jupiter. Les miroirs concaves servent aussi de réflecteurs lumineux, comme dans beaucoup de phares et de lampes, et principalement dans les microscopes; ils servent encore de miroirs comburants, et ont sous cette forme une si grande puissance, quand ils ont un diamètre assez grand, qu'avec un miroir pareil à celui de M. Herschel que nous venons de citer, le fer, le granit, l'ardoise, la tuile, etc., ne peuvent résister, et sont mis en fusion en moins d'une demi-minute.

i. Miroirs multipliants.

Ces miroirs ne sont que des verres taillés en arrière à facettes, dont chacune fait l'effet d'un prisme particulier.

j. Miroirs cylindriques.

Dans ces miroirs, quelle que soit leur courbure, les objets sont toujours défigurés, excepté une ligne placée vis-à-vis de l'observateur; si l'on tient le miroir en long et qu'on regarde son image, elle paraît allongée d'une façon extraordinaire; c'est le contraire si l'on tourne le miroir de l'autre sens. Ces miroirs défigurant les objets, pour leur faire produire des figures régulières il faut, au contraire, leur présenter des dessins défigurés. Aux yeux des personnes à qui on les présente, ces sortes de dessins n'offrent qu'un mélange confus de couleurs; mais dès qu'on met au milieu un miroir disposé en forme de colonne, l'image se forme dessus dans toute sa régularité. Nous avons donné une idée de cet effet, fig. 165, AB,CD.

h. Des Lentilles.

Les lentilles entrent dans la composition de presque tous les instruments d'optique; seules elles ont, comme les miroirs concaves, un très-grand pouvoir comburant, surtout lorsqu'elles sont d'un grand diamètre; elles possèdent cette propriété à un point plus grand même que les grands miroirs dont nous avons parlé plus haut. La difficulté d'établir des lentilles d'un grand diamètre a fait établir des lentilles de plusieurs pièces, dont l'invention est due à Fresnel; elles sont formées de cercles concentriques dont la courbure est combinée de façon à détruire totalement l'aberration sphérique. On sent que de pareilles lentilles ne peuvent servir pour des instruments d'optique; mais elles peuvent servir de lentilles comburantes, et surtout de lentilles illuminantes: aussi ont-elles remplacé avec avantage, dans les phares, les miroirs paraboliques. Nous donnons, pl. 9, fig. 160 et 161, la coupe et la vue de face d'une de ces lentilles.

L'emploi le plus simple des lentilles est dans les bésicles, qui servent à corriger les vues trop longues ou trop courtes, comme nous l'avons dit à l'article de la vision; on s'en sert encore sous le nom de microscopes simples ou de loupes, de compte-fils, etc., pour grossir les objets; il faut alors, quelle que soit leur monture, qu'elles aient un assez court foyer; on met l'objet et l'œil presque également près de la lentille.

B. *Instruments composés.*

a. De la Lanterne magique et de la Fantasmagorie.

Le premier de ces instruments a été inventé par le père Kircher, jésuite; dans son origine, il était composé d'une lampe P, fig. 162, dont les rayons, réfléchis sur un miroir M, étaient renvoyés sur une lentille C, destinée à concentrer les rayons lumineux sur l'objet B, au-devant duquel est une lentille à court foyer L, destinée à reproduire les images sur un écran éloigné; l'objet étant placé en avant du foyer réel de la lentille L, forme en arrière d'elle son image très-grossie, mais renversée; il faut donc renverser l'objet que l'on veut voir pour qu'il se présente droit. La fantasmagorie n'est qu'une lanterne magique perfectionnée; elle se compose d'un coffre habituellement en tôle ABHD, fig. 163, renfermant un quinquet BB muni d'un réflecteur parabolique qui renvoie les rayons lumineux sur une lentille plano-convexe; celle-ci, après les avoir concentrés, les transmet à l'objet destiné à être vu, qui est placé sur un verre que l'on fait jouer dans la coulisse C; l'image produite va traverser une lentille destinée à son grossissement et qui la reporte sur un écran. Jusque là, la fantasmagorie ne diffère en rien de la lanterne magique; mais ce qui l'en distingue principalement, c'est la faculté de grossir et de diminuer les objets, ce qui leur donne l'apparence d'avancer et de reculer et ajoute à l'illusion: cette faculté réside dans un mécanisme très-simple. Le tube DE se raccourcit ou s'allonge à volonté; mais, pour que l'image soit toujours nette sur l'écran, il faut que quand la lentille s'approche de lui l'objet recule, et, quand c'est l'objet qui approche, que la lentille s'en éloigne; ce mouvement combiné s'opère au moyen d'une crémaillère placée sous la boîte de l'instrument, et dont une branche atteint l'extrémité du tube; la caisse est tenue en avant et en arrière par une corde tendue sur les gorges de deux poulies G, et quand on raccourcit le tube le coffre avance, et l'effet contraire arrive si on l'allonge; du reste, ce mécanisme se varie à volonté, pourvu qu'il remplisse le but qu'on se propose.

L'écran où se *représentent les objets est en étoffe blanche préparée,* et les spectateurs sont placés derrière; on a soin que la pièce où agit l'instrument et celle où se trouvent les spectateurs soient dans la plus profonde obscurité.

On se sert, pour ajouter aux effets de la fantasmagorie, d'un autre appareil appelé *mégascope* que nous figurons pl. 9, fig. 164; il consiste en un coffre K' noirci à l'intérieur et muni d'une ouverture B applicable à une cloison éloignée de l'écran; à la partie opposée est un tube A muni d'une lentille d'un assez long foyer. Si en B se place une personne dont on éclaire fortement la figure, son image ira se peindre en M, sur un miroir placé au haut du mégascope; l'image se trouve reproduite droite en A, où se trouve l'écran. On sent quels effets surprenants peut produire cet instrument, puisqu'on peut donner ainsi des tableaux véritablement animés, et quel parti on aurait pu en tirer dans le temps où l'on croyait aux sorciers et aux revenants.

b. Microscopes solaires.

Ce microscope, que nous figurons pl. 9, fig. 165, n'est encore qu'une application de la lanterne magique; mais au lieu de lampe, c'est la lumière même du soleil que l'on emploie pour éclairer l'objet, et cette lumière tombe sur un miroir plan qui la renvoie aux lentilles et à l'objet. Il a été construit, pour la première fois, par Lieberkuhn; la figure explique assez cet instrument, qui donne des grossissements très-puissants; mais il a l'inconvénient que le mouvement apparent du soleil dérange à chaque instant l'effet. On a essayé de remplacer la lumière solaire par un gaz incandescent, et on a réussi assez heureusement. M. Charles Chevalier, le premier à Paris, en a établi un muni d'excellentes lentilles achromatiques; mais la manutention des gaz offre encore quelques difficultés qui empêcheront long-temps que cet instrument, ainsi modifié, devienne d'un usage facile. Le moyen qu'on emploie dans les cabinets de physique consiste à joindre au miroir un *héliostat :* c'est un mécanisme d'horlogerie qui fait suivre au miroir tous les mouvements du soleil; mais cette complication rend l'instrument fort cher et laisse toujours subsister l'inconvénient inhérent à l'instrument principal, de ne pouvoir servir que quand le temps est très-pur et laisse voir le soleil, c'est-à-dire tout au plus la moitié de l'année, dans nos climats.

c. Des Microscopes composés.

Nous avons déjà vu qu'une simple lentille, quand elle sert à grossir les objets, prend le nom de microscope simple; mais si à cette lentille on en ajoute une ou plusieurs autres, le microscope devient alors composé; on ne regarde plus directement l'image produite par la première lentille, mais on grossit cette image par une ou plusieurs autres lentilles, et

c'est cette dernière image que l'on regarde. Soit, fig. 166, AB une lentille que l'on nomme *objectif*, ordinairement d'un court foyer; MN l'objet que l'on veut examiner; la lentille reportera l'objet grossi, comme CD, sur la lentille *mn*, qui est *l'oculaire* proprement dit; mais comme plus la lentille BA grossit l'objet, plus le champ de vision diminue, on compose l'oculaire de deux lentilles dont la seconde FE diminue la figure produite par AB en augmentant le champ, et la lentille *nm* rétablit le grossissement. Différents motifs peuvent faire varier le nombre de ces lentilles; mais voilà la composition la plus simple et la plus usitée. Nous donnons (fig. 167) la vue d'un microscope ancien. A est l'instrument proprement dit; B le porte-objet, et C le miroir réfléchissant. Cet instrument laissait beaucoup à désirer, soit dans sa forme, soit dans sa composition: aussi a-t-il été l'objet des travaux constants des opticiens. On est parvenu actuellement à des résultats très-avantageux que nous allons faire connaître en donnant la description un peu détaillée d'un instrument de cette espèce, récemment construit par M. Chevalier, et qui réunit aux différents perfectionnements qu'il a apportés à cet instrument, une grande modicité de prix. La figure 168 représente cet instrument dans sa position habituelle. N est la boîte servant à renfermer l'instrument et sur laquelle on le monte; A, une colonne en cuivre formant support; B, un axe ou mouvement de charnière qui permet à la tige K toute sorte de mouvements dans le sens de G à B; C est un tube renfermant un mouvement de robinet qui permet à la tige K un mouvement dans un sens diamétralement opposé à celui produit par l'axe B; D est le corps même du microscope : il est horizontal, ce qui fatigue beaucoup moins l'observateur que la position verticale. Pour renvoyer les rayons horizontalement, on voit en Z que l'extrémité du tube renferme un prisme P triangulaire qui les dirige vers l'oculaire; K est une tige carrée, terminée en forme de T par le haut; une des extrémités de la branche transverse est jointe au mouvement de robinet C, et l'autre porte à son extrémité un anneau F renfermant un pas de vis sur lequel se monte le corps du microscope. En descendant le long de la tige verticale, on trouve le porte-objet G, percé d'un trou à son centre, se mouvant le long de la tige au moyen d'une crémaillère mise en action par une vis I ; au-dessous se place à frottement un diaphragme H percé de trous de différentes grandeurs, et dont on voit la figure plus en détail en H*h* et H*h*' ; il se meut autour d'une goupille centrale, et chaque ouverture se trouve parfaitement centrée avec la lentille, le porte-objet et le miroir réflecteur que l'on voit en L ; celui-ci est susceptible de deux mouvements d'inclinaison qui se coupent à angle droit.

Si l'on veut se servir du microscope tel qu'il est figuré, il n'y a qu'à y mettre les objectifs et les oculaires qu'on désire employer ; toutes ces lentilles sont parfaitement achromatiques. Veut-on regarder les objets verticalement : on dévisse la pièce E qui renferme le prisme , on met au bout du tube droit D le cône X, à l'extrémité duquel sont situées les lentilles, et l'on visse le tout sur F. A-t-on besoin de la lumière directe : on détache la tige K de la goupille M, on relève cette tige jusqu'à ce qu'elle forme un angle droit avec A, on ôte le miroir qui est monté dans une boîte à frottements doux ; et tout l'appareil se trouvant horizontal, la lumière traverse directement l'objet et les lentilles sans intermédiaires de miroirs.

Dans les combinaisons chimiques que l'on voulait observer au microscope , on était continuellement arrêté par les vapeurs qui s'élevaient du mélange et qui venaient ternir l'objectif ; avec le microscope que nous décrivons cet inconvénient n'a pas lieu : au moyen du mouvement du robinet C on tourne la tige K totalement sens dessus dessous, comme on le voit fig. 168 bis , où l'on voit de même *d* le tube du microscope, *e* la place du prisme, *g* le porte-objet, *h* le diaphragme et *c* le miroir ; le microscope se trouve alors au-dessous du porte-objet, et comme celui-ci est en verre très-transparent, on voit l'opération se faire sans que rien vienne déranger dans l'observation.

C'est à M. Amici de Modène que l'on doit la disposition horizontale des microscopes ; l'application des lentilles achromatiques à cet instrument et les différentes modifications de mouvements que nous venons de signaler, sont dus à M. Charles Chevalier, ingénieur-opticien au Palais-Royal , que nous avons eu si souvent occasion de citer.

d. Des Télescopes.

Les anciens ont-ils connu ou non le moyen de rapprocher les objets célestes pour les voir plus distinctement ? cela ne peut faire l'objet d'un doute quand on lit le détail des étoiles qu'ils ont connues ; mais quel est le moyen qu'ils employaient? nous l'ignorons entièrement. De quelle époque de notre ère paraît dater la composition des premiers télescopes ? on sait que c'est du treizième au quatorzième siècle ; quel en est l'inventeur ? ici l'on retombe dans le doute, et chacun s'en attribue la gloire ; Newton et Galilée paraissent cependant être les premiers qui en ont composés et s'en sont servis de manière à amener des découvertes importantes.

e. Des Télescopes réflecteurs.

Malgré quelques traces d'essais faits par le père *Zucchius*, pour grossir les objets au moyen de lentilles ou de spéculum, on est d'accord que James Grégory a donné le premier la description d'un télescope de réflexion , qui fut ensuite exécuté par Newton : il a continué de porter le nom de *Grégorien*, du nom de son auteur. AB, fig. 169, est un spéculum métallique percé d'une ouverture dans son milieu ; ce miroir doit être taillé sur une courbe parabolique pour les objets éloignés , et sous une courbe ellipsoïde pour les objets plus rapprochés ; les rayons MN venant frapper en AB, sont renvoyés vers un second spéculum concave CD, en avant duquel ils forment une image renversée *mn*, en avant du foyer *f;* le spéculum CD ;renvoie à son tour les rayons parallèlement vers les lentilles EF, qui composent l'objectif ; comme la distance des objets fait varier la netteté des images, le spéculateur CD communique avec une vis de rappel qui permet de l'avancer et de le reculer à volonté.

Le télescope de *Cassegrain*, fig. 170, ne diffère du précédent que par son second spéculum qui est convexe, et qui est placé en avant du renversement de l'image ; il donne une image droite près de la lentille F ; outre cet avantage, cet instrument est beaucoup plus court que le précédent et donne plus de lumière.

Le télescope *Newtonien*, fig. 171, est un perfectionement de celui de Grégory. Le grand spéculum AB n'est pas percé ; un petit spéculateur plan CD est placé obliquement, de manière à renvoyer les images vers le côté où est placée une simple lentille formant oculaire ; pour diminuer la perte de lumière produite par les miroirs, Newton avait remplacé le petit spéculum par un prisme.

Tous ces télescopes offraient plusieurs inconvénients : tels étaient l'aberration de sphéricité des miroirs, la déperdition de la plus grande partie de la lumière reçue, et le défaut d'achromatisme des lentilles employées ; c'est ce qui les a fait presque entièrement abandonner pour se servir de lunettes ou télescopes réfracteurs.

f. Des Télescopes réfracteurs.

Lunette astronomique. Cet instrument, dont nous donnons la représentation fig. 172, n'est composé que de deux lentilles, un objectif de la plus grande ouverture possible AB, d'une grande longueur focale ; qui forme à son foyer une image renversée de l'objet, qui est grossie par l'oculaire GD ; celui-ci est monté sur un tube à frottements doux qui permet de le rapprocher ou de l'éloigner à volonté de l'objectif. Dans ces sortes de lunettes, les objets sont toujours vus renversés ; mais cet inconvénient est plus que compensé par la grande clarté que laisse pénétrer le petit nombre de leurs verres.

Lunette de Galilée. Cet instrument diffère, fig. 174, du précédent par son oculaire concave CD, que l'on place avant la formation de l'image par l'objectif AB ; cet instrument a moins de champ que le précédent ; mais il présente les objets sans être renversés, et plus distincts ; la facilité que l'on a de le faire très-court l'a rendu d'un usage habituel : car c'est lui dont on se sert tous les jours sous le nom de *lorgnette* ou *lunette* de *spectacle.*

La longue-vue. La longue-vue, fig. 173, est un instrument destiné à voir les objets terrestres ; il se compose d'un objectif AB renvoyant d'abord une image renversée, d'une ou deux lentilles CD, EF redressant l'image, et d'une dernière lentille GH qui la grossit. Cet instrument ne donne pas des grossissements aussi puissants que la lunette astronomique, ni aussi clairs à cause du nombre de verres qui entrent dans sa composition ; mais il est d'un usage beaucoup plus habituel.

Tous les télescopes réfracteurs ont besoin de lentilles taillées avec beaucoup de soin et parfaitement achromatiques ; leur mérite réside en partie dans leur objectif, qui, selon son diamètre et sa qualité, augmente beaucoup leur prix. Les plus grandes lentilles qui aient été exécutées jusqu'à présent l'ont été par M. Cauchoix ; elles avaient 10 et 12 pouces de diamètre, et ont été vendues ensemble au prix de 22,000 fr. : on voit par là à quel prix reviennent ces instruments quand ils sont d'une grande puissance, et qu'il faut se méfier des soi-disant bons marchés : car dans les petits instruments même, il faut encore payer assez cher si l'on veut être bien servi.

A. PERCHERON.

SECT. XI. — MÉTÉOROLOGIE.

La météorologie est la science des phénomènes qui se passent dans l'air : ainsi, le vent, la pluie, le tonnerre, les étoiles filantes et les aréolites sont de son ressort. L'électricité devrait en faire partie ; mais à cause de l'étendue des recherches auxquelles elle a donné lieu et du rôle important qu'elle joue dans la nature, on est dans l'usage d'en faire une branche spéciale de la physique.

Long-temps les météores qui ne se reproduisent pas journellement avaient été considérés avec une sorte d'effroi ; mais, avec l'observation, ces craintes ont disparu, et si quelques-uns des phénomènes météorologiques sont encore à redouter, au moins ne sont-ils le présage d'aucun événement funeste ; et tout le mal qu'ils peuvent causer résulte de leur atteinte réelle, dont prudemment il convient de se garantir autant que les circonstances le permettent. Les météores se divisent en météores *aqueux, aériens, lumineux,* et enfin météores *enflammés,* qui tous se manifestent dans notre atmosphère. Nous allons suivre cette division, et nous dirons seulement un mot, à la fin, de la température du globe terrestre.

§ 1er. — *Des Météores aqueux.*

L'atmosphère n'est jamais à un parfait état de pureté ; elle contient toujours en suspension une partie plus ou moins grande d'humidité ; cette humidité, plus ou moins intense dans l'air, détermine des météores auxquels on a donné des noms particuliers :

tels sont les *nuages*, le *serein*, la *rosée*, les *brouillards* et la *pluie*.

Hygromètre. Il est souvent essentiel dans les sciences de connaître la quantité d'humidité répandue dans l'air; cette opération se fait au moyen de plusieurs instruments particuliers, mais dont un, nommé hygromètre à cheveu, ou hygromètre de Sausure, du nom du savant qui l'a inventé, est le plus en usage; cet instrument, figuré pl. 10, fig. 175, est formé d'un cadre ABCD qui peut être suspendu ou posé sur son pied; un cheveu, aussi homogène que possible, lavé dans une substance alcaline et séché ensuite, est attaché à une pince P qui peut être haussée ou baissée au moyen d'une vis V et d'un ressort R; ce cheveu va ensuite s'enrouler en O sur une poulie à double gorge, sur laquelle est montée une aiguille G qui peut décrire des courbes sur un arc de cercle gradué HS; sur la seconde gorge de la poulie est enroulée une soie à laquelle on attache un petit poids destiné à donner au cheveu une tension toujours égale. Voici maintenant comment opère l'instrument: Quand l'air est plus humide que le zéro du cercle gradué, le cheveu en absorbe une plus grande quantité: alors il s'allonge; le petit poids ne trouvant plus de résistance, entraîne la poulie, celle-ci fait mouvoir l'aiguille qui marche vers le point H; si, au contraire, l'air est très-sec, le cheveu se raccourcit, fait tourner la poulie à son tour, et l'aiguille se dirige vers le point S. Cet instrument est très-sensible, et il faut, en s'en servant, le garantir même du contact de son haleine.

A. Du serein.

Pendant la chaleur du jour tous les corps humides abandonnent à l'air une certaine quantité de vapeur qui n'en trouble pas la transparence; mais si, par exemple, la chaleur du jour a été de 20 degrés, et que sur les 6 ou 7 heures du soir cette température ne soit plus que de 12°, cette température n'aura plus la force nécessaire de maintenir en l'air l'humidité qu'elle a aspirée, et celle-ci retombera en une pluie très-fine, sans pour cela qu'on aperçoive de nuage dans le temps. Ce phénomène, qui paraît d'abord extraordinaire, est, comme on le voit, excessivement simple; mais il demande une température assez élevée: aussi ne se fait-il remarquer dans nos pays que pendant la saison chaude, plutôt dans les parties basses

et rapprochées des rivières que dans les lieux élevés.

B. Des brouillards.

La formation du brouillard est due à une partie d'évaporation soit de liquide soit d'humidité, qui se trouve à une température plus élevée que l'atmosphère qui l'environne; mais il faut que celle-ci soit saturée d'humidité: la vapeur s'élevant en l'air, et trouvant un milieu plus froid qu'elle, tend à se mettre au même degré de chaleur; ce refroidissement produit alors la condensation d'une de ses parties qui devient le brouillard. La fumée qui s'élève au-dessus d'un vase placé sur le feu est à proprement parler un brouillard. On a vu quelquefois des brouillards formés dans des circonstances tout-à-fait différentes, et l'on peut principalement citer ceux qui se forment sur les rivières au moment du dégel et quand la glace les couvre encore; assurément, dans ce moment l'air est plus chaud que l'eau; mais alors ce n'est pas l'eau, mais bien l'air humide, qui fournit la matière du brouillard: en effet, l'air qui vient à s'approcher de la surface de l'eau tend à se mettre au même degré de température qu'elle, et dans cette opération une partie de l'humidité qu'elle contient se condense, et le brouillard se trouve formé.

On a vu des brouillards d'une très-grande intensité durer des mois entiers et porter une odeur infecte; on a cherché, mais en vain jusqu'à présent, à donner l'explication de ces phénomènes.

C. Des nuages.

Pour la formation du brouillard, il faut que l'air soit humide et tranquille; mais il arrive très-souvent, au contraire, qu'il est sec et très-agité; alors il disperse les vapeurs sans qu'il y ait le temps de s'établir une condensation; ces vapeurs plus ou moins épaisses, quelquefois tranquilles, quelquefois emportées par des courants d'air ou des vents impétueux à différentes hauteurs dans l'atmosphère, réunies en nappes immenses ou dispersées en flocons, constituent les nuages; on admet, et cela n'est pas difficile à vérifier, que les nuages sont composés de petits globules vésiculaires, comme des bulles de savon, microscopiques; mais alors leur densité devient plus grande que celle de l'air, à cause de la pellicule d'eau qui les enveloppe : de là leur suspension au milieu d'un gaz plus léger qu'elle. Cependant nous voyons que quand un enfant jette un globule de savon en l'air, il tend toujours à s'élever ; mais cela peut confirmer le fait du phénomène sans l'expliquer ; on a essayé d'en donner deux raisons, dont l'une consisterait à attribuer le phénomène aux courants d'air chaud qui rayonnent de la terre vers les espaces célestes ; et l'autre considérerait chaque globule comme un ballon dont l'air interne, raréfié par les rayons solaires, les rendrait plus légers que l'atmosphère ; mais toutes ces raisons ne sont encore étayées d'aucune preuve.

D. *De la pluie.*

Lorsque les nuages, par leur amoncellement, soit par la masse d'humidité qu'ils renferment, soit par toute autre cause, viennent à se condenser dans le haut des airs, l'eau dont ils sont composés se précipite sur la terre, et, selon que la condensation est plus ou moins spontanée ou qu'elle s'opère dans une région plus ou moins haute de l'air, la pluie tombe plus ou moins grosse ou fine. On a pensé qu'il était d'un grand intérêt, en agriculture, de connaître la quantité de pluie qui tombait par an dans un pays ; à cet effet, on se sert d'un instrument nommé *udomètre*, et dont voici la description (pl. 10, fig. 176) : CC' est un cylindre en cuivre formant récipient, terminé en cône à sa partie inférieure, qui est percée d'un trou en O ; ce cylindre entre à mouvement de bayonnette dans un autre cylindre S S' qui est le réservoir, au milieu du fond duquel est un conduit à deux coudes TT' qui saillit au-dehors de l'appareil jusqu'à la hauteur du fond du cylindre TT', et là s'élève un tube de verre VV' qui est divisé en parties égales, et qui sert à indiquer la hauteur du liquide dans le cylindre TT'. Il ne reste alors qu'à mesurer exactement la surface du récipient, jauger le réservoir pour savoir à quelle division du tube il correspond ; et il est alors facile de déduire la quantité de pluie, c'est-à-dire l'épaisseur de la couche qui serait tombée sur un vase à fond plat et horizontal.

E. *De la rosée.*

Il existe un phénomène dont la connaissance va nous servir à expliquer la formation de la rosée, ce phénomène c'est la propriété, dont nous avons déjà parlé, qu'ont tous les corps qui nous environnent de rayonner vers les espaces célestes ; quand la nuit est calme, les corps rayonnants, comme nous venons de le dire, se refroidissent de plus en plus jusqu'à devenir beaucoup plus froids que l'air qui les environne ; mais comme tous les corps n'ont pas la même disposition à absorber la chaleur, tous n'ont pas non plus la même faculté de rayonnement ; et cela est si vrai qu'en parcourant la nuit, un thermomètre à la main, un jardin, on trouverait l'air, je suppose, à 10° à quelques pieds de terre, et on trouverait certains objets à 8° plus bas, d'autres à 7°, d'autres à 4°, d'autres à 2° seulement, et d'autres encore soit à la même température que l'air, soit au-dessus : on conçoit alors que l'humidité de l'atmosphère venant à rencontrer les parties les plus froides, se condense à leur surface et produit ce que l'on nomme la *rosée*, tandis que ceux qui sont restés à la température de l'atmosphère n'en sont point couverts ; mais si l'on suppose qu'un corps quelconque soit interposé entre un objet et les espaces célestes, il interrompt le phénomène ; on conçoit alors que les arbres, les maisons et même les nuages peuvent faire l'effet d'un corps interposé à dessein, et peuvent empêcher ou modifier la formation de la rosée ; le vent lui-même, en réchauffant les corps à mesure qu'ils rayonnent, est encore une cause qui s'oppose à sa formation.

F. *Du givre ou gelée blanche ; de la gelée.*

La manière dont se produit la rosée donne la manière dont se produit le givre ou la gelée blanche ; seulement il faut admettre que la chaleur de l'atmosphère étant à 4 ou 5 degrés au-dessus de zéro, le rayonnement fait baisser les objets au-dessous de la température de la glace ; et les gouttelettes de rosée qui ont commencé à se déposer sur les objets, se cristallisent en aiguilles qui s'entrelacent de mille manières. Si maintenant on suppose l'atmosphère sans humidité, peu agitée par le vent et à la température de zéro du thermomètre, le rayonnement en descendant à 7 ou 8 degrés plus bas rafraîchira les liquides au point de les amener au point de congélation, et l'on aura la gelée et la glace. Mais une partie de la glace que l'on voit charrier sur les rivières se forme sur leurs bords et au fond de l'eau.

Cette loi du rayonnement des corps vers les espaces célestes a reçu dans l'Inde une application utile. Dans une partie de ce vaste pays il ne tombe jamais de neige et il n'y gèle jamais ; cependant la chaleur du climat fait sentir plus que partout ailleurs la nécessité des boissons froides ; à cet effet, l'on dispose dans une plaine de petits enclos carrés dont les murs n'ont pas plus de 4 à 5 pouces de haut, on les remplit soit de paille, soit de quelque substance analogue, et dessus on dispose des terrines plates remplies d'eau ; et quoique la température de l'atmosphère soit toujours à 4 ou 5 degrés au-dessus de zéro, la glace se forme dans les terrines avec beaucoup de rapidité. On a établi une glacière, d'après ce procédé, aux environs de Paris. La connaissance de la manière dont se produit la gelée, et l'observation qu'un corps interposé, même un nuage, peut l'empêcher, a fait chercher à imiter la nature ; en effet, on a reconnu à diverses reprises que la fumée d'un feu de paille mouillée dirigée au-dessus d'un champ de vigne, a plusieurs fois sauvé la récolte d'une destruction certaine.

G. Du verglas, de la neige, du grésil et de la grèle.

Le *verglas* n'est autre chose qu'une pluie d'une température douce qui, trouvant le sol beaucoup plus froid qu'elle, est, à mesure qu'elle touche à sa surface, refroidie à la consistance de glace.

La *neige* est une eau amenée à l'état de congélation dans l'atmosphère ; mais les flocons sont-ils tous formés dans les nuages, ou se forment-ils dans la chute de l'eau jusqu'à la terre ? c'est ce qu'on ignore encore complétement. Ce que l'on a le plus étudié jusqu'à présent, c'est la forme des cristaux de la neige ; ces formes sont tellement variées que nous croyons faire plaisir à nos lecteurs d'en reproduire quelques-unes (pl. 10, fig. 177, 178, 179, 180, 181, 182, 183, 184 et 191). On a observé dans divers pays, entre autres les Alpes et les mers polaires, des neiges rouges et cette remarque n'est pas nouvelle, puisque Pline en parle ; cette coloration de la neige est due à la présence de petits globules d'un ou deux centièmes de millimètre de diamètre, et que les auteurs qui ont écrit sur cette matière regar-

dent comme une petite espèce de champignon, qui ne peut avoir de développement que sur la neige. La formation du *grésil* n'est pas mieux connue que celle de la neige ; la vue seule nous montre que chaque grain est une petite boule d'aiguilles de glace enlacées, comprimées, et souvent revêtues d'une véritable couche de glace.

La *grèle* est un des phénomènes les plus redoutables pour l'agriculture, et en même temps un des plus difficiles à expliquer en météorologie : car tout ce que l'on peut dire sur sa formation roule sur des conjectures. La grosseur des grêlons ordinaires varie entre celle d'un petit pois et celle d'une noisette ; mais il est malheureusement bien prouvé qu'on a vu des grêlons qui pesaient 12 onces, et qu'ils ont amené non-seulement la destruction des arb es et des récoltes, mais encore la mort des hommes et des bestiaux qui n'ont pu trouver à temps un abri. Les grêlons sont habituellement de forme arrondie ; mais on en a vu quelquefois de figure variée ; leur surface est ou lisse ou grenue, et quelquefois aussi anguleuse ; leur structure intime paraît consister en un noyau nébuleux assez semblable à de la neige comprimée, et autour une masse glacée transparente dans laquelle on remarque quelquefois des couches distinctes. On voit que cette structure de la grèle la rapproche beaucoup du grésil. La grèle précède assez souvent la pluie d'orage, mais ne la suit jamais ; elle tombe pendant quelques minutes, et jamais plus d'un quart d'heure de suite ; mais elle tombe, dans certains moments, si serrée, qu'elle couvre la terre de plusieurs pouces d'épaisseur. Les nuages qui portent la grèle causent, au moment où ils paraissent, une grande obscurité, d'où l'on conclut qu'ils ont beaucoup d'épaisseur. Quelques instants avant la chute de la grèle on entend toujours un bruit particulier, que l'on compare au son que rendraient des sacs de noix vivement entre-choqués. Les nuages chargés de grèle peuvent parcourir une grande étendue de pays avec une grande vitesse, puisque l'on sait que dans un mémorable orage de l'année 1788, la grèle tomba sur deux bandes parallèles de deux lieues et demie de large sur une longueur de plus de cent lieues, et avec une vitesse de seize lieues et demie à l'heure ; enfin, la grèle est toujours accompagnée de phénomènes électriques.

§ 2. — *Des météores aériens.*

Cette division ne comprend que le vent, qui, lorsqu'il acquiert une grande intensité, forme les ouragans et les trombes. Supposons que l'on parvienne à ôter d'une chambre tout l'air qu'elle pourrait contenir, et que l'on ouvre tout-à-coup la porte d'une pièce voisine, il est bien évident qu'une partie de l'air contenu dans la seconde pièce se précipiterait dans la chambre vide en formant un courant plus ou moins violent : telle est en deux mots la théorie la plus généralement reçue pour la formation du vent. Lorsque l'atmosphère entière est chargée de vapeurs, il arrive un moment où elles se résolvent en pluie. Admettons que la température de l'air soit au tempéré du thermomètre, ou à 10°, chaque pouce cube d'eau qui tombera sur la terre laissera dans l'air un vide cent mille fois plus grand, dans lequel vide se précipitera l'air environnant avec plus ou moins de violence, selon que l'espace occupé par la vapeur aqueuse sera droit, long ou courbe. Au reste, cette explication, quoique une des plus soutenables parmi toutes celles que l'on a données sur la théorie des vents, n'éclaire pas encore toutes les difficultés ; les vents dits *alisés*, que l'on rencontre sous les Tropiques, et qui offrent une régularité constante pendant plusieurs mois de l'année, sont, dans cette hypothèse, dus aux pluies périodiques de ces pays.

Les *ouragans* sont des vents qui se font sentir sur une très-grande étendue, soit en largeur, soit en longueur, et avec une violence extraordinaire due principalement à leur vitesse d'impulsion, puisque l'on a mesuré qu'ils parcourent plus de vingt lieues à l'heure. Les pays environnés de vastes espaces libres de tout obstacle, comme les îles, y sont plus sujets que d'autres, parce que le vent acquiert pour y arriver une vitesse que rien n'a pu détourner ou tempérer : aussi, arbres, maisons, rien ne résiste à leur force. Nous n'en citerons qu'un exemple : en 1825, à la Martinique, une grille de fer qui décorait le palais du gouverneur fut rompue, et certes rien n'offre moins de prise. Il est probable que dans les vastes déserts sablonneux de l'Asie centrale et de l'Afrique, le vent doit pouvoir acquérir une pareille violence.

Les *trombes* sont des tourbillons de vents qui paraissent prendre leur origine dans les nuages ; leur base, appliquée au nuage, est celle d'un cône dont le sommet touche à la terre et entraîne, abat ou déracine tout ce qui se trouve sur son passage : les objets légers qu'elle rencontre sont entraînés dans le tourbillon et suivent un mouvement ascensionnel dans les vis de la trombe. Étant en Provence, en 1823, je fus témoin des dégâts produits par un de ces météores. Il partit des environs de la ville d'Hières, enlevant sur son chemin le toit des habitations, coupant au ras de terre un rideau de trente peupliers de vingt ans, et enlevant aux nombreuses vignes toutes leurs feuilles. La souplesse des sarments les avait garantis d'être arrachés. Je n'ai pas suivi toute sa route ; mais je sais qu'aux environs de Toulon un poirier fut arraché et porté de l'autre côté de la rade, jusqu'à un village nommé La Seine.

Quand les trombes se trouvent sur la mer, elles soulèvent une colonne d'eau qui tourbillonne comme elles ; ces trombes sont très-redoutées des marins ; en effet, s'ils se trouvent dans le tourbillon, le moins qu'il puisse leur arriver, c'est de perdre leur voile ou leurs mâts : et si la trombe se dissout dans ce moment, la masse d'eau soulevée retombant sur le bâtiment, pourrait l'engloutir à l'instant. On parvient quelquefois à dissiper les trombes en tirant dessus quelques coups de canon à boulet ; mais comment le coup de canon agit-il ? est-ce par ébranlement de l'air ? ou le déplacement d'air déterminé par le boulet a-t-il assez de force pour détruire l'effet tourbillonnant de la trombe ? je l'ignore. (Pl. 10, fig. 189, 190.)

§ 3. — *Des météores lumineux.*

A. *Du mirage, de l'arc-en-ciel, des parhélies et des halos.*

Le mirage est une ou plusieurs représentations, renversées, d'un objet, portées par une couche de vapeur. Quand on regarde un foyer très-ardent, on voit l'air qui l'environne comme animé d'un tremblement continuel, eh bien, le même effet a lieu dans les pays chauds, à la surface de la terre, vers le milieu du jour. Si le temps est calme, si rien ne vient troubler la couche de vapeur stagnante échauffée par la réverbération du sol, bientôt cette couche acquiert assez d'intensité pour devenir comme un miroir, et représenter aux yeux de l'observateur les objets placés au-dessus ou au-dessous d'elle ; et comme le ciel est chargé des mêmes gaz qui entourent les images, et a pris la même teinte, les objets paraissent comme noyés dans un vaste lac. Pour ceux qui ne connaissent pas ce phénomène et qui voyagent dans le désert de l'Afrique, le mirage est un supplice : à chaque instant ils voient l'eau que leur bouche altérée désire avec tant d'impatience, et quand ils croient toucher au rivage, tout disparaît pour se montrer de nouveau, quelques instants après, dans le lointain. La raison de ce phénomène est due à une propriété de la lumière nommée *réfraction*, et dont l'explication a été donnée au chapitre de l'optique (pl. 19, fig. 185 et 186).

Si le soleil luit pendant qu'il pleut, et que, tournant le dos au soleil, on regarde un des nuages en train de se résoudre en pluie fine et égale, presque toujours on aperçoit un *arc-en-ciel;* il est inutile de décrire sa forme. Ce phénomène est produit par la décomposition, la réflexion et la réfraction de la lumière ; on peut comparer l'effet produit à celui au moyen duquel on produit le spectre solaire au travers du prisme ; mais ici on voit l'effet par réflexion, c'est-à-dire qu'une partie des vésicules aqueuses fait l'effet du prisme, tandis qu'une autre portion fait l'effet d'un spéculum qui renvoie l'image qu'il a reçue vers l'observateur.

Les arcs-en-ciel sont quelquefois doubles, plus rarement triples ; mais les plus rares sont ceux qui forment un cercle parfait ; ce phénomène ne se produit pas indifféremment dans tous les moments de pluie : il faut encore que le soleil soit élevé de moins de 45 degrés sur l'horizon ; c'est ce qui fait qu'on le voit rarement complet ; car alors il faut se trouver dans une position exceptionnelle, comme sur une tour très-élevée.

Les cercles irisés que l'on remarque quelquefois sur la mer quand elle est très-calme, et sur les prairies quand elles sont couvertes de rosée, ont le même principe que l'arc-en-ciel et peuvent être expliqués de même.

Dans les régions qui se rapprochent des pôles, le soleil et la lune sont souvent entourés d'un ou deux cercles concentriques, lumineux, et quelquefois colorés ; ces cercles portent le nom de *halos.* Enfin l'on a appelé *parhélies* la vue de plusieurs soleils, images du soleil véritable unies entre elles par un cercle blanc ; le soleil est alors lui-même souvent entouré de cercles ayant les couleurs de l'arc-en-ciel. L'explication de ces deux derniers phénomènes n'est pas bien connue ; on suppose que leur formation a du rapport avec celle de l'arc-en-ciel ; nous donnons une figure d'un exemple de ce phénomène (pl. 10, fig. 187).

B. *De la lumière zodiacale, des aurores boréales.*

De ces deux météores, le premier paraît propre aux contrées intertropicales ; il consiste en une lueur blanchâtre assez semblable à l'effet que produit dans le ciel l'amas d'étoiles appelé la voie-lactée ; on le voit au printemps après le coucher du soleil, et en automne avant son lever. Ces circonstances indiquent bien une apparition régulière, mais n'ont pas encore mis sur la voie de la formation de ce phénomène.

Les *aurores boréales* ont été beaucoup mieux observées ; plus on s'avance vers le pôle, plus le froid est vif, et plus son spectacle est brillant et se reproduit souvent ; c'est lui qui vient consoler les habitants de ces climats glacés de l'absence totale du soleil pendant une partie de l'année. Il serait difficile d'assigner une forme à ce météore, chaque apparition offrant des différences très-sensibles ; ordinairement il consiste en une grande lumière rougeâtre élevée de 20° au-dessus de l'horizon, s'élevant jusqu'au zénith de l'observateur, et ressemblant à la lueur d'un vaste incendie, quelquefois à un immense bouquet de feu d'artifice. Ce phénomène ne se voit que quelques heures après le coucher du soleil, et plus particulièrement depuis le printemps jusqu'au mois de juin. Les aurores visibles au pôle austral n'ont jamais le même éclat que celles du pôle boréal. Tout ce que l'on a dit et écrit jusqu'à présent sur la formation de ce phénomène ne repose encore que sur des hypothèses. Nous donnons (pl. 10, fig. 188) la figure d'une des aurores les plus nouvellement observées aux États-Unis.

C. *Des météores enflammés.*

Les *éclairs* et les *tonnerres* sont dus à l'électricité atmosphérique ; quand pendant la saison chaude de l'année les espaces supérieurs de l'atmosphère sont saturés d'électricité, la portion surabondante qui se dégage continuellement de la terre amène une surcharge qui tend à se mettre en équilibre et produit ce que l'on nomme des *éclairs de chaleur;* comme il n'existe pas de vapeurs dans l'air et que l'électricité s'y trouve répandue presque uniformément, l'inflammation se fait sans bruit, se répète avec une grande vivacité, et toujours sur une grande étendue de l'horizon ; on suppose que l'électricité n'étant pas limitée dans des nuages, fait l'effet d'une traînée de poudre qui s'enflamme sans détonation ; peut-être aussi la distance où le phénomène se passe amortit-elle la détonation au point qu'elle soit insensible pour nous.

Quand la terre a dégagé un grand nombre de vapeurs qui planent sous la forme de nuages dans l'atmosphère, l'électricité ne se trouve plus alors uniformément répandue dans l'espace ; elle s'accumule et se concentre jusqu'au moment où, tendant par la surabondance même à se mettre en équilibre, elle s'enflamme et produit des éclairs beaucoup plus intenses que dans le cas précédent ; mais comme ici elle se trouve pour ainsi dire comprimée, l'inflammation s'opère avec détonation, et le *tonnerre* se trouve produit ; les roulements et les éclats de tonnerre sont dus à l'ébranlement de l'air, qui se propage de proche en proche ; si l'on y ajoute l'effet que peuvent y ajouter les différences d'intensité de sécheresse, etc., des différentes couches de l'atmosphère, et les sons différemment modifiés que peut renvoyer la surface du sol, on aura une idée des causes qui peuvent amener les roulements et les éclats que le tonnerre fait entendre si souvent.

L'atmosphère, tendant toujours à mettre son électricité en équilibre avec celui de la terre, l'étincelle électrique se tourne souvent vers elle, et parcourt pour s'y rendre une ligne en zig-zag, dont la forme peut être déterminée ou par la facilité qu'elle trouve à pénétrer les couches de l'atmosphère ou par les affinités qu'elle rencontre sur sa route pour sa propre électricité ; cette trace prend le nom de *foudre,* et quand elle arrive à terre elle y cause presque toujours des malheurs.

La connaissance de cette propriété de l'électricité de se diriger vers les corps meilleurs conducteurs, a conduit le célèbre Franklin a construire les premiers paratonneres.

Ce sont des appareils si utiles, que nous donnerons un article spécial sur leur construction et la manière de les poser.

D. *Des aérolithes et des étoiles filantes.*

Les aérolithes ou météorites sont des pierres qui tombent des espaces célestes : ainsi le dicton : il pleut des pierres, n'est pas aussi ridicule que quelques personnes paraissent le croire, et l'on a des exemples de chutes d'aérolithes tombant sur un espace limité en assez grande quantité à la fois, pour le justifier complétement. L'origine de ces pierres est encore un mystère ; voici les hypothèses que l'on fait à leur égard. Quelques personnes les regardent comme des gaz condensés dans l'atmosphère ; d'autres y ont vu des pierres lancées par nos volcans et qui retombent ensuite par leur propre poids ; d'autres y voient des pierres lancées par les volcans de la lune, et qui, arrivant dans le rayon d'attraction de la terre, sont entraînées vers elle et viennent y tomber. Si l'origine des aérolithes est incertaine, la réalité du phénomène est parfaitement constatée par des exemples dont il existe de nombreux catalogues, et les phénomènes qui accompagnent leur chute ont été remarqués avec soin ; presque toujours la chute de ces pierres vient soit pendant un orage, soit à la suite de l'explosion d'un globe lumineux que l'on voit traverser l'espace et éclater sous mille formes variées. On sait que la plupart du temps les pierres arrivent à terre encore chaudes, comme calcinées ; quelquefois les pierres tombées sont en fer, et alors ce fer est toujours mêlé à une certaine quantité de nikel.

Les étoiles filantes ont été pendant longtemps placées parmi les météores qui prennent naissance dans notre atmosphère ; mais il paraîtrait, d'après les calculs des astronomes, qu'elles ont leur naissance bien au delà : on suppose que ce peuvent être de petites planètes se mouvant autour du soleil dans l'intervalle des grandes planètes, et qui ne sont visibles que dans le moment d'incandescence que leur donne le passage à travers notre atmosphère. Ce qui pourrait contribuer à fortifier cette opinion, c'est que depuis quelques années que l'on s'est mis à les étudier avec un peu de soin, on a remarquer qu'outre les étoiles filantes éparses, qui ne sont peut-être réellement que des météores, vers la date du 10 au 15 novembre le nombre des astéroïdes est si considérable qu'on les compte par milliers ; qu'ils se dirigent toujours vers le même côté du ciel, et partent toujours des environs de la même étoile qui est γ du lion ; cette présomption se trouverait presque confirmée si vers le 21 ou 24 avril, on apercevait le même phénomène. Ces observations sont faciles à faire ; tout le monde peut s'y livrer avec fruit : il ne s'agit pour les rendre utiles que de mentionner la localité, l'heure où l'on observe, à peu près le nombre d'astéroïdes observés dans un temps donné et leur direction, en remarquant près de quelles étoiles passe la plus grande partie. Il faudrait chercher leur retour vers l'extrémité de la constellation de Jezax. Toutes les cartes célestes donnent le nom des principales étoiles.

§ 4. — *De la chaleur terrestre.*

La terre est douée d'une chaleur propre qui paraît être fort considérable dans son centre, et qui rayonne, en diminuant d'intensité, du centre à une partie voisine de la circonférence extérieure. Ce point, pour le climat de Paris, est fixé dans les caves de l'Observatoire à la profondeur de 85 pieds, et égale 11° 82 centièmes ; cette limite a été appelée *couche invariable*. La limite supérieure de la couche terrestre est sujette à des variations de température ; on sent que comme la terre est loin d'être unie à sa surface, cette ligne de température invariable ne peut manquer de varier selon le relief des terrains ou d'autres raisons ; mais il faut toujours descendre au moins à 40 pieds. On n'est pas d'accord sur la cause de cette chaleur centrale ; les anciens l'attribuaient à un feu central ; à présent on la considère comme une chaleur propre à la terre dans son origine, et qui tend toujours à se retirer vers le centre, mais avec une telle lenteur qu'il faudra des siècles pour obtenir une diminution de quelques millièmes de degré ; et encore ce refroidissement deviendrait-il total, il n'affecterait en rien l'ordre de nos saisons, qui ne lui doivent rien.

Quand l'on descend plus bas que la couche invariable, la température augmente dans une proportion qui peut être évaluée de 25 à 30 mètres pour un degré. Les puits artésiens que l'on creuse dans ce moment donnent lieu à beaucoup d'observations qui permettront de poser des limites assez fixes à cette échelle de température descendante.

A la surface du sol la température moyenne paraît se rapprocher de la température de la couche invariable ; en prenant les moyennes des localités les plus opposées, on a depuis 3° au-dessous de glace jusqu'à 22° au-dessus, ou une moyenne de 12°. La moyenne de Paris, basée sur 20 années d'observation, donne 10° 8'. On se sert aussi de la température des sources pour obtenir la température moyenne d'un lieu.

Si la température augmente en descendant à une certaine profondeur au-dessous du sol, elle diminue au contraire à mesure que l'on s'élève au-dessus du niveau de la mer ; mais le terme moyen de mètres dont il faut s'élever pour obtenir une diminution d'un degré de température n'est plus le même qu'en descendant : cette somme est très-variable, et cependant peut se fixer par une moyenne à 160 mètres. On croirait, en connaissant cette moyenne, qu'on doit connaître facilement la limite des neiges sur les montagnes, qui devrait se trouver là où la température reste à 0° ; mais rien n'est plus variable ; cette limite, selon les localités, se trouve varier de 1000 à 5000 mètres au-dessus de la mer, et de 1° au-dessus de glace à 6°. Il paraît que la lucidité ou la nébulosité habituelle du ciel, plus que la hauteur et la latitude du climat, ont de l'influence sur cette limite.

La couche tout-à-fait supérieure de la terre offre une température très-variable qu'elle doit à l'influence des rayons solaires et au rayonnement ; la chaleur du soleil, pendant la saison croissante, s'accumule sur la terre et la pénètre à une certaine profondeur du sol jusqu'à la couche invariable, et quand vient la saison de température décroissante la chaleur remonte peu à peu vers le sol pour rétablir l'équilibre avec le froid ; sans cette heureuse alternative, les pays sous la zône torride seraient inhabitables à cause du chaud, et ceux voisins du pôle le seraient de même par le froid.

A. PERCHERON.

CHAPITRE III.

CHIMIE.

PROLÉGOMÉNES.

Nous avons vu, dans le chapitre précédent, que lorsque l'action que les corps exercent les uns sur les autres avait lieu à des distances plus ou moins considérables, sans que les propriétés de ces corps fussent modifiées, la connaissance des phénomènes qui en résultent appartenait à la physique ; mais si, au contraire, cette action n'a lieu qu'à des distances insensibles, si les propriétés des corps qui ont réagi les uns sur les autres sont plus ou moins altérées, l'étude des compositions ou décompositions produites par cette action intime est alors du domaine de la chimie.

La *chimie* est donc la science qui traite de la nature intime des corps, et qui apprend à connaître les effets produits par l'action réciproque des uns sur les autres.

Elle arrive à ce double résultat à l'aide de deux opérations sur lesquelles elle repose tout entière : ces deux opérations sont l'*analyse* et la *synthèse :* le premier de ces mots, tirés tous les deux du grec, signifie décomposition, et le second recomposition ; en effet, l'on conçoit que si par l'analyse on arrive à décomposer un corps quelconque, c'est-à-dire à en séparer les éléments, et que l'on parvienne ensuite, par la synthèse, à le recomposer ou bien à en réunir de nouveau les éléments séparés, de manière à obtenir le corps analysé tel qu'il était primitivement ; l'on conçoit, dis-je, que la nature intime de ce corps sera parfaitement connue.

On appelle *corps* tout ce qui est susceptible de produire sur nos sens un certain nombre de sensations. Tous les corps de la nature sont simples ou composés.

Les *corps simples* ou *élémentaires* sont ainsi nommés parce que, de quelque manière qu'ils soient traités, ils ne subissent aucune altération et restent ce qu'ils sont : ainsi le fer, l'argent, soumis à tous les moyens de décomposition connus, ne donnent jamais pour résultat à l'expérimentateur que du fer, de l'argent.

On connaît maintenant cinquante-quatre corps simples, sans compter les fluides impondérables, qui ont été examinés dans le chapitre précédent.

Les *corps composés* sont le résultat de la combinaison des corps simples entre eux, un à un, deux à deux, trois à trois, etc.

Si le nombre des corps simples est limité, celui des corps composés doit être fort nombreux : aussi les a-t-on divisés en deux grandes classes. La première comprend les *corps inorganiques*, c'est-à-dire sans organes, inertes et privés de la vie ; les corps inorganiques forment le règne minéral des naturalistes. La deuxième renferme les *corps organiques*, c'est-à-dire pourvus d'organes et jouissant de la vie ; cette deuxième classe constitue les règnes végétal et animal. Pour la facilité de l'étude on a adopté cette division pour la chimie ; quand cette science s'occupe de la composition et de l'action réciproque des corps de la première section, on la nomme *chimie inorganique* ou *minérale ;* elle prend le nom de *chimie organique*, ou *végétale* et *animale*, si elle cherche à connaître la nature intime des tissus ou produits des corps de l'une ou l'autre des deux branches du règne organique.

La physique nous a déjà appris ce qu'on entend par atômes ou molécule, attraction moléculaire, cohésion (p. 129 et 181), et elle nous a fait connaître les différents états par lesquels peut passer un corps ; nous n'avons donc plus à revenir sur cet objet.

Un corps solide, simple ou composé, dont la force de cohésion a été diminuée au point d'être rendu liquide ou gazeux (aériforme), et qui revient ensuite à son premier état, cristallise, c'est-à-dire que ses molécules se disposent dans un ordre régulier et donnent lieu à des *cristaux.* L'eau et le feu sont les deux grands agents de la cristallisation.

Il y a deux procédés pour obtenir la cristallisation d'un corps au moyen de l'eau :

le premier consiste à le dissoudre dans l'eau chaude ; par le refroidissement, le corps, plus soluble à chaud qu'à froid, se précipite en cristaux. Par le second procédé, on laisse évaporer la solution faite à froid ; le corps, ne trouvant plus assez de liquide pour être dissous, cristallise. Les corps cristallisés au moyen de l'eau en conservent toujours une portion plus ou moins grande que l'on nomme *eau de cristallisation.*

Il y a aussi deux modes de faire cristalliser les corps par le feu : 1° en les faisant fondre, et en les laissant refroidir jusqu'à ce qu'une croûte se forme à leur surface ; on perce cette croûte, on décante les parties qui sont encore liquides, et les parties déjà solidifiées se montrent sous la forme cristalline; le soufre et le bismuth donnent par ce procédé de très-beaux cristaux ; 2° en faisant vaporiser certains corps volatils, puis en les laissant refroidir peu à peu et se condenser ; une certaine quantité d'arsenic (métal) chauffé et vaporisé dans un vase approprié, donne, en se condensant dans le col de ce vase, des cristaux très-brillants.

Tous les corps n'affectent pas la même figure en cristallisant ; ils prennent des formes extrêmement variées, régulières cependant; nous ne nous occuperons point ici de l'étude de ces différentes formes, renvoyant pour les connaître à la minéralogie, qui établit les principaux caractères des minéraux sur leur mode de cristallisation. Divers corps composés dans lesquels l'analyse a démontré l'existence de principes différents, affectent cependant le même mode de cristallisation ; cette propriété a été nommée *isomorphisme* (forme semblable). En généralisant les faits isolés, on a démontré qu'un certain nombre de corps peuvent se substituer les uns aux autres dans quelques combinaisons sans faire varier les formes cristallines. Le même corps simple ou composé peut, au contraire, sans cesser d'être solide, se présenter sous des formes cristallines si différentes, ou avec des propriétés physiques si opposées, qu'il n'est pas permis d'y supposer le même arrangement moléculaire : de là le phénomène désigné sous le nom de *dimorphisme* ou *polymorphisme*, selon que le corps se présente sous deux ou plusieurs états différents : ainsi, par exemple, le soufre est jaune ou rouge, dur et fragile, ou visqueux; il cristallise en prismes ou en octaèdres ; le carbone se présente tous les jours à nos yeux à l'état de diamant, de charbon, de noir de fumée.

L'*affinité* est la force qui tend à réunir les atomes des différents corps ; elle varie suivant les corps, car ils ne la possèdent pas tous l'un pour l'autre au même degré.

L'affinité d'un corps pour un autre est modifiée : 1° par l'état de combinaison dans lequel ils peuvent se trouver déjà engagés tous les deux ; en général, un corps libre s'unit plus facilement à un autre que s'il est déjà à l'état de combinaison ; cette règle présente cependant des exceptions; 2° par la cohésion ; 3° par le calorique qui dans certains cas favorise, dans d'autres rend plus difficile et quelquefois même détruit l'affinité, selon qu'il fait passer les corps solides à l'état liquide ou gazeux; 4° par l'état électrique des corps : car nous avons vu dans le traité de physique que deux corps électrisés de la même manière se repoussent, tandis que deux corps électrisés différemment s'attirent ; 5° par la pesanteur spécifique : ainsi le mélange intime de l'huile et de l'eau est impossible, à cause de la pesanteur spécifique différente ; 6° par la pression, qui, en rapprochant les atomes de deux corps, en favorise la combinaison : nous donnerons pour exemple la solution du gaz acide carbonique dans l'eau (eau de Seltz), que l'on obtient à l'aide d'une forte pression : à l'air libre, le gaz s'échappe; la pression, non-seulement favorise la combinaison des corps, mais encore empêche leur décomposition : en effet, la craie (carbonate de chaux) chauffée à l'air libre donne de la chaux et de l'acide carbonique; mais soumise à une haute température sous une forte pression, elle se fond et cristallise, en se refroidissant, à l'état de marbre (carbonate de chaux) ; nous avons ici un second exemple de dimorphisme.

Ces différentes modifications apportées à l'affinité par des forces qui se contrarient, ont dû nécessairement restreindre la combinaison des différents corps; autrement ils se seraient combinés deux à deux, trois à trois, enfin tous ensemble, sans qu'il soit possible de les séparer ensuite. Nous verrons au contraire, plus tard, qu'il est rare de trouver des combinaisons plus complexes que des composés quaternaires, et de plus qu'il est possible de séparer les éléments de tous les corps composés.

Les *corps simples* connus jusqu'à présent sont, comme il a déjà été dit, au nombre de cinquante-quatre; la plupart de ces corps ont reçu des noms insignifiants, et ce sont les meilleurs : car le petit nombre de ceux qui ont reçu une dénomination significative, l'oxigène et l'hydrogène, par exemple, portent maintenant, en raison des progrès de la science, un nom qui n'est plus en rapport avec leurs propriétés reconnues.

Les cinquante-quatre corps simples connus dans l'état actuel de la science sont : 1° l'oxigène ; 2° l'azote, le bore, le brôme, le carbone, le chlore, le fluor, l'hydrogène, l'iode, le phosphore, le sélénium, le silicium, le soufre; ces corps sont connus sous la dénomination générique de métalloïdes ; 3° le thorinium et le zirconium, dont les propriétés présentent la plus grande analogie avec celles des métalloïdes; 4° enfin trente-neuf métaux qui sont : l'aluminium, l'antimoine, l'argent, l'arsenic, le barium, le bismuth, le cadmium, le calcium, le cérium, le chrôme, le cobalt, le colombium, le cuivre, l'étain, le fer, le glucinium, l'iridium, le lithium, le magnésium, le manganèse, le mercure, le molybdène, le nickel, l'or, l'osmium, le palladium, le platine, le plomb, le potassium, le rhodium, le sodium, le strontium, le tellure, le titane, le tungstène, l'urane, le vanadium, l'yttrium, le zinc.

Si l'on range ces corps de manière que l'un d'eux soit électrisé positivement à l'égard de ceux qui le précèdent, et négativement à l'égard de ceux qui le suivent, on obtiendra l'ordre suivant, que nous faisons connaître parce qu'il sert pour la formation des noms à donner aux composés inorganiques, le corps électrisé négativement étant toujours indiqué le premier.

Oxigène, fluor, chlore, brôme, iode, soufre, sélénium, azote, phosphore, arsenic, chrome, vanadium, molybdène, tungstène, bore, carbone, antimoine, tellure, colombium, titane, silicium, hydrogène, or, osmium, iridium, platine, rhodium, palladium, mercure, argent, cuivre, urane, bismuth, étain, plomb, cadmium, cobalt, nickel, fer, zinc, manganèse, cerium, thorinium, zirconium, aluminium, yttrium,

glucinium, magnésium, calcium, strontium, barium, lithium, sodium, potassium.

Tous les corps simples sont susceptibles de se combiner entre eux. Les corps composés qui résultent de ces combinaisons sont binaires, ternaires ou quaternaires; il est rare d'en rencontrer de plus complexes; il en existe cependant quelques-uns, comme nous le verrons plus tard. Ces nouveaux corps résultent pour la plupart : 1° de la combinaison de chacun des corps simples avec l'oxigène ; 2° de la combinaison de deux métalloïdes entre eux, d'un métalloïde avec un métal, ou de deux métaux entre eux ; 3° de la combinaison d'un métalloïde ou d'un métal oxigéné avec un autre métal également oxigéné ; 4° de la combinaison de deux métalloïdes unis ensemble avec un métal oxigéné ; 5° d'un métalloïde uni à un métal avec le même métal oxigéné ; 6° enfin d'un métalloïde uni à un métal, avec le même métalloïde uni à un autre métal.

Tous les composés résultant de la combinaison de l'oxigène avec chacun des autres corps simples prennent le nom d'*acides* s'ils rougissent la teinture bleue de tournesol, et d'oxides s'ils ne la rougissent pas. Un corps simple peut s'unir à l'oxigène en différentes proportions pour former, soit des *acides*, soit des *oxides*.

On a adopté, pour désigner les premiers de ces composés, la dénomination générique d'*acide*, à laquelle se joint, comme dénomination spécifique, le nom français ou latin du corps simple acidifié : ce nom reçoit la terminaison *ique* ou *eux*, selon son plus ou moins grand degré d'oxigénation. Citons, pour exemple, les acides sulfurique et sulfureux, provenant tous deux de l'union du soufre avec l'oxigène. S'il existait plus de deux degrés d'acidification, on ferait précéder le nom spécifique de la préposition grecque *hypo*, sous; ainsi l'on dira, pour désigner les quatre degrés d'oxigénation du soufre à l'état acide : acide hyposulfureux, acide sulfureux; acide hypo-sulfurique, acide sulfurique.

Le résultat de l'union des corps simples avec l'oxigène à l'état d'oxide conserve le nom d'*oxide*, qu'on fait suivre par celui du corps oxidé : ainsi l'on dira oxide de carbone, pour désigner le résultat de l'oxidation de ce corps simple. Si l'oxigène se combine en plusieurs proportions avec un corps, pour former plusieurs oxides, deux, par exemple, le premier est désigné par le nom de *protoxide* (premier oxide), le second par celui de *sesqui-oxide* ou de *bioxide*, suivant qu'il contient une fois et demie ou deux fois autant d'oxigène que le premier pour la même quantité de corps simple. S'il existe un plus grand nombre de degrés d'oxidation, on emploie la dénomination de *protoxide, deutoxide, trioxide*, pour le premier, deuxième, troisième degré; enfin de *peroxide* pour le plus haut degré. Les oxides métalliques ont aussi reçu, en général, le nom de *bases salifiables* ou de *bases* plus simplement, parce qu'ils forment avec les acides des composés nommés sels.

Si deux métalloïdes s'unissent entre eux pour former un acide, cet acide prendra un nom composé de ceux des deux corps constituants, en ayant soin de placer en tête celui du corps électrisé négativement à l'égard de l'autre : ainsi l'acide formé par la combinaison du soufre avec l'hydrogène sera désigné sous le nom d'acide sulfhydrique; si deux métalloïdes sont combinés ensemble, ou si un métalloïde est combiné avec un métal sans qu'il en résulte un composé acide, on donne à celui des deux corps constituants électrisé négativement une terminaison en *ure*, et on fait suivre ce nouveau nom, de celui de l'autre corps en combinaison. Exemple : chlorure de soufre, sulfure d'arsenic. L'union de deux métaux entre eux a reçu le nom d'*alliage*. Exemple : alliage d'étain et de cuivre, alliage de cuivre et d'argent. Si le mercure est un des métaux alliés, le résultat de la combinaison se nomme *amalgame :* ainsi l'on dit amalgame de mercure et d'étain. Un métalloïde uni à un métal peut encore s'unir au même métal oxidé : ainsi le sulfure d'antimoine uni à l'oxide d'antimoine prendra le nom d'oxi-sulfure d'antimoine.

Deux métalloïdes déjà unis à des métaux différents peuvent s'unir entre eux. S'il y a combinaison entre le sulfure de potassium et celui d'antimoine, on distinguera ce nouveau composé sous le nom de sulfure d'oxide d'antimoine et de potassium, en ayant soin de placer toujours le premier, le métal électrisé négativement par rapport à l'autre.

Les métalloïdes ou métaux combinés avec l'oxigène, ou deux métalloïdes combinés ensemble à l'état d'acide, se combinent avec les métaux oxigénés à l'état d'oxide, et forment la classe nombreuse des *sels*. On a adopté pour désigner ces composés les principes suivants : si le nom de l'acide en combinaison est terminé en *eux*, cette terminaison sera changée en *ite*; s'il est terminé en *ique*, il prendra la terminaison *ate*. Ainsi, pour désigner la combinaison de l'acide sulfureux avec le protoxide de potassium, on dira sulfite de protoxide de potassium. L'acide sulfurique uni au protoxide de fer donnera lieu à du sulfate de protoxide de fer. Mais le même acide et la même base peuvent s'unir en proportions différentes : 1° si ces proportions sont telles que les propriétés de l'acide et de la base soient complétement neutralisées et disparaissent, le sel est *neutre*; 2° s'il y a excès d'acide, le sel est *acide*; 3° enfin s'il y a excès de base, le sel est *basique*. Les différentes combinaisons de l'acide phosphorique avec l'oxide de calcium nous serviront d'exemples. L'on connaît cinq phosphates à base de chaux (oxide de calcium) : le phosphate neutre, le sesqui-phosphate, qui contient une fois et demie autant d'acide, et le biphosphate, qui en contient deux fois autant que le sel neutre ; le phosphate sesqui-basique renfermant une fois et demie autant de base, et le phosphate bi-basique, en renfermant deux fois autant que le sel neutre.

Il arrive quelquefois que deux oxides métalliques se combinent entre eux de manière à ce que l'un d'eux joue le rôle d'acide et l'autre celui de base; on suit, pour désigner les composés qui résultent de cette combinaison, les mêmes principes de nomenclature que pour les sels : ainsi, l'oxide de zinc forme, avec le protoxide de potassium, une combinaison qu'on nommera zincate de protoxide de potassium.

Les acides ne se combinent pas avec les oxides métalloïdiques, mais l'oxide d'hydrogène (eau) forme avec les corps qu'il dissout des composés auxquels on donne le nom d'*hydrate* du mot grec qui signifie eau: ainsi l'on dira hydrate de protoxide de potassium pour désigner l'oxide de potassium contenant une certaine quantité d'eau; l'on dira aussi acide sulfurique hydraté, pour indiquer qu'il renferme de l'eau.

Ces principes de nomenclature n'ont pu être appliqués aux *composés organiques*, qui ne sont composés que d'oxigène, d'hydrogène, de carbone (matières végétales), ou de ces trois principes et d'azote (matières animales), et qui ne varient par conséquent que par la proportion de leurs principes constituants. Cependant on a donné la dénomination d'acides à ceux de ces composés qui rougissent la teinture bleue de tournesol, en y joignant le nom français ou latin, terminé en *ique*, du corps ou de la substance qui les fournit, ou dont on les retire : ainsi on nomme acides citrique, oxalique, les acides du citron, de l'oseille.

Nous venons de voir que les corps simples sont susceptibles de se combiner entre eux un à un, deux à deux, etc.; mais le nombre de ces combinaisons n'est point illimité : il est fixé par une loi de proportion telle, que les rapports existant entre les atomes élémentaires des corps qui se combinent sont toujours simples : en effet, on a observé qu'en général, dans toute la série des composés produits par deux corps, si l'un d'eux est considéré comme constant dans sa quantité, l'autre variera comme les nombres 1, 2, 3, 4, 5, ou du moins comme quelques-uns d'entre eux ; nous citerons pour exemple l'azote et l'oxigène qui, combinés ensemble, donnent lieu à 5 oxides ou acides, dont voici la composition :

1°	protoxide d'azote	—	azote 177, 03	—	oxigène 100.
2°	deutoxide d'azote	—	azote 177, 03	—	oxigène 200.
3°	acide azoteux	—	azote 177, 03	—	oxigène 300.
4°	acide hypo-azotique	—	azote 177, 03	—	oxigène 400.
5°	acide azotique	—	azote 177, 03	—	oxigène 500.

Cette loi proportionnelle ne s'applique pas seulement aux composés binaires ; il a été démontré que dans les sels composés d'acides et d'oxides il existe toujours entre l'oxigène de la base et celui de l'acide, un rapport simple, comme un est à trois, un est à cinq, etc. Citons un exemple : 501 d'acide sulfurique neutralisent 390 de protoxide de sodium et 589 de protoxide de potassium, et donnent lieu à du sulfate de protoxide de sodium (sulfate de soude) et à du sulfate de protoxide de potassium (sulfate de potasse).

501 d'acide sulfurique sont composés de soufre 201, et oxigène 300. — 390 de protoxide de sodium (soude) sont composés de sodium 290 et d'oxigène 100. — 589,92 de protoxide de potassium (potasse) sont composés de potassium 489 et d'oxigène 100.

Si au lieu d'acide sulfurique nous employons l'acide azotique, nous verrons que 677, 03 de ce dernier acide sont nécessaires pour neutraliser les mêmes quantités de base ; or, 677, 03 d'acide azotique sont composés d'azote 177, 03 et d'oxigène 500.

Nous devons conclure que dans les sulfates, l'oxigène de la base est à celui de l'acide comme 1 est à 3, et dans les azotates comme 1 est à 5.

Mais si 677, 03 d'acide azotique neutralisent la même quantité de base que 501, 16 d'acide sulfurique, si 390, 90 de soude neutralisent la même quantité d'acide que 589, 92 de potassium, la quantité d'acide sulfurique indiquée plus haut est équivalente à celle d'acide azotique ; nous tirerons la même conclusion pour la soude et la potasse : c'est sur cette série de faits qu'est établie la *loi des nombres équivalents*.

L'eau (oxide d'hydrogène) fait exception à cette loi, car elle dissout les corps solubles en toute proportion ; les métaux sembleraient aussi s'y soustraire, puisque les proportions d'alliage de deux métaux sont susceptibles de varier à l'infini.

Nous avons vu que certains corps, sans subir aucune altération soit dans leur composition, soit dans leurs propriétés chimiques, éprouvaient une modification remarquable dans leurs propriétés physiques. Nous avons cité pour exemple le soufre et le carbone. Il arrive quelquefois, au contraire, que l'analyse chimique démontre dans certaines combinaisons l'existence des mêmes éléments en proportions semblables, et cependant ces combinaisons renfermant les mêmes éléments en mêmes proportions, diffèrent essentiellement par leurs propriétés physiques et chimiques ; nous citerons le gaz de l'éclairage supposé pur, l'essence de térébenthine , l'huile essentielle de roses, qui ont exactement la même composition chimique, c'est-à-dire qui sont tous trois composés de carbone 76,44 et hydrogène 12, 48 ; cette propriété, tout-à-fait opposée à l'isomorphisme, a reçu le nom d'*isomérie*.

DESCRIPTION DES USTENSILES ET APPAREILS.

1° L'*alambic* est un vase composé de plusieurs pièces, dont on se sert pour séparer les substances volatiles de celles qui sont fixes.

Les alambics peuvent être de différentes matières ; il y en a de platine, de cuivre, de tôle, d'étain, de verre, de plomb. Les alambics de cuivre sont les plus fréquemment employés.

L'alambic est composé de 4 pièces ; 1° la chaudière ou cucurbite A (fig. 1, pl. 2) qui est destinée à contenir les matières à distiller ; le chapiteau B, fig. 2, qui sert à recouvrir la cucurbite ; il a la forme d'un cône creux et est pourvu d'une ouverture latérale, cylindrique, allongée, C, qui sert à recevoir les vapeurs et à les conduire dans le serpentin D, fig. 3, auquel il s'adapte ; le serpentin est une espèce de seau renfermant un tuyau E tourné en spirale, dans lequel les vapeurs qui proviennent de la distillation sont recueillies et condensées par l'eau qui se trouve dans le seau et qui environne toutes les parties du tuyau ; celui-ci se rend, par un robinet F, dans un récipient quelconque destiné à recevoir le produit de la distillation ; à la partie inférieure du seau se trouve un robinet G destiné à vider l'eau qui s'y trouve contenue , quand elle commence à s'échauffer.

2° *Allonge*. Instrument dont on se sert pour éloigner les récipients du feu ; les allonges sont ordinairement en verre et sont de différentes formes (pl. 2, fig. 5 et 6).

3° *Bain-marie*. Si on veut distiller à une température au-dessous de celle de l'eau bouillante on se sert du *bain-marie*, qui n'est autre chose qu'un vase H (pl. 2, fig. 4) qu'on introduit dans la cucurbite de l'alambic (fig. 1) ; il est aisé de voir que dans ce cas le bain-marie n'est échauffé que par l'eau de la cucurbite.

4° *Ballon*. Vase de verre rond avec un col court et cylindrique (fig. 7) ; quelquefois outre l'ouverture ordinaire du ballon , il s'y en trouve d'autres qu'on nomme tubulures (fig. 8). Le col du ballon est quelquefois muni d'un robinet (fig. 9) ; celui-ci sert surtout pour peser les gaz. On nomme *valet* la natte ou tresse de paille (B) sur laquelle est posé le ballon.

5° *Chalumeau*. Instrument en cuivre , en argent (fig. 11), ou en verre (fig. 10), destiné à porter un courant d'air sur la flamme d'une chandelle ou d'une bougie, pour la diriger ensuite sur un fragment de matière que l'on se propose d'échauffer.

6° *Cloche*. Vase de verre (pl. 2, fig. 12, 13, 14) gradué ou non, avec ou sans robinet, ouvert par sa base ; les cloches servent à recueillir les gaz et à les mesurer.

7° *Cornue*. Vase distillatoire (pl. 2, fig. 15) dont le col est courbé et fait un angle avec la partie inférieure qui est renflée et arrondie par le fond : on y distingue le col, la voûte, le ventre ou la panse ; la cornue peut porter une tubulure à sa partie supérieure (fig. 16) ; les cornues sont de grès , de verre, de porcelaine, de différents métaux , etc.

8° *Creuset*. Les creusets sont des vases de terre, d'argent ou de platine (pl. 2, fig. 17), dans lesquels on opère des fusions , des décompositions, etc. On dit qu'un creuset est brasqué quand sa cavité est remplie d'un mélange de charbon pulvérisé et d'argile détrempée, dans lequel un creux a été pratiqué.

9° *Cuve hydro-pneumatique*. C'est un vaisseau en bois doublé de plomb , destiné à recueillir les gaz insolubles ou peu solubles dans l'eau (pl. 3, fig. 2). A'A", parois de la cuve ; B , robinet destiné à l'écoulement de l'eau ; CC, table percée de différents trous, plus basse environ de 0,15 centim. que les bords de la cuve, et destinée à recevoir les cloches pleines d'eau ou de gaz ; D , cloche mise en place pour recevoir le gaz ; *tx*G, tube conduisant le gaz.

9° *Cuve hydrargyro - pneumatique*. Elle est ordinairement creusée dans un bloc de marbre ou de pierre rectangulaire ; ABC (pl. 3, fig. 3), parois de la cuve ; D , cavité contenant le mercure ; E , planchette percée de trous, sur laquelle sont placées les cloches et éprouvettes ; FG , trou destiné à recevoir les tubes gradués dans lesquels on mesure les gaz ; Hl, support en bois.

10° *Éprouvettes.* Petites cloches longues, de verre ou de cristal (pl. 2, fig. 18, 19, 20); on les emploie comme les cloches; quelquefois l'éprouvette est munie d'un pied (fig. 20), et alors elle sert à laisser déposer spontanément les substances tenues en suspension dans un liquide.

11° *Eudiomètre.* Instrument dont on se sert pour analyser certains gaz et principalement l'air atmosphérique; il y a plusieurs sortes d'eudiomètres; le plus simple consiste en un tube cylindrique AB, de verre très-épais, ouvert en B (pl. 3, fig. 5), et fermé supérieurement par un bouchon C en cuivre jaune ou en fer, surmonté d'une tige D terminée par une boule du même métal; LL' est un fil de cuivre tourné en spirale, aussi long que le tube AB, et terminé par une boule L. Quand on opère sur la cuve hydro-pneumatique, il faut employer l'eudiomètre à bouchon de cuivre, car le fer s'oxiderait; on emploiera, au contraire, celui qui est surmonté d'un bouchon de fer quand on opérera sur la cuve à mercure, car ce métal attaque le cuivre, et est sans action sur le fer.

L'eudiomètre de Volta est beaucoup plus grand et plus compliqué.

12° *Laboratoire de chimie.* — Plan général du laboratoire comprenant deux salles (pl. 1, fig. 1). 1ʳᵉ *Salle.* P, porte d'entrée; B, manteau de la cheminée principale où se rendent toutes les cheminées particulières; *abcd*, fourneau au bain de sable; fourneau de fusion; fourneau d'alambic; F, table; G, cuves pneumato-chimiques; II, armoires; J, lampe d'émailleur; K, fontaine; L, évier; M, égouttoir; N, enclume; O, étau et son établi; P, porte de communication. — 2ᵐᵉ *Salle.* Q, pelle à bain de sable, et dont le four sert d'étuve; SS, armoires vitrées; T, table à tiroir; V°, tours de tablettes; VVV, croisées; *cheminée du fourneau d'un laboratoire* (fig. 2) AAA. AAAA. Hotte de le cheminée; B, fourneau évaporatoire dont la cheminée est en CC' et le cendrier en D; E, fourneau de forge alimenté par le soufflet à deux vens FF, dont le tuyau GG' communique au cendrier H de la forge; IIII, I'I'I', avant-corps pratiqué sous la hotte, et contenant les cheminées de différents fourneaux qui ont été pratiqués vers le bas, et dont on voit les portes verticales en J. K. L., rendues mobiles au moyen de crémaillères;

M.N.O., cendriers respectifs des fourneaux J.K.L.; P.P.P.P.P.P.PP, ouvertures munies de soupapes communiquant avec un conduit étroit pratiqué dans l'intérieur des deux avant-corps IIII, I'I'I'I', et destinées à recevoir les gaz ou vapeurs délétères au moyen de tubes qu'on y fait rendre; Q, fourneau à vent; R, cendrier de ce fourneau; S, tige de fer destinée à faire mouvoir la soupape destinée à ouvrir ou fermer la cheminée de la hotte; TT, portion de tuyau portant au besoin le vent du soufflet S.S. dans le cendrier d'un fourneau, au moyen du registre II, qu'on peut ouvrir ou fermer à volonté. Dans le mur de la cheminée on fait sceller des pattes de fer pour suspendre les pinces, les cuillères à projection, etc.

13° *Lut.* On nomme lut une substance que l'on applique en couches plus ou moins épaisses sur la surface de certains corps, soit pour les préserver de l'action du feu et quelquefois de l'air, soit pour en boucher les interstices et les rendre imperméables; les principaux luts sont faits : 1° avec de la farine de graine de lin et de la colle d'amidon; 2° avec de l'argile et de l'huile siccative; 3° avec de la chaux et du blanc d'œuf; 4° avec de l'argile et du sable.

14° *Matras.* On appelle ainsi un vase de verre à long col, dont le corps est le plus souvent rond (pl. 2, fig. 21); les matras peuvent porter une ou plusieurs tubulures. Les matras ne sont que des ballons à col plus allongé.

15° *Mortiers.* Vaisseaux qui servent à contenir les substances que l'on veut concasser ou pulvériser. Les mortiers (pl. 1, fig. 3) sont en fer, en fonte, en laiton, en marbre, en porcelaine, en verre et en agate ou silex.

16° *Tubes.* — Ce sont des tuyaux cylindriques en fer, en porcelaine, en platine et surtout en verre. On nomme capillaires ceux dont le diamètre intérieur est le plus petit possible; les tubes gradués sont ceux sur lesquels on a indiqué un certain nombre de divisions.

17° *Tubes de sûreté.* — On appelle ainsi ceux qui sont employés dans une distillation pour empêcher l'absorption d'avoir lieu. Soit une cornue (pl. 3, fig. 2) renfermant un gaz et communiquant dans l'eau de la cuve hydro-pneumatique au moyen d'un tube ordinaire ; si la cornue est échauffée, le gaz dilaté, pressant sur le liquide de la cuve par l'extrémité du tube qui y plonge, plus que l'air atmosphérique, se dégage au travers de ce liquide ; mais si on laisse refroidir la cornue, le gaz intérieur se condense, et la pression qu'il exerçait devenant moindre que celle de l'air atmosphérique, l'eau de la cuve remonte dans la cornue jusqu'à ce que les pressions extérieure et intérieure se fassent équilibre ; mais si au lieu d'un tube ordinaire vous employez (même figure) un tube GXt., à mesure que le gaz intérieur se condense par le refroidissement, et que le liquide de la cuve tend à monter dans la branche tx du tube à raison de la pression de l'air extérieur, ce même air extérieur presse avec la même force sur le liquide que contient la branche Ar, et le fait descendre autant qu'il le fait monter dans la branche tx ; un moment arrive où l'eau de la branche du tube est poussée jusqu'en Q ; alors l'air, moins pesant que l'eau, traverse le liquide contenu dans la boule de sûreté, et se rend dans la cornue ; le gaz intérieur ne se trouve plus aussi raréfié qu'auparavant, et cet effet se succédant sans cesse, l'équilibre se trouve rétabli entre les pressions extérieure et intérieure. On peut employer comme tubes de sûreté des tubes droits X.X.X' (pl. 3, fig. 4) plongeant d'une ou deux lignes dans l'eau ; à mesure que le refroidissement de l'appareil a lieu, l'air extérieur entre par ces tubes, et s'oppose à l'absorption de l'eau des flacons FF'F'' dans le ballon ou la cornue A.

Quelques autres instruments, d'un usage continuel en chimie, et cités fréquemment dans le courant de ce traité élémentaire, tels que l'aéromètre, le baromètre, la pile de Volta, le thermomètre, ont déjà été décrits dans la partie de cette encyclopédie consacrée à la physique.

SECT. 1re. — CHIMIE INORGANIQUE.

La chimie inorganique est consacrée à l'étude des corps inorganiques, soit simples, soit composés.

§ 1er. — Corps simples.

L'*oxigène* est un des agents les plus universels de la nature : par lui s'opèrent toutes les combustions ; il entre dans la composition d'une grande partie des acides et de tous les oxides ; combiné avec le gaz hydrogène, il est un des éléments de l'eau ; mêlé au gaz azote et à quelques atomes d'acide carbonique, il constitue l'air atmosphérique. C'est au gaz oxigène que nous devons toute la chaleur artificielle que nous nous procurons dans la vie commune et dans les arts ; il est le grand agent de la respiration et de la transformation du sang veineux en sang artériel ; il se combine incessamment aux différents végétaux ou s'en dégage pendant toute la période de leur accroissement et de leur existence ; enfin la chimie, la physique, la physiologie même, n'ont presque aucun phénomène qu'elles puissent expliquer sans lui.

66. L'oxigène est un gaz incolore, inodore, insipide, un peu plus pesant que l'air atmosphérique ; soumis à une forte pression, il s'échauffe et devient lumineux ; on n'a pu l'obtenir jusqu'à ce jour à l'état liquide. Un morceau de charbon, de bois, de fer, présentant un point en ignition et plongé dans le gaz oxigène, brûle avec un grand dégagement de calorique et de lumière ; l'oxigène réfracte la lumière, mais moins que l'air atmosphérique ; il est le plus électro-résineux de tous les corps simples ; il est susceptible de se combiner avec tous les corps élémentaires, soit à la température ordinaire, soit à une température élevée, soit directement, soit par des moyens indirects ; et il forme ainsi des acides et des oxides. Le gaz oxigène, quoique étant le gaz éminemment respirable, détermine, à l'état de pureté, une excitation dangereuse dans les poumons : il doit être mêlé, pour entretenir la vie, au gaz azote, dans la proportion de 21 d'oxigène et de 79 d'azote.

67. On peut obtenir l'oxigène par divers procédés ; le plus simple et le plus usité consiste à décomposer à l'aide de la chaleur le bi-oxide de manganèse (combinaison de l'oxigène et du manganèse). On prend donc une certaine quantité de cet oxide, aussi pur que possible, et on le pulvérise dans un mortier ; on en remplit presque entièrement une cornue de grès F (fig. 1, pl. 3) au col de laquelle on adapte un tube de sûreté GXt recourbé, destiné à conduire le gaz sous la cloche D placée sur la cuve hydro-pneumatique A'A''A'' ; cela fait, et la cornue mise sur un fourneau E, on la chauffe au rouge ; on laisse échapper un tiers environ

du premier gaz obtenu, qui n'est que l'air atmosphérique contenu dans l'appareil ; mais le gaz qui passe ensuite peut être regardé comme du gaz oxigène pur ; dans cette opération, le bioxide de manganèse perd une partie de son oxigène, et est ramené à un moindre degré d'oxidation.

Le gaz oxigène pur n'est employé que dans quelques opérations de chimie.

Les *métalloïdes* sont généralement mauvais conducteurs de la chaleur et de l'électricité ; ils sont tous électrisés positivement, par rapport à l'oxigène, et négativement à quelques exceptions près, par rapport à la presque totalité de métaux ; ils forment avec le gaz oxigène des composés, *acides* et *oxides :* mais ces derniers ne jouissent pas, comme les oxides métalliques, de la propriété de s'unir aux acides.

Nous suivrons, pour les étudier, l'ordre dans lequel ils sont électrisés positivement à l'égard de l'oxigène, et négativement entre eux.

A. Le *fluor* est le radical présumé de l'acide fluorique, car on n'a pu encore l'obtenir isolé ; il n'existe dans la nature que combiné avec le calcium et l'aluminium à l'état de fluorures, composés plus connus sous le nom de *spath fluor* et de *fluate d'alumine.*

B. Le *chlore*, ainsi nommé à cause de sa couleur jaune-verdâtre, a été aussi désigné sous le nom d'*acide muriatique oxigéné*, ou *oxi-muriatique* ; il est gazeux, coloré en jaune verdâtre, d'une saveur désagréable, d'une odeur piquante et suffocante, déterminant un sentiment pénible de strangulation ; il pèse 2,470, l'air étant considéré comme pesant 1,000 ; il brûle avec une flamme pâle d'abord, puis rougeâtre ; mais il éteint les corps en ignition ; sec, il n'a aucune action sur la teinture de tournesol ; humide, il la décolore et la jaunit. On peut l'obtenir liquide, en le comprimant et le refroidissant tout à la fois ; fortement comprimé, il laisse, comme le gaz oxigène, dégager de la lumière et de la chaleur.

L'oxigène est sans action sur le chlore sec ; à l'état de gaz naissant ces deux corps peuvent cependant se combiner ensemble et former de l'*acide chlorique*. Le chlore a une grande affinité pour l'hydrogène, qu'il enlève à la plupart des corps qui en contiennent ; si un mélange de gaz hydrogène et de chlore est exposé à la lumière diffuse,

ces deux gaz se combinent peu à peu ensemble, et l'on obtient un volume de *gaz chlorhydrique* égal à celui des deux gaz employés. Le même mélange soumis à l'étincelle électrique, ou mis en contact avec un corps en ignition, détonne avec dégagement de lumière et de chaleur, et il y a formation de *gaz acide chlorhydrique*. Le chlore se combine avec la plupart des métalloïdes et tous les métaux ; son action sur le potassium, l'arsenic, l'antimoine et le bismuth, est remarquable, car il les enflamme à froid.

L'eau dissout deux fois environ son volume de chlore, et plus à froid qu'à chaud. La solution aqueuse de chlore à l'odeur, la saveur et la couleur du chlore gazeux ; *l'eau de javelle* employée par les blanchisseurs est une solution aqueuse de chlore. Le chlore détruit la plupart des matières colorantes végétales : cette propriété a été mise à profit pour le blanchiment des toiles ; le chlore s'emparant de l'hydrogène partout où il le rencontre, devient un moyen désinfectant précieux, les gaz méphitiques ayant presque tous le gaz hydrogène pour base.

Le chlore se trouve fréquemment dans la nature, mais toujours uni à l'hydrogène, à l'état d'acide chlorhydrique, et combiné avec des oxides, pour former des sels.

On l'obtient en traitant dans un appareil approprié (pl. 3, fig. 1), une partie de peroxide de manganèse par 4 ou 5 parties d'acide chlorhydrique ; on chauffe le mélange, le gaz se dégage, et se rend sous la cloche placée sur la cuve hydrargyropneumatique ; et il reste dans la cornue du proto-chlorhydrate de manganèse.

Le chlore sert à blanchir les toiles, à nettoyer les papiers et les estampes maculés ; on l'emploie comme moyen désinfectant ; enfin, quelques médecins l'ont mis en usage dans le traitement de la phthisie pulmonaire.

C. Le *brôme* à la température ordinaire est liquide, d'un rouge brun foncé en masse, et d'un beau rouge grenat quand il est en couche mince ; il a une odeur forte et désagréable ; sa densité est de 2,966, comparée à celle de l'eau considérée comme pesant 1,000 ; il enlève l'hydrogène à quelques-uns des composés qui contiennent et forment de l'acide bromhydrique ; il se combine avec la plupart des métalloïdes **et des** métaux, et de même que le chlore, avec lequel il a, du reste, une grande analogie, il détruit la couleur bleue de tournesol, celle de l'indigo et de plusieurs autres matières organiques.

On l'extrait des eaux-mères des salines, dans lesquelles il se trouve à l'état de bromure; il est sans usage.

D. L'*iode*, à la température ordinaire, est un corps solide qui se présente sous forme de petites lames d'un gris noirâtre, d'un éclat métallique assez prononcé, et d'un aspect analogue à celui de la plombagine (mine de plomb); sa saveur est forte et désagréable; son odeur rappelle celle du chlore, sa pesanteur, comparée à celle de l'eau, est de 4,946; il colore fortement la peau et le papier en jaune; mais cette couleur ne tarde point à disparaître; il entre en fusion à + 107e degrés centigrades, et se volatilise à + 175°, en répandant de belles vapeurs violettes qui se condensent par le refroidissement, et cristallisent en lamelles analogues à celles que ce corps présentait avant d'être soumis à l'action de la chaleur.

L'iode a peu d'affinité pour l'oxigène, avec lequel il ne se combine qu'à l'état de gaz naissant, pour former un composé nommé *acide iodique;* doué d'une grande affinité pour l'hydrogène, moins cependant que le brôme, que le chlore, et surtout que le fluor, il s'unit directement avec ce gaz, et donne naissance à de l'*acide iodhydrique;* il l'enlève à un grand nombre de composés; il se combine avec la plupart des métalloïdes, avec presque tous les métaux; il se dissout mal dans l'eau, mieux dans l'alcool.

On obtient ce corps en introduisant dans une cornue une certaine quantité d'eaux-mères de soude de varec, qui contiennent de l'iodure de potassium, et l'on traite à chaud par l'acide sulfurique. L'iode se volatilise en vapeurs violettes, qui viennent se condenser dans les parties supérieures de l'appareil; on purifie l'iode ainsi obtenu en le lavant dans une légère solution aqueuse de potasse et la distillant de nouveau.

L'iode est employé surtout en médecine pour la guérison des goîtres et des tumeurs lymphatiques; il est aussi employé comme réactif, en raison de la propriété qu'elle a de former une très-belle couleur bleue, avec la plus petite partie d'amidon.

E. Le *soufre* (en latin *sulphur*) est solide, jaune-citron, inodore, contractant cependant une légère odeur par le frottement, d'une saveur à peine sensible; son poids, comparé à celui de l'eau, est comme 2,000 est à 1,000; il est opaque, quelquefois cependant translucide; il est très-fragile; serré et échauffé dans la main, il craque et souvent se rompt; il est mauvais conducteur de l'électricité; le frottement développe en lui l'électricité résineuse; il réfracte fortement la lumière; fusible à 108°, il acquiert, entre 110 et 140°, un degré de fluidité qui le fait ressembler à un vernis clair de couleur de succin; si la température est élevée davantage, vers 160°, il commence à s'épaissir, prend une teinte rougeâtre, et devient tellement visqueux qu'il perd toute fluidité; il bout à la température de 440° et se volatilise en un gaz jaune qui se condense en une poudre également jaune, nommée soufre sublimé ou fleurs de soufre. Lorsque le soufre est en fusion, si on le décante, pour le figer, dans l'eau froide, il prend une couleur rouge, devient terne, reste mou comme de la cire, et peut être employé pour prendre des empreintes; il finit cependant par se durcir. Si, en le laissant refroidir lentement après la fusion, on perce la croûte qui se forme à la surface, et qu'on décante les parties inférieures encore liquides, le vase dans lequel la fusion aura été opérée se trouvera tapissé d'une foule d'aiguilles cristallines.

A la température ordinaire, l'oxigène et les autres corps simples, métalloïdes et métaux, sont sans action sur le soufre; très-combustible, il brûle avec une flamme bleuâtre, et se combine avec l'oxigène de l'air en donnant lieu à des vapeurs piquantes de *gaz acide sulfureux;* il forme encore avec l'oxigène trois autres composés acides; à l'aide de la chaleur, il se combine avec le gaz hydrogène, qui le dissout: il y a formation de *gaz acide sulfhydrique;* le soufre est susceptible de former à chaud une foule de composés avec les métalloïdes et les métaux.

Le soufre est très-répandu dans la nature; on le rencontre à l'état natif dans les terrains volcanisés, à la Solfatare près de Naples, par exemple. Les composés de soufre et de différents métaux connus sous le nom de sulfures, surtout ceux de fer, de plomb, de cuivre, de mercure, se trouvent dans un grand nombre de localités.

Pour extraire le soufre des différents sulfures, on chauffe ceux-ci avec le contact de l'air ; les métaux sont oxidés, et une partie du soufre passe à l'état d'acide sulfureux qui se dégage ; la portion de soufre non combinée avec l'oxigène vient se condenser dans des cavités pratiquées au sommet de la pyramide tronquée, construite avec les fragments de sulfure qu'on voulait brûler.

Les usages du soufre sont nombreux : il est employé pour la fabrication de la poudre à canon, de l'acide sulfurique, des allumettes, etc. La médecine en fait un fréquent usage.

F. Le *sélénium* est solide, brun, brillant ; sa cassure est vitreuse, de couleur de plomb ; son poids, comparé à celui de l'eau, est de 4,32 ; en poudre, il prend une couleur rouge foncé ; il est combustible et brûle avec une flamme bleue et en dégageant une forte odeur de choux pourris ; il est volatil, bout à une température de 106° à 107° degrés centigrades ; il forme avec l'oxigène un oxide et plusieurs acides ; il forme aussi un acide avec l'hydrogène ; il se combine avec différents corps simples.

On l'extrait en traitant les séléniures métalliques par le chlore.

Le sélénium est sans usage.

G. L'*azote*, appelé successivement *alcaligène*, *nitrogène*, *moffette atmosphérique*, *septon*, *air vicié*, et enfin azote, c'est-à-dire impropre à la vie, est l'un des principes constituants de l'air atmosphérique.

L'azote est toujours gazeux ; il est sans couleur, sans odeur, sans saveur ; sa pesanteur est de 0,9757, celle de l'air étant 1,000 ; il est dilaté par le calorique, condensé par le froid, mais sans changer d'état ; il éteint les corps en combustion, mais il ne rougit point la teinture bleue de tournesol et ne blanchit pas l'eau de chaux, ce qui ne permet pas de le confondre avec l'acide carbonique, gaz également délétère. On obtient facilement ce gaz en faisant brûler dans une cloche renfermant de l'air atmosphérique et placée sur la cuve hydro-pneumatique, un cylindre de phosphore placé sur un petit support de brique disposé de manière à ce qu'il fasse saillie hors de l'eau le phos-

phore en brûlant, absorbe l'oxigène et forme de l'acide phosphorique, qui paraît sous la forme d'un nuage blanc, épais ; bientôt après, le phosphore s'éteint, l'appareil se refroidit, l'eau monte dans l'intérieur de la cloche pour remplacer l'oxigène absorbé ; l'acide phosphorique se dissout, et le gaz restant n'est autre chose que de l'azote.

Quoique sans action sur les corps simples à la température ordinaire, il fait partie d'un grand nombre de corps composés, comme nous le verrons plus tard ; il est un des principes constituants de plusieurs matières végétales et de toutes les matières animales ; c'est lui qui remplit la vessie natatoire des poissons ; dans certains cas, il constitue à lui seul le gaz des fosses d'aisance, connu sous le nom de plomb. Il semblerait devoir se former de toutes pièces dans les substances végétales et animales dans lesquelles il se rencontre ; mais on ne peut former que des conjectures à cet égard.

L'azote pur n'est d'aucun usage.

H. Le *phosphore* est un corps simple qui n'existe jamais isolé dans la nature ; l'analyse chimique en a cependant démontré la présence dans la laitance de carpe et dans la pulpe cérébrale et nerveuse ; uni à l'oxigène et à différentes bases salifiables, il forme des sels dont quelques-uns sont fort répandus.

Le phosphore est solide, transparent ou semi-transparent, légérement jaunâtre, très-flexible, mou, se laissant rayer par l'ongle et facilement couper ; il a une odeur alliacée très-prononcée ; sa pesanteur est à celle de l'eau comme 1,790 est à 1,000 ; il est fusible à + 43° centigrades ; à une température plus élevée, il se volatilise ; refroidi lentement, il est susceptible de cristalliser ; fondu et agité dans l'eau, il se réduit en poudre ; refroidi subitement, il devient noir ; mais fondu de nouveau et refroidi lentement, il redevient incolore ; exposé à la lumière solaire, même sous le vide, il prend une couleur rouge.

L'air atmosphérique et l'oxigène ont, à froid, de l'action sur le phosphore ; il brûle à la température ordinaire avec dégagement de lumière, et il y a formation d'*acide hypo-phosphorique ;* à une température plus élevée, il brûle avec éclat et donne naissance à de l'*acide phosphorique* qui se répand en vapeurs blanches; son affinité pour l'oxigène est telle que s'il est exposé pendant une heure à la lumière solaire, il décompose une portion de l'eau dans laquelle il est plongé, et il y a formation d'acide si l'eau contient de l'air, et d'oxide si l'eau n'est point aérée; il y a dans les deux cas formation de *phosphure d'hydrogène* gazeux.

Le phosphore forme avec l'oxigène cinq composés : un oxide, et quatre acides. Il se combine en deux proportions avec l'hydrogène; il s'unit aussi au soufre et forme avec lui des composés très-fusibles; le chlore gazeux a sur le phosphore une action très-énergique, il y a dégagement de lumière et de calorique, et formation de vapeurs blanches, épaisses, *acides*, formées par du *chlorure de phosphore*; le phosphore se combine avec un grand nombre de métaux, et donne lieu à des phosphures solides, inodores, fusibles, et surtout très-cassants.

Le phosphore n'est point soluble dans l'eau; il se dissout dans l'alcool, l'éther, les huiles fixes et essentielles.

On extrait le phosphore des os des animaux en transformant par l'acide sulfurique le phosphate neutre de chaux qu'ils contiennent en phosphate acide, et en traitant celui-ci à une haute température par le charbon dans des vases clos.

Il est employé, en chimie, pour l'analyse de l'air et pour plusieurs autres opérations; il sert à fabriquer des allumettes et des briquets; il est aussi employé, mais très-rarement, en médecine, comme un puissant stimulant.

I. Le *bore*, à la température ordinaire, est solide, inodore, insipide; il est pulvérulent, d'un brun verdâtre, plus pesant que l'eau; soumis à l'action d'un feu de forge violent, il ne subit aucune altération; mis en contact avec l'oxigène au-dessus de la chaleur rouge, il se combine avec ce gaz et forme de l'acide borique. On connaît peu ses combinaisons avec les autres corps simples.

On l'obtient en traitant à chaud l'acide borique par le potassium.

On rencontre le bore dans la nature, combiné avec l'oxigène, à l'état d'acide borique, et formant des borates de sodium et de magnésium. Il est sans usage.

K. Le *silicium*, ainsi nommé parce qu'on le retire de la silice, dans laquelle il se trouve combiné avec l'oxigène, se présente dans son état de pureté sous la forme solide; il est d'une couleur brun-noisette foncé, sans éclat métallique, infusible, inattaquable par l'eau et les acides, plus pesant que l'eau; si on le brûle avec du carbonate de soude ou de potasse, il y a décomposition de l'acide carbonique, dégagement de gaz oxide de carbone, et formation d'acide silicique qui se combine avec la base. La masse résultant de la combustion est noire, en raison de quelques portions de carbone (charbon) mis en liberté.

Isolé, il est sans usage; combiné avec l'oxigène, il constitue l'*acide silicique (silice)*.

L. Le *carbone* est très-répandu dans la nature; on l'y rencontre cristallisé à l'état de diamant; le charbon minéral, l'anthracite, la plombagine, ne sont que du carbone mêlé à une petite quantité d'autres principes; le noir de fumée, et en général les substances noires provenant de la combustion de toutes les substances huileuses, ne sont autre chose que du carbone presque pur. A l'état de diamant, le carbone se présente sous forme de cristaux très-brillants, limpides, transparents, quelquefois légèrement colorés; le diamant raie tous les corps; sa pesanteur est de 3,500, celle de l'eau étant 1,000; le diamant est mauvais conducteur du calorique, mais il s'électrise par le frottement. Le carbone provenant de la décomposition d'une vapeur huileuse par le feu est noir, opaque; il raie le verre, est mauvais conducteur du calorique, meilleur conducteur de l'électricité; sa pesanteur est à celle de l'eau comme 2 est à 1.

A la température ordinaire, l'air atmosphérique et l'oxigène sont sans action sur le carbone; à l'aide de la chaleur, il se combine avec l'oxigène et donne naissance à du *gaz acide carbonique*; ce gaz, résultant de la combustion du charbon, produit des effets d'asphyxie bien connus. L'oxigène s'unit aussi, dans de certaines circonstances, en moindre proportion avec le carbone, et donne naissance à du gaz *oxide de carbone*. L'affinité du carbone pour l'oxigène est telle qu'il l'enlève à la plupart des oxides métalliques : aussi est-il fréquemment employé pour les réduire; on obtient le métal pur et du gaz acide carbonique ; il forme avec l'hydrogène des composés très-nombreux dont nous aurons occasion de parler. Le gaz employé pour l'éclairage est un composé de bi-carbure d'hydrogène, et quelquefois d'oxide de carbone. Le carbone se combine avec plusieurs autres métalloïdes et quelques métaux. Parmi ces derniers composés, nous citerons le proto-carbure et le per-carbure de fer, plus connus sous le nom de fonte, d'acier, et de plombagine. Le résultat de la combinaison du carbone avec l'azote donne lieu à un composé nommé *cyanogène*, qui se comporte comme un corps simple, et que pour cette raison nous examinerons à la suite des métalloïdes.

Le carbone pur n'est employé qu'à l'état de diamant ; sa transparence, son éclat, sa dureté, sa rareté, son inaltérabilité, le font rechercher comme un ornement des plus précieux ; on l'emploie aussi pour couper le verre et tailler les pierres précieuses. Le carbone, à l'état de charbon minéral (houille, anthracite), végétal (charbon de bois), animal (noir d'os, noir d'ivoire), est employé à une foule d'usages ; mais sous ces trois formes il est loin d'être pur.

Le *charbon végétal* est composé de carbone, d'hydrogène et de cendres, en proportions variées ; il est solide, noir, inodore, insipide, le plus souvent de forme cylindrique, dur, poreux ; sa porosité dépend de la qualité du bois employé pour l'obtenir ; plus lourd que l'eau, il surnage cependant, car ses pores sont remplis de gaz ; il finit cependant par être entièrement submergé ; il est très-mauvais conducteur du calorique, bon conducteur de l'électricité : aussi s'en sert-on pour envelopper le pied des para-tonnerres, et faciliter ainsi la transmission au sol, de l'électricité que ceux-ci reçoivent des nuages.

Le charbon jouit de la propriété d'absorber les gaz : il en absorbe d'autant plus qu'il est plus sec : cette absorption est accompagnée de développement de calorique ; le charbon peut absorber en même temps des gaz de diverses natures, qui, une fois absorbés, ne contractent point d'union chimique, bien que, placés dans d'autres circonstances, ils soient susceptibles de se combiner.

La propriété absorbante du charbon a été mise à profit pour désinfecter différentes substances. Quelques médecins ont aussi administré, soit à l'intérieur, soit à l'extérieur, la poudre de charbon, comme anti-putride.

Le charbon végétal jouit de la propriété décolorante, mais moins que le charbon animal ; la force décolorante du premier est à celle du second comme un est à dix.

Le charbon végétal s'obtient en décomposant le bois par la chaleur, soit en agissant dans des vaisseaux clos, soit en réunissant plusieurs cordes de bois en un cône couvert d'une couche de terre un peu humide, et en enflammant ce bois, avec la précaution cependant de donner à l'air la facilité de circuler.

Le *charbon animal*, composé de carbone, d'azote et de cendres, s'obtient en calcinant des os dégraissés à l'aide de la chaleur et de l'eau, dans des appareils convenables ; avant d'être employé, le charbon animal doit être lavé, pour être séparé de quelques substances solubles qu'il peut retenir, et qui nuiraient aux usages auxquels on l'applique. Le charbon jouit à un très-haut degré de la propriété décolorante ; aussi est-il employé fréquemment par les raffineurs de sucre, les pharmaciens, les confiseurs.

M. L'*hydrogène*, dont le nom tiré du grec signifie *j'engendre l'eau*, est, à la température ordinaire, un corps gazeux, sans odeur, sans couleur, sans saveur, plus léger que l'air et que tous les autres fluides ; il ne pèse que 0,068, l'air pesant 1,000, ou quinze fois moins environ ; c'est en raison de sa légéreté qu'il est employé dans la construction des aérostats ; très-inflammable, il brûle avec une flamme blanche ; il éteint cependant les corps en combustion ; il est le plus électro-vitré ou électro-positif de tous les métalloïdes ; en raison de sa grande combustibilité, il réfracte fortement la lumière.

A froid, l'oxigène n'exerce aucune action sur lui ; il y a seulement mélange des deux gaz, quoiqu'ils soient d'une pesanteur spécifique différente ; mais, par une pression subite, par le choc de l'étincelle électrique, ou par l'approche d'un corps en ignition, le mélange s'enflamme et détonne avec force ; il y a combinaison des deux gaz et formation d'oxide d'hydrogène (eau). Les explosions qui arrivent si fréquemment depuis l'adoption de l'éclairage au gaz résultent de la combustion subite du mélange de l'oxigène de l'air atmosphérique et du gaz hydrogène échappé des conduits : cette combustion a été déterminée par l'approche d'une lumière.

Quoique ce corps soit très-combustible, on ne saurait l'enflammer avec une bougie au travers d'une toile ou gaze métallique très-fine ; c'est sur cette propriété dont jouit une trame métallique d'empêcher le passage de la flamme, qu'est fondée la construction de l'appareil inventé par Davy, et dont se servent les mineurs pour se garantir de l'explosion du gaz hydrogène qui se dégage souvent dans les galeries des mines. Cet appareil a reçu le nom de *lampe de sûreté*.

Le *chalumeau de Clarke*, à l'aide duquel on peut fondre en quelques minutes les corps les plus réfractaires, est un réservoir en cuivre très-épais C (fig. 4, pl. 11), dans lequel on a introduit avec compression, au moyen d'un corps de pompe BB′, un mélange de gaz hydrogène et de gaz oxigène contenu dans la vessie A. Ce réservoir est muni d'un tube de diamètre capillaire D, qui n'est pas perméable à la flamme, et qui permet par conséquent d'allumer le jet de gaz qui en sort ; pour rendre cet instrument plus sûr encore, il est disposé de manière à ce que le mélange de gaz est forcé de traverser un certain nombre de toiles métalliques placées aux deux extrémités du tube E, et dans la portion F comprise entre le robinet G et le tube capillaire D. L'intérieur du réservoir contient une couche d'huile *h, h*, dans laquelle plonge le tube E.

On obtient le gaz hydrogène par la décomposition de l'eau ; à cet effet, on introduit dans un flacon à deux tubulures A (voy. fig. 22, pl. 1) de l'eau et une certaine quantité de tournure de fer ou de grenaille de zinc. L'une des tubulures est garnie d'un petit entonnoir B, et l'autre d'un tube courbe C se rendant sous une cloche D, placée sur un vase E contenant de l'eau, et faisant office de cuve hydro-pneumatique. On fait arriver par portion dans le flacon, au moyen de l'entonnoir, une certaine quantité d'acide sulfurique, et le gaz se dégage. Dans cette expérience, une portion de l'eau est décomposée ; elle cède son oxigène au métal, qui, passant à l'état d'oxide, se combine avec l'acide employé pour former du sulfate de fer ou de zinc ; l'hydrogène de l'eau décomposée est donc mis à nu.

L'hydrogène pur ne se rencontre pas dans la nature ; mais, à l'état de combinaison, il est un des corps les plus répandus, puisqu'il est un des principes constitutifs de l'eau et de toutes les matières végétales et animales.

Il est moins délétère que ses composés ; pur, il est employé, en chimie, pour faire l'analyse de l'air ; on s'en sert, comme nous l'avons vu en parlant du chalumeau de Clarke, pour obtenir une haute température, et enfin pour remplir les ballons aérostatiques.

Le gaz de l'éclairage n'est point du gaz hydrogène pur ; mais bien un composé de divers gaz, comme il a été dit à l'article *carbone*.

N. Le *Cyanogène* est un composé d'azote et de carbone dans les proportions de deux volumes de vapeur de carbone et d'un volume d'azote, ou azote 177—03, carbone 154,88. Cependant comme il joue, dans toutes les combinaisons, le même rôle qu'un corps simple, et particulièrement que le chlore, le brôme et l'iode, nous l'examinerons à la suite des corps simples.

Le cyanogène, dont le nom dérivé du grec indique qu'il est le générateur du bleu, parce qu'il fut extrait pour la première fois du bleu de Prusse, est, à la température ordinaire, gazeux, d'une odeur particulière, vive et pénétrante, inflammable, et brûlant avec une flamme violette ou bleu-pourpré ; sa pesanteur spécifique est de 1,806, celle de l'air étant 1,000 ; il rougit la teinture bleue de tournesol ; soumis à une forte pression, il se liquéfie, mais reprend la forme gazeuse aussitôt que la pression cesse ; par le froid seul, on l'a obtenu non-seulement liquide, mais encore solide ; il supporte une haute chaleur sans altération : mais, par la combustion, il se décompose en azote et en gaz acide carbonique. La plupart des métalloïdes et des métaux sont sans action à froid et même à chaud sur lui ; il peut former, en se combinant à l'état du gaz naissant, soit avec l'oxigène, soit avec l'hydrogène, deux acides nommés, l'un acide *cyanique*, l'autre *cyanhydrique ;* il se combine à la température ordinaire avec le potassium, et donne ainsi lieu à du cyanure de potassiure. Il est soluble dans l'eau et dans l'alcool ; la première en dissout quatre fois et demie son volume, et le second vingt-trois fois ; la solution aqueuse de cyanogène ne tarde point à se troubler; elle passe au jaune, au brun et enfin se décompose en laissant déposer une matière charbonneuse presque noire ; il résulte de cette décomposition, du *cyanate* et de l'*hydrocyanate d'ammoniaque* (azoture d'hydrogène), sels dont les éléments se retrouvent dans la solution aqueuse de cyanogène.

Le cyanogène s'obtient en chauffant dans une petite cornue de verre bien sèche, du cyanure neutre de mercure également bien sec ; il y a décomposition : le cyanogène se dégage sous forme de gaz et se rassemble sous la cloche placée sur la cuve hydrargyro-pneumatique ; le mercure se condense en gouttelettes dans le col de la cornue.

Le cyanogène n'est point employé directement dans les arts ; mais il entre dans la composition de différents cyanures employés en médecine, de l'acide hydrocyanique (prussique) et du bleu de Prusse (hydro-cyanate de fer).

O. L'*air atmosphérique*, ainsi nommé parce qu'il constitue l'atmosphère, est un gaz élastique inodore, incolore quand il est en couche peu épaisse, et insipide ; il est composé de vingt-une parties de gaz oxigène, soixante-dix-neuf de gaz azote, et de quelques atomes de gaz acide carbonique ; il est pesant et compressible ; sa pesanteur a été prouvée dans la partie consacrée à la physique (article *Baromètre*) ; l'expérience du briquet pneumatique, les fusils à vent, démontrent jusqu'à l'évidence sa compressibilité ; l'air sec est mauvais conducteur de l'électricité ; l'humidité lui fait acquérir cette propriété ; il est dilatable par le calorique ; mais quel que soit le degré de chaud ou de froid auquel il soit soumis, il n'éprouve aucune altération. La plupart des métalloïdes et des métaux agissent sur lui à une température plus ou moins élevée ; ils en absorbent l'oxigène et laissant l'azote à nu. L'eau peut dissoudre un vingtième de son volume d'air atmosphérique, à la pression barométrique de 0^m,76, et à la température de + 10° centigrades ; mais l'air dissous contient 32 d'oxigène et 68 d'azote : d'où il faut conclure que l'oxigène est plus soluble que l'azote ; l'air lui-même tient toujours en suspension une certaine quantité d'eau, qui peut être appréciée au moyen de l'hygromètre.

L'air atmosphérique est le seul fluide qui soit convenable à la respiration ; il entre continuellement dans les poumons, et l'observation des faits prouve que par son seul contact avec le sang veineux, il est décomposé, et qu'en sortant avec l'inspiration il ne contient plus que 18 ou 19 centièmes d'oxigène ; il renferme alors 3 ou 4 centièmes d'acide carbonique. On doit croire que cette décomposition ayant lieu à tous les instants, notre atmosphère n'offrirait bientôt plus qu'un air vicié, impropre à la respiration, au milieu duquel les êtres vivants trouveraient bientôt la mort ; mais cela n'arrive que dans les endroits où il ne peut se renouveler, comme dans les prisons, les salles de spectacle, etc.; la nature a pourvu à la consommation continuelle d'oxigène que font les animaux : les parties vertes des végétaux absorbent pendant la nuit une certaine quantité de gaz oxigène, qu'elles transforment, en partie, en acide carbonique; dans le jour, quand elles sont en contact avec les rayons solaires, elles laissent dégager une grande partie de l'oxigène dont elles se sont emparées pendant la nuit, et absorbent en outre le gaz acide carbonique qui se trouve dans l'atmosphère, s'en approprient le carbone, qui contribue ainsi à leur accroissement, et rejettent l'oxigène. Il devient donc évident que l'air atmosphérique, privé pendant la nuit de tout le gaz oxigène absorbé par les végétaux, et vicié par le gaz acide carbonique expiré par les animaux, se purifie par l'action des rayons solaires sur les parties vertes de ces mêmes végétaux, et devient plus riche en oxigène.

L'air sec et renouvelé prévient la putréfaction des animaux privés de vie, tandis que chaud et humide il favorise cette décomposition.

L'air est composé d'oxigène 21, azote 79, acide carbonique quelques atomes, vapeur d'eau, quantité variable.

Analyse de l'air. Pour reconnaître la quantité d'acide carbonique contenue dans l'air, on remplit un ballon d'air atmosphérique et on y introduit ensuite une petite quantité de solution aqueuse d'oxide de barium (baryte) ; en agitant le ballon, l'acide carbonique s'empare de la baryte, forme un carbonate de barium blanc qui rend l'eau laiteuse ; cette opération est renouvelée jusqu'au moment où la solution employée ne perd plus sa transparence, ce qui indique que tout l'acide carbonique est saturé. La composition connue du carbonate de barium permet de reconnaître les quantités d'acide carbonique qui, absorbées par l'oxide de barium employé, se trouvaient, par conséquent, contenues dans l'air.

La quantité de vapeur d'eau s'apprécie en faisant passer une certaine quantité d'air sur du chlorure de calcium parfaitement sec ; ce corps a la propriété de s'emparer de la plus petite portion de vapeur aqueuse ; en pesant le chlorure avant et après l'opération, l'augmentation de poids indiquera nécessairement la quantité d'eau contenue dans l'air et absorbée par le chlorure.

Les proportions d'oxigène et d'azote entrant dans la composition de l'air se déterminent au moyen de l'étincelle électrique qu'on fait arriver dans l'eudiomètre (voyez fig. 2, pl. 3) rempli d'un mélange de cent parties d'hydrogène, et d'autant d'air atmosphérique privé d'acide carbonique et parfaitement sec. Pour introduire ce mélange dans l'eudiomètre, on commence par remplir d'eau le tube AB en ayant soin de n'y laisser aucune bulle d'air ; on le renverse ainsi plein d'eau sur la tablette de la cuve hydro-pneumatique (pl. 3, fig. 1) ; on fait passer ensuite le mélange de gaz dans le tube au moyen d'un entonnoir ; puis on introduit dans l'intérieur du tube AB le fil de cuivre LL' (pl. 3, fig. 2), de telle sorte que la boule L soit à une petite distance du bouchon C. La portion B du tube étant toujours tenue dans l'eau, on approche de la boule D, à distance explosive, le crochet d'une bouteille de Leyde chargée d'électricité ; l'étincelle pénètre aussitôt dans l'intérieur du tube et enflamme le mélange ; une portion de l'hydrogène se combine avec l'oxigène de l'air pour former de l'eau (oxide d'hydrogène), en sorte qu'il ne reste que l'excès d'hydrogène ; on recueille sous l'eau le résidu dans un tube gradué, et l'on ne trouve plus que cent trente-sept parties sur deux cents employées avant la décharge électrique ; soixante-trois parties de gaz ont donc été employées pour la formation de l'eau ; or, puisque l'eau est composée de deux parties d'hydrogène et d'une d'oxigène, il y a sur les soixante-trois parties vingt-une parties d'oxigène et quarante-deux d'hydrogène ; donc, sur les cent trente-sept parties restantes il y a cinquante-huit parties d'hydrogène et

soixante-dix-neuf d'azote ; et par conséquent les cent parties d'air employées contiennent vingt-une d'oxigène et soixante-dix-neuf d'azote. On acquiert un plus grand degré de certitude en recommençant l'expérience avec cent d'air atmosphérique et quarante-deux de gaz hydrogène ; on obtient pour résidu soixante-dix-neuf parties d'un gaz qui jouit de toutes les propriétés de l'azote pur.

III. Métaux.

Les métaux sont des corps simples, solides à la température ordinaire, excepté le mercure, qui est liquide jusqu'à −39° ou −40° centigrades ; ils sont tous presque complétement opaques, blancs ou d'un blanc gris pour la plupart, excepté le cuivre, le titane et l'or, qui sont d'un jaune rougâtre, et le cérium qui est d'un rouge-brun ; ils sont brillants en masse et même pulvérisés, et susceptibles de prendre un beau poli ; ils sont plus pesants que l'eau, à l'exception du potassium et du sodium ; quelques-uns d'entre eux sont susceptibles de cristallisation ; leur structure est ou granuleuse comme l'antimoine, ou fibreuse comme le fer ; ils sont presque tous insipides et inodores ; quelques-uns cependant, comme le fer, le cuivre, l'étain, le plomb, ont une saveur et une odeur bien marquées. La ductilité, la ténacité, la malléabilité, la dureté, l'élasticité et la sonoréité varient dans les différents métaux ; quelques-uns possèdent ces qualités à un très-haut degré ; d'autres en sont complétement privés. Les métaux sont plus dilatables que les autres solides ; leur fusibilité est très-variable ; les uns, comme le potassium, fondent au-dessous de la chaleur rouge ; d'autres, comme le platine, sont presque infusibles ; six au moins sont volatils, ce sont : le mercure, l'arsenic, le cadmium, le potassium, le tellure et le zinc ; ils sont généralement bons conducteurs du calorique et de l'électricité.

Les métaux se rencontrent rarement purs, c'est-à-dire à l'état natif ; on les trouve le plus souvent unis à d'autres corps, tantôt à l'oxigène sous forme d'oxide, tantôt aux différents métalloïdes, à l'état de chlorure, de sulfure, etc. ; ou bien combinés avec l'oxigène et un acide, et formant des sels. Tous ne sont point également répandus dans la nature ; le calcium uni à l'oxigène, à l'état d'oxide (chaux), et combiné avec les acides carbonique et phosphorique pour former des carbonates et des phosphates de chaux, est le plus commun; mais il est à peine connu à l'état de pureté. Le fer et le plomb sont les plus communs et les plus usités à l'état métallique ; d'autres, au contraire, sont tellement rares, que c'est avec peine qu'on peut s'en procurer quelques grains : tels sont l'yttrium, le glucinium, le cadmium, le rhodium, etc.

L'action du gaz oxigène sur les métaux est extrêmement variable ; le potassium (par exemple) l'absorbe quel que soit le degré de chaleur, et son affinité pour ce gaz est telle, qu'à la température ordinaire il décompose l'eau pour s'en emparer.

D'autres métaux s'unissent également à l'oxigène sous toutes les températures, mais ne décomposent l'eau qu'à une température qui varie de+100°, à la chaleur rouge ; il en est quelques-uns qui n'absorbent ce gaz qu'à l'aide d'une haute température, mais ne peuvent jamais décomposer l'eau ; d'autres enfin ne peuvent s'unir directement à l'oxigène ; l'action de l'air atmosphérique sur les métaux est la même que celle de l'oxigène.

C'est sur la différence d'action de l'oxigène sur les métaux et sur le degré d'affinité que ces corps simples ont pour ce gaz, qu'est fondée la classification de M. Thénard.

Les trente-neuf métaux connus sont divisés en six sections :

La première renferme ceux qui peuvent absorber le gaz oxigène à la température la plus élevée, et qui décomposent subitement l'eau à la température ordinaire, en s'emparant de son oxigène et en dégageant son hydrogène avec une vive effervescence.

Ces métaux sont au nombre de six, savoir : le potassium, le sodium, le lithium, le barium, le strontium et le calcium ; ils sont aussi appelés métaux alcalins, parce que leurs oxides sont connus sous le nom d'alcalis.

La deuxième section contient ceux qui, comme les précédents, peuvent absorber l'oxigène à la température la plus élevée, mais qui ne décomposent l'eau qu'autant qu'elle est bouillante ou même à une température de +100° à 200°. On en compte quatre : le magnésium, le glucinium, l'yttrium, l'aluminium; on les désigne aussi sous le nom de métaux terreux, leurs oxides étant connus sous le nom de *terres*.

La troisième section renferme les métaux qui, comme dans les deux sections précédentes, peuvent s'unir à l'oxigène à la température la plus élevée, mais qui ne décomposent l'eau qu'au degré de la chaleur rouge ; ce sont : le manganèse, le zinc, le fer, l'étain, le cadmium, le cobalt et le nickel.

On range dans la quatrième section quatorze métaux qui, comme les précédents, peuvent absorber l'oxigène à la température la plus élevée, mais qui cependant ne décomposent l'eau ni à chaud ni à froid. Ce sont : l'arsenic, le molybdène, le chrome, le vanadium, le tungstène, le colombium, l'antimoine, le titane, le tellure, l'urane, le cérium, le bismuth, le cuivre et le plomb. De ces quatorze métaux, les huit premiers sont acidifiables et oxidables, c'est-à-dire forment avec l'oxigène des acides et des oxides ; les six derniers ne sont qu'oxidables.

Cinq métaux sont compris dans la cinquième section ; ce sont : le mercure, l'osmium, l'iridium, le palladium, le rhodium ; ils ne peuvent absorber l'oxigène qu'à un certain degré de chaleur, et n'opèrent point la décomposition de l'eau.

Les trois métaux compris dans la sixième et dernière section, l'argent, l'or, le platine, n'absorbent l'oxigène et ne décomposent l'eau à aucune température : leurs oxides sont réductibles au-dessous de la chaleur rouge.

Le résultat de la combinaison de l'oxigène avec un métal se nomme *oxide*, ou *base salifiable*, parce que tous les oxides, à un certain degré d'oxigénation, jouissent de la propriété de s'unir aux acides et de former ainsi des sels, propriété que ne possèdent point les oxides métalloïdiques.

Si le gaz oxigène est humide, il attaque, à la température ordinaire, non-seulement les métaux alcalins, mais encore plusieurs de ceux qui appartiennent à la deuxième, à la troisième et même à la quatrième section ; il y a alors formation d'un oxide *hydraté*, ainsi nommé à cause de l'eau qu'il retient avec lui. L'action de l'air atmosphérique est analogue ; mais il y a alors, en raison de l'acide carbonique qui s'y trouve mélangé, formation d'un carbonate, comme on le voit journellement sur les statues de bronze, qui se couvrent de carbonate de cuivre, et dans les bassins de plomb, où l'on peut recueillir du carbonate de plomb.

Parmi les douze métalloïdes, le fluor, le chlore, le brôme, l'iode, le soufre, le sélénium, le phosphore, peuvent s'unir à tous les métaux ; l'azote, le bore, le silicium, le carbone, l'hydrogène, ne s'unissent qu'à un petit nombre d'entre eux.

Les métaux peuvent aussi s'unir entre eux pour former des composés nommés *alliages*, et *amalgames* quand le mercure entre dans la combinaison.

Plusieurs métaux sont d'un usage presque universel ; ils sont d'autant plus employés qu'ils sont moins altérables, plus ductiles, plus ténaces, et plus abondants dans la nature. On n'emploie dans les arts ou dans l'industrie que le plus petit nombre des métaux connus.

A. *Métaux de la première section.*

1° *Potassium*. Ce métal est solide à la température ordinaire ; récemment fondu, il ressemble à de l'argent mat ; sa section est lisse et brillante ; il est ductile, et d'une consistance égale à celle de la cire ; sa pesanteur est à celle de l'eau comme 0,865 est à 1 ; il entre en fusion à $+58°$; il est volatil, et se vaporise sous forme de vapeurs vertes ; il absorbe l'oxigène de l'air à la température ordinaire ; il y a formation de protoxide blanc ; il s'enflamme quelquefois, et il y a alors dégagement de lumière ; à chaud il y a toujours dégagement de lumière et de calorique, et formation d'un peroxide brun-jaunâtre. Son affinité pour l'oxigène est telle qu'il l'enlève à tous les corps qui en contiennent, et que pour le conserver il faut le tenir dans l'huile de naphte rectifiée par la distillation (ce liquide est composé d'hydrogène et de carbone).

Le potassium se rencontre dans la nature combiné avec quelques métalloïdes, et à l'état d'oxide, uni à différents acides dans une foule de corps.

On peut l'obtenir en décomposant la potasse (protoxide de potassium hydraté) au moyen de la pile ; mais on n'en obtient que très-peu par ce procédé ; aussi le prépare-t-on, pour en avoir de plus grandes quantités, en traitant la potasse (hydrate de protoxide de potassium) par le fer ; on prend (voy. fig. 4, pl. 3) un canon de fusil recourbé en A'A''A''', et

couvert, dans sa partie recourbée, d'un lut fait avec cinq parties de sable et une d'argile ; on remplit cette même portion de tournure de fer bien décapée, et on la dispose dans un fourneau à réverbère : après quoi l'on met dans la partie supérieure du canon BB' des fragments de potasse pure hydratée ; on adapte à son extrémité B' un tube C qui plonge dans le mercure de l'éprouvette C', et à son extrémité inférieure A un récipient DD'CF en cuivre, formé de deux pièces qui s'emboîtent ; ce récipient est fermé par un bouchon portant un tube recourbé EG ; le feu est mis dans le fourneau, et en même temps on refroidit les parties du canon contenant la potasse, de peur qu'elle ne fonde ; aussitôt que la portion du canon où se trouve la tournure de fer est arrivée à un degré très-élevé de chaleur, on fond la potasse en plaçant dessous une grille FF' contenant des charbons incandescents ; la potasse en fusion se trouve en contact avec le fer à une haute température, et il y a décomposition du protoxide de potassium hydraté ainsi que de l'eau qu'il contient, formation d'oxide de fer, et dégagement d'hydrogène ; le potassium se volatilise ; mais, se condensant bientôt vers l'extrémité du canon, il vient se rendre dans le récipient ; l'hydrogène se dégage par l'extrémité du tube E.

Le potassium n'est employé que comme réactif dans les laboratoires.

2° *Sodium*. Le sodium a beaucoup d'analogie avec le potassium ; il est solide, plus pesant que le potassium, et un peu moins que l'eau $(0,972°)$. Il entre en fusion à $+90°$, mais n'est pas volatil ; on ne le rencontre dans la nature qu'à l'état d'oxide combiné avec un acide, dans le chlorhydrate de sodium (sel marin), par exemple ; on l'extrait de la soude (hydrate de protoxide de sodium) par le procédé que nous avons décrit pour l'extraction du potassium.

3° *Lithium*. Ce métal est le radical de la lithine, alcali découvert dans quelques minéraux de Suède ; on l'extrait en traitant l'oxide de lithium hydraté (lithine) par l'électricité, au moyen de la pile voltaïque. Il ressemble au sodium.

4° *Barium*. On ne rencontre point ce métal à l'état natif ; il ne se trouve qu'à l'état d'oxide combiné avec les acides carbonique et sulfurique ; il est peu connu ; on sait seulement qu'il est solide, plus pesant que l'eau, blanc comme l'argent, très-oxidable.

On l'obtient en traitant l'hydrate de baryte à l'aide du mercure, par la pile voltaïque.

5° *Strontium*. Ce métal ne se rencontre dans la nature qu'à l'état de combinaison, dans le carbonate et le sulfate de strontium ; on peut l'obtenir par la pile voltaïque.

Il est blanc, plus pesant que l'eau ; il brûle dans l'air à l'aide de la chaleur ; il décompose l'eau à la température ordinaire. Il est sans usages.

6° *Calcium*. Le calcium se trouve en grande abondance dans la nature, combiné avec l'oxigène et les acides carbonique, sulfurique, phosphorique, etc., à l'état de carbonate, de sulfate, de phosphate ; on l'obtient comme le barium et le strontium ; comme eux il est blanc, plus pesant que l'eau, qu'il décompose instantanément. Il est sans usage.

B. *Métaux de la deuxième section.*

1° *Magnésium*. Le magnésium ne se rencontre dans la nature qu'à l'état d'oxide hydraté (magnésie) ou de sel ; on l'obtient en chauffant le chlorure de magnésium avec le potassium. Le magnésium est solide, blanc d'argent, attaquable à la lime, malléable, plus dense que l'eau ; il entre en fusion au même degré de chaleur que l'argent ; il n'est point volatil.

2° *Yttrium*. Ce métal se rencontre uni avec l'oxigène dans quelques minéraux rares de Suède, et entre autres dans une pierre nommée *gadolinite*. On ne l'a obtenu jusqu'à présent que pulvérulent, ou plutôt sous formes de petites écailles noirâtres et luisantes ; il est plus pesant que l'eau ; on peut l'extraire du chlorure d'yttrium au moyen du potassium, ou bien de la gadolinite traitée par l'acide azotique.

3° *Glucinium*. On ne connaît le glucinium que sous forme d'une poudre d'un gris foncé prenant l'éclat métallique par le frottement ; il est plus pesant que l'eau ; il ne se trouve dans la nature qu'à l'état d'oxide et combiné avec l'acide silicique dans l'*euclase*, l'*émeraude* et autres pierres gemmes.

4° *Aluminium*. L'aluminium, qui a été le premier des métaux terreux obtenus, se présente sous forme de poudre grise ressemblant à celle du platine ; il se trouve abondamment dans la nature à l'état d'oxide ; cet oxide est connu sous le nom d'alumine, et se rencontre isolé ou combiné avec différents acides, à l'état de sulfate, de phosphate, de silicate, etc.

C. *Métaux de la troisième section.*

1° *Manganèse*. Le manganèse, à l'état métallique, est d'un gris blanc, cassant, grenu, dur, cependant attaquable à la lime, d'un faible éclat métallique ; il pèse 8,013, l'eau pesant 1,000 ; touché avec les doigts humides, il leur communique une odeur désagréable ; il n'est fusible qu'au plus haut degré de feu qu'on puisse obtenir dans les fourneaux de forge.

L'oxigène et l'air secs sont sans action sur lui à la température ordinaire ; mais il absorbe ces gaz humides et s'oxide ; à une température élevée, il se combine promptement avec l'oxigène, et donne naissance à deux acides et à trois oxides.

On le rencontre dans la nature à l'état de peroxide ; on l'obtient pur en traitant l'oxide par le charbon à une chaleur de feu de forge.

Il n'est employé qu'à l'état de peroxide, pour se procurer le chlore, et dans les verreries pour détruire la couleur jaune verdâtre donnée au verre par l'oxide de fer.

2° *Fer*. Ce métal est d'un gris bleuâtre, d'une structure fibreuse, un peu lamelleuse, très-dur, malléable, très-ductile, très-ténace ; le frottement lui fait acquérir de l'odeur ; sa pesanteur, comparée à celle de l'eau, est de 7,788 ; il jouit à un très-haut degré de la propriété magnétique ; il n'est fusible qu'à un très-haut degré de chaleur.

L'oxigène et l'air atmosphérique secs sont sans action sur lui ; ces deux gaz humides le font passer à l'état d'oxide noir (protoxide) ; l'air atmosphérique lui cède en outre une partie de son acide carbonique, et il y a formation d'un carbonate de fer ; c'est l'un des métaux qui brûlent avec le plus de facilité ; à une température élevée le fer décompose l'eau ; il y a formation d'oxide noir et dégagement d'hydrogène.

Le fer donne lieu, avec le carbone, à différents composés remarquables, tels que l'acier et les différentes fontes. Le soufre forme avec lui deux sulfures. Le fer se trouve sous divers états et dans beaucoup de localités que nous ne mentionnerons pas ici, en renvoyant pour ce sujet, ainsi que pour les autres métaux usuels, à la minéralogie, où l'on trouvera les détails nécessaires.

On obtient le fer par plusieurs procédés qui sont généralement fondés sur la réduction de ses oxides par le charbon ; ces procédés, ainsi que ceux pour se procurer les autres métaux en usage dans les arts, seront exposés dans la métallurgie.

Les usages du fer sont tellement nombreux que, de tous les métaux, il est certainement le plus employé et le plus utile.

3° *Zinc.* Le zinc est solide, d'un blanc brillant, avec une nuance bleuâtre, lamelleux, ductile ; il passe cependant mieux au laminoir qu'à la filière ; frotté, il noircit les doigts et leur communique une odeur et un goût particuliers ; il n'est pas très-dur, il est moins malléable que le cuivre, le plomb, l'étain ; il l'est plus que l'antimoine, le bismuth et l'arsenic ; chauffé, il acquiert une plus grande malléabilité ; il graisse la lime ; il fond à 360° ; au-dessus de cette température il se volatilise ; sa pesanteur est de 7,01.

L'oxigène et l'air secs sont sans action sur lui ; humides, ces deux gaz n'en ont qu'une très-faible ; à une température élevée, il s'enflamme, brûle avec une lumière des plus vives, et il se forme des flocons très-légers et très-blancs d'oxide de zinc ; il s'unit à plusieurs métalloïdes et aux métaux.

On rencontre le zinc dans la nature sous différents états, et on l'extrait des minéraux qui le contiennent par des procédés qu'on fera connaître dans les chapitres de cet ouvrage consacrés à traiter ces matières. Le zinc est un des éléments de la pile voltaïque ; combiné avec l'étain et le mercure, il forme un amalgame dont on frotte les coussins de la machine électrique ; il entre pour un tiers dans l'alliage nommé laiton ; enfin on s'en sert pour couvrir des maisons, faire des conduits, des bassins, des baignoires, etc. ; la facilité avec laquelle il s'oxide et la propriété émétique des composés de zinc ont empêché de le mettre en usage pour en faire des ustensiles culinaires.

4° *Étain.* Ce métal est solide, presque aussi blanc que l'argent ; il s'étend bien en lames et se tire mal en fil ; il est plus dur et plus brillant que le plomb ; frotté, il acquiert de l'odeur ; plié en différents sens, il fait entendre un bruit particulier auquel on a donné le nom de cri de l'étain ; il pèse 7,291 ; il est fusible à + 210°, et n'est pas volatil.

L'oxigène et l'air, secs ou humides, sont sans action sur lui à la température ordinaire ; à la chaleur rouge il absorbe l'oxigène et passe à l'état d'oxide ; si on élève davantage la température, l'oxigène est absorbé avec dégagement de lumière ; à la chaleur rouge il décompose l'eau, et il y a dégagement d'hydrogène ; mais il est à remarquer qu'à la même température l'oxide d'étain traité par l'hydrogène est réduit, et qu'il y a formation d'eau ; il se combine avec plusieurs métalloïdes ; la plupart des métaux peuvent s'unir à l'étain.

Les usages de l'étain sont très-multipliés ; il entre dans la formation de différents alliages ; on l'emploie pour étamer les vases de cuivre ; à l'état d'oxide, sous le nom de potée d'étain, on s'en sert pour donner du poli aux glaces ; il est employé à la fabrication d'une foule d'ustensiles et d'instruments ; enfin il est employé en médecine comme vermifuge.

5° *Cadmium.* Ce métal ne se trouve que dans le minerai de zinc ; il est presque aussi blanc que l'étain, sans odeur, sans saveur, très-brillant, susceptible d'un beau poli ; il tache les corps contre lesquels on le frotte ; il fait entendre le cri de l'étain ; il est ductile ; sa pesanteur spécifique est de 8,604 ; il fond au-dessous de la chaleur rouge, et se vaporise ; il se condense par le refroidissement en gouttelettes brillantes et cristallines.

On l'extrait du minerai de zinc par un procédé compliqué que nous n'indiquerons pas, ce métal étant jusqu'à présent sans usages.

6° *Cobalt.* Ce métal est solide, dur et cassant ; son grain est fin et serré, sa couleur d'un blanc grisâtre ; sa pesanteur spécifique est de 8,5 ; il est magnétique, cependant moins que le fer ; il fond au même degré de chaleur que ce dernier métal ; il n'est point volatil.

L'oxigène et l'air atmosphérique sont sans action sur lui à la température ordinaire ; à la chaleur rouge il s'oxide lentement ; à une plus haute température il brûle avec une flamme rouge ; il décompose l'eau, à la chaleur rouge, et son oxide est réduit par l'hydrogène à la même température ; il s'unit à quelques métalloïdes, et forme des alliages avec l'étain, l'arsenic, l'antimoine et l'or.

Le cobalt métallique est sans usage ; l'oxide et l'arseniate de cobalt sont employés pour colorer le verre et la porcelaine en bleu, et pour faire le bleu d'azur ou de cobalt.

7° *Nickel.* Le nickel est solide, un peu moins blanc que l'argent, très-ductile ; réduit en lames, il a beaucoup de ténacité ; sa structure est fibreuse ; sa pesanteur spécifique est de 8,666 ; il est magnétique, moins que le fer, mais plus que le cobalt ; il est très-difficile à fondre, et cependant un peu volatil.

L'air et l'oxigène sont sans action sur lui à la température ordinaire ; mais à un degré élevé de chaleur, il s'oxide rapidement dans l'air et brûle dans l'oxigène ; il décompose l'eau au degré de la chaleur rouge, et cependant son oxide est réduit par l'hydrogène ; il s'unit à plusieurs métalloïdes ; il s'allie à la plupart des métaux.

Le nickel n'est employé qu'à l'état d'alliage avec le zinc et le cuivre ; cet alliage est connu sous le nom de cuivre blanc, maillechort, etc.

D. *Métaux de la quatrième section.*

1° *Arsenic.* L'arsenic, à l'état de pureté, est solide, d'une couleur gris d'acier, brillant quand sa cassure est récente, mais perdant bientôt tout son éclat par un commencement d'oxidation ; par le frottement il communique aux mains une odeur désagréable ; sa pesanteur spécifique est de 5,959 ; c'est un poison des plus actifs ; soumis à une chaleur de 180°, sous la pression atmosphérique ordinaire, il se sublime sans se fondre ; pour l'obtenir fondu, il faut le chauffer sous une pression plus forte que celle de l'atmosphère.

L'oxigène et l'air humide agissent lentement sur lui, et forment un oxide noir ; à une température élevée, il absorbe promptement l'oxigène ; projeté sur des charbons ardents, il donne lieu à des vapeurs blanches d'acide arsénieux qui ont une odeur alliacée très-prononcée et sont dangereuses à respirer ; l'odeur de ces vapeurs est un signe caractéristique pour faire reconnaître les plus petites quantités d'arsenic ; pulvérisé et mis en contact avec l'eau, il s'oxide par l'absorption de l'oxigène de l'air dissous dans ce liquide ; il se

combine avec la plupart des métalloïdes ; la facilité avec laquelle ce corps se combine avec l'hydrogène, l'impossibilité de combiner son oxide avec les acides, sa volatilité, son odeur alliacée, lui donnent beaucoup d'analogie avec le phosphore ; il serait donc peut-être mieux classé parmi les métalloïdes que parmi les métaux.

L'arsenic s'allie à la plupart des métaux en les rendant tous cassants, même les plus ductiles.

Les usages de l'arsenic sont bornés ; il entre avec le platine, l'étain et le cuivre, dans la composition de l'alliage propre au miroir des télescopes ; mis en poudre sur une assiette, il fait périr les mouches ; il entre dans la composition du plomb de chasse ; l'acide arsénieux fait partie de quelques couleurs vertes.

2° *Molybdène.* Ce métal est d'un blanc mat, susceptible de poli, légèrement ductile ; sa pesanteur est de 8,6.

L'oxigène et l'air n'ont d'action sur lui qu'à une température élevée ; il forme avec l'oxigène deux oxides et un acide ; l'eau, soit à chaud, soit à froid, est sans action sur lui ; il s'unit au soufre, au chlore et au fluor ; il n'a encore été allié à aucun métal ; il est sans usages.

3° *Chrome.* Ce métal est solide, très-dur, cependant fragile, d'un blanc grisâtre ; sa pesanteur est d'environ 5,90. Il n'absorbe l'oxigène qu'à une température élevée, et forme avec lui un acide et deux oxides ; il se combine avec quelques métalloïdes, et donne à l'acier plus de dureté ; il n'est employé qu'à l'état de combinaison.

4° *Vanadium.* Ce métal ressemble à l'argent quand il est poli ; il est cassant, facile à pulvériser ; son poids n'est pas connu ; il est facilement oxidable, et forme avec l'oxigène deux oxides et un acide ; ses combinaisons avec les métalloïdes sont peu connus ; allié à d'autres métaux, il les rend cassants.

5° *Tungstène.* Ce métal est solide, très-dur, à peine attaquable par la lime, fragile, brillant, d'un blanc grisâtre comme le fer, très-difficile à fondre ; sa pesanteur est de 17,6 ; à une température élevée, il se combine avec l'oxigène, pour former un acide et un oxide ; ses combinaisons avec les métalloïdes et les métaux offrent peu d'intérêt. Il est sans usages.

6° *Colombium.* Le colombium est de

couleur noire ; il prend, sous le brunissoir, de l'éclat et l'aspect grisâtre du fer ; il est infusible au plus violent feu de forge; l'oxigène et l'air atmosphérique sont sans action sur lui à la température ordinaire ; chauffé à l'air libre, il s'enflamme, brûle avec vivacité, et se transforme en acide colombique; il forme aussi un oxide avec le gaz oxigène; ses combinaisons avec les métalloïdes et les métaux sont peu connues ; il est sans usages.

7° *Antimoine.* L'antimoine est solide, blanc-bleuâtre, très-brillant, cassant, facile à réduire en poudre; frotté entre les doigts il leur communique une odeur sensible; sa pesanteur est de 6,702 ; il cristallise en cubes, il entre en fusion au-dessous de la chaleur rouge; lorsqu'il est fondu, si on le laisse refroidir peu à peu, il se prend en un culot qui présente une cristallisation ressemblant à des feuilles de fougère; il n'est point volatil.

A la température ordinaire, l'oxigène et l'air atmosphérique secs et même humides sont sans action sur lui; à une température élevée, il absorbe facilement l'oxigène; il forme avec ce gaz un oxide et deux acides; l'eau, soit à froid, soit à chaud, n'agit point sur lui; il se combine avec plusieurs métalloïdes ; il forme des alliages avec différents métaux.

Plusieurs de ces alliages sont employés, et quelques-unes de ses combinaisons, soit avec les métalloïdes, soit à l'état de sel, sont très-usitées en médecine.

8° *Titane.* Ce métal se rencontre dans la nature à l'état d'oxide, à l'état d'acide combiné avec des bases, comme le fer et le manganèse, enfin à l'état de silicate de titane et de chaux, et formant différents minéraux nommés *schorl rouge, sphène, rutile,* etc. On obtient le titane pur en séparant d'abord l'acide titanique de ses bases, puis le traitant par le charbon à une température élevée.

Le titane est de couleur d'or; son poids est de 5,3; sa dureté est extrême, puisqu'il raie l'agate; il est presque infusible; il n'absorbe l'oxigène qu'à une très-haute température, et forme avec ce corps un oxide et un acide; ses combinaisons avec les métalloïdes et les métaux sont peu connues ; il est sans usages.

9° *Tellure.* Le tellure est solide, brillant, très-cassant, facile à réduire en pou-

dre; sa couleur approche de celle de l'étain; sa structure est lamelleuse; sa pesanteur est de 6,2 ; il est un peu plus fusible que l'antimoine et se volatilise à une haute température.

Il absorbe rapidement, à l'aide de la chaleur, le gaz oxigène, et forme avec lui un composé qui joue le rôle d'acide avec les bases, et d'oxide avec les acides.

Il forme avec l'hydrogène un gaz qui a de l'analogie avec le gaz acide sulfhydrique, et nous ferons à l'égard de ce métal la même observation que pour l'arsenic; il s'unit en outre à plusieurs autres métalloïdes, et forme avec différents métaux plusieurs alliages dont quelques-uns se trouvent dans la nature ; on le rencontre uni à l'or, à l'argent, au bismuth, au fer, etc.; il est sans usages.

10° *Urane.* Ce métal se rencontre dans différents minéraux d'une nature très-compliquée, puisque l'un d'eux, nommé *pechblende, mine de poix,* contient jusqu'à neuf substances; à l'état métallique, l'urane est solide, cassant, d'un gris foncé, très-brillant; sa pesanteur spécifique est 9; il se ramollit à peine au feu de forge le plus soutenu; à une haute température il s'embrase, absorbe l'oxigène, et forme avec ce corps deux oxides, dont l'un, le deutoxide, joue le rôle d'acide et de base; ses combinaisons avec les métalloïdes et les métaux sont peu connues ; il est sans usage.

11° *Cérium.* Le cérium se présente sous forme de poudre rougeâtre ou chocolat foncé; il prend une teinte grisâtre et de l'éclat par le frottement; il est mauvais conducteur de l'électricité, et est infusible, du moins par les moyens employés ordinairement.

A la température ordinaire, il s'oxide dans l'air en décomposant la vapeur d'eau qui s'y trouve en suspension; il y a alors une certaine quantité de gaz hydrogène mise en liberté; il décompose donc l'eau facilement; il forme deux oxides; il se combine avec plusieurs métalloïdes; ses alliages sont inconnus; il est sans usages.

12° *Bismuth.* Le bismuth est solide, blanc-jaunâtre, avec un reflet irisé, cassant, facile à réduire en poudre; il cristallise facilement, et ses cristaux sont disposés de manière à former une pyramide dont chaque face présente une sorte d'escalier; son poids est de 9,822°; il fond à 246°; il n'est point volatil. L'oxigène et l'air atmosphérique secs ne l'altèrent point; humides, ces deux gaz le ternissent légérement; à une température élevée, il absorbe facilement l'oxigène et forme deux oxides; il se combine avec quelques-uns des métalloïdes; il s'allie aussi à plusieurs métaux qu'il rend plus aigres; on le rencontre dans la nature à l'état natif, à l'état d'oxide, de sulfure; et quelquefois uni soit à l'arsenic, soit au tellure; ses usages sont bornés : il sert à préparer le blanc de fard (sous-azotate de bismuth), l'alliage fondant de Darcet (bismuth, étain et plomb); on l'emploie aussi dans la peinture sur verre ou sur porcelaine, pour obtenir une teinte jaunâtre.

13° *Plomb.* Le plomb est solide, blanc-bleuâtre, brillant; frotté entre les mains, il leur communique de l'odeur; il est très-mou puisqu'il se laisse rayer par l'ongle; il n'est nullement sonore; il est plus malléable que ductile; il a peu de ténacité; il laisse des traces sur le papier; il pèse 11,445—; c'est un des métaux les plus fusibles, puisqu'il entre en fusion à +260°.

L'oxigène et l'air atmosphérique secs sont sans action sur lui; il s'oxide légérement par son contact avec l'oxigène humide; dans son contact avec l'air atmosphérique humide, l'oxide qui se forme passe à l'état de carbonate; à chaud, il absorbe facilement l'oxigène et forme deux oxides; l'eau distillée est sans action sur lui; mais il s'oxide et passe à l'état de carbonate, dans son contact avec l'eau contenant de l'air en solution; il se combine avec la plupart des métalloïdes; il forme des alliages avec tous les métaux; il est à remarquer qu'à parties égales, les alliages de plomb avec tous les métaux ductiles sont cassants, si l'on en excepte ceux de zinc et d'étain.

Il est employé soit pur, soit à l'état d'alliage, soit à l'état de combinaison avec d'autres corps, dans les arts, dans l'industrie et même en médecine.

14° *Cuivre.* Le cuivre est solide, d'un rouge un peu jaunâtre, très-brillant, odorant par le frottement; c'est le plus sonore de tous les métaux; il est très-malléable et très-ductile; sa ténacité est moins grande que celle du fer, mais supérieure à celle des autres métaux; sa pesanteur est de 8—90; il est fusible à +788°. Il n'est pas sensiblement volatil.

Exposé à l'air humide ou en contact avec l'eau contenant de l'air en solution, il s'altère lentement et se couvre d'une couche de carbonate de cuivre d'un vert obscur; la chaleur favorise son oxidation, et il forme avec l'oxigène trois oxides; il s'unit avec la plupart des métalloïdes; il est de tous les métaux celui qui a le plus d'affinité pour le soufre; il forme avec d'autres métaux différents alliages.

Le cuivre est, après le fer, le métal dont les usages sont le plus multipliés : il sert à la fabrication d'une foule d'ustensiles; en lames, on l'emploie pour doubler les navires; son alliage avec le zinc constitue le laiton; uni à l'étain en diverses proportions, il forme le métal des cloches, des statues, des canons; pur ou allié à l'or et à l'argent, il constitue les différentes monnaies. L'or et l'argent employés dans les arts sont toujours unis à une certaine quantité de cuivre qui leur donne de la dureté. Enfin, plusieurs de ses combinaisons sont employées dans les arts et même en médecine.

E. *Métaux de la cinquième section.*

1° *Mercure.* De tous les métaux, le mercure est le seul liquide; il est très-brillant, d'un blanc bleuâtre; sa pesanteur est de 13,568; il entre en ébullition à +360°, et se vaporise sensiblement à la température de +20 ou +25°. La densité de sa vapeur, comparée à celle de l'air, est de 6,976; à —40, il se solidifie et devient malléable; on peut même, quand il commence à se solidifier, l'obtenir cristallisé en décantant les parties encore liquides.

L'oxigène et l'air atmosphérique, secs ou humides, n'ont aucune action sur lui à la température ordinaire et même à la chaleur rouge; ce n'est que quand il est près d'entrer en ébullition qu'il absorbe l'oxigène et passe à l'état d'oxide rouge; il peut, avec ce corps, former deux oxides; il se combine avec la plupart des métalloïdes et s'unit aux métaux qui entrent en fusion à un degré de chaleur peu élevé : aussi on ne peut l'unir ni au fer, ni au nickel, ni au platine, etc. Les alliages de mercure ont reçu le nom d'amalgames; ils sont liquides quand le mercure est prédominant, solides dans le cas contraire.

Ses usages sont nombreux; en chimie, il remplit la cuve hydrargyro-pneumatique; il est employé pour la construction du baromètre et du thermomètre; l'amalgame d'étain et de mercure est appliqué sur les

glaces, et leur donne la propriété de réfléchir les corps ; le sulfure de mercure pulvérisé donne la couleur connue sous le nom
de vermillon; le mercure est employé comme
moyen d'extraction dans les mines d'or
et d'argent ; on en fait grand usage dans
l'art du doreur et de l'argenteur sur métaux ; enfin, plusieurs de ses combinaisons
forment des médicaments très-usités en
médecine.

2° *Osmium.* Ce métal, ainsi nommé à
cause de l'odeur particulière de son oxide,
n'a été rencontré jusqu'à présent que dans
les minerais de platine, uni à l'iridium et sous
forme de grains blancs, très-durs, cassants
et brillants; c'est de ces minéraux complexes
qu'on est parvenu à l'extraire. Il est d'un
blanc un peu gris, moins brillant que le
platine; réduit en lames minces, il est un peu
flexible ; il est cependant facile à pulvériser ;
il est resté infusible jusqu'à présent ; sa pesanteur est de 10 environ. Il n'absorbe
l'oxigène qu'à une température élevée : il
y a alors dégagement de lumière et formation d'*acide osmique* qui se vaporise ;
il forme avec l'oxigène quatre oxides et un
acide ; il n'a été jusqu'à présent combiné
qu'avec le phosphore, le soufre et le chlore ;
ses alliages sont peu connus ; il est sans
usages.

3° *Iridium.* Ce métal se trouve dans les minerais de platine, soit uni au minerai même,
soit combiné avec l'osmium, à l'état d'osmiure
d'iridium ; c'est de ces deux composés qu'on
l'extrait. L'iridium se présente sous forme
d'une poudre métallique grise; il est le plus
réfractaire de tous les métaux ; il est inaltérable à l'air ; en s'unissant, sous de certaines conditions, à l'oxigène, il forme quatre
oxides ; l'eau n'a point d'action sur lui ; il
a été uni au carbone, au phosphore, au
soufre et au chlore ; à une très-haute température, il peut s'unir aux autres métaux ;
il est sans usages.

4° *Palladium.* Ce métal se rencontre
dans les minerais de platine ; il est blanc,
dur, malléable ; sa cassure est fibreuse ; sa
densité ou pesanteur est de 11,8 ; il n'entre
en fusion qu'à l'aide de la chaleur produite
par le chalumeau de gaz oxigène et hydrogène ; il est inaltérable à l'air; il existe deux
oxides de palladium ; il a été uni à quelques
métalloïdes ; il s'allie aux métaux et forme
avec quelques-uns d'entre eux, comme
l'étain, le plomb, le cuivre, des alliages

durs et cassants ; il durcit l'argent, l'or, le
platine, le nickel ; mais les alliages restent
ductiles ; une petite quantité de palladium
suffit pour blanchir l'or.

On l'emploie pour faire des graduations
sur des instruments de précision; il a l'avantage d'être blanc comme l'argent, ce qui
rend les divisions très-visibles, mais de ne
point être noirci, comme ce dernier métal,
par les exhalaisons sulfureuses.

5° *Rhodium.* Ce métal, qui se rencontre
dans un minerai de platine, est en poudre
et d'un gris blanc ; en masse, il a la couleur
et l'éclat du palladium ; il est dur et cassant;
sa pesanteur est de 11 environ ; il est
aussi réfractaire que l'iridium, et se ramollit
à peine au feu du chalumeau de Clarke ;
l'air et l'oxigène sont sans action sur lui à
la température ordinaire ; il s'oxide facilement au degré de la chaleur rouge. Il existe
deux oxides de rhodium ; on ne connaît
point de combinaisons de ce métal avec les
métalloïdes ; il peut s'unir à la plupart des
métaux ; il est sans usages.

F. *Métaux de la sixième section.*

1° *Argent.* L'argent est solide, blanc,
susceptible d'un beau poli, très-malléable,
très-ductile ; il n'est pas très-dur ; il ne devient point odorant par le frottement ; sa
ténacité est très-grande ; sa pesanteur est
de 10,474 ; il est susceptible de cristalliser.
L'argent mat entre en fusion un peu au-
dessus de la chaleur rouge et bout au foyer
du miroir ardent ; mais s'il est poli, il réfléchit les rayons lumineux, et ne fond point.
L'argent n'absorbe l'oxigène à aucune température ; mais on parvient à l'oxider en
projetant du nitre (azotate de potasse) sur de
l'argent en fusion. Il existe deux oxides
d'argent. Il se combine avec la plupart des
métalloïdes; il s'allie aussi aux métaux, et plusieurs de ses alliages sont naturels.

L'argent est surtout employé comme
monnaie et pour la fabrication des vases
et ustensiles connus sous le nom général
d'argenterie ; trop mou pour être employé
seul, il est toujours uni à une petite quantité
de cuivre.

La médecine se sert de l'azotate d'argent
(combinaison de l'acide azotique et de l'oxide
d'argent) comme caustique ; ce composé
est connu sous le nom de *pierre infernale.*

2° *Or.* L'or est d'une couleur jaune
orangé ; il possède un grand éclat; il est

plus mou que l'argent; son poids spécifique est de 19,257; il est le plus ductile et le plus malléable de tous les métaux; on le réduit en feuilles de 0,00009 d'épaisseur, qui deviennent transparentes et laissent passer une lumière d'un vert bleuâtre; on en fait aussi des fils extrêmement fins qui sont doués d'une grande ténacité, puisqu'un fil d'or de 0,002 de diamètre peut supporter un poids de 68 kil. sans se rompre; un peu moins fusible que l'argent, il ne fond qu'à 32° du pyromètre de Wegwood; on peut l'obtenir cristallisé.

L'oxigène et l'air n'ont d'action sur lui à aucune température; on obtient cependant deux oxides d'or par la décomposition de ses différentes combinaisons; aucun acide ne peut dissoudre l'or; un mélange d'acide azotique et chlorhydrique (eau régale) possède seul cette propriété; il s'unit au phosphore, au soufre, au chlore, au brôme, à l'iode; il s'allie à presque tous les métaux.

L'or est employé comme monnaie, et il entre dans la fabrication des différents objets qui constituent l'art de l'orfévre et du bijoutier; mais il doit être toujours allié à une certaine quantité de cuivre qui le rend plus dur; le précipité pourpre de Cassius est une préparation d'or employée dans la peinture sur porcelaine; les différents procédés usités pour revêtir d'or les métaux, le bois, la pierre, forment l'art des doreurs; enfin, quelques-unes de ses combinaisons sont employées en médecine.

3° *Platine.* Ce métal, ainsi nommé à cause de sa ressemblance avec l'argent (*plata* en espagnol), est solide, presque aussi blanc que l'argent, très-brillant, malléable, très-ductile. M. Wollaston est parvenu à le réduire en fils de $\frac{1}{1200}$ de millimètre de diamètre; sa ténacité est très-grande; on peut le couper avec des ciseaux et le rayer avec l'ongle; il est le plus lourd de tous les métaux, sa pesanteur étant de 21,53. Il est réfractaire au feu de forge le plus violent; on ne parvient à le fondre qu'au moyen d'un feu excité par le chalumeau de Clarke; il est inaltérable à l'air, quelle que soit la température; il n'absorbe directement l'oxigène qu'au moyen d'une forte décharge électrique; on connaît cependant deux oxides de platine; le platine très-divisé jouit de la propriété d'absorber les gaz avec dégagement de chaleur.

On emploie le platine pour faire des capsules, des creusets, des tubes, des chaudières; ces vases sont inattaquables par les acides, et diminuent les frais de combustibles; on s'en sert aussi en bijouterie. En Russie il existe une monnaie de platine.

G. *Métaux d'un siége incertain.*

1° *Zirconium.* Le zirconium, à l'état de pureté, est sous forme de poudre noire et cohérente comme du charbon; il est susceptible d'acquérir par le frottement un certain éclat métallique; il est inodore, insipide, plus dense que l'eau; exposé à l'action du feu, il s'enflamme avant de rougir, et se convertit, avec une vive lumière, en zircone, ou oxide de zirconium.

Le zirconium se trouve à l'état d'oxide et combiné avec la silice, dans une pierre nommée *zircon* qui n'est qu'un silicate de zirconium, contenant quelques portions d'oxide de fer; on extrait le zirconium de ce minéral; il est sans usages.

2° *Thorinium.* Le thorinium offre, par ses propriétés, beaucoup d'analogie avec le zirconium; obtenu pur, il se présente sous forme d'une poudre lourde, de couleur grise, prenant de l'éclat quand on la frotte avec une agate; le thorinium, chauffé avec le contact de l'air, brûle avec éclat et se convertit en oxide de thorinium ou thorine, d'un blanc de neige; l'eau régale est le seul acide qui puisse le dissoudre, et encore la liqueur doit-elle être chaude. On l'extrait de la *thorite,* substance minérale rare et très-complexe. Le thorinium est sans usages.

§ 2. — *Corps composés inorganiques.*

Les corps composés inorganiques résultent de la combinaison de deux ou de plusieurs corps simples entre eux; ces composés sont ou binaires, ou ternaires, ou quaternaires; il en est peu dont les principes constituants soient au nombre de cinq; on n'en trouve pas d'une nature plus complexe.

I. Combinaison des Métalloïdes entre eux.

1° *Fluorures.* Il n'existe pas de combinaison non acide connue du fluor avec les autres métalloïdes.

2° *Chlorures.* Le chlore s'unit à la plupart

des métalloïdes. Aucun de ces chlorures n'existe dans la nature : ils sont tous le produit de l'art; ils sont sans usage. Le chlorure d'azote est remarquable par la facilité avec laquelle il détonne et la violence de l'explosion qui en résulte.

3° *Brômures.* Le brôme s'unit également à la plupart des métalloïdes; ses composés sont sans usages.

4° *Iodures.* Nous ferons pour les iodures les mêmes observations que pour les brômures; on a proposé en médecine l'emploi de l'iodure de soufre et de celui de cyanogène.

5° *sulfures.* Le soufre peut s'unir au sélénium, au phosphore, au bore, au carbone, au silicium et au cyanogène.

Le *sulfure de carbone* présente des propriétés remarquables : il est liquide, transparent, sans couleur, d'une odeur fétide et pénétrante, d'une saveur âcre. Il se vaporise à la température ordinaire; il est insoluble dans l'eau, soluble dans l'alcool, l'éther, les huiles fines et essentielles; il forme avec l'hydrogène un acide à radical double, auquel on a proposé de donner le nom d'acide *hydro-xantique.*

Le *sulfure de cyanogène,* appelé aussi *sulfo-cyanogène,* est un composé qui joue le même rôle que le cyanogène; il forme avec l'hydrogène un acide sulfo-cyanhydrique : voici donc un acide à quatre éléments. Le sulfure de cyanogène est solide, pulvérulent, rougeâtre, doux au toucher; il tache fortement les corps avec lesquels il est en contact.

Le sulfo-cyanogène forme avec les métaux des sulfo-cyanures.

6° *Séléniures.* Ces composés sont toujours le produit de l'art; ils sont peu connus et sans usages.

7° *Azotures.* L'*azoture d'hydrogène,* ou *gaz ammoniac,* présente tous les caractères des bases salifiables. Nous nous en occuperons dans le paragraphe qui traitera des bases; les autres azotures sont sans usages.

8° *Phosphures.* Le phosphure s'unit en deux proportions à l'hydrogène, et donne lieu à un proto-phosphure et à un sesqui-phosphure, gazeux tous les deux; le sesqui-phosphure a la propriété de s'enflammer spontanément dans l'oxigène ou dans l'air.

9° *Borures.* Le bore ne se combine qu'avec le fluor et le chlore, pour former des composés acides; les borures métalloïdiques n'existent donc pas ou ne sont pas connus.

10° *Siliciures.* Les combinaisons du silicium avec les métalloïdes sont peu connues et sans usages.

11° *Carbures.* On connaît un grand nombre de combinaisons de carbone et d'hydrogène; mais on a plus particulièrement donné le nom de carbures d'hydrogène à deux gaz : l'un, nommé *proto-carbure,* existe dans la nature et se trouve dans la vase des marais et de toutes les eaux stagnantes; il constitue le gaz inflammable des mines de houille, et donne lieu aux feux naturels en certains lieux; le second, ou *bi-carbure,* est un produit de l'art; il a été aussi nommé *gaz oléfiant;* il constitue en grande partie le gaz de l'éclairage, qui est un composé d'hydrogène, d'oxide de carbone et de bi-carbure d'hydrogène. Ce bi-carbure joue le rôle de base avec certains acides, comme nous le verrons en parlant des éthers.

II. Combinaison des Métalloïdes avec les Métaux.

Tous les métalloïdes n'ont pas la même affinité pour les métaux; sept d'entre eux seulement jouissent de la propriété de s'unir à tous les corps simples métalliques; ce sont : le fluor, le chlore, le brôme, l'iode, le soufre, le sélénium et le phosphore. L'azote n'a été combiné jusqu'à présent qu'avec le potassium, le sodium, le fer et le cuivre; le bore avec le fer et le platine; le silicium avec le potassium, le fer, le platine et l'argent; le carbone avec le fer et quelques autres; l'hydrogène avec le potassium, l'arsenic et le tellure.

Les combinaisons du fluor, du chlore, du brôme et de l'iode avec les métaux, présentent des phénomènes particuliers; les composés qui résultent de ces combinaisons prennent ordinairement naissance dans la réaction des hydracides sur les bases, et on peut par conséquent les regarder comme des sels, dont ils présentent tous les caractères : c'est donc plus tard, et quand nous nous occuperons des sels, que nous les examinerons.

A. *Sulfures.* Tous les sulfures sont solides et inodores, tous sont cassants; ils sont insipides, excepté ceux de la première section; ils sont presque tous cristallisables; quelques-uns conservent le brillant métallique; ils sont généralement plus légers que le métal qu'ils contiennent; ils sont aussi plus fusibles; quelques-uns sont volatils, tels que ceux d'arsenic et de mercure; ils absorbent tous le gaz oxigène à une haute température. Ceux de la première section sont transformés en sulfates; les autres en gaz acide sulfureux qui se dégage, et en oxide métallique; l'action de l'air est la même, mais moins forte; les sulfures de la première section sont solubles dans l'eau et se transforment en sulfhydrates par suite de la décomposition de ce liquide; les sulfures des quatre dernières sections sont insolubles; ceux de la deuxième ont une action variée; celui d'aluminium décompose l'eau en donnant lieu à un dégagement de gaz acide sulfhydrique, et à de l'oxide d'aluminium qui se précipite.

On rencontre dans la nature un assez grand nombre de sulfures, comme nous le verrons dans la minéralogie.

1° *Sulfure de potassium.* Le potassium se combine avec le soufre en différentes proportions; on compte jusqu'à cinq sulfures de potassium.

Le per-sulfure est employé en médecine, en solution dans l'eau, dans le traitement de diverses affections cutanées; on le prépare directement en chauffant dans une chaudière 15 parties de soufre et 40 de potasse (oxide de potassium).

2° *Sulfures de sodium.* Il y a une grande analogie entre les sulfures de sodium et ceux de potassium.

Le per-sulfure de sodium est employé peu fréquemment; mais il pourrait parfaitement remplacer le sulfure de potassium.

3° *Sulfures de calcium.* Il existe plusieurs composés de soufre et de calcium : l'un d'eux, qui peut remplacer les sulfures alcalins dans la préparation des bains, s'obtient en chauffant dans un creuset 50 parties de soufre et 25 parties de chaux.

4° *Sulfures de fer.* On compte jusqu'à cinq sulfures de fer. Le proto-sulfure, le sesqui-sulfure et le bi-sulfure se rencontrent dans la nature, et sont désignés sous le nom générique de pyrites; il y a plusieurs espèces de pyrites. Le bi-sulfure est surtout employé pour l'extraction du soufre et pour la préparation du sulfate de fer.

5° *Sulfure de zinc.* Ce sulfure se trouve abondamment dans la nature; il est connu sous le nom de *blende.* Il est ordinairement mêlé à des matières ferrugineuses; c'est en calcinant convenablement la blende avec le contact de l'air, en lessivant ce produit et faisant évaporer la liqueur, qu'on obtient le sulfate de zinc du commerce.

6° *Sulfure d'étain.* Le proto-sulfure d'étain existe dans les mines d'étain de Cornouailles, mais mêlé ou combiné avec le sulfure de cuivre. Le bi-sulfure connu sous le nom d'*or mussif,* d'*or de Judée,* est le produit de l'art; on l'obtient par divers procédés; il est solide, en lamelles, d'un beau jaune d'or; il sert à frotter les coussins des machines électriques, et à imiter les tons et les reflets du bronze dans la peinture d'ornement.

7° *Sulfures d'arsenic.* L'arsenic peut se combiner en un grand nombre de proportions avec le soufre; de ces différents composés, deux se trouvent dans la nature : le premier est connu sous le nom de *réalgar;* il est solide, rouge orangé, insipide, vénéneux; il sert à composer ce qu'on appelle en artifice les feux blancs, qui résultent d'un mélange de 2 parties de réalgar, 7 de fleurs de soufre et 24 d'azotate de potasse.

L'*orpiment* accompagne partout le réalgar; il est d'un jaune d'or, en masses composées de lames semi-transparentes, tendres et fusibles; il s'emploie en peinture.

8° *Sulfures d'antimoine.* Le *proto-sulfure d'antimoine* est très-répandu dans la nature; il est solide, brillant, gris-bleuâtre, plus fusible que l'antimoine, inaltérable au feu; le sulfure d'antimoine du commerce contient presque toujours une certaine quantité d'arsenic dont il faut le débarrasser avant de l'employer ;- le sulfure d'antimoine natif sert à préparer le métal.

Le *kermès minéral,* ou proto-sulfure hydraté, est pulvérulent, velouté, d'un rouge-pourpre foncé, insipide et sans odeur; on le prépare en traitant le sulfure d'antimoine par une dissolution bouillante de potasse et de soude caustique; il est employé en médecine.

Le *soufre doré d'antimoine* s'obtient en versant un acide dans les eaux-mères du kermès; c'est un sulfure d'antimoine hydraté contenant une plus grande quantité de soufre que le proto-sulfure; il est pulvérulent, d'une couleur jaune dorée; il est aussi employé en médecine.

L'*oxi-sulfure d'antimoine* est composé de sulfure et d'oxide d'antimoine ; on le rencontre dans la nature ; c'est un minéral d'une belle couleur mordorée, se présentant sous forme de cristaux capillaires opaques et d'un éclat soyeux.

Les composés connus sous le nom de *crocus* et *foie d'antimoine* sont produits par l'art : ce sont aussi des oxi-sulfures.

Le *verre d'antimoine* est un sulfure d'antimoine qui a enlevé au creuset dans lequel on l'a fait fondre une portion d'oxide de fer et de silice ; il forme alors un verre jaune hyacinthe ; c'est un composé d'oxisulfure d'antimoine, et de silicate d'antimoine et de fer.

9° *Sulfure de plomb.* Le proto-sulfure de plomb, connu sous le nom de *galène,* est solide, brillant, insipide, moins fusible que le plomb, indécomposable par le feu ; on le rencontre en filons, quelquefois en amas dans les terrains primitifs ; c'est du sulfure de plomb naturel qu'on extrait le plomb ; il est aussi employé par les potiers, sous le nom d'*alquifoux,* pour vernir les poteries.

10° *Sulfures de cuivre.* Il y a plusieurs composés de soufre et de cuivre ; le proto-sulfure est le seul qui se trouve dans la nature ; il est solide, gris de plomb, cristallisé, plus fusible que le cuivre, ne se décomposant pas par la chaleur. Le minerai connu sous le nom de pyrite de cuivre est un double sulfure de cuivre et de fer ; on l'emploie à préparer le sulfate de cuivre du commerce.

11° *Sulfures de mercure.* Le sulfure de mercure est connu sous le nom de *cinabre ;* on le rencontre dans la nature en masses assez considérables ; il est aussi le produit de l'art. Le cinabre naturel se présente sous forme de fragments cristallins d'un rouge foncé, pesants, inodores, insipides ; pulvérisé, lavé et séché, le cinabre prend le nom de *vermillon ;* c'est une couleur très-solide, et qui résiste à tous les agents.

Le sulfure de mercure est employé pour extraire une grande partie du mercure nécessaire aux besoins du commerce.

12° *Sulfure d'argent.* Le sulfure d'argent est assez commun dans la nature ; c'est de ce composé qu'on extrait la plus grande partie de l'argent qui entre en circulation.

B. *Séléniures.* Les séléniures ont une grande analogie avec les sulfures ; ces composés sont, du reste, peu connus ; on en rencontre quelques-uns dans la nature ; ils sont sans usages.

C. *Azotures.* Ces composés sont à peine connus.

D. *Phosphures.* Les phosphures sont toujours solides ; ils sont, tous, très-cassants, une très-petite quantité de phosphore rendant aigre le métal le plus ductile ; ils sont insipides, excepté ceux des métaux de la première section, qui, solubles dans l'eau, la décomposent à la température ordinaire ; ils ont presque tous le brillant métallique et sont cristallisables ; ils sont plus fusibles que le métal qu'ils contiennent, quand ce métal est réfractaire ; et moins fusibles quand, au contraire, le métal fond aisément. Aucun phosphure ne se trouve dans la nature. Ils sont sans usages.

E. *Borures.* Le bore n'a été jusqu'à présent combiné qu'avec le fer et le platine ; ces deux composés sont sans usages.

F. *Siliciures.* Les combinaisons du silicium avec les métaux sont peu connues, et par conséquent sans usages.

G. *Carbures.* Le carbone s'unit au fer et à quelques autres métaux.

Carbures de fer. De toutes les combinaisons des métalloïdes avec les métaux, celles du carbone avec le fer sont sans contredit les plus intéressantes. La *fonte,* l'*acier,* sont des carbures de fer sur lesquelles nous n'entrerons ici dans aucun détail, pour ne pas anticiper sur les explications dans lesquelles on entrera à leur sujet dans le chapitre qui traitera de la métallurgie.

Percarbure de fer. La *plombagine* ou mine à crayon, regardée jusqu'à présent comme un percarbure de fer contenant 92 pour 100 de carbone, n'est que du charbon dans un état particulier, auquel le fer n'est uni qu'accidentellement.

H. *Hydrures.* L'hydrogène ne s'est uni jusqu'à présent qu'au potassium, à l'arsenic et au tellure. Le gaz résultant de la combinaison de l'arsenic avec l'hydrogène, ou proto-arséniure d'hydrogène, est le plus délétère de tous les gaz. Le chlore le décompose instantanément ; il est toujours le produit de l'art.

I. *Cyanures.* Le cyanogène s'unit avec la plupart des métaux et forme avec eux des cyanures, dont quelques-uns sont employés. Tous les cyanures ont la propriété de s'unir au proto-cyanure de fer et de former avec lui des cyanures doubles; la composition des cyanures métalliques est analogue à celle des chlorures, des iodures, des bromures. Nous renvoyons donc l'histoire des cyanures à celle des sels.

III. Combinaison des Métaux entre eux, ou Alliages.

Les alliages sont le résultat de la combinaison de deux ou de plusieurs métaux.

Les alliages ne sont point, comme les autres combinaisons chimiques, soumis à la loi proportionnelle de composition : un métal peut s'unir en toutes proportions à un autre métal ; les alliages ont les plus grands rapports avec les métaux pour leurs propriétés physiques ; tous sont solides à la température ordinaire, excepté celui qui est formé d'une certaine quantité de potassium et de sodium, et les alliages ou amalgames dans lesquels prédomine le mercure. Les alliages sont brillants, opaques, bons conducteurs du calorique et de l'électricité ; ils sont généralement plus durs et plus cassants que leurs principes constituants ; tous cristallisent plus ou moins bien ; quelques-uns acquièrent une sonoréité et une élasticité remarquables. Quand un alliage est formé de deux métaux dont le degré de fusibilité est à peu près égal, il entre cependant plus facilement en fusion que le plus fusible d'entre eux. Si un alliage est formé d'un métal fixe et d'un métal volatil, il se décompose, si on le soumet à une température supérieure à celle de sa fusion. Si un alliage est formé de deux métaux fondant à des degrés de chaleur très-différents, on peut séparer ces métaux en les exposant à une température capable de fondre le plus fusible.

L'air et l'oxigène se comportent avec les alliages comme avec les métaux qui les constituent. Lorsqu'un alliage est formé de deux métaux dont l'un est facilement oxidable, l'alliage absorbe le gaz de manière que celui-ci seul passe à l'état d'oxide, et que l'autre est mis en liberté ; si les deux métaux sont également oxidables, l'alliage entier est oxidé.

Les alliages sont généralement binaires ; mais on conçoit qu'il peut exister des alliages ternaires, quaternaires, etc.

On ne connaît guère que cent cinquante alliages ; ceux que l'on rencontre dans la nature sont assez nombreux ; on en connaît six résultant de la combinaison de l'arsenic avec d'autres métaux. Par exception aux règles de nomenclature, et peut-être à cause de l'analogie de l'arsenic avec le phosphore, les alliages de ce métal ont reçu le nom d'arséniures ; nous ferons la même observation pour ceux de tellure.

On prépare les alliages en soumettant à un degré convenable de chaleur les métaux dont ils doivent être formés ; certains amalgames de mercure se font cependant à froid.

De tous les alliages connus, un petit nombre seulement est employé dans les arts ; nous les mentionnerons de préférence aux autres, que nous passerons sous silence.

A. *Alliages de fer et d'étain.* Huit parties d'étain et une de fer forment un alliage solide, cassant, à grains fins et serrés, d'un blanc gris, fusible au dessous de la chaleur rouge ; on emploie cet alliage pour étamer le cuivre ; ce nouvel étamage dure plus long-temps que l'autre.

B. *Ferblanc.* On nomme ferblanc, de la tôle ou du fer laminé dont les deux surfaces sont recouvertes d'une petite quantité d'étain. Lorsqu'on expose pendant quelque temps une feuille de ferblanc à l'action d'un mélange d'acide azotique, d'acide chlorhydrique et d'eau, on obtient le produit connu sous le nom de moiré métallique.

C. *Fer et platine.* Parties égales de fer et de platine donnent un alliage susceptible d'un beau poli, ne se ternissant point à l'air, et très-propre à la confection des miroirs ; il se fond aisément dans un fourneau ordinaire.

D. *Zinc et cuivre.* L'alliage de zinc et de cuivre, ou *laiton*, est formé de deux parties de cuivre et d'une de zinc ; il est jaune, malléable et très-ductile à froid ; il est plus fusible que le cuivre.

Le *chrysocale* est composé de 80 parties de cuivre et de 20 de zinc.

E. *Zinc, cuivre, nickel et fer.* Le *cuivre blanc*, ou *cuivre chinois*, est formé de 25 de zinc, 40 de cuivre, 31 de nickel, et quelques centièmes de fer.

L'alliage connu sous le nom de *maillechort* est composé également de zinc, de cuivre et de nickel, dont les proportions varient selon les usages auxquels on le consacre. Les couverts de maillechort sont faits avec zinc, 25 parties, cuivre 50, nickel 25.

F. *Zinc, étain, mercure.* On obtient cet alliage en faisant fondre les trois métaux dans un creuset; il est extrêmement fragile et décomposable par la chaleur; en poudre on l'incorpore à la graisse; il sert pour frotter les coussins des machines électriques.

G. *Étain et plomb.* Une partie d'étain et deux de plomb donnent un composé solide d'un blanc gris, malléable, plus fusible que l'étain; il est connu sous le nom de soudure des plombiers, et sert à souder les tuyaux de plomb.

H. *Étain et antimoine.* Cet alliage est blanc, dur, sonore; les planches sur lesquelles on grave la musique sont en étain durci par l'antimoine; les Anglais emploient cet alliage pour faire des vases et des ustensiles.

I. *Étain et cuivre, ou bronze.* Le bronze des statues et des bouches à feu se compose de 11 parties d'étain et de 100 de cuivre; il est solide, jaunâtre, plus dense que la moyenne des métaux qui le composent, plus tenace, plus dur, plus fusible que le cuivre; à une chaleur de quatre ou cinq cents degrés il laisse couler une partie de l'étain qu'il contient; il se couvre, dans son contact avec l'air libre et humide, d'une couche de sous-carbonate de cuivre hydraté.

Cloches. 22 parties d'étain et 78 de cuivre constituent l'alliage des cloches; cet alliage est solide, à grains fins et serrés, d'un gris blanc, cassant; les *timbres d'horloge* contiennent un peu plus d'étain et moins de cuivre que le métal des cloches. Les *cymbales*, le *tam-tam*, sont composés d'environ 80 parties de cuivre et 20 d'étain.

J. *Étain, cuivre, arsenic, platine.* Les miroirs métalliques des télescopes sont formés d'une partie d'étain sur deux de cuivre; cet alliage est blanc d'acier, très-dur, très-cassant, susceptible d'un beau poli; en ajoutant une très-petite quantité d'arsenic et de platine, il est amélioré.

Les alliages d'étain et de cuivre jouissent de la propriété de devenir malléables par la trempe.

K. *Étamage.* L'étamage du cuivre consiste à appliquer sur ce métal une couche très-mince d'étain; cet étamage sert à prévenir l'oxidation du cuivre; ce n'est point un véritable alliage, puisque l'étain n'est que superposé.

L. *Étain, plomb, bismuth.* 3 parties d'étain, 5 de plomb et 8 de bismuth constituent l'*alliage fusible de Darcet*; cet alliage fond dans l'eau bouillante, et sert à fabriquer les rondelles fusibles qui préviennent l'explosion des machines à vapeur; on l'emploie pour clicher des médailles; les dentistes s'en servent pour plomber les dents cariées.

M. *Étain et mercure.* L'amalgame d'étain et de mercure sert pour mettre les glaces au tain.

N. *Alliages d'arsenic.* Tous les métaux, même les plus ductiles, deviennent cassants en s'unissant à l'arsenic; deux centièmes d'arsenic suffisent pour faire perdre à l'or sa ductilité.

O. *Antimoine et plomb.* 20 parties d'antimoine et 80 parties de plomb forment un alliage solide, malléable, plus dur que le plomb; c'est avec cet alliage qu'on fait les caractères d'imprimerie. Le *métal d'Alger* est composé d'antimoine, d'étain et de plomb.

P. *Bismuth et mercure.* L'amalgame formé d'une partie de bismuth et de quatre de mercure est en partie liquide, en partie cristallisé; il entre entièrement en fusion à une température peu élevée, et s'attache fortement aux corps avec lesquels il est mis en contact; on s'en sert pour étamer intérieurement des globes de verre.

Les alliages de bismuth sont excessivement aigres; une partie de bismuth rend cassant 1900 parties d'or.

Q. *Plomb et or.* L'alliage d'une partie de plomb et de onze parties d'or est si cassant, qu'il se brise comme du verre; il est jaune-pâle, plus dur et plus fusible que l'or.

R. *Cuivre et argent.* 9 parties d'argent et une de cuivre forment un alliage blanc, moins ductile et plus fusible que l'argent; c'est avec cet alliage que se font toutes les monnaies d'argent. Celle de billon est formée de quatre parties de cuivre sur une d'argent. Les couverts et la vaisselle contiennent 9 parties et demie d'argent; les bijoux, 8 seulement et 2 de cuivre.

S. *Cuivre et or.* Une partie de cuivre et 9 d'or donnent naissance à un alliage jaune d'or moins ductile, plus dur et plus fusible que l'or; la monnaie d'or se fait avec cet alliage; les ouvrages d'or sont composés d'un alliage d'or et de cuivre contenant 8, 16 ou 25 pour 100 de cuivre ; ce qui donne trois titres différents.

T. *Mercure et argent.* L'amalgame formé d'une partie d'argent et de huit de mercure est mou, blanc, très-fusible ; il cristallise facilement, se décompose par la chaleur ; l'amalgame d'argent se trouve dans la nature, tantôt à l'état liquide, tantôt cristallisé. L'amalgame artificiel de mercure et d'argent est surtout employé pour l'exploitation des mines d'argent ; on l'emploie aussi pour argenter sur métaux.

U. *Mercure et or.* L'amalgame d'or, composé comme celui d'argent, est employé pour dorer le laiton ou cuivre jaune.

V. *Argent et or.* La dureté de l'alliage de ces deux métaux est plus grande que celle des métaux qui le composent, et sa fusibilité plus grande que celle de l'or ; 708 parties d'or et 292 parties d'argent donnent un alliage appelé *or vert*, à cause de sa couleur.

Le *vermeil* est de l'argent doré avec un amalgame d'or.

IV. Oxides et Oxacides métalloïdiques.

L'oxigène se combinant avec les métalloïdes donne lieu à des composés distingués en oxides et acides ; ceux-ci ont une saveur plus ou moins acide ; ils rougissent la solution aqueuse de bleu de tournesol ; ils s'unissent aux différents oxides métalliques ou bases salifiables pour former des composés quaternaires nommés sels ; les oxides métalloïdiques ne jouissent d'aucune de ces propriétés.

A. *Oxides et oxacides chloriques.* Le chlore forme avec l'oxigène deux oxides et deux acides.

Le *protoxide de chlore* est un gaz d'un vert-jaune très-foncé, d'une odeur de caramel mêlée à celle du chlore ; il n'existe point dans la nature.

Le *deutoxide de chlore*, nommé aussi *acide chloreux*, n'existe dans la nature, ni à l'état libre, ni à celui de combinaison ; il forme avec les alcalis les composés connus dans les arts sous les noms de *chlorures de soude*, de *potasse*, etc.

L'*acide chlorique* est toujours un produit de l'art ; il est liquide, inodore, incolore ; il s'unit avec les bases, et produit des sels dont quelques-uns ont la propriété de détonner.

L'acide *hyper-chlorique* est sans usages.

B. *Acide brômique.* Le brôme ne s'unit avec l'oxigène qu'en une seule proportion ; il en résulte de l'acide brômique, qui est sans usages.

C. *Oxacides d'iode.* L'iode s'unit à l'oxigène en trois proportions et forme trois acides désignés sous le nom d'*acides iodeux, iodique, hyper-iodique.* De ces trois composés, le premier et le dernier sont à peine connus ; tous trois sont sans usages.

D. *Oxacides de soufre.* Il existe quatre oxacides qui ont le soufre pour radical : ce sont les acides *hypo-sulfureux*, *sulfureux*, *hypo-sulfurique* et *sulfurique.*

Les acides hypo-sulfureux et hypo-sulfurique sont sans usages ; nous ne nous en occuperons point.

Acide sulfureux. Les vapeurs de soufre brûlé sont de l'acide sulfureux : il est donc gazeux ; le gaz acide sulfureux est incolore, d'une odeur piquante, suffocante même, et connue de tout le monde ; il détruit les couleurs bleues végétales.

L'acide sulfureux est soluble dans l'eau ; qui, à la température de $+20°$ et à la pression atmosphérique de $0,76^e$, en dissout 37 fois son poids. L'eau saturée d'acide sulfureux ou acide sulfureux liquide est limpide, incolore ; son odeur et sa saveur rappellent celles du gaz ; exposée au feu, elle laisse dégager presque tout le gaz qu'elle contient.

On prépare l'acide sulfureux soit en brûlant le soufre dans un appareil convenable, soit en décomposant l'acide sulfurique par de la sciure de bois, des copeaux, de la paille, ou bien par du zinc, du fer, etc.

On l'obtient liquide en faisant communiquer par des tubes intermédiaires le flacon ou ballon A (pl. 3, fig. 4), duquel il se dégage avec les flacons F F'F" remplis aux trois quarts d'eau et munis de tubes de sûreté ; l'appareil ainsi disposé, on met quelques charbons allumés dans le fourneau : la réaction a lieu, il en résulte du gaz acide carbonique et du gaz sulfureux ; les deux gaz se dissolvent d'abord dans l'eau ; mais à mesure qu'il arrive de nouvelles quantités de gaz sulfureux plus solubles que le gaz acide carbonique, celui-ci se dégage entièrement par l'extrémité D du tube E.

Il est employé gazeux ou liquide pour le blanchîment de la soie, des toiles, des chapeaux de paille, pour enlever les taches de fruit sur les tissus, pour muter les vins, les sucs, les sirops; il entre dans la composition du cirage anglais; en médecine, le gaz acide sulfureux est employé avec succès dans le traitement des maladies de peau.

Acide sulfurique. Cet acide, aussi connu sous le nom d'*acide vitriolique* et d'*huile de vitriol*, est un des plus importants que l'on connaisse. Pur, tel qu'il existe ordinairement pour les usages du laboratoire et des arts, c'est un liquide incolore, d'une consistance oléagineuse, rougissant fortement la teinture bleue de tournesol, carbonisant de suite les matières végétales en les décomposant; il se congèle à 12°; à une haute température, il bout, se volatilise, et à une température plus élevée encore, il se décompose en gaz acide sulfureux et oxigène; sa pesanteur est de 1,842; il est soluble dans l'eau en toutes proportions, et son mélange avec ce liquide est toujours accompagné d'une élévation remarquable de température.

Tel que nous venons de l'examiner, l'acide sulfurique contient toujours une certaine quantité d'eau dont on n'a pu l'isoler; on peut cependant se le procurer anhydre ou privé d'eau, ainsi que nous le verrons dans la portion de l'Encyclopédie destinée à la fabrication des produits chimiques.

L'acide sulfurique est employé, soit dans les laboratoires, soit dans les arts, pour obtenir presque tous les autres acides; il sert à la fabrication de la soude artificielle, à la dissolution de l'indigo, enfin à la préparation d'une foule de produits employés dans les arts et dans l'industrie; le chimiste en fait un usage fréquent comme réactif; le médecin le prescrit dans la limonade minérale, etc.

E. *Oxides* et *oxacides de sélénium.* Le sélénium forme avec l'oxigène trois combinaisons : un *oxide gazeux*, un *acide sélénieux*, enfin un *acide sélénique;* ces trois composés sont toujours produits par l'art, aucun d'eux n'existe dans la nature; ils sont sans usage.

F. *Ocides* et *oxacides d'azote.* L'azote forme avec l'oxigène cinq composés: deux oxides et trois acides.

Protoxide d'azote. Le protoxide d'azote est un gaz incolore, inodore, d'une saveur légèrement sucrée; son poids est de 1,526;

comprimé, il se liquéfie; il est impropre à la respiration, et finirait, respiré pendant quelques minutes, par déterminer l'asphyxie; on a cependant remarqué chez les individus qui en avaient aspiré une certaine quantité une gaîté et une vivacité insolites qui lui ont fait donner le nom de gaz *exhilarant;* l'eau en dissout un peu plus de la moitié de son volume. On obtient le gaz protoxide d'azote en décomposant par le feu, dans une petite cornue, l'azotate d'ammoniaque.

Bioxide d'azote. Il est toujours à l'état de gaz; il est incolore, inodore, sans action sur la teinture bleue de tournesol; sa pesanteur est de 1,039; il éteint les corps en combustion et asphyxie les animaux; à la température ordinaire, le gaz bioxide d'azote mêlé au gaz oxigène ou à l'air atmosphérique donne lieu à des vapeurs rouges ou rutilantes de gaz acide azoteux.

Acide azoteux. Il ne peut être obtenu pur; si on décompose un azotite par un autre acide, il se transforme de suite en bioxide d'azote qui se dégage, et en acide azotique qui reste en dissolution.

Acide hypo-azotique. Il est aussi connu sous le nom d'*acide rutilant*, *acide fumant;* regardé long-temps comme gazeux, il a été obtenu à l'état liquide, sous la pression et à la température ordinaire; il a une saveur caustique; il rougit fortement la teinture bleue de tournesol; il tache la peau en jaune et la désorganise; à + 28° il bout et se vaporise en gaz rutilant.

On l'obtient en distillant de l'azotate de plomb neutre bien sec; il est sans usages.

Acide azotique. Cet acide, aussi nommé *esprit de nitre, eau forte, acide nitrique,* se présente, dans son plus grand état de concentration, sous forme liquide; il est blanc, odorant, très-sapide et corrosif; il désorganise presque instantaément la peau et la colore en jaune; une goutte suffit pour rougir une grande quantité de teinture de tournesol; sa pesanteur est de 1,513; il a une grande affinité pour l'eau, dont on n'a pu le priver entièrement jusqu'à présent; exposé à l'air, il donne lieu à des vapeurs blanches; à — 34° il se congèle et se prend en une masse ayant l'apparence de beurre; il est facilement décomposé par les différents corps simples, qui lui enlèvent une partie de son oxigène et le font passer à l'état de deutoxide d'azote; versé sur le zinc, le bismuth ou l'étain, portés à une température élevée, il s'enflamme ; le même phénomène a lieu avec la limaille de fer bien sèche.

L'acide azotique ne se trouve jamais isolé dans la nature, on ne le rencontre que combiné avec la potasse, la soude, la chaux, le manganèse, etc.

On l'obtient en décomposant à une température élevée l'azotate de potasse ou sel de nitre, par l'acide sulfurique.

L'acide azotique marquant 26° à l'aéromètre, est désigné dans le commerce sous le nom d'*eau forte;* étendu d'eau et ne pesant que 20°, il est appelé *eau forte seconde* ou *eau seconde.*

Il est employé en chimie pour la fabrication d'une foule de produits ; le médecin l'emploie comme caustique ; on en fait aussi des fumigations désinfectantes ; les graveurs en font usage pour la gravure dite à l'eau forte ; les bijoutiers et les orfévres s'en servent pour reconnaître la pureté de l'or.

G. *Oxide et oxacides de phosphore.* Le phosphore forme avec l'oxigène un oxide et cinq acides. L'oxide est sans usages.

Les cinq combinaisons acides sont désignées sous le nom d'*acides hypo-phosphoreux, phosphoreux, hypo-phosphorique, phosphorique* et *para-phosphorique.* Nous ne nous occuperons que de l'*acide phosphorique.* Cet acide, aussi nommé *acide de l'urine,* est solide, blanc, inodore ; sa saveur est des plus acides ; il rougit fortement la couleur bleue de tournesol ; il est plus pesant que l'eau ; sec, il attire fortement l'humidité de l'air, est par conséquent très-déliquescent, et se convertit en un liquide d'apparence huileuse ; il entre en fusion au degré de la chaleur rouge, et prend en refroidissant la forme vitreuse ; il faut le fondre dans un creuset de platine, car il attaque tous les vases de terre, de verre et même d'argent ; l'air et l'oxigène sont sans action sur lui à la température ordinaire ; il est très-soluble dans l'eau, et a tant d'affinité pour ce liquide, qu'au degré de la chaleur rouge il en retient encore une grande quantité.

L'acide phosphorique se trouve rarement libre dans la nature ; mais on le rencontre fréquemment à l'état de combinaison avec les bases ; il est jusqu'à présent sans usages.

H. *Acide borique.* C'est le seul composé du bore avec l'oxigène ; il est solide ; il se présente sous forme de lamelles d'un blanc satiné, d'un toucher doux et onctueux ; il est inodore, et rougit fortement la teinture bleue de tournesol ; il est plus soluble à chaud qu'à froid ; exposé à une haute température, il a la propriété de fondre et de donner lieu à un verre incolore et transparent ; il n'est pas volatil, et est inaltérable à l'air.

Il se rencontre quelquefois dans la nature à l'état de pureté, en dissolution dans quelques lacs de Toscane, ou cristallisé sur leurs bords ; le plus souvent, cependant, on le trouve à l'état de borate de sodium ; c'est de cette combinaison qu'on le retire en décomposant par l'acide sulfurique le borate de sodium dissous dans l'eau.

L'acide borique s'emploie pour fondre et analyser les pierres gemmes qui contiennent de la potasse et de la soude.

I. *Acide silicique.* Cet acide, appelé autrefois *terre vitrifiable,* parce qu'il entre dans la composition du verre, et *silice,* parce qu'il constitue le silex ou caillou, est blanc, rude au toucher, insipide, inodore, sans action sur la teinture bleue de tournesol, indécomposable par le feu, infusible ; sa pesanteur spécifique égale 2,66.

On ne peut le décomposer qu'à l'aide du potassium et du sodium, ou bien du fer et du charbon à une haute température.

Il s'unit, à l'aide de la chaleur, à toutes les bases salifiables, et donne lieu à divers composés qui se rencontrent fréquemment dans la nature, ou qui sont les produits de l'art ; un grand nombre de minéraux connus, ainsi que le verre, les poteries, les scories de forge, ne sont autre chose que des silicates naturels ou artificiels.

On le rencontre dans la nature à l'état de pureté, constituant le cristal de roche, les sables blancs, l'agate, la cornaline, la pierre meulière des environs de Paris, le silex, l'opale ; on le rencontre en solution dans certaines eaux minérales : enfin, il constitue, mêlé avec différents oxides métalliques, toutes les pierres gemmes, à l'exception du diamant et du saphir.

On l'obtient pur et en poudre très-fine en fondant ensemble, dans un creuset, une partie de sable bien pur, pulvérisé, et deux parties d'hydrate de potasse.

L'acide silicique, ou le silex, a des usages

importants ; à l'état hyalin ou de cristal de roche, il sert à fabriquer des objets de luxe ; à l'état de sable, et mêlé à la chaux, il forme un excellent mortier ; à l'état de grès, il est employé en pavés ou en pierres à bâtir ; le verre est un composé de sable et de potasse ; l'alumine (argile), unie à la silice, constitue toutes les poteries, depuis la brique la plus grossière jusqu'à la plus belle porcelaine ; la silice est employée comme fondant dans l'exploitation de quelques mines.

K. *Oxide* et *oxacide de carbone.* Le carbone forme avec l'oxigène deux composés gazeux, l'un oxide, l'autre acide.

Gaz oxide de carbone. Il est produit toutes les fois que l'on soumet à une haute température un excès de carbone avec l'oxigène ou l'acide carbonique ; le résultat de l'action du charbon sur l'oxide de zinc est aussi du gaz oxide de carbone ; il diffère de l'acide carbonique, que nous allons examiner ensuite, en ce qu'il ne rougit pas la teinture de tournesol, qu'il ne blanchit pas l'eau de chaux, et qu'il est inflammable ; comme l'acide carbonique, il éteint les corps en combustion, et fait périr promptement les animaux qui le respirent ; il est sans usages.

Gaz acide carbonique. Cet acide, nommé anciennement *air fixe, air méphitique, air crayeux,* est le résultat de la combustion du charbon à l'air libre, ou de la décomposition de tous les carbonates par tous les acides ; le gaz acide carbonique est ordinairement gazeux, incolore ; sa saveur est aigre, son odeur est piquante ; il rougit faiblement la teinture de tournesol, éteint les corps en combustion et asphyxie promptement les animaux ; il pèse 1,524. Il résiste au plus haut degré de chaleur qu'on puisse produire ; mais, soumis à l'action de la pile, il se convertit en oxigène et en gaz oxide de carbone. Il est composé d'un volume d'oxigène et d'un volume de vapeur de carbone.

Le gaz acide carbonique est soluble dans l'eau, qui, à la température et sous la pression ordinaires, en dissout environ son volume ; en augmentant la pression, elle peut en dissoudre cinq ou six fois autant.

L'acide carbonique est, de tous les acides, celui qui tient le moins aux bases ; les carbonates sont décomposés par tous les acides.

On le trouve dans la nature : 1° à l'état gazeux, soit mêlé à l'air atmosphérique, soit pur, comme à la Grotte du Chien, près de Naples ; 2° en dissolution dans l'eau (eaux gazeuses de Seltz) ; 3° enfin combiné avec différents oxides.

On l'obtient facilement en traitant le marbre ou la craie (carbonate de chaux) par un acide quelconque et dans un appareil convenable (pl. 1, fig. 22), et en recueillant le gaz qui s'échappe.

Le gaz acide carbonique se liquéfie sous une pression de trente-six atmosphères ; sous cette forme, il est incolore ; sa pesanteur spécifique est de 0,83 ; de tous les corps, il est celui qui se dilate et se contracte le plus sous l'influence des variations de température ; exposé à l'air atmosphérique, il se volatilise avec une si grande vitesse, qu'il produit une détonation égale à celle que détermine une quantité égale en poids de poudre à canon.

Toutes les fois que l'acide carbonique liquide anhydre est mis en contact avec l'air, une portion est subitement gazéifiée, et l'autre portion, rendue solide par l'extrême abaissement de température, paraît sous la forme de poussière blanche ; ainsi solidifié, l'acide carbonique a perdu la grande tendance qu'il avait, sous l'état liquide, à se transformer en gaz, et peut rester quelque temps solide.

L. *Oxides d'hydrogène.* Le *protoxide d'hydrogène* (eau distillée) est transparent, inodore, insipide ; à la température de 4° au-dessus de zéro, qui est le point de son maximum de densité, un centimètre cube d'eau distillée pèse un gramme ; sa pesanteur est donc à celle de l'air comme 781 est à 1. Elle mouille la plupart des corps, transmet les sons, est mauvais conducteur du calorique ; elle est compressible ; à 100° centigrades au-dessus de zéro et à la pression barométrique de 28 pouces (0,76), elle bout ; au delà de ce degré elle se vaporise, augmente de 1700 fois son volume, et forme un gaz transparent. Les substances solides dissoutes dans l'eau et moins volatiles qu'elle, retardent son degré d'ébullition ; l'eau saturée de sel marin ne bout qu'à 107°. Si la température est abaissée, elle se refroidit et se condense jusqu'à ce qu'elle soit parvenue à + 4°. Si on continue ce refroidissement, elle reste stationnaire jusqu'à zéro ; au dessous de ce point elle se congèle en se dilatant et en occupant un septième de plus en volume que l'eau à + 4° : aussi voit-on toujours la glace surnager l'eau. Si l'eau contient quelque sel en solution, sa congélation est retardée. L'eau saturée de chlorure de calcium reste liquide à 40° au-dessous de zéro ; l'eau est mauvais conducteur de l'électricité, à moins qu'elle ne contienne quelque acide ou quelque sel en solution.

L'eau, à la température ordinaire, dissout une certaine quantité de gaz oxigène, la 25e partie de son poids environ ; elle dissout également une certaine quantité d'air atmosphérique, comme nous l'avons déjà dit plus haut (voyez *Air atmosphérique*). L'azote, l'iode, le brôme et le chlore sont les seuls métalloïdes solubles dans l'eau ; le bore, le carbone, le chlore, l'iode, la décomposent à une température élevée ; parmi les métaux, le potassium, le sodium, le barium, le strontium, la décomposent instantanément à la température ordinaire ; le fer et le manganèse produisent la même action, mais plus lentement.

L'eau dissout d'autant plus facilement les corps qu'ils sont plus sapides ; la chaleur favorise la solubilité des corps solides, et diminue celle des corps gazeux ; la pression agit en sens inverse, au moins pour les corps gazeux.

L'eau se combine avec certains corps sans les décomposer, mais en modifiant leurs propriétés ; elle forme avec ces corps des composés nommés *hydrates ;* la force avec laquelle les corps hydratés retiennent l'eau est variable ; l'acide nitrique, par exemple, ne peut exister privé d'eau, autrement il se décompose ; la plupart des sels sont hydratés.

L'eau est composée de 88,90 d'oxigène et de 11,10 d'hydrogène, ou d'un volume du premier et de deux volumes du second.

On peut démontrer cette composition à l'aide de l'analyse et de la synthèse.

Analyse. En faisant passer un courant de vapeur d'eau sur une certaine quantité de fer contenue dans un tube de porcelaine chauffé au rouge, on obtient du gaz hydrogène, et le fer se trouve oxidé ; si l'on pèse le fer, on voit que son poids est augmenté par l'oxidation, et que la somme de cette augmentation de poids jointe à celle de l'hydrogène obtenu et recueilli sous une cloche, représente précisément la quantité d'eau employée. (Voyez, pl. 11, fig. 2.) A, cornue renfermant de l'eau qui se vaporise par l'ébullition ; BB', tube de porcelaine renfermant de la tournure de fer ; C, cloche sous laquelle se rend le gaz hydrogène provenant de la décomposition de la vapeur d'eau.

Synthèse. En introduisant dans l'eudiomètre deux parties en volume de gaz hydrogène et une d'oxigène, et en enflammant ce mélange au moyen de l'étincelle électrique, les deux gaz disparaissent, et il y a formation d'eau ou plutôt de vapeur d'eau.

L'eau est un des corps les plus abondamment répandus dans la nature ; à l'état de vapeur, elle est mêlée à l'atmosphère ; liquide, elle recouvre une partie du globe ; solide, on la rencontre aux pôles, au sommet des plus hautes montagnes du globe, et dans les glaciers, qui sont la source de la plupart des fleuves ; mais sous ces trois formes, elle n'est point pure, puisque l'eau de pluie même contient de l'air atmosphérique en dissolution, et que l'eau de la mer, des fleuves, des sources, contiennent en solution une grande quantité de corps différents. Sans insister sur l'énumération des différents usages de l'eau, qui sont infinis, nous ferons remarquer qu'à l'état de vapeur elle est employée comme force motrice, ou comme moyen calorifère ; à l'état liquide, elle est le grand dissolvant universel ; à l'état solide, elle sert à produire des froids artificiels, à déterminer le calorique spécifique des corps, à graduer les thermomètres.

Il est de certaines circonstances, dans les expériences de chimie par exemple, et pour conserver certains corps, où l'on a besoin d'eau extrèmement pure, c'est-à-dire privée de tout corps étranger et même d'air ; pour l'obtenir à cet état de pureté, on la distille, soit dans une cornue munie d'un récipient, soit dans un alambic, quand on veut en obtenir de grandes quantités ; l'eau étant volatile, et les substances qu'elle peut contenir l'étant moins si ce sont des sels, ou plus qu'elle si ce sont des gaz, on conçoit que par la distillation elle arrive pure dans le récipient.

L'eau ou protoxide d'hydrogène est susceptible d'absorber encore une fois autant d'oxigène qu'elle en contient déjà, et de former ainsi un *bioxide d'hydrogène ;* ce composé, quoique sans usages, présente des propriétés très-remarquables qui ont fait l'objet des recherches de plusieurs chimistes modernes.

M. *Oxacides cyaniques.* Les combinaisons du cyanogène avec l'oxigène sont au nombre de cinq, qu'on pourrait réellement réduire à deux sous le rapport des proportions de cyanogène et d'oxigène, car les acides *cyanurique, cyanilique, para-cyanurique,* sont isomériques avec l'acide *cyanique hydraté;* et l'acide *fulminique* est isomérique avec l'acide *cyanique anhydre.*

Acide cyanique. L'acide cyanique se forme en calcinant un cyanure métallique avec l'azotate de potasse (sel de nitre) ou le peroxide de manganèse; il est très-fluide, très-limpide, d'une odeur vive et pénétrante; une petite goutte appliquée sur la peau détermine sur-le-champ une ampoule fort douloureuse. Il est sans usages.

Acide fulminique. La présence de l'acide fulminique a été reconnue dans les poudres fulminantes d'argent et de mercure; mais il n'a pu encore être isolé; il est isomérique avec l'acide cyanique; mais ses propriétés sont essentiellement différentes.

V. Hydracides et autres Acides métalloïdiques.

L'oxigène n'est pas le seul corps qui jouisse de la propriété acidifiante; l'hydrogène forme avec quelques métalloïdes des composés qui possèdent toutes les propriétés des oxacides, et qui ont été nommés hydracides, pour les distinguer des premiers; enfin il existe encore d'autres composés acides métalloïdiques, dans lesquels on ne rencontre point d'hydrogène.

A. *Acide fluorhydrique.* La composition de cet acide est plutôt présumée que démontrée, puisque ses deux principes constituants n'ont point encore pu être séparés; on l'obtient en décomposant, à l'aide de la chaleur, le fluorure de calcium (spath fluor, fluate de chaux) par l'acide sulfurique; on ne peut faire cette opération que dans des vases de plomb, l'acide fluorhydrique ayant la propriété d'attaquer les vases de verre.

L'acide fluorhydrique est liquide, blanc; il rougit fortement la teinture bleue de tournesol; son odeur est très-piquante; il est le plus corrosif de tous les acides; il désorganise tous les tissus vivants avec une extrême promptitude, et en déterminant les douleurs les plus vives; sa pesanteur est inconnue; jusqu'à présent il est indécomposé; il se combine avec l'eau en toutes propriétés, mais avec un grand dégagement de chaleur, car chaque goutte d'acide fluorhydrique qui tombe dans l'eau donne lieu à un bruit semblable à celui qui serait produit par l'immersion d'un fer rouge.

Il est employé en chimie comme réactif, et les graveurs sur verre et sur cristal en font grand usage.

B. *Acide chlorhydrique.* Cet acide, nommé successivement *esprit de sel, acide marin, acide muriatique* et *acide-hydrochlorique,* est un gaz incolore, fumant, et déterminant des vapeurs blanches en absorbant l'eau contenue dans l'atmosphère; il rougit fortement la teinture bleue de tournesol et éteint les corps en combustion; son odeur est forte, piquante et délétère; sa pesanteur est de 1,247; à un froid de 50°, il se liquéfie, s'il est comprimé en même temps.

L'oxigène et l'air atmosphérique n'ont d'action sur lui ni à chaud ni à froid, mais ils lui cèdent toute la vapeur d'eau qu'ils peuvent tenir en dissolution; les métalloïdes et les métaux le décomposent; il y a formation de chlorures et dégagement d'hydrogène.

L'eau en dissout 464 fois son volume, ou les 0,75 de son poids; la glace même l'absorbe avec rapidité.

L'acide chlorhydrique, liquide et concentré, est blanc, très-caustique, d'une odeur insupportable; il rougit très-fortement la teinture de tournesol et pèse 1,208.

On l'obtient facilement en décomposant le sel marin (chlorhydrate de sodium) par l'acide sulfurique.

L'acide chlorhydrique se rencontre fréquemment dans la nature uni aux bases et formant des sels.

Il est employé pour préparer les chlorures d'étain dont on se sert en teinture; on s'en sert également dans les fabriques, pour préparer le chlore; enfin c'est un réactif très-usité en chimie.

Eau régale. L'acide chlorhydrique, uni en diverses proportions avec l'acide azotique, constitue le composé connu sous le nom d'*eau régale,* employé pour dissoudre l'or, roi des métaux, et le platine; les proportions généralement adoptées sont une partie d'acide azotique à 33° et 3 parties d'acide chlorhydrique à 20°.

L'eau régale est d'un beau jaune ; elle a une odeur de chlore très-prononcée.

C. *Acide bromhydrique.* L'acide bromhydrique est gazeux, incolore ; sa saveur est caustique, son odeur piquante ; sa pesanteur est de 2,731 ; il est soluble dans l'eau ; on peut l'obtenir en mettant en contact le brôme, le phosphore et l'eau ; il est sans usages.

D. *Acide iodhydrique.* Cet hydracide est un gaz incolore, très-sapide, d'une odeur piquante ; il rougit fortement la teinture bleue de tournesol, éteint les corps en combustion, produit des vapeurs blanches dans l'air en s'emparant de l'eau qui s'y trouve en suspension ; sa densité est de 4,428 ; on l'obtient en chauffant peu à peu un mélange de phosphore, d'iode et d'eau ; il est sans usages.

E. *Acide sulfhydrique (gaz hydrogène sulfuré, gaz acide hydro-sulfurique).* Il se rencontre dans la nature, en solution dans certaines eaux minérales sulfureuses ; il se forme dans l'économie animale, à la suite de mauvaises digestions ; il existe dans les œufs pourris, dans la vase des marais, dans les canaux où séjourne l'eau de la mer, dans les déjections animales ; c'est sa présence qui rend si dangereux le curage des fosses d'aisance.

Il est gazeux, incolore ; son odeur et sa saveur sont celles des œufs pourris ; il éteint les corps en ignition, brûle avec une flamme bleuâtre, et en laissant déposer du soufre sur les parois de l'éprouvette ; de tous les gaz c'est le plus délétère.

L'eau dissout trois fois son volume de ce gaz ; l'acide sulfhydrique liquide est incolore ; il a la même odeur et la même saveur que l'acide gazeux ; on le prépare en traitant à chaud le sulfure de fer par l'acide sulfurique étendu de quatre fois son poids d'eau.

En chimie, l'acide sulfhydrique est employé comme réactif ; en médecine, on administre sa solution plus ou moins chargée, sous forme de bains, de boissons.

F. *Acide sélenhydrique.* Il résulte de la combinaison du sélénium avec l'hydrogène ; il semble avoir un effet délétère très-prononcé sur l'économie ; il est gazeux, incolore : il a une odeur piquante, et agit

douloureusement sur les membranes muqueuses ; il est sans usages.

G. *Acide cyanhydrique (acide prussien).* Cet acide est un liquide transparent, incolore, d'une odeur insupportable quand il est concentré, et déterminant des étourdissements mortels ; s'il est étendu d'eau, son odeur est celle des amandes amères ; il rougit fortement la teinture de tournesol ; sa pesanteur est de 0,7058, et celle de sa vapeur, comparée à celle de l'air, de 0,947.

Ses effets sur l'économie animale sont des plus violents ; de tous les poisons connus, c'est le plus actif et le plus promptement mortel.

Il est très-volatil puisqu'il bout à $+ 4°$; il se congèle à $- 15°$: aussi en en versant quelques gouttes sur un papier, l'évaporation d'une portion de l'acide suffit-elle pour faire congeler l'autre ; il se décompose en très-peu de temps, à moins qu'il ne soit placé dans l'obscurité ; il s'enflamme à l'approche d'un corps en ignition ; un mélange de vapeur d'acide cyanhydrique et d'oxigène détonne sous l'influence de la chaleur rouge ou de l'étincelle électrique ; l'acide cyanhydrique se mêle en toutes proportions à l'eau et à l'alcool.

On le rencontre dans certaines parties de quelques végétaux, telles que les feuilles de laurier-cerise, les amandes amères, les amandes de cerises noires, les feuilles et les fleurs de pêcher ; il se forme dans un grand nombre d'opérations chimiques.

On l'obtient en traitant à chaud le cyanure de potassium ou de mercure par l'acide sulfurique ou chlorhydrique.

A doses infiniment petites, il a été prescrit dans le traitement des affections de poitrine. L'eau distillée de laurier-cerise, qui n'est qu'une solution très-étendue d'acide cyanhydrique, est employée en médecine comme sédative.

Il existe trois autres hydracides à radical de cyanogène ; ce sont les acides *cyanhydrique-proto-cyano-ferruré, cyanhydrique sesqui-cyano-ferruré* et *sulfo-cyanhydrique* ; les deux premiers sont composés d'acide cyanhydrique et de cyanure de fer ; le troisième de sulfure de cyanogène et d'hydrogène.

H. *Acides fluo-borique, fluo-silicique,* etc. Il existe encore quelques composés acides qui ne renferment, comme principe acidifiant, ni oxigène ni hydrogène ;

ces composés étant sans usage, nous ne ferons que les citer : ce sont les *gaz acides fluo-borique*, *fluo-silicique*, *chloro-borique*, *chloro-silicique ;* on peut ajouter à ces quatre composés binaires le composé acide ternaire nommé *gaz acide chlor-oxi-carbonique*.

VI. Oxides et Oxacides métalliques.

Les métaux, en se combinant avec l'oxigène, donnent lieu à des composés dont les uns ne sont qu'à l'état d'oxide et les autres à l'état d'acide ; le nombre des oxides métalliques est bien supérieur à celui des acides : car des trente-neuf métaux connus, dix seulement sont acidifiables.

A. *Oxides métalliques*. Les oxides métalliques se distinguent surtout des oxides métalloïdiques par la propriété qu'ils ont de former avec les différents acides de nouveaux composés auxquels on a donné le nom de sels ; en raison de cette propriété, les oxides métalliques ont reçu le nom de bases salifiables.

Les oxides métalliques sont tous solides, d'un aspect terne, presque tous inodores et insipides ; ils affectent des couleurs variées ; ils n'exercent généralement aucune action sur la teinture de tournesol ; ceux de la première section verdissent le sirop de violette.

Soumis à l'action du calorique, ils se comportent diversement : les uns sont réductibles à l'aide de la chaleur seule ; les autres doivent être mélangés avec un corps plus avide qu'eux d'oxigène, avant d'être soumis à l'action d'une haute température ; d'autres enfin abandonnent à peine leur oxigène sous l'influence des agents les plus énergiques, tels que l'électricité.

La pile voltaïque réduit tous les oxides. La plupart des métalloïdes, et surtout le carbone (charbon), leur enlèvent l'oxigène à l'aide d'une température élevée ; il faut cependant en exempter les oxides des 1re et 2e sections.

L'action des métaux sur les oxides est assez variée ; on peut cependant établir en principe qu'un métal appartenant à une section quelconque réduira les métaux des sections suivantes : ainsi le potassium et le sodium réduiront complétement tous les oxides des quatre dernières sections, en passant eux-mêmes à l'état d'oxide ; mais

cependant ils n'agissent point sur ceux de la seconde.

Presque tous les oxides se combinent avec l'eau et donnent lieu à des composés connus sous le nom d'*hydrates ;* six seulement s'y dissolvent : ce sont ceux des métaux alcalins.

Deux oxides peuvent s'unir ensemble ; dans ce cas, l'un d'eux joue le rôle d'acide et l'autre celui de base.

On ne trouve dans la nature qu'un petit nombre d'oxides purs ; on en trouve au contraire une grande quantité combinée soit avec des acides, soit avec d'autres oxides.

On obtient généralement les oxides par la voie artificielle : 1° en calcinant le métal avec le contact de l'air ou du gaz oxigène pur ; 2° en dissolvant un sel soluble dans l'eau, et en versant dans la liqueur une solution d'un des oxides alcalins, qui s'empare de l'acide et fait précipiter l'oxide métallique ; 3° en calcinant les carbonates dans un creuset ; l'acide carbonique se dégage, et l'oxide reste au fond du creuset ; 4° en calcinant les azotates ; l'acide azotique est décomposé, il y a dégagement de gaz oxigène et d'azote, et l'oxide reste libre ; 5° en oxidant certains métaux au moyen de l'acide azotique concentré ; l'acide est décomposé par son contact avec le métal, lui cède une partie de son oxigène, et le transforme en oxide ; il y a dégagement de gaz acide hypo-azotique.

De ces différents procédés, le 2e et le 3e sont les plus usités.

La quantité d'oxigène varie considérablement dans les oxides ; les uns, comme ceux de potassium, de sodium, en contiennent plus du tiers de leur poids ; d'autres, comme les oxides de mercure et d'or, en renferment à peine quelques centièmes. Un métal peut former avec l'oxigène plusieurs oxides, et ces composés sont soumis à la loi de proportion énoncée dans les prolégomènes.

Il y a une assez grande quantité d'oxides, puisque presque tous les métaux ont au moins deux degrés d'oxidation ; cependant il n'y en a qu'un petit nombre employé soit dans les arts, soit en médecine ; nous ne ferons connaître que ceux-ci.

B. *Oxacides métalliques*. Les acides métalliques sont solides et sans odeur, excepté toutefois l'acide osmique (osmium), qui a une odeur pénétrante et une saveur âcre ; quelques-uns sont sapides ; ils rougissent la teinture de tournesol, ne se combinent point entre eux ; mais bien avec les oxides avec lesquels ils forment des sels. Les huit premiers métaux de la quatrième section donnent lieu à des acides, il faut ajouter à ces huit métaux le manganèse et l'osmium ; le manganèse, l'arsenic, l'antimoine forment chacun deux acides ; il existe donc treize acides métalliques ; isolés, ils sont sans usages.

Nous ferons précéder l'histoire des acides et oxides métalliques par celle du composé d'azote et d'hydrogène connu généralement sous le nom d'ammoniaque, et qui, dans toutes les circonstances, joue le rôle de base salifiable.

1° *Azoture d'hydrogène (Gaz ammoniac).* L'azoture d'hydrogène, plus connu sous le nom de gaz ammoniac, est formé en poids de 21,66 d'azote et de 100 d'hydrogène, ou en volume, d'un $1/2$ volume (50 parties) d'azote, et d'un volume $1/2$ (150 parties) d'hydrogène se réduisant, après la combinaison, à 100, ou un volume de gaz ammoniac.

Ce gaz ne s'est trouvé jusqu'à présent dans la nature que dans les excrétions des êtres vivants et dans les matières animales en putréfaction, où il existe en combinaison avec les acides carbonique, chlorhydrique, etc.

Le gaz ammoniac est incolore, très-âcre, très-caustique ; son odeur est vive et piquante ; il provoque les larmes ; il verdit le sirop de violettes ; sa pesanteur est de 0,391 ; il éteint une bougie allumée ; mais on voit auparavant le disque de la flamme s'agrandir ; un froid intense (—48°) le condense ; refroidi et comprimé, il se liquéfie ; une chaleur élevée ne le décompose pas ; mais s'il est soumis à l'action de l'étincelle électrique, il y a séparation de ses éléments ; un mélange de gaz oxigène et de gaz ammoniac s'enflamme et détonne à l'approche d'un corps en ignition ; il y a formation d'eau et dégagement d'azote.

Le chlore gazeux le décompose en partie, avec chaleur et lumière : il y a dégagement d'azote, formation d'acide chlorhydrique, puis de chlorhydrate d'ammoniac ; le carbone (charbon) absorbe une grande quantité de gaz ammoniac.

L'eau a la propriété de dissoudre environ le tiers de son poids de gaz ammoniac ou environ 430 fois son volume ; à l'état solide, elle en absorbe même une certaine quantité.

La solution de gaz ammoniac dans l'eau prend le nom d'ammoniaque liquide (alcali volatil fluor) ; l'ammoniaque liquide est incolore, a la même odeur que le gaz ; appliquée sur la peau, elle produit une vésication presque instantanée ; elle verdit le sirop de violettes ; sa pesanteur spécifique est de 0,9054, comparée à celle de l'eau ; chauffée, elle laisse dégager une partie du gaz qu'elle tient en solution ; on peut l'obtenir cristallisée à une température de — 56° ; elle se comporte avec le chlore comme le gaz ammoniac ; elle décompose en totalité ou en partie la plupart des oxides métalliques, et jouit de la propriété de former avec certains d'entre eux, tels que l'oxide d'argent, d'or et de platine, des composés connus sous le nom de poudres fulminantes, parce que la chaleur ou une légère pression suffit pour les faire fulminer.

Tous les acides s'unissent avec le gaz ammoniac ou l'ammoniaque liquide, pour former des sels ; l'ammoniaque est une des bases salifiables les plus puissantes.

On obtient le gaz ammoniac en introduisant dans une cornue de grès un mélange d'une partie de chlorhydrate d'ammoniaque (sel ammoniac), et de deux parties d'oxide de calcium (chaux), et en chauffant ; il y a formation de chlorhydrate de chaux et dégagement de gaz ammoniac ; si on veut obtenir le produit liquide, on fait rendre le gaz dans des flacons contenant de l'eau (pl. 3, fig. 4) ; on remplace le ballon A de la figure par une cornue de grès.

L'ammoniaque ne s'emploie qu'à l'état liquide ; on s'en sert en médecine comme vésicant ; on l'administre même à l'intérieur, mais à la dose seulement de quelques gouttes dans plusieurs onces de liquide ; on s'en sert dans les laboratoires de chimie, comme réactif ; on en fait peu d'usage dans les arts.

2° *Protoxide de potassium.* L'oxide de potassium est blanc, extrêmement caustique, plus pesant que le potassium ; il verdit fortement le sirop de violettes ; il fond au-dessous de la chaleur rouge ; exposé à l'air libre, il en attire l'humidité et se combine avec l'acide carbonique qui s'y trouve contenu.

Le protoxide de potassium n'a point encore été trouvé pur dans la nature, mais fréquemment combiné avec les acides sulfurique, azotique, carbonique, tartrique.

Le protoxide de potassium, employé si fréquemment sous le nom de potasse, est toujours mêlé à une certaine quantité d'eau, d'acide carbonique et même à d'autres substances ; on le purifie, dans les laboratoires, en le traitant d'abord par la chaux, qui s'empare de l'acide carbonique, et puis par l'alcool ; par cette préparation on obtient un hydrate de potasse, sec, blanc, extrêmement caustique ; il constitue la *pierre à cautère*.

Les usages de la potasse du commerce sont bien connus ; elle entre dans la composition du savon mou, du verre, du nitre, de l'alun.

L'hydrate de potasse purifié est un réactif dont les chimistes font un fréquent usage ; il est employé en médecine comme pierre à cautère ; on le nomme aussi potasse caustique.

3° *Protoxide de sodium.* Cet oxide (*soude*) est blanc, caustique, plus pesant que le sodium, moins déliquescent que le protoxide de potassium ; il absorbe aussi l'acide carbonique de l'air, passe à l'état de carbonate, et s'effleurit ensuite. Il ne se trouve, dans la nature, que combiné avec différents acides.

L'hydrate de protoxide de sodium s'obtient, comme celui de potassium, en traitant à chaud la soude par la chaux et l'alcool.

La soude, réunie aux corps gras, forme le savon solide ; elle entre dans la composition du verre ; sa solution est employée en chimie, comme réactif.

4° *Protoxide de barium.* Cet oxide, connu sous le nom de *baryte*, est blanc, légèrement caustique ; il verdit le sirop de violettes, ne fond qu'à la chaleur du chalumeau à gaz oxigène et hydrogène ; il est plus soluble à chaud qu'à froid. Il ne se trouve dans la nature qu'à l'état de combinaison avec des acides ; on l'extrait de l'azotate de baryte ; sa solution aqueuse est employée comme réactif, pour reconnaître la présence de l'acide sulfurique ou pour le neutraliser.

5° *Protoxide de strontium.* Le protoxide de strontium, ou *strontiane*, a presque les mêmes propriétés physiques que la baryte ; il est cependant moins caustique. On ne le trouve, dans la nature, que combiné aux acides.

6° *Protoxide de calcium.* La *chaux* est blanche, caustique, cristallisable, verdissant fortement le sirop de violettes, pesant 2, 3. Le plus violent feu de forge ne l'altère pas ; exposée à l'air, la chaux en attire l'humidité, elle augmente en même temps de volume, se délite, se réduit en poudre, et passe à l'état de carbonate ; l'eau n'en dissout que la 700ᵉ partie de son poids environ.

La chaux forme avec l'eau un hydrate qui contient environ un quart d'eau ; quand on verse de l'eau sur la chaux vive pour obtenir cet hydrate, il y a un grand dégagement de chaleur ; cet hydrate a la propriété d'absorber une grande quantité de chlore, et de former aussi le composé connu sous le nom de *chlorure de chaux*, composé que nous examinerons plus tard.

La chaux se rencontre fréquemment à l'état de carbonate ; c'est même en calcinant le carbonate qu'on la retire ; pour l'obtenir extrêmement pure dans les laboratoires, on emploie le marbre blanc. Combinée avec l'acide sulfurique, la chaux forme la pierre à plâtre ; avec l'acide phosphorique, elle forme le phosphate de chaux, qui entre dans la composition des os des animaux vertébrés.

Les usages de la chaux sont nombreux et généralement connus ; nous nous bornerons à dire que dans les laboratoires de chimie sa solution aqueuse est employée comme réactif ; elle sert à faire reconnaître la présence de l'acide carbonique dans les différentes analyses de gaz. On emploie aussi la chaux pour enlever l'acide carbonique à la potasse et à la soude du commerce, etc. ; l'eau de chaux est employée en médecine.

7° *Oxide de magnésium.* La *magnésie* est pulvérulente, blanche, très-légère, très-douce au toucher, verdissant le sirop de violettes, infusible à un feu violent de forge ; elle absorbe le gaz acide carbonique à la température ordinaire ; le chlore peut la réduire à la chaleur rouge. On ne la trouve dans la nature qu'à l'état de combinaison avec des acides ; on l'obtient en décomposant la solution aqueuse de sulfate de magnésie par une solution de carbonate de potasse et de soude. La magnésie n'est employée qu'en médecine, contre les aigreurs de l'estomac, et contre les empoisonnements par les acides.

8° *Oxide d'aluminium* ou *alumine.*

Cet oxide, connu sous le nom d'*argile*, est blanc, doux au toucher, happant à la langue, infusible au feu de forge, inaltérable par l'action de l'air, de l'oxigène et des corps combustibles; il est insoluble dans l'eau, mais il fait pâte avec elle; il est soluble dans les solutions d'hydrates de potasse et de soude, s'unit aux acides, et forme aussi, avec les principales bases, de véritables sels. L'alumine se trouve, naturellement, à l'état de pureté dans le saphir et le rubis; mélangée avec la silice, elle constitue toutes les argiles, qui lui doivent la propriété de faire pâte avec l'eau. On l'obtient en décomposant par l'ammoniaque le sulfate d'alumine et de potasse, sel connu sous le nom d'alun.

L'alumine pure n'est employée que dans les laboratoires; mêlée avec la silice, on s'en sert pour faire toutes les poteries, pour glaiser les bassins ou réservoirs d'eau, pour fouler les draps, etc.

9° *Bioxide* ou *Peroxide de manganèse*. Il se trouve dans sa nature en masses compactes douées de l'éclat métallique, ou en masses ternes d'un brun noirâtre; sous la première forme, il est pur; sous la seconde, il est mêlé à d'autres substances. Le peroxide de manganèse est surtout employé pour la préparation du chlore.

10° *Oxides de fer*. Il y a deux oxides de fer : le protoxide, qui est noir, et le sesqui-oxide, qui est rouge.

Le *protoxide* ne se rencontre jamais pur : il est toujours combiné avec le sesqui-oxide; on ne peut même l'obtenir artificiellement qu'à l'état d'hydrate.

Le sesqui-oxide existe très-abondamment dans la nature; il constitue presque tous les minerais de fer, tels que l'hématite, le fer oligiste, le fer oxidé en grains, le fer oxidé limoneux, etc.

Le *colcothar*, ou *rouge d'Angleterre*, est du sesquioxide de fer, ainsi que le *rouge de Prusse*, dont on fait usage en peinture, et le *safran de mars astringent*; le *safran de mars apéritif* est du sesqui-oxide hydraté.

L'*oxide magnétique* de fer est composé de sesquioxide et de protoxide; il existe dans la nature, soit cristallisé, soit sous forme de sable, et mêlé à d'autres oxides.

L'oxide magnétique est connu en médecine sous le nom d'*éthiops martial*.

11° *Protoxide de zinc*. Le protoxide de zinc est blanc, léger, indécomposable par la chaleur, sans action sur l'oxigène et sur l'air; à l'état d'hydrate, il absorbe cependant l'acide carbonique de l'atmosphère; il ne se rencontre dans la nature que combiné avec d'autres corps; dans cet état on le nomme *calamine*.

On l'obtient pur en exposant le métal dans un creuset à l'action d'une chaleur rouge; il est employé en médecine.

12° *Bioxide d'étain*. Il se trouve, dans la nature, cristallisé; sa couleur varie du gris jaunâtre au noir brun; il est dur, fait feu avec le briquet; c'est de cet oxide que s'extrait tout l'étain employé dans les arts et l'industrie.

On l'obtient artificiellement en calcinant l'étain avec le contact de l'air. Il est employé dans la composition de l'émail.

13° *Protoxide de cobalt*. Il est gris, difficile à fondre; il absorbe le gaz oxigène à une température élevée, et passe à l'état de peroxide; il est décomposable, à une haute chaleur, par l'hydrogène et le charbon.

Le protoxide n'existe point dans la nature; on l'obtient en le précipitant de ses dissolutions salines au moyen d'un carbonate alcalin. Il sert pour colorer en bleu les verres et les émaux.

14° *Acide arsénieux*. Cet acide, connu sous le nom d'*arsenic*, de *mort aux rats*, est blanc, âcre, nauséabond; il rougit les teintures bleues végétales; mis sur les charbons ardents, il se réduit en vapeurs blanches qui ont une forte odeur d'ail; exposé à l'action de la chaleur dans un matras, il se vaporise et se condense au col du matras sous formes de lamelles blanches; chauffé dans un vase hermétiquement fermé, il se fond et se convertit en un verre blanc.

L'acide arsénieux est un poison des plus actifs : il donne la mort à très-petites doses; le tritoxide de fer hydraté en est le contre-poison.

On le rencontre à l'état naturel dans quelques localités, mais on l'obtient surtout du grillage des minerais qui contiennent des alliages d'arsenic et d'autres métaux.

Il est employé dans les arts, pour faire le vert de Scheele, couleur composée d'oxide de cuivre et d'acide arsénieux; on s'en sert pour détruire les animaux nuisibles. En médecine, on en fait usage comme escharotique.

15° *Oxide et acide chromiques.* L'oxide de chrome est vert, difficile à fondre, indécomposable à une haute température; fondu avec deux ou trois cents fois son poids de borax, il le colore en vert émeraude.

On le trouve en petite quantité à l'état naturel dans certaines localités; on l'obtient en calcinant le chromate de mercure.

Il est employé dans les arts pour colorer en vert les fonds sur porcelaine, et pour fabriquer des cristaux dont la couleur imite celle de l'émeraude.

L'*acide chromique* est solide, rouge-purpurin; sa saveur est âcre, styptique et très-acide; il donne à la peau une teinte jaune que les alcalis seuls peuvent enlever; il est déliquescent et très-soluble dans l'eau; il forme, avec les bases, des sels qui sont ou jaunes ou rouges. On le trouve dans le rubis spinelle et dans le plomb rouge de Sibérie, minéraux extrêmement rares.

16° *Oxides et acide d'antimoine.* Le *protoxide,* connu sous le nom de *fleurs d'antimoine,* est d'un blanc tirant quelquefois sur le gris; chauffé au rouge-brun il entre en fusion, et donne lieu à un liquide jaunâtre qui répand une fumée épaisse, et qui, en se refroidissant, se prend en une masse cristalline blanchâtre.

On le rencontre quelquefois à l'état naturel; on l'obtient artificiellement soit en exposant l'antimoine à l'action de la chaleur, soit à l'aide de l'acide chlorhydrique et du carbonate de potasse. On l'emploie en médecine.

L'*acide antimonique* est connu sous le nom d'*antimoine diaphorétique;* il est employé en médecine, seul ou combiné avec la potasse.

17° *Oxide de bismuth.* Il est connu sous le nom de *magistère de bismuth,* de *blanc de fard, blanc de perle;* il est blanc, fusible à une haute température, facilement réductible par le carbone et l'hydrogène; on le rencontre en petite quantité, effleuri, à la surface du bismuth natif.

Il est employé dans la composition du fard; la médecine en fait aussi usage.

18° *Oxides de plomb.* Il existe deux oxides de plomb : un protoxide et un bioxide; le minium n'est autre chose qu'un composé de ces deux oxides.

Le *protoxide (massicot)* varie du jaune, pâle au jaune-rougeâtre; la *litharge* est un protoxide fondu qui, par le refroidissement, s'est pris en une masse composée de lamelles jaunes, ou jaunes-rougeâtres; elles sont d'autant plus rouges qu'elles contiennent plus de minium.

Deux parties de bioxide et une de protoxide constituent le *minium,* qui est pulvérulent et d'un rouge jaunâtre.

Le massicot est employé, ainsi que la litharge, pour vernir les poteries; le massicot uni à l'oxide d'antimoine constitue la couleur connue sous le nom de *jaune de Naples.* On prépare le sel et le vinaigre de saturne (acétate de plomb) en traitant la litharge par le vinaigre; elle entre aussi dans la composition des emplâtres.

Le minium est employé dans la fabrication du cristal, dans les vernis sur poterie, et en peinture.

19° *Oxides de cuivre.* Le *protoxide de cuivre* est rouge; fondu avec le verre, il le colore en pourpre. Il existe dans la nature.

Le *bioxide* existe aussi dans la nature; il est d'un brun noirâtre; fondu avec le verre, il le colore en vert.

20° *Oxides de mercure.* Il y a deux oxides de mercure :

Le *protoxide* est noir; on l'obtient en versant dans une solution d'azote de mercure une solution de potasse ou de soude.

Le *bioxide* est jaune quand il est très-divisé, jaune-rougeâtre quand il l'est peu, rouge-brun même quelquefois. Il porte le nom de *précipité per se* quand on le prépare en chauffant le mercure avec le contact de l'air, et de *précipité rouge* quand il provient de la calcination de l'azotate de mercure.

Le bioxide est réductible à une température peu élevée; il cède facilement son oxigène aux corps combustibles; il est un peu sapide, légérement soluble dans l'eau; il n'existe point dans la nature.

L'*oxide noir* de mercure, connu sous le nom de *mercure soluble d'Hahneman,* n'est qu'un sous-proto-azotate de mercure.

Les deux oxides de mercure sont employés en médecine.

21° *Oxides d'or.* Il existe deux oxides d'or : un protoxide et un tritoxide; ni l'un ni l'autre n'existent dans la nature.

Le *tritoxide* est brun quand il est sec, jaune-rougeâtre quand il est hydraté; il est employé en médecine.

VII. Sels.

Un sel est le résultat de la combinaison d'un acide avec une base, ou, pour donner une définition plus complète, nous dirons, avec M. Berzélius, qu'un sel est un composé dont les éléments, quel que soit leur nombre, anéantissent réciproquement, d'une manière complète, leurs propriétés électro-chimiques. Le *chlorure de sodium, sel marin*, en est un exemple, car il ne présente ni les propriétés électro-négatives du chlore, ni les propriétés électro-positives du sodium.

Nous avons vu que les acides rougissent la teinture de tournesol, et que les bases, celles surtout de la 1re et de la 2e section, verdissent le sirop de violettes. Quand un sel rougit la teinture de tournesol on en conclut qu'il y a excès d'acide; s'il rougit le sirop de violettes, il est avec excès de base; s'il ne produit ni l'un ni l'autre de ces effets, il y a neutralisation de l'acide et de la base, et le sel est neutre: les sels sont donc neutres, acides, ou basiques.

Il a été dit que la loi de proportion s'applique aux sels comme aux composés binaires, et que l'oxigène de l'acide est toujours un multiple constant de celui de la base; il a été également établi que quand la même base forme avec le même acide un sel neutre, des sels acides et des sels basiques, les proportions d'acide et de base sont également en rapports simples.

Les sels sont extrêmement nombreux. On peut les classer d'après la nature de leur base ou de leur acide. La première méthode de classement a prévalu en minéralogie, et dans la nomenclature adoptée pour cette science, le nom de la base précède celui de l'acide: ainsi on dit *chaux carbonatée, fer sulfaté.* En chimie on a suivi l'ordre opposé: les genres ont été établis d'après les acides; cette méthode est plus rationnelle en ce que tous les sels résultant de la combinaison d'un même acide avec les différentes bases ont des caractères généraux qui établissent de l'analogie entre eux; tandis que ceux qui résultent de la combinaison d'un oxide avec les différents acides présentent des caractères qui varient en raison de la nature de l'acide.

Tous les sels sont solides à la température ordinaire; tous sont susceptibles de cristalliser en passant de l'état gazeux ou liquide à l'état solide.

La combinaison d'un acide et d'un oxide incolore donne toujours lieu à un sel incolore; si l'acide ou l'oxide est coloré ou s'ils le sont tous les deux, le sel l'est également.

Les sels ne sont point odorants à la température ordinaire; ils sont d'autant plus sapides qu'ils sont plus solubles dans l'eau. Il est à remarquer que les sels ayant la même base ont généralement la même saveur: aussi les sels de plomb sont sucrés d'abord, puis styptiques; ceux d'aluminium sont astringents, ceux de cuivre ont une saveur styptique et métallique. Les sels de potasse et de soude semblent faire exception, car il y a une grande différence entre la saveur franchement salée du chlorhydrate de soude (*sel marin*) et la saveur amère et nauséabonde du sulfate de même base (*sel de Glauber*).

Tous les sels sont plus pesants que l'eau distillée: ils le sont d'autant plus qu'ils contiennent plus de base et que cette base est plus lourde.

Les sels, surtout ceux qui sont cristallisés, contiennent toujours une certaine quantité d'eau; cette eau est combinée ou libre; si elle est combinée, c'est-à-dire répandue entre toutes les parties intégrantes du cristal, elle prend le nom d'eau de cristallisation, et dans ce cas elle est toujours en proportions définies. Quand les sels qui en renferment sont soumis à l'action de la chaleur, ils peuvent éprouver la fusion aqueuse ou bien rester solides, mais devenir opaques.

Si l'eau n'est point à l'état de combinaison chimique, c'est-à-dire si elle est seulement interposée entre quelques particules du sel, elle est alors en quantités variables, et le sel jeté sur le feu décrépite sans rien perdre de sa transparence.

Le degré de solubilité des sels dans l'eau est variable. Tous les sels de potasse, de soude, d'ammoniaque sont solubles, car ces trois bases sont elles-mêmes extrêmement solubles. Tous les sels avec excès d'acide sont généralement solubles, quelle que soit l'insolubilité de leur base. Tous les sels basiques sont insolubles ou peu solubles quand leur base ne l'est pas, ou ne l'est que très-peu.

On a remarqué qu'une dissolution saturée d'un certain sel a souvent la propriété de dissoudre une certaine quantité d'un autre sel soluble, pourvu que ces deux sels ne se décomposent pas.

L'eau n'est pas le seul dissolvant des sels: l'alcool et les acides jouissent aussi de cette propriété.

L'air agit sur les sels surtout par l'eau qu'il renferme. Les sels, à raison de leur affinité plus ou moins grande pour ce liquide, peuvent en absorber ou en rendre à l'air. Quand un sel absorbe l'eau de l'atmosphère et peut se fondre, il est appelé déliquescent; quand, au contraire, il a peu d'affinité pour ce liquide, il peut en abandonner et s'effleurir, c'est-à-dire qu'il perd sa transparence et tombe en poudre impalpable; on le nomme alors efflorescent. On conçoit que ces propriétés ne sont point absolues, et dépendent de l'état hygrométrique de l'atmosphère.

Si l'on mêle de la glace pilée ou de la neige avec un sel soluble, ils se fondent réciproquement, et donnent lieu à une dissolution saline plus ou moins concentrée, et à un froid qui est d'autant plus vif que la dissolution a été plus prompte, et la quantité de matière dissoute plus grande; ce phénomène est dû à la propriété qu'ont tous les corps d'absorber du calorique pour passer de l'état solide à l'état liquide. Avec un mélange de trois parties de chlorure de chaux hydraté et d'une partie de neige, on obtient un froid qui fait descendre le thermomètre jusqu'à 58° au-dessous de zéro.

Les sels qui contiennent de l'eau de cristallisation sont susceptibles d'éprouver la fusion aqueuse; si la température est élevée et s'ils ne se décomposent point, ils éprouvent, quand toute leur eau de cristallisation est évaporée, la fusion ignée.

Tous les sels humectés ou dissous sont décomposables par un courant d'électricité; le métal réduit se rend au pôle négatif de la pile, l'acide et l'oxigène du métal au pôle positif.

L'action des corps simples sur les sels varie en raison des différents acides; cependant on peut admettre que le carbone, le phosphore, l'hydrogène et le potassium décomposent la plupart des sels en s'emparant de l'oxigène de l'acide ou de la base; le premier forme de l'acide carbonique ou du gaz oxide de carbone, le second de l'acide phosphorique, le troisième de l'eau, le quatrième de l'oxide de potassium.

L'action des oxacides sur les sels est variable; ou elle est nulle, ou le sel est décomposé complétement, ou il ne l'est qu'en partie. Si l'acide se combine avec tout l'oxide du sel avec lequel il est mis en contact, il y a formation d'un nouveau sel; s'il ne se combine qu'avec une portion de l'oxide, on obtient deux nouveaux sels à un degré différent de saturation.

L'acide sulfurique étant de tous les acides celui qui tient le plus aux bases, décompose tous les sels; puis viennent les acides azotique, phosphorique, etc. A une chaleur rouge, les acides fixes, quelque faibles qu'ils soient, décomposent les sels dont les acides sont volatils.

Si un sel est mis en contact avec un hydracide, on observe un phénomène particulier; dans le cas où l'oxacide du sel est déplacé, l'hydracide et l'oxide sont décomposés; il y a formation d'eau et d'un chlorure.

Les oxides solubles décomposent généralement les sels dont les oxides sont insolubles; les oxides de la première section décomposent donc les sels de ceux des autres sections, et même ceux d'ammoniaque. L'ammoniaque vient ensuite, puis la magnésie; la baryte décompose tous les sulfates.

Toutes les fois qu'on calcine ensemble deux sels qui, par l'échange de leur base ou de leur acide, peuvent former un sel fixe et un sel volatil, il y a décomposition.

Quand on mêle deux sels en dissolution dans l'eau, il y a toujours décomposition, si de leur réaction peuvent résulter un sel soluble et un sel insoluble, ou deux sels insolubles.

Les bicarbonates de potasse et de soude décomposent à chaud tous les sels insolubles.

On appelle *sels doubles* ceux qui ont une double base; ce sont les sels à base de potasse, de soude et d'ammoniaque, qui ont le plus de tendance à se combiner avec d'autres et à former des sels doubles. Les sels doubles sont généralement moins solubles que celui de leurs sels constituants qui l'est le plus. On trouve à peine une centaine de sels dans la nature; ceux qu'on a pu préparer artificiellement sont au nombre de plus de mille; mais une trentaine au plus sont employés.

On prépare les sels :

1° Directement en mettant l'acide et l'oxide en contact, à l'état de pureté.

2° En traitant les carbonates par les divers acides: l'acide carbonique se dégage avec une effervescence plus ou moins considérable, et le nouvel acide s'unit à l'oxide mis à nu.

3° Par la voie de double décomposition.

4° Enfin, en traitant le métal par l'acide ; ce procédé est employé principalement pour les sulfates et les azotates ; une portion de l'acide ou de l'eau qu'il contient est décomposée, le métal s'oxide et s'unit à la portion d'acide non décomposée.

Nous établirons dans la classe nombreuse des sels trois sections : la première comprendra ceux qui résultent de la combinaison des bases avec les oxacides ; la deuxième, les résultats de la combinaison des bases et des hydracides ; et la troisième, les résultats de la combinaison des bases avec les acides métalliques.

A. *Bases et Oxacides.*

1° *Chlorites.* On peut considérer ces sels comme des chlorites ou des oxichlorures, si l'acide chloreux n'est considéré que comme un oxide de chlore.

Les *chlorites* ont tous une odeur prononcée de chlore ; exposés à l'air, ils se décomposent, et il y a dégagement de chlore.

On n'a encore obtenu aucun chlorite ni pur ni cristallisé ; on ne les connaît qu'en dissolution et mêlés à un chlorure.

Le produit connu sous le nom de *chlorure de chaux*, et qui est employé avec grand succès et en grande quantité pour le blanchîment des toiles, est un *chlorite de chaux;* on le prépare directement en mettant le chlore en contact avec la chaux hydratée.

Le *chlorite de soude*, connu sous le nom de *chlorure de soude*, ou *liqueur de Labarraque,* s'obtient en faisant passer un courant de chlore à travers une solution de carbonate de soude ; il est employé comme moyen désinfectant, et pour des fumigations.

La dissolution aqueuse de *chlorite de potasse* constitue l'*eau de javelle*, dont les blanchisseuses font grand usage pour enlever les taches sur le linge.

2° *Chlorates.* Un des principaux caractères des *chlorates* est de former, avec les corps combustibles, des mélanges qu'un choc subit enflamme et fait détonner.

Le *chlorate de potasse* est blanc, sa saveur est fraîche et un peu acerbe ; il cristallise en lames rhomboïdales.

On prépare le chlorate de potasse en faisant passer un grand excès de chlore à travers une dissolution de potasse.

Le chlorate de potasse est employé, dans les laboratoires, pour obtenir le gaz oxigène très-pur. On s'en sert pour la fabrication des briquets oxigénés ; on l'a fait entrer dans la préparation des amorces des fusils à piston.

3° *Hyperchlorates.* Aucun n'existe dans la nature ; ils sont tous le produit de l'art, et sans usage.

4° *Brómates, iodates, iodates hyperiodates.* Ces composés sont sans usages ; ils sont toujours le produit de l'art.

5° *Hypo-sulfites* et *sulfites.* Nous ferons la même observation pour ces deux genres de sels.

6° *Sulfates.* Les sulfates sont très-importants à cause du grand nombre d'espèces de ce genre que l'on trouve dans la nature, ou qui s'emploient dans les arts.

Exposés à l'action de la chaleur, tous les sulfates sont décomposés, excepté ceux de la première section et celui de magnésie ; il y a dégagement d'acide sulfureux.

Ils sont en général décomposables par le charbon ; l'acide et l'oxide sont décomposés, il y a formation d'un sulfure et d'acide carbonique.

L'hydrogène décompose aussi la plupart des sulfates, en donnant lieu à des produits variés selon la nature des sels.

La plupart des sulfates sont solubles, à l'exception de ceux de baryte, d'étain, d'antimoine, de bismuth, de plomb et de mercure.

On rencontre vingt-deux sulfates dans la nature ; les plus communs sont ceux de chaux, de baryte, d'alumine et de potasse.

Les sulfates employés dans les arts sont en petit nombre ; nous allons les examiner.

Sulfate de potasse. Ce sel est blanc, légèrement amer, cristallisant en prismes, inaltérable à l'air, décrépitant au feu, s'y fondant au-dessus de la chaleur rouge-cerise ; il forme de l'alun en se combinant avec le sulfate d'alumine ; il est plus soluble à chaud qu'à froid ; on le trouve mêlé avec l'acétate de potasse et le chlorure de potassium, dans les végétaux ligneux ; il se rencontre aussi combiné avec le sulfate d'alumine et formant de l'*alun.*

On le prépare directement en décomposant le carbonate de potasse par l'acide sulfurique.

Il est employé pour faire de l'alun, du salpêtre (azotate de potasse) ; quelques médecins le prescrivent comme un léger purgatif.

Sulfate neutre de soude, connu aussi sous le nom de *sel de Glauber*. Il est incolore, très-amer, fusible au-dessous de la chaleur rouge ; il est très-soluble dans l'eau au-dessous de cette température, et cristallise en longs prismes à quatre pans d'une telle transparence, que souvent on ne les voit pas dans l'eau où ils se sont formés.

Le sulfate de soude se rencontre : 1° en dissolution dans quelques eaux salines, 2° combiné avec le sulfate de chaux, 3° dans les plantes qui croissent au bord de la mer.

On l'obtient soit en l'extrayant des eaux des sources salées qui la tiennent en dissolution, soit en décomposant le chlorure de sodium (sel marin) par l'acide sulfurique ; c'est par ce dernier procédé qu'on s'en procure les plus grandes quantités.

Il sert pour préparer la soude artificielle ; la médecine l'emploie aussi comme purgatif.

Sulfate de baryte, aussi nommé *spath pesant*. Il se rencontre fréquemment dans la nature ; dans cet état il est cristallisé. Le sulfate de baryte artificiel s'obtient, soit directement en versant de l'acide sulfurique dans de l'eau de baryte, soit en décomposant un sel de baryte par l'acide sulfurique ou par un autre sulfate : il est toujours en poudre blanche, insoluble dans l'eau.

Le *phosphore de Bologne*, produit qui a la propriété de luire dans l'obscurité, est un composé formé de sulfate de baryte en poudre, de farine et d'eau, chauffé jusqu'au rouge.

Le sulfate de baryte est employé dans quelques pays comme mort-aux-rats ; on s'en sert comme fondant dans certaines usines ; enfin la chimie le met en usage pour obtenir la baryte et les différents sels de baryte.

Sulfate de strontiane. Ce sel a beaucoup d'analogie avec le sulfate de baryte ; il se rencontre dans la nature, mais mêlé avec du sulfate de chaux ; ce sel n'est employé que dans les laboratoires.

Sulfate de chaux. Il est aussi connu sous le nom de *gypse*, de *sélénite*, de *pierre à plâtre.*

Ce sel se présente sous différents états : hydraté, il est cristallisé et se nomme *spath calcaire ;* calciné et rendu anhydre par le feu, ce sel, uni à une petite quantité de carbonate de chaux, constitue le *plâtre ;* le *plâtre*, pulvérisé, mis dans l'eau, reprend la forme qu'il avait avant d'être calciné, et devient solide. Exposé à une haute température, le sulfate de chaux fond sans se décomposer, et donne lieu à une espèce d'émail. On rencontre dans la nature un sulfate de chaux anhydre plus dur que le sulfate hydraté, puisqu'il raie le marbre.

Tout le monde connaît les usages du plâtre ; une variété très-tendre et très-blanche de sulfate de chaux hydraté est connue sous le nom d'*albâtre*, et est employée à faire des vases, des statues, etc.

Sulfate de magnésie. Il est connu depuis long-temps sous le nom de *sel d'Epsom* ou *de Sedlitz ;* il est blanc, très-amer, très-soluble dans l'eau.

On s'en sert pour extraire la magnésie ; on l'emploie aussi comme purgatif.

Sulfate d'alumine. Il est blanc, cristallisant difficilement en petites lames nacrées ; il est très-soluble dans l'eau ; sa saveur est d'abord douceâtre, puis très-astringente ; il se décompose à une haute température : aussi peut-on obtenir l'alumine pure en le calcinant.

On ne le rencontre point isolé dans la nature : mais on trouve, dans certaines localités, un sous-sulfate d'alumine connu sous le nom d'*aluminite.*

Le sulfate d'alumine a la propriété de se combiner avec plusieurs sels pour faire des sels doubles connus sous le nom d'*aluns.*

Le sulfate d'alumine est employé à la fabrication de l'alun.

Sulfate d'ammoniaque. Il est incolore, amer, très-piquant, soluble dans deux fois son poids d'eau froide ; il est décomposé à une haute température ; uni au sulfate d'alumine, il constitue l'un des aluns du commerce.

On le trouve en petites quantités dans la nature, et toujours uni au sulfate d'alumine ; on le prépare directement dans les laboratoires, en versant de l'ammoniaque dans l'acide sulfurique affaibli ; dans les arts on en obtient une grande quantité en traitant le sulfate de chaux par le carbonate d'ammoniaque provenant de la distillation des matières animales.

Ce sel est employé pour fabriquer l'alun à base d'ammoniaque.

Aluns. L'alun à base de potasse est astringent, incolore, rougissant la teinture de tournesol, soluble dans l'eau froide, qui en dissout 8,5, et dans l'eau bouillante, qui en dissout 133; l'alun cristallise en beaux octaèdres qui peuvent avoir jusqu'à un décimètre de côté; exposé à la chaleur, il éprouve la fusion aqueuse et donne lieu à une masse opaque qu'on appelait autrefois *alun de roche*; si on élève la température, il se boursouffle en une masse poreuse qui, pulvérisée, prend en pharmacie le nom d'*alun calciné.*

L'alun se trouve, dans le commerce, en masses transparentes; celui qu'on nomme *alun de Rome* est légérement rose, et doit cette couleur à un peu d'oxide de fer.

Les usages de l'alun sont nombreux : les pelletiers l'emploient pour préserver les peaux des vers qui les rongent; il rend le suif plus ferme, il empêche le papier de boire; il est surtout employé en teinture pour fixer sur les étoffes toutes les couleurs solubles dans l'eau; en médecine, il est employé comme astringent à l'intérieur, et comme caustique à l'extérieur, quand il est calciné.

On peut aussi faire un *alun de soude* d'une composition atomique semblable à celui que nous venons d'examiner; on pourrait l'employer avec avantage, car la soude est à meilleur marché que la potasse.

L'*alun à base d'ammoniaque* a la même composition atomique que celui de potasse; il cristallise exactement de la même manière; il est donc isomorphe avec ce sel. Ses usages sont les mêmes que l'alun à base de potasse.

Sulfate de zinc. Le zinc forme, avec l'acide sulfurique, un sel connu dans le commerce sous le nom de *vitriol blanc*; on le rencontre dissous en petite quantité dans les eaux qui circulent dans les mines de sulfure de zinc. Il est employé en médecine comme astringent; on l'employait pour faire vomir, avant la découverte de l'émétique.

Sulfate de protoxide de fer, aussi connu sous le nom de *vitriol vert.* Il a une saveur ferrugineuse bien marquée; il cristallise en prismes rhomboïdaux d'une couleur vert-émeraude; il s'effleurit à l'air, éprouve la fusion aqueuse, devient blanc par la calcination; si on élève la température il se décompose, et le protoxide passe à l'état de peroxide connu sous le nom de *colcothar.*

On rencontre le sulfate de fer partout où il existe du sulfure de fer en contact avec l'air; il est en efflorescence à la surface du sulfure.

Le vitriol vert entre dans la composition des teintures en noir et en gris; il sert à faire l'encre, le bleu de Prusse, à dissoudre l'indigo, etc.

Sulfate de cuivre. Il porte aussi le nom de *couperose bleue*, de *vitriol bleu*, et se présente sous formes de prismes d'une belle couleur bleue; c'est un sel assez soluble; exposé à la chaleur, il perd l'eau qui le constituait en hydrate et devient blanc; on lui rend sa couleur bleue en lui rendant de l'eau. Il est styptique et véneux.

Le sulfate de cuivre existe dans la nature, le plus souvent en dissolution, dans les eaux qui coulent à travers les galeries des mines de cuivre.

On l'emploie en médecine comme escarrotique; mais il est surtout employé dans les arts pour préparer l'arsénite et le carbonate de cuivre (deux couleurs connues sous le nom de vert de Schèele et de cendres bleues).

Sulfate de plomb. Il est blanc, insipide, pulvérulent, insoluble dans l'eau; il n'est d'aucun usage; on le rencontre à l'état natif dans les mines de sulfure de plomb.

Sulfate de bioxide de mercure. On nommait jadis *turbith minéral* un soussulfate de bi-oxide de mercure, pulvérulent, jaune, insoluble dans l'eau, auquel on supposait des propriétés purgatives analogues à celles de la racine du turbith (*convolvulus turpetum*).

Ce composé, qu'on obtient en décomposant par le sulfate de soude l'azotate de bi-oxide de mercure, est maintenant sans usages.

7° *Sélénites* et *séléniates.* Aucun de ces sels n'existe dans la nature; ils sont toujours le produit de l'art, et sans usages.

8° *Azotites, hypo-azotites.* Les azotites sont toujours le produit de l'art, et sont sans usages.

9° *Azotates.* Tous les azotates exposés à l'action de la chaleur se décomposent; les produits que donne cette décomposition varient en raison de la nature de la base. Ils présentent aussi des phénomènes divers avec les différents réactifs.

On ne rencontre dans la nature que les azotates de soude, de potasse, de chaux, de magnésie. On n'emploie dans les arts et dans la médecine que les azotates de potasse, de soude, de bismuth, de mercure, d'argent. On se sert fréquemment, dans les laboratoires, des azotates de baryte, de plomb et d'argent, comme réactifs.

Azotate de potasse, connu aussi sous les noms de *nitre* ou de *salpêtre*, de *nitrate de potasse.* Il est blanc; il a une saveur fraîche et piquante; il cristallise en prismes cannelés, et ne contient point d'eau de cristallisation; il est plus soluble à chaud qu'à froid; il n'éprouve rien à l'air, à moins que celui-ci ne soit très-humide : alors il devient déliquescent; exposé à l'action du feu, ce sel entre en fusion à une température d'environ 380°; il coule comme de l'eau, et se prend, par le refroidissement en une masse blanche opaque, qu'on a nommée *cristal minéral.* Si on élève la température, il se décompose, et il y a dégagement d'azote et d'oxigène; les métaux le décomposent facilement à l'aide de la chaleur et s'oxident; il faut en excepter l'or, l'argent et le platine; et c'est sur cette propriété de ces trois corps qu'est fondée l'opération du *départ* ou de leur séparation d'avec d'autres métaux. L'azotate de potasse pulvérisé avec le tiers de son poids de soufre et les deux tiers de son poids de potasse, donne lieu à une poudre qui, chauffée, détonne avec la plus grande force.

Ce sel existe tout formé dans la nature; on le trouve dans certaines localités, après les pluies, à la surface du sol.

C'est de l'azotate de potasse qu'on retire l'acide azotique; il est également employé pour la préparation de l'acide sulfurique. Il entre dans la proportion de 65 à 75 sur 12 1/2 de charbon et autant de soufre dans la composition de la poudre à tirer; enfin les médecins le prescrivent comme diaphorétique et rafraîchissant.

Azotate de soude. Il était connu autrefois sous le nom de *nitre cubique*, à cause de son mode de cristallisation; il a une saveur fraîche, amère, piquante; il est plus soluble que le nitrate de potasse. Il se trouve à l'état natif, au Pérou, sous la couche argileuse du terrain, et en lits d'une épaisseur variable.

On peut l'employer aux mêmes usages que l'azotate de potasse.

Azotate de chaux. Il existe en même temps que l'azotate de potasse dans les lieux où se rencontre ce dernier; il est sans usages.

Azotate neutre de protoxide de bismuth et *sous-azotate de bismuth (blanc de fard).* L'azotate neutre à l'état solide est incolore; il a une saveur styptique; dissous dans l'eau il se décompose sur-le-champ en deux sels : l'un, azotate très-acide, reste en dissolution dans la liqueur; et l'autre, sous-azotate, se précipite sous forme de flocons blancs, et quelquefois de paillettes nacrées; il est connu sous le nom de *blanc de fard.*

Azotate de protoxide de mercure. On l'obtient en mettant le mercure en contact, à froid, avec un excès d'acide azotique étendu d'eau.

Azotate de deutoxide de mercure. Il résulte de l'action de l'acide azotique sur le mercure; en le calcinant, on obtient le *précipité rouge;* il entre dans la composition de la *pommade citrique* employée contre la gale. On s'en sert aussi pour le feutrage, dans la chapellerie.

Azotate acide d'argent. Il se prépare directement en traitant l'argent par l'acide azotique; ce sel est incolore, amer, très-caustique; exposé au contact de l'air, il se colore; il est fusible à une chaleur moins élevée que la chaleur rouge, et devient liquide; on le coule alors dans des moules cylindriques; dans cet état il est nommé *pierre infernale.*

L'azotate acide d'argent est employé dans les laboratoires, comme réactif. La pierre infernale est employée à l'extérieur comme caustique; à des doses fractionnées, on l'administre à l'intérieur dans certaines affections.

10° *Hypo-phosphites, phosphites, hypo-phosphates, para-phosphates.* Aucun de ces sels ne se trouve dans la nature; ils sont tous le produit de l'art et sans usages.

11° *Phosphates.* Voici le principal caractère des phosphates: si l'on verse sur un phosphate de l'acide sulfurique, il ne se dégage aucun gaz; ils sont donc ainsi distingués des sels qui contiennent des acides gazeux.

On trouve un assez grand nombre de phosphates dans la nature; le plus commun est celui de chaux; les autres sont plus rares; ce sont ceux de potasse, de soude, de magnésie, de magnésie et d'ammoniaque, d'alumine, d'alumine et de lithine, d'alumine et d'ammoniaque, d'yttrium, de fer, de manganèse et de fer, de cuivre, d'urane et de chaux, d'urane et de cuivre.

Les phosphates ou sous-phosphates de

soude, de chaux, d'ammoniaque, de cobalt, sont les seuls employés.

Phosphate neutre de soude. Il est incolore, cristallisable en prismes qui contiennent plus des 64 centièmes de leur poids d'eau de cristallisation; il a une saveur fraîche et salée. Le phosphate de soude existe dans quelques liquides animaux, et surtout dans l'urine humaine.

Il ne s'emploie que rarement en médecine, comme un léger purgatif, et quelquefois comme réactif dans les laboratoires.

Phosphates de chaux. Il existe cinq combinaisons de l'acide phosphorique avec la chaux. Le phosphate de chaux qui se rencontre dans la nature est toujours avec excès de base ; c'est un sous-phosphate ; il entre pour deux cinquièmes dans la charpente osseuse des animaux.

Le sous-phosphate de chaux est surtout employé pour la fabrication du phosphore.

Phosphate d'ammoniaque. Il est inodore, sa saveur est piquante, il verdit le sirop de violettes ; exposé au feu, il se décompose et l'ammoniaque se dégage. Une étoffe quelconque, la gaze la plus fine, plongée dans une dissolution de ce sel, perd, après avoir été séchée, la propriété de prendre feu par le contact d'un corps en combustion.

On trouve ce sel en combinaison avec les phosphates de soude et de magnésie dans les urines humaines ; il forme des calculs avec le phosphate de magnésie.

Ce sel est employé pour préparer l'acide phosphorique.

Phosphate sesqui-basique de cobalt. On l'obtient en décomposant l'azotate de cobalt par le phosphate de soude ; il est remarquable par sa couleur d'un bleu violet foncé. Calciné avec l'alumine, il forme le composé connu sous le nom de *bleu de Thénard.*

12° Les *borates* présentent les caractères suivants : exposés à l'action d'une température élevée, ils entrent en fusion à la chaleur rouge-cerise, et donnent lieu à un verre transparent ; l'hydrogène et le carbone les décomposent : le borate est transformé en borure, et il y a formation d'eau ou d'acide carbonique. Les acides les décomposent presque tous, à l'exception cependant de l'acide carbonique ; l'acide borique se précipite sous forme d'écailles nacrées.

Les borates sont en général peu solubles, à l'exception cependant de ceux de potasse, de soude et d'ammoniaque.

Les borates sont aussi sensiblement solubles dans l'alcool ; la dissolution alcoolique brûle avec une flamme verte.

On rencontre dans la nature quatre borates : celui de soude ou borax du commerce, les borates de magnésie, de chaux et de fer.

Le borate de soude est le seul employé.

Le *borate de soude* est un sel connu, dans des temps fort anciens, sous le nom de *borax* ; il se présente sous forme prismatique ; sa saveur offre à la fois quelque chose de doux et d'alcalin ; il est indécomposable au feu le plus violent.

Le borax chauffé et fondu avec les oxides métalliques, a la propriété de les dissoudre et de former avec eux des verres diversement colorés.

Le borax se trouve dans un assez grand nombre de localités, surtout aux Indes ; celui qui arrive par la voie du commerce n'est pas pur et est connu sous le nom de *tinckal* ou borax brut ; avant de l'employer dans les arts, on le purifie.

Il est employé dans les laboratoires comme réactif, et en minéralogie, pour reconnaître les différents oxides métalliques ; enfin, les orfévres, les bijoutiers, s'en servent pour faciliter la soudure des métaux.

13° *Silicates.* Tous les silicates connus sont indécomposables par la chaleur ; quelques-uns sont fusibles, d'autres sont difficiles à fondre, d'autres enfin sont réfractaires au plus violent feu de forge ; leur degré de fusibilité est du reste en raison de celui de leurs oxides. Les silicates de potasse et de soude sont les seuls solubles dans l'eau. L'acide fluorhydrique décompose tous les silicates ; les autres acides se composent d'une manière variée. Il est facile de reconnaître si un corps composé donné est un silicate : on le réduit en poudre très-fine, on le mêle avec deux ou trois fois son poids de carbonate de potasse, et on chauffe fortement jusqu'à ce que la mélange soit réduit en pâte ; on retire du feu, on délaie la matière dans beaucoup d'eau, on verse de l'acide azotique qui le dissout complétement ; on évapore ensuite peu à peu; bientôt l'acide silicique se dépose en gelée; on continue l'évaporation, on lave, on filtre, et on obtient l'acide silicique sous forme d'une poudre blanche.

Les silicates naturels sont très-nombreux. On en fera connaître plusieurs dans la minéralogie. Les silicates artificiels sont d'une grande importance dans les arts; nous allons énumérer les plus remarquables de ces derniers.

Le *silicate de potasse* composé de 1 partie de silice et de 2 à 3 parties de potasse caustique, forme un verre déliquescent qui se liquéfie complétement à l'air; par conséquent il est très-soluble dans l'eau; ce verre ainsi dissous était nommé par les anciens *liqueur des cailloux*.

On obtient, en fondant ensemble 1 partie et demie de silice pur, 1 partie de carbonate de potasse et 1 dixième de charbon en poudre, un *verre soluble* qu'on peut appliquer comme un vernis sur les bois, les tissus végétaux et animaux, pour les rendre incombustibles.

Les autres silicates artificiels sont généralement multiples, c'est-à-dire composés de plusieurs silicates. Ce sont le *verre blanc*, les *verres colorés*, le *cristal*, le *flint-glass*, les *émaux*, le *strass*, les *pierres gemmes artificielles*, les *poteries*, les *porcelaines*, les *mortiers*, les *ciments*, etc.

14° *Carbonates.* Tous les carbonates exposés à l'action de la chaleur perdent leur acide carbonique, excepté ceux de potasse, de soude, de baryte et de lithine; les carbonates acides de ces bases, traités par la chaleur, reviennent à l'état de carbonates neutres.

Tous les carbonates sont décomposés par le charbon, le chlore, le brôme, l'iode, le phosphore et le soufre.

Aucun carbonate ne résiste à l'action des acides : il se dégage du gaz acide carbonique, et il se produit en même temps une vive effervescence, mais sans odeur; ce qui est un caractère pour distinguer les carbonates des sulfhydrates, par exemple.

Les carbonates neutres, acides et basiques de potasse, de soude et d'ammoniaque sont les seuls carbonates solubles; celui de lithine l'est un peu; tous les autres sont insolubles.

On prépare généralement les carbonates, excepté ceux qui sont solubles, par la voie de double décomposition.

Les carbonates naturels seront indiqués dans la minéralogie.

Les carbonates de potasse, de soude, de baryte, de chaux, de magnésie, de fer, de plomb et de cuivre, sont les seuls employés en médecine ou dans les arts.

Le *carbonate de potasse* est âcre, légérement caustique, verdissant le sirop de violettes, déliquescent, très-soluble dans l'eau, difficilement cristallisable, fusible un peu au-dessus de la chaleur rouge.

Le carbonate de potasse se trouve dans quelques liquides animaux, l'urine, par exemple; on l'extrait des plantes, particulièrement de celles qui sont ligneuses, par l'incinération ou la lixiviation; ou mieux en calcinant dans une chaudière de fer, deux parties de crême de tartre (tartrate de potasse) avec une partie de sel de nitre (azotate de potasse).

Le carbonate de potasse pur est employé dans les laboratoires de chimie; la *potasse du commerce* est employée dans la fabrication du salpêtre, de l'alun, du verre, du savon mou, du bleu de Prusse; on s'en sert aussi pour les lessives. Cependant la consommation de ce produit a beaucoup diminué depuis la fabrication de la soude artificielle, qui coûte moins cher et qui peut être employée au blanchîment, à la fabrication du bleu de Prusse et de presque tous les verres.

Le *carbonate de soude* est âcre, légérement caustique, très-soluble dans l'eau, plus cependant à chaud qu'à froid; il cristallise par le refroidissement; exposé à l'air il s'effleurit.

Le carbonate de soude est très-répandu dans la nature, dans certaines eaux, à la surface de quelques terrains, sous forme d'efflorescence; on désigne sous le nom de *natron* un mélange de carbonate de soude et de sel marin qu'on recueillait en Égypte, après l'évaporation des eaux de quelques lacs.

On prépare maintenant ce sel par la combustion de plantes marines préalablement séchées à l'air.

On l'extrait aussi en grande abondance du sel marin.

Le carbonate de soude est employé dans la fabrication du savon dur, du verre, et dans quelques opérations de teinture.

Le *bicarbonate de soude* contient deux fois autant d'acide que le carbonate neutre;

on l'obtient en faisant agir sur le carbonate neutre, réduit en petits fragments, le gaz acide carbonique soumis à une faible pression.

On fait un grand usage du bicarbonate de soude pour la préparation des limonades gazeuses. Les pastilles dites de Vichy contiennent une certaine quantité de ce sel.

On trouve dans la nature un *sesqui-carbonate de soude* qui contient une fois et demie autant d'acide que le carbonate neutre.

Le *carbonate de chaux* est un des corps composés les plus répandus dans la nature ; l'art ne peut l'obtenir en cristaux, parce qu'il est insoluble ; mais la nature, à laquelle le temps et les moyens ne manquent pas, nous le fournit cristallisé en abondance. On le trouve sous un grand nombre de formes, mais qui toutes peuvent être ramenées à une primitive : la rhomboïdale. Le *spath d'Islande* présente cette forme ; ce composé a été déjà cité dans la partie consacrée à la physique, pour la propriété dont il jouit de réfracter doublement la lumière. Le carbonate de chaux seul, ou mêlé à d'autres substances, constitue les marbres, la craie, les différentes pierres calcaires ; il se trouve en solution dans un grand nombre d'eaux ; il se rencontre aussi dans quelques végétaux, et il entre pour une très-grande proportion dans l'enveloppe solide des œufs des différents oiseaux, dans l'enveloppe des crustacés, dans les coquilles, dans les madrépores.

Tous les acides le décomposent, et à une température élevée il abandonne son acide carbonique ; c'est sur cette propriété qu'est fondée la fabrication de la chaux.

Les usages du carbonate de chaux sont trop étendus et trop connus pour que nous ayons besoin de les indiquer ici : il entre dans toutes les constructions ; on en extrait la chaux et l'acide carbonique.

Le *carbonate de baryte*, connu en Angleterre sous le nom de *whitérite*, se rencontre en masse dans la nature ; il est à peine soluble.

Le carbonate de baryte est un poison ; à la dose d'un gramme il peut faire périr un chien ; en Angleterre, on s'en sert comme de mort-aux-rats. Il est employé en chimie pour préparer la baryte.

Le *carbonate neutre de magnésie* se présente sous forme de petits prismes hexa-gones ; il s'effleurit à l'air ; l'eau froide le convertit en bicarbonate soluble, et en carbonate basique qui se précipite ; l'eau bouillante en dégage du gaz acide carbonique, et donne lieu au même sel basique qui constitue la *magnésie blanche* des pharmaciens.

Le *carbonate double de chaux et de magnésie* se trouve abondamment dans la nature ; il est connu sous le nom de *dolomie* ; il forme des couches considérables dans les terrains primitifs, et même des montagnes entières dans les terrains secondaires.

Le *sesquicarbonate d'ammoniaque*, ou carbonate des pharmacies, est blanc, caustique, piquant ; il a une odeur d'ammoniaque très-prononcée, il verdit fortement le sirop de violettes, il se vaporise peu à peu à l'air libre ; il est très-soluble dans l'eau froide, mais ne l'est pas dans l'eau bouillante, tant il est volatil.

Le carbonate d'ammoniaque est un produit constant de la décomposition des matières animales par la chaleur.

Dans les laboratoires, on se sert du carbonate d'ammoniaque comme réactif ; en médecine, c'est un excitant ; il est connu sous le nom de *sel volatil d'Angleterre*.

Le *carbonate de protoxide de fer*, aussi connu sous le nom de *fer spathique*, cristallise en rhomboïdes semblables à ceux de la chaux carbonatée.

Il existe en grande quantité dans la nature et on l'exploite comme un minerai de fer. La *rouille* qui se forme à la surface du fer exposé au contact de l'air humide est un carbonate basique de protoxide de fer ; ce sel est employé en médecine comme tonique et astringent.

Le *carbonate neutre de zinc* se trouve dans la nature ; mêlé avec le silicate de zinc, il constitue le minerai connu sous le nom de *calamine*, qui est employé pour l'extraction du zinc.

Le *carbonate neutre de plomb* se présente, dans la nature, sous forme d'octaèdre ; il est diaphane, ou blanc, ou d'un jaune brun ; il est surtout employé pour préparer le minium.

Le carbonate de plomb artificiel est toujours en poudre blanche très-pesante ; il est connu sous le nom de *blanc de plomb* ou *céruse*.

Le blanc de céruse est fort employé en peinture.

Les différents *carbonates de bioxide de cuivre* sont des sels basiques.

Le premier est un carbonate noir ou brun ; le second est vert ; à l'état naturel il est connu sous le nom de *malachite*, minéral qui offre deux nuances variées d'un beau vert, et avec lequel on fabrique des objets d'un grand prix. Le carbonate vert artificiel est un sel bi-basique-hydraté.

Enfin le troisième carbonate est bleu ; on peut le regarder comme un sel sesqui-basique-hydraté ; on le rencontre soit cristallisé, soit à l'état pulvérulent, dans les mines de cuivre.

Le carbonate bleu artificiel constitue les *cendres bleues* du commerce qui sont employées dans la teinture des papiers.

15° *Cyanates, etc.* Aucun des sels résultant de la combinaison des oxacides ayant le cyanogène pour radical avec les oxides, ne se trouve dans la nature ; ils sont tous le produit de l'art et sans usage, à l'exception des fulminates de mercure et d'argent.

Le *fulminate de mercure* s'obtient en dissolvant 1 partie de mercure dans 12 parties d'acide azotique et en ajoutant 11 parties d'alcool.

On obtient ainsi une poudre blanche ou d'un blanc gris qui, placée entre des corps durs, détonne avec grand bruit : aussi ne doit-on la toucher qu'avec des substances offrant peu de résistance : tels que le bois, le carton, etc. Elle est sans odeur ; sa saveur est métallique ; jetée au feu, elle fulmine. Le fulminate de mercure est employé maintenant pour faire des amorces. On met ordinairement 6 parties de sel de nitre ou de poudre sur 10 de fulminate.

Le *fulminate d'argent* s'obtient en traitant à chaud, dans un vase convenable, un matras, par exemple, une certaine quantité d'argent pur par l'acide azotique d'abord, puis par l'alcool à 0,85. Ce fulminate est d'un blanc de neige ; sa saveur est métallique ; il est inodore, ne rougit point le tournesol ; exposé à l'air il devient rouge, puis noir ; à une chaleur supérieure à 130° il détonne avec violence ; il fulmine si facilement qu'on ne doit y toucher qu'avec les plus grandes précautions ; une goutte d'acide sulfurique le fait fulminer.

Le fulminate d'argent est employé dans la confection des bonbons chinois : leur enveloppe contient une molécule de ce sel avec un grain de sable ; en tirant le papier il y a frottement et détonation.

B. Bases et Hydracides.

Les produits de l'action des hydracides sur les bases sont de deux sortes.

Si la combinaison de l'hydracide a lieu avec une base végétale, qu'on ne peut regarder comme un oxide, ou avec l'ammoniaque, qui ne contient point d'oxigène, il y a formation d'un chlorhydrate.

Mais si au lieu d'ammoniaque ou d'une base végétale on emploie une base oxigénée, voici ce qui se passe au moment de la combinaison : l'oxigène de la base s'unit à l'hydrogène de l'acide, et il y a formation d'eau, et le métalloïde désacidifié s'unit directement au métal désoxidé.

Cependant ces nouveaux composés sont solubles, du moins pour la plupart ; ils sont sapides ; quand on les décompose ils laissent dégager du gaz acide chlorhydrique : ils présentent donc la plus grande analogie avec les sels.

Au surplus, que l'on considère ces composés comme résultats de la combinaison d'un métalloïde avec un métal, ou d'un hydracide avec un oxide, quand on les traite par un agent chimique les phénomènes sont toujours les mêmes, parce que l'eau, étant toujours présente, donne son oxigène au métal et son hydrogène au métalloïde, pour régénérer les substances composantes.

1° *Fluorures ou fluorhydrates.* Nous avons vu que le fluor n'a jamais été obtenu séparément ; si on verse un acide, l'acide sulfurique, par exemple, sur un fluorure ou un fluorhydrate, il se produit sur-le-champ des vapeurs blanches d'acide fluorhydrique qui ont une telle affinité pour la silice, qu'elles corrodent le verre. Cette propriété est le caractère distinctif des fluorures.

Six fluorures se trouvent dans la nature : ce sont ceux de calcium, de sodium, de magnésium, d'aluminium, d'yttrium, de cérium ; le premier est très-commun : les autres sont très-rares.

Le *fluorure d'aluminium*, avec celui de sodium et le silicate d'aluminium, constitue la topaze.

Le *fluorure de calcium*, qui est commun dans les mines de plomb, et qui est aussi connu sous les noms de *spath fusible*, *spath-fluor*, et de *fluate de chaux*, est employé comme fondant dans diverses exploitations de mines.

Le *fluorhydrate d'ammoniaque* s'obtient en distillant une partie de chlorhydrate d'ammoniaque avec un peu plus de 2 parties de fluorure de sodium. A l'état solide et à plus forte raison à l'état liquide, il corrode le verre : aussi les graveurs sur cristal s'en servent-ils avec avantage. Il doit être conservé dans des vases métalliques.

2° *Chlorures ou chlorhydrates.* Les chlorures s'obtiennent généralement en traitant les oxides par l'acide chlorhydrique ; il y a formation d'eau et d'un chlorure.

Un des principaux caractères des chlorures est leur inaltérabilité par les corps simples, et surtout par le charbon, quel que soit le degré de chaleur employée.

Tous les chlorures sont décomposés par l'acide sulfurique ; il y a dégagement de vapeur d'acide chlorhydrique ; si on ajoute du peroxide de manganèse au chlorure il y a dégagement de chlore.

La plupart des chlorures sont solides et cristallisables ; ils sont presque tous solubles dans l'eau ; ils sont décomposés par les oxides de potassium et de sodium, qui s'emparent du chlore pour former un nouveau chlorure, tandis que le métal se précipite à l'état d'oxide.

Les solutions de sel d'argent déterminent, dans une dissolution filtrée de chlorure, un précipité blanc caillebotté de chlorure d'argent, que l'ammoniaque redissout sur-le-champ : exposé au soleil ce chlorure devient violet.

On rencontre dans la nature plusieurs chlorures.

Les seuls employés sont les suivants :

Le *chlorure de potassium*, qui existe dans les eaux de la mer, dans les matériaux salpétrés, dans les végétaux, et dans quelques humeurs animales, est employé pour la fabrication de la potasse ; il était autrefois employé en médecine, sous le nom de sel fébrifuge de Sylvius.

Le *chlorure de sodium*, ou *sel marin*, a une saveur franchement salée et agréable que tout le monde connaît ; c'est un des corps les plus répandus de la nature ; il existe en solution dans les eaux de la mer, et dans différentes sources salées d'où on l'extrait ; on le rencontre à l'état solide dans l'intérieur de la terre, sous le nom de *sel gemme*.

Outre l'emploi journalier qu'on en fait comme assaisonnement et pour l'éducation des bestiaux, on s'en sert pour fabriquer le chlore, l'acide chlorhydrique, la soude artificielle, le sel ammoniac ; on l'emploie aussi comme couverte ou vernis sur certaines poteries.

Le *chlorure de barium* se prépare en fondant ensemble, dans un creuset, parties égales de chlorure de calcium et de sulfate de baryte. Il est employé dans les laboratoires comme réatif, et en médecine dans le traitement des maladies scrofuleuses.

Le *chlorure de strontium* n'est cité que parce que l'alcool en tenant en dissolution, a la propriété de brûler avec une belle flamme pourpre.

Le *chlorure de calcium* se trouve dans les eaux de la mer en très-petite quantité ; on le rencontre dans tous les terrains, dans les plâtras. Il est employé dans les laboratoires pour dessécher les gaz et pour faire des froids artificiels ; en médecine on l'a prescrit dans les affections scrofuleuses.

Le *chlorhydrate d'ammoniaque*, autrement dit *sel ammoniac, muriate d'ammoniaque*, est blanc, d'une saveur piquante et très-soluble dans l'eau. On le trouve naturellement dans l'urine humaine, dans la fiente de quelques animaux, et notamment du chameau ; on le rencontre dans les houillères quand elles prennent feu ; il est aussi produit abondamment par les volcans : la fumée qui s'en échappe en contient beaucoup, et après les éruptions on en trouve de fort belles cristallisations dans les vides que laisse la lave en se refroidissant.

Le chlorhydrate d'ammoniaque sert à décaper les métaux ; on l'emploie dans la teinture et dans l'impression des toiles peintes ; il sert, en chimie, à préparer différents produits ; enfin, en médecine, il est ordonné comme diurétique et diaphorétique.

Le *proto-chlorure de manganèse* est constamment le produit de l'art ; il est employé dans les fabriques de toiles peintes pour obtenir la couleur brune dite *solitaire*.

Le *proto-chlorure de fer* dissous dans l'eau avec trois parties de chlorhydrate d'ammoniaque, et évaporé jusqu'à siccité, donne le produit connu en pharmacie sous le nom de *fleurs ammoniacales martiales;* il est administré en médecine comme apéritif.

Le *chlorure de zinc*, appelé autrefois *beurre de zinc* à cause de son aspect onctueux, forme, étant mêlé avec une forte dissolution de colle-forte, un composé qui possède les principales propriétés de la glu, et qui a sur elle l'avantage de ne pas sécher à l'air, et d'être facilement enlevé par le lavage à l'eau.

Le *proto-chlorure d'étain hydraté*, ou *sel d'étain*, s'obtient en traitant l'étain pur très-divisé par l'acide chlorhydrique liquide. Il est employé dans les fabriques de toiles peintes, pour enlever certaines couleurs ; il sert à la préparation du précipité pourpre de Cassius ; enfin, on l'emploie comme mordant dans la teinture écarlate, bien que dans ce cas le bichlorure soit préférable.

Le *bichlorure d'étain anhydre* est toujours liquide ; il est transparent, limpide, volatil, d'une odeur piquante insupportable, d'une saveur caustique.

Le *chlorure de cobalt* se prépare en traitant l'oxide de cobalt par l'acide chlorhydrique. On en fait usage comme *encre de sympathie;* les caractères tracés avec sa dissolution sont invisibles : en faisant chauffer le papier les caractères deviennent bleus : par le refroidissement ils disparaissent de nouveau.

Le *proto-chlorure d'antimoine*, ou *beurre d'antimoine*, peut s'obtenir en chauffant 1 partie d'antimoine avec 2 parties de deuto-chlorure de mercure, ou bien en traitant, également à chaud, l'antimoine métallique ou le sulfure d'antimoine par l'acide chlorhydrique. Le proto-chlorure d'antimoine est employé en médecine comme escarrotique ; les armuriers s'en servent aussi pour bronzer les canons de fusil.

L'*oxichlorure de plomb*, aussi nommé *jaune de Cassel*, ou *jaune minéral*, est un composé de chlorure et d'oxide de plomb, que l'on obtient en traitant par la chaleur une pâte faite avec 1 partie de sel marin, 6 ou 7 de litharge et 4 d'eau.

L'*oxichlorure de cuivre* est un composé connu sous le nom de *vert de Brunswick*. On le prépare en humectant de temps en temps des feuilles de cuivre

avec de l'acide chlorhydrique ou avec une dissolution de sel ammoniac. Ce sel se trouve dans la nature en cristaux prismatiques d'un très-beau vert.

Le *proto-chlorure de mercure*, ou *mercure doux, calomélas*, est l'un des sels les plus insolubles que l'on connaisse ; il est blanc, insipide, volatil, et cristallisant, en se sublimant, en prismes quadrangulaires. Il est fort employé en médecine comme purgatif et fondant.

Le *bichlorure de mercure*, ou *sublimé corrosif*, est blanc, inaltérable à l'air ; sa saveur est styptique et désagréable ; c'est un des poisons les plus actifs. Il est employé en médecine dans plusieurs maladies ; on en fait aussi usage pour conserver des matières animales, qui, plongées dans une dissolution aqueuse de ce sel, y acquièrent la dureté du bois et deviennent imputrescibles.

Le *chlorure d'argent* est encore plus insoluble que le proto-chlorure de mercure. On peut l'employer pour argenter le cuivre ou le laiton, et on s'en sert dans les laboratoires pour se procurer l'argent pur; on le rencontre, mais très-rarement, dans la nature.

Le *per-chlorure d'or* s'obtient en dissolvant l'or par l'eau régale et en évaporant jusqu'à siccité ; le per-chlorure se présente sous la forme d'une masse cristalline d'un rouge intense. Le per-chlorure d'or est surtout employé pour préparer le *précipité pourpre de Cassius*. On obtient ce dernier composé en faisant tomber goutte à goutte dans une dissolution de per-chlorure d'or, une solution de proto-chlorure et de bi-chlorure d'étain, et en agitant sans cesse jusqu'à ce que la liqueur prenne une teinte de lie de vin foncée.

Le chlorure d'or est aussi employé en médecine.

Le *bi-chlorure de platine* s'obtient en dissolvant le platine dans l'eau régale et en le faisant évaporer jusqu'à siccité. On le prépare pour se procurer le platine dont on fait usage dans les arts et dans les laboratoires.

3° *Brômures* ou *brômhydrates*. Ces composés présentent la plus grande analogie avec les chlorures. On rencontre, dans les eaux de la mer et de quelques marais salins, les brômures de sodium, de calcium, de magnésium ; ils sont sans usages.

4° *Iodures* ou *iodhydrates*. Les iodures, de même que les brômures, ont beaucoup de rapports avec les chlorures ; plusieurs d'entre eux donnent, avec les métaux, des composés d'une couleur éclatante ; l'iodure de plomb est d'un jaune vif ; le proto-iodure de mercure est vert ; le bi-iodure est écarlate.

On rencontre dans la nature l'iodure de sodium et celui d'argent. Les iodures s'obtiennent : 1° directement par le métal et l'iode ; 2° par l'acide iodhydrique et les oxides ou carbonates ; 3° par la voie des doubles décompositions. Les seuls iodures ou iodhydrates employés sont ceux de potasse, d'ammoniaque, de mercure.

L'*iodure de potassium* est blanc, cristallisant en cubes ; sa saveur est âcre et légèrement amère ; il est très-soluble dans l'eau ; il fond à une température peu élevée, et peut être volatilisé. Il dissout une et même deux fois autant d'iode qu'il en contient, et ces trois composés sont employés en médecine, incorporés à la graisse, et sous forme de frictions, pour la résolution des goîtres et autres tumeurs indolentes.

L'*hydriodate d'ammoniaque* s'obtient en combinant directement l'ammoniaque avec l'acide iodhydrique, et faisant évaporer et cristalliser ; il est employé aux mêmes usages que l'iodure de potassium.

Le *proto-iodure de mercure* est vert, pulvérulent, insoluble dans l'eau ; on l'obtient en versant de l'iodure de potassium dans une solution d'azotate de protoxide de mercure, ou en triturant une partie de mercure avec une d'iode et un peu d'alcool.

Le *bi-iodure de mercure* est remarquable par sa belle couleur rouge ; on l'obtient en versant une solution d'iodure de potassium dans une solution de deuto-chlorure de mercure ; il est volatil ; trituré avec le mercure, il passe à l'état de proto-iodure vert. Ces deux procédés sont employés en médecine, à l'intérieur, à des doses très-petites, car ils sont vénéneux ; et à l'extérieur, sous forme de pommade.

5° *Sulfhydrates*. Les sulfures des deux premières sections étant solubles et décomposant l'eau en se dissolvant, présentent la plus grande analogie avec les chlorures ; mais comme leur histoire a été présentée lorsque nous avons examiné les combinaisons du soufre avec les métaux, nous n'y reviendrons pas.

C'est ici le lieu de dire que les sulfures ou sulfhydrates de la première section déterminent dans les solutions de sels des quatre dernières, des précipités qui ne sont que des sulfures et dont les couleurs varient, et qu'ils sont par conséquent d'excellents réactifs pour reconnaître la nature d'une base.

6° *Cyanures* ou *cyanhydrates*. Ce que nous avons dit des combinaisons de l'acide chlorhydrique avec les bases est applicable à celles de l'acide cyanhydrique. On peut regarder ces composés comme des cyanures ou des cyanhydrates ; l'ammoniaque et les bases végétales ne donnent cependant que des cyanhydrates, puisqu'il n'existe pas, dans ces bases, d'oxigène qui puisse former de l'eau avec l'hydrogène de l'acide.

L'acide cyanhydrique étant extrêmement faible ou tenant peu aux bases, est chassé avec la plus grande facilité de ses combinaisons par les autres acides, et même par l'acide carbonique ; il se répand alors dans l'atmosphère, et il est facile à reconnaître à son odeur ; un autre caractère particulier aux cyanures ou cyanhydrates est de former, avec les solutions de sels ferrugineux, un précipité bleu ; ce précipité est le *bleu de Prusse*.

Plusieurs cyanures jouissent de la propriété de se combiner l'un avec l'autre ; mais de tous, celui qui la possède au degré le plus éminent, est le proto-cyanure de fer, qui s'unit à tous les autres cyanures.

Aucun cyanure ne se trouve dans la nature.

Les seuls cyanures employés sont les suivants :

Le *cyanure de potassium,* dont on a proposé en médecine l'emploi comme succédané du cyanogène, et dont on se sert dans les laboratoires comme réactif.

Le *bi-cyanure de mercure*, employé en médecine, et dont on se sert dans les laboratoires pour obtenir le cyanogène et l'acide hydro-cyanique.

Le *proto-cyanure de potassium* et *de fer*, très-employé dans les laboratoires comme réactif, parce qu'il donne lieu à des précipités dont la couleur varie selon les solutions salines dans lesquelles il est versé, et dont les teinturiers, ainsi que les fabricants de papiers peints, font usage.

Le *cyanure double de fer proto-cyanuré et de fer sesqui-cyanuré*. Ce cyanure n'est autre que le bleu de Prusse ; il est insipide, inodore, plus pesant que l'eau, d'un bleu extrêmement foncé quand il est très-divisé, et d'un rouge de cuivre semblable à l'indigo quand il est en masses. On l'obtient dans les laboratoires en versant une dissolution de proto-cyanure jaune de potasse et de fer, dans une dissolution de sesqui-chlorure de fer ; à l'instant même le bleu se précipite en flocons ; on jette sur un tamis, on lave à grande eau, et on sèche.

Dans les arts on suit un procédé qui sera décrit aux produits chimiques.

Le bleu de Prusse s'emploie en peinture et en teinture sur papier et sur étoffes ; on en fait une grande consommation.

7° *Fluo-borates, fluo-silicates, chloro-borates, chloro-silicates*, etc. Aucun des sels résultant de la combinaison des acides fluo-borique, fluo-silicique, chloro-borique, chloro-silicique, ne se trouve dans la nature ; ces composés sont tout-à-fait sans usages.

C. *Bases et Acides métalliques.*

Les acides métalliques forment avec les bases des composés qui ont tous les caractères des composés salins, et qui sont de véritables sels ; dans certaines circonstances même, quelques oxides, celui d'aluminium, par exemple, jouent relativement aux oxides le rôle d'acides ; certains minéraux, tels que la spinelle, la gahnite, le pléonaste, sont des aluminates de magnésie, de zinc, de fer.

Plusieurs des sels provenant de la combinaison d'un acide et d'un oxide métallique se trouvent dans la nature, et quelques-uns sont employés dans les arts ; nous nous bornerons à mentionner ces derniers.

1° *Manganate de potasse.* En calcinant fortement dans un creuset l'oxide noir de manganèse avec l'azotate de potasse, on obtient un composé vert qui communique d'abord une teinte verte à l'eau ; la dissolution, abandonnée à elle-même, passe bientôt au bleu, puis au violet, puis du violet au rouge, et elle finit enfin par devenir incolore en laissant déposer de l'oxide de manganèse. Les acides sulfurique et azotique donnent une teinte rose à la liqueur quand elle est encore verte ; cette propriété de changer de couleur a fait donner à ce composé le nom de *caméléon minéral ;* il est, du reste, sans usages.

2° L'*arsenite de potasse* est le résultat de l'action de l'acide arsénieux sur le carbonate de potasse. Ce sel, quoique un poison des plus violents, a été quelquefois administré en médecine contre les fièvres intermittentes.

3° *Arsenite de cuivre.* Le *vert de Schèele*, dont on se sert dans la peinture à l'huile et pour teindre les papiers en vert, est un arsenite de cuivre dont la préparation sera indiquée dans le chapitre qui traitera de la fabrication des produits chimiques.

4° *Arseniates.* On trouve six arseniates dans la nature : ce sont celui de chaux, uni quelquefois à celui de magnésie, et ceux de fer, de cobalt, de nickel, de cuivre. L'arseniate de cobalt, facile à reconnaître par sa couleur d'un rouge violet, est l'un des minerais de cobalt les plus répandus ; les autres arseniates sont assez rares ; celui de nickel est d'un beau vert-pomme.

5° *Chromates.* Le *chromate neutre de potasse* est jaune-citron, cristallisant en prismes rhomboïdaux ; sa saveur est fraîche et désagréable ; il est employé dans les manufactures de toiles peintes pour obtenir un beau jaune au moyen de l'acétate de plomb.

Le *bichromate de potasse* cristallise en larges tables rectangulaires d'un beau rouge-orangé ; sa saveur est fraîche, amère, métallique ; dissous et mis en contact avec les couleurs animales ou végétales, il les détruit : aussi peut-on s'en servir comme rongeur sur les toiles peintes.

Le *chromate de plomb* est d'un beau jaune à l'état neutre ; on l'obtient en versant une solution de chromate de potasse dans l'acétate de plomb.

Le *chromate bi-basique de plomb* est d'un beau rouge-orangé.

Le chromate de plomb est employé dans la peinture sur toile et sur porcelaine ; on s'en sert beaucoup pour peindre les caisses de voitures, faire des fonds jaunes sur les papiers, etc.

6° *Antimoniates.* L'antimoine diaphorétique des pharmacies, que l'on se procure en chauffant un mélange de 1 partie d'antimoine et de 3 de nitre, est un antimoniate de potasse.

VIII. Caractères des différents Sels, établis d'après leurs bases.

Nous avons classé les différents sels d'après les acides, et en en présentant les caractères génériques nous n'avons fait ressortir que les propriétés données par ces acides ; mais celles qu'ils reçoivent des bases sont restées ignorées : ce sont ces propriétés que nous allons faire connaître, pour que l'on ait une idée précise des sels qui ont la même base : nous nous bornerons toutefois à ceux qui sont employés.

1° Les *sels de potasse* sont généralement solubles ; leurs dissolutions concentrées donnent, par le sulfate d'alumine, un précipité peu soluble d'alun (*sulfate double d'alumine et de potasse*). L'acide tartrique y détermine aussi un précipité peu soluble de tartrate de potasse (*crème de tartre*).

Le chlorure de platine donne, dans les dissolutions de sels de potasse, un précipité jaune qui est un chlorure double peu soluble.

La potasse forme en général des sels anhydres.

2° Les *sels de soude* présentent une grande analogie avec ceux de potasse ; mais ils ne précipitent ni par le sulfate d'alumine, ni par le chlorure de platine, ni par l'acide tartrique. S'il reste encore quelque doutes, il faut tâcher de combiner la base du sel qu'on veut déterminer avec l'acide sulfurique.

Avec la potasse, on obtient un sulfate qui craque sous la dent, est inaltérable à l'air, et décrépite sur le feu.

La soude, au contraire, donne un sulfate (*sel de Glauber*) dont la cristallisation est bien caractérisée, qui s'effleurit à l'air et éprouve la fusion aqueuse en raison de l'eau qu'il contient.

3° Les *sels d'ammoniaque* ont une saveur chaude et piquante ; ils laissent dégager de l'ammoniaque quand on les met en contact avec la potasse ou la chaux ; ils sont décomposés par la chaleur ; ils sont volatils en partie seulement si l'acide est fixe, en totalité si l'acide est aussi volatil ; le sulfate d'alumine détermine dans les sels d'ammoniaque un précipité d'alun.

4° Les *sels de baryte* sont solubles ou insolubles ; les sels solubles sont précipités par l'acide sulfurique ; le précipité est insoluble dans un excès d'acide ; la potasse et la soude les précipitent, mais non l'ammoniaque ; ils sont également précipités par les carbonates. On transforme les sels insolubles en chlorure soluble qui présente les caractères de sels solubles. Les sels de baryte ont une saveur amère particulière ; ils sont vénéneux à petite dose.

5° Les *sels de strontiane* ont beaucoup d'analogie avec ceux de baryte, ils précipitent également avec l'acide sulfurique et les sulfates solubles ; mais si on fait bouillir l'eau dans laquelle se trouve un précipité de sulfate de strontiane neutre, et qu'on filtre la liqueur, la baryte y fera naître un précipité : le sulfate de strontiane est donc un peu soluble ; le sulfate de baryte ne l'est pas du tout.

6° Les *sels de chaux* ne sont précipités par l'acide sulfurique qu'autant que la dissolution est concentrée ; ils sont aussi précipités par la baryte et la strontiane. L'acide oxalique (voyez *Chimie végétale*) enlève la chaux à tous les acides et donne un précipité d'oxalate de chaux ; l'ammoniaque ne précipite point les sels de chaux. Leur saveur est piquante et amère.

7° Les *sels de magnésie* sont précipités par tous les acides alcalins ; l'ammoniaque ne précipite cependant que les sels neutres ; les dissolutions de sels de magnésie sont précipitées par les carbonates, qui donnent du carbonate de magnésie insoluble, mais ne le sont pas par les bi-carbonates, le bi-carbonate de magnésie étant soluble. Leur saveur a une amertume particulière.

8° Les *sels d'alumine* ont une saveur astringente, ils forment de l'alun avec le sulfate de potasse ou d'ammoniaque ; ils donnent avec les hydrosulfates un précipité blanc ; ils sont précipités par toutes les bases qui précèdent ; mais le précipité se dissout dans un excès d'alcali ; chauffés au rouge avec un sel de cobalt, ils donnent un composé bleu.

9° Les *sels de manganèse* ont généralement une couleur rose ; ils sont précipités en blanc par les alcalis ; le cyanure de potassium et de fer y détermine un précipité blanc ; on reconnaît facilement les sels de manganèse par la propriété que l'acide manganique a de former avec la potasse le composé nommé *caméléon minéral*.

10° Tous les *sels de zinc* sont blancs, excepté ceux qui contiennent un acide coloré, comme l'acide chromique. Ils donnent, par les alcalis, un précipité blanc qui est redissous par un excès d'alcali; le cyanure de potassium et de fer y forme un précipité blanc; la noix de galle n'y produit aucun changement.

11° Les *sels de protoxide de fer* sont généralement verts; leur saveur est astringente; les alcalis y déterminent un précipité blanc qui devient vert et bientôt jaune d'ocre; la noix de galle ne donne pas de précipité dans les dissolutions de sels de protoxide; le cyanure de potassium et de fer y détermine un précipité blanc.

Dans les *sels de peroxide de fer*, le sulfate de potasse ou d'ammoniaque donne un précipité couleur de chair; ils sont précipités en jaune d'ocre par les alcalis, en bleu foncé (bleu de Prusse) par le cyanure de potassium et de fer, en noir (encre) par la noix de galle.

12° Les *sels de protoxide d'étain* sont précipités en brun par l'acide sulfhydrique; les alcalis y forment un précipité blanc; le cyanure de potassium et de fer, un précipité également blanc; le chlorure d'or forme, avec les sels de protoxide d'étain, le précipité pourpre connu sous le nom de *précipité de Cassius.*

Les *sels de peroxide d'étain* donnent, par l'acide sulfhydrique, un précipité jaune analogue à l'or mussif. Les sels d'étain, au maximum d'oxidation, sont ramenés au minimum par de l'étain qu'on met dans leur dissolution.

L'étain est précipité, à l'état métallique de ses dissolutions salines, par le zinc, qui a plus d'affinité que lui pour l'oxigène.

13° Les *sels de cobalt* sont roses ou bleus; les alcalis donnent un précipité bleu, que dissout l'ammoniaque en excès; fondus avec le borax, ils donnent un verre bleu; le cyanure de potassium et de fer les précipite en jaune-brunâtre.

14° Les dissolutions de *sels de nickel* sont d'un beau vert-émeraude; on les distingue des dissolutions vertes de sels de fer, en ce que le vert des sels de nickel est stable et d'une grande richesse de couleur. Les alcalis déterminent dans ces dissolutions des précipités verts qui, séchés, deviennent noirs. L'ammoniaque donne un précipité vert qui se dissout dans un excès d'alcali; la liqueur devient alors d'un beau bleu. Le cyanure de potassium et de fer donne un précipité d'un jaune clair; ce caractère servira à distinguer les sels de nickel des sels de cuivre, qui donnent aussi une dissolution bleue par l'ammoniaque. Les sels de nickel ont une saveur douce d'abord, puis métallique.

15° *Sels de chrome.* Toutes les dissolutions de chrome par les acides sont d'un vert foncé; les alcalis les précipitent en gris-verdâtre; le cyanure de potassium et de fer donne un précipité vert; la noix de galle un précipité brun. Un sel de chrome traité par l'azotate de potasse donne lieu à un chromate de potasse jaune; un demi-millième de ce sel devient sensible dans l'eau. Le précipité d'oxide de chrome fondu avec le borax donne un verre d'une couleur verte particulière.

16° Les *sels d'antimoine* sont blancs; ils sont ou acides ou basiques; les combinaisons d'antimoine ont cela de particulier, qu'elles sont toujours précipitées par l'eau: on obtient un sous-sel. Le zinc précipite l'antimoine à l'état métallique; le cyanure de potassium et de fer ne détermine pas de précipité dans les dissolutions de sels d'antimoine; ils donnent, par l'acide sulfhydrique, un précipité jaune-orangé ou rouge.

17° Les *sels de bismuth* précipitent en noir par l'acide sulfhydrique; le précipité traité par le feu dans un creuset brasqué donne un bouton métallique, facile à reconnaître par sa couleur blanche irisée.

18° Les *sels de plomb* ont une saveur d'abord sucrée, puis astringente; ils sont blancs, excepté ceux qui sont formés par des acides colorés; les alcalis y déterminent un précipité blanc d'oxide hydraté. L'acide sulfhydrique donne un précipité noir; ce réactif est tellement sensible que l'on peut constater la présence d'un cent-millième de plomb dans un liquide: la couleur est encore foncée. Les sulfates donnent un précipité blanc de sulfate insoluble; le cyanure de potassium et de fer, un précipité blanc. Le zinc, l'étain, précipitent le plomb à l'état métallique de ses dissolutions salines.

19° Les *sels de cuivre* sont colorés en bleu quand ils sont étendus, en vert quand ils sont rapprochés; la potasse donne un précipité vert soluble dans l'ammoniaque, et la liqueur se colore alors en un bleu très-vif. Le cyanure de potassium et de fer forme un précipité rouge qui rappelle la couleur du cuivre. Le fer et le zinc précipitent le cuivre à l'état métallique. La saveur des sels de cuivre est styptique et des plus désagréables ; elle est tenace. Tous les sels de cuivre sont vénéneux.

20° *Sels de mercure.* Tous les sels, soit de *protoxide*, soit de *peroxide de mercure*, sont ou volatilisés ou décomposés par la chaleur ; volatilisés si les deux principes constituants sont volatils ; décomposés si l'acide est fixe ou décomposable par la chaleur. L'acide sulfhydrique forme un précipité noir, qui devient rouge si on le réduit en poudre impalpable.

Les sels de protoxide sont précipités en noir par les alcalis, et ceux de deutoxide en jaune. L'acide sulfurique et les sulfates précipitent les sels de mercure en un sous-sulfate jaune insoluble. Le cyanure de potassium et de fer donne un précipité blanc.

Les sels solubles de mercure sont vénéneux.

21° *Sels d'argent.* Les dissolutions d'argent sont incolores ; elles donnent un précipité noir par les alcalis ; ce précipité, chauffé fortement, passe à l'état métallique. L'acide sulfhydrique y forme un précipité noir ; l'acide sulfurique et les sulfates un précipité blanc ; l'acide chlorhydrique, les chlorhydrates et les chlorures, un précipité blanc caillebotté, devenant violet à la lumière, et soluble dans l'ammoniaque seulement. La plupart des métaux précédents ramènent l'argent à l'état métallique de ses dissolutions salines.

22° *Sels d'or.* Les dissolutions d'or se reconnaissent à leur couleur jaune ; une solution de chlorhydrate de fer précipite l'or à l'état métallique. Les sels d'étain, au minimum d'oxidation, y déterminent le précipité pourpre de Cassius.

23° *Sels de platine.* Le platine forme des dissolutions jaunes, qui, étant desséchées, deviennent d'un rouge brun ; elles ne sont pas précipitées par le cyanure de potasse et de fer ; le chlorhydrate d'ammoniaque y forme un précipité qui, par la calcination, devient du platine en éponge. Le platine est précipité par ses dissolutions, par un grand nombre de métaux, et même par l'argent.

SECT. II. — CHIMIE ORGANIQUE.

Cette partie de la science comprend l'étude des corps organiques sous le rapport chimique.

Les corps organiques végétaux ou animaux se composent de différentes parties qu'il est facile d'isoler, et chacune de ces parties est formée de différentes substances qu'on obtient à l'aide de procédés chimiques ; ces substances ont reçu le nom de *substances immédiates.*

Les substances immédiates sont composées de quatre principes : l'*hydrogène*, le *carbone*, l'*oxigène* et l'*azote* ; ce dernier se rencontre plus particulièrement dans les matières animales ; dans des cas extrêmement rares, on y rencontre le *soufre* et le *phosphore* ; le soufre entre comme principe constituant dans l'huile essentielle de moutarde, et le phosphore dans la matière du cerveau et dans la laitance de carpe.

Les résultats de la combinaison des quatre principes énumérés plus haut sont extrêmement nombreux, et il est à remarquer que, quoique nous puissions connaître la proportion des éléments dont sont formés ces composés, il nous est impossible de les imiter dans nos laboratoires en réunissant directement les éléments qui concourent à leur formation.

Toutes les substances immédiates organiques sont solides ou liquides à la température ordinaire ; les unes sont volatiles, d'autres ne se vaporisent qu'à l'aide de différents gaz ; le plus grand nombre est fixe.

L'analyse des produits immédiats des corps organiques est une partie importante de la chimie organique ; il faut donc tâcher d'obtenir séparément chacun des éléments qui les constituent ; cependant si, au lieu des éléments séparés, on obtient des corps complexes dont la composition chimique est parfaitement connue, tels que de l'acide carbonique, de l'eau, on arrivera à une analyse aussi rigoureuse que si chacun des principes élémentaires était isolé.

Les substances organiques, en raison des principes communs qu'elles renferment, doivent offrir des propriétés communes, quand elles sont traitées par certains agents ; l'action de la chaleur est celle dont les différents résultats offrent la plus grande analogie, pourvu toutefois que la température soit élevée au point de décomposer toute la substance organique.

Il faut remarquer cependant que celles de ces substances qui sont volatiles ne se décomposent qu'autant qu'elles sont chauffées dans des vaisseaux clos, où il leur est impossible de se vaporiser.

On obtient généralement, quand on traite

les substances non azotées par la chaleur, de l'eau, de l'acide carbonique, de l'acide acétique, de l'huile plus ou moins colorée, du carbure gazeux d'hydrogène, du charbon. Les substances azotées donnent, en outre, de l'ammoniaque, du carbonate d'ammoniaque, une matière huileuse, épaisse, noire, très-fétide, et quelquefois de l'acide cyanhydrique.

Le carbonate d'ammoniaque et cette huile fétide sont donc, surtout, les produits qui distinguent les substances azotées des substances non azotées.

Le charbon qui reste après la décomposition des substances azotées est volumineux, spongieux et brillant.

La majeure partie des substances organiques sèches est combustible dans l'oxigène et dans l'air ; les plus combustibles sont celles où l'hydrogène prédomine: les huiles, les résines, par exemple ; les moins combustibles sont celles où l'oxigène est en excès : nous citerons les acides.

L'eau n'agit à froid, sur les substances organiques, que comme dissolvant ; celles qui contiennent un excès d'oxigène y sont très - solubles ; le contraire arrive pour celles ou l'hydrogène prédomine, à l'exception cependant de l'*alcool*, de l'*éther*, etc. Lorsqu'une matière organique est en dissolution dans l'eau, la cohésion des molécules est détruite, et elles peuvent se prêter à d'autres combinaisons : voilà pourquoi les substances organiques en dissolution fermentent ; à l'état sec, elles résistent à toute décomposition.

L'acide sulfurique charbonne les substances organiques en favorisant la combinaison de l'hydrogène et de l'oxigène qui entrent dans la composition de ces substances ; il y a formation d'eau, pour laquelle l'acide a beaucoup d'affinité, et le charbon se trouve ainsi mis à nu.

L'acide azotique décompose presque toutes les substances organiques ; il y a formation d'eau, dégagement de gaz nitreux, d'acide carbonique ; il y a aussi, quand la chaleur n'est point élevée trop haut, formation de divers acides, et presque toujours d'acide oxalique.

Les substances immédiates organiques se divisent en quatre classes: celle des *acides*, celle des *bases*, et celle des substances *neutres* ou *indifférentes* ; enfin celle des *matières colorantes*.

§ 1ᵉʳ. *Première classe. Acides et sels acides organiques.*

I. Acides.

Les acides organiques, comme les acides inorganiques, ont une saveur aigre ; ils rougissent la teinture bleue de tournesol, et s'unissent aux bases pour former des sels.

On connaît un grand nombre d'acides organiques, mais tous n'ont pas la même importance : les uns sont formés d'oxigène et de carbone ; les autres d'hydrogène, d'oxigène et de carbone ; d'autres enfin contiennent de l'azote. On peut donc les diviser en trois sections.

A. *Première section. Acides composés de carbone et d'oxigène.*

On connaît trois acides organiques composés de carbone et d'oxigène ; ces composés seraient même beaucoup mieux placés dans la chimie minérale ; ce sont les acides *oxalique*, *croconique* et *mellitique*. Si on ajoute ces trois acides aux deux composés d'oxigène et de carbone que nous connaissons déjà, savoir : l'*acide carbonique* et le *gaz oxide de carbone*, nous voyons que le carbone et l'oxigène peuvent s'unir en cinq proportions différentes.

L'acide croconique, qui se rencontre dans le produit volatil de la calcination des carbonates de potasse et du charbon, et l'acide mellitique, qu'on trouve dans la nature, uni à l'alumine dans un minéral nommé *honigstein*, *pierre de miel*, sont sans usage. Nous nous occuperons plus tard de l'acide oxalique.

B. *Deuxième section. Acides composés d'hydrogène, de carbone et d'oxigène.*

Cette section renferme cinquante acides environ ; sur ce nombre, dix-huit sont plus ou moins gras, et se forment assez généralement pendant la saponification des graisses ; les autres ne sont point gras ; ceux-ci contiennent des quantités d'oxigène et d'hydrogène dans les proportions nécessaires pour faire l'eau ; quelques-uns cependant renferment un excès d'hydrogène.

Dans les acides gras, l'hydrogène et le carbone sont toujours en fortes proportions.

1° *Acides qui ne sont point gras.* On

peut établir quatre groupes dans cette sous-division.

Le premier comprend les acides fixes qui, soumis à la distillation, se transforment en nouveaux acides nommés *pyrogénés* (résultant de l'action du feu) et en eau et en acide carbonique.

Le deuxième groupe renferme les acides fixes qui donnent à la distillation les produits ordinaires des matières végétales, sans produire d'acides pyrogénés.

Le troisième, les acides volatils non pyrogénés que l'acide azotique convertit en acide oxalique, et plus tard en eau et en acide carbonique.

Le quatrième, les acides volatils que l'acide azotique n'attaque pas, ou change en acides inattaquables par lui.

1er Groupe.

L'*acide tartrique*, qu'on retire de la crème de tartre, *tartrate de potasse;*

L'*acide paratartrique*, isomérique avec l'acide tartrique, et se rencontrant comme celui-ci dans les vins ;

L'*acide pyrotartrique*, ou acide tartrique pyrogéné ;

L'*acide citrique*, qui existe dans le suc de citron ;

L'*acide pyrocitrique*, ou acide citrique pyrogéné ;

L'*acide malique*, ou acide des pommes ; il se trouve aussi dans presque tous les autres fruits ;

Les acides *maléique* et *paramaléique* résultant tous deux de la distillation de l'acide malique ;

Les *acides quinique* et *pyroquinique;*

L'*acide tannique* ou tannin ;

Les *acides gallique* et *ellagique*, existant tous les deux dans la noix de galle ;

L'*acide pyrogallique*, ou gallique pyrogéné ;

Les *acides méconique* et *métaméconique*, qu'on rencontre tous deux dans l'opium ;

L'acide *pyroméconique*, ou méconique pyrogéné ;

L'*acide mucique*, résultat de l'action de l'acide azotique sur certaines substances, telles que la gomme, la manne, le sucre de lait, etc.;

L'*acide pyromucique*, ou mucique pyrogéné ;

L'acide *caïncique*, qui se trouve dans la racine de *cahinça* (*chiococca racemosa*), plante du Brésil.

2e Groupe.

L'*acide oxalhydrique;* cet acide n'existe point dans la nature, et prend naissance pendant la réaction de l'acide azotique sur un grand nombre de substances végétales ;

L'*acide pectique*, résultat de l'action des oxides alcalins sur la gelée végétale ;

L'*acide ulmique*, qui, découvert d'abord dans l'écorce d'orme, a été rencontré depuis dans le terreau, les fumiers, la terre végétale, la terre de bruyère.

3e Groupe.

L'*acide acétique*, le plus important de tous les acides organiques ;

L'*acide formique*, qui paraît n'exister que dans les fourmis ;

Et l'*acide lactique*, qu'on rencontre non-seulement dans le lait, mais encore dans la plupart des liquides animaux ; il se produit aussi spontanément dans un grand nombre de solutions de substances organiques abandonnées à elles-mêmes.

4e Groupe.

L'*acide succinique* ou du succin ;

L'*acide camphorique* ou du camphre ;

L'*acide subérique* ou du liége (quercus suber);

L'*acide benzoïque* ou du benjoin ;

L'*acide cinnamique* ou de la canelle (laurus cinnamomum).

2° *Acides gras.* On peut établir deux groupes parmi les acides gras : le premier comprend ceux qui se décomposent et se volatilisent en partie; le deuxième contient ceux qui se volatilisent complétement.

1er Groupe.

L'*acide stéarique* ou du suif;

L'*acide margarique*, à cause de son aspect, qui a de l'analogie avec la nacre de perles ;

L'*acide oléique*, qui ressemble à une huile incolore;

Les *acides ricinique*, *oléidique*, *margaritique*, produits tous trois par la saponification de l'huile de ricin ;

L'*acide élaïdique*, qu'on obtient, en distillant ou saponifiant l'élaïdine, substance qui se rencontre dans la plupart des huiles fines ;

L'*acide palmique*, qu'on obtient avec le palmine, substance qui se rencontre dans l'huile de ricin ou *palma-christi;*

L'*acide roccellique*, qu'on extrait de l'orseille (roccella tinctoria) ;

L'*acide sébacique* (du mot latin *sebum*, suif), l'un des produits de la distillation des graisses, et le premier des acides gras découverts.

2ᵉ Groupe.

L'*acide phocénique*, produit de l'action des alcalis sur une huile nommée *phocénine*, qu'on rencontre chez le marsouin (Delphinus phocæna) ;

Les *acides butyrique*, *caproïque* et *caprique*, produits tous les trois par l'action des alcalis sur la *butyrine*, substance immédiate qui se rencontre dans le beurre;

L'*acide hyrcique*, qui s'obtient en traitant par les alcalis, l'*hircine*, substance qui se trouve dans la graisse de mouton ou de bouc;

L'*acide valérianique*, qui paraît exister tout formé dans la *valériane officinale;*

L'*acide crotonique*, que l'on extrait de l'huile de semence de *croton-tiglium* (graine de pignon d'Inde) ;

Et enfin l'*acide cévadique*, produit de la saponification de la matière grasse de la *cévadille* (*veratrum sabbadilla*).

C. *Troisième section. Acides composés d'hydrogène, d'oxigène, de carbone et d'azote.*

Le premier groupe de cette section comprend les acides azotés qui ne sont point gras, savoir :

L'*acide urique*, qui existe dans l'urine de l'homme et des animaux carnivores ;

L'*acide purpurique*, résultat de l'action de l'acide azotique sur l'acide urique;

L'*acide rosacique*, d'une belle couleur rouge ; il se dépose dans les urines de certains individus atteints de fièvres intermittentes ;

L'*acide hyppurique*, qui existe dans l'urine du cheval et des animaux herbivores ;

L'*acide allantoïque*, d'abord nommé *amniotique*, et qui se trouve dans les eaux de l'amnios et de l'allantoïde de la vache ;

L'*acide asparmique*, qu'on obtient en décomposant l'*asparamide* ou *asparagine*, substance particulière qui se trouve dans l'asperge et dans d'autres végétaux ;

L'*acide indigotique*, résultant de l'action de l'acide azotique sur l'indigo ;

L'*acide picrique*, ainsi nommé à cause de sa saveur amère, et produit par l'action de l'acide azotique en excès sur une grande quantité de substances azotées, et surtout sur l'indigo.

Dans le deuxième groupe sont rangés les acides azotés gras :

L'*acide cholestérique*, qui se forme dans la réaction de l'acide azotique sur la *cholestérine*, matière grasse des calculs biliaires de l'homme ;

L'*acide ambréique*, qu'on obtient en traitant par l'acide azotique l'*ambréine* qui constitue presque entièrement l'ambre gris ;

Enfin l'*acide cholique*, qui a été trouvé dans la bile de bœuf.

Indépendamment des acides que nous venons d'énumérer, il en est un grand nombre qui ont été annoncés comme nouveaux, mais dont l'existence est encore trop douteuse pour que nous puissions nous en occuper ici. Ils forment une quatrième section.

Enfin, il existe encore une série d'acides résultant de l'action d'acides puissants sur des matières organiques ; les plus remarquables sont : les *acides sulfovinique*, *sulféthérique*, *para-sulféthérique*, qui se forment par la réaction de l'acide sulfurique sur l'alcool ou l'éther ; l'*acide nitro saccharique* dont nous parlerons plus tard, et les *acides sulfindigotique* et *hypo-sulfindigotique*, produits par la réaction de l'acide sulfurique sur l'indigo.

Parmi les acides compris dans les trois sections précédentes, il n'en est qu'un petit nombre, une douzaine au plus, qui soient employés soit dans les arts, soit dans les usages ordinaires de la vie. Nous examinerons seulement les plus importants.

a. L'*acide oxalique*; il cristallise très-bien en longs primes quadrilatères transparents ; sa saveur est très-acide, et il rougit fortement la teinture de tournesol.

Exposé à l'action de la chaleur, il fond à $+ 97°$; si la chaleur est poussée plus loin, il se divise en deux parties, dont l'une est décomposée et donne lieu à différents gaz, tandis que l'autre se vaporise à l'aide de ces mêmes gaz.

L'acide oxalique est très-soluble dans l'eau, plus cependant à chaud qu'à froid : comme la plupart des acides organiques, il se dissout très-bien dans l'alcool; son caractère distinctif est de précipiter toutes les dissolutions calcaires.

L'acide oxalique existe dans un grand nombre de végétaux et particulièrement dans les *oxalis*; c'est de là qu'il tire son nom; on peut l'extraire de ces plantes, dans lesquelles il se trouve uni à la potasse, pour former un oxalate de potasse connu dans le commerce, sous le nom de *sel d'oseille*.

L'acide oxalique se forme dans presque toutes les opérations qui ont pour résultat la décomposition des matières organiques, traitées par l'acide azotique.

L'acide oxalique est employé dans les arts pour aviver certaines couleurs, enlever les taches d'encre, de rouille; à petites doses, il est employé en médecine, comme rafraîchissant antiscorbutique; à haute dose, il devient un poison actif.

b. Acide tartrique. Le vin dépose dans les tonneaux une croûte que l'on appelle *tartre*, et qui est colorée suivant que le vin est blanc ou rouge. Ce tartre est impur; on le purifie par la cristallisation, et on obtient la crème de tartre ou bi-tartrate de potasse, dont on extrait facilement l'acide tartrique en la décomposant d'abord par le carbonate de chaux, puis en décomposant le tartrate de chaux obtenu par l'acide sulfurique : l'acide tartrique devient libre.

L'acide tartrique cristallise en prismes hexaèdres aplatis; il contient une proportion d'eau. Sa saveur est très-acide, mais agréable; il est très-soluble dans l'eau, puisque 100 parties de ce liquide en dissolvent 125 parties; l'alcool en dissout aussi une grande quantité; exposé à un air très-humide, il devient déliquescent.

La dissolution aqueuse d'acide tartrique se décompose par le contact de l'air, surtout si elle est faible; elle se couvre de moisissure, et il y a formation d'acide acétique.

Soumis à l'action de la chaleur il se décompose, répand une odeur de caramel, donne les produits qui se forment dans la distillation des matières végétales, et forme en outre un nouvel acide particulier nommé acide *pyro-tartrique*. Nous ferons remarquer ici que la plupart des acides contenus dans ce groupe donnent également des acides pyrogénés quand on les traite par la chaleur.

L'acide azotique le convertit en acide oxalique; il ne précipite pas la chaux des sels à acides minéraux; mais il précipite les combinaisons de cette base avec les acides végétaux; il forme, avec la potasse, un sel neutre incristallisable, qui, dès qu'on le rend acide, se précipite et forme du tartre; il forme aussi un assez grand nombre de sels doubles dont quelques-uns sont remarquables.

Nous avons vu qu'il existait dans le vin uni à la potasse; on le trouve aussi à l'état libre dans le raisin, dans le tamarin et dans un grand nombre de végétaux.

L'acide tartrique est employé en teinture; on s'en sert aussi pour remplacer l'acide de citron et faire des limonades.

c. Acide citrique. On donne ce nom à l'acide du citron. L'acide citrique cristallise en beaux prismes rhomboïdaux; il a une saveur forte, mais agréable; 100 parties d'eau en dissolvent 133 parties; il ne donne pas, comme l'acide tartrique, de précipité par excès d'acide; la plupart des sels formés par l'acide citrique sont incristallisables; ils forment en général des masses d'un aspect gommeux : il faut en excepter les citrates de magnésie et de zinc, qui cristallisent.

Le suc de citron est employé en teinture; l'acide citrique cristallisé, mêlé avec une quantité convenable de sucre, et aromatisé avec un peu d'essence de citron, forme ce qu'on appelle une limonade sèche, qu'il suffit de dissoudre dans l'eau pour obtenir une boisson des plus agréables.

d. L'acide malique a été découvert par Scheele, dans les pommes aigres, et c'est de là qu'est venu son nom. On l'a trouvé depuis dans presque tous les fruits, auxquels il donne leur saveur acide, dans la joubarbe, etc.; on l'extrait surtout des baies du sorbier, dans lequel il existe abondamment.

L'acide malique est blanc, il cristallise en mamelons, il est inodore; sa saveur, qui est très-forte, mais cependant agréable, a du rapport avec celle des acides tartrique et citrique.

Le malate de plomb, que l'on forme en précipitant l'acétate de plomb par l'acide malique, se présente d'abord comme un précipité blanc ; mais au bout de quelques heures ce précipité se trouve entièrement rassemblé en cristaux nacrés d'une très-belle apparence. Cette propriété est tout-à-fait caractéristique pour reconnaître l'acide malique.

L'acide malique est isomérique avec l'acide citrique.

e. Acide gallique. L'acide gallique se rencontre non-seulement dans la noix de galle, mais encore dans un grand nombre de végétaux, tels que l'orme, le chêne, le marronnier d'Inde, le hêtre, le saule, le bouleau, le cerisier, le peuplier, le châtaignier, etc.

L'acide gallique est solide, acidule, styptique, inodore, cristallisable en aiguilles soyeuses d'un beau blanc, soluble dans 100 fois son poids d'eau bouillante, plus soluble dans l'alcool que dans l'eau. Il est volatil ; il est facile à distinguer par le caractère suivant : mis en contact avec une dissolution de fer au maximum, il donne un précipité noir qui est l'encre.

L'acide gallique pur est employé comme réactif pour déterminer la présence des sels de fer, et pour reconnaître les altérations que l'on peut faire subir aux écritures.

Combiné avec d'autres substances, dans la noix de galle, par exemple, il est employé en teinture et pour la fabrication de l'encre.

f. Acide tannique (tannin). L'acide tannique est le tannin pur ; cet acide existe tout formé dans certaines parties de végétaux : tels que la noix de galle, la plupart des écorces, le cachou, la gomme kino, le thé, etc. Il forme dans les écorces la majeure partie du tan, qui durcit la peau de certains animaux et la convertit en cuir.

L'acide tannique est solide ; brûlé sur une lame de platine, il ne laisse aucun résidu ; il forme, dans une dissolution de gélatine, un précipité insoluble dans l'eau, élastique, opaque, ressemblant à une membrane ; il précipite les sels de peroxide de fer en bleu-violet ; ce précipité disparaît dans un excès de gélatine.

L'acide tannique est employé comme réactif dans les laboratoires ; on s'en sert en médecine comme astringent.

g. Acide acétique. Cet acide est sans contredit le plus important de tous les acides organiques ; il se forme dans une foule de circonstances : dans la fermentation acide, dans la décomposition des végétaux par l'action de la chaleur, et dans leur décomposition putride ; il existe dans la sève, combiné avec les alcalis ; la sueur, l'urine, le lait le plus récent, en contiennent d'une manière sensible ; il se développe dans l'estomac à la suite de mauvaises digestions ; enfin, il y a toujours formation d'une certaine quantité de cet acide toutes les fois que l'équilibre qui existe entre les différents principes des matières organiques se trouve dérangé.

L'acide acétique, dans son état de pureté, se présente sous forme liquide à la température de $+ 23°$; mais à celle de $+ 13°$, il devient solide et cristallise en lames ; son odeur est extrêmement forte ; à son maximum de pureté il pèse 1,0629, à la température de $+ 16°$. L'acide acétique est volatil, moins cependant que l'eau ; il bout à $+ 119°$ sans éprouver de décomposition ; il résiste à une assez haute température sans s'altérer, et ne se décompose même qu'en partie si on le fait passer à travers un tube rougi.

L'acide acétique cristallisé renferme encore de l'eau, qu'il n'abandonne que quand il se combine avec les bases avec lesquelles il forme des sels anhydres.

L'acide acétique se mêle avec l'eau en toutes proportions ; le vinaigre n'est que de l'acide acétique étendu d'eau et contenant du tartre de la matière colorante.

On prépare l'acide acétique par plusieurs procédés ; le vinaigre s'obtient par la fermentation acide de plusieurs liqueurs, telles que la bière, le vin, le cidre, l'alcool étendu d'eau.

Le vinaigre de bois est le résultat de la distillation du bois (voyez *Produits chimiques*) ; on le nomme acide pyroligneux quand il se trouve mêlé à une certaine quantité d'huile empyreumatique.

On obtient le vinaigre radical en décomposant par la chaleur, dans une cornue de grès, l'acétate de cuivre ; on le purifie par une nouvelle distillation. Enfin, pour obtenir l'acide acétique cristallisable et le plus concentré possible, il faut décomposer un acétate (celui de soude, par exemple) par l'acide sulfurique, en chauffant doucement et convenablement le mélange dans une cornue tubulée.

Tout le monde connaît les usages du vinaigre; les flacons de sel de vinaigre contiennent des cristaux de su fate de potasse sur lesquels on a versé du vinaigre radical.

h. Acide benzoïque. Cet acide est connu depuis environ deux siècles sous le nom de fleurs de benjoin, parce qu'il existe tout formé dans le benjoin et mêlé à une substance résineuse; on le trouve aussi dans la plupart des baumes; enfin il existe à l'état de sel dans l'urine des animaux herbivores; en versant un acide puissant dans ces urines, il se forme un précipité d'acide benzoïque, car il est peu soluble. On le retire le plus ordinairement du benjoin.

L'acide benzoïque est solide, blanc; sa saveur est faible et un peu amère; il est inaltérable à l'air; il se volatilise, est inflammable et brûle comme une résine; il est peu soluble dans l'eau froide, tandis que l'eau chaude en dissout une assez grande quantité; il est anhydre.

Il est employé en médecine, à l'intérieur, comme un léger stimulant, et à l'extérieur, en fumigations contre quelques affections de la peau.

i. Acides stéarique, margarique, oléique. Ces trois acides, ainsi que la plupart des acides gras, se forment dans l'opération de la saponification : ils sont donc le résultat de la réaction des bases salifiables sur les huiles grasses végétales et animales, et sur toutes les graisses.

Les *acides margarique* et *oléique* se forment quand on opère avec les huiles végétales; ces mêmes acides et l'*acide stéarique* sont produits quand on opère avec les graisses de mouton, de bœuf, de porc, etc.; les savons ne sont donc que de véritables sels, comme nous le verrons plus tard.

L'acide *stéarique* est blanc, insipide, incolore, plus léger que l'eau; il fond à 70°, et cristallise par le refroidissement en belles aiguilles entrelacées, brillantes, d'un beau blanc. Il est insoluble dans l'eau, très-soluble dans l'alcool; il brûle à la manière de la cire.

L'acide *margarique* a l'aspect de la nacre de perle; il fond à 60°, et cristal-

lise par le refroidissement en aiguilles moins brillantes que celles de l'acide stéarique; il est insoluble dans l'eau, et très-soluble dans l'alcool et l'éther.

L'acide *oléique* a l'aspect d'une huile incolore; il a une odeur et une saveur légèrement rances; à quelques degrés au-dessous de 0 il se prend en une masse blanche formée d'aiguilles; il est insoluble dans l'eau, et soluble en toutes proportions dans l'alcool.

L'*acide oléique* et l'*acide margarique* se rencontrent combinés avec l'ammoniaque dans la substance appelée *gras des cadavres*, qui se forme par la décomposition des matières animales plongées dans l'eau ou enfoncées dans une terre humide.

L'*acide stéarique* est toujours le produit de l'art.

On obtient ces trois acides en décomposant par d'autres acides les savons, qui ne sont qu'un mélange de stéarate, de margarate et d'oléate de potasse et de soude, et d'une substance particulière nommée *glycérine* : isolés, ils sont sans usages.

k. Acide urique. Cet acide n'existe que dans les urines de l'homme et des animaux carnivores; l'urine fraîche est transparente; mais au bout d'un certain temps elle laisse déposer au fond du vase une espèce de sable qui est de l'acide urique. L'acide urique forme, seul, le tiers environ des calculs qui se forment dans la vessie humaine.

L'acide urique est sous forme pulvérulente, d'un blanc jaunâtre, sans saveur, sans odeur, plus pesant que l'eau, sans action sensible sur la teinture de tournesol; il est presque insoluble dans l'eau, très-soluble dans l'alcool et les alcalis; chauffé dans une cornue de verre, il donne beaucoup d'acide cyanhydrique et un sublimé brun-clair ou jaune cristallin, odorant, composé d'*urée*, substance que nous examinerons plus tard, et d'*acide cyanurique*. L'acide urique est sans usages.

II. Sels à acides organiques.

Les acides organiques sont susceptibles de se combiner avec les différentes bases, et de former avec elles des sels dont quelques-uns sont employés. Nous consacrerons quelques lignes à ceux qui offrent le plus d'intérêt.

1° *Oxalates de potasse.* Il existe trois combinaisons de l'acide oxalique avec la potasse un : *oxalate neutre*, un *bi-oxalate* et un *quadroxatate*. Le *bi-oxalate*, connu sous le nom de *sel d'oseille*, existe dans les *oxalis* et les *rumex*; on l'extrait du suc de ces plantes dans le pays de Bade, dans les Vosges et en Suisse.

Le sel d'oseille est cristallisé en parallélipipèdes opaques et très-courts; sa saveur est acide, piquante, un peu amère; il est soluble dans dix fois son poids d'eau bouillante; il est cependant moins soluble que l'oxalate neutre.

Il est employé pour enlever les taches d'encre et de rouille; on s'en sert aussi pour aviver la teinture de carthame; il peut être employé comme réactif pour faire reconnaître la présence de la chaux.

2° *Tartrates*. Le *bi-tartrate de potasse*, connu sous le nom de *crême de tartre*, cristallise en prismes quadrangulaires; il est blanc, a une saveur légérement acide; peu soluble dans l'eau froide, il est plus soluble dans l'eau chaude; il se décompose à la chaleur et forme un carbonate de potasse. La crême de tartre existe dans certains fruits; le bi-tartrate de potasse forme, dans les tonneaux où se conserve le vin, uni à une certaine quantité de matière colorante et de tartrate de chaux, le dépôt connu sous le nom de *tartre;* on purifie ce tartre par des cristallisations répétées, et on ajoute de l'argile aux solutions, afin d'enlever les matières colorantes.

Le bi-tartrate de potasse, peu soluble dans l'eau par lui-même, le devient extrêmement par le moyen des borates neutres de potasse, de soude, d'ammoniaque, et même de l'acide borique.

On emploie la crême de tartre à une foule d'usages: on en extrait l'acide tartrique; on l'emploie en pharmacie pour préparer le tartrate neutre de potasse (*sel végétal*), employé comme laxatif: le tartrate de potasse et de soude (*sel de seignette*), employé aussi comme laxatif; l'*émétique* (tartrate de potasse et d'antimoine, etc.); en teinture on l'emploie pour fixer les couleurs. Les *cendres gravelées*, qui contiennent une grande quantité de potasse, sont les résultats de l'incinération de la lie de vin. Les *flux blanc* et *noir* employés pour faciliter la fusion de certains minéraux, sont composés: le premier, de deux parties de nitre et d'une de tartre; le second, d'une partie

de nitre et de deux de tartre. Le carbonate de potasse connu sous le nom de *sel de tartre* est le résultat de la calcination de la crême de tartre.

Bi-tartrate de potasse et de fer. On connaît en pharmacie plusieurs composés résultant de la combinaison de l'acide tartrique avec les oxides de potasse et de fer; ces composés sont désignés sous les noms de *teinture de mars tartarisée, tartre martial soluble, tartre chalibé soluble, boules de mars, boules de Nancy*, etc. Ces' différentes préparations, dont les noms bizarres indiquent à peu près les propriétés physiques, sont peu ou point usitées à présent.

Tartrate de potasse et d'antimoine. Ce sel, connu sous le nom d'*émétique*, ou de *tartre stibié*, est le résultat de la combinaison de l'acide tartrique avec la potasse et le protoxide d'antimoine.

L'émétique est incolore; il cristallise en tétraèdres ou en octaèdres transparents; il rougit le tournesol; sa saveur est nauséabonde; exposé à l'air il s'effleurit; 100 parties d'eau froide en dissolvent 7 parties; 100 parties d'eau bouillante en prennent 53.

Tout le monde connaît les propriétés et l'usage de ce sel.

3° *Acétates*. Les acétates sont en général solubles dans l'eau, à l'exception de ceux d'argent et de mercure, qui le sont peu; ils sont décomposés par le feu, et donnent lieu à tous les produits qui proviennent de la décomposition des sels végétaux, et entre autres à une certaine quantité d'*esprit pyro-acétique* ou *acétone*, substance dont nous parlerons plus tard. Quand on verse dans un acétate de l'acide sulfurique concentré, il s'en exhale sur-le-champ une odeur piquante et agréable d'acide acétique; la plupart des acides forts produisent le même phénomène avec les acétates.

On rencontre dans la nature les *acétates de potasse* et *d'ammoniaque :* le premier existe dans la sève de presque tous les végétaux; le second se rencontre dans l'urine et les matières azotées en putréfaction.

On prépare le plus ordinairement les acétates directement, en traitant les oxides ou les carbonates par l'acide acétique.

a. Acétate de potasse. Ce sel, connu jadis sous le nom de *terre foliée de tartre*, a une saveur piquante; il est si soluble que l'eau en dissout plus que son poids à la température ordinaire; exposé à l'air il est déliquescent.

Ce sel est employé en médecine comme fondant et apéritif.

b. Acétate de soude. Ce sel cristallise en longs prismes striés qui contiennent 40 parties d'eau sur 100; il est peu altérable à l'air, s'effleurit comme le sulfate de soude; sa saveur est piquante et amère; exposé au feu il éprouve d'abord la fusion aqueuse, puis la fusion ignée, et se décompose enfin; il est très-soluble dans l'eau, qui en dissout au moins le tiers de son poids.

On le prépare en grand dans les fabriques de vinaigre de bois, afin d'obtenir, par une suite de manipulations que nous exposerons plus tard, l'acide acétique aussi pur que possible.

Il est employé en médecine dans les mêmes circonstances et aux mêmes doses que l'acétate de potasse.

c. Acétate d'ammoniaque. L'acétate d'ammoniaque se rencontre dans les urines décomposées par la putréfaction; on le prépare de toutes pièces en saturant l'ammoniaque par l'acide acétique, ou bien en distillant ensemble parties égales d'acétate de potasse et de chlorhydrate d'ammoniaque.

L'acétate d'ammoniaque neutre est incristallisable; l'acétate acide cristallise très-bien.

L'acétate d'ammoniaque liquide préparé avec le vinaigre et l'ammoniaque porte le nom d'*esprit de Mindererus*, et est usité en médecine comme un léger stimulant et comme diurétique; on prétend qu'à la dose de quelques gros il dissipe presque instantanément les symptômes de l'ivresse.

d. Acétate de chaux. Ce sel, qui se prépare directement avec l'acide pyro-ligneux (vinaigre de bois impur) et la chaux éteinte, n'est employé que pour décomposer le sulfate de soude, et obtenir par suite l'acide acétique concentré (voyez *Acide acétique* et *Produits chimiques*).

e. Acétate d'alumine. Ce sel se prépare en mettant en contact, à la température ordinaire, un excès d'alumine en gelée avec de l'acide acétique, liquide et concentré; on peut l'obtenir aussi en décomposant l'alun par l'acétate de plomb; l'acétate d'alumine est employé dans les manufactures de toiles peintes pour fixer les couleurs.

f. Acétate de fer. On obtient ce sel en mettant de la ferraille ou de la tournure de fer dans une cave, et en arrosant avec de l'acide acétique; il se forme un sel de protoxide qui, avec le temps, devient un sel de deutoxide: c'est ainsi que l'on prépare ce que l'on appelle la *tonne au noir* dans les manufactures de toiles peintes.

De la limaille de fer arrosée de vinaigre se rouille bientôt, et prend tant de cohérence, qu'on peut s'en servir pour sceller le fer dans la pierre.

g. Acétates de plomb. L'acétate neutre de plomb, aussi nommé *sel* ou *sucre de Saturne*, est solide, blanc, cristallisé, d'une saveur sucrée et ensuite astringente; il s'effleurit à l'air, est très-soluble dans l'eau qui a $+$ 100° en dissout plusieurs fois son poids; il est à remarquer que l'eau saturée d'acétate de plomb bout à la même température que l'eau pure; il éprouve la fusion aqueuse à une température assez basse, et la fusion ignée à $+$ 280°. Une propriété remarquable de ce sel est de pouvoir dissoudre une très-grande quantité de protoxide de plomb, et de former ainsi des sels basiques.

L'*extrait* ou *vinaigre de Saturne*, qu'on obtient en dissolvant un excès de litharge dans du vinaigre chauffé, et avec lequel on prépare l'*eau blanche*, ou *végéto-minérale* ou de *Goulard*, est un acétate basique de plomb.

Le sel de Saturne est employé en teinture, dans l'imprimerie sur toile et en médecine; on emploie le sous-acétate pour préparer le blanc de céruse (carbonate de plomb).

h. Acétates de cuivre. On connaît dans les arts deux acétates de cuivre; l'*acétate neutre de bioxide* se prépare en grand à Montpellier, en traitant à chaud le vert-de-gris par le vinaigre; ce sel est connu dans le commerce sous le nom de *cristaux de Vénus;* il cristallise en octaèdres, et est d'une couleur vert-foncée, a une saveur âpre, et est fortement vénéneux.

On l'emploie pour préparer le vinaigre radical; il est aussi employé en peinture.

Le *sous-acétate de cuivre*, ou *acétate bi-basique*, n'est autre chose que le *vert-de-gris* ou *verdet*.

Il est pulvérulent et d'un vert pâle tirant sur le bleu; il est d'autant plus vert qu'il renferme moins d'eau. Il ne faut pas confondre ce *vert-de-gris* (sous-acétate de cuivre) avec la substance verte qui se forme sur les ustensiles de cuivre qu'on néglige de nettoyer ; cette dernière substance est un *carbonate de bioxide de cuivre*.

Le *vert-de-gris* est un poison violent ; il est cependant employé en médecine comme caustique ; mais c'est en peinture qu'on en fait surtout usage. Dans un cas d'empoisonnement par le vert-de-gris ou tout autre sel de cuivre, il faut se hâter d'administrer à hautes doses le tritoxide de fer hydraté.

i. Acétate de mercure. L'acétate de protoxide de mercure est quelquefois employé en médecine dans les mêmes circonstances que les autres préparations mercurielles. Il cristallise en paillettes blanches et nacrées ; il est peu soluble dans l'eau, insoluble dans l'alcool ; sa saveur est désagréable et provoque la salivation ; on l'obtient, soit directement, soit en décomposant l'azotate de protoxide de mercure par l'acétate de potasse.

4° Stéarates, margarates, oléates. Ces sels se forment pendant la saponification, c'est-à-dire en traitant les corps gras par un alcali ou un oxide, tels que celui de zinc, de plomb, etc. ; mais, pour bien en concevoir la formation, il est nécessaire de connaître la composition des principaux corps gras qui sont employés le plus ordinairement soit dans les arts, soit dans les usages de la vie ; nous en parlerons plus tard.

§ 2. *Deuxième classe. Bases salifiables organiques.*

On nomme *bases salifiables organiques*, ou *alcalis végétaux*, les substances immédiates tirées du règne organique et capables de s'unir aux acides pour former des sels. On compte un assez grand nombre de bases salifiables organiques, dont les caractères sont bien constatés, et un bien plus grand nombre d'autres dont l'existence n'est point aussi bien démontrée.

Les bases salifiables organiques existent dans les végétaux, non point isolées, mais combinées avec un acide particulier qui est souvent l'acide malique.

Les bases végétales organiques sont solides, blanches, sans odeur, d'une saveur amère ou âcre ; elles sont, pour la plupart, cristallisables ; elles sont généralement peu solubles dans l'eau ; il y en a qui demandent jusqu'à 16,000 parties d'eau pour se dissoudre ; elles sont cependant plus solubles à chaud qu'à froid ; mais elles se dissolvent toutes très-bien dans l'alcool, qui est leur véritable dissolvant ; il y en a quelques-uns qui sont solubles dans l'éther.

Elles possèdent à un degré très-prononcé toutes les propriétés des alcalis : elles verdissent le sirop de violettes, ramènent au bleu la teinture de tournesol rougie par un acide, et neutralisent complétement les acides.

Elles précipitent de leurs dissolutions la plupart des oxides métalliques des quatre dernières sections, mais elles sont précipitées par les oxides des métaux alcalins et par la magnésie.

Exposées à l'action du feu, elles entrent en fusion ; chauffées plus fortement, elles se décomposent et donnent les produits des matières organiques azotées.

L'acide azotique concentré les décompose à froid ; à chaud, il forme avec presque toutes de l'acide oxalique.

L'acide sulfurique concentré les altère également.

Ces deux acides étendus d'eau s'unissent, ainsi que les autres acides, aux bases végétales, et forment des sels.

Les sels organiques sont toujours incolores quand l'acide lui-même n'est point coloré.

Les bases végétales sont composées d'oxigène de carbone, d'hydrogène et d'azote, excepté la *mélamine*, qui n'est point oxigénée ; de ces quatre principes, le carbone est toujours le plus abondant.

La préparation des bases végétales est facile ; elles existent dans les végétaux combinées avec un acide ; cet acide, qui est soluble, forme avec la base un composé soluble ; il suffira donc de traiter ce végétal par l'eau pour avoir le sel ; les bases végétales étant peu solubles dans l'eau, on les précipite facilement en ajoutant dans la solution, de la potasse ou de l'ammoniaque, et on les purifie en traitant par l'alcool.

Parmi les bases végétales organiques dont l'existence est bien constatée, deux sont artificielles : ce sont la *mélamine* et l'*ammeline* qu'on obtient en traitant par une dissolution de potasse le *mélam*, substance qui résulte de la distillation du sulfo-cyanhydrate de potasse.

Les autres se rencontrent dans les végétaux, et sont :

La *morphine*, la *codéine*, la *narcotine*, qui existent dans l'opium ;

La *quinine* et la *cinchonine*, qu'on extrait du quinquina ;

L'*aricine*, qu'on rencontre dans une écorce du Pérou qui se trouve mêlée au quinquina ;

La *strychnine* et la *brucine*, qui se trouvent dans la fève S.-Ignace, dans la noix vomique, dans le poison de Java, etc. ;

La *delphine*, qui se rencontre dans le *delphinium staphisagria* ;

La *vératrine* et la *sabbadilline*, qui se trouvent dans les plantes du genre *veratrum*, dans le colchique d'automne, etc. ;

L'*émétine*, qui ne se rencontre que dans l'ipécacuanha ;

La *solanine*, qu'on extrait de différentes plantes de la famille des solanées ;

L'*atropine*, qui existe dans l'*atropa belladona* ;

La *ménispermine*, qu'on extrait de la coque du Levant, fruit du menispermum cocculus, etc.

L'action de ces différentes bases sur l'économie animale est, en général, très-forte, surtout quand elles sont unies à des acides qui les rendent solubles ; certaines d'entre elles doivent être regardées comme des poisons extrêmement violents.

La médecine emploie quelques-unes de ces bases, comme plus faciles à administrer que les substances dont on les extrait ; nous examinerons les plus importantes.

A. *Morphine, narcotine, codéine*. La *morphine* se trouve dans l'opium, combinée avec un excès d'*acide méconique ;* pure, elle est incolore, amère ; elle cristallise en aiguilles transparentes ; elle est insoluble dans l'eau froide et dans l'éther, à peine soluble dans l'eau bouillante ; l'alcool rectifié n'en dissout que la 40ᵉ partie de son poids, et la 30ᵉ à froid ; elle se dissout dans les huiles grasses et volatiles.

Elle forme, avec les acides, des sels généralement solubles ; parmi ces sels, l'acétate est le plus employé ; il est très-soluble dans l'eau, et cristallisable en forme d'aiguilles rayonnées ; on emploie également le chlorhydrate.

L'acide azotique versé goutte à goutte sur la morphine ou sur un de ses composés, leur communique une couleur rouge ;

ce caractère est partagé par le *strychnine* et la *brucine ;* mais la propriété tout-à-fait distinctive de la morphine et de ses sels, est de donner avec le perchlorure de fer, une belle couleur bleue qui disparaît dans un excès d'acide, et qui reparaît lorsqu'on la sature.

A très-petites doses, elle est administrée comme calmant ; à la dose de quelques grains (2 ou 3), elle produit des accidents et peut même déterminer la mort ; les contre-poisons de la morphine et de ses sels sont l'émétique, le café, la noix de galle.

La *narcotine* n'a pas de propriétés alcalines bien marquées ; elle est peu soluble dans l'eau, très-soluble dans l'alcool et dans l'éther ; elle n'a point de saveur amère ; elle ne donne point de couleur bleue par le perchlorure de fer : ces trois caractères la distinguent suffisamment de la morphine ; elle est, du reste, blanche, incolore, cristallisable. Les sels de narcotine sont très-solubles ; elle a moins d'action que la morphine, et est peu ou point employée.

La *codéine* existe dans l'opium en très-petite quantité ; elle se présente sous forme cristalline, en petites plaques radiées, transparentes ; elle est soluble dans l'eau, qui, à froid, en dissout un peu plus d'un 100ᵉ de son poids, et les 5/100ᵉˢ à chaud.

La codéine ne bleuit pas les sels de fer, et ne rougit pas l'acide azotique, comme la morphine.

L'action de la codéine sur l'économie diffère de celle de la morphine et de la narcotine ; l'azotate de codéine ne produit d'effet qu'à la dose de 6 grains ; il détermine d'abord une excitation agréable, puis une démangeaison des plus marquées qui commence à la tête et se répand sur tout le corps ; après quelques heures, cet état est suivi d'une impression désagréable, de nausées, et quelquefois de vomissement.

B. *Quinine et cinchonine*. Ces deux bases se rencontrent dans les deux espèces de quinquina : le quinquina jaune contient plus de quinine que de cinchonine, et le quinquina gris plus de cinchonine que de quinine ; elles ont toutes deux des propriétés analogues, et sont fébrifuges ; cependant la quinine l'est à un plus haut degré que la cinchonine, et est plus employée.

La *quinine* ne cristallise que difficilement ; privée d'humidité, elle se présente sous forme de masse poreuse, blanchâtre ;

elle est presque insoluble dans l'eau, quoiqu'elle ait une saveur très-amère ; l'éther la dissout assez bien, et l'alcool encore mieux ; elle se dissout aussi dans les huiles grasses et volatiles.

Les sels de quinine ont une saveur fortement amère ; ils ont un éclat nacré quand ils sont cristallisés ; ils sont précipités par les alcalis, les oxalates, les tartrates, l'infusion de noix de galle, et par l'acide tannique, qui peut faire reconnaître un millième de quinine dans un liquide.

De tous les sels de quinine, le sulfate est le plus employé.

La *cinchonine* est incolore, translucide, cristalline, soluble dans 2,500 parties d'eau chaude, et par conséquent à peu près insoluble dans l'eau froide ; elle a une saveur amère, longue à se développer à cause de son peu de solubilité.

C. *Strychnine*, *brucine*. La *strychnine* existe dans toutes les plantes vénéneuses de la famille des apocynées, et dans l'upas tieuté, poison de Java ; on l'extrait le plus ordinairement de la fève de S.-Ignace, dans laquelle elle se trouve combinée avec un acide particulier nommé *igasurique*.

La strychnine est blanche ; elle cristallise bien en prismes à quatre pans ; elle est d'une amertume insupportable et tellement prononcée, que l'eau, qui en dissout à peine un 7,000°, devient amère ; chauffée, elle ne fond pas ; elle se décompose à environ 320° ; elle se dissout dans l'alcool, mais ne se dissout pas sensiblement dans l'éther ; l'eau chaude en prend un cinquantième de son poids ; les huiles volatiles la dissolvent bien.

La strychnine a une action très-violente sur l'économie ; c'est un poison des plus énergiques ; elle détermine, à des doses très-petites, tous les phénomènes du tétanos ; un quart de grain suffit pour tuer un chien de forte taille ; il serait dangereux d'en administrer un grain à un homme ; la médecine l'emploie cependant en fractions de grain dans certains cas de paralysie.

La *brucine* accompagne ordinairement la strychnine ; on l'extrait cependant de l'écorce de fausse angusture, où elle se trouve seule unie à l'acide gallique.

La brucine est très-amère et acerbe ; elle fond, sans se décomposer, à une température peu élevée, et prend l'aspect du sucre en fusion ; par le refroidisse-

ment elle ressemble à une matière résineuse.

D. L'*émétine* s'extrait de l'ipécacuanha ; elle est blanche, pulvérulente, inaltérable à l'air, d'une saveur un peu amère et désagréable ; peu soluble dans l'eau froide, elle est plus soluble dans l'eau bouillante ; elle se dissout dans l'alcool, est insoluble dans l'éther et dans les huiles.

Elle est fortement vomitive ; un grain d'émétine produit l'effet de 18 grains d'ipécacuanha.

E. *Solanine*. Cette base, quoique sans usage, peut présenter quelque intérêt, puisqu'elle se trouve dans une substance alimentaire très-répandue, la pomme de terre ; elle existe surtout dans la pomme de terre germée, dans les baies de morelle, les feuilles et les tiges de douce-amère.

Elle est blanche, pulvérulente, brillante, inodore, très-amère, insoluble même dans l'eau chaude, qui n'en dissout qu'un 8,000° ; insoluble dans l'éther, les huiles fixes et essentielles, elle est, au contraire, très-soluble dans l'alcool.

La solanine est très-vénéneuse ; elle a une action paralysante très-marquée sur les extrémités inférieures ; elle agit aussi comme vomitif ; c'est à cette substance qu'il faut probablement attribuer les accidents déterminés par l'usage des pommes de terre germées.

F. Indépendamment de ces bases, il en est quelques autres dont la découverte a été annoncée ; nous citerons la *salicine*, la *caféine*, la *digitaline*, la *nicotine*, l'*hyosciamine*, la *daturine*, la *colchicine*, l'*aconitine*, la *corydaline*, etc., etc. Les deux premières existent, mais n'ont point les caractères des bases végétales ; il faut les ranger parmi les substances neutres. Les autres ont été peu étudiées, et leurs caractères distinctifs ne sont donc point irrévocablement tracés.

§ 3. *Troisième classe. Substances neutres.*

La classe des substances neutres ou indifférentes, ainsi nommées parce qu'elles ne sont ni neutres ni acides, est très-nombreuse ; on peut les répartir dans trois sections : dans la première sont comprises celles qui sont formées d'*hydrogène* et de *carbone* ; dans la seconde, celles qui sont formées d'*hydrogène*, de *carbone* et d'*oxi-*

gène ; et enfin dans la troisième, celles qui sont composées de ces trois principes et d'*azote.*

I. Première section.

Cette première section comprend vingt composés de carbure et d'hydrogène, parmi lesquels on compte huit bicarbures qui présentent cependant dans leur constitution et leurs propriétés de grandes différences ; nous ferons remarquer que l'hydrogène et le carbone sont les deux corps simples qui s'unissent dans le plus grand nombre de proportions ; nous allons énumérer ces vingt composés en y joignant, pour compléter la série des carbures d'hydrogène, ceux que nous avons déjà mentionnés dans la chimie inorganique. Nous suivrons un ordre fondé sur leur composition et résultant de leur moindre degré de carburation.

Protocarbure d'hydrogène (chimie inorganique, gazeux.

Sesquicarbure d'hydrogène, gazeux ; il résulte de la décomposition par la chaleur des fils de coton, de chanvre, de lin, soumis à l'action du chlore.

Bicarbure d'hydrogène (chimie inorganique), gazeux.

Méthylène, gazeux (bicarbure d'hydrogène) ; cette substance forme avec l'eau le *bihydrate de méthylène* ou *esprit de bois*, composé remarquable dont nous parlerons plus tard.

Stéaroptène, partie solide de l'huile essentielle de roses (bicarbure d'hydrogène).

Paraffine, solide ; elle se trouve dans le goudron provenant de la distillation de la houille et des matières organiques (bicarbure d'hydrogène).

Eupione, liquide ; elle se rencontre avec la paraffine (bi-carbure d'hydrogène).

Huile douce de vin liquide ; elle se forme pendant la préparation de l'éther hydrique (bicarbure d'hydrogène).

Huile douce de vin concrète ; elle se sépare de la précédente quand on la chauffe mêlée avec de l'eau dans un ballon à long col (bicarbure d'hydrogène).

Carbure di-hydrique, liquide produit par l'action du fer sur les matières huileuses (bicarbure d'hydrogène).

Caoutchouc, solide.

Naphte, liquide.

Pétrole, liquide.

Camphogène, liquide huileux, base du camphre naturel et du camphre artificiel de térébenthine et de citron.

Huile essentielle de térébenthine, liquide.

Huile essentielle de citron, liquide.

Carbure sesquihydrique, liquide.

Carbure hydrique, liquide ; ces deux composés se forment dans les mêmes circonstances que le *carbure di-hydrique* désigné plus haut.

Benzine, liquide ; elle s'obtient en distillant une partie d'acide benzoïque et trois de chaux éteinte.

Naphtaline, solide.

Para naphtaline, solide ; ces deux substances existent dans le produit de la distillation du goudron.

Idrialine, solide ; elle se trouve dans un minerai ayant l'apparence de houille, qui se rencontre dans les mines d'Idria.

Enfin, tout récemment, on a découvert, dans la distillation de la résine pour obtenir le gaz d'éclairage, quatre nouveaux carbures d'hydrogène auxquels on a donné le nom de *retynnaphte*, *retynile*, *retynole*, *metanaphtaline.*

De tous ces composés, six se rattachent directement à la chimie organique, comme nous le verrons plus tard ; les autres seraient peut-être plus convenablement placés parmi les produits inorganiques.

II. Deuxième section.

Les substances comprises dans cette section sont divisées en trois groupes principaux. Le premier groupe renferme celles qui sont composées de carbone, d'hydrogène et d'oxigène dans les proportions nécessaires pour faire l'eau, ou par conséquent de carbone et d'eau.

Le deuxième groupe renferme les substances composées de carbone, d'eau et d'une petite quantité d'hydrogène.

Enfin, le troisième renferme celles qui contiennent les éléments de l'eau, et, en outre, beaucoup d'hydrogène et de carbone.

A. 1er *Groupe. Carbone et Eau.*

Arabine, *cérasine*, *bassorine*, substances qui forment presque entièrement les différentes gommes, etc.

Gommes,

Sucre de lait ou *lactine*,

Pectine ou *gelée végétale*,
Sucre de cannes, de betteraves, etc.,
Sucre incristallisable,
Sucre de raisin,
Sucre de diabétès,
Sucre de champignons,
Miel,
Amidon,
Dextrine, substance en laquelle se transforme l'amidon dans de certaines circonstances,
Ligneux.

B. 2ᵉ Groupe. *Carbone, Eau et une petite quantité d'Hydrogène.*

Mannite, substance qui fait la majeure partie de la manne en larmes ;

Glycérine, substance qui se forme pendant la saponification ;

Saponine, substance qui se trouve dans quelques végétaux, tels que la racine de saponaire d'Egypte, le marron d'Inde, etc. ;

Salicine, substance fébrifuge découverte dans l'écorce de quelques saules et du tremble ;

Picrotoxine ;| on l'extrait de la coque du Levant ;

Oliville ; on la trouve dans la gomme d'olivier ;

Colombine ; elle existe dans la racine de colombo.

De toutes ces substances la *salicine* est seule employée comme fébrifuge et succédanée du sulfate de quinine.

C. 3ᵉ Groupe. *Eau, plus une grande quantité d'Hydrogène et de Carbone.*

Les substances renfermées dans ce groupe étant très-carbonées et très-hydrogénées, sont par conséquent très-inflammables ; ce sont l'*alcool*, les *éthers*, les *corps gras*, les *huiles essentielles*, les *résines*, etc.

1° *Alcool.* L'alcool peut être considéré comme un composé de *gaz oléfiant* (*bicarbure d'hydrogène et d'eau*) ou comme un *bi-hydrate de bicarbure d'hydrogène.*

2° *Ethers.* Les éthers résultent de l'union du *gaz oléfiant* (*bicarbure d'hydrogène*) avec l'eau, avec les hydracides et avec les oxacides ; nous diviserons donc les éthers en trois genres :

Iᵉʳ *genre. Éther hydrique* composé d'eau et de bicarbure gazeux d'hydrogène (*monhydrate de bicarbure d'hydrogène.*)

IIᵉ *Genre. Éthers à hydracides.* On peut les considérer comme des sels à base d'hydrogène carboné ; on en connaît cinq : l'*éther chlorhydrique*, l'*éther bromhydrique*, l'*éther iodhydrique*, l'*éther sulfhydrique* et l'*éther cyanhydrique.*

IIIᵉ *Genre. Éthers à oxacides.* Ils peuvent être regardés comme le résultat de la combinaison d'un oxacide avec l'éther hydrique du premier genre, ou bien d'un oxacide avec le bicarbure d'hydrogène, plus, de l'eau ; on peut les diviser en deux séries, savoir : celle des éthers à oxacides inorganiques, savoir : l'*éther hypo-azoteux,* etc., et celle bien plus nombreuse des éthers à acides organiques, savoir : l'*éther acétique, benzoïque, citrique,* etc.

3° *Esprit de bois.* Il est composé d'eau et de méthylène ; c'est un *bihydrate de méthylène* correspondant à l'alcool.

L'esprit de bois donne, avec les oxacides et les hydracides, des composés analogues aux éthers.

4° *Substances grasses saponifiables.* Elles peuvent faire des savons avec les alcalis ; les principales sont celles qui suivent, savoir :

Stéarine ; elle existe dans presque toutes les graisses animales ;

Margarine ; elle existe dans toutes les huiles et les graisses ;

Oléine ; elle se rencontre dans les mêmes substances ;

Elaïdine, résultat de l'action de l'acide hypo-azotique sur certaines huiles grasses ;

Palmine, produite par la réaction de l'acide hypo-azotique sur l'huile de riccin ou palma-christi ;

Butyrine, substance qui existe dans le beurre ;

Phocénine ; elle se trouve dans l'huile de marsouin ;

Hircine ; on la trouve dans la graisse de bouc et de mouton ;

Cétine, matière cristallisable qui forme la majeure partie du spermacéti, ou blanc de baleine ;

Cerine ; on ne l'a encore trouvée que dans la cire des abeilles, unie à la myricine.

5° *Substances grasses produites par la saponification.* On en connaît deux : l'*éthal*, il provient de l'action de la potasse sur la cétine, est ainsi nommé de la première syllabe des deux mots *éther* et *alcool*, à cause de son analogie de composition avec ces deux corps réunis.

Ceraïne. Elle résulte de l'action de la potasse sur la cérine.

6° *Substances grasses non saponifiables.* Voici les plus remarquables :

Cholestérine ; elle fait partie de la bile humaine et constitue la partie solide des calculs biliaires ;

Ambréine ; cette substance constitue l'ambre gris presque tout entier ;

Castorine ; elle s'extrait du castoréum ;

Myricine ; elle entre pour un cinquième dans la composition de la cire des abeilles.

7° Les différentes substances immédiates que nous venons d'énumérer (4° et 5°) constituent, combinées ensemble, les différentes huiles et graisses telles qu'elles se trouvent dans les végétaux et les animaux, et qui sont désignées sous les noms de

Huiles grasses,

Cire,

Graisses animales saponifiables, graisse de porc, suif, graisse humaine, beurre, huile de poisson, blanc de baleine.

8° Certains acides gras, traités par les alcalis à une haute température, se décomposent et donnent lieu à de nouveaux corps gras auxquels on a donné les noms de *benzone,* de *margarone,* de *stéarone,* d'*oléone,* de *succinone,* etc. Ces noms indiquent suffisamment quels sont les acides qui les fournissent. L'acide acétique, bien qu'il ne soit pas gras, donne lieu à un composé du même genre qu'on nomme *acétone,* ou *esprit pyro-acétique.*

9° *Huiles essentielles.* Les principales sont les suivantes, savoir :

Huile essentielle de térébenthine ;

Camphène ou camphogène, substance existant dans l'essence de térébenthine ;

Camphre artificiel, chlorhydrate de camphogène ;

Essence de citron ;

Citrène, substance existant dans l'essence de citron ;

Essence de roses.

Ces différentes substances, déjà énumérées comme n'étant composées que d'hydrogène et de carbone, sont classées plus naturellement ici, à cause de leurs propriétés.

Essences d'oranges, de menthe, d'anis, de lavande, etc.

Essences de girofle, eugénine et *cayophilline :* ces deux dernières substances existent et dans l'essence et dans le fruit qui la produit.

Huile volatile de l'esprit de pomme de terre : c'est cette huile qui donne à l'eau-de-vie de pommes de terre la saveur désagréable qu'on lui connaît.

Camphre.

Huile essentielle d'amandes amères ou *hydrure de benzoyle,* produite en traitant par la vapeur d'eau les amandes amères dont on a préalablement extrait l'huile fine ; cette substance peut se transformer en une autre substance isomérique qu'on a désignée sous le nom de *benzoïne.*

Essence de canelle, de laquelle on extrait la *cinnamine* et l'*acide cinnamique.*

Créosote.

10° *Résines ;* on les subdivise en *résines liquides, résines solides, baumes* et *gommes-résines.*

11° En décomposant l'alcool par le chlore, le brôme ou l'iode, il se forme certains corps particuliers auxquels on a donné le nom de *chloroforme, chloral, bromoforme, iodoforme.* Ils sont sans usages.

III. Troisième section.

La 3ᵉ section de la 3ᵉ classe des matières organiques comprend les matières azotées ; on les a subdivisées en différents groupes ; le 1ᵉʳ renferme celles qui, traitées ou par des acides puissants ou par la potasse ou la soude, se transforment en ammoniaque et en différents acides ; on les désigne sous le nom d'*amides ;*

Le 2ᵉ groupe comprend celles qui, mises en contact avec l'eau, à la température ordinaire, éprouvent promptement la décomposition putride ;

Le 3ᵉ groupe est composé de celles qui sont phosphorées ou sulfurées ;

Le 4ᵉ groupe, enfin, renferme celles qui ne présentent aucun des caractères des groupes précédents, et qui, sauf la propriété de former des sels avec les acides, ont une grande analogie avec les alcalis végétaux.

A. *1ᵉʳ Groupe. Amides.*

Urée, substance qui existe dans l'urine ;

Oxamide, produit de la distillation de l'oxalate d'ammoniaque ;

Succinamide; on l'obtient en faisant passer du gaz ammoniacal sur l'acide succinique anhydre;

Asparamide ou *asparagine;* elle se rencontre dans l'asperge, dans la racine de guimauve, de réglisse, dans les pommes de terre, etc.

B. 2ᵉ *Groupe. Substances azotées putrescibles.*

Fibrine, albumine végétale : albumine animale, hematosine, ou substance colorante du sang, *gélatine, caséum, gluten.*

C. 3ᵉ *Groupe. Substances azotées, phosphorées et sulfurées.*

1° *Substances phosphorées : matières grasses du cerveau et de la moelle allongée.*

2° *Substances sulfurées : huile essentielle de moutarde noire.*

D. 4ᵉ *Groupe. Substances azotées, imputrescibles, n'étant ni phosphorées ni sulfurées.*

Mélam, produit de la distillation du sulfo-cyanhydrate d'ammoniaque;

Ammelide, résultat de la dissolution du mélam, de la mélamine, de l'ammeline dans l'acide sulfurique;

Amygdaline; elle se rencontre dans les amandes amères; son extraction empêche ces semences de produire de l'acide cyanhydrique;

Caféine; son nom indique son origine;

Cantharidine (même observation);

Cystine; cette substance se rencontre dans la vessie, où elle forme des calculs;

Diastase; on la trouve dans les semences d'orge, d'avoine, de blé, dans la pomme de terre, mais seulement après la germination;

Glycyrrhizine, matière sucrée de la racine de réglisse;

Paraménispermine; elle accompagne la ménispermine dans la coque du Levant;

Pipérine ou *pipérin;* il s'extrait du poivre.

Il existe en outre un grand nombre de substances neutres dont l'existence n'est point suffisamment constatée, et dont l'énumération même serait trop longue, puisqu'on en compte une centaine; aucune d'elles n'est d'ailleurs employée.

Nous venons d'indiquer, en suivant une classification empruntée à M. Thénard, la plupart des substances organiques neutres, c'est-à-dire qui ne sont ni acides ni alcalis; il nous reste à examiner plus particulièrement celles qui, par leurs usages ou l'importance du rôle qu'elles jouent dans les végétaux et les animaux, présentent quelque intérêt.

Caoutchouc. Le caoutchouc est solide; il a une couleur brune qui lui est étrangère et qui est produite par le mode de dessiccation qu'on lui fait éprouver quand on le prépare; il est élastique, ce qui lui a fait donner le nom de *gomme élastique;* pur, il est transparent, incolore, ou du moins n'a qu'une légère teinte jaunâtre; il est, du reste, insipide, inodore, très-flexible, tenace; la chaleur le ramollit; si on le coupe et qu'on rapproche les deux fragments à une température peu élevée, ils adhèrent et se soudent l'un à l'autre.

Il est insoluble dans l'eau, peu soluble dans l'alcool, très-soluble dans l'éther, les huiles grasses et les huiles essentielles; l'alcool le précipite de sa dissolution éthérée en s'emparant de l'éther; il entre en fusion à environ 120°, et prend la consistance du goudron; distillé, il donne du carbonate d'hydrogène oléagineux, du carbure d'hydrogène gazeux; il prend feu promptement à l'approche d'un corps en ignition, et brûle avec une odeur fétide.

On le rencontre dans un grand nombre de végétaux de l'Amérique Méridionale et des Indes; ces arbres ont un suc laiteux qui, s'épaississant, soit à l'air, soit à la fumée, donne le caoutchouc blanc ou noir.

Les usages du caoutchouc sont très-répandus actuellement; il entre dans la composition de plusieurs vernis; on en fait des tubes, des vessies pour conserver des gaz, et quelques instruments particuliers de chirurgie, tels que des sondes, etc. On fabrique, avec le caoutchouc et le drap, ou d'autres étoffes, des vêtements imperméables; enfin on le réduit en fils, et il sert ainsi à confectionner des bretelles, des jarretières et autres objets qui doivent avoir une grande élasticité.

Naphte. Le naphte est le résultat de la distillation du bitume naphte, de l'huile de pétrole, substance minérale que l'on trouve dans un grand nombre de localités; le naphte est liquide, transparent, incolore, aussi fluide que l'alcool, odorant. On peut l'employer pour les vernis et pour l'éclairage.

Arabine, cérasine, bassorine. Ces trois substances sont solides, incristallisables, insipides, inodores, inaltérables à l'air, ne donnant point d'alcool par la fermentation, formant de l'acide mucique avec l'acide azotique, et donnant avec l'eau une sorte de mucilage; elles constituent, combinées ensemble dans de certaines porportions, et mêlées à de l'eau et à quelques substances terreuses, les produits végétaux connus sous le nom de *gommes.*

Gommes. La *gomme arabique,* qui provient d'un *acacia,* est composée d'arabine 79-40, d'eau 17-60, et de quelques parcelles de substances salines et terreuses; la *gomme du Sénégal* contient une plus grande partie d'arabine.

La *gomme du pays* contient de 82 à 90 pour 100 d'arabine et de cérasine; le reste est composé d'eau et de matières salines; dans 100 parties de gomme de cerisier, il y a 52 parties d'arabine, 35 de cérasine, 12 d'eau et 1 de matières salines.

On l'emploie pour donner du brillant aux couleurs, à l'encre, par exemple.

La *gomme adraganthe* est en petits rubans entortillés, blancs, opaques, un peu ductiles; elle provient de l'*astragalus tragacantha;* elle contient sur 100 parties 53 parties d'arabine, 33 de bassorine et d'amidon, 11 d'eau, et deux ou trois de matières salines.

La *gomme de Bassora* est d'un blanc légérement jaunâtre; 100 parties de cette gomme en contiennent 61 de bassorine, 11 d'arabine, 22 d'eau, et 5 ou 6 de matières salines.

Lactine (sucre de lait). Le sucre de lait s'extrait du petit lait évaporé jusqu'à un certain point, et abandonné à lui-même pendant quelques jours, il se forme dans la liqueur des cristaux de sucre de lait; on le purifie en le faisant cristalliser plusieurs fois.

Le sucre de lait est solide, blanc, cristallisé en prismes à quatre faces, contenant 12 pour 100 d'eau; il est inodore, d'une saveur douce; jeté sur des charbons ardents, il décrépite, se boursoufle, et laisse du charbon pour résidu; l'eau en dissout à froid la neuvième partie de son poids, et une plus grande quantité à chaud; l'alcool en dissout à peine quelques parcelles. Traité par l'acide azotique, le sucre de lait donne les mêmes produits que les gommes;

par l'acide sulfurique, il peut être converti en sucre de raisin. Il est employé en médecine comme excipient de quelques autres médicaments; à cet effet, on le réduit en poudre fine; la médecine homœopatbique en fait grand usage; mais on s'en sert surtout pour falsifier les cassonades.

Pectine. Cette substance, qui existe dans tous les fruits, et qu'on a connue jusqu'à présent sous le nom de *gelée végétale,* s'obtient très-facilement en mêlant une certaine quantité d'alcool aux sucs de différents fruits et surtout à celui de groseilles; elle se précipite en masse gélatineuse, qu'on exprime, qu'on lave avec l'alcool affaibli, et qu'on dessèche.

Elle est, dans cet état, insipide, en fragments demi-transparents, membraneux, semblables à la colle de poisson; plongée dans l'eau, elle se gonfle et donne un mucilage épais comme la bassorine; elle se transforme très-facilement en *acide pectique.*

Sucre. Ce mot ne désigne point une substance particulière; on le donne aux matières qui ont les propriétés suivantes: une saveur sucrée, la faculté de fermenter dans certaines circonstances, et de produire de l'alcool dans cette fermentation. On distingue plusieurs espèces de sucre: 1° le sucre de canne ou de betterave; 2° le sucre de raisin; 3° le sucre de champignons; 4° le sucre de diabétès, qui se trouve dans les urines des individus atteints de la maladie nommée *diabétès* sucré; 5° enfin le sucre incristallisable, qui n'est que du sucre de canne rendu tel par une longue ébullition dans l'eau.

Sucre de canne. Le sucre de canne est solide, blanc, cristallisant en prismes rhomboïdaux; sa pesanteur est de 1,606; sa cassure, quand il est candi, est vitreuse; celle du sucre en pain est grenue ou *saccharoïde;* il se pulvérise facilement. Si l'opération est faite dans l'obscurité, il donne une lumière phosphorescente bien sensible. L'eau dissout le sucre en grande quantité: aussi est-il déliquescent à l'air humide.

Soumis à l'action du feu, il fond et se boursoufle en répandant une odeur particulière de *caramel.* Ce qu'on appelle *sirop* est une dissolution de deux parties de sucre dans une partie d'eau; ce sirop se conserve très-bien dans des vases clos;

étendu d'eau, il s'aigrit et se couvre de moisissures. Le sucre est moins soluble dans l'alcool que dans l'eau ; l'alcool concentré le dissout à peine. Les oxides alcalins et terreux rendent incristallisable, amère et astringente, une dissolution aqueuse de sucre ; une quantité convenable d'acide en précipite les bases et lui rend ses propriétés premières.

L'acide sulfurique concentré charbonne le sucre ; étendu d'eau et bouillant, il le transforme en sucre de raisin ; l'acide azotique le transforme en acide oxalique.

Le sucre jouit jusqu'à un certain point de la propriété de s'unir aux bases ; il forme avec la chaux un composé soluble. Le sucre le plus pur et qu'on dessèche à 100° contient toujours de l'eau.

Le sucre de canne s'extrait surtout de la canne à sucre, de l'érable (*acer saccharinum*) et de la betterave.

Ses usages sont tellement connus qu'il devient inutile de les indiquer.

Sucre de raisin. Il produit, comme le sucre de canne, de l'alcool par la fermentation, et de l'acide oxalique par l'acide azotique ; mais il en diffère en ce que sa saveur sucrée est moins forte et qu'elle devient fraîche, et en ce qu'il ne peut jamais cristalliser : en effet, il se présente en grains très-petits qui se groupent ensemble en une masse qui ressemble à une tête de choufleur.

On le rencontre non-seulement dans le raisin, mais même dans presque tous les fruits, dans le miel, etc. On l'obtient également en traitant par l'acide sulfurique, l'amidon, le ligneux, la lactine, la gomme, etc.

Il peut être employé comme succédané du sucre de canne, mais à une dose deux fois et demie plus élevée.

Sucre de champignon. Il est blanc, moins doux que celui de canne ; il cristallise très-facilement en longs prismes quadrilatères ; exposé au feu, il fond, se boursoufle et brûle avec une odeur de caramel ; il donne de l'alcool par la fermentation, et de l'acide oxalique par l'acide azotique. On l'extrait d'un grand nombre d'espèces de champignons.

Sucre de diabètes. Les urines de certains malades atteints du *diabètes*, affection dont le principal symptôme est une soif inextinguible, changent de nature d'une manière remarquable : loin de conserver la saveur et l'odeur ammoniacale des urines ordinaires et d'éprouver la fermentation putride, elles deviennent douces, sucrées et susceptibles d'éprouver la fermentation alcoolique ; on en extrait facilement un sucre qui, dans certaines circonstances, est aussi sucré que celui de raisin, tandis que dans d'autres il ressemble plutôt par l'aspect à une sorte de gomme. Dans ce dernier cas il donne cependant aussi de l'alcool par la fermentation.

Sucre incristallisable. Ce sucre ne diffère de celui de canne, avec lequel il est isomérique, que par l'impossibilité de cristalliser ; il résulte de l'action du feu et de l'eau sur le sucre de canne ; il existe aussi dans le miel, uni à plus ou moins de sucre de raisin.

Miel. Le miel est généralement formé de sucre de raisin et de sucre incristallisable réuni en diverses proportions. Quelques miels de qualité inférieure contiennent en outre un peu de cire ; les meilleurs miels, comme ceux de Narbonne, renferment souvent une assez grande quantité de sucre cristallisable (de canne) qui se montre en petits grains brillants.

Amidon. L'amidon se rencontre dans presque toutes les parties des végétaux, mais plus particulièrement dans les semences, les racines et les tiges ; il est uni, dans la plupart des céréales, à une substance nommée *gluten.* L'amidon est aussi connu sous le nom de *fécule ;* l'amidon se présente sous forme d'une substance blanche, pulvérulente, insipide, inodore, sans action sur le tournesol, inaltérable à l'air, plus pesante que l'eau ; il est insoluble dans l'eau froide, et forme, avec l'eau chaude, une substance visqueuse nommée *empois ;* l'amidon est insoluble dans l'alcool et dans l'éther ; il est transformé en sucre par l'acide sulfurique étendu. L'acide nitrique le convertit aussi en sucre, puis en acide malique, enfin en acide oxalique.

L'amidon est rendu soluble par les alcalis ; une légère torréfaction en modifie aussi les propriétés ; il se dissout alors dans l'eau comme la gomme. L'amidon humecté et soumis à une chaleur de 55°, ne peut plus reprendre son état pulvérulent ; c'est sur cette propriété qu'est fondée la fabrication des pâtes alimentaires.

Une propriété importante de l'amidon est de donner, avec l'iode, une belle couleur bleue ; cependant cette couleur varie du violâtre au bleu - noir foncé, selon les proportions d'iode employé.

L'amidon cuit, ou *empois*, abandonné à lui-même sans le contact de l'air, produit du sucre et une matière gommeuse ; à l'air libre, il se liquéfie, perd de son poids ; il y a cependant aussi formation de sucre.

Ligneux. On donne le nom de *ligneux* ou *matière ligneuse* au squelette des plantes ; le ligneux est aux végétaux ce que le phosphate de chaux est aux animaux ; il constitue la fibre proprement dite de toutes les parties des végétaux, et il entre pour 96 ou 98 centièmes dans la composition de tous les bois, dans lesquels il est identique, quelles que soient, du reste, les différences physiques qu'ils présentent.

Le ligneux pur est solide, d'un blanc sale, insipide, inodore, plus pesant que l'eau.

Décomposé au feu dans une cornue, on en retire les différents produits des matières organiques non azotées, plus une petite quantité d'un corps très - remarquable, connu sous le nom d'*esprit de bois* ou *byhydrate de méthylène*.

L'acide sulfurique convertit le ligneux d'abord en une substance gommeuse, puis en sucre de raisin.

Le ligneux n'est jamais employé pur.

Mannite. Cette substance se trouve dans les différentes espèces de manne, surtout dans la manne en larmes, qui en contient une grande quantité ; dans le céleri, dans les sucs fermentés d'ognons, de carottes, etc.

Elle est solide, très - blanche, inodore, cristallisable, d'une saveur douce qui n'est plus nauséabonde comme celle de la manne.

Elle ne donne pas d'alcool à la fermentation ; l'acide azotique la transforme en acide malique d'abord, puis en acide oxalique.

Pure, elle est sans usages ; elle pourrait cependant être substituée avec avantage à la manne, qui est plus désagréable à prendre.

Salicine. Le salicine est une substance fébrifuge qui se trouve dans l'écorce de quelques espèces de saule et de peuplier ; elle se présente sous forme de cristaux nacrés d'une grande ténuité ; elle a une saveur amère qui rappelle celle de l'écorce de saule ; elle est plus soluble dans l'eau chaude que dans l'eau froide ; elle se dissout dans l'alcool, mais est insoluble dans l'éther et l'huile essentielle de térébenthine ; sa solution n'est précipitée ni par l'acétate de plomb, ni par la gélatine, ni par l'infusion de noix de galle.

On l'a employée avec succès dans le traitement des fièvres intermittentes.

Alcool ou *esprit de vin.* L'alcool, dont le nom arabe signifie ce qui est très-subtil, est un des produits de la fermentation que subissent, dans certaines circonstances, les matières végétales qui contiennent du sucre.

Dans son état de pureté, l'alcool est un liquide diaphane, sans couleur, plus fluide que l'eau, d'une saveur chaude et brûlante, d'une odeur forte et agréable ; sa pesanteur spécifique à la température de $+17°$ centigrades est 0,792. Il n'est pas conducteur de l'électricité ; il réfracte fortement la lumière ; exposé à l'air il se volatilise, mais la partie du liquide qui ne s'est point encore vaporisée s'affaiblit en absorbant l'humidité de l'air ; il bout à $+78°,4$ centigrades. Il ne se congèle pas à une température de $— 68$. Si on fait passer de la vapeur d'alcool à travers un tube de porcelaine rougi, il se décompose et se transforme en gaz hydrogène carboné, en gaz oxide de carbone, et en gaz acide carbonique ; il se forme, en outre, un peu d'eau, d'acide acétique et d'huile essentielle brune contenant de petites lames cristallines minces.

L'alcool s'enflamme à l'air libre par l'approche d'un corps en ignition ; il brûle avec une flamme blanche sans résidu : il y a formation d'eau et d'acide carbonique ; le gaz oxigène chargé de vapeur alcoolique détonne violemment à l'approche d'un corps enflammé. La plupart des corps simples sont sans action sur lui ; il dissout cependant, en petite quantité, l'iode, le phosphore et le soufre ; quelques-uns forment avec lui des composés éthérés, le chlore, par exemple ; le potassium et le sodium l'altèrent en réagissant sur ses éléments ; les autres métaux sont sans action.

L'eau s'unit à l'alcool en toutes proportions ; le mélange des deux liquides est toujours accompagné d'une élévation de température, et la densité du mélange devient supérieure à la moyenne des densités des deux liquides employés.

Parmi les oxides métalliques, l'alcool ne

dissout que la soude et la potasse ; il dissout aussi l'ammoniaque. L'action des acides sur l'alcool est variée : ou ils s'y dissolvent, ou ils s'y décomposent, ou ils forment de nouveaux composés nommés *éthers*. Nous avons vu qu'avec l'acide azotique, le mercure ou l'argent, il donnait naissance à deux composés remarquables par leur facilité à détoner (voyez *Fulminates*). Il dissout un grand nombre de substances organiques, les bases végétales, quelques acides, les huiles volatiles, les résines, etc.

L'alcool ne se rencontre jamais isolé dans la nature ; il n'existe que dans les liqueurs qui ont subi la fermentation alcoolique ou vineuse ; on le sépare alors de ces liqueurs par la distillation ; si on tardait, la fermentation acide succéderait bientôt à la fermentation spiritueuse, et l'alcool serait transformé en acide acétique.

L'alcool peut être considéré comme formé de deux volumes de bi-carbure d'hydrogène (gaz oléfiant) et de deux volumes de vapeurs d'eau. On doit en conséquence le regarder comme un *bihydrate de bicarbure d'hydrogène*.

Les usages de l'alcool, soit pur, soit uni à l'eau, sont extrêmement nombreux et généralement connus.

Ether hydrique (éther sulfurique). Si on traite à l'aide de la chaleur l'alcool par l'acide sulfurique, on obtient un fluide particulier d'une odeur suave, agréable, qui est composé de bicarbure d'hydrogène et de moitié moins d'eau que l'alcool : c'est un *monhydrate de bicarbure d'hydrogène;* il faut donc admettre que, par suite de l'affinité de l'acide pour l'eau, il s'est emparé de la moitié de celle que contenait l'alcool, et que de cette manière il a produit l'éther; cependant l'éther n'est pas le seul produit que donne la distillation de parties égales d'alcool et d'acide sulfurique ; en même temps que l'acide sulfurique agit sur l'alcool, celui-ci réagit sur l'acide, et il y a formation d'un acide particulier que l'on a nommé *acide sulfo-vinique*, d'une matière végétale appelée *huile douce du vin*, et de plus dégagement d'acide sulfureux, de gaz carbonique et de gaz hydrogène bicarburé.

L'éther est un liquide d'une odeur forte et suave, d'une saveur chaude et piquante, dont la densité est 0,711 à la température de $+$ 24. Il entre en ébullition à $+$ 35° ; il est très-volatil et fort inflammable, de sorte qu'il est imprudent d'entrer avec une bougie allumée dans une chambre où il y a de l'éther ; sa vapeur peut prendre feu, le communiquer au flacon, et déterminer des accidents graves.

L'éther est peu soluble dans l'eau, qui n'en prend qu'un dixième de son volume ; il est soluble dans l'alcool en toutes proportions ; parties égales d'éther hydrique et d'alcool constituent la *liqueur anodine d'Hoffmann*.

L'éther, par sa tendance à se vaporiser, produit un froid si grand qu'il peut déterminer la congélation de l'eau.

L'éther dissout les huiles fixes, les corps gras, les huiles volatiles, les résines, le phosphore et le soufre en petites quantités; la potasse et l'ammoniaque sont les seules bases solubles dans l'éther.

On peut encore obtenir de l'éther hydrique par la réaction des acides phosphorique, fluoborique et arsenique sur l'alcool; mais il ne s'en forme que très-peu, et il n'y a plus formation d'acide sulfovinique; l'éther obtenu est, du reste, identique avec celui qu'on prépare par l'acide sulfurique.

L'éther hydrique et la liqueur d'Hoffmann sont surtout employés en médecine.

Éther chlorhydrique. L'éther chlorhydrique est le résultat de l'union de l'acide chlorhydrique avec le gaz oléfiant ; il ne renferme pas d'eau en combinaison; le gaz et l'acide s'y trouvent réunis en volumes égaux.

L'éther chlorhydrique est liquide au-dessous de $+$ 11° : au-dessus il est gazeux ; il est donc extrêmement volatil; il a l'apparence de l'eau, une odeur forte, analogue à celle de l'éther hydrique ; sa saveur est sensiblement sucrée; il brûle très-vivement avec une flamme verte, et donne une grande quantité de gaz chlorhydrique.

Il est quelquefois employé en médecine.

Les acides bromhydrique, iodhydrique, sulfhydrique, cyanhydrique, donnent lieu, par leur réaction sur l'alcool, à des éthers qui présentent des caractères analogues.

Éther azoteux, ou *hypo-azoteux*. Cet éther, aussi nommé éther nitrique, est composé d'acide azoteux, de bicarbure d'hydrogène et d'eau dans les proportions qui constituent l'éther hydrique : ce n'est donc réellement qu'une combinaison d'éther hydrique et d'acide azoteux; il est ordinairement liquide, d'un blanc jaunâtre, d'une odeur analogue à celle de autres éthers, mais cependant plus forte ; sa saveur est âcre et brûlante ; versé sur la main, il entre en ébullition et produit un froid considérable ; il est très-inflammable, et brûle avec une flamme blanche et sans résidu ; agité avec vingt-cinq ou trente fois son poids d'eau, il se décompose, il y a dégagement de bioxide d'azote, la dissolution devient acide et prend une forte odeur de pomme de reinette.

L'éther azoteux est employé en médecine ; on l'administre le plus ordinairement mélangé avec l'alcool.

Ether acétique. L'éther acétique est formé d'une proportion d'acide acétique, d'une proportion de bicarbure d'hydrogène et d'une proportion d'eau, ou bien d'acide acétique et d'éther hydrique. L'éther acétique est un liquide incolore ayant une odeur agréable d'acide acétique, et d'éther hydrique mélangés ; il ne rougit pas la teinture de tournesol ; sa saveur est toute particulière ; sa pesanteur spécifique est de 0,886 ; il bout à + 71 ; mis en contact avec un corps en ignition, il brûle avec une flamme d'un blanc jaunâtre : il y a formation d'acide acétique ; l'eau en dissout la septième partie de son poids ; il est très-soluble dans l'alcool ; il est employé en médecine.

Esprit de bois, ou *bihydrate de méthilène par.* Il est liquide non-seulement à la température ordinaire, mais même bien au-dessous de zéro ; il est sans action sur les papiers réactifs ; sa fluidité est très-grande ; son odeur est tout à la fois alcoolique et empyreumatique ; sa saveur est piquante et comme poivrée ; sa pesanteur est de 0,798 ; il bout à + 66° ; une chaleur rouge le décompose, et il brûle avec une flamme d'un blanc bleuâtre ; il se mêle à l'eau et à l'alcool en toutes proportions, et dissout les corps que l'alcool dissout lui-même.

On l'obtient en soumettant à plusieurs distillations successives l'acide pyro-ligneux (acétique impur) produit par la distillation du bois.

L'esprit de bois, traité par les acides et es corps simples, donne lieu à des produits analogues à ceux que donne l'alcool soumis à la même action.

Stéarine, margarine, oléine. Ces trois substances se trouvent dans les graisses et dans les huiles qui font la base des savons.

La *stéarine* se rencontre surtout dans les graisses animales ; elle est en petites lames blanches, nacrées, brillantes, insipides, inodores, sans action sur les couleurs bleues. Elle fond à + 62°, et se prend par le refroidissement en une masse qui a l'apparence de la cire.

La *margarine* s'obtient en abandonnant à une évaporation spontanée les liqueurs refroidies qui proviennent du traitement du suif et des huiles par l'éther.

L'*oléine* fait partie de toutes les huiles et de presque toutes les graisses animales. Elle est incolore, très-peu odorante, sans action sur le tournesol, analogue pour l'aspect à l'huile d'olive blanche ; elle est insoluble dans l'eau et soluble dans trente fois son poids d'alcool ; elle a une saveur douceâtre, et sa pesanteur est de 0,913.

Savons. La saponification consiste à mêler un corps gras avec un alcali ou avec certains oxides : ceux de plomb, de zinc, par exemple ; ceux de cuivre, de fer, etc., ne forment point de savon.

Si l'on prend quatre parties de graisse de porc composée de stéarine, d'oléine et de margarine, et une partie de potasse caustique, et qu'on fasse bouillir jusqu'à ce que la liqueur devienne transparente, l'opération de la saponification sera terminée quand, prenant de la matière bouillie et la mettant dans l'eau chaude, on la verra s'y dissoudre complétement sans laisser d'yeux à la surface : la graisse se trouve alors changée en acides *stéarique, margarique* et *oléique,* qui se combinent avec la potasse ; et en *glycérine,* substance neutre d'une consistance sirupeuse, d'une saveur douce, soluble dans l'eau, etc. Les alcalis ne produisent donc d'autre effet que de déterminer la formation de ces acides.

Parmi les savons, il n'en est que trois qui soient solubles dans l'eau : ce sont ceux de potasse, de soude et d'ammoniaque. Les savons à base de soude se font généralement avec l'huile d'olive et le suif ou la graisse ; ils sont solides, blancs ou marbrés ; les savons à base de potasse sont au contraire plus ou moins mous et de couleur verte.

Huiles grasses. Elles sont composées d'une petite portion de matière colorante et de matière odorante, et de margarine et d'oléine, dans des proportions différentes; les unes sont siccatives, ce sont celles de *lin*, d'*œillet* ou de *pavots*, de *noix*, de *chenevis*, de *faîne;* les autres ne le sont pas : ce sont celles d'*olives*, de *colza*, d'*amandes douces*, de *noisettes*, de *ricin;* toutes ces huiles grasses sont généralement liquides; cependant celle de *cacao*, connue sous le nom de *beurre de cacao*, est concrète ainsi que celles de *muscade* et de *palme.* Les huiles grasses ou fixes sont insolubles dans l'eau, solubles dans l'alcool et l'éther; elles sont plus ou moins odorantes, d'une saveur souvent désagréable, généralement plus légères que l'eau. Les huiles siccatives sont rendues plus siccatives encore par l'addition d'une certaine quantité de litharge. Toutes les huiles grasses sont saponifiables.

Cire. La cire, qu'on peut regarder comme une huile fixe concrète, est le résultat du travail des abeilles; elle existe aussi dans un grand nombre de végétaux; elle diffère cependant des graisses en ce qu'elle ne se saponifie pas; traitée par une solution alcaline, elle forme comme une émulsion, une matière laiteuse, mais sans se combiner; fondue avec le carbonate de potasse, elle ne s'altère pas, car c'est ainsi qu'on la dissout pour cirer les appartements.

On regarde la cire comme formée de deux substances particulières : la *cétine* qui en constitue les 80/100, et la *myricine* qui forme le reste.

Graisses animales saponifiables. Les plus usitées sont celles de *porc* (ou *axonge, sain-doux*), celle de *bœuf, mouton,* etc., (ou *suif*), le *beurre,* l'*huile de poisson,* l'*huile de dauphin,* le *blanc de baleine;* elles sont composées généralement de stéarine, de margarine, d'oléine; la graisse humaine semble ne pas renfermer de stéarine. Le blanc de baleine est presque entièrement composé de *cétine;* l'huile de dauphin contient de la *phocénine;* le beurre, outre la margarine et l'oléine, contient de la *caprine* et de la *caproïne;* le suif contient de l'*hircine.*

Les graisses sont généralement blanches ou jaunâtres, peu odorantes, d'une saveur douce et fade, plus légères que l'eau, d'une consistance qui varie depuis celle du blanc de baleine, qui est solide, jusqu'à celle de l'huile de poisson, qui est liquide.

Huiles essentielles. Les huiles essentielles sont des corps liquides très-inflammables, ayant une odeur plus ou moins forte et souvent très-agréable; leur saveur est âcre et brûlante; elles sont presque toutes plus légères que l'eau; elles sont très-volatiles, à en juger par la rapidité avec laquelle leur odeur se répand; elles sont peu solubles dans l'eau, quoique cependant elles communiquent de l'odeur à ce liquide; elles sont très-solubles dans l'alcool et dans l'éther; elles sont précipitées de ces solutions par l'eau; elles ne sont pas saponifiables; on peut les enflammer presque toutes par l'acide azotique concentré; exposées à l'air elles s'épaississent et se changent en une substance solide comme résineuse. Les huiles essentielles se trouvent dans tous les végétaux aromatiques; ce sont ces huiles qui leur communiquent l'odeur qu'ils exhalent; elles se rencontrent surtout dans les fleurs, les feuilles et les tiges.

Les unes ne contiennent que de l'hydrogène et du carbone; les autres contiennent en outre de l'oxigène.

L'*huile essentielle de térébenthine* est la plus commune de toutes les huiles essentielles; elle provient de la distillation de la térébenthine; purifiée, elle est incolore, d'une odeur forte et désagréable; elle est soluble dans l'alcool, dans l'éther, dans les huiles grasses et essentielles, dans douze fois son poids d'eau bouillante, et seulement deux cents fois son poids d'eau froide.

L'essence de térébenthine a la propriété d'absorber le gaz acide chlorydrique : il y a formation d'une matière solide à laquelle on a donné le nom de *camphre artificiel* à cause de son analogie avec le camphre. On regarde cette matière comme un *chlorhydrate de camphène;* cette dernière substance semble n'être que de l'huile essentielle de térébenthine extrêmement pure, et est ainsi nommée parce que unie à une certaine quantité d'oxigène, elle représente le camphre naturel.

Le *camphre* est tout-à-fait analogue aux huiles essentielles, bien qu'il en diffère par son état solide; on le retire d'un arbre nommé *laurus camphora;* il se distingue par une odeur particulière et très-pénétrante; sa saveur est âcre; il est toujours solide, de couleur blanche; il cristallise facilement; il est presque aussi pesant que l'eau. L'acide sulfurique, à chaud, convertit le camphre en un résidu noir qui contient du charbon et une substance astringente qui, à cause de ses propriétés, a été nommée *tannin artificiel*.

Créosote. Cette substance est un des produits de la distillation du bois ; son nom, formé de deux mots grecs, en indique les propriétés antiseptiques.

La créosote est liquide, oléagineuse, un peu grasse au toucher, incolore, d'une saveur caustique et brûlante, d'une odeur pénétrante et désagréable ; 400 parties d'eau en dissolvent une partie, et 10 parties de créosote dissolvent une partie d'eau ; elle s'unit en toutes proportions à l'alcool, à l'éther, au naphte, etc. ; elle coagule l'albumine ; mais de toutes ses propriétés, la plus remarquable est d'empêcher la putréfaction des viandes ; en thérapeutique on l'emploie avec succès contre la carie dentaire et dans le pansement des ulcères de mauvaise nature.

Résines. Elles se rapprochent des huiles essentielles par leur solubilité dans l'alcool, et par la propriété qu'elles ont d'être inflammables ; elles en diffèrent par leur état solide, car le baume de copahu et la térébenthine ne doivent leur état de fluidité et de semi-fluidité qu'à la grande quantité d'huile essentielle qu'ils renferment ; leur saveur est nulle ainsi que leur odeur ; quand elles sont sapides ou odorantes elles doivent ces propriétés à des substances étrangères, à de l'huile essentielle, par exemple ; elles sont solides, cassantes, demi-transparentes, d'une couleur jaunâtre ; elles s'électrisent toutes négativement par le frottement ; elles fondent à un degré supérieur à l'eau bouillante ; elles ne se volatilisent point sans se décomposer : il reste alors du charbon, et elles donnent du gaz inflammable très-propre à l'éclairage ; elles brûlent facilement et donnent une fumée accompagnée d'un charbon léger qu'on nomme *noir de fumée*.

Les résines qu'on trouve dans le commerce sont des composés variables ; on doit même croire qu'elles sont formées du mélange de plusieurs résines ; on ne connaît point encore à l'état de pureté le produit immédiat des végétaux connus sous le nom de *résine*.

Les *résines solides* contiennent moins d'huile essentielle que les *résines liquides ;*

les *baumes* contiennent, en outre, une certaine quantité d'acide benzoïque ; les *gommes résines*, qu'on obtient généralement en faisant des incisions aux branches ou aux racines de quelques végétaux, sont des composés très-complexes contenant une substance résineuse, de l'huile essentielle, du caoutchouc, de la bassorine, de l'amidon, de la cire et diverses matières salines.

Voici les noms des résines les plus connues et les plus employées :

Résines liquides. Baume de copahu, résine de la Mecque, térébenthine de laquelle on extrait le *galipot*, la *colophane*, la *poix jaune*, la *poix noire*, le *brai sec et gras*, le *goudron.*

Résines solides. Résine animé, résine copal, résine élémi, résine de gayac, résine laque, sandaraque, sangdragon.

Baumes. Benjoin, liquidambar, baume du Pérou, styrax solide et liquide, baume de tolu.

Gommes-résines. Assa-fœtida, gomme ammoniaque, bdellium, euphorbe, galbanum, gomme-gutte, myrrhe, oliban ou *encens, opoponax, scammonée.*

Térébenthine. La térébenthine est d'un blanc légèrement jaunâtre, diaphane, d'une consistance de miel, d'une odeur forte, d'une saveur âcre et amère ; exposée à l'air, elle se résout en deux parties : 1° en huile volatile qui s'évapore ; 2° en colophane, résine solide, d'un brun jaunâtre, semi-transparente, facile à pulvériser.

Le *galipot* contient moins d'huile essentielle que la térébenthine, et est par conséquent plus solide ; la *poix résine*, la *poix jaune* ou *de Bourgogne*, le *brai sec*, la *poix noire*, le *goudron*, le *brai gras*, etc., s'obtiennent successivement des arbres qui produisent la térébenthine ; ces divers produits sont de plus en plus impurs.

Outre les usages auxquels sont appliqués, soit dans les arts, soit dans l'industrie, ces différentes substances résineuses, on les emploie maintenant avec succès pour obtenir un *gaz d'éclairage* qui rivalise et pour l'éclat et pour la modicité du prix avec celui qu'on obtient de la distillation de la houille.

Urée. L'urée est une substance azotée, blanche, cristallisant en lames carrées-oblongues, assez épaisses ; de toutes les matières animales elle est la plus azotée ; sa saveur est fraîche, un peu piquante et urineuse ; c'est elle qui donne à l'urine ses véritables caractères ; elle est très-soluble dans l'eau, dans l'alcool, mais insoluble dans l'éther; exposée à l'action de la chaleur, elle entre en fusion à $+120°$, se décompose ensuite, et se transforme en carbonate d'ammoniaque ; c'est la substance qui en donne le plus.

L'urée existe dans l'urine de l'homme et d'un grand nombre d'animaux. On peut aussi la former de toutes pièces ; c'est la première substance animale que l'on soit parvenu à former ainsi.

Fibrine. La fibrine existe dans le chyle, dans le sang; elle forme, en grande partie, la chaire musculaire.

La fibrine est solide, blanche, flexible, élastique, insipide, inodore, plus pesante que l'eau ; elle contient environ les quatre cinquièmes de son poids d'eau ; c'est à ce liquide qu'elle doit son élasticité et sa transparence, car, desséchée, elle devient semiopaque, jaunâtre, raide, cassante ; mais elle reprend, si on la plonge dans l'eau, ses qualités premières ; elle est insoluble dans l'eau froide et même dans l'eau chaude, qui cependant finit par l'altérer ; elle forme des combinaisons avec les acides et les alcalis; elle se décompose au feu, donne du carbonate d'ammoniaque, et pour résidu un charbon très-volumineux, très-brillant et très-facile à incinérer.

Albumine animale. Cette matière se trouve à peu près pure dans le blanc d'œuf ; elle est très-répandue dans l'économie animale ; elle existe dans le sang, dans la sérosité et dans tous les liquides animaux ; l'albumine est une liqueur visqueuse, sans saveur sensible et sans odeur ; elle a une réaction alcaline due au carbonate de soude qu'elle contient; on l'obtient pure, en la traitant par l'alcool, qui s'empare du sel ; sa propriété caractéristique est de se coaguler par l'action de la chaleur, de se raccornir et de devenir dure ; abandonnée à elle-même à l'air sec, elle se concentre et se prend en une masse solide jaunâtre et transparente, qui, mise en contact avec l'eau, s'y redissout et reproduit l'albumine liquide ; les acides la coagulent ainsi que l'alcool ; les alcalis la dissolvent, au contraire ; le tannin, l'infusion de noix de galle, la précipitent et forment avec elle des composés insolubles.

Quelques graines céréales, les graines légumineuses, les semences émulsives, con-

tiennent une certaine quantité d'albumine qui paraît être la même que l'albumine animale, car elle se comporte de la même manière avec les différents réactifs.

Hématosine, ou *matière colorante du sang.* C'est une substance liquide, noire, brillante comme du jayet.

Elle est soluble dans l'eau, à laquelle elle communique une couleur rouge foncé, et cette solution se comporte avec les différents réactifs à peu près de la même manière que l'albumine.

On a long-temps attribué la coloration du sang au fer, mais à tort, puisque l'hématosine incinérée ne présente point un atome de ce métal.

Gélatine. La gélatine n'existe pas toute formée dans les animaux, mais toutes leurs parties molles sont susceptibles d'en fournir par l'ébullition ; elle est caractérisée par la propriété qu'elle a de se dissoudre dans l'eau chaude et de former une gelée par le refroidissement ; la gélatine n'est précipitée de ses dissolutions dans l'eau ni par les acides ni par les alcalis ; l'alcool et le tannin la précipitent au contraire, le premier en agissant sur l'eau, le second sur la substance elle-même.

Traitée à chaud par l'acide sulfurique étendu d'eau, la solution de gélatine donne lieu, après avoir été abandonnée un certain temps à elle-même, à un dépôt de cristaux qui croquent sous la dent comme du sucre candi, ont la saveur du sucre de raisin, et qu'on nomme *sucre de gélatine.*

Ses usages, à l'état de gélatine pure, de colle forte, de colle de poisson, etc., sont très-répandus.

Caséum. Le caséum existe en suspension, avec le beurre, dans le lait des animaux ; à l'état de pureté il est mou, blanc, insoluble dans l'eau, et présente beaucoup d'analogie avec l'albumine coagulée ; on peut cependant l'obtenir soluble en versant dans le lait écrémé de l'acide sulfurique.

Le caséum abandonné à lui-même éprouve une putréfaction qui n'est pas repoussante ; cette putréfaction donne naissance aux différentes espèces de fromages, dans lesquels il existe un acide particulier qu'on a nommé *acide caséique.*

Gluten. Le gluten, qu'on obtient en malaxant, sous un petit filet d'eau, de la pâte de farine de froment, est une substance visqueuse, élastique, insoluble dans l'eau;

cette substance, mêlée intimement avec l'albumine végétale, l'amidon, le sucre, la gomme, etc., constitue la partie intérieure des graines céréales et légumineuses.

Le gluten distillé donne les mêmes produits que les matières animales ; il fournit autant d'azote que la chair musculaire, et se dissout dans les acides et surtout dans les acides végétaux.

Le gluten est la partie de la farine essentielle à la nutrition, et c'est lui qui donne au pain ses propriétés nutritives, car l'amidon seul est peu nourrissant. C'est au gluten que la farine doit de faire pâte avec l'eau ; cette pâte n'est en effet que le tissu visqueux et élastique du gluten, dont les cellules sont remplies de fécule, de sucre, de gomme, etc. ; c'est aussi au gluten que la pâte doit sa propriété de lever par son mélange avec la levure ou le levain.

Fermentations. La fermentation peut être regardée comme un mouvement spontané qui se manifeste dans les corps sous l'influence de certaines circonstances, et qui donne lieu à des produits qui n'y existaient point auparavant.

On connaît trois sortes de fermentations : la *fermentation vineuse, spiritueuse* ou *alcoolique*, la fermentation *acide*, la fermentation *putride*.

Fermentation vineuse, spiritueuse ou *alcoolique*. Elle ne peut être produite que par le concours du sucre, du ferment, de l'eau et d'une certaine température. On nomme *ferment* une substance qui se sépare, sous forme de flocons plus ou moins visqueux, de tous les sucs de fruits ou des liqueurs sucrées qui éprouvent la fermentation vineuse ; celui dont on se sert le plus ordinairement s'extrait des cuves à bière : c'est pour cela qu'il est connu sous le nom de *levure de bière ;* il est sous forme de pâte, d'un blanc grisâtre, ferme, cassant ; la levure de bière abandonnée à elle-même se décompose, et éprouve bientôt la fermentation putride. Soumis à l'action de la chaleur, le ferment se dessèche, perd plus des deux tiers de son poids, devient dur, cassant, et peut alors se conserver indéfiniment ; soumis à une plus haute température, il donne tous les produits des matières animales décomposées par la chaleur ; il est insoluble dans l'eau et dans l'alcool ; l'eau bouillante lui enlève ses propriétés fermentescibles.

Il suffit donc de prendre cinq parties de sucre, vingt parties d'eau et une partie de levure de bière, de délayer le tout dans un flacon et d'exposer ce mélange à une température de $+25°$ au plus, pour qu'il y ait réaction très-vive entre le ferment et la matière sucrée ; des bulles s'élèvent de divers points, il y a effervescence, dégagement d'acide carbonique et formation d'alcool dans la liqueur ; la fermentation peut durer plus ou moins long-temps : de cinq jours à un mois selon la température. Ce que nous venons de dire de ce mélange s'applique exactement à ce qui se passe dans les cuves de raisin, ou d'autres sucs ou liqueurs fermentescibles.

Fermentation acide. Si on expose à l'air et à une température de $+10$ à $+30°$ une liqueur ayant subi la fermentation vineuse, elle se trouble, il y a dégagement de gaz acide carbonique, d'un peu de chaleur, et il s'y forme une foule de filaments qui s'agitent en tous sens et finissent par se déposer en une masse de consistance de bouillie ; la liqueur redevient alors transparente, l'alcool est décomposé, et la liqueur est transformée en vinaigre ou acide acétique ; on active la fermentation acide en ajoutant à la liqueur vineuse une certaine quantité de liqueur ayant déjà subi cette fermentation acide, ou même du vinaigre.

Fermentation putride ou *putréfaction.* Les végétaux et les animaux soustraits à l'influence de la vie et soumis à celle de la chaleur et de l'humidité, s'altèrent, se décomposent, et donnent lieu à différents produits gazeux, liquides et solides, dont quelques-uns, les gazeux surtout, peuvent devenir très-dangereux pour l'économie animale.

Les végétaux soumis aux causes de putréfaction laissent dégager du gaz acide carbonique, du gaz hydrogène carboné et du gaz azote ; il se forme, en outre, de l'eau, de l'acide acétique, une substance huileuse et un résidu noir dans lequel le charbon prédomine ; le terreau, la tourbe, le lignite, la houille peut-être et les bitumes, sont des résidus de la fermentation putride des matières végétales ; il est à remarquer cependant que les substances végétales contenant de grandes proportions d'hydrogène et de carbone, comme les huiles, les résines, etc., ainsi que les substances très-oxigénées, telles que les acides, éprouvent difficilement la putréfaction ; ce sont surtout celles qui contiennent l'oxigène et l'hydrogène en proportions nécessaires pour faire l'eau, qui présentent ce genre de décomposition.

Les matières animales soumises aux influences qui favorisent la putréfaction se convertissent en un grand nombre de produits, et surtout en eau, en gaz carbonique, en acide acétique, en ammoniaque, en carbonate d'ammoniaque, en gaz hydrogène carboné, sulfuré, phosphoré, etc.; plusieurs de ces produits sont excessivement fétides. Le résidu est une espèce de terreau ; si la matière animale est enfoncée en terre ou plongée dans l'eau, et qu'elle soit formée de parties musculaires et de graisse, elle se transforme en un composé gras qui est une sorte de savon nommé *gras des cadavres*; le gras des cadavres est employé à fabriquer des bougies.

On peut prévenir la fermentation putride par la dessiccation, le froid, la cuisson, la soustraction au contact de l'air, l'emploi du sel marin, des acides, de l'alcool, du sublimé, de la créosote, des substances résineuses, etc.

§ 4. Quatrième classe. Substances colorantes.

On donne le nom de matières colorantes à des matières déjà colorées qui existent dans les végétaux, et que l'on peut appliquer sur les tissus soit directement, soit au moyen d'agents intermédiaires que l'on nomme *mordants*.

On les trouve dans toutes les parties des plantes, tantôt dans les racines, tantôt dans les tiges, tantôt dans les graines ; il en existe de toutes les nuances ; les plus communes sont les rouges, les jaunes et les vertes.

Les substances colorantes sont en général solides, insipides et inodores ; les unes sont solubles dans l'eau, d'autres dans l'alcool et en même temps dans les huiles ; d'autres enfin, comme l'indigo, ne se dissolvent que dans un acide concentré.

Les matières colorantes sont altérées par leur exposition à l'air; mais il faut aussi l'action de la lumière : si l'action de la rosée est unie à celle de l'air et de la lumière, la couleur se détruit infailliblement.

Le chlore détruit toutes les matières colorantes et les transforme en un jaune d'une nature particulière.

Presque tous les oxides et sous-sels insolubles ont la propriété d'enlever à l'eau les matières colorantes, et de former avec elles des composés insolubles auxquels on a donné le nom de *laques;* on obtient ordinairement les laques en versant dans une solution de matières colorantes une dissolution d'alun ou de bichlorure d'étain.

Le charbon très-divisé s'unit aussi aux matières colorantes, et décolore complètement l'eau qui les tient en solution.

Exposées à l'action du feu, elles se comportent comme les autres matières organiques.

Il y a trois couleurs avec lesquelles on peut obtenir toutes les autres : ce sont le jaune, le rouge et le bleu. La *gaude*, la *garance* et l'*indigo* sont les trois substances les plus employées pour obtenir ces couleurs.

On obtient aussi des teintes jaunes avec le *quercitron*, le *bois jaune*, le *curcuma* et le *safran*.

Le *bois de Campêche*, le *bois de Brésil*, le *carthame*, la *cochenille*, l'*orcanette*, l'*orseille*, donnent des couleurs rouges.

On prépare les couleurs bleues avec le *pastel*, le *campêche*, le *bleu de Prusse*, etc.

Nous renvoyons à la technologie l'exposé des différents procédés de teinture, et nous allons passer à l'examen des principes colorants, qu'on est parvenu à extraire des substances colorantes.

Carthamine. La carthamine s'extrait de la fleur du *carthamus tinctorius;* elle est pulvérulente, d'un rouge très-foncé ; une parcelle donne à l'eau une couleur rose très-intense ; elle ne se dissout bien que dans des solutions d'alcalis caustiques ou carbonatés.

La carthamine fixée sur les tissus donne une multitude de nuances qui varient depuis le rose couleur de chair jusqu'au rouge-cerise; mais ces teintes sont généralement peu solides.

La carthamine mêlée au talc réduit en poudre fine constitue le rouge dont les femmes se servent pour la toilette.

Alizarine et *purpurine*. Ces deux substances se retirent toutes deux de la garance.

L'*alizarine* est insipide, inodore, neutre aux papiers réactifs, volatile, peu soluble dans l'eau chaude, très-soluble en toutes proportions dans l'alcool et l'éther; sa solution aqueuse est d'un rose pur, et sa solution éthérée d'un beau jaune; dissoute dans une eau légèrement ammoniacale, elle donne une couleur pensée des plus riches; l'alizarine donne aux tissus tous les tons que l'on obtient de la garance elle-même, mais plus brillants et plus fins encore.

La *purpurine* se distingue de l'alizarine en ce que ses dissolutions alcooliques et éthérées sont toutes deux d'un rouge-cerise très-brillant; les teintes qu'elle donne aux tissus sont moins solides que celles de l'alizarine.

Orcine, érythrine. Ces deux substances s'extraient des différents lichens connus sous le nom d'*orseille de terre* et d'*orseille des îles;* elles ne sont point colorées par elles-mêmes; mais elles prennent une teinte d'un beau rouge-violet sous l'influence de l'air et de l'ammoniaque.

Hématine. L'hématine qu'on retire du bois de Campêche est cristallisée, d'un blanc rosé, d'une saveur astringente, amère et âcre. Sa solution dans l'eau bouillante est d'un rouge orangé qui passe au jaune par le refroidissement. La potasse et l'ammoniaque font prendre à cette solution une couleur d'un rouge pourpre; un excès d'alcali la colore en bleu-violet, puis enfin en jaune-brun; dans ce dernier état l'hématine est décomposée.

Carmine. On extrait la carmine de la cochenille; elle est d'un rouge pourpre éclatant, grenue, inaltérable à l'air, fusible à 50°, promptement décomposable par l'iode et presque instantanément par le chlore.

Les acides font passer successivement la solution de carmine, du rouge légèrement cramoisi au rouge vif, puis au rouge jaunâtre, enfin au jaune; les alcalis la font tourner au violet.

L'alumine en gelée décolore de suite la solution de carmine et il se forme une laque d'un très-beau rouge.

Indigo. L'indigo purifié, en le traitant successivement par l'eau, par l'alcool et par l'acide chlorhydrique, est un corps solide, sans saveur, sans odeur, d'un bleu pourpre et susceptible de cristallisation; il est inaltérable à l'air, insoluble dans l'eau et dans l'éther, mais soluble dans l'alcool bouillant, dont il est précipité par le refroidissement.

Une partie d'indigo en poudre mise en contact avec 9 ou 10 parties d'acide sulfurique concentré se dissout dans l'espace de quelques heures; la dissolution est toujours d'un beau bleu; l'acide sulfurique étendu de la moitié de son poids d'eau ne dissout plus l'indigo.

L'acide azotique concentré exerce une si vive action sur l'indigo, qu'il l'enflamme quelquefois.

Certains corps, tels que la chaux, le sulfate de fer, l'acide sulfhydrique, la potasse et le protoxide d'étain, jouissent de la propriété d'enlever à l'indigo, par l'intermède de l'eau, une portion de son oxigène; l'indigo, ainsi désoxigéné, est blanc-grisâtre, doué d'un éclat soyeux et d'une apparence cristalline; il est sans odeur et sans saveur; il est insoluble dans l'eau, mais soluble dans l'alcool et l'éther.

Exposé à l'air, il reprend promptement de l'oxigène, surtout si l'air est humide, et il bleuit bientôt.

L'indigo s'extrait de quelques plantes des genres *indigoféra, isatis* et *nerium.*

Le bleu-pastel retiré de l'*isatis tinctoria* est donc un véritable indigo.

Tournesol. Le tournesol avec lequel on prépare la teinture de tournesol, employée dans les laboratoires comme réactif pour reconnaître la présence des acides, se présente dans le commerce sous deux états: en *pains* ou en *drapeaux;* celui-ci se prépare en imprégnant des chiffons secs du suc du *croton tinctorium,* plante qui croît aux environs de Montpellier; le tournesol en pains est fourni par les plantes propres à la fabrication de l'orseille.

La matière colorante du tournesol est très-altérable; elle est soluble dans l'eau et dans l'alcool; elle est décomposée par l'acide sulfureux, les hyposulfates, le proto-chlorure d'étain et le protoxide de fer hydraté; mais la couleur bleue reparaît promptement au contact de l'air ou de l'oxigène: il y a donc ici, comme pour l'indigo, désoxigénation, puis réoxigénation. La teinture de tournesol est rougie par les acides, et ramenée au bleu par les alcalis et les oxides.

Curcuma. Le curcuma est la racine du *curcuma longa,* plante des Indes-Orientales; elle doit sa propriété colorante à une substance colorante particulière.

L'infusion de curcuma est jaune-rougeâtre; les alcalis la font passer au rouge-brun; les acides étendus d'eau lui rendent sa teinte jaune : aussi cette propriété en fait un excellent réactif pour reconnaître le présence des uns et des autres; mais on emploie plus fréquemment le papier coloré à l'aide du curcuma que l'infusion même de cette racine.

Sirop de violettes. Il est coloré en bleu pourpre par les pétales de violettes employés à sa préparation; on s'en sert comme d'un réactif pour reconnaître la présence des alcalis, qui le font passer au vert.

De toutes les substances immédiates que nous venons d'indiquer, il en est très-peu qui existent isolées; elles sont pour la plupart unies à d'autres substances dans le même corps organique : ainsi, pour citer quelques exemples, la farine de froment est composée de *fécule* 68 parties, *gluten* 24, *sucre* 5, *albumine* 1,5, *phosphates terreux et autres sels*, quelques fractions. Le sang veineux de l'homme contient de l'*eau*, de la *fibrine*, de l'*albumine*, de la *matière colorante*, de la *matière grasse*, une *matière huileuse*, des *matières extractives solubles* dans l'eau et dans l'alcool, de l'*albumine* combinée à la *soude*, du *chlorure de sodium et de potassium*, des *sous-carbonate*, *phosphate, sulfate* alcalins; des *carbonates de chaux et de magnésie*, des *phosphates de chaux, de magnésie, de fer*, du *péroxide de fer*.

Nous voyons de plus, par les deux exemples précités, qu'outre les corps simples élémentaires qui entrent dans la composition des différentes substances organiques, on trouve dans les différentes parties des végétaux ou des animaux un assez grand nombre d'autres corps inorganiques; ceux de ces derniers corps qui se rencontrent le plus fréquemment dans les végétaux sont : le *soufre*, l'*alumine*, l'*oxide de fer*, l'*oxide de manganèse*, la *silice*, les *carbonates de potasse, de soude, de chaux, de magnésie*; les *phosphates de chaux, de potasse, de magnésie*; les *sulfates de potasse, de soude, de chaux*; les *azotates de potasse, de chaux, de magnésie*; les *chlorures de potassium, de sodium, de calcium, de magnésium*; l'*iodure de potassium*, les *acétates de potasse et d'alumine*.

Dans les parties solides, molles ou liquides des animaux, on trouve de la *silice*, des *oxides de fer et de manganèse*, des *phosphates de chaux, de fer, de soude, de magnésie et d'ammoniaque*; des *carbonates de soude, de potasse, de chaux, de magnésie*; des *sulfates de potasse, de soude*; des *chlorures de potassium, de sodium*; enfin les sels organiques suivants: l'*acétate de potasse*, l'*oxalate de chaux*, les *urates d'ammoniaque et de soude*, les *lactates de soude et de potasse*.

Ces différentes matières ne se rencontrent cependant pas toutes réunies dans le même liquide ou dans la même partie animale; celles qu'on y rencontre les plus fréquemment sont : le *phosphate de chaux*, le *sel marin* et le *carbonate de soude*.

Les *liquides animaux* sont alcalins ou acides; les liquides alcalins doivent leurs propriétés alcalines à une petite quantité de soude; ils sont tous composés d'eau, des mêmes matières salines qui existent dans le sang, d'albumine et de substances animales particulières. Les principaux liquides alcalins sont : la *lymphe*, la *sérosité*, les *liquides* connus sous le nom d'*eaux*, la *salive*, les *humeurs internes de l'œil*, les *larmes*, les différents *mucus*, enfin la *bile*. La *bile* est un liquide très-complexe sécrété par le foie; elle contient de l'eau, une matière biliaire particulière, du mucus, des sels de soude, du phosphate de chaux, etc.

La bile de bœuf contient, en outre, une substance nommée *picromel;* le picromel est sans couleur; il a le même aspect et la même consistance que la térébenthine épaissie; sa saveur est âcre et amère, puis sucrée; son odeur est nauséabonde.

Les liquides animaux acides sont : le *suc gastrique*, la *sueur*, l'*urine*, le *lait*.

Parmi les matières solides qu'on rencontre dans l'économie animale, il en est quelques-unes qui se forment au sein de certains liquides et qui deviennent de véritables corps étrangers. Les dépôts de matières solides ont reçu le nom de *calculs* ou de *concrétions*. La vessie et la vésicule biliaire en contiennent fréquemment; les *calculs vésicaux* sont composés tantôt d'une seule substance, tantôt de plusieurs substances réunies; on y rencontre de l'*acide urique*, de l'*urate d'ammoniaque*, de l'*oxalate de chaux*, de la *silice*, du *phosphate ammoniaco-magnésien*, du *phosphate de chaux*, de la *matière animale*, de l'*urate de soude*. Les plus fréquents sont ceux d'*acide urique*, puis viennent ceux *d'oxalate de chaux*, *d'acide urique* et de *phosphate terreux*, etc.

Les *calculs biliaires* sont presque entièrement formés de *cholestérine* en lames blanches, brillantes et cristallines.

L'estomac et les intestins contiennent ordinairement une certaine quantité de *gaz*; ces gaz sont du *gaz oxigène*, du *gaz acide carbonique*, du *gaz hydrogène pur* ou *sulfuré* et *carboné*, du *gaz azote*; les proportions de gaz carbonique et de gaz hydrogène pur ou composé sont d'autant plus fortes qu'on se rapproche davantage de l'extrémité inférieure de l'intestin.

Analyse chimique. Nous avons vu que le nombre des éléments qui se rencontrent dans la nature est très-circonscrit, puisque nous n'en avons compté que cinquante-quatre, mais qu'il résulte de la combinaison de ces corps simples, une grande quantité de corps composés; nous avons vu également que c'est par l'analyse qu'on parvient à connaître la composition intime de ces divers composés. Les différents procédés d'analyse constituent l'*analyse chimique* proprement dite.

L'espace nous manque pour donner un aperçu même sommaire de ces différents procédés; nous nous bornerons donc à présenter à nos lecteurs, sous forme de problèmes, les quatre questions suivantes :

1re. *Un gaz étant donné, en reconnaître la nature.*

2e. *Un oxide étant donné, en déterminer la nature.*

3e. *Un acide étant donné, en déterminer la nature.*

4e. *Un sel étant donné, en faire connaître la composition.*

Première question. Le gaz est inflammable : ce doit donc être du gaz hydrogène ou un de ses composés, ou du gaz oxide de carbone ou du cyanogène. *Mis en contact avec la potasse, il est absorbé :* ce ne peut être que du gaz sulfhydrique ou du cyanogène, qui se comportent avec les bases comme des acides. *Il a une forte odeur*

d'œufs gâtés, et il précipite les sels de plomb en noir : c'est du gaz sulfhydrique.

2e *Question. L'oxide est insoluble :* il appartient donc à une des cinq dernières sections. *On le dissout dans l'acide azotique ou chlorhydrique et on éprouve la dissolution par le gaz acide sulfhydrique qui n'y forme pas de précipité; mais la dissolution se colore :* c'est un oxide de manganèse, de cobalt, de fer, de peroxide de cérium, de nickel, de chrome, d'urane ou de vanadium. *La dissolution est d'un rose plus ou moins foncé et précipite en bleu-violet par la potasse ou la soude,* l'oxide donné est un protoxide de cobalt.

3e *Question. L'acide est solide;* des quarante-cinq acides minéraux connus, 13 sont gazeux, 12 sont liquides, 20 sont solides. *Il est soluble;* parmi les acides solides, douze seulement sont solubles. *Il n'est point volatil;* parmi les douze acides solubles, cinq ne sont point volatils. *Il est fusible, vitrifiable, et, de plus, moins soluble à froid qu'à chaud, et cristallisant en paillettes nacrées par refroidissement :* l'acide donné est l'acide borique.

4e *Question. Le sel fait effervescence avec l'acide sulfurique :* il renferme donc un acide gazeux. *Le gaz qui s'échappe est incolore, piquant, et donne des vapeurs blanches à l'air :* le sel est donc un chlorhydrate, un fluorhydrate, un fluosilicate ou un fluoborate. *Le gaz est très-soluble dans l'eau; la dissolution précipite l'azotate d'argent, et le précipité est redissout dans l'ammoniaque :* c'est du gaz acide chlorhydrique. Quelle est maintenant la nature de la base ? *le sel est soluble, incolore, et ne donne de précipité ni par l'acide sulfhydrique ni par le sulfhydrate d'ammoniaque;* nous avons donc un sel d'oxide de la première section, ou de magnésium ou d'ammoniaque. *Mêlé avec un peu de chaux vive, il laisse dégager une odeur piquante d'ammoniaque :* nous avons eu à déterminer un chlorhydrate d'ammoniaque.

AUG. DUPONCHEL.

PRÉCIS

DE L'HISTOIRE DES SCIENCES PHYSIQUES

Toutes les sciences forment une longue chaîne dont aucun anneau n'est interrompu ; ainsi l'on peut passer, par une suite de transitions presque insensibles, de l'étude des mathématiques à celle de la physiologie et même de la métaphysique : en effet, chacune des branches des connaissances humaines se rattache à celle qui, dans l'ordre généralement adopté, la précède, et à celle qui la suit. Prenons pour exemple la physique ; d'un côté, par la météorologie, par l'optique, elle se confond avec l'astronomie et avec les sciences mathématiques ; de l'autre, par l'étude de l'électricité, du calorique, etc., elle touche à la chimie, qui elle-même ne peut être séparée des sciences naturelles.

Mais cet ensemble est tellement vaste que l'esprit humain peut à peine le saisir, et qu'il n'est permis qu'à un petit nombre de génies privilégiés d'en embrasser toute l'étendue ; de là la nécessité d'y établir des divisions qui rendent l'étude de chaque science plus accessible.

Le plus ancien monument encyclopédique qui nous ait été légué par l'antiquité est la collection des œuvres d'Aristote, l'un des plus beaux génies de la Grèce, et l'une des plus vastes puissances intellectuelles qui aient éclairé le genre humain ; logique, métaphysique, physique, sciences naturelles, poétique, législation, rien ne lui était étranger.

Plus tard, et dans le premier siècle de l'ère chrétienne, Pline recueillit tout ce qui, à cette époque, était connu sur l'histoire du monde ; mais Pline n'est qu'un compilateur qui admet sans examiner et ne repousse même pas les plus grossières absurdités ; ses ouvrages n'en sont pas moins un monument précieux de l'état des connaissances humaines dans les beaux siècles de l'empire romain.

Dans les temps modernes, Bacon de Vérulam tenta le premier d'établir un ordre logique dans les sciences, et il présenta, dans la première partie du grand ouvrage dont il s'était tracé le plan, l'arbre généalogique des connaissances humaines, qu'il

partagea en trois branches principales, suivant celle des facultés à laquelle elles se rapportent ; ainsi de la mémoire dérivait l'histoire ; de l'imagination, la poésie ; de l'intelligence, la philosophie.

Cette division, modifiée et étendue, fut adoptée par Diderot et d'Alembert, pour servir de base au plan de l'Encyclopédie, et nous ferons remarquer que ce n'est pas tout-à-fait la division suivie pour l'Encyclopédie d'éducation.

Cependant on donne plus particulièrement le nom de *sciences* à celles de nos connaissances qui sont fondées sur le calcul et sur l'observation des faits, et on les a divisées en trois grandes sections, sous la dénomination de *sciences mathématiques*, de *sciences physiques* ou *naturelles*, et de *sciences morales* ou *métaphysiques*. Nous n'aurons à parler ici que de la seconde de ces divisions.

Bien que la division des sciences en sciences mathématiques et en sciences physiques ou naturelles soit adoptée généralement et même par l'Académie des Sciences, nous avons pensé qu'une troisième section formée aux dépens d'une de celles qui existent déjà, établirait une coupure plus rationnelle ; en effet, la *physique* est rangée parmi les sciences mathématiques, et la *chimie* parmi les sciences naturelles ; l'*astronomie* est dans la première section, la *météorologie* dans la deuxième. Nous avons cru remédier à ces anomalies, en classant dans la section intermédiaire que nous nommons *section des sciences physiques*, l'astronomie, la météorologie, la physique et la chimie ; cette section se rattache donc aux sciences mathématiques par l'astronomie transcendante, et aux sciences naturelles par l'étude chimique des minéraux et des produits organiques.

Avant de commencer le précis historique qui fait le sujet de cet article, il est nécessaire de définir ce que nous entendons par *sciences physiques* ; ce sont celles qui résultent de l'étude des phénomènes produits par l'action réciproque des corps.

Bien que se rattachant aux sciences mathématiques par un grand nombre de points, les sciences physiques en diffèrent en ce qu'elles reposent sur l'observation des faits, tandis que les premières n'ont pour base que le calcul ; aussi n'y a-t-il de révolutions ni en mathématiques ni dans cette portion de l'astronomie qui est uniquement fondée sur le calcul : tandis que les sciences physiques proprement dites ont plusieurs fois changé complétement de face, soit par suite de l'observation de nouveaux faits, soit par une meilleure observation de faits déjà connus ; car les théories ou systèmes ne sont que des formules qui en embrassent le plus grand nombre possible ; mais, par une conséquence nécessaire, le moindre fait mieux observé peut modifier ou renverser la théorie la mieux accréditée.

L'origine des sciences dont nous allons esquisser l'histoire se perd dans la nuit des temps ; l'art de fabriquer quelques armes et des ustensiles grossiers, quelques notions bien incomplètes d'astronomie, l'observation des météores qui étaient regardés comme des phénomènes surnaturels, et par conséquent comme des signes de la faveur ou de la colère céleste : telles furent probablement les seules connaissances des premières sociétés, qui pourvoyaient à leur subsistance, ou par la chasse ou en élevant des troupeaux : car les premiers peuples furent chasseurs ou pasteurs.

L'agriculture vint plus tard ; une vie plus sédentaire, moins fatigante, une existence mieux assurée offrit un loisir favorable au développement de l'esprit humain ; les peuples agriculteurs eurent besoin d'instruments plus parfaits ; les armes des peuples chasseurs pouvaient se fabriquer avec des os ou des pierres, comme on le voit encore chez quelques peuplades sauvages ; mais à la charrue il fallut un soc de fer : la métallurgie fut donc connue. L'utilité d'une observation plus précise des astres, de leurs révolutions, du retour des saisons, se fit sentir : de là des notions plus précises en astronomie. Certains arts qui semblent indiquer des notions pratiques de chimie sont inventés ; on ne se borne plus à tisser grossièrement la laine des troupeaux : elle est blanchie, dégraissée et revêtue de couleurs plus ou moins éclatantes ; les Phéniciens découvrent la couleur pourpre dans une coquille de leurs mers, et savent l'appliquer

sur les tissus ; l'art de la poterie est porté à un haut degré de perfection chez certains peuples ; les vases étruques, produits d'une civilisation bien antérieure à la fondation de Rome, nous en donnent chaque jour la preuve.

Les Indiens, les Chinois, les Égyptiens, les Chaldéens, les Phéniciens, se constituèrent en nations, et chez eux les sciences et les arts firent de rapides progrès.

L'Asie et l'Égypte furent donc, comme nous venons de le dire, le berceau de toutes les sciences ; mais ces connaissances n'étaient, pour ainsi dire, que la propriété d'une caste privilégiée ; le gouvernement tout à la fois despotique et théocratique de ces peuples favorisait peu la diffusion des lumières.

Dans les Indes, et en Égypte surtout, les prêtres s'étaient spécialement consacrés à l'étude des sciences et aux progrès des arts, et c'est à eux que les philosophes grecs, et entre autres Pythagore, furent redevables des notions qu'ils eurent du système du monde, et qu'ils rapportèrent dans leur patrie.

Il paraît que ces nations atteignirent en astronomie, autant qu'on peut en juger par les restes épars des monuments de leurs travaux, le point le plus haut où l'on puisse s'élever sans le secours des lunettes et sans l'appui des théories mathématiques.

Les plus anciennes observations d'astronomie qui nous soient connues furent faites par les Chinois ; ils connurent l'étoile polaire plus de 1,000 ans avant notre ère, et ils observèrent, si l'on en croit leurs annales, 2,500 ans avant J.-C., une conjonction très-rapprochée de Saturne, de Jupiter, de Mars, de Mercure et de la Terre.

Par un charlatanisme très-commun chez les peuples d'Orient, les prêtres chaldéens faisaient remonter leurs observations à 473,000 ans ; il est inutile de faire ressortir l'absurdité de cette exagération ; cependant après la prise de Babylone par Alexandre, Callisthènes, disciple d'Aristote, trouva, dit l'histoire, des observations datant de 1903 ans, qu'il envoya à son maître : ce qui est encore exagéré ; mais il est certain que les Chaldéens observèrent, plus de 700 ans avant l'ère chrétienne, des éclipses de lune qui ont été constatées par des calculs modernes. Toutes ces observations, du reste, ne se faisaient point dans un but scientifique : l'astronomie, chez les peuples que nous avons cités, se confondait avec l'astrologie, elle était au service de la religion, puisque le sabaïsme, ou culte des astres, était répandu dans tout l'Orient.

La position exacte des angles des pyramides d'Égypte, vers les quatre points cardinaux, nous fait croire que l'astronomie était en honneur dans ce pays. Quelques savants ont même été de nos jours amenés à conclure que sous *la forme hiéroglyphique* non-seulement l'astronomie, mais encore toutes les sciences, ont été poussées fort loin chez ce peuple.

Les Phéniciens, dont les grands voyages remontent, selon l'opinion commune, à l'époque où la terre de Chanaan fut envahie par Josué, et qui traversaient le détroit de Gades, pour aller jusque sur les côtes de la Grande-Bretagne, aux îles Cassitérides (Sorlingues), chercher le plomb et l'étain qu'elles fournissent encore en abondance, étaient probablement de tous les peuples de l'antiquité, celui dont les connaissances en astronomie étaient les plus précises ; mais leur histoire n'existe dans aucun écrit contemporain d'une authenticité prouvée ; et le périple d'Hannon, de Carthage, colonie de Tyr, n'est guère antérieur au temps d'Hérodote ; la relation de ce voyage ne renferme d'ailleurs aucun fait astronomique.

On doit fixer à Thalès de Milet, chef de l'école Ionienne, l'origine de l'astronomie en Grèce ; il enseigna la sphéricité de la terre, l'obliquité de l'écliptique, la cause des éclipses ; il alla même jusqu'à prédire une éclipse de soleil qui arriva l'an 585 avant J.-C.; il fixa l'année à 365 jours ; il fit connaître la constellation de la Petite-Ourse, l'étoile polaire, dont les Phéniciens se servaient pour régler leur navigation ; il croyait que le soleil était un corps lumineux de lui-même, et 120 fois plus gros que la terre, mais que la lune était un corps opaque qui ne peut réfléchir la lumière que par une face : ce qui expliquait les différentes figures de cet astre.

Thalès avait aussi quelques notions de physique ; il pensait que l'eau était le principe de toutes choses, que la terre était une eau condensée, et l'air une eau raréfiée ; il indiqua la manière de mesurer la hauteur des tours et des pyramides par leur ombre, quand le soleil est dans l'équinoxe ; il connut aussi les effets merveilleux de l'ambre

et de l'aimant, dont les noms grecs *électron* et *magnès* ont passé dans notre langue : *électricité, magnétisme.*

Anaximandre de Milet, disciple de Thalès, fut pour ainsi dire l'inventeur du zodiaque ; il fit à Sparte l'essai d'un gnomon, ou cadran solaire, afin de mieux préciser les solstices et les équinoxes ; on lui doit aussi, ainsi qu'à Anaximène et à Anaxagore, philosophes de la même école, les premières cartes géographiques qui aient été dressées. Anaxagore observa des aérolithes.

Pythagore, autre disciple de Thalès, et fondateur lui-même d'une école plus célèbre, voyagea comme son maître, et, de retour dans sa patrie, y répandit les connaissances qu'il avait recueillies dans ses voyages ; il annonçait que l'univers était gouverné par une harmonie dont les propriétés des nombres devaient dévoiler les principes, c'est-à-dire que tous les phénomènes étaient soumis à des lois générales et calculées ; il connaissait le vrai système du monde, et par conséquent le double mouvement de la terre sur elle-même et autour du soleil ; il savait que notre planète est ronde, habitée en tous sens, et qu'il y a par conséquent des antipodes.

Philolaüs, un des disciples de Pythagore, enseigna également le double mouvement de la terre sur elle-même et autour du soleil.

Suivant les philosophes de l'école Pythagoricienne, non-seulement les planètes, mais même les comètes, étaient de véritables astres en mouvement autour du soleil.

Pythagore savait que la lumière se propage en ligne droite et se réfléchit sous un angle égal à celui de son incidence ; il enseignait aussi que les couleurs ne sont pas dans les objets, mais sont produites par des mouvements excités dans les organes de la vue. Plus tard, Platon reconnut que la lumière était composée et divisible.

Démocrite, qui vivait dans le v* siècle avant J.-C., conjecturait que la voie lactée n'est que la clarté réunie d'une multitude de petites étoiles, et que les taches de la lune provenaient des ombres de ses montagnes.

L'Athénien Méthon introduisit, 433 ans avant J.-C., le célèbre cycle lunaire de dix-neuf ans, temps au bout duquel les nouvelles lunes tombent aux mêmes jours qu'auparavant, ce qui donne 235 lunaisons environ pour les 19 années solaires. Cette découverte fut trouvée si importante qu'on fit graver chaque année de ce cycle en lettres d'or; de là vient que le nombre qui distingue cette année est encore appelé aujourd'hui *nombre d'or*.

Les philosophes grecs n'admettaient que quatre éléments : la terre, l'eau, l'air et le feu.

Démocrite et ses disciples, connus sous le nom d'atomistes, supposaient tous les corps de l'univers composés de petits corps insécables (atomes) dont l'arrangement seul, en variant, suffisait pour constituer les différents corps de la nature.

Anaxagore admettait les *Homéoméries*, ou particules similaires ; chaque chose était contenue en toute chose, il y avait de tout en tout.

Héraclite, et ensuite les Stoïciens, établissaient que le feu était l'élément constitutif de l'univers, et regardaient notre globe comme un astre éteint (hypothèse que Buffon a rajeunie).

Dans le iv° siècle avant l'ère chrétienne, Aristote admettait pour principes incréés des choses, la matière, la forme et la privation ; il définissait la matière, *ce qui n'est, ni qui, ni combien grand, ni quel, ni rien de ce par quoi l'être est déterminé;* outre les quatre éléments, il en admettait un cinquième nommé *éther*, doué d'un mouvement parfait ou circulaire perpétuel, autour de la terre ; il pensait que la terre, élément absolument pesant, était la cause de la tendance des corps vers un centre commun, et que le feu au contraire rayonnait du centre à la circonférence ; l'eau et l'air n'étaient relativement ni pesants ni légers ; il avait pressenti, par le raisonnement, la découverte de Galilée sur l'accélération du mouvement dans les corps qui tombent ; il croyait que la nature a horreur du vide, et il se servait, pour prouver le plein, du même argument qu'on employa plus tard pour admettre le vide : *Rien,* disait-il, *ne peut se mouvoir dans le vide.* Il soupçonnait la pesanteur de l'air, car il dit qu'une outre pleine de ce fluide est plus pesante que lorsqu'elle n'en contient pas. Le philosophe de Stagyre se servit aussi utilement des notions imparfaites de son temps pour donner des explications ingénieuses et même exactes de la pluie et de la neige, des éclairs et du tonnerre, des vents, de la rosée, de l'arc-en-ciel ; il observa deux arcs-en-ciel lunaires et une aurore boréale.

341 ans avant J.-C. naquit Épicure, en

Attique selon les uns, à Samos selon d'autres ; il admettait la théorie des atomes et le vide, *parce que,* disait-il, *sans le vide rien n'aurait pu se mouvoir.* L'odeur, la chaleur, les sons, la lumière et les autres qualités sensibles des corps n'étaient, selon lui, que de simples perceptions.

La ville d'Alexandrie, fondée par Alexandre, échut en partage avec l'Égypte à Ptolémée, l'un de ses successeurs ; l'amour de ce prince pour les sciences attira près de lui une foule de savants, et la célèbre école d'Alexandrie fut fondée. Les sciences prirent alors une face toute nouvelle ; au lieu de se livrer à des hypothèses plus ou moins ingénieuses, mais la plupart du temps frivoles, les philosophes observèrent, et l'on vit naître le premier système d'astronomie fondé sur une série d'observations.

A peu près vers la même époque, c'est-à-dire dans le iii° siècle avant J.-C., Archimède florissait à Syracuse. Sans parler de ce qu'il fit en géométrie, nous nous bornerons à citer ses travaux en physique ; il fut l'inventeur de l'hydrostatique, et il établit cette vérité que *tout corps qui plonge dans un liquide perd de son poids une quantité précisément égale au poids du liquide qu'il déplace.* Il s'occupa du centre de gravité, il étudia la propriété des leviers : «Donnez-moi, disait-il, un point d'appui, et je déplacerai la terre.» Mais il est bon de faire remarquer que le point d'appui donné, il lui aurait fallu un levier de *trois quintillions six cent mille quatrillions de myriamètres* de longueur, et environ *dix-huit billions de siècles* pour faire mouvoir la terre d'un *décimètre.*

Les anciens lui attribuaient quarante découvertes en mécanique, dont les plus importantes sont : la vis creuse qui porte son nom, les poulies mouflées, les roues dentées et le fameux miroir ardent. Mais de toutes ses inventions, celle qui excita le plus l'admiration de l'antiquité, fut la sphère mouvante qui représentait le mouvement du ciel, des astres, etc.

Revenons à l'école d'Alexandrie. Timocharis et Aristillus font, sur les planètes, des observations qui servent de fondement à la théorie de Ptolémée ; Aristarque de Samos enseigne le double mouvement de la terre sur son axe et autour du soleil ; Ératosthène, ayant remarqué à Sienne, ville la plus méridionale de la Haute-

Égypte, un puits que le soleil éclairait dans toute sa profondeur, à midi, le jour du solstice d'été, imagine d'observer la hauteur du solstice à Alexandrie; il en déduit, ces deux villes étant supposées sous le même méridien, la grandeur du degré terrestre. Cette mesure péchait par excès, mais elle est la première tentative qu'on fit en ce genre. Il observe l'obliquité de l'écliptique, ainsi que Pythéas de Marseille; et les observations de ces deux philosophes sont d'autant plus précieuses, qu'elles prouvent incontestablement une diminution dans cette obliquité : car 230 avant J.-C., Ératosthène le fixa à 23° 51' 26", et au commencement de 1801, c'est-à-dire 2000 ans environ plus tard, Delambre ne comptait que 23° 27' 38".

Hipparque, le plus grand astronome de l'antiquité, estime l'année à 365 jours 5 heures 55 minutes 12 secondes, et ne se trompe par conséquent en plus que de six minutes et quelques secondes. Il dresse des tables du soleil et de la lune; il découvre la précession des équinoxes et observe avec exactitude plusieurs éclipses; il entreprend même une nomenclature des étoiles fixes. Depuis Hipparque, qui florissait dans le deuxième siècle avant J.-C., jusqu'à Ptolémée, qui donna son système vers l'an 135 de l'ère chrétienne, aucune découverte n'eut lieu en astronomie. Les Romains cultivaient peu cette science; on peut cependant citer la réforme du calendrier par J. César, réforme qui eut lieu 46 ans avant J.-C. Le calendrier Julien passa dans l'Église chrétienne avec les mêmes noms et ordre de mois, et le même nombre de jours pour chaque.

Ptolémée perfectionna la théorie du mouvement de la lune, déjà ébauchée par Hipparque, et confirma la découverte du mouvement rétrograde des étoiles; il classa les 48 constellations connues par les anciens; 12 occupaient le zodiaque, 21 la partie septentrionale, et 15 la partie méridionale du ciel; mais ce qui a donné le plus de réputation à cet astronome, fut le système complet d'astronomie qu'il exposa dans son ouvrage nommé *Almageste;* dans ce système, la terre est immobile au centre de l'univers; le soleil et toutes les planètes se meuvent autour d'elle; mais comme ces planètes paraissent successivement directes, stationnaires et rétrogrades, il imagina

de les faire mouvoir dans des épicycles dont les centres se mouvaient eux-mêmes sur l'orbite même de la planète; ce système, malgré sa fausseté évidente, fut long-temps regardé comme le seul véritable, et nous verrons plus tard quelles furent les persécutions qu'éprouva Galilée pour avoir tenté d'y substituer la théorie exacte du système solaire que Copernic avait énoncée un siècle auparavant. Aux travaux de Ptolémée finit l'histoire de l'astronomie chez les Grecs.

Alexandrie vit fleurir, également dans le IIᵉ siècle avant l'ère chrétienne, deux savants qui s'adonnèrent spécialement à la physique et à ses applications. L'un fut Ctésibius, inventeur des pompes; il imagina une clepsydre qui indiquait les mois et les heures. L'autre fut Héron, qui peut être regardé comme le Vaucanson de l'antiquité; il construisit des horloges hydrauliques, des automates, une machine appelée de son nom, *fontaine de Héron;* enfin il laissa un traité de mécanique et un de dioptrique dont, malheureusement, on n'a que des fragments.

Les anciens avaient bien certainement des connaissances pratiques en chimie et en métallurgie; les belles peintures que l'on a retrouvées à Pompéia et à Herculanum, et que ni l'action de la lave brûlante, ni celle plus destructive encore de dix-huit siècles, n'ont pu altérer, nous démontrent que l'application de la chimie aux arts leur était connue; mais chez eux tout était pratique, et dans ce qui nous reste des grands écrivains de la Grèce et de Rome, nous ne voyons nulle part qu'ils se soient occupés de chimie sous le point de vue théorique.

Si nous ouvrons l'histoire du monde par Pline, vaste dépôt des connaissances humaines à cette époque, nous voyons que l'extraction de l'or, de l'argent, du mercure, du cuivre, du plomb, de l'étain, du fer, était parfaitement connue; on savait même employer l'amalgame de mercure pour l'exploitation des mines d'or et d'argent, et retirer le vif-argent du cinabre. La fabrication du laiton, du bronze et du fameux métal de Corinthe, celle de l'acier, la manière de dorer et d'argenter à l'aide du mercure, la fabrication du vert de gris, du blanc de céruse et du minium par les procédés encore employés aujourd'hui, l'étamage, etc., sont décrits dans les ouvrages de cet auteur; il fait également mention des propriétés de l'aimant et de la pierre de touche; il parle du soufre, de l'alun, du cinabre, de l'oxide de zinc (pompholix), nommé *capnitis* par les Grecs : de la litharge et d'une foule d'autres substances ou produits chimiques qu'il serait trop long d'énumérer ici.

La fabrication du verre était poussée à un haut point de perfection chez les Romains, puisqu'un ouvrier, espérant une grande récompense, présenta un jour à l'empereur Tibère une coupe de verre si flexible et si élastique, que lancée contre la muraille, non-seulement elle ne se brisa pas, mais elle reprit de suite sa première forme. L'empereur, dit-on, s'étant assuré que l'ouvrier n'avait communiqué son secret à personne, le fit mourir, dans la crainte que cette invention n'enlevât tout leur prix à l'or, à l'argent et au bronze.

Les ouvrages de Pline renferment également une foule d'observations curieuses sur les météores, les aérolithes, les aurores boréales, les étoiles filantes, etc. Cet auteur attribue les marées au soleil et à la lune, et il juge que la terre est ronde, parce qu'on la perd plutôt de vue étant sur le pont d'un vaisseau qu'au haut d'un des mâts.

Ici nous nous arrêtons ; le peu d'inclination des Romains pour les sciences, la tyrannie de leur gouvernement envers les peuples vaincus, la fureur ou la stupidité de leurs empereurs, enfin la décadence de l'empire, firent descendre rapidement l'esprit humain de la hauteur où il s'était élevé, et l'on vit l'ignorance et la barbarie répandre une nuit profonde sur la plus grande partie du monde connu.

Ce ne fut guère que vers le huitième siècle de l'ère chrétienne, lorsque tout l'Occident était plongé dans les ténèbres et que Constantinople ne s'occupait que de disputes théologiques, que les sciences et les arts commencèrent à renaître dans les régions soumises à la domination des Arabes.

L'astronomie fut une des sciences qu'ils cultivèrent avec le plus d'ardeur et de succès; il y avait un observatoire à Bagdad, et plus tard il y en eut un à Cordoue. Dès l'année 812, Alhazin et Sergius avaient traduit l'*Almageste* de Ptolémée ; au dixième siècle, l'astronome Albaten observait le mouvement de l'aphélie ; un autre calculait l'inclinaison de l'écliptique ; Al-

manzor composait des tables astronomiques; enfin les savants arabes firent un grand nombre d'observations sur les étoiles fixes, sur les éclipses et sur d'autres parties de l'astronomie. En physique, ils furent moins avancés ; ils ne firent que reproduire et commenter les idées d'Aristote ; Avicenne a cependant laissé un traité de cette science. La chimie fut chez eux cultivée avec ardeur, mais nous ne trouvons point encore de théorie de la science ; la recherche d'une panacée universelle était le but que se proposaient les uns, tandis que d'autres ne s'occupaient que de la transmutation des métaux ou du grand œuvre ; ils arrivèrent toutefois, les uns et les autres, à des découvertes importantes. Parmi les médecins arabes qui se livrèrent le plus à la chimie, nous citerons Geber, Avicenne, Albucasis, Mesué, etc. ; le premier savait que le plomb augmente de poids par la calcination, mais sans pouvoir se rendre compte de ce phénomène.

Nous ferons remarquer qu'un grand nombre de termes scientifiques tirés de la langue arabe, tels que *almanach*, *algèbre*, *azimuth*, *zénith*, *nadir*, *alcool*, *alcali*, *alambic*, ainsi que les chiffres dont nous nous servons, prouvent combien fut grande l'influence que ce peuple exerça sur la civilisation européenne.

Vers la fin du huitième siècle, la décadence intellectuelle de l'Europe occidentale s'arrêta, et un mouvement de progrès bien marqué commença sous Charlemagne. Alcuin, moine anglais, maître et ami du nouvel empereur, reçut de ce prince la direction intellectuelle de son empire, et établit dans son palais même une académie qui prit le nom d'*académie palatine;* mais les ouvrages qui nous restent de ce moine, ainsi que ceux de ses contemporains, sont pour la plupart des écrits théologiques, ou des traités de grammaire, de rhétorique, de philosophie ; l'astronomie dut toutefois être cultivée à la cour de Charlemagne, car, de toutes les sciences, c'était celle qu'il préférait.

Jusqu'au treizième siècle, nous n'avons à mentionner aucune découverte intéressante ; la dialectique et les subtilités scolastiques occupent toutes les universités ; d'un autre côté, les guerres continuelles excitées par le régime féodal, et les croisades qui, du onzième au treizième siècle, précipitent l'Europe sur l'Asie, laissent peu de loisir aux sciences.

En 1250, l'empereur Frédéric II, ne pouvant retrouver le texte grec de Ptolémée, fit traduire en latin l'Almageste arabe. Vers la même époque environ, Alphonse, roi de Castille, fit établir de nouvelles tables astronomiques, qui, de son nom, furent appelées *tables alphonsines*.

Nous voyons paraître dans le même siècle le moine anglais Roger Bacon, qui étonna le monde par l'étendue et la variété de ses connaissances, et qui sut s'élever au-dessus des erreurs et de la barbarie des temps par la seule force de son génie. Un des plus grands services qu'il ait rendus à la physique générale est d'avoir ramené les savants sur la voie de l'observation. Profondément versé en astronomie, il découvrit l'erreur considérable qui existait dans le calcul de l'année solaire, et qui avait augmenté beaucoup depuis la réforme du calendrier par J. César; la rectification qu'il avait indiquée ne fut cependant exécutée que trois siècles après, sous le pontificat de Grégoire XIII. Il inventa, dit-on, la chambre obscure, les lunettes, pressentit les télescopes; on lui attribue, mais à faux, la découverte de la poudre à canon, qui paraît avoir été connue des Grecs du Bas-Empire. Il semble, dans ses écrits, parler du phosphore; ses idées en chimie étaient celles des Arabes; il n'admet que deux principes dans les minéraux, le mercure et le soufre, dont la réunion engendre tous les métaux; et il croyait par conséquent à la transmutation de ces corps.

Ce fut dans les dernières années de ce siècle que Gioja d'Amalfi inventa la boussole; cette découverte eut une influence immense sur les progrès des sciences et sur les relations commerciales; il paraît cependant que les Chinois connaissaient cet instrument depuis long-temps. Montucla, dans son Histoire de l'astronomie, revendique pour la France l'honneur de cette découverte.

Albert-le-Grand, contemporain de Roger Bacon, brille au premier rang parmi les alchimistes; il s'occupe aussi d'astrologie, car, à cette époque, l'astronomie avait fait place à cet art mensonger de prédire l'avenir par l'aspect et l'influence des corps célestes.

A la fin du treizième siècle et au commencement du quatorzième, nous voyons paraître Arnaud de **Villeneuve** et Raimond Lulle; tous deux cherchent la pierre philosophale, et s'ils ne la trouvent point, ils arrivent cependant, par leurs travaux, à quelques résultats utiles. Arnaud parle de l'émétique, du sublimé corrosif; on lui attribue la découverte de l'alcool, bien que le nom arabe de ce liquide semble indiquer une autre origine. Raymond Lulle trouve l'acide azotique.

Nous arrivons à une époque remarquable où les sciences sortent enfin de l'enfance, et s'élèvent par des progrès rapides et continus jusqu'à la hauteur où nous les voyons aujourd'hui.

Le quinzième siècle est, en effet, l'époque de transition entre la barbarie du moyen-âge et la civilisation moderne; trois grands événements concoururent à cette émancipation de l'esprit humain : l'invention de l'imprimerie en 1431, la prise de Constantinople en 1453, et la découverte de l'Amérique en 1491. Les livres devinrent plus communs, et la science, par conséquent, plus accessible. Les savants grecs, chassés de Constantinople par leurs vainqueurs, cherchèrent un refuge en Italie et dans d'autres contrées de l'Europe, et y répandirent les ouvrages et les connaissances des anciens, qui étaient à peine connus; enfin la découverte de l'Amérique dissipa les erreurs et les préjugés qui arrêtaient les progrès de l'astronomie et de la géographie.

Nous pouvons également parler de la réforme de Luther, qui eut lieu au commencement du XVIe siècle, et qui répandit cet esprit d'examen sans lequel il n'y a pas d'avancement possible pour les sciences.

Nous passerons sous silence plusieurs noms peu connus en astronomie, pour citer l'Allemand George de Purbach et son disciple Jean Muller, dit Regiomontanus; ils vivaient vers le milieu du XVe siècle.

En 1456 parut cette fameuse comète qui, accompagnée d'une queue de 60° de long, répandit en Europe une si grande consternation; nous parlons de cette comète parce que ce fut la première dont la périodicité fut constatée, car elle reparut en 1531, en 1602, en 1682, en 1759, et enfin en 1835.

Quelques années plus tard, en 1473, naquit Copernic; il renverse le système de Ptolémée; il place le soleil au milieu du monde; il conçoit l'admirable idée que la terre est une planète comme Mercure, Mars, etc., et qu'elle se meut comme elles autour du soleil. Ce système trouve cependant des adversaires, et parmi eux le plus célèbre fut Tycho-Brahé, de Copenhague, qui naquit vers le milieu du xvi° siècle; cet astronome admettait bien que les planètes tournent autour du soleil, mais il le fait tourner lui-même avec elles et la lune, autour de la terre. Malgré les erreurs de Tycho-Brahé, la science ne lui doit pas moins de reconnaissance pour l'exactitude de ses observations, qui fournirent à son disciple Képler les moyens de trouver la forme précise de l'orbite des planètes, ainsi que leur véritable théorie.

Tycho-Brahé observa l'étoile nouvelle qui, en 1572, parut dans la constellation de Cassiopée, et qui, après avoir brillé d'un éclat égal à celui de Jupiter, diminua insensiblement et finit par disparaître au bout de dix-huit mois.

Vers la fin du xv° siècle et au commencement du xvi°, Agrippa, Basile Valentin, Bernard Trevisanus, consacrèrent leur fortune et leur existence à la recherche de la pierre philosophale; ils joignirent à l'étude de l'alchimie celle de l'astrologie; Basile Valentin indiqua l'*éther*, l'*or fulminant*, l'*arsenic*, le *zinc*, le *bismuth*; il parla de plusieurs préparations mercurielles, de la *litharge* et de son utilité pour vernisser la poterie; il fit sur l'*antimoine* et sa préparation un ouvrage intitulé *Char triomphal de l'antimoine*.

Paracelse, leur contemporain, mais plus célèbre qu'eux, probablement à cause de l'extravagance de ses opinions, appliqua l'astrologie à la médecine; sa théorie en thérapeutique est aussi toute cabalistique, et il recommande d'observer l'influence des astres avant d'user d'un médicament; il s'occupa long-temps de la recherche du grand œuvre.

Agricola, qui vivait à la même époque que les alchimistes que nous venons de citer, ne doit point être confondu avec eux; il fut le premier minéralogiste qui parut après la renaissance des lettres; il est en minéralogie, dit Cuvier, ce que Conrad Gessner est en zoologie; la partie chimique et surtout la partie docimastique de la métallurgie sont traitées dans ses ouvrages avec beaucoup de clarté.

Nous nommerons encore Jérôme Cardan, célèbre médecin, mathématicien, et philosophe du xvi° siècle; il avait reconnu que les métaux augmentaient de poids par la calcination; il parle d'une pluie d'aérolithes qui eut lieu de son temps en Lombardie; mais ses titres les plus réels sont ceux qu'il s'acquit en trouvant la *théorie* de la *solution générale des équations du troisième degré*.

En 1519, le tour du monde commencé par Magellan, qui périt assassiné dans une des îles Philippines, et terminé par son lieutenant, mit hors de doute la sphéricité de la terre.

Ce fut dans le courant du xvi° siècle que le Vénitien Sébastien Cabot, cherchant un passage au nord de l'Amérique pour aller en Chine, observa pour la première fois, dans ce voyage, la déclinaison de l'aiguille aimantée.

S'il faut en croire les archives de Catalogne, un nommé Blasio de Garay, capitaine de mer, proposa en 1543, à Charles-Quint, une machine pour faire aller les bâtiments, même en temps de calme, sans voiles et sans rames. Il paraît que cette machine consistait dans une grande chaudière d'eau bouillante et dans deux roues de mouvement, attachées à l'un et à l'autre bord du bâtiment.

Bernard de Palissy, né en 1500, mort en 1590, peintre sur verre, potier en terre, est non-seulement l'inventeur de cette belle poterie aux formes si gracieuses, aux couleurs si brillantes, mais encore, guidé par son seul génie, il présente en physique générale et en chimie des observations pleines d'exactitude et de sagacité que confirment des travaux tout récents.

En 1560, Porta de Naples perfectionna la *chambre obscure*, déjà connue de Bacon. En 1575, Marolles, de Messine, donne une théorie fort avancée sur le mécanisme de la vision, et quelques années plus tard parut le *Traité* de Gilbert *sur le magnétisme et l'électricité*.

Ce fut en 1582, sous le pontificat de Grégoire XIII, que fut opérée la réforme du calendrier sollicitée depuis long-temps par les astronomes; on était en retard de dix jours sur les phénomènes qui règlent l'ordre des saisons: ainsi l'équinoxe du printemps, fixée au 21 mars, devait arriver le 11. Pour détruire cette erreur, le pape ordonna que le lendemain du 4 octobre porterait le quantième du 15, et supprima par conséquent dix jours de ce mois, qu'il choisit, parce qu'il ne s'y rencontre pas de fête mobile. Les Grecs et les Russes n'ont point adopté cette réforme.

Vers la fin du xvi° siècle, l'Allemand Libavius fait paraître le premier manuel de chimie générale qui ait encore été publié, et dans son livre, plus clair que ceux qui avaient paru jusqu'alors, on trouve une idée de l'application de la chimie aux arts. Le *bichlorure d'étain* fut long-temps connu sous le nom de *liqueur fumante de Libavius*.

En 1605, un physicien trop peu connu, Stevin de Bruges, se livra à des travaux importants en statique et en hydrostatique, et découvrit l'égale pression des fluides dans tous les sens.

Van Helmont, qui vivait de 1577 à 1645, plus connu comme médecin que comme chimiste, porte cependant l'attention des savants sur les fluides aériformes, dont il connaît plusieurs, et qu'il distingue des vapeurs; il leur donne le nom de *gaz*, qu'ils portent encore aujourd'hui.

Vers le commencement du xvii° siècle, Képler, élève de Tycho-Brahé, énonce les trois propositions importantes qui portent le nom de *lois de Képler*, et qui ont établi d'une manière précise la théorie des planètes; Képler, dans son optique astronomique, perfectionne les idées déjà admises sur la vision et la réfraction.

Bacon de Vérulam, dont nous avons déjà parlé, naquit en 1560; il mourut en 1626. Il fut, dit Horace Walpole, le prophète des vérités démontrées par Newton; il devina, en effet, la pesanteur et l'électricité de l'air, et l'attraction de toutes les parties de la matière que, plus tard, Newton mit dans tout son jour; il donna une histoire des météores; il s'occupa de la théorie du son, de la vision, etc.

A peu près dans le même temps, Galilée prépara les voies à une profonde investigation de la mécanique du ciel, par sa découverte du mouvement accéléré; il inventa, ou du moins il perfectionna l'invention du télescope qui porte son nom, et à l'aide de cet instrument il augmenta le catalogue des étoiles, découvrit les satellites de Jupiter et l'anneau de Saturne. Ces découvertes l'amenèrent à adopter le système de Copernic. Personne n'ignore les persécutions qu'il eut à éprouver pour avoir publié ses opinions en astronomie; il annonça la pesanteur de l'air, qui fut prouvée par son disciple Torricelli. Galilée mourut en 1642, année de la naissance de Newton; on doit aussi à Galilée l'invention du *pendule*.

Descartes, contemporain de Bacon et de Galilée, l'un des plus illustres philosophes dont s'honore la France, donna, dans ses livres de la *Méthode* et de la *Géométrie*, d'excellents principes pour découvrir et combattre l'erreur et chercher la vérité; mais à des systèmes absurdes il en substitua un non moins absurde: il supposa que l'on peut diviser tous les corps de la nature en trois classes: les lumineux, les transparents, les opaques. « Le soleil et chaque étoile fixe, dit-il, sont le centre d'un tourbillon qui en contient d'autres plus petits qu'il entraîne avec eux; le tourbillon du soleil emporte avec lui les planètes; celui de la terre emporte la lune, etc. » Descartes publia un traité de dioptrique et un des météores.

Gassendi, adversaire de Descartes et célèbre mathématicien, observa l'aurore boréale de 1621 et le passage de Mercure devant le soleil, qui eut lieu en 1631.

En 1621, Drebbel, physicien d'Alkmaër, construisit le premier *thermomètre;* ce thermomètre consistait en un tube plongeant dans l'eau et contenant une certaine quantité d'air dans sa partie supérieure; le niveau de l'eau variait suivant le plus ou moins grand degré de dilatation de l'air par la chaleur.

En 1630, Jean Rey, médecin du Périgord, remarque que les métaux augmentent de poids par la calcination, et en conclut que cette augmentation est due à une absorption d'air; cette découverte reste cependant long-temps stérile.

Torricelli démontre le vide et la pesanteur de l'air, et invente le *baromètre* en 1643. Quatre ans plus tard, Pascal, non moins illustre comme mathématicien et comme physicien que comme écrivain, engagea son beau-frère Duperrier à mesurer la hauteur du mercure dans le baromètre, au pied et à la cime du Puy-de-Dôme, et apporta ainsi de nouvelles preuves à la pesanteur de l'air.

En 1667, l'académie del Cimento, à Florence, répète les expériences de Torricelli sur la nature et les effets de la pesanteur de l'air et les phénomènes du vide ces expériences confirment les belles découvertes du disciple de Galilée.

Hooke, physicien anglais, qui florissait dans la dernière moitié du dix-septième siècle, se livre à une foule d'expériences qui reculent les bornes de la science ; il annonce l'inégalité qu'il doit y avoir dans la longueur du pendule à différentes latitudes, et semble, dans un de ses mémoires, prévoir l'explication du système du monde donnée plus tard par Newton.

En 1669, Borelli, Napolitain, pose en principe que les os des différents animaux ne sont que des leviers de différents genres, et explique ainsi par les lois de la mécanique les mouvements de l'homme et des animaux.

Vers la dernière moitié du dix-septième siècle, Huyghens, Hollandais fixé en France par les bienfaits de Louis XIV, fait les plus heureuses applications du pendule à la construction des horloges ; il s'occupe aussi des télescopes, et avec un instrument de ce genre construit par lui-même, il découvre l'anneau de Saturne et étudie les mouvements de ce corps singulier ; il découvre également un des satellites de Jupiter. Huyghens chercha à expliquer le phénomène connu sous le nom d'*halo*. C'est à Huyghens que l'on doit la théorie des *ondulations lumineuses*.

Cassini, astronome italien adopté par la France, se distingua dans toutes les branches de l'astronomie, et transmit ses talents à ses descendants ; il construisit la fameuse méridienne de Saint-Pétrone à Bologne, il observa les satellites de Jupiter et en établit la théorie ; il découvrit les quatre satellites de Saturne ; il poussa jusqu'au Roussillon la méridienne de l'observatoire de Paris, commencée en 1669 par Picard et prolongée au Nord par Lahire. Cassini annonça que la lumière vient du soleil et qu'elle nous arrive en onze minutes.

Picard mesura un degré terrestre et lui trouva 57,060 toises ; c'est 25 lieues, à raison de 2,282 toises par lieue. Il en conclut que le diamètre de la terre est de 2,864 lieues, et la circonférence à l'équateur de 9,000.

L'Anglais Boyle, que l'on peut regarder comme le fondateur de la physique et de la chimie modernes, florissait à la même époque ; il savait que l'air est altéré par la combustion et même par la respiration ; il observa l'augmentation du poids des métaux par la calcination ; il indiqua l'action délétère de l'acide carbonique et la combustibilité de l'hydrogène ; il a laissé son nom à un matras d'une forme particulière que l'on nomme *enfer de Boyle* ; le *sulfhydrate sulfuré d'ammoniaque* fut connu longtemps sous le nom de *liqueur fumante de Boyle*.

Nous nommerons ses deux contemporains, Glaser, pharmacien de Louis XIV, et Glauber, chimiste ou plutôt alchimiste allemand, qui donnèrent leurs noms, l'un au *sulfate de potasse*, l'autre au *sulfate de soude*. On attribue à Glauber la découverte de l'*esprit de nitre* (*acide azotique*).

En 1654, Othon de Guéricke, bourgmestre de Magdebourg, essayant de vider une cuvette de tout l'air qu'elle renfermait, arriva par une suite de tâtonnements à la construction de la première *machine pneumatique* ; le même physicien fit un grand nombre d'expériences sur l'électricité et sur l'aimant.

On attribue au jésuite Kircher, qui mourut en 1680, et qui s'occupa surtout de catoptrique, l'invention de la *lanterne magique*.

En 1669, Brandt, alchimiste de Hambourg, s'occupant du grand œuvre et s'étant imaginé d'ajouter de l'extrait d'urine aux métaux qu'il voulait transmuter, obtint un corps nouveau, lumineux par lui-même et brûlant avec une énergie sans exemple : c'était le *phosphore* ; il en envoya un échantillon à Kunckel, savant allemand, qui parvint en 1674 à en obtenir par la voie de l'expérience ; Kunckel prépara l'*éther nitrique*, et donna des préceptes sur l'art de fabriquer, de peindre et de dorer le verre.

L'année qui vit mourir Galilée vit naître Newton. L'espace nous manque pour donner une analyse, même succincte, des immortels travaux de ce grand génie ; bornonsnous à mentionner ses deux plus belles découvertes. En 1687 il fait paraître ses *Principes mathématiques de Philosophie naturelle* ; par cet ouvrage il opère une révolution dans l'astronomie physique, et devient le législateur de la mécanique céleste, comme Képler l'avait été avant lui de l'astronomie théorique. Newton démontre, en prenant pour base les lois de Képler, 1° que la force qui maintient les planètes dans leurs orbites est une puissance qui tend vers le centre du soleil ; 2° que cette force les attire vers le soleil en raison inverse du carré de leurs distances de cet astre ; 3° que toutes les planètes placées à la même distance seraient également attirées vers lui. De ces corollaires il déduit la formule générale de la *gravitation universelle : « Les corps s'attirent en raison directe de leurs masses et en raison inverse du carré de leurs distances. »*

Newton, dans son *Optique* ou *Traité de la lumière et des couleurs* qui parut pour la première fois en 1704, donne, pour ainsi dire, l'anatomie de la lumière ; il la décompose et en présente une théorie complète ; il remarque que les corps réfractent d'autant plus la lumière qu'ils sont plus combustibles, et en conclut la combustibilité du diamant et l'existence d'un corps combustible dans l'eau. Newton, pour rendre raison des phénomènes lumineux, admet la théorie de l'*émission*.

Leibnitz, contemporain de Newton, joignit à ses titres de gloire comme philosophe, celui de grand mathématicien ; il publia, en 1684, ses premiers essais de *Calcul différentiel* dont l'application est si importante dans les sciences qui s'appuient sur les mathématiques. Leibnitz considérait notre globe comme un soleil éteint, maintenant encroûté et couvert de cendres.

Mariotte, vers la même époque, établissait la loi qui porte son nom, et de laquelle il résulte que *les densités de gaz sont proportionnelles aux pressions qu'ils supportent.* Mariotte avait un talent particulier pour les expériences, et il enrichit l'hydraulique d'une multitude de découvertes ; il construisit, dit-on, avec de la glace une lentille au moyen de laquelle il parvint à enflammer de la poudre à canon.

Halley, célèbre astronome anglais, veut appliquer la méthode de Newton à la détermination des orbites paraboliques des comètes ; en comparant les éléments de celles qui ont été observées en 1531 en 1607 et qu'il observe lui-même en 1682, il trouve que ces éléments sont à peu près les mêmes, et il ose prédire le retour de cette comète pour 1758 ou 1759 : l'événement justifie cette prédiction.

Clairaut, qui observa cette comète en 1759, fit disparaître le vague dans lequel Halley s'était légitimement renfermé, et il annonça, avant son apparition, qu'à raison du ralentissement que l'attraction planétaire apporterait dans sa marche, elle emploierait pour revenir à sa périhélie, six cent dix-huit jours de plus que dans la révolution précédente ; il en prédit, en conséquence, le passage pour le mois d'avril 1759 ; il avait négligé quelques termes peu importants, et la comète parut le 12 mars ; cette comète, connue sous le nom de comète de Halley, reparut de nouveau en août 1835.

Jacques Bernoulli, de Bâle, observa aussi la révolution des comètes, et annonça que celle de 1680 reparaîtrait en 1719. Il développa les idées de Leibnitz sur le *calcul différentiel*, donna les premiers exemples de *calcul intégral*, cette source de tant de belles découvertes ; on lui doit l'explication de la *loxodromie*, sorte de spirale que décrit un vaisseau qui, dans sa course, coupe tous les méridiens sous le même angle ; cette spirale approche toujours du pôle, sans pouvoir mathématiquement l'atteindre.

Jean Bernoulli partage avec son frère la gloire d'avoir étudié et fécondé les belles découvertes de Leibnitz ; il est à remarquer que Jean défendit toute sa vie les principes de la physique de Descartes, en haine de son frère, qui adopta la philosophie newtonnienne.

Jean eut deux fils non moins célèbres que leur père ; l'aîné, Daniel, publia un traité d'*hydrodynamique* qui ouvrit une ère nouvelle à cette partie de la science.

Amontons inventa le télégraphe ; cette invention n'eut point alors d'application. Il présenta en 1699, à l'Académie des Sciences, un Mémoire remarquable sur la *théorie des frottements ;* il construisit un *thermomètre à air.*

Vers la fin du dix-septième siècle, s'éleva en Prusse, dit Fourcroy, un homme qui fixa pour un demi-siècle la théorie de la chimie, dont il sut présenter l'ensemble le plus imposant, le mieux lié, le plus étendu. Stahl, éclairé par les travaux de Bécher, chimiste allemand distingué, imagine sur la combustion un système ingénieux qu'il accorde avec tous les faits connus jusqu'à lui : il admet qu'un principe insaisissable nommé *phlogistique* se dégage des corps qui brûlent, et que par conséquent les corps combustibles ne sont que des combinaisons du phlogistique avec ceux que nous appelons *oxides* ou *acides*.

Mais ce vaste système reposait sur une idée fausse, et si Stahl eût soumis cette idée à l'épreuve d'une seule expérience, s'il eût pesé, après la combustion, les métaux réduits en chaux (oxide), il aurait vu qu'ils avaient augmenté de poids ; tandis que dans sa théorie le contraire devait avoir lieu. Il était loin, comme on le voit, de profiter des expériences de Jean Rey et de Boyle. L'on peut dire cependant que le système de Stahl, bien qu'erroné, rendit de grands services à la chimie, parce qu'il réunit les faits épars dont elle se composait et lui donna le caractère d'une véritable science.

Boerhaave, les deux Rouelle, Macquer, Margraff, Lemery et une foule d'autres savants, furent en chimie les sectateurs de Stahl ; car la théorie du phlogistique ne fut renversée que par les travaux de Lavoisier, et de nos jours, dans les premières années de ce siècle, nous avons pu entendre le vénérable Sage professer encore dans son cours de minéralogie la théorie Stahlienne.

Nous devons relater ici les différents essais qui furent tentés dans le xviie siècle pour employer la vapeur d'eau comme force motrice.

Salomon de Caus, dans un ouvrage imprimé en 1615 à Francfort, et intitulé, *Raison des forces mouvantes,* etc., décrit une machine dans laquelle l'eau monte, à l'aide du feu, plus haut que son niveau.

Branca, physicien italien, fait paraître en 1629 une compilation dans laquelle on trouve la description d'un *éolipyle* qui, placé sur un brasier, est disposé de manière que le courant de vapeur, sortant par un tuyau, va frapper les ailes d'une petite roue horizontale.

Le marquis de Worcester, en 1663, décrit dans son livre intitulé *Century of inventions,* un appareil que les Anglais regardent comme la première machine à feu, mais qui a beaucoup d'analogie avec celle de Salomon de Caus.

En 1690, le Français Papin inventa la première machine à vapeur fonctionnant avec un piston ; il est le premier qui ait songé à combiner dans une même machine à feu, l'action de la force élastique de la vapeur avec la propriété que possède cette même vapeur de se condenser par le refroidissement.

En 1698, l'Anglais Savery exécuta en grand la première machine à feu pour l'épuisement des eaux.

Copernic, Képler, Newton, en établissant les grandes lois qui régissent les corps célestes, n'avaient guère laissé à leurs successeurs qu'à s'occuper de ces mêmes lois et de leur application ; cette tâche honorable fut remplie avec succès par une foule d'hommes distingués, et nous allons examiner rapidement les travaux les plus importants qui eurent lieu depuis le commencement du xviiie siècle jusqu'à nos jours.

Bradley, astronome et physicien anglais, découvre en 1727 l'*aberration de la lumière,* aberration qui a sa source dans le mouvement de la terre combiné avec celui de la lumière émanée des astres. Quelques années plus tard, le même savant explique le phénomène de la *nutation de l'axe terrestre.*

Euler, astronome, physicien, mathématicien, éclaira dans un grand nombre de mémoires plusieurs points obscurs de la science.

En 1736, de La Condamine, Godin et Bouguer, de l'Académie des Sciences, furent chargés de mesurer un degré du méridien sous l'équateur.

Maupertuis, Clairaut, Camus et Lemonnier exécutent le même travail vers le pôle nord.

En 1743, Lemonnier traça la grande méridienne de l'église de Saint-Sulpice, destinée, comme l'indique l'inscription, à fixer avec précision le jour de Pâques.

D'Alembert, illustre à tant de titres, publia ses recherches sur le système du monde, sur la précession des équinoxes, sur le mouvement des planètes.

Lacaille, de 1750 à 1754, fait un voyage au cap de Bonne-Espérance, pour déterminer les étoiles situées autour du pôle austral, et malgré des difficultés de toute espèce, il parvint en 127 nuits à déterminer la position de 9,800 étoiles.

Herschell construit un télescope d'une grandeur telle qu'on n'en avait jamais vu de semblable, et à l'aide de cet instrument il calcule, en 1780, la hauteur des montagnes de la lune ; en 1781, il découvre la planète *Uranus ;* en 1785, il aperçoit deux nouveaux satellites de Saturne. C'est à Herschell que nous devons la découverte des étoiles doubles ; peu de temps avant sa mort (il mourut en 1822) il en avait compté près de 500. Herschell a aussi donné une théorie sur les étoiles nébuleuses.

Laplace fait paraître en 1789 sa *Mécanique céleste*; par la lecture et la méditation de ce livre on arrive au plus haut degré de certitude que l'esprit humain puisse atteindre; nous pouvons ajouter que deux ouvrages également dignes d'admiration, le livre des *Principes* par Newton, et la *Mécanique céleste*, mettent l'homme studieux à même de connaître tout ce qu'on peut savoir sur la structure et le mécanisme de l'univers. En 1800 parut l'*Exposition du système du monde*, et le *Traité des probabilités* par le même savant.

En 1801, Piazzi découvre *Cérès;* Olbers, en 1803, aperçoit *Pallas; Junon* est reconnue par Harding, en 1804; Olbers découvre *Vesta* en 1807.

Nous devons signaler à nos lecteurs l'étonnante apparition des *étoiles filantes*, qui furent observées par milliers, en Amérique, pendant la nuit du 12 au 13 novembre 1833. Il est à remarquer qu'en 1799 une apparition semblable fut observée en Amérique par M. de Humboldt, au Groënland par les frères Moraves, en Allemagne par diverses personnes, pendant la nuit du 11 au 12 novembre. En 1831, le 13 novembre, M. Bérard, commandant le brick de guerre français *le Loiret*, observa sur la côte d'Espagne un nombre considérable d'étoiles filantes; l'Europe, l'Arabie, furent en 1832 témoins des mêmes phénomènes, et toujours à la même date. Dans la nuit du 12 au 13 novembre 1834, des observateurs aperçurent des traces manifestes des mêmes phénomènes; le 13 novembre 1835, des météores lumineux furent observés à Belley (Ain) et à Lille; et la même année, au cap de Bonne-Espérance, Herschell fils a observé plusieurs météores lumineux pendant la même nuit. « On ne peut guère expliquer ce phénomène, dit M. Arago, qu'en supposant qu'outre les grandes planètes, il circule autour du soleil une multitude de petits corps qui ne deviennent visibles qu'au moment où ils pénètrent dans notre atmosphère et où ils s'enflamment. »

Joignons à tant de noms illustres que nous avons déjà cités, ceux non moins célèbres de Gauss, de l'infortuné Bailly, de Zach, de Lalande, de Delambre, de Bouvart, de Biot, d'Arago, de Damoiseau, de Libri, et de tant d'autres dont les magnifiques travaux sur tous les points de la science seraient trop longs à énumérer ici, et nous aurons esquissé un tableau qui, bien qu'incomplet, pourra, nous l'espérons, donner à nos lecteurs une idée sommaire de cette science que les anciens appelaient à juste titre *science divine*.

Les préceptes de Bacon, les découvertes de Newton et de Galilée, en démontrant que l'expérience est la seule base solide de la science, avaient contribué à bannir des écoles la physique scolastique; cependant, au commencement du xviiie siècle, la physique était encore courbée sous le joug de la routine, et ce ne fut guère que vers le milieu de ce siècle que cette branche importante des connaissances humaines commença à s'enrichir d'un grand nombre de brillantes découvertes, auxquelles les savants français prirent une glorieuse part.

Les phénomènes électriques étaient à peine connus.

En 1729, Grey et Wheeler, physiciens anglais, indiquèrent les corps conducteurs et non conducteurs de l'électricité.

En 1734, Dufay, de l'Académie des Sciences, établit l'importante distinction des deux électricités vitrée et résineuse.

La première machine électrique avait été construite par Othon de Guérike, déjà nommé. En 1746, Muschenbroëk et Cunéus découvrirent la *bouteille de Leyde*.

En 1752, Franklin reconnut que l'électricité atmosphérique est de même nature que l'électricité ordinaire, et en 1753 il fit de cette découverte la belle application qui lui valut ce vers si connu que nous croyons inutile de répéter.

Dalibard et Canton répétèrent en France, à la même époque, les expériences de Franklin sur le *paratonnerre*, et de Romas imagina un *cerf-volant conducteur*, au moyen duquel il tirait, du sein d'un nuage chargé d'électricité, des étincelles qui avaient dix pieds de longueur.

En 1785, Coulomb établit la loi des actions chimiques et magnétiques, inventa la *balance électrique*, et se livra à une foule d'expériences qui ont rendu son nom cher à la science.

Le hasard fit connaître en 1789, à Galvani, le phénomène de l'électricité par contact, qui porte son nom; ses expériences furent répétées, et Volta, fécondant cette heureuse découverte, en fit l'application à la construction de l'appareil connu sous le nom de *pile de Volta*, appareil qui est devenu plus tard un moyen de décomposition si puissant.

Les recherches sur l'électricité et le magnétisme furent continuées; Lavoisier et Laplace remarquèrent qu'il y a développement de fluide électrique dans les phénomènes chimiques. Carlisle, Nicholson, inventeur de la balance hydrostatique, Cruikshanks, font les premières applications de la pile à la chimie; Libes et Haüy remarquent que par la pression de deux corps l'un contre l'autre il y a développement d'électricité, etc.

Vers la fin du xviiᵉ siècle, Lana, et dans le courant du xviiiᵉ, Gallien, avaient proposé différents moyens de s'élever dans les airs; la grande légèreté du gaz inflammable ayant été reconnue en 1766 par Cavendish, Black avait été amené à penser qu'une vessie remplie de ce gaz devait s'élever; mais ce ne fut qu'en 1782 que les frères Montgolfier lancèrent à Annonay le premier ballon; il était formé d'une enveloppe de papier et rempli d'un air raréfié au moyen d'un fourneau placé sous le ballon, et contenant de la paille et de la laine enflammées. Pilastre Desrosiers et Darlandes osèrent bientôt s'élever dans les airs à l'aide de cet appareil; cependant Charles, réfléchissant aux dangers attachés à ce mode de raréfaction de l'air, substitua à l'air dilaté par la chaleur, le gaz hydrogène, dont la densité est 14 ou 15 fois moindre.

Pour compléter cette histoire des aérostats, ajoutons qu'à la bataille de Fleurus ils furent employés par le général français comme moyen de découvrir les mouvements de l'ennemi, et que le parachute fut inventé par Lenormand et perfectionné par Blanchard.

Nous devons à l'un des frères Montgolfier l'invention du bélier hydraulique.

Nous avons vu que déjà, vers la fin du xviiᵉ siècle, la vapeur avait été appliquée comme force motrice à une machine d'épuisement.

En 1705, Newcomen et Cawley se réunirent à Savery, que nous avons déjà cité, et empruntèrent au projet de Papin, pour la construction d'une nouvelle machine,

l'idée du piston et celle de la condensation de la vapeur par le froid.

Ce ne fut qu'en 1769, que Watt imagina le condenseur isolé, une de ses plus belles découvertes. Depuis cette époque, un grand nombre de perfectionnements ont été ajoutés à ces machines, qui sont maintenant employées dans un grand nombre d'industries.

Les premiers essais d'application de la machine à vapeur à la navigation furent faits, en France, par M. Perrier, dès 1775; ils furent repris sur une plus grande échelle en 1778 par M. de Jouffroy, qui, en 1781, passa de l'expérience à l'exécution, car il établit sur le Rhône un bateau de quarante-six mètres de longueur. Les essais des Anglais sont bien postérieurs, car ils ne datent que de 1791, 1795 et 1801. En 1803, Fulton fit des expériences à Paris; mais le premier bateau qui porta des passagers et des marchandises, fut construit en 1807, à New-York, par le même Fulton.

Les autres branches de la physique ne firent pas moins de progrès dans le cours du xviiiᵉ siècle, que celles dont nous venons de parler.

En 1730, Réaumur construisit le *thermomètre* encore en usage actuellement, puisque le thermomètre centigrade n'est que le même instrument portant cent divisions au lieu de quatre-vingts. Le thermomètre de Fahrenheit date de la même époque (1724); il est divisé en 212 degrés compris entre le froid produit par un mélange à parties égales de neige et de sel marin, et la chaleur de l'eau bouillante; le 32ᵉ degré correspond à notre zéro; ce thermomètre est employé en Angleterre et en Allemagne.

En 1738, l'Académie des Sciences entreprend des expériences sur la vitesse du son.

En 1742, l'Anglais Hales trouve le moyen de renouveler, à l'aide de ventilateurs, l'air dans les lieux où il ne peut circuler.

Buffon, que la physique générale réclame autant que l'histoire naturelle, fit construire, à cette époque, un miroir ardent qui enflammait le bois à 200 pieds de distance et fondait le plomb à 45; cette expérience rend presque vraisemblable l'incendie de la flotte romaine par Archimède.

En 1747, Euler, réfléchissant à la structure de l'œil, conçut l'heureuse idée de détruire les franges irisées dont sont entourés les objets observés avec les lunettes ; bien que, d'après Newton, il fût impossible d'anéantir la diffraction des rayons, il parvint, à force de recherches , à corriger cette aberration de réfrangibilité et à construire des *lunettes achromatiques ;* Dollond perfectionna cette découverte.

Clairaut , que nous avons déjà cité comme astronome, donna l'explication des phénomènes capillaires.

,Bélidor, en 1753, fit connaître la machiné hydraulique connue sous le nom de *machine à colonne d'eau de Bélidor.*

Les différentes propriétés des rayons lumineux sont analysées ; Rochon, Herschell, indiquent quels sont ceux de ces rayons qui fournissent le plus de chaleur ; Herschell regarde le rayon jaune comme le plus lumineux ; Scheèle s'occupe de leurs propriétés chimiques.

La théorie du son fut expliquée par les expériences de Bernoulli, puis par celles de Sauveur et de Tartini.

Saussure, en 1778, imagina l'*hygromètre à cheveu,* qui est encore généralement employé aujourd'hui, bien que Deluc en fît un plus tard avec une baleine aussi fine que possible. Nous devons également à Saussure un *électromètre,* un *atmomètre,* un *diaphanomètre* et un *anémomètre.*

L'Anglais Black, que Fourcroy appelle le Nestor de la révolution chimique , établit la théorie du *calorique latent.*

Rumford commença alors , et continua dans le XIXe siècle, sur la chaleur, cette longue série d'expériences dont il fit une si heureuse application à l'économie domestique.

Quelques années avant notre révolution, Lagrange fit paraître son admirable ouvrage intitulé *Mécanique analytique,* et s'occupa plus tard des calculs sur la *Théorie des projectiles.*

Lefebvre Gineau , chargé, en 1793, par la Convention, des opérations relatives à l'établissement des poids et des mesures uniformes pour toute la France, s'acquitta de cette tâche difficile avec toute la précision désirable ; l'unité de mesure est le mètre , $10,000,000^{me}$ partie du quart du méridien terrestre ; et l'unité de poids est le gramme, poids absolu d'un centimètre cube d'eau à son maximum de densité , c'est-à-dire à $+ 4°.$

Ne pouvons-nous pas citer, comme ayant essentiellement contribué aux progrès des sciences mathématiques et physiques , l'École Polytechnique, fondée par la loi du 1er septembre 1795, école qui eut pour premiers professeurs Monge, Lagrange, Prony, Hassenfratz, Barruel, Fourcroy, Vauquelin, Berthollet, Chaptal, Guyton de Morveau, et qui vit sortir de son sein un si grand nombre d'hommes distingués , qui font à présent la gloire de notre pays ?

La météorologie, dans le même espace de temps, fut éclairée par les travaux de Dufay sur la rosée ; de Saussure sur la pluie et les nuages ; de Volta sur la grêle , dont la formation , selon lui, est due à une action électrique ; de Franklin et de Mairan sur les aurores boréales ; de Kraaf sur la vitesse des vents ; de Lalande, de Laplace sur les aérolithes ; des frères Deluc, de Fontana, de Lamarck sur la météorologie en général.

Nous venons d'esquisser le tableau des découvertes les plus importantes et des travaux les plus intéressants qui enrichirent la physique pendant le XVIIIe siècle ; le XIXe siècle n'est pas moins fertile, et nous citerons les travaux de Perkins et OErsted sur la compression des liquides ; la *théorie analytique de la chaleur* par Fourier ; les perfectionnements apportés au thermomètre par Gay-Lussac ; le *thermomètre différentiel* de Leslie ; la *camera lucida* de Wollaston ; les observations sur la dilatabilité des corps par Dulong et Petit ; celles sur le *pendule compensateur* par Biot , Mathieu et Breguet ; les recherches sur la quantité de chaleur que renferme une vapeur par Clément Desormes, Gay-Lussac et Poisson ; les observations sur le froid artificiel produit par l'évaporation d'une partie du liquide par Leslie ; les recherches sur la force élastique des gaz et des vapeurs, sur leur densité , sur leur compression, sur leur liquéfaction, par Dalton, Ure d'Édimbourg, Dulong, Biot, Gay-Lussac , De Humboldt, Davy, Faraday ; les travaux de Biot, Arago, Wollaston , Gay-Lussac, Thénard , Cauchoix, Berzélius, Dulong, Bérard, Davy , etc. , sur la densité des solides et des liquides ; les recherches et les observations sur l'électricité et le magnétisme, de Poisson , Dulong, Fresnel, Davy, Wollaston, Berzélius, Ampère, Savary, OErsted, Becquerel et tant d'autres. Nous citerons encore :

la découverte de la *polarisation de la lumière* par Malus, trop tôt enlevé aux sciences ; et les travaux successifs de MM. Biot, Arago, Fresnel, sur le même sujet ; les belles applications des différents phénomènes de la lumière à la construction des phares, par Fresnel ; les expériences du docteur Chladni et de Savart sur la propagation et la réflexion du son ; le rapport de la commission formée en 1822 dans le sein de l'Académie des Sciences, sur la vitesse du son ; les observations de Biot, de Poisson sur le même sujet, etc.

La météorologie et la physique générale ont été enrichies par les travaux de De Humboldt, de Gay-Lussac, qui fit des observations sur l'atmosphère dans son ascension aérostatique ; d'Arago, de Libes, de Chladni, qui a donné un catalogue de toutes les pierres tombées du ciel, depuis la défaite des Amalécites par Josué jusqu'en 1824 ; de Biot, de Poisson, etc.

Les différents voyage de circumnavigation et d'investigation au pôle nord, exécutés par les capitaines Freycinet, Duperré, Laplace, Parry, Franklin, Ross, etc., donnent lieu à des observations précieuses sur la physique générale et sur les phénomènes magnétiques. Le capitaine Ross s'assure, en mai 1831, que le pôle magnétique est placé par les 70° 5′ 17″ latitude nord et les 96° 46′ 45″ longitude ouest.

Nous avons vu que la théorie du *phlogistique*, professée au commencement du xviii° siècle par Stahl, et adoptée par les savants les plus illustres de son temps, semblait reposer sur des bases inébranlables ; cependant dès l'année 1774, Priestley, Scheèle, Lavoisier, avaient découvert et étudié l'*oxigène* ; en 1775, Bayen avait reconnu que l'augmentation de poids des métaux calcinés était due à une substance aériforme qu'ils absorbent. A la même époque Scheèle faisait ses observations sur l'*acide muriatique oxigéné* ; Lavoisier, dont le nom se rattache à toutes les grandes découvertes, découvrait l'*azote*, et la composition de l'*air atmosphérique* était fixée par lui et en même temps par Scheèle. En 1766, Cavendish étudiait l'*hydrogène*, qu'il nommait *air inflammable* ; Macquer en 1776, Priestley, Cavendish, Monge, en 1781, Lavoisier èn 1783, décomposaient l'*eau* ; en 1776, le même Lavoisier analysait l'*acide carbonique*, et quelques années plus tard démontrait l'identité du *diamant* avec le *carbone* ; Priestley et Cavendish étudiaient, l'un le *gaz protoxide d'azote*, l'autre l'*acide azotique* ; Priestley, Scheèle, Berthollet, en 1785, décomposaient l'*ammoniaque* ; enfin, pour terminer l'énumération de tant de travaux importants, Lavoisier, dans une suite de mémoires qu'il publia en 1774, 1775, 1777, 1781, établissait la théorie de la *combustion*.

La théorie du phlogistique, déjà ébranlée dans ses fondements, fut dès lors renversée, et sur ses ruines s'éleva la *chimie pneumatique*, dans laquelle l'agent général de la combustion est l'oxigène, qui se combine avec les corps brûlés.

La révolution qui venait de s'opérer dans la science faisait sentir le besoin d'un langage plus philosophique : une nouvelle nomenclature fut créée par les chimistes français Lavoisier, Guyton-Morveau, Berthollet et Fourcroy, et cette heureuse innovation, proposée par nos illustres compatriotes, fut bientôt adoptée par tous les savants de l'Europe. Dans cette nomenclature, le nom d'un corps composé n'est autre qu'une définition très-resserrée de ce même corps ; et quoique depuis sa création les bases de la science aient subi d'importantes modifications, elle est encore en usage.

Avons-nous besoin de rappeler à nos lecteurs que Lavoisier mourut sur l'échafaud révolutionnaire, et que l'atroce Fouquier-Tinville lui refusa le sursis qu'il demandait pour achever un travail dont son pays aurait recueilli le fruit ?

Dès l'année 1772, Romé-de-l'Isle avait présenté quelques observations sur la cristallisation des minéraux ; Bergman et son élève Gahn avaient fait quelques pas de plus ; mais c'est à Haüy qu'est due la création de la science mathématique des cristaux, dont il développa la théorie dans un mémoire qui parut en 1784.

En 1789, dix-sept métaux seulement étaient connus ; de 1789 à 1802 onze nouveaux corps métalliques sont découverts par différents savants ; trois nouveaux éléments terreux, la *strontiane*, la *glucine*, l'*yttria*, sont également découverts.

Fourcroy isole la *gélatine*, l'*albumine* et l'*urée*, et donne dans son bel ouvrage intitulé *Système des Connaissances chimiques*, un tableau complet de la science à cette époque ; plus tard dans sa *Philosophie chimique* il expose avec autant de clarté que de concision les faits fondamentaux sur lesquels reposait la science.

Vauquelin se livre à l'analyse des corps organiques.

En 1807, sir Humphry Davy, au moyen de l'énergique appareil découvert par Volta, parvient à l'une des plus importantes découvertes des temps modernes, celle de la nature des alcalis ; il décompose ces corps, et démontre ainsi que ce ne sont que des oxides de nouveaux métaux, auxquels il donne le nom de *potassium*, *sodium*, etc.

Les travaux de Gay-Lussac et Thénard sur l'*acide muriatique oxigéné* qu'ils démontrent être un corps simple et qu'ils nomment *chlore*, la découverte de l'*iode*, par Courtois, celle des *hydracides* par Davy, la décomposition de l'*acide prussique* (*cyanhydrique*), et la découverte de son radical (*cyanogène*), par Gay-Lussac, sont les travaux les plus importants de 1807 à 1816.

En 1817, Sertuerner, et bientôt après Robiquet, découvrent dans l'opium le premier alcali végétal ; ils le nomment *morphine*. Trois ans plus tard, Pelletier et Caventou parviennent à extraire la *strychnine* de la noix vomique, la *quinine* et le *cinchonine* du quinquina. N'oublions pas de citer les travaux de Chevreul sur les corps gras, et sa théorie de la saponification, qui rend si bien compte des phénomènes qui se manifestent pendant l'opération. Les terres étaient considérées comme des oxides, mais seulement par analogie ; Wœhler les réduit et isole les métaux dont elles sont les oxides.

De nos jours, la chimie organique a pris un essor rapide, et l'art de l'analyse chimique est porté à un tel point de perfection, qu'il y a lieu d'espérer que toutes les substances naturelles remarquables par quelques propriétés saillantes offriront au chimiste le principe dans lequel réside toute leur action.

Nous venons d'indiquer rapidement les découvertes les plus importantes qui ont eu lieu jusqu'à présent ; mais il faut ajouter que l'application de la pile voltaïque faite par Davy à la réduction des alcalis, les expériences de Dalton, Gay-Lussac, Wollaston, Thénard, Ampère, enfin les travaux plus récents de Berzélius et de Becquerel, ont presque renversé la théorie de la combustion telle que l'avait présentée Lavoisier.

Ce n'est plus à présent la contraction éprouvée par l'oxigène en se combinant avec les corps combustibles qui produit la chaleur, mais bien la neutralisation des électricités opposées dont tous les corps sont pourvus ; les combinaisons des corps ne s'effectuent que parce qu'ils sont doués d'électricité de nature diverse, positive ou vitrée dans les uns, négative ou résineuse dans les autres : ainsi les termes acides et bases pourraient être remplacés par ceux de corps *électro-positifs* et de corps *électro-négatifs*.

Berzélius, par une série innombrable d'analyses, a démontré les lois qui président aux compositions chimiques, et les a réduites à un degré de simplicité admirable.

Un savant allemand, Mitcherlich, a découvert les lois importantes de l'*isomorphisme* et de l'*isomérisme*, dont nous avons donné la définition dans le chapitre *Chimie*.

Enfin Becquerel est parvenu, en employant l'action électrique avec une très-faible intensité, à imiter la nature, dans un grand nombre de substances dont il était même jusqu'à présent impossible de comprendre la formation.

Aux noms célèbres que nous avons cités, il est juste d'ajouter ceux de Baumé, de Bergman, de Saussure, de Cirillo, qui vivaient dans le siècle dernier ; et ceux plus récents de Proust, de Chaptal, de Klaproth, d'Achard, de Laubert, de Laugier, de Serullas, de Darcet, de Thomson, de Braconnot, de Dumas, de Raspail, de Pelouze, etc.

Si nous considérons la chimie dans ses applications aux arts, nous voyons qu'il en est peu qui ne lui empruntent des moyens ou des agents.

A l'époque terrible de notre révolution, lorsque l'Europe coalisée menaçait nos frontières et que quatorze armées repoussaient l'invasion étrangère, les besoins de ces armées rendaient indispensable la fabrication de quantités énormes de poudre ; le salpêtre manquait : le produit de la démolition des vieux édifices, la terre de nos caves, en fournirent d'immenses proportions par un procédé auquel on donna le nom de *révolutionnaire*. Séguin trouva le moyen de tanner en un mois le cuir nécessaire à la chaussure de nos braves, tandis qu'auparavant plus d'une année était nécessaire pour fournir un cuir propre à être mis en usage; des procédés convenables furent employés pour utiliser le métal des cloches que l'abolition du culte catholique et la destruction des édifices religieux mettaient à la disposition du gouvernement; l'étain fut séparé du cuivre, et l'on put fabriquer des canons et frapper de la monnaie.

Des temps moins terribles succédèrent aux dernières années du XVIIIe siècle; mais la guerre opiniâtre que nous fit l'Angleterre nous obligea à chercher sur notre propre sol des produits que le blocus continental nous empêchait de recevoir de l'extérieur; de là les procédés de fabrication du fer, de l'acier, du sucre de betteraves, de la soude artificielle, de l'indigo, etc., perfectionnés ou tout-à-fait créés; plusieurs de ces industries ont survécu à l'époque qui les a vues naître, et concourent encore à la prospérité de notre pays.

Le blanchîment des toiles, des livres, des gravures, la distillation du bois et la fabrication du vinaigre qui en résulte, l'éclairage au gaz, la teinture perfectionnée des tissus, la peinture sur porcelaine, l'application de la vapeur, non-seulement comme moyen moteur, mais comme moyen économique de chauffage pour les cuves de teinture, pour la cuite des sirops, etc.; l'emploi du chlore comme moyen désinfectant, découvert par Guyton-Morveau, et les perfectionnements apportés à l'emploi de cet agent énergique par Labarraque, qui le premier mit en usage les chlorures; la substitution de la soude à la potasse dans les verreries, etc.; la transformation de l'amidon en sucre, l'invention de la lampe de sûreté par Davy, la conversion presque instantanée des débris des matières organiques en engrais sans dégagement sensible d'odeur, etc.: tels sont les éminents services que la chimie a rendus aux arts depuis un demi-siècle.

N'oublions pas cette branche toute nouvelle de la science créée, pour ainsi dire, par le professeur Orfila, et à laquelle on peut donner le nom de *chimie légale;* maintenant, par une suite de procédés d'analyse, aussi ingénieux qu'exacts, le chimiste appelé à prononcer sur le genre de mort d'un individu, peut, avec une précision toute mathématique, arriver à un résultat qui, en éclairant la justice, écarte le soupçon de la tête de l'innocent, ou fait tomber le châtiment sur le coupable.

La chimie est, sans contredit, la science dont les progrès, depuis quarante ans, ont été les plus rapides; mais bien qu'elle semble avoir épuisé le champ des découvertes, son action est loin d'être anéantie. Il lui reste à perfectionner une foule de procédés applicables aux arts et à augmenter ainsi le bien-être de la société; ce rôle est peut-être moins brillant que celui qu'elle avait à jouer lorsque, du temps de Lavoisier, marchant de découverte en découverte, elle semblait pénétrer les plus intimes secrets de la nature; mais il n'est pas moins honorable.

Aug. Duponchel.

ENCYCLOPÉDIE

D'ÉDUCATION.

LIVRE II.

SCIENCES NATURELLES.

CHAPITRE Ier.

GÉOLOGIE.

CONSIDÉRATIONS PRÉLIMINAIRES.

Le but de la *géologie*, dans l'acception la plus large de cette science, est de tracer l'histoire du globe terrestre depuis son origine jusqu'à l'époque actuelle. En d'autres termes, décrire les propriétés du globe pris dans son ensemble, expliquer la série des phénomènes qui se sont passés depuis son origine à sa surface, dans sa masse, dans son atmosphère, caractériser les différentes parties qui le constituent, reconnaître les générations de végétaux et d'animaux qui ont existé dans les eaux et sur les terres, indiquer la place qu'occupe chaque espèce de matières utiles, étudier les influences des divers états de notre planète sur les êtres organisés; enfin, dans l'hypothèse de la continuation des mêmes lois, entrevoir la destinée qui lui est réservée : voilà le vaste champ des explorations des géologues, qui, souvent encore, rattachent à leur science la *cosmogonie*, c'est-à-dire l'histoire des mondes.

Au reste, selon nous, il y a quatre manières différentes d'envisager la géologie; car on peut étudier la terre dans les buts descriptif, spéculatif, industriel et comparatif; ce qui constitue alors la *géographie*, la *géogénie*, la *géotechnie* et la science que nous nommons *géosynontologie*. Enfin, plusieurs auteurs regardent les mots géologie et *géognosie* comme synonymes; d'autres ne comprennent dans la géognosie que la partie tout-à-fait positive de la géologie; mais il nous semble convenable d'entendre uniquement par géognosie la description des terrains.

Il serait difficile de désigner la science avec laquelle la géologie n'a pas de relations plus ou moins immédiates. Tout le monde connaît les secours que prêtent à la géologie les mathématiques, l'astronomie, la physique, la chimie, la minéralogie, la phytologie et la zoologie.

D'après Agricola, les puits des mines les plus profondes seraient à Kuttenberg en Bohême; ils auraient été creusés jusqu'à 1000 mètres environ au-dessous de la surface du sol; mais on ignore la position de ces puits, ainsi que la hauteur de leur orifice au-dessus de la mer, et par conséquent la différence de niveau entre leur fond et la surface de la mer. Les travaux des mines de Freyberg n'ont jamais atteint une profondeur de plus de 600 mètres; ceux qui y sont maintenant ne vont qu'à 414 mètres, et leur extrémité inférieure ne descend pas à plus de 30 mètres au-dessous du niveau de la mer. Au Hartz, les travaux n'ont pas dépassé 600 mètres, et aujourd'hui, à Clausthal, comme à Andréasberg, on ne les trouve qu'à 500 mètres; au reste, dans ces trois localités ils n'atteignent point le niveau de la mer. Mais dans les houillères peu éloignées de l'Océan, nous verrons de plus grandes profondeurs réelles; car à Quimper, le puits de la vallée de Cuzon a 150 mètres au-dessous du niveau de la mer; à Whitehaven, dans le Cumberland, on a exécuté des travaux qui s'avancent à 1,000 mètres sous la mer, et qui sont à plus de 200 mètres au-dessous de son lit; aux mines d'Anzin, près de Valenciennes, on en a conduit jusqu'à 350 mètres au-dessous de la surface de la Manche. Des auteurs prétendent que, dans les mines de Namur, des puits ont été creusés jusqu'à 700 mètres; cependant une telle assertion ne paraît pas être bien digne de foi, et rien ne démontre que nous soyons arrivés à 400 mètres au-dessous du niveau des mers : peut-être ira-t-on plus bas au moyen du trou de sonde qu'on pratique dans ce moment à l'abattoir de Grenelle.

Les hauteurs auxquelles nous sommes parvenus au-dessus du même niveau sont bien plus considérables. En effet, Saus-sure, sur la cime du Mont-Blanc, était à 4,775 mètres d'élévation, et de Humboldt est monté sur le Cimboraço, dans le Pérou, jusqu'à 5,900 mètres.

Aussi nous pouvons affirmer que l'épaisseur de la partie du globe reconnue directement par les géologues n'est pas la millième partie du rayon terrestre, puisque la plus grande différence de niveau serait $5900+400$ mètres ou 6,300 mètres. Outre cela, comme on estime à $\frac{1}{8}$ de la surface des continents les régions qui ont été explorées géologiquement, et à $\frac{1}{25}$ seulement celles sur lesquelles on possède des documents un peu satisfaisants; on voit que les données premières ou les observations directes du géologue sont très-restreintes.

Il y a deux points de départ pour l'étude de la géologie : ou bien on peut partir des phénomènes corpusculaires, et dans ce cas on commence par la minéralogie; ou bien on peut partir de conceptions plus vastes, et alors on débute par l'astronomie.

ARTICLE Ier. — GÉOGRAPHIE.

Généralités.

L'univers est parsemé d'astres, groupés entre eux par systèmes d'ordres de plus en plus élevés. Dans ce magnifique ensemble, notre nébuleuse (pl. 1, fig. 1) n'est qu'une tache au milieu d'une infinité de taches; notre soleil n'est qu'une étoile perdue au milieu des étoiles de cette nébuleuse; et parmi les planètes qui circulent autour du soleil notre terre se trouve là (fig. 2) s'échauffant aux rayons de cet astre.

Le soleil, toutes les planètes prises ensemble et leurs satellites composent le système solaire, au milieu duquel des comètes apparaissent de temps à autre, ainsi que le montre la figure 2.

L'ensemble de notre planète, au premier coup d'œil, offre à l'observateur trois parties : un noyau solide sur lequel s'étend plus ou moins une couche liquide et par-dessus tout une enveloppe gazeuse; la première de ces parties est désignée par le nom de *terres*, la seconde par celui d'*eaux* et la troisième par celui d'*atmosphère*.

Un grand nombre de phénomènes avaient depuis long-temps indiqué que la terre était ronde (fig. 3). Aussi toutes les observations astronomiques et géodésiques ont conduit à conclure que la terre est un sphéroïde de révolution et semblable à celui que produirait une masse fluide si elle était douée d'un mouvement de rotation dans l'espace. L'aplatissement aux pôles, PP', fig. 4, étant considéré comme égal à $\frac{1}{305}$ on a :

Rayon à l'équateur=   6376851 mètres.
Rayon aux pôles...=   6355943 mètres.
Surface de la terre.=   5098857 myr. car.
Volume de la terre.=1082634000 myr. cub.

Il paraît résulter des recherches des savants que la densité de l'intérieur de la terre surpasse celle de la surface, et que la densité moyenne du sphéroïde entier est environ cinq fois plus grande que celle de l'eau distillée.

La hauteur de l'atmosphère est estimée entre 5 et 10 myriamètres, les eaux couvrent les $\frac{3}{4}$ de la surface du globe. Ainsi, en prenant 1 pour la surface du globe, les 0,734 sont occupés par les mers et les 0,266 seulement par les terres, ou bien la surface du globe étant de

. . . . 5098857 **myr. car.**,
Celle de mers est de   3742563
Et celle des terres de 1356294

D'après ce qui précède, on voit que d'une manière générale la description de l'atmosphère, des eaux et des terres constitue la géographie ; de là trois divisions naturelles : l'*aérographie*, l'*hydrographie* et l'*oryctographie* ; tel est l'ordre que nous suivrons dans cet article.

SECT. I. — AÉROGRAPHIE.

Comme on a parlé ailleurs (tom. 1ᵉʳ, 1ʳᵉ partie, pag. 208) de l'atmosphère et des divers météores qui s'y produisent, nous allons de suite passer à la description des eaux qui existent sur le globe.

SECT. II. — HYDROGRAPHIE.

La superficie du globe se divise en grandes masses de terres qu'on nomme *continents*, et en grands bassins qu'on appelle *mers*.

Toutes les mers réunies ne forment, à proprement parler, qu'une seule mer ; les grandes échancrures qui morcellent les continents et qui forment les méditerranées ne sont en quelque sorte que des golfes. Mais pour plus de facilité on divise toute cette masse océanienne en plusieurs océans, et ceux-ci en différentes mers. L'hémisphère austral en contient 1,6 fois plus que l'hémisphère boréal.

Il n'existe qu'un seul exemple de mer tout-à-fait isolée : il est fourni par la mer Caspienne ; car on a souvent donné le nom de mer à des réservoirs d'eau qui ne sont réellement que de grands lacs.

Les amas d'eau entourés de toutes parts, et n'ayant pas de communication avec la mer, ont reçu le nom de *lacs*. Il en est qui n'ont point d'écoulement et ne sont point alimentés par des eaux courantes ; mais ils n'offrent jamais une étendue considérable : ce ne sont en quelque sorte que de grands *étangs*. D'autres possèdent un écoulement, sans néanmoins recevoir aucune eau courante. Ils sont alimentés par des sources placées au-dessous du niveau des eaux ou par des filets d'eau presque invisibles qui descendent des terrains d'alentour. On trouve des rivières et même de grands fleuves qui ont de semblables lacs pour sources. Au reste, ces lacs sont ordinairement situés à une élévation assez considérable au-dessus du niveau de l'océan. Il en est d'autres qui reçoivent et émettent des eaux courantes ; ils sont assimilés par

cette circonstance à des bassins alimentés par les eaux qui les entourent. Quelquefois une ou plusieurs rivières importantes y aboutissent, et il se produit un cours d'eau qui prend le nom de la plus grande. On voit encore des lacs qui reçoivent des cours d'eau souvent très-considérables et qui cependant ne paraissent pas avoir d'écoulement. Enfin on a proposé de nommer *pénélacs* des amas d'eau qui aboutissent à une mer par un canal.

On emploie généralement la dénomination de *marais*, afin de désigner des étendues de terrains couvertes d'une assez petite quantité d'eau pour que la végétation puisse s'y développer ; il y a des marais qui sont quelquefois immenses ; dans tous les cas on les distingue ordinairement en marais mouillés, en marais desséchés ou cultivés, ou bien aussi en marais marins, salants, fluvio-marins, lacustres, etc. La plupart des *savanes* de l'Amérique-Méridionale ne sont que de vastes plaines marécageuses.

Si l'eau qui tombe des nuages est en petite quantité, elle humecte seulement le sol qui la reçoit, et l'évaporation la reporte dans l'atmosphère ; mais si la pluie, la neige, etc., sont abondantes ou continues, l'eau filtre à travers les terrains meubles ou perméables, et elle descend dans l'intérieur de la terre, jusqu'à ce qu'elle rencontre une roche imperméable ; alors elle glisse dessus, elle en suit les sinuosités, qui, semblables à des gouttières, la ramènent à la surface du globe : telle est l'origine des *sources*, des *fontaines*, etc. : les filets d'eau produits par les sources ordinaires se réunissent d'abord en *ruisseaux*, puis en *rivières*, et finalement en *fleuves*.

Les eaux, en coulant dans l'intérieur du globe, à travers les masses minérales, s'y chargent de diverses substances, qu'elles portent avec elles quand elles sourdent à la surface du sol. En général, celles qui sortent des terrains anciens ou sablonneux sont limpides et pures ; mais celles qui ont traversé des montagnes calcaires, et surtout des montagnes gypseuses, sont chargées d'une quantité plus ou moins grande de carbonate et de sulfate de chaux, qui les rend peu agréables à boire, et impropres à certains usages. Il en est de même de celles qui ont séjourné dans des terrains de transport, où des substances pyriteuses, animales et végétales, ont donné lieu à la formation de quelques matières solubles. Les eaux qui ont traversé des roches imprégnées de semblables matières, et qui en contiennent une quantité notable, indépendamment du carbonate et du sulfate de chaux, sont appelées *eaux minérales*, et on nomme *eaux thermales* celles qui sortent chaudes de la terre.

Les eaux courantes se chargent, surtout dans les temps de crue, de matières terreuses, qu'elles déposent ensuite, sous forme de limon, dans les lieux où leur vitesse se ralentit.

Parfois les couches qui retiennent les eaux forment des réservoirs qui sont l'origine des sources.

Les sources ne sont d'autres fois qu'un produit indirect de la filtration ou des eaux pluviales, telles que celles du Loiret ; elles jaillisent au milieu d'un terrain entièrement plat, et ne proviennent que de la filtration des eaux de la Loire, qui coule à une lieue de distance. Quand les eaux pluviales tombent sur une roche, directement ou non, elles s'y enfoncent, en suivant ses fissures et ses fentes, jusqu'à ce que la roche devienne entièrement compacte ou imperméable. A ce moment toutes celles qui sont descendues par des fissures en communication se réunissent et suivent la plus inférieure des fentes qui peuvent les conduire au jour ; d'où il résulte que dans les roches peu fendillées, ou dont les fentes ne pénètrent qu'à une petite profondeur, les sources seront en grand nombre, mais peu abondantes : tel est le cas des terrains anciens et principalement des terrains granitiques : les eaux y sourdent de tous côtés, elles y sont pures et limpides, mais rarement en filets volumineux. Si, au contraire, les roches sont perméables à l'eau et présentent des fissures qui atteignent de grandes profondeurs, comme dans les calcaires, des terrains crétaciques et oolitiques, alors les eaux pluviales y descendent très-souvent bien au-dessous du niveau des vallées voisines ; elles s'y rassemblent et forment de grands réservoirs souterrains. Les énormes grottes que ces roches contiennent leur fourniront un emplacement convenable : ce sera la plus basse des fissures aboutissant à ces cavités qui amènera au dehors le trop-plein du réservoir, et qui donnera lieu à une source dont la force sera en quelque sorte proportionnelle à l'étendue superficielle du réservoir,

ou plutôt à celle du sol qui y envoie ses eaux. D'après cela, les sources seront peu nombreuses dans de pareils terrains ; des vallées entières ou des espaces de plusieurs lieues carrées en seront dépourvues ; mais celles qu'on y trouvera seront souvent remarquables par leur volume : en effet, les sources qui sont célèbres par la prodigieuse quantité de leurs eaux sortent de montagnes calcaires.

Dans ces montagnes, ces diverses dispositions de grottes et de leurs communications donnent lieu, parfois, au phénomène des *fontaines intermittentes*. Si le canal par lequel l'eau sort du réservoir souterrain est courbé en forme de siphon, et s'il verse plus d'eau qu'il n'en arrive dans le bassin, après qu'il aura été vidé toute celle qui serait entre le niveau de sa convexité et le point où il aboutit dans le réservoir, l'écoulement cessera, et il ne reprendra que lorsque l'eau, recevant continuellement le produit des filtrations, sera de nouveau parvenue à la hauteur de la convexité du siphon ; tel est le cas de la fontaine de Fontestorbe, située dans le département de l'Ariége.

En général les sources sont, toutes choses étant égales d'ailleurs, plus abondantes dans les montagnes que dans les plaines, et cette différence peut provenir des trois causes suivantes : 1° il pleut davantage sur les pays montagneux, car, lorsque l'atmosphère commence à se troubler, c'est ordinairement autour des cimes des montagnes que les premiers nuages se forment et s'accumulent. Le fait de la plus grande quantité d'eau qui tombe sur les lieux élevés est aussi confirmé par l'expérience directe. 2° Il y a vraisemblablement sur les sommets des montagnes une plus grande précipitation invisible de vapeurs. Les arbres, les plantes, les mousses qui y végètent ne peuvent manquer de contribuer à y favoriser la formation des sources. Outre leur action sur la condensation des vapeurs suspendues dans l'air, la fraîcheur qu'ils répandent autour d'eux et l'obstacle qu'ils opposent aux rayons du soleil, qui atteignent difficilement le sol ainsi recouvert, empêchent, ou du moins diminuent considérablement l'évaporation des eaux tombées sur ces lieux ; ils les contraignent au contraire à s'y enfoncer et à produire des sources. La diminution des eaux de sources, dans certaines contrées, paraît être due principalement au défrichement. 3° Les glaces et les neiges qui couronnent les hautes montagnes fournissent un aliment continuel à beaucoup de sources qui sortent de leurs pieds mêmes durant les plus grandes sécheresses ; et c'est précisément à l'époque des plus fortes chaleurs, lorsque les autres sources diminuent, que celles-ci augmentent et contribuent ainsi à maintenir la force des grands courants d'eau.

L'existence de véritables courants d'eau qui se meuvent, soit dans les couches sédimentaires perméables, soit dans les fissures d'un terrain imperméable, est un fait connu de temps immémorial et dans beaucoup de pays. Pour citer un exemple, nous pouvons rappeler ces puissantes nappes d'eau qu'on rencontre dans la France septentrionale et dans la Belgique, et qui, dans ces localités, rendent difficile l'exploitation du terrain houillier : au reste, sans creuser des puits, ne voit-on pas les sources de nos fleuves sortir subitement du sein des masses minérales, parfois sous des volumes puissants, comme les sources de Vaucluse ? Ne connaît-on pas aussi, au milieu des terrains stratifiés, des lacs tels que celui de Zirknitz, en Carniole, dans lesquels vivent des animaux, comme dans les lacs de la surface du globe. Les courants d'eau ont souvent la faculté de remonter et de prendre un niveau plus élevé que celui de leur gisement dans l'intérieur de l'enveloppe terrestre où ils se meuvent, quand on vient à les atteindre par un puits ou par un trou de sonde. Quelquefois cette force d'ascension est assez considérable pour qu'ils s'épanchent à la surface du sol, et qu'ils soient même susceptibles d'être élevés à des hauteurs encore plus grandes au moyen de tuyaux. Un tel phénomène constitue les fontaines jaillissantes connues sous les noms de *fontaines artésiennes*, de *puits artésiens*, etc. Voyez à cet égard la *Géotechnie*.

On nomme *torrent* un courant d'eau impétueux et rapide, qui naît tout-à-coup à la suite de pluies d'orages ou de la fonte des neiges, et qui dure plus ou moins longtemps. C'est principalement dans les pays montagneux que les torrents se forment.

Nous pourrons dire dès à présent que les *lits* des fleuves sont la partie la plus basse des grandes fentes dues aux mêmes révolutions qui ont produit les montagnes, car il n'aurait jamais été possible à un fleuve de s'ouvrir uniquement par sa propre force une route à travers des roches solides comme celles qui bordent le Haut-Rhin, s'il n'en eût trouvé l'ébauche devant lui ; mais les eaux courantes ont formé et forment chaque jour des alluvions sur leurs bords ; elles entraînent des pierres plus ou moins volumineuses, selon qu'elles sont plus ou moins près de leur origine ; au lieu que vers leur embouchure elles accumulent des amas de débris arénacés ou cailouteux appelés *attérissements* : ainsi leurs lits s'exhaussent souvent dans les plaines et deviennent plus profonds dans les montagnes. Au reste ces changements, quoique répétés pendant un grand laps de temps, façonnent seulement les bords des lits des rivières et ne les créent pas.

Quelques rivières n'ont presque point d'écoulement, soit que le terrain, ayant peu de pente, ne leur donne pas une assez grande force d'impulsion, soit que des sables leur opposent une grande résistance. Plusieurs fleuves sont sujets à des crues périodiques produites par des pluies également périodiques et qui tombent dans les régions situées entre les deux tropiques. Hors la zône torride la périodicité des débordements des rivières est uniquement due à la fonte des neiges et à la quantité de pluies tombées sur les montagnes. On connaît aussi des rivières qui se perdent sous terre ; ce phénomène provient la plupart du temps de l'existence de cavités souterraines ; d'autres s'infiltrent dans des terrains sablonneux et marécageux, d'où elles sortent plus abondantes.

Un grand nombre de fleuves forment à leur l'embouchure des amas de sables sillonnés par de profondes tranchées qui changent de profondeur et de direction chaque jour, principalement à l'époque des syzygies. Ces dépôts, les uns mobiles, les autres immobiles, sont connus sous le nom de *barres*.

Les mouvemens qui se passent dans les mers peuvent se diviser en mouvements constants et en mouvements accidentels, selon qu'ils doivent leur origine à des causes permanentes qui agissent d'une manière constante sur le globe, ou à des causes passagères qui ne se renouvellent que dans certaines circonstances. Parmi les premiers on distingue principalement ceux connus sous les noms de *marées* et de *courants*.

La marée est un mouvement qui porte les eaux de l'Océan à s'élever vers les côtes pendant environ six heures, et à redescendre pendant six autres heures. Le mouvement d'ascension s'appelle *flux*, et celui de descente *reflux;* on dit qu'il y a *mer pleine* au moment où l'eau est la plus élevée, et *mer basse* au moment où elle est la plus basse. La durée, l'époque et la puissance des marées sont sujettes à beaucoup de variations. En général, on compte que deux marées complètes embrassent un intervalle de vingt-quatre heures cinquante minutes vingt-huit secondes, c'est-à-dire que ce temps est égal à celui qui s'écoule entre deux passages de la lune à un même méridien ; aussi le moment de la mer pleine correspond-il à peu près à ceux du passage de la lune au méridien du lieu et au méridien opposé. Dans un endroit quelconque la marée est généralement plus forte à mesure que la lune approche de la terre, c'est-à-dire lorsqu'elle est à son périgée, et plus faible quand elle s'en éloigne ; d'où il résulte que l'on peut calculer, d'après les mouvements de la lune, les principales circonstances de la marée dans une même localité.

Outre les mouvements en sens opposé du flux et du reflux, on remarque que certaines parties de la mer se meuvent d'une manière presque constante dans une direction déterminée, tandis que d'autres contiguës sont en repos, ou sont mues dans une direction quelquefois opposée. Ces mouvements, qui s'appellent des courants, ressemblent à des fleuves qui coulent avec plus ou moins de vitesse au milieu des mers. Le plus étendu, et en même temps le plus constant, est celui qu'on nomme courant équatorial, et qui imprime à presque toutes les mers de la zône torride un mouvement général dans la direction de l'est à l'ouest.

D'autres courants généraux, qu'on appelle courants polaires, ont lieu des pôles vers les mers équatoriales ; ils paraissent être dus à ce que, l'évaporation étant plus forte sous la zône torride que sous les zônes glaciale et tempérée, il s'opère des pôles vers l'équateur un mouvement constant des eaux pour réparer les effets de cette perte.

D'un autre côté, comme plus les molécules placées vers la surface de la terre approchent des pôles, moins le cercle qu'elles décrivent dans le mouvement diurne est considérable, il en résulte que ces molécules, en avançant vers l'équateur, sont toujours, pendant un certain temps, animées d'une vitesse de rotation moindre que celle que comporte la position où elles se trouvent ; de sorte que de telles molécules semblent être poussées dans un sens contraire à celui de la marche de la terre, c'est-à-dire de l'est à l'ouest. D'après cela, on voit que le grand courant équatorial aurait une cause analogue à celles des vents alisés qui règnent ordinairement dans la zône torride. Peut-être aussi que ces vents qui soufflent dans la même direction que le courant équatorial, contribuent à produire le dernier phénomène. Au reste, on sent que la marche de ces courants généraux subit des déviations plus ou moins fortes, occasionées par les obstacles contre lesquels ils viennent frapper. En effet, lorsque les eaux rencontrent des terres découvertes et des fonds élevés, au lieu d'obéir à l'impulsion dont elles étaient animées, elles prennent d'autres directions, selon la nature des obstacles, et peuvent être repoussées dans un sens contraire à celui qui les caractérisait primitivement. On voit donc la possibilité de rencontrer un courant dirigé de l'ouest à l'est, qui ne serait qu'une modification du courant équatorial. Ces directions déviées de leur côté, sont dans le cas d'être compliquées par d'autres causes, et dès lors on conçoit que les mouvements généraux de l'est à l'ouest et du pôle à l'équateur peuvent donner naissance à des courants partiels qui varient à l'infini.

On appelle *contre-courants* ou *remous* des courants qui marchent dans un sens opposé à un autre courant qui se trouve à côté, soit que le contre-courant résulte de la rencontre de deux courants qui avaient des directions différentes, soit qu'il provienne d'un même courant repoussé en tout ou en partie, dans un sens contraire à son trajet primitif. Quelquefois les courants reviennent sur eux-mêmes en tournoyant. Ce phénomène, très-dangereux pour les embarcations qui s'y laisseraient attirer, est nommé *tournant d'eau*.

Il y a des courants dont l'origine paraît être tout-à-fait indépendante du courant équatorial et du courant polaire ; tel est celui qui traverse le détroit de Constantinople, et qui semble avoir pour cause l'écoulement dans la Méditerranée du trop plein de la mer Noire, qui reçoit de ses affluents,plus d'eau que l'évaporation n'en enlève. Aussi considère-t-on ce courant comme une continuation du cours des fleuves qui traversent la mer Noire pour se rendre dans la Méditerranée. Mais un des courants partiels les plus remarquables est celui qui sert à la traversée entre l'Europe et l'Amérique; car on estime à 1,800 myriamètres la longueur du trajet parcouru par ce courant, et à deux ans dix mois le temps que l'eau emploie pour le faire.

On a observé également que, dans un même lieu, les eaux de la mer n'étaient point animées des mêmes mouvements à diverses profondeurs, mais que la partie supérieure pouvait couler dans un sens, tandis que la partie inférieure était stationnaire, ou allait dans un sens différent.

Les mouvements accidentels doivent principalement leur origine à des phénomènes météoriques ou à des vibrations du sol. Or, de tels mouvements sont souvent dans le cas de modifier plus ou moins les courants permanents; car lorsque la direction des vents impétueux, par exemple, coïncide avec une époque de haute marée, il en résulte quelquefois des ondulations et des invasions de la mer sur les terres.

Les eaux solides sont permanentes ou temporaires; ces dernières consistent dans les neiges qui tombent sur les terres et dans les glaces qui se forment dans les eaux pendant les temps froids, et qui fondent durant les moments les plus chauds. Les autres comprennent les neiges et les glaces qui résistent à la chaleur de l'été, sans se fondre complétement. Les *neiges perpétuelles* se remarquent en général partout où la température moyenne est de —3° à —4°, d'où l'on sent qu'elles ne peuvent exister sous la zône torride qu'à une assez grande élévation, qui doit diminuer à mesure qu'on s'approche des pôles. Suivant M. de Humboldt la limite ordinaire des neiges perpétuelles sous l'équateur est à 4,800 mètres; mais les limites sous les divers degrés de latitude présentent encore plus d'irrégularités que les lignes isothermes, avec lesquelles elles ont d'ailleurs beaucoup de rapports au reste, on a été porté à croire qu'elles sont moins élevées dans l'hémisphère austral que dans l'autre.

Les neiges perpétuelles sont parfois situées de manière qu'elles se ramollissent et s'imprègnent d'eau pendant les journées chaudes, et reprennent de la solidité pendant la nuit; ce qui les transforme en glace, et donne naissance à d'énormes amas qu'on appelle *glaciers*. Lorsque ces amas sont glacés au-dessus d'une vallée, leur propre poids leur imprime un mouvement lent vers le bas de la vallée, et ils se prolongent bien au-dessous des limites des neiges perpétuelles, sans que, vu leur grande masse, la chaleur de l'été puisse les faire rentrer dans ces limites; de sorte qu'on y aperçoit des murs de glace qui sont pour ainsi dire ombragés par une brillante végétation.

Enfin, vers le milieu des zônes tempérées, les mers commencent à présenter, dans certaines saisons, des glaces flottantes qui sont amenées des hautes latitudes par les courants, et des glaces temporaires qui se forment le long des côtes pendant les hivers rigoureux. La quantité et la durée de ces glaces vont toujours en augmentant, à mesure qu'on s'avance vers les pôles, et il est un terme où l'on ne rencontre plus que des glaces fixes. Les limites des glaces fixes sont très-variables, et ne sont d'ailleurs pas encore bien déterminées; au reste, elles sont moins éloignées dans l'hémisphère austral que dans l'hémisphère boréal.

Les parties de terre qui avoisinent les mers sont nommées *côtes;* lorsqu'une côte se termine par une pente douce, on l'appelle *plage*, au lieu qu'on désigne sous le nom de *falaises* (Pl. I, fig. 7, F est la falaise et M la mer) les escarpements qui forment la séparation et des terres des mers.

De même les parties de terre qui bordent les cours d'eau sont appelés *rives*, et se distinguent en rive droite et rive gauche, en assimilant, pour l'application de ces deux mots, le cours d'eau à une personne qui suivrait le courant. Quand le cours d'eau est escarpé, on lui donne le nom de *berge*, tandis qu'on appelle *talus* celui qui présente une pente douce.

Enfin, on nomme *bassin* la surface plus ou moins grande de terrains dont les eaux finissent par se réunir en un même canal, qui les conduit dans un réservoir commun. *Voyez* l'Orographie.

Les navigateurs ont reconnu qu'à 150 mètres environ la température des eaux marines paraît dépendre de celle de la surface, et qu'en général elle s'en écarte peu. Au-dessous de 600 mètres, le changement de température devient presque insensible et semble tendre vers une limite voisine de 4°. On croit que le refroidissement progressif des couches sous-marines est dû à l'action des courants, qui transportent sans cesse les eaux des pôles vers les régions équatoriales ; cette action se fait principalement sentir à de grandes profondeurs, et pourrait résulter de l'évaporation des eaux des mers de la zône torride, qui sont remplacées par celles des latitudes élevées. La température de l'air n'est pas la même à la surface des mers qu'à la surface des terres : l'air en contact avec les mers éloignées des continents présente moins de variations dans la température que celui qui touche les terres. Or, on a remarqué que sous la zône torride les eaux superficielles sont douées d'une température supérieure à celle de l'air ; mais que l'inverse a lieu à mesure qu'on approche des pôles.

Les expériences faites dans diverses régions du globe prouvent, relativement aux zônes torride et tempérée, que les eaux de la mer et des lacs sont plus chaudes à leur surface que dans leur profondeur, et qu'à mesure qu'on s'avance vers les pôles, on obtient des résultats contraires. Néanmoins de telles expériences exigent une si grande précision, et sont sujettes à tant d'erreurs, qu'il n'est pas étonnant que des observateurs également habiles aient trouvé dans les mêmes parages des nombres différents.

Sauf quelques exceptions, qui tiennent probablement à des circonstances accidendelles, on peut admettre qu'à la température de 3° à 4° l'eau est à son maximum de densité ; qu'ensuite cette densité diminue par une augmentation ou par une perte de chaleur ; et qu'enfin l'eau à la température de 3° à 4° occupe la région la plus basse.

Quant à la température des fleuves, des rivières, etc., on conçoit que, par rapport à une foule de causes accidendelles, elle doit souvent et considérablement varier.

Le niveau des grandes mers est généralement le même partout, et suit la courbure du sphéroïde terrestre : c'est l'effet naturel de la pesanteur, et de la pression égale en tous sens qu'exercent entre elles les molécules d'un fluide. Mais les méditerranées, qui ne sont que de grands golfes, et qui communiquent avec l'Océan, seulement par certaines issues, peuvent être à un niveau plus élevé, même jusqu'à 9 mètres. Ces différences de niveau sont probablement dues à l'accumulation des eaux poussées dans de semblables golfes, comme dans un cul-de-sac, par le mouvement général de la mer de l'est à l'ouest. Néanmoins il y a des méditerranées où le niveau des eaux change avec les saisons : la Baltique et la mer Noire, par exemple, s'enflent au printemps par suite de la quantité d'eau que les grands fleuves leur apportent. D'autres fois l'influence des vents produit le même effet : d'après M. de Humboldt, on sait que l'Océan pacifique est de 7 mètres plus élevé que l'Atlantique, et de 6 mètres au moins plus bas que le golfe du Mexique. Les vents alizés, chassant les eaux de l'Atlantique dans le golfe du Mexique, élèvent le niveau de ce dernier au-dessus de celui du grand Océan ; en outre les mêmes vents, poussant vers l'Orient les eaux du grand Océan, doivent les porter près des côtes occidentales de l'Amérique, au-dessus de l'Atlantique. Mais à l'égard de la mer Caspienne, on dit qu'elle se trouve à 100 mètres au moins au-dessous du niveau de la mer Noire ; cette différence doit être vraisemblablement attribuée à plusieurs causes, peut-être à une affaissement du sol sur l'emplacement qu'occupe la mer Caspienne, et peut-être aussi à une diminution des eaux, qui paraissent avoir eu une bien plus grande étendue, car tout prouve que la mer d'Aral en faisait partie, et qu'alors elle couvrait les terrains qui se redressent à l'entour.

La masse océanienne actuelle paraît être dans un état stationnaire ; son niveau ne s'élève et ne s'abaisse que par des circonstances locales et temporaires, et son volume en général ne semble point changer aussi. Cependant divers savants ont pensé que l'Océan devait tendre en élevant son fond à diminuer sa masse. Or, si l'on tient compte de toutes les causes qui peuvent contribuer à produire ce résultat, telles que les atterrissements formés par les fleuves à leur embouchure, les éboulements des côtes escarpées, l'accumulation continuelle des mollusques, des polypiers et de tous les animaux marins, l'accroissement de nombreux végétaux qui se trouvent au fond des mers, etc., on comprendrait encore que, depuis 2000 ans seulement qu'on a des points de comparaison, ces changements seraient presque insensibles, ainsi que l'a prouvé M. Hoff par un calcul très-simple.

Auprès des côtes formées de falaises escarpées, la mer s'enfonce rapidement à une profondeur considérable, tandis que dans le voisinage des côtes basses la couche d'eau augmente graduellement. A l'aide de nos instruments, nous ne pouvons trouver le fond dans certaines parties de l'Océan; mais il est probable que la profondeur des mers atteint à peine 4000 mètres. Au reste, Laplace a démontré, par l'influence que le soleil et la lune exercent sur notre planète, que cette profondeur ne dépassait pas 8000 mètres.

SECT. III. — ORYCTOGRAPHIE.

§ 1er. Orographie.

On reconnaît, par l'inspection d'un sphéroïde figuratif, que les terres sont groupées autour du pôle boréal, en se terminant généralement en pointes vers le pôle austral, et qu'il y en a 3,35 plus dans l'hémisphère Nord que dans l'hémisphère Sud. On voit aussi que la direction générale des terres diffère entièrement dans les deux continents; car le nouveau s'étend presque d'un pôle à l'autre, au lieu que l'ancien se prolonge principalement dans un sens à peu près parallèle à l'équateur : la partie méridionale de l'Afrique forme une seule exception.

La terre ne présente point une surface unie et régulière, elle est au contraire couverte d'aspérités qui, à la vérité, comparées à son rayon, sont réellement insensibles. En effet, la plus haute montagne est le Dawalagiry A (pl. 1, fig. 21), qui a 7821 mètres au-dessus du niveau moyen de l'Océan N N; or, comme on porte ordinairement à 2000 ou 3000, et tout au plus à 4000 mètres la profondeur N P extrême des mers, $7821^m + 4000^m$ ou 11,821, qui exprime la distance A P du point le plus élevé A, au point le plus bas P de la surface de la partie solide du globe, donne au maximum l'épaisseur de la plus grande aspérité de cette surface. De sorte que 6366397 mètres étant le rayon moyen du sphéroïde $\frac{11821}{6366397} = 0,001$ de mètre est le rapport de l'épaisseur de la plus grande aspérité au rayon moyen.

On a comparé les aspérités qui couvrent la surface du globe aux rugosités que présente une orange; mais d'après le calcul précédent, cette comparaison est réellement exagérée; au reste, on aura une idée à peu près exacte des aspérités de la surface de la terre en jetant les yeux sur une coquille d'œuf.

On appelle *montagnes* les parties de l'écorce du globe qui se dessinent en relief, et *dépressions* celles qui se dessinent en creux. Une montagne est donc une gibbosité qui s'élève à la surface de la terre; mais ce nom ne convient qu'aux aspérités considérables; les autres ne méritent que la dénomination de *collines*, ou bien, si elles sont isolées, on dit qu'elles sont des *monticules*, des *éminences*, des *buttes*, etc., selon leur élévation. Au reste, il n'y a pas de règles fixes pour l'application de ces mots, qu'on emploie souvent dans un sens relatif plutôt qu'absolu; car telle aspérité qu'on appellera montagne dans un pays de plaines, passerait à peine pour une éminence dans une contrée montagneuse. Cependant les géographes ne donnent ordinairement le nom de montagnes qu'à des élévations qui ont au moins 300 à 400 mètres.

L'espace sur lequel repose une montagne en est la *base;* tandis que la partie inférieure qui commence à s'élever au-dessus du sol environnant en est le *pied.*

On nomme *flancs* d'une montagne les côtés plus ou moins inclinés; et on les appelle *escarpements*, lorsqu'ils sont presque verticaux. Dans tous les cas, les points où les pentes cessent sont les *extrémités*, et le point le plus élevé est désigné par les noms de *sommet*, de *crête*, de *cime*, de *faîte*. Mais quand le sommet d'une montagne se termine par une surface plane, cette surface est appelée *plateau;* au lieu que le sommet est nommé *aiguille* lorsqu'il présente une pointe aiguë. Si le profil d'une montagne offre des contours arrondis, ses pentes sont dites des *croupes.*

Enfin, les formes variées que présentent les montagnes leur ont fait donner des noms en rapport avec ces formes. Ainsi, les sommets arrondis des Vosges ont été appelés *ballons*, et ceux de l'Auvergne *dômes*; les sommets tronqués et à pentes très-inclinées sont quelquefois nommés *tours*, et ces derniers reçoivent les dénominations de *corne*, de *dent*, de *pic* ou *puy*, suivant le faciès qu'ils offrent de prime abord.

Les aspérités dont nous venons de parler, et qui au premier aspect paraissent tout-à-fait irrégulières, possèdent une certaine symétrie, et ne sont pas le résultat du hasard, mais bien de causes dont on peut quelquefois traduire les lois. Ainsi, les montagnes sont plutôt des masses ellyptiques que des cônes; elles ne sont pas toujours isolées, car elles forment ordinairement des groupes allongés, et se liant plus ou moins entre eux.

Une *chaîne* est une réunion de montagnes qui change parfois de nom, lorsqu'elle occupe une grande étendue; elle peut être isolée, comme elle peut faire partie d'un groupe. Un *groupe* résulte de la réunion de plusieurs chaînes qui se prolongent dans diverses directions, et un *système* se compose de plusieurs groupes liés entre eux, quelles que soient leur étendue et leur élevation.

On nomme *axe* d'une chaîne la ligne imaginaire qui la traverse dans toute sa longueur; de plus, dans une chaîne on distingue, comme dans une montagne isolée, le *pied*, la *crête* et les *flancs* ou *versants*. La crête se compose de l'ensemble des sommets de toute la chaîne; elle détermine la ligne de partage des eaux qui descendent des deux côtés de la chaîne. Mais on réserve le nom de cimes aux protubérances qui s'élèvent sur les diverses parties d'une chaîne; au reste, elles ne se trouvent pas toujours sur la crête : plus les chaînes sont élevées, plus leur faîte offre d'irrégularités, qui présentent des aspects très-variés.

Les chaînes de montagnes présentent quelquefois une direction constante sur toute leur étendue; mais souvent elles en changent brusquement. Néanmoins, au milieu de ces irrégularités, on reconnaît que les principales chaînes ont fréquemment une direction analogue à celle des terres dans lesquelles elles se trouvent, et cela est facile à concevoir, lorsqu'on observe que les terres basses ne sont généralement que des chaînes de montagnes par rapport au fond des mers.

La largeur des chaînes de montagnes est aussi très-variable, et on voit parfois une même chaîne, après avoir été extrêmement large dans un lieu, se rétrécir dans un autre, pour s'élargir de nouveau un peu plus loin.

Les chaînes de montagnes présentent encore plus d'anomalies dans leur hauteur que dans leur direction et leur largeur; car, outre qu'elles se composent ordinairement d'élévations inégales, on voit souvent une chaîne interrompue par une région basse ou par une portion de mer au-delà de laquelle elle reparaît avec les mêmes caractères.

Les chaînes de montagnes n'offrent quelquefois qu'une seule ligne d'élévation; mais le plus souvent elles se composent de *chaînons* placés les uns à côté des autres. Il est rare aussi qu'il n'en sorte pas des *rameaux* qui se détachent de la chaîne principale, et prennent diverses directions. Dans une chaîne ou dans un rameau de montagnes dont le sommet, au lieu de correspondre à un plateau, forme une simple crête, celle-ci est ordinairement dentelée, et les parties les plus élevées sont nommées *cols*; ils servent dans les pays de hautes montagnes pour communiquer d'un côté du faîte avec l'autre.

On appelle versants les parties de la chaîne qui s'étendent de chaque côté du faîte; mais on ne doit pas prendre ces dénominations dans un sens rigoureux; car il arrive bien rarement, peut-être jamais, que les points les plus élevés d'une chaîne de montagnes soient susceptibles d'être réunis par une ligne non interrompue; souvent même les points culminants se trouvent plus ou moins éloignés de la ligne que la disposition générale du sol doit faire regarder comme le faîte. En sorte qu'on ne doit voir dans la division en versants qu'un moyen de distinguer l'ensemble des pentes et des rameaux situés à la droite et à la gauche d'une ligne idéale formant la séparation des parties de la chaîne, qui tendent à s'abaisser d'un côté, de celles qui tendent à s'abaisser du côté opposé. Mais les versants d'une chaîne de montagnes sont rarement uniformes, et il est même à remarquer que si une chaîne de montagnes présente un versant étroit avec des escarpements, le versant opposé est très-large et composé de pentes beaucoup plus douces, ou mieux de chaînons et de rameaux dont l'élévation devient successivement moindre, et qui finissent par des collines et des éminences se perdant tout-à-fait dans la plaine, ou qui se lient avec les dépendances d'une autre chaîne. Or, ces rangées de collines qui se trouvent en avant d'une chaîne de montagnes sont appelées *contreforts*.

En général on croit que le propre des versants est de distribuer les eaux dans les plaines; mais cette opinion est loin d'être exacte, car un même cours d'eau passe souvent d'un versant à l'autre.

Les systèmes de montagnes ont évidemment contribué à la forme que présentent les continents, les péninsules et les îles : telle est du moins la conséquence qu'on doit tirer de ce fait général, que les systèmes de montagnes traversent les continents dans leur plus grande longueur, et que les péninsules et les îles sont traversées dans le même sens par une chaîne de montagnes.

Les montagnes tendent sans cesse, par l'action des agents atmosphériques, à accroître leur base aux dépens de leurs sommets. La dureté, la solidité, la forme, la composition, etc., des roches qui constituent les montagnes, doivent donc avoir une grande influence sur le genre de modification que les agents atmosphériques ont pu leur faire éprouver : on conçoit, en effet, que des roches étant plus destructibles que d'autres, les montagnes qui en sont composées offriront des talus plus ou moins rapides, des contours plus ou moins abruptes, plus ou moins arrondis. Ainsi, à la vue d'une montagne il deviendra possible d'entrevoir son faciès, sa composition et même son âge.

On aurait une bien fausse idée de la surface du globe en ne considérant que les montagnes; car, d'après M. de Humboldt, elles n'occupent guère que $\frac{1}{100}$ de la superficie des terres, et encore on en trouve peu de très-élevées. De plus, la hauteur qu'atteindraient les terres, si elles étaient nivelées, serait entre 100 et 150 mètres; enfin l'élévation moyenne de toutes les montagnes étant de 30 mètres environ au-dessus de l'Océan, si par la pensée on démolissait toutes les montagnes pour combler les vallées, les mers, etc., et pour niveler la surface du globe, cette dernière élévation serait, après une pareille opération, tout au plus à 30 et même à 20 mètres au-dessus du niveau actuel de l'Océan.

Les inégalités qui se dessinent en creux forment ordinairement des dépressions longues et étroites qu'on nomme *vallées* ou *vallons*, suivant qu'elles sont plus ou moins profondes. Lorsque ces dépressions se rétrécissent de manière à rendre le passage difficile, on les appelle *défilés* et *gorges*.

Toute *vallée principale* est comme une espèce de tige à laquelle aboutissent de petites branches ou *vallées* latérales, dont la direction se croise avec celle de la vallée principale, et qui souvent se ramifient de leur côté. En général, la majeure partie des vallées qui sillonnent une chaîne ou un rameau de montagnes se dirige ordinairement dans un sens transversal à la chaîne ou au rameau; de là vient le nom de *vallées transversales* qui leur a été donné, soit qu'elles prennent naissance à la crête, pour aller sur l'un ou l'autre versant, soit qu'elles traversent tout-à-fait la chaîne ou le rameau; au reste, ce dernier cas est plus rare que le premier. Différentes chaînes offrent aussi des vallées dirigées dans leur sens même; et alors de pareilles vallées sont appelées *vallées longitudinales*. Or, ces dernières sont moins communément bordées par des flancs escarpés que les vallées transversales; cependant une telle circonstance tient à la nature du terrain, car on sent qu'il ne peut exister d'escarpements dans un terrain facilement altérable. Les flancs opposés, dans les vallées longitudinales, sont souvent composés de matières d'espèces différentes ou disposées d'une autre façon. Dans les vallées transversales, au contraire, il y a presque toujours identité parfaite entre deux flancs opposés; et lorsqu'on voit d'un côté un angle saillant, il est à peu près certain que le côté opposé présente un angle rentrant.

Les vallées, et principalement les vallées transversales, qui ne sont pas très-profondes, tendent en général à s'élargir à mesure qu'elles s'avancent d'une contrée élevée vers une région basse; mais cette règle est sujette à beaucoup d'exceptions, et les vallées des hautes montagnes n'offrent souvent qu'une série de renflements et d'étranglements. Or, ces dernières vallées ou systèmes de vallées peuvent être considérées comme composées de petites vallées longitudinales et de bassins unis par des défilés transversaux.

Le fond d'une vallée, prise dans son ensemble, présente ordinairement un plan continuellement descendant; car dans les vallées il coule presque toujours des eaux, soit permanentes, soit accidentelles; dès lors quand une partie du fond est plus profonde que les endroits susceptibles de lui servir de débouché, ce fond deviendra un étang ou un lac, et le plan descendant se trouvera rétabli, à moins qu'il y ait des cavités souterraines pour l'écoulement des eaux, ou bien que celles-ci puissent être enlevées par l'évaporation. Au reste, il ne faut point appliquer une telle règle aux détails des vallées barrées, c'est-à-dire composées de renflements et d'étranglements. En effet, ces renflements étant de petites vallées particulières, il arrive, lorsque le défilé qui sert de communication est percé dans le sens de la longueur de ces petites vallées, que le renflement forme une vallée partielle ayant une direction différente de celle de la vallée principale, et dont le fond, après s'être abaissé jusqu'à l'entrée du défilé, se relève pour se perdre vers le sommet des hauteurs environnantes. C'est à de semblables dispositions qu'on doit le phénomène de deux cours d'eau qui vont en sens contraire sur une même ligne, et qui, après leur réunion, s'écoulent suivant une direction à peu près perpendiculaire aux directions précédentes. D'ailleurs quoique l'écoulement des eaux annonce un plan continuellement descendant, il ne résulte pas de cette circonstance que la ligne des cours d'eau représente la pente générale du sol. L'observation a prouvé, au contraire, que les cours d'eau traversent parfois des contrées dont le sol est généralement plus élevé que celui des lieux où de pareils cours d'eau ont pris naissance; car il suffit qu'il existe des vallées dont le fond soit à un niveau inférieur à la source de ces cours d'eau.

En général, lorsqu'une contrée présente brusquement une grande différence de niveau, le sol de la partie élevée est sillonné par des vallées très-profondes, tandis que dans les lieux qui s'éloignent d'une semblable chute, les dépressions du sol sont peu prononcées malgré leur élévation plus ou moins grande au-dessus de la mer.

La ligne qui suit le fond des vallées dans toute leur longueur a reçu le nom de *thalweg*. Les plans inclinés vers le thalweg offrent des différences très-sensibles; quelquefois les deux côtés sont en pentes douces: alors la vallée est très-évasée, ses angles saillants et rentrants se correspondent, et le thalweg se trouve à peu près à égale distance des deux versants.

Lorsque des pentes douces règnent d'un côté de la vallée et des pentes rapides de l'autre, les angles saillants et rentrants ne se correspondent plus qu'accidentellement; le thalweg est toujours plus rapproché de l'escarpement, et s'il se présente des bancs de rochers, les eaux tournent ordinairement, vont se creuser un lit dans la pente douce et reviennent ensuite à l'escarpement. Enfin ces vallées sont d'autant plus évasées que l'escarpement est plus rapide et la pente opposée plus douce. Enfin les vallées formées de deux escarpements sont très-étroites et très-irrégulières; les angles saillants et rentrants ne s'y correspondent presque plus; au lieu que les élargissements, les étranglements et les barrages y sont communs.

Dans les hautes montagnes les agents atmosphériques augmentent chaque jour les déchirures de leurs pentes, et les blocs détachés de droite et de gauche s'accumulent dans le lit des cours d'eau et produisent de nombreuses cascades en donnant cet aspect sauvage et pittoresque qui ajoute à l'attrait qu'elles offrent aux voyageurs. Les vallées des montagnes peu élevées et celles des pays de collines, etc., diffèrent des précédentes par leurs pentes arrondies, et surtout par le caractère qu'elles offrent d'être composées de plusieurs *étages* ou *gradins* qui se correspondent parfaitement des deux côtés. Elles présentent souvent un fond plat, et comme en s'éloignant de leur origine elles acquièrent une grande largeur elles forment des plaines basses relativement à celles que fournissent les plateaux voisins.

On attache plusieurs acceptions au mot *bassin*; ainsi on appelle bassin la surface plus ou moins grande de terrains dont les eaux finissent par se réunir en un même canal qui les conduit dans un réservoir commun, tel que l'Océan, une mer intérieure ou un lac. L'étendue de ces bassins dépendant de la figure du sol, elle présente de grandes irrégularités. Mais pour se faire une assez juste idée d'un bassin, on peut le comparer à un arbre dont la tige allongée est formée par une vallée principale, et dont les nombreuses ramifications le sont par les vallées latérales ou secondaires. De pareils bassins se composent donc de bassins partiels, et les vallées des hautes montagnes par lesquelles des torrents portent au grand cours d'eau un premier tribut, ne sont que de petits bassins plus étroits et plus encaissés; leur nombre concourt à l'ensemble d'un bassin principal. D'après cela, les crêtes des montagnes sont des partages de bassins; or ces partages se rencontrent dans les lieux où les eaux pluviales prennent, en tombant sur les pentes du sol, une direction différente; on en trouve sur des plateaux où l'œil saisit à peine une différence de niveau. Aussi, quoique des cours d'eau considérables descendent des sommets élevés, et qu'en outre des séries de montagnes en accompagnent ou limitent quelque étendue, et séparent des versants de ceux d'un cours d'eau contigu, il ne faut pas croire que tous les grands cours d'eau soient nécessairement encaissés et divisés de leurs voisins comme par une barrière que posa la nature. Divers bassins sont quelquefois très-rapprochés à leur origine, et s'écartent à mesure qu'ils avancent vers leur embouchure; au reste, il est rarement possible d'aller de l'un à l'autre au moyen d'un cours d'eau naturel. Non-seulement les cours d'eau les plus connus n'ont pas toujours des bassins réellement circonscrits, mais encore ils semblent se plaire à couper des chaînes de montagnes qu'au premier aspect on supposerait plus facile de tourner.

Le mot bassin s'emploie aussi pour désigner le réservoir d'une mer, d'un lac, etc. Enfin nous verrons plus loin les autres acceptions qui sont données à ce mot.

Quand une surface plane termine une montagne, elle se nomme *plateau*. Il y a plusieurs sortes de plateaux; les moins étendus sont ordinairement ceux qu'on trouve au sommet des montagnes ou de leurs chaînes. En général les grands plateaux s'abaissent par terrasse vers les plaines qui s'étendent à leurs pieds, tandis que les plateaux les moins élevés sont souvent sillonnés par de profondes crevasses servant de lits à des cours d'eau considérables, et qui ressemblent alors à des vallées au milieu des montagnes.

On appelle *plaines* les différentes parties des terres dont la surface est basse, sensiblement horizontale, unie ou simplement sillonnée d'ondulations peu profondes, mais larges et étendues. Les plaines ainsi que les plateaux sont rarement d'une horizontalité parfaite, car ils sont presque tous inclinés vers un ou plusieurs points; sans cela ils se changeraient bientôt en marais fangeux qu'on ne pourrait ni cultiver ni habiter; au reste les plateaux et surtout les plaines acquièrent quelquefois une longueur et une largeur immenses.

D'après la configuration du sol, la nature de la végétation, le langage du pays, etc., on distingue encore les *pampas*, les *déserts*, les *steppes*, les *landes*, les *bruyères*, les *garrigues*, etc.

On appelle *dunes* des monticules de sables qui se trouvent dans certaines localités sur les bords de la mer. Elles affectent des formes arrondies et contiennent des débris d'animaux et de végétaux. En général ces monticules s'étendent dans le sens d'une ligne tirée de la côte vers l'intérieur des terres, et toujours suivant la direction du vent de mer qui domine dans la localité; mais, généralement placés les uns à côté des autres et liés entre eux, ils forment des groupes ondulés qui longent habituellement les côtes ou bien qui dessinent dans l'intérieur des terres les contours d'anciens rivages; au reste, tout ce que nous avons dit relativement à la configuration des montagnes peut s'appliquer en petit à l'orographie des dunes. Ainsi nous y verrons des vallées plus ou moins humides, et dont le sol s'entrouvre parfois sous les pas des voyageurs; dans ce cas on les nomme *tremblants*, blouses, bedouses, etc.; nous y verrons aussi des déserts, des *oasis*, des étangs, des cours d'eau, etc. Nous y verrons enfin une nature généralement stérile et montrant peu de fixité.

Comme tout le monde se fait une idée assez exacte des *fentes*, des *crevasses*, des *puits*, des *entonnoirs*, des *cavernes*, des *grottes*, en un mot, des cavités analogues que présente la surface de la terre, nous passerons outre.

Dans tous les cas, on ne doit pas perdre de vue que ce que nous avons dit étant relatif à la configuration et à la position respective des eaux et des terres, les noms que reçoivent aujourd'hui certaines parties du globe ne leur seraient plus applicables si leur niveau et leur place éprouvaient quelques changements. C'est ainsi que, si le niveau de la mer venait à baisser, différentes îles se trouveraient réunies au continent; et dans l'intérieur des terres, de même en vertu d'autres causes, les continents pourraient bien devenir des océans, les plaines, des montagnes, etc.

Le fond des mers, comme la surface des continents, doit être hérissé d'aspérités. Il a donc ses montagnes avec leurs chaînes, ses vallées avec leurs pentes plus ou moins rapides, etc.; mais les inégalités du fond des mers ne sont pas aussi prononcées que celles de la surface des continents; au reste, elles tendent chaque jour à être nivelées par de nouveaux dépôts qui s'y forment.

La ligne qui partirait de deux côtes opposées, et qui suivrait le fond des mers, vu la longueur, la largeur et le peu de profondeur de celles-ci, serait une ligne plutôt droite que courbe; la masse océanienne ne forme donc qu'une simple pellicule liquide comparativement aux dimensions du globe.

Si les pentes des mers prises d'une côte à l'autre sont presque insensibles, on trouvera aussi que celles des cours d'eau sont bien au-dessous de ce qu'on croirait d'abord, car une inclinaison de 5° produit déjà une *cataracte*.

Au reste, en regardant un versant d'une montagne comme une surface descendant uniformément du faîte jusqu'au pied de la chaîne, on trouve que dans les montagnes qui ne présentent d'ailleurs rien d'extraordinaire, l'inclinaison varie depuis 2° jusqu'à 6°. Mais cette inclinaison générale se composant d'un grand nombre d'inclinaisons particulières, à cause de la forme très-ondulée des versants, même en suivant toujours la crête d'un rameau, il faut avant d'atteindre le faîte monter et descendre alternativement des pentes bien plus fortes que celles dont nous venons de parler. Néanmoins une pente est déjà grande lorsqu'elle a de 7° à 8°, elle est très-rapide à 15° ou 16°. Enfin pour la gravir il faut entailler des gradins, quand elle a 35°, et elle devient impraticable au-delà de 45°.

§ 2. *Géognosie.*

La partie solide de notre planète n'est pas d'une seule pièce, de plus tous les compartiments qui la constituent ne sont point composés des mêmes substances et tous n'ont point été formés en même temps ainsi que par le même mode : la croûte terrestre résulte donc de formations successives, et c'est une telle succession de compartiments qu'on nomme *superposition*. Alors les parties qui gisent sur d'autres sont plus modernes que celles-ci; néanmoins on conçoit que dans certains cas le contraire a lieu, les substances minérales ayant pu arriver de bas en haut, comme les matières vomies par les volcans, et s'être intercalées au milieu de roches préexistantes.

Il s'en faut de beaucoup que chacun des cinquante-quatre corps reconnus et réputés simples par les chimistes jouent un rôle aussi important que les autres dans la composition de l'écorce du globe; ceux qui dominent dans cette enveloppe sont l'oxigène et le silicium; le premier y est tellement abondant qu'on a pu dire avec raison que la surface du globe est une croûte oxidée. Après ces deux corps élémentaires ceux qui y entrent en plus grande quantité sont : le calcium, le carbone, l'aluminium, le potassium, le sodium, le magnésium, le fer, le manganèse, le soufre, etc.; il en est de même des minéraux; ainsi l'orthose, le quartz, le calcaire, le mica, le talc, le pyroxène, l'amphibole, l'albite, le labrador, la houille, l'anthracite, la dolomie, etc., sont les minéraux les plus essentiels. Mais tandis que, d'après les calculs de M. Cordier, l'orthose forme les $\frac{45}{100}$ environ de l'écorce du globe, le quartz en constitue les $\frac{35}{100}$ et le calcaire les $\frac{5}{100}$; tous les autres minéraux n'y participent donc que pour les $\frac{15}{100}$ restants.

Les minéraux seuls ou associés entre eux forment les roches. On donne donc le nom de *roche* à toute substance plus ou moins solide qui existe dans l'écorce terrestre en volumes assez considérables pour être regardée comme partie essentielle dans l'édifice du globe, et pour être prise en considération dans son étude générale.

Les minéraux qui ne constituent pas des

roches sont des minéraux accidentels ; ils sont alors engagés dans celles-ci sous forme d'*amas* (fig. 13, pl. 1, M est le minéral et A la roche), de *rognons* (fig. 11), de *filons* (fig. 14 , F est le minéral et A la roche), de *veines* , de *particules* (fig. 10), de *nids, cristaux disséminés,* etc., tandis que les roches se trouvent principalement en *typhons* (fig. 8) , en *couches* (fig. 9) et en filons.

On dit que les roches forment des couches lorsque leurs masses sont divisées en parties beaucoup plus étendues dans le sens de leur longueur et de leur largeur que dans celui de leur épaisseur, et assises les unes sur les autres ou posées les unes à côté des autres. Les deux faces d'une couche sont sensiblement parallèles , de manière que la couche pourrait s'étendre indéfiniment en longueur, si elle n'était interrompue par des escarpements ou par d'autres circonstances accidentelles.

On remplace souvent le mot de couche par celui de *strate,* d'où vient l'expression de *stratification ,* pour exprimer que des masses minérales sont disposées par couches.

Les mots *bancs* et *lits* sont quelquefois considérés comme synonymes de celui de couches ; mais habituellement on les applique plus spécialement aux couches d'une nature particulière qui se trouvent intercalées dans un système de couches d'une autre espèce , avec cette distinction, qu'on donne de préférence le mot de bancs à des couches cohérentes , tandis qu'on emploie plus ordinairement celui de lits pour désigner des couches meubles : ainsi, l'on dit qu'une montagne est composée de couches calcaires renfermant des bancs de silex et des lits d'argile.

Les couches offrent beaucoup de variations dans leurs positions ; tantôt elles paraissent à peu près horizontales (A, fig. 16), tantôt plus ou moins inclinées (B, C, fig. 16), et tantôt, enfin, contournées et repliées en zigzag (D , fig. 16). Quand plusieurs systèmes de couches sont posés les uns sur les autres, en conservant leur parallélisme, il y a à leur égard stratification *parallèle* ou *concordante* (A , B , fig. 18) ; quand, au contraire, l'inclinaison des systèmes qui se touchent immédiatement est différente , il y a stratification *discordante, contrastante* ou *transgressive* (A, B, C, D, fig. 16).

Lorsqu'un système de couches est disposé de manière que celles-ci remplissent une dépression du sol inférieur , et sont par conséquent plus relevées sur les bords que vers le milieu, on dit que ces couches constituent un *bassin ;* si au contraire c'est le milieu qui se trouve plus élevé, les couches forment une *selle.* Comme il est rare que les couches soient parfaitement horizontales , on distingue dans leur position une *direction* et une *inclinaison.* On nomme direction la ligne horizontale menée suivant le plan des couches ; en d'autres termes, c'est la charnière autour de laquelle les couches ont tourné, dans la supposition qu'elles aient été relevées. On indique donc la direction si l'on assigne les points de l'horizon vers lesquels cette ligne se dirige. On appelle inclinaison l'angle que le plan des couches fait avec l'horizon ; et on donne l'inclinaison, quand à la valeur de son angle on ajoute la désignation du point de l'horizon qui correspond au sommet.

Les typhons sont de grandes masses minérales non stratifiées , comme celles que fournissent les granites, les porphyres, etc. On les distingue en typhons à *structure irrégulière* et en typhons à *structure pseudo-régulière ;* il en est même qui, comme les basaltes (fig. 20), offrent des figures *assez régulières.*

Les typhons sont des masses minérales intercalées de bas en haut ou de haut en bas dans d'autres masses qu'elles coupent dans diverses directions.

Les *coulées* sont ordinairement des masses superficielles qui ont pour caractère principal de présenter la forme d'un torrent qui se serait solidifié.

Enfin pour spécifier certaines manières d'être d'autres masses minérales , on emploie les expressions de *nappes , failles , dykes, blocs ,* etc.

Les roches stratifiées ou non se présentent quelquefois isolées au-dessus de la surface du sol (fig. 8, 9) ; d'autres fois elles sont plus ou moins associées entre elles, comme dans les figures 12 (A indique du granite, B du porphyre), 17, 18 (A indique du grès , B du phyllade), 16 (A indique du calcaire, B de l'argile, C du grès, D du talc-schiste), et 19 (A indique du calcaire, B du grès , C du mica-schiste et D du granite) ; enfin il arrive qu'elles sont cachées aux yeux de l'observateur par du gazon, etc., comme dans les marais (fig. 15). Au reste, elles peuvent donner lieu à des accidents plus ou moins prononcés et plus ou moins bizarres, mais qui, cependant, sont caractérisés par telles ou telles roches.

L'ensemble des caractères relatifs à la position et à la puissance d'une masse minérale est l'*allure* de cette masse. Elle est *régulière* lorsque ses caractères demeurent à peu près les mêmes sur une grande étendue; elle est au contraire *irrégulière* lorsqu'elle éprouve des variations considérables.

Toutes les roches, comme les minéraux, ne jouent pas un rôle égal dans la composition de l'écorce du golbe. Les plus abondantes sont : 1° les granites, les calcaires, les gneiss, les mica-schistes, les talc-schistes, les phyllades, les argiles, les grès, les protogines, les stéaschistes, les chlorito-schistes, les poudingues, les psammites, les arkoses, les ardoises, etc; 2° les porphyres, les leptinites, les trachytes, les diorites, les hornblendes, les trapps, les dolérites, les basaltes, les ophiolites, les téphrines, l'eurite, les dolomies, etc.; 3° les syénites, les pegmatites, les pétrosilex, les domites, les obsidiennes, les combustibles, etc. Les premières forment de grandes plaques sur la surface de la terre; les secondes seulement de petites taches, tandis que les dernières n'y donnent lieu qu'à des points.

Mais, outre les substances minérales qu'on rencontre dans l'écorce du globe, on y trouve aussi des matières qui proviennent évidemment de corps organisés. On nomme *fossiles* tous les restes de corps organisés qui sont enfoncés dans de l'écorce du globe, soit qu'ils aient changé totalement de nature, soit qu'ils n'aient éprouvé qu'une faible altération; soit enfin qu'ils n'offrent plus que leurs empreintes. Un fossile est donc un corps organisé qui a été enfoui dans la terre, à une époque indéterminée, qui y a été conservé, ou qui y a laissé des traces non équivoques de son existence.

La géologie tire un grand parti de pareils débris : ce sont, en effet, des médailles qui servent à dévoiler l'histoire de notre planète, dont les divers terrains que nous observons nous retracent, comme des monuments, les phases par lesquelles elle est passée. Deux circonstances nous frappent d'abord dans l'examen de ces corps, té-

moins des changements qu'a subis la surface du globe : la première est celle de la grande quantité de fossiles qu'on rencontre dans certains terrains, qui en sont presque exclusivement formés; la seconde est de voir que la majeure partie des fossiles appartiennent à des espèces qui n'existent plus maintenant. Si nous considérons ensuite ces débris sous le rapport de leur nature, nous remarquons que ceux qui appartiennent aux espèces actuelles ont assez généralement conservé leur composition primitive, tandis que parmi les fossiles provenant d'espèces perdues les principes gélatineux et charnus qui entraient dans la composition des animaux ont disparu, et sont plus ou moins remplacés par des particules minérales, ordinairement de même nature que les roches dans lesquelles les débris se trouvent enfouis; en outre, dans les végétaux les parties ligneuses sont transformées en pierres, ou passées à l'état charbonneux, comme les lignites et les houilles. Nous observons aussi, en examinant les fossiles sous le rapport de leur position, que plus ou s'enfonce dans l'écorce du globe, toutes choses étant égales d'ailleurs, plus le changement de composition devient complet, et plus les espèces diffèrent de celles qui existent maintenant : de manière que chaque système de couches est, pour ainsi dire, caractérisé par des fossiles particuliers, et que, si deux systèmes se trouvent posés l'un sur l'autre, sans indiquer l'effet d'un bouleversement ou d'un déplacement accidentel, les fossiles du système inférieur annoncent un ordre de choses moins semblable à l'état actuel que ceux du système supérieur.

Jusqu'à présent on n'a trouvé des débris de l'homme et de son industrie que dans les terrains les plus superficiels ou les plus modernes. En outre, dans les terrains les plus anciens, les fossiles disparaissent totalement, ce qui démontre que la surface du globe n'a pas toujours nourri des plantes et des animaux.

De même que les minéraux et les roches n'entrent pas partout en proportion égale dans la composition de la croûte terrestre, de même parmi les fossiles certaines espèces sont très-abondantes tandis que d'autres sont très-rares.

Les diverses masses minérales qui constituent l'écorce de notre planète ne sont point fortuitement mêlées ensemble ; leur arrangement dépend, au contraire, de règles telles, que si l'on voit une roche on peut présumer qu'elle est accompagnée, suivie ou précédée d'autres roches offrant des caractères particuliers ; ce qui donne naissance à des associations nommées *terrains*. D'un autre côté, la série des terrains présente des liaisons analogues à celles qu'on remarque dans l'échelle des êtres organiques. Ainsi de même que la différence entre les végétaux et les animaux n'est nettement tranchée qu'autant que l'on fait abstraction des êtres qui se trouvent vers les points de contact de ces deux règnes, de même un terrain ne se distingue d'un autre qu'autant qu'ils ne se touchent point dans la série naturelle, soit qu'on supprime par la pensée les intermédiaires, soit que des circonstances accidentelles aient interrompu dans certains lieux la continuation du travail de la nature. En effet, lorsqu'on passe d'un terrain à un autre, sans qu'une pareille interception se manifeste, on aperçoit toujours les roches qui forment le caractère principal du premier de ces groupes commencer à alterner avec celles qui caractérisent le second, et celles-ci devenir successivement plus abondantes à mesure que les autres diminuent. Il résulte donc d'un tel état de choses que toutes les divisions établies pour classer les terrains ont éprouvé beaucoup de variations, et que, loin d'être d'accord à ce sujet, chaque géologue a pour ainsi dire sa méthode particulière.

Suivant certains géologues, une *formation* est un assemblage de masses minérales liées entre elles de manière à ne faire qu'un tout ou système, sans changement ou interception notable dans le mode, la nature et l'époque de sa production. Ainsi l'expression de terrain a une acception plus étendue et moins précise, surtout en ce qui concerne l'époque de la production ; par exemple, on dira : tel terrain présente tant de formations. D'autres confondent le mot terrain avec celui de formation ; mais dans tous les cas, on doit plutôt employer l'expression de formation pour indiquer qu'un terrain a été produit par tel ou tel mode. On distinguera donc des formations par voie ignée, par voie aqueuse, des formations marines, lacustres, d'eau douce, fluviatiles, fluvio-marines, des formations par sédiment, par les vents, etc., etc.

Il est évident que dans les localités où l'on voit les terrains les plus modernes, on ne doit pas trouver, ou bien rarement, au-dessous d'eux toute la série des terrains ; car il serait extraordinaire que certaines localités eussent participé à tous les phénomènes de la surface du globe. Au contraire, il y a un grand nombre de points sur lesquels les terrains les plus anciens paraissent à découvert ; cela provient de ce que de tels lieux n'ont pas été le théâtre d'autres formations, ou bien de ce que d'autres terrains qui y auraient existé ont été détruits, et, en un mot, de ce que le sol a été *denudé*.

On entend par *sol* la partie la plus superficielle de l'écorce du globe, celle sur laquelle nous marchons, sur laquelle les eaux circulent et celle qu'exploite l'agriculteur.

Enfin on nomme *dépôt* le résultat d'une précipitation mécanique ou chimique, qui s'est opérée dans un liquide ou dans un autre fluide. Au reste, on se sert aussi de ce mot pour désigner une masse minérale qui se trouve placée dans une partie quelconque de la croûte terrestre, quelle que soit d'ailleurs la manière dont cette mise en place ait eu lieu.

Si l'on compare les roches aux produits actuels des eaux et des volcans, on reconnaît que la plupart résultent de phénomènes analogues. Aussi les distingue-t-on en roches de *formation aqueuse*, et en roches de *formation ignée*. Outre ces deux modes de formation, on doit encore, dans une étude approfondie, tenir compte de divers autres, par exemple, de celui qui provient des vents. Ainsi, les dunes, que parfois on regarde comme l'œuvre des eaux, ne sont point directement formées par celles-ci ; car les courants charrient le sable sur la plage, et lorsque les flots se sont retirés les vents en dispersent les grains sur le sol, les amoncellent, en font des monticules plus ou moins élevés qui, plus tard, sont quelquefois transportés ailleurs. Au reste, les modes dont nous venons de parler peuvent se combiner, et par conséquent agir plusieurs ensemble.

Comme nous venons de le dire, si nous considérons les roches qui se trouvent immédiatement à la superficie de la terre, sous le rapport de leurs modes de formation, nous y distinguons deux classes principales et bien tranchées ; les unes sont des productions ignées, et les autres des dépôts formés par les eaux. Les premières sont des laves que nous avons vues sortir incandescentes des cratères des volcans. Ailleurs nous en apercevons de pareilles, mais refroidies depuis une époque antérieure à toute tradition historique, et le plus souvent sans indice de la bouche qui les a vomies; au reste, leur origine ignée n'en est pas moins incontestable. Dans d'autres contrées nous avons d'énormes masses en parties scorifiées et vitrifiées; et quoiqu'il soit assez difficile de concevoir comment elles sont arrivées sur le lieu qu'elles occupent, elles fournissent cependant des preuves irrécusables de l'état igné qui les a caractérisées jadis. Enfin nous remarquons d'autres roches qui, par les formes arrondies de leur ensemble, par leur manière d'être en cônes, en nappes, en filons, en îlots, etc., par leur structure massive et cristalline, leur position à l'égard d'autres roches à travers lesquelles elles ont pénétré, résultent évidemment de phénomènes de nature ignée, quoiqu'elles paraissent s'éloigner davantage des produits volcaniques. Outre cela, elles renferment des minéraux que nous fournissent presque exclusivement les volcans, et elles ont modifié d'autres roches au contact, de manière à nécessiter l'idée d'une immense chaleur. En un mot, nous voyons, depuis les laves jusqu'aux granites, une série de passages minéralogiques, de relations de forme et de structure qui ne permettent pas de douter qu'une grande partie des substances constituant l'écorce du globe ne provienne de phénomènes analogues à ceux que nous présentent les volcans. Les minéraux qui dominent dans la composition de ces roches d'origine ignée sont : l'orthose, le quarz, le mica, l'albite, le talc, l'amphibole, le pyroxène, le labradorite, la diallage, l'ophite, la smaragdite, la fluorine, etc.

D'un autre côté, les premières couches calcaires que nous observons, étendues les unes sur les autres, plus ou moins inclinées, renfermant une multitude de fossiles (principalement des coquilles) alternant avec des argiles, des sables, des graviers plus ou moins agglutinés, contenant des cailloux roulés, des fragments et des blocs hétérogènes, annoncent évidemment une série de dépôts opérés dans le sein des mers, des lacs, des rivières, ou sur leurs bords, ou bien charriés sur les terres par les eaux. Au-dessous de ces couches nous en trouvons de pareilles, seulement elles sont généralement plus inclinées, plus disloquées, et les fossiles qu'elles offrent s'éloignent davantage des êtres qui existent maintenant. Plus avant, dans l'ordre des temps, les assises calcaires, argileuses, etc., perdent peu à peu leurs fossiles; elles s'entrelacent ou se mélangent avec des roches talqueuses, micacées, etc., qui, à leur tour, s'engrènent avec les masses granitiques, etc. Elles nous retracent ainsi une action mécanique et des faits analogues à ceux qui se passent sous nos yeux. D'autres roches semblables aux dépôts actuellement formés par les sources minérales et incrustantes, indiquent qu'elles furent déposées dans un liquide jouissant de la même propriété dissolvante. La silice, le calcaire, l'argile, tantôt purs, tantôt mélangés, composent en grande partie ces terrains de sédiment.

Mais les modifications de l'écorce du globe ne se bornent point aux circonstances énoncées ci-dessus. En effet, des couches sédimentaires apparaissent parfois avec des inclinaisons si fortes, dans un état tel de dislocation et à des hauteurs si grandes, qu'on ne peut admettre qu'elles aient été formées dans de pareilles positions; car le volume des eaux devrait être plus que doublé pour atteindre un semblable niveau, et il est démontré que ce niveau a subi seulement de légères variations. Il est donc un autre ordre de faits qui a présidé aux modifications successives qu'a éprouvées la surface de la terre; aussi les a-t-on attribuées à des *soulèvements*, à des *affaissements*, à des *érosions*, etc., qui se seraient opérés à la surface de la terre par suite de grands cataclysmes, ou de bouleversements considérables survenus dans l'écorce du globe dont nous croyons apercevoir ainsi les traces, mais dont nous ignorons les causes, et enfin par suite des forces actives, tels que eaux courantes ou jaillissantes, marées puissantes, ouragans, etc., qui ont pu, avec la longue série des temps, apporter à cette surface d'importantes modifications.

Dans tous les cas on peut encore dire qu'il y a deux sortes de terrains, car tous se réduisent à des terrains de *déblais* et à des terrains de *remblais*.

Les dépôts formés par les eaux offrant

généralement, comme on vient de le voir, des couches, des lits, des bancs, et ayant été produits successivement de haut en bas, il s'ensuit que les dernières parties déposées doivent recouvrir celles qui ont été précédemment formées ; de sorte que les plus inférieures sont les plus anciennes. Ainsi, dans la figure 22 (planche I), qui représentera, par exemple, la coupe d'une falaise ou d'un ravin, A indiquant des couches de calcaire, B un banc de sable, et C un lit d'argile, il est évident que le banc B existait avant les couches C, et qu'il a été formé après le lit A. Il en serait de même si plusieurs des masses minérales, ou toutes, au lieu d'être horizontales, étaient inclinées comme dans la figure 23 ; car les plus récentes seront toujours celles qui s'appuient sur les autres. On reconnaîtra donc facilement l'âge relatif des dépôts sédimentaires, quand ils reposeront les uns sur les autres, ou bien quand ils s'appuieront les uns contre les autres, à moins qu'ils ne soient tous perpendiculaires : alors il faudrait chercher plus loin un endroit où la superposition deviendrait visible. Mais dans les autres cas qui peuvent se rencontrer, comme dans celui de l'isolement des dépôts, on a recours à des procédés différents.

Les mêmes moyens ne suffisent pas pour classer dans l'ordre d'ancienneté les dépôts d'origine ignée, puisque ces matières, ayant été rejetées du sein de la terre, sont venues de bas en haut et ont pu glisser au-dessous de masses déjà formées, s'intercaler au milieu d'elles, ou se répandre au-dessus. Ainsi, supposons (fig. 24) que A représente du granite qui aura été traversé et recouvert par du porphyre B, qu'ensuite des couches calcaires C se soient déposées au-dessus, et qu'en dernier lieu des laves modernes D se soient frayé un passage au milieu des roches préexistantes, qu'elles se soient épanchées au-dessus et qu'elles aient pénétré à travers elles dans tous les sens ; il est évident que D est moins ancien que C, car les laves ont coulé au-dessus des couches calcaires ; en outre par l'allure des filons, on voit aussi que D est moins ancien que B et A. Mais s'il y avait une disposition semblable à celle que montre la figure 25, alors il deviendrait impossible, par les moyens précédents, d'assigner l'âge relatif de ces masses ignées.

D'après ce qui précède, on voit qu'il est nécessaire pour étudier l'écorce du globe, d'y établir des divisions rationnelles, et de réunir ces divisions pour en former des groupes plus ou moins complexes. Ainsi, nous présenterons d'abord des groupes de terrains, puis nous diviserons chaque groupe en autant de membres qu'on en a reconnu, et enfin ceux-ci en diverses parties plus ou moins tranchées. Au reste, nous ajouterons qu'on ne doit pas considérer cette classification comme véritablement arrêtée, mais bien comme servant seulement à soulager l'esprit.

Les divisions naturelles qu'on a reconnues dans l'ensemble de notre planète, à partir de l'atmosphère jusqu'au centre du globe, sont (fig. 1, planche III) :

O		l'atmosphère.
N		les eaux.
M		le groupe historique.
L	*id.*	erratique.
K	*id.*	palæothérique.
I	*id.*	crétacique.
H	*id.*	oolitique.
F G	*id.*	triasique.
E	*id.*	carbonique.
D	*id.*	grauwacique.
C	*id.*	phylladique.
B	*id.*	gneissique.
A		l'intérieur du globe.

M. Huot dans son Traité de Géologie a fait le groupe psammérythrique F ; mais nous croyons que cette série de terrains n'a pas été reconnue d'une manière assez tranchée pour constituer un groupe particulier. Ainsi nous comprendrons, à l'imitation du plus grand nombre des géologues, le groupe psammérythrique dans celui du trias.

On voit donc, à l'inspection du tableau précédent, que l'écorce du globe peut être divisée en dix groupes distincts qui ont leurs caractères particuliers ; et nous allons voir que dans chacun de ces groupes on rencontre des terrains stratifiés et des terrains non stratifiés dont nous aurons soin de faire la distinction lorsque nous allons passer aux subdivisions qu'on peut y établir.

Maintenant essayons de présenter les principales parties qui constituent ces groupes, en indiquant pour chacun d'eux leur puissance ou épaisseur moyenne, autant au moins que les travaux des géologues modernes ont pu la reconnaître.

TABLEAU DES GROUPES DES TERRAINS.

Terrains stratifiés.	*Terrains non stratifiés.*
GROUPE HISTORIQUE.	
1° Tous les dépôts modernes ;	Basaltes,
2° D'autres plus anciens, mais produits par les mêmes causes.	Téphrines,
Leur puissance moyenne est entre 15 m. et 40 m.	Trachytes, Cinérites, Pépérines, etc. Leur puissance est très-variable.
GROUPE ERRATIQUE.	
1° Les matériaux de transport qui se trouvent dans des localités où des causes pareilles à celles qui agissent maintenant sembleraient n'avoir pu les placer ;	Basaltes, Téphrines, Trachytes, Cinérites,
2° Peut-être aussi d'autres dépôts contemporains.	Pépérines, Vakes, etc.
Leur puissance moyenne est entre 40 m. et 60 m.	Leur puissance est très-variable.
GROUPE PALÆOTHÉRIIQUE.	
1° Le dépôt pliocène ;	Basaltes,
2° Le dépôt miocène ;	Trapps,
3° Le dépôt éocène ;	Dolérites,
4° Le dépôt pisolithique.	Téphrines,
Leur puissance moyenne est entre 100 m. et 150 m.	Trachytes, Cinérites, Pépérines, Vakes, etc. Leur puissance est très-variable.
GROUPE CRÉTACIQUE.	
1° Le dépôt crayeux ;	Basaltes,
2° Le dépôt glauconieux ;	Mélaphyres, porphyres pyroxéniques de certains auteurs,
3° Le dépôt ligniteux.	Pépérines,
Leur puissance moyenne est entre 600 m. et 800 m.	Trapps, etc. Leur puissance est très-variable.
GROUPE OOLITIQUE.	
1° Le dépôt charbonneux ;	Basaltes,
2° Le dépôt coralien ;	Mélaphyres,
3° Le dépôt marneux ;	Trapps, etc.
4° Le dépôt ferrugineux ;	Leur puissance est très-variable.
5° Le lias.	
Leur puissance moyenne est entre 700 m. et à 1000 m.	
GROUPE TRIASIQUE.	
1° Le keuper ;	Basaltes,
2° Le muschelkalk ;	Trapps, etc.
3° Le grès bigarré ;	Leur puissance est très-variable.
4° Le grès vosgien ;	
5° Le calcaire magnésien ;	
6° Le grès rouge.	
Leur puissance moyenne est entre 700 m. et 1100 m.	

Terrains stratifiés.	*Terrains non stratifiés.*

GROUPE CARBONIQUE.

1° Le terrain houiller ;	Trapps,
2° Le terrain du calcaire carbonifère ;	Porphyres,
3° Le terrain du grès rouge.	Diorites,
Leur puissance moyenne est entre	Euphotides
1200 m. et 1400 m.	Syénites, etc.
	Leur puissance est très-variable.

GROUPE GRAUWACIQUE.

1° Le dépôt de ludlowrock ;	Porphyres,
2° Le dépôt de wenlock limestone ;	Hornblendes,
3° Le dépôt de caradoc sandstone ;	Diorites,
4° Le dépôt de llandeilo flags.	Euphotides,
Leur puissance moyenne est entre	Syénites, etc.
2000 m. et 3000 m.	Leur puissance est très-variable.

GROUPE PHYLLADIQUE.

1° Des dépôts de grauwacke ;	Porphyres,
2° Des dépôts phylladiques ;	Hornblendes,
3° Des dépôts talqueux.	Diorites,
Leur puissance moyenne est inconnue,	Syénites,
mais elle est probablement plus grande	Pegmatites,
que celle des groupes précédents.	Granites, etc.
	Leur puissance est très-variable.

GROUPE GNEISSIQUE.

1° Des dépôts talqueux ;	Diorites,
2° Des dépôts de mica-schistes ;	Syénites,
3° Des dépôts de gneiss.	Pegmatites,
Leur puissance moyenne est probable-	Granites, etc.
ment encore plus grande que celle des	Leur puissance est très-variable ; mais il
groupes précédents.	paraît que le granite acquiert une épais-
	seur immense, car c'est toujours la dernière
	roche qu'on trouve, et on n'est jamais par-
	venu à sa limite inférieure.

Ces bases une fois posées, nous devrions donner la description de chaque groupe en particulier ; mais, limités comme nous le sommes dans notre cadre, nous ajouterons seulement quelques mots à l'égard de ces groupes ; néanmoins, la connaissance du terrain houiller étant devenue presque indispensable pour beaucoup de personnes, nous présenterons une description sommaire de ce terrain.

Le groupe historique est principalement composé de détritus de différentes sortes, et produits par les causes qui agissent encore aujourd'hui ; ainsi, les marais, les plages, les dunes, les îles madréporiques, les tourbes, la terre végétale, etc., appartiennent au groupe historique.

Le groupe erratique présente les terrains à blocs erratiques, ceux qui sont formés de graviers, de brèches, de poudingues, et d'autres matériaux de transport qu'on rencontre dans des localités où des causes pareilles à celles qui agissent maintenant sembleraient n'avoir pu les placer.

Le groupe palæothériique est composé de calcaires marins et d'eau douce, grossiers ou siliceux, de conglomérats plus ou moins calcarifères, d'argiles, de marnes, de sables, de grès, de meulières, de lignites, de gypses, etc. Ce groupe renferme généralement une accumulation immense de débris organiques marins ou d'eau douce.

Le groupe crétacique offre la craie, le tuffeau, du calcaire compacte, des grès plus ou moins verts, des sables, des argiles, des silex, des lignites, etc.

Le groupe oolitique est composé de calcaires ordinairement à petits grains arrondis, de calcaires compactes ou terreux, de marnes, d'argiles, de sables, du terrain du lias, qui lui-même fournit des calcaires, des marnes, des argiles, des grès, des arkoses, des jaspes, des dolomies, etc.

Le groupe triasique présente des marnes rouges ou irisées, le nouveau grès rouge, des conglomérats rouges, le muschelkalk, des grès bigarrés, des dolomies, etc.

Le groupe carbonique est formé du terrain houiller, du calcaire carbonifère, du vieux grès rouge, etc.

Le groupe grauwacique peut être considéré comme un ensemble de grès, de roches schisteuses et de conglomérats, au milieu desquels des calcaires se développent quelquefois.

Le groupe phylladique est composé de phyllades, d'ardoises, de talcschistes, et de différentes autres roches schisteuses, de grès, d'anagénites, de brèches, etc. Les débris organiques sont déjà très-rares dans ce groupe.

Le groupe gneissique est formé de talcschistes, de protogines, de calcaires saccharoïdes ou lamellaires, de micaschistes, de gneiss, etc. On ne rencontre plus ici de fossiles.

Enfin, chacun de ces groupes est plus ou moins traversé par les roches d'origine ignée que nous avons mentionnées dans le tableau précédent. De sorte qu'il en résulte souvent une complication très-grande et difficile à débrouiller.

La houille appartient au groupe carbonique; cependant il paraît qu'elle s'étend depuis les groupes phylladiques jusqu'au groupe palæothériique. Elle se présente ordinairement en couches, en filons et en amas au milieu de ces terrains. Or, comme elle se trouve, sinon exclusivement, du moins le plus souvent dans le terrain houiller proprement dit, nous allons exposer quelques généralités sur ce terrain, qui n'est qu'un membre du groupe carbonique.

Le terrain houiller est donc principalement caractérisé par la houille et les végétaux fossiles qu'il recèle, ainsi que par les roches schisteuses, argileuses et arénacées qui le composent. Il paraît être très-répandu, car on en connaît dans les contrées suivantes : France, îles Britanniques, Colombie, Belgique, Prusse, Allemagne, Espagne, Pérou, Chili, Indostan, Nou-

velle-Hollande, terre de Van-Diémen, etc. Mais il est souvent circonscrit de manière à ne constituer que des bassins de petites dimensions; par exemple, en France on compte plus de soixante bassins houillers, dont l'ensemble ne forme pas néanmoins la vingtième partie du territoire. Quelques données conduisent, il est vrai, à lui supposer une étendue plus considérable; au reste, comme le terrain houiller est placé assez bas dans l'échelle géologique, il est fréquemment caché par des dépôts postérieurs; de sorte que pour l'atteindre on est obligé de percer des puits très-profonds, et qu'il peut exister en beaucoup de points sous nos pieds sans que nous en apercevions des indices. Le terrain houiller donne rarement le caractère à une contrée étendue, puisqu'il se trouve souvent resserré entre des espèces de vallées ou recouvert par d'autres terrains; mais dans les lieux où on peut le considérer comme étant à découvert, il constitue ordinairement de petites collines allongées qui offrent rarement des escarpements. La figure 4 de la planche 4 représente la coupe d'un terrain houiller associé à d'autres terrains; A indique des alluvions; B le groupe triasique; C du granite; D le terrain houiller; et E le groupe grauwacique. En général les terrains houillers, à l'exception de ceux de la Colombie et du Pérou, n'offrent pas de grandes élévations au-dessus de la mer; les plus riches dépôts sont même plutôt au-dessous qu'au-dessus de ce niveau.

La stratification du terrain houiller est une des plus complexes; les couches sont aussi bien horizontales qu'inclinées dans tous les sens, contournées et plissées quelquefois très-bizarrement; il arrive même qu'elles sont pliées en zig-zag sous des angles tellement aigus, qu'un puits vertical peut traverser à plusieurs reprises la même couche. La figure 5 montre à peu près la coupe d'un puits creusé dans le terrain houiller du nord de la France; A représente du sable, de l'argile, du tuf, etc.; B de la marne; C de la craie; D de l'argile; E du poudingue; et F la houille avec les roches qui l'accompagnent. Le terrain houiller a en outre une grande tendance à constituer des bassins qui ont la forme de bateaux, dont les couches se relèvent sur les bords; on sent alors que c'est dans ces parties relevées qu'on voit le plus d'exemples de couches pliées et contournées, tandis que vers le milieu du bassin leur position s'éloigne moins de la stratification horizontale. Quelquefois la direction des couches a une grande constance sur de vastes étendues. Un autre accident provient du mélange confus de plusieurs couches, ou bien de puissants amas de grès et d'agglomérats stériles qui interrompent la série régulière des couches, et par conséquent l'exploitation. De pareils brouillages ont lieu généralement dans le sens de l'inclinaison, et paraissent être liés au voisinage des roches ignées, qui se sont intercalées au milieu du dépôt houiller de la manière la plus bizarre. Si à toutes circonstances on ajoute un grand nombre de failles, on aura une idée générale de la structure du terrain houiller.

La composition du terrain houiller est parfois très-simple; néanmoins, indépendamment des intercalations mécaniques de roches ignées (porphyres, diorites, basaltes, etc.), les roches psammitiques, phylladiques et la houille, qui forment principalement ce terrain, passent par des liaisons insensibles à d'autres roches qui entrent comme parties intimes, mais non essentielles, dans la composition. Ainsi, les parties constituant le terrain houiller sont : 1° des psammites, c'est-à-dire des grès quartzeux, grisâtres, jaunâtres, blanchâtres, plus rarement rougeâtres ou verdâtres, à grains variables, et souvent micacés ou mêlés de matières charbonneuses; 2° des conglomérats quartzeux; 3° des schistes argilo-bitumineux ou alumineux; 4° différentes variétés de houille. Ces roches forment des assises plus ou moins puissantes, qui alternent à plusieurs reprises, même jusqu'à cent et cent cinquante fois; les psammites dominent ordinairement, et on leur voit subordonnés des poudingues, des arkoses, des agglomérats anagéniques, des talcschistes, des phtanites, des calschistes, des calcaires, des dolomies, des argiles, de l'anthracite, du sidérose, etc.

Rien de plus variable que la puissance et le nombre des couches de houille; généralement le nombre et la puissance sont en raison inverse, c'est-à-dire que plus les couches sont minces, plus elles sont multipliées. L'épaisseur moyenne ne dépasse guère 1 mètre, et les couches de 2 mè-

tres ne sont pas déjà assez fréquentes pour qu'on puisse les compter. Cependant de telles dimensions peuvent être surpassées de beaucoup. La houille ne se présente pas toujours en couches; car on la trouve souvent en filons, en veines, en amas, en nids, etc. Outre cela, tous les terrains houillers ne contiennent point de la houille en quantité suffisante pour établir une exploitation. Telle est, avec la mauvaise direction des travaux, la cause de la ruine de certaines entreprises. On voit donc, d'après ce qui précède, qu'il faut être bon géologue pour connaître parfaitement un terrain houiller; néanmoins un géologue est une rareté parmi les directeurs de mines.

Il est difficile d'assigner nettement les limites du terrain houiller; car il alterne avec les autres membres qui composent le groupe carbonique, et qui eux-mêmes se rattachent d'un côté au groupe triasique, et de l'autre au groupe grauwacique. Le terrain houiller se lie aussi avec les terrains de formation ignée; mais ici la liaison est purement de situation et non de composition et d'origine; en d'autres termes, les roches ignées se trouvent intercalées dans les roches houillères, sans qu'on observe qu'elles participent de leurs natures respectives, sauf que les roches ignées offrent parfois des altérations qu'on ne rencontre point dans celles qui en sont plus éloignées. Du reste, les roches ignées qui sont mêlées avec les roches houillères paraissent être réellement en coulées, en dykes et en culots. Il arrive aussi d'y voir des blocs isolés, plus ou moins volumineux, de granite, de pétrosilex, etc., c'est-à-dire de roches antérieures au dépôt houiller.

Les minéraux disséminés dans le terrain houiller sont assez rares, néanmoins on y trouve de la sperkise, de la marcassite (pyrites), de la galène, de la blende, de la couperose, du calcaire, de la dolomie, de la barytine, etc.; mais ces substances ne s'y montrent presque jamais en véritables filons.

Le terrain houiller présente une quantité immense de végétaux fossiles; on y voit des feuilles et des tiges gigantesques d'équisétacées, de fougères, de lycopodiacées, de palmiers, etc. On y rencontre aussi des troncs d'arbres et beaucoup de roches à empreintes de végétaux plus ou moins délicats et souvent très-bien caractérisés. Quelquefois des matières provenant des sucs

des végétaux (caoutchouc) nous sont fournies par les houillères. Les débris d'animaux
y sont plus rares ; cependant on y a observé des restes de poissons, de mollusques, etc.

La planche II donnera une idée de la
distribution des eaux et des terres sur la
surface du globe, et en même temps de la
manière d'être des terrains de sédiments
et d'éruption.

ARTICLE II. — GÉOGÉNIE.

Dans la géogénie on étudie d'abord les
phénomènes géologiques qui se passent sous
nos yeux, puis ceux qui sont antérieurs à
toute époque historique : de là découlent
les deux divisions naturelles de cet article.

SECTION PREMIÈRE.

Les phénomènes géologiques dont
l'homme est témoin, peuvent se diviser en
deux catégories selon qu'ils ont lieu par
la *voie humide* ou par la *voie sèche*, ou, en
d'autres termes, suivant que les agents qui
semblent les produire immédiatement sont
l'eau ou le feu. Nous les distinguerons donc
en phénomènes *aqueux* ou *neptuniens*, et
en phénomènes *ignés* ou *plutoniens*.

Les phénomènes neptuniens comprennent ceux des vents, des ouragans, des trombes, etc. ; l'action de l'atmosphère sur les
roches, les éboulements causés par celle-
ci et ses phénomènes aqueux, les neiges
perpétuelles, les glaciers, les avalanches,
les phénomènes des sources, des rivières,
des lacs, des seiches, des mers, des plages,
des falaises, des alluvions, des polders, des
dunes, des madrépores, des concrétions,
des tourbes, etc.

L'origine des fontaines jaillissantes a
été l'objet de beaucoup de discussions ;
parmi les hypothèses qui ont été tentées,
il n'en est que deux qui puissent soutenir
un examen approfondi, et, bien qu'elles divergent en ce sens, qu'elles attribuent la
force ascensionnelle des eaux à des causes
différentes, il ne serait pas impossible que
l'une et l'autre fussent vraies. Néanmoins,
dans la plupart des circonstances, un puits
artésien n'est autre chose que la branche
verticale d'un siphon, dont l'autre branche
peut être faiblement inclinée et avoir par
conséquent son ouverture à des distances
considérables. L'eau monte dans la branche
artificielle, c'est-à-dire dans le trou de
sonde, en raison de l'élévation de la
branche naturelle. Si cette dernière est
plus élevée que la surface sur laquelle on
établit le puits artésien, l'eau jaillit par
cet orifice au-dessus de la surface du sol,
sinon elle lui reste inférieure. D'ailleurs,
pour plus de clarté, jetons les yeux sur la
figure 3, planche iv, dont A représente un
banc de sable, B un lit d'argile, C une nappe
d'eau, D un second lit d'argile, E des couches calcaires, et F un trou de sonde, et
rappelons-nous la manière dont les eaux
tombées de l'atmosphère pénètrent dans
certaines couches de terrains stratifiés.
Songeons maintenant que c'est seulement
sur le penchant des collines, ou à leur
sommet, que ces couches se montrent à
nu par leur tranche ; que c'est là qu'est
leur prise d'eau et qu'elle a donc lieu sur
des hauteurs. Enfin, ne perdons pas de
vue que les couches aquifères, après être
descendues le long du flanc des collines,
s'étendent horizontalement, ou presque
horizontalement dans les plaines ; qu'elles
sont souvent comme emprisonnées entre
deux lits imperméables de glaise, de
marne, etc., et nous concevrons l'existence
de nappes liquides souterraines qui se trouvent naturellement dans les conditions
hydrostatiques, dont les tuyaux de conduite
ordinaires nous offrent des modèles artificiels. Dès lors nous concevrons aussi qu'un
trou de sonde pratiqué dans les vallées, à
travers les terrains supérieurs jusques et y
compris la plus élevée des deux couches
imperméables entre lesquelles une nappe
liquide est renfermée, deviendra la seconde
branche d'un siphon renversé, et que l'eau
s'élèverait dans le trou de sonde à la hauteur que la nappe liquide correspondante
conserve sur les flancs de la colline où elle
a pris naissance, si la force ascensionnelle
qui résulte de ce retour de niveau n'était
contrariée par les frottements contre les
parois de tuyau et par la résistance de
l'air. D'après les réflexions précédentes,
tout le monde doit comprendre comment,
dans un terrain donné et sensiblement
horizontal, les eaux souterraines, placées à
divers étages, peuvent avoir des forces
ascensionnelles différentes ; on expliquera
aussi pourquoi la même nappe jaillit ici à
une plus grande hauteur, tandis que là elle

ne monte pas jusqu'à la surface du sol : de simples inégalités de niveau deviendront la cause suffisante de ces anomalies.

Les frottements limitent aussi la quantité d'eau qui peut être déversée, de sorte que le pouvoir ascensionnel diminuera généralement à mesure qu'on augmentera le diamètre du trou de sonde ; et tel courant d'eau souterraine qui reprendrait un niveau de plusieurs mètres au-dessus du niveau du sol, dans un tube de quelques pouces de diamètre, s'arrêtera au contraire au-dessous lorsqu'on creusera un puits de plusieurs pieds de largeur.

La seconde hypothèse attribue le phénomène des fontaines jaillissantes à l'élasticité des couches minérales, et à la pression que les parties supérieures exercent sur les parties inférieures. Les eaux infiltrées dans ces dernières tendent dès lors à s'élancer vers la surface du sol, aussitôt qu'un trou de sonde vient à leur ouvrir un passage. Mais nous ferons remarquer que la première explication est beaucoup plus simple, et qu'elle s'adapte mieux au régime ordinaire des eaux ; car la continuité du phénomène des puits artésiens exige nécessairement, pour leur alimentation, une origine constante, et qui ne peut être que l'infiltration des eaux : or, on ne conçoit pas bien comment l'action unique de la pesanteur suffirait pour engager des eaux dans des couches où elles se trouveraient comprimées au point de reprendre un niveau supérieur à celui de leur point de départ. Nous ne dirons rien des hypothèses encore moins probables que celle de la compression, et qui sont cherchées les unes dans la capillarité, d'autres dans la pression des gaz contenus dans la partie supérieure des réservoirs souterrains, d'autres dans la masse liquide qui tenait jadis les terrains de sédiment en suspension ou en dissolution, etc.

Les phénomènes ignés comprennent divers phénomènes météorologiques, ceux qui sont relatifs à la température de notre planète, ceux des volcans, des soulèvements, des affaissements, des tremblements de terre, les phénomènes pseudo-volcaniques, etc.

Comme on le sait, la température est très-variable à la surface de la terre et jusqu'à une profondeur de 20 à 30 mètres ; à ce dernier point elle est invariable et sensiblement égale à la température moyenne du lieu ; mais à mesure qu'on descend plus bas, on trouve un accroissement de chaleur qui paraît continu et qui est de 1 degré pour 30 mètres environ. Si cette progression est réellement constante et si elle n'a point de limite jusqu'au centre du globe ou du moins jusque très en avant, on voit qu'à 3000 mètres on doit avoir la température de 100° ou de l'eau bouillante, et qu'à 30 myriamètres ou bien à 25 ou 30 lieues la chaleur est suffisante pour fondre toutes les substances minérales connues. Or, qu'est une pareille profondeur en raison du rayon de la terre ? Ainsi, en supposant que cette progression de température s'étende jusqu'au centre, la chaleur centrale dépasse tout ce que nous pouvons imaginer. Au reste, Fourrier a démontré que la chaleur centrale n'influe actuellement sur celle de la surface du globe que pour moins de $\frac{1}{30}$ de degré, et que sa diminution doit avoir été tout au plus de la $\frac{1}{100}$ partie d'un degré depuis 2000 ans : calculons d'après cela le temps qu'il faudrait pour que la température de l'intérieur de la terre s'abaissât jusqu'à celle de la surface.

Les géologues admettent généralement la chaleur centrale et l'état de fluidité incandescente de l'intérieur ; cependant divers physiciens sont parvenus à d'autres hypothèses, qui à la vérité ne se prêtent pas aussi facilement à l'explication des différents phénomènes géologiques. Les uns pensent que le globe n'a point eu primitivement une température aussi élevée, ou qu'il l'a perdue depuis long-temps, et que la chaleur intérieure, moins grande qu'on ne le suppose, provient du passage de notre planète dans des régions célestes jouissant d'une température plus élevée. Dès lors la terre, en traversant un milieu plus chaud qu'elle, se serait échauffée jusqu'à une certaine profondeur ; puis, ayant quitté cet espace, la chaleur des parties superficielles se serait à peu près dissipée ; mais il resterait encore celle des parties intérieures. D'autres prétendent qu'à une profondeur peu éloignée de la surface, des réactions chimiques ont eu lieu en grand, et qu'elles produisent l'accroissement de température qu'on reconnaît.. D'autres enfin disent que les différents compartiments de l'écorce du globe forment une vaste pile qui donnerait naissance aux phénomènes électriques et calorifiques comprenant le magnétisme terrestre et la chaleur centrale.

On entend par phénomènes volcaniques l'ensemble des circonstances qui amènent à la surface de la terre des matières à l'état plus ou moins incandescent. Un *volcan* M (pl. 1, fig. 6) se compose donc d'une certaine quantité de substances minérales vomies et de l'orifice V d'où elles sont sorties et qu'on appelle *cratère*.

Le principal phénomène des volcans ou l'*éruption* consiste dans l'éjaculation hors de la croûte terrestre, soit dans l'air, soit dans l'eau, de matières qui proviennent de l'intérieur du globe. L'éruption est ordinairement accompagnée de beaucoup d'autres circonstances, notamment de mouvements du sol, tels que tremblements, soulèvements, affaissements, dégagement de chaleur et de lumière, manifestation de bruits souterrains, etc. Dans tous les cas, les matières qui s'échappent des volcans arrivent au jour à l'état gazeux, liquide ou solide, c'est-à-dire à l'état de *fumée*, de *laves*, de *cendres*, de *scories* et de *blocs*.

On conçoit le phénomène des soulèvements en assimilant l'écorce du globe à une voûte composée d'éléments imparfaits qui s'affaisse, puisque, dans pareil cas, l'arc formé par cette voûte se resserrant, il doit y avoir quelques voussoirs qui se relèvent par rapport aux autres. Si, au contraire, on admet, avec M. Elie de Beaumont, que la croûte terrestre, au lieu de se contracter comme une voûte qui s'affaisse, conserve son développement, tandis que la partie intérieure diminue de diamètre, on sent, vu la flexibilité de cette écorce, qu'il doit s'y produire des rides. Dès lors on comprend aisément que des portions du sol deviennent plus élevées qu'elles n'étaient auparavant par rapport à l'ensemble de la surface.

D'après cela, il est possible de connaître l'âge relatif de divers dépôts qui se trouvent associés; ainsi supposons (pl. 1, fig. 5) que A représente un massif de granite, B des couches de gneiss, C des couches phyllade, D des couches de calcaire, E un lit d'argile, F un banc de sable, G des alluvions et H de l'eau.

Il est évident que les alluvions G, le banc de sable F et le lit d'argile E se sont déposés après les couches de calcaire D, puisque ces dernières sont inclinées, tandis que les dépôts précédents sont sensiblement horizontaux; il est encore évident que le gneiss B et le phyllade C sont plus anciens que le calcaire D, car sans cela les couches de calcaire D auraient la même inclinaison que les couches du gneiss B et du phyllade C ayant été soumises depuis le même temps à un nombre égal de mouvements.

SECTION II.

Les phénomènes géologiques qui ont précédé toute époque historique sont souvent très-compliqués, et d'autant plus difficiles à débrouiller qu'ils sont plus reculés dans l'histoire ancienne du globe; au reste, quoiqu'ils se soient produits parfois sur une très-grande échelle, nous reconnaissons qu'ils résultent de causes analogues à celles qui, de nos jours, manifestent leur existence. Nous voyons, en outre, que cette histoire de la terre se compose, comme l'histoire des peuples, de périodes de repos, ou du moins d'une tranquillité assez grande pour que la surface du globe se pleuplât d'habitants de diverses sortes; et de périodes de révolutions pendant lesquelles des forces puissantes bouleversaient son écorce, élevaient des montagnes, submergeaient les terres précédemment émergées, et faisaient sortir du sein des eaux celles qui formaient auparavant le fond des mers. Mais l'exposé d'une telle succession de choses qui a eu lieu depuis des milliers de siècles ne saurait trouver place ici; nous nous bornerons donc aux considérations suivantes:

Les caractères les plus remarquables du terrain houiller sont l'abondance des végétaux qu'il recèle, les dimensions gigantesques qu'atteignent plusieurs d'entre eux, et leur différence avec les végétaux de l'époque actuelle. Selon M. Adophe Brongniart, sur 258 espèces reconnues dans le terrain houiller, 219 appartiennent aux cryptogames vasculaires, 18 aux phanérogames monocotylédones, et quoiqu'on n'ait pas encore pu déterminer les classes des 21 autres espèces, elles paraissent aussi se rapprocher beaucoup plus de ces deux classes que des autres; de sorte qu'il semble que la classe des phanérogames dicotylédones, qui compose plus des $\frac{3}{5}$ des végétaux vivants, n'existaient pas à cette époque reculée, au lieu que les cryptogames vasculaires, qui forment au maximum $\frac{1}{20}$ de la végétation actuelle, constituent à elles seules les $\frac{5}{6}$ de la flore houillère. En outre, tandis que les cryptogames vasculaires, qui vivent maintenant dans nos zônes tempérées, sont généralement des plantes basses et rampantes, celles du terrain houiller se distinguaient par des tiges de très-grandes dimensions. Enfin, autant qu'on peut en juger par le petit nombre d'échantillons observés jusqu'à présent, la flore houillère de la zône glaciale offre les mêmes caractères principaux que celle de notre zône tempérée, et on a quelques indices pour penser que celle de la zône torride est aussi dans pareil cas.

Actuellement, si nous comparons la flore houillère à celles des diverses régions de la surface du globe, nous verrons que non-seulement nous lui trouverons moins de différence avec la végétation de la zône torride, mais encore que plus les flores actuelles appartiennent à des espaces de terres circonscrits au milieu de vastes étendues d'eau, plus elles se rapprochent de ce que nous connaissons dans le terrain houiller, soit par la proportion numérique des espèces des différentes familles, soit par le développement que prennent ces espèces. On remarquera donc que les fougères et les lycopodiacées sont plus nombreuses et plus développées dans la zône torride que dans la zône tempérée, et que, sous ce rapport, les îles l'emportent de beaucoup sur les continents. Ainsi, tandis que sur le continent d'Europe ces plantes forment au plus $\frac{1}{40}$ de la végétation totale, elles composent souvent $\frac{1}{20}$ de la végétation de la zône torride; dans les Antilles, elles approchent de $\frac{4}{10}$, dans les îles de l'Océanie elles atteignent $\frac{1}{4}$ ou même $\frac{1}{3}$, et à l'île de l'Ascension il paraît y avoir égalité entre les plantes phanérogames et les cryptogames vasculaires.

Une telle comparaison nous conduit à supposer que nos contrées étaient, à l'époque de la formation du terrain houiller, douées d'une température beaucoup plus élevée que celle dont elles jouissent actuellement, et qu'au lieu d'appartenir à de grands continents, elles formaient des archipels, composés d'îles peu étendues, au milieu d'une vaste mer. Cette dernière conséquence est encore confirmée par l'absence presque complète de débris d'ani-

maux terrestres ou à respiration aérienne dans le terrain houiller. En effet, quand il n'y avait qu'un immense océan parsemé d'îles basses, qui étaient fréquemment submergées, et quand la chaleur du globe se réunissait à d'autres puissantes causes, la nature vivante ne devait pas avoir déjà adopté les formes qui, plus tard, sont devenues propres aux êtres des continents.

On a aussi été conduit par l'étude de la flore houillère à des conclusions très-intéressantes sur l'origine de la houille, sur la composition de l'atmosphère dans les temps anciens et sur le développement des êtres vivants. Les différences qui distinguent la houille des roches ordinaires, les rapports de cette substance avec le charbon végétal et avec la tourbe, ainsi que l'abondance des restes de végétaux qui l'accompagnent, ont fait admettre qu'elle doit son origine à la décomposition de végétaux; mais on objectait contre cette hypothèse, qu'il était difficile de supposer, surtout dans nos contrées tempérées, une force végétative suffisante pour produire des masses aussi importantes que nos couches de houille. Or, cette difficulté se trouve en partie levée; car la flore de l'époque houillère est presque exclusivement composée de plantes simples, dont le développement a lieu avec rapidité sous des circonstances favorables, circonstances dont l'hypothèse de la chaleur primitive du globe nous donne déjà l'une des plus nécessaires. Ensuite la considération de cette immense quantité de carbone qui a été fixée dans l'écorce de la terre, conduit à penser qu'alors l'atmosphère contenait une proportion d'acide carbonique beaucoup plus forte que maintenant. On sait que la quantité d'acide carbonique que renferme notre atmosphère est loin d'être la plus favorable au développement des végétaux; qu'une proportion beaucoup plus considérable jusqu'à 2, 3, 4 et même 8 fois pour cent, rend la végétation plus active, lorsque les plantes sont exposées à l'influence du soleil. Une quantité d'acide carbonique plus grande que celle qui se trouve actuellement dans l'air atmosphérique, devait donc produire une végétation plus active et plus indépendante d'un sol encore stérile et peu chargé de terreau, en permettant aux végétaux de vivre presque aux dépens de l'atmosphère. D'un autre côté, la présence de cette plus grande proportion d'acide carbonique dans l'air s'opposait à la décomposition des végétaux morts et à leur transformation en terreau, qui est due principalement à la soustraction de leur carbone par l'oxigène de l'air. Les restes de végétaux morts se conservaient donc plus long-temps, et se transformaient ainsi en une matière plus riche en carbone que le terreau.

Après avoir compris facilement que la végétation peut avoir donné naissance à la houille, il nous reste à examiner le mode de formation de cette matière combustible, et à cet égard il se présente deux hypothèses : l'une suppose que la houille a été formée comme nos tourbes, sur la place même où croissaient les végétaux ; l'autre, que les substances végétales ont été réduites en bouillie et transportées par les eaux. Probablement ces deux hypothèses sont vraies : ainsi, certains terrains houillers auraient été déposés dans la première circonstance, tandis que d'autres auraient été formés dans le seconde.

Suivant l'une des deux hypothèses le terrain houiller a été formé à la façon des tourbes, dans les îles basses, sujettes à des inondations qui déposaient, au-dessus des végétaux, les couches de schistes et de psammites qui séparent ordinairement les couches de houille. En admettant, selon cette opinion, qu'il y ait beaucoup de terrains houillers dont les couches se sont déposées dans des dépressions existantes à la surface des terres, il devient difficile de conclure, en raisonnant au moins d'après la manière dont se forment, de nos jours, les accumulations des végétaux, que tous les dépôts houillers ont été ainsi produits. Il y a donc aussi des terrains houillers qui résultent de dépôts successifs de charriage fluviatile dans des golfes ou des détroits marins, dans des lagunes ou au débouché des rivières, comme nous en observons aujourd'hui à l'embouchure du Mississipi. Il est naturel d'admettre que des végétaux aient été enlevés avec la terre sur laquelle ils étaient fixés, et que si la plupart des feuilles ont été écrasées ou pliées, quelques-unes aient été enfouies dans leur position normale, ou développées plus ou moins complétement, comme on le voit dans les grandes alluvions.

La figure 2 de la planche III donnera une idée de la distribution des eaux et des terres, pour ce qui concerne la partie occupée actuellement par la France à l'époque de la formation du groupe carbonique, tandis que la figue 3 représente la même contrée à l'époque de la formation du groupe palæothériique ; enfin, la figure 1 de la planche IV fournit une idée de l'aspect de la terre avec ses habitants du temps des itchthyosaures, et la figure 2 du temps des palæothères.

Lorsqu'on a étudié comment les divers terrains qui composent l'écorce du globe ont dû se former, il est naturel d'ajouter quelques considérations générales sur les êtres qui ont successivement peuplé la terre.

Ainsi, le géologue ne s'est pas arrêté à constater l'existence de ces diverses générations ; il a cru reconnaître un développement successif dans l'organisation, depuis les temps les plus anciens jusqu'à l'époque actuelle : les types de l'organisation animale la plus simple se montrent d'abord presque exclusivement ; ce sont des animaux invertébrés, tels que des rayonnés, des crustacés et des mollusques ; les animaux vertébrés viennent ensuite et couvrent le globe de reptiles gigantesques ; long-temps après, les mammifères, dont quelques-uns avaient déjà apparu, se multiplient, et l'homme termine jusqu'ici l'œuvre de la création. Le développement que le règne végétal a pris successivement est aussi un résultat très-curieux ; car pendant les premières époques on trouve presque exclusivement des cryptogames vasculaires, c'est-à-dire des végétaux d'une structure assez simple ; plus tard le nombre des phanérogames gymnospermes et des phanérogames monocotylédones devient proportionnellement plus considérable ; puis les phanérogames gymnospermes semblent prédominer ; et enfin, les phanérogames dicotylédones viennent se placer au premier rang. Nous pouvons donc admettre parmi les végétaux comme parmi les animaux, que les êtres les plus simples ont précédé les plus complexes, et que la nature a créé successivement des êtres de plus en plus parfaits. Il est à remarquer que les grands changements de la flore et de la faune ont eu lieu presque simultanément : ainsi les animaux dont l'organisation est supérieure ont commencé à exister, ou du moins à devenir plus fréquents en même temps que les végétaux dicotylédones, que nous pouvons également regarder comme les plus complets.

Cette marche progressive de l'organisation, qu'on déduit de la flore fossile comme de la faune fossile, et le renouvellement de certaines espèces dans chaque système de terrains fossilifères, ont donné lieu à des questions du plus haut intérêt : on s'est demandé si ce dernier phénomène provenait de créations successives ou de modifications lentes des types primitifs. Nous n'aborderons pas ici de pareils problêmes; nous dirons, cependant, que l'espèce a pu et a même dû varier avec les changements survenus dans l'atmosphère, les eaux, la chaleur, et, en un mot, dans l'état physique de la terre. Ainsi les modifications successives des êtres organisés ne proviendraient-elles pas de l'instabilité d'états des milieux dans lesquels les êtres existaient, et ne seraient-elles pas la conséquence nécessaire des changements que le globe a subis?

Or, qu'il y ait eu succession perpétuelle et immuable des espèces créées, ou simplement transformation successive, ou même formation autochtone et locale, la nature n'a pas moins tracé de grandes époques par l'existence de certains végétaux et animaux; mais on conçoit que jusqu'à ce jour nous ne pouvons qu'essayer de les rétablir.

Quoi qu'il en soit, dans tout le groupe historique nous voyons seulement les animaux et les végétaux qui vivent maintenant avec l'homme.

Dans le groupe erratique nous ne trouvons plus de traces de l'homme, mais nous y voyons des ours, des gloutons, des hyènes, des chiens, des tigres, le mégatherium, le mégalonix, le castor, le lièvre, le campagnol, le cheval, le cerf, le bœuf, l'éléphant, le mastodonte, le rhinocéros, le porc, des marsupianx, etc.

Dans le groupe palæothériique nous avons des tigres, des martes, des renards, des sarigues, des civettes, des loirs, des chéropotames, le dinotherium, le mastodon, le rhinocéros, l'anthracotherium, l'anaplotherium, le palæotherium, le xiphodon, le dichobune, le lophiodon, le cheval, le porc, le tapir, le musc, le cerf, le lamantin, le ziphius, le requin, des tortues, des crocodiles, des poissons marins et lacustres en très-grand nombre, une immense quantité de coquilles marines et fluviatiles, le cerithium giganteum, le notidon, des lamies, des carcharias, des crustacés, des insectes, des oursins, des polypiers, des saules, des peupliers, des platanes, des chamærops, des palmiers, des pins, des charas, etc.

Dans le groupe crétacique nous ne trouvons plus de mammifères; mais nous y voyons le mosasaure, le crocodile, des poissons de tous les ordres : ptychodes, spinax, lamie, galeus, chimère, macropome, pycnode, berys, acanus, osméroïde, enchode, anenchelum, paléonrhynque; des crustacés macrures, des hamites, des baculites, des turrilites, des scaphites, des ammonites, des belemnites, des nucules, des trigonies, des inocerames, des plagiostomes, des dicérates, des peignes, des gryphées, des huîtres, des hippurites, des cranies, des térébratules, des sphérulites, des serpules, des anenchytes, des galérites, des spatangues, des apiocrines, des polypiers, des varecs, des cycadites, des thuites, etc.

Dans le groupe oolitique nous voyons l'animal de stonesfiel, des ichthyosaures, des plésiosaures, des ptérodactyles, le géosaure, le téléosaure, le mégalosaure, l'iguanodon, l'hyléosaure, le lépidote, le pholidophore, le tétragonolepis, le dapedius, le leptolepis, l'uræus, le sauropsis, l'aspidorhynque, le sphérode, le pycnode, le gyrode, l'hybode, l'acrode, le leptacanthe, le myriacanthe, le cératode, des chimères, les spinachorins, des ammonites, des scaphites, des rhyncolithes, des nautiles, des bélemnites, des posidonies, des plagiostomes, des limes, des gryphées, des exogyres, des jambonneaux, des huîtres, des peignes, des térébratules, des gervilies, des pernes, des trigonies, des nucules, des astartes, des isocardes, des modioles, des pholadomies, des aptycus, des ampulaires, des natices, des toupies, le turbo, des ptérocères, des nérinées, des serpules, des crustacés, des pentacrines, des apiocrines, des rhodocrines, des ophiures, des astéries, des comatules, des oursins, des cidaris, des astrées, des scyphies, des tragos, l'agaracia, des prêles, des fougères, des lycopodes, des cycadées, des côniferes, des liliacées, etc.

Dans le groupe triasique nous avons le

nothosaure, le mastodonsaure, le phyto-saure, le protorosaure, des placodes, des paléonisques, des pygoptères, des platy-somes, des acrolepis, des cælacanthes, des acrodes, des psammodes, des crusta-cés, des ammonites, des rhyncolithes, des nautiles, des leptènes, des térébratules, des deltyris, des plagiostomes, des avi-cules, des moules, des posidomies, des trigonies, des huîtres, des natices, des turritelles, des serpules, des encrines, des prêles, des calamites, des ptérophylles, des anomopteris, des voltzies, des lépido-dendres, etc.

Dans le groupe carbonique nous trou-vons des cephalaspis, des amblyptères, des paléonisques, des acanthodes, le mégalic-thys, l'oracanthe, le cténacanthe, des entomostracés, des trilobites, des ser-pules, des insectes, des goniatites, des gastéropodes, des moules, des brachio-podes, des crinoïdes, des polypiers, des prêles, des fougères, des marchiléacées, des lycopodes, des palmiers en immense quantité, quelques monocotylédons, etc.

Dans le groupe grauwacique nous voyons des poissons, des trilobites, des serpules, des céphalopodes, des gastéropodes, des brachiopodes, des acéphales, des crinoï-des, des polypiers, des varecs et quelques autres cryptogames.

Dans le groupe phylladique nous trou-vons à peu près les mêmes fossiles que dans le groupe précédent; mais ils s'y pré-sentent en moins grande quantité, et finis-sent même par disparaître dans les parties inférieures.

Comme nous ne pouvons entrer dans au-cun détail, nous avons essayé de reproduire dans la planche 5 quelques types de végé-taux et d'animaux fossiles reconstruits de-puis la plante la plus inférieure jusqu'à l'homme. Par l'examen de cette planche on aura une idée de l'organisation des êtres qui ont successivement peuplé la sur-face du globe.

Enfin, après avoir vu la formation des terrains et après avoir donné quelques con-sidérations sur les fossiles, on peut pré-senter les principales hypothèses sur l'ori-gine de toutes les masses qui constituent notre planète, c'est-à-dire sur l'origine de celle-ci.

Nous avons donné $\frac{1}{305}$ pour l'aplatisse-ment aux pôles; or, $\frac{1}{305}$ est précisément le nombre que fournissent les lois de la mécanique pour l'aplatissement, c'est-à-dire que la terre a exactement la même figure qu'elle devrait avoir si elle eût été origi-nairement fluide. Ainsi, par quel hasard, si elle avait été toujours solide, aurait-elle eu une forme qui se trouve être une con-séquence nécessaire des propriétés des fluides, et qui leur paraît exclusivement propre? La terre a affecté cette forme sin-gulière; et, pour qu'elle ait pu le faire, il a donc fallu que, primitivement, ses parties aient été indépendantes les unes des autres, ou, en d'autres termes, qu'elles aient pro-duit une masse fluide. Nous voyons qu'une figure semblable appartient aux autres pla-nètes; et, sauf quelques irrégularités, dues à des causes particulières, leur aplatisse-ment est d'autant plus considérable, que leur mouvement de rotation est plus rapide, ainsi qu'il résulte des lois propres aux fluides. Il reste donc certain que l'aplatis-sement des planètes provient de leur mou-vement de rotation, et par conséquent que les planètes ont été originairement fluides, au moins à leur surface. Une telle vérité, à l'égard de notre globe, est encore démon-trée par la nature et la disposition des substances qui constituent son écorce. De plus, d'autres recherches indiquent que cette fluidité s'est étendue bien en avant dans l'intérieur du sphéroïde, et probable-ment jusqu'au centre. Les phénomènes de la pesanteur observés à la surface ont porté Laplace à conclure que la terre est formée, à partir de quelques distances de sa superficie, de couches concentriques à peu près elliptiques, et disposées symétri-quement autour du centre de gravité : une pareille disposition, ajoute ce savant, ne peut exister que dans le cas où le globe entier a été primitivement fluide.

Laplace est allé encore plus loin. Après avoir pris en considération toutes les parties de notre système planétaire, et tous leurs divers mouvements, il en a déduit une hypothèse qui ne se trouve en opposition avec aucun des faits astronomiques ob-servés jusqu'ici, et qui, de plus, en expli-que un grand nombre. L'observation des mouvements planétaires nous conduit à penser, dit-il, qu'en vertu d'une chaleur excessive, l'atmosphère du soleil s'est étendue au-delà des orbes de toutes les planètes, et qu'elle s'est resserrée successivement jusqu'à ses limites actuelles, ce qui peut avoir eu lieu par des causes analogues à celle qui fit briller du plus vif éclat, pendant plusieurs mois, la fameuse étoile qu'on vit tout à coup, en 1572, dans la constellation de Cassiopée. Les planètes auraient été formées, aux limites de cette atmosphère, par la condensation des gaz qu'elle aurait abandonnés dans le plan de son équateur, en se refroidissant et en se condensant à la surface de l'astre. Les zônes de vapeurs auraient pu produire, par leur refroidissement, des anneaux liquides ou solides autour du corps central ; mais elles se seraient généralement réunies en plusieurs globes, et quand l'un d'eux aurait été assez puissant pour attirer à lui tous les autres, leur réunion aurait donné lieu à une planète considérable ; enfin les satellites auraient été formés d'une manière semblable par les atmosphères des planètes.

Herschell, d'après ses recherches sur les nébuleuses disséminées dans l'espace, pense que cette matière éthérée a pu produire les étoiles, le soleil, les planètes et les comètes. On remarquera aussi que de telles idées rendent compte des météorites, en un mot de tous les mondes, petits et grands, qui peuplent l'espace. Néanmoins ces hypothèses, à la fois ingénieuses et simples, n'ont été présentées, par leurs auteurs, qu'avec la défiance que doit inspirer tout ce qui n'est point un résultat de l'observation, de l'expérience ou du calcul.

ARTICLE III. — GÉOTECHNIE.

La géotechnie ayant pris une très-grande extension relativement aux mines, aux forages, à la construction des routes et des bâtiments, au creusement des canaux à l'agriculture, à l'architecture, à l'art militaire, à la navigation, etc., on conçoit facilement que nous ne pouvons entrer dans aucun détail à cet égard ; néanmoins nous dirons un mot sur la géologie appliquée aux mines de houille, ainsi qu'à la recherche des puits artésiens.

La houille est une substance connue de tout le monde ; car dans l'état actuel de notre civilisation industrielle elle est devenue une des matières les plus utiles à l'homme : on s'en sert comme combustible, on en retire du goudron pour enduire les objets exposés à l'humidité, du gaz pour l'éclairage, etc. On la distingue principalement en houille sèche ou maigre, et en houille grasse et collante. Celle-ci est riche en bitume ; elle brûle avec une flamme blanchâtre, et semble se fondre en se consumant ; la substance bitumineuse qu'elle renferme lui donne la propriété de s'agglutiner facilement et de brûler avec plus d'activité, lorsqu'on l'humecte avec de l'eau. L'autre est plus pesante, moins friable et moins noire ; elle brûle aussi moins facilement, et on ne la voit point se boursoufler et s'agglutiner comme la précédente ; d'ailleurs sa flamme est bleuâtre et son résidu ou coke, c'est-à-dire le charbon léger qui reste quand la flamme s'éteint, est moins considérable que celui de la houille grasse. Mais tandis que la houille grasse est recherchée pour les travaux de forge, la houille maigre convient beaucoup à la fonte, et au service des verreries, des fours à chaud, etc.

La quantité de houille qu'on extrait actuellement en Angleterre est très-considérable, et c'est à cette substance, ainsi qu'au minerai de fer qu'on rencontre dans le même dépôt, que l'Angleterre doit une grande partie de sa prospérité commerciale ; car c'est à l'abondance et au bas prix de ces deux matières sur divers points de son territoire, qu'elle est redevable de la plupart de ses manufactures, la même série de couches fournissant non-seulement le combustible pour l'alimentation des machines à vapeur, mais encore le fer pour leur construction. Ne faut-il pas aussi attribuer au bienfait de la houille et du fer le mouvement industriel et progressif qu'on remarque à Saint-Étienne, dans le nord de la France et dans presque toute la Belgique ? Le terrain houiller est donc peut-être, comme nous l'avons déjà dit, le plus utile à l'homme ; c'est du moins celui dont les avantages sont les plus immédiats, puisque beaucoup de contrées tiennent leur richesse de l'abondance du combustible minéral qu'elles possèdent. Au reste, le tableau suivant donnera une idée de la consommation de houille qu'on fait dans divers pays, par la quantité approximative de ce combustible qui est extraite ; savoir :

quintaux métriques.

En Angleterre,	75000000
Belgique, Prusse rhénane,	31000000
France,	18000000
Silésie, Prusse,	3000000
Hanovre, Confédération germanique,	3000000
États-Unis,	1500000
Saxe,	600000
Autriche,	340000
Bavière,	160000

Les courants d'eaux souterrains et la faculté que possèdent ces eaux de reprendre des niveaux plus ou moins élevés, sont des faits dont l'expérience seule peut donner la certitude. Mais si nul antécédent ne fournit des indications, il y a incertitude complète sur le succès d'un puits artésien. Or, c'est ici que les connaissances géologiques deviennent d'un grand secours ; car dans aucune circonstance elles ne peuvent suppléer à l'expérience et indiquer d'avance la réussite ; du moins elles serviront à calculer les chances et à présenter des probabilités ; tandis que dans d'autres cas elles prononceront nettement qu'il ne doit point exister d'espoir. En effet, les eaux artésiennes, d'après ce que nous avons dit de leur origine, circulent généralement dans un milieu perméable et entre deux surfaces imperméables. Cette première donnée implique nécessairement des conditions de composition : ainsi on sait, par exemple, que les sables sont essentiellement perméables, tandis que les argiles sont imperméables ; donc les alternances de sables et d'argiles deviendront les plus favorables à l'établissement des puits artésiens. Les terrains cristallins, qui sont imperméables et souvent non stratifiés, devront au contraire être placés à l'autre extrême : un sondage commencé dans une masse de granite ou de porphyre n'offrira pas les moindres chances de succès, à moins que par le plus grand des hasards il ne rencontre quelque filet d'eau ascensionnelle qui existait dans les fissures.

Il importe que le sondeur artésien soit guidé, non-seulement par la composition du sol, mais aussi par sa forme et par son niveau relatif à celui des eaux courantes à la surface. Il faut donc toujours choisir pour une tentative de ce genre un point peu élevé dans une plaine ou une vallée ; car il est évident que les plateaux isolés, les crêtes qui déterminent les limites des bassins hydrographiques sont des lieux où il n'y a aucune chance favorable. Au contraire, on devra chercher les bassins géognostiques, c'est-à-dire des espaces plus ou moins encaissés par des saillies dominantes, vers lesquelles les couches de la plaine ou de la vallée se relèvent quelquefois de manière à présenter leurs tranches. Il résulte, en effet, de pareille disposition, que les eaux extérieures s'infiltrant dans les couches perméables qui affleurent, en venant s'appuyer sur les coteaux de bordure, et suivant avec ces couches les inflexions du fond, sont d'autant plus susceptibles d'être rencontrées par les trous de sonde, et de donner naissance à des fontaines jaillissantes que les points d'infiltration sont plus élevés. Cela est si vrai, que la majorité des puits artésiens actuellement connus se trouve dans les alternances argilo-sablonneuses qui, depuis le commencement de la formation du groupe supercrétacé, se sont déposées dans les dépressions du sol. Dans les pays bas il y a des cavités dans lesquelles des rivières s'engouffrent ; il arrive même que dans ces bassins il se crée des fontaines jaillissantes naturelles, ou, en d'autres termes, que les eaux qui circulent intérieurement remontent par des fissures de manière à produire des sources bouillantes, qui rejetent les sables et les pierres au moyen desquelles on tenterait de les obstruer. Un grand nombre de marais et de lacs sont ainsi alimentés, et lorsque dans les temps de sécheresse, l'évaporation a baissé leur niveau, on peut souvent distinguer les points de jaillissement à un bouillonnement plus ou moins prononcé qui agite la surface des eaux. En outre, on a vu dans la mer des Indes une abondante source d'eau douce, à environ trente-six lieues de la côte la plus voisine. Il y a donc aussi dans l'Océan des sources d'eau douce qui jaillissent verticalement à la surface, et qui viennent évidemment des terres par des canaux naturels situés au-dessous du lit de la mer.

A. RIVIÈRE.

CHAPITRE II.

MINÉRALOGIE.

La minéralogie a pour but la connaissance des corps bruts qui se sont formés naturellement dans l'intérieur du globe sans l'aide d'aucune force vitale, et qui entrent dans la composition des roches ou terrains dont l'étude appartient à la géologie.

On reconnaît les minéraux à des propriétés particulières qu'ils manifestent tantôt à l'extérieur sans éprouver de changement, tantôt à l'intérieur au moyen de légères modifications qu'on leur fait subir. Ces propriétés, ou caractères, se divisent en deux groupes principaux désignés par les noms de *propriétés physiques*, ou *caractères extérieurs*, et de *propriétés chimiques*. Pour mettre de l'ordre dans l'étude des premières, nous les subdiviserons en *propriétés géométriques*, *physiques extérieures*, *mécaniques*, *optiques*, *électriques*, *magnétiques*, *acoustiques*.

Les propriétés géométriques, physiques extérieures et mécaniques des minéraux sont celles qui sont relatives à leurs *formes extérieures*, à leur *texture* ou arrangement intérieur, à leur *cassure*, ou aspect que prennent leurs morceaux quand on les brise, et à quelques autres propriétés apparentes.

Les formes affectées par les minéraux peuvent être *cristallines*, *concrétionnées*, *massives*, *fragmentaires* ou *organiques*.

Les *formes cristallines* doivent leur origine à la *cristallisation*, phénomène dont nous n'avons point à nous occuper, et dont on peut trouver l'explication dans les chapitres relatifs à la physique et à la chimie. Les cristaux naturels présentent souvent des solides polyédriques à facettes planes et brillantes, se rapprochant plus ou moins des solides réguliers de la géométrie. Ces formes des cristaux sont très-multipliées et peuvent s'élever aujourd'hui à plusieurs milliers ; mais l'étude approfondie que Haüy, Beudant et autres savants distingués ont faite des lois de leur cristallisation, permet de les considérer comme dérivant de l'une des six formes simples appelées : tétraèdre (*minéral.* pl,), fig. 1 ; cube, fig. 2 ; rhomboèdre, fig. 3 et 4 ; prisme droit à base carrée, fig. 5 ; prisme droit à base rectangulaire, fig. 6 ; prisme oblique à base de parallélogramme obliquangle, fig. 7, et prisme rectangulaire oblique, fig. 8. Ces solides sont si artistement conformés par la nature, que si l'on a l'adresse de retrancher successivement quelques petites couches sur toutes les *arêtes* de même espèce, on obtiendra successivement d'autres solides représentant toutes les formes possibles des cristaux réguliers.

Quant à ces *arêtes de même espèce*, il faut savoir que l'on entend d'abord par *faces de même espèce* toutes celles qui, dans un cristal, sont égales et dans une même position relative, et que, par *arêtes de même espèce*, on désigne celles qui se trouvent à l'intersection de deux plans ou faces de même espèce et de même inclinaison que les plans qui déterminent cette arête, tandis que l'arête est différente lorsque ces plans ne sont pas de même espèce que ceux qui déterminent l'arête, ou lorsque, étant de même espèce, ils sont inclinés différemment l'un sur l'autre.

Les angles qui donnent lieu à ces arêtes peuvent être plus ou moins inclinés ; on est convenu, pour reconnaître les cristaux, de mesurer l'ouverture des angles dièdres, ou formés par deux faces unies, car on ne mesure jamais l'angle plan ou formé par deux arêtes qui se rencontrent, ni l'angle solide formé par la réunion de trois plans et plus dans un même point. Mais si l'on ne mesure pas les angles solides, c'est pourtant toujours d'eux que l'on parle quand on dit qu'il y a eu des modifications opérées sur l'un des angles, et, comme on le pense aisément, ces modifications peuvent être de même espèce, soit qu'elles s'opèrent sur les arêtes, soit qu'elles aient lieu sur les angles.

Cette mesure des angles se fait avec un instrument appelé *goniomètre*. Le plus simple et le plus ordinaire des instruments de cette espèce, qui est représenté pl. 2, fig. 36, est un compas plat dont les branches *aa* sont jointes à peu près aux deux tiers de leur longueur. Ce compas peut s'appliquer par son point central *b* de jonction sur le point également central d'un limbe ou demi-cercle de rapporteur, fig. 37, divisé en degrés ou même en minutes et secondes. Pour en faire usage on applique l'angle dièdre d'un cristal entre les petites branches *aa* du compas, ensuite on présente les grandes branches de ce compas sur le rapporteur, et l'on lit sur la graduation de celui-ci le chiffre exact de l'ouverture de l'angle.

Ce goniomètre présentant des inconvénients, on a inventé deux autres instruments du même genre susceptibles de plus d'exactitude.

Le premier de ces instruments est le *goniomètre fixe d'Adelmann*, qui est représenté pl. 2, fig. 38, où on voit un demi-cercle gradué fixé sur une règle *ab* soutenue par des colonnes *pp*, qui peut se mouvoir à droite et à gauche en passant dans les rainures *cc*. Ce demi-cercle fixe en porte un autre *fg* qui se meut au centre *o*, et divisé en degrés ; *hik* est un nonius qui se meut également au centre, mais en arrière, entre le cercle et la règle, et que l'on peut à volonté fixer en quelque endroit que ce soit, au moyen d'une vis de pression *k*. *lm* est l'alidade, dont le mouvement entraîne le cercle gradué *fg*, et *q* une petite tige destinée à supporter le cristal en *r* avec de la cire. Cette règle est tellement disposée qu'elle peut prendre toutes sortes de mouvements, et elle est supportée par un petit chariot *u* qui entre à frottement entre deux tringles *ss*. La pièce *tn* est une *mire* que l'on applique contre une des tringles *s* lorsque le chariot *u* est suffisamment tiré en avant, et au moyen de laquelle on peut suffisamment juger de l'horizontalité de l'arête formée par les deux faces du cristal qu'on veut mesurer, et de sa perpendicularité au plan du cercle.

Lorsqu'on veut mesurer un cristal, on le fixe solidement en *r* ; on tire le petit chariot *u* en avant et on approche la mire *tn*, dont on élève ou on abaisse la partie supérieure suivant le niveau. En regardant en dessus, on voit si l'arête du cristal est parallèle au bord *v*, on en fait tourner la tige *q* autour de son axe jusqu'à ce que le parallélisme ait lieu ; on regarde alors par l'ouverture *x*,

pour disposer cette même arête horizontalement, ce que le mouvement d'avant en arrière permet toujours.

Le cristal disposé, on pousse le chariot sous le cercle, on fait mouvoir l'alidade *lm*, et en même temps marcher la règle de manière à ce que cette alidade s'applique exactement sur la face du cristal sans laisser aucun vide ; on amène alors le nonius *k* jusqu'au bout du demi-cercle mobile *fg*, où un petit taquet l'arrête exactement à zéro, et on le fixe par la vis de pression.

Cela fait, on tire le chariot en avant, on fait passer l'alidade dans l'autre sens, on repousse le chariot, et on cherche à opérer la coïncidence sur la seconde face ; cette seconde opération fait tourner le demi-cercle, et le point où il s'arrête indique la mesure de l'angle, qu'on lit en degrés sur le limbe, et dont on cherche les minutes sur le nonius.

Le second goniomètre est le *goniomètre à réflexion de Wollaston*, qui est destiné à donner avec plus d'exactitude encore la mesure des angles des très-petits cristaux à faces réfléchissantes. Il se compose d'un cercle de cuivre gradué, fig. 39, placé verticalement, et tournant autour d'un axe horizontal. Cet axe est percé dans toute sa longueur, pour laisser passer un autre axe intérieur dont l'extrémité porte plusieurs pièces mobiles. Pour se servir de ce goniomètre, on place le cercle à zéro ou à 180 degrés ; on fixe avec de la cire le cristal sur la petite plaque *a*, de manière que son arête soit à peu près perpendiculaire au plan du cercle et dans l'axe de rotation ; cela fait, on place le goniomètre devant une fenêtre ouverte, en face d'un bâtiment assez éloigné qui présente plusieurs lignes horizontales, commes celles que tracent les toits ou les balcons, etc. ; alors, plaçant l'œil très-près du cristal, on fait tourner l'axe intérieur par le moyen de la virole *b*, jusqu'à ce que l'on amène une des faces dans une position telle qu'elle puisse réfléchir la plus haute de ces lignes ; puis on continue à tourner cet axe lentement jusqu'à ce que l'œil aperçoive à la fois cette image réfléchie et une autre ligne horizontale, plus basse que la première et vue directement. Si ces deux lignes coïncident, la face du cristal est horizontale ; autrement il faut y arriver en faisant varier doucement la position du cercle ou du cristal, au moyen des pièces mobiles de l'extrémité extérieure de l'axe ; on répète ensuite la même opération sur l'autre face du cristal, et lorsqu'on est certain que la ligne d'intersection ou arête du cristal est parfaitement horizontale, on ne dérange plus l'instrument, et l'on mesure l'angle en faisant tourner d'abord le cristal par une virole *b*, jusqu'à ce qu'une des faces réfléchisse la ligne supérieure du bâtiment et la mette en coïncidence avec une ligne inférieure ; puis, au moyen de la virole *c*, on fait tourner le cercle lui-même, qui entraîne le cristal jusqu'à ce que la réflexion et la coïncidence des mêmes lignes ayant lieu sur l'autre face, le cristal décrive alors un angle qui est le supplément de celui qu'on cherche ; mais au lieu de faire marquer cet angle par le limbe, on lui fait marquer directement celui du cristal en le divisant en sens inverse de son mouvement.

Quand il s'agit de mesurer l'angle de surfaces qui ne sont pas réfléchissantes, on peut ou les vernir ou y coller, avec un peu d'huile de térébenthine épaissie, de petites lames de verre ; ce qui produit alors l'effet de véritables miroirs.

Revenons maintenant aux modifications qu'éprouvent les substances cristallisées.

Ces modifications peuvent avoir lieu artificiellement par l'enlèvement, ou naturellement par l'absence de petits fragments sur les arêtes ou les angles comme dans les fig. 9, 10, 11, 12, 13, 14, 15, 16, 17, 18, 19, 20, 21, 22 (pl. 1re) ; mais elles peuvent aussi être déterminées sur les faces, les angles et les arêtes des sept principaux solides que nous connaissons, par l'addition de lames successivement décroissantes vers les arêtes et les angles de même espèce, ou par l'addition de molécules semblables, ainsi qu'on le voit dans les fig. 23, 24, 25.

Parmi les formes qui sont considérées comme dérivant des types indiqués précédemment, il en est quelques-unes qui sont aussi simples que celles d'où l'on suppose qu'elles dérivent ; ces formes prennent les noms de *primitives* ou *fondamentales*. Mais toutes les formes d'un type, sans pouvoir se retrouver dans un autre système, pourraient pourtant être considérées comme ayant indifféremment pour forme primitive l'une de celles de ce même système, telle que le tétraèdre, le cube, l'octaèdre régulier ou le dodécaèdre rhomboïdal, pour les cristaux du premier système, si la construction naturelle et mécanique de ces solides ne permettait pas d'arriver toujours à une forme primitive qui exclut toutes les autres, forme qui nécessairement est alors celle du cristal qu'on examine.

Pour arriver à cette connaissance de la forme primitive réelle, on a recours au *clivage*, ou division mécanique des cristaux par leurs joints naturels, du moins pour les cristaux qui veulent se laisser cliver, car il en est qui se refusent à cette opération et dont la forme dominante seule, c'est-à-dire la forme sous laquelle on les trouve le plus habituellement, est la seule qui indique celle que l'on doit considérer comme la forme primitive : ainsi l'octaèdre régulier, fig. 26, étant la forme dominante dans les cristaux d'alun, il en résulte qu'on la considère comme la forme primitive de ce sel, et que l'on n'a point égard au cube, fig. 2, ou au dodécaèdre, fig. 27, sous lesquels il se présente quelquefois.

La possibilité du clivage dépend de la *structure* ou *texture* du minéral, qui doit être *cristalline* et *régulière*, de manière à permettre ou de le diviser par percussion, à petits coups de marteau, en cristaux de forme particulière, comme cela se fait aisément avec le carbonate de chaux qu'on ramène au rhomboèdre ; ou bien d'en détacher au moyen d'une lame de couteau, sur certaines arêtes ou angles solides, de petites lames dont l'enlèvement progressif amène à un *noyau* ou solide central. Ainsi la chaux fluatée conduit toujours à un noyau octaèdre, fig. 26 ; car si ce minéral se présente sous la forme cubique, fig. 2, on n'a qu'à abattre les huit angles solides de ce cube pour trouver enfin un octaèdre. De même, si ce minéral se présente sous la forme d'un dodécaèdre à plans rhombes, fig. 27, et que l'on abatte les huit angles solides trièdres, on arrive également à un octaèdre.

Nous bornerons à ces notions ce que nous avons cru devoir dire ici sur la *cristallographie*, c'est-à-dire sur les formes cristallines que prennent les minéraux et sur les moyens que le minéralogiste avait jusque dans ces derniers temps à sa disposition, pour arriver à reconnaître l'espèce d'un minéral par la cristallisation, moyen découvert par Haüy, et qu'il a tellement perfectionné, qu'il était arrivé à calculer le noyau central que doivent produire les substances qui se refusent à la division, et à prévoir même l'existence de ceux que l'on n'avait pas encore rencontrés dans la nature.

Cependant les expériences modernes de Mitscherlich, Heidenberg et Beudant ont prouvé que la cristallisation ne pouvait pas toujours indiquer d'une manière absolue une espèce minérale, car non-seulement il arrive que des espèces différentes désignées sous le nom de *corps amphigènes* par Berzélius, et *corps isomorphes* par Mitscherlich, peuvent se substituer mutuellement les unes aux autres et se combiner entre elles dans leur composition chimique, de manière à donner lieu à des formules chimiques semblables, et prendre des formes cristallines sinon entièrement identiques, du moins ne différant que très-peu par l'ouverture de leurs angles, comme l'alun et le sel commun, mais qu'un même minéral, par des circonstances diverses et des causes encore inconnues, peut prendre des formes cristallines non-seulement appartenant à un même type modifié, mais aussi à des types étrangers l'un à l'autre. Ainsi M. Mitscherlich a obtenu de l'évaporation du carbure de soufre, des cristaux de soufre en octaèdres à bases rhombes ; tandis qu'à la suite d'une fusion de ce corps refroidi il a trouvé des cristaux de soufre en prismes obliques à bases rhombes, et incompatibles, par conséquent, avec les premiers. Il ne faut donc pas attacher au caractère de la cristallisation cette confiance absolue que lui accordait Haüy, mais le considérer seulement comme un indice d'autant plus important qu'il s'accorde avec tous les autres caractères qu'on sait appartenir à un minéral.

Cette texture lamellaire, régulière, que présentent les corps cristallisés, ne se rencontre pas dans tous les minéraux : ainsi souvent ces lames sont entassées confusément comme dans le sulfure d'antimoine, et alors cette texture cristalline est irrégulière et non symétrique. D'autres fois la cristallisation se présente avec une régularité apparente seulement ; les cristaux se trouvent groupés ou avec des angles rentrants, fig. 28 et 29, ce qui les rend faciles à reconnaître; ou sans angles rentrants, ce qui les rend, au contraire, plus semblables aux cristaux simples, comme on le voit par la fig. 30 ; pour les cristaux de cette nature il n'y a plus symétrie absolue : ainsi, dans cette dernière

figure, on peut s'apercevoir que les facettes de la pyramide ne correspondent plus, ni par le nombre ni par leur ligne d'intersection, avec celles du prisme. Ces groupements se font souvent d'une manière inverse, par des faces pyramidales, de manière à donner lieu à des croix, comme la bournonite, fig. 31; ou bien par des faces obliques à l'axe ; et comme les angles peuvent être modifiés de manière à ne pas avoir toujours l'ouverture exacte du cristal régulier, l'on conçoit que ces groupements présentent non-seulement des croix comme les *macles*, les *staurotides*, fig. 32, mais une foule d'autres figures. Quelquefois aussi dans les laboratoires on rencontre des cristaux groupés par leurs arêtes, et formant des espèces de *tremies*, fig. 34 ; ou bien les groupements devenant eux-mêmes irréguliers, sont *globulaires*, en *crêtes*, *bacillaires* ou en *faisceaux*, en *gerbes*, en *houpes* et *dendrites* ; enfin la cristallisation se déforme entièrement en laissant prendre aux cristaux des formes élargies, allongées ou arrondies.

La forme alors devient concrétionnée et présente des *mamelons*, des *stalactites*, fig. 35, des *tuyaux*, des *rameaux*, des *filaments*, des *incrustations*, des *réseaux* ou des *grappes*.

Quelquefois, comme dans les roches, cette disposition des minéraux offre l'aspect de masses en *couches*, *bancs* ou *lits*, en *typhons* ou non stratifiées, en *filons*, en *dykes*, en *coulées* et en *amas*.

On trouve encore ces corps en fragments représentant des *blocs*, des *plaques*, des *rognons*, des *nids*, des *cailloux*, des *noyaux*, des *grains* et des *paillettes* ; ou bien sous des formes organiques propres et représentant des corps altérés et des *pétrifications* ; ou enfin ils peuvent être empruntés et donner lieu à des *moules* intérieurs et à des *moules* extérieurs.

La *texture* suit naturellement la forme ; elle peut donc se trouver d'abord cristalline et régulière, ou clivable ; ou cette texture cristalline peut être *lamellaire*, *fibreuse*, *radiée*, *granitoïde*, *porphyroïde* ou *amygdaloïde* ; d'un autre côté, la texture est souvent *feuilletée*, *globuleuse*, ou *schistoïde*, *massive*, *compacte*, ou *saccharoïde*, ou *grenue*, *celluleuse*, *conglomérée*, *oolithique*, ou en *grains* ronds, *organique*, animale ou végétale, et *meuble* ou *terreuse*.

La *cassure* est un caractère assez intéressant à consulter dans l'examen des minéraux. Cette cassure peut être *droite, conique, conchoïde, lisse, raboteuse* ou *écailleuse.*

Après l'examen des caractères précédents, passons aux caractères mécaniques du minéral que nous nous proposons d'examiner. Le premier de ces caractères est la *densité* ou pesanteur, car tout minéral, sous un même volume, peut être plus ou moins pesant ou léger; mais pour ne pas être obligé de ramener tous les corps au même volume pour en apprécier le poids, on les compare à celui de l'eau pris pour unité, au moyen de quelques instruments, indiqués dans le chapitre des *Sciences physiques*, tome 1ᵉʳ, 1ʳᵉ partie, page 140.

Le plus ou moins de *flexibilité* des minéraux est encore un caractère utile à consulter; il en est de même de leur *ductilité*, les uns étant *ductiles* et les autres *cassants;* et de leur *dureté*, car celui-ci peut être *dur* et celui-là *tendre, fragile* et *friable.*

La *tactilité*, si l'on peut nommer ainsi la sensation du tact appliqué aux minéraux, est également un caractère qu'il est bon d'étudier; car il est des minéraux qui sont *onctueux, doux, rudes* ou *âpres* au toucher.

La *graphicité* est un autre caractère dépendant de la trace plus ou moins marquée et tachante que les corps laissent sur la peau ou sur le papier.

Après avoir étudié les principales propriétés apparentes extérieures des minéraux, il est essentiel de passer à l'étude de leurs *propriétés optiques.*

On trouve, en effet, dans la nature, des minéraux *opaques, translucides* ou qui laissent passer à demi la lumière, et des minéraux *limpides et transparents* ou qui la laissent passer entièrement. Ceux-ci possèdent cette propriété le plus souvent *avec une réfraction simple,* comme les corps cristallisés qu'on peut rapporter au système cubique, qui laissent toujours voir nettement un objet à travers deux de leurs faces parallèles, et toujours à sa vraie place, lorsque le rayon lumineux est perpendiculaire à ces faces, tant à son entrée qu'à sa sortie, mais qui, lorsque ce rayon arrive obliquement sur ces faces, font éprouver à la lumière, dans sa marche à travers le cristal, une déviation appelée *réfraction*, dont nous nous sommes occupés dans le chapitre

de la *Physique*, page 192. Cette déviation de la lumière n'est pas la même dans les divers minéraux cristallisés ou dans leurs diverses formes cristallines. D'autres minéraux possèdent une *réfraction double,* c'est-à-dire que la figure de l'objet examiné est double; phénomène qui se fait surtout remarquer dans les cristaux de tous les autres systèmes, et spécialement dans ceux appartenant aux systèmes rhomboédrique et prismatique droit à bases carrées; seulement, ces cristaux ne manifestent cette propriété que lorsqu'ils sont examinés à travers certaines de leurs faces ou dans certaines directions, car autrement ils ont, comme les premiers, une réfraction simple.

Divers caractères optiques sont encore utiles à consulter pour reconnaître les minéraux; tel est:

1° L'*éclat* ou *aspect*, qui peut se trouver *métallique, vitreux, résineux, gras, nacré, soyeux, luisant, terne* ou *mat*, etc.;

2° Les *couleurs*, qui peuvent être plus ou moins intenses, unies ou bigarrées, de manière à représenter des corps *rubannés, veinés, nuagés, tachetés, pointillés, dendritiques* et *ruiniformes*. On voit même de ces couleurs dont la constance est propre au minéral qu'elles colorent, ou bien accidentelles, de manière à produire sur ces corps des nuances mobiles *irisées, chatoyantes* ou *polychroïtes.*

La *phosphorescence* est une véritable nuance, mais que les minéraux ne laissent apercevoir que si l'on arrive à la développer par le frottement, par la chaleur artificielle, par l'insolation ou par l'électricité.

L'*électricité*, phénomène sur lequel la physique nous a donné des notions suffisantes, est une propriété de quelque valeur chez certains minéraux. En effet, les uns sont *conducteurs* et les autres *isolants;* ceux-ci s'électrisent par le contact, la pression, le frottement ou la chaleur; et ceux-là présentent une électricité positive, négative ou polarisée.

Quelques minéraux développent le fluide électrique avec une certaine puissance; d'autres ne possèdent que la propriété magnétique, *attirable* ou non attirable à l'aimant.

Tous les minéraux sont encore doués d'une propriété physique appelée *acoustique*, et ils peuvent être très-*sourds* ou *sonores* par la percussion; quelquefois ils sont *craquants* par la flexion, comme l'étain, et d'autres fois la chaleur les rend *pétillants*.

Il est des minéraux qui jouissent aussi des propriétés qu'on peut appeler *organoleptiques*, ou qui affectent plus ou moins nos organes des sens : telle est la propriété d'être *inodores*, ou *odorants* naturellement ou par frottement, par percussion, par échauffement ou par humectation, et celle qu'ils exercent sur l'organe du goût, et qui a fait reconnaître des minéraux *insipides* et des minéraux *sapides*. Parmi ces derniers on distingue les saveurs acide, piquante, styptique, astringente, salée, amère, âcre, caustique ou alcaline, fraîche, douce, etc.

Enfin, dans l'examen des minéraux on doit attacher une importance toute particulière aux *caractères chimiques*. Les uns, en effet, sont insolubles dans l'eau ; les autres, au contraire, y sont solubles à des degrés plus ou moins grands. Ceux-ci ne peuvent être dissous que par les acides, l'alcool, l'éther, ou par l'eau tenant en dissolution divers sels. Les uns sont infusibles au feu de nos fourneaux et du chalumeau, tandis que les autres fondent à des degrés plus ou moins élevés de chaleur, et même se volatilisent. On en trouve qui changent seulement d'état par la chaleur, et deviennent ou liquides ou gazeux sans se décomposer, et d'autres qui, au contraire, sont décomposés par le feu, soit seuls, soit mélangés sous le dard du chalumeau ou dans des creusets à d'autres corps qui agissent sur eux comme fondants.

La chimie a analysé presque tous les minéraux connus jusqu'ici, et en cherchant les éléments qui les composent, elle a reconnu qu'il y avait 54 de ces éléments qu'on n'a pu encore décomposer par aucun moyen connu, et qui, en se combinant en proportions la plupart du temps définies, donnaient lieu à cette variété infinie de substances minérales qu'on rencontre dans la nature. Nous avons donné la nomenclature de ces corps simples dans le chapitre de la *Chimie* (page 218).

Toutes les autres matières naturelles sont des corps composés formés par la combinaison des corps élémentaires précédents, deux à deux, trois à trois, quatre à quatre, etc.; c'est ce qu'on nomme des combinaisons *binaires*, *ternaires*, *quaternaires*, etc. Au reste, pour toutes ces notions

nous renvoyons encore à l'article *Chimie*, où l'on pourra voir les lois de ces combinaisons et la méthode employée pour en établir la nomenclature.

Dans cet article on a pu voir que le chimiste étudie et analyse, la plupart du temps, les corps qu'il veut connaître par la *voie humide*, c'est-à-dire en les dissolvant dans l'eau ou d'autres liquides, et en les soumettant, ainsi dissous, à diverses épreuves. Le minéralogiste, sans négliger la voie humide, se sert plus fréquemment de la *voie sèche*, qui consiste à essayer le corps au feu d'un chalumeau en le soutenant entre les branches de petites pinces sur un fragment de charbon de bois, ou, mieux, sur de petites coupelles de quatre lignes de diamètre, composées avec des os brûlés à blanc et pulvérisés. Ces dernières permettent bien plus aisément d'essayer la fusion des corps soit avec le borax ou tout autre sel, soit avec de la poussière de charbon, pour reconnaître sa fusibilité, la couleur des verres qu'il fournit avec les divers réactifs, et s'il est aisément *réductible*, en se souvenant qu'en exposant le corps essayé à l'extrémité de la flamme appelée *feu d'oxidation*, on l'oxide, et qu'on le réduit, s'il est réductible, en le chauffant, sous le contact de l'air, dans le point central de la flamme, point que l'on est convenu de nommer, pour cette raison, *feu de réduction*.

Maintenant il ne nous reste plus qu'à faire connaître l'ordre de classification qu'il convient d'adopter quand on fait une collection minéralogique ; mais avant d'aborder ce sujet, nous croyons qu'il sera utile d'indiquer la marche que l'on doit suivre pour apprendre à connaître les minéraux et leur gisement ; c'est alors seulement que nous indiquerons dans quel ordre ils doivent être classés, après qu'on aura, toutefois, reconnu les propriétés et la nature de chacun d'eux.

C'est en voyageant et en parcourant les pays de montagnes, en descendant dans les mines et les excavations souterraines, en étudiant attentivement les différents objets que présentent des coupes ou des tranchées dans les terrains, qu'on parvient à récolter sur place des minéraux sinon parfaitement beaux, du moins précieux, en cela qu'ils vous mettent à même d'apprécier sur lieu un ensemble de caractères que l'œil ne retrouve plus dans une collection ou sur les tablettes d'un marchand de minéraux. Que l'on ne pense pas qu'on soit obligé de sortir de France pour faire un voyage minéralogique utile : on serait dans l'erreur ; et nous pouvons affirmer que l'on sera tout-à-fait à même d'étudier en place les espèces minérales les plus importantes en faisant en France un voyage dont on peut à peu près tracer ainsi l'itinéraire.

D'abord l'on visiterait le bassin de Paris, et l'on y recueillerait les nombreuses espèces que Montmartre, Ménilmontant, Mont-Rouge et Fontainebleau pourraient fournir. On se dirigerait ensuite vers la Bourgogne, pour y voir les environs du Creusot et d'Autun ; l'on suivrait ensuite jusque dans l'Auvergne, pour y étudier les nombreux produits des volcans éteints ; puis on entrerait dans le Vivarais et le Forez, qui non-seulement offrent aussi des terrains volcaniques curieux, et surtout des mines de cuivre et des exploitations de houilles aussi remarquables par leurs richesses que les mines les plus importantes de l'Angleterre. De là on continuerait sa route par Toulon et Marseille jusqu'aux Pyrénées, et on reviendrait par les Landes pour rentrer dans l'intérieur de la France par le Limousin, où l'on trouverait la plupart des produits des terrains granitiques, et l'on terminerait par la Bretagne, dont les mines d'étain, de plomb et d'argent méritent d'être visitées par le minéralogiste. Du reste, si l'on veut prolonger le voyage au delà des frontières, on peut, au sortir du Forez, entrer par Grenoble dans l'Oisan, si riche en minéraux de tous genres, ou bien suivre les bords du Rhin, parcourir l'ancien Palatinat, gagner la Suisse, et rentrer par la Savoie.

Dans ces courses que l'on fait le marteau et la loupe à la main, on casse et l'on taille les échantillons les plus beaux que l'on rencontre ; on écrit le nom du gisement sur le papier dans lequel on les enveloppe ; on les ramasse provisoirement dans un havresac, dont l'augmentation progressive de poids force de revenir de temps en temps au point central de repos, où l'on emballe la masse de la récolte dans des caisses garnies d'étoupes, en mettant chaque échantillon avec son étiquette ployée dans plusieurs enveloppes de papier. Quant aux sables, qu'on ne doit pas négliger, il faut les ramasser dans des bouteilles ; les cristaux ef-

florescents doivent être mis dans des flacons bien hermétiquement fermés.

Les instruments nécessaires au minéralogiste voyageur sont assez nombreux, mais en général peu embarrassants, parce qu'on est parvenu à leur donner à la fois le plus petit volume et la plus grande simplicité possibles, tout en leur conservant une exactitude suffisante.

Un minéralogiste qui fait une excursion sur une montagne, dans une mine, une carrière, un volcan, un éboulement du sol, etc., n'a besoin, à proprement parler, que d'un *marteau*, d'une *loupe*, de *papier* pour envelopper les échantillons, et d'un *crayon* pour les étiqueter ; mais, une fois rentré au logis, il doit, pour la détermination et la classification des minéraux qu'il a récoltés, soumettre ceux-ci à diverses épreuves, afin d'en constater les caractères divers au moyen d'un petit *laboratoire de campagne* de la composition duquel nous allons donner une idée.

La pièce principale de ce laboratoire est un *chalumeau* dont nous avons fait connaître la forme et l'usage pour les analyses chimiques par la voie sèche, dans l'article qui traite de la chimie, page 221, et pl. 2, fig. 10 et 11. A ce chalumeau est joint une *lampe* à huile et le plus souvent à esprit-de-vin, dont on voit un modèle pl. 2, fig. 40, ainsi que du bec d'argent, fig. 41, qui porte la mèche, et un *support* pour placer la substance que l'on veut soumettre à l'épreuve du chalumeau. Ce support est tantôt un morceau de charbon, tantôt des cuillers, des feuilles ou des fils de platine. Dans le cas où il faut griller, on emploie aussi des *tubes* ouverts et des *tubes* fermés à une extrémité, et des *matras* en verre, fig. 42.

Les instruuments accessoires sont des *pincettes*, fig. 43, pour maintenir la pièce d'essai ; des *marteaux*, en acier, fig. 44 : l'un destiné à forger, l'autre à base triangulaire et à bords tranchants, dont le sommet a la forme d'un ciseau, pour détacher les minéraux ou entamer les échantillons ; une petite *enclume* pour briser les minéraux et aplatir les boutons de métal réduit ; un *couteau* à pointe et bien affilé, quelques *limes* de diverses formes, un petit *mortier* avec son pilon en agate ou en calcédoine, un *tube conique* de fer étamé, fig. 45, qui sert à creuser un trou régulier dans les charbons, et qui, en voyage, sert d'étui à un tube de verre ; une *loupe* ou un *microscope;* une *boite à réactifs*, dont on voit la forme dans la fig. 46; un briquet, de petites *capsules* de porcelaine, une *aiguille aimantée*, une *aiguille électrique* qu'on fait fonctionner sur un même pivot, fig. 47; un cristal de *spath calcaire* bien limpide, un *étui cylindrique*, fig. 48 et 49, formant un petit électroscope très-délicat ; des *ciseaux*, des *brucelles*, une petite *pierre de touche*, etc.

La majeure partie des instruments de laboratoire dont il vient d'être question sont serrés, en voyage, dans un étui de peau fait comme la trousse d'un chirurgien, et formant 25 à 30 gaînes transversales plus ou moins larges, suivant la grosseur des pièces.

A ces pièces on peut ajouter un des *goniomètres* que nous avons décrits, un *aréomètre* de Nicholson, du fil, du papier à filtrer et à emballer, des burins, des morceaux de verre blanc et noir, du quartz, du fluate de chaux, un bâton de cire à cacheter et de gomme-laque, etc.

Lorsqu'on est revenu au centre de ses excursions ou dans un lieu où l'on se propose de séjourner quelque temps, on déballe les échantillons récoltés, on les soumet aux épreuves du laboratoire, on les reconnaît, et on les classe suivant le but qu'on se propose, soit que l'on veuille faire une collection scientifique ou d'étude, soit que l'on veuille établir une collection technologique. Néanmoins, que le jeune amateur ne pense pas qu'il trouvera dans ses voyages des échantillons toujours d'une beauté remarquable : le hasard ne lui en procurera de véritablement beaux que très-rarement, et il sera forcé, s'il veut avoir de l'uniformité dans ses collections, d'acheter des échantillons aux marchands naturalistes que l'on trouve à Paris, sur le Rhin et en Allemagne ; mais il n'aura certainement pas perdu son temps : un voyage de trois mois lui sera assurément plus profitable qu'une étude de trois ans faite devant les armoires d'un cabinet d'histoire naturelle, quelque riche qu'il soit.

SECT. II. — CLASSIFICATION DES MINÉRAUX.

La classification des minéraux a subi bien des transformations nombreuses, et doit nécessairement en subir encore à mesure que la science fera des progrès ; mais, pour ne pas entrer ici dans l'exposé ou la discussion de toutes les méthodes de classification qui ont été proposées, nous croyons devoir nous borner à faire usage de celle qu'a donnée Beudant, et qui paraît assez généralement adoptée en France, sans considérer toutefois si elle est plus arbitraire ou plus naturelle que celles qu'elle a fait abandonner ou négliger.

En minéralogie, l'*espèce* minérale est la collection des corps qui, par la forme ou la structure régulière, les couleurs propres, le genre et l'espèce de réfraction, la pesanteur spécifique et la composition chimique, ont entre eux des analogies qu'on ne retrouve dans aucun autre ; l'espèce présente quelquefois diverses *variétés*. Le *genre* est la réunion de plusieurs espèces présentant certains caractères identiques ; et enfin les *familles* sont des groupes dans lesquels on rapproche les genres qui ont entre eux le plus d'analogie sous le rapport des caractères généraux.

La classification la plus simple est celle que l'on pourrait déduire en partie des ouvrages de Berzélius, et qui a fait abandonner la méthode d'Haüy. Cette classification toute chimique divise les minéraux en deux grandes CLASSES : les *métalloïdes* et les *métaux*. Dans les métalloïdes on place l'oxigène, l'hydrogène, le nitrogène, le soufre, le phosphore, le chlore, le brome, l'iode, le fluor, le carbone, le bore et le silicium. Les métaux se subdivisent en *métaux susceptibles de se transformer en terres et en alcalis* et en *métaux proprement dits*. Dans les premiers de ces métaux on range le thorinium, le zirconium, l'yttrium, le glucinium, l'aluminium, le magnésium, le calcium, le strontium, le barium, le lithium, le sodium et le potassium. Dans les métaux proprement dits on trouve les métaux *électro-négatifs*, savoir : le sélénium, l'arsenic, le chrome, le molybdène, le vanadium, le tungstène, l'antimoine, le tellure, le titane et le tantale, puis les métaux *électro-positifs* nommés cérium, manganèse, fer, cobalt, nickel, zinc, cadmium, plomb, étain, bismuth, urane, cuivre, mercure, argent, rhodium, palladium, osmium, iridium, platine et or ; ce qui présente 54 corps simples ou élémentaires.

Nous ne nous étendrons pas davantage sur ce mode de classification ; mais avant de donner quelques définitions caractéristiques des classes, de leurs ordres, de leurs familles, de leurs genres et des espèces et variétés qui les composent, nous ajouterons que dans la classification définitivement adoptée en France, d'après Beudant, les familles minéralogiques ne se rangent plus comme précédemment, mais doivent être disposées en trois groupes ou classes, savoir :

1re CLASSE. Les GAZOLYTES, contenant les *silicides, borides, anthracides, hydrogénides, nitrides, sulfurides, chlorides, iodides, bromides, phtorides, sélénides, tellurides, phosphorides* et *arsénides*.

2e CLASSE. Les LEUCOLYTES, renfermant les *antimonides, stannides, bismuthides, hydrargyrides, argyrides, plumbides, aluminides, magnésides*.

3eCLASSE. Les CHROICOLYTES, présentant les *manganides, sidérides, cobaltides, cuprides, uranides, palladiides, platinides, osmiides, aurides, chromides, molybdides, tungstides, titanides* et *tantalides*.

Si maintenant nous voulons apprendre à reconnaître les différents corps minéralogiques qu'on trouve dans la nature afin de pouvoir les mettre à la place qui leur appartient dans ce tableau, il est nécessaire d'établir et d'avoir présentes à l'esprit les descriptions analytiques qui vont suivre.

1re CLASSE. Les GAZOLYTES sont les substances qui renferment comme principe électro-négatif des corps gazeux, liquides ou solides, susceptibles de former des combinaisons gazeuses permanentes avec l'oxigène, avec l'hydrogène, ou avec le phtore ou acide fluorique.

1re FAMILLE. Les *silicides* sont des corps composés d'oxide de silicium, soit seul, soit combiné avec divers autres oxides. Ces corps donnent du gaz phtorosilicique lorsqu'après avoir été mélangés avec du phtorure de calcium pur, on les chauffe avec addition d'acide sulfurique concentré dans un tube métallique. Ces mêmes silicides sont insolubles dans l'eau, et quelques-uns sont attaqués par les acides, et donnent souvent immédiatement une matière gélatineuse qui n'est qu'un précipité de silice. La plupart ne pouvant être attaqués que par leur fusion avec les alcalis caustiques, sont alors transformés en une matière

attaquable par les acides, souvent aussi susceptible de donner immédiatement un dépôt gélatineux ou une solution qui laisse précipiter de la silice, soit immédiatement, soit après la concentration et le traitement subséquent par l'eau.

Deux genres subdivisent cette famille: le genre *silice* et le genre *silicate*. Dans le premier l'on rencontre le *quartz*, ou *cristal de roche*, sous toutes les formes où la nature peut le présenter, et l'*opale*, dont les reflets aux couleurs orientales en font une des pierres précieuses les plus agréables. Dans les silicates on trouve aussi un grand nombre de pierres précieuses : telles sont l'*émeraude*, cette pièce verte toujours si douce et si brillante à l'œil; les *grenats*, la *cordiérite* ou *saphir d'eau*, la *tourmaline*, les *zircons*, les *péridots* ainsi que les *calcédoines, cornalines, chrysoprases, sardoines, onyx* et autres pierres ou variétés de la même espèce. C'est encore dans ce genre des silicates que l'on rencontre le *kaolin*, cette terre si importante pour fabriquer des porcelaines aussi belles que celles qui, jadis, nous venaient à grands frais du Japon et de la Chine; les *argiles* diverses, dont l'utilité est pour ainsi dire générale et de tous les instants dans les arts; l'*outremer*, dont la valeur toujours croissante aurait fini par jeter le découragement parmi les peintres, si la chimie n'était parvenue à fabriquer de toutes pièces, et à bas prix, un outremer factice aussi beau et aussi solide que celui que nous fournit la nature; la *calamine*, qui sert de fondant tout en fournissant au cuivre rouge le zinc dont il a besoin pour se transformer en cuivre jaune ou laiton; la *serpentine*, cette pièce ollaire qui fournit des vases culinaires d'un excellent usage; la *stéatite* ou craie de Briançon, d'un si grand secours pour faciliter l'entrée des pieds dans les chaussures neuves ou étroites; l'*asbeste* ou *amiante*, qui, jadis, servait à fabriquer les toiles incombustibles dans lesquelles les Romains ensevelissaient les corps de leurs morts pour les exposer sur les bûchers et en recueillir les cendres, et dont on a fabriqué aussi récemment quelques tissus.

2e FAMILLE. Les *borides* sont formés d'acide borique, soit seul, soit combiné avec divers oxides. Ces corps donnent immédiatement à l'alcool la propriété de brûler avec une flamme verte, ou de donner, avec l'acide nitrique, un résidu pouvant communiquer à l'alcool cette même propriété. Ils comprennent trois genres : les *boroxides*, *borates* et *borosilicates*. C'est parmi les espèces du second de ces genres que se rencontre le *borax*, qui nous venait autrefois à grands frais de l'Inde, et que l'on extrait à présent de l'acide borique des lacs de la Toscane, pour servir ensuite comme fondant aux arts métallurgiques.

3ᵉ FAMILLE. Les *carbonides* sont des substances renfermant du carbone soit pur, soit combiné avec d'autres corps. Ces substances donnent du carbonate de potasse dont le résidu fait effervescence avec l'acide nitrique, quand on les traite au feu et à l'air libre, avec une petite quantité de nitrate de potasse ; ou bien elles donnent l'acide carbonique par l'action d'un acide ; ou enfin elles se trouvent immédiatement à l'état d'acide carbonique, gazeux ou dissous dans l'eau. On subdivise les carbonides en sept genres ; savoir : les genres *carbone*, *carbure*, *carbonile*, *carbonate*, *mellate*, *urate* et *sulfo-carbonate*. C'est dans le genre carbone que se rencontrent quelques espèces importantes ; tels sont le *diamant*, cette pierre fine, la plus précieuse de toutes, dont la valeur augmente en raison de sa grosseur dans une progression immense, puisqu'on l'estime à l'état brut par le carré du poids multiplié par 48 francs, en supposant que l'on consente à payer ce prix le poids du carat ou de 4 grains : ainsi un diamant brut de 2 carats$=2\times2\times48=192$ francs ; mais une fois taillées, ces pierres acquièrent une bien plus grande valeur, car le prix du carat des petits diamants de 40 au carat monte de 60 à 80 francs, et les plus gros s'élèvent jusqu'à 125 ; et quand le diamant est d'un poids au dessus d'un carat, on porte la valeur de ce carat à 192 francs.

D'autres espèces importantes figurent aussi dans le genre carbone : ainsi les *anthracites* ; les *houilles combustibles*, aujourd'hui généralement si utiles pour remplacer le bois ; les *lignites* combustibles, dont quelques morceaux de choix se laissent tailler pour servir en guise de pierres fines dans les parures de deuil ; l'*asphalte*, ce bitume minéral dont l'expérience démontre la grande utilité pour couvrir les terrasses et les trottoirs ; l'*ambre* ou *succin*, à la précieuse odeur ; puis dans les carbonides

on trouve l'acide carbonique, ce gaz si dangereux, et dans les carbonates on rencontre les marbres et toutes les *pierres calcaires*, dont nous n'avons pas besoin de faire remarquer l'application journalière ; la *céruse* naturelle et la *malachite*, cette espèce de minerai de cuivre dont la bijouterie se sert souvent en guise de pierre précieuse.

4ᵉ FAMILLE. Les *hydrogénides* sont des corps gazeux inodores donnant de l'eau par la combustion, ou bien ce sont des corps liquides et donnant de l'hydrogène par l'action d'un alliage de potassium, ou par l'action du fer, du zinc, à l'aide de l'acide sulfurique, ou, enfin, ce sont des corps solides et donnant de l'eau par la calcination dans un tube. Ils donnent lieu aux trois genres *hydrogène*, *eau* et *hydrates*. Les deux premiers offrant chacun une espèce avec des variétés toutes bien connues, et le dernier présentant des espèces inhérentes pour, ainsi dire, aux espèces de sels ou d'oxides qui les contiennent, nous passerons outre sans faire la moindre observation.

5ᵉ FAMILLE. Les *nitrides* sont des corps gazeux n'offrant que de l'azote pur, ou laissant de l'azote libre si l'on y fait séjourner du phosphore pendant quelque temps ; ou bien ce sont des corps solides et solubles dans l'eau, donnant du gaz nitreux par l'action de l'acide sulfurique sur leur mélange avec la limaille de cuivre. Les nitrides ont pour genres l'*azote* et les *nitrates*. Le premier entre pour les deux tiers dans la composition de l'air atmosphérique, qui soutient l'existence des végétaux et celle de tous les animaux. Parmi les nitrates, le *salpêtre* tient le premier rang, car non-seulement on le recherche avec soin, mais c'est pour le fabriquer qu'on recueille tous les autres.

6ᵉ FAMILLE. Les *sulfurides* sont des corps solides, liquides ou gazeux, dégageant des vapeurs d'acide sulfureux, soit immédiatement, soit par la combustion, soit par l'action de la poussière de charbon à l'aide de la chaleur ; ou bien donnant de l'hydrogène sulfuré lorsque, après les avoir traités par le carbonate de potasse et la poussière de charbon, on fait agir de l'acide nitrique étendu sur le résidu. Les sulfurides fournissent à la minéralogie quatre genres : le *soufre*, les *sulfures*, les *sulfoxides* et les *sulfates*.

Le premier de ces genres forme une espèce trop bien connue pour que nous nous arrêtions à en parler. C'est la combinaison intime de ce corps avec un ou plusieurs autres qui donne naissance à diverses espèces remarquables appartenant au second genre. Dans ce nombre on trouve l'*hydrogène sulfuré*, ce gaz à odeur d'œufs pourris, qui se dégage d'une foule d'eaux minérales; puis les *sulfures de plomb* ou *galène*, de *zinc* ou *blende*, de *mercure* ou *cinabre*, d'*arsenic* ou *réalgar*, et tous les autres sulfures métalliques d'où l'on extrait généralement la plupart des métaux. Les sulfoxides produisent l'acide sulfureux employé utilement au blanchiment de certaines substances, et l'acide sulfurique qui fournit, avec les bases, les sulfates parmi lesquels on trouve quelques espèces dignes d'attention : tels sont l'*alun*, les *sulfates* de *fer* et de *cuivre*, ainsi que celui de *chaux* ou *gypse*, qui, mélangé avec 0,07 ou 0,08 de carbonate de chaux, donne lieu au *plâtre*, si utile dans les constructions, surtout à Paris.

7ᵉ FAMILLE. Les *chlorides* sont des corps gazeux ou solides, solubles ou insolubles, dégageant du chlore, à l'odeur safranée et piquante par l'action de l'acide sulfurique, toutes les fois qu'ils sont mélangés au peroxide de manganèse; ils donnent, lorsqu'on les fond avec le phosphate de soude et d'ammoniaque préalablement fondu avec de l'oxide de cuivre, une belle couleur bleue tirant sur le pourpre à la flamme qui enveloppe le globule qu'on obtient. Cette famille ne fournit qu'un genre, les chlorures, dont trois espèces sont remarquables : l'une est l'*acide hydrochlorique*, si fréquemment employé dans les arts; l'autre est le *calomel* ou *chlorure de mercure*; et la troisième le *sel de cuisine*, que le pauvre regarde comme lui étant aussi nécessaire que le pain, et que les arts consomment aujourd'hui en immense quantité dans la fabrication de la soude artificielle.

8ᵉ FAMILLE. Les *iodides* sont solides, solubles ou insolubles, donnent des vapeurs violâtres par l'action de l'acide sulfurique concentré et de la chaleur, ou une matière qui procure une couleur bleue à l'eau, dans laquelle se trouve tant soit peu d'amidon en suspension.

9ᵉ FAMILLE. Les *bromides* donnent, par l'action du chlore dissous dans l'eau, soit immédiatement, soit après avoir été fondus avec le carbonate de soude, un liquide brun qui, agité avec de l'éther, se sépare en deux couches, dont la supérieure est brune et chargée de brome.

10ᵉ FAMILLE. Les *phtorides* donnent, par leur fusion dans un tube avec l'acide phosphorique, une vapeur qui corrode fortement le verre. Cette famille donne lieu à deux genres, savoir : les *phtorures*, qui fournissent pour espèce remarquable la *fluorine* ou *spath fluor*, et les *phtorosilicates*, dans lesquels on trouve les *topazes*, pierres fines assez employées dans la bijouterie.

11ᵉ FAMILLE. Les *sélénides* fournissent le seul genre des séléniures; ce sont des corps donnant l'odeur de raifort pourri par le grillage dans le tube ouvert, et un sublimé rouge lorsqu'on les chauffe dans le tube fermé.

12ᵉ FAMILLE. Les *tellurides* présentent un sublimé gris dans le tube fermé, et répandent par le grillage dans le tube ouvert une fumée blanche, piquante, sans odeur, qui se dépose à la partie froide du tube sous la forme d'une poudre blanche susceptible de se fondre en gouttelettes limpides lorsqu'on vient ensuite à la chauffer. Ils fournissent les deux genres *tellure* et *tellurures*.

13ᵉ FAMILLE. Les *phosphorides* sont des corps solides non métalliques donnant par la fusion avec le carbonate de soude un sel soluble dans l'eau, dont la solution, préalablement dépouillée d'acide carbonique, précipite en blanc par le nitrate de plomb, et en jaune par le nitrate d'argent: le précipité formé par le nitrate de plomb est irréductible sur le charbon, mais se fond, et forme un bouton à facettes cristallines par le refroidissement. Cette famille, qui ne donne lieu qu'au genre *phosphates*, fournit pourtant beaucoup d'espèces, dont une, assez mal connue, produit un assez bon effet dans la bijouterie; c'est la *turquoise*, phosphate d'alumine originaire de la Perse.

14ᵉ FAMILLE. Les *arsénides* sont toujours solides et dégagent des vapeurs blanches à odeur d'ail, soit par le simple grillage, soit par le traitement au feu avec un mélange de poussière de charbon. Cette famille fournit les quatre genres *arsenic*, *arséniures*, *arsénoxides* et *arséniates*. Le premier a pour espèce le métal natif du même nom, ou arsenic, sans danger dans cet état, mais qui ne l'est plus sous forme d'*acide arsénieux*, qui est l'espèce unique qui se rencontre dans le troisième genre ; on sait que c'est l'un des poisons les plus violents qu'on rencontre dans la nature.

2ᵉ CLASSE. Les LEUCOLYTES forment une classe possédant pour caractères spéciaux de contenir des substances renfermant, comme principe électro-négatif, des corps solides qui ne donnent généralement que des solutions blanches avec les acides, et ne sont pas susceptibles de former des gaz permanents.

15ᵉ FAMILLE. Les *antimonides* offrent immédiatement, ou donnent par calcination, ou par l'action de l'acide nitrique, et alors avec dégagement de gaz nitreux, une matière blanche volatile par la chaleur, tantôt au feu d'oxidation, tantôt au feu de réduction du chalumeau ; cette matière blanche est attaquable par l'acide hydrochlorique, dont elle précipite en blanc par l'eau et en jaune par les hydrosulfates. Cette famille donne naissance aux genres *antimoine*, *antimoniure*, *antimonoxide* et *hypantimonite* ; le premier fournit ce métal si employé pour fabriquer l'*alliage* propre aux caractères mobiles d'imprimerie, métal quelquefois natif, mais plus habituellement produit par la réduction des sulfures d'antimoine.

16ᵉ FAMILLE. Les *stannides*, ayant pour genre et espèce unique la *cassitérite* ou étain oxidé, sont infusibles au chalumeau, difficilement réductibles au feu de réduction ; mais se réduisent immédiatement par l'addition de la soude. Ils donnent souvent des traces de manganèse par le traitement avec la soude sur la feuille de platine ; ils sont difficilement attaquables par l'acide hydrochlorique, et fournissent des solutions précipitant en pourpre par le chlorure d'or. Le métal que leur réduction produit est l'*étain*, si reconnaissable au craquement particulier qu'il fait entendre quand on le plie ; l'industrie en consomme immensément, et l'Angleterre et Banca sont les pays qui le fournissent avec le plus d'abondance.

17ᵉ FAMILLE. Les *bismuthides* sont des substances attaquables par l'acide nitrique, avec ou sans dégagement de gaz nitreux ; leurs solutions précipitent abondamment en blanc par l'eau, et ne donnent l'indication d'aucune autre matière. Les deux genres *bismuth* et *oxide de bismuth* sont fournis par cette famille ; le premier, dont l'espèce unique est un métal natif du même nom, ne sert presque qu'à quelques préparations que fournit le précipité de ses solutions employé comme cosmétique, sous le nom de *blanc de fard*, préparations qui détruisent le velouté de la peau et ne sont pas sans danger pour l'économie animale.

18ᵉ FAMILLE. Les *hydrargyrides* sont des substances métalloïdes liquides ou solides donnant immédiatement du mercure liquide, quand on les chauffe dans un tube. Les deux genres *mercure* et *hydrargyrures*, dont le premier offre pour espèce le métal appelé mercure, si important pour obtenir les *amalgames* ou hydrargyrures artificiels, au moyen desquels on sépare des mélanges pulvérulents toutes les quantités d'argent qu'ils peuvent contenir. Le mercure fournit aussi, à l'état de métal, ces cuves pneumatiques que l'on voit dans les laboratoires, et si utiles pour y recueillir les gaz solubles dans l'eau.

19ᵉ FAMILLE. Les *argyrides* présentent des corps métalliques blancs attaquables par l'acide nitrique et donnant des solutions précipitant de l'argent métallique sur une lame de cuivre ou abandonnant, par l'action de l'acide hydrochlorique, un précipité attaquable par l'ammoniaque, et n'offrant l'indication d'aucun corps électro-négatif. Cette famille n'a qu'un seul genre et qu'une seule espèce, c'est l'*argent* natif. Ce minerai n'est pas le seul qui fournisse les 192,000,000 de francs que l'exploitation de ce métal précieux jette annuellement dans le commerce : car l'argent est souvent mélangé intimement dans une foule de sulfures, ou allié avec beaucoup d'autres métaux. L'art de l'isoler et de le mettre au titre, c'est-à-dire au degré de pureté qu'il doit avoir, constitue le travail et du métallurgiste et de l'affineur.

20ᵉ FAMILLE. Les *plumbides* sont des corps n'offrant l'indice d'aucune substance électro-négative par les réactifs ; ils sont attaquables par l'acide nitrique, ou réductibles en matière attaquable par cet acide lorsqu'ils ont été traités avec le carbonate de soude ; ils donnent des solutions précipitant en blanc par les sulfates et donnant des lamelles de plomb sur un barreau de zinc, et ne précipitant pas sur une lame de cuivre.

Trois espèces distinctes se présentent dans cette famille : le *plomb* métallique, qui se trouve à l'état natif et réduit naturellement dans les produits volcaniques ; le *massicot* ou plomb oxidé jaune, et le *minium* ou plomb oxidé rouge, substance que l'on forme en outre artificiellement, mais dont la fabrication est si délicate qu'il n'y a pas deux fabriques qui puissent fournir entièrement la même nuance.

21ᵉ FAMILLE. Les *aluminides* sont des substances composées d'alumine, soit seule, soit combinée avec différentes bases ; rarement attaquables immédiatement par les acides, mais formant avec la soude un composé le plus souvent infusible, que les acides attaquent avec plus ou moins de facilité. Leurs solutions donnent, par l'ammoniaque, un précipité abondant, gélatineux, qui se dissout par les alcalis fixes, et n'offre, d'ailleurs, que de faibles indices des autres corps électro-négatifs, si ce n'est du peroxide de fer. Cette famille fournit les deux genres *alumine* et *aluminates*, l'un et l'autre riche en espèces remarquables. Ainsi, dans le premier, l'on trouve le *corindon* ou *saphir*, pierre précieuse, tellement dure qu'elle raie tous les corps, excepté le diamant, et dont l'*émeril*, qui sert au polissage des pierres et des métaux, n'est qu'une variété granulaire. La valeur des corindons parfaitement purs est très-grande ; celle du corindon, ou *rubis oriental*, surpasse même le prix du diamant ; les saphirs d'une couleur bleue intense, viennent après le diamant et le rubis ; il en est de même de toutes les pierres orientales ; mais les saphirs bleu clair sont loin d'avoir la même valeur. Les aluminates présentent aussi d'autres pierres précieuses ; ainsi le *spinelle*, ou *rubis balais*, est employé dans la bijouterie, et possède, quand il est d'une teinte rouge très-vive, une valeur qui rivalise avec celle du coridon-rubis.

22ᵉ FAMILLE. Les *magnésides* sont des substances infusibles donnant, par les calcinations avec le nitrate de cobalt, une matière de couleur lilas, et n'offrant que la *brucite* pour genre et espèce.

3ᵉ CLASSE. CHROÏCOLYTES ou substances renfermant, comme principes électro-négatifs, des corps solubles susceptibles de former des sels ou des solutions colorées, et ne se réduisant presque jamais en gaz permanent.

23ᵉ FAMILLE. Les *titanides* sont des corps donnant, par la fusion avec le carbonate de soude, un sel insoluble dans l'eau, mais attaquable par l'acide hydrochlorique. Leur solution étendue d'eau devient violâtre par l'action d'un barreau de zinc, et donne, par l'ébullition, un précipité qui, au feu de réduction, forme un verre bleu-violâtre avec le sel phosphorique. Cette famille se compose de trois genres : *titanoxides*, *titanates* et *silicotitanates*.

24ᵉ FAMILLE. Les *tantalides* donnent, par la fusion avec le corbonate de soude, un sel soluble dans l'eau, dont la solution précipite, par l'addition de l'acide nitrique, une poudre blanche qui ne communique aucune couleur au verre de borax ou au sel phosphorique. Le seul genre *tantalate* compose cette famille, dont les espèces sont généralement très-rares dans les collections.

25ᵉ FAMILLE. Les *tungstides* sont des corps qui donnent, par leur fusion avec le carbonate de soude, un sel soluble dans l'eau dont la solution précipite, par l'addition de l'acide nitrique, une poudre qui devient jaune par l'ébullition de la liqueur, laquelle bleuit lorsqu'on la dépose sur une lame de zinc, et donne au feu de réduction un verre jaune-brun avec le borax, et un verre bleu avec le sel phosphorique. Dans cette famille on trouve pour genres l'*acide tungstique* et les *tungstates*.

26ᵉ FAMILLE. Les *molybdides* donnent, par la fusion avec le carbonate de soude, un sel soluble dans l'eau dont la solution précipite, par l'addition de l'acide nitrique, une poudre qui reste blanche par l'ébullition, mais qui bleuit lorsqu'on la dépose sur un barreau de zinc, et qui, en outre, forme un verre de couleur vert-émeraude avec le sel phosphorique, au feu de réduction. L'*acide molybdique* et les sels qu'il forme avec les bases métalliques composent le genre unique de cette famille.

27ᵉ FAMILLE. Les *chromides* sont des substances minérales donnant par leur fusion avec le carbonate de soude, qu'il faut quelquefois mélanger de salpêtre pour les oxider, un sel soluble dans l'eau dont la solution précipite en rouge par le nitrate d'argent, et en jaune par le nitrate de plomb ; de plus elles donnent toutes, avec la soude et un peu de salpêtre, une fritte jaune au feu d'oxidation, et verte au feu de réduction.

L'*acide chromique*, les *chromites* et les *chromates* sont les trois genres de cette famille, au milieu de laquelle brille surtout le superbe et magnifique jaune de chrome ou chromate de plomb, dont les peintres font un si grand usage dans les peintures sur toile et sur porcelaine.

28ᵉ FAMILLE. Les *uranides* sont directement attaquables par l'acide nitrique; leur solution jaune précipite en jaune brunâtre par l'hydrocyanate ferruginé de potasse; ce précipité (ou les substances elles-mêmes) donne avec le sel phosphorique un verre de couleur jaune-paille au feu d'oxidation, et vert au feu de réduction. Elles n'offrent dans la nature qu'un genre: *uranoxide*, avec deux espèces.

29ᵉ FAMILLE. Les *manganides* sont des corps donnant tous plus ou moins de chlore par l'action de l'acide hydrochlorique; de plus, quand on les fond avec le carbonate de soude, ils offrent une fritte verte soluble dans l'eau, qu'elle colore en vert pour y laisser ensuite précipiter un oxide brun; mais, du reste, ils n'indiquent d'ailleurs aucun des autres corps électro-négatifs qui servent de types aux autres familles. On y trouve les genres *manganoxides* et *manganites*, qui présentent des espèces diverses que l'on a long-temps confondues les unes avec les autres.

30ᵉ FAMILLE. Les *sidérides* sont des substances toujours ferrugineuses attaquables par l'acide nitrique, soit avant, soit après avoir été calcinées avec la poussière de charbon, et leur solution précipite abondamment en bleu par l'hydrocyanate ferruginé de potasse, mais ne donne, du reste, l'indice d'aucun autre corps électro-négatif. Les trois genres *fer*, *sidéroxides*, *ferrates*, composent cette famille, l'une des plus importantes, puisqu'elle fournit aux arts, avec les sels dont son métal est la base, tout le *fer* que nous mettons en œuvre pour nos usages journaliers. La valeur des produits annuels en fer brut s'élève, seulement en Europe, à plus de 450 millions de francs, provenant de l'extraction de plus de 15,324,000 quintaux de ce métal. Dans le premier de ces genres on doit remarquer ces aérolithes ou pierres météoriques qui de temps en temps tombent du ciel sur la terre, et semblent, par leur composition sans analogie parmi les substances minérales que nous offre ici-bas la nature, s'être dé-

tachées de quelques-unes de ces orbites célestes qui planent sans cesse au-dessus de nos têtes. Parmi les sidéroxides nous trouverons aussi ces variétés de *fer oligiste* qui nous fournissent les brunissoirs ainsi que les crayons rouges ou sanguines, les rouges de Prusse et les *ocres* rouges. Les ferrates ne sont pas non plus sans intérêt pour les sciences et l'industrie, car ils nous fournissent le *fer magnétique* ou *aimant*, dont l'usage est devenu d'une utilité si importante pour la marine.

31ᵉ FAMILLE. Les *cobaltides* se présentent dans la nature sous l'aspect d'une substance noire, terreuse, pulvérulente ou fuligineuse, infusible au chalumeau, ne donnant pas d'odeur arsenicale sur le charbon, et pas d'indice de manganèse avec la soude; mais la moindre parcelle de cette substance forme un verre bleu très-intense avec le borax; son genre et son espèce unique est le *peroxide de cobalt*, avec lequel on compose artificiellement ce bleu de cobalt si vif et si en usage dans la peinture, et surtout dans la peinture sur porcelaine.

32ᵉ FAMILLE. Les *cuprides* sont des substances fusibles au chalumeau, attaquables par l'acide nitrique, et dont les solutions ne donnent l'indice d'aucun autre corps électro-négatif, mais deviennent bleues par l'ammoniaque et précipitent en bleu par les alcalis fixes. Trois espèces composent cette famille, à la tête de laquelle le *cuivre* natif figure de la manière la plus remarquable; c'est un métal important dont nous possédions en France, à Chessy près de Lyon, des minerais fort riches; mais actuellement ils sont épuisés, et nous sommes forcés de faire venir de l'étranger la plupart du cuivre dont nous avons besoin dans les arts métallurgiques, pour la fabrication des tubes et chaudières d'un usage journalier.

33ᵉ FAMILLE. Les *orides* sont des substances métalliques d'un jaune plus ou moins pur, fusibles au chalumeau, attaquables seulement par l'eau régale, avec précipité plus ou moins abondant de chlorure d'argent; leur solution précipite en pourpre par le chlorure d'étain. L'*or*, qui forme le genre et l'espèce unique de cette famille, est trop généralement connu pour que nous en donnions une description étendue. Il paraît qu'on ne le trouve jamais à l'état de pureté parfaite dans la nature; il est toujours allié à une certaine quantité d'argent. De tous temps et dans tous les pays, la possession de la plus grande quantité possible de ce métal, type de la valeur des produits commerciaux, a été le but de la sordide avidité de la plupart des hommes : aussi partout on a fouillé les terrains qui paraissaient pouvoir le produire; l'Inde, l'Afrique, l'Amérique, le fournissent en grande quantité; l'Europe en jette aussi quelques parcelles sur les places de commerce, et la Russie commence à le faire exploiter avec succès au fond de la Sibérie, sur la pente occidentale des monts Ourals. Cependant la quantité d'or que l'on obtient annuellement ainsi des minerais de toutes les contrées n'est pas fort considérable, et ne s'élève pas à plus de 22 mille kilogrammes, dont la valeur n'excède pas 74 millions de francs.

34ᵉ FAMILLE. Les *platinides* sont infusibles et inoxidables au chalumeau, se laissent attaquer par l'eau régale, et leur solution précipite en jaune par un sel de potasse ou d'ammoniaque. Le *platine*, qui forme le seul genre et la seule espèce de cette famille, est encore rare dans le commerce, quoique d'une utilité fort grande dans les arts chimiques, pour la fabrication des chaudières, des creusets, des capsules, des alambics et des tubes. La bijouterie en fait également usage, et la peinture sur porcelaine en fait journellement une grande consommation.

35ᵉ FAMILLE. Les *palladiides* sont des corps difficilement fusibles, attaquables par l'acide nitrique à chaud, qui fournit une solution rouge que ne peuvent précipiter les sels de potasse, mais qui donne un précipité olive par l'hydrocyanate ferruginé de potasse. Le *palladium*, qu'on extrait de ces minéraux, a aujourd'hui quelques applications dans les arts.

36ᵉ et dernière FAMILLE. Les *osmiides* sont inaltérables au chalumeau et inattaquables par les acides; mais ils donnent par leur calcination avec le nitrate de potasse une odeur analogue à celle du chlore, et une masse attaquable par l'eau dont la solution précipite en flocons verts par l'addition de l'acide nitrique.

Ces deux familles se trouvent, avec le platine, dans la plupart des minerais d'or, d'où on les retire par une longue suite d'opérations.

La facilité que présentent tous les essais chimiques ou pyrognostiques qui précèdent donne suffisamment les moyens de ranger un minéral dans la classe et la famille auxquelles il appartient. Une étude plus approfondie de la science enseigne ensuite à distinguer son genre, et enfin l'espèce à laquelle il appartient.

SECT. III. — DE L'EMPLOI DES SUBSTANCES MINÉRALES.

Le règne minéral est incontestablement celui qui fournit aux usages de la vie le plus d'applications utiles et qui offre le plus de ressources à l'industrie des peuples civilisés. Nous allons, dans un exposé rapide, passer en revue toutes ces applications.

L'*art de bâtir* emprunte au règne minéral un grand nombre de ses matériaux. Toutes les pierres assez abondantes à la surface de la terre, dont l'exploitation est facile, sont employées dans la bâtisse. C'est ainsi que dans beaucoup de pays on exploite pour cet objet les pierres schistoïdes qui se divisent en tables, et dont on fait des constructions dites maçonneries de pierres sèches, les tufs volcaniques, les laves, la pierre meulière, etc.; mais de toutes ces pierres, celles dont l'emploi est le plus fréquent sont les pierres calcaires, qu'on rencontre en abondance, qui sont faciles à tailler, et sont assez résistantes pour soutenir une pression considérable, recevoir et conserver des ornements délicats, et avoir, quand elles sont de bonne qualité, une longue durée.

Après les pierres calcaires viennent les grès, qu'on emploie en grande quantité dans certains pays aux constructions sur terre et sous l'eau; les pierres volcaniques, telles que laves, basaltes, tufs, qui sont d'un usage très-étendu dans les pays où existent des volcans brûlants ou éteints, et les pierres granitiques.

C'est encore aux entrailles de la terre que l'homme va demander ces matières qui recouvrent souvent les édifices qu'il construit. Aussi on le voit appliquer à cet usage les roches qui peuvent se diviser en plaques plus ou moins épaisses, telles que les micaschistes, les quartz micacés schisteux, les schistes argileux, les grès schisteux, les calcaires, etc., ou bien cet asphalte ou mastic bitumineux dont on fait aujourd'hui pour les couvertures un emploi si étendu.

Pour fixer et relier toutes les parties de ces édifices et constructions, le règne minéral offre encore à l'homme les ciments et mortiers naturels, la chaux, le plâtre et l'asphalte.

La décoration tant extérieure qu'intérieure de ces édifices est aussi, en grande partie, empruntée à ce règne, et c'est lui qui fournit les marbres, les albâtres, les granites les plus fins, les porphyres brillants, les jaspes, le lapis lazuli, la malachite, le fluor, le labrador et beaucoup d'autres matières d'un aspect agréable ou d'un grand éclat.

Le pavé de grès de nos villes, les pierres calcaires, les basaltes, les laves, les granites, etc., qui servent au même usage, sont aussi des substances minérales; il en est de même de tous les cailloux ou débris roulés qui servent à consolider nos routes et nos chemins.

La *bijouterie* et la *joaillerie* tirent du règne minéral les nombreuses pierres précieuses qu'elles mettent habilement en œuvre.

L'*agriculture* lui doit cette variété infinie de terrains enrichis plus ou moins par des débris organiques qui servent de point d'appui aux plantes qu'elle cultive, et élaborent tous les matériaux dont celles-ci se nourrissent, ainsi que des amendements et des stimulants pour favoriser et accélérer leur végétation.

Qui ne connaît ces combustibles minéraux, ces houilles, lignites, tourbes, dont les amas presque inépuisables semblent avoir été déposés par la main de la prévoyante nature pour perfectionner nos *arts*, exercer notre industrie et améliorer la condition humaine?

Est-il besoin de rappeler que c'est au règne minéral que nous demandons tous ces *métaux* usuels sans l'usage desquels notre espèce eût resté éternellement dans un état d'infériorité?

Les *arts*, la *médecine* et l'*économie domestique* réclament aussi plusieurs *sels* qu'on trouve dans la nature, et qui ont divers emplois intéressants; tels sont: l'alun, dont on ne peut se passer dans les ateliers de teinture; les sulfates de fer et de cuivre, le sel commun, le nitre, le borax, le carbonate de soude et beaucoup d'autres.

L'art du *fabricant de porcelaine*, celui du *potier*, du *briquetier*, etc., lui empruntent les kaolins, les argiles plus ou moins fines et pures, dont ils fabriquent tous les vases et les objets de leur industrie, et souvent la couverte ou vernis qui les enduit.

Le *verrier* ramasse les sables volcaniques, les ponces, les roches feldspathiques, les trachytes, les sables cristallins, et en compose, en les combinant à d'autres substances, ces cristaux si purs, ces verres de toutes les nuances et ces strass qui rivalisent d'éclat avec les pierres précieuses.

Le *peintre* répand sur sa palette une foule de couleurs empruntées au règne minéral; le *dessinateur* y trouve des crayons noirs, rouges, blancs, et le *lithographe* des pierres pour dessiner.

Des argiles, dites smectiques, servent à *fouler* les draps et à enlever les *taches* de graisse; des schistes, des grès, sont employés à *aiguiser* nos instruments tranchants. Ces mêmes grès, ainsi que la ponce, les sables siliceux et l'émeri, sont appliqués chaque jour à donner le *poli* aux métaux et aux substances les plus dures; on emploie encore au même usage la craie, le tripoli, la terre pourrie, les argiles schisteuses, etc.; enfin on donne aux surfaces métalliques un apprêt qu'on nomme *bruni*, au moyen d'agates, de silex et d'hématites.

On se sert encore des silex pour faire des *pierres à fusil*; de certains grès poreux pour construire des fontaines *filtrantes*; des sables fins argileux pour *mouler* les métaux, et de basaltes, sous le nom de *pierre de touche*, pour essayer les matières d'or et d'argent.

Enfin, pour réduire en farine les grains qui nous servent d'aliment, on façonne en meules des silex connus sous le nom de pierre meulière, des laves poreuses, des roches trachytiques, des grès, des poudingues siliceux, des roches granitiques, des micaschistes, etc.

J. ODOLANT-DESNOS.

CHAPITRE III.

BOTANIQUE.

DÉFINITIONS.

La botanique est la partie de l'histoire naturelle qui a pour objet la connaissance des plantes. On la divise : 1° en *botanique générale* ou proprement dite, quand elle comprend le langage ou plutôt les termes qui servent à désigner et à caractériser les différents organes des plantes, leur classification et leur description; 2° en *physique végétale*, qui embrasse la structure, les fonctions et les maladies des plantes; 3° en *botanique appliquée* ou usuelle, subdivisée en agricole, médicale et économique, selon que l'on considère les végétaux sous le rapport de leur culture, de leur emploi en médecine ou dans les arts.

On entend par végétaux, des êtres organisés et vivants, mais dépourvus de sentiment et de mouvements volontaires. Lorsqu'on arrive sur les limites du règne végétal et du règne animal, il n'est pas toujours facile de dire auquel appartiennent quelques êtres; mais aux caractères indiqués il suffit d'ajouter que le végétal provient d'une graine; qu'il n'a pas d'organe d'impulsion qui mette en mouvement les fluides qui circulent dans ses tissus; qu'il n'a rien que l'on puisse comparer à la pulpe ni à la fibre nerveuse pour la structure et les fonctions; qu'il n'assimile que des substances inorganiques, comme l'air, les gaz, l'eau, les sels, etc.; et qu'enfin cette assimilation s'opère par la surface externe des feuilles et des racines.

1° NOMENCLATURE ET DESCRIPTION DES PARTIES DES PLANTES.

On distingue dans les plantes : la racine, la tige, les feuilles, les fleurs, les fruits et diverses parties accessoires.

La *racine* est la partie la plus inférieure du végétal, qui, fixée ou plongée dans un milieu, en tire sa nourriture et celle des autres parties en sens contraire desquelles elle croît. On y distingue une partie supérieure ou nœud vital (pl. 1, fig. 2, A) d'où naissent les feuilles et les tiges; une moyenne (B) et le chevelu ou radicelles (C)

qui, terminées par de petits renflements ou spongioles (D), absorbent les fluides qui doivent servir à la nutrition. Une racine est annuelle ⊙, bisannuelle ♂ ou vivace ♃, selon qu'elle dure une, deux ou plusieurs années. Sa consistance est charnue, ligneuse, fibreuse, etc.; elle se dirige horizontalement, perpendiculairement ou obliquement; elle varie surtout dans sa forme : dans tous les arbres, elle est rameuse (fig. 1), conique dans la carotte (fig. 2), napiforme dans la rave (fig. 3), fusiforme dans le radis (fig. 4); dans toutes les plantes monocotylédonées elle est fibreuse (fig. 5, 10, 11) et capillaire dans presque toutes les plantes dicotylédonées (fig. 6). Souvent la racine est accompagnée de tubercules : dans la pomme de terre, la filipendule (fig. 7), ils sont placés sur les racines mêmes; dans la renoncule bulbeuse, le terrenoix (fig. 8), ils sont à la base même de la tige; et ils sont disposés en faisceaux dans les dahlias, les pivoines et quelques renoncules, où ils prennent le nom de griffes (fig. 9); ils sont didymes (fig. 10) dans un grand nombre d'orchidées, et palmés (fig. 11) dans d'autres.

La *tige* est le corps de la plante, qui s'allonge en sens inverse de la racine à laquelle il est continu; elle produit et supporte toutes les autres parties. On distingue cinq espèces de tiges : 1° Le tronc, qui est de forme légèrement conique, nu en bas et rameux à sa partie supérieure; il appartient aux arbres. 2° Le stipe (pl. 2, fig. 1), qui représente une colonne aussi grosse en haut qu'en bas, et qui est terminée par un bouquet de feuilles comme dans les palmiers. 3° Le chaume (fig. 2) est une tige le plus souvent creuse, avec des renflements solides d'espace en espace d'où naissent les feuilles, comme dans le froment, l'avoine, etc. 4° Le rhizome, ou souche (fig. 3), est une tige cachée sous terre propre aux plantes vivaces. De sa partie antérieure naissent les tiges chaque année, tandis que la partie postérieure se détruit : le sceau de Salomon, l'iris, etc., en offrent un exemple. 5° On appelle tige proprement dite celle qui ne présente aucun des caractères propres aux quatre espèces précédentes. Sous le rapport de la consistance, la tige est herbacée, ligneuse, charnue, spongieuse, etc.; sa forme est allongée, cylindrique, fistuleuse, comprimée, angulée, noueuse, articulée, géniculée, grimpante, volubile à droite ou à gauche, etc. Selon la direction qu'elle affecte, on la nomme dressée, rampante, ascendante, spiralée, etc.; si on considère les appendices dont elle est revêtue, on la dit feuillée, aphylle, ailée, écailleuse, pubescente, laineuse, velue, épineuse, aiguillonnée, etc., et, selon l'état de sa surface, elle est inerme, unie, lisse, pulvérulente, glauque, striée, verruqueuse, etc.; suivant sa ramification, elle est éparse, alterne, opposée, verticillée, dichotome, trichotome, pyramidale, étalée, etc.

Les *bourgeons* ou boutons (pl. 2, fig. 9) sont des corps ovales, arrondis ou allongés, qui se développent sur les branches, à l'aisselle des feuilles ou à l'extrémité des rameaux; ils renferment les feuilles, les tiges, les fleurs et les fruits à l'état rudimentaire. Sous la Zone Torride et dans les pays chauds les bourgeons sont nus; mais dans les contrées tempérées et froides, ils sont recouverts d'un plus ou moins grand nombre d'écailles imbriquées, tomenteuses, à leur face interne, et souvent couvertes à l'extérieur d'un enduit visqueux ou résineux. Ces parties accessoires ou *pirules* leur permettent de résister au froid. Elles sont formées par des feuilles avortées, par la base du pétiole qui persiste, par des stipules, ou par des pétioles garnis de stipules; on dit alors que les bourgeons sont foliacés, pétiolés, stipulacés ou fulcracés. S'il n'y a qu'un bourgeon sous les écailles, il est simple; s'il y en a plusieurs, il est composé. Les bourgeons sont alternes, opposés, verticellés, épars, etc.; enfin on les nomme florifères, folifères ou mixtes, selon qu'ils renferment des fleurs ou des feuilles seulement, ou des fleurs et des feuilles en même temps. Ils commencent à paraître en été, et c'est seulement au printemps suivant, du moins dans nos climats, qu'ils se développent entièrement.

Le *turion* (pl. 3, fig. 2) ne diffère du bourgeon que parce qu'il naît sous terre, et sur une racine vivace comme l'asperge.

Le *bulbe,* que pendant long-temps on a rangé parmi les racines, est un renflement arrondi ou ovale situé sur le collet ou plateau de la racine, et qui reste ordinairement sous terre; comme le bourgeon il contient tous les éléments de la nouvelle plante. On distingue le bulbe à tuniques (fig. 5), qui est formé de couches concentriques, comme celui de l'ognon; le bulbe écailleux (fig. 6), qui est composé de feuilles avortées et imbriquées, comme le bulbe du lis; et le bulbe solide (fig. 7), où les parties sont tellement serrées les unes contre les autres, qu'elles forment un corps homogène, comme dans le safran, le glaïeul. Le bulbe est simple quand il est formé d'un seul corps, et multiple quand, sous une même enveloppe, il renferme plusieurs bulbes ou cayeux, comme dans l'ail (fig. 8). La régénération des bulbes s'opère au centre même du bulbe dans l'ognon, sur le côté dans les jacinthes, les tulipes; et à la partie supérieure de l'ancien bulbe dans le safran, le glaïeul (fig. 7).

Les *bulbilles* sont des petits corps semblables, pour la forme et la structure, aux bulbes; ils sont situés sur la tige dans le lis bulbifère, sur la base de l'ombelle dans plusieurs espèces d'aulx; quelquefois même ils se développent sur les feuilles. Chacun de ces petits corps est susceptible de reproduire la plante-mère. Lorsqu'une plante porte ainsi des bulbes, on la dit vivipare.

On donne le nom de *propagines,* de *spores, gongyles,* à des corps microscopiques que l'on suppose être les organes reproducteurs des agames comme des algues, des lichens, des champignons.

La *préfoliation* est l'arrangement des rudiments des feuilles dans le bourgeon, et la manière d'être de leur disque; ainsi elles sont placées sur leur longueur ou sur leur hauteur. Dans les fougères elles sont roulées en crosse; elles sont roulées en forme de cornet dans les balisiers; pliées plusieurs fois sur elles-mêmes comme un éventail dans le palmier, etc.

La *feuille* est une expansion ordinairement verte, plane, membraneuse, formée de l'épanouissement d'une ou plusieurs fibres. Elle se compose de deux parties, du *pétiole* et du *disque* ou *limbe.* Le pétiole ou queue est la partie la plus mince qui lui sert de support; quand il existe la feuille est pétiolée; quand il manque elle est sessile. Il est long, court, rond, aplati, canaliculé, ailé, etc.; lorsqu'il enveloppe une certaine étendue de la tige on le nomme gaîne;

celle-ci est entière quand son pétiole représente un véritable canal dans lequel passe la tige, comme dans les cypéracées ; elle est fendue quand les bords sont seulement rapprochés sans être soudés, comme dans les graminées (pl. 3, fig. 2) ; sa partie supérieure est nue, velue ou garnie d'une petite membrane dont la forme est très-variable et qu'on nomme *ligule* (A). Le *disque* d'une feuille, c'est toute sa partie foliacée, verte et membraneuse ; c'est toute la feuille excepté le pétiole. Il arrive quelquefois, comme dans les acacias de la Nouvelle-Hollande, dont les feuilles sont simples, que le disque avorte : alors le pétiole se dilate et forme ce que M. de Candolle appelle *phyllode*. Dans une feuille on distingue une face supérieure et une inférieure, une base qui répond au point d'attache ou au pétiole, un sommet qui lui est opposé, et une circonférence ou bord ; les nervures que l'on observe à la face inférieure sont formées par les divisions du pétiole ; la nervure médiane est celle qui se continue avec le pétiole, et les nervures latérales partent de celle-ci et se ramifient. Une feuille est basinerve lorsque les nervures naissent de la base, latérinerves si elles naissent de la nervure médiane, et pettinerves quand elles partent du centre de la feuille, comme dans l'écuelle à eau ; dans tous les autres cas elles sont mixtinerves, c'est-à-dire qu'elles naissent à la fois de la base et de la nervure médiane. Dans les monocotylédonées les nervures des feuilles sont longitudinales.

On appelle feuille sessile (pl. 3, fig. 1) celle qui naît immédiatement de la tige ; si son disque dépasse son point d'insertion et qu'il s'étende sur la tige, elle est décurrente comme dans le pavot ; lorsqu'elle embrasse par sa base la totalité de la tige, elle est amplexicaule, et semi-amplexicaule (fig. 3) quand elle n'en embrasse que la moitié ; perfoliée (fig. 4) si la tige traverse son disque, comme dans le buplèvre. On appelle connées ou conjointes (fig. 5), deux feuilles opposées qui se soudent par leur base et embrassent la tige. On distingue plusieurs espèces de feuilles : les simples et les composées.

1° Une feuille est simple quand son disque est continu dans toute son étendue, et qu'elle est formée d'une seule et même pièce. Les feuilles simples diffèrent entre elles sous plusieurs rapports ; relativement

à leur insertion, on les divise en séminales, quand elles résultent du développement des cotylédons ; primordiales, quand elles se développent après les feuilles séminales ; radicales, caulinaires, ramaires, quand elles naissent sur la racine, les tiges ou les rameaux ; et florales quand elles accompagnent les fleurs ; dans ce cas, si elles ne ressemblent pas aux autres feuilles, on les nomme bractées. Relativement à leur disposition sur la tige ou les rameaux, elles sont opposées, alternes, imbriquées, fasciculées, couronnantes, en rosette, verticillées ; et suivant le nombre de feuilles qui forment le verticille, elles sont ternées, quaternées, etc. Sous le rapport de leur direction, elles sont dressées, ouvertes, pendantes, humisuses, nageantes, etc. Si on considère leur circonscription, on les dit ovales (fig. 6), orbiculées, subulées (fig. 7), lancéolées (fig. 8), capillaires, spatulées, hastées (fig. 9), obcordées (fig. 10), cordées (fig. 11), etc. On les distingue en bilobées (fig. 12), trilobées (fig. 13), pectinées (fig. 14), pinnatifides (fig. 15), bipartites, tripartites, multipartites, laciniées, lyrées (fig. 16), runcinées (fig. 17), ailées (fig. 18), palmées (fig. 19). Selon l'état de leur bord, elles sont entières, dentées, serrées, ciliées, épineuses. Par rapport à leur surface, elles sont luisantes, glabres, pertuses, scabres, pubescentes, cancellées, vertes, glauques, tachetées, discolores, etc. Enfin, on les dit caduques, si elles tombent peu après leur apparition ; décidues, si c'est avant une nouvelle foliation ; marcescentes quand elles se dessèchent avant de tomber, et persistantes lorsqu'elles durent plus d'une année.

2° Une feuille est composée lorsqu'elle est formée de parties séparables, sans déchirement, les unes des autres : ces parties se nomment *folioles*, et sont supportées par des pétioles partiels (*pétiolules*) qui s'insèrent au pétiole commun ou rachis par leur base. Si le pétiole commun ne se ramifie pas, la feuille est simplement composée ; s'il se ramifie elle est décomposée. Dans la feuille simplement composée, les folioles naissent ou du sommet du pétiole ou sur ses côtés ; dans le premier cas les feuilles sont dites unifoliées (fig. 20), bifoliées (fig. 21), trifoliées (fig. 22), quadrifoliées, etc., multifoliées ; dans le second elles sont pennées, et on les distingue en alterni-pennées et oppositi-pennées, suivant la position respective des folioles. Les oppositi-pennées se divisent en unijuguées, bijuguées, trijuguées, multijuguées, selon le nombre de couples de folioles dont elles se composent; on les distingue encore en imparipennées (fig. 23) ou paripennées (fig. 24), selon que le sommet du pétiole est garni d'une foliole ou d'une vrille, ou qu'il n'a ni l'un ni l'autre. Les feuilles décomposées sont digitipennées, bigéminées, ou bipennées (fig. 25). Enfin, dans les feuilles susdécomposées, les pétioles secondaires se divisent en pétioles tertiaires qui portent des folioles : ces exemples sont rares.

Les *stipules* sont des appendices membraneux ou foliacés situés à la base des pétioles, ou qui le plus souvent font corps avec eux ; on n'en rencontre pas dans les plantes monocotylédonées; elles offrent de grandes différences sous le rapport de leur forme, de leur nature et de leur durée.

Les *vrilles*, cirrhes ou mains, sont des filaments simples ou rameux, nus, roulés sur eux-mêmes, au moyen desquels certaines plantes s'attachent à différents corps. Elles sont simples ou rameuses, et naissent tantôt à l'opposé des feuilles, tantôt à leur aisselle ; d'après leur position on voit facilement qu'elles résultent de l'avortement des fruits des pétioles ou des stipules. Dans plusieurs espèces de plantes le pétiole des feuilles remplit les fonctions de vrille.

On appelle *griffes* des espèces de racines qui naissent de la partie ligneuse de quelques plantes ; leur surface est parsemée de suçoirs très-déliés qui absorbent les parties nutritives dans les corps où ils sont implantés. Dans la bignone, elles naissent près des pétioles, tandis que dans le lierre grimpant elles occupent tout le côté adhérent de la tige.

Les *épines* sont des productions dures et pointues qui font corps avec le tissu même des plantes, et dont on ne peut les séparer sans les briser ; elles sont formées par l'avortement des feuilles, des stipules ou des rameaux.

Les *aiguillons* diffèrent des épines en ce qu'ils sont simplement contigus avec les tiges, les rameaux, les feuilles, les fruits, dont on les sépare facilement et sans déchirement, si ce n'est celui de l'épiderme. On les regarde généralement comme les armes des plantes et comme des poils endurcis ;

ils sont quelquefois droits, mais le plus souvent recourbés.

Les *poils* sont des filaments déliés, cylindracés, plus ou moins flexibles, qui naissent de l'épiderme des plantes. Des auteurs les considèrent comme un vêtement qui garantit les plantes des intempéries des saisons ; d'autres les regardent comme des organes excréteurs. Dans l'ortie ils sont subulés, fistuleux, et leur base recouvre une glande qui sécrète un fluide irritant. Dans le rosier, ils supportent des corps glanduleux à leur sommet ; ils sont solitaires, ramassés en faisceaux ou en étoiles ; leur structure est simple ou cloisonnée, et ils prennent les noms de laine, coton, crins, barbe, duvet, etc., selon la forme sous laquelle ils se présentent.

Les *glandes* sont de petits corps vésiculeux qui se trouvent sur plusieurs parties des plantes, et surtout sur les feuilles, les calices, les pétales, etc. ; elles paraissent être des organes sécréteurs. On les désigne sous les noms de vésiculaires, squameuses, lenticulaires, urcéolaires, utriculaires, d'après leur ressemblance avec des vésicules, des écailles, des lentilles, des godets, des ampoules, etc. ; elles sont tantôt sessiles, tantôt stipitées.

Les *organes de la reproduction des plantes* sont plus nombreux et plus variés que ceux qui servent à leur nutrition et à leur soutien ; ils se composent de la *fleur*, des *fruits*, et de quelques parties accessoires ; parmi celles-ci, les *bractées* occupent le premier rang, parce que, dans quelques circonstances, elles ressemblent parfaitement à des feuilles, et que, sous ce rapport, elles font partie des tiges, tandis que dans d'autres elles s'identifient tellement avec les fleurs et les fruits qu'elles en sont inséparables. On donne ce nom à un certain nombre de petites feuilles placées autour d'une ou plusieurs fleurs, et qui diffèrent des autres feuilles par leur forme, leur couleur et leur consistance ; on en distingue plusieurs espèces auxquelles on a donné des noms différents : 1° L'*involucre*, qui est un assemblage de feuilles florales à la base commune de plusieurs fleurs sessiles ou pédonculées; et *involucelle* à l'involucre partiel ou secondaire qui existe à la base des ombelles particulières qui forment l'ombelle générale. Il est monophyle, polyphylle ou dimidé, etc. 2° Le *calicule* (pl. 4, fig. 17 G,) est formé d'une ou plusieurs petites bractées qui environnent et qui sont attachées immédiatement à la base externe du calice, comme dans l'œillet, la guimauve. 3° La *cupule* est involucre, lorsqu'elle persiste jusqu'à la maturité du fruit; elle est foliacée dans le noisetier et formée de petites écailles dans le chêne. 4° La *spathe* (pl. 4, fig. 1) est une gaîne membraneuse rarement ligneuse, qui renferme une ou plusieurs fleurs, et qui se rompt, se fend ou se déroule pour que les fleurs puissent se développer; elle est monophylle dans l'arum et diphylle dans l'ail. 5° La *glume* (fig. 2, A) est composée dans les graminées par les paillettes ou écailles les plus proches des organes sexuels; elle est formée d'une ou de deux pièces. Les parties extérieures se nomment l'*épicène* (B), qui est unipaléacée ou bipaléacée selon le nombre des paillettes qui la composent; elle est également biflore, multiflore, si elle sert d'involucre à un épillet composé de deux ou plusieurs fleurs. On a encore considéré comme involucres les feuilles qui dépassent le fruit des ananas, et on a désigné cette variété sous le nom de *couronne,* ainsi que les paillettes ou soies que l'on observe sur le réceptacle ou clinanthe des fleurs composées.

Le *pédoncule* est le support qui soutient la fleur, ce qu'on nomme vulgairement la queue d'une fleur ou d'un fruit; s'il se ramifie les divisions prennent le nom de *pédicelles.* Une fleur est pédonculée ou sessile, selon qu'il existe ou qu'il manque; selon le lieu d'où il naît on le dit radical, caulinaire, ramaire, pétiolaire, axillaire, terminal. On a considéré pendant long-temps comme des tiges le pédoncule latéral et radical des plantains, et le pédoncule central d'un grand nombre de plantes bulbeuses; on les désigne généralement sous le nom de *hampe.*

On entend par le mot *inflorescence* la disposition des fleurs dans les plantes; elle a reçu, suivant sa forme, différents noms. C'est un *épi* lorsque les fleurs sont disposées sur un axe commun simple, ou courtement ramifié et persistant après la floraison, comme dans la plupart des graminées, dans l'épine-vinette. Le *chaton* résulte de l'assemblage d'écailles ou de bractées florifères autour d'un axe commun articulé et qui tombe après la floraison. Le *spadix* est un pédoncule commun couvert de fleurs unisexuées et nues; dans le gouet il est renferme dans une spathe, il est nu dans les poivriers. La *grappe* résulte de la ramification courte et composée de l'axe commun qui supporte les fleurs. Dans l'*ombelle* les pédoncules partent tous d'un même point, et sont terminés chacun par un amas de fleurs ou pédicelles uniflores qui naissent également d'un même point et qui s'élèvent à la même hauteur : la carotte, le panais, etc., en offrent des exemples. La *sertule* en diffère parce que les pédoncules sont simples et uniflores : comme dans le jonc fleuri, l'ail, etc. Dans le *verticelle* les fleurs naissent autour de la tige et à la même hauteur. Le *capitule,* ou *calathide,* ou *phorante,* est formé par la réunion d'un plus ou moins grand nombre de petites fleurs sur un réceptacle commun et terminal, comme on le voit dans l'artichaut.

La *fleur,* comme les feuilles, a une manière d'être particulière depuis son état rudimentaire jusqu'à son épanouissement : c'est ce qu'on appelle *préfloraison.* Dans les corolles monopétales on dit qu'elle est spirale lorsque le limbe est ainsi contourné; plissée, lorsqu'elle représente les plis d'un filtre de papier; et dans les corolles polypétales on la dit imbriquée quand les pétales, comme dans la rose, se recouvrent les uns les autres; chiffonnées, comme dans le pavot, etc. On peut tirer de très-bons caractères de la préfloraison, mais il faudrait l'étudier sur les autres parties de la fleur.

Une fleur se compose de l'ensemble des organes qui servent à la reproduction : le *calice,* la *corolle,* les *étamines* et le *pistil;* les deux premiers peuvent être considérés comme accessoires; mais les seconds, réunis ou séparés, constituent essentiellement la fleur. Pour comprendre parfaitement ces organes et pour ne pas les confondre, il faut supposer la fleur formée de quatre tubes qui rentrent les uns dans les autres comme ceux d'une lorgnette, que l'on peut à volonté isoler les uns des autres, et dont on peut varier la forme presque à l'infini. Chacun de ces tubes porte le nom de *verticelle;* le plus externe correspond au calice; le second à la corolle; le troisième aux étamines, et le quatrième ou central au pistil.

Une fleur est complète quand elle offre ces quatre sortes d'organes, et incomplète quand il en manque un, deux ou trois. Quand il n'existe qu'une seule enveloppe florale (pl. 4, fig. 11) il est difficile de dire si c'est un calice ou une corolle ; elle se présente sous tant de formes et des couleurs si variées, qu'on la prendrait volontiers aussi souvent pour l'un que pour l'autre. Les auteurs, dans ce cas, en lui donnant le nom de *périanthe* ou *périgone*, n'ont pas levé toutes les difficultés ; le nom de calice doit lui être conservé, et sous cette dénomination on entend la partie la plus extérieure de la fleur, qui, par sa face externe, est continue dans toute son étendue avec celle du support de la fleur, dont elle n'est que le prolongement ; tandis que la corolle se continue avec les parties intérieures. Il est formé de plusieurs pièces qu'on nomme *sépales* ; lorsqu'elles sont soudées entre elles et qu'elles n'en forment qu'une seule, le calice est monosépale ; quand, au contraire, on peut les séparer les unes des autres sans opérer de déchirement, on dit qu'il est polysépale. On distingue, dans le calice monosépale, le bord ou limbe, la gorge et le tube. Selon l'état du limbe, il est entier ou à deux, trois, quatre, cinq dents, lobes ou divisions ; la gorge est nue, velue, barbue, resserrée, couronnée ou appendiculée, etc.; le tube est court, long, droit, courbe, cylindrique, enflé, anguleux, à deux, trois ou quatre ailes, etc. Le calice est caduc, marcescent ; mais le plus souvent persistant, et quelquefois même, comme dans l'alkékenge, il prend du développement jusqu'à la maturité du fruit. On le dit pétaloïde quand il se colore ; il est régulier ou irrégulier, quelquefois bossu ou éperonné ; enfin il est supère, infère ou adhérent, selon qu'il est placé au-dessus ou au-dessous de l'ovaire, ou qu'il fait corps avec lui. Le calice polysépale est le plus souvent caduc ; selon le nombre de sépales qui entrent dans sa composition, il est disépale, trisépale, polysépale. La figure des sépales varie ; ils sont linéaires, lancéolés, aigus, cordiformes, obtus, etc.

On entend par *corolle*, un organe laminé ou tubulé, simple ou multiple, placé en dedans du calice, qui naît en dehors du point d'insertion des étamines, ou qui les supporte. La corolle n'existe qu'avec le calice ; elle se compose de segments que l'on nomme pétales, et qui sont libres ou soudés entre eux ; d'où la division en corolle monopétale ou gamopétale, et en polypétale. Dans un *pétale*, on distingue : 1° la lame (fig. 17, A), généralement située en dehors ; elle est plate, élargie, allongée, aiguë, obtuse, dentée ou entière, etc. ; sa couleur est très-variée. 2° L'onglet (B) ou la partie plus ou moins allongée qui s'attache au réceptacle ; il est nu, glanduleux, velu, court, long, etc. Comme dans le calice, on distingue dans la corolle, le limbe, la gorge et le calice ; la forme de ces parties est très-variable : elle est régulière ou irrégulière. Dans le premier cas, on la dit rotacée, (fig. 4), campanulée (fig. 5), tubulée (fig. 6), hippocratériforme (fig. 7), urcéolée (fig. 8); infundibuliforme, quand elle rappelle la forme d'une roue, d'une cloche, d'un tube, d'une petite outre ou d'un entonnoir. Dans le second, elle est unilabiée (fig. 12), quand elle n'a qu'une seule lèvre : comme dans l'acanthe ; ligulée comme dans le pissenlit : le limbe s'étend d'un seul côté ; bilabiée (fig. 13) : le limbe est divisé en deux parties, une supérieure et une inférieure : ce caractère appartient à toute une famille de plantes ; personnée (fig. 14) : divisée en deux parties également, mais avec un renflement particulier à la gorge, qui lui donne l'apparence grossière d'un mufle d'animal : le muflier, la linaire en sont des exemples ; enfin, anomale, quand elle n'a aucun rapport avec les précédentes.

La corolle polypétale est aussi régulière ou irrégulière. La première est dite cruciforme (fig. 15) quand ses quatre pétales sont à onglet et disposés en forme de croix : on trouve ce caractère dans toute la famille des crucifères ; rosacée (fig. 16) : les pétales sans onglet apparent et au nombre de trois, cinq, dix, et disposés en rose : comme dans la fraise ; caryophyllée (fig. 17), composée de cinq pétales dont les onglets (B) plus ou moins longs sont cachés dans un calice, comme dans l'œillet.

La corolle polypétale irrégulière est dite papilionacée, parce qu'on lui a trouvé quelque ressemblance avec un papillon ; elle se compose de cinq parties, l'une supérieure et ordinairement plus grande ou étendard (fig. 18, A) ; deux latérales ou ailes (B), et deux inférieures plus ou moins pressées par les ailes, elles sont agglutinés par leur bord inférieur, et forment la carène (C) : comme dans le haricot, etc. ; la carène est quelquefois formée d'une seule pièce. Enfin, on donne le nom de fleur polypétale irrégulière anomale à celle qui ne présente pas les caractères qui appartiennent à la corolle papilionacée.

Les plantes, comme les animaux, possèdent des organes sexuels, par l'action réciproque desquels elles se reproduisent : l'*étamine* représente le mâle et le *pistil* la femelle. Pendant long-temps on a considéré ces organes comme des accessoires ou des ornements des fleurs. Ce n'est que dans le XVII° siècle que Camerarius, médecin à Tubinge, et célèbre botaniste, en fit connaître la nature et les fonctions; presque en même temps, Grew confirma par des expériences les mêmes faits. Depuis cette époque, ces organes ont acquis une telle importance que, pour les botanistes actuels, ils composent la fleur proprement dite, et les autres organes ne sont que des parties accessoires et des ornements. Les fleurs ont reçu différents noms d'après la distribution des organes sexuels. Quand une fleur réunit les deux sexes, on l'appelle hermaphrodite (pl. 4, fig. 11), et unisexuée mâle ou femelle, quand elle n'a que des étamines ou des pistils seulement. Lorsque la même plante porte en même temps et dans des enveloppes distinctes des fleurs mâles et des fleurs femelles, elle est monoïque (fig. 9, 10); dioïque, quand les fleurs mâles et les fleurs femelles sont portées par des individus séparés, et androgyne ou polygame lorsque sur le même individu on trouve en même temps des fleurs hermaphrodites, des fleurs mâles et femelles.

Une *étamine* est formée de trois parties : une supérieure ou *anthère* (pl. 5, fig. 1, A a), qui renferme dans son intérieur le pollen et le filet qui la supporte. Quand celui-ci manque, l'anthère est sessile; si l'anthère avorte, comme on le voit dans un grand nombre de plantes, le filet prend le nom de *staminode*. Les étamines varient entre elles sous beaucoup de rapports : leur nombre est défini, depuis une jusqu'à dix; mais au delà il est indéfini : leur insertion est immédiate quand elle a lieu sur le réceptacle, le calice, le pistil, et médiate lorsqu'elles sont adhérentes à la corolle, dont l'insertion détermine alors celle des étamines; on les dit hypogynes, périgynes et hépigynes, selon qu'elles s'insèrent immédiatement ou médiatement, au-dessous de l'ovaire, à son pourtour ou à sa partie supérieure. Selon leur proportion, elles sont égales quand elles ont toutes la même longueur; didy-

names lorsque sur quatre il y en a deux plus grandes que les autres (fig. 4), et tétradynames (fig. 5) si sur six il y en a deux plus courtes que les quatre autres. Lorsque les filets sont réunis en un, deux ou plusieurs faisceaux, les étamines prennent le nom de monadelphes (fig. 6), diadelphes (fig. 7), ou polyadelphes (fig. 8); elles sont, suivant leur position, alternes ou opposées aux divisions de la corolle ou du calice; incluses ou exsertes selon qu'elles sont renfermées dans la corolle, ou qu'elles la dépassent.

L'*anthère*, ou partie supérieure de l'étamine, ainsi nommée parce qu'elle n'est apparente que quand la fleur est épanouie, consiste dans un ou deux petits sacs accollés l'un à l'autre (fig. 1, D d), et qui s'ouvrent (E) à certaine époque pour répandre le pollen (B) et féconder les ovules. On nomme *connectif* la partie qui unit les loges des anthères. Cette partie est rudimentaire, à peine visible dans la plupart des plantes; mais dans la sauge, la mélisse, elle est très-visible; la forme des anthères est ronde, ovoïde, linéaire, sagittée; elles sont cornues, aiguës, anitées, lisses ou raboteuses; tantôt éloignées les unes des autres, tantôt rapprochées; elles se soudent même par leurs côtés dans les synanthérées, et forment un véritable canal que traverse le pistil; elles s'ouvrent généralement suivant leur longueur (fig. 1) : dans les bruyères, les morelles, c'est par un pore situé au sommet de chaque loge (fig. 2); dans la pyrole ce pore est à la partie inférieure.

Le *pollen* (fig. 1, B) est une poussière très-fine renfermée dans les loges des anthères avant la fécondation, et dans chaque grain est un petit sac renfermant la *fovilla* ou fluide fécondant. Sa couleur est le plus souvent jaune, quelquefois pâle, orangée ou blanche; la forme des grains polliniques varie, elle est ronde, ovale, triangulaire, lisse ou inégale; dans ce dernier cas leur surface est toujours visqueuse; ils paraissent formés de deux membranes. L'intérieur, dans l'acte de fécondation, se prolongerait à travers les ruptures de la plus extérieure sur les stigmates; dans quelques plantes, comme les apocinées, les orchidées, le pollen est réuni en masses, divisées en plus petites masses qu'on nomme alors masses polliniques.

Les *filets* des anthères varient beaucoup

pour la longueur et pour la forme ; ils sont tantôt nus, tantôt couverts de poils ; ils paraissent formés de deux parties soudées et articulées l'une avec l'autre dans les euphorbes (fig. 3) ; ils manquent quelquefois: alors les anthères sont sessiles.

La *pistil* ou organe sexuel femelle est placé généralement au centre de la fleur ; il se compose de l'ovaire, du style et du stigmate.

·L'*ovaire* (pl. 5, fig. 9, A) occupe toujours la partie inférieure du pistil ; quand on le coupe en travers, il présente une ou plusieurs loges qui renferment un ou plusieurs *ovules* qui doivent s'y développer après la fécondation ; quand on rencontre l'ovaire libre au fond d'une fleur, on le dit supère ; mais quand il est placé au-dessous il est infère, et dans ce cas il adhère ou fait corps avec le tube du calice ; il est quelquefois supporté par un prolongement de sa base, ou *podogyne*, qu'il ne faut pas confondre avec le *réceptacle*, comme dans le pavot : on le dit uniloculaire, biloculaire, multiloculaire, selon qu'il présente une, deux ou un plus grand nombre de loges.

Le *style* (Bb), ou partie supérieure de l'ovaire, se présente le plus souvent sous la forme d'un ou plusieurs filets qui naissent du centre de l'ovaire ; cependant ils naissent quelquefois à la base ou sur le côté de l'ovaire ; le nombre, la forme et la direction du style sont variables : il est tantôt simple, tantôt divisé, souvent il dépasse en longueur tous les organes de la fleur, d'autres fois, au contraire, il est à peine visible.

Le *stigmate* (Dd) occupe la partie supérieure du style ; sa surface est inégale, visqueuse et destinée à recevoir l'impression fécondante du pollen. On l'observe plus facilement sur une fleur prête à s'épanouir ; dans quelques plantes il n'acquiert son dernier degré de perfection qu'après l'épanouissement de la fleur. Il arrive quelquefois qu'il est caché par des poils, comme dans les lobélies et quelques légumineuses.

On donne le nom de *nectaire* aux glandes situées dans la fleur et qui sécrètent un fluide mielleux. Mais sous ce nom on a confondu bien des parties différentes, comme le *disque* des plantes et presque toutes les parties accessoires aux quatre organes principaux des fleurs. L'*éperon* de la capucine est un nectaire du calice ; ceux de la corolle présentent la forme d'un pétale couronné dans le narcisse,

de gibbosité dans le muffle, d'éperon dans l'ancolie, le pied d'alouette, etc. ; mais si on examine attentivement ces parties, il est facile de voir qu'elles ne sont que des modifications de l'organe sur lequel on les rencontre.

Lorsque la fécondation est opérée, toutes les parties de la fleur changent d'état ; les anthères, la corolle, le calice se fanent et tombent ; ce dernier persiste quelquefois, et souvent avec l'ovaire il prend un nouveau développement, et les ovules dans lesquels on ne remarquait qu'une substance homogène ne tardent pas de présenter les rudiments d'une nouvelle plante ; c'est à cette succession de phénomènes, et dont le fruit n'est que le but et le complément, que l'on donne le nom de *fructification*.

Le fruit se compose de deux parties, le *péricarpe* et la *graine*.

Toute enveloppe générale des graines, ou plutôt tout ce qui n'est pas graine dans un fruit, est un *péricarpe;* il existe toujours, quoique dans un grand nombre de cas il semble manquer ; il se compose de trois parties : 1° l'*épicarpe,* la membrane extérieure du fruit, qui représente l'épiderme ; 2° le *sarcocarpe,* ou la partie charnue qui se trouve sous l'épiderme ; 3° l'*endocarpe,* ou membrane interne du fruit qui ferme les *loges.* Ces dernières sont des espaces qui se trouvent dans l'intérieur des fruits ; elles sont formées par les replis de l'endocarpe. Un fruit est uniloculaire, biloculaire, triloculaire, multiloculaire quand il offre une, deux, trois ou plusieurs loges, et celles-ci sont monospermes, dispermes, trispermes, polyspermes quand elles renferment une, deux, trois ou plusieurs graines. On donne le nom de *coque* à un fruit uniloculaire qui s'ouvre avec élasticité, comme dans les euphorbes. Les *valves* sont les différentes pièces séparables les unes des autres qui composent le péricarpe ; leur nombre varie, et on dit que le péricarpe est formé d'une, deux, trois, quatre ou cinq valves. On appelle suture la ligne qui résulte de l'union de deux valves. Les *cloisons* des loges sont des portions de l'endocarpe qui forme les loges ; elles sont 1° longitudinales quand elles se dirigent dans le sens et la longueur du fruit ; 2° transversales quand elles divisent le fruit transversalement ; 3° valvaires quand elles sont formées par les replis des valves en dedans ;

4° cellulaires lorsque les loges sont formées par du tissu cellulaire. Le *trophosperme* est la partie du péricarpe à laquelle la graine est attachée à l'aide d'un petit prolongement. Le trophosperme est axillaire lorsqu'il est placé à l'angle formé par les valves, pariétal lorsqu'il est sur les parois des loges, et central ou axile lorsqu'il occupe le centre d'un péricarpe uniloculaire. L'*arille* est une expansion du trophosperme, qui recouvre plus ou moins complétement la graine; dans les euphorbes elle a la forme d'une glande, tandis que dans la muscade elle représente presque un treillage.

M. de Candolle divise les fruits en cinq classes : 1° fruits *pseudospermes*, ne renfermant qu'une seule graine ou un petit nombre, et dont le péricarpe ne s'ouvre pas ; tels sont le *caryopse* (pl. 5, fig. 9), qui appartient aux graminées, c'est un fruit sec et monosperme dont le péricarpe est tellement adhérent qu'il se confond avec la graine. L'*akène* est comme le caryopse, avec cette différence que le fruit adhère au calice, comme dans le soleil (fig. 10). L'akène peut être nu, ou muni d'une aigrette (fig. 11), dont la forme et l'étendue sont variables. Le *polakène* (fig. 91), qui est le fruit des ombellifères, est composé de deux ou plusieurs loges soudées et renfermées dans le calice; à l'époque de leur maturité les polakènes se séparent longitudinalement. L'*utricule* se rencontre dans les amaranthacées; c'est un fruit *monosperme* non adhérent au calice, dont le péricarpe est peu apparent. Le *scléranthe* est formé par la graine soudée avec la base du *périgone* endurci, comme dans la belle de nuit (fig. 13). La *samare* (fig. 14) est un fruit membraneux, à petit nombre de graines, prolongé sur ses bords en ailes, divisé en une ou deux loges, qui ne s'ouvrent point : comme dans l'érable, l'orme, etc. Le *gland* (fig. 15) est un fruit féculent, ordinairement monosperme, à péricarpe coriace, étroitement appliqué sur l'épisperme, et muni d'un involucre particulier (fig. 15, A). La *noisette* est un fruit à enveloppe osseuse, qui ne s'ouvre point à la maturité, souvent muni d'un involucre.

2° Les *gynobasiques*, ou fruits dont les loges sont tellement écartées les unes des autres, qu'elles semblent autant de fruits séparés. Mais les graines sont toutes articulées sur un *gynobase*, qui n'est que la base du style plus ou moins dilatée. On en distingue le *sarcobase*, dont le gynobase est très-grand et très-charnu, comme dans les ochnacées, les simaroubées, et le *microbase*, où au contraire il est sec et très-petit, comme dans les labiées et les borraginées (fig. 16).

3° Les fruits *charnus* sont ceux dont le sarcocarpe est pulpeux, charnu ; ils n'ont qu'un petit nombre de graines et ne s'ouvrent pas à la maturité. On y range le *drupe* (fig. 17) , fruit charnu qui renferme à l'intérieur un noyau osseux; comme la prune. La *noix* en diffère parce que le sarcocarpe ou brou est plutôt fibreux que mou. La *nuculaire* est un fruit charnu, non couronné par les lobes du calice, et qui renferme plusieurs noyaux distincts ; la *pomme* est aussi un fruit charnu, couronné par les lobes du calice, avec lequel l'ovaire était soudé, et qui offre plusieurs loges revêtues chacune d'une tunique propre. On distingue la pomme à pépins (fig. 18), dans laquelle les graines sont cartilagineuses, et la pomme à osselets, où elles sont osseuses, comme dans le grenadier, le néflier. La *péponide* est le fruit charnu, dont les graines sont écartées de l'axe, et placées près de la circonférence, qui est beaucoup plus dure que le centre qui est presque vide, comme dans la courge. L'*orange* présente une écorce succulente, glanduleuse, et un plus ou moins grand nombre de loges, que l'on peut séparer les unes des autres sans les déchirer. La *baie* est un fruit charnu et sans noyau, qui n'offre pas les caractères des fruits précédents.

4° Les *capsulaires*; ce sont des fruits d'une consistance sèche, qui s'ouvrent spontanément à leur maturité : tel est le *follicule*, ou fruit membraneux, univalve, allongé, s'ouvrant par une suture longitudinale : comme dans les asclépiadées. La *gousse* ou *légume* (fig. 19), espèce de péricarpe membraneux à deux valves, dans lequel les graines sont attachées alternativement à l'une et à l'autre valve le long de la suture supérieure; elle est uniloculaire dans le pois, et multiloculaire dans l'acacia, etc. La *silique* (fig. 20) est une capsule allongée, à deux valves, à sutures opposées, auxquelles sont attachées les graines; entre les deux valves se trouve une cloison longitudinale. La *silicule* (fig. 21) n'en diffère que parce qu'elle est plus courte et beaucoup plus large. La *boîte à savonnette* ou *pyxide* (fig. 22) est un fruit sec et globuleux, s'ouvrant dans son milieu à l'époque de sa maturité, au moyen d'une suture transversale (B), comme dans la jusquiame. Enfin, on donne le nom de *capsule* (fig. 23) à tout fruit qui ne peut être rangé dans les précédents.

5° Les fruits *agrégés* sont des fruits que l'on peut regarder comme simples, mais dont la forme a été modifiée ou atténuée par des bractées qui grandissent souvent après la fleuraison et se soudent avec certaines parties du fruit. On en distingue quatre espèces : le *syncarpe*, qui est formé par la réunion de plusieurs fleurs distinctes rassemblées au moyen d'un réceptacle particulier, de forme variable, comme dans le mûrier (fig. 24), où il est renflé, et le poivrier, où il est filiforme. La *figue*, dont les *caryopses* sont enfermés dans un involucre charnu, succulent.

Le *cône* est composé d'écailles coriaces, imbriquées et disposées autour d'un axe commun, à la base desquelles on trouve une ou deux semences; c'est le fruit des arbres résineux. Le péricarpe, ou ce que l'on peut regarder comme tel dans les hydrophytes, les champignons, les lichens, les mousses, porte le nom de *sporange*, de *péridium*, d'*apothécion*, d'*urne*, etc.

La *graine* est la partie la plus importante des végétaux, parce qu'elle est destinée à perpétuer l'espèce; sous un appareil de membranes plus ou moins compliquées elle renferme l'œuf végétal ou embryon, dont le développement dépend des circonstances dans lesquelles il sera placé. Les graines varient tellement entre elles par le nombre, la forme, le volume, la couleur, la consistance et la nature, qu'il serait presque impossible d'établir aucune règle générale; mais on trouve de très-bons caractères dans la position, et surtout dans la direction des graines par rapport à l'axe du péricarpe. Quand une graine est fixée au fond du péricarpe par son extrémité, elle est droite ou dressée, comme on le voit dans le soleil; ascendante lorsque, fixée aux parois ou aux angles du péricarpe, elle se dirige en haut, et suspendue quand son sommet répond à la base de la loge. La graine est formée de deux parties : l'*épisperme* et l'*amande*.

L'*épisperme* est la partie la plus extérieure, celle qui recouvre l'amande; elle est double ou simple : dans ce cas, l'extérieure, qui est quelquefois dure, prend le nom de *test*, et l'intérieure celui de *tegmen*. On remarque sur l'épisperme le *hile* ou *ombilic* (pl. 6, fig. 1, A), point par lequel la graine se fixe au péricarpe; sa forme est très-variable : il est linéaire, arrondi, cordé, superficiel, protubérant, etc. Au centre du hile, ou sur les côtés, se trouve l'*omphalode* (B), très-petite ouverture par laquelle les vaisseaux du trophosperme passent pour se rendre dans l'épisperme; le trajet qu'ils parcourent est plus ou moins saillant, c'est le *raphé*; et le point interne où ils aboutissent se nomme *chalaze* ou ombilic interne; on trouve encore aux environs du hile une autre ouverture très-petite ou le *microphille* (C), par où M. Turpin suppose que la fécondation s'opère, et qui, suivant les observations de M. Robert Brown, doit être considéré comme la base de la graine. La *radicule* de l'embryon correspond constamment au microphylle.

L'*amande* est renfermée dans l'épisperme; elle est composée de l'*embryon* seul ou accompagnée d'un corps accessoire que Gœrtner, en raison du rôle qu'il remplit dans l'œuf végétal, a désigné sous le nom d'*albumen*; c'est le *périsperme* de Jussieu et l'*endosperme* de Richard. Sa substance est farineuse dans les graminées, coriace dans le plus grand nombre des ombellifères, et cornée dans le café et les autres rubiacées. L'embryon se divise en épispermique lorsqu'il est seul dans l'épisperme, et en endospermique lorsqu'il est accompagné d'un endosperme. Dans ce dernier cas on le subdivise encore en embryon intraire s'il est enfermé entièrement dans l'endosperme, comme dans le ricin, et en extraire s'il en recouvre la surface, comme dans la belle-de-nuit, ou s'il est logé dans une fossette superficielle, comme dans les graminées (pl. 5, fig. 9, A). Il se compose de quatre parties, qui sont : le corps *radiculaire* ou *radicule*, le corps *cotylédonaire*, la *plumule* ou *gemmule* et la *tigelle*.

La *radicule* (fig. 2, C) est toujours simple dans l'embryon non germé; c'est elle qui doit former la racine de la plante. Dans les monocotylédonées elle est enveloppée dans une petite poche ou *colorhize* (pl. 6, fig. 4, A), qu'elle perce lors de la germination; dans les dicotylédonées, au contraire, elle est toujours nue (fig. 2, C). Le corps cotylédonaire, que l'on nomme encore *cotylédons*, lobes séminaux ou feuilles séminales, est simple ou double, ou nul, d'où résulte la grande division des monocotylédonées, dicotylédonées et acotylédonées. Dans la première division le cotylédon est unique, complétement clos, c'est-à-dire qu'il n'a ni fente ni incision sur aucun point de sa surface; il renferme les feuilles roulées sur elles-mêmes. Dans les graminées (pl. 6, fig. 3) il offre une légère différence sur le dos et à la base de la graine; l'endosperme est fortement déprimé, et loge l'embryon, auquel Richard a donné le nom de *blaste*; les deux extrémités de celui-ci sont libres (fig. 3, C, D), mais sa partie moyenne adhère à un corps dilaté en forme de disque ou *hypoblaste* (A), qui recouvre toute la dépression de l'endosperme. Cet hypoblaste n'est qu'un prolongement avec dilatation de la partie latérale de la tigelle. L'embryon dicotylédoné est formé de deux lobes distincts (fig. 2, A), attachés à la même hauteur, et qui recouvrent en tout ou en partie la gemmule (D); la tigelle (B) est plus ou moins développée, et la radicule (C) est toujours nue. Il arrive quelquefois, comme dans le marronnier d'Inde, que les deux cotylédons sont soudés et n'en forment qu'un seul; mais ce n'est qu'une exception. D'autres fois, au contraire, le nombre des cotylédons est augmenté; ainsi on en trouve jusqu'à huit dans le pin de lord Weymouth, et quelquefois douze dans le sapin.

La *plumule* ou *gemmule* est la partie du germe destinée à devenir la tige. Elle est formée d'une ou deux feuilles, selon la classe de végétaux à laquelle appartient la graine, et auxquelles on donne le nom de feuilles primordiales.

La *tigelle* n'existe pas toujours; c'est par son développement rapide que, dans les haricots et autres plantes, les cotylédons sont poussés en dehors de la terre.

Relativement à la direction que l'embryon prend dans les graines, il a reçu les dénominations suivantes : *homotrope*, lorsqu'il est dirigé de même que la graine, c'est-à-dire qu'il est droit; *antitrope*, lorsqu'il est dirigé en sens contraire; *hétérotrope*, s'il ne suit pas la direction de la graine, et *amphitrope*, lorsque ses deux extrémités sont rapprochées du hyle.

2° ANATOMIE VÉGÉTALE.

Maintenant que toutes les parties des plantes sont connues, nous allons exposer leur structure. Les éléments qui entrent dans leur composition sont le *tissu cellulaire* et le *tissu vasculaire*.

Le *tissu cellulaire* (pl. 6, fig. 5), qu'on nomme encore utriculaire, vésiculaire, parenchymateux, existe dans tous les végétaux; il abonde dans les fruits charnus, la moelle et l'écorce des arbres; il forme à lui seul la substance des lichens, des algues et des champignons. Examiné au microscope, il paraît formé de cellules hexagones, mais cette forme varie parce que les cellules qui le composent n'ont pas toutes la même forme dans les végétaux, ou parce qu'elles ont éprouvé des modifications par les progrès de la végétation. Chaque vésicule est formée d'une membrane mince; on conçoit facilement comment, appliquées les unes contre les autres, elles paraissent hexagonales. Leur intérieur renferme des corpuscules arrondis ou ovales (A), auxquels M. de Candolle donne le nom de *chromule*, et M. Turpin celui de *globuline*. M. Dutrochet, au contraire, les regarde comme les analogues de la pulpe nerveuse. Toutes les cellules communiquent entre elles, soit par des ouvertures qui existeraient à leur point d'union, soit par des pores répandus sur toute leur surface, ainsi que l'ont observé plusieurs auteurs : l'existence de ces pores, cependant, n'est pas constante. Les cellules dans la partie ligneuse prennent une autre forme; elles sont allongées, renflées au milieu; aussi les désigne-t-on sous le nom de *tubelle*, ou de tissu allongé, ou de *clostres* (fig. 6); elles sont placées les unes à côté des autres, presque parallèles, et laissent aux endroits où elles ne peuvent se toucher, à cause de leur renflement, des espaces ou méats intercellulaires dans lesquels on rencontre des petits corps allongés, cristallins, que M. de Candolle nomme *raphides*, et que M. Raspail regarde comme des cristaux d'acide oxalique. Le tissu cellulaire qui forme les prolongements ou rayons médullaires n'offre pas de différence, si ce n'est que les cellules sont plus petites et perpendiculaires à l'axe de la tige, au lieu de lui être parallèles; les anciens comparaient ces prolongements médullaires aux lignes horaires d'un cadran solaire : on voit très-bien leur disposition sur la coupe transversale d'un vieux chêne. Dans l'écorce du liége les cellules présentent une forme cubique, et sont placées en séries parallèles.

On donne le nom de *vaisseaux* dans les plantes aux différents conduits dans lesquels circulent les fluides qui sont destinés à la nutrition, ou qui, devenus superflus, doivent être rejetés au dehors; on en distingue six espèces :

1° Les *vaisseaux en chapelets* ou moniliformes (pl. 6, fig. 9), qui sont composés de cellules superposées et étranglées de distance en distance ; ils paraissent percés de trous comme des cribles; on les observe aux racines et à la naissance des branches. La sève filtre à travers ces vaisseaux avant de passer dans d'autres.

2° Les *vaisseaux poreux* (fig. 10) sont criblés de trous rangés sur des lignes transversales; ils existent dans toutes les parties des végétaux; ils ne sont pas continus, et dégénèrent en tissu cellulaire; leurs pores très-nombreux sont extrêmement petits dans les bois durs et compactes.

3° Les *fausses trachées* ou tubes fendillés transversalement (fig. 11) diffèrent des précédents seulement par les fentes; on les observe surtout dans les bois poreux et légers; au moyen des fentes, la sève s'épanche.

4° Les *trachées* (fig. 12, 13, 14), que l'on regarde comme les vaisseaux aériens des plantes et que Duhamel comparait aux trachées des insectes, sont formées de lames argentées, roulées en spirale et logées dans un tissu qui leur sert de gaîne. Ces vaisseaux entourent la *moelle* dans les végétaux dicotylédonés : on n'en rencontre jamais dans les couches annuelles ni même dans l'écorce ; il y en a rarement dans les racines, mais ils sont très-abondants dans les jeunes pousses, et finissent par s'obstruer. Les trachées sont formées d'une simple lame roulée sur elle-même (fig. 13), ou de deux (fig. 12), et même de trois ou quatre; elles se terminent en cône, en diminuant insensiblement (fig. 14). On voit très-bien les trachées sur les jeunes pousses de sureau que l'on brise et dont on éloigne lentement et avec précaution les fragments. Il arrive quelquefois que les bords de la lame qui forme les trachées se soudent, alors il n'est plus possible de les dérouler. Linth nomme vaisseaux en spirale soudée, les vaisseaux qui en résultent.

5° Les *vaisseaux mixtes* se composent des quatre précédents, qui se modifient et se transforment les uns dans les autres.

L'existence de ces vaisseaux, admise par M. Mirbel, est généralement contestée.

6° Les *vaisseaux propres* sont entiers, continus : leurs parois ne sont ni poreuses ni fendillées; ils contiennent des sucs particuliers, comme de l'huile, de la résine ou des fluides colorés ou lactescents. On les trouve dans toutes les parties des plantes; ils sont tantôt isolés, tantôt réunis en faisceaux. On n'a pas toujours été d'accord sur la nature et les fonctions de ces différentes espèces de vaisseaux. Hedwig n'en admettait que quatre sortes : les adducteurs de la sève, les pneumatophores ou aériens, les réducteurs et les lymphatiques. Aujourd'hui, on regarde les trachées, les vaisseaux poreux et fendus, comme servant à la circulation des fluides aériformes, et les autres à la circulation de la sève et des fluides propres. Tous ces vaisseaux sont environnés de tissu cellulaire, et le tout est renfermé dans une enveloppe mince que l'on nomme *épiderme*. Examiné au microscope, c'est une membrane mince, transparente, qui paraît formée de cellules condensées; elles sont régulières dans beaucoup de monocotylédonées (fig. 7), et généralement irrégulières (fig. 8). La surface de l'épiderme est parsemée d'ouvertures ou *stomates* (A) que les uns considèrent comme des organes excrétoires, et d'autres comme des organes destinés à l'absorption; ils sont plus nombreux à la face inférieure qu'à la face supérieure des feuilles. M. Brongniart a observé que les feuilles immergées étaient dépourvues d'épiderme et par conséquent de stomates : tels sont les tissus, mais diversement modifiés, qui composent tous les végétaux.

3° PHYSIOLOGIE VÉGÉTALE.

La physiologie végétale a pour objet les phénomènes que présentent les végétaux dans leur développement, dans les fonctions que remplissent leurs organes, dans leurs maladies et enfin dans leur mort. Le premier de ces phénomènes que nous avons à examiner est la *germination* ou le développement de l'embryon renfermé dans la graine ; il s'annonce par un gonflement de celle-ci, dont la tunique propre se déchire, la radicule s'enfonce dans la terre, les lobes s'écartent et livrent passage à la gemmule, qui s'élève dans l'air. Trois circonstances sont indispensables pour que la germination ait lieu : 1° L'eau, en pénétrant les membranes de la graine, le périsperme et l'embryon, opère le gonflement dont nous venons de parler et facilite l'expansion vitale; sans eau il ne peut y avoir de germination. L'eau cependant ne doit être qu'en petite quantité, parce que la graine serait macérée. Par l'eau les éléments sont séparés les uns des autres; l'eau transforme la fécule du cotylédon ou du périsperme en matière sucrée et mucilagineuse, comme on l'observe dans l'orge germé. Cette matière est le seul aliment de la jeune plante; aussi, Bonnet comparait-il les cotylédons des plantes aux mammelles des animaux. Quand les racines sont développées, on voit les cotylédons se flétrir et tomber. 2° L'air n'est pas moins utile que l'eau pour la germination : quand une graine est enfoncée trop profondément dans la terre, l'air ne lui arrivant pas, elle ne germe pas. C'est ainsi que l'on explique l'apparition d'un grand nombre de plantes qu'on n'avait pas vues depuis long-temps, après les défrichements des bois. Il y a même des graines de plantes aquatiques qui se relèvent du fond de l'eau à sa surface pour germer et qui ensuite s'y précipitent de nouveau pour y fixer leurs racines. Sous la machine pneumatique, malgré l'assertion de Homberg, les graines ne germent pas. L'air éprouve comme l'eau une décomposition; son oxigène se porte sur les cotylédons, les convertit aussi en matière sucrée, ou bien il se combine en partie avec l'oxide de carbone de la jeune plante pour former de l'acide carbonique qui est rejeté. 3° La chaleur est aussi nécessaire que l'air et que l'eau pour la germination : des expériences ont prouvé qu'à zéro les graines n'éprouvent aucun changement, et qu'à quarante-cinq ou cinquante degrés l'embryon était tué. MM. Colin et Edwards ont cherché à démontrer, par des expériences récentes, que le seigle, l'orge, le froment et les fèves soumis pendant quinze minutes à—39° c., c'est-à-dire au point de congélation du mercure, conservent leur faculté germinatrice, et que ces mêmes graines la perdent en les exposant pendant cinq minutes seulement dans de l'eau chauffée à+30°, ou dans la vapeur à+63°, ou dans l'air sec chauffé à+75°. Ces curieuses expériences méritent d'être renouvelées et multipliées sur un plus grand nombre de graines. Quelques graines peuvent être conservées pendant long-temps sans perdre la faculté de germer; parmi celles-ci, les semences féculentes, comme celles des marrons, des graminées, des légumineuses, se conservent très long-temps : ainsi des haricots tirés de l'herbier de Tournefort, et semés au Jardin des Plantes de Paris, ont germé après plus de cent ans. Home dit avoir semé et avoir fait une superbe récolte de grains d'orge recueillis depuis cent quarante ans. On parle aussi de plantes trouvées dans des tombeaux qui ont germé et parcouru leurs périodes de végétation comme si les graines eussent été nouvelles. Le temps qu'une graine met à germer est très-variable : ainsi, par exemple, le cresson alénois germe en trois jours, le haricot en trois ou quatre, les graminées en huit jours, tandis qu'il faut deux années de séjour dans la terre pour que les semences du cornouiller, du noisetier germent. On peut accélérer la germination par des moyens artificiels : en les laissant séjourner pendant quelque temps dans une solution de chlore dans l'eau, le même cresson alénois qui germait en trois jours germera en cinq ou six heures; ce moyen a été, depuis les expériences de M. de Humboldt, employé avec un très-grand avantage pour obtenir la germination de plusieurs plantes exotiques. Bien que les plantes recherchent toujours la lumière, et qu'il n'y ait pas de belle végétation sans lumière, elle paraît nuisible à la germination. On a remarqué que les graines germent beaucoup mieux dans l'obscurité qu'exposées au soleil.

L'électricité a la plus grande influence sur la germination, si l'on en juge d'après une expérience de Nollet. Ce physicien électrisa des semences de moutarde, il les sema ainsi que d'autres qui n'avaient pas été électrisées. Les premières germèrent beaucoup plus rapidement que les autres, quoique placées dans les mêmes circonstances. Ces expériences n'ont pas été faites sur un assez grand nombre de graines pour que l'on puisse en généraliser la conclusion.

La germination n'a pas lieu de la même manière dans les trois grandes classes de végétaux; des auteurs n'en reconnaissent pas dans les plantes acotylédonées, puisqu'ils regardent les spores ou les gongyles comme des bourgeons.

Dans les monocotylédonées, en prenant un grain de froment pour exemple, on voit le périsperme se gonfler, devenir mou, lactescent, prendre une saveur légèrement sucrée ; la radicule se montre, prend de l'allongement, rompt l'enveloppe ou la coléorhize qui la protégeait ; la plumule s'élance, mais elle est arrêtée par le cotylédon, qui l'enveloppe de toutes parts ; elle le déchire sur le côté ; celui-ci ou coléoptile reste à la base sous forme de gaîne ; les feuilles, les racines se développent ; le périsperme disparaît, et la plante nouvelle puise les éléments de sa nutrition dans l'air et dans la terre. Pour les plantes dicotylédonées, comme le haricot, le chénevis, la graine commence par se tuméfier, la tunique se rompt, la radicule s'enfonce en terre et donne naissance à des racines, les lobes s'écartent pour laisser passer la gemmule, la tigelle s'élance, emporte avec elle, hors de terre, les cotylédons, qui se fanent bientôt, et la plante par ses feuilles et ses racines pourvoit à ses besoins. Dans un grand nombre de plantes les cotylédons sont hypogés, c'est-à-dire qu'ils restent dans la terre. Lorsque le périsperme est très-développé, les cotylédons le sont peu, ce qui prouve qu'ils ont les mêmes fonctions à remplir. Quand on enlève à une graine les cotylédons, l'embryon ne se développe pas, mais on peut obtenir deux plantes en divisant un embryon exactement en deux. La germination d'une graine étant opérée, la nouvelle plante doit puiser dans la terre et dans l'air les éléments nécessaires à sa nutrition, à son accroissement et à la réparation des pertes qu'elle fait à chaque instant ; les différents organes qui entrent dans sa composition sont en fonction, et la vie continuera aussi longtemps qu'ils agiront ; les fonctions que remplissent ces organes sont : la *circulation,* la *respiration,* la *transpiration,* l'*excrétion* et l'*assimilation.*

La *sève* ou fluide lymphatique est un liquide limpide, incolore, dont les fonctions peuvent être comparées à celles que remplit le sang dans les animaux ; quelques auteurs prétendent qu'elle ne circule pas, et qu'elle n'est douée que d'un mouvement oscillatoire, mais des expériences et un grand nombre de faits démontrent le contraire.

Les racines *absorbent* dans le sein de la terre, par les spongioles qui les terminent, les gaz, l'eau et les différentes matières qu'elle tient en dissolution, et les transmettent aux différentes parties de la plante : d'un autre côté, les feuilles et toutes les parties vertes, comme les calices, les stipules, les jeunes branches et les rameaux absorbent l'air, ainsi que les gaz qui sont mélangés avec l'air et l'eau qu'il tient en suspension : il résulte de cette double voie d'absorption deux courants en sens inverse, et qui constituent la sève montante et descendante. On peut constater l'un et l'autre mode d'absorption en plaçant des plantes dans des liquides colorés, dont on peut suivre le mouvement, qui est beaucoup plus rapide dans le printemps que dans toute autre saison. Les nombreuses expériences de Bonnet prouvent que l'absorption s'opère principalement par la face inférieure des feuilles ; en effet, quand on met celles-ci sur l'eau, elles vivent généralement beaucoup plus long-temps quand cette face est en contact avec l'eau, que quand c'est la supérieure, et comme elle présente aussi un plus grand nombre de stomates, on a lieu de supposer qu'ils sont les organes de l'absorption. Quelques expériences semblent prouver que leur ouverture augmente pendant le jour et dans les temps secs, et qu'au contraire elle diminue ou que les lèvres semblent se tuméfier pendant la nuit et dans les temps humides. La force et la rapidité avec laquelle les racines absorbent est vraiment étonnante. Le célèbre physicien anglais Hales tira de terre une racine de poirier, en coupa l'extrémité, et y adapta un tube rempli d'eau ; l'autre extrémité de ce tube plongeait dans une cuve à mercure ; l'absorption fut si rapide que dans l'espace de six minutes le mercure s'éleva de huit pouces dans le tube. Une autre expérience du même physicien, et qui a été répétée par M. Mirbel, est encore plus frappante : un ceps de vigne sans rameaux, ayant sept ou huit lignes de diamètre, fut coupé à trente-trois pouces de terre ; M. Mirbel adapta un tube à double courbure, et le remplit de mercure jusqu'auprès de la courbure qui était au-dessus de la section du ceps. La sève sortit, et en quelques jours elle fut en assez grande quantité et assez forte pour élever la colonne de mercure à trente-deux pouces et demi au-dessus du niveau, ce qui prouve que la force avec laquelle la sève s'élevait dans cette expérience était supérieure à la pression atmosphérique.

La *respiration* des plantes a lieu par toutes les parties vertes et qui sont pourvues de stomates ; mais c'est dans les feuilles principalement que cette fonction s'exécute ; la sève en arrivant dans ces parties est en contact avec l'air absorbé, elle est modifiée et devient plus propre à la nutrition. Exposées au soleil, les feuilles absorbent dans l'air une certaine quantité d'acide carbonique, dont elles s'approprient le carbone, et émettent au dehors l'excès d'oxigène ; dans l'obscurité, au contraire, elles absorbent l'oxigène et rejettent le carbone.

La *transpiration* est une fonction à l'aide de laquelle les plantes exhalent par leurs pores une humeur d'une manière insensible et sous forme de vapeur. C'est à la transpiration des plantes, et non à la rosée, que sont dues ces gouttelettes d'eau si limpides que l'on voit sur les feuilles de choux et de graminées, ainsi que l'a prouvé Musschenbroeck ; Hales a constaté que le grand soleil peut exhaler dans l'espace de douze heures jusqu'à vingt onces de liquide. Cette fonction est favorisée par un temps sec et chaud, et considérablement diminuée quand l'atmosphère est froide et humide.

On considère comme *excrétions* un certain nombre de fluides qui sont excrétés par les plantes, et qui se condensent quelquefois à l'air. La manne qui provient du frêne et la résine qui s'écoule des pins, des sapins, sont des excrétions. Dans l'Amérique du Nord, les feuilles de l'érable à sucre se couvrent de sucre. Une espèce de palmiste fournit une cire qui remplace la cire ordinaire, etc. Une autre excrétion a lieu par les racines ; il n'est pas rare, quand on arrache des arbres, de voir la terre d'une autre couleur, et d'une consistance grasse, visqueuse autour des racines. C'est probablement à cause de la matière excrétée que quelques plantes ne peuvent vivre dans les mêmes localités. On sait que le chardon hémorrhoïdal est contraire à l'avoine, et que le lin périt où croît la scabieuse.

Lorsque la sève a monté, qu'elle a été modifiée dans sa composition par l'action de l'air, qu'elle s'est dépouillée de son excès d'oxigène, d'eau ou de substance étrangère, elle descend. Ce mouvement a été nié par plusieurs auteurs ; mais l'expérience la plus simple le prouve : il suffit d'exercer une compression circulaire sur un tronc, ou de pratiquer une incision également circulaire : on remarque qu'il se forme un bourrelet au-dessus de l'une et de l'autre, ce qui prouve

que, dans ce point, il y a accumulation de liquides. La sève ainsi élaborée se présente comme une substance mucilagineuse qui se trouve entre l'écorce et l'aubier ; dans cet état, c'est le *cambium* qui doit non-seulement cicatriser les plaies des arbres, mais encore servir à leur accroissement ; il s'épaissit peu à peu, s'organise, prend la forme de vaisseaux, de membranes, et forme ce que l'on appelle le *liber*. Cette partie se trouve donc située entre l'*aubier* ou les couches les plus récentes du bois et l'enveloppe cellulaire de l'écorce. On nomme *couches corticales* un certain nombre de couches de liber qui sont superposées comme les feuillets d'un livre ; toutes ces couches présentent la même organisation, seulement le tissu de celles qui sont intérieures est plus serré que celui des extérieures ; tous les ans il se forme une nouvelle couche de liber, et tous les ans une couche de liber est convertie en bois. Mais le liber ne passe pas aussi rapidement à l'état de bois parfait ; plusieurs couches composent ce que l'on appelle l'*aubier*, qui est ce cercle de bois plus blanc et moins dur que l'on remarque sur un arbre coupé transversalement ; à mesure qu'une couche de liber se convertit en aubier, la couche la plus intérieure de celui-ci, plus comprimée que les autres par les progrès de la végétation, se change en un véritable bois : ce changement n'a lieu que par la condensation du tissu cellulaire, et par le rapprochement et même l'anéantissement des différents vaisseaux qui entrent dans la structure du végétal. Le bois parfait prend ordinairement une couleur beaucoup plus foncée, et une plus grande dureté que les autres parties, comme on peut le voir dans le chêne, l'orme, l'ébène, etc. ; quelques arbres n'offrent pas ces deux sortes de bois, ou plutôt cette différence n'est pas aussi marquée, c'est ce que l'on voit dans le tilleul, le peuplier, etc. : on les appelle bois blancs. A mesure que l'arbre se nourrit, il s'accroît ; mais cet accroissement n'est pas le même dans les plantes dicotylédonées et monocotylédonées. Que l'on coupe transversalement un jeune chêne, on verra (pl. 6, fig. 15) : 1° au centre, la moelle ; 2° le canal ou étui médullaire dans lequel elle est contenue ; 3° les prolongements médullaires qui se rendent à l'écorce, et qui représentent des rayons ; 4° le bois proprement dit, qui est plus dur et plus coloré; 5° l'aubier, qui est un bois plus jeune et plus tendre; 6° le liber ou couches corticales; 7° l'enveloppe herbacée, qui communique avec la moelle par les rayons médullaires; 8° l'épiderme; 9° une série de cercles concentriques depuis la moelle jusqu'à l'écorce. Une tige de monocotylédonée, comme le stipe d'un palmier, coupée en travers, ne présente plus le même aspect (pl. 6, fig. 16); toutes les fibres ligneuses, séparées les unes des autres et disposées en faisceaux, sont dispersées dans une moelle qui en compose toute l'épaisseur; les feuilles se soudent entre elles par leurs bases, et forment une sorte d'écorce qui enveloppe ses parties; la structure est à peu près la même dans les fougères que dans les plantes monocotylédonées; les fibres sont disposées en plusieurs faisceaux isolés et séparés les uns des autres par du tissu cellulaire : on peut voir surtout cette organisation dans les fougères arborescentes de l'Amérique, qui végètent comme les palmiers (pl. 6, fig. 17).

Dans les plantes dycotylédonées, l'accroissement en diamètre s'opère par la conversion du liber en bois, et par la formation d'une nouvelle couche du liber, à l'aide du cambium, que l'on regarde généralement comme la sève descendante. L'accroissement en hauteur a lieu par la succession des boutons qui terminent la tige; de sorte que le tronc se trouve formé de cônes emboîtés les uns dans les autres : aussi, peut-on savoir l'âge d'un arbre en comptant les couches concentriques ou les cônes; mais il faut les compter à la base, parce que le sommet de chaque cône s'arrête à la base de celui qui lui est superposé.

Dans les monocotylédonées, l'accroissement s'opère autrement : dans le palmier, par exemple, chaque année il part du centre de la tige un bouquet de feuilles; les feuilles de l'année précédente se fanent, tombent, mais la base ou les pétioles restent; ils se soudent et forment un véritable anneau, de sorte que le stipe du palmier est formé par une série d'anneaux superposés. Chaque année, il s'en forme un nouveau, mais le diamètre qu'il prescrit dépend de l'élasticité et de la solidité de cette espèce d'enveloppe corticale; aussi n'est-il pas rare de voir des palmiers qui n'ont que six ou huit pouces de diamètre, et qui ont soixante ou quatre-vingts pieds de hauteur,

La *fécondation* est l'acte le plus important de la vie de la plante; c'est par elle que l'espèce se conserve et se perpétue. Pendant long-temps, on a nié que cette fonction eût lieu dans les végétaux; mais maintenant le nombre des expériences qui la démontrent est trop considérable pour qu'on puisse refuser d'y croire. Si l'on examine un ovule avant que la fécondation ait lieu, on voit qu'il est formé d'une matière informe plus ou moins volumineuse; mais après il prend une forme qui est la même dans toutes les mêmes espèces. Dans les végétaux comme dans les animaux, il y a préexistence des germes dans les individus femelles; le contact du mâle ne fait que donner la vie, et, dès ce moment, les formes se dessinent. Au moment de l'*anthèse*, c'est-à-dire lorsque tous les organes de la fleur sont dans leur parfait développement, le stigmate se gonfle légèrement, devient visqueux, les anthères s'entr'ouvrent, le pollen tombe et reste collé sur le stigmate; si on examine, dans quelques plantes, les phénomènes qui ont lieu pendant l'anthèse, on remarque que les étamines jouissent d'une grande irritabilité. Dans la pariétaire, la chalmée, les anthères sont logées dans des cavités de la corolle et ne peuvent en sortir; les filets des étamines alors se courbent, dégagent l'anthère qui va s'appliquer subitement sur les pistils. Dans la rhue, les étamines s'approchent alternativement du pistil, et se retirent après avoir déposé leur pollen; mais dans le vinettier presque toutes les parties de la fleur sont irritables, le calice l'est moins que la corolle, celle-ci que les étamines. Les organes femelles présentent aussi des signes d'irritabilité, mais ils ne sont pas aussi visibles que dans les mâles; la fécondation est accompagnée quelquefois d'une élévation de température qui est étonnante, de neuf degrés, par exemple, dans le gouet d'Italie; et MM. Hubert et Bory de Saint-Vincent ont vu à l'Ile-de-France, la température ambiante étant de dix-neuf degrés, celle du gouet à feuilles cordées s'élever à quarante-quatre et quarante-neuf degrés. Ce genre de plante est le seul sur lequel on ait constaté parfaitement ce phénomène, quoique Murray dise l'avoir observé sur d'autres. La fécondation s'opère constamment à l'air; il n'y a que quelques exceptions pour les plantes qui sont constamment submergées. La nature a assuré par tous les moyens la fécondation : dans les fleurs on ne sait pas souvent pourquoi il y a disproportion si grande dans la longueur des étamines et des pistils. Dans le plus grand nombre des fleurs en cloche, dont les étamines sont plus courtes que la corolle, et dont le pistil est de la même longueur que les étamines, la corolle est droite sur la tige, mais elle a la faculté de se fermer quand le temps est froid ou pluvieux, comme on l'observe dans le liseron tricolore. Toutes les fleurs dont le limbe de la corolle est incliné vers la terre ont le pistil plus long que les étamines, de sorte que le pollen tombe naturellement sur les stigmates ; la fécondation opérée, les fleurs se redressent.

Des observations très-délicates ont prouvé que les grains de pollen qui étaient ovales devenaient ronds, que leur membrane externe se rompait en plusieurs points, et qu'à travers ces ouvertures la membrane interne sortait sous forme de vaisseaux très-tenus, qui s'introduisaient dans le tissu du stigmate, qu'ils s'étendaient même jusques aux ovules, et qu'ils y conduisaient la *fovilla* ou matière fécondante. M. Brongniart a vu les grains polliniques se mouvoir dans ces vaisseaux : aussi ne craint-il pas de les comparer aux animalcules que l'on rencontre dans les animaux, opinion qui est encore corroborée par l'odeur que répandent certaines plantes à l'époque de la fleuraison, comme l'épine-vinette et le châtaignier. Dans les plantes qui sont monoïques les fleurs mâles occupent ordinairement les parties supérieures, de sorte que le pollen tombe toujours sur les stigmates ; mais dans les plantes dioïques, celles dont les sexes sont sur des individus différents, c'est l'air qui sert de véhicule ; on a même des exemples de fécondations opérées à de très-grandes distances. Les changements qui sont la conséquence de cet acte se remarquent sur l'*ovaire*, qui prend plus de volume, sur les ovules, qui passent à l'état d'embryons et qui jouissent de la faculté de pouvoir germer, végéter et se reproduire à leur tour ; dans un grand nombre de genres, le calice prend aussi plus de développement, comme dans les rosacées, etc.

L'*irritabilité* existe dans les plantes, quoiqu'elles soient dépourvues de sensibilité. Dans certaines circonstances elles exécutent des mouvements qui sont comparables à ceux des animaux. Les feuilles de certaines plantes sont très-irritables. Tout le monde sait qu'à la moindre secousse les folioles de la *mimose pudique* s'appliquent les unes sur les autres, et que le pétiole commun s'abaisse. Il en est de même quand vient la nuit ; un nuage même qui passe devant le soleil peut faire contracter les feuilles. La *dionée*, cette plante de la Caroline, et que l'on trouve suivant Bosc, seulement dans l'espace de deux ou trois lieues carrées, a des feuilles si irritables, que si un insecte vient à se poser sur un des lobes qui les composent, elles se ferment à l'instant, croisent les cils qui les bordent, et prennent par ce moyen les mouches ou les autres insectes qui s'y reposent. Bosc s'est assuré que cette irritabilité cesse en automne, époque à laquelle la fructification de la plante est entièrement terminée. Nous observons le même phénomène sur le *rossolis* à feuilles rondes que l'on trouve dans nos marais ; le *sainfoin oscillant* qui croît sur les bords du Gange, dont les feuilles sont composées de trois folioles comme celles du trèfle ; celle qui est terminale est fixe, mais les deux autres sont dans une agitation continuelle. Le *sommeil* dont jouissent les plantes est aussi un résultat de leur irritabilité ; nous en voyons un grand nombre dont la corolle s'ouvre aux rayons du soleil, et se ferme quand ils ne tombent plus sur l'horizon. Les feuilles prennent des positions différentes, selon qu'elles sont simples ou composées ; on remarque que dans l'*arroche des jardins*, dont les feuilles sont opposées et étendues horizontalement dans la journée, elles se redressent aux approches de la nuit, et appliquent leurs faces supérieures l'une contre l'autre ; dans les feuilles composées, chacune des folioles se rapprochent par paires le long du rachis, et appliquent également leur face supérieure l'une contre l'autre ; de sorte que les feuilles, au lieu de présenter une étendue parallèle à la surface de la terre, lui en présentent une perpendiculaire. C'est vraiment un spectacle curieux que de comparer la position des différentes parties des plantes pendant le jour et pendant la nuit ; dans quelques espèces, il y a une telle différence, qu'on serait tenté de croire à une substitution. On doit encore rapporter à l'irritabilité l'*épanouissement* des fleurs ; il n'a pas lieu aux mêmes heures pour toutes les plantes ; Linné même, à Upsal, par soixante degrés de latitude boréale, avait fait d'après cette donnée une horloge avec des fleurs, et chacune d'elles en s'épanouissant ou en se fermant indiquait une des heures. Nous allons en rapporter quelques exemples. Ainsi le pissenlit s'épanouit de cinq à six heures du matin, et se ferme de huit à neuf ; la piloselle se lève à huit heures du matin et se couche de trois à quatre ; la laitue cultivée n'est ouverte que depuis sept heures jusqu'à dix heures du matin ; le nénuphar blanc. qui s'ouvre aussi à sept heures, se ferme à cinq heures du soir. Il y a quelques plantes dont les fleurs ne s'épanouissent que le soir ; la belle-de-nuit, que l'on cultive dans les jardins, ne s'ouvre guère qu'à cinq heures du soir. Adanson a fait la remarque que le moment d'épanouissement des fleurs pour le climat d'Upsal diffère d'une heure pour celui de Paris.

Les plantes ne fleurissent pas toutes à la même époque de l'année ; aussi Linné a-t-il eu l'idée de faire un calendrier comme il avait fait une horloge de fleurs. L'ellébore noir fleurit en janvier ; l'aune, le saule marceau, le noisetier en février ; en mars on voit fleurir le cornouiller mâle, l'anémone hépatique, le buis, le thuya, l'amandier, le pêcher, l'abricotier, le groseiller à maquereau, le pas-d'âne, la giroflée jaune, le safran printanier ; en avril le pissenlit, la tulipe précoce, la jacinthe, l'ortie blanche, le prunier, l'anémone des bois, le lierre terrestre, le charme, le hêtre, la pervenche, etc. ; en mai la pivoine, le cerisier, le marronnier d'Inde, le muguet, le faux ébénier, le bois de Judée, l'épine-vinette, etc. ; en juin le bluet, la prunelle, le tilleul, la sauge, le coquelicot, la digitale, l'alkékenge, le pied-d'alouette, la vigne, le seigle, le froment, l'avoine, etc. ; en juillet le chanvre, le houblon, la carotte, les œillets, la salicaire, la verge d'or, etc. ; en août la scabieuse mors-du-diable, la balsamine des jardins, la parnassie des marais ; en septembre le lierre grimpant, le pain de pourceau, le colchique d'automne, l'œillet d'Inde, etc.

De la station et de la géographie des plantes.

Le lieu où une plante croît spontanément se nomme station. M. De Candolle distingue seize stations : 1° les plantes maritimes ou salines habitent les bords de la mer ou les endroits arrosés par des sources salées, comme les soudes et les salicornes, etc. ; 2° les plantes marines ou hydrophytes, et qui vivent dans le fond de la mer, comme les varecs ; 3° les plantes aquatiques : elles se trouvent dans les eaux douces, dormantes ou courantes, comme le nénuphar, les potamogétons ; 4° les plantes marécageuses : celles qui vivent dans les marais d'eaux douces, comme la renouée amphibie, plusieurs espèces de renoncules ; 5° les plantes de prairies, comme les graminées ; 6° les plantes des terrains cultivés ou celles que l'homme y sème : il y en a toujours quelques-unes que l'on trouve constamment, comme plusieurs espèces de moutarde ; 7° les plantes des rochers ou des murailles, comme les saxifrages, les orpins, quelques graminées ; 8° les plantes des sables, ou celles qui vivent dans des terrains très-meubles, comme plusieurs espèces de laiches ; 9° les plantes de lieux stériles ; on ne trouve dans ces lieux que des lichens ou des graminées à feuilles raides ; 10° les plantes des décombres : elles habitent les vieux murs, comme l'ortie blanche, la pariétaire, etc. ; 11° les plantes des forêts : ce sont elles qui composent nos bois, comme le chêne, le hêtre, le charme, l'alizier, les pins, les sapins, les orchidées, un grand nombre de laiches, etc. ; 12° les plantes des haies ou des buissons se composent de petits arbustes, comme l'aubépine, l'églantier, plusieurs espèces herbacées aussi, comme la violette, les bryones, l'alléluia, etc. ; 13° les plantes souterraines ou des cavernes, comme la truffe qui végète sous terre, et un grand nombre des champignons ; 14° les plantes des montagnes : on n'en trouve aucune lorsque l'on est arrivé aux neiges perpétuelles ; plus bas la végétation est plus ou moins riche ; sous le nom de plantes alpines, on désigne les plantes qui croissent sur les hautes montagnes des Alpes, ou au sommet des autres montagnes les plus élevées ; 15° les plantes parasites tirent leur nourriture des autres végétaux, comme le guy, la cuscute, les lichens, etc. ; 16° les plantes pseudo-parasites, celles qui, fixées sur des plantes, ne se nourrissent cependant pas à leurs dépens, comme les mousses, les lichens, etc.

Nous avons parlé des localités que les plantes peuvent occuper ; nous allons faire connaître leur habitation : on entend par ce mot la partie du globe où une espèce est plus commune, où, en d'autres termes, les espaces qui produisent des plantes qui leur sont particulières : « Les »plantes d'une région, dit M. De Candolle, »se distribuent d'après leur nature, dans »les localités qui leur conviennent, et elles »tendent avec plus ou moins d'énergie à »dépasser leurs limites, et à se répandre » dans le monde entier; mais elles sont la »plupart arrêtées, ou par des mers, ou par »des déserts, ou par des changements »de température, ou seulement parce »qu'elles viennent à rencontrer des espa-»ces déjà occupés par des plantes d'une »autre région. Il y a donc des régions »parfaitement circonscrites et déterminées. »Il en est d'autres qu'on ne peut apprécier »que par un certain ensemble, ou une cer-»taine masse de végétaux communs. Nous »sommes encore loin de pouvoir appliquer »ces principes avec quelque exactitude, »mais on peut entrevoir déjà quelques-unes »de ces régions, de manière à éveiller sur »ces recherches l'attention des voyageurs : »voici à peu près celles qui se présentent »à moi dans l'état actuel de nos connais-»sances : 1° la région hyperboréenne, qui »comprend les extrémités boréales de l'A-»sie, de l'Europe et de l'Amérique, et qui »se confond trop avec la suivante; 2° la »région européenne, qui comprend toute »l'Europe moyenne, sauf les parties voi-»sines du pôle, et celles qui entourent la »Méditerranée; elle s'étend à l'est jusqu'à »peu près au mont Altaï; 3° la région sibé-»rienne, où je comprends les grands pla-»teaux de la Sibérie et de la Tartarie; 4° la »région méditerranéenne, qui comprend »tout le bassin gréographique de la Médi-»terranée, savoir : la partie d'Afrique en »deçà du Sahara, et la partie d'Europe qui »est abritée du nord par une chaîne plus »ou moins continue de montagnes; 5° la »chaîne orientale, ainsi désignée, relative-»ment à l'Europe australe, et qui comprend »les pays voisins de la mer Noire et de la »mer Caspienne; 6° l'Inde avec son archi-»pel; 7° la Chine, la Cochinchine et le Ja-»pon; 8° la Nouvelle-Hollande; 9° le cap »de Bonne-Espérance ou l'extrémité aus-»trale de l'Afrique, hors des tropiques; »10° l'Abyssinie, la Nubie et les côtes de »Mozambique, sur lesquelles on manque de

»documents suffisants; 11° les environs du »Congo, du Sénégal, du Niger, ou l'Afri-»que équinoxiale et occidentale; 12° les »îles Canaries; 13° les Etats-Unis de l'Amé-»rique septentrionale; 14° la côte ouest de »l'Amérique boréale tempérée; 15° les An-»tilles; 16° le Mexique; 17° la partie de »l'Amérique méridionale située entre les »tropiques; 18° le Chili; 19° le Brésil aus-»tral et Buénos-Ayres; 20° les terres Ma-»gellaniques. Enfin, il faudrait joindre à »cette indication générale chacune des »îles qui est assez écartée pour présenter »un choix de végétaux qui lui est propre. »

D'après ce qui vient d'être dit, on voit d'avance que les plantes ne sont pas également distribuées sur la surface de la terre, ce qu'il faut attribuer aux différences de température et à plusieurs autres causes. Si on compare les différents systèmes de groupements des deux mondes, on trouve en général sous la zône équatoriale moins de plantes de la famille des cypéracées et des rubiacées, que de celle des compo-sées; sous la zône tempérée, moins de joncacées, de labiées, d'ombellifères, de crucifères, et plus de composées, d'érici-nées, d'amentacées, que dans les zônes cor-respondantes de l'ancien monde. Les fa-milles qui augmentent en allant du pôle à l'équateur, sont les légumineuses, les ru-biacées, les euphorbiacées et les malva-cées; et les familles qui semblent être les plus nombreuses sous la zône tempérée sont les composées, les labiées, les ombel-lifères et les crucifères. On a remarqué que l'on trouvait à peu près les mêmes plan-tes dans les lieux dont la hauteur et la tem-pérature étaient à peu près les mêmes.

Le nombre des plantes qui sont répandues sur la surface du globe n'est pas connu, et il est fort difficile de le connaître. Cepen dant, d'après les recherches de MM. de Humboldt et Rob. Brown, elles seraient ainsi distribuées : en Europe 7,000; dans l'Asie tempérée, 1,500; dans l'Asie-Équi-noxiale et les îles voisines, 4,500; en Afri-que, 3,000; dans l'Amérique tempérée des deux hémisphères, 4,000; dans l'Amérique-équinoxiale, 13,000; dans la Nouvelle-Hol-lande et les îles de la mer du Sud, 5,000, un nombre presque aussi considérable de nouvelles espèces, et un nombre immense de cryptogames. On peut donc élever le nombre total des plantes à 55 ou 60,000.

L'humidité a une grande influence sur la nature des familles qui sont les plus répandues dans un pays; ainsi les plantes mono-cotylédonées, qui aiment l'humidité, sont très-communes en Angleterre, tandis qu'elles sont très-rares en Égypte.

Maladies des plantes.

Les plantes sont exposées à un grand nombre de maladies; comme les animaux elles peuvent être empoisonnées lorsqu'on les soumet à l'action de substances vénéneuses. M. Gœppert, dans son mémoire sur l'action de l'acide hydrocyanique sur les plantes, a fait connaître presque tous les auteurs qui se sont occupés de ce sujet. Quand on veut essayer l'action d'une substance sur une plante, il faut en plonger la racine, une branche ou un rameau récemment coupé, dans la solution de la substance que l'on veut expérimenter. Il est convenable de faire la contre-expérience en même temps sur la même plante, plongée dans l'eau ordinaire; à mesure que l'absorption de la substance vénéneuse a lieu, on suit les changements qui surviennent dans l'une et l'autre circonstance.

Les expériences de MM. Carradori, de Humboldt et Jœger ont prouvé qu'il n'y avait pas de germination lorsqu'on arrosait les graines avec de l'eau tenant en dissolution de l'arsenic; et généralement elle n'a pas lieu lorsque la graine est en contact avec les préparations arsenicales, à moins qu'elles ne soient insolubles. Si on plonge des plantes dans des solutions d'arsenic, elles meurent d'autant plus promptement que la solution est plus concentrée; on a même vu, dans des expériences de ce genre, la couleur des pétales changer. Des plantes placées dans une solution de deuto-chlorure de mercure périssent dans un très-court espace de temps. On croit assez généralement, mais c'est un préjugé, que du mercure coulant, introduit à l'aide d'un trou dans le tronc d'un arbre ou dans ses racines, le tue promptement. Il n'en est pas ainsi, puisque M. Th. de Saussure a retrouvé dans le cœur d'un arbre parfaitement sain du mercure qu'il y avait introduit trente ans auparavant. Le sulfate de cuivre est un poison énergique; il tue avec facilité les plantes que l'on arrose avec sa solution; mais ses propriétés ont été avantageusement employées par M. Benedict Pre-

vot pour le chaulage des grains. Dans cette opération il s'agit de détruire les germes des champignons parasites qui causent la carie des grains. Il paraît, d'après un grand nombre d'expériences, que la solution de ce sel jouit de cette propriété. Si quelques substances sont nuisibles à la végétation, il en est beaucoup d'autres qui n'ont aucune action; mais pour cela il faut qu'elles soient insolubles ; alors les plantes germent et vivent comme elles le feraient dans l'eau. Il en est d'autres, comme nous l'avons vu, qui favorisent la germination des graines, comme la solution de chlore dans l'eau; il en est de même de la solution d'iode. Le muriate de soude, qu'on rencontre si abondamment dans les plantes marines, est utile à la végétation, mais en petite quantité. Jusqu'à présent nous n'avons parlé que des substances tirées du règne minéral; les substances vénéneuses du règne végétal, comme l'opium, la morelle, la noix vomique, la coque du levant, etc., ont une action délétère très-marquée. Tous ces agents font périr les plantes dans lesquelles on les plonge, et l'acide prussique tient le premier rang sous le rapport de la rapidité avec laquelle il agit. Toutes les substances n'agissent pas avec la même rapidité; M. Gœppert les a ainsi rangées d'après ses expériences : l'acide prussique en vapeur, l'alcool sulfurique également en vapeur, les éthers, les huiles éthérées, l'alcool, les acides, l'ammoniaque concentré, l'acide prussique à cinq pour cent d'acide pur, les sulfates de quinine et de cinchonine, l'huile âcre des crucifères, l'eau d'amandes amères, du cerisier à grappes, du laurier-cerise, de cannelle, et toutes les eaux distillées aromatiques.

Les animaux causent souvent des maladies dans les végétaux; les uns les mutilent pour s'en nourrir ou les écrasent avec les pieds; les autres, et ce sont principalement les insectes, mangent toutes les parties vertes, ou bien y placent leurs œufs pour que lorsqu'ils viendront à éclore ils trouvent en même temps et le gîte et la nourriture. Quelques-uns attaquent particulièrement les racines. Il n'entre pas dans notre plan d'indiquer toutes les altérations qui en résultent; il en est cependant quelques-unes qui méritent d'être signalées. Il existe un état maladif du froment, dans lequel les grains sont petits, courts, rabougris, et que pour cela on nomme blé rachitique. Si on soumet l'intérieur de ces grains à l'examen microscopique, on les trouve remplis de vibrions ou d'anguilles qui ressemblent presque à ceux que l'on observe dans la colle. Les piqûres des insectes hâtent généralement la maturation des fruits. Dans les îles de l'Archipel, on place sur un figuier cultivé des figues sauvages piquées par des cynips; ceux-ci sortent et s'introduisent par l'œil dans l'intérieur des figues cultivées, et, outre qu'ils les fécondent, ils en accélèrent la maturité d'un mois. C'est à cette opération que l'on donne le nom de caprification. Tout le monde connaît les bédéguards, ou espèces de tumeurs composées de filaments verts et rameux, que l'on trouve si fréquemment sur les rosiers. Ces tumeurs sont formées par les larves des cynips du rosier. Une de ces tumeurs, mais qui est d'un grand emploi dans les arts, et qui est produite par un insecte, c'est la noix de galle; nous devons au célèbre entomologiste Olivier la connaissance de l'espèce de chêne sur lequel on la récolte (*Quercus insectoria*). Il croît dans l'Asie-Mineure, depuis les bords du Bosphore jusqu'en Syrie, et depuis les côtes de l'Archipel jusqu'aux frontières de la Perse.

Les plantes ont aussi d'autres plantes qu'elles nourrissent, et qui sont pour elles de véritables parasites. Parmi ces végétaux parasites, les uns sont phanérogames et les autres cryptogames; dans les premiers, quelques-uns se fixent sur les racines, comme le cynomorium, les monotropa, la clandestine; et d'autres sur les tiges, comme la cuscute. Parmi les cryptogames on voit les rhizoctones se fixer aux racines. Quelques-uns ne paraissent pas être nuisibles aux plantes sur lesquelles ils se développent, mais d'autres les font mourir. Une espèce qui naît sur les bulbes des safrans, et que l'on connaît sous le nom de *mort-aux-safrans*, nuit beaucoup à la culture de cette plante. Quand elle existe dans un endroit, il faut la circonscrire à l'aide d'un fossé assez profond, autrement elle s'étendrait dans tout le champ et détruirait toute la plantation.

Sur les tiges on observe peu de champignons parasites; on ne rencontre guère que le genre *gynosporium*, voisin des puccinies quoique ressemblant à une tremelle,

qui naît sur les branches de plusieurs espèces de genévriers, et l'*æcidium* du pin, qui attaque surtout l'écorce des jeunes individus. Les feuilles, en effet, en nourrissent un plus grand nombre; les uns, comme les *eryziphi*, ne se développent qu'à leur surface; les jardiniers leur donnent le nom de *blanc*; on les observe très-fréquemment sur les rosiers, mais très-rarement, sous la latitude de Paris, ils arrivent à leur état parfait : ces champignons commencent par former sur les feuilles, des taches blanches qui sont composées de filaments sur lesquels naissent des tubercules d'abord jaunes, puis noirs, et qui renferment dans leur intérieur les organes de la fructification. D'autres parasites se développent sous l'épiderme ou dans le parenchyme des feuilles; ce sont les urédinées, dans lesquelles on compte les genres *uredo*, *æcidium*, puccinie, etc. Ces champignons nuisent aux feuilles en les déformant, et accélèrent leur chute; parmi les *uredo* quelques-uns sont plus nuisibles. Le charbon attaque les fleurs des graminées, et les convertit en une poussière noire, très-abondante, qui à l'époque de la maturation est composée de spores rondes et lisses. La carie, au contraire, se développe dans l'intérieur du grain; elle est noire, fétide, ses spores sont globuleuses et parsemées d'aspérités. Mais le champignon parasite le plus nuisible est sans contredit celui qui se rencontre sur presque toutes les graminées, particulièrement sur le seigle, et que l'on connaît généralement sous le nom d'ergot ou de seigle ergoté. Le grain s'allonge, se courbe, et devient noir; il est cassant, son odeur est nauséabonde et sa saveur acre; mélangé avec le pain, il détermine, chez ceux qui en font usage, des accidents convulsifs très-graves, et quelquefois la gangrène des extrémités. Ces graves inconvénients sont compensés par une propriété qu'il a d'augmenter la contractilité de l'utérus : aussi l'emploie-t-on en médecine pour accélérer les accouchements quand il y a inertie de cet organe. Les autres maladies des plantes sont les blessures qui peuvent être causées par le vent, la foudre, le froid, des ulcérations qui résultent des blessures ou des piqûres d'insectes. La chlorose ou l'étiolement est une maladie dans laquelle les feuilles perdent leur couleur verte, et en grande partie leur saveur. Dans nos jardins, on la détermine artificiellement pour rendre plus blanches, plus tendres et moins âcres différentes espèces de salades. On observe encore quelquefois des taches ; quand elles sont nombreuses, les feuilles paraissent panachées. Certaines monstruosités des végétaux sont aussi au nombre des maladies, comme celles que l'on observe sur les tiges, sur les différentes parties des fleurs, et même sur les fruits ; elles dépendent du sol, du vent, du froid, de l'humidité, etc. On y comprend même la plénitude ou luxuriation des fleurs, parce que constamment elle cause la stérilité ; elle résulte de la trop grande abondance des sucs nourriciers. Toutes les parties de la fleur se convertissent en pétales. C'est à ce genre de monstruosité que nos parterres doivent leur plus belle parure,

Formation des herbiers.

Il est impossible d'être botaniste si on ne possède pas un herbier ; on en distingue deux sortes : l'herbier naturel, qui est composé de plantes desséchées, et l'herbier artificiel, qui consiste en dessins, en peintures et en gravures. Quiconque veut étudier la botanique doit récolter et préparer toutes les plantes de la localité qu'il habite. « On peut, dit Jean-Jacques Rousseau, se »faire un très-bon herbier sans connaître un »mot de botanique ; tous ceux qui se disposent à cette étude doivent commencer par »là ; quand ils auront desséché un assez bon »nombre de plantes, et qu'il ne s'agira plus »que d'y ajouter les noms, il y a des gens »qui leur rendroient ce service, etc.... De »tous les moyens employés à la dessiccation »des plantes, le plus simple, celui de la »pression, est le préférable pour un her- »bier..... Ayez une bonne provision de »quatre sortes de papier : 1° du papier »gris, épais et peu collé ; 2° du papier gris »épais collé ; 3° du gros papier blanc sur »lequel on puisse écrire ; 4° du papier blanc »sur lequel vous fixerez vos plantes lorsque »la dessiccation sera complète..... Lorsque »vous voudrez dessécher une plante, il faut »la cueillir par un beau temps, et lorsque »ses fleurs seront épanouies, laissez-la se »faner quelques heures à l'air libre : dès »que les parties seront amollies, étendez- »la avec soin sur une feuille de papier gris »de la première espèce, dont j'ai parlé, »mettez dessous cette feuille une feuille de »carton, et dessus douze à quinze doubles »de papier de la première espèce ; mettez »le tout entre deux ais de bois ou deux »planches bien unies, que vous chargerez »d'abord médiocrement et dont vous augmenterez peu à peu la pression à mesure »que la dessiccation s'opérera. Il est plus »avantageux de se servir de ces petites »presses de brochures, parce que l'on serre »si peu et autant que l'on veut : au bout »d'une heure ou deux serrez-la davantage, »et laissez-la ainsi vingt-quatre heures au »plus ; retirez-la ensuite ; changez-la de pa- »pier, et mettez dessous une autre feuille »de carton bien sèche, ainsi que les autres »feuilles de papier que vous allez mettre »dessus ; remettez le tout en presse ; serrez »plus que la première fois ; laissez ainsi »deux jours votre plante sans y toucher ; »changez-la encore une troisième fois de »papiers, mais prenez du papier gris collé ; »serrez encore davantage la presse, et ne »mettez dessus que trois ou quatre doubles de »papiers, ou seulement une feuille de carton »dessus et une dessous ; laissez-la ainsi en »presse pendant deux ou trois fois vingt- »quatre heures : si lorsque vous retirerez »votre plante elle ne vous paraît pas assez »privée de son humidité, vous la changerez »encore plusieurs fois de papiers (il y a des »plantes qu'il suffit de changer deux fois de »papiers et d'autres qu'il faut changer jusqu'à six : celles qui sont de nature aqueuse »exigent qu'on en accélère la dessiccation) ; »mais si au contraire les parties qui la composent ont déja perdu de leur flexibilité, »il faut la mettre dans une feuille de gros »papier blanc, où on la laissera en presse »jusqu'à ce que la dessiccation soit parfaitement achevée ; ce sera alors qu'il faudra »songer à assurer pour long-temps la conservation de votre plante ; elle pourra être »employée à la formation de votre herbier, »il ne s'agit plus que de la fixer, de la nommer et de la mettre en place.... Pour garantir votre herbier des ravages qu'y feroient les insectes il faut tremper le papier »sur lequel vous voulez fixer vos plantes, »dans une forte dissolution d'alun, le bien »faire sécher et y attacher vos plantes avec »de petites bandelettes de papier que vous »collerez avec de la colle à bouche ; c'est »avec cette colle que vous pourrez aussi »assujettir les organes de la fructification »des plantes, lorsque vous aurez eu la pa-

»tience de les dessécher à part. » C'est en préparant ainsi ses herbiers que les plantes de Rousseau ont été admirées sous le rapport de leur conservation. Malheureusement le moyen qu'il donne pour les garantir des ravages des insectes n'est pas suffisant. Il vaut beaucoup mieux tremper les plantes dans l'alcool dans lequel on a fait dissoudre une once ou plus de sublimé corrosif par pinte ; on verse l'alcool dans un large plat, on y trempe toute la plante, puis on la remet en presse, l'alcool s'évapore très-promptement ; au bout de quelques jours on peut ranger la plante dans l'herbier. Par ce moyen un grand nombre de fleurs bleues qui étaient devenues blanches par la dessiccation passent au rouge, et la fleur semble conserver la vie. Cette précaution ne suffit pas, il faut encore placer l'herbier dans un endroit bien sec, parce que s'il était à l'humidité, il se développerait sur les plantes un grand nombre de moisissures qui finiraient par le détruire complétement. Les mousses, les lichens, etc., se conservent sans qu'on les empoisonne ; mais si l'on néglige d'empoisonner les champignons, il est de toute impossibilité de pouvoir les conserver.

CLASSIFICATION.

Les productions de la nature sont en si grand nombre qu'il serait presque impossible de les distinguer les unes des autres si l'on n'avait pas créé quelques moyens pour y parvenir ; ces moyens sont les classifications, et la première qui se présente est celle qui distingue trois règnes dans la nature, les règnes minéral, végétal et animal. Chacun d'eux offrait encore un trop grand nombre d'individus pour qu'il n'y eût pas confusion, et par conséquent nécessité de faire encore de nouvelles divisions ; c'est à cette manière de procéder en histoire naturelle que l'on a donné le nom de taxonomie ou théorie des classifications ou des méthodes relativement aux classes, aux familles, aux genres, aux espèces et aux variétés. Les végétaux ont été pendant longtemps décrits comme des êtres isolés, puis on les a distingués en herbes et en arbres ; des auteurs ne les ont examinés que sous le rapport des racines, etc. Gesner est le premier qui ait songé à les classer méthodiquement, et ce fut d'après leur fruit. Dès ce moment il a paru beaucoup de classifications, qui n'ont pas eu toutes le même avantage

ni le même succès. Quand elles sont fondées sur l'examen d'un seul organe on est convenu de les appeler *systèmes*, quand au contraire elles sont établies sur la considération de toutes les parties ce sont des *méthodes*. Le système de Tournefort repose sur les corolles, celui de Linné sur les étamines, et la méthode de Jussieu sur l'ensemble des organes qui composent les plantes. Nous allons exposer aussi brièvement que possible ces trois classifications.

Tournefort a divisé en vingt-deux classes toutes les plantes qu'il a décrites, et a pris pour base la fleur, comme étant la partie la plus apparente des plantes. Il établit les classes sur l'absence ou la présence de la corolle, sur sa disposition, sur sa régularité ou son irrégularité, etc. La séparation des herbes, tant annuelles que vivaces, des arbres et des arbrisseaux, forment deux divisions : la première comprend dix-sept classes, et la seconde cinq.

Première division. *Les plantes.*

CLASSE I. Les *Campaniformes*, herbes à fleurs simples, composées d'un seul pétale régulier en forme de cloche.

CLASSE II. Les *Infundibuliformes*, herbes à fleurs simples, monopétales, régulières, qui représentent un entonnoir, une soucoupe ou un godet.

CLASSE III. Les *Personnées*, herbes à fleurs monopétales, anomales, irrégulières, dont les graines sont enfermées dans une capsule ou péricarpe.

CLASSE IV. Les *Labiées*, herbes à fleurs simples, monopétales, irrégulières, et dont les graines, au nombre de quatre, sont toujours nues au fond du calice.

CLASSE V. *Crucifères*, fleurs simples, polypétales, régulières, composées de quatre pétales disposés en croix, et dont le fruit est une silique ou une silicule.

CLASSE VI. *Rosacées*, fleurs simples, polypétales, régulières, composées de cinq ou d'un plus grand nombre de pétales disposés en rose.

CLASSE VII. *Ombellifères*, fleurs simples, polypétales, régulières, ayant cinq pétales disposés en rose, et pour fruit deux semences réunies. Les pédoncules qui les supportent sont disposés comme les rayons d'un parasol.

CLASSE VIII. Les *Caryophillées*, fleurs simples, polypétales, régulières, dont l'onglet est fort long, et attaché au fond d'un calice monophylle et allongé.

CLASSE IX. Les *Liliacées*, fleurs simples, régulières, sans calice, composées de trois, six pétales ou d'un seul divisé en six parties; leurs graines sont toujours renfermées dans une capsule à trois loges.

CLASSE X. Les *Papilionacées*, fleurs simples, polypétales, irrégulières, dont le fruit est une gousse.

CLASSE XI. Les *Anomales*, fleurs simples, polypétales, irrégulières, d'une forme indéterminée.

CLASSE XII. Les *Flosculeuses*, fleurs composées de plusieurs petites corolles monopétales que l'on nomme fleurons.

CLASSE XIII. Les *Semiflosculeuses*, fleurs composées de plusieurs petites corolles monopétales en languette, que l'on nomme demi-fleurons.

CLASSE XIV. *Radiées*, fleurs composées de fleurons dans le centre, et de demi-fleurons à la circonférence.

CLASSE XV. Les *Apétales*, ou fleurs à étamines, fleurs dont les étamines et les pistils ne sont pas entourés de pétales ou de calice.

CLASSE XVI. Les *Apétales* sans fleurs. Toutes les plantes sans fleurs apparentes, mais seulement des espèces de graines disposées sur le dos des feuilles.

CLASSE XVII. Les *Apétales* sans fleurs ni graines apparentes. Toutes les plantes dont les organes de la fructification sont absolument inconnus, et où on ne trouve rien qui paraisse destiné à cet usage.

Deuxième division. *Les arbres et les arbustes.*

CLASSE XVIII. Arbres ou arbustes à fleurs apétales ou à étamines sans pétales; comprend tous les arbres dont les fleurs n'ont pas de pétales, et ne sont pas portées sur des chatons.

CLASSE XIX. Arbres ou arbustes à fleurs apétales amentacées. Tous les arbres dont les fleurs sont disposées sur des chatons.

CLASSE XX. Arbres ou arbustes à fleurs monopétales, campaniformes ou infundibuliformes. Les arbres dont les fleurs offrent les mêmes caractères qui ont servi de base aux deux premières classes.

CLASSE XXI. Arbres ou arbustes à fleurs rosacées. Les arbres dont les fleurs sont disposées en rose, comme la classe VI des herbes.

CLASSE XXII. Arbres ou arbustes à fleurs papilionacées ou légumineuses. Tous les arbres dont les fleurs ont les mêmes caractères que ceux de la classe X des herbes.

Ces différentes classes sont divisées ensuite en sections, dont les caractères sont établis d'après des considérations du fruit, de la position de la corolle, et même des feuilles.

Le système de Linné est fondé sur le sexe des plantes; les étamines représentent les mâles, et les pistils les femelles. Ce système comprend vingt-quatre classes, qui sont établies d'après la présence ou l'absence des organes sexuels; la première division, ou phanérogamie, comprend vingt-trois classes, et la deuxième, ou cryptogamie, est la vingt-quatrième. Les treize premières sont fondées sur le nombre des étamines; la quatorzième et la quinzième, sur les proportions des étamines entre elles; les seizième, dix-septième et dix-huitième, sur l'union des étamines par les filets; la dix-neuvième, sur la soudure des anthères; la vingtième, sur la position des étamines sur le pistil; les vingt-unième, vingt-deuxième et vingt-troisième, sur la séparation des sexes; et la vingt-quatrième, sur l'absence de ces mêmes organes.

1° Fleurs hermaphrodites dont les étamines sont en nombre déterminé et égales entre elles.

CLASSE I. *Monandrie.* Une seule étamine : la salicorne.

CLASSE II. *Diandrie.* Deux étamines : le jasmin.

CLASSE III. *Triandrie.* Trois étamines : l'iris, le safran.

CLASSE IV. *Tétrandrie.* Quatre étamines : le caillelait, la scabieuse.

CLASSE V. *Pentandrie.* Cinq étamines : la bourrache, le liseron.

CLASSE VI. *Hexandrie.* Six étamines : la tulipe, le muguet.

CLASSE VII. *Heptandrie.* Sept étamines : le marronnier d'Inde.

CLASSE VIII. *Octandrie.* Huit étamines : la bruyère.

CLASSE IX. *Ennéandrie.* Neuf étamines : le laurier.

CLASSE X. *Décandrie.* Dix étamines : la saxifrage, l'œillet.

2° Fleurs hermaphrodites dont le nombre des étamines est indéterminé.

CLASSE XI. *Dodécandrie.* De onze à vingt étamines : la joubarbe, le réséda.

Classe xii. *Icosandrie.* Plus de vingt étamines insérées sur le calice : la rose, le pommier.

Classe xiii. *Polyandrie.* De vingt à cent étamines ou plus insérées sous l'ovaire : la renoncule, le pavot.

3° Fleurs hermaphrodites dont les étamines diffèrent sous le rapport de la longueur.

Classe xiv. *Didynamie.* Quatre étamines, dont deux sont plus petites que les deux autres : la menthe, le mufle de veau.

Classe xv. *Tétradynamie.* Six étamines, deux plus courtes que les quatre autres : le cochléaria, le chou.

4° Fleurs hermaphrodites dont les étamines sont soudées par les filets.

Classe xvi. *Monadelphie.* Étamines en nombre variable, et dont les filets ne forment qu'un seul corps : la mauve.

Classe xvii. *Diadelphie.* Étamines en nombre variable, filets réunis en deux corps : le haricot.

Classe xviii. *Polyadelphie.* Filets des étamines réunis en trois, quatre ou un plus grand nombre de faisceaux : le millepertuis.

5° Fleurs hermaphrodites dont les étamines sont réunies par les anthères.

Classe xix. *Syngénésie.* Cinq étamines réunies par les anthères : l'artichaut, la violette.

6° Fleurs hermaphrodites dont les étamines sont insérées sur le pistil.

Classe xx. *Gynandrie.* Étamines réunies en un seul corps avec le pistil : les orchidées.

7° Fleurs unisexuées.

Classe xxi. *Monœcie.* Fleurs mâles et fleurs femelles distinctes et réunies sur le même individu : le maïs, le ricin.

Classe xxii. *Diœcie.* Fleurs mâles et fleurs femelles sur deux individus séparés : le gui, le saule.

Classe xxiii. Fleurs *hermaphrodites.* Fleurs mâles et fleurs femelles réunies sur un même individu : le frêne, le micoucoulier.

8° Plantes dont les fleurs ne sont pas distinctes.

Classe xxiv. *Cryptogamie.* Qui embrasse les mousses, les fougères, etc., dans lesquelles on ne voit rien qui ressemble à une fleur.

Ces vingt-quatre classes ont été divisées en plusieurs ordres, dont les caractères sont tirés pour les treize premières du nombre des pistils, et que l'on désigne sous les noms de *monogynie* quand il y a un style, *digynie* deux, *trigynie* trois, *tétragynie* quatre, etc., et *polygynie* quand il y en a un grand nombre. La didynamie est divisée en deux ordres d'après le fruit, 1° didynamie *gymnospermie* quand le fruit, placé au fond du calice et composé de quatre akènes, paraît nu ; 2° didynamie *angiospermie* quand les semences sont enfermées dans une capsule. La tétradynamie est divisée en *siliqueuse* quand les péricarpes sont des siliques, et en siliculeuses quand ce sont des silicules. Les caractères des ordres de la monadelphie, diadelphie et polyadelphie sont établis d'après la réunion des filets en un, deux ou plusieurs faisceaux, sans tenir compte du nombre des étamines qui les composent ; ces trois classes sont : *triandriques, pentandriques, polyandriques,* etc. La gynandrie, la monœcie, la diœcie et la polygamie se distinguent également par le nombre des étamines. Les ordres de la syngénésie sont fondés sur l'avortement de l'un ou de l'autre des organes sexuels dans les fleurons, ou plutôt des petites fleurs particulières qui forment les fleurs composées, et que pour cette raison il a nommé polygamie, qui est divisée en six ordres, 1° la polygamie *égale ;* toutes les fleurs sont hermaphrodites : la chicorée, l'artichaut ; 2° polygamie *superflue,* fleurs de la circonférence femelles et celles du disque hermaphrodites ; elles portent des semences l'une et l'autre : l'armoise, le séneçon ; 3° polygamie *frustranée,* fleurs de la circonférence femelles et stériles ; celles du disque hermaphrodites et fertiles : la centaurée, le grand soleil ; 4° polygamie *nécessaire,* fleurs de la circonférence femelles et fertiles ; celles du disque hermaphrodites et stériles, mais fécondant celles de la circonférence : le souci ; 5° polygamie *séparée ;* toutes les fleurs sont hermaphrodites et rapprochées ; et chacune dans un calice particulier, comme dans l'échinops ; 6° polygamie *monogamie,* toutes les fleurs sont hermaphrodites, et séparées les unes des autres : la violette, la balsamine. Les caractères des ordres de la gynandrie, de la monœcie et de la diœcie sont tirés du nombre des étamines, ils sont : *monandri-*

ques, *aiandriques*, *triandriques*, etc.; pour la polygamie elle est divisée en trois ordres: 1° *monœcie*, quand le même individu porte des fleurs hermaphrodites et des fleurs unisexuées; 2° *diœcie*, quand sur un pied on trouve des fleurs hermaphrodites, et sur un autre des fleurs unisexuées; 3° *triœcie*, quand elle se compose de trois individus, un portant des fleurs hermaphrodites, le second des fleurs mâles, et le troisième des fleurs femelles, comme dans le caroubier. La vingt-quatrième classe, ou cryptogamie, se divise en quatre ordres: 1° les *fougères;* 2° les *mousses;* 3° les *algues;* 4° les *champignons.*

Le système de Linné est une des plus belles conceptions; il a été généralement adopté, parce qu'il flatte l'imagination, et parce qu'avec lui on arrive facilement à la détermination d'une plante qu'on ne connaît pas. Pour une flore locale, il est préférable à la méthode naturelle; mais quand on veut connaître les rapports, les affinités que les plantes ont entre elles, la méthode naturelle lui est infiniment supérieure.

Quoique plusieurs auteurs aient tenté de disposer les plantes d'après leurs affinités, et de former ainsi des familles, c'est Antoine-Laurent de Jussieu qui a résolu ce grand problême dans son *Genera Plantarum,* publié en 1789. Depuis cette époque la méthode naturelle a fait des progrès immenses. Contrebalancés pendant long-temps par le succès prodigieux du système sexuel, on en a reconnu tous les avantages; elle a triomphé, et aujourd'hui elle est généralement adoptée. Les caractères de la méthode naturelle sont tirés des parties les plus importantes des plantes; la structure de l'embryon donne trois grandes classes: les *acotylédonées,* les *monocotylédonées* et les *dicotylédonées;* les autres caractères sont pris de la corolle, de sa composition, de son insertion et de celle des étamines, comme on peut le voir par le tableau suivant:

Clef de la méthode des familles naturelles d'Antoine-Laurent de Jussieu.

ACOTYLÉDONÉES					1 *Acotylédonie.*
MONOCOTYLÉDONÉES		Étamines hypogynes			2 *Monohypogynie*
		périgynes			3 *Monopérigynie.*
		épigynes			4 *Monoépigynie.*
DICOTYLÉDONÉES	Apétales / Apétalie	Étamines épigynes			5 *Epistaminie.*
		périgynes			6 *Péristaminie.*
		hypogynes			7 *Hypostaminie.*
	Monopétales. / Monopétalie.	Corolle hypogyne			8 *Hypocorollie.*
		périgyne			9 *Péricorollie.*
		épigyne	Épicorollie	réunies	10 *Synanthérie.*
			Anthères	distinctes	11 *Corysanthérie.*
	Polypétales.. / Polypétalie..	Étamines épigynes			12 *Epipétalie,*
		hypogynes			13 *Hypopétalie.*
		périgynes			14 *Péripétalie.*
	Diclines irrégulières				15 *Diclinie.*

Dans le *Genera Plantarum* de de Jussieu les plantes furent distribuées dans cent familles, et dans un appendice on trouvait disposées, suivant le système sexuel de Linné, toutes celles qui n'avaient pu être placées convenablement; plus tard cet illustre auteur porta le nombre des familles à cent quarante-une, comme on peut le voir dans les éléments de physiologie végétale et de botanique de M. Brisseau-Mirbel; ce nombre a encore été augmenté par les recherches de Ventenat, Claude Richard, Robert Brown, Kunth, de Candolle, Adrien de Jussieu, Auguste Saint-Hilaire et autres botanistes célèbres; aujourd'hui on en reconnaît cent soixante-deux, dont les caractères sont parfaitement établis; nous ferons connaître les principales, surtout celles qui renferment des plantes utiles ou dont les échantillons se rencontrent chaque jour sous nos pas.

CRYPTOGAMES.

Acotylédonées.

1. Acotylédonie.

Les ALGUES ou *hydrophytes* commencent la série des végétaux. Linné comprenait parmi elles les *lichens* et les *hépatiques,* qui maintenant forment deux familles distinctes: ce sont des plantes membraneuses ou filamenteuses qui végètent dans les eaux douces ou salées ; leur structure est extrêmement simple, les organes de la fructification ou sporanges sont diversement groupés et situés dans l'épaisseur des feuilles ; on les divise en trois sections : 1° Les *iliodées*, qui sont gélatineuses, plus ou moins filamenteuses, et toujours renfermées dans une masse gluante qui leur sert d'enveloppe. L'espèce la plus remarquable est la *cocodée sanguine*, que l'on trouve au bas des murs humides et exposés au nord. 2° Les *trichomates*, plantes filamenteuses dont les filaments sont simples ou rameux et creux, articulés ou cloisonnés et remplis d'une matière pulvérulente que l'on croit être les organes reproductifs. Cette section comprend toutes les plantes aquatiques que l'on désigne sous le nom collectif de conferves. 3° Les *fucées* ou *varecs*, qui sont formées d'expansions membraneuses coriaces, simples, le plus souvent ramifiées, couvertes de vésicules et terminées par des renflements dont les uns renferment des poils entrelacés et qui passent pour être les organes mâles, les autres remplis d'une matière gélatineuse, dans laquelle on observe des globules que l'on regarde comme les organes femelles.

Les deux premières sections des algues ne fournissent guère de plantes utiles à l'homme, mais la troisième section offre des matériaux importants à son industrie ; c'est en effet de l'incinération des varecs que l'on retire certains principes chimiques précieux, tels que la soude et l'iode ; l'emploi des varecs comme engrais a été aussi justement préconisé dans certaines localités voisines des bords de la mer où ces plantes abondent ; enfin quelques-uns servent à la nourriture de l'homme, mais ce doit être une pauvre nourriture.

Les CHAMPIGNONS sont des plantes filamenteuses ou charnues, dont les formes sont très-variables, et dont les organes de la fructification se présentent généralement sous forme de poussière. Cette famille est extrêmement nombreuse et très-difficile à étudier. Persoon, dans son traité des champignons comestibles, les divise en six ordres :

1° Les *byssoïdes* ou champignons, formés de filaments le plus souvent cloisonnés et creux ; beaucoup de genres de cette section sont stériles constamment, et peuvent être considérés comme des monstruosités ; d'autres au contraire ont leurs spores ou graines groupées sur les rameaux, ou placées à leurs extrémités.

2° Les *champignons proprement dits*; ils sont charnus, coriaces ou tremelleux, simples ou rameux ; mais ils ont ordinairement un *chapeau* qui est couvert d'un *hymenium* ou membrane sporectifère ; cet hymenium recouvre le chapeau en tout ou en partie, et est composé de petites éminences ou *basides* terminées par quatre pointes, qui supportent chacune une spore ronde ou ovale. Dans une seconde section de cette classe l'hymenium est formé de petites cellules allongées ou *thèques* parallèles et qui renferment huit spores : c'est dans cette section que se rangent les *helvelles*, les *pézizes*, les *morilles*, qui laissent envoler leurs spores sous forme de nuage.

3° Les *champignons à graines nues* se divisent en deux sections; dans la première on trouve des champignons qui sont enfermés dans une *volve*, ou espèce de poche sans ouverture que le champignon déchire pour se produire au dehors : c'est à cette section qu'appartiennent la *morille impudique* et le *clathre*. Les spores sont situées sur la face extérieure du chapeau, et tombent sur la terre avec la substance du chapeau qui se résout en une substance demi-liquide, visqueuse et généralement d'une odeur cadavereuse. La seconde section comprend des petits champignons dont les spores sont réunies en petites masses : plates dans les nidulaires, et rondes dans la carpolote, qui par un mécanisme particulier les lance à une certaine distance.

4° Les champignons à poussière ou *lycoperdacées*; ils sont arrondis ou oblongs, clos de toutes parts avant leur maturité, et renferment dans leur enveloppe ou *péridium* une quantité considérable de spores et de filaments sur lesquels elles paraissent fixées, mais de différentes manières : cette section comprend les *vesse-de-loup*, dont on s'est servi quelquefois pour arrêter les hémorrhagies.

5° *Champignons cartilagineux*. Leur substance est coriace, solide, charnue, homogène ou marbrée dans leur intérieur, où sont renfermées les spores : on trouve dans cette section les *sclérotes*. Nous avons dit quelques mots de l'espèce qui fait périr les bulbes du safran; on y trouve la *truffe*, que l'on avait rangée à tort parmi les lycoperdacées. Ce champignon est composé d'un tissu fongueux, dans lequel Micheli a le premier trouvé des vésicules qui renfermaient trois ou quatre graines ou spores noires et dont la surface est couverte d'aspérités ; c'est problablement à cause de cela que M. Turpin les a nommées *truffinelles*. Quand on brise une truffe sa substance est brunâtre ou noire et parsemée de veines blanches. Les truffes de Périgord passent pour les meilleures ; celles de Bourgogne ne valent rien, parce qu'il n'y a que la substance fongueuse dévelopée ; elles sont presque dépourvues de spores.

6° Les *champignons cornés* sont composés de capsules ou loges d'une consistance ferme, et qui renferment dans leur cavité des spores mélangées avec une matière gélatineuse, ou qui sont renfermées dans des utricules ou thèques : cette section renferme un grand nombre de genres, entre autres les *sphéries*.

Les champignons comestibles se trouvent surtout dans ceux qui composent le second ordre. Les *Agarics* ont le dessous du chapeau garni de lames, les *Bolets* ont des pores, les *Hydnes* des pointes ou petits aiguillers, les *Clavaires* ressemblent à des petits arbres. Parmi les agarics on distingue le sous-genre *amanite*. Toutes les espèces de ce genre sont renfermées dans leur premier âge dans une volve qui persiste en tout ou en partie à la base du pédicule, ou qui se déchire par petits lambeaux qui restent à la surface du chapeau et lui donnent une apparence verruqueuse. Les amanites renferment des champignons que l'on mange, comme l'*oronge*, et des espèces très-dangereuses, comme l'amanite vénéneuse, dont on distingue trois variétés ; c'est peut-être l'espèce qui cause les empoisonnements dont on parle tous les ans. Le *champignon de couche*, que l'on cultive à Paris, le *mousseron*, sont des agarics recherchés ; quelques-uns répandent un suc laiteux blanc ou coloré, le plus ordinairement âcre ; dans le nord ces espèces sont recherchées, mais il faut généralement s'en méfier. Enfin parmi les agarics il en est que l'on appelle *coprins* ou *fimetaires*, dont le chapeau se réduit en un liquide noir comme de l'encre à l'époque de sa maturité ; aucune de ces espèces n'est comestible. Parmi les genres de cette section qui ont les spores renfermées dans les thèques on trouve la *morille*, espèce printanière qui se fait remarquer par son chapeau parsemé de cellules comme un rayon d'abeille. Les bolets, les hydnes, les clavaires, donnent aussi des espèces comestibles : il ne faut pas en général manger de champignons qui croissent dans les endroits humides, dans l'épaisseur des bois ni qui aient une odeur forte, vireuse. Ceux qui se trouvent à la lisière des bois sont toujours suspects, et il est impossible de distinguer les bons des mauvais si on n'en a pas fait une étude particulière.

Les LICHENS se présentent sous des formes très-variées ; les uns offrent des expansions crustacées, étendues, adhérentes par tous les points aux corps qui les soutiennent ; les autres sont foliacées ou rampantes, ou fruticuleuses, etc. C'est cette partie que l'on nomme *thallus*, et qui supporte des *apothécions*, dont les formes varient beaucoup, et qui, comme les pézises, renferment des thèques remplies de *gongyles*. Linné ne formait qu'un seul genre sous le nom de lichen ; mais Achard l'a divisé en vingt-deux. Plusieurs espèces servent dans la teinture : une d'elles fournit, entre autres, cette belle couleur rouge connue dans le commerce sous le nom d'orseille. Le lichen d'Islande est fréquemment employé en médecine ; et le renne se nourrit particulièrement d'une espèce qui croît dans le Nord.

Les HÉPATIQUES sont des plantes rampantes, polyphylles, qui ont beaucoup de rapports avec les mousses. Les organes de la fructification sont en forme de globules remplis d'un fluide visqueux, renfermés dans des capsules ou des spores portées sur des filaments qui sont contenus dans une capsule qui s'ouvre par une seule ou quatre valves.

Les MOUSSES sont des plantes à feuilles nombreuses, imbriquées, à tiges rampantes, rarement dressées. Les fleurs mâles, sessiles, sont placées dans les aisselles des feuilles ou dans des rosettes. Les fleurs femelles sont composées d'une *urne* portée sur un pédoncule en soie, ordinairement fermée au sommet par un *couvercle* ou opercule, et recouverte d'une coiffe en capuchon. Quand la coiffe et l'opercule sont détachés, le bord de l'urne est nu, ou garni d'une simple ou double rangée de poils, que l'on nomme *péristome*. Au centre de l'urne est la *columelle*, et la cavité renferme les spores.

Les LYCOPODIACÉES ressemblent beaucoup aux mousses ; leur tige est rameuse, le plus souvent rampante ; des spores très-fines et nombreuses renfermées dans des capsules de formes variables ; seulement trois ou quatre spores volumineuses contenues dans des capsules plus volumineuses, qui s'ouvrent en deux ou trois valves, composent les organes de la fructification. Les spores du lycope en massue servent à produire ces flammes vives et instantanées dont l'art théâtral a cherché à tirer parti.

Ces lycopodiacées que nous voyons aujourd'hui tapisser humblement le pied de nos arbres forestiers s'élevaient jadis en rivales superbes, jusqu'à la hauteur de leurs cîmes altières ; il fut un temps où des lycopodiacées gigantesques envahissaient la surface de notre planète, et se partageaient, pour ainsi dire, son domaine solide avec un petit nombre d'espèces de plantes des genres voisins : c'est un fait que l'on peut établir, lorsqu'on étudie la végétation fossile de cette couche du globe que les géologues désignent sous le nom de terrains secondaires.

Les FOUGÈRES forment une belle et nombreuse famille ; les unes sont arborescentes, les autres d'une consistance herbacée, mais qui n'a aucun rapport avec les autres herbes. Dans le premier âge leurs feuilles sont roulées en spirale ; les organes de la frucfication sont situés ordinairement à la face inférieure des feuilles, et consistent en amas ou sortes de capsules qui renferment les spores. Ces capsules s'ouvrent tantôt par une fente, et tantôt par la moitié, à l'aide d'un ressort en spirale. L'étude de cette famille est fort étendue et très-difficile.

Les fougères contiennent un principe amer qui a été employé avec avantage dans l'art médical. On trouve dans les terrains tertiaires des vestiges d'une espèce fossile assez remarquable de ce groupe.

Les MARSILIACÉES vivent dans les eaux ; leurs feuilles sont linéaires ou membraneuses, et les sporanges attachés aux racines ; ils consistent en capsules coriaces, cloisonnées, qui renferment les corpuscules reproducteurs.

Les ÉQUISÉTACÉES ne comprennent qu'un seul genre ; les tiges sont simples ou rameuses, articulées, ainsi que les feuilles ; la fructification est terminale, et formée d'écailles épaisses, peltées, à la face inférieure desquelles se trouvent des capsules qui renferment des corpuscules munis de quatre appendices filiformes et dilatés à leur extrémité libre.

Les équisétacées vivantes sont en général de petite taille ; mais on trouve dans les terrains houilliers des débris de plantes de cette famille, dont la taille égale au moins celle de nos plus grands arbres forestiers.

Les CHARACÉES sont des plantes aquatiques et submergées, à rameaux verticillés ; la fructification se compose de capsules situées à la base des verticilles, et qui contiennent un grand nombre de spores. On observe parfaitement bien sur ces plantes la circulation des fluides à cause de la transparence de leur tissu. On trouve dans les terrains tertiaires des capsules de characées fossiles.

PHANÉROGAMES.

Plantes monocotylédonées.

2. Monohypogynie.

Les NAYADES, plantes aquatiques, à feuilles alternes, à fleurs unisexuées, monoïques, rarement hermaphrodites, ovaire libre, à une seule loge, renfermant un ovule pendant ; la lentille d'eau en offre quatre : le fruit est sec et monosperme, l'embryon est replié sur lui-même.

Les AROÏDÉES, plantes vivantes à racines tubéreuses, feuilles le plus souvent radicales, fleurs enveloppées dans une spathe d'une seule pièce, et portées sur un spadice. Les fleurs mâles en occupent la partie supérieure, et les femelles la partie inférieure. Le fruit est une baie à une ou trois loges, le plus ordinairement monosperme par avortement.

La spathe de plusieurs espèces d'aroïdes est richement colorée ; aussi voit-on certains *arums* faire l'ornement des serres et des jardins comme le *calla æthiopica*, etc.

Les TYPHINÉES, plantes aquatiques, à feuilles alternes engaînantes, à fleurs monoïques. Les fleurs mâles composées d'étamines forment des masses cylindriques ou globuleuses ; les femelles se composent de trois ou six écailles autour du pistil ; l'ovaire a deux loges, et la graine a un endosperme farineux ; le *ruban d'eau* et la *massette* appartiennent à cette famille.

Les CYPÉRACÉES vivent dans les lieux humides ; les feuilles sont engaînantes, les tiges cylindriques ou triangulaires, les fleurs monoïques ou hermaphrodites ; chacune d'elles sur une paillette qui fait l'office du calice : trois étamines sous le pistil, un ovaire supère, un style, souvent trois stigmates, une semence solitaire, environnée à sa base de soies ou de poils.

Le *papyrus*, cette plante si fameuse chez les anciens, appartient aux cypéracées ; elle a même donné son nom au papier, parce que c'était avec elle que l'on fabriquait le plus estimé. Pendant long-temps les Égyptiens ont fait seuls le commerce du papier ; maintenant que l'on a tant de moyens pour le fabriquer, on ne se sert plus de papyrus. Le *souchet* long ou odorant, que l'on trouvait il y a quelques années dans la prairie de Gentilly, est du même genre ; sa racine macérée dans le vinaigre, puis séchée et pulvérisée, est un des parfums les plus répandus.

Les GRAMINÉES se composent de plantes annuelles ou vivaces ; elles ne présentent qu'un très-petit nombre d'arbrisseaux. Leur tige est un chaume qui présente de distance en distance des nœuds ou renflements qui sont pleins, et d'où naissent des feuilles engaînantes ; les fleurs sont disposées en épis ou en panicules plus ou moins rameux ; elles sont solitaires ou réunies en petits groupes, que l'on nomme épillets. Comme nous avons vu plus haut, les fleurs se composent de la lépicène ou écailles internes, le plus souvent doubles, et rarement uniques : deux externes ou plus que l'on nomme *glume*. Les étamines sont généralement au nombre de trois, mais elles sont très-variables ; les filets sont capillaires, les anthères bifides à leurs deux extrémités. L'ovaire est uniloculaire, monosperme, sillonné sur une de ses faces, deux styles à la base de l'ovaire ; il existe deux petites paléoles (pl. 4, fig. 2), dont la forme est très-variable ; plusieurs auteurs les regardent comme un nectaire, et d'autres, au contraire, comme une véritable corolle. Le fruit est un caryops. L'embryon a une forme discorde, et recouvre la partie inférieure de l'endosperme, qui est farineux. Cette famille est sans contredit la plus naturelle ; elle nous donne toutes les espèces de blés dont on peut se nourrir : le froment,

le seigle, l'orge, l'avoine, le maïs, le ris, le millet, etc. Les oiseaux se nourrissent également de ces graines, et la partie herbacée sert de fourrage aux animaux. La canne à sucre, que nous avons figurée, pl. 5, appartient à cette famille.

3. Monopérigynie.

Les PALMIERS ont une tige ligneuse, cylindrique, ordinairement simple, terminée par un bouquet de feuilles, qui sont appliquées les unes contre les autres avant leur développement, comme un éventail fermé. Les fleurs monoïques ou dioïques, enfermées dans une spathe. Le calice est à six divisions, et persistant ; les étamines au nombre de six, ou plus ; trois ovaires, dont deux avortent presque constamment ; graines osseuses ; embryon placé à la base, au sommet ou à la partie moyenne d'un périsperme corné. Nous n'avons en France que le palmier éventail qui appartienne à cette famille ; car la plupart des espèces de cette famille appartiennent aux régions intertropicales ; le palmier-dattier, pl. 5, le cocotier donnent à l'homme leurs fruits précieux. Les tiges élancées de certaines espèces de palmiers sont d'un bois dense résistant richement veiné, et d'une ressource avantageuse pour l'économie domestique. La moelle féculente d'une autre espèce fournit le sagou. La famille des palmiers semble être aussi de ces groupes transitoires entre la végétation du monde actuel et celle des mondes antérieurs de notre globe ; car dans les forêts fossiles des terrains tertiaires, on trouve de nombreux débris des tiges de ces magnifiques monocotylédonées.

Les JONCÉES ont les feuilles en gaîne, les tiges herbacées, les fleurs hermaphrodites. Calice à six divisions ; trois souvent sont colorées ; étamines définies ; un ou plusieurs ovaires ; autant de styles ou stigmates ; capsule polysperme à une ou trois loges. Cette famille renferme les joncs et les luzules.

La famille des ALISMACÉES, qui comprend les butomées et les juncaginées, renferme des plantes herbacées qui habitent les lieux humides ; les feuilles sont engaînantes, les fleurs généralement hermaphrodites ; le calice est formé de six sépales ; les étamines de six à trente ; pistils en nombre variable ; ovaire uniloculaire, contenant un, deux ou plusieurs ovules dressés, pendants ou fixés au côté interne. Les fruits sont des carpelles, secs et indéhiscents. Cette famille renferme la *sagittaire*, le *jonc fleuri*, etc., qui donnent aux bords de nos eaux paisibles une physionomie si pittoresque.

Les COLCHICACÉES sont des plantes à racines bulbeuses, à feuilles alternes, à fleurs hermaphrodites et terminales, dont le calice a six divisions profondes. Six étamines; trois ovaires libres ou soudés, qui, à la maturité, forment une capsule à trois loges polyspermes. Le *colchique*, l'*ellébore blanc* usités en médecine, sont de cette famille.

Les ASPARAGINÉES ont les tiges herbacées, vivaces ou frutescentes; les feuilles en faisceaux ou verticillées; les fleurs sont hermaphrodites ou unisexuées; le calice a six divisions; six étamines; ovaire surmonté d'un ou trois styles; capsule à trois loges; graines attachées à leur angle inférieur. Cette famille renferme l'*asperge*, dont les bourgeons sont tant usités dans l'art culinaire; le *muguet*, dont les fleurs répandent une odeur si suave dans nos bois ombragés; le *petit houx*, et la *salsepareille*, si vantée en médecine, etc.

Les LILIACÉES, plantes à racines fibreuses ou bulbeuses; calice à six divisions profondes; six étamines; un style et trois stigmates; ovaire supère; capsule à trois loges, graines nombreuses attachées à l'angle interne des cloisons; périsperme charnu ou cartilagineux. Cette famille offre un grand nombre d'espèces dont les enveloppes florales sont enrichies des plus vives couleurs; aussi font-elles l'ornement le plus recherché des serres et des jardins. Ces lis si éclatants de blancheur, et ces autres *lis* aux nuances si vives, si diverses, les *tulipes* si variées et si agréablement panachées de teintes originalement distribuées, ces *fritillaires* aux formes pittoresques, appartiennent à cette famille.

4. Monoépigynie.

Les DIOSCORÉES sont des plantes sarmenteuses, à feuilles alternes et à fleurs hermaphrodites ou unisexuées; le calice est divisé en six lobes; six étamines; ovaire à trois loges, à une, deux ou plusieurs graines dont le périsperme est corné. On trouve dans cette famille le *sceau de notre-dame*, et l'*igname*, dont la racine succulente rem-

place les graminées dans l'Inde et dans les Antilles.

Les NARCISSÉES ne diffèrent des liliacées que parce que l'ovaire est infère; on a divisé cette famille en deux, les hémérocallidées et les véritables narcissées, qui sont le *narcisse*, le *perce-neige*, etc. Aux narcissées se rapportent encore une foule de plantes d'agrément, telles que les *amaryllis*, les *hyacinthes*, les *asphodèles;* des plantes utiles à l'économie domestique : ainsi l'*oignon*, le *poireau*, etc., donnent leurs bulbes pour l'art culinaire; les *safrans* donnent leurs étamines pour la teinture; la *scille* fournit à la médecine le suc excitant de son bulbe; et l'*aloès*, le suc résineux qui circule dans ses vaisseaux.

Les IRIDÉES, plantes à racines tubéreuses ou charnues, à tiges herbacées et à feuilles planes et ensiformes. Calice coloré, à six divisions profondes; trois étamines, trois stigmates; capsule à trois loges polyspermes, embryon cylindrique, endosperme charnu ou corné. On trouve dans cette famille la *trigridée*, le *glaïeul*, etc.; l'*iris* donne ses racines odorantes à la parfumerie.

Les ORCHIDÉES, plantes vivaces, quelquefois parasites, à racines fibreuses ou tubéreuses. Le calice est supère, coloré, à six divisions profondes; l'inférieure porte le nom de nectaire, tablier ou tabelle : deux étamines insérées sur le sommet du pistil, une anthère biloculaire, pollen en masses, capsule polysperme uniloculaire, à trois valves. C'est avec les bulbes des *orchis morio* mâle, à larges feuilles, maculé, etc., qu'on prépare le salep. Les ophrys ont une fleur qui les a fait appeler ophrys mouche, bourdon, araignée, insectifère, selon l'insecte qu'elles semblent représenter; la *vanille* appartient aussi à cette famille.

Les HYDROCHARIDÉES sont composées de plantes aquatiques herbacées. Les fleurs sont renfermées dans des spathes; elles sont dioïques ou hermaphrodites. Le calice est à six divisions, le nombre des étamines de une à treize, l'ovaire infère à trois stigmates; capsule polysperme, embryon droit et cylindrique. Cette famille renferme la *vallisnérie*, qui a inspiré de si beaux vers au poète Castel.

Les NYMPHÉACÉES, plantes à rhizomes, à feuilles larges, alternes et nageantes. Les sépales du calice sont nombreux et disposés sur plusieurs rangs, ainsi que les étamines ; l'ovaire est libre, sessile et supère, divisé en plusieurs loges, qui sont polyspermes. Le *nénuphar* ou le *nymphéa* qui couvrent nos eaux de leurs larges feuilles font partie de cette famille ; le lotos, qu'on retrouve si fréquemment dans les hiéroglyphes égyptiens, appartient aussi aux nymphéacées. Le séjour des nymphéas au milieu des eaux a fait attribuer à ces plantes des vertus sédatives que l'expérience ne leur a malheureusement pas reconnues.

Dicotylédonées apétales.

5. Epistaminie.

Les ARISTOLOCHIÉES, plantes herbacées, frutescentes et volubiles. Calice monophylle, régulier ou irrégulier, entier ou découpé ; étamines définies, insérées sur l'ovaire ; un style ou stigmate divisé ; ovaire infère, capsule à plusieurs loges polyspermes ; embryon placé à la base d'un périsperme corné. On trouve dans cette famille le *cabaret*, et le genre *aristoloche*, dont plusieurs espèces sont employées en médecine.

6. Péristaminie.

Les ÉLÉAGNÉES sont des arbrisseaux à feuilles alternes ou opposées ; les fleurs sont dioïques ou hermaphrodites. Calice tubuleux à deux ou à quatre divisions ; trois ou huit étamines ; ovaire libre uniloculaire ; ovule unique, ascendant et pédicellé. Le *fusain* de nos bois est un exemple de cette famille.

Les THYMÉLÉES sont des arbrisseaux ou des plantes herbacées dont le calice est coloré, le nombre des étamines défini, un style, l'ovaire supère, les graines nues ou renfermées dans une baie. Le *garou*, le *bois gentil*, la *lauréole*, qui fournissent des sucs irritants dont la médecine a su tirer parti, sont de cette famille.

Les LAURINÉES sont des arbres ou des arbrisseaux à feuilles alternes. Le calice est à quatre, cinq ou six divisions colorées plus ou moins profondes ; de six à douze étamines sur deux rangs, adhérentes à la base du calice ; ovaire supère, un style ; drupe monosperme ; embryon droit sans périsperme. Le type de cette famille est le *laurier* des couronnes.

Les POLYGONÉES, plantes herbacées, rarement ligneuses, à feuilles alternes. Le calice a cinq ou six divisions, est ordinairement coloré ; les étamines, de quatre à neuf attachées à la base du calice ; un ou trois styles ; graines nues ou recouvertes par le calice. On trouve dans cette famille le *sarazin*, qui remplace le blé dans certaines contrées ; l'*oseille*, dont le suc acide est un condiment si usité ; la *bistorte* et la *rhubarbe*, si connues en pharmacie.

Les CHÉNOPODÉES, plantes ligneuses ou herbacées ; calice découpé profondément ; étamines définies, attachées à la base du calice ; ovaire supère ; un ou plusieurs styles ; une ou plusieurs graines renfermées dans un péricarpe ; embryon enveloppé d'un périsperme farineux ; les fleurs sont monoïques, polygames ou hermaphrodites. La *soude* proprement dite et la *phytolacca*, l'*arroche*, et enfin la *poirée*, si employée dans les cuisines, sont des exemples de chénopodées.

7. Hypostaminie.

Les AMARANTHACÉES, plantes herbacées ou soufrutescentes ; fleurs hermaphrodites ou unisexuées, calice monosépale, persistant, à quatre ou cinq divisions, trois ou cinq étamines libres ou monadelphes, ovaire supère ; trois styles ; capsule polysperme, s'ouvrant circulairement ou perpendiculairement en plusieurs valves ; embryon placé autour d'un périsperme farineux. L'*amaranthe* de nos jardins sert de type à cette famille.

Les NYCTAGINÉES renferment des herbes, des arbustes et mêmes des arbres. Le calice est tubuleux, pétaloïde ; les étamines, au nombre de cinq à dix, sont insérées sur un disque hypogyne ; le style et le stigmate sont simples ; l'ovaire à une seule loge, et l'ovule dressé. L'embryon, courbé sur lui-même, entoure tout l'endosperme, qui est farineux. La *belle de nuit* des jardins, le *jalap*, dont la racine tuberculeuse est si usitée en médecine, appartiennent à cette famille.

8. Hypocorollie.

Les PLANTAGINÉES ne comprennent que les genres plantain et littorelle, qui sont herbacés. Le calice est découpé profondément en quatre parties : un style, un stygmate, un ovaire libre à un, deux ou quatre loges polyspermes. La capsule s'ouvre circulairement.

Les PLUMBAGINÉES sont des plantes herbacées ou soufrutescentes , à feuilles alternes. Le calice est monosépale tubuleux, à cinq divisions ; les étamines insérées sur la corolle ; l'ovaire libre à une seule loge , ovule pendant ; trois ou cinq styles. Le fruit est un akène , la graine se compose du tégument propre, d'un endosperme farinacé au centre duquel est l'embryon. La dentelaire, employée long-temps en médecine , et le statice sont de cette famille.

Les PRIMULACÉES, plantes herbacées, à feuilles opposées ou verticillées, rarement éparses. Calice monophylle, découpé en quatre ou cinq parties ; corolle monopétale, ordinairement à cinq divisions : cinq étamines ; capsule uniloculaire, polysperme ; un placenta pyramidal au centre de la capsule. Le mouron rouge et le bleu, la lysimachie ; l'oreille d'ours , dont les fleurs de couleur variée font l'ornement de nos parterres ; la grassette des prés, le ciclame, ou pain de pourceau, etc., appartiennent à cette famille, dont les primevères des bois sont le type.

Les SCROPHULAIRES renferment des herbes et des arbustes dont le calice est monosépale à cinq divisions inégales ; corolle monopétale, irrégulière : quatre étamines didynames ; un style ; capsule bivalve , graines attachées à un placenta pyramidal au centre de la capsule. La pédiculaire , l'euphraise, la véronique , la digitale, qui ornent nos jardins et fournissent à la médecine leurs sucs plus ou moins actifs, sont des types de genres de la famille, ainsi que le mufle de veau.

Les SOLANÉES sont herbacées et frutescentes ; les feuilles très-variables, souvent géminées ; le calice, monosépale, est à cinq divisions profondes ; la corolle régulière, à cinq divisions ; cinq étamines , un style , un stygmate, une capsule ou une baie polysperme.

La famille des solanées fournit un grand nombre de plantes dignes d'intérêt ; plusieurs possèdent des sucs délétères, comme la jusquiame , la pomme épineuse, la mandragore , la belladone ; le tabac, dont les feuilles sont d'un usage si répandu, se rapporte à cette famille ; la pomme de terre, dont les racines tuberculeuses fournissent une fécule si précieuse, la morelle usitée en médecine , les tomates , les aubergines, les piments ; les alkekenges ou coqueret, employés dans l'économie culinaire,

sont des plantes de la famille des solanées. Enfin le liciet qui garnit les haies, le datura dont les fleurs en longs calices blancs et comme festonnés décorent et embaument les parterres en automne, sont aussi de cette même famille.

Les ACANTHACÉES sont des herbes ou des arbrisseaux à feuilles opposées , et à fleurs disposées en épi. Calice monosépale, à quatre ou cinq divisions : corolle irrégulière , deux ou quatre étamines didynames , un style, un ou deux stigmates , capsule biloculaire à deux valves s'ouvrant avec élasticité. L'acanthe, si connue et reproduite si souvent en architecture dans la composition du chapiteau corinthien, est le type de cette famille , etc.

Les JASMINÉES ne comprennent que des plantes ligneuses, le plus souvent à feuilles opposées. Calice tubulé ; corolle monopétale, souvent tubuleuse et irrégulière, à quatre ou cinq lobes : deux étamines, fruit capsulaire ou en baie , tantôt biloculaire , bisperme, tantôt uniloculaire, unisperme, bisperme ou tétrasperme.

Le jasmin des jardins et ses nombreuses variétés , le lilas aux grappes pourprées , le fresne et le troène de nos forêts, sont des exemples de la famille des jasminées ; l'olivier, dont les fruits fournissent une huile si précieuse dans l'économie domestique, appartient aussi à la même famille.

Les VERBÉNACÉES sont des herbes, des arbrisseaux et des arbres ; les fleurs sont le plus ordinairement disposées en épis. Calice monosépale, persistant ; corolle monopétale, le plus souvent irrégulière, deux ou quatre étamines didynames , ovaire à deux ou quatre loges ; le style simple, terminé par un stigmate simple ou bifide. Son fruit a une baie ou un drupe à quatre loges monospermes. La verveine, si célèbre et si souvent employée dans les cérémonies religieuses des anciens et dans leurs élucubrations mystérieuses, le gattilier, etc., sont de cette famille.

Les LABIÉES renferment des herbes et des arbustes dont les tiges sont carrées, les feuilles opposées en croix , et les fleurs verticillées. Calice monophylle, persistant, denté au sommet ; corolle bilabiée, irrégulière ; deux ou quatre étamines didynames ; stigmate bifide ; le fruit se compose de quatre akènes monospermes , qui représentent quatre graines nues au fond du calice.

La famille des labiées renferme un grand nombre de plantes dont les sucs aromatiques sont employés avec avantage en médecine, comme la sauge, la germandrée, l'hyssope, le lierre terrestre, la menthe, la mélisse ; quelques labiées sont usitées dans l'économie domestique, comme le thym, la sarriette ; le romarin, le basilic sont cultivés dans nos jardins à cause de leurs effluves odorantes ; la lavande, le romarin fournissent à la parfumerie et à plusieurs arts utiles leurs huiles essentielles. L'ortie blanche, la bétoine, le marrube, l'origan, qui multiplient dans nos prairies, appartiennent encore aux labiées.

Les BORRHAGINÉES renferment des herbes et des arbustes à feuilles alternes, rugueuses ; à fleurs disposées en épis sur un côté et roulées en crosse. Calice persistant, à cinq divisions profondes ; corolle monopétale, presque toujours régulière, à cinq divisions ; cinq étamines adhérentes à la corolle ; ovaire supère, simple, à deux ou à quatre lobes attachés latéralement à la base du style. Les borrhaginées fournissent à la médecine plusieurs plantes utiles par le mucilage qu'elles contiennent, telles que la pulmonaire, la bourrache ; la consoude, tant préconisée jadis dans les hémorrhagies des organes intérieurs ; l'héliotrope, si parfumé de nos jardins ; la vipérine, dont les épis irisés émaillent les prairies, se rapportent aux borrhaginées.

Les CONVOLVULACÉES, plantes herbacées ou soufrutescentes volubiles. Calice monosépale, à cinq divisions, persistant ; corolle monopétale régulière, au tube de laquelle sont insérées cinq étamines ; ovaire supère ; style simple ou double ; capsule d'une à quatre loges, s'ouvrant en une ou deux valves ; graines attachées vers la base des cloisons ; embryon chiffonné, placé au centre d'un périsperme mucilagineux. La famille des convolvulacées est riche en plantes intéressantes. Le jalap, dont la racine est si employée en médecine, est de cette famille ; la cuscute parasite lui appartient aussi ; les liserons, aux fleurs si variées de couleurs, les ipoméas, dont les guirlandes fleuries égaient nos berceaux de verdure, sont des exemples de la famille des convolvulacées.

Les GENTIANÉES sont composées de plantes généralement herbacées, à feuilles opposées entières. Calice monosépale à cinq divisions ; corolle monopétale à cinq divisions, cinq étamines ; ovaire supère ; deux stigmates ; capsule à deux loges et à deux valves se repliant en dedans ; graines attachées aux replis des valves ; embryon entouré d'un périsperme charnu. La gentiane, dont le principe amer est utilisé en médecine, est le type de cette famille ; le menyanthe, ou trèfle d'eau, s'y rapporte aussi.

Les APOCINÉES renferment des plantes herbacées, des arbrisseaux ; elles sont généralement lactescentes, et portent des feuilles simples et opposées. Calice monosépale à cinq divisions ; corolle monopétale régulière à cinq lobes ; cinq étamines alternes avec les divisions de la corolle ; un ou deux ovaires supères, ordinairement entourés de cinq glandes ou cornets ; un ou deux styles terminés par un stigmate, un ou deux follicules ; graines attachées à un trophosperme sutural, couronnées par une aigrette ; embryon droit, entouré d'un endosperme charnu ou corné. La famille des apocinées donne des plantes d'un intérêt divers. La pervenche, qui fait la parure de nos bois et de nos jardins, et dont la médecine tire quelque parti, est de cette famille ; le laurier-rose, qui occupe un rang distingué dans nos serres tempérées, et dont les sucs délétères deviennent entre des mains habiles un heureux médicament ; cet asclépiade de nos bois auquel on a soupçonné des vertus telles, qu'on l'a surnommé *dompte-venin*, sont aussi des apocinées, ainsi que la noix-vomique, ce strichnos dont les sucs sont si violents qu'ils peuvent donner la mort ; mitigés par le talent de l'homme, ces sucs sont devenus aujourd'hui un remède précieux.

9. Péricorollie.

Les ÉRICINÉES, arbres ou arbrisseaux à feuilles simples, entières, imbriquées. Calice monosépale, découpé profondément ; corolle monopétale, marcescente, de forme variable, à quatre ou cinq divisions ; étamines en général en nombre double des divisions de la corolle ; anthères libres ou réunies par les filets, s'ouvrant au sommet par deux pores, et munies à leur base d'un appendice ; ovaire infère ou libre ; un stigmate ; une baie à plusieurs loges polyspermes ; embryon droit, entouré d'un endosperme charnu. Ces bruyères qui émaillent les clairières de nos bois, et dont le cap de Bonne-Espérance fournit de si nombreuses et de si jolies variétés, sont les types de cette famille; l'arbousier qui donne le raisin d'ours, l'airelle myrtille des bois, se rapportent aux bruyères.

Les CAMPANULACÉES, plantes généralement herbacées et lactescentes; calice découpé, faisant corps avec l'ovaire; corolle monopétale, régulière ou irrégulière; cinq étamines alternes aux divisions de la corolle; anthères libres ou rapprochées en forme de tube; ovaire infère, à deux ou plusieurs loges polyspermes; graines attachées à l'angle intérieur des loges; embryon droit, entouré d'un périsperme charnu. La campanule gantelée des jardins est un type de cette famille; la raiponce, dont les fleurs d'hyacinthe enjolivent les lisières des bois et des prairies, et dont les racines charnues douceâtres sont employées souvent en salade, en est aussi un exemple.

10. Épicorollie. — Synanthérie.

Les SYNANTHÉRÉES ou composées, herbes et arbustes dont les fleurs sont petites, réunies sur un réceptacle commun. La corolle est monopétale et les anthères réunies. On les divise en trois sections.

1° Les *flosculeuses* ou *cynarocéphales;* celles dont le limbe de la corolle s'étale également. Le calice, commun, polyphylle, est composé d'écailles imbriquées. Ces écailles sont plus ou moins épineuses, comme dans le carthame, qui donne aux arts industriels sa belle teinture, les chardons, la chausse-trape, la bardane, la carline et l'artichaut, tant cultivé dans nos potagers; tantôt les écailles du calice sont inermes, comme dans les centaurées, le bluet des champs.

2° Les *semi-flosculeuses* ou *chicoracées,* fleurs dans lesquelles le côté externe seulement de la corolle se prolonge en languette. Parmi les chicoracées les unes ont un calice simple, comme les salsifis, dont on sert les racines et les jeunes pousses sur nos tables; d'autres ont le calice caliculé ou garni d'un petit calice en collerette à sa base, comme les pissenlits des champs, la chicorée sauvage; d'autres, enfin, ont le calice imbriqué, comme la laitue des jardins.

3° Les *radiées,* dans lesquelles le centre des fleurs est formé de fleurons entiers et la circonférence de demi-fleurons qui étalent leurs languettes en forme de rayons. Les radiées ou corymbifères ont tantôt un calice simple monophylle, comme l'œillet d'Inde des jardins; d'autres fois polyphylle, simple, comme le séneçon des champs, les cinéraires de nos parterres; tantôt caliculé, comme l'arnica des montagnes, dont les sommités sont employées en médecine, le souci des vignes, la paquerette des prairies; tantôt, enfin, le calice est imbriqué, comme dans l'herbe à mille feuilles ou achillée des champs, les eupatoires, dont une espèce, le guaco, possède, à ce qu'il paraît, la vertu remarquable d'annuler le venin le plus subtil, celui des serpents à sonnettes; les astérées qui ornent nos jardins, la verge-d'or, les anthémides, la tanaisie, et le grand soleil des jardins. Les dalias aux nuances si brillantes et si vives, les chrysanthèmes, les callistèmes ou reines-marguerites, dont les couleurs varient si agréablement nos parterres d'automne, ont les écailles calicinales tellement développées et si membraneuses, qu'elles se marient presque avec les enveloppes florales qu'elles renferment.

Les DIPSACÉES ont la tige herbacée, les feuilles opposées et les fleurs réunies dans un involucre, placées sur un réceptacle garni de paillettes. Chacune de ces fleurs a un calice partiel, double et persistant; une corolle monopétale en tube, divisée en quatre ou cinq lobes, attachée au collet du calice; les étamines, en même nombre que les divisions de la corolle, alternent avec elles; ovaire infère, uniloculaire; un seul ovule pendant; style et stigmate simples; akène couronné par le limbe du calice; embryon placé dans un périsperme mince et charnu. La scabieuse de nos prés, la cardiaire des foulons sont des exemples de cette famille.

Les VALÉRIANÉES ne renferment que des plantes herbacées, à feuilles opposées. Le calice est simple, adhérent avec l'ovaire infère; la corolle monopétale, quelquefois irrégulière et éperonnée à sa base; une ou cinq étamines; ovaire uniloculaire; un seul ovule pendant; pour fruit un akène couronné par les dents du calice ou une aigrette plumeuse; embryon sans périsperme. La valériane, dont les fleurs purpurines embellissent nos jardins et fournissent à la médecine un médicament justement vanté, est le type de cette famille;

la mâche, dont on mange les feuilles douceâtres en salade, s'y rapporte.

Les RUBIACÉES nous présentent des plantes herbacées, des arbustes et des arbres dont les feuilles sont opposées ou verticillées. Le calice est monosépale, adhérent avec l'ovaire, à quatre ou cinq divisions; corolle monopétale, à quatre ou cinq divisions; quatre ou cinq étamines; un style; deux stigmates, et deux graines accollées; embryon axile et dressé, quelquefois placé en travers relativement au hile. Le caillelait des champs, la garance, qui fournit cette belle teinture rouge; le kinkina, qui donne son sel fébrifuge si précieux à l'art de guérir, l'ipékakuana, dont les vertus sont si énergiques, et enfin, le café dont l'usage est si répandu, sont des exemples de cette nombreuse et intéressante famille.

Les CAPRIFOLIACÉES sont des arbrisseaux à feuilles généralement opposées, dont le calice est monosépale et adhérent avec l'ovaire infère; corolle monopétale ou pentapétale; cinq étamines; ovaire infère, à cinq loges monospermes; style simple; fruit bacciforme, souvent géminé; embryon pourvu d'un périsperme charnu. Les chèvre-feuilles qui embaument nos berceaux de verdure, le lierre, dont les tiges flexibles et grimpantes s'enlacent si pittoresquement au tronc de nos vieux arbres, et dont les feuilles pressées tapissent d'un vert sombre les roches et les murailles; le gui parasite, tant recherché de nos ancêtres; la viorne des bois, le cornouiller aux baies écarlates, le sureau, l'yèble aux fleurs aromatiques, l'hortensia, dont les fleurs groupées en pommes contrastent si joliment par leur couleur rose tendre avec le vert foncé de ses larges feuilles, sont des genres divers de cette belle famille.

12. Épipétalie.

Les OMBELLIFÈRES sont généralement herbacées; leurs feuilles sont alternes et leurs tiges fistuleuses. Le calice est à cinq divisions; les pétales et les étamines sont au nombre de cinq; deux styles; deux stigmates; le fruit est un diakène qui à sa maturité se partage en deux akènes monospermes et suspendus; embryon axile, muni d'un périsperme. Certaines ombellifères ont les ombelles et les ombellules nues, comme le persil, le fenouil, le panais; d'autres ont l'ombelle nue, mais l'ombellule munie d'un involucre, comme la coriandre; d'autres ont l'ombelle et l'ombellule garnies d'involucres, comme l'angélique, la ciguë, dont les sucs délétères faisaient la base de ce poison si célèbre chez les Grecs, et la carotte si usitée dans l'économie domestique.

13. Hypopétalie.

Les RENONCULACÉES sont herbacées ou soufrutescentes; leurs feuilles sont alternes. Le calice polysépale; corolle polypétale, quelquefois nulle; les étamines indéfinies; les ovaires nombreux, surmontés chacun d'un style; fruits monospermes, indéhiscents ou capsulaires, multiloculaires et polyspermes; embryon enfermé dans la base d'un périsperme charnu ou dur. La famille des renonculacées renferme des plantes dont les sucs sont plus ou moins âcres et irritants, telles que les clématites, dont les fleurs odorantes font l'ornement des berceaux de verdure, les anémones, orgueil des parterres, et les renoncules, dont les fleurs varient si richement leurs couleurs par la culture; l'hellébore, jadis vanté dans le traitement des vésanies mentales, l'aconit vénéneux, l'ancolie des jardins, les pieds-d'alouette, sont des exemples de cette famille, dont la corolle est parfois si originale dans sa disposition, pour ainsi dire, irrégulière.

Les BERBÉRIDÉES sont des plantes herbacées ou des arbustes à feuilles opposées, dont le calice est composé de quatre ou de six sépales, autant de pétales opposés aux sépales du calice; quatre ou six étamines; un style; une baie ou une capsule; embryon axile et homotrope; un périsperme charnu. L'épine-vinette de nos bois est le type de cette famille.

Les GÉRANIÉES, plantes herbacées ou soufrutescentes. Calice à cinq divisions plus ou moins profondes; corolle composée de cinq pétales égaux ou inégaux; cinq, sept ou dix étamines libres ou monadelphes; cinq capsules à une, deux ou plusieurs graines ouvertes du côté interne, se séparant de haut en bas en se roulant extérieurement sur elles-mêmes à l'époque de la maturité. Cette famille se divise en cinq sections: les oxalidées, les tropéolées ou capucines, les balsaminées, les linacées, dont le lin, si usité, est le type, et les géraniées proprement dites. Ces géraniées, qui font l'ornement des serres et des jardins, se divisent en géraniées propres et en pelargonium, suivant que leur corolle est régulière ou irrégulière; les unes sont propres à l'Europe, la plupart des autres viennent d'Afrique, et principalement du Cap de Bonne-Espérance. La fille de Linné a observé la première que la capucine lançait des étincelles le matin avant le lever du soleil, et le soir après son coucher. Ce phénomène, qui paraît se rattacher à l'électricité, ne s'est pas présenté à d'autres observateurs.

Les MALVACÉES, plantes herbacées, arbustes, et même des arbres; feuilles alternes. Calice simple ou double ordinairement persistant; corolle à cinq pétales, souvent réunis à la base; étamines monadelphes, définies ou indéfinies; style simple ou divisé; fruit composé de plusieurs capsules à une seule loge, disposées autour d'un placenta central; ou bien une capsule simple à plusieurs valves et à plusieurs loges polyspermes : le périsperme manque quelquefois.

La famille des malvacées renferme des plantes dont les sucs sont généralement mucilagineux, telles que la mauve et ses nombreuses variétés, les althéas ou roses trémières, dont les tiges fleuries décorent les parterres, les ketmies comestibles, le coton, si précieux pour l'industrie, et le cacao, dont les semences servent à composer le chocolat.

Les TILIACÉES, arbres ou arbustes; feuilles alternes. Calice multifide; corolle pentapétale; étamines libres, nombreuses; un style, une capsule; embryon droit; périsperme charnu. Le tilleul d'europe est le type de la famille, à laquelle se rapporte entre autres le rocouier, qui fournit le rocou, cette teinture d'un usage si fréquent.

Les HYPÉRICINÉES, plantes herbacées, arbustes, et même des arbres; feuilles glanduleuses. Calice à quatre ou cinq divisions profondes; corolle à quatre ou cinq pétales; étamines indéfinies, polyadelphes; ovaire supère, surmonté d'un ou plusieurs styles; une baie polysperme ou une capsule multiloculaire; graines petites; embryon homotrope, sans périsperme. Le millepertuis des champs est le type de cette famille.

Les AURANTIACÉES, arbres et arbrisseaux à feuilles alternes et articulées, parsemées de glandes remplies d'huile volatile. Calice monosépale, persistant; corolle polypétale, pétales alternes avec les divisions du calice; étamines indéfinies, polyadelphes; ovaire supère; un style; un stigmate; fruit charnu, multiloculaire; les graines renferment un et quelquefois plusieurs embryons sans endosperme. L'oranger, le citronnier sont des exemples des plantes de cette famille qui ont pour fruit une baie à plusieurs graines, les feuilles entières comme percées de trous, à cause de la transparence des glandes huileuses dont elles sont parsemées, et munies de bractées à leur pétiole; les camellias ou roses du Japon, le thé, au contraire, sont des exemples des plantes de cette famille dont les fruits sont une capsule et dont les feuilles sont pour ainsi dire pleines, dentelées sur leurs bords et dépourvues de bractées.

Les AMPELIDÉES, arbustes ou arbrisseaux grimpants, volubiles; feuilles alternes. Calice court, souvent entier; corolle à cinq pétales, réunis quelquefois par le sommet; cinq étamines; un ovaire à deux loges dispermes; style court, épais; baie globuleuse, renfermant de une à quatre graines; embryon dressé, périsperme corné. La vigne, dont l'industrie de l'homme tire un parti si précieux pour lui, compose cette famille, etc.

Les ACÉRINÉES, arbres; fleurs hermaphrodites ou unisexuées. Calice à cinq divisions; corolle à cinq pétales; étamines insérées sur un disque hypogyne; ovaire didyme et comprimé, biloculaire; style simple. Le fruit se compose de deux samares indéhiscentes et ailées; embryon nu, roulé. Cette famille n'est composée que du genre érable, dont le type est l'érable de nos bois.

Les POLYGALÉES, plantes herbacées, arbustes et même des arbres. Calice de quatre ou cinq sépales; corolle de deux à cinq pétales libres ou réunis au moyen des filets staminaux; étamines monadelphes; style long, recourbé; stigmate creux et bilobé; capsule biloculaire, monosperme, ou un drupe; graines pendantes. Le polygala, qui a joui quelque temps d'une certaine réputation en médecine, appartient à cette famille, dont il est le type.

Les FUMARIÉES, plantes herbacées et lactescentes; feuilles alternes. Calice à deux sépales; corolle tubuleuse, formée de quatre pétales inégaux; six étamines diadelphes; ovaire uniloculaire; style court;

le fruit est un akène globuleux, monosperme par avortement ; graines globuleuses ; embryon petit, latéral et muni d'un périsperme. La fumeterre des champs, souvent employée en médecine, est le type de cette famille.

Les PAPAVÉRACÉES, plantes herbacées, rarement soufrutescentes ; feuilles alternes. Calice caduc, ordinairement à deux sépales; corolle communément à quatre pétales ; étamines indéfinies , libres ; un ovaire ; un style ou stigmate ; une capsule ou silique ; graines attachées aux cloisons de la capsule; embryon très-petit ; périsperme charnu. Le pavot et ses nombreuses variétés sont les types de la famille ; c'est du pavot des jardins ou pavot d'Orient qu'on retire l'opium : pour cela on fait des incisions aux capsules avant leur maturité, et on recueille le suc gommeux qui s'en écoule ; les graines du pavot ne partagent pas les propriétés narcotiques du suc ; c'est de leur expression que l'on obtient l'huile d'œillette. Le coquelicot des champs et l'éclaire ou la chélidoine, dont le suc est jaune et caustique, sont de cette famille.

Les CRUCIFÈRES, plantes herbacées, rarement soufrutescentes ; feuilles alternes ; fleurs disposées en croix. Calice à quatre sépales; corolle à quatre pétales; six étamines, dont deux plus courtes ; ovaire supère, surmonté d'un style ou stigmate persistant; une silique ou silicule ; graines sans périsperme. La moutarde, le thlaspi, le raifort, le radis, le navet, le chou, et le cresson sont des genres bien connus de cette utile famille. Le pastel, dont on retire une si belle couleur bleue, s'y rapporte ainsi que la giroflée des murailles et les variétés du même genre.

Les CAPPARIDÉES, plantes herbacées ou ligneuses ; feuilles alternes. Calice de quatre sépales caducs ; corolle de quatre ou cinq pétales égaux ou inégaux ; étamines définies ou indéfinies ; ovaire simple , uniloculaire, polysperme. Le fruit est une baie ou une silique ; semences réniformes ; embryon recourbé sans périsperme. Le câprier, aujourd'hui naturalisé en Europe et dont on emploie les boutons confits dans l'économie domestique , est le type de cette famille , dont tous les genres sont exotiques.

Les RÉSÉDACÉES, plantes herbacées, rarement soufrutescentes; feuilles alternes. Calice à quatre ou six divisions profondes;

pétales de la corolle en nombre égal et alternes ; étamines au nombre de quatorze à vingt-six ; un disque en forme de godet entre les pétales et les filets des étamines ; pistil stipité à sa base et terminé par trois cornes portant chacune un stigmate ; ovaire ouvert à son sommet, à trois angles, à une seule loge polysperme ; trophospermes pariétaux ; graines réniformes ; embryon recourbé , pourvu d'un endosperme. Le réséda inodore de nos champs, le réséda embaumé, importé d'Égypte et si bien naturalisé dans nos jardins, sont des types de cette petite famille.

Les CISTÉES, plantes herbacées , annuelles ou vivaces, quelquefois ligneuses. Calice à trois ou à cinq divisions profondes; corolle à cinq pétales caducs : étamines nombreuses, libres ; ovaire à cinq ou dix loges , rarement uniloculaire , polysperme; capsule globuleuse , enveloppée dans le calice, à trois, cinq ou dix loges; graines nombreuses; embryon recourbé, contenu dans un périsperme charnu. Le ciste, l'hélianthème, sont des exemples de la famille.

Les VIOLARIÉES, herbes ou arbustes. Calice de cinq sépales ; corolle de cinq pétales inégaux, dont l'inférieur se prolonge en éperon ; cinq étamines ; anthères rapprochées, quelquefois appendiculées ; ovaire globuleux, uniloculaire, polysperme, à trois valves ; le style simple ; stigmate creusé en sonnette ; embryon dressé dans un endosperme charnu. La violette odorante est le type de cette famille.

Les CARYOPHILLÉES, plantes herbacées ; tiges noueuses, articulées ; feuilles opposées ou verticillées. Calice monosépale, en tube divisé en cinq parties ; corolle à quatre ou cinq pétales onguiculés. Le nombre des étamines égale celui des pétales: une ou deux baies, ou une capsule polysperme s'ouvrant au sommet; graines de forme variable ; embryon roulé autour d'un périsperme farineux. Les œillets, dont les espèces à fleurs odorantes sont si variées, la saponaire, employée souvent en médecine, le compagnon blanc des champs, sont des groupes de cette belle famille.

14. Péripétalie.

Les PARONYCHIÉES, plantes herbacées ou soufrutescentes , souvent connées à leur base. Calice monosépale, souvent persistant, à cinq divisions, souvent en tube ; corolle nulle ou de cinq pétales qui sont petits, squammiformes, et qui sont attachés au limbe du calice ; cinq étamines (s'il en a moins c'est par avortement) alternes avec les pétales ; ovaire libre, uniloculaire, renfermant un seul ovule renversé et attaché à un long podosperme ; stigmate simple et sessile, quelquefois bifide ; capsule close, ou s'ouvrant au moyen de valves ou de fentes ; l'embryon est cylindrique, roulé autour d'un endosperme farineux. Le scléranthe, la turquette, la panarine, sont des types de la famille.

Les PORTULACÉES, plantes herbacées, rarement frutescentes, à feuilles opposées, quelquefois alternes. Calice monosépale ; corolle polypétale, rarement nulle, attachée à la base ou au milieu du calice ; étamines définies ; un ou trois styles ; capsule à une ou plusieurs loges ; embryon roulé sur un périsperme farineux. Le pourpier, le tamarin, appartiennent à cette famille, dont ils sont les types.

Les FICOÏDÉES, plantes grasses en général ; feuilles alternes ou opposées. Calice monosépale, divisé, quelquefois coloré ; corolle polypétale ; étamines indéfinies ; un ovaire surmonté de plusieurs styles ; capsules ou baie multiloculaire, polysperme ; embryon autour d'un périsperme farineux. Parmi les ficoïdées, on trouve le cierge à grandes fleurs, originaire de la Jamaïque. Cette large fleur répand une odeur délicieuse ; mais elle ne dure que quelques heures. A Paris, ce cierge a fleuri quatre années consécutives, le 15 juillet, à sept heures du soir. Le fruit de ces plantes est acidule, et remplace les groseilles dans les contrées où il croît naturellement, etc.

Les SAXIFRAGÉES, plantes herbacées, rarement frutescentes. Calice monosépale, à quatre ou cinq divisions, soudé avec l'ovaire ; corolle tétrapétale ou pentapétale, rarement nulle, attachée au calice ; étamines définies ; deux styles ; deux stigmates ; capsule bicorne, biloculaire, polysperme ; embryon axile, muni d'un périsperme charnu. La saxifrage à racine granulée des bois, ainsi que ses jolies variétés, sont des types de cette famille.

Les CRASSULACÉES, plantes dont toutes les parties herbacées sont épaisses et charnues. Calice découpé ; corolle polypétale, quelquefois monopétale ; étamines en nombre égal ou double de celui des pétales ou des divisions de la corolle ; plusieurs ovaires supères, surmontés chacun d'un style glanduleux à sa base ; autant de capsules uniloculaires disposées en étoile, s'ouvrant longitudinalement d'un seul côté ; semences nombreuses ; embryon droit, roulé autour d'un périsperme charnu. La joubarbe des toits, l'orpin, etc., sont des plantes de cette famille.

Les NOPALÉES, plantes vivaces, souvent arborescentes ; tiges de formes très-variées, feuilles souvent nulles et remplacées par des épines. Calice monosépale, adhérent avec l'ovaire infère ; corolle polypétale ; étamines indéfinies ; ovaire infère, uniloculaire, polysperme ; style simple, stigmates rayonnés ; fruit charnu, ombiliqué ; embryon droit ou recourbé, sans périsperme. Le genre cierge, dont les espèces si nombreuses ont des formes si variées et les fleurs parfois colorées de si vives couleurs, forme à lui seul toute cette famille.

Les RIBESIÉES, arbrisseaux souvent épineux ; feuilles alternes. Calice monosépale, à cinq divisions ; corolle à cinq pétales ; cinq étamines ; deux styles ; une baie uniloculaire, polysperme ; embryon sans périsperme. Les groseillers inermes ou à aiguillons, comme le groseiller à gros fruit ou à maquereaux, le cassis, appartiennent à cette famille.

Les CUCURBITACÉES, plantes herbacées ; feuilles alternes ou opposées. Calice monosépale à cinq divisions ; corolle de cinq pétales réunis à la base ; cinq étamines contournées ; un style ; le fruit est un péponide ; graines attachées à trois trophospermes pariétaux ; embryon dépourvu de périsperme. Le melon, le potiron, le concombre, la coloquinte, la calebasse, la pastèque, la bryone des haies, la momordique aux loges élastiques, sont des plantes de la famille des cucurbitacées.

Les ONAGRIÉES, plantes herbacées, rarement frutescentes ; feuilles opposées ou éparses. Calice monosépale, divisé en quatre ou cinq parties ; corolle à quatre ou cinq pétales insérés au tube du calice ; étamines libres, de quatre à dix ; un style ; capsule à quatre ou cinq loges polyspermes. L'onagre, l'épilobe des prairies, la circea des bois, la fuchsia aux fleurs si recherchées, le santal, dont le bois est si aromatique, peuvent donner une idée de la composition de cette famille.

Les MYRTACÉES, arbres et arbustes. Calice supère, monosépale quatre, cinq ou six divisions; corolle polypétale; autant de pétales que de divisions du calice; étamines en nombre indéfini, polyadelphes; ovaire infère ou moitié libre, surmonté d'un style terminé par un ou plusieurs stigmates; capsule, baie ou drupe à une ou plusieurs loges monospermes ou polyspermes; embryon droit ou courbé, sans périsperme. La famille des myrtacées renferme un grand nombre de plantes d'ornement; presque toutes les espèces contiennent un principe astringent, qui est surtout remarquable dans le grenadier. La racine de cette plante est journellement employée, et avec le plus grand succès, contre le tœnia. C'est à cette famille qu'appartient le giroflier, dont les boutons à fleurs desséchés se vendent sous le nom de clous de girofle. Ils contiennent une grande quantité d'huile essentielle. L'huile de caïeput vient du mélaleuque à bois blanc, qui croît dans l'Inde orientale. Dans les Antilles, le fruit du goyavier est très-recherché. En France, nous possédons de cette nombreuse famille le grenadier, le myrte, le syringa et le métrosidéros.

Les SALICARIÉRS, herbes ou arbustes à feuilles opposées ou alternes. Calice monosépale, à quatre ou six dents; corolle à quatre pétales insérés au tube du calice; étamines de quatre à dix, distinctes; un style; capsule recouverte par le calice, à une ou plusieurs loges polyspermes; embryon sans périsperme. La salicaire des prés est le type de la famille.

Les TAMARISCINÉES, arbustes à feuilles très-petites, squammiformes; calice à quatre ou cinq divisions profondes; corolle de quatre ou cinq pétales persistants; cinq ou dix étamines; style simple ou divisé en trois; capsule triangulaire, uniloculaire, polysperme; embryon droit sans périsperme. Le tamarix est le type de cette famille.

Les ROSACÉES, herbes, arbustes et arbres; feuilles alternes. Calice monosépale, à quatre ou cinq divisions; corolle de quatre ou cinq pétales, quelquefois nulle; étamines indéfinies; style plus ou moins latéral, et stigmate simple; le fruit varie: c'est tantôt un drupe ou plusieurs réunis ensemble,

un akène ou plusieurs petits akènes; d'autres fois c'est une mélonide; l'embryon est homotrope et sans périsperme.

La famille des rosacées renferme un grand nombre de plantes qui peuvent se diviser d'après la forme du fruit. Les pomacées nous donnent les pommiers, les poiriers, les cognassiers, les néfliers, les alisiers, le sorbier des oiseaux; les roses nous offrent l'églantier et ses innombrables variétés parfumées et nuancées avec tant de charme. Les sanguisorbes renferment avec la sanguisorbe, qui est le type de cette division, l'aigremoine et l'alchimille. Aux potentilles se rapportent la potentille des prairies, la tormentille, le fraisier, la ronce, le framboisier. La spirée ou reine des prés est le type d'un autre groupe; dans une autre division se rangent les cerisiers, les pruniers, les abricotiers, les pêchers et l'amandier, qui a fait donner à cette division le surnom d'amygdalées.

Les LÉGUMINEUSES, herbes, arbustes et arbres; feuilles alternes composées, rarement simples. Calice monosépale, divisé plus ou moins profondément; corolle polypétale, rarement nulle; dix étamines, ordinairement les filets sont diadelphes, rarement monadelphes ou libres; ovaire allongé, à une seule loge, contenant un ou plusieurs ovules attachés à la suture interne; style et stigmate simples; le fruit est une gousse ou légume; l'embryon n'a pas de périsperme.

La famille des légumineuses est une des plus importantes du règne végétal, à cause des nombreuses plantes utiles qu'elle donne. Parmi les légumineuses dont les fleurs sont à corolles régulières, on compte les acacies, les sensitives, le tamarinier, dont le suc est employé en médecine, la casse et le séné, qui fournissent des remèdes de première nécessité, le bois de Campêche, si employé dans la teinture. Parmi les espèces à corolle irrégulière ou papilionacée on rencontre l'ajonc ou jonc marin des landes, le genêt à balais, l'arête-bœuf des champs, l'arachis ou pistache de terre, les trèfles, dont les nombreuses variétés sont si avantageuses dans l'économie rurale, la luzerne, les haricots, le mélilot, l'abrus à chapelet ou réglisse d'Amérique, le robinier, l'astragale, qui donne la gomme adragante, mot corrompu du surnom d'une espèce de ce genre (*tragacantha*); le baguenaudier, la réglisse, dont les racines sont remplies d'un suc sucré assez heureusement utilisé; l'indigotier, qui fournit cette singulière fécule bleue si estimée dans la teinture; enfin les pois, la vesce, les lentilles, les fèves ou fayots sont des exemples de cette multitude de plantes intéressantes de la famille des légumineuses.

Les TÉRÉBINTHACÉES, arbres ou arbrisseaux à feuilles alternes ; souvent laiteux ou résineux. Calice formé de trois ou cinq sépales quelquefois réunis par la base; corolle polypétale, rarement nulle ; étamines définies ; ovaire supère, un ou plusieurs styles ; autant de stigmates ; un drupe ou une capsule multiloculaire ; embryon sans périsperme. Le sumac, le pistachier, l'acajou à pommes, le manguier, sont des térébinthacées, ainsi que l'arbre dont le suc donne le baume de tolu, recherché pour la médecine.

Les RHAMNÉES, arbres ou arbustes à feuilles simples. Calice monosépale, à quatre ou cinq divisions ; corolle de quatre ou cinq pétales ; quatre ou cinq étamines opposées aux pétales ; deux ou quatre styles ; pour fruit une baie, un drupe ou une capsule composée de trois coques; embryon homotrope ; périsperme charnu. Le nerprun, l'alaterne, le jujubier, sont des exemples de la famille.

Les CÉLASTRINÉES, arbres ou arbrisseaux à feuilles alternes ou opposées. Calice monosépale, à quatre ou cinq divisions; corolle de quatre ou cinq pétales ; quatre ou cinq étamines alternant avec les pétales ; un style ; un drupe sec ou une capsule à trois ou quatre loges, s'ouvrant en trois ou quatre valves ; embryon homotrope, muni d'un périsperme charnu. Le celastre, le fusain, le staphylin, appartiennent à cette famille.

Les AQUIFOLIACÉES, arbrisseaux à feuilles coriaces, quelquefois épineuses. Calice de quatre ou six sépales ; même nombre de pétales, qui sont soudés à la base ; étamines quatre ou six, alternant avec les pétales ; un style ; stigmate simple ou lobé ; fruit charnu, renfermant de deux à six nucules indéhiscentes ; embryon homotrope, muni d'un périsperme charnu. Le houx, qui est le type de cette famille, est connu par ses feuilles épineuses, mais il est rare que les feuilles supérieures conservent la rigidité des inférieures. On se sert principalement du houx pour faire des haies vives dans les pays où il vient facilement ; il y a quelques années on a signalé le suc de ses feuilles comme un moyen puissant contre les fièvres intermittentes.

15. Diclinie.

Les EUPHORBIACÉES, plantes herbacées, arbustes ou arbres à suc lactescent et âcre ; fleurs monoïques ou dioïques. Calice monosépale, à trois, quatre, cinq ou six divisions profondes ; point de corolle, ou elle est formée par des étamines avortées et stériles ; étamines indéfinies, attachées au réceptacle ; ovaire supère, sessile ou porté sur un pédicelle ; un ou plusieurs styles ; stigmates en nombre variable ; capsule ou coque à autant de loges que de stigmates, dont chacune renferme une ou deux graines et s'ouvre en deux valves élastiques ; graines avec une petite caroncule près de leur point d'attache ; embryon homotrope, périsperme charnu. Les euphorbes, aux formes si variées, à l'aspect si triste, sont les types de cette famille ; plusieurs donnent un suc caustique dont on tire parti en médecine ; d'autres donnent des sucs purgatifs avantageusement employés, comme l'huile de croton-tiglium, l'huile de ricin ou *palma-christi*. La mercuriale des chemins, le buis sont des euphorbiacées. A cette famille se rapportent aussi la plante dont le suc épaissi donne cette substance si utile connue sous le nom de caoutchouc ou gomme élastique ; le manioc, dont les racines, dépouillées de leur suc irritant, fournissent une fécule précieuse ; le mancenillier vénéneux, le sablier élastique.

Les URTICÉES, plantes herbacées, arbrisseaux, quelquefois lactescents ; fleurs monoïques, dioïques, rarement hermaphrodites. Calice monosépale, divisé ; corolle nulle ; étamines définies, insérées au fond du calice ; ovaire unique, supère ; style nul, unique ou double ; deux stigmates ; akène enveloppé par le calice, qui devient quelquefois charnu ; embryon recourbé, muni d'un périsperme mince. Le figuier, le mûrier, le chanvre, le houblon, la pariétaire, le poivre, sont des plantes bien connues de la famille des urticées, dont l'ortie, si répandue, est le type. Les aiguillons de l'ortie sont creux et percés d'une petite ouverture au sommet ; leur base repose sur une petite vessie qui se remplit d'un liquide caustique. Cette organisation végétale rappelle, jusqu'à certain point, celle des aiguillons des abeilles et des guêpes. Lorsque l'aiguillon pénètre dans les tissus, la vessie est comprimée et le liquide inoculé manifeste sa présence par cette sensation très-incommode généralement connue et employée comme agent thérapeutique.

Les SALICINÉES, arbres à feuilles alternes. Fleurs unisexuées, en chatons; deux ou vingt étamines insérées sur une écaille; pistil simple; deux stigmates; capsule allongée, à une ou deux loges polyspermes, s'ouvrant en deux valves; embryon dressé, homotrope, sans périsperme. Le saule, le peuplier se rapportent à cette famille.

Les BÉTULINÉES, arbres à feuilles simples et alternes. Fleurs déclines et à chatons; étamines, deux ou quatre, portées par des écailles; les chatons femelles sont ovoïdes, écailleux; à la partie interne et à la base de chaque écaille, il y a de une à trois fleurs sessiles, avec un ovaire libre, comprimé, à deux loges; deux stigmates; le fruit est un cône écailleux, portant à la base des écailles des akènes; l'embryon est dépourvu de périsperme. L'aune, le bouleau sont des exemples de cette famille; l'orme champêtre vient s'y joindre.

Les CUPULIFÈRES, arbres à feuilles alternes et à fleurs unisexuées, presque toujours monoïques. Fleurs mâles à chatons; six étamines ou un plus grand nombre attachées sur le fond supérieur des écailles; un style filiforme; deux ou trois stigmates; le fruit est un gland uniloculaire par avortement, dont la base est munie d'une cupule qui l'enveloppe plus ou moins complétement. Le chêne, le noisettier, le châtaignier, le hêtre, le charme, le platane, sont des genres de cette famille, importante pour l'économie forestière.

Les CONIFÈRES, arbres à feuilles raides et coriaces, et à sucs résineux. Fleurs monoïques ou dioïques; fleurs mâles disposées en chatons écailleux, étamines distinctes ou réunies, définies ou indéfinies, adhérentes aux écailles ou à un calice particulier; fleurs femelles solitaires, réunies en tête, ou disposées en cône garni d'écailles entre lesquelles les fleurs sont placées; un, deux ou un plus grand nombre d'ovaires supères, surmontés chacun d'un style ou stigmate : ces ovaires deviennent autant de capsules monospermes ou de graines recouvertes par les écailles, charnues, ligneuses et persistantes, et qui forment ce que l'on nomme un cône; l'embryon est muni d'un endosperme, avec lequel la radicule est soudée; l'extrémité cotylédonaire présente deux, trois, quatre et même dix cotylédons. Les différentes espèces de pins, les sapins et les mélèzes, les cèdres, les thuyas, les cyprès, la sabine, le génevrier, l'araucaria, le casuarina, l'if, enfin, composent cette précieuse famille.

Puisse cet aperçu, tout rapide qu'il est, donner au lecteur une légère idée de la grandeur, de la majesté et de l'importance du règne végétal, et en inspirer le désir d'approfondir l'étude, si curieuse et si féconde en résultats, de la botanique. Si nous avons réussi, nous nous estimerons heureux, car outre son côté agréable la botanique offre bien des côtés utiles. L'agriculteur, sans en avoir positivement besoin, est bien plus maître de produire des variétés nouvelles, de tenter des essais d'acclimatement pour des végétaux étrangers à notre sol, et qui contribueraient à l'enrichir, quand il a des notions sur la physiologie végétale; il distingue, dans les plantes qu'il cultive, bien plus facilement les espèces des variétés, sait à propos anéantir les espèces nuisibles, en les frappant avant qu'elles répandent leurs graines, et pourvoit au contraire à la conservation de celles qui sont précieuses; mais il n'est pas le seul qui puisse en tirer parti : par son moyen, le zoologiste se trouve à même de reconnaître et de citer les plantes dont se nourrissent une grand nombre d'animaux herbivores, et par là de pouvoir tenter de les élever en domesticité, quand leur naturel doux, ou des qualités particulières, peuvent engager à tenter ces essais.

Les auteurs qui ont écrit sur la botanique sont très-nombreux; mais en consultant les ouvrages de MM. Richard, Decandole, Mirbel, Turpin, pour la botanique proprement dite, et Poiteau, Noisette, pour la botanique appliquée, on trouvera des renseignements suffisants et le renvoi à tous les ouvrages spéciaux.

LEVEILLÉ, D. M.

CHAPITRE IV.

ZOOLOGIE.

ARTICLE Ier. — MAMMALOGIE.

NOTIONS PRÉLIMINAIRES.

La première classe du type ou embranchement des *animaux vertébrés* est celle des *mammifères*, appelés autrefois *quadrupèdes vivipares*. Elle se compose des singes, des chiens, des phoques, des éléphants, des chevaux, des moutons, etc., etc., auxquels il faut joindre les cétacés, dont on faisait d'abord des espèces de poissons, et les chauve-souris, de tout temps regardées comme vivipares, mais que plusieurs auteurs plaçaient parmi les oiseaux parce qu'elles ont, comme ces derniers, la faculté de voler.

Tous les mammifères sont, ainsi que leur nom l'indique, pourvus de *mamelles*.

Ce caractère, qui ne souffre aucune exception, suffirait à lui seul pour distinguer de toutes les autres classes du règne animal les espèces qui nous occupent, puisqu'elles l'ont à l'exclusion de toutes les autres. Aussi la dénomination de *quadrupèdes* a-t-elle dû être abandonnée, puisqu'elle ne distinguait pas les animaux à mamelles des divers groupes de l'échelle animale, tels que certains reptiles, etc. Il existe d'ailleurs des espèces, les cétacés et les lamantins par exemple, qui n'ont que deux membres au lieu de quatre, et qu'on ne saurait séparer des autres animaux mammifères, puisqu'elles ont comme eux des mamelles, le sang rouge et chaud, la circulation double et le poumon séparé de la cavité abdominale par un diaphragme. Les mammifères, tels qu'on les envisage depuis Linnæus, forment un groupe fort naturel et très-facile à distinguer des autres classes de vertébrés.

Tous font des petits vivants, et leurs femelles les allaitent au moyen d'un fluide particulier, le *lait*, que secrètent des glandes spéciales nommées mamelles. Ces glandes sont toujours placées à la partie inférieure du corps (pl. 4, fig. 12) ; tantôt à la poitrine, tantôt au ventre ou bien dans les aines : on dit alors qu'elles sont *pectorales*, *abdominales* ou *inguinales*. Le temps de la lactation varie suivant la taille, et suivant la nature des espèces. Chez les didelphes il est plus long proportionnellement que chez les autres, à cause de l'extrême faiblesse des petits lorsqu'ils naissent.

Le corps des mammifères se distingue aussi à l'extérieur, parce qu'il est couvert de poils souvent fort abondants. Chez les cétacés, ces poils, réunis entre eux, ne diffèrent point de la peau elle-même, et contribuent seulement à lui donner de l'épaisseur ; on a long-temps pensé qu'ils n'existaient pas. Chez les hérissons, les porcs-épics, les échidnés, etc., ils sont en tout ou en partie transformés en piquants ; chez les pangolins ils sont agglutinés comme aux ongles de l'homme, et disposés comme des écailles imbriquées ; enfin ils sont dans les tatous remplacés par des compartiments de nature crétacée, dont le corps de ces animaux est protégé comme par une carapace, mais jamais ils n'ont une forme analogue aux plumes des oiseaux, ni aux squammes des reptiles, ni aux écailles de certains poissons.

La bouche de la plupart des mammifères est armée de dents, soit incisives, soit canines, soit molaires, tantôt simultanément, tantôt incisives et molaires, et parfois, ce qui est rare, molaires et canines, ou seulement de molaires (pl. 3, fig. 1 à 3).

Les mêmes animaux sont pourvus des cinq sens : toucher, goût, odorat, vue et ouïe, dont le développement proportionnel est variable et en rapport avec le genre de vie de chaque espèce. Chez quelques-unes le trou auditif est fort petit, et il n'y a pas de conque ou oreille externe ; chez d'autres l'œil est si atrophié, qu'il n'est plus visible à l'extérieur, et qu'il paraît n'éprouver aucune sensation : tel est le cas de quelques animaux fouisseurs. Leur intelligence est supérieure à celle de tous les autres animaux, et leur cerveau est aussi plus développé. (V. l'*Anatomie*.) Quelques caractères distinctifs des animaux mammifères se tirent encore de leurs organes respiratoires et circulatoires, ainsi que de leur squelette. Le squelette des mammifères (pl. 3, fig. 6) se compose d'une boîte osseuse nommée *crâne* (fig. 1 et 3), composée d'un nombre d'os soudés les uns aux autres, et d'une partie inférieure nommée *mâchoire*, renfermant les *alvéoles* de *dents* et ayant au-dessus d'elles des alvéoles et des dents correspondantes, d'un tube appelé *épine dorsale*, contenant la *moelle épinière*, et formé d'une suite d'os séparés nommés *vertèbres* (pl. 3, fig. 4 et 5), servant d'attache à la tête et aux membres. Ces vertèbres prennent différents noms, selon la position qu'elles occupent; elles sont dites *cervicales, dorsales, lombaires, sacrées* et *coccygiennes:* tous les mammifères ont sept vertèbres cervicales. Cette généralisation, que l'on doit à Daubenton, ne souffre qu'une ou deux exceptions pour les bradypes, dont le cou a huit ou même neuf vertèbres, et pour les lamantins, qui n'en ont, dit-on, que huit : presque toujours les cervicales jouent librement les unes sur les autres; mais elles sont soudées chez les baleines, etc. Les vertèbres dorsales varient en nombre, ainsi que les côtes qu'elles portent; elles ne sont jamais soudées, non plus que celles des lombes. Les carnassiers ont toujours vingt vertèbres lombo-dorsales; mais le rapport des dorsales aux lombaires n'est pas toujours le même. La portion de la colonne rachidienne qui s'articule au bassin se compose de vertèbres ordinairement soudées entre elles; ceci n'a pas lieu chez les cétacés, qui n'ont pas le bassin normalement développé. Chez eux la distinction entre les vertèbres lombaires, sacrées et caudales ou coccygiennes, est, pour ainsi dire, impossible.

La queue, plus ou moins longue chez les mammifères, est aussi de forme très-variable; chez les uns elle est disposée pour saisir les corps comme le ferait une main, ou plutôt comme l'éléphant le fait avec sa trompe; chez d'autres (cétacés, castors, etc.) elle sert à nager, et elle est déprimée, c'est-à-dire aplatie horizontalement; chez d'autres elle est comprimée ou amincie dans le sens vertical pour servir au même but : desmans, etc. Quelques mammifères ont la queue floconneuse, et s'en servent comme d'un balai; chez d'autres elle est garnie de poils en panache. L'homme n'a qu'un faible rudiment de cet organe, et

quelques espèces (des roussettes, par exemple) manquent même de vertèbres *caudales*. Les *côtes* s'attachent aux vertèbres dorsales, et se rejoignent de part et d'autre au *sternum*. Le bassin (fig. 11, 12) est composé de trois os, *iléon, ischion* et *pubis;* presque toujours les pubis sont réunis entre eux sur la ligne médiane, et complètent ainsi la ceinture pelvienne; mais ceci n'a pas lieu chez la taupe, dont le bassin est fort étroit et reste ouvert, de telle sorte que les résidus de la nutrition et les produits femelles de la reproduction passent en avant. Les cétacés et les lamantins n'ont que des rudiments de bassin. Dans toute une sous-classe de mammifères, les monodelphes, cette partie du squelette présente au plus les trois os cités plus haut; chez les didelphes et les ornithodelphes, que nous représenterons par les sarigues et les ornithorhynques, un quatrième os, appelé marsupial, s'articule au-devant des pubis comme chez les reptiles.

Les membres postérieurs lorsqu'ils existent, ce qui a lieu dans la grande majorité des cas, présentent, outre le bassin, le *fémur* (fig. 8), qui est l'os de la cuisse, le *tibia* et le *péroné* quelquefois unis en tout ou en partie, d'autres fois soudés, et qui sont les os de la jambe; et enfin le pied, composé du *tarse*, du *métatarse* et des *doigts*. Chez beaucoup d'animaux à sabots et chez les gerboises, le tarse est formé d'un seul os, auquel les vétérinaires ont donné le nom de canon; chez les autres il en présente plusieurs.

Les membres de devant sont composés sur le même plan que ceux de derrière; au bassin correspond l'épaule ou l'omoplate et la clavicule (fig. 9, 10), auxquels s'ajoute une seconde clavicule chez les ornithodelphes. L'*humérus* (fig. 7), l'os du bras, représente le fémur; le *radius* et le *cubitus* (avant-bras) sont les analogues de la jambe, et pour nous servir d'une expression d'anthropotomie, le *pied*, qui porte antérieurement le nom de *main*, se compose également de trois parties, le *carpe*, le *métacarpe* et les *doigts*.

Le nombre des doigts, antérieurement comme postérieurement, ne s'élève pas au-dessus de cinq pour chaque côté, et il est quelquefois de quatre seulement, ou même de trois; il peut aussi arriver, lorsqu'il existe trois doigts, que deux restent rudimentaires et couchés sous la peau, comme dans le cheval ; les doigts ont rarement une ou deux et plus souvent trois *phalanges ;* ceux des baleines ont un plus grand nombre de phalanges.

Les parties molles qui se joignent aux os que nous venons de citer, et entrent avec eux dans la composition des membres, ne sauraient être énumérées dans cet article ; nous devons toutefois indiquer les principales variations de forme que présentent ces organes. Plus ou moins longs, selon que l'animal est plus ou moins agile à la course, les membres peuvent être aussi disposés pour fouir, et dans ce cas ils sont très-raccourcis, mus par des muscles vigoureux et armés d'ongles puissants : ceux des taupes sont un des exemples les plus tranchés de cette disposition. D'autres fois les extrémités sont disposées pour saisir, et deux d'entre elles, ou bien toutes quatre, sont dans ce cas. Dans les animaux qui saisissent le mieux, le pouce est écarté des autres doigts et peut leur être opposé ; on dit alors qu'il y a une *main* (pl. 4, fig. 1). Beaucoup de primates ont quatre mains, ce qui les a fait nommer quadrumanes. L'homme n'a de mains qu'aux extrémités supérieures, et d'autres animaux n'en possèdent qu'aux inférieures ou postérieures (sarigues, etc.). Tous les animaux pourvus de mains ont les extrémités de leurs doigts protégées par des *ongles,* et on les appelle onguiculés ; c'est aussi le cas de beaucoup d'autres espèces de la même classe, chez lesquelles les membres servent plutôt à marcher qu'à saisir, mais où ils sont de même employés comme armes ou comme moyen de fouir (fig. 5, 6) ; ex., les rongeurs, les carnassiers (fig. 2, 3), etc. Chez les pachydermes et les ruminants, les extrémités des doigts sont au contraire enveloppées par des organes de même nature que les ongles, mais dans lesquels ils sont enveloppés comme dans des *sabots,* nom que ces organes portent en effet (fig. 5). Les espèces qui en sont pourvues sont dites *ongulées* ou *ongulogrades.*

Les organes digestifs des mammifères offrent peu de caractères qui p .issent servir à les distinguer des autres animaux ; aussi ne nous y arrêterons-nous pas. Beaucoup d'espèces de cette classe se nourrissent de substances animales et d'autres de produits végétaux. Quant à leur respiration et à leur circulation, elles méritent plus de détails : les

mammifères sont en effet les seuls animaux chez lesquels les poumons soient complétement enveloppés par la plèvre, retenus dans la cavité pectorale avec le cœur et séparés ainsi que ce dernier des viscères abdominaux par un plan musculaire complet auquel on donne le nom de diaphragme. La respiration des mammifères est aérienne à toutes les époques de leur vie ; l'air est introduit dans leur poumon par la trachée-artère, subdivisée en bronches elles-mêmes ramifiées à l'infini, et conduisant jusqu'aux derniers réservoirs aériens, qui sont terminés en cul de sac, et sur lesquels rampent les conduits capillaires qui reçoivent le sang pulmonaire. Le cœur est double, ou plutôt il y a deux cœurs accollés l'un à l'autre, composés chacun d'une oreillette et d'un ventricule ; un cœur pour la circulation nutritive, qui reçoit le sang rouge vivifié de la veine pulmonaire, et le chasse par l'aorte dans toutes les parties du corps qu'il va nourrir ; et l'autre, qui le reprend de la veine cave après qu'il est redevenu sang noir, et incapable d'entretenir la vie, et le chasse dans le poumon par l'intermédiaire de l'artère pulmonaire. Les mammifères ressemblent sous ce rapport aux oiseaux, mais ils en diffèrent par la nature de leurs organes respiratoires. Le siége des sensations paraît plus particulièrement résider dans le cerveau (fig. 11), masse médullaire formée de deux lobes composés d'un grand nombre de circonvolutions, dont la moelle épinière et les nerfs ne sont que des expansions.

CLASSIFICATION.

Les animaux sont partagés par les naturalistes en plusieurs ordres, qui se rapportent eux-mêmes à trois sous-classes particulières, établies par M. de Blainville, dont nous adopterons la classification. M. de Blainville a surtout égard pour distribuer ces animaux à quelques particularités importantes de leur squelette et de leurs organes de la reproduction, qui les rendent de moins en moins semblables, à mesure qu'on s'élève dans la série, aux ovipares qui leur sont inférieurs ; et les rapprochent davantage de l'homme. La classification de G. Cuvier, plus semblable à celle des autres naturalistes sous certains rapports, partage les mammifères en neuf ordres. Le tableau ci-joint donne la concordance de ces deux systèmes mammologiques.

Sous-classe I. MONODELPHES.

M. de Blainville.   *M. Cuvier.*

I. PRIMATES.	{ Homme. . . . . . . Ord.	I. BIMANES.
	{ Singe, etc.	II. QUADRUMANES.
II. CARNASSIERS.	Chien, etc.	III. CARNASSIERS.
III. ÉDENTÉS.	{ Tatou, etc.	V. ÉDENTÉS.
	{ Dauphin, etc.	XI. CÉTACÉS (ordinaires).
IV. RONGEURS.	Rat, etc.	VI. RONGEURS.
V. GRAVIGRADES.	{ Lamantin.	IX. CÉTACÉS (herbivores).
	{ Éléphant. . . . . . }	VII. PACHYDERMES.
VI. PACHYDERMES.	Cochon, cheval, etc. {	
VII. RUMINANTS.	Chameau, bœuf, etc. .	VIII. RUMINANTS.

Sous-classe II. DIDELPHES.

I. D. ELEUTHERODACTYLES.	Sarigues, etc. . . . . }	Ord. IV. MARSUPIAUX.
II. D. SYNDACTYLES.	Phalangers, etc.. . . }	

Sous-classe III. ORNITHODELPHES.

I. MONOTRÈMES.	Ornithorhynque, etc. .	V. ÉDENTÉS (monotrèmes).

Notez que dans la classification de M. de Blainville, le sixième ordre de la classe des monodelphes comprend aussi les ruminants, regardés ici comme formant un ordre à part.

Linnæus avait distribué les mammifères en sept ordres, qui sont les suivants : 1° *Primates*, auxquels il apportait, outre ceux qu'on y met aujourd'hui, les vespertilions ou chauve-souris, parce qu'elles ont, comme les *Primates*, les mamelles pectorales ; 2° *Brutæ*, les édentés de G. Cuvier, plus le rhinocéros, qui est un pachyderme, les lamantins, qui sont des gravigrades, et les morses des carnassiers, voisins des phoques ; 3° *Feræ*, les carnassiers, plus les didelphes, que G. Cuvier, dans la première édition de son règne animal, laisse avec eux ; 4° *Glires*, les rongeurs ; 5° les *Pecora*, ou ruminants ; 6° les *Belluæ*, ou pachydermes ; 7° les *Cetæ*, ou cétacés ordinaires.

Première sous-classe.

Monodelphes.

Ce sont les mammifères qui sont le plus franchement vivipares ; ils n'ont pas d'os marsupiaux, etc.

ORDRE I. — PRIMATES.

Linnæus a donné ce nom à un premier groupe de mammifères que tous les zoologistes ont admis en lui faisant subir diverses modifications. Dans la méthode que nous avons préférée, les singes de l'ancien et du nouveau continent, les makis et les galéopithèques composent le premier ordre. Nous y rapporterons, comme le faisait aussi Linnæus, l'espèce humaine et ses diverses races ; car, selon nous, l'étude qu'ont pu faire tout récemment les naturalistes européens, des deux espèces les plus intelligentes du groupe des singes, ne permet pas de douter que l'homme ne forme un genre fort voisin, quant à l'organisation, de ces mammifères. Les *primates* sont donc, comme leur nom l'indique, les premiers des animaux, le degré le plus élevé de l'échelle zoologique. Tous leurs organes sont, en effet, disposés pour un genre de vie moins rapproché de la bestialité, si l'on peut employer cette expression, que ceux des autres animaux ; leur intelligence est plus étendue, leurs aptitudes sont plus variées, et leurs actions de plus en plus semblables aux nôtres. Ces mammifères sont omnivores ou insectivores, c'est-à-dire que dans certains cas ils se nourrissent à la fois de substances animales ou végétales, et que dans d'autres ils préfèrent les insectes. Un de leurs principaux traits caractéristiques est d'avoir, dans la majorité des cas, les extrémités des quatre membres transformées en véritables mains, c'est-à-dire avec un pouce opposable aux autres doigts, comme cela se voit pour la main de l'homme ; cette disposition leur a même valu le nom de *quadrumanes*, de la part de quelques auteurs ; mais dans ce cas l'homme, qui n'a de mains qu'aux membres supérieurs, reçoit le nom de bimane. Toutefois ce caractère est loin d'être général, puisque, si l'homme n'a de mains que supérieurement, beaucoup de prétendus quadrumanes n'en ont également que deux, mais alors aux extrémités inférieures; cette disposition est même la plus fréquente, puisqu'on la retrouve chez la plupart des singes d'Amérique et chez les makis. Plusieurs autres traits importants caractérisent encore les mammifères primates. Ces animaux, qui forment une race d'espèces assez nombreuses, ont été partagés en plusieurs genres, et se rapportent à trois familles qui méritent également d'être signalées, et qui se font remarquer par la similitude de leur organisation, en même temps que par la régularité de leur répartition géographique. Ceux de la première catégorie sont tous des contrées tempérées et surtout intertropicales de l'ancien monde; la deuxième n'a de représentants qu'en Amérique, et la troisième comprend les seuls animaux primates qui sont à Madagascar, et quelques autres espèces de l'Afrique méridionale et de l'Inde.

§ 1. *Les Pithèques.*

Tous ont trente-deux dents et deux incisives, une canine et cinq molaires de chaque côté et à chacune des mâchoires, caractères qui, joints à tous les autres, font de ces animaux les plus rapprochés de l'homme, et donnent à penser que celui-ci ne saurait être placé dans aucun autre groupe du règne animal. L'histoire de l'homme ne rentrant point dans nos attributions, nous passerons immédiatement à celle des pithèques, animaux plus connus sous le nom de singes de l'ancien continent. Nous avons dit comment étaient disposées leurs dents; ajoutons que leurs ongles sont plus ou moins plats, mais qu'ils n'ont jamais d'ergot à l'index des membres inférieurs; que leur queue, lorsqu'elle existe, n'est jamais prenante, qu'ils ont le plus souvent des callosités, sortes d'épaississements de l'épiderme, qui endurcissent leurs fesses; que leurs joues sont souvent dilatables en abajoues, espèces de poches dans lesquelles ils peuvent momentanément mettre leurs provisions en réserve, et que leurs narines ouvertes obliquement d'arrière en avant, et non au-dessous du nez, comme chez les makis, ne sont point écartées entre elles comme chez ces derniers. Ces animaux habitent actuellement l'Afrique et l'Asie méridionale et tempérée; on n'en trouve aucune espèce en Europe, bien qu'il soit aujourd'hui démontré, par l'étude des fossiles, que cette partie du monde nourrissait lors de l'époque tertiaire des singes fort voisins des gibbons. Quant aux magots qui vivent à Gibraltar, seul point de l'Europe où on les trouve, tout donne à penser qu'ils descendent d'individus échappés à la domesticité, et qui provenaient de la côte opposée, en Maroc, où ils sont abondants.

A la tête des singes de l'ancien monde, dont on fait le grand genre *Simia*, se placent, comme plus rapprochés de l'homme, les chimpanzés (pl. 1, fig. 1), de la côte de Guinée et du Congo, les orangs-outangs (pl. 1, fig. 2) de Bornéo, de Sumatra, et peut-être du Bengale, et les gibbons, qui vivent également dans l'Asie méridionale et dans ses îles; tous trois manquent de queue; les orangs et les gibbons se caractérisent par la longueur de leurs bras, et les chimpanzés ont plus d'analogie avec l'homme dans leurs proportions. On a pu remarquer en examinant l'orang qui vivait naguère au Muséum de Paris, et le chimpanzé qu'on y voit maintenant, combien ces animaux sont supérieurs aux autres singes. Pour Linnæus, dans les *premières éditions de son Système de la Nature,* l'homme et les singes que nous venons de signaler étaient des animaux d'un même genre; le premier s'appelant *homo sapiens,* le chimpanzé *h. troglodites,* l'orang *h. satyrus,* et l'espèce de gibbon alors connue *h. lar.* On suppose que c'est du chimpanzé qu'Hannon, amiral carthaginois qui s'avança fort avant le long des côtes occidentales d'Afrique, parle comme d'hommes sauvages, sous le nom de gorilles; on en saisit trois femmes, et comme elles ne voulaient pas marcher, nous les tuâmes, dit-il, et prîmes leurs peaux que nous portâmes à Carthage. A côté des gibbons, prennent place les semmopithèques, dont on trouve des espèces en Asie et en Afrique, où les zoologistes les distinguent sous le nom de colobes; puis les guenons ou cercopithèques, qui sont de l'Afrique; les macaques de l'Inde, et qui sont représentés en Afrique par le mangabey et le magot; et enfin, les cynocéphales, ou singes cochons de l'Afrique et de Perse. Ces derniers ont sans doute donné naissance, à cause de leurs formes singulières, et de leurs mœurs brutales, à la fable des sphynx et des satyres. On assure que le singe fossile nouvellement trouvé dans les Himalayas est du même genre que les cynocéphales.

§ 2. *Les sapajous.*

Ils sont d'Amérique; tous ont une queue plus ou moins longue et souvent susceptible de saisir les corps, ce que l'on nomme préhensile ou prenante, manquent d'abajoues et de callosités; leurs narines, écartées comme celles des singes précédents, en diffèrent par la largeur de la cloison qui les sépare, et tous, sauf les ouistitis, ont une dent molaire de plus que les pithèques à chaque côté des mâchoires. On a donné en latin le nom de *cebus* à ces animaux; ils forment plusieurs groupes, dont les espèces, répandues depuis le Mexique jusqu'au Paraguay, sont pour la plupart de mœurs douces, et d'une physionomie assez agréable. Les sajous et les ouistitis sont, avec quelques espèces de macaques, les singes que l'on amène le plus souvent en Europe, et dont les bateleurs se servent de préférence. Une des plus curieuses de ce groupe est le saïmiri, *cebus sciureus*, dont le crâne et le cerveau sont si remarquables par leur développement longitudinal.

§ 3. *Les lémuriens.*

Une troisième famille comprend les makis, dont on a fait le genre *lemur*; ceux-ci n'ont pas la queue prenante, et dans certains cas ils l'ont peu développée; leurs dents manquent de la fixité qu'on connaît à celles des précédents, mais nous ne pouvons indiquer leurs variations; ils ont encore cependant pour la plupart quatre incisives à chaque mâchoire, jamais plus, et leurs incisives inférieures sont dirigées en avant, et accollées aux canines, avec lesquelles elles forment une sorte de petit peigne. Le doigt indicateur des pieds inférieurs des makis a toujours un ongle crochu, plus allongé que ceux des autres doigts. Leurs fesses n'ont point de callosités, et leurs narines sont étroites.

Les makis de Madagascar appartiennent aux trois genres des véritables makis ou lemurs, des cheiromys et des Indris, et ne se trouvent point ailleurs. Ceux d'Afrique sont les galagos, que l'on trouve en Sénégambie et en Cafrérie, ainsi que le potto, qui paraît voisin des loris. Ceux-ci sont, avec les tarsiers, les représentants indiens de cette famille. Les cheiromys ont le système dentaire des rongeurs, et quelques auteurs ont cru devoir les placer parmi ces animaux. On doit leur découverte à Sonnerat, et les collections européennes n'en possèdent encore qu'un seul individu, que l'on conserve à Paris.

Auprès de ces animaux, ou peut-être dans une famille particulière, mais fort voisine, doivent être rangés les galéopithèques, qui rappellent les formes des makis, mais qui ont les quatre membres réunis par des membranes qui leur permettent de se soutenir momentanément dans l'air. Leur taille approche de celle de nos chats domestiques, et leur nourriture consiste en insectes. Les galéopithèques vivent dans l'Inde, à Ceylan et aux îles de la Sonde; une de leurs particularités réside dans leurs incisives inférieures, qui sont festonnées et divisées chacune en une sorte de peigne.

Linnæus classait aussi parmi les mammifères du premier degré les paresseux ou bradypes (aï et unau), dont on a tant exagéré la lenteur et dont quelques auteurs ont fait une histoire ridicule. Les bradypes, dont on connaît aujourd'hui trois espèces dans l'Amérique méridionale, ont avec les édentés diverses analogies.

ordre II. CARNASSIERS, *Feræ.*

Les mammifères de ce groupe sont de tous ceux de leur classe ceux qui se nourrissent le plus volontiers de substances animales; il en est même un grand nombre qui choisissent leur proie parmi les animaux les plus vigoureux, et qui, se repaissant de chair, méritent à tous égards le nom de carnivores; d'autres sont omnivores, comme les ours; les climats qu'ils habitent et les diverses saisons de l'année déterminent leur régime plus ou moins animal ou végétal. Destinés à un genre de vie différent, les carnassiers ont aussi dans leur organisation diverses particularités qui les éloignent des singes; ils sont plus vigoureux, plus ardents au combat, et, ce qui devenait indispensable, mieux armés que ces animaux; leur odorat est plus développé, leurs lèvres sont garnies de moustaches, ou mieux de longues soies tactiles, qui les avertissent du moindre contact et semblent en rapport avec leur irritabilité. En revanche, ils trouvent dans leur intelligence moins de ressources que ne le peuvent les singes et les sajous ; leurs instincts sont moins variés, et s'ils ne manquent pas de ruse, ils ne la déploient en aucun cas d'une manière remarquable.

Tous, ou à peu près, ont trois sortes de dents ; leurs canines sont puissantes, et leurs incisives sont, dans la très-grande majorité des cas, au nombre de six, à chaque mâchoire. Leurs pieds plantigrades ou digitigrades n'ont plus de pouce opposable aux autres doigts, pas plus que d'ongles aplatis ; ces organes, chez les mammifères du second degré d'organisation, sont au contraire aigus et reçoivent le nom de *griffes* ; ils offrent même dans quelques cas une particularité remarquable ; celle d'être rétractiles dans une sorte de gaîne, et de pouvoir en sortir à volonté, comme dans les *chats*. Ils ne se servent point de leurs membres pour porter leurs aliments à leur bouche. Les carnassiers forment un groupe très-nombreux, et dont les espèces sont organisées pour différents genres de vie, les unes étant destinées à s'élever dans les airs, comme les chauve-souris ; d'autres pour la terre, comme beaucoup d'insectivores ; certaines autres, les phoques, à chercher leur proie au sein des eaux, etc. Les chiens, les chats, les martes, etc., sont au contraire organisés pour vivre à la surface du sol. Le loup, l'ours, la genette et le glouton sont en Europe les carnassiers les plus redoutables ; mais les dommages qu'ils occasionent à l'homme et leur influence sur l'économie générale passent pour ainsi dire inaperçus si l'on pense aux espèces dix fois plus cruelles et plus puissantes qui abondent dans l'Asie, dans l'Afrique et même dans l'Amérique. Le lion, le tigre et diverses espèces de panthères sont en Asie les plus fâcheusement célèbres ; ils y vivent avec une foule d'autres rapaces, inférieurs par la force individuelle ; mais non moins puissants par leur nombre et par leurs ruses, et les espèces européennes qui se retrouvent en Asie n'y occupent plus guère que le troisième rang. L'Afrique ne nourrit point le tigre proprement dit, ou tigre royal ; mais le lion y abonde et se rencontre depuis la Barbarie jusqu'au cap de Bonne-Espérance ; moins

peuplée d'ours que l'Asie, qui en possède cinq espèces, elle n'en a qu'une seule à peine connue des naturalistes et qui vit dans l'Atlas. Trois espèces d'hyènes existent en Afrique, et l'une d'elles fréquente aussi une partie de l'Asie ; les panthères y sont nombreuses et on y voit beaucoup d'autres carnassiers non moins dangereux. Le couguar et la grande panthère, dont le véritable nom est jaguar, sont en Amérique les deux espèces les plus redoutables ; elles vivent dans les régions chaudes et tempérées ; c'est au contraire dans le nord de ce continent et surtout dans les grandes chaînes de montagnes que l'on rencontre les ours. Les loups sont aussi de l'Amérique Septentrionale. Après ces puissants et audacieux destructeurs, on doit signaler une foule d'espèces qui, s'attachant à des proies moins considérables, n'en sont pas moins nuisibles par les dégâts qu'elles font sur le petit gibier ou dans les fermes, dont elles mettent à mort les oiseaux domestiques, les lapins, etc. ; mais les rapports de l'homme avec un autre animal du même ordre amoindrissent, s'ils ne compensent, les nombreuses dévastations de tant d'espèces souvent plus nuisibles parce que leur faiblesse leur permet de s'échapper avec plus de facilité : par toute la terre il y a des chiens domestiques ; ces animaux ont suivi l'homme jusque sur les terres les plus ingrates ; dans quelques contrées il a conduit avec lui des variétés déjà soumises, dans d'autres il a réduit les espèces du pays ; c'est ce qui a eu lieu en Amérique, ainsi qu'en Asie, en Afrique et même en Europe, car s'il nous est démontré que le chien des Américains ou plutôt leurs chiens, car ils en avaient de plusieurs sortes, descendent des espèces encore maintenant sauvages dans ces contrées, il n'est pas moins certain que du chacal ou de quelque espèce analogue au loup ont pris naissance les nombreuses races de chiens de l'ancien continent : le chat domestique descend du chat sauvage de l'Inde, de l'Europe et de l'Afrique, mais il est bien moins soumis que le chien, et c'est plutôt un animal familier de nos habitations qu'un véritable serviteur ; on sait aussi que chez les anciens ainsi que chez les modernes, dans quelques provinces, on a soumis un carnassier du genre des mustela. L'homme qui a eu tant d'influence sur les animaux qu'il a rendu domestiques n'en a pas moins sur ceux qui restent sauvages, et chaque jour il tend à diminuer leur nombre. Les espèces plus grandes, qui sont également les plus dangereuses, sont aussi celles que son courage et les moyens que la civilisation a mis à sa disposition lui ont fait attaquer avec plus de succès. D'après quelques recherches fort récentes, et sur lesquelles nous ne pouvons nous étendre, l'homme a été contemporain en Europe de plusieurs espèces que l'on considère comme fossiles et qui ont disparu de cette partie du monde ; et pour ne pas remonter à une époque aussi reculée, qui ignore que le lion vivait en Grèce à l'époque d'Aristote, que le loup a été complétement détruit en Angleterre, etc. Toutefois l'espèce humaine est loin d'avoir accompli cette guerre à mort entreprise contre les animaux que l'homme redoute, et combien de provinces peu avancées en civilisation sont encore le repaire de tous ces cruels ravisseurs ! M. Sykes, officier anglais et savant naturaliste, rapporte que dans le Deccan on a pris pendant les années 1825 à 1829, 472 panthères, et dans un district seulement de cette partie de l'Inde, 1032 tigres royaux.

On partage les carnassiers en *insectivores*, chauve-souris ou *chéiroptères*, *carnivores* digitigrades ou plantigrades, et *phoques* ou *pennigrades*.

§ 1. *Les Insectivores.*

Leur nom indique que c'est d'insectes qu'ils se nourrissent ; c'est à ce groupe qu'appartiennent les taupes, les hérissons, les musaraignes bien connues dans nos pays. On trouve aussi ces hérissons dans l'Inde et en Afrique, et ces animaux sont représentés à Madagascar, à Bourbon et à l'Ile-de-France par les *tanrecs* et les *tendracs*. On ne connaît en Europe qu'une seule espèce de hérisson, mais il y a deux espèces de taupes et plusieurs sortes de musaraignes. Ces animaux et tous ceux qui composent avec eux la famille des insectivores sont d'une petite taille ; la plupart se creusent des galeries souterraines, et dans les pays froids ou tempérés plusieurs sont pris pendant l'hiver d'un sommeil analogue à celui des chauve-souris, des loirs, etc. On dit qu'à Madagascar les tanrecs sont sujets au même phénomène par suite de la grande chaleur.

§ 2. *Les Chéiroptères.*

Chez les chéiroptères, plus connus sous le nom de vulgaire de chauve-souris, les membres antérieurs offrent une disposition fort remarquable, en rapport avec le mode de mouvement aérien de ces animaux, et qui a long-temps fait considérer les espèces qui en sont douées comme appartenant à la classe des oiseaux. Les ailes des chauve-souris ne sont autres, en effet, que de véritables mains, dont les doigts, extraordinairement allongés, supportent des membranes qui permettent à ces animaux de se soutenir dans les airs et de s'y diriger avec une facilité égale à celle de beaucoup d'oiseaux. Les chéiroptères que Linnæus rapportait au premier ordre de la classe des mammaux, ont avec les espèces que comprend celui-ci un grand nombre d'analogies dans leur organisation, et la plus caractéristique réside dans leur mamelles, qui sont pectorales. Ces animaux forment une réunion très-nombreuse d'espèces dont on trouve des représentants dans toutes les parties du monde. Le genre des vespertilions ou chauve-souris (pl. 1, fig. 3) proprement dites est en effet cosmopolite, mais quelques autres sont rigoureusement réparties à la surface du globe ; c'est ainsi que les phyllostomes, auxquels appartiennent les vampires, n'habitent que le nouveau continent, et qu'on ne trouve des roussettes, des rhinolophes, etc., que dans l'ancien monde. Les roussettes sont étrangères à l'Europe, mais on a observé dans cette contrée différentes espèces de vespertilions, tels que la pipestrelle, la noctule, etc., qui sont de France ; des rhinolophes au nombre de trois, et une espèce de molosse connue en Italie sous le nom de *dinops cestoni.*

§ 3. *Les Carnivores.*

La nombreuse réunion des carnivores, dont nous avons déjà eu l'occasion de parler, comprend les genres suivants : loutres, martes, hyènes, chats, mangoustes, civettes et genettes, chiens, ratons, blaireaux, ours (pl. 1, fig. 4), etc. Les espèces françaises de ces divers genres sont pour les loutres, la loutre ordinaire ; pour les martes, le putois, l'hermine, la belette, la marte et la fouine ; pour les chats, celui qu'on appelle chat sauvage ; pour les civettes, la genette, qui est peu répandue ; pour les chiens, *canis,* le loup et le renard ; pour les blaireaux, une seule espèce, et pareillement pour les ours, aujourd'hui refoulés dans les Alpes et les Pyrénées.

Quant aux phoques (pl. 1, fig. 5), ce sont aussi des animaux carnassiers ; on sait qu'ils habitent les eaux de la mer, et que, dans certaines parties du globe, leur chasse occupe non moins l'espèce humaine que celle des panthères et de tous les autres animaux recherchés pour leur fourrure.

ORDRE III. ÉDENTÉS, *Brutæ.*

On devrait plutôt nommer *mal dentés* les mammifères de ce groupe, car s'il en est qui sont entièrement privés de dents, quelques-uns en ont un nombre plus considérable que celui d'aucune autre espèce de la même classe ; toutefois un caractère commun se remarque chez tous les édentés pourvus de dents, et réside dans la singularité, on peut même dire la bizarrerie de ces organes. Les édentés manquent ordinairement d'incisives ; beaucoup n'ont pas de canines, et, ce qui est rare dans le reste des animaux, leurs dents ne sont pas opposées, mais alternes, c'est-à-dire que celles d'une mâchoire ne correspondent pas couronne à couronne à celles de l'autre, et qu'elles s'entrecroisent mutuellement. Les édentés terrestres sont tous étrangers à nos contrées ; les uns, pourvus d'écailles, habitent l'Inde et le sud de l'Afrique, ce sont les pangolins ; d'autres, protégés par une puissante carapace, ont reçu le nom de tatous (pl. 1, fig. 6), et n'habitent que dans l'Amérique, qui est aussi la patrie des fourmiliers, remarquables par l'allongement de leur crâne, par la forme de leur langue cylindrique et semblable à un fil, et qui ont pour habitude de vivre de fourmis. Un autre édenté est l'oryctérope, appelé aussi cochon de terre ; on le trouve au cap de Bonne-Espérance. Les Hottentots se nourrissent de sa chair.

La série si nombreuse et si variée des cétacés prend aussi place parmi les mammifères édentés, du moins d'après des observations assez récentes. Depuis Ray et surtout Bernard de Jussieu, on a retiré ces animaux de la classe des poissons, avec lesquels on les avait toujours confondus ; mais on n'avait point encore réellement indiqué leurs rapports avec les autres vertébrés à mamelles. Les cétacés se partagent en dauphins (pl. 1, fig. 7), en cachalots et en baleines ; c'est à ces dernières qu'appartiennent les plus grandes espèces de mammifères. L'espace nous manque malheureusement pour dire quels importants produits l'espèce humaine sait tirer de ces animaux, et quelle est l'étendue et en même temps la variété du commerce auquel ils donnent lieu.

ORDRE IV. RONGEURS, *Glcres.*

Ce quatrième ordre est aussi parfaitement établi dans le *système* de Linnæus ; seulement on a dû en retirer le daman, *hyrax,* que ce célèbre naturaliste y avait à tort rapporté. Les rongeurs sont onguiculés comme tous les animaux des ordres précédents ; ce sont, pour la plupart, des espèces timides et toujours de taille moyenne ou même petite. Leur caractère principal est facile à saisir : tous, sans exception, sont pourvus de dents incisives et molaires, et ils manquent de canines. Ils ont, sauf les lèvres, deux incisives à chaque mâchoire, et leurs molaires varient pour le nombre de trois à cinq ou six au plus à l'une et à l'autre. Les rongeurs sont des animaux presque entièrement privés d'intelligence, et chez lesquels les facultés instinctives sont au contraire fort développées ; ils sont extrêmement nombreux en espèces. Cet ordre a fourni à la domestication le lapin et le petit cabiai ou cochon d'Inde ; mais les avantages que l'homme retire de ces deux espèces sont plus que compensés par les torts que les rats, les souris, etc., occasionent chaque jour dans ses habitations. Les rongeurs de notre pays appartiennent aux genres écureuils (pl. 1, fig. 8), (une espèce), loir (le loir ordinaire, le lérot et le muscardin) ; campagnol (plusieurs espèces parmi lesquelles on compte le rat-d'eau) ; marmotte (une espèce) ; rat (le rat noir, le surmulot, le mulot, la souris) ; lièvre (le lièvre ordinaire et le lapin, qui est, assure-t-on, originaire du midi et peut-être de la Barbarie). On connaît encore en Europe le porc-épic, dont l'espèce commune est aussi de l'Afrique et de l'Inde. Les piquants singuliers dont son corps est couvert en ont fait un animal tout-à-fait particulier. Les espèces du genre lièvre sont fort nombreuses et répandues en Asie, en Afrique et en Amérique. Ce sont les seuls rongeurs chez lesquels la mâchoire supérieure présente quatre dents incisives. Quant aux autres genres, ils sont assez inégalement distribués à la surface du globe ; on remarque cependant que les cabiais sont tous confinés en Amérique.

ORDRE V. GRAVIGRADES.

Les espèces de ce cinquième ordre sont moins nombreuses que celles d'aucun autre ; ce sont les éléphants d'une part, et de l'autre les lamantins, auxquels il faut joindre les dugongs, et quelques autres animaux fossiles, soit terrestres comme les éléphants, soit aquatiques à la manière des lamantins. Beaucoup d'auteurs n'ont point admis ce groupe, et pour eux les éléphants sont de véritables pachydermes, et les lamantins ne diffèrent point assez des cétacés, avec lesquels ils forment alors le dernier groupe de la classe des mammifères, pour qu'on les en sépare. Toutefois les gravigrades, bien que fort différents quant à la forme de leur corps, et, ce qui détermine pour ainsi dire cette forme, quant au milieu dans lequel ils vivent, ont entre eux des analogies d'une valeur réellement primordiale : outre leur système peaucier, qui est le même, ils ont aussi de commun la nature et la disposition de leurs dents, lesquelles sont de deux sortes, incisives et molaires, mais les premières n'étant jamais plus nombreuses que deux à chaque mâchoire, caractère qui semble les rapprocher des rongeurs. Ajoutons que ces animaux ont les mamelles pectorales, et au nombre de deux seulement, ce que ne présentent ni les cétacés ni les pachydermes, avec lesquels on voulait les réunir.

§ 1. *Gravigrades terrestres.*

Ce sont les éléphants, si célèbres par leur force, leurs énormes dimensions et aussi par les récits exagérés que l'on a de tout temps rapportés au sujet de leur intelligence. Les éléphants (pl. 1, fig. 10), dont la hauteur atteint souvent douze et treize pieds, sont remarquables par l'épaisseur de leurs proportions, et surtout par l'adresse qu'ils mettent à se servir de leur trompe, qui leur sert à la fois d'organe de préhension et de défense. Ces animaux trouvent aussi, dans leurs incisives de la mâchoire supérieure, énormément allongées, des armes redoutables. On sait que les éléphants, dont on trouve les restes fossiles en Asie et en Europe, ne vivent plus aujourd'hui qu'en Afrique et dans l'Inde, et qu'ils constituent deux espèces long-temps confondues, mais néanmoins assez faciles à caractériser dès qu'on a pu les comparer entre elles. L'éléphant d'Afrique, qui vit depuis l'Abyssinie et le Sénégal jusqu'au Cap, a les oreilles plus grandes et le front plus large ; ses molaires sont aussi fort remarquables par les dessins trapézoïdes qu'on remarque à la surface de leur couronne, caractères qui ne se retrouvent point dans l'espèce indienne. Celle-ci est du Bengale, de la côte Malabare et des grandes îles de l'Archipel.

§ 2. *Gravigrades aquatiques.*

Ils manquent, comme les cétacés, de membres postérieurs ; leur queue est élargie en nageoire, et ils n'ont point la trompe des éléphants ; mais ils ont d'ailleurs toute l'organisation, et, sauf les différences amenées par la nature du milieu qu'ils habitent, les mœurs de ces derniers ; les lamantins et les dugongs (pl. 1, fig. 9) sont marins ; ceux-ci de la mer des Indes et de la mer Rouge, et ceux-là de l'Atlantique. On les trouve sur les côtes orientales d'Amérique et occidentales d'Afrique. On suppose que l'examen imparfait de ces animaux et mal rapporté aura donné lieu à la fable des prétendues sirènes, si chantées par les anciens, et admises par tous les auteurs de la renaissance.

ORDRE VI. PACHYDERMES, *Pachydermi.*

Les pachydermes, dont le nom signifie *cuir épais*, sont en effet des animaux à peau dure, et qui composent avec les ruminants la série des espèces ongulées, c'est-à-dire ayant les doigts enveloppés dans des sabots, et non pourvus de véritables ongles ou de griffes ; ils n'ont point les mamelles pectorales. Leurs incisives sont toujours plus nombreuses que deux, et comme à ces dents et aux molaires se joignent le plus souvent des canines, on peut dire que les pachydermes ont trois sortes de dents ; c'est même un des caractères qui les différencie des ruminants, chez lesquels il n'existe d'ordinaire que des incisives et des molaires. D'ailleurs leur estomac n'a pas la disposition qui a valu à ces derniers le nom qu'ils portent, et leur tête n'est pas, comme la leur, armée de cornes.

En avant des pachydermes se rangent les hippopotames (pl. 2, fig. 11), dont les formes sont lourdes et disgracieuses. Ces animaux, bas sur jambe, mais fort gros, habitent les grands fleuves de l'Afrique. Viennent ensuite les tapirs, qui ont une petite trompe rappelant celle des éléphants, mais beaucoup moins longue ; puis les chevaux, dont on connaît six espèces, de l'Afrique ou d'Asie. Les chevaux ont pour particularité de n'avoir à l'extérieur qu'un seul doigt visible pour chaque pied, ce qui leur a fait donner le nom assez mal inventé de solipèdes. Ces animaux forment six espèces : trois africaines, le zèbre (pl. 2, fig. 22), le daw et le couagga ; trois asiatiques, le cheval, l'âne et l'hémione. Le cheval et l'âne ont donné naissance à nos animaux domestiques de même nom ; mais l'époque de leur asservissement n'est pas connue. Il n'existait pas de chevaux en Amérique lors de la conquête, non plus que de bœufs, de moutons, de chèvres, ni de chats et de cochons, et ceux de ces animaux qu'on y rencontre actuellement y ont été transportés par les Européens, et beaucoup y sont redevenus sauvages et vivent actuellement en liberté dans les vastes plaines de l'Amérique méridionale. Les naturels américains possédaient des chiens ; ils avaient soumis diverses espèces sauvages de leur territoire ; néanmoins de nombreuse troupes de chiens issus de ceux qu'amenèrent les Espagnols se voient aussi en liberté dans ce pays.

Après les chevaux nous devons signaler les espèces assez nombreuses du genre cochon. La plus connue est le sanglier, dont la plupart de nos cochons (pl. 2, fig. 13) domestiques sont issus, et qui fournit à l'homme des aliments si variés.

ORDRE VII. RUMINANTS, *Pecora.*

Le dernier ordre de la sous-classe des mammifères monodelphes mérite encore davantage notre attention, à cause de la quantité des espèces domestiques que l'homme lui a empruntées. Celui des pachydermes a fourni l'âne, le cheval et le cochon ; le chameau, le dromadaire, la chèvre, le mouton, le buffle, le bœuf, le lama et quelques espèces moins répandues, appartiennent toutes au groupe des ruminants ; excepté les chameaux et les lamas, tous les ruminants manquent de dents inci-

sives à la mâchoire supérieure ; ils en ont huit à l'inférieure, et chacune de leurs mâchoires a six molaires de chaque côté plus quelquefois des canines à la supérieure. Les mêmes, sauf les chevrotains ou porte-musc, ont, au moins dans les mâles, le front surmonté de deux cornes ; il est même une espèce d'antilope qui en a quatre. Tous les ruminants, sans exception, ont quatre doigts, et sont ongulés ; leurs sabots, dont deux avortent quelquefois, sont accolés deux à deux. Les plus gros représentent une sorte de sabot de cheval, fendu par son milieu ; disposition qui a fait dire que les ruminants avaient le pied fendu. Mais les organes digestifs des ruminants sont plus remarquables encore : toutes les espèces connues étant herbivores, ont le canal digestif fort long, et leur estomac, dont il sera parlé dans la partie anatomique de cet ouvrage, est divisé en quatre parties, que l'on considère comme autant d'estomacs, et que l'on nomme *panse, bonnet, feuillet* et *caillette.* Les aliments s'amassent dans la panse, puis ils passent dans le bonnet, où ils se disposent en pelottes pour remonter ensuite, en traversant l'œsophage, jusque dans la bouche, où ils sont mâchés de nouveau et de là renvoyés à l'estomac pour être digérés ; c'est ce qui permet aux animaux de nos troupeaux de manger précipitamment lorsqu'on les conduit aux champs, et aux espèces sauvages de ramasser en peu d'instants tout ce qu'il leur faut de nourriture pour avoir ensuite le temps de la mâcher et de la digérer tranquillement lorsqu'ils ont pu gagner un lieu où ils risquent moins d'être inquiétés.

§ 1. *Ruminants sans cornes.*

Ce sont les chameaux (pl. 2, fig. 14), les lamas et les chevrotains, auxquels se joint, d'après une indication récente, le prétendu cheval bisulque ou à deux doigts, signalé dans les Andes Chiliennes par Molina. Les lamas étaient déjà domestiques en Amérique avant la découverte de ce continent par les Européens ; mais on n'a point encore réussi à les acclimater dans nos contrées. Le contraire a eu lieu pour les chameaux, que l'on commence à employer dans quelques parties de l'Europe méridionale. La Tartarie et l'Arabie sont la patrie des chameaux. Les chevrotains, cités plus haut, habitent Java, Sumatra et une grande partie de l'Asie. La plus grande espèce de ce genre est celle qui fournit le musc; sa chasse et la préparation de la matière qu'il sécrète fournissent en partie à la substance de diverses tribus.

§ 2. *Ruminants à cornes.*

Tous les ruminants à prolongements frontaux composent cette seconde tribu. Les armes dont leur front est armé ont reçu diverses dénominations. On nomme bois celles des cerfs, et le nom de cornes appartient plus particulièrement à celles des antilopes, des chèvres, des bœufs et même des girafes, quoique chez ces dernières elles aient quelque analogie avec les bois des cerfs. Ce qu'on appelle corne chez les pachydermes rhinocéros n'est pas entièrement comparable aux uns ni aux autres, car elle n'est qu'une agglomération de poils sans noyaux osseux.

On a parlé d'animaux qui n'auraient qu'une seule corne, de la nature de celles des ruminants, et médiane comme celle des rhinocéros; mais ces animaux, que l'on connaît depuis la plus haute antiquité sous le nom de licornes, n'ont été observés par aucun naturaliste et n'ont probablement jamais existé. Une particularité non moins remarquable que celle des prétendues licornes nous est offerte par les girafes (pl. 2, fig. 15), dont les mâles ont trois cornes, deux bilatérales et une autre plus petite placée sur le front. Disons aussi que chez ces animaux le support osseux des cornes, au lieu d'être une apophyse, c'est-à-dire un prolongement de l'os frontal, est au contraire épiphyse, ou un os distinct de celui-ci et appliqué à sa surface. L'Europe ne possède qu'un petit nombre de ruminants sauvages. On trouve néanmoins plusieurs espèces du genre cerf, savoir : le cerf ordinaire (pl. 2, fig. 16), le chevreuil, le daim, ainsi que l'élan et le renne des parties septentrionales. Les Alpes et les Pyrénées produisent le bouquetin, duquel descendent, sans aucun doute, nos races vulgaires de chèvres domestiques, et la Corse possède le mouflon, qui est un mouton sauvage. Le genre nombreux des antilopes est représenté dans nos grandes chaînes de montagnes par le chamois, espèce remarquable par ses cornes recourbées en avant. Le genre bœuf a une espèce dans l'Afrique méridionale;

une dans l'Amérique du nord, le bison, et plusieurs dans l'Inde, parmi lesquelles nous citerons le buffle ainsi que les diverses espèces dont proviennent nos races domestiques.

Deuxième sous-classe.

Didelphes.

Ce sont ces animaux que Linnæus avait rangés dans son genre *Didelphis*. Les particularités qui les distinguent ne permettent pas de douter que ces mammifères ne doivent former un groupe à part, et la position que nous leur désignons est certainement celle qui leur convient le mieux. Leur faciès extérieur diffère peu de celui des espèces onguiculées des divers ordres des carnassiers et des rongeurs; aussi quelques personnes les ont-ils répartis dans ces deux groupes; mais tous les didelphes présentent des caractères communs qui les éloignent de ces animaux et en même temps de tous les mammifères monodelphes. Leur squelette a quelques analogies avec celui des monotrèmes, et par suite des ovipares; c'est ainsi que leur bassin présente, de même que chez ceux-ci, les os marsupiaux, et que leur fémur s'articule non-seulement avec le tibia, mais aussi avec le péroné. Le cerveau des didelphes a plus d'analogie avec celui des ovipares que celui d'aucun monodelphe. Quant à leur mode de reproduction, il est tout particulier. Les didelphes allaitent leurs petits; mais ceux-ci, lorsqu'ils naissent, sont de beaucoup plus faibles que ceux des autres mammifères; ce sont de véritables embryons incapables de mouvement; la mère les place à ses mamelles, et ils y restent jusqu'à ce qu'ils aient pris le développement qu'ont à leur naissance les autres animaux. Pour plus de sécurité, les mamelles, dont la position est abdominale, sont cachées par un repli de la peau en forme de poche, lequel existe chez les individus femelles de la majeure partie des espèces. Les petits, après qu'ils ont cessé d'être suspendus à la mamelle, continuent néanmoins de téter, ils quittent le mamelon et le reprennent; ils ont aussi la faculté de sortir de la bourse de leur mère, et d'y rentrer comme dans une sorte de nid, si quelque danger vient à les inquiéter. La distribution des didelphes à la surface du globe est digne d'être citée:

toutes les espèces du genre sarigue sont américaines, et elles sont les seules didelphes du continent. Les autres espèces de la même sous-classe habitent la Nouvelle-Hollande et quelques points de l'Insulasie. Beaucoup d'entre elles ont pour caractère d'avoir le doigt index des membres inférieurs réunis au médius, ces deux doigts étant plus petits que les autres. Ces animaux, qui sont les phalangers, les kanguroos (pl. 2, fig. 19) et les péramèles, forment un ordre à part sous le nom de didelphes; les sarigues (pl. 2, 17) syndactyles ou didelphes américains n'ont pas aux deux doigts le caractère que nous avons signalé, on en a fait l'ordre des éleuthérodactyles. Les dasyures sont aussi dans ce cas. Différents didelphes de l'un ou l'autre de ces deux groupes (sarigues, phalangers) ont le pouce des membres inférieurs opposable aux autres doigts, comme la plupart des primates. Les plus grandes espèces de didelphes appartiennent au genre des kanguroos, et vivent à la Nouvelle-Hollande. C'est aussi dans ce continent que vivent les plus féroces, les dasyures, et parmi eux les thylacines (pl. 2, fig. 18), dont la taille et les mœurs rappellent celles des loups.

Troisième sous-classe.

Ornithodelphes.

On les a aussi appelés monotrêmes. Ces animaux, dont on ne connaît que deux espèces (ornithorhynque et échidné), habitent la Nouvelle-Hollande, et ne sont connus des naturalistes que depuis la fin du siècle dernier ou le commencement de celui-ci. Leur mode de reproduction a beaucoup d'analogie avec celui des ovipares, mais c'est plutôt aux salamandres et aux vipères, c'est-à-dire aux ovovivipares qu'ils ressemblent sous ce rapport, car leurs petits éclosent dans l'intérieur de leur corps. Les ornithodelphes ont le bassin et l'articulation fémoro-crurale des didelphes, mais leur épaule, au lieu d'être comme chez ceux-ci analogue à celle des monodelphes, offre au contraire la même structure que celle des oiseaux et des reptiles; il y a une double clavicule (pl. 10, fig. 3). Ces animaux ont des mamelles; mais ces organes sont peu visibles (pl. 3, fig. 13), et ont été inaperçus par quelques naturalistes. La taille de ces quadrupèdes est assez petite. Une espèce fréquente

les rivières et se creuse des terriers sur le rivage; ses pieds sont palmés et sa queue déprimée; c'est l'ornithorhynque (pl. 2, fig. 21). L'autre echidné (pl. 2, fig. 20) habite les endroits sablonneux; elle est mieux organisée pour fouir; son corps est couvert de piquants plus forts que ceux des hérissons. Les échidnés et les ornithorhynques, naguère encore fort rares dans les collections, commencent à devenir plus nombreux; aussi le prix qu'on leur donne dans le commerce est-il bien moins élevé.

MAMMIFÈRES FOSSILES.

Nous n'avons pu, dans l'article qui précède, citer tous les genres de mammifères vivants, et à plus forte raison avons-nous dû passer sous silence les mammifères connus à l'état *fossile*; sous ce nom nous voulons parler de ceux qui ont autrefois vécu à la surface de notre planète, mais qui en ont aujourd'hui disparu, leur race ayant été détruite, soit par les révolutions du globe, soit par diverses autres circonstances qu'il ne nous appartient pas d'énumérer. Les ossements de beaucoup de ces mammifères, enfouis dans des terrains qui se sont formés depuis leur destruction, ou bien lorsque leur race était encore vivante, ont été conservés jusqu'à nous, et sont autant de monuments qui nous révèlent leur ancienne existence, et qui permettent d'arriver à la connaissance de leurs caractères zoologiques, et par suite de leur manière de vivre. Les progrès rapides que la paléontologie, aidée par l'anatomie comparée, a faits dans ces derniers temps, rendent aussi certaine la diagnose des espèces fossiles que celle des vivantes.

Les anciens n'ayant pas les éléments anatomiques que les modernes peuvent aujourd'hui employer, n'ont pu se faire une idée bien exacte de tous ces débris osseux qu'ils rencontraient presque à la surface du sol; souvent même ils sont tombés à leur égard dans de grossières erreurs. C'est ainsi que les os des mastodontes et des éléphants ont été considérés dans bien des cas, et cela jusqu'au dix-septième siècle, comme des ossements de géants. On sait qu'en France, sous le règne de Louis XIII, quelques-uns ont été montrés au public et à Sa Majesté elle-même comme les restes du géant Theutobochus, roi des Cimbres, défait par Marius. On a quelquefois dit que les restes fossiles étaient des productions inorganiques qui ne devaient leur forme qu'au hasard. Mais les travaux de quelques savants du dix-huitième siècle, de Pallas, de d'Aubenton, de Camper, etc., et surtout les recherches des savants du dix-neuvième, celles de G. Cuvier principalement, ont fait de la paléontologie une science qui a pris rang parmi les plus positives.

On trouve des mammifères fossiles dans toutes les contrées du globe; à la Nouvelle-Hollande, en Amérique, en Asie et en Afrique, aussi bien qu'en Europe, mais ils ne sont pas également nombreux partout; et, ce qui tient peut-être à la nature des exploitations géodésiques, ils ne sont nulle part d'une époque aussi ancienne qu'en Europe. Ceux de la Nouvelle-Hollande appartiennent aux brèches osseuses; ce sont des os de quelques espèces de didelphes, dont les genres vivent encore dans ce continent; avec eux a été recueilli un fragment d'éléphant, genre asiatique et africain. En Amérique, les ossements des mammifères sont surtout communs dans les terrains d'alluvion. Ce sont, avec diverses espèces à peine différentes de celles de nos jours, les megathérium, gigantesques édentés de la taille des éléphants; les mégalonyx, qui appartenaient à la même famille et atteignaient presque la même taille. On cite encore un lama aussi fort qu'un chameau, et un tatou grand comme un bœuf. L'Amérique possède plusieurs espèces d'ours vivants; on n'y a pas encore trouvé de débris de ces animaux. En Asie, on cite plusieurs espèces et même des genres perdus, mêlés à des débris qui semblent, pour ainsi dire, appartenir aux espèces d'aujourd'hui, tant ils en sont voisins. Parmi ceux-ci, de récentes observations indiquent des ours, un chameau, des felis ou chats, etc. Avec eux se rencontrent des restes d'hippopotames, des mastodontes et un des plus curieux animaux que l'étude des fossiles nous ait révélés; c'est le *sivatherium giganteum*, grande espèce d'antilope, à formes trapues, et dont les dimensions ne le cédaient pas à celles des rhinocéros. En Afrique, M. Edwards a signalé des débris d'ours dans les brèches de la Barbarie, et M. de Blainville possède un fragment recueilli auprès du Caire, dans un calcaire grossier, et qui lui paraît d'un animal du groupe des phoques.

L'Europe est plus riche qu'aucune des contrées que nous venons de signaler. Ses terrains ayant été plus fouillés par l'homme, on conçoit comment on a pu y recueillir plus de fossiles. Mais le nombre des espèces qu'ils ont fait découvrir est vraiment remarquable. Différents genres perdus de l'ordre des pachydermes ont été signalés par G. Cuvier; le plus connu et en même temps le plus nombreux en espèces est celui des palæothérium, dont le gypse des environs de notre capitale recèle tant de débris. Les carnassiers sont également assez nombreux, et on y voit mêlés des restes de didelphes des genres sarigue et thylacine. L'ordre des gravigrades y est figuré par des animaux non moins remarquables; les terrestres par les mastodontes, déjà reconnus comme un genre perdu par Camper et Blumenbach, qui en faisaient le genre mamouth, et la famille des aquatiques par le dinotherium, caractérisé par les deux énormes défenses dirigées de haut en bas, qui arment sa mâchoire supérieure. Ce mammifère, que l'on peut considérer comme un lamantin, était au moins trois fois aussi grand que les espèces actuelles de ce groupe. Dans les brèches et dans les cavernes on trouve des espèces analogues à celles de nos jours, mêlées à des animaux dont les genres sont aujourd'hui confinés en Afrique et en Asie; telles sont les hyènes, les éléphants, les rhinocéros.

Les ossements des mammifères ont généralement été trouvés dans des terrains supérieurs à l'argile plastique. Toutefois MM. Constant Prevost et Broderip ont signalé des débris de didelphes dans des terrains beaucoup plus anciens. M. Kugi a recueilli à Soleure, en Suisse, des restes de pachydermes dans le calcaire oolitique, et M. Ch. Dorbigny a trouvé, aux environs de Paris, des débris de différents ordres (carnassiers et pachydermes), dans un calcaire qu'il appelle pisolitique et qui est intermédiaire à la craie et à l'argile.

Toutes les familles de la classe des mammifères, celle des monotrèmes exceptée, ont été trouvées fossiles. L'homme lui-même paraît avoir existé en même temps que les ours des cavernes, et ses débris ont été observés mêlés avec ceux des animaux. Enfin, des quadrumanes dont on ne connaissait pas de restes fossiles ont été trouvés mêlés aux mastodontes, palœotherium, etc. M. Lartet a recueilli en France, dans les terrains tertiaires, une mâchoire inférieure de singe, voisin des gibbous, et on a également signalé un animal de cette famille dans les parties de l'Himalaya, qui sont caractérisées par la présence du sivatherium.

P. GERVAIS.

ARTICLE II. — ORNITHOLOGIE.

GÉNÉRALITÉS.

On appelle ornithologie la partie des sciences zoologiques qui a pour but l'histoire naturelle des oiseaux. Ceux-ci forment une réunion fort naturelle et très-facile à caractériser dans le type des animaux vertébrés ; on en a fait la seconde classe du règne animal, et ils commencent la série des espèces *ovipares*.

Tous les oiseaux pondent des œufs au lieu de produire des petits vivants comme le font les mammifères, et après qu'ils les ont pondus, ils ne les abandonnent pas à la manière des reptiles et des poissons, mais ils les couvent pour les faire éclore. Les œufs des oiseaux ont en effet besoin, pour se développer, d'être soumis à une chaleur douce et uniforme. Aussi le plus souvent les oiseaux femelles déposent leurs œufs dans un lieu préparé à l'avance, et ils se placent au-dessus pour les tenir à la température de leur corps. Les mâles, dans beaucoup d'espèces, s'associent aux femelles pour accomplir cette sorte de devoir. L'autruche abandonne quelquefois ses œufs pendant le jour, à cause de la forte chaleur des régions qu'elle habite et de celle du sable où elle les a placés, mais elle ne les laisse pas exposés à la fraîcheur de la nuit. Nous parlerons plus bas des mœurs du coucou à ce sujet. Toujours est-il que chez les oiseaux, les rapports des parents avec leurs petits se continuent plus long-temps que chez les autres ovipares, et que, sous ce point de vue, les animaux qui nous occupent semblent, pour ainsi dire, tenir des mammifères. Néanmoins il n'y a jamais chez les oiseaux de lactation, car nulle espèce dans ce groupe, non plus que tous ceux qui viennent ensuite, ne possède de mamelles.

L'organisation interne des oiseaux offre, dans quelques-unes de ses parties, des analogies remarquables avec celle des mammifères ; c'est ainsi que les oiseaux ont une circulation complète et double ; ils ont aussi le sang chaud, et leur respiration, qui est aérienne comme celle des mammifères, est plus active encore que celle de ces animaux. Le poumon des oiseaux n'est point limité par un diaphragme complet ; il descend assez bas sur les côtes, le long de la colonne vertébrale ; ses divisions branchiques sont fortes et peu ramifiées ; l'air qu'elles laissent pénétrer dans le corps se répand jusque dans l'épaisseur des os, dans les plumes, etc., et en même temps qu'il agit sur le sang qu'il vivifie, il contribue à diminuer de beaucoup le poids spécifique du tronc.

Le canal intestinal offre aussi différentes particularités suivant les espèces chez lesquelles on l'étudie. Avant l'estomac, qui porte le nom de *gésier*, et qui prend dans beaucoup d'oiseaux une puissance musculaire tout-à-fait remarquable, (exemple, la poule), l'œsophage présente souvent deux dilatations ou faux estomacs, dont la première reçoit le nom de *jabot*. Les aliments s'y amassent comme dans la panse des ruminants ; elle est très-dilatable chez les pigeons ; l'autre est le *ventricule succenturié*, dont la surface interne est criblée par une infinité de petits pores communiquant avec les follicules destinés à sécréter le suc gastrique ; chez les oiseaux qui manquent de jabot il est plus grand que de coutume, et paraît en tenir lieu. Enfin, les divers intestins débouchent à leur extrémité dans une espèce de vestibule auquel on a donné le nom de *cloaque ;* c'est une organisation commune aux oiseaux et aux reptiles.

Le squelette des oiseaux offre la même figure que dans les mammifères, à quelques dispositions spéciales près (pl. 4, fig. 2). Nous trouvons toujours un crâne avec colonne vertébrale, et les membres qui y sont attachés ; la première différence se trouve d'abord dans la mâchoire inférieure, qui s'articule avec un os particulier qui existe aussi chez les autres ovipares, et que l'on nomme *os carré ;* au lieu de s'articuler avec le crâne dans une cavité glénoïde au moyen d'un condyle, comme chez les mammifères, elle est creusée d'une fossette articulaire qui roule sur l'extrémité saillante de l'os carré; son extrémité se prolonge en arrière plus loin que la mâchoire supérieure, et chacune de ses branches, au lieu d'être composée d'un seul os comme dans les animaux de la première classe, est de deux pièces plus ou moins intimement unies entre elles; l'os carré est une portion détachée au temporal.

Les vertèbres du cou sont ordinairement nombreuses; il y en a toujours plus de sept, ordinairement douze ou quinze et quelquefois plus; elles sont toujours mobiles les unes sur les autres; celles du dos sont au contraire immobiles dans la majorité des cas et soudées entre elles. Chez les espèces qui ne volent pas, comme l'autruche et le casoar, elles n'offrent pas cette disposition; celles des lombes et les sacrées se réunissent en un seul os, ayant les mêmes fonctions que le sacrum dans l'espèce humaine, et les coccygiennes ou caudales sont mobiles et peu nombreuses; elles supportent la *queue*. La dernière, qui remplit plus particulièrement cette fonction, est plus grande que les autres, et relevée en crête saillante.

Les côtes sont entièrement osseuses, et par conséquent il n'y a pas de cartilages pour les réunir au sternum; chacune d'elles porte à sa partie moyenne une apophyse à l'aide de laquelle elle s'appuie sur la suivante.

Quant au *sternum* (pl. 3, fig. 9 et 12), il n'est pas formé de pièces semblables au corps des vertèbres et disposées sérialement; c'est une large plaque osseuse ayant divers points d'ossification et présentant en avant une crête nommée *bréchet*, qui loge dans l'angle qu'elle fait avec la plaque sternale les muscles moteurs des ailes, et leur fournit un point d'appui. Les autruches et les casoars, qui ne volent pas, n'ont point de bréchet; les manchots en ont un, bien qu'ils ne volent pas non plus; leurs ailes, qui servent à la natation, ayant besoin de puissance aussi considérable que celle des espèces volatiles. La forme du sternum (pl. 3, fig. 9 et 12) et surtout le nombre et la disposition des échancrures de son bord inférieur fournissent d'excellents caractères que M. de Blainville a le premier mis en usage pour classer méthodiquement les oiseaux. Les os de l'épaule sont dis-

posés de la manière la plus favorable pour accroître la puissance des ailes. L'*omoplate* est étroite et allongée; la clavicule, d'un côté, est réunie à celle de l'autre, et forme une espèce d'os en V, appelé *fourchette*, et il y a, comme chez les ornithodelphes, une seconde clavicule, correspondant à l'apophyse coracoïde des autres animaux, et qui représente à l'épaule l'os ischion du bassin. Celle-ci repose par deux extrémités inférieures sur la partie externe du bord supérieur du sternum, et la fourchette s'articule, soit directement, soit au moyen d'un fort ligament, au milieu de la même partie, par conséquent entre deux *præ-ischion*.

L'*humérus* (pl. 3, fig. 10, 11, 12) est comme d'ordinaire le seul os du bras; il y a deux os à l'avant-bras; le *carpe* se compose de deux petits os placés sur le même rang et suivis du *métacarpe*, représenté par deux branches soudées ensemble par chacune de leurs extrémités; au côté radial de la base de cette dernière partie de la main s'insère un pouce rudimentaire, et à son extrémité se trouve un doigt médian composé de deux phalanges, ainsi qu'un petit stylet représentant un doigt externe.

Le bassin, ou la première partie des membres inférieurs, offre les trois os *pubis*, *ischion* et *iléon*; le *fémur* (pl. 4, fig. 3) s'y articule; à celui-ci la *jambe*, composée du *tibia* et du *péroné*, en partie soudés et également en rapport avec la tête inférieure du fémur. Le manchot a seul plusieurs os aux tarses; chez tous les autres oiseaux cette partie du membre est composée d'un os plus ou moins long, et que l'on prend d'habitude pour la jambe, parce que la cuisse étant cachée donne son nom à ce qui est réellement la jambe. Les doigts s'articulent avec le tarse; ils sont au nombre de quatre au plus, trois en avant et un en arrière, dans le plus grand nombre des cas. .

La surface extérieure du corps des oiseaux se fait surtout remarquer par la nature des téguments qui la protègent et que l'on connaît sous le nom de plumes. Ainsi dans cette classe, comme dans les autres de même embranchement, une partie seule de la peau suffirait pour faire reconnaître la nature de l'animal auquel elle appartient; et si les mammifères ont reçu, à cause des poils qui les couvrent, le nom de *pilifères*, les oiseaux peuvent être nommés *pennifères*, comme les reptiles *squamifères*, et les amphibiens *nudipellifères*. Les plumes ont diverses formes et aussi une nature différente suivant les parties où elles sont implantées ; celles du corps, de la tête et du cou sont de moyenne grandeur, imbriquées, recouvrant d'autres plumes bien plus moelleuses et qui constituent le *duvet*. Les plumes de la queue sont fort grandes et résistantes ; elles sont, ainsi que les grandes plumes des ailes, de la catégorie de celles qu'on a nommées *pennes*. On les distingue plus particulièrement sous le nom de *rectrices* (pl. 4, fig. 13, 14). Celles des ailes sont les *rémiges* (pl. 4, fig. 10, 11, 12). Celles qui les recouvrent immédiatement sont dites *couvertures* et distinguées aux ailes en grandes et en petites couvertures.

Nous avons fait représenter (pl. 4, fig. 1) un oiseau sur lequel toutes les parties de la surface extérieure du corps sont indiquées par les noms de régions que leur donnent les ornithologistes ; tout le dessus porte le nom latin de *notæum*, et se partage en *pileus* pour le dessus de la tête, *cervix* le dessus du cou, et *dorsum* celui du tronc, chacune de ces régions étant elle-même partagée. Le croupion est nommé *uropygium* ; le dessous du cou est le *guttur*, subdivisé en *mentum*, le menton ; *gula*, le gosier, et *jugulum*, le cou proprement dit ; au-dessous vient la poitrine, *pectus* ; l'épigastre, *epigastreum* ; l'assemblage des couvertures inférieures de la queue est le *crissum*, opposé au croupion ; entre lui et l'épigastre est le ventre, *venter*, qui, réuni à l'un et à l'autre, constitue la face abdominale ou *abdomen*. Le tour des yeux est la *région ophthalmique* ; le dessous des ailes forme les hypochondres, et aux ailes elles-mêmes (*alæ*) on reconnaît, comme il a été dit plus haut, les rémiges, partagées en primaires et en secondaires, et les couvertures grandes, moyennes et petites. On distingue les pennes du pouce et du bras (pennes secondaires) de celles des doigts (pennes primaires, pl. 3, fig. 10 et 11). Leur forme et leurs proportions varient suivant que les espèces où on les étudie sont ou plus ou moins bien disposées pour le vol. Le point de flexion de l'aile est le fouet de l'aile, *flexura humeri*. La jambe proprement dite, ou *tibia*, ne doit pas être con-

fondue avec le tarse (*tarsus*), qui a sa face antérieure ou *acrotarsium*, et sa postérieure ou plantaire (*planta*). Les doigts et le pouce (*pollex*) terminent le pied.

Certains oiseaux ont les doigts réunis par une membrane et sont nommés *palmipèdes* (pl. 4, fig. 4) ; chez d'autres ils sont seulement bordés ; exemple : poules d'eau (fig. 6) ; il en est qui les ont libres, et alors quelquefois deux sont en avant et deux en arrière comme chez les pics (fig. 5) ; mais il y en a d'ordinaire trois en avant (fig. 9) ; quelquefois le pouce ou le doigt de derrière vient à manquer (fig. 8). La plupart des oiseaux ont les doigts et même le tarse nus, mais il y en a qui les ont emplumés, tels sont les *lagopèdes* (fig. 7), une espèce d'aigle et même une variété de nos poules domestiques.

Les organes des sens sont assez inégalement développés chez les oiseaux ; leur tact est rendu fort peu sensible par les plumes dont le corps et particulièrement les membres supérieurs sont garnis ; et les espèces d'écailles qui protégent leurs tarses ainsi que la corne de leur bec, sont également des obstacles à la finesse de ce sens. Le goût est aussi fort peu développé, et il en est de même de l'odorat. Quant à l'ouïe elle est assez fine, quoique chez tous les oiseaux l'oreille manque de conque ou partie externe. La vue est très-perçante chez toutes les espèces, et leur œil présente un grand développement de la paupière que l'on a nommé paupière clignotante.

Doués d'une grande vivacité et d'instincts très-variés, les animaux de la classe que nous décrivons offrent dans leur étude un véritable intérêt ; la beauté ainsi que les curieuses variations de leur plumage ; le parti avantageux que nous tirons de plusieurs de leurs espèces contribue encore à fixer notre attention. Plus libres dans leurs mouvements que la plupart des animaux terrestres, ils ont aussi des localités moins restreintes, et ils se livrent à des voyages plus longs et aussi plus réguliers. C'est ainsi que chaque année nous voyons beaucoup d'espèces quitter nos climats à l'approche de la mauvaise saison et gagner le sud pour y trouver une température moins sévère ; d'autres, au contraire, nous arrivent à la même époque des régions arctiques, et lorsqu'à l'approche de la belle saison elles nous fuyent, les premières ne tardent pas à venir prendre leur place. L'Amérique du nord, l'Asie boréale et l'Europe possèdent en commun beaud'espèces d'oiseaux, parmi lesquelles il en est même qui vivent également dans le nord de l'Afrique. On a publié récemment une liste de quelques espèces du Japon, qui sont identiques à celles d'Europe. De plus quelques oiseaux sont réellement cosmopolites, c'est-à-dire qu'on les trouve sur tous les points du globe, comme les busards, l'effraye, etc. ; d'autres ont été répandues par l'homme dans des contrées où on ne les trouvait pas d'abord. Enfin, il en est que sa présence dans les lieux qu'elles habitaient ont tout-à-fait détruit. C'est ce qui est arrivé au dronte, fort commun jusqu'au dix-septième siècle dans l'Ile-de-France et à Bourdon, et qui n'y existe plus aujourd'hui. Cet oiseau, incapable de voler, était plus grand qu'une oie, mais on n'est pas d'accord sur le genre auquel il appartenait. Nous donnons (pl. 3, fig. 8) la tête, qui, avec une patte, est la seule chose qui en a été conservée. Les espèces de la classe des oiseaux que l'homme a rendues domestiques appartiennent surtout aux deux ordres des gallinacées et des palmipèdes. Au premier se rapportent les *poules*, dont on possède certainement plusieurs espèces domestiques ; leur patrie est l'Inde ; les *peintades*, qui sont du même ordre, sont au contraire africaines, et les *dindons*, originaires de l'Amérique septentrionale. Les *pigeons*, que divers auteurs considèrent comme constituant un ordre à part, tandis que d'autres en font des gallinacées, doivent aussi être cités parmi les espèces domestiques les plus utiles. Parmi les palmipèdes on peut surtout signaler plusieurs espèces de *canards* de l'ancien et du nouveau monde et des oies européennes et africaines. Les *cygnes* rentrent dans la catégorie des paons, des *faisans* et de beaucoup d'autres espèces, plutôt recherchées comme ornement et par luxe que par leur utilité directe. D'ailleurs les peuples des diverses contrées ont asservi chacun les espèces de sa localité qui lui offraient un avantage plus direct et dont la réduction était la plus facile. C'est aussi ce qui a eu lieu pour les espèces de la classe des mammifères. C'est surtout par leur chair, par leurs œufs et aussi par leurs plumes que les oiseaux domestiques sont utiles.

CLASSIFICATION.

La distribution méthodique de cette classe d'animaux, de même que celle de toutes les autres, a été entreprise par un assez grand nombre de naturalistes. Ne pouvant faire connaître ici ce que la science doit à chacun d'eux, nous nous contenterons d'indiquer les trois classifications les plus généralement employées, celles de Linnæus, de G. Cuvier et de Blainville. Linné partageait les oiseaux en six ordres. 1° *Accipitres* ou oiseau de proie ; 2° *picæ*, oiseaux-mouches, pic, perroquet, calao ; 3° *passeres*, moineaux, etc. ; 4° *gallinæ*, gallinacées ; 5° *grallæ*, les échassiers ; 6° *anseres*, les palmipèdes. Les ordres admis par G. Cuvier sont les mêmes et en même nombre ; mais toutefois avec cette modification également adoptée par Vieillot, que les espèces du groupe des picæ qui n'ont pas deux doigts en avant et deux en arrière comme les perroquets, rentrent dans l'ordre des passereaux. M. de Blainville admet au contraire neuf ordres : 1° les perroquets, *prehensores* ; 2° les accipitres, *raptatores* ; 3° les grimpeurs ou *scansores*, correspondant, sauf quelques perfectionnements, aux *picæ* de Linnæus ; 4° les passereaux ou *saltatores* ; 5° les pigeons ou *sponsores* ; 6° les *gallinacées* ; 7° les *coureurs* ou autruches ; 8° les *grallatores* ou échassiers ; 9° les *natatores* ou palmipèdes. Quelques personnes ont voulu retrouver parmi les oiseaux la plupart des groupes qui partagent les mammifères ; il leur a été facile de voir dans les perroquets les analogues des singes, dans les accipitres ceux des carnassiers, et dans les gallinacés ceux des ruminants, dont ces oiseaux ont le régime et jusqu'à un certain point l'estomac compliqué. L'existence de petits appendices comparables à des cornes, et qui ornent la tête de quelques gallinacés, des tragopans en particulier, sont pour quelques auteurs une preuve nouvelle à l'appui de ce rapprochement, plus curieux et théorique que philosophique.

Nous suivrons dans ce court exposé la méthode de M. de Blainville, telle qu'il l'a exposée en 1816 dans son prodrome, et en 1834 dans son cours de la Faculté des Sciences de Paris.

ORDRE I. PRÉHENSEURS ou Perroquets.

Ils ont les pieds de médiocre longueur, plus propres à la préhension qu'à la marche, et pour cela ayant leurs doigts opposables en deux faisceaux, deux en avant et deux en arrière, pouvant former la pince; leur bec est gros, crochu et garni à sa base d'une cire, espèce de membrane où sont percées les narines. Les perroquets sont remarquables par l'aisance de leurs mouvements, la manière dont ils sasissent les corps et surtout la facilité qu'ils ont de répéter les sons qu'ils entendent; la forme de leur bec et celle de leur langue, épaisse, charnue et arrondie, leur donnent les plus grandes dispositions pour imiter la voix humaine, et de plus leur larynx inférieur, assez compliqué et garni de chaque côté de trois muscles propres, contribue encore à augmenter cette facilité. Ils ont de longs intestins et manquent de cœcum. Ces oiseaux, dont on connaît un grand nombre d'especes, habitent surtout les contrées chaudes et australes du globe, en Asie, en Afrique, en Amérique et à la Nouvelle-Hollande. L'Europe n'en possède naturellement aucun, mais on y voit fréquemment en captivité des individus de beaucoup d'espèces, des aras, des perruches et des jacos particulièrement; plusieurs ont même reproduit en France et en Angleterre. Le jaco ou perroquet gris, dont le corps est cendré, est originaire d'Afrique; il est aussi fort commun en Amérique, où il a été transporté, et surtout au Brésil (pl. 1, fig. 1). Levaillant et quelques auteurs anglais ont publié sur les perroquets de superbes ouvrages.

ORDRE II. ACCIPITRES, *raptatores*.

Les oiseaux de proie ou accipitres ont, comme les précédents, une cire à la base du bec, mais ils en diffèrent par leur mâchoire supérieure crochue, par leurs ongles également crochus et puissants, et par leurs doigts dirigés comme dans le plus grand nombre, c'est-à-dire trois en avant et un en arrière; plusieurs néanmoins ont le doigt externe versatile, pouvant alors affecter également l'une ou l'autre position. Les accipitres, qu'on a comparés avec raison aux mammifères carnassiers, sont comme eux des animaux redoutables à tous ceux de leur classe, et qui se nourrissent exclusivement de chair. La plupart chassent pour se procurer vivantes les proies qu'ils vont déchirer; d'autres, également carnivores, se prennent au contraire le plus souvent aux cadavres, tels sont les vautours, dont le courage est loin d'égaler celui des aigles et des faucons.

FAMILLE I. *Accipitres diurnes.* Les espèces diurnes, comme leur nom l'indique, sont plutôt en activité le jour que pendant la nuit; c'est alors qu'elles se livrent à la chasse. Leurs caractères, comparés à ceux des chouettes ou accipitres nocturnes, sont les suivants : yeux dirigés de côté, tête et cou bien proportionnés; doigt externe dirigé en avant et presque toujours réuni à sa base au doigt médiane par une petite membrane. Cette famille comprend les genres vautour, gypaëte, faucon, messager, dont le premier et le troisième ont chacun plusieurs subdivisions.

Les *faucons*, parmi lesquels on distingue des oiseaux de proie nobles et ignobles, selon qu'ils ont les ailes disposées pour voler avec plus ou moins de puissance et qu'ils sont ou non susceptibles d'être dressés pour la chasse, sont les faucons proprement dits, les aigles, les buses, etc. Dans ce groupe, les femelles sont toujours d'un tiers environ plus grosses que les mâles. La France possède les espèces dont voici les noms : aigle commun (pl. 1, fig. 2), aigle plaintif, pygargue, balbuzard, jean le blanc, milan royal, milan noir, buse, buse patue, buse bondrée. busard des marais, busard harpaye, busard soubuse, busard montagu, faucon pélerin, faucon hobereau, faucon kober, faucon émerillon, faucon cresserelle, faucon cresserellette, faucon épervier, faucon autour. A côté des faucons prend place le genre des *messagers* ou secrétaires, dont l'espèce unique habite le cap de Bonne-Espérance, et fait la chasse aux serpents. Cet oiseau vole difficilement; il est remarquable par la grandeur de ses jambes, qui rappelle tout-à-fait ce caractère chez les échassiers et particulièrement chez le cariama, oiseau du Brésil, qui, malgré son analogie avec le secrétaire, appartient néanmoins à l'ordre des échassiers. Viennent ensuite les *gypaëtes*, dont le genre ne possède qu'une seule espèce des grandes chaînes de l'Europe et de l'Afrique; on la trouve dans les Alpes françaises, où les dégâts qu'elle occasione sur les animaux domestiques, même sur ceux de la taille des jeunes moutons, la font redouter des cultivateurs. On l'appelle aussi phène ou laemmer-geyer; c'est une espèce aussi forte que le grand-aigle, et qui semble tenir le milieu entre les oiseaux du genre faucon et ceux du groupe des *vautours* (pl. 1, fig. 3); ceux-ci sont surtout caractérisés par la nudité plus ou moins complète de leur tête. Ils forment plusieurs sous-genres, dont les espèces sont presque cosmopolites; celles de France ne se trouvent guère que dans le midi : ce sont le vautour fauve ou griffon, le vautour noir et le vautour percnoptère, appelé aussi vautour de Malte, et poule de pharaon en diverses localités.

FAMILLE II. *Accipitres nocturnes.* Ce sont les oiseaux du genre strix de Linnæus; ils forment maintenant plusieurs sous-genres distincts; leurs caractères communs résident dans leurs yeux, qui sont dirigés en avant; leur tête grosse et leur cou court, et leur doigt externe libre et pouvant se diriger à volonté en avant ou en arrière. Les oiseaux de proie nocturnes se ressemblent beaucoup entre eux par la nature de leur pelage et par leurs habitudes. Un certain nombre ont néanmoins la tête ornée d'aigrettes, parure que d'autres ne présentent pas; de plus, l'étendue du cercle de plumes qui entoure leurs yeux, et la grandeur de leur conque auditive, ainsi que celle de leurs tarses, varient; c'est surtout d'après ces caractères que l'on a établi les diverses sections des hiboux, chouettes-effrayes, chat-huants, ducs, chouettes, aigrettes, chevèches et scops. La France possède plusieurs espèces du genre *strix* (pl. 1, fig. 4) : grand-duc, duc, scops, grande chevèche, chat-huant, hulotte, effraye, chevèche, chevèche tengmalm, chevèche harfang. Ces accipitres ne font pas d'aire comme les oiseaux de proie diurnes, ils nichent dans des trous, et ne font presque aucun apprêt pour que leurs œufs soient plus commodément placés. Le nombre des petits de chaque couvée est également peu considérable.

ORDRE III. GRIMPEUR, *Scansores.*

Ils sont en général disposés pour grimper; leur groupe correspond, sauf divers perfectionnements, à l'ordre des *picæ* de Linnæus. Ils forment toutefois une réunion plus naturelle. On les partage en trois familles :

FAMILLE I. *Grimpeurs hétérodactyles.*

Leur doigt externe est versatile, et par conséquent indépendant du médius, auquel il n'est point réuni par la peau, comme dans les syndactyles. Ce sont les engoulevents, les martinets et les couroucous.

Les *engoulevents*, dont le pelage rappelle par sa nature et par sa teinte celui des accipitres nocturnes, sont, comme ces derniers, des oiseaux de nuit. Leur bec est large et extrêmement fendu, et comme ils le tiennent toujours ouvert en volant pour saisir les insectes, on leur a donné le nom d'engoulevents; celui de caprimulgus, qu'ils portent en latin, a pour origine un autre préjugé qui leur attribuait l'habitude de téter les chèvres. On en trouve une espèce en France; les contrées chaudes de l'Amérique, etc, en possèdent plusieurs autres, et nourrissent aussi diverses sections du même genre, telles que les podarges, les nyctibus et les steatornis; tous sont insectivores, à l'exception de ces derniers, habitants de l'Amérique méridionale, qui vivent de graines; on les recherche et on retire de leur jabots les grains qu'ils y ont rassemblés, parce qu'on leur attribue des propriétés fébrifuges. Les *martinets* sont célèbres par la facilité et la rapidité de leur vol; ces oiseaux, qui se reposent et marchent fort rarement, ont les pieds très-petits, aussi paraissent-ils fort gênés si on les place à terre. Quoique semblables en apparence aux hirondelles, ils s'en éloignent par la forme de leurs membres et de leur sternum. Les *trogon* ou couroucous sont remarquables par la beauté de leur plumage et par leur bec, à mandibules dentelées dans les espèces du Nouveau-Monde, et lisses au contraire dans celles de l'ancien. Ajoutez à ce genre ceux des *touracos*, des musophages, des anis, des euricères et des choies qui composent une section de grimpeurs hétérodactiles, à bec cultriforme.

FAMILLE II. *Grimpeurs zygodactyles.* Tels sont ceux qui ont réellement les doigts pairs, deux en avant et deux en arrière, comme dans les perroquets. Ce sont les aracaris et les toucans de l'Amérique méridionale, les coucous, si nombreux sur presque tous les points du globe et si curieux par quelques particularités de leurs mœurs; les barbus, les pics (pl. 1, fig. 9), les torcols et les jacamars au brillant plumage. Le coucou commun d'Europe est habituellement de couleur grise; son nom exprime à peu près son cri. Les Latins l'appelaient *cucuuus*. On sait depuis long-temps que la femelle du coucou ne couve pas ses œufs elle-même, et qu'après les avoir pondus, elle les abandonne à divers oiseaux plus petits qu'elle, et que, pour ainsi dire, elle force ceux-ci à prendre soin de sa propre famille. On a bien cherché les raisons de cette singulière habitude : voici les plus probables parmi celles qu'on a allé-guées : celles-ci ont d'ailleurs l'avantage d'être autant de particularités qui caractéri-sent les coucous. Les perroquets, les acci-pitres, les grimpeurs et les passereaux sont ordinairement monogames, ils s'accouplent, et le mâle et la femelle contribuent chacun pour sa part à l'éclosion et à l'éducation des petits ; chez les coucous, au contraire, il y a polygamie ; mais au lieu que les mâles aient plusieurs femelles, comme nous le verrons pour les gallinacés, c'est au con-traire, d'après les observations de M. Florent Prevost, que nous avons fait connaître dans le *Dictionnaire pittoresque d'histoire na-turelle*, à l'article *Coucou*, la femelle, qui a plusieurs mâles ; non pas plusieurs à la fois, mais plusieurs dans une sai-son ; elle ne pond pas tous ses œufs en même temps, ni dans un court espace, ce qui tient sans doute, comme le pense M. de Blainville, à l'extrême petitesse de son ovaire, et lorsqu'elle en pond un elle le pose à terre, puis, d'après la remarque de Levaillant, elle le prend dans son bec et le porte au nid de quelque passereau insecti-vore prêt à couver.

FAMILLE III. *Grimpeurs syndactyles.* Plusieurs ne grimpent pas, aussi le nom que porte l'ordre qui les comprend est-il peu heureux ; mais tous ont le doigt externe réuni à l'interne jusqu'à la seconde phalange. A cette famille appartiennent les martins pê-cheurs (pl. 1, fig. 8), dont une espèce, qui ne le cède en rien pour la beauté à celle des contrées étrangères, habite nos climats. Les autres genres sont ceux des todiers, des merops ou guépiers (la France méridionale en possède un) ; puis les momots, oi-seaux américains, les calaos, remarquables par la singulière conformation de leur bec, qui est, dans quelques espèces, réellement monstrueux ; les rolliers, dont on a en France un beau représentant, connu sous le nom vulgaire de geai de Strasbourg ; les pipra ou manakins, qui sont de l'Amé-rique, et les eurylaimes, ainsi que le coq de roche ; celui-ci est de la taille des pigeons, son plumage est d'une belle couleur au-rore, et son front est orné d'une huppe de plumes qui forment comme une crête lon-gitudinale. On trouve le coq de roche à la Guyane et au Pérou. Les femelles des deux espèces que possède ce genre n'ont pas la parure des mâles ; comme celles de beaucoup d'oiseaux, elles sont de couleur brune. On n'a eu pendant long-temps que la peau de ces oiseaux. M. Lherminier vient de faire connaître la forme de leur sternum et celle de leurs intestins.

ORDRE IV. PASSEREAUX, *Passeres.*

Les passeres ou saltatores forment un assemblage d'espèces encore plus nom-breux que celui des grimpeurs. C'est parmi eux que l'on range la nombreuse série des fringilles ou moineaux, les fauvettes, les corbeaux, etc. Leurs pieds sont mieux dis-posés pour la marche que ceux des groupes précédents, et toujours ils ont la disposi-tion normale, c'est-à-dire trois doigts en avant et un en arrière, le doigt externe étant libre, mais toujours porté en avant. Ils se partagent en plusieurs familles.

FAMILLE I. *Passereaux subulirostres*, ou ceux qui ont le bec grêle et effilé. L'Europe n'en nourrit qu'un petit nombre d'espèces ; la sittelle ou torchepot ; le grimpereau des murailles, qui est un de nos beaux oiseaux ; le grimpereau vulgaire et la huppe. Les groupes étrangers sont ceux des fourniers, célèbres pour leur nid, qui a la forme d'une espèce de four à plusieurs compartiments. D'autres sont les philédons de la Nouvelle-Hollande, les souimanga, étrangers à l'Europe, mais répandus dans toutes les contrées chaudes de l'ancien monde, où ils tiennent la place des oiseaux-mouches et des colibris. Les sommangas ont la brillante parure de ces derniers, mais ils sont moins grêles. Les oiseaux-mouches et les colibris, parmi les-quels on compte les plus petites espèces connues de la classe des oiseaux, ne sont que de l'Amérique, et surtout des régions intertropicales. On en connaît un nombre assez grand ; les uns ont le bec droit (oi-seaux-mouches, pl. 1, fig. 7), d'autres l'ont au contraire recourbé en bas (colibris) ; chez une espèce du genre des oiseaux-mouches, la courbure du bec se fait en sens inverse, comme chez les avocettes. Un des oiseaux de ce genre n'est guère plus gros qu'une abeille. La famille des subulirostres se lie à celle des cultrirostres par quelques genres à bec long et un peu plus fort ; tels sont les épimaques, les falculis, etc.

FAMILLE II. *Pass. cultrirostres*. Leur nom (bec en couteau) indique leur principal trait caractéristique. Ces oiseaux, qui sont pour la plupart de taille moyenne, sont généralement omnivores. Avec eux se rangent les paradisiers, ou oiseaux de paradis, que l'on trouve surtout à la Nouvelle-Guinée ; l'histoire de ceux-ci a été pendant longtemps obscurcie de fables ridicules. Ces oiseaux sont recherchés à cause de leur brillante parure, et leurs dépouilles servent d'ornements. Les dernières expéditions des navigateurs français et anglais dans la Polynésie les ont rendus moins rares dans les musées ainsi que dans le commerce ; elles ont aussi beaucoup contribué à les faire mieux connaître. Le genre des corbeaux, qui comprend, outre les corbeaux (pl. 1, fig. 5), les corneilles et les choucas, les pies et les geais, a des espèces par toute la terre ; plusieurs sont fort élégamment parées.

FAMILLE III. *Passereaux platyrostres*. Leur bec élargi en prisme a souvent une petite échancrure vers l'extrémité de sa mandibule supérieure. Quelques espèces rappellent les corbeaux, telles sont les gymnocéphales, les céphaloptères et les cotingas ; on y place encore les jaseurs, *bombycilla*, dont nous avons une espèce, le jaseur de Bohême, qui ne se voit en France qu'accidentellement. Les mâles ont à l'extrémité de chacune des couvertures alaires une petite palette cornue d'un beau rouge. Un autre genre de la même famille est celui des hirondelles.

FAMILLE IV. *Pass. acutirostres*. Ce sont les étourneaux, connus sous le nom de sansonnet, les dacnis et les troupiales.

FAMILLE V. *Passereaux parvirostres* ou à bec court. Les bergeronnettes, les merions, les fauvettes, les roitelets, les mésanges, en font partie.

FAMILLE VI. *Passereaux crénirostres* à bec fortement échancré à la pointe de sa mandibule supérieure. Les oiseaux qui présentent ce caractère et que l'on connaît surtout sous le nom de pies-grièches, ont dans leurs mœurs quelque chose de celles du faucon ; et, quoique inférieures en taille et en force à ceux-ci, ils ne sont pas quelquefois moins courageux ; les pies-grièches attaquent parfois de petits animaux vertébrés et souvent des insectes assez forts. Elles se partagent en plusieurs genres.

FAMILLE VII. *Passereaux conirostres*, c'est-à-dire à bec conique. C'est la nombreuse série des espèces des genres fringilla et tangara ; ces derniers sont américains ; les moineaux, au contraire, de tous les points du globe. On les distingue en plusieurs groupes d'après la forme de leur bec ou la distribution de leurs couleurs : ce sont les moineaux (pl. 1, fig. 6), les tisserins, les serins, les chardonnerets, les veuves, les linottes, les bengalis et les sénégalis au plumage si agréablement varié, et les grosbecs, qui constituent pour ainsi dire le type de la famille ; c'est également ici qu'il faut mentionner les bouvreuils et les becs-croisés du nord ; les deux mandibules du bec de ceux-ci s'entrecroisent à peu près comme les branches d'une paire de ciseaux. Les becs-croisés vivent dans les forêts de pins et se nourrissent des graines de ces arbres. Pendant l'hiver on les voit assez souvent en France.

FAMILLE VIII. *Passereaux longirostres*, ou à bec long. Ce sont les loriots, les mégalonyx, les troglodytes, les merles, les martins et les prieurs. Le genre le plus connu et le plus nombreux est celui des merles, en latin *turdus* ; quelques-unes de ses espèces ont de brillantes parures. La plus ordinaire chez nous est le merle noir, *T. merula*, qui varie quelquefois et peut devenir entièrement blanc. Il est fort difficile de se le procurer avec ce plumage, et sa rareté est même devenue proverbiale.

ORDRE V. LES PIGEONS, *Sponsores*.

Le genre des pigeons, en latin *columba*, se compose d'un grand nombre d'espèces de tous les points du globe. Quelques auteurs les classent parmi les gallinacés, mais néanmoins ils s'en éloignent par plusieurs caractères importants, soit dans la position de leurs ailes et de leur sternum, soit dans la forme de leurs pattes ; leurs mœurs sont aussi bien différentes. Toujours ces oiseaux vivent par paires, et même, lorsqu'ils habitent en grand nombre une localité quelconque, le mâle et la femelle de chaque couple ne se quittent point et tous deux concourent à l'éclosion et à

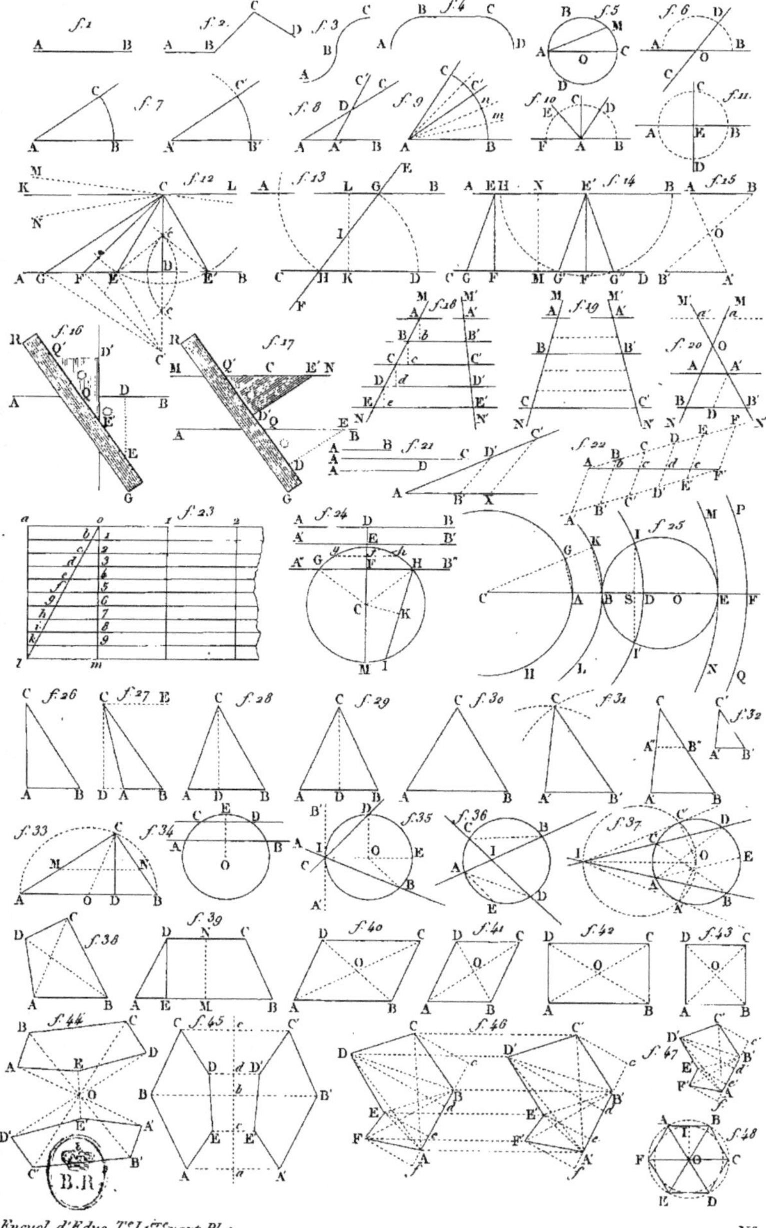

Méquignon Marvis Père et Fils Edit.   Durau sc.

N Remond imp

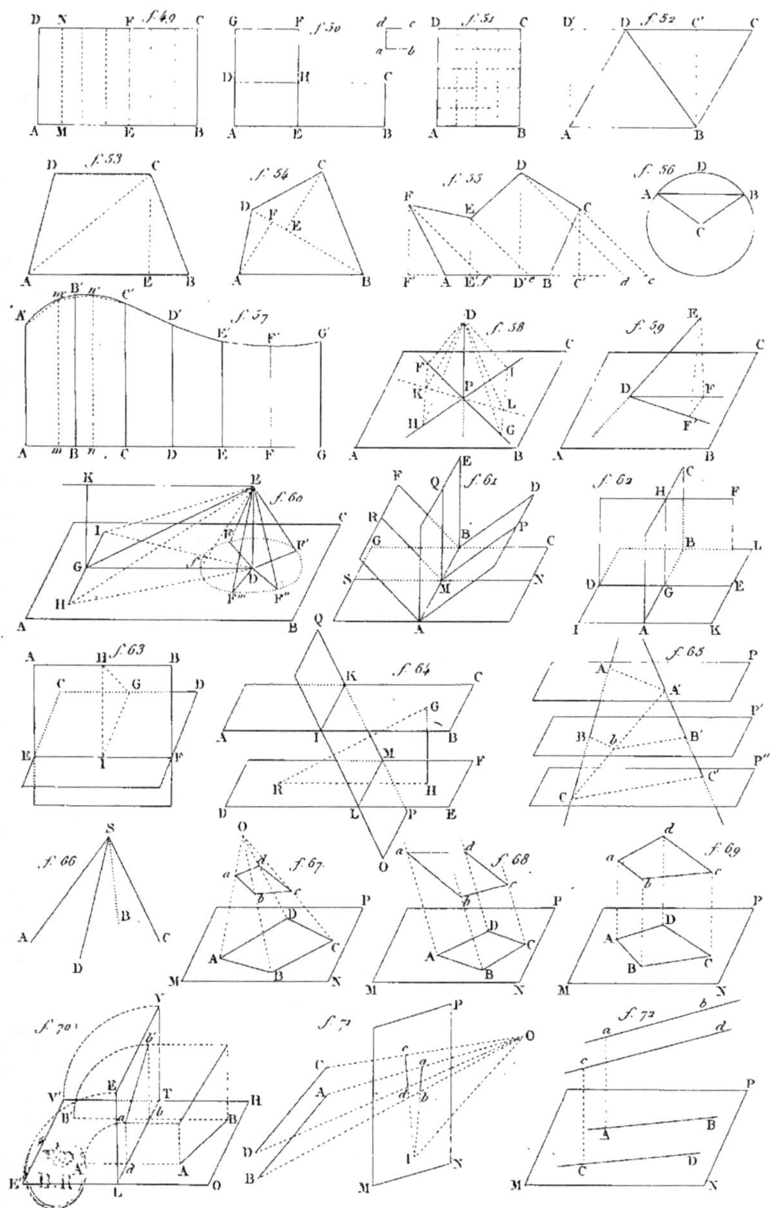

Méquignon Marvis Père et Fils Edit.   Durau sc.

N. Remond imp.

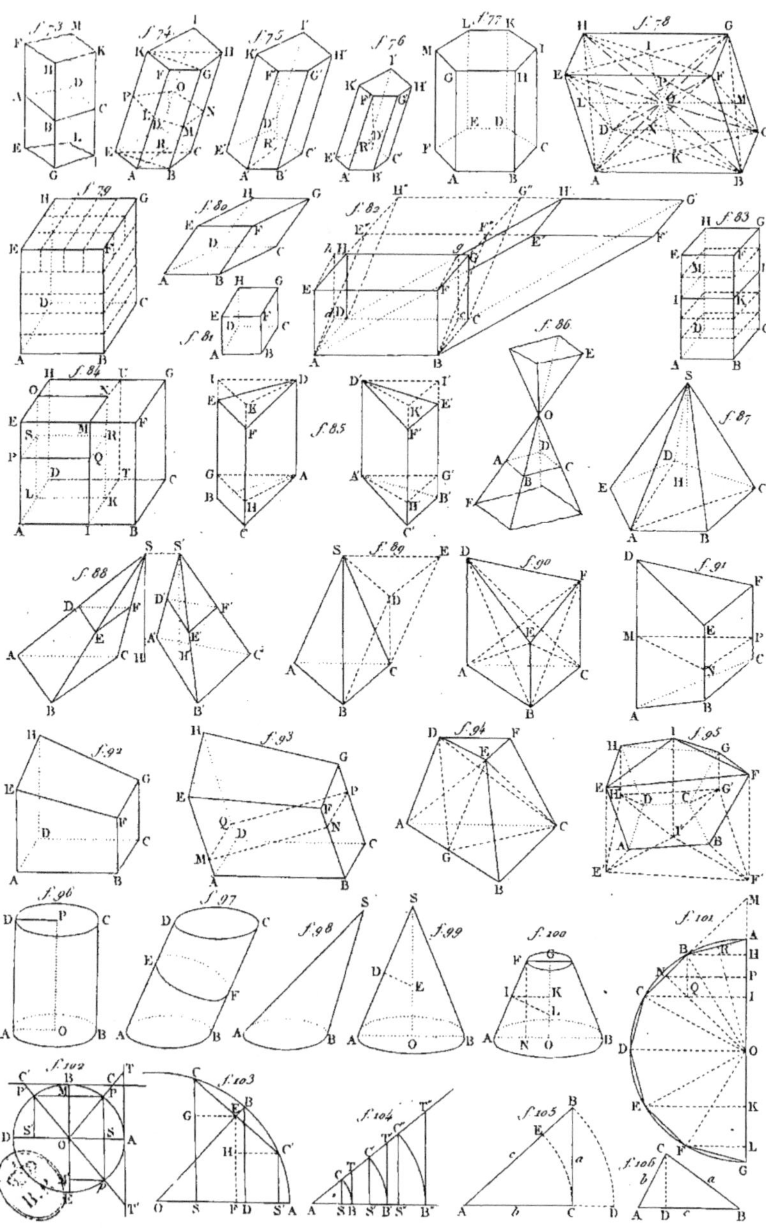

Méquignon Marvis Père et Fils Édit.

Duvau sc.

Dessiné par N.J. Didiez.

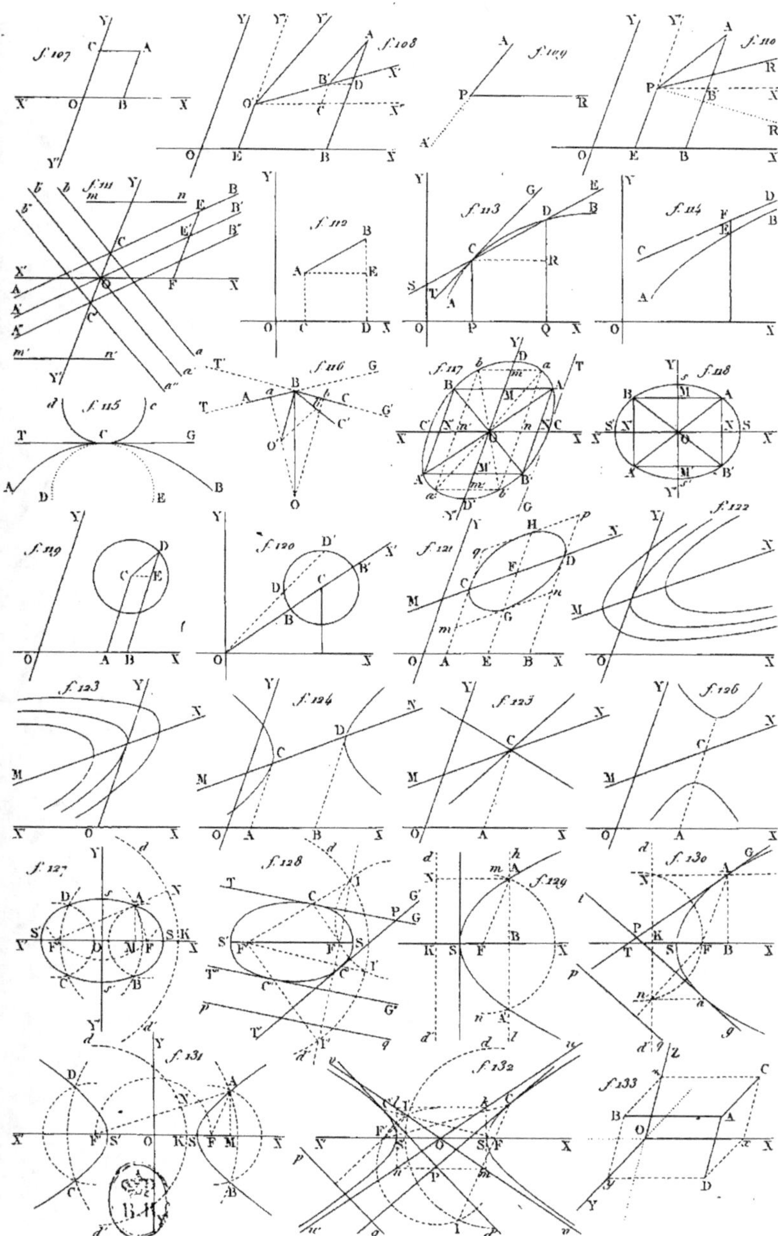

Méquignon Marvis Père et Fils Édit.

Dessiné par N. J. Didier   Durau sc.

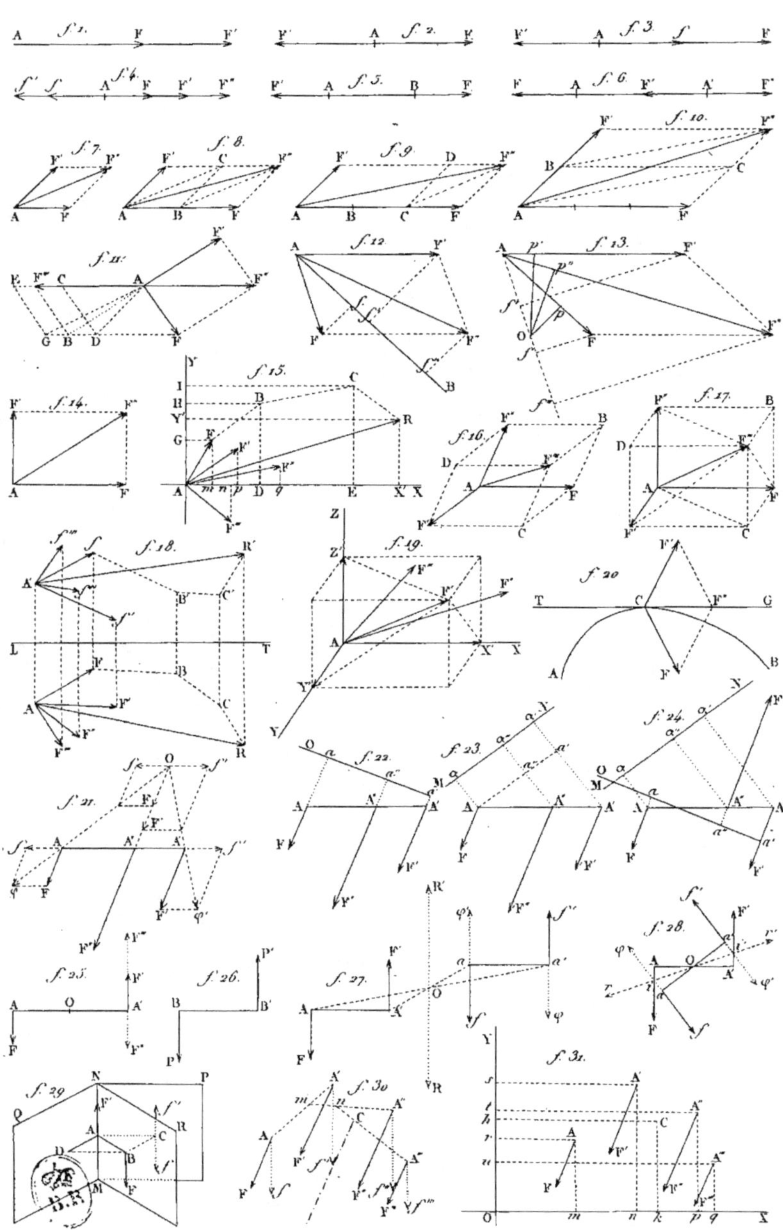

Méquignon Marvis Père et Fils Édit. Durau sc.

Dessiné par N. J. Didier. N. Remond imp.

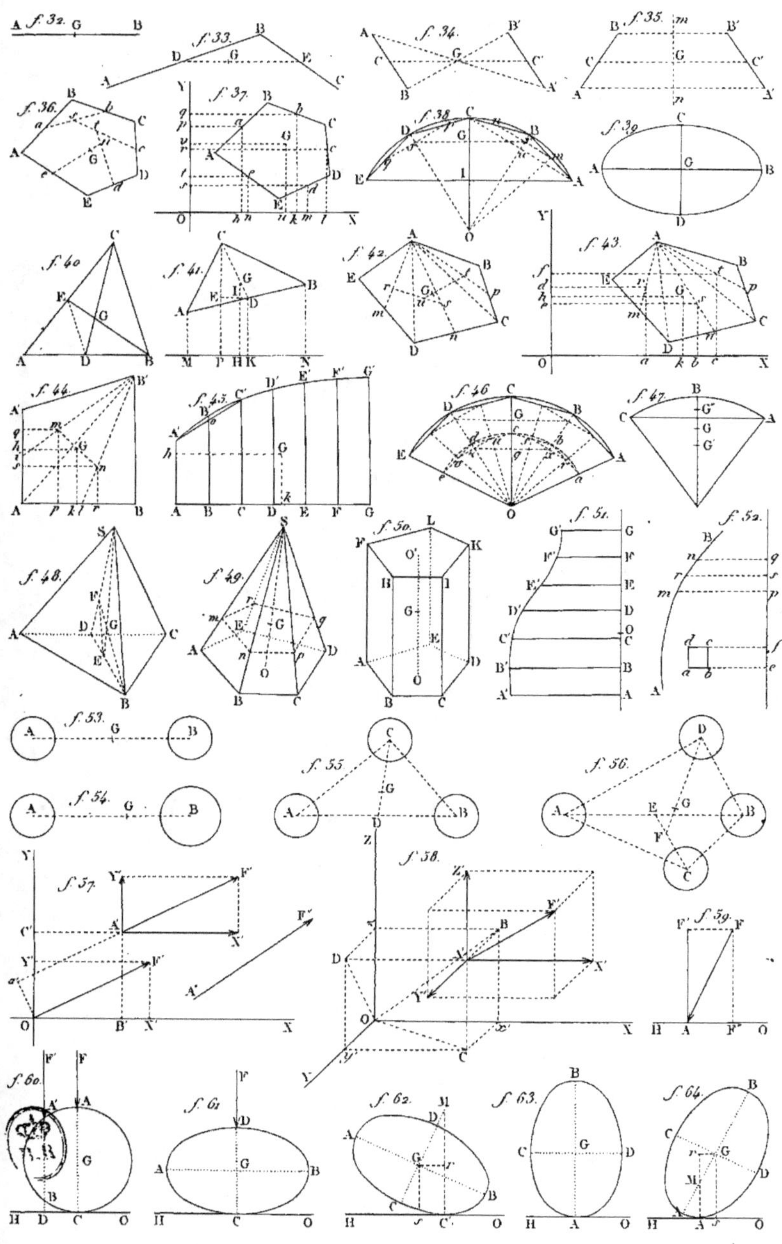

Méquignon Marvis Père et Fils Edit.   Duran sc.

Dessiné par N. J. Didier.   N. Rémon Imp.

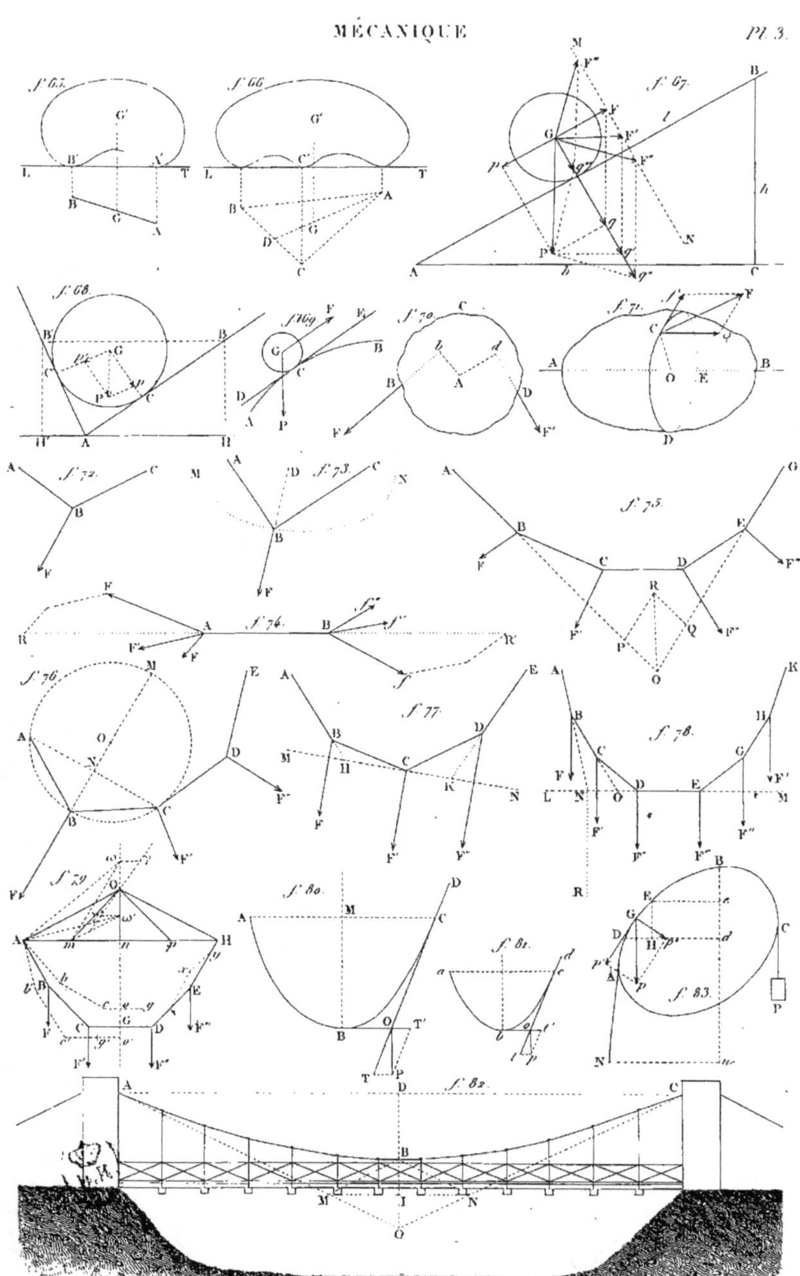

Dessiné par N. J. Dubos.

Méquignon Marvis Père et Fils Édit.

Duvau sc.

Pl. 4.

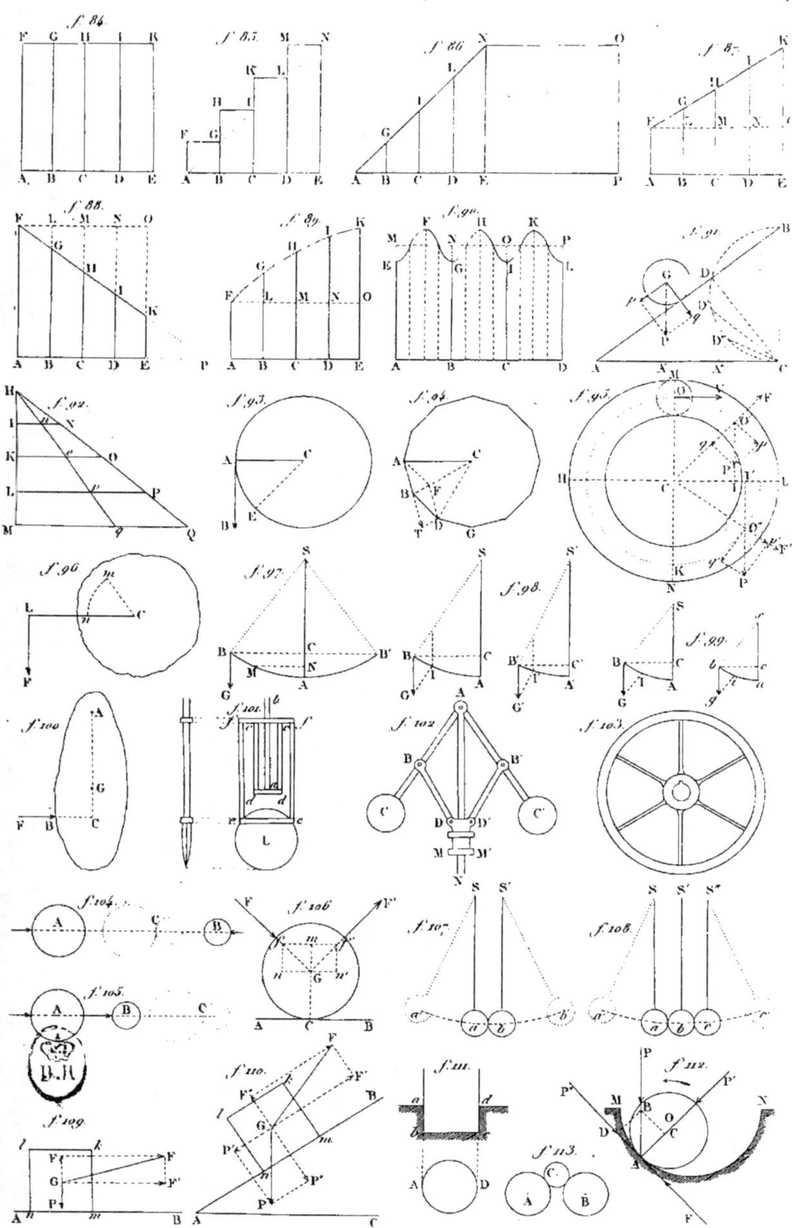

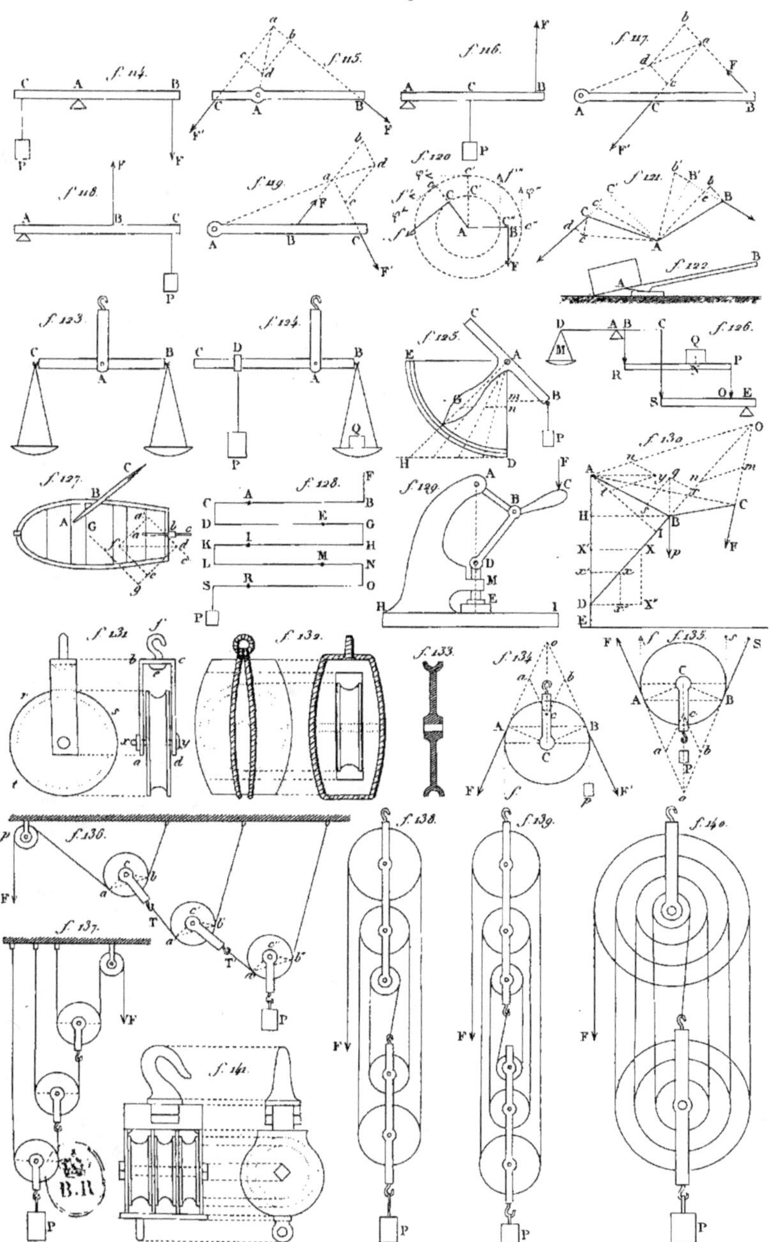

Méquignon Marvis Père et Fils Édit.

Durau sc.

Dessiné par N. J. Didier.

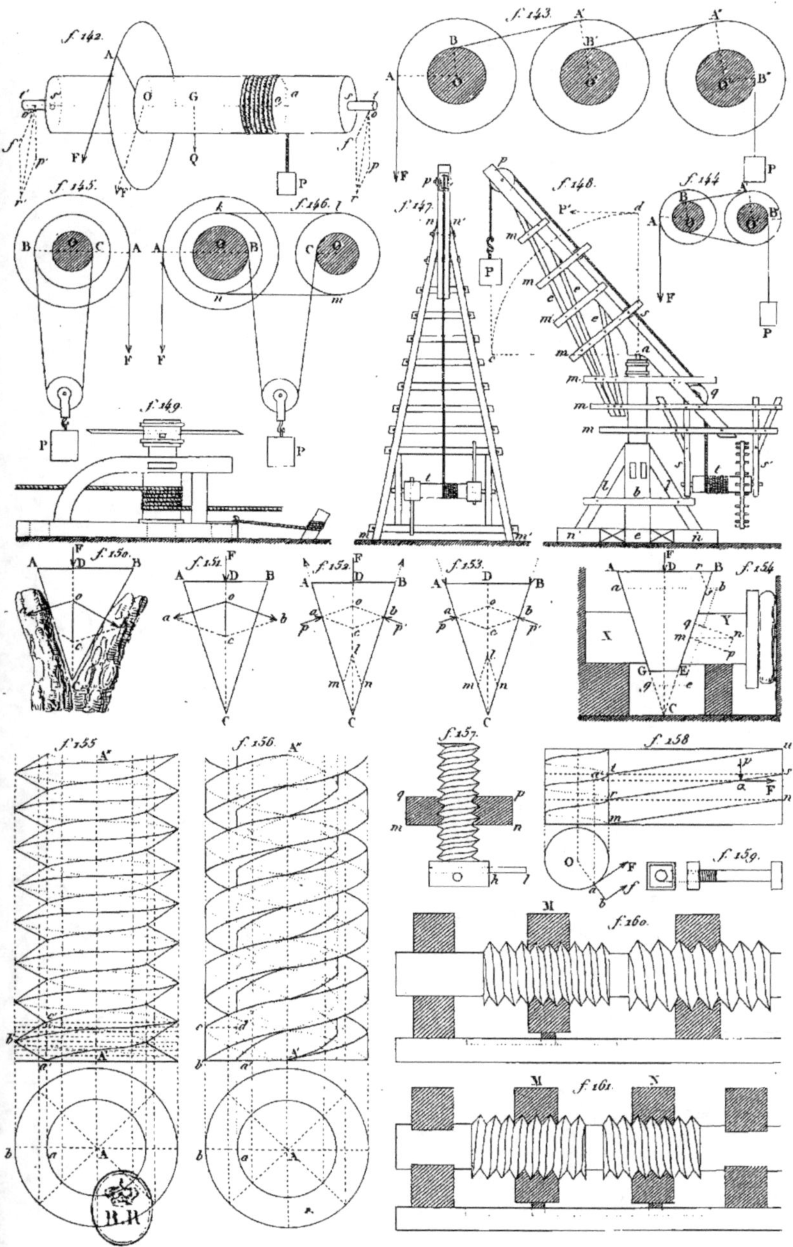

Méquignon Marvis Père et Fils Édit.   Durau sc.

Dessiné par N. J. Didier.   N. Rémond imp.

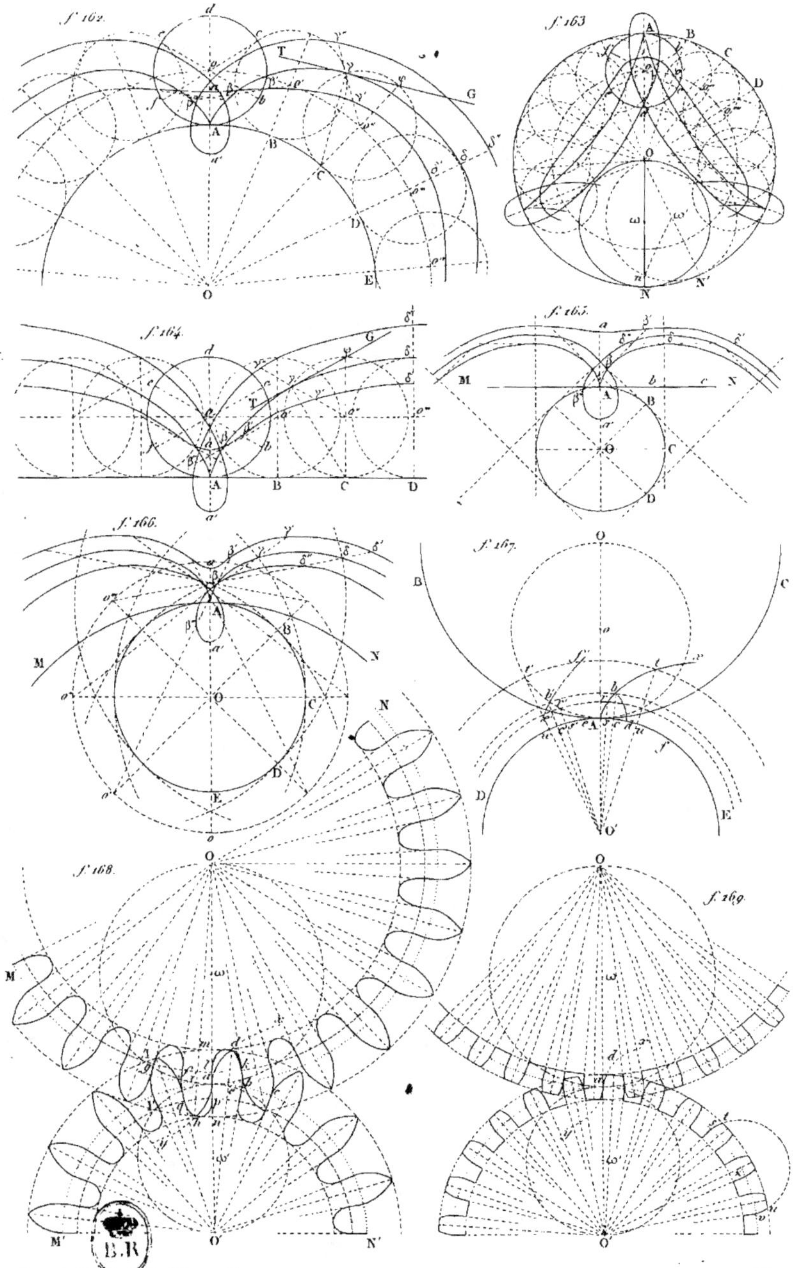

Méquignon Marvis Père et Fils Édit.
Durau sc.
Dessiné par N.el Didiez.

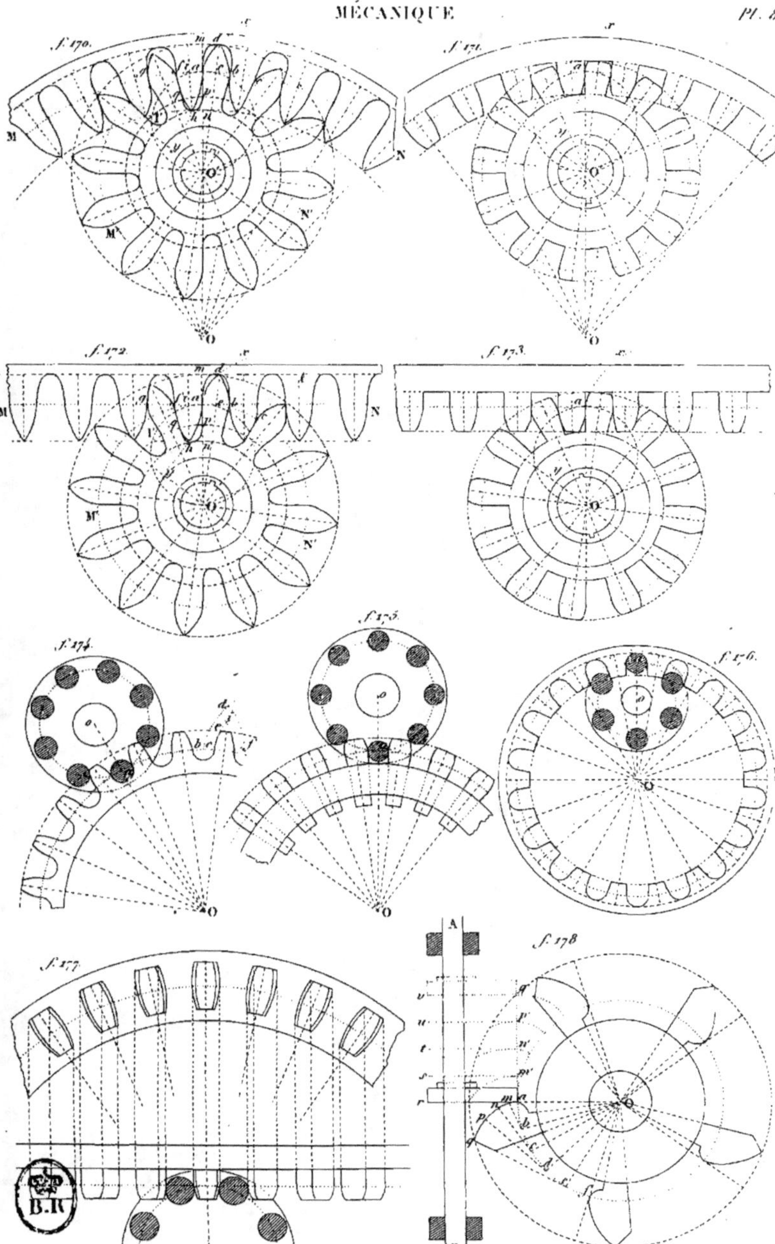

Méquignon Marvis Père et Fils Edit.   Durau sc.

Dessiné par N. J. Didier.

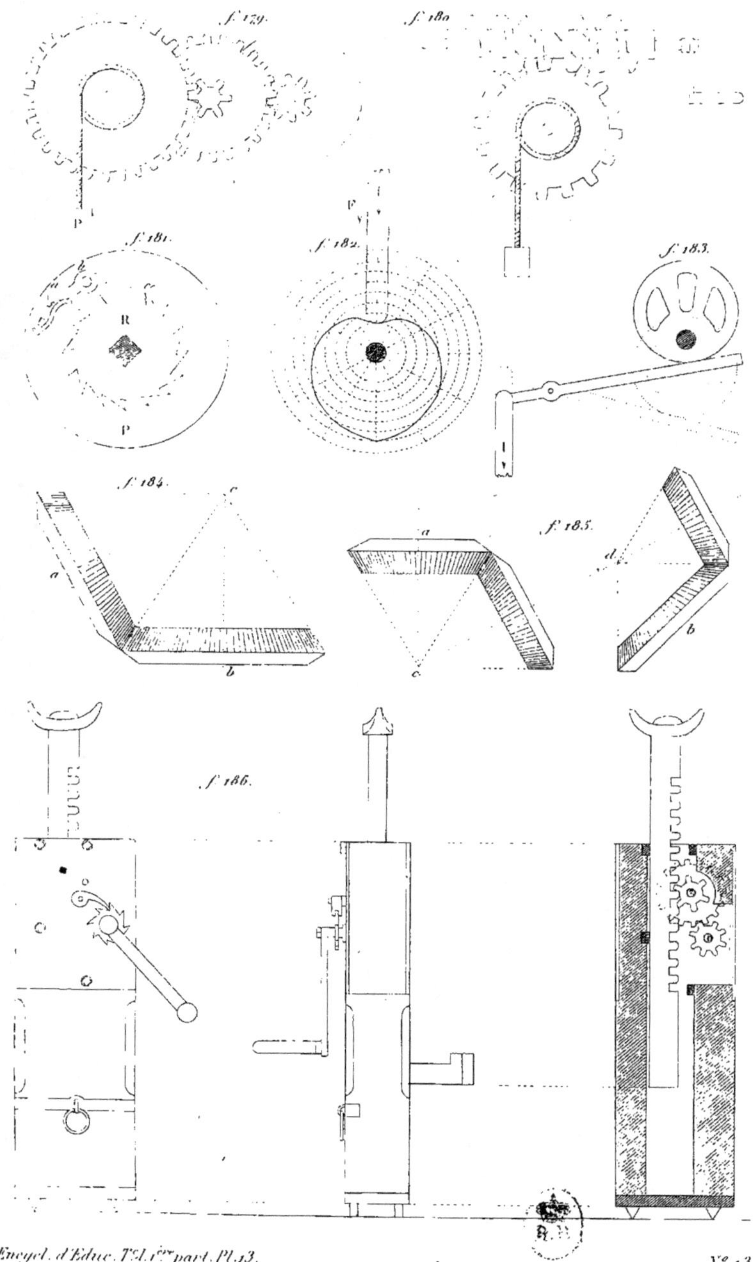

Méquignon Marvis Père et Fils Édit
Duvau sc.
Dessiné par N. J. Didier.

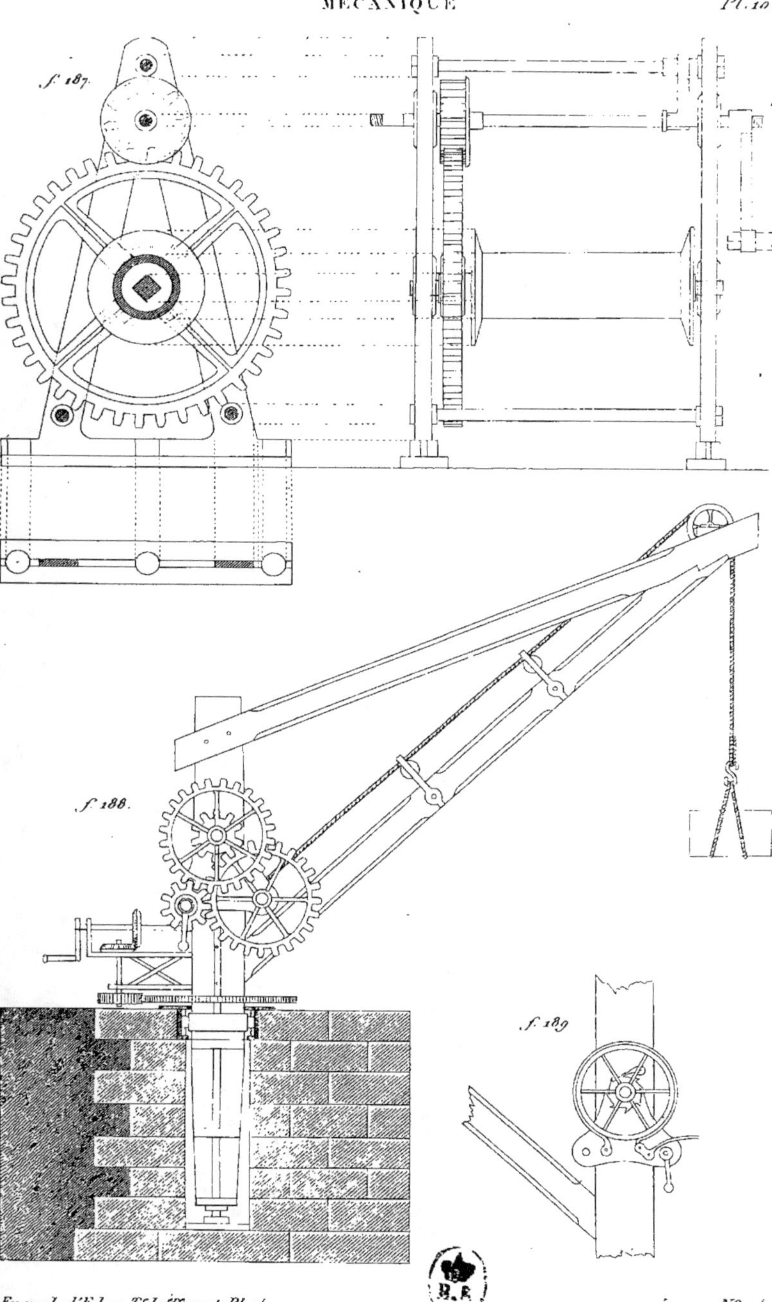

Méquignon Marvis Père et Fils Édit.

Dessiné par N. J. Didiex.   Durau sc.

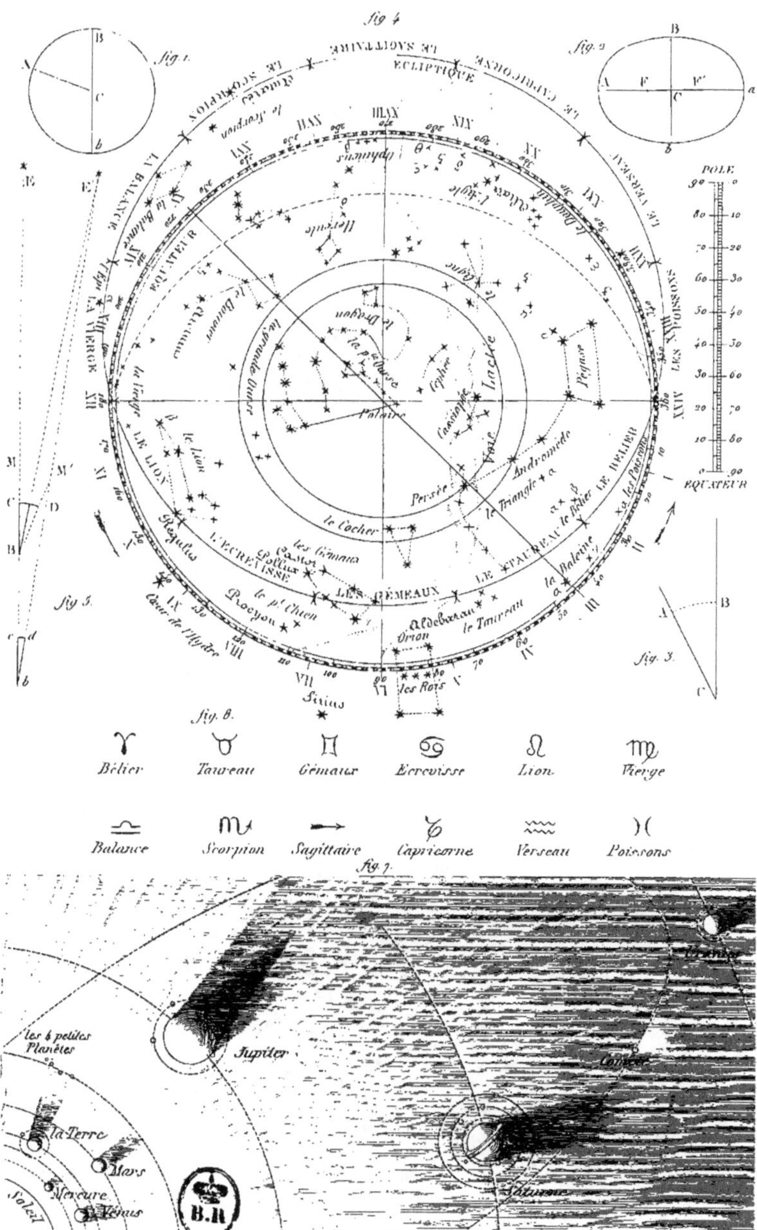

Méquignon Marvis Père et Fils Édit.

Ducau sc.

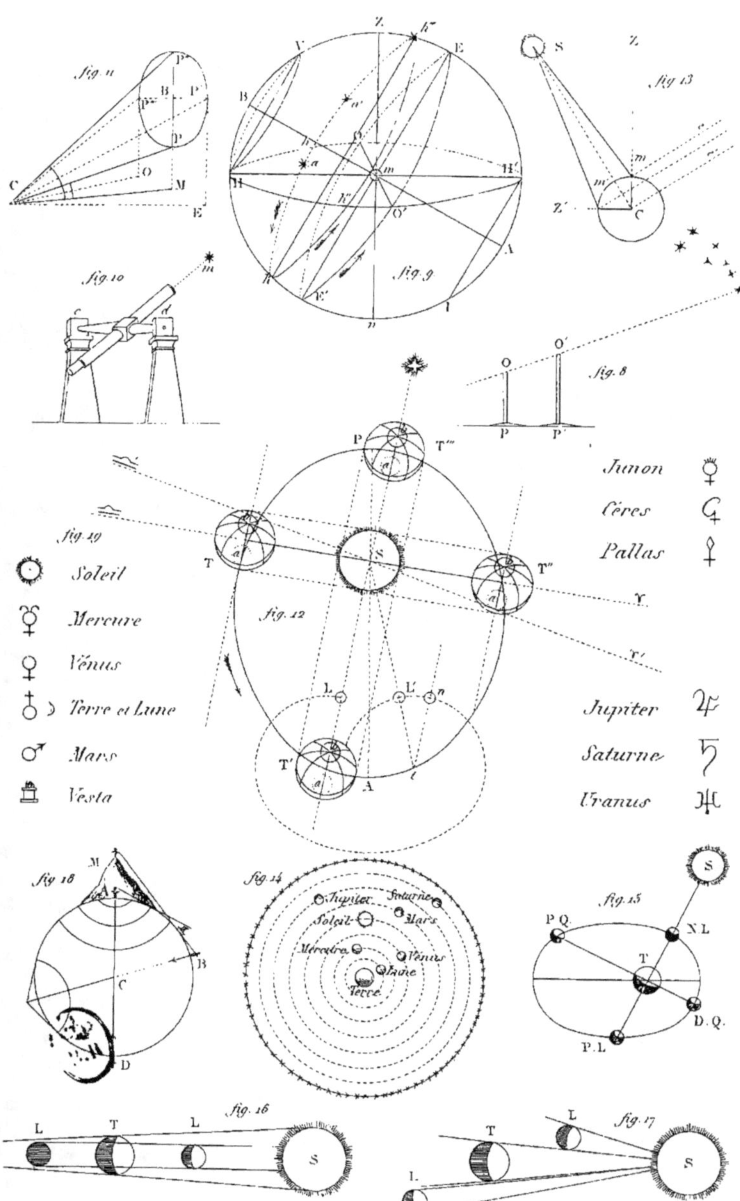

ASTRONOMIE
Pl. 2.
fig. 11
fig. 10
fig. 9
fig. 13
fig. 8
Junon
Cérès
Pallas
fig. 19
Soleil
Mercure
Vénus
Terre et Lune
Mars
Vesta
fig. 12
Jupiter
Saturne
Uranus
fig. 18
fig. 14
Jupiter
Saturne
Soleil
Mars
Mercure
Vénus
Lune
Terre
fig. 15
S
P.Q
N.L
T
D.Q
P.L
fig. 16
L
T
L
S
fig. 17
L
T
L
S
Encycl. d'Educ. T. 1 1ère part. Pl. 16.
N.º 16.

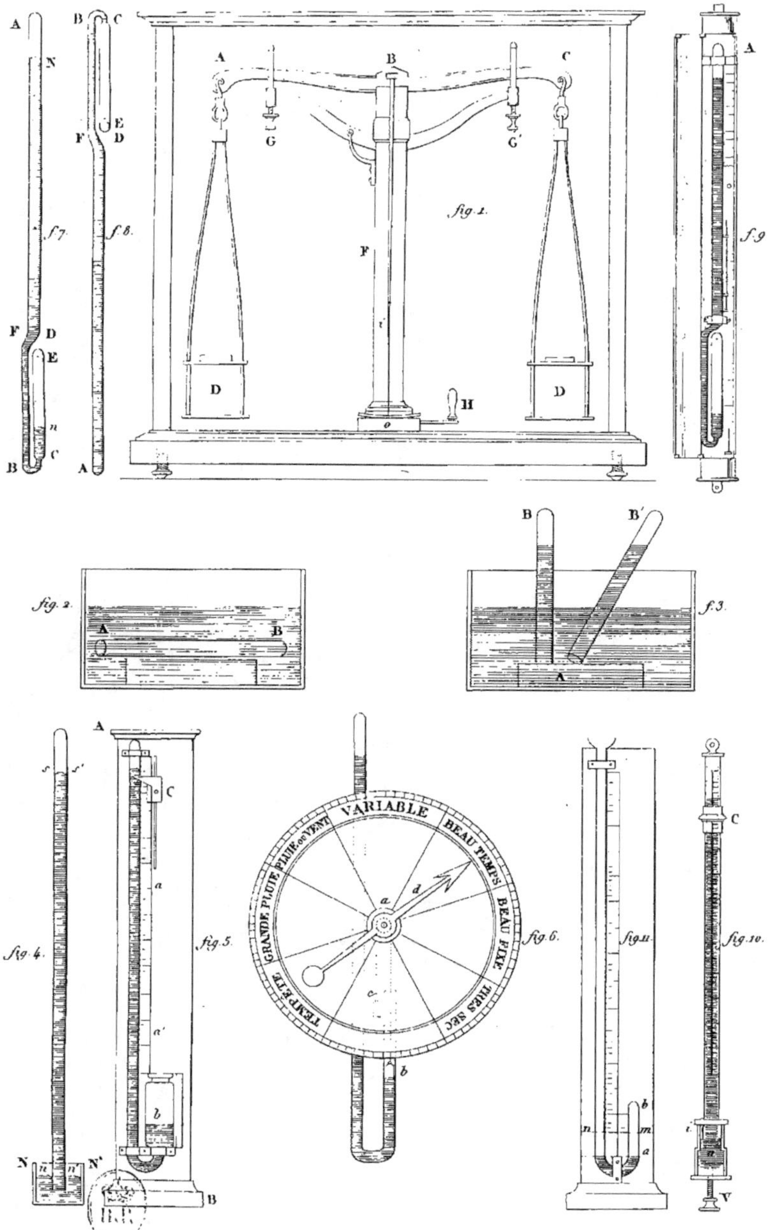

PHYSIQUE

Pl. 1.

fig. 1.

fig. 2.

f. 3.

f. 7.

f. 8.

f. 9.

fig. 4.

fig. 5.

fig. 6.

fig. 11.

fig. 10.

Mequignon Marvis Père et Fils. Édit.

Durau sc.

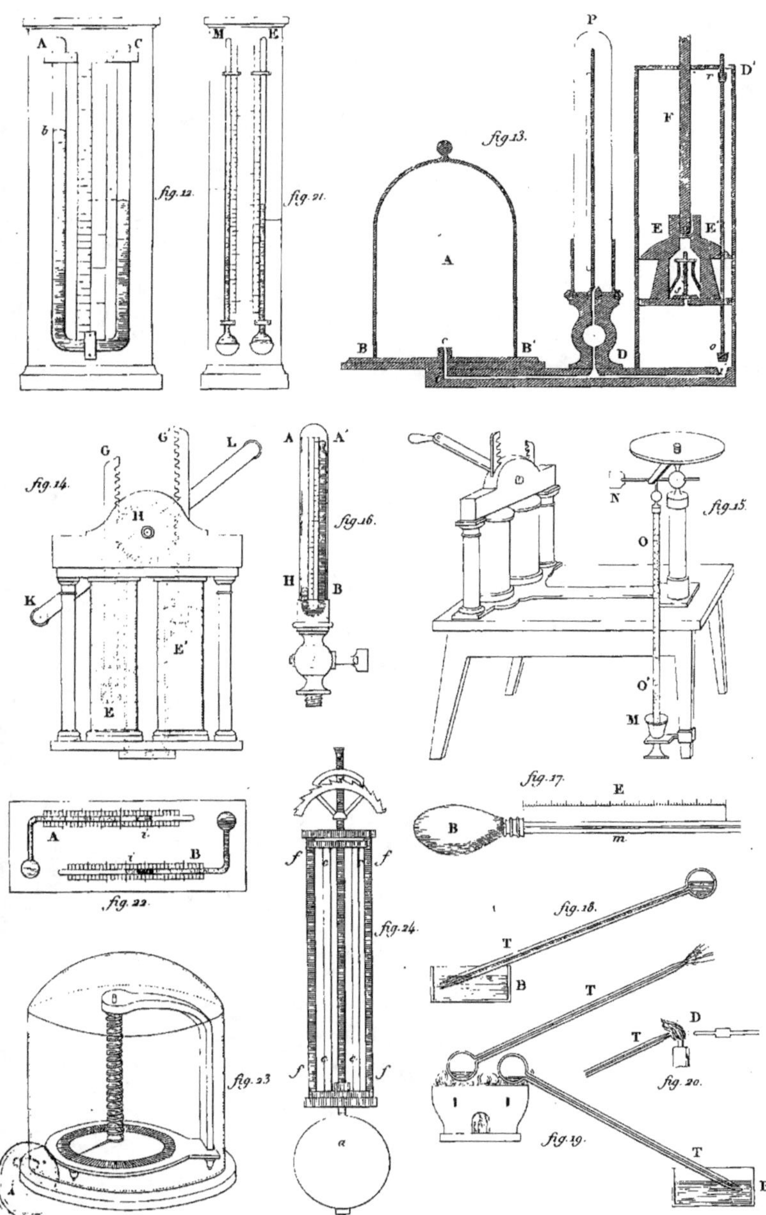

Mequignon Marvis Père et Fils, Edit.   Durau sc.

N. Remond imp

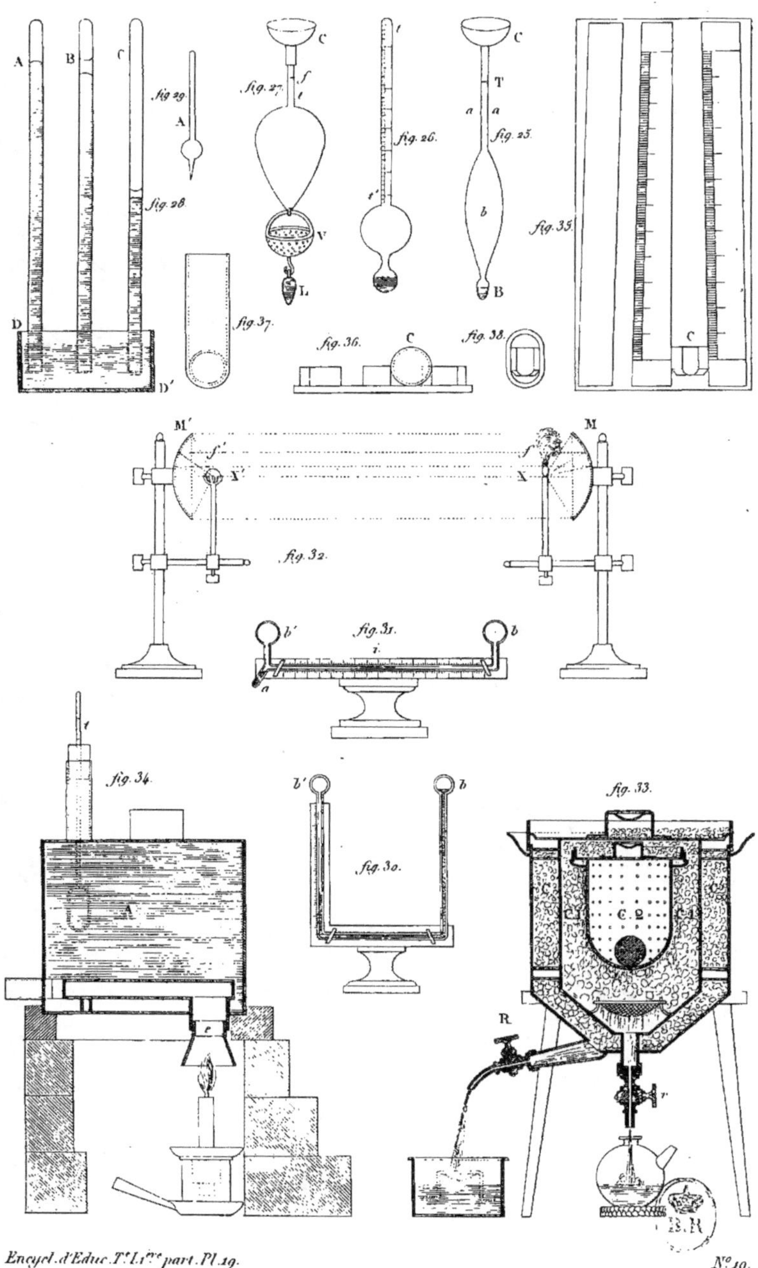

Méquignon Marvis Père et Fils Edit.   Durau sc.
N. Rémond imp.

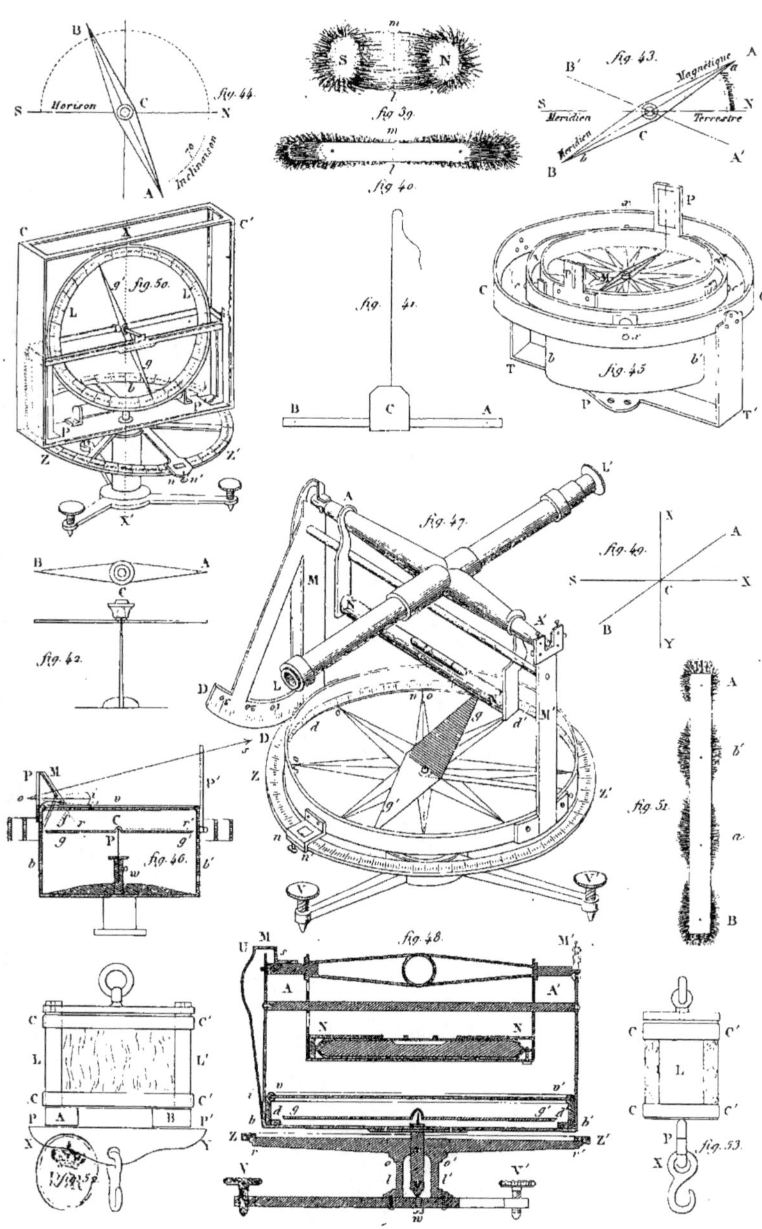

Méquignon Marvis Père et Fils Edit.
N. Remond imp
Durau sc.

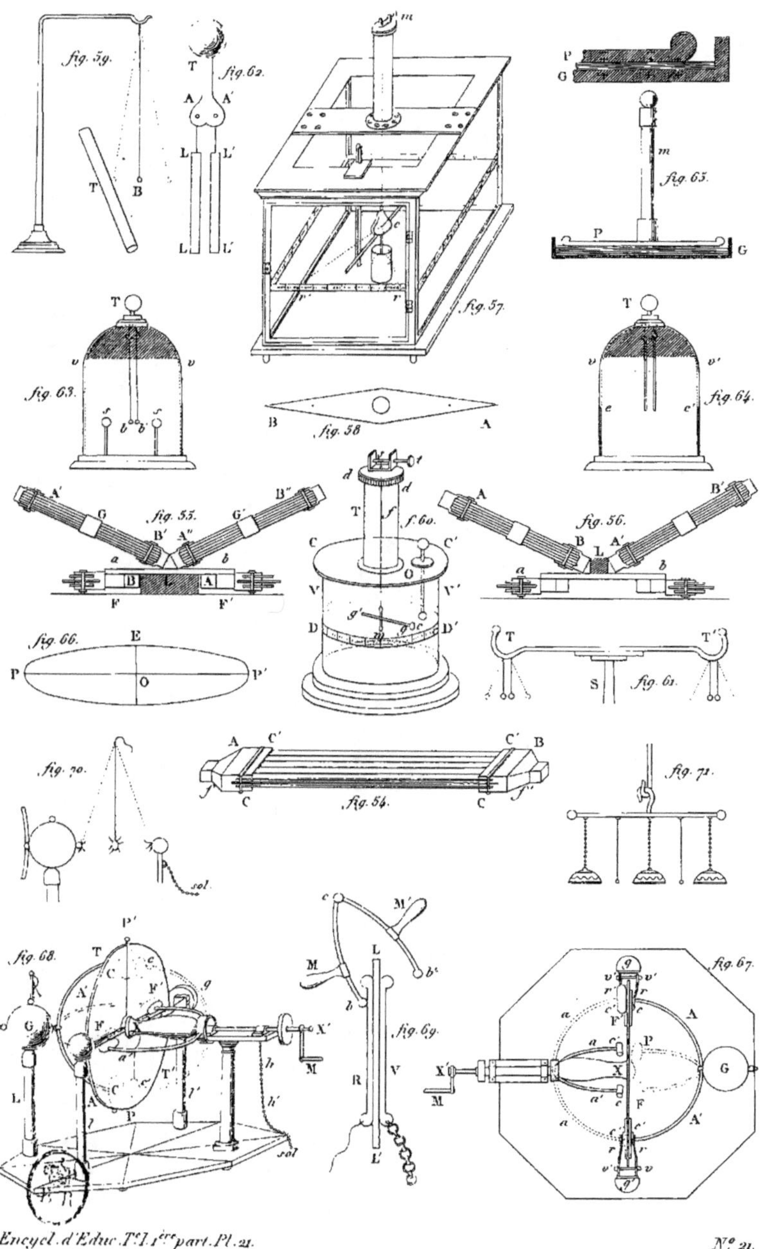

fig. 59.
fig. 62.
fig. 57.
fig. 65.
fig. 63.
fig. 58.
fig. 64.
fig. 55.
fig. 60.
fig. 56.
fig. 66.
fig. 61.
fig. 70.
fig. 54.
fig. 71.
fig. 68.
fig. 69.
fig. 67.

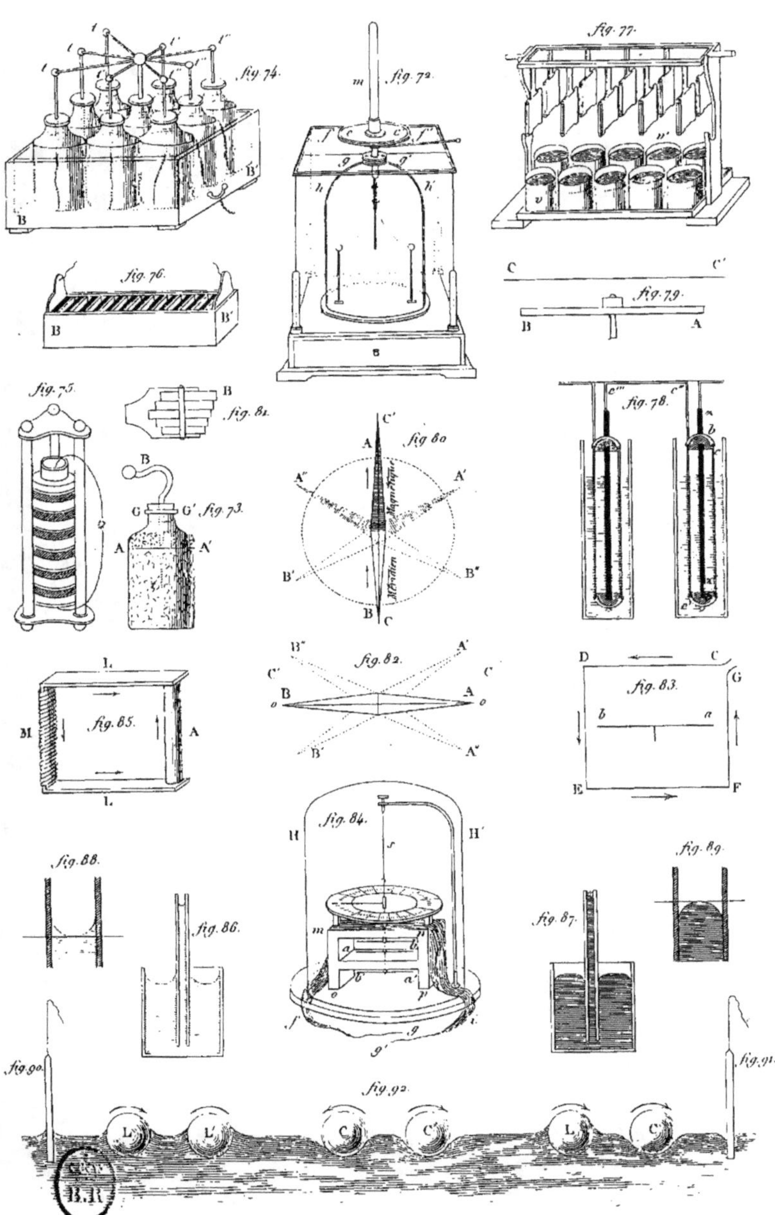

Méquignon Marvis Père et Fils Edit.

A. Remond imp.

Duvau sc.

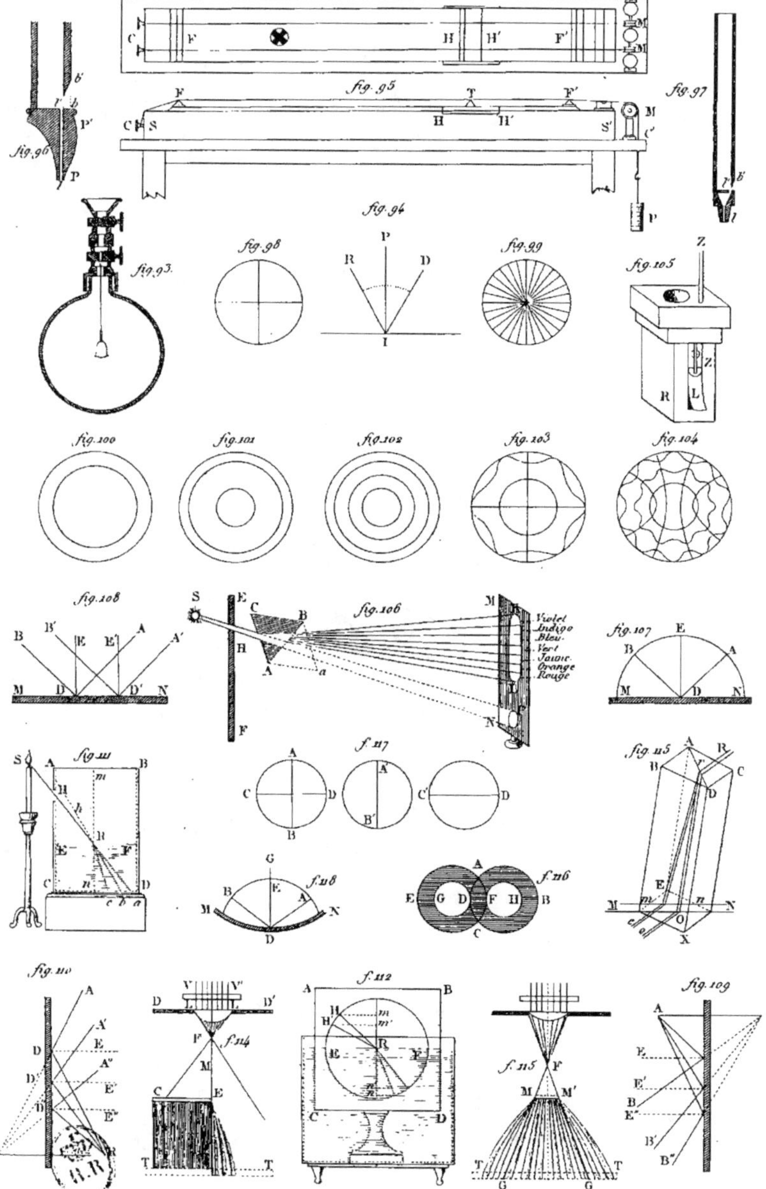

fig.95
fig.96
fig.97
fig.94
fig.93
fig.98
fig.99
fig.105
fig.100
fig.101
fig.102
fig.103
fig.104
fig.108
fig.106
fig.107
fig.111
f.117
fig.115
f.118
f.116
fig.110
f.112
f.114
f.113
fig.109
Violet
Indigo
Bleu
Vert
Jaune
Orange
Rouge

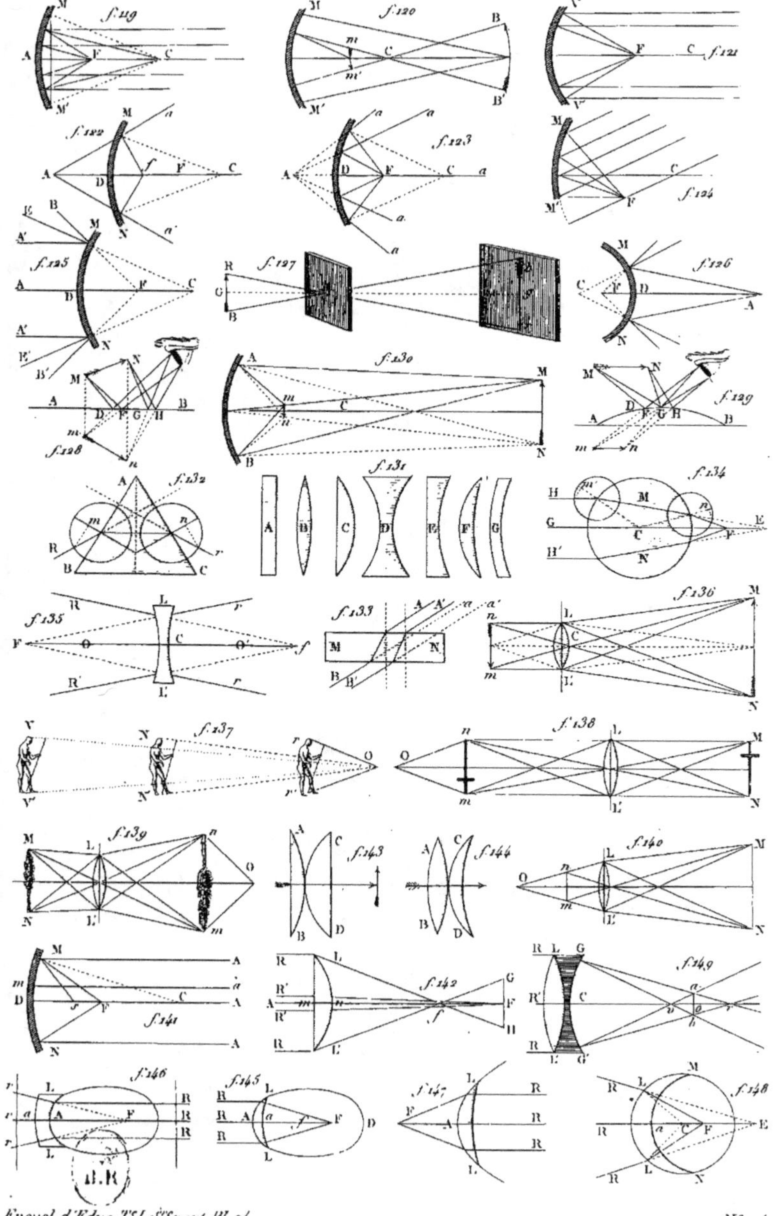

Méquignon Marvis Père et Fils Édit.
Durau. sc.

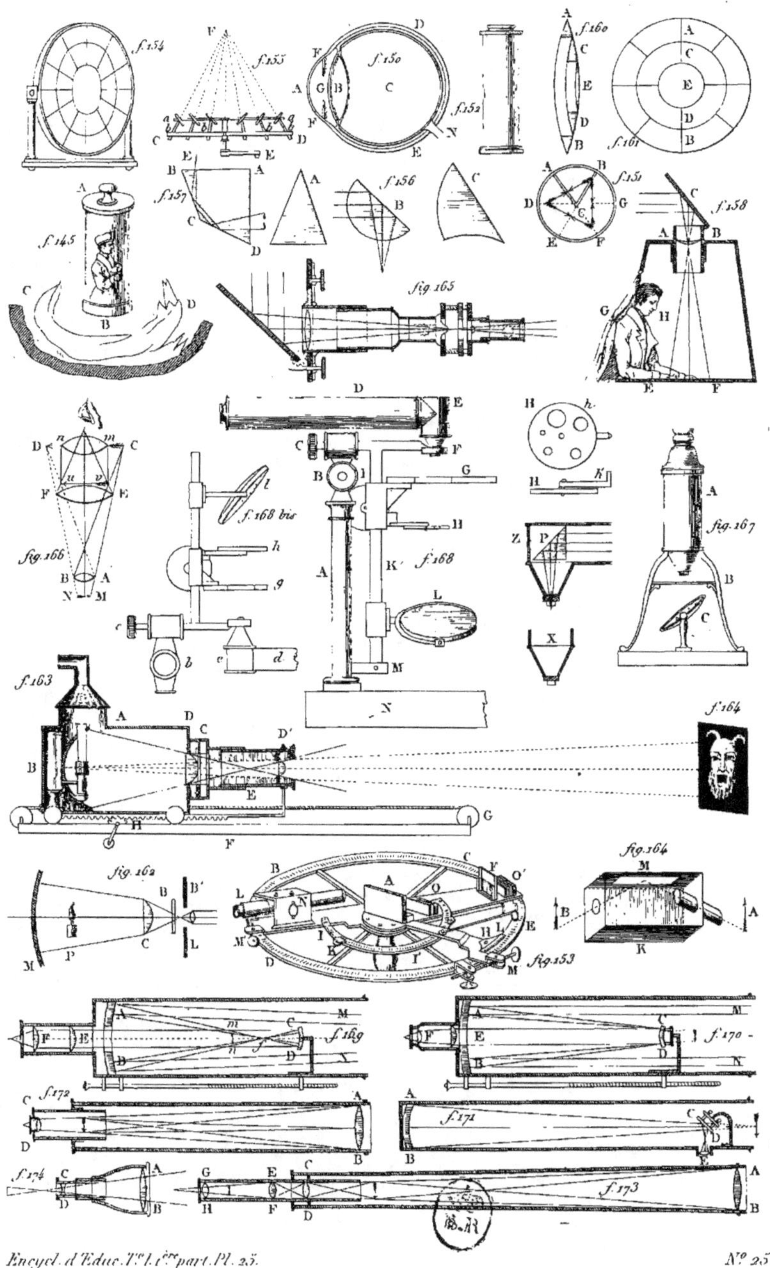

Méquignon Marvis Père et Fils Édit.

N Rémond imp

Durau sc.

Méquignon Marvis Père et Fils Édit.
Durand sc.

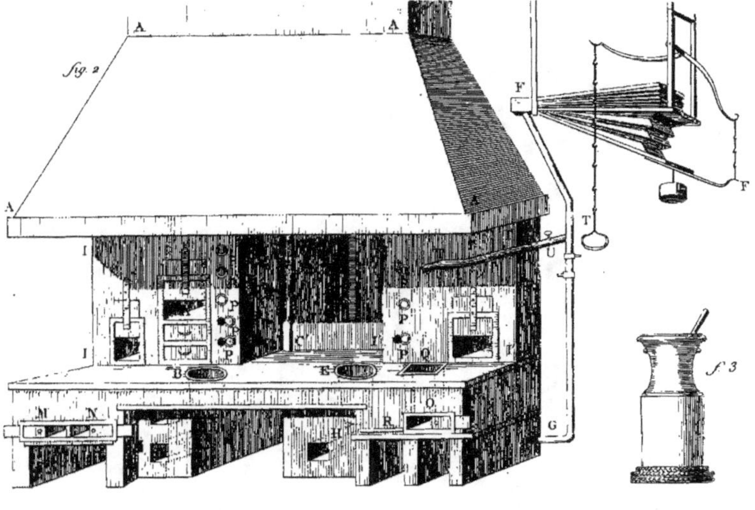

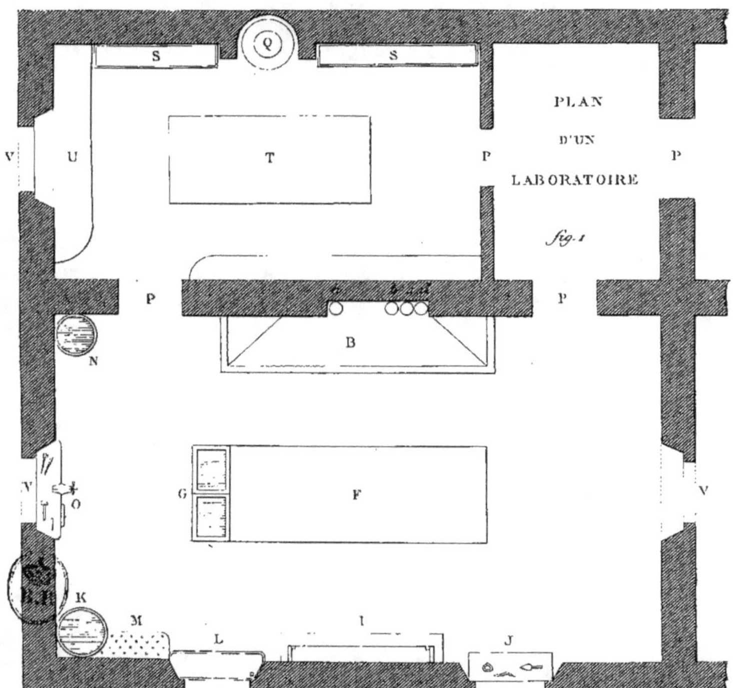

Méquignon Marvis Père et Fils Edit.

Duvau sc.

E. Renoud imp.

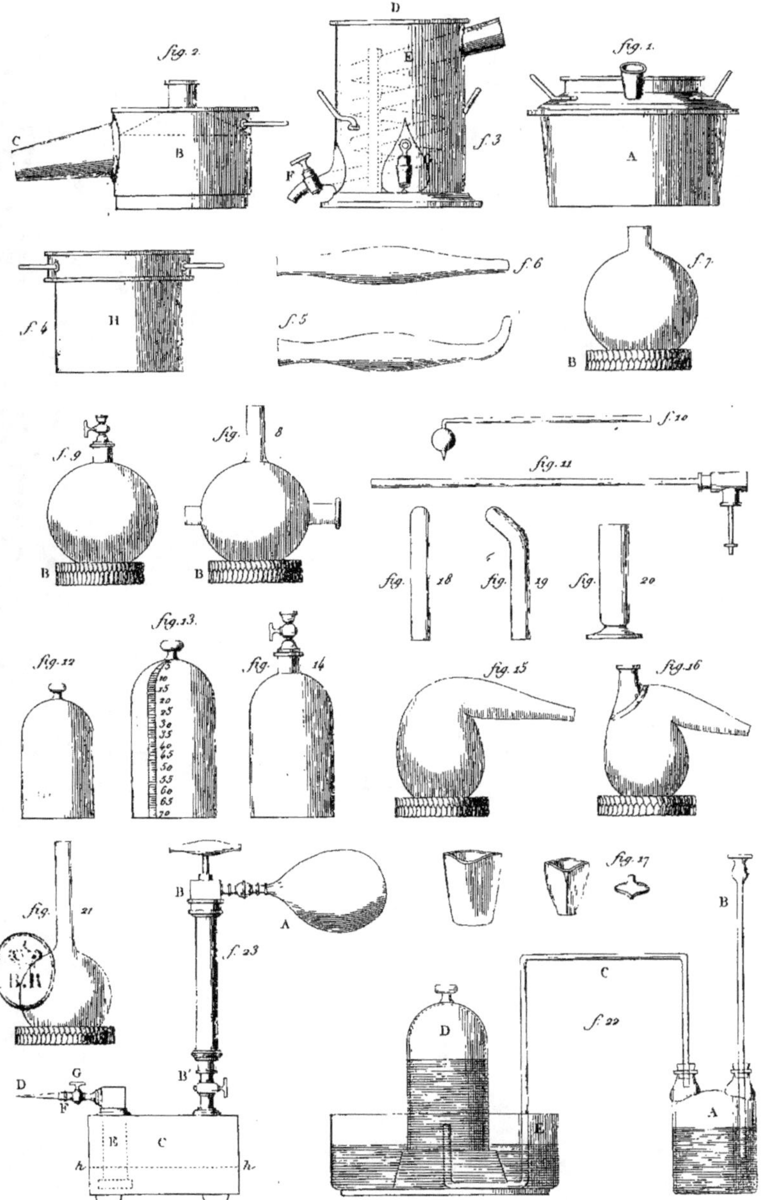

Méquignon Marvis Père et Fils Edit.   Durau sc.

N. Rémond imp.

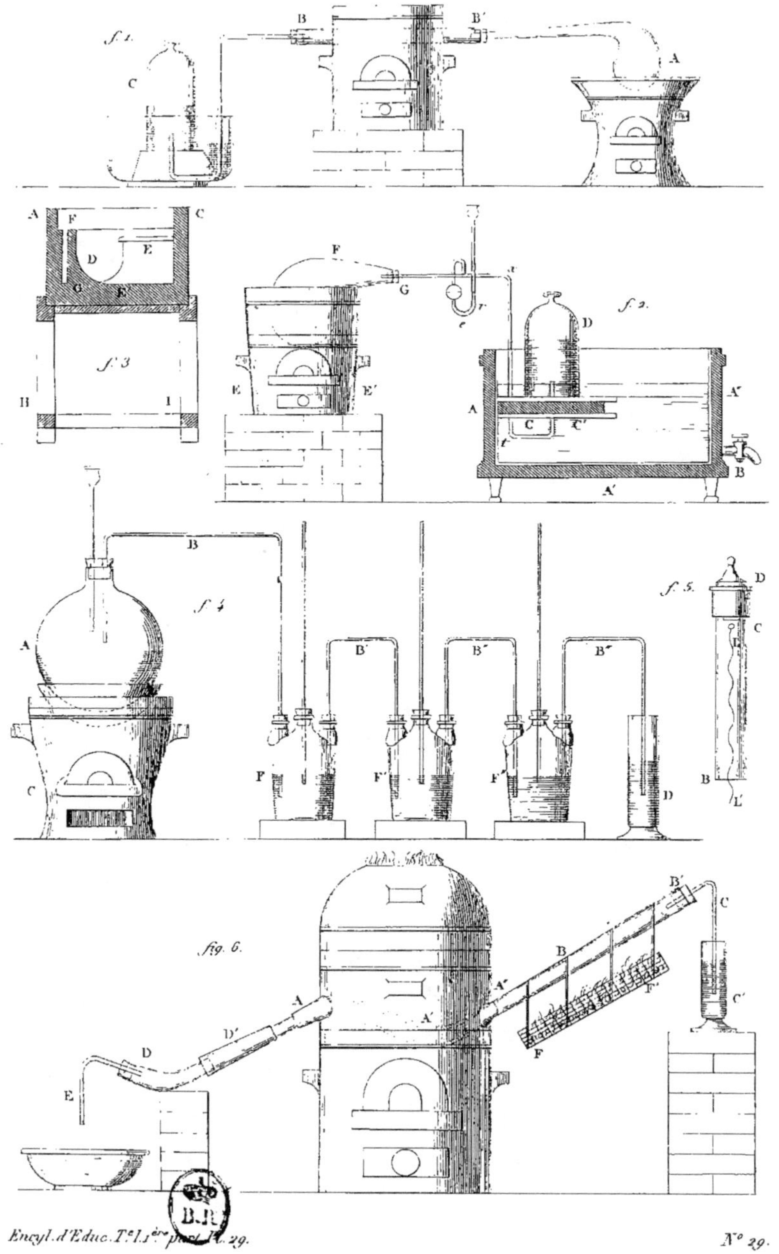

Méquignon Marvis Père et Fils Édit.   Duval sc.

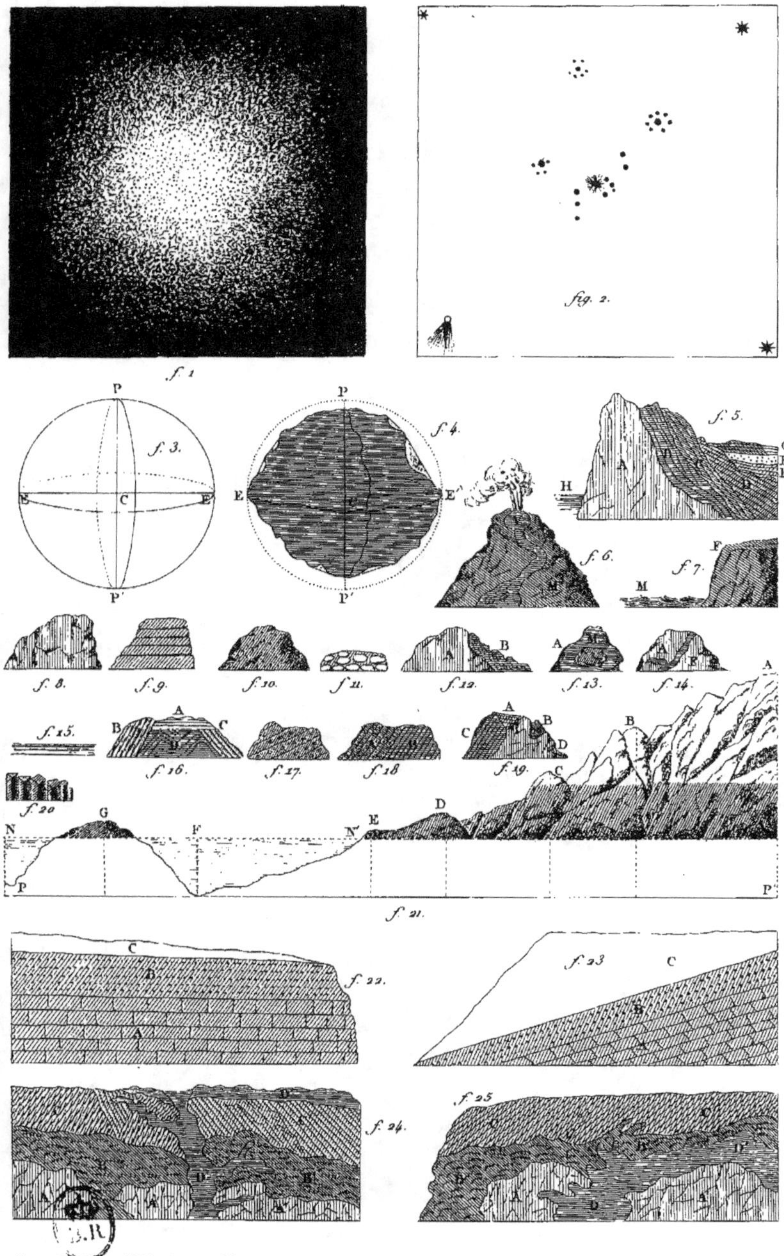

Encycl. d'Éduc. T.° I. 2.° part. Pl. 1.   N.° 30.

Méquignon Marvis Père et Fils Édit.   Duvau sc

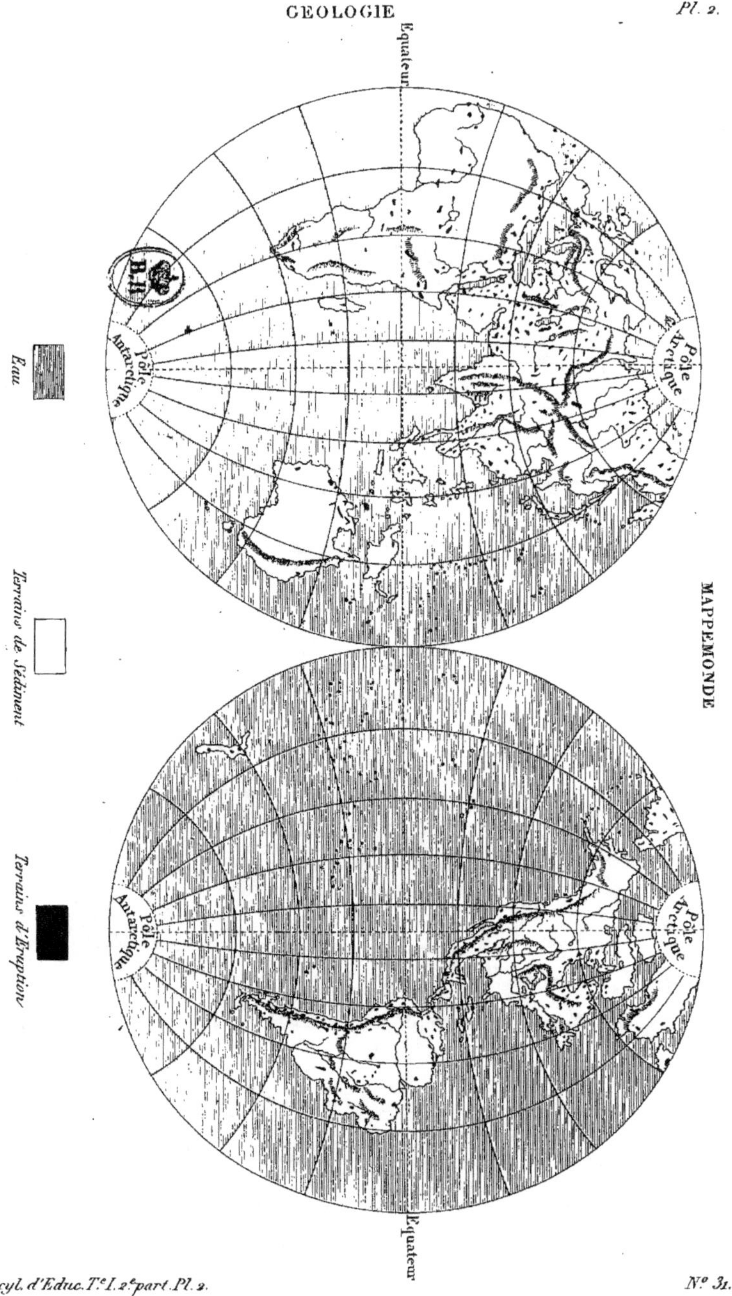

Encyl. d'Éduc. T.e I. 2.e part. Pl. 2.
N.º 31.
A. Rivière del.
Méquignon Marvis Père et Fils Édit.
Durau sc.
N. Rémond imp.

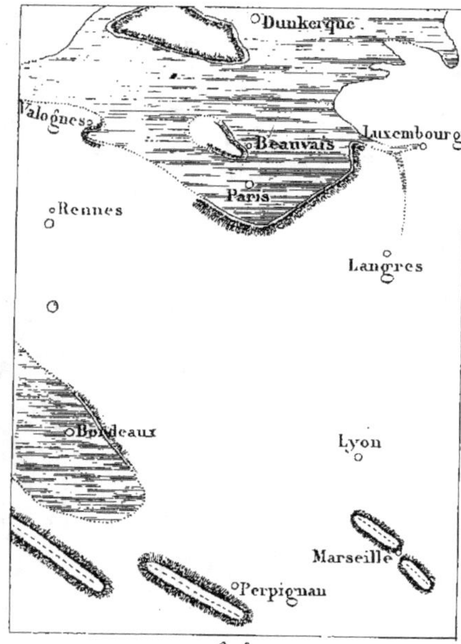

fig. 3.

fig. 2.

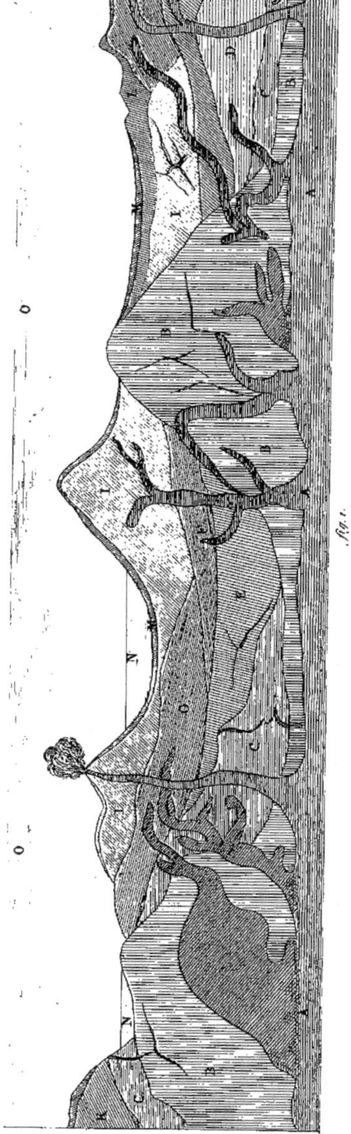

fig. 1.

Encycl. d'Éduc. T. I. 2ᵉ part. Pl. 3.   Nᵒ 32.

A. Rivière del.   Méquignon Marvis Père et Fils Édit.   Durau sc.

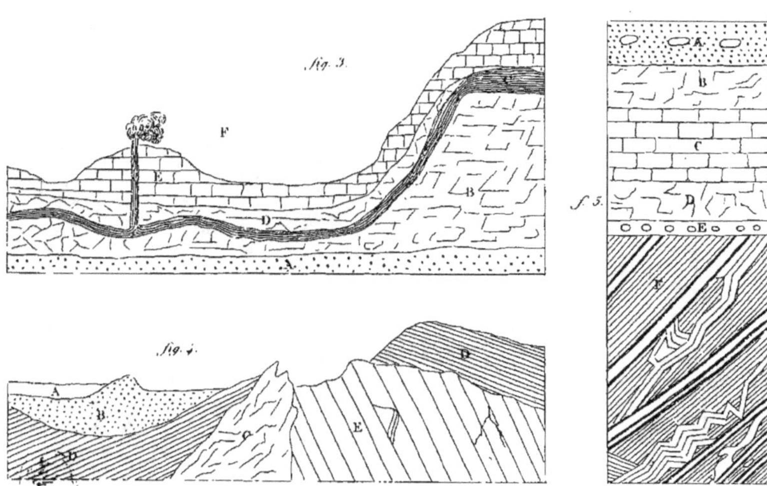

Méquignon Marvis Père et Fils Édit.

Durau sc

N. Remond imp

Méquignon Marvis Père et Fils Édit.   Duran sc

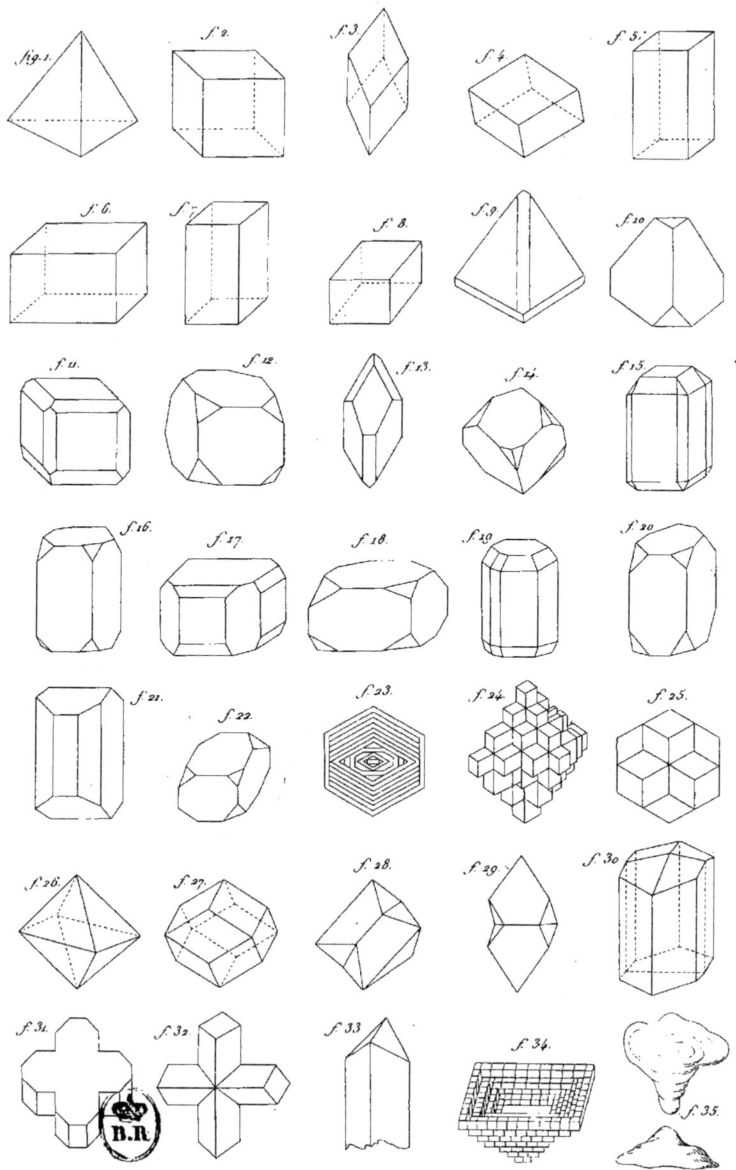

Méquignon-Marvis Père et Fils Edit.   Durau sc.
Remond imp

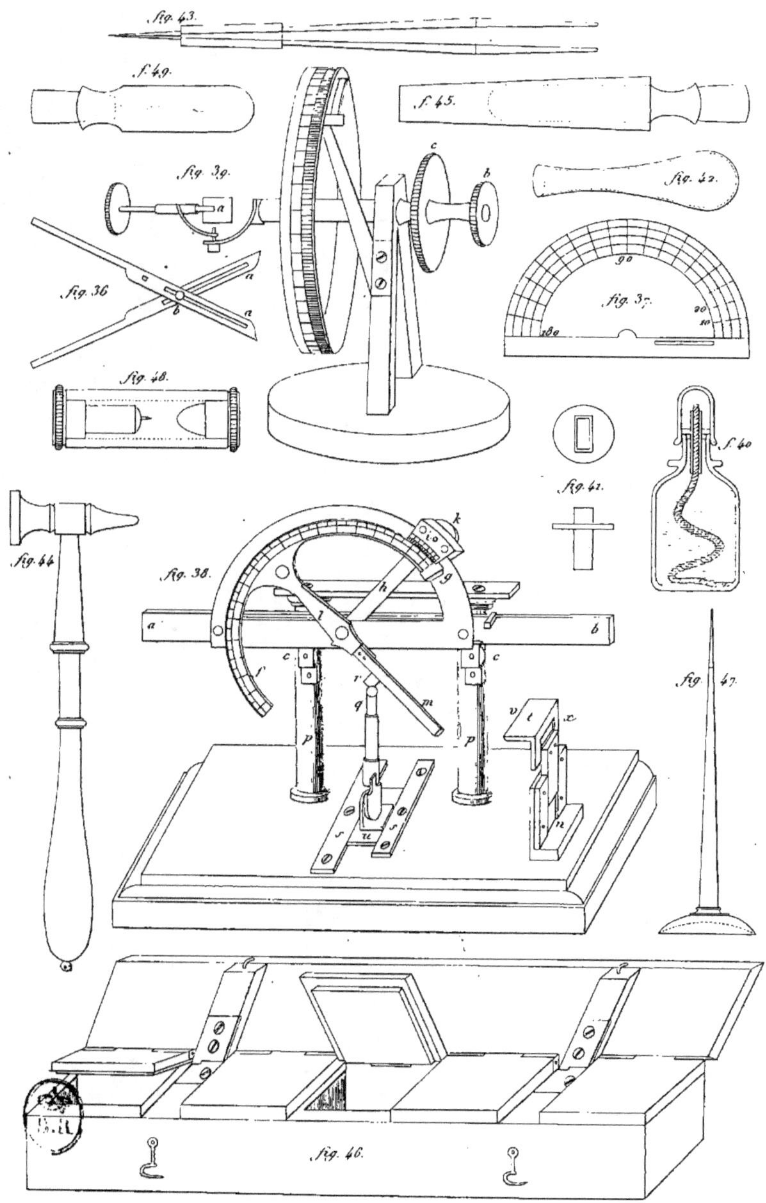

Fig. 43.
f. 49.
f. 45.
fig. 42.
fig. 39.
fig. 36.
fig. 37.
fig. 48.
f. 40.
fig. 41.
fig. 44.
fig. 38.
fig. 47.
fig. 46.

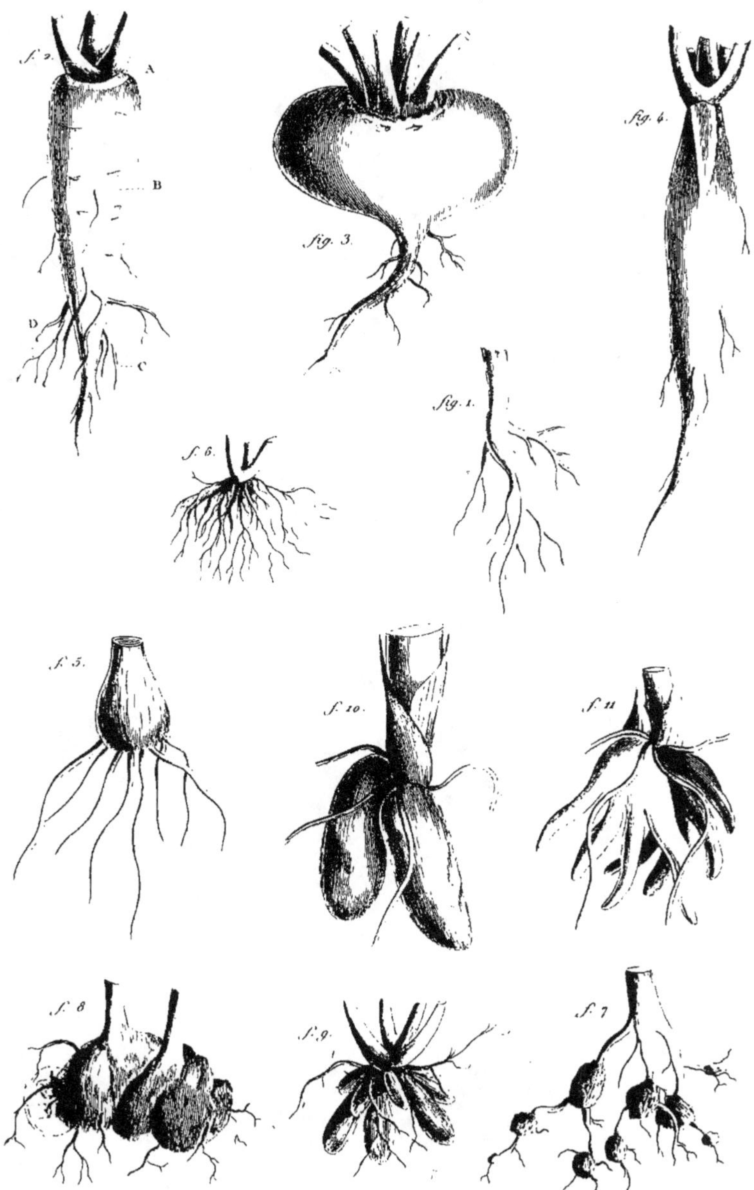

N.º 37.

N. Rémond imp

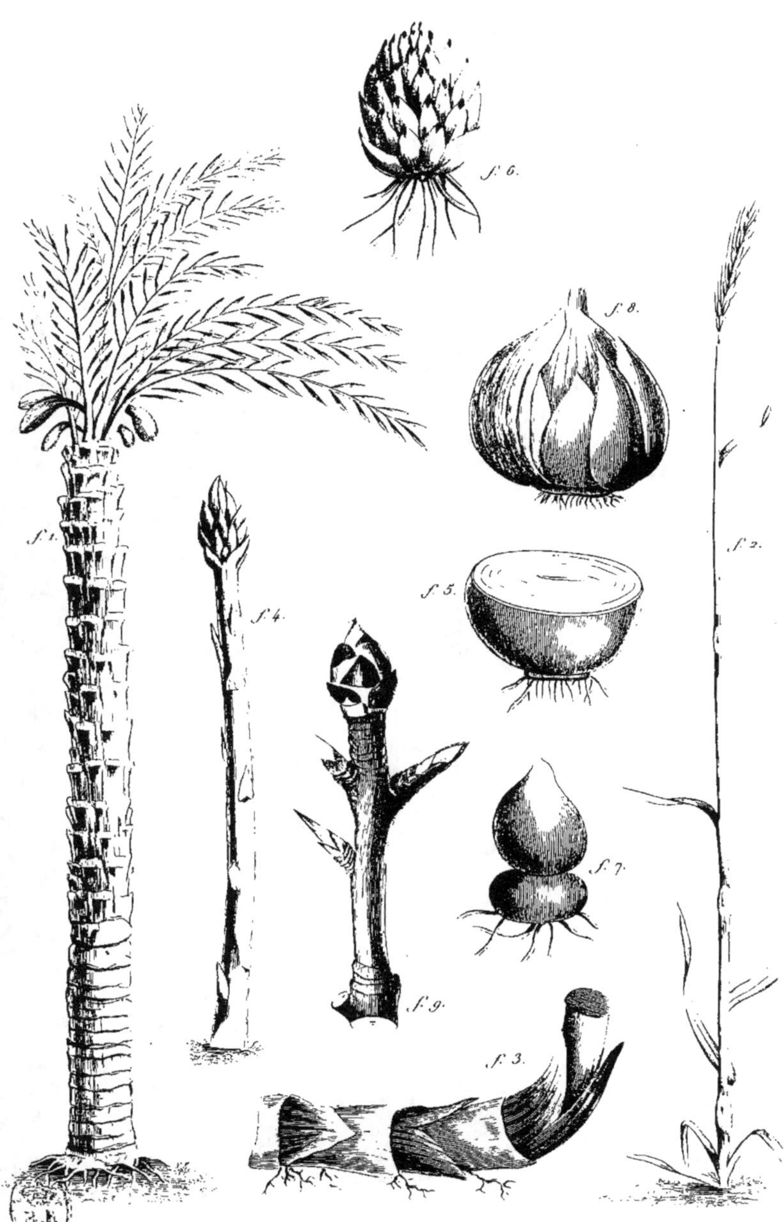

Leveillé del.   Méquignon Marvis Père et Fils Edit.   Mougeot sc.

Méquignon Marvis Père et Fils Edit.   Boissean sc.

Pl. 8.

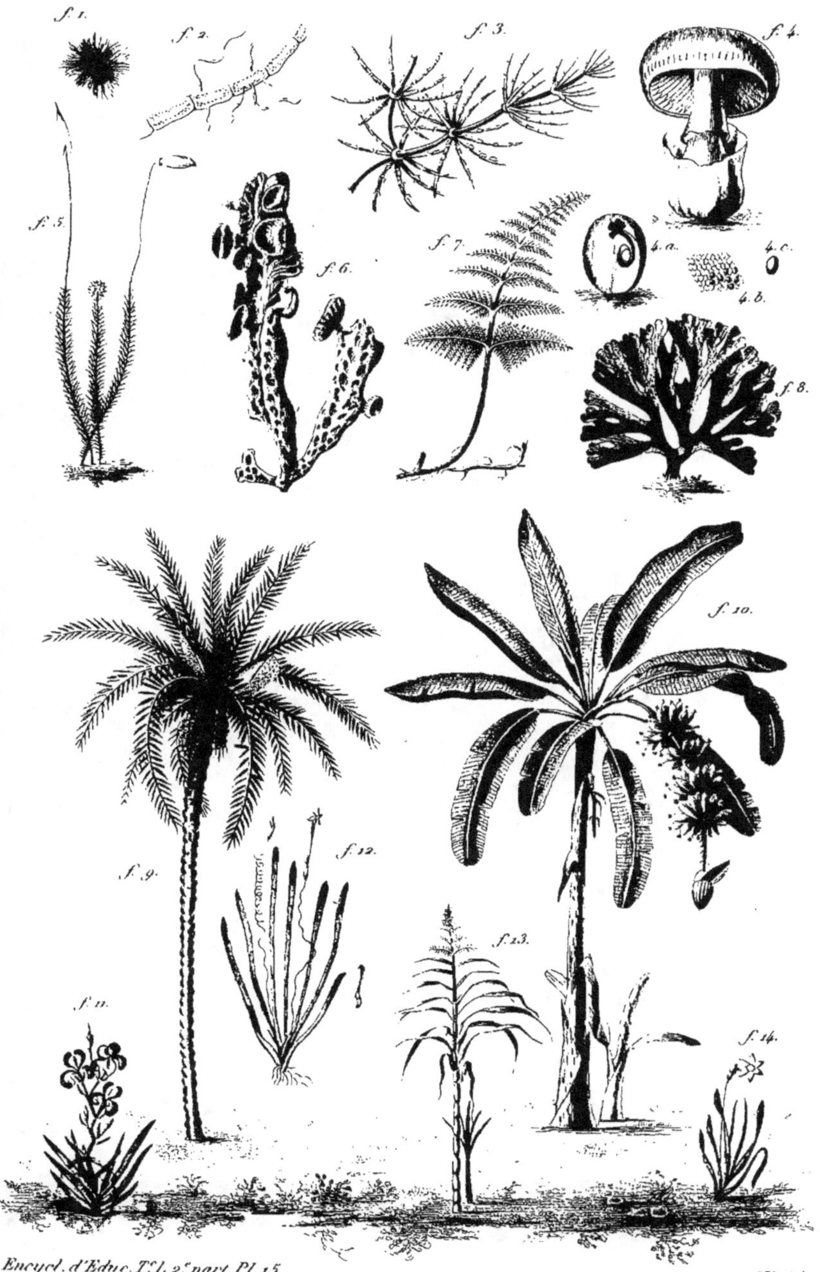

Encycl. d'Educ. T.º 1. 2.ª part. Pl. 15.

Nº 44.

Néquignon Marvis Père et Fils Edit.

N. Rémond imp.

Mougeot sc.

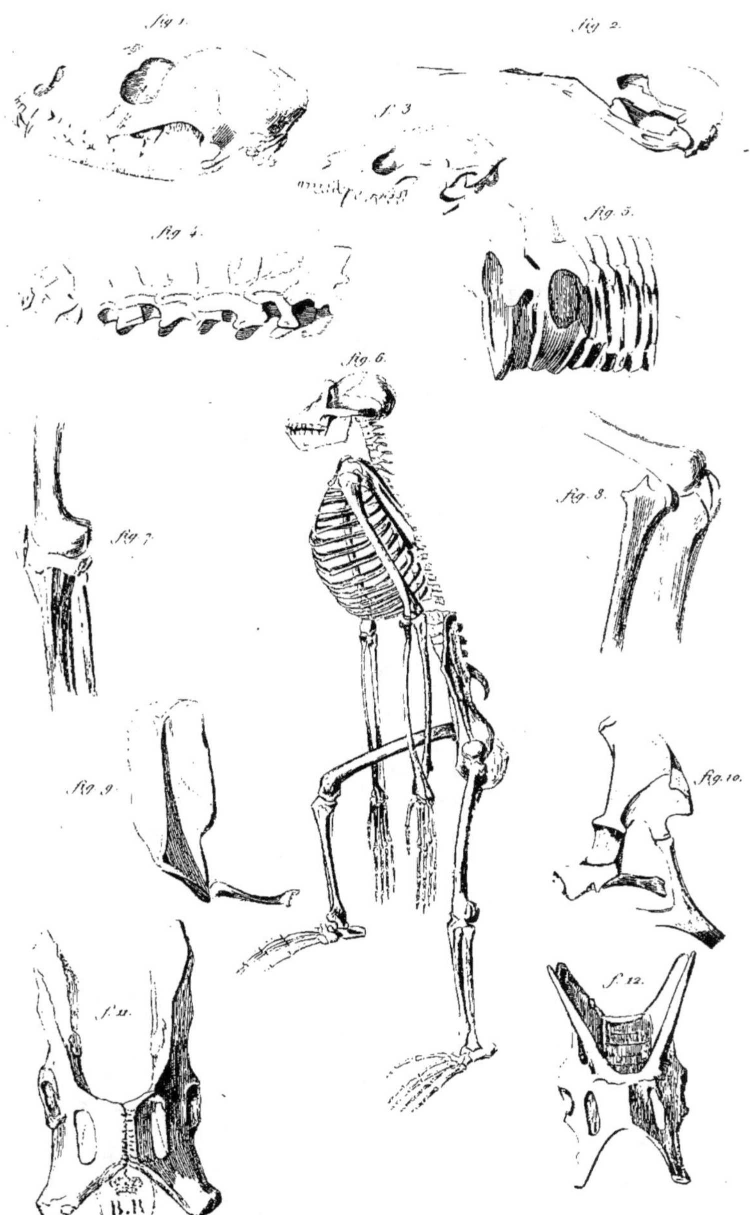

Oudart del.   Méquignon Marvis Père et Fils Édit.   Corbié sc.

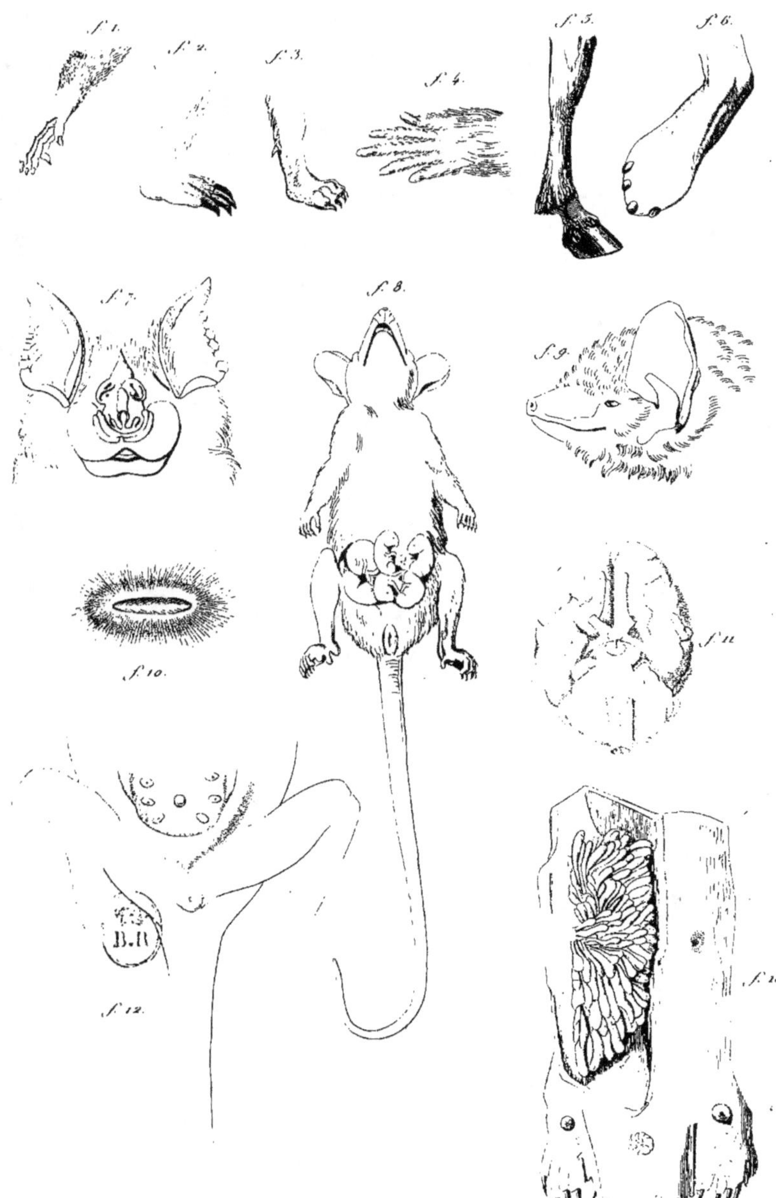

Oudart del.   *Méquignon Marvis Père et Fils Édit.*   *Corbié sc.*
N. Rémond imp.

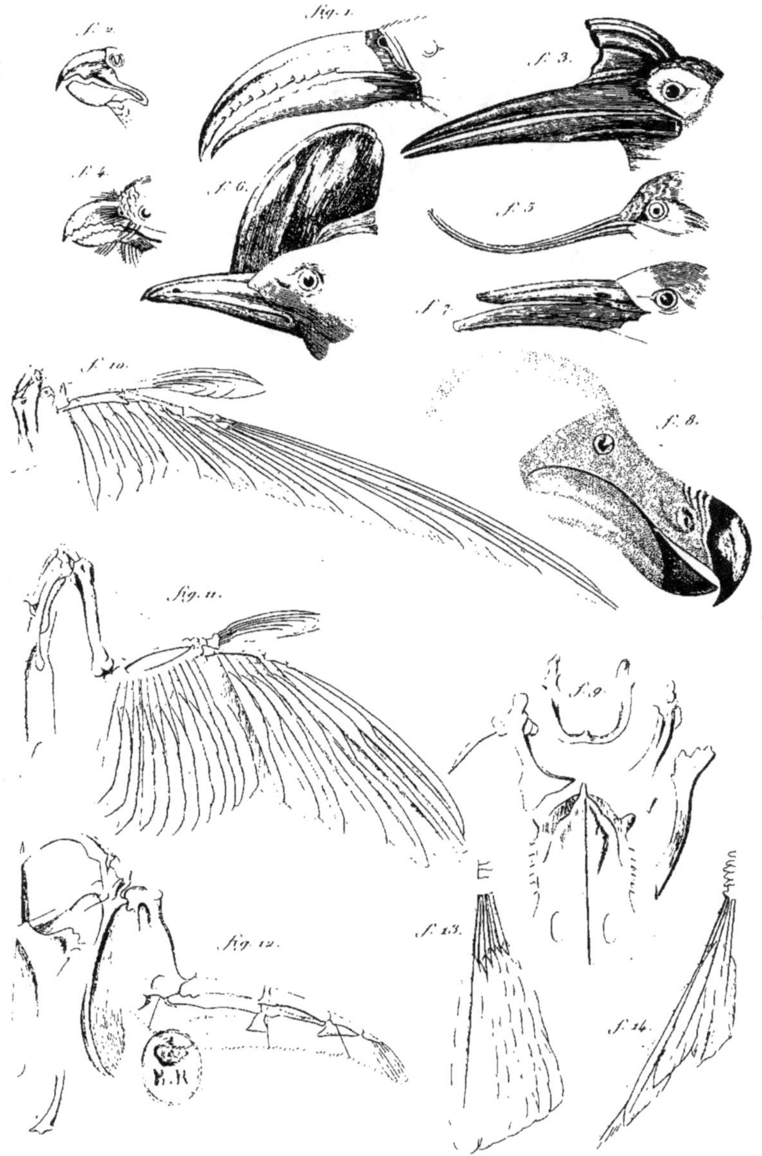

P. Oudart del.   Méquignon Marvis Père et Fils Édit.   Corbié sc.
V. Remond imp.

P. Oudart del.   Méquignon Marvis Père et Fils Édit.   Corbié sc.

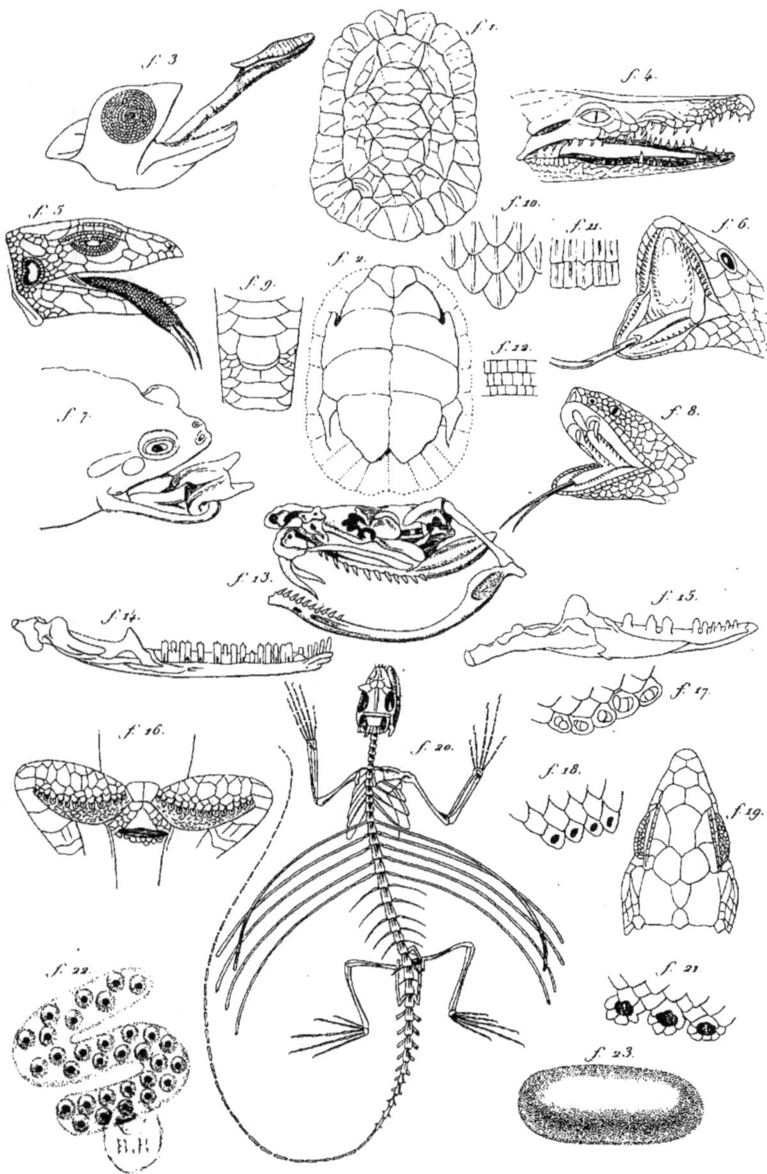

Encycl. d'Educ. T.I. 2e part. Pl. 24.   N.º 53.

Oudart del.   Méquignon Marvis Père et Fils Edit.   Giraud sc.
N. Rémond Imp.

Encycl. d'Éduc. T.º 1. 2.ª part. Pl. 25.   Nº 54.

Oudart del.   Méquignon Marvis Père et Fils Édit.   Giraud sc.

N Remond imp

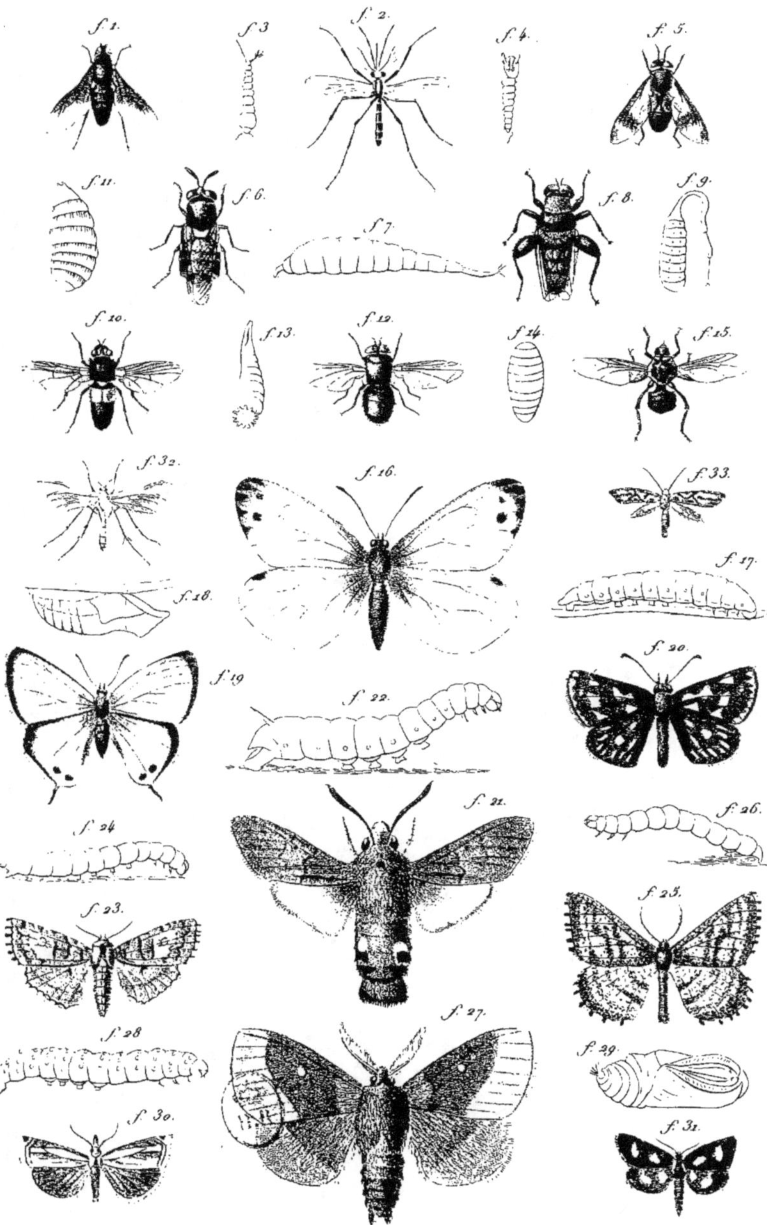

Méquignon Marvis Père et Fils Edit. Pierre sc.

N. Rémond imp.

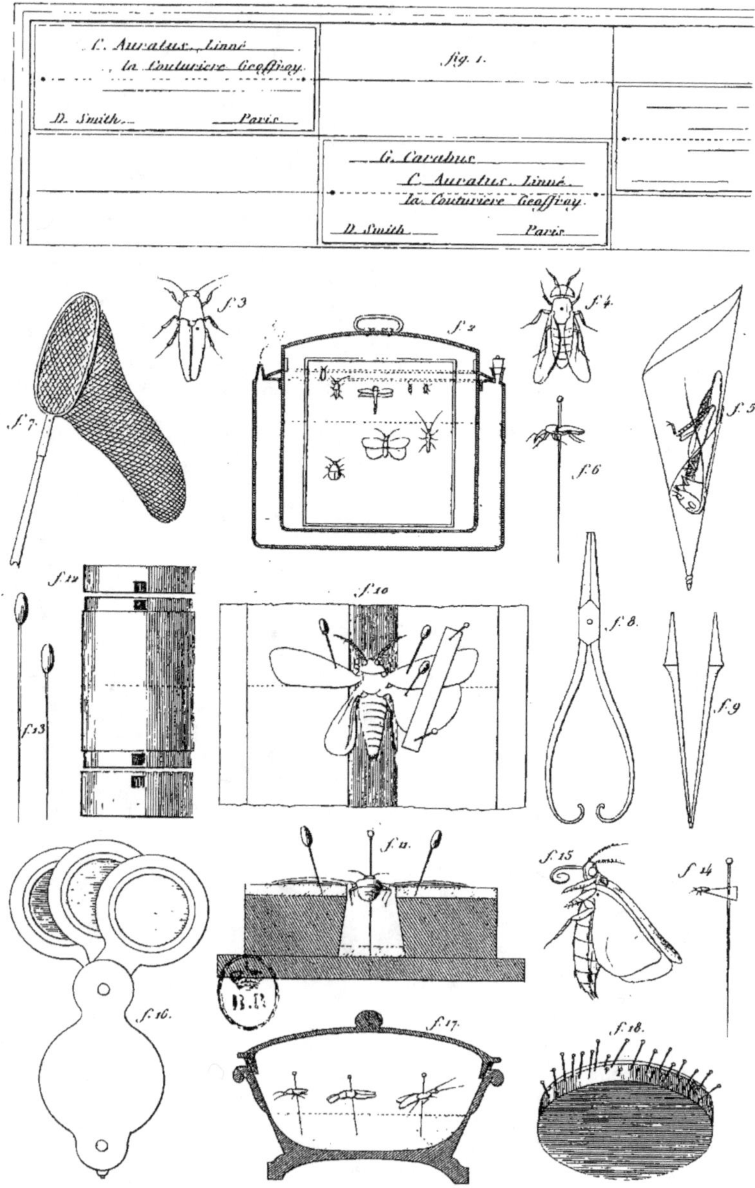

Méquignon Marvis Père et Fils Edit.   Durau. sc.

N Rémond imp.

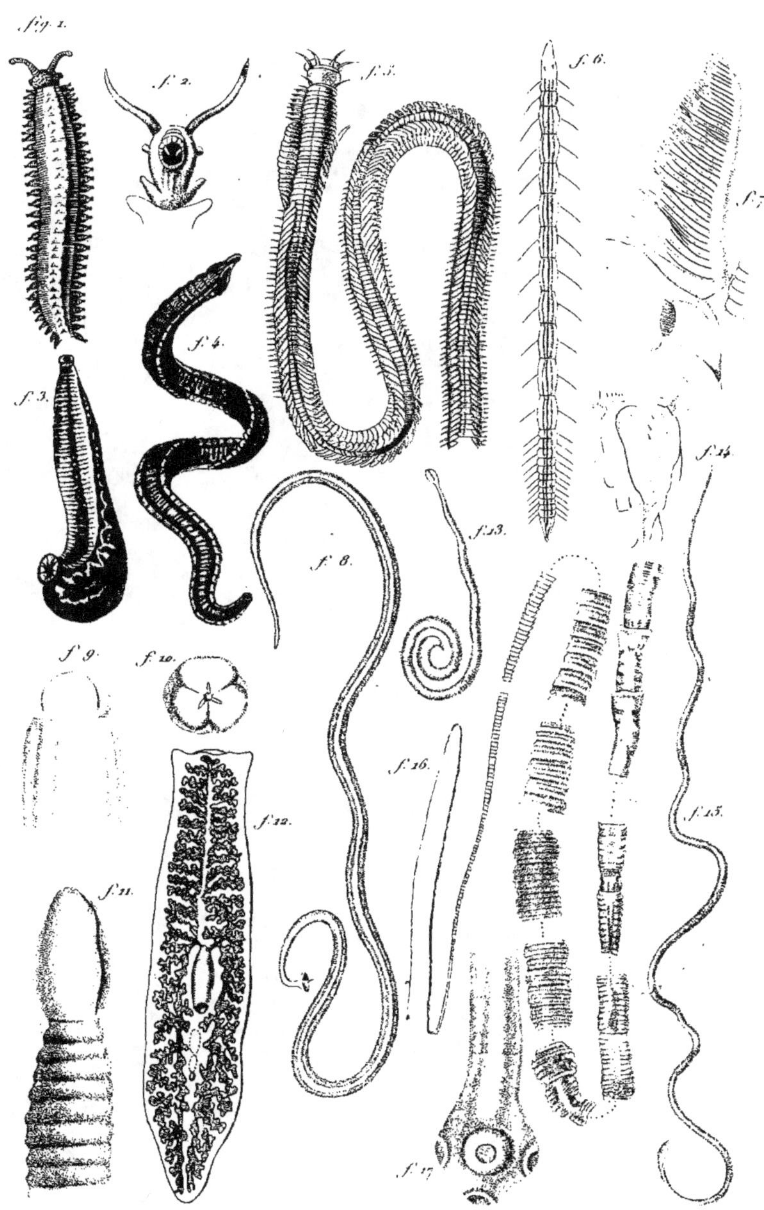

Méquignon Marvis Père et Fils Edit.
N. Remond imp.   Corbié sc

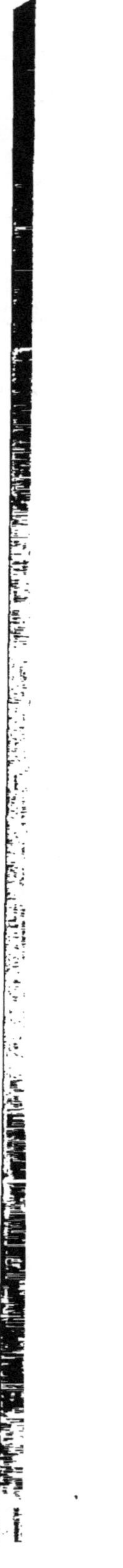

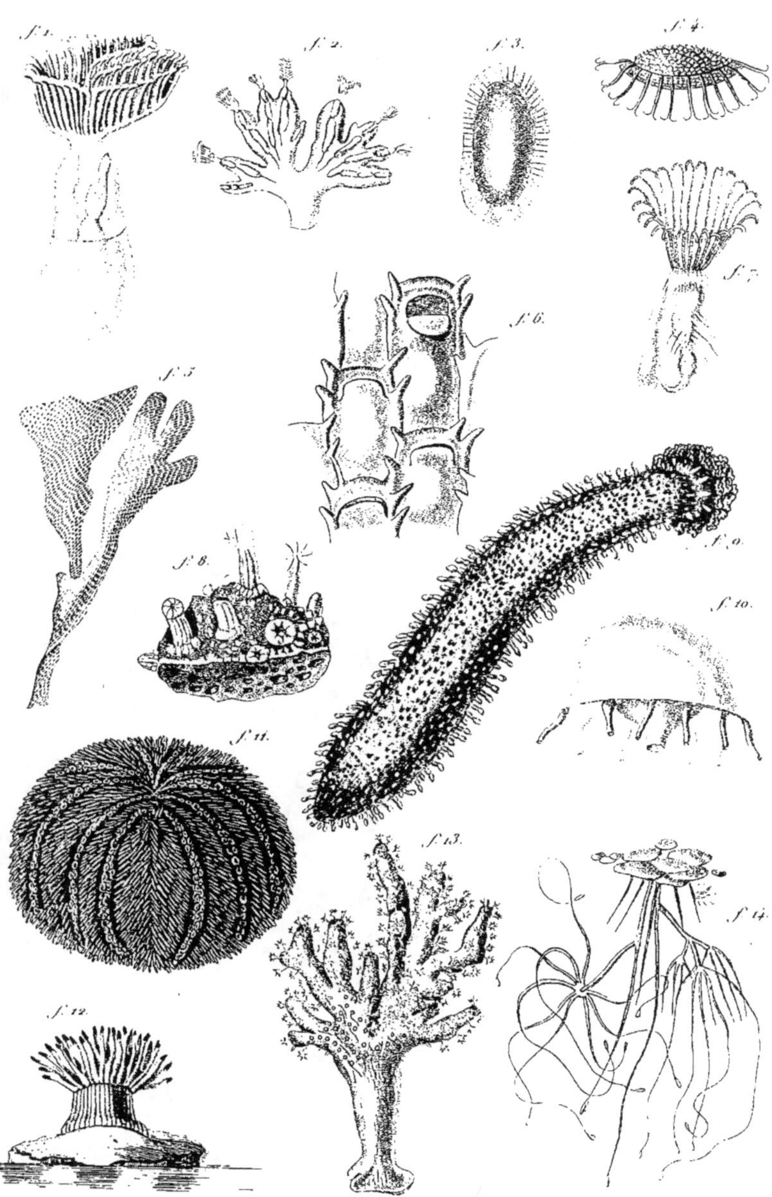

Méquignon Marvis Père et Fils Edit.
Corbié sc.

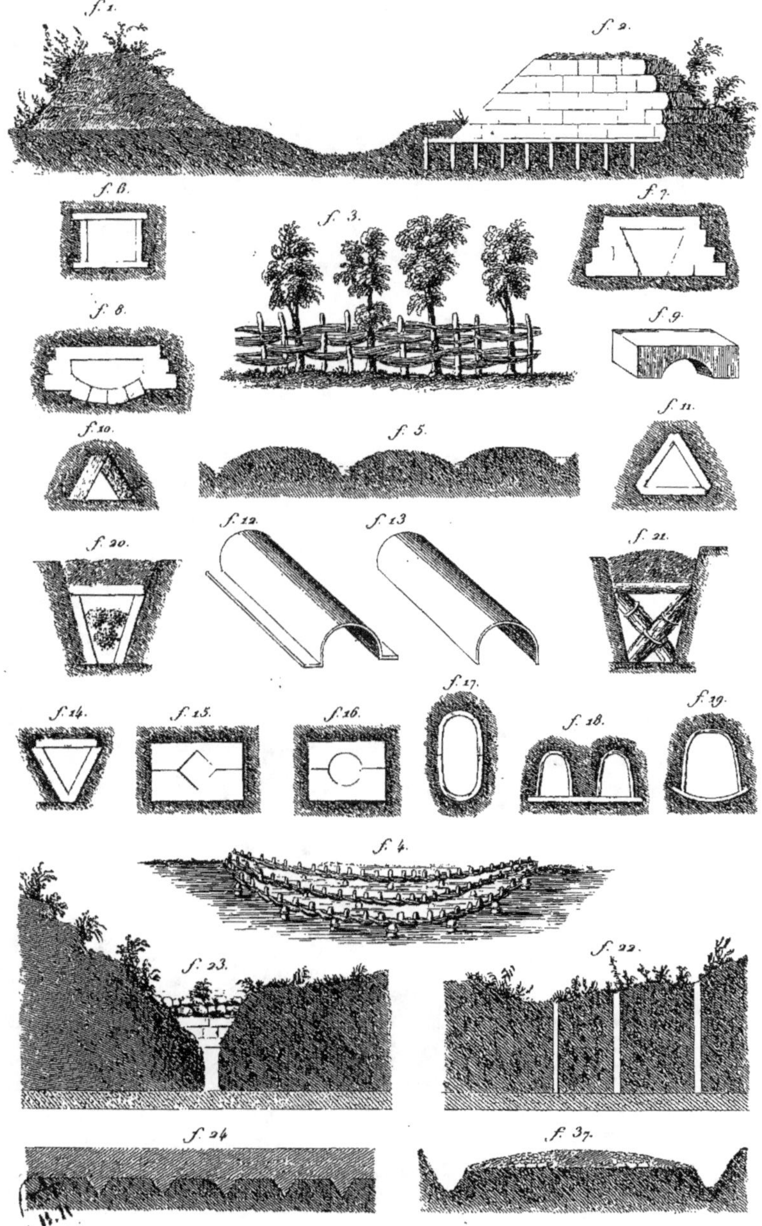

Méquignon Marvis Père et Fils Édit.
Duran sc.
N. Remond imp

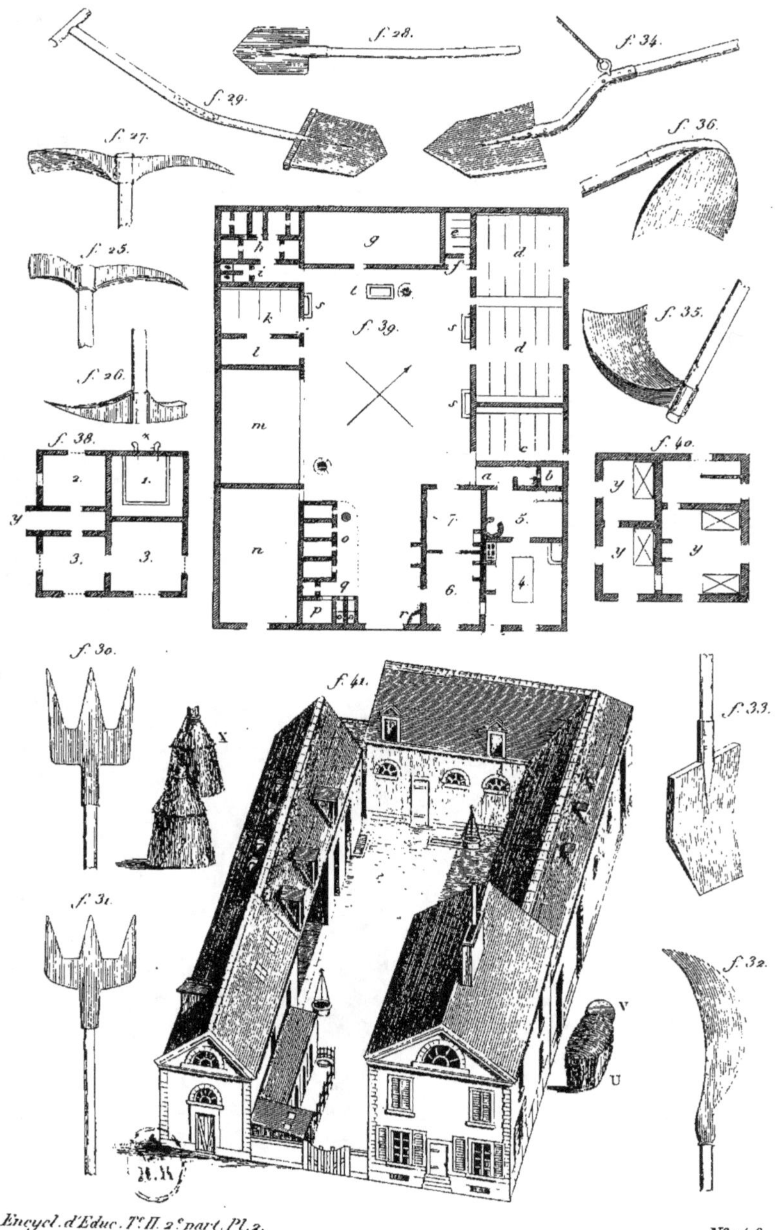

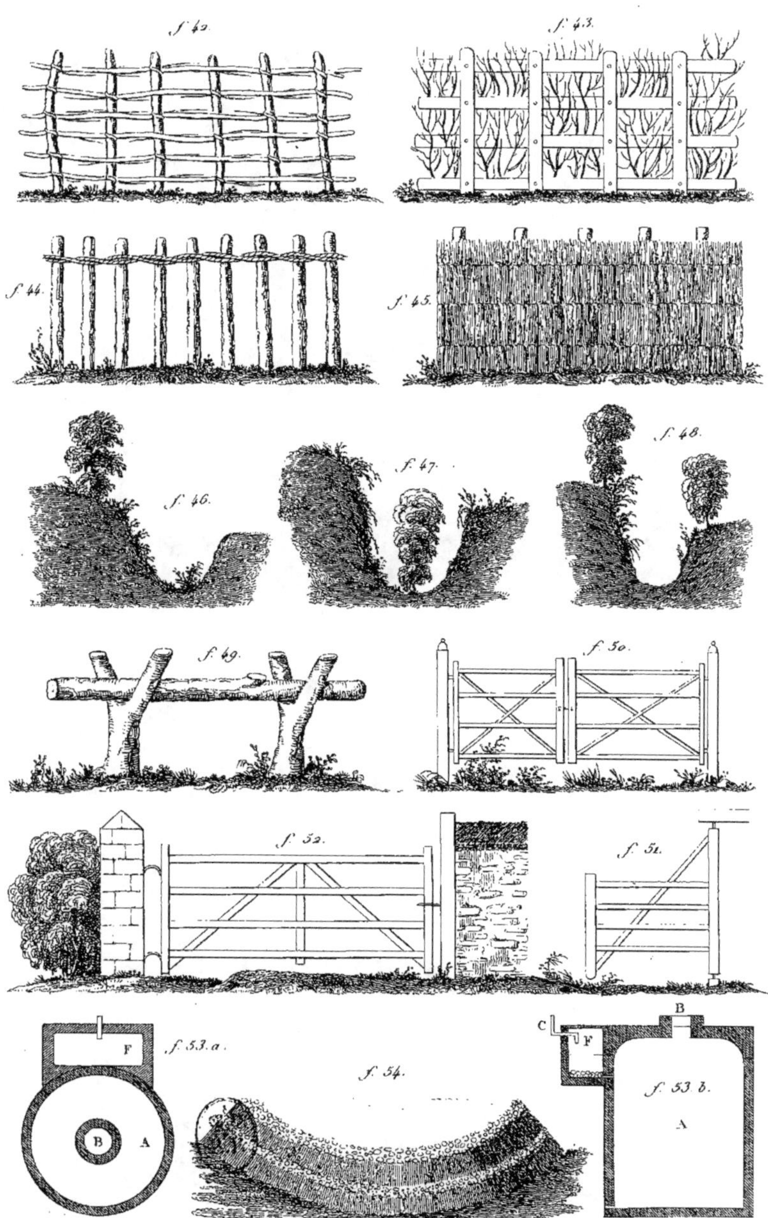

Méquignon Marvis Père et Fils Edit.　　　　Durau sc
N. Rémond imp.

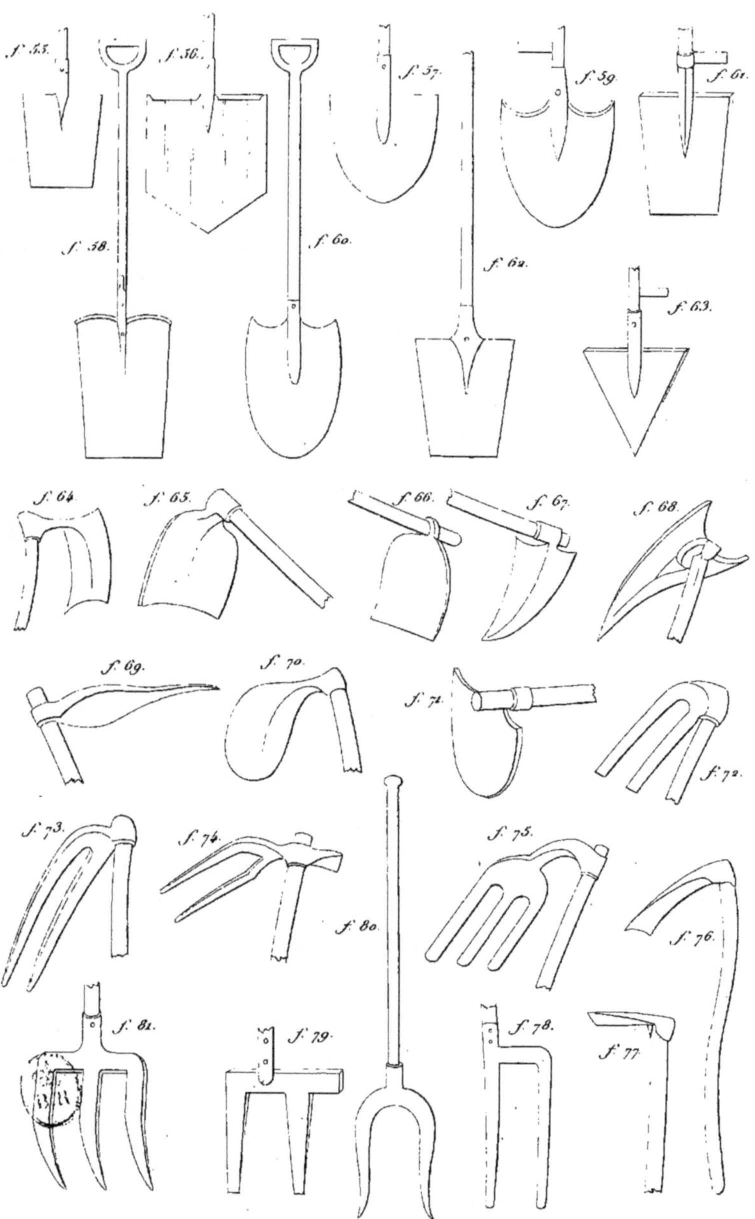

Encycl. d'Educ. T.°II. 2.°part. Pl. 4.   N.° 148.

Méquignon Marvis Père et Fils Édit.   Durau sc.

N Raimond imp